Handbook of International Research in Mathematics Education Third Edition

국제 수학교육 연구 핸드북

제3판

Lyn D. English and David Kirshner 편저

김진호 · 권나영 · 강은경 · 권성룡
노지화 · 박만구 · 방정숙 · 이수진
이지은 · 임 웅 · 한혜숙 옮김

KYOWOO

역자서문

핸드북은 일반적으로 학문 분야별로 연구, 교수, 교수·학습, 평가 등 특정 주제에 대한 새로운 연구들에 대한 동향을 파악하고 그에 대해 논의하며 비판적인 관점들을 제시하고 추후 연구되어야 할 과제들을 제시한다. 따라서 핸드북은 동시대의 그 분야의 전문가들의 노력의 결과물이기 때문에, 결과적으로 충분한 사전 지식이 없다면 읽고 이해하기가 쉽지 않다.

지금 번역하는 Handbook of International Research in Mathematics Education 3판은 최근까지 국제적으로 수행된 수학교육 관련 연구들을 종합하고 비판적으로 분석하고 미래 연구 주제들을 제안하는 글들을 실었다. 특히 3판은 최근 연구 경향을 반영하여 수학교육 연구에서 우선적으로 다루어야 할 주제들, 민주적 접근과 관련된 수학학습, 변화하고 있는 학습 맥락, 연구 방법론, 공학기술과 관련된 주제들로 구성되어 있다.

3판을 번역하면서 수학교육과 관련된 다양한 학문 분야와 새롭게 부각되는 분야들에 대해 여러 가지 생각을 하게 되었다. 이 책의 1장에서도 언급하고 있듯이 핸드북은 최근의 연구 동향과 비판적인 논의를 포함한다. 그렇다면 국제적으로 수학교육에서 이슈가 되어야 한다고 생각하는 도전거리들에 대해 과연 우리나라의 수학교육 공동체에서는 얼마나 관심을 가지고 있는가? 국내의 수학교육 연구자들은 새로운 연구 주제들을 발굴하는데 얼마나 노력을 기울이고 있는가? 기존의 연구 방법론을 제대로 적용하고 있는가 하는 문제와 더불어, 새로운 연구 방법론을 어떻게 제안하고 있는가? 나날이 발전하는 공학기술을 실제 수학교육 현장에 사용하면서 어떻게 그 효과를 탐구하고 있는가? 이 책을 보면서, 이런 질문들을 하게 된 이유는 아마도 여기에 다루고 있는 내용들이 우리나라 수학교육 관련 문헌들에서 쉽게 접하지 못하는(예를 들면, 복잡성과 수학교육 같이) 새로운 내용들이 있기 때문일 것이다. 또한, 내용만큼이나, 다양한 사고의 전개 방식이나 논쟁의 여지가 있는 연구를 좋은 연구를 위한 기초로 생각하는 방식에서도 다름이 느껴졌다. 이 책의 내용을 번역하면서 역자들은 수학교육학이란 분야에서 다루는 주제의 범위가 어디까지 확장되어 갈 수 있는지, 그리고 앞으로 우리나라 수학교육 공동체는 수학교육학 발전에 어떻게 기여할 것인지를 반성해 보았다.

역자서문 PREFACE

이 책의 여러 저자들이 밝히고 있듯이, 수학교육학은 광범위한 연구 및 학술 분야들이 얽혀 있는 복잡한 분야이다. 저자들이 각 주제에 관련해서 전 세계 수학교육 연구자들이 기여하고 있는 부분들을 포괄적으로 다루고 있다는 점에서, 우리나라의 현재 그리고 미래 수학교육 연구자들은 이 책에서 다룬 주제들을 주의 깊게 살펴볼 필요가 있다. 현재나 미래의 수학교육 연구자들이 이 책을 보면서 새로운 연구 주제 및 연구 분야 등을 제안하고 실행할 수 있기를 희망해 본다. 이와 함께 국내 수학교육 공동체의 연구가 국제적 수학교육학 발전에도 기여하기를 바란다.

이 책을 번역하는 과정에서도 다양한 주제들로 인한 어려움이 많았다. 번역에 참여한 번역자들이 최선을 다해서 번역을 했음에도 불구하고, 늘 번역과정에서 갖는 두려움은 번역에 오류가 있지나 않을까 하는 점이다. 특히 이 책은 만연체 문장들이 많아서 이를 우리말로 번역하는 것이 쉽지 않았다. 그럼에도 불구하고, 우리는 수학교육 연구자의 입장에서 독자들이 이해할 수 있는 내용으로 풀어 쓰려는 노력을 했다는 점을 밝힌다. 또한, 특정 분야에서만 사용되는 용어나 같은 언어라 할지라도 연구자마다 정의하고 새로운 의미를 부여해서 사용하는 용어 등이 있어서, 이런 용어들은 적절한 설명을 추가하거나 번역어와 동시에 영어를 병기해서 독자들의 이해를 돕고자 하였다. 하지만 이런 노력에도 불구하고 여전히 부족함이 있음을 우리들은 잘 알고 있으며, 이에 대해 독자들의 양해를 구한다.

이 번역서의 출간은 오로지 교우사 오판근 사장님의 큰 결단이 있었기에 가능했다. 진심으로 감사의 말씀을 전한다. 또한, 지난 반년이 넘는 긴 시간 동안 11명의 번역자들의 원고를 4차에 걸쳐 교정 작업을 해 준 이소정 과장님께도 감사드린다. 그리고, 출판사에 글을 넘기기까지 1차 번역, 자기 점검, 교차번역, 그리고 이어진 계속된 점검에 묵묵히 참여해 준 모든 번역자님들에게 감사한다. 이들이 이런 수고를 아끼지 않은 것은 우리나라 수학교육의 발전을 위해서 그리고 후속 학문 세대들을 아끼는 마음에서이다. 이 핸드북을 통해 수학교육을 연구하는 이들이 다양한 분야로 관심을 넓히고 새로운 아이디어를 자각하여 앞으로 각자의 연구 분야를 확장, 발달, 개발하기를 기대한다.

역자들을 대표해서 김진호, 권나영

CONTENTS 목차

목 차 CONTENTS

제 3 부

학습 맥락에서 변화하는 양상들

제 4 부

연구 방법론에서 발전

제 1 부

국제 수학교육 연구에서 최우선 과제들

수학교육 관련 국제 연구에서 변화하고 있는 의제들(agendas) 1

Lyn D. English
Queensland University of Technology

David Kirshner
Louisiana State University

여러 종류의 핸드북들은 가장 최근의 기존 연구 동향에 대한 요약, 비판, 확장을 제공한다. 그런 점에서, 핸드북들은 우리 연구 공동체에 중요한 기능을 한다. 『Handbook of International Research in Mathematics Education』의 2판이 출판되고 3판이 출판되기까지 여러 해 동안, 연구에 있어서 고무적인 발전이 있었을 뿐만 아니라 연구 결과물들을 관행으로 전환하려는 새로운 도전들이 있었다. 3판은 고무적인 발전을 보인 연구 영역과 새로운 도전을 하는 영역들을 대표하는 다수의 장들 뿐만 아니라, 2판에서 다룬 내용들을 최신의 내용들로 교체한 장들을 포함하고 있다. 먼저 핸드북이 다루고 있는 5 가지 핵심 주제는 **국제 수학교육 연구에서 가장 먼저 다루어야 할 주제들, 수학학습에서 민주적 접근성, 학습 맥락에서 변화의 양상들, 연구 방법론의 발전, 첨단 기술공학의 영향**이다.

『Handbook of International Research in Mathematics Education』의 2판의 1장을 시작하면서, English(2008)는 수학교육에서 다루어야 하는 중요한 질문들이 있는데, 이 질문들 중 답을 얻지 못한 질문들이 많다고 주장했다. 이러한 질문들 중 몇몇을 강조하면서, 추후 연구의 필요성에 활기를 불어넣는 많은 "변화를 이끄는 촉매제들"을 확인하였다. 이들 촉매제로는 국가 수준의 검사와 국제적 수준의 검사, (경제적 그리고 정치적 영향을 포함한) 사회적 및 문화적 요인들의 영향, 교사의 전문성 지원에 대한 관심의 증가, 이론 개발의 부활, 기술공학의 향상된 정교함과 이용가능성, 수학교육계의 증가하는 세계화 등이 있다. 국제적 연구 문제들은 즉각적인 주목을 끌기 때문에, 이들 요인들이 수학교육계에 어느 정도까지 중요한 영향을 지속적으로 끼칠 것인지는 논의를 필요로 한다. 이들 이슈들에 대한 반응은 국가마다 심지어 연구 집단마다 다를 수 있지만, 오랫동안 도전거리였던 주제들 그리고 현재 새로이 등장하는 도전거리들 중 일부에 대해서 반성해 보는 것은 가치 있는 일이다. 이러한 도전들은 수학교육 연구를 구체화하고 새로운 방향으로 발전해 가게 할 것이다.

물론, 중요 이슈에 관한 책의 서론 장에서 수학교육에 영향을 미치는 수많은 요인들을 충분히 평가하기는 어렵다. Heid(2012)가 『Journal for Research in Mathematics Education』의 마지막 논설에서 강조했듯이, 수학을 가르치고 배우는 것과 관련된 주요한 문제들을 확인하고 적절한 연구 의제(agenda)를 목표로 삼는 것은 바람직할 수 있겠지만, 그 문제와 의제들이 무엇일 수 있는지에 대한 보편적인 동의를 기대하기 힘들다. 그러나 우리가 알고자 노력하는 것은 "영향력이 큰 도전거리들, 특히 가까운 미래에 진전을 이룰 수 있는 도전거리들"을 결정할 수 있는 방법들이다(Heild, 2012, p. 503). 우리는 1장에서 이들 도전거리들 중 몇 가지에 대해서만 간단히 언급하겠다. 독자들은 이 책의 5개 부(部)에서 연구자들, 교사들, 정책 개발자들과 같은 사람들이 직면하고 있는 국제적인 도전거리들에 대한 좀 더 깊이 있는 탐구 및 다양한 범주를 접할 수 있다. 우리는 1장의 후반부에 "본서의 각 장의 개요" 절을 설정하고 각 부에 속한 각 장의 집필자들이 집필한 이슈들을 요약해 두었다.

새로이 등장하는 도전거리들과 지속적인 관심을 받고 있는 도전거리들

오늘날 우리 모두가 직면하고 있는 지속적인 관심을 받고 있는 도전거리들 중 하나는 전례없는 공학 분야의 발달로 인해서 확산 전파되고 있는 복잡하고, 다이나믹하고, 강력한 정보 체계에 의해 점차적으로 그 형태를 갖춰가고 있는 세계에서 효과적 활동을 꾀하는 것이다. 학생들의 미래 직업들(이들 중 많은 것은 오늘날 존재하지 않는 것일 수 있고, 최근 발현하는 것일 수 있다.)은 구조적으로 복잡한 시스템을 해석하고, 설명하고, 그리고 발달하는 기술들을 요구할 것이다. 사회학, 경제학, 정치학, 과학 영역들을 포함하는 다양한 분야들을 포함해서 그러한 시스템들은 수학적으로 강력한 지식과 추론 과정, 복잡한 공학을 효과적으로 다루는 기술, 그리고 유연하게, 창의적으로, 혁신적으로 사고하는 능력을 요구할 것이다. 이 모든 것은 평생학습을 위해 필수적이다. 이 책에서 각 장들은 다양한 방법들을 탐구한다. 이 방법들을 통해서 우리는 모든 학생들이 이들 핵심 토대를 신장시킬 수 있는 기회가 많아지기를 기대한다. 학교 교육과정 개정, 진보하는 이론과 연구 방법론들, 그리고 공학의 발달을 포함해서, 저자들은 수학의 교수 및 학습에 대한 광범위한 기회들에 기초한 국제적인 관점들을 제공한다.

첫 장에서 강조할 특정한 이슈들을 선택하는 것은 그 자체로 도전거리이다. 한 국가의 교육 체계의 독특한 특징들에 따라서 일부 이슈들은 다른 이슈들에 좀 더 긴급성을 발생시키기도 하면서, 많고 다양한 이슈들이 존재한다. 각 부에서 탐구할 도전거리에 추가로 우리가 보기에 미래 수학교육의 의제를 형성하는데 의미 있는 영향을 끼칠 수 있는 두 가지 이슈들을 간략하게 다룬다. 한 이슈는 STEM 교육에 대한 증가하는 국제적인 관심이고, 다른 하나는 항상 존재하는 것으로 연구와 관행을 연결하려는 노력들이다.

과학, 공학, 엔지니어링, 수학(STEM) 교육에서 국제적인 발달

많은 국가들이 다양한 경제 분야들에 교차하는 STEM 기술들의 중요한 역할을 공식적으로 인지하면서, STEM(Science, Technology, Engineering, Mathematics) 교육을 활성화하는 것은 전 세계적으로 정책입안자들의 주요한 관심사가 되었다(e.g., Honey, Pearson, & Schweingruber, 2014; Marginson, Tytler, Freeman, & Roberts, 2013; National Research Council, 2014; National Science and Technology Council, 2013; Office of the Chief Scientist, 2013). 예를 들어, 미국에서 STEM 교육 위원회가 낸 2013 보고서(National Science and Technology Council, 2013, p. vi)는 특정한 STEM 직업군 안에서 뿐만 아니라 이들 직업군 밖에서도 갈수록 더 STEM 역량을 필요로 하면서 "미래의 직업들은 STEM 직업들이다"고 주장했다. 따라서 STEM 학문들에서 학생들의 역량들을 발달시키는 것은 여러 교육제도에서 긴급한 목적으로 여겨지게 되었다. 여기에는 몇 가지 이유가 있는데, 부분적으로는 현재 STEM 인력이 부족할 뿐만 아니라 미래에도 부족하다는 점과 국제비교 평가에서 얻어진 결과 때문이다(e.g., OECD, 2013).

2012년에 실시한 Programme for International Student Assessment(PISA)의 주 영역은 수학 소양(mathematical literacy)이었다. 이 수학 소양은 실생활 상황들과 풀이과정에 적용되는 수학적 사고와 과정을 포함하는 도전적인 문제들에 초점을 두고 있다(OECD, 2013). 그렇다면, STEM: Country Comparisons(Marginson, et al., 2013)이라는 보고서의 주요한 발견들 중 하나가 STEM 의제를 강력히 추진하는 많은 국가들과 국제 검사에서 좋은 결과를 갖는 많은 국가들이 탐구, 문제해결, 비판적 사고, 창의성, 그리고 혁신에 초점을 둔 잘 발달된 교육과정을 갖고 있다는 점은 놀라운 것은 아니다. 이런 교육과정들은 각 학문에서 요구하는 사고와 소양의 강조를 결합하면서, 광범위한 STEM 활동과 성취를 교육과정의 상당부분에 할애하였다.

교육 단체들은 STEM 교육에 더 큰 관심을 가져야 한다고 로비를 하는 반면에, 그런 학습의 본질과 STEM을 이루는 각 학문이 교육과정 내에서 효과적으로 통합될 수 있는 방법은 연구자들의 관심을 받지 못하고 있는 듯하다. STEM을 이루는 각 학문들 간의 면밀한 결합에 대한 요구는 미국에서 Common Core State Standards for Mathematics(www.corestandards.org/Math/)와 Next Generation Science Standards(www.nextgenscience.org)에서 나타난다. 흥미롭게도, 캘리포니아 주 교육부(STEM Task Force Report, 2014)는 STEM 교육을 "간학문적(또는 학제간) 응용 접근" 그 이상이라고 여겼다. 캘리포니아 주 교육부는 오히려 STEM 교육을 이들 네 학문에 공통적인 속성들, 예를 들어, 학생들이 "비판적 사고, 탐구, 문제해결, 협력, 그리고 엔지니어링 분야에서 종종 디자인 사고(design thinking)라고 일컫는 것들"(p. 7)로 구성되는 것으로서 보고 있다. 이런 관점은 많은 국가들이 학생들이

STEM을 이루는 각 학문들을 아우르며 학습하는데 있어서 이들 포괄적인 기술들의 중요성을 인식한 것과 맥을 같이 한다.

그러나 통합적인 STEM 접근 내에서 수학교육을 위한 관심의 한 측면은 다른 학문들에 못지않게 강한 존재와 역할을 유지할 필요가 있다. 네 학문 영역들의 균형 잡힌 분배 없이는, 수학은 그 존재 가치가 볼품없는 위험에 놓일 수 있다. 현재 발간된 STEM 보고서들의 대부분은 과학 분야와 관련되어 있다. 실제로, STEM이라는 줄임말 그 자체는 간단히 "과학"으로서 자주 언급되고 있다(e.g., Office of the Chief Scientist, 2014). 또한 많은 국가들은 각 국가의 프로그램들에서 STEM 교육의 역할을 "광범위한 과학적 소양"을 핵심 목표로 육성해야 하는 것으로서 언급하고 있다. 이들 프로그램들은 "만인을 위한 과학"을 표방하고 있으며 초등학교, 중학교, 고등학교 교육과정에서 과학교육에 대한 증가하는 관심을 반영한 것이다(Marginson et al., 2013, p. 70). Marginson 등이 의견을 제시하였듯이, 수학이 다른 학문들의 기초를 제공하고 있음에도 불구하고, STEM 교육에 대한 논의는 "만인을 위한 수학"이라는 형식을 좀처럼 채택하지 않았다. 그렇기 때문에, 이들 학문들은 "만인을 위한 수학의 무대는 **교육적으로 더욱 더 비중있게 바뀌어야 한다**"고 주장한다(Marginson et al., 2013, p. 70). 저학년에서 시작하는(e.g., Lachapelle & Cunningham, 2014) 엔지니어링 교육의 출현은 수학을 희생하여 과학을 더 취하는 방향을 잡고 있는 듯하다. 엔지니어링 교육 분야의 몇몇 연구자들이 이런 우려를 하고 있다(e.g., English & King, 2015; Honey et al., 2014; Walkington, Nathan, Wolfgram, Alibali, & Srisurichan, 2014).

통일된 STEM 접근 내에서 수학을 고찰하는 한 가지 흥미로운 방법은 네 가지 학문 각각의 통합적인 본성을 정의한 California State Department(2014)의 보고서를 보면 명백하다. 수학을 "수학적으로 소양 있는" 학생을 양성한다는 관점에서 보는데, 즉, 학생들은 "아이디어들을 분석하고, 추론하고, 의사소통하는" 방법을 알아야 할 뿐만 아니라 또한 "과학, 공학, 엔지니어링 분야에서 발생하는 질문들과 해법들을 수학적으로 제기하고, 모델하고, 공식화하고, 풀고, 해석할 수 있어야 한다"(p. 11). Honey et al.(2014)이 지적하였듯이, 그러한 관점에서 수학학습을 진전시키는 것이 잠재적으로 중요함에도 불구하고 수학은 그것을 성취하는 방법에 대해 과소 진술된 반면, 과학은 여전히 상당히 큰 주목을 받고 있는 듯하다.

STEM 내에서 수학의 역할들 가운데 충분히 이용되지 못한 역할 중 하나는 학교 밖에서 성공을 위한 결정적인 기초지식을 제공하는데 있다. 몇 가지 예를 들자면, 정치, 경제, 환경, 건강, 국방과 관련된 국가 내 논쟁 또는 국가 간 논쟁에 있어서 중요한 문제들에 대한 현명한 결정을 내리는 데 필요한 기술들이 요구되는 곳에서 말이다. STEM 내에서 디지털 정보의 기하급수적 상승과 더불어, 모순되고 잠재적으로 신뢰할 수 없는 온라인 데이터를 다룰 수 있는 능력은 결정적이다(Lumley & Mendelovits, 2012). 수학은 여러 학문들을 아우르는 데이터를 취급하는데 있어 증거에 기반을 둔 결정을 내리는데 유용한 기초자료를 제공한다. STEM의 통합에서 수학이 갖는 이 강력한 역할을 더 많이 인지할 필요가 있다.

본질적으로, 우리는 현재의 STEM 분위기 내에서 학문으로서 수학은 좀 더 강력한 목소리를 낼 필요가 있다고 주장한다. 수학은 특히 STEM 교육에 기여하는 출판물들의 급증에도 동등한 학문적 대표성을 유지해야만 한다(e.g., Honey et al., 2014; National Research Council, 2014; Purzer, Stroble, & Cardella, 2014; International Jounral of STEM Education; www.stemeducationjournal.com/). 동시에, 모든 STEM 분야의 학문들을 어우르며 수행된 연구는 교실이나 다른 관련된 학습환경에도 영향을 줄 필요가 있다. 우리가 다음 절에서 나타내듯이, 수학교육 분야나 실제로 모든 분야에서 가장 오래된 도전거리들 중 하나는 연구를 관행과 연결시키는 것이다.

연구를 관행과 연결시키기

연구와 관행을 연결하는 난제의 영구적인 본질은 우리의 의미 있는 연구 결과들을 번역하고 전파해서 이 결과들이 학습과 교수를 직접적으로 강화시키는 방법들에 기여하는 수많은 보고서, 사설, 논문에서 명백히 알 수 있다(e.g., Arbaugh et al., 2010; Burkhardt & Schoenfeld, 2003; Heid, 2012). 실제로, 수학교육 개혁에 관한 내용을 다루면서 Michael Fried와 Miriam Amit에게 이 주제를 다루어 줄 것을 요청하였지만, 실질적으로 이 주제는 이 책 전반에 걸쳐 다루어졌다. 특히, 2장, 4장, 5장, 7장, 10장, 18장, 19장, 20장, 21장, 22장, 그리고 29장은 이 주제를 다룬다. 따라서 도입에 해당하는 장에서 언급한 연구/관행의 균열에 대한 일반적인 개요는 독자가 이 Handbook의 주요한 주제에 익숙해지게 하는 역할을 한다.

연구와 교육적 관행 사이의 간극에 대한 관심, 좀 더 일반적으로 말하자면 교육 연구의 효율성에 대한 정책적 관심들은 범위가 매우 뿌리 깊고 국제적이다. Vanderlinde와 Braak(2010)이 보고했듯이, 세기의 전환기 이후로 영국, 프랑스, 네덜란드, 그리고 미국에서 정리된 주요한 정부 보고서 및 정부에서 자금을 내어 수행된 보고서들이 있었다. 뿐만 아니라 OECD's Center for Educational Research and Innovation, 그리고 Commission of the European Communities로부터 출간된 다국적 보고서들도 있었다.

교육 연구에 기금을 출원하는 것은 그 출원이 관행에 미치는 영향에 대한 공공적 그리고 정치적 인식과 엮어 있기 때문에, 연구자들은 교육 연구 결과들이 거의 활용되고 있지 못하다는 비판들(Onderwijsraad, 2003), 낮은 연구 결과의 질(Coalition for Evidence-Based Policy, 2002), 그리고 제한적인 영향(Burkhardt & Schoenfeld, 2003)에 필연적으로 주목하게 된다. 예를 들어, 지식의 생성 또는 교육 관행을 향상시키는 것을 우위에 두어야 하는지(Mortimore, 2000; Bauer & Fisher, 2007) , 원리적으로 교육 연구에서 생성된 지식이 교육적 관행을 직접적으로 설명할 수 있는지, 또는 교육적 관행을 적절하게 점검하는 것이 교육적 가능성에 대한 대화를 풍요롭게 하는지 등의 교육 연구가 해야만 하는 역할에 대한 합의가 없다(Bridges, Smeyers, & Smith, 2008; Nuthall, 2004).

연구/관행을 분리하는 것에 관한 다양한 이슈들에 대한 몇 가지 관점을 생각하기 위해서, 우리는 Broekkamp와 Van Hout-Wolters(2007)의 논문을 참고하였다. Vanderlinde와 van Braak(2010, p. 302)이 아래와 같이 요약한 것처럼, 이 논문은 교육적 관행과 관련한 근원적인 고민에 대한 네 가지 서로 다른 해석들을 확인시켜 준다.

1. 교육 연구는 종결적 결과들을 거의 산출하지 못하고 있다. 즉, 교육 연구는 모호하지 않으면서 강력한 증거를 통해서 확증된 타당하고 신뢰성 있는 결과를 제공하지 못하고 있다.
2. 교육 연구는 관행과 관련된 결과를 거의 산출하지 못하고 있다. 즉, 교육 연구는 관행적 활용면에서 제한적이다.
3. 교육현장의 교육자들은 교육 연구는 종결적이지도 못하고 관행적이지도 못하다고 믿는다. 즉, 교육 연구는 교사들에게 중요하지 않다.
4. 교육현장의 교육자들은 교육 연구를 거의 (적절하게) 사용하지 않고 있다. 즉, 교육현장의 교육자들은 교육 연구 결과를 사용할 기술들을 가지고 있지 않다.

어떤 해석을 지지하느냐에 따라서, 긍정적인 변화에 영향을 미치기 위한 행위들은 폭넓게 다양할 수 있다.

1. 계속해 오고 있는 이런 종류의 연구 문제들(Levin & O'Donnell, 1999) 그리고/또는 이들 연구 문제들을 다루기 위해서 활용해 온 방법론들(Kennedy, 1997)을 재고한다.
2. 좀 더 효과적으로 교육현장의 교육자들의 요구들을 다루는 연구들을 설계한다(Hammersley, 2002). 또한 교육현장의 교육자들에게 공동 연구자로 참여기회를 제공한다(De Vries & Pieters, 2007; Ruthven & Goodchild, 2008).
3. 연구와 관행의 결합을 유기적으로 통합하는 것을 매우 잘 완수한다(Gore & Gitlin, 2004). 또는 교사들에게 교육 연구의 체계적 지식을 가르친다(NRC, 2002).
4. 연구 결과를 좀 더 널리 전파한다(Chafouleas & Riley-Tillman, 2005). 교육현장의 교육자들에게 교육 연구 결과들의 해석과 활용을 가르친다(Edwards, Sebba, & Richinson, 2007).

Broekkamp와 Van Hout-Wolters(2007)이 말하는 중요한 점은 연구/관행의 간극에 관한 우리의 현재 논의는 "유일한 원인에 대한 분석"이 대부분이라는 것이다. "어떤 확실한 원인이 결정되었을 때, 연구와 관행의 간극을 메울 것으로 기대되었던 이 유일한 원인을 광범위하고 급진적으로 적용해 버리려는 의도가 있다. 결국 다른 원인들은 공존할 수 없는 것으로 여겨진다(p. 204)". 연구/관행의 간극에 대한 다면적이면서도 모순되는 해석들 그리고 이에 대한 신중하면서도 포괄적인 해법이 필요하다는 것을 고려할 때, 우리는 이 점을 잘 명심해야 한다.

각 장의 개요

제 1 부 : 국제 수학교육 연구에서 최우선 과제들

이제 우리는 각 부에 속한 장들에서 언급된 핵심 요점들 중 몇몇을 강조하고자 한다. 도입 장 다음에 나오는 제 1 부의 요점은 교수 및 학습과 관련한 수학교육 연구의 관심사들을 위한 외골격을 제공한다. "지난 40년간의 축적된 연구 결과물에 따르면 … 교사들이 학생 학습에 영향을 미친다."(Charalambous & Pitta-Pantazi, 2장, p. 59)는 잘 형성된 인식으로 이것이 출발점이다. 제 1 부의 저자들이 확인해 준 도전거리는 교사들과 학생들을 위해서 교수와 학습의 풍부한 연결을 밝히는데 있어서 연구 노력들이 어떻게 뒷받침하고 있는지에 관한 관점들을 제공하는 것이다.

시작을 위해서, Charalambos Charalambous와 Demetra Pitta-Pantazi(2장)는 최신 연구 문헌들을 검토하였다. 이들은 수학 **교사 지식**, **교수 관행**, 그리고 **학생 학습**에 대한 지난 10년간에 걸친 연구들에서 사용된 이론적 진전과 방법론적 진전에 초점을 맞추고 있다. 이들 주제들이 처음에는 개별적으로 다루어졌을지라도, 2장의 목적은 상호간의 관계 속에서 이 주제들을 이해하는 것이다. 2장의 문헌검토는 수학에 있어 학습/교수 관계에 대한 통찰을 이끌어내기 위한 현존하는 다면적인 노력을 상세하게 기록하고 있다.

이어지는 두 개 장은 이 기초적인 개요를 정반대 방향으로 설명하는데, 즉, 교수학습의 핵심을 향하여 내부로부터, 이들을 뒷받침하는 구조를 향한 외부로 이동한다. Susan Gerofsky(3장)는 본문에서 수학학습과 교수를 위한 토대를 모색하면서, **은유와 언어**, **인지 과학**, **기호학**, **문화 연구**, **페미니즘적 유물론**(feminist materialism), 그리고 **제스처**와 **수행**을 통한 체화(embodiment)를 강조한다. Gerofsky는 근대주의자로부터 탈근대주의자로의 감수성의 전이, 즉, 근대주의의 정신/신체의 이원론이 "정신과 신체로 존재를 분리하는 것이 불가능하다고 여기는 체화적인 세계관"(p. 83)으로 점차적으로 바뀌어가는 철학적 전이를 망라하면서 체화에 대한 현재 강조의 뿌리를 추적하는 것으로 시작했다. 체화의 다양한 접근들에 대한 Gerofsky의 개요는 수학교육 사상에 있어서 상전벽해(桑田碧海)의 전경(全景)을 제공한다. 연구자들이 개인적 연구 의제에 국소적으로 초점을 두면 이런 전경을 놓칠 수도 있다. Gerofsky는 3장에서 체화된 학습에 관한 다양한 문헌들을 자신의 Graphs & Gestures 프로젝트와 관련시켜 많은 접점들을 상세히 기술하고 난 후 이 학문의 간학문적 접근의 잠재성을 설명하면서 마무리 짓는다.

제 1 부를 마무리하기 위해서, David Kirshner(4장)는 심리학의 다양한 분파들(e.g., 행동주의, 발달주의, 그리고 사회문화주의)이 교육학자들에게 제기하는 난제들을 다룬다. 이 심리학의 분파들은 학습에 대한 각 분파의 고유한 시각을 제공한다. Kirshner는 교육적 관행을 설명하는데 이들 주요한 이론적 분파들 중의 어느 한 분파만을 채택하는 것을 경고하였다. 마찬가지로, Kirshner는 앞서 언급한 주요 분파들의 간극에서 나타난 상황인지이론, 사회적 구성주의와 같은 통합 학파들을 피한다. 과학 지식의 사회학이란 관점으로부터, Kirshner는 어떤 이론이 되었건 간에 한 이론으로 이론화하는 것(이것이 통일이든, 통합이든)은 심리학의 관심이며 성숙된 과학(mature science)의 증표인 패러다임적 통일을 성취하는데(Kuhn, 1970) 도움을 줄 수 있다고 주장한다. 그러나, 이것은 심리학에서 현재의 다중 패러다임의 실체를 부정하는 것이다. 그리고 이것은 장기간에 걸친 교육적 관행에 동기를 부여하는 학습 개념과는 분리되어 있으며 구체적인 개념들이 무엇인지에 대한 논리 정연한 이론적 기초 지식을 달성하고자 한 교육, 그 자체의 관심을 뒤엎는 것이다.

대안으로, Kirshner는 교수에 대한 독자적으로 논리 정연한 장르들을 분명하게 설명하고 있다. 각 장르들은 그 자체로 독특한 학습 목표(지식, 기능, 성향; National Council for Accreditation of Teacher Education [NCATE], 2002)를 다룬다. 각 장르는 구체적인 목적에 대한 학습의 이론화에 의해서 영향을 받는다. Kirshner는 그러한 이동은 학자들이 학습에 대한 서로 다른 기초 개념들 뒤에 줄서기를 할 때 발생하는 **갈등**과 비교할 수 없는 학습에 대한 개념들에 걸친 단일한 이론화를 억지 해석하는 과정에서 발생하는 **혼란**을 해소한다고 주장한다.

제 2 부 : 수학학습에 대한 민주적 접근

제 2 부에 있는 장들은 학교교육 전반에 걸친 정통적인 수학교육에 대한 민주적 접근이란 주제를 다룬다. 이 주제는 2판에서 다루어지기도 했는데 학습자들, 교사들, 학습 맥락과 관련된 문제들을 검토했다. 현재 3판에서, 연구자들이 좀 더 지속적인 초점을 두고 있는 것으로 학습 맥락에 대한 새로운 관점들이 발현하고 있다. 그래서 우리는 **학습 맥락에서 변화하는 양상들**(transformations)이란 주제를 검토한 장들을 한 부로 묶었다. 제 2 부는 학습자에 대한 관심도 유지하면서 또한 유아교육부터 대학 수준 수학교육에 이르기까지 학년군별로 다룬다. 수학교육 개혁이 학교에서의 학생들의 교육 경험에 영향을 미치기 때문에, 우리는 수학교육 개혁과 관련한 장을 하나 더 추가했다. 끝에서 두 번째 장은 수학교사의 교육에 초점을 맞추고 있고, 마지막 장은 가장 소홀히 다루는 주제이면서도 학교 학습과 관련된 문제들에 대한 초점을 풍성하게 해 주는 수학교육 박사과정 프로그램을 다룬다.

5장에서, Moss, Bruce, 그리고 Bobis는 현재 운영되는 많은 교육과정들에 대한 낮은 기대와 제한적인 도전거리를 반박하기 위해서 유아교육에서의 수학에 대한 역동적인 가능성의 그림을 제공한다. 현재 관행은 유아기에 개념 획득에 이르는 최적의 경로가 자유 놀이라는 유행에 뒤떨어진 관점을 포함해서, 세기, 분류하기, 모양의 이름에 초점을 둔 옹색한 교육과정 전통, 행동주의를 바탕으로 한 안내하는 수업 양식들로서 반복과 강화에 초점을 둔 여러 이론들의 혼합물을 반영하고 있다. 어린 아이들에게 가능한 학습의 깊이와 정교함을 설명하는 수업 장면들을 통해서 조명 받고 있던 자유놀이에 대한 대안인 **안내된 발견**(guided discovery)에 중점을 두면서, 5장은 이들 이론들의 대안들을 제공한다. 이들 혁신적인 교수 관행들은 기하/시각화 수업에 특별한 초점을 두어 설정되었다. Moss, Bruce, 그리고 Bobis는 현재 연구 중 급성장하는 영역으로 이 교수 관행들을 강조한다. 공평성이란 주제는 이 장 전체에서 다루어진다. 유아의 수학 성취는 훗날 학문적 성공에서 단 하나의 가장 중요한 요소이다(e.g., Watts, Duncan, Siegler, & Davis-Kean, 2014). 안내된 발견은 모든 배경의 학생들에게 공평하게 매우 성공적이다. 유아 수학교육은 성차, 계층 차, 인종 간의 성취 차를 줄이고 사회적 이동을 증가시키는 중요한 문화적 역할을 한다.

초등학교 기간으로 옮겨가면서, Carraher와 Schiliemann(6장)은 초등학교 학생들에게 학습 접근을 강화시키기 위한 방안으로서 함수와 관계라는 강력한 아이디어를 목표로 삼고 있다. 저자들은 이들 아이디어들을 장기적으로 중요한 발달을 위해 근본인 핵심 수학 내용 영역들의 좀 더 심층적인 학습과 이해를 촉진시키는 것으로 보고 있다. 저자들은 함수와 관계라는 근본적인 영역들을 검토할 때 네 가지 핵심 개념들에 의지했다. 첫 번째, 사칙연산은 그 자체로 함수이다. 함수는 학생들이 마주치는 첫 번째 예이다. 두 번째, 함수와 관계는 자연수의 범위를 넘어서는 수에 대한 학생들의 개념 발달에 중요하다. 그리고 이들은 또한 변인들을 강조한다. 세 번째, 이들 아이디어들은 산술, 대수, 기하에서 자료를 표로 나타내기, 그래프, 다이어그램, 산술과 대수 표현, 그리고 심지어 구어 및 문어와 같은 다양한 형식들로 표현을 요구하는 함수의 추상적인 성질과 연결시키는데 있어서 통합하는 역할을 한다. 마지막 개념은 등식과 부등식의 좌변과 우변이 "정의역에 따른 두 함수의 비교(p. 244)"로 볼 수 있다는 사실을 토대로 형성한다.

이런 핵심 아이디어들에 좀 더 큰 관심을 가질 것을 주장하면서, Carraher와 Schiliemann은 학생들이 기존의 교육과정에서 두드러진 주목을 받지 못한 이런 주제들에 학생들이 접근하는 것을 돕는 방법에 대한 풍부한 예들을 제공한다. 이들은 비형식적 방법들을 통해서 함수와 관계의 초기 이해 내용을 분명하게 하는 것이 일반화를 이끌어낼 수 있는 좀 더 향상된 능력뿐만 아니라 좀 더 심층적이면서 통합된 수학 지식으로 이끌 수 있다고 주장한다. 더 나아가, 이런 구인들을 일찍 알아두는 것은 주제들을 정식으로 배울 때 강력한 토대를 제공할 수 있다.

중학교 수학에 대한 접근을 검토하면서, Rojano(7장)는 평생 수학학습에 대한 접근을 설명하는 과정으로서 감각의 개발과 의미부여(meaning assignment)의 역할을 분석한다. Rajano는 기호학적 관점을 택하여 과정들과 학생들의 수학과 언어적 경험 사이의 관계에 대한 심층 분석을 제공하고, 학교급에 적절한 교수 모델들을 설계하는 가능한 방법을 주장한다. 게다가, Rojano는 학생들에게 수학에 대한 실험적 접근의 기회를 더 많이 제공하고, 학습에 여러 영역을 결합하고, 고급수학 주제들을 조기에 도입하는 것을 가능하게 해 주는 공학의 활용 방식을 다룬다. 예를 들어, 3차원 역동기하의 발달은 고등학생들이 2년제 대학이나 4년제 대학에서 배우도록 지정된 공간 기하에서 다루는 주제들에 접근할 수 있게 해 준다.

Rojano는 또한 클라우드 상에서 그리고 모바일 기기를 통한 쌍방향 교수 자료들의 급격한 성장에 대해서 간단히 다루고 있다. Rojano는 이것들을 장기적인 수학학습을 촉진하려는 사회적 양상에 중요한 영향을 미치는 것으로 보고 있다(이들 유망한 공학적 발달에 대한 좀 더 심층 논의는 이 handbook의 마지막 부에 제공되어 있다). 공학에서의 이런 돌파구들을 환영하면서, Rojano는 우리가 직면하고 있는 항상 존재하는 도전거리들 중 하나인 연구와 관행 사이의 간격을 줄이려는 작업의 필요성을 우리에게 상기시킨다. 우리는 새로운 공학도구들에 학생들이 접근하는 것이 탁월한 것이라고 추가하고 싶다. 물론, 모든 많은 나라들, 심지어 부유한 국가들조차, 학생들에게 최신의 공학도구들을 이용하게 해줄 수 있다고 가정할 수 없을 것이다. 공학도구들에 대한 접근을 수월하게 해 주는 것은 시급한 관심을 갖는 동등한 난제이다.

8장에서 대학교급 수학으로 이동하면서, Mamona-Downs와 Downs는 수학적 구조, 증명, 그리고 정의와 관련한 고급 수학적 사고에 학생들의 접근을 증가시키는 방법들을 논의한다. 이들은 수학적 구조라는 개념을 직관과 기호학을 추상 및 형식과 혼합하는 방안으로 채택했다. 이 개념을 통해서 저자들은 학교 공부로부터 대학 공부로의 과도기를 강화시키는 방법을 연구하였다. 과도기가 많은 학생들에게 어려울 수 있음을 전제한 후, 저자들은 구조가 어떻게 증명과 정의에 대한 이해를 발달시키는데 힘을 실어주는 역할을 하는지 예를 들어 설명하고 있다. 예를 들어, 증명에 대한 자신들의 관점을 고려하면서, 증명 구성이 많은 학생들에게 어려운 과정일 수 있음을 전제하면서 이들은 술어 논리(predicate logic)의 규칙들이 명확하게 준수되어야만 한다고 주장한다. 예를 들어, 학생들이 사용된 언어와 관련 구조를 이해하지 못하였기 때문에, 그들은 잘못된 논증을 수용할 수 있다.

Fried와 Amit(9장)는 모든 국가들이 직면하고 있는 도전거리인 수학교육 개혁, 실제로 전반적인 개혁의 복잡한 노력들을 다룬다. 저자들이 지적하고 있듯이, 그런 개혁은 교수와 학습 그리고 관련된 환경들, 교육과정 설계, 평가, 공학적 발달, 국가적 요구 및 경제적 요구, 문화적 가치, 그리고 사회 정의를 포함해서 이 분야에 있는 거의 모든 요소들을 겨냥한다. 마찬가지로, 수학교육에서 개혁을 다루는 연구는 이들 분야들 중 어느 한 분야로 축소해서 다루어서는 안 되고 총체적으로 다룰 필요가 있다.

수학교육 분야에서 개혁 연구를 다루기 위한 일반적인 틀을 하나 제시하면서, Fried와 Amit는 세 가지 핵심적인 서로 관련을 맺고 있는 요소들(변화, 의사소통, 협력)을 고려하고 있다. 개혁의 심장부에 변화가 놓여 있고, 변화는 의사소통과 깊게 관련되어 있고, 의사소통은 그 자체로 다양한 관심사, 전문지식, 요구를 가진 서로 다른 집단들을 포용하는 복잡한 과정이다. 개혁 연구를 통해 변화를 촉구하는 것은 의미 있는 도전이다. 물론, 연구자들은 자신들의 개혁에 대한 작업이 어떻게 변화에 영향을 미칠지 그리고 변화에 대한 예상되는 (예상하지 못한) 반응들은 무엇인지를 고려해야만 한다. 특히 많은 분야들에 걸쳐 급속한 변화들이 기대될 때 개혁 운동들이 반드시 성공적이지 않다는 점에 비추어 보면, 후자는 특히 중요하다. 마지막 요점으로, Fried와 Amit는 개혁 연구자들은 개혁 과정에서 가치의 역할을 인식하고 있어야 하는 중요성을 강조한다. 개혁 연구자들은 다른 수학교육 연구자들, 수학자들, 과학자들, 철학자들, 그리고 역사학자들의 관점과 가치를 포함해서 많은 다른 이해 당사자들의 관점들과 가치들을 고려할 필요가 있다. 따라서 개혁 연구를 착수하는 데 있어서 협력의 중요성이 강조되어야 한다.

10장에서, Pedro da Ponte와 Chapman은 이 Handbook 2판에서 한 예비 수학교사들의 교육에 대한 연구들의 검토를 2006-2013년 기간까지 포함시켜서 갱신하였다. 이 분야에 대해 저자들이 제시한 그래픽 모델은 수학 교수 지식과 교차하면서도 예비교사의 전문적 정체성을 포함하는 수학적 지식의 핵심 중의 핵심을 포함하고 있다. 이 전문적 정체성은 그 자체로 교사의 전문 공동체에 포함된다. 외부로부터 수학적 지식에 영향을 주는 것은 굉장히 다양한 문화적, 제도적, 전문적 요인들이다. 저자들의 검토는 핵심의 3가지 요소들에 중점을 두고 있다. 이때 이들은 2판과의 연속성을 제공하며 문헌에서의 경향성에 대한 논리 정연한 분석을 내 놓고 있다. 이것이 이 장의 결론부이다.

이들 경향은 계속해서 "예비교사의 수학에 대한 지식과 수학 교수에 대한 지식이 부족하다는 것"(p. 376) 뿐만 아니라 "다양한 교수법적 접근, 예를 들면, 예비교사들이 학교 수학에서 근본적인 수학의 개념을 이해하도록 도와주고 학습자의 사고에 초점을 둔 활동을 통한 예비교사의 수학과 수학학습에 대한 이해에 초점을 둔 교수법적 접근이 이러한 지식의 질에 변화를 가져올 수 있음"(p. 376)을 보인다. 연구의 인프라 측면에 대해서, daPonte와 Chapman은 대규모 연구이면서도 객관성을 확보한 연구들이 매우 적음에 주목했다(이와 관련한 논의에 대해서는 29장을 참고하기 바란다).

제 2 부는 Kilpatrick과 Spangler이 쓴 11장으로 결론을 내고 있는데, 이 장은 중요함에도 불구하고 소홀히 다루어지고 있는 주제인 "미래의 수학교육 교수 교육하기"를 다룬다. 이 교육이 각 학교급과 대학, 교육관련 학과들, 그리고 단체들에서 어떤 역할을 할 미래 교사들과 지도자들의 전문성 성장에 핵심적임을 고려해 볼 때, 제한적인 연구들만 이 주제를 다루고 있다는 것은 좀 놀랍다.

Kilpatrick과 Spangler은 비교적 최근 미국 내에서 그리고 다른 국가들에서 수학교육자들을 위한 기관에서의 박사과정 프로그램들과 이들의 성장에 대한 유익한 정보와 통찰력 있는 검토를 제공한다. 박사 프로그램들의 유형은 서로 다른 것을 강조하는 코스(course work), 박사학위논문들, 현장 경험과 관련해서 매우 다양하다. 저자들은 신임 교수들이 결국 어디에 고용되는가 하는 문제와는 별개로 신임 교수들은 수학 및 수학교육 분야에서 준비되어야만 한다고 주장한다. 박사 프로그램들은 현재와 미래 발전을 위한 필수적인 수학적 그리고 교수법적 지식, 기능, 역량의 토대들을 제공해야만 한다. 동시에, 이들 프로그램들은 미래 교수들에게 수학 교수와 수학교육에서 귀중한 경험을 제공해야만 한다.

Kilpatrick과 Spangler는 그러한 프로그램들이 시간이 지나면서 어떻게 변하는지와 무관하게 이들 프로그램들은 젊은 교수들에게 이 분야에 대한 광범위한 관점 그리고 게재된 연구를 비판적으로 분석하는데 있어서 능숙하게 만들어야만 한다고 주장한다. 우리는 다양한 수학 주제들에 대한 확고한 지식의 중요성과 연구와 발달에 대한 공감, 그리고 연구를 수행하고 비판하는 경험을 포함하는 요점들을 반복함으로 이런 점을 강조하고자 한다.

제 3 부: 학습 맥락에서 변화하는 양상들

제 3 부는 수학교육의 변화하는 맥락들과 관련된 장들을 함께 묶어 놓았다. 제 3 부에서 다룬 맥락들은 공학적 혁신들에 의해서 초래되는 업무 현장과 경제의 여러 가지 요구들, 각 학교급과 좀 더 넓은 집단들의 변하는 문화적, 정치적, 인구통계학적 환경, 그리고 복잡성 이론에 의해 야기된 변화하는 지적 풍경이다.

English와 Gainsburg(12장)는 문제해결을 검토하고 현재의 문헌을 넘어서는 차원으로 이것을 다루면서 3 부를 시작한다. English와 Gainsburg는 오랜 세월에 걸쳐 수행된 문제해결 관련 연구에서 수학교육을 위해 한 추천들이 어떻게 수많은 진자운동과 같은 극단의 논쟁들을 양산하였는지를 간략하게 검토함으로서 배경지식을 제공한다. 이 논쟁들 중에는 일반적 발견술을 지도하는 것의 효율성, 수학 내용의 역할(문제해결이 수단인가 학습 목표인가), 맥락의 역할과 관련성, 그리고 사회적 및 정서적 차원들이 문제해결 교육의 중요한 관심사가 되어야 하는 것인지가 있다.

English와 Gainsburg는 해결되지 않은 논쟁들을 살피는 것을 넘어서서 현대인들의 직장과 삶의 요구에 대한 문헌들을 조사한다. 이들은 업무 현장과 일상생활에서 변화의 원동력들 중 몇 가지 원동력, 이들 변화는 맥락에서 발생하는 양적인 문제들과 비슷한 결과적으로 발생하는 변화인데 그런 문제들을 성공적으로 해결하기 위해서 요구되는 역량들을 고려한다. 그러고 나서, 저자들은 이 장에서 소개된 오랜 기간 계속되고 있는 논쟁들로 돌아가서 21세기 문제해결의 변화하는 맥락에 대한 반응으로 가능한 해결책을 제시한다. 저자들은 학교 밖의 수학 문제를 교실 속으로 이동시킬 수 없을지라도 "학교 문제들"이 현실적으로 맥락화 될 수 있는 많은 방법들이 있다고 주장한다. English와 Gainsburg가 주장한 그 결과는 좀 더 인지적으로 도전적인 문제들이어서 학생들의 호기심을 자극하고, 비판적 사고와 창의적인 해결 방안들을 발달시킨다. 그리고 다양한 시작점과 종착점은 여러 학생들의 학습기회 증가를 촉진시키는 것을 포함한다.

13장에서, Appelbaum과 Stathopoulou는 최근 수십 년간 수학교육 분야에서 새롭게 부상하고 있는 문화 분야의 급성장하는 관심을 다룬다. 개별 심리학(individual psychology)이 우리 분야를 역사적으로 지배해오고 있기 때문에, 문화에 대한 새로운 초점을 단 하나의 대안으로 여기는 경향이 있다. 13장의 초반부에서, Appelbaum과 Stathopoulou는 이차원표의 형식을 빌어 우리가 갖고 있는 이 전제에 대한 미혹으로부터 벗어나게 해 준다. 이차원표는 문화에 대한 5가지 개념들과 수학/수학교육에 대한 6가지 개념들이 서로 교차한다. 각각의 칸은 이 분야에서 중요해진 서로 다른 관심사와 방향을 반영한다. 이 분야들은 문화로서 수학, 지식 교수법의 기금, 교수·학습에 대한 민속수학적 비평과 접근, 대중문화 연구, 대중적 교수법(public pedagogies), 비판적 수학교육(p. 436)이다. "이들은 분석적 범주는 아니지만 서로 얽힌 담론을 상호 제공할지라도"(p. 436)이 방대한 일단의 논의 속에서 우리의 특수한 위치를 확인하지 않은 채 수학과 문화를 다룬다면 이론이나 교육적 결정들에서 지리멸렬할 위험에 처한다. Appelbaum과 Stathopoulou가 쓴 이 장은 그 풍경에서 주요한 구성에 대한 통찰력 있는 개요를 제공한다. 이 개요는 개인 연구자로서 그리고 공동체로서 우리 자신의 위치를 알게 해주는 값진 자원으로서 역할을 한다.

Skovsmose와 Penteado(14장)은 철학적 렌즈를 통하여 민주주의적 이상들과 수학교육의 관계를 처리하는 복잡성을 조사한다. 이 복잡성은 부분적으로 민주주의가 발생해 온 서로 다른 형식들로부터 발생한다. 예를 들어, Rousseau의 참여 민주주의 대 대의원제 민주주의는 "논쟁의 여지가 많은 투쟁"의 형태를 취하는지 아니면 국민의 민주적 활동이 전적으로 자신의 표를 던지는 것에 있는 지로 이해될 수 있다(p. 460). 그러나, 이런 이상들이 허약해지면서, 민주주의 원리는 **사회 정의**, **공평성**, **자유**와 같은 다양한 관련된 개념들을 동원해오는데, 이들 개념들 각각마저 복잡할 뿐만 아니라 그 자체로 민주주의라고 논쟁한다. 그 결과는 긴장, 불확실성, 그리고 도전으로 특징지을 수 있는 "아포레틱 상태이다"(p. 462).

Skovsmose와 Penteado는 다양한 측면들을 민주주의라는 여러 개념들이 일반 사회에서 그리고 수학교육 실제의 축소판에서 어떻게 진행되는지를 탐구한다. 이러한 구체적인 묘사는 일관성이 있지 않으며 있을 수도 없다. 그러나 "논쟁의 여지가 있는 개념들은 분석적인 명확성을 주거나 특정 교육적 접근들에 대한 적절한 정당성을 제공하는 것 이외의 다른 기능을 가질 수가 있다." 특히 이 개념들은 "교수학적 상상력"을 촉진하여 "대안적인 관행들이 가능함을 밝히는데 도움이 될 수

있다"(p. 467)

15장에서, Anderson과 Tate는 미국 맥락에 맞추어진 수학교육 사회학을 검토하기 위하여 인종, 계층, 공평성 정책과 학문이라는 복잡한 사안들에 대해 명쾌하게 설명한다. 이 검토는 다음과 같은 네 개의 질문들로 조직되어 있다. 1) 수학교육은 어떻게 사회화되는가? 2) 교육은 자격 인정에서 어떤 역할을 하는가? 3) 사회의 다양한 주체들은 어떻게 교육에 영향을 미치는가? 4) 사회적 불평등을 만들고 유지하는데 교육은 어떤 역할을 하는가? 이 장은 사회-경제적 지위가 낮은 교실에서 발생한 한 수업 장면으로 시작한다. 그들은 이들 조직적인 질문들 각각을 다루는 과정에서 이 교실을 재조명하고, 결과적으로 이 주제에 대한 일관성과 상호텍스트성을 제공한다.

이 책의 많은 저자들과 마찬가지로, Anderson과 Tate는 문헌 속에서 마주치게 되는 다양하면서도 종종 모순되는 여러 가지 이론화와 접근을 협상하는 방법에 관한 지침을 제공한다. 특히, 여러 학문 분야들의 광범위한 배열과 이론적 노력들은 인종, 계급, 수학교육에서 공평성에 영향을 미친다. Anderson과 Tate는 수학교육을 사회학의 하위 영역인 교육사회학의 하위 영역으로 조직할 때의 미덕과 장점을 제시한다. 이런 조직 이동은 학문이 미치는 장(場)을 제공할 뿐만 아니라, 우리가 현재 게을리 하고 있는 사회학의 관점들과 구인들에 대한 접근을 촉진할 수 있다. 예를 들어, "지리공간적 관점은 교육적 성취 및 달성과 관련될 수 있는 지역 차원의 여러 요소를 고려할 것이다. 이러한 요인들은 전통적인 수학교육 학문의 범위를 멀리 벗어난 고용과 다른 경제지표들을 포함한다. 그러나 지역 수준에서의 민주적 접근의 성격을 이해하고 성공할 가능성이 있는 중재를 설계하기 위해서는 이러한 요소들에 대한 관심이 필요하다"(p. 500).

16장에서, de Abreu와 Crafter는 학교 안팎에서 수학학습의 다양한 연속성과 불연속성에 초점을 둔다. "우리의 주요 관심은 이러한 과정이 학교의 수학학습을 이해하는데 미치는 영향을 조사하는 데 있다. 무엇이 수학적 관행을 학교 내와 학교 밖의 환경 사이에서 연속적으로 또는 불연속적으로 경험하게 하는가?"(p. 506)

이 장의 구조는 수학교육의 문화 심리학에서의 역사적 변화를 반영한다. "1970년대 후반과 1980년 초의 Vygotsky 연구는 [사회문화적] 이론적 틀의 타당성을 테스트했다. 이는 고유한 문화에서 세기 시스템(counting system)과 같은 … 인지와 인지적 도구들 사이의 관계, 이들이 인지적 도구로서 어떻게 전용되고 사용되었는지에 관한 논의에 초점을 맞추었다"(p. 526). 1980년대와 1990년대에는 이 틀이 "사회적 매개 과정에 주의를 기울이기 위해서 확대되었다". 이 기간은 학교수학에서 연구의 관심이 "문화 간 비교에서 서구 사회 내의 사회적 관행으로(p. 526)" 이동해 가는 것을 특징으로 한다. 이 분야에서 3번째 전환은 후기구조주의 방향에서 연구에 초점을 맞추는데, "여러 수학적 관행에 대한 참여자로서 사람에 초점을 둔다. 이 관점에서는 불연속성이 출발점이다. 연구는 참여의 궤도를 탐구하고, 사람이 관행에서 시간이 지남에 따라, 그리고 관행들 사이에서 불연속성을 겪게 하는 과정과 변화를 가능하게 하고 연속성을 돕는 과정들을 이해하고자 한다(p. 526).” 전반적으로, de Abrey와 Crafter는 연구에서 이 이동하는 초점이 서로 다른 수학적 관행들을 가로지르는 연속성과 불연속성을 경험하는데 기여하는 상호보완적인 분석들로 여긴다. 이 새로운 국면은 이전에 한 것을 없애거나 신빙성을 떨어뜨리지 않는다.

17장에서 Davis와 Simmt는 21세기 문제해결에 대한 English와 Gainsburg의 관점들을 보충하여 완전하게 하면서 복잡한 체계가 점진적으로 확산되는 것과 복잡한 체계가 주는 영향 그리고 궁극적으로 수학 교수 및 학습을 탐구한다. 복잡성에 대해서 선뜻 수용할만한 그리고 통일된 정의는 없다. 오히려 Davis와 Simmt는 복잡성을 역사적으로, 디지털로 접근 가능하며 모델링에 근거한 수학의 한 분야로 여겨 복잡성을 수학적으로는 학습 체계의 연구로, 이론적으로는 발현하는 가능성을 양성하는 수단으로, 복잡성을 실용적으로 보는 등 다양한 관점으로부터 탐구한다. 수학교육은 교육과정의 개발과 여러 교수 접근들을 풍부하게 해줄 수 있는 다양한 사회적 조건들, 문화적 도구들 그리고 수학적 내용 사이에서 발생하는 복잡한 상호작용들의 결합에서 풍부하게 연루되어 있음을 시사한다. 불행하게도, 대용량 자료의 여러 출처들의 이용가능성과 소통을 포함해서 우리의 복잡하고 상호연결된 세계의 수학적 어포던스(affordances)는 오늘날의 수학교육과정들에 종종 적절하게 반영되어 있지 않다.

Davis와 Simmt(그리고 Lesh(2000)와 같은 다른 연구자들)은 교육과정을 위한 핵심 토대로서 복잡성을 추천하고 명료화하는 중요한 역할을 한다. 복잡성은 수학교육자들에게 학문으로서의 수학이 그리고 좀 더 STEM 학문들(과학, 공학, 엔지니어링, 수학)에 폭넓게 적용되는 중요한 교과로서 뿐만 아니라 수학교육 연구와 교실 수학의 사회체계를 포함해서 사회 체계의 기능에 대한 증가하는 통찰의 출처로도 나타낸다.

English의 연구(e.g., 2008, 2013)가 보여주듯이, 어린 학습자들조차도 모델링 문제들을 해결하는데 있어서 복잡성을 다룰 수 있다. 특히 업무 현장에서 일반적으로 사회에서 복잡하면서도 데이터에 기초한 문제들이 증가하고 이를 해결할 필요가 있는 상황에서, 수학교육과정 내에서 복잡성과 복잡계를 통합하는 것은 긴급한 주목을 요하는 문제로 남아있다.

제 4 부: 연구 방법론에서 발전

우리는 이론과 연구 방법의 관계에 특히 초점을 맞추면서 여러 가지 연구 방법들의 발전에 대해 제 4 부에서 다룬다. Thompson(18장)은 이 부를 수학의 학습과 교수에 대한 많은 우리의 연구를 이끄는 동인(動因)인 “지식”의 구성에 대한 중요한 분석을 하면서 시작한다. Thompson은 **~에 관한** 앎이란 의미에서 볼 때, 지식은 우리가 세상을 살아가면서 하는 행동들의 기저를 이루는 정신적 스킴(mental schemes)과는 분리되어야 한다고 주장한다. 대안으로, Thompson은 본질적으로 주관적인 과정을 반영하는 **의미**에 초점을 둘 것을 제안한다. 1미터 막대 3개를 끝과 끝을 이어 붙이고, 여기에 1미터 막대 하나를 더 이어 붙인 후, 전체 길이가 1미터 늘었다고 선언한 한 아동을 고려해 보자. "이 아동은 자신이 그가 1미터를 더했다는 것을 **안다**. 하지만 그것이 그에게 어떤 의미인가? '1미터'라고 부르는 막대를 하나 더 더했다는 의미인가? 아니면, 아동은 센티미터들로 구성되고, 밀리미터로 구성되고, 그래서 (등등) 으로 구성된 그러한 미터 막대 하나를 의미하는 것인가?(p. 557)" 이 장에서, Thompson은 수학을 가르치기 위한 교사들의 수학적 의미들에 초점을 둔 문항들과 도구들을 개발하는데 적절한 한 가지 방법을 약술하고 단순히 연구와 평가의 결과들을 다른 영역들(연구와 평가)에 활용하는 것이 아니라 연구와 평가를 어떻게 좀 더 충실하게 연결할 수 있는지를 검토한다.

19장에서, Callingham은 이질적인 이론적 환경 내에서 신빙성 있고 신뢰할 수 있는(trustworthy) 연구 설계를 성취하는 도전을 다룬다. 이 분야를 탐구하기 위해서, Callingham은 **환경적** 맥락 그리고 **도구적** 맥락이라는 구인들을 도입한다. 환경적 맥락은 수학교육이 실행되고 있는 한 국가 내에서의 지역들 간의 차이, 문화적 배경에 따른 차이, 사회 계급에 따른 차이, 인종에 따른 차이, 성에 따른 차이를 포함한 다양한 맥락에서 발생하는 일반화 가능성이라는 도전을 제공한다. 엄청나게 복잡함에도 불구하고, 이들 도전의 본질은 교육이 다양한 지원을 하는 학문들로부터 물려받은 방법론적 전통들을 통해서 잘 이해될 수 있다. 도구적 맥락은 "이전 경험, 선행연구에 대한 이해 및 개인적 취향의 영향을 포함하는"(p. 598) 연구자의 맥락과 관련되어 있다. 우리가 공유했다고 생각하는 전문용어들이 실제로 개인적 구인들에 조정된다는 점에서 이들 도전은 점점 더 어려워지고 있다. 예를 들어, Callingham이 논의하고 있듯이, 각 연구 팀마다 해석적 틀을 형성하려는 연구 문화 때문에 PCK라는 개념은 미국, 호주, 유럽에서 수행된 연구들에서 매우 다양한 방법들로 조작적으로 정의되고 있다.

20장에서, Cobb, Jackson, Dunlap는 디자인 연구(design research) 방법론의 본질적인 특징들에 대한 설명을 하고 믿을만한 안내를 제공하면서 디자인 연구 방법론의 제도화를 향한 상당한 노력을 하고, 두 가지 주요한 형식(교실 수업 설계와 전문성 개발)을 상세하게 탐구하고, 연구 과정을 상세하게 설명하고, 그리고 한계점들을 고려하고 있다. 그러한 한계점들 중 가장 심각한 것은 Kelly(2004)가 언급한 "논쟁적인 기본 원리(argumentative grammar)(p. 626)"의 부재인데, 이것은 "연구 문제를 자료에 연결하고, 자료는 분석에, 분석은 최종 주장과 자기 주장에 연결하는"(p. 626) 논리를 설명하는 원리가 부족해서 그 결과, "디자인 연구가 주장들을 정당화할 근거가 부족한(Kelly, 2004, p. 119)" 것이다. Cobb, Jackson, Dunlap는 이 장에서 그러한 기본 원리를 향한 어느 정도 첫 걸음을 제공한다.

Cusi와 Malara(21장)은 "이론은 관행과는 무관한 것으로 이해하고 있는 교사와 교육현장의 교육자들 사이에 널리 퍼져 있는 이론에 관한 편견인(p. 645)" 이론/관행의 간극이란 도전거리를 계속 다룬다. 이 문제에 대한 많은 차원들을 설문조사 후, Cusi와 Malara는 교사들이 이론적 탐구에 참여하기 위한 결정적 초점으로서 자신들의 관행에 대한 교사들의 자각의 질을 결정했다. 이 장은 실험자로서 교사를 자신의 교수에 대한 진지한 이론적 상호 성찰에 끌어들이기 위해 Cusi와 Malara가 사용한 새로운 도구인 다중 코멘트 녹취록(Multi-commented Transcripts)에 대해 말한다. "실험 교사(experimental-teachers)가 그들의 수업에 대한 코멘트와 반성과 함께 이 녹취록을 멘토-연구자(mentors-researchers)에게 보낸다. 그 후에, 멘토-연구자들은 자신들의 코멘트를 적어 작성자들, … 에게 보낸다. 종종 작성자들은 코멘트에 대해 자신들의 의견을 언급하거나, 새로운 것을 삽입하며 이 사이클에서 추가적인 개입을 한다"(p. 651). 이론을 통한 실제 행동을 이해하는 활동에서 일종의 도제로서 이 상호 성찰 과정은 이론/관행의 간극을 치료하기 위해 가능성이 높으면서 흥미를 유발하는 매개체가 된다.

이 부를 마무리하면서, Ruthven과 Goodchild(22장)은 교수에 대한 학술 지식과 기술(craft) 지식의 영역을 Ruthven(2002)이 도입한 "지식 창조의 대화식 순환"을 통하여 연결한다. "이 순환의 한 국면에서, 학술 지식은 교수 내에서 (재)맥락화되고 활성화되어 기술 지식의 (재)구성을 자극한다. 보완 국면에서 기술 지식은 학술 지식의 (재)구성을 연구하는 것과 자극하는 것을 통해서 유발되고 체계화된다(p. 676)." 이 장은 이 공동의 연대성을 촉진하기 위해서 이들 "접근들이 대화식 순환 내에서 지식 창출과 변환의 특정 측면에 특권을 부여하는 경향이 있다(p. 687)"는 점을 주의하면서 다양한 메커니즘(경계를 가로지르는 교훈적 장치들)을 탐구한다.

제 5 부: 첨단 공학기술들의 영향

마지막 부는 첨단 공학의 영향에 전념한다. 이 주제는 본서의 이전 판들에서 다루어 졌던 주제이기도 하다. 디지털 시대가 진화하면서, 수많은 공학도구들이 등장하고 있으며 우리의 삶도 점점 어디에나 존재하는 유비쿼터스가 되고 있다. Hegedus와 Tall(23장)이 설명하고 있듯이, 이들 공학도구들은 학생들이 학습 경험 속에 충분히 몰입하게 해주는 신나는 기회를 낳고, 결과적으로 학생들이 서로 간의 연결을 가능하게 하고, 자신들의 아이디어 및 지력·상상력의 산물들을 공유하는 것을 가능하게 해 주고, 수많은 그리고 다양한 자원들에 쉽게 접근할 수 있게 해 준다. 이 부에서 특징을 이루는 공통적인 질문은 그러한 유비쿼터스하면서도 사용이 매우 간편한 공학도구들이 어떻게 교실에서 수학적으로 유의미한 방식으로 활용될 수 있는가이다. Hegedus와 Tall이 강조하듯이, 변혁의 주도자로서 공학도구의 잠재성은 아직 실현되지 않은 듯 보인다.

수학교육자들이 이들 공학기술의 진보에 편승해서 직면한 도전거리를 다루면서, Hegedus와 Tall은 현재와 미래에서 수학학습을 위한 핵심 토대로서 다중모드 인터페이스(multimodal interface) 공학도구의 잠재성을 조사한다. 초등 저학년들에 초점을 맞추면서, 저자들은 촉각 공학도구와 멀티터치 공학도구를 활용하는 다중모드 인터페이스 학습 환경에서 최근의 발달이 어떻게 핵심 수학적 아이디어들에 많이 접근하도록 촉진시킬 수 있는지를 기술한다. 그렇게 하면서, Hegedus와 Tall은 수학적으로 사고하는 학습을 위한 강력한 이론적 토대를 기반으로 한다. 명확하게, 이들은 기초가 잘 다져진 Tall의 저서(2013)에 의지해서 인식, 연산, 추론의 근본적인 과정의 중요한 역할을 고려한다.

Watson과 Fitzallen(24장)은 다른 종류의 공학적 어포던스(affordances), 즉 통계 학습을 목적으로 삼는 컴퓨터 소프트웨어의 어포던스를 고려한다. 학생의 학습을 지원하는 비계를 마련해 주는 이들 어포던스는 이 소프트웨어가 갖는 고유한 특징들, 능력들, 유연성에 의해 결정된다. TinkerPlots라는 소프트웨어 프로그램을 이용해서, 저자들은 이들 어포던스가 어떻게 교사 학습을 촉진할 뿐만 아니라 각 학교급에 걸친 학생 학습과 평가를 촉진시킬 수 있는지 설명한다. 이 소프트웨어의 특징들 중 일부는 학습 경험을 설계할 때 학생의 학습을 방해할 수도 있고 따라서 참작될 필요가 있는 상황에서, 이들은 관련된 구인들도 함께 탐구한다. 본질적으로, Watson과 Fitzallen은 학생들이 소프트웨어가 없으면 배울 수 없는 것 또는 쉽게 배울 수 없는 것과 대비하면서 학생들이 소프트웨어를 이용해서 배울 수 있는 것을 강조해서 어떤 소프트웨어 애플리케이션들은 할 수 있는 차원을 넘어선다. 동시에, 저자들은 교사들이 수업을 계획하고 나중에 학생 학습을 평가할 때 교사를 위한 관련 어포던스를 고려한다.

Moreno-Armella와 Santos-Trigo(25장)은 수학학습에서 공학도구의 활용에 대한 전통적인 접근과 발현하는 접근들을 조화시키기 위한 여러 가지 제안들을 다른 관점에서 제공한다. 특히, 학생들이 좀 더 강력한 수학적 아이디어들에 접근을 강화하기 위해서 새로운 공학도구들의 어포던스에 편승하려는 노력을 할 때 학교 문화가 매개하는 영향을 참작해야만 한다. 저자들은 종이와 연필로 하는 학습에 대한 전통적인 접근과 공학도구가 제공해 주는 혁신적인 학습 기회들 사이의 긴장을 지적한다. 기하와 미적분의 아이디어들에 초점을 두면서, Moreno-Armella와 Santos-Trigo는 새로운 형식의 추론이 발현하는 동적 교수 모델들의 설계와 활동들을 논의한다.

이 책의 2 판(English, 2008)에 실린 자신들의 글을 확장하면서, Hershkowitz, Tabach, Dreyfus(26장)는 중학교급에서 컴퓨터화된 학습 환경에 적절한 대규모 프로젝트의 개발과 실행에 중요한 연구 과정들을 대상으로 삼는다. 특히, 저자들은 공개된 공학적 도구들(open technological tools, 여러 가지 그래픽 툴, 스프레드시트, 동적 기하 소프트웨어, 컴퓨터 대수 체계)을 대상으로 삼았는데, 이 도구들의 주요 특징은 학생들의 학습을 향상시킬 수 있는 잠재성에 있다.

Hershkowitz 등은 자신들의 연구가 디자인 연구로 시작하였지만 어떻게 궁극적으로는 공학적 환경에서 교수 및 학습과 관련한 기본적인 질문들을 산출하게 되었는지를 언급한다. 이들은 컴퓨터화된 환경이 어떻게 일차방정식과 기하 증명 및 검증과 같은 일반적인 수학 주제들에 대한 학습 상황을 개발하는데 있어서 새로운 딜레마를 산출하는지 설명한다. 이런 점에서 이들이 다루고 있는 문제들 중의 하나는 소집단들과 전체 교실 공동체 사이에서 지식을 이동시키는 중개자로서 학생의 역할이다. 이 기본적인 질문들을 다루는 것은 추상의 조작적 정의를 새롭게 만들어 내는 것과 같은 수많은 광범위한 이론적 그리고 방법론적 결과물들을 생산해냈다. 그러한 정의에 대한 필요는 이 프로젝트의 후반부에서 "학생들이 배우고 공고히 한 것은 무엇이고, 어떻게 한 것인가?(p. 798)"라는 질문으로부터 발생한다.

Pepin, Gueudet, Yerushalmy, Trouche, Chazan은 27장에서 공학도구가 수학학습을 어떻게 개선시키는지에 대한 한 가지 다른, 잠재적으로 변형적인 접근을 제안한다. 전자교과서가 수학의 교수 및 학습을 향상시킬 수 있는 방법을 탐구하면서, 저자들은 처음으로 세 가지 모델[기본적으로 종이 교과서의 디지털 버전인 "통합 e-교과서", 몇몇 이해당사자들이 요구해 오는 정보 및 의견들을 끊임없이 반영하는 진화하거나 "살아있는 e-교과서", 여러 학습 목표들(과제, 도표, 툴)을 결합한 것을 토대로 한 "툴키트 모델"의 형식을 채택한 상호작용하는 e-교과서]을 확인한다(p. 815). 이들 서로 다른 모델들을 사용하면서, 저자들은 교사-학생 상호작용의 본질을 탐구한다. 이때, 이들은 특히 e-교과서의 설계와 차후의 연구에서 중요하게 고려해야 하는 질과 논리 정연함에 초점을 맞춘다.

저자들은 교실 활용을 위한 공학도구에서 대부분의 개발에 적용될 수 있다는 중요한 주장을 한다. 이들의 주장은 개발만으로는 충분하지 못하다는 것이다. 교육 공학이 교육에 줄 수 있는 혜택에 대한 일반적인 기대가 확장되었지만, 실제 교육에서는 지속적인 변화를 만들어낼 수 있을 정도로 실현되지 못하고 있다. 그럼에도 불구하고, 교육 공학적 대상의 본질에 대한 수정이 어떻게 새로운 교수 패러다임들의 발달을 이끌어 냈는지에 대한 몇몇 예들도 있다. 저자들이 제공한 한 가지 사례는 전자 폴더로 바뀐 사진첩이다. 이 폴더는 사진들이 새로운 시각적, 사회적, 기호적 역할을 수행할 수 있게 해 준다.

첨단 공학기술들이 수학교육에 끼친 영향을 다루는 제 5 부의 마지막 장은 유치원 및 초등 저학년 교육 시기(유치원-2학년)에 전자 공학기술로 인해 증가하는 기회들을 탐구한다. 수와 기하의 두 가지 광범위한 내용 영역에 특별한 초점을 두면서, 28장에서 Sinclair와 Baccaglini-Frank는 이들 영역들에서 공학의 활용을 토대로 한 연구들로부터 주요한 이론적 발달들 중 일부에 대한 개요를 제공한다. 그렇게 하면서, 이들은 어린 아이들의 수학적 참여를 가장 효과적으로 지원해 주는 것 같은 도구들과 과제들의 어포던스를 확인한다. 이들 어포던스의 확인을 좀 더 용이하게 하기 위해서,

저자들은 광범위하게 범주화된 도구들의 범위를 정해 주고 있다. 이들이 제안한 범주는 "다목적 컴퓨터 기반 소프트웨어 프로그램들, 웹기반 애플릿, 가상학습기술들(virtual manipilatives), 프로그래밍 언어, CD-ROM, 게임들, 터치스크린 응용프로그램, 전자칠판(interactive white boards)"(p. 843)을 포함한다. Sinclair와 Baccaglini-Frank가 주목하듯이, 이들 다양한 유형들을 구분하는 것이 항상 명확하지는 않다. 이들 다양한 공학기술들의 유용한 구별되는 특징들을 제공하면서, 저자들은 교사들이 자신들의 수학 교수학습 계획안에서 공학기술들을 좀 더 잘 평가하고 선택할 수 있는 수단들을 제공한다.

교육자들과 연구자들이 선택할 수 있는 전자 기술들의 범위가 광범위함에도 불구하고, 특정한 설계의 선택이 어린이들이 가상 학습기술 자료들을 어떻게 활용하는지를 포함해서 어린이들의 학습에 어떻게 영향을 미치는지에 대한 정보가 제한되어 있다. 이 문제를 다루면서, Sinclair와 Baccaglini-Frank는 자신들이 학습의 정의적 차원, 이 도구들과 교사들이 제공하는 피드백의 서로 다른 유형들의 영향, 어포던스에 추가해서 이들 도구들이 제공하는 제약들을 다루는 것을 포함해서 중요한 연구 영역에서 나타날 것으로 생각되는 구체적인 주제들을 강조한다. 마지막 주제는 특히 핵심적인 주제이다. 사실 이 주제는 제 5 부의 여러 장들에서 강조된 것이기도 하다. Sinclair와 Baccaglini-Frank가 강조하듯이, 전자 공학도구들과 이 도구들이 학생들의 학습에 미치는 영향의 잠재력을 충분히 높게 평가하기 위해서, 그러한 제약들의 본질과 결과들을 고려될 필요가 있다. 이것은 공학도구 설계자들, 연구자들, 그리고 교사들 사이에 개선된 의사소통을 요구한다. 그리고 우리는 학생들로부터의 피드백을 추가하고자 한다.

이제 교육분야에서의 설계와 개발을 위한 국제학회(International Society for Design and Development in Education)에서 교육 설계 부분 2013년 수상자인 Hugh Burkhardt가 말한 "왜 학교 현장에서 발생하는 것에 관한 우리의 연구가 대체적으로 인과관계가 명확하지 않은 긴 여정을 거치는지"(p. 876)에 대한 아이러니한 반성으로 마무리하려 한다. 그의 특별한 관점은 연구 노력의 미립자화, 즉 많은 독자적인 연구 갈래들이 갖는 불균형적 경향, 연구가 충분하게 지속되지 않고, 대규모가 아니고, 다수 연구자 그룹 프로그램이 아님을 강조했다. "대학의 교수들과 그들의 대학원생이 대부분인 개인 연구자들은 다음에 무엇을 연구할 것인지에 대해 자율적으로 결정한다"(p. 878). 그는 생각하는 문제가 집중력 있는 연구를 할 수 있는 강력하고 깊이 있는 훌륭한 연구 프로그램이 없어서가 아니라고 주장한다. 오히려 그는 연구 지원의 인프라에서 대규모 연구 계획들의 부족, 대학에서 발주한 연구를 위한 보상제도, Burkhardt가 "학문적 가치 체계"(p. 880)라고 부른 것을 문제점으로 지적한다. 이것은 공동체로서 잘 성찰하기 위해서 우리가 해야 할 수학교육 연구에 대한 종합 비평이다.

참고문헌

Arbaugh, F., Herbel-Eisenmann, B., Ramirez, N., Knuth, E., Kranendonk, H., & Reed Quander, J. (2010). *Linking research and practice: The NCTM Research Agenda Conference Report.* Reston, VA: National Council of Teachers of Mathematics.

Bauer, K., & Fisher, F. (2007). The education research—practice interface revisited: A scripting perspective. *Educational Research and Evaluation, 13*, 221–236.

Bridges, D., Smeyers, P., & Smith, R. (2008). Educational research and the practical judgment of policy makers. *Journal of Philosophy of Education, 42*, 5–14.

Broekkamp, H., & Van Hout-Wolters, B. (2007). The gap between educational research and practice: A literature review, symposium and questionnaire. *Educational Research and Evaluation, 13*, 203–220. Retrieved from http://dare.uva.nl/document/2/52865.

Burkhardt, H., & Schoenfeld, A.H. (2003) Improving educational research: Toward a more useful, more influential, and better-funded enterprise. *Educational Researcher 32*(9), 3—14.

California State Department (2014). *Science, technology, engineering, & mathematics (STEM) information.* Retrieved from www.cde.ca.gov/PD/ca/sc/stemintrod.asp (December 16, 2014).

Chafouleas, S.M., & Riley-Tillman, T.C. (2005). Accepting the gap: An introduction to the special issue on bridging research and practice. *Psychology in the Schools, 42*, 455–458.

Coalition for Evidence-Based Policy (2002). *Bringing evidence-driven progress to education.* Report for the US Department of Education. Washington, DC, Coalition for Evidence-Based Policy.

De Vries, B., & Pieters, J. (2007). Knowledge sharing at conferences. *Educational Research Evaluation, 13*, 237–247.

Edwards, A., Sebba, J., & Rickinson, M. (2007). Working with users: Some implications for educational research. *British Educational Research Journal, 33*, 647–661.

English, L.D. (Ed.) (2008). *Handbook of international research in mathematics education* (2nd Edition). New York: Routledge.

English, L.D. (2013). Complex modelling in the primary and middle school years: An interdisciplinary approach. In G. Stillman, G. Kaiser, W. Blum, and J. Brown (Eds.), *Mathematical modelling: Connecting to practice—Teaching practice and the practice of applied mathematicians* (pp. 491–505). New York: Springer.

English, L.D., & King, D. (2015). *Integrating STEM Learning through Engineering Design: Fourth-Grade Students' Investigations in Aerospace.* Manuscript submitted for publication.

Gore, J.M., & Gitlin, A.D. (2004). [Re]Visioning the academic–teacher divide: Power and knowledge in the educational community. *Teachers and Teaching, 10*, 35–58.

Hammersley, M. (2002). *Educational research, policy making and practice.* London: Paul Chapman.

Heid, M.K. (2012). Editorial: Some thoughts on the importance of the community and on the challenge of identifying great research challenges in mathematics education. *Journal for Research in Mathematics Education, 43*(5), 502–508.

Honey, M., Pearson, G., & Schweingruber, H. (Eds.). (2014). *STEM integration in K-12 Education: Status, prospects, and an agenda for research.* Washington, DC: National Academies Press.

Kelly, A. E. (2004). Design research in education: Yes, but is it methodological? *Journal of the Learning Sciences, 13*, 115–128.

Kennedy, M.M. (1997). The connection between research and practice. *Educational Researcher, 26*(7), 4–12.

Kuhn, T. S. (1970). *The structure of scientific revolutions* (enlarged edition). Chicago: University of Chicago Press.

Lachapelle, C.P., & Cunningham, C.M. (2014). Engineering in elementary schools. In S. Purzer, J. Stroble, & M. Cardella (Eds.). *Engineering in pre-college settings: Research in synthesizing research, policy, and practices* (pp. 61–88). Lafayette, IN: Purdue University Press.

Lesh, R. (2010). The importance of complex systems in K–12 mathematics education. In B. Sriraman & L. D. English (Eds.), *Theories of mathematics education: seeking new frontiers* (pp. 563–566). Berlin: Springer.

Levin, J. R., & O'Donnell, A.M. (1999). What to do about educational research's credibility gaps? *Issues in Education, 5*(2), 177–229.

Lumley, T., & Mendelovits, J. (2012). How well do young people deal with contradictory and unreliable information on line? What the PISA digital reading assessment tells us. Paper presented at the *Annual Conference of the American Educational Research Association*, Vancouver, WA.

Marginson, S., Tytler, R., Freeman, B., & Roberts, K. (2013). *STEM: Country comparisons: International comparisons of science, technology, engineering and mathematics (STEM) education.* Melbourne: Australian Academy of Learned Academies.

Mortimore, P. (2000). Does educational research matter? *British Educational Research Journal, 26*, 5–24.

National Council for Accreditation of Teacher Education. (2002). *Professional standards for the accreditation of schools, colleges, and departments of education.* Washington DC: Author.

National Research Council. (2002). *Scientific research in education.* Washington, DC: National Academy Press.

National Research Council. (2014). *STEM learning is everywhere: Summary of a convocation on building learning systems.* Washington, DC: The National Academies Press.

National Science and Technology Council (May, 2013). *Federal science, technology, engineering, and mathematics (STEM) education: 5-year strategic plan.* A report from the Committee on STEM Education. Washington, DC: Executive Office of the President of the United States.

Nuthall, G., (2004). Relating classroom teaching to student learning: A critical analysis of why research has failed to bridge the theory-practice gap. *Harvard Educational Review,74*(3), 273–306. Retrieved from http://her.hepg.org/content/e08k1276713824u5/fulltext.pdf.

OECD (2013). PISA 2012 *Results: What students know and can do: Student performance in mathematics, reading and science.* Retrieved from www.oecd.org/pisa/keyfindings/pisa-2012-results.htm.

Office of the Chief Scientist (2013). *Science, technology, engineering and mathematics in the national interest: A strategic approach.* Canberra: Australian Government.

Office of the Chief Scientist (2014). *Benchmarking Australian science, technology, engineering and mathematics.* Canberra: Australian Government.

Onderwijsraad. (2003). *Kennis van onderwijs: Ontwikkeling en benutting* [*Knowledge about education: development and utilization*]. The Hague: Author.

Purzer, S., Stroble, J., & Cardella, M.E. (Eds.). (2014). *Engineering in pre-college settings: Synthesizing research, policy, and practices.* Purdue, IN: Purdue University.

Ruthven, K. (2002). Linking researching with teaching: Towards synergy of scholarly and craft knowledge. In L. English (Ed.), *Handbook of international research in mathematics education* (pp. 581–598). Mahwah, NJ: Lawrence Erlbaum.

Ruthven, K., & Goodchild, S. (2008). Linking researching with teaching: Towards synergy of scholarly and craft knowledge. In L.D. English (Ed.), *Handbook of international research in mathematics education* (2nd Ed.) (pp. 565–592). New York: Routledge.

STEM Task Force Report (2014). *Innovate: A blueprint for science, technology, engineering, and mathematics in California public education.* Dublin, CA: Californians Dedicated to Education Foundation.

Tall, D.O. (2013). *How humans learn to think mathematically: Exploring the three worlds of mathematics.* Cambridge: Cambridge University Press.

Vanderlinde, R., & van Braak, J. (2010). The gap between educational research and practice: Views of teachers, school leaders, intermediaries and researchers. *British Educational Research Journal, 36*(2), 299–316. doi:10.1080/01411920902919257. Retrieved from www.academia.edu/526808/The_gap_between_educational_research_and_practice_views_of_teachers_school_leaders_intermediaries_and_researchers.

Walkington, C., Nathan, M., Wolfgram, M., Alibali, M., & Srisurichan, R. (2014). Bridges and barriers to constructing conceptual cohesion across modalities and temporalities: Challenges of STEM integration in the pre-college engineering classroom. In S. Purzer, J. Strobel, & M. Cardella (Eds.). *Engineering in pre-college settings: Research into practice* (pp. 183—210). West Lafayette, IN: Purdue University Press.

Watts, T., Duncan, G., Siegler, R., & Davis-Kean, P. (2014). What's past is prologue: Relations between early mathematics knowledge and high school achievement. *Educational Researcher, 43*(7), 352–360.

수학교육에서 중요한 연구 주제들에 대한 관점들 2

교사 지식, 교수, 학습을 연결하는 복합적인 관계를 풀어 이해하기

Charalambos Y. Charalambous and Demetra Pitta-Pantazi
University of Cyprus

1960년대와 1970년대 초, 두 개의 중요한 보고서(Coleman et al., 1966; Jencks et al., 1972)에서 저자들은 교사와 학교가 학생의 학습에 미치는 영향에 대해 의문을 제기하였다. 그 이후로, 교사와 학교가 학생 학습에 있어서 **중요하다**는 것을 증명하려는 열띤 논의들이 뒤따랐다. 1970년대 이후 나타난 여러 연구가 학생의 학습에 미치는 교사의 역할을 반복적으로 입증했다(Cochran-Smith, 2003; Nye, Konstantopoulos, & Hedges, 2004; Rowan, Correnti, & Miller, 2002). 특히, 연구자들은 학생 성취에 있어서 학교 수준이나 교육 체제의 수준으로 인한 영향보다 교사 영향이 더 높은 퍼센트를 차지하는 변수라는 것을 밝혀냈다(Luyten, 2003; Muijs & Reynolds, 2000; Scheerens & Bosker, 1997). 또한 연구자들은 교사의 영향은 누적되고 수년 동안 지속된다는 것을 알아냈다(Konstantopopulos & Chung, 2011; Rivers & Sanders, 2002). 학생 학습에 결정적인 영향을 미치는 것이 무엇인지를 이해하고 시도한 지난 사십년간의 연구들은 교실에서 이루어지는 교수 **행위**가 다른 어떤 요소들보다도 중요하다는 것을 시사해왔다(Brophy & Good, 1986; Gallagher, 2004; Muijs & Reynolds, 2000; Stronge, Ward, & Grant, 2001). 다시 말해서, 교사들의 신념이나 직업 만족도와 같은 여러 가지 교사 속성들(Borich, 1992; Creemers & Kyriakides, 2008), 교사들의 경력(Palardy & Rumberger, 2008), 또는 교사들이 사용하는 수업자료(Cohen, Raudenbush, & Ball, 2003)보다도 교수(teaching) 자체가 가장 중요한 요소라는 것이다. 이러한 고무적인 연구 결과들에도 불구하고, Hiebert와 Grouws(2007)가 지적하였듯이, 교육 연구에서 해결되지 않고 남아 있는 핵심 질문은 교수에서 학생의 학습에 영향을 주는 것은 정확히 무엇인가(p. 371)이다.

이 장에서, 우리는 기존의 연구가 교수와 학습 사이의 관계에 대해 시사해왔던 바를 고찰함으로써, 앞서 언급한 핵심 질문을 다루고자 한다. 논의의 초점을 확장시켜 우리는 교수와 학습 사이의 연결고리에 또 다른 하나의 연결고리(교사 지식)를 추가해서 **교사 지식, 교수의 질, 학생의 학습 사이의 복잡한 관계**를 이해하고자 한다. 우리가 교수와 학습에 교사 지식을 추가적으로 고려한다고 해서 교사와 관련된 다른 요소들이 교수와 학습의 관계에 미칠 수 있는 영향을 과소평가한다는 것을 의미하지는 않는다(Kennedy, 2010). 다만, 다음과 같은 두 가지 이유로 교사 지식을 추가로 고려하고자 한다. 한 가지는 교사 지식 관련 분야에서 지난 십년간 누적된 연구들이 중대하다는 점이고, 다른 한 가지는 “교사 지식, 교수 관행(practice), 그리고 학생의 학습 사이에 존재하는 복잡한 관계는 기존 연구가 풀지 못한 과제이다”(p. 47)라는 Mewborn(2003)의 주장이 여전히 유효하기 때문이다. 사실 앞서 언급한 세 요소의 고리를 개념화하고 측정해 온 지난 십년간의 연구들이 이루어낸 진전에도 불구하고, 우리가 교사의 역량이 그들의 관행에 어떻게 영향을 미칠 수 있는지, 그 관행의 결과로 학생의 학습에 어떻게 영향을 미칠 수 있는지에 대해 보다 이해할 때, 다룰 수 있는 다양한 현안(懸案)들이 여전히 남아있다. 그렇게 함으로써 여태까지 수행하지 못했던 연구와 관행 사이의 연결이 더욱 탄탄해질 수 있을 것이다(Arbaugh, 2010; Langrall, 2014).

현시점에서, 교수-학습의 관계를 더욱더 깊게 이해하고자 하는 노력은 중요하면서도 시기적절하다. 교사 책무성에 대한 압력이 가중되고(Koretz, 2008; Papay, 2012), 교사교육 프로그램의 역할과 기여에 대한 논의가 심화되고 있는(Grossman, 2008) 극심한 경제 위기의 시대에, 이러한 교수-학습 관계를 풀어서 이해하는 일은 교사 양성 및 교사 연수를 위한 중대한 통찰을 제공할 수 있다. 지난 십년 동안 세계 각국은 수학과 교육과정을 개혁하였고 이것이 교사와 학생에게 더욱 큰 부담을 증가시키는 결과를 초래했다는 점에서, 교수-학습 관계는 수학 교과에서 더욱 중요한 의미를 갖게 되었다.

이러한 복잡한 관계를 이해하는 것과 관련된 지난 십년간의 성과물을 살펴보고, 향후 연구를 위한 우선순위를 가늠해 보기 위해, 이 장에서 우리는 교수-학습 관계를 세 가지 구성 요소로 분석하고 각각의 요소와 관련된 학문적 진전을 검토해 보고자 한다. 그러고 나서, 세 요소를 종합하여 그들 사이의 연결성을 탐구한다. 이 작업을 위해 여러 Handbook(*예를 들어, Handbook of Research in Mathematics Teaching and Learning, Handbook of International Research in Mathematics Education, Handbook of Research on Teaching, Handbook of Research on the Psychology of Mathematics Education, The International Handbook of Mathematics Teacher Education*)에 실린 연구들을 검토하는 작업을 시작하였다. 이 검토 작업은 지금까지 얻은 연구결과와 더불어 무엇이 미해결된 문제로 남아있는지를 파악하는 데 도움이 되었다. 그러고 나서, 우리는 지난 십년간 수학교육 학술지(*Educational Studies in Mathematics, Journal of Mathematical Behavior, Journal for Mathematics Teacher Education, Journal for Research in Mathematics Education, Mathematical Thinking and Learning, ZDM: The International Journal in Mathematics Education*)와 교사교육 학술지(*American Education Research Journal, Cognition and Instruction, Learning and Instruction, Teaching and Teacher Education*)에 게재된 연구들을 검토하였다. 우리는 이 연구물들을 세 가지 목표를 갖고 검토하였다. 첫째, 교수-학습의 관계를 구성하는 세 요소와 그 연결고리를 각각 연구하고 그들 간의 조합을 연구하는 경향을 파악하는 것이다. 둘째, 이들 Handbook에서 강조한 미해결 문제들이 기존 연구에

서 어떻게 다루어지고 있는지를 알아보는데 있다. 셋째, 향후 연구를 위해 여전히 남아 있는 문제들과 그들을 연구하는 데 있어서 우선순위를 확인하는 것이다.

그러나, 교수-학습 관계의 각 연결고리가 하나의 독립된 장을 구성할 수 있음을 알지만, 우리가 실행한 문헌 검토는 그만큼 종합적이지도 포괄적이지도 않다는 점을 먼저 언급해야겠다. 우리가 여기서 보고하고자 하는 바는 과거와 미래에 대한 이중적 접근으로 이해되어야 한다. 즉, 교사 지식, 교수, 학습 분야에서 성취한 학문적 진보와 경향을 기술하는 동시에, 향후 연구를 위한 방향을 제시하고 있다. 요지는, 우리는 향후 연구 개발을 위하여 중요하게 고려되는 기존 연구 결과와 발달을 논의의 토대로 제시하고자 한다는 것이다. 하지만 이런 접근을 취하는 모든 연구가 그러하듯이, 앞서 언급한 특정한 문헌들에 기초한 까닭에 우리가 과거와 현재를 그려낸 것과 미래를 위해 제안한 가장 중요한 연구 주제들 모두 한계를 지니고 있음을 연구자 스스로 인정하지 않을 수 없다.

이러한 맥락에서, 이 장을 네 절로 구성하였다. 처음 세 절은 연결고리를 이루는 각 구성요소인 교사 지식, 교수, 학생 학습에 각각 초점을 두었다. 각각의 절은 먼저 이론적 그리고 방법론적 영역에서 만들어진 발전 사항들을 기술한다. 그리고 지난 십년간 관찰된 개념적 그리고 방법론적 경향을 검토하고, 미해결된 문제들을 제시한다. 모든 요소를 통합적으로 고려하는 마지막 절에서, 우리는 세 구성요소의 집합체를 탐구하는 것과 관련한 지난 십년간 동향을 확인하고, 향후 연구를 위한 중요한 연구주제들을 제안한다.

교사 지식 : 교사의 핵심적 자질에 관한 이해

교사 지식이 학생 학습에 큰 영향을 미친다는 사실은 새로운 생각도 아닐 뿐만 아니라 특별히 상식에 반하는 생각도 아니다. 사실, 철학자이자 과학자였던 아리스토텔레스는 수천 년 전에 단순히 교과 지식을 배워서 정통한 사람(그는 이런 사람을 *knower*라고 불렀다.)과 과목의 내용을 알 뿐만 아니라 그것을 가르칠 수 있는 능력을 갖춘 사람(그는 이런 사람을 *master*라고 불렀다.)을 구별했다(Mason, 2008). "문외한이라 할지라도 알지 못하는 교사로부터 배울 수 없다"라는 의견에는 동의할 것이다. 그러나 20세기 내내, 교사 지식이 학생 학습에 미치는 역할에 얻은 실증적인 증거들에 따르면, 교사 지식은 학생 학습에 긍정적인 영향을 미치기도 하지만 한편으로 부정적인 영향을 미치기도 한다. 최악의 경우 그 영향을 입증하기 어렵다고 한다. 예를 들어, Begle(1979)은 교사 지식이 학생 수행에 미치는 영향을 측정하기 위해 1960~1976년에 수행된 연구들을 메타 분석했는데, 그는 교사 지식의 영향이 "우리 대부분이 예상했던 것 보다 훨씬 약한 것으로 보인다"(p. 54)라고 결론짓고, 연구의 초점을 더는 교사 혹은 교사의 개인적 자질에 두지 않을 것을 충고했다.

교사 지식에 대한 학문적 관심은 Shulman이 1986에 발표한 독창적인 연구 이후에 다시 활발해지게 되었다. Shulman은 교과 그 자체에 대한 관심의 증가를 요구할 뿐만 아니라, 교수 활동을 위해 요구되는 지식을 개념화할 수 있는 장을 마련하였다. 대부분의 교육 산출물 기능 연구(educational production function studies, 교육적 양성에 관한 기능 연구)들은 교사 지식을 교사가 수료한 이수과정 혹은 자격증 등과 같은 것들로 여기며 이런 대체물들을 탐구한데 반해(Monk, 1994), Shulman은 교사 지식을 일곱 가지의 서로 다른 요소로 구성된 것이라고 주장했다. 그 요소 중 가장 중요한 것은 교과내용지식(SMK, Subject Matter Knowledge), 교수학적 지식(PK, Pedagogical Knowledge) 그리고 교수학적 내용지식(PCK, Pedagogical Content Knowledge)인데, 마지막 제시된 요소는 지난 삼십년간 지속해서 학자들의 관심을 끌어왔다(Ball, Thamas, & Phelps, 2008; Depaepe, Verschaffel, & Kelchtermans, 2013; Graeber & Triosh, 2008). Shulman의 연구에 관심을 갖게 된 연구자들은 그의 연구를 수학 교과에 접목해서 지난 십년 동안 수학을 가르치기 위해 필요한 지식을 개념화하고 측정하는데 있어 중대한 학문적 진보를 이루었다. 다음 절에서 우리는 이러한 성과들을 다루고, 그와 동시에 미해결된 문제들을 제시한다.

수학을 가르치는데 필요한 지식의 개념화

교사들의 수학적 지식 중 풀리지 않는 문제들을 제시하며, 21세기 초, Ball, Lubienski, Mewborn(2001)은 **교수 상황 속에서** 교사 지식을 연구할 것을 촉구했다. 그들은, 교사 지식을 더 잘 이해하기 위하여, 교사들이 그 내용을 어떻게 알고 있는지 뿐만 아니라, "교사가 교수 과정에서 수학적으로 동원할 수 있는 것이 무엇인지"(p. 451)를 탐구하는 것이 필요하다고 주장했다. 그러므로 지난 십년간 관행에 기초한 접근법을 따르면서(Ball & Bass, 2003), 그 결과로 몇몇 학자들이 이 지식에 대한 여러 가지 다른 개념화를 제안해 왔다는 사실은 우연이 아니다. 이 절에서 우리는 지난 십년간 향상되고 개선된 개념화들을 선택적으로 검토하고, 향후 학계의 발전을 위해 시기상 긴급한 문제나 이슈에 대한 논의를 수행할 것이다[1].

Rowland와 그의 동료들은 예비교사들이 교생 실습 기간 제공한 24개의 수업 녹화 비디오를 분석하고 근거이론접근법을 따르면서, 수학을 가르치기 위해 필요한 지식을 관찰하는 네 가지 차원의 이론틀을 발달시켰다(Rowland, 2008; Rowland, Huckstep, & Thwaites, 2005). '지식의 사중주(KQ, Knowledge Quartet)'로 정의된 이 이론틀은 위의 학자들이 알아낸 17개의 구성 요소를 네 가지 차원으로 구분시킨다. '**토대**(foundations)'는 예비교사교육 기간 동안 획득된 지식, 믿음 그리고 이해를 포함한다. '**변환**(transformations)'은 교사가 다양한 예시들, 표현들, 설명들을 선택하고 활용하는 것을 일컫는다. '**연결**(connections)'은 교사가 개념들 사이를 연결할 때 나타나는 지식을 칭한다. '**우발**

(contingency)'은 가르치는 동안 발생하는 예상치 못한 사건에 반응하기 위해 필요한 지식과 관련이 있다. Shulman의 이론틀이나 다음 문단에서 다룰 이론틀처럼 지식 구성요소를 구분하는 데 특별한 관심을 두기보다는, KQ의 개발자들은 교사가 가르치는 동안 자연스럽게 드러나는 지식의 사례들에 더 많은 관심을 기울였다.

초등학교 3학년 수업을 일 년 내내 가르친 Deborah Ball의 수업을 분석한 것을 바탕으로, 미시간 대학교의 학자들은 '교수를 위한 수학 지식(MKT, Mathematical Knowledge for Teaching)'의 개념을 발달시켰다(Ball et al., 2008). Shulman이 구분한 SMK와 PCK을 바탕으로 두 구성요소를 재정의하고 개선하고, 확장하면서, 연구팀은 여섯 가지 하위요소로 구성된 이론틀을 제안했는데, 앞의 세 가지는 SMK에 속하는 요소이고 뒤의 세 가지는 PCK에 속하는 요소이다. **'일반 내용 지식**(common content knowledge)'은 교수 밖의 영역의 전문가(즉, 교사가 아닌 전문가)가 지니는 수학적 지식과 기능들(skills)을 일컫는다. **'전문화된 내용 지식**(specialized content knowledge)'은 수학 교수에 필요한 고유한 지식과 기술을 가리킨다. **'수학적 식견으로서의 지식**(horizon knowledge)'은 교사가 현재 가르치는 내용이 광범위한 수학 전반의 어디에 위치하고 전체와 어떻게 연결되는지를 인지할 수 있도록 한다. **'내용과 학생에 대한 지식**(knowledge of content and students)'은 학교 수학과 학생의 수학적 사고 및 오개념 모두에 정통할 것을 요한다. **'내용과 교수에 대한 지식**(knowledge of content and teaching)'은 교수 설계 단계에서 필요한 수학적 지식을 가르친다. **'내용과 교육과정에 대한 지식**(knowledge of content and the curriculum)'은 Shulman의 수업 자료와 교육과정에 대한 지식에 바탕을 둔다.

앞서 언급된 두 이론틀은 지식의 개인적 측면에 좀 더 집중한다고 여겨질 수 있는 반면에, Davis와 그의 동료들의 **'교수를 위한 수학**(mathematics for teaching)'은 교사 지식의 역동적이고 종합적인 측면(즉, 이미 소유한 지식뿐만 아니라 다른 동료들과 상호작용을 통해 발전 중인 지식)에 특히 관심을 두었다(Davis & Simmt, 2006). Davis & Renert(2013)는, Ma(1999)의 **'근본적 수학의 깊은 이해**(profound understanding of fundamental mathematics)'에 기초하여, **'발생적 수학의 깊은 이해**(profound understanding of emergent mathematics)'라는 용어를 새로 만들고 이 용어를 통해 지식의 역동적, 발생적, 복합적, 광역적인 성격을 표현하였다[2)]. 즉 이들이 말하는 교수를 위한 지식은 교사 지식이 숙달되어야 할 고정된 성격의 것이라기보다는 배울 수 있고 참여 가능한 성격의 것이라는 것을 의미한다.

'교수를 위한 수학'(Adler & Davis, 2006; Adler & Huillet, 2008)과 국제적 TEDS-M 연구에서 제안된 **'수학 교수를 위한 지식'**(Tatto, 2012)을 포함한 교사 지식의 다른 개념들 또한 지난 십년 동안 개선되어 왔다. 특정 수학 분야(예를 들면, 대수)를 가르치기 위해 필요한 지식을 연구하기 위해 개발된 이론틀 역시 계속 발달해왔다. McCrory, Floden, Ferrini-Mundy, Reckase, & Senk(2012)는 **'교수를 위한 대수 지식'**을 제안하였다.

이러한 서로 다른 이론틀들의 유용성은 교사 지식의 본질을 연구하는 것뿐만 아니라, 교사 지식과 교수의 질, 학생 학습 사이의 관계를 탐구하는 데 있어 중대한 자산이다. 그러나, 한편으로 여러 가지 이론틀의 존재와 새로운 개념화가 축적되는 속도를 살펴보았을 때, 다음과 같은 질문들을 고려해 볼 가치가 있다.

» 이러한 이론틀들은 과목의 내용을 효과적으로 지도하는 데 필요한 지식을 연구하기에 적절한 다양한 관점들을 어느 정도로, 어떤 방법으로 제시해 주는가? 이 이론틀들은 상보적인가? 그렇다면 어떻게 상보적인가?
» 교사 지식의 개인적 특성 또는 집단적/사회적 측면을 강조하는 이론틀들은 서로 양립 가능하거나 서로의 발전에 영향을 주는가?
» 교사들이 수학을 효과적으로 가르치기 위해 그들이 보유하고 개발해야 할 지식에 대한 더 나은 이해를 제공하기 위해, 이러한 이론틀들은 어느 정도로 결합할 수 있고 결합해야 하는가?

이러한 질문들에 답하기 위한 시도는 수학교육 심리를 위한 국제 모임 제 33차 학회에서 열린 포럼(Ball, Charalambous, Tames, & Lewis, 2009; Even, 2009; Newbrand, 2009), 수학교육의 유럽 연구 제 8차 회의(Clivaz, 2013), 다양한 이론적 개념들을 비교하고 종합하는 책(Petrou & Goulding, 2011)에서처럼 여러 장소와 학회에서 여러 학자에 의해 수행되었다. 제안된 이론틀들의 유사성을 지적하고 이들 이론틀들의 유용성(affordance)과 한계를 논의하면서, 학자들은 이런 이론틀들이 비록 약간은 겹치지만 어느 정도는 상보적이라고 시사했다. 그런데도 현재까지 이 방향으로 수행된 시도에 한계가 있는 만큼, 앞서 언급된 질문들을 완전하고 설득력 있게 설명하려는 노력이 더욱 많이 필요하다고 볼 수 있다(Ruthven, 2011, pp. 85-86).

수학을 가르치기 위해 필요한 지식을 이론화하고 개념화하는 것과 관련된 연구들이 계속 누적되고 있음에도 불구하고, 이론적 구인들과 이론틀을 **경험적으로 입증하는** 연구는 상대적으로 부족하다. 예를 들어, 수학 관련 PCK 연구 리뷰에서 Depaepe와 동료연구자들(2013)은 PCK와 SMK간 차이를 입증하는 것을 시도한 소수의 연구만을 열거했다. 흥미롭게도, 이러한 방향으로 수행된 몇 안 되는 대규모 연구들 중 한 연구는 PCK와 SMK가 Gymnasium 교사를 제외한 나머지 교사들 사이에서만 구별 가능함을 보여주면서(Krauss, Brunner, et al., 2008) 교사 지식의 다른 구성 요소들의 구별 가능성에 대해 심각한 의문을 제기하였다. 마찬가지로, MKT에 대한 경험적인 연구들은 MKT의 구성 요소들이 명확하게 구분되는 정도에 대해 서로 혼합되어 있다는 결과를 내놓았다(Hill, 2007, 2010; Hill, Ball, & Schiling, 2008; Hill, Schiling, & Ball, 2004). KQ와 같은 다양한 이론틀의 구인타당도(construct validity)를 경험적으로 뒷받침해 주는 연구의 부족과 더불어, 모호한 결과물들, 그리고 교사 지식의 다면성에 대한 의문이 이론적 그리고 경험적인 차원 모두에서 제기되고 있다는 사실은 다음과 같은 필히 고려되어야 할 문제들과 연결된다.

» 다양한 이론틀과 개념화에서 제시된 것처럼, 교사 지식은 어느 정도 다면적인가? 이러한 다면성은 경험적으로 뒷받침될 수 있는가?
» 만약 교사 지식이 다면적이라면, 그 다면성을 구성하는 요소들은 서로 어떻게 연결되어 있는가?
» 예비교사의 초기 양성과 현직교사의 계속적이고 전문적인 발달에 있어, 교사 지식의 구인이 다면적인 것과 일면적인 것은 각각 무엇을 의미하는가? Graeber와 Tirosh(2008)의 말을 빌리자면, 교사 지식의 특정 요소들만이 예비교사의 초기 양성을 위해 적절하고, 현직교사의 전문성 개발을 위해서는 또 다른 적절한 요소가 있다는 것인가?

교사 지식의 개념화에 밀접한 관련이 있는 것으로 '**적용가능성**(applicability)'과 '**전이가능성**(transferability)'이 있다. 적용가능성은 교사 지식을 설명하기 위해 개발된 다양한 개념화들이 개발된 맥락을 벗어난 수학 내용 영역과 학교급에 어느 정도까지 적용될 수 있는지를 일컫는다. 이 글에서 언급된 여러 이론틀은 초등학교 수학교육 맥락에서 수 감각과 수 연산을 바탕으로 상향식으로 개발되었다. 또한 전이가능성은 이러한 개념화들이 국가적 경계를 넘어, 처음 개발된 교육적 배경과는 다른 곳에도 적용될 수 있는 정도를 가리킨다. 앞서 논의된 이론틀의 대다수가 서양 국가에서 개발되고 정교화 되어 왔기에, 전이가능성을 고려하는 것은 쉬운 문제라 할 수 없다. 그런데도 지난 십년간 두 영역 모두에서 명백한 발전이 있었다.

적용가능성을 논하자면, 초기 연구들이 주로 수 감각과 연산(분수, 곱셈, 나눗셈)에 초점을 맞춘 반면에, 최근 학자들은 대수(Bair & Rich, 2011; McCrory et al., 2012; Yakes & Star, 2011; Zachariades, Christou, & PittaPantazi, 2013), 측정(Murphy, 2012), 기하(Herbst & Kosko, 2012; Nason, Chalmers, & Yeh, 2012; Yanik, 2011), 통계(Groth & Bergner, 2006, 2013)와 같이 다른 수학 영역에 점차적으로 관심이 증가하고 있다. 비록 이 모든 연구들이 다양한 수학 영역들에 앞서 언급한 이론틀의 적용가능성을 시험한 것은 아니지만, 연구자들이 관심 영역을 넓혀 다양한 수학 영역을 포함시키는 것은 향후에 학계에 긍정적 영향을 줄 수 있다. 특히 서로 다른 이론적 개념을 사용하여 교사 지식을 다양한 수학 영역에서 탐구하려는 시도는 매우 이로울 것이다. 또 하나의 연구 경향은 거의 초등 교육에 집중되었던 관심을 확장시켜 중등 교육을 포함시키는 것이다. 그러나 아쉬운 점은, 몇몇 소수의 연구들을 제외하고(Tsamir, Tirosh, Levenson, Tabach, & Barkai, 2014; Wagner, Speer, & Rossa, 2007; Zazkis & Zazkis, 2011), 유아 교육과 고등 교육에서의 교사 지식을 탐구하려는 연구가 부족하다는 것이다. 초등학생과 중・고등학생에게 수학을 가르치기 위해 필요한 지식을 비교하는 최근의 연구에서 교사에게 다른 요구가 부과됨을 지적한 만큼(Rowland, 2012), 다양한 교육 단계에서 서로 다른 이론틀과 개념들의 적용가능성을 조사하는 것은 불가피하다고 여겨진다. 이러한 면에서 다음의 질문을 해결하는 것은 필연적으로 보인다.

» 교사 지식을 측정하기 위해 개발된 이론틀이 여러 내용 역역, 여러 학교급(취학 전, 초등, 중등, 고등, 그리고 대학교육)에서 어떻게 적용가능한가?
» 교수법 연구가 상당히 쌓인 분야가 아닌 수학 영역(기하, 통계, 자료, 확률) 혹은 어떤 특정 학년에 대한 연구에 대하여 기존의 연구 지식의 노하우가 어느 정도까지 확장될 수 있을까?

전이가능성을 논하자면, 최근에 우리는 다양한 이론틀과 측정 도구가 유럽(Delaney, Ball, Hill, Schilling, & Zopf, 2008; Ng, Mosvold, & Fauskanger, 2012), 아시아(Kwon, Tames, & Pang, 2012; Ng, 2012), 아프리카 국가(Cole, 2012)에서 적용가능한지 탐구하려는 시도를 목격하였다. 이 연구들과 또 다른 연구들(Andrews, 2011; Pepin, 2011; Tatto, et al., 2012)은 전이가능성과 관련된 이슈들을 탐구하는 것이 중요하다는 것을 입증하였다. 교사 지식을 측정하기 위해서 사용된 구체적인 문항들에서 뿐만 아니라 교수 관행 그 자체에서도 차이점들이 발견되었기 때문이다. 예를 들어, Pepin(2012)의 연구에서 밝혀졌듯이, 확실하게 국제적으로 인정받고 있는 교수 관행인 학생의 아이디어들을 경청하기가 교육 제도에 따라서 다른 형태로 나타나고, 결과적으로 교육 제도에 따라 이 관행과 관련해서 교사에게 요구되는 지식이 다르다. 이러한 점에서, 연구 주제로 관심을 끌고 있는(Stylianides & Delaney, 2011) 다음 문제는 학자들의 지속적인 주목을 받아야 할 것이다.

» 앞서 언급된 이론적 구인과 이론틀은 서로 다른 교육 환경, 교육 제도, 교육 문화에서 통용되고 있다는 점에서, 이들 구인과 이론틀들이 어떠한 일반성을 가지고 있는가?
» 앞서 언급된 이론적 구인과 이론틀의 어떤 측면들이 문화에 따라 결정되고, 왜 그러한 특정성이 발생하는가? 그러한 특정성이 이론틀 자체에 있어 무엇을 시사하고, 특정 맥락에서의 교사교육에 어떠한 의미를 지니는가?

교사 지식의 이론화와 개념화에 대한 논의를 끝맺기 전에, 최근 몇 년간 관찰된 또 하나의 경향은 논의할 가치가 있다. 교사 지식에 대한 초기 연구들, 특히 1990년대에 수행된 연구들(Cohen, 1990; Wilson, 1990)과 최근의 연구들(Charalambous, Hill, & Mitchell, 2012; Lewis & Blunk, 2012; Lo & Luo, 2012; Rowland et al., 2005; Sleep & Eskelson, 2012)은 교사가 **소유한** 지식 혹은 부족한 지식을 측정하면서, 교사 지식을 정적인 관점에서 해석한 것으로 보인다. 더욱 최근에는 교사 지식을 동적인 관점에서 해석하며, 교사 지식이 어떻게 향상될 수 있는지를 살펴보려는 추세가 나타나고 있다. 그리고 이러한 동적인 관점은 지속적인 교사 전문성 함양과도 일치한다. 이러한 연구들의 핵심은 교수 발전을 돕는 상황이 어떠하든 그 상황을 구조화하는 것이다. 그 상황은 예비교사의 대학 수업일 수도(Buchholtz & Kaiser, 2013; Naspn et al., 2012; Steele, Hilen, & Smith, 2013), 교생 실습일 수도(Philipp et al., 2007), 다양한 형태와 형식을 취하는 교사 연수일 수도(예를 들면, 일본의 열린 수업(Miyakawa & Winslow, 2013), 문제해결 반복(Koellner et al., 2007), 특정 이론틀에 기반한 유도된 반성(guided reflection) (Bell, Wilson,

Higgins, & McCoach, 2010; Boston, 2013; Turner, 2012)), 혹은 대안적인 교사자격 프로그램(Lannin et al., 2013)일 수도 있다. 같은 수업을 했음에도 불구하고 그 수업이 교사들의 지식 발달에 끼치는 영향이 다를 수 있음을 보고하는 최근의 연구들이 있는 상황(Lannin et al., 2013) 뿐만 아니라 앞서 언급한 연구들로부터 도출된 희망적인 결과들이 있는 상황에서, 학자들은 앞으로 다음과 같은 문제들을 설명하기 위해 많은 노력을 기울여야 할 것이다.

» 교사 양성 교육과 교사 전문성 함양 교육에 있어 어떤 구체적인 면들이 교사 지식의 발달을 돕거나 제한시키는가?
» 만약 교사 지식이 다면적이라면, 어떻게 서로 다른 구성 요소들이 발달해 가는가? 그 중 몇몇 요소들은 다른 요소들의 발달을 위한 전제 조건인가?
» 교사 지식은 어떻게 발달하는가? 교사 학습의 발달에 구체적인 궤도들이 있는가? 있다면, 교사의 개인적인 원천(신념, 정체성 등) 또는 다른 수업적 및 상황적 원천(교육과정)이 이들 궤도에 얼마나 영향을 주겠는가?

이 글에 제시된 문제들의 목록이 결코 모든 문제들을 포함하고 있다고 할 수 없다. 그러나, 이 목록은 교사 지식의 연구 방향에 있어 유익한 영역이라 여겨지는 분야들과 연구와 관행의 연결을 도울 수 있는 것들로 이루어져 있다. 이를 마음에 새기고, 다음 절에서는 교사 지식을 측정하는 것과 관련된 문제들을 다룬다.

수학을 가르치기 위해 필요한 지식의 측정화

1990년대, 수학을 가르치기 위해 필요한 지식을 측정하기 위해 널리 사용되었던 접근법은 교사들의 관행을 관찰하는 것이었다. 학자들은, 교사들의 수업을 관찰함으로써, 교사 지식의 유무 여부에 관한 결론을 내리는 방법을 사용하였다. 지난 십년간 학계에서는 이 지식을 측정하기 위해 점점 더 복합적인 접근법을 사용하는 경향을 보였다(Sleep, Lewis, & Ball, 2007 참조).

예를 들면, 교수를 위한 수학학습(Learning Mathematics for Teaching) 연구진은 교사들이 형성하고 있는 MKT가 다양한 형태로 나타날 수 있음을 포착하기 위해 고안된 선다형 필기 문항으로 이루어진 검사도구들을 개발하고 그 정당성을 입증하였다. 이들 검사도구들은 측정하고자 하는 교과 과목을 가르치는데 수반되는 지식을 포괄적으로 포착하지만 다른 개인적 역량들은 포착해 내지 못하는 것으로 나타났다(Hill, Ball, Blunk, Goffney, & Rowan, 2007; Schilling, Blunk, & Hill, 2007, 참조). 다른 연구팀들은 교사들이 응답해야 할 다양한 상황들을 묘사한 개방형 질문을 사용하였다(Baumert et al., 2010; Tatto et al., 2012 참조). 예를 들면, 인지적 활성화(Cognitive Activation) 프로젝트에서(Baumert et al., 2010; Krauss, Baumert, et al., 2008), 교사 지식은 교사들에게 여러 가지 풀이방법을 찾아내거나, 학생의 오개념을 인지하거나, 설명을 제시하도록 하는 등의 서술형 시험에 의해 측정되었다. 폐쇄형 문항으로 이루어진 검사도구 또는 개방형 문항으로 이루어진 검사도구 중 어느 것을 이용하든지 이런 검사도구들을 이용하면서 연구자들은 대규모 연구를 실행하였다. 이는 1990년대 주로 행해졌던 단일 사례 또는 다중 사례 연구로부터 한 단계 발전하는 계기가 되었다.

선다형 필기 문항과 개방형 서술형 문항을 사용하는 전형적인 검사도구가 아닌 몇 가지 다른 방법들이 지난 십년간 교사 지식을 측정하기 위해 사용되어 왔다. 예를 들면, 교사 지식을 도출해내기 위한 촉진제로서 수학수업 동영상을 사용하기(Kersting, 2008; Kersting et al., 2010), 교사들에게 에니메이션으로 만들어진 모의 수업 중에 나오는 교사들과 학생들 간의 상호작용 논평하기(Charalambous, 2008), 교사들이 수업 후에 그들의 수업 계획과 관행을 반성할 수 있도록 하기(Imre & Akkoc, 2012), 교사들을 동영상 기반 예측 평가에 참가시키기(Norton et al., 2011) 등의 방법들이 교사 지식을 측정하기 위한 방법에 포함된다.

교사 지식에 대한 다양한 개념화에 맞는 사례들에서 나타났듯이, 최근에 다양한 교사 지식 측정 방법들을 비교대조하기 위해서 병치시키고 그들의 상대적 기여도를 검토하기 위한 시도들이 나타나고 있다. 예를 들면, Kersting과 그의 동료들은 교실 동영상 분석을 통한 교사 지식 측정이, 선다형 필기시험 측정값과 어느 정도 관련되어 있지만($r=0.41$), 수업의 질과 학생의 학습을 예측하는 것에는 더욱 효과적인 것을 입증하였다(Kersting, Givvin, Thompson, Santagata, & Stigler, 2012). K-8 학년 수학 내용 및 교육학 통합 수업과 일반 수학 내용 수업을 듣는 동안 교사들이 알게 된 MKT를 조사하면서, Copur-Gencturk와 Lubienski(2013)는 두 개의 다른 필기시험이 교사 지식 성장의 여러 가지 측면들을 포착한 것을 입증하였다. 전자가 교사들의 CCK와 SCK의 성장을 측정하는데 있어 이로운 반면에, 후자는 단지 교사들의 CCK 변화만을 측정하는 것에 그쳤다.

또 다른 학술적인 연구들은 교사 지식 측정법(혹은 측정문항)이 어느 정도로 문화적 요소에 영향을 받는지를 조사하였고, 이러한 논점이 적절하다는 증거도 제시하였다. 예를 들면, 한 국제 비교 연구에서 7개국의 교사들의 교사 지식을 조사하였는데, 교사들의 성취수준이 측정문항의 양식, 내용, 인지적으로 어려운 정도에 영향을 받을 수 있음을 시사하였다(Blomeke, Suhl, & Dohrmann, 2013).

앞서서 잠깐 언급한 것과 같이, 교사 지식을 측정하는 분야에서 추구되어 온 연구들은 향후 고민할 가치가 있는 다양한 질문들을 제시해 준다. 이 질문들 중 몇몇은 이미 학자들의 관심을 받아왔지만, 대개의 경우에 완전히 해결되지 못한 채로 남아있다. 나머지 질문들은 학자들에게 관심을 받지 못하고 있는 실정이다.

» 교사 지식을 측정하는 다양한 접근법이 지니는 유용성(affordances)과 한계는 무엇인가?

» 여러 가지 이론틀에 의해서 자명한다고 여기는 교사 지식의 역동적인 특성을 고려했을 때,

어떤 접근법이 (혹은 몇 가지 접근법들의 조합) 교사 지식을 잘 포착해 낼 수 있는가?

» 교사 지식의 측정값이 측정 방법에 얼마나 영향을 받는가? 교사 지식의 특정 측정값이 어느 정도 문화에 영향을 받으며, 그 영향에 기여하는 요소는 무엇인가?

» 만약 교사 지식이 다면적이라면, 교사 지식의 특정한 면들이 특정 접근법에 의해 포착될 수 있는가? 여러 접근법을 조합하는 것이 교사 지식 그리고 더 중요하게는, 지식의 변화를 더욱 잘 묘사할 수 있는가?

» 만약 교사 지식이 여러 교사들에게 분산되어 있다면, 어떠한 방식으로(예를 들어, 협동적 수업 계획을 통해서 혹은 집단적으로 교수방법을 분석하고 반성하는 것을 통해서) 이러한 지식을 측정할 수 있는가? 그러한 측정법을 통해서 어떠한 결론을 도출할 수 있는가?

물론, 학문적인 관심사는 교사 지식이 수업의 질과 학습에 기여하는 정도를 연구하는 것(기여도 관련 내용은 마지막 절에서 다루어질 것임)인 만큼, 교사 지식의 측정 자체가 궁극적인 목적이라고는 할 수 없다. 하지만, 우선 교사 지식의 측정값이 수업의 질과 학습과의 일치성을 보이는지에 대한 여부가 고려되어야 한다는 점은 충분히 언급할 가치가 있다. 최근의 연구에서, 지엽적 교사 지식 측정 문항(구체적으로는 교수 내용에 관한 측정 문항)에서 교사 성취도가, 교사 지식을 전체적으로 측정하는 문항에 비해, 교사의 수업 실제와 더욱 높은 연관성을 보인다고 밝힌 만큼, 이러한 문제는 간과할 수 없다(Hill & Charalambous, 2012). 이것은 교사 지식, 수업의 질, 그리고 학생의 학습 간의 관련성을 탐구하는데 있어서 학문적 진전이 생긴다면 향후 몇 년 안에 고려해야 하는 또 다른 문제를 제기한다.

» 예측 타당도(predictive validity)를 보장하고 동시에 연구 결론의 일반화가능성을 유지하려면 어느 정도 세밀하게 교사 지식을 측정해야 하는가?

앞서 논의된 교사 지식의 개념화 그리고 측정화와 관련된 일련의 문제들은 교사 지식과 관련된 연구 영역에서 제기되는 모든 문제들을 다루었다기보다는 향후 탐구를 위한 밑그림 정도로 볼 수 있을 것이다. 그렇다 하더라도, Askew(2008)의 말처럼, 향후 몇 년 동안은 이 분야의 연구자들이 살펴볼 만한 과제가 충분히 남아 있는 것으로 보인다(p. 32). 그 점을 마음에 새기며, 다음 절에서는 교수와 교수의 질 사이의 연결성을 논한다.

교수와 교수의 질 : 또 하나의 복합 영역 들여다보기

교사 지식의 개념화와 측정화에 어려움이 있는 만큼, 교수(teaching)를 정의하고, 연구하고, 측정하는 일은 훨씬 복잡하다. 사실, 교사와 교수가 학생의 학습에 중요할 것이라는 보편적 인식에도 불구하고, 교육학자들이 직면한 가장 큰 난제 중 하나는 교수를 구성하는 것은 무엇인가?(특히, 무엇이 양질의 교수를 구성하는가)와 이것을 어떻게 측정할 수 있는가이다(Cochran-Smith, 2003; Croninger, Valli, & Chambliss, 2012; Franke, Kazerni, & Battey, 2007; Hiebert & Grouws, 2007 참조). Cochran-Smith(2003)가 말했듯이, 비록 교수의 질이 중요하다는 데는 일반적으로 합의가 이루어졌지만 교수의 질과 관련된 대부분 다른 문제에 대해서는 합의가 거의 이루어지지 않았다(p. 97). 이러한 맥락에서, 우리는 다음 두 가지 중대한 문제를 살펴보려 한다. 첫째, 우리는 교수가 무엇인지를 고려한다(결과적으로 교수의 질을 어떻게 정의하고 연구할 것인지를 고려하게 될 것이다). 둘째, 우리는 교수와 그 질의 측정과 관련된 현재까지의 학문적 발전과정을 탐색하고자 한다.

교수와 교수의 질을 개념화하고 연구하기

Hiebert와 Grouws(2007)에 따르면, 교수의 질과 교수의 구성요소 및 결과 사이의 연결성을 탐구하는 데 첫 번째 단계는 교수를 **정의하는 것**이다. 기존의 정의를 종합하면서, Hiebert와 Grouws(2007)는 교수를 "교실에서 학생들의 학습목표 성취를 촉진하는데 적합한 내용을 중심으로(바탕으로) 일어나는 교사와 학생의 상호작용"(p. 372)로 이루어진 것으로 설명하였다. 우리는 이러한 상호작용이 특정한 맥락 안에서 일어나고 그 맥락에 의해 형성된다는 점을 덧붙이고자 한다.

위 정의에 포함된 상호작용과 학습 목표라는 두 가지 요소는 Fenstermacher와 Richardson(2005)가 제시한 양질의 교수를 개념화하는데 있어 핵심적이다. Fenstermacher와 Richardson에 의하면, 양질의 교수는 **좋은** 교수와 **성공적인** 교수를 합성한 것이다. **좋은** 교수를 정의할 때, 그들은 내용을 중심으로 교사-학생간의 상호작용을 언급하였고, 다음과 같이 주장하였다.

> 좋은 교수라 함은 가르치는 내용이 학문적 기준에 비추어 봤을 때 적절성과 완전성을 갖추고 있고, 가르치는 방법이 학생의 나이에 적절하고, 도덕적으로 결함이 없으며, 내용에 대한 학습자의 역량을 강화시킬 의도를 가지고 행해지는 것을 의미한다. (p. 192)

성공적이란 요소는 특정한 학습 목표를 장려하고 구체적인 학습 결과를 이끌어 내는 것이다. 달리 말하자면, "성공적인 교수는 성과를 만들고 그것이 '학습을 이끄는' 그런 교수를 의미한다"(Fenstermacher & Richardson, 2005, p. 192).

교수를 연구함에 있어 앞서 언급된 정의는 좋은 교수와 성공적인 교수를 통합적으로 이해하는 데서 시작한다. 그러나 교수의 복잡성을 이해하기 위해서라면 이러한 정의 자체만으로 충분하지 않다. 반면에, 교수를 효과적으로 분석하고 이해하기 위해서, 학자들은 교수의 구성 요소들을 분석하고 이들 구성 요소들이 학생 학습에 기여할 수 있는 기제와 조건들을 탐구하는 이론적틀을 필요로 한다. 안타깝게도, 한 세기가 넘는 시간 동안 효과적인 교수를 연구하고 구체화하려는 노력에도 불구하고, 학계는 전반적으로 교수가 무엇인지를 정확히 짚어주는 구체적인 이론과 확립된 이론틀이 (물론, 교수가 어떻게 학생 학습에 연결되는지를 구체화해주는 이론과 이론틀은 차지하더라도) 부족한 상황이다(Ball & Rowan, 2004; Hiebert & Grouws, 2007; Nuthall, 2004 참조).

이러한 이론이 교수를 이해하고 교수의 결정요인과 결과를 예측하는 능력을 향상시켜주며, 그를 통해 교수와 학습의 질을 향상시키는 데 있어 중요하다는 것은 논란의 여지가 없다(Gage, 2009). 그렇다면 그러한 이론과 이론틀을 개발하는 것은 왜 그렇게 어려운 것일까? 그 이유를 부분적으로나마 설명하자면, 아마 교수가 학습에 영향을 끼치는 방식이 한 가지로 정해져 있지 않기 때문일 것이다. 이 점은 여러 연구들, 특히 국제 비교 연구들(Hiebert et al., 2003; Stigler & Hiebert, 1999)에 의해 밝혀졌다. 이 연구들은 교수에 대한 다양한 접근에 대한 증거를 제공하고, 특정 수업적 측면의 유무만으로 학습을 설명하기에는 불충분함을 보여주었다. 그러한 점에서, 우리에게 필요한 것은 특정 방식이나 요소를 장려하는 이론이나 이론틀이 아니라, 서로 다른 요소들의 **집합체들**이 어떻게 하면 교수와 교수의 영향력에 대한 생각과 이해를 발전시킬 수 있는지를 들여다보게 해주는 이론적인 도구들이다(Hiebert et al., 2005 참조). 사실, 이것은 연구자들이 앞으로 부딪혀야 하는 또 다른 핵심 과제이다.

Grossman과 McDonald(2008)에 따르면, 교수의 영역을 찾는 것은 이 작업에 참여하기 위한 핵심적인 단계에 해당하고, 교수에 대한 여러 가지 이론과 이론틀을 개발할 수 있는 또 하나의 방법이기도 하다. 이들 학자들이 말하듯이, 지금까지 발표된 수십 년간의 연구 성과물과 많은 학술자료에도 불구하고, 교수라는 분야는 여전히 미지의 영역으로 구성되어 있다. 교수 영역에서는 교수를 기술하고, 분석하고, 향상시키는데 도움이 되는 방식들로 수업을 분석하고 분해하기 위해서 공통으로 사용할 수 있는 용어와 분석 도구들이 여전히 부족한 상태이다. Grossman과 McDonald(2008)는 이 영역을 성공적으로 분해함에 있어 몇 가지 지침을 제시하였다. 이들은 연구자는 수업 유형에 대해 불가지론적인 접근을 취하고, 교수 관행에 깔려있는 원리들을 확인할 수 있는 방향을 안내해야 하며, 교수와 그 구성요소들을 설명할 수 있는 공식적이고 명확한 용어를 확립해야 하고, 여러 연구 패러다임에 근거한 접근 방식을 취해야 한다고 제안하였다.

이러한 지침에 맞추어 개발된 최근의 전도유망한 연구 흐름은 수학 교수에서 필요한 핵심 관행을 찾는 것과 관련이 있다(Ball, Sleep, Boerst, & Bass, 2009; Grossman, Hammerness, & McDonald, 2009; Lampert, 2010; McDonald, Kazemi, & Kavanagh, 2013 참조). 비록 초기에는 학자들이 이러한 관행이 정확히 어떤 것인지를 개념화하는 방법이 달랐지만, 최근의 펜실베니아주 필라델피아에서 열린 AERA(American Educational Research Association) 2014 학회에서 학자들은 다음과 같은 정의를 제시했다.

핵심 관행이란 교사들이 학생 학습을 지원하기 위해 행하는 교수의 근간이 되는 확인 가능한 요소들을 의미한다. 이러한 관행은 교사들이 분석하고 학습할 수 있는 전략, 루틴, 이동(moves)들로 구성되어 있다. 핵심 관행은 일반적으로 적용 가능한 관행과 구체적인 교과 내용에 적용 가능한 관행 모두 포함될 수 있다(Core Practice Consortium, 2014).

그러한 관행은 학생 학습을 돕기 위해 수업 중 빈번히 사용될 수 있고, 심지어 초임 교사들도 이를 배우고 실행할 수 있다. 따라서 향후 십년 동안 연구자들에게 주어진 중요한 과제중 하나는, Franke 외(2007)가 제시한 다음과 같은 질문들을 해결해 나가는 것이다.

» 수학을 가르치는 데 있어 어떤 관행이 핵심적 역할을 하는가? 이런 관행을 어떻게 확인할 수 있는가? 그런 관행의 구성요소에 대해 합의할 수 있는가?
» 기존의 연구들이 교육 제도에 따라 수학 교수에 차이가 있음을 밝혀냈다는 점을 고려했을 때, 이런 관행은 문화적 영향을 어느 정도 받는가?
» Grossman과 McDonald(2008)의 말을 빌리자면, 이러한 관행들에 깔려있는 기본 원리들은 무엇인가?
» 어떤 기제를 통해서 그리고 어떤 조건하에서 이들 관행이 학생 학습을 지원할 수 있는가?

교수의 영역을 탐구하는 노력에 일조하기 위해, 앞서 언급된 정의를 반영하는 관행들을 고려하며 두 가지의 유사한 흐름을 가지는 연구 방향에 대해 논의하려 한다. Grossman과 McDonald (2008)가 제안하였듯이, 여러 연구 패러다임을 이용하고 교수 방법론에 대한 불가지론적 입장이 장려되는 만큼, 특정 교수 방법론을 지지하는 것을 삼가할 것이다. 또한, 지면이 제한되는 만큼, 특정 교육과정이나 테크놀로지 교수에 미치는 영향은 논외로 한다. 이런 자원들이 그 자체만으로 교수를 성립할 수 없다는 점도 그 이유 중 하나이다.

첫 번째 연구 방향은 교사 효율성 연구(Teacher Effectiveness Research, TER)와 관련이 있다. 효율적 교수를 연구하기 위한 내용 및 맥락적 차원에서 수학을 이용하는 TER과는 대조적으로, 두 번째 연구 방향은 수학 내용을 가장 중요하게 여기는 연구이다. 이를 주장하는 연구자들은 교사에게 수학 내용을 강조할 것을 요구한다. 따라서, 이 글에서 우리는 핵심 관행 정의의 마지막 줄 내용인, 교과 내용에 기반한 관행과 일반적으로 적용 가능한 관행을 모두 검토한다. 첫 번째 연구 방향은 일반적 관행을 다루는 반면, 두 번째 연구 방향은 내용에 기반한 관행에 더욱 가깝다고 할 수 있다.

개별적으로 진행된 최근의 TER 연구들(예를 들어, Klieme, Pauli, & Reusser, 2009; Kyriakides & Creemers, 2008; Pianta, Belsky, Vandergrift, Houts, & Morrison, 2008; Stronge et al., 2011)과 그 이전의 TER 연구들(예를 들어, Brophy & Good, 1986; Creemers, 1994)과 더불어, 특히, 메타 연구 분석(Hattie, 2009; Kyriakides, Christoforou, & Charalambous, 2013; Kyriakides, Creemers, Antoniou, & Demetriou, 2010; Scheerens & Bosker, 1997; Seidel & Shavelson, 2007)은 학생 학습에 일관성 있게 기여한다고 밝혀진 관찰 가능한 교수 행동에 대한 정보를 많이 제공한다. 또한, 이러한 연구들(특히 메타 분석)은 교사의 어떤 배경적 특성보다도 이들 관행

들이 더 중요한 영향을 끼치는 결정요인이라는 점을 증명하였다(Hattie, 2009; Muijs & Reynolds, 2000 참조). 비록 이런 행동들이 수학 내용에 기반한 연구에서 발견되었다고 할지라도, 이런 행동들은 서로 다른 교과에도 적용가능하다는 점에서 **일반적**이라고 할 수 있다. 다시 말해서, 이런 행동들의 적용가능성은 이들 연구가 수행된 교과의 경계를 초월한다. Muijs 등(2014)은 TER을 당대 시점에서 으뜸의 연구로 여기며 지난 35년간 행해진 연구의 결과들을 종합하였고, 그 결과 일반적 교수 관행을 목록화 하였다. 이 교수 관행 목록의 맨 위에 놓여 있는 두 가지 관행은 학습 기회(opportunity to learn)와 학생들이 과제에 집중하는 시간에 대한 것이다. 정보의 구조화와 효과적인 질문(낮은 수준과 높은 수준의 질문 모두 포함)을 통한 학생의 사고 유도, 그리고 학생에게 시기적절한 피드백 주기 역시 그 목록에 포함되어 있다. 학급 경영과 생산적인 학생-학생 간 그리고 교사-학생 간의 상호작용을 통한 긍정적인 학습 환경 조성 역시 학습에 중요한 영향을 끼치는 것으로 나타났다(Bell et al., 2012; Kane, Taylor, Tyler, & Wooten, 2011). 추가적인 일반적 관행은 선행조직자 사용하기, 개념도(concept mapping) 이용하기, 미리 푼 예제들을 학생들에게 보여주기, 학생에게 연습과 응용의 기회 제공하기 등이 있다(Creemers & Kyriakides, 2008; Hattie, 2009 참조).

이 목록에는 교과 내용과 수학교사에게 필요한 사항에 대한 철저한 조사가 이루어지지 않았다. 이것은 Shulamn(1986)이 그 당시 연구물 중 부재한 패러다임을 지적하면서 확인한 것이다. 그 후 지난 20년 동안 내용에 대한 강조가 현저히 증가해왔고, 수학 내용에 기반한 관행에 집중된 연구들이 다수 실행되어 왔다. 예를 들어, 이러한 관행들은 특정 수학적 개념이나 절차의 의미를 강조하기 위해서 표현들을 사용해서 연결하기(Huang & Cai, 2011; Izsák, Tillema, & Tunç-Pekkan, & 2008; Mitchell, Charalambous, & Hill, 2014; Murata, Bofferding, Pothen, Taylor, & Wischnia, 2012), 수학적인 개념과 실생활 상황 간의 연결성 찾기(Gainsburg, 2008), 증명과 추론에 참여하기(Bieda, 2010; Stylianides, 2007), 규칙성을 찾고 일반화하기(Ellis, 2011)를 포함한다.

또 다른 관행들은, 수학 이외의 교과에도 적용될 수도 있겠지만, 수학만 갖고 있는 학문적 필요에 의해 정의된 특정 형태와 형식 때문에 수학을 가르치는데 특성화되어 있기도 하다. 예를 들어, 이들 관행에는 다음과 같은 것들이 포함된다. 설명 제공하기(Charalambous, Hill, & Ball, 2011; Gil & Ben-Zvi, 2011), 학급 토론의 방향을 수업 목표인 수학적 목표 지점으로 끌고 가기(Sleep, 2012; 방향성이란 개념에 대해서는 Hill, Blunk, et al., 2008 참조), 수학 개념이나 과정의 이해를 돕기 위한 적절한 예와 반례를 선택하고 사용하기(Mills, 2014; Rowland, 2008b; Zazkis & Chernoff, 2008; Zodik & Zaslavsky, 2008), 학생이 복잡한 문제에 참여하는 것에 있어 인지적 노력 수준을 정립하고 유지하기(Boston & Smith, 2009; Jackson, Garrison, Wilson, Gibbons, & Shahan, 2013; Stein, Smith, Henningsen, & Silver, 2000), 개인 활동을 하는 동안 학생들의 반응을 검토하고, 전체학급토론에서 전시하고 공유할 반응을 의도에 맞게 선택하고 배열하기(Cengiz, Kline, & Grant, 2011; Jackson et al., 2013; Nathan & Kim, 2009; Stein, Engle, Smith, & Hughes,

2008), 일반적으로, 수학을 하고 배우기 위한 지원하기(Chapin, O'Connor, & Anderson, 2003; Franke et al., 2007). 이러한 관행들을 확인하고 어떻게 수업에서 실행할지를 탐색하는 것 뿐만이 아니라, 그 관행들을 면밀하게 검토하고 이들을 구성하는 하위요소로 분해해야 한다는 제안에 따라, 앞서 열거한 연구들을 통해 학자들은 이러한 교수관행들에 내재된 요소들과 그 규칙성을 식별해 가며 심도있는 연구를 해왔다.

요약하자면, 일반적 관행 혹은 내용 기반 교수 관행을 면밀히 조사하는 연구들이 증가하는 추세이다. 이들 연구들이 **수학**을 가르치는데 수반되는 것을 보다 잘 발견하고 이해하는 데 있어, 다음과 같은 연구 질문들이 향후 연구에 생산적인 방향성을 제공할 것으로 보인다.

» 지금까지 고려한 관행들이 수학 교수의 질을 파악하는데 충분한가? 그렇지 않다면, 그 외에 어떤 관행들이 중요하며 이런 관행들을 어떻게 확인할 수 있는가?
» 이들 관행이 어떠한 형태로 나타나는 것이 교수의 질을 정의할 수 있는가? 그리고 이들 관행이 학습에 도움이 되는 밑바탕이 되는 메커니즘은 무엇인가?
» 이들 관행은 학생 집단에 따라 동일하게 효과적으로 적용될 수 있는가? 대부분 연구들이 초·중등학교에서 수행되었는데, 이들 관행들은 초등 이전 또는 대학 교육에서도 효과적일 수 있는가? 더 일반적으로, 어떤 조건과 어떤 학생 집단에서 이들 관행이 학습에 효과적인가?
» 이들 관행은 비인지적인 학습 결과를 증진시키는데도 동일하게 효과적인가? 어느 정도로 이들 관행이 고차원적 사고 기술을 증진시키는데 효과적일 수 있는가?
» 이들 관행이 교수의 질과 학생 학습에 기여하는 정도의 차이에 따라서 이들 관행들 간의 위계를 정하는 것이 가능할까? 그러한 위계가 성립가능하다면, 그러한 위계가 예비교사교육이나 현직교사의 관행 개발에 주는 시사점은 무엇인가?

여러 관행의 복합체가 지닌 중요성을 고려할 때, 그리고 앞서 언급된 두 종류의 연구 방향이 거의 대등하게 몇 년 동안 진행되어 온 것을 고려할 때, 향후 십년 동안 연구자나 교사들이 우선순위로 여겨야 하는 논점은, 일반적인 관행과 내용에 기반한 관행들 간의 상승효과를 조사하는 것이다. 그러한 상승효과를 조사하는 것은 두 종류의 연구에 참여하는 연구자들이 모두 강조해 온 부분이다(Brophy, 1986; Grossman & McDonald, 2008; Hamre et al., 2013). 최근의 한 연구에 따르면(Charalambous, Komitis, Papacharalambous & Stefanou, 2014), 교사들 역시 그러한 관행들의 통합을 지지하는 것으로 나타났다. 교사들은 두 종류의 관행을 거의 동등하게 중요하다고 생각했으며 자신들의 수업에 적용하는 것이 실천 가능하다고 답하였다. 이러한 점에서, 다음과 같은 질문들은 고려할 가치가 있다.

» 일반적 관행들과 내용에 기반한 관행들의 조합이 학생 학습을 보다 잘 설명하는데 어느 정도로 도움을 줄 수 있는가?
» 이 조합은 어떤 형태를 띠며, 어떠한 성질을 갖는가? 일반적 관행과 내용에 기반한 관행은 수업에 개별적으로 영향을 끼치는가? 아니면 이 조합의 영향은 상승작용/상호작용 할 것인가? 한 종류의 관행이 다른 종류의 관행의 결과에 어느 정도 영향을 미치는가?
» 그러한 관행들 중 어떤 조합은 다른 조합들 보다 먼저 이루어져야 하는가? 즉, 관행들의 특정한 조합을 효과적으로 실행하는 것이 다른 관행들의 효과적인 실행의 전제 조건이 되는가? 만약 그렇다면, 이것이 교사교육에 주는 시사점은 무엇인가?

교수의 복잡성과 이것을 연구하는데 내재되어 있는 어려움을 고려할 때, 서로 다른 종류의 관행들과 서로 다른 종류의 관점들을 조합하는 것은 그 복잡성을 다루는 적절하고 희망적인 방법으로 보인다. 교수가 무엇인지 개념화하고 이를 연구하는 것과 관련된 논의는 뒤로 하고, 다음 절에서는, 그와 동등하게 난해하지만 논의할 가치가 있는, 교수의 질을 측정하는 문제를 다룬다.

교수와 교수의 질 측정

약 30년 전, 교수와 교수의 질을 측정하는 것에 대한 글에서, Shavelson, Webb & Burstein(1986)은 교수를 연구하는데 "측정 영역은 방대하고 […] 이 영역 내의 각 주제는 매우 복합적이다"(p. 86)라고 주장했다. 지난 30년 동안 급속도로 축적되고 있는 교수와 교수의 질을 측정하는 연구결과물은 이 주장을 설득력 있게 증명할 수 없었다. 실제로, 교수의 질을 측정하기 위한 접근법이나 검사 도구 개발에 있어서 상당한 진전이 있었다. 이러한 진전에도 불구하고, 교수 측정이 관심 분야인 연구자들은 여전히 여러 가지 문제에 직면해 있다. 우리는 이런 문제 중 일부를 검토하고 향후 연구에 대한 방향성을 제시하면서, 또한 교수의 질을 측정하는데 있어서 발전된 여러 방법을 고려하고자 한다. 최근에 많은 관심을 받아 온 교실 관찰에 주목하고자 한다.

교수가 얼마나 복잡한 것인가를 고려한다면, 그 질을 측정하기 위한 첫 번째 문제는 교수의 이 어떠한 측면을 측정할 것인지 결정하고, 그 면을 정의하는 것과 관련이 있다. Correnti & Martinez(2012)는 이 문제를 다음과 같은 점에 주목하여 설명하였다. "가르치는 데 있어 다양한 측면들이 있다. […] 우리는 이 다양한 측면들을 선택해서 측정할 수 있다. 각 측면은 서로 다른 방법과 서로 다른 언어로 정의되고 묘사될 수 있는 복잡한 독립체를 나타낸다"(p. 55).

이 문제는 부분적으로 무엇이 교수의 질을 구성하는지에 대한 명확하고 모두가 동의할 만한 개념화의 부족에서 기인한다(Ball & Hill, 2009; Gage, 2009; Hiebert & Grouws, 2007). 교수와 교수-학습 사이의 관계에 대한 잘 정의된 이론틀이 없는 상태에서, 교수의 질을 측정하려는 노력은 그다지 생산적이라고 할 수 없을 것이다. 왜냐하면 연구들이 교수와 교수에 선행하는 것 및 후행하는 것(즉 결과)을 연결해 주는 견고한 가설이 없기 때문이다.

두 번째 문제는 앞의 문제와 밀접하게 관련되어 있는데, 교수의 여러 다른 측면들의 복합체를 살펴보는 것과 관련 있다. 앞서 논의 되었듯이, 교수란 단지 구성 요소들의 총합이라고 볼 수가 없다. 비록 교사가 교실에서 표현을 사용할 때 이끌어내는 수학적 연결들의 질이라던가, 교사가 교실에서 제기하는 발문들의 질 같은 것을 조사하는 것도 중요하겠지만, 훨씬 더 중요한 것은 그러한 관행들의 복합체를 연구하고 측정하는 것이라고 할 수 있다. 하지만, 수학 교수의 질을 결정하는 무수히 많은 요소 중에서 무엇을 포함시키고 무엇을 배제할까 하는 난제가 남아있다. 연구자들의 교실 관찰에 있어, 단지 관찰만해서 얻을 수 있는 요소들보다 교실 내 상호작용을 녹화하여 더 많은 요소들을 관찰할 수 있다.

세 번째 문제는 교수와 학습이 진공 상태에서 일어나는 것이 아니므로 교수 학습 모두 여러 가지 외적 요소 영향을 받는다는 것에 있다. 이것은 교수의 영향과 교수 외 다른 요소들의 영향을 구분하는 것을 어렵게 만든다. 이 점을 지적하며, Gitomer(2009)는 몇몇의 경우에는 교수의 질을 나타내는 신호(signal)가 존재하지만, 매우 소음이 높은 상황 속에서는 그 신호를 잡기 어렵다고 주장하였다. 그는 다음과 같이 주장하였다.

> 우리의 분석 모델은 매우 소음이 높은 상황 속에서 지속적인 신호 포착을 시도하였다. 그리고 약한 신호들이 종종 포착된다는 것은 꼭 그 신호가 약하다는 것을 의미하지는 않으며, 아마도 다른 소음이 너무 압도적인 탓일 수도 있다. 알람 신호가 지하철에서는 그리 크게 들리지 않는 것과 같은 이치이다. (p. 229)

따라서, 교수의 질을 측정하고 이를 학생 학습과 연결하려는 것에 몰두한 학자들에게 정말 중요한 것은 소음을 제거하고 신호를 잘 잡아낼 수 있는 방법들을 알아내는 것이다. 이러한 방향으로, 교수를 측정할 수 있는 다양한 도구를 사용하고 도구를 결합함으로써 주목할 만한 성과가 나타났다. 이러한 점은 이 절에서 논의할 마지막 문제와 관련되어 있다.

네 번째 문제는 교수의 질을 측정하기에 적합한 도구 개발과 이를 활용하여 교수의 질을 규모에 맞도록 측정하는 것과 관련이 있다(Ball & Hill, 2009; Chester & Zelman, 2009). Hiebert & Grouws(2007)는 그러한 도구를 개발하는 것은 학습 측정도구를 개발하는 것보다 어렵다고 주장하였다. 그 이유는 교수의 복잡성 때문이기도 하고, 학습에 비해 교수가 연구자들에게 주목을 많이 받지 못했기 때문이기도 하다. 다행히도, 지난 십년간 교수와 그 측정의 문제에 대한 관심이 증가되었다. 그것은 교수를 연구하기 위해 발전되어 온 여러 가지 방법론에 의해서 그리고 교수의 질을 측정하기 위해 사용된 방법들을 개선시키려는 현재 진행 중인 논의에 의해서 입증된다. 교실 관찰을 제외하고서라도(우리는 이것에 대한 더 깊은 논의를 후에 진행할 것이다), 이러한 방법에는 교사 평가(Kunter & Baumert, 2006; Mayer, 1999), 학생 평가(Fauth, Decristan, Rieser, Klieme, & Buttner, 2014; Kunter & Baumert, 2006), 교수 관행에 관한 교사와의 면담(Murphy, 2012), 교사 일지(Rowan, Harrison, & Hayes, 2004), 과제와 같은 교수 도구들(Baumert et al., 2010; Boston, 2012; Martinez, Borko, Stecher, Luskin, & Kloser, 2012), 여러 가지 교수 상황에서 교사들이 어떻게 반응할 것인지를 알아보는 구조화된 교실 장면(Stecher et al., 2006)이 포함된다.

이 모든 방법론이 가지는 각각의 장점과 제한점(Ball & Rowan, 2004; Croninger, Buese, & Larson, 2012) 때문에, 교수의 질을 더 잘 이해하고 포착하기 위해서는, 여러 접근법이나 측정 도구들을 복합적으로 사용할 필요가 있다는데 동의하는 움직임이 늘고 있다. 향후 십년간은 서로 다른 접근법이나 도구의 **조합**이 어떠한 장점과 제한점을 지니는지를 구체화 하는데 좀 더 많은 노력을 쏟아야 할 것이다. 검사도구와 접근법의 서로 다른 조합이 교수의 특정 측면을 연구하는 데 있어서 비용면에서 효율적일 수 있다는 점을 고려하면, 학자들은 어떠한 조합이 교수와 교수-학습 사이의 관계성을 연구하는데 효과적인지 그리고 어떠한 조건하에서 연구가 이루어졌는지에 대해 좀 더 명확히 할 필요가 있다. 예를 들어, 2학년 학급에서 수 감각과 연산을 가르치는 교수의 질을 연구하는 상황과 8학년 학급에서 대수를 가르치는 것을 연구하는 상황에서 교실 관찰과 학생 평가 조사지는 동등하게 효과적일 것인가? 좀 더 포착하기 어려운 교수의 측면을 측정하는 데 있어(예를 들면, 요구되는 인지적 노력 수준의 정도라던가 교사에 의해 제공되는 설명의 질) 특정 도구들의 조합이 교수의 질을 포착하는 데 있어 더욱 효과적일 것인가? 교수의 질과 그 영향에 대한 학계의 이해도를 높이기 위해서, 어떤 하나의 특정 조합이 모든 것을 해결해 줄 것이라는 접근법은 오히려 비생산적일 것이라고 가정한다. 이 가정은 특정 내용에 기반한 교수의 질이 일반적인 교수의 질을 측정하는 것보다 더욱 어렵다는 최근의 결과(Praetorius, Pauli, Reusser, Rakoczy, & Klieme, 2014)에 의해 더욱 설득력을 갖게 되었다.

우리는 이 절에서 최근 십년간 더 큰 관심을 받아 온 교실 관찰 접근법(직접 관찰 또는 비디오 녹화된 수업 관찰)에 초점을 맞추려 한다. 교실 관찰 접근법이 주목을 받는 이유는 첫째, 교사들에게 부과되는 책무성에 대한 압박 때문이고(McClellan, Donoghue, & Park, 2013; Papay, 2012), 둘째, 기술의 진보로 인해 비디오 녹화와 분석에 수반되는 비용이 절감되었기 때문이기도 하다(Tomas & Seidel, 2009). 교실 관찰은 교수의 질을 연구하는데 종종 최고의 연구법으로 여겨지면서(Rowan & Correnti, 2009), 비용 문제에도 불구하고 핵심적인 방법으로 사용되었다. 지난 십 년 동안 많은 관찰 측정 도구들이 급속도로 개발되고 그 타당성이 검증되었다는 것에서 알 수 있다. 이 도구들 중 일반적 관행 측정 도구는 Framework for Teaching(Danielson, 2007), Dynamic Model of Educational Effectiveness(Creemers & Kyriakides, 2008), Classroom Assessment Scoring System [CLASS](Hamre et al., 2013)가 있고, 내용에 기반한 관행 측정 도구로는 Mathematical Quality of Instruction(e.g., Learning Mathematics for Teaching Project, 2011), UTeach Observation Protocol(Kane & Staiger, 2012 참조), Mathematics-Scan(Walkowiak, Berry, Meyer, Rimm-Kaufman, & Ottmar, 2014), Reformed Teaching Observation Protocol [RTOP](Sawada et al., 2002)가 있다.

하지만 교실 관찰법은 복잡성과 한계를 갖는다. 사실상, 지난 몇 년간 학계에 보고된 많은 연구에서 교실 관찰이 교수의 질을 측정하기 위한 신뢰성과 유효성을 갖추기 위해서 해결해야 할 방대한 문제들을 지적했다. 이 복잡성을 논하면서, Hill, Charalambous, & Kraft(2012)는 교수의 질 측정값이 관찰 도구 그 자체에 내포된 여러 요소들, 측정자들의 모집과 훈련, 그리고 점수 측정 설계(scoring design)에 영향을 받는다는 점을 강조하기 위해서 교사 관찰 **시스템**(teacher observation systems)을 언급하였다. 점수 측정 설계는 관찰하는 수업의 수와 관찰 기간, 관찰을 실시하는 시기가 1년 중 언제인지 또는 하루 중 언제인지, 각각의 관찰을 측정하는 측정자의 수, 그리고 관찰을 측정하는 순서와 연관되어 있다.

최근의 연구에서 발견된 증거들은 관찰 과정에서의 모든 결정들이 교수의 질 측정값에 상당한 영향을 미친다는 것을 보여주었다. 예를 들어, 서로 다른 측정 도구가 겉보기에 비슷해 보일지라도, 서로 다른 도구는 교수의 질의 서로 다른 측면을 포착하게 되므로, 관찰 도구의 선택은 중요하다(McClellan et al., 2013). 또한 내용 기반 교수 관행들이 일반적인 교수 관행들보다 더욱 많은 변형가능성이 있음을 보여주었다. 따라서 일반적 관행을 포착하기보다는 내용에 기반한 관행을 포착하기 위한 교실 관찰법이 더욱 필요하다(Praetorius et al., 2014). 반면에, CLASS와 같은 일반적 측정도구를 사용한다면, 훨씬 짧은 관찰 기간에 유효성과 신뢰성 있는 교수의 질 측정값을 얻을 수 있다(Mashburn, Meyer, Allen, & Pianta, 2014). 더욱이 최근의 연구에서 우리는 다음을 알 수 있다. 동일한 관찰 도구를 사용함에도 불구하고, 코딩을 하는 여러 가지 방법들(예를 들어, 수업을 하루에 관찰하는 것과 여러 날에 걸쳐 관찰하는 것, 전체 수업 상호작용만을 관찰하는 것과 소집단 상호작용까지 관찰하는 것)에 따라서 교수의 질을 특정짓는데 변화가 생길 수 있다(Ing & Webb, 2012). 측정자들이 시간이 지남에 따라 수업을 일관되게 측정하지 못할 수도 있다는 것과 그들의 경험이 쌓이면서 측정값의 변화가 있을 수도 변할 수도 있다는 것이다(Casabianca et al., 2013). 측정자를 훈련시키는 것만으로는 교수의 특정 측면을 신뢰성있게 포착하는 것과 효율적인 교사를 파악하는 데 충분치 못할 수 있다(Praetorius, Lenske, & Helmke, 2012; Strong, Gargani, & Hacifazlioglu, 2011). 이런 연구 결과와 이와 관련된 다른 결과들은 교수의 질 측정의 신뢰도와 타당도를 높일 수 있는 조건들을 이해하는 데는 많은 노력이 필요하다는 것을 강하게 시사하였다. 이 문제를 해결하는 것은 근래에 관찰 도구들을 교수를 평가하는 도구들로만 여기는 인식에서부터 관찰 도구들을 교수의 질을 **개선시킬 수 있는** 중요한 지렛대로 보는 인식으로 변하는 최근의 상황에서 볼 때 더 중요해졌다고 할 수 있다(Hill & Grossman, 2013).

학생의 수학학습

학생의 수학학습과 관련된 중요한 사항들을 알아보려면, 이 분야에서 수행된 다양한 연구들이 강조하고 있는 점들을 범주화하는 것이 필요하다고 생각했다. 따라서, 이 분야의 연구들을 세 범주로 분류하였다. 첫 번째 범주는 학생의 수학학습을 개념화 하는 것과 관련된 경향과 미해결된 문제들을 다룬다. 수학과 학생의 구성요소들을 좀 더 밀도있게 살펴보면서, 두 번째와 세 번째 범주에서 우리는 수학과 학생 각각의 구성요소에 대한 경향을 파악하고 향후에 고려할 가치가 있는 문제들을 논의한다. 이 전 절들과 마찬가지로, 이 절은 학생 학습과 관련된 측정에서의 문제들을 살펴보고 마무리한다.

학생의 수학학습 개념화

교사 지식과 교수의 질 연구처럼 학생들의 수학학습에 대한 이론적 관점[3]역시 중요하고 상당한 학문적 관심을 끌어 왔다. 그러한 관점들은 연구자가 복잡한 현상의 발생에 대한 가정을 더 명확하게 표현하고 이 현상에 대한 이해를 다른 학자들에게 효과적으로 전달하는 것을 가능하게 한다. 과거 연구자들은 수학학습에 대한 이론틀이 부족하고 수학교육 연구의 독자적인 이론과 연구 패러다임이 필요하다는 주장을 펼쳤다. 오늘날의 수학교육 학계는 그러한 이론적 개념화가 두드러지게 나타낸다. 이러한 추세에 발맞춘 몇 가지 중요한 사안을 보면, Sriraman과 English(2010)가 편찬한 책인 「수학교육 이론(Theories of Mathematics Education: Seeking New Frontiers)」과 「수학교육 연구의 이론적 관점과 접근법(Theoretical Perspectives and Approaches in Mathematics Education Research)」을 위한 실무진의 구성이다. 이 실무진의 초기 구성원은 Artigue, Bartolini-Bossi, Dreyfus, Gray, Prediger(2005)이었고, European Society for Research in Mathematics Education에서 진행 되었다. Lesh, Sriraman, English(2014)가 최근에 언급하였듯이, 이론을 빌리는 것에서부터 이론을 정립하는 것으로의 변화가 수학교육에서 일어나고 있고, 그러한 이론들은 심리학을 포함하여 다양한 이론을 바탕으로 한다(p. 615).

학생의 학습과 관련하여 널리 이용되어 온 몇몇 이론적 관점들은 **포괄적**이다. 이러한 이론적 관점들은 다양한 수학적 개념들에 관한 학생들의 수학적 사고와 학습에 대해 논의하는 데 적용가능하다(예를 들면, Biggs & Collis, 1991; Chevallard, 1999; Cobb & Yackel, 1996; Davis & Maher, 1990; Dubinsky, 1992; Freudenthal, 1968; Kruteski, 1976; Lakoff & Nuez, 2000; Pirie & Kieren, 1989; Presmeg, 1985; Sfard, 1991; Siegler, 2000; Tall, 2013; Tall & Vinner, 1981; Tirosh & Stavy, 1999; Vergnaud, 1990). Lesh 등(2014)이 Begle(1979)을 주목하여 언급한 것처럼, 수학교육 이론으로 소개된 대부분 현재나 과거에나 학설(dogma)이므로, 연구에서 제일 우선순위에 두어야 하는 것은 학습과 관련된 이론적 개념화의 경험적 검증으로 볼 수 있다. 다양한 이론들을 경험적으로 검증하는 연구들이 상대적으로 부족한데 이런 부족 현상 또한 교사 지식 연구 분야에서 미해결 문제임을 독자들에게 다시 한 번 알린다.

소규모 연구 결과들을 확인하기 위해 대규모 연구를 수행하는 것 또한 정당한 방법이라고 할 수 있다. 이러한 방향으로 몇몇 시도를 하였고, 소규모 연구에서 제안한 이론적 관점을 확정해 주기도 하고 부정하기도 하였다. Griffiths(2013)와 Caddie와 Brizuela(2011)은 Vergnaud(2009)의 개념장(conceptual fields) 이론을 사용하여 각각 산술의 기본 정리와 일차 방정식의 그래프에 대한 학생 학습을 분석하였다. 반면, Christon, Pitta-Pantazi, Souyoul, Zachariades (2005)가 Tall의 세 가지 세계 이론(Three-world theory)을 이용해서 함수 분야를 탐구하였고, Pantziara와 Philippou(2012)는 Sfard(1991)의 이론을 이용해서 학생들의 분수 이해를 측정하였다. 이러한 예들은 과거에 개발된 이론틀에 기반하여 다양한 개념들을 경험적으로 연구하고자 하는 최근의 경향을 나타내며, 이러한 접근법을 지속적으로 추구하고 확장하는 것은 생산적이라고 생각한다.

예전에 사용된 또 다른 이론들이 있는데, 이 이론들은 분수(Lamon, 1999; Olive, 1999; Post, Cramer, Behr, Lesh & Harel, 1993; Steffe, 2001), 수 감각(Steffe, Cobb, & von Glaserfeld, 1988; Steffe, von Glasersfeld, Richards, & Cobb, 1983), 대수(Kaput, 1998; Kieran, 1996), 함수와 극한(Cottrill et al., 1996), 혹은 기하(Battista, 2007; Battista & Clements, 1996; Clements & Sarama, 2007; Fishbein, 1993; Van Hiele, 1985)와 같은 특정한 수학적 개념을 다룬다는 점에서 좀 더 **주제 특수적**이라 할 수 있다. 지난 십년간의 연구들은 이러한 이론들을 경험적으로 시험하거나 입증하기 위해 시행되었다. 예를 들어, Steffe의 이론을 분수 스키마에 시험하는 연구(Norton & Wilkins, 2009; Wilkins & Norton, 2011), Behr, Lesh, Post, Silver(1983)의 모델을 또 다른 분수 개념에서 경험적으로 검증하는 연구(Charalambous & Pitta-Pantazi, 2007), 또는 Steffe 등(1988)의 수 발달 모델을 시험해 보는 연구(Biddlecomb & Carr, 2011)가 이에 해당된다. 다양한 이론적 관점을 바탕으로 여러 연구들은 과거 이론적 연구들을 다양한 방향으로 확장시키려는 시도를 하였다. 예를 들어, Van den Heuvel-Panhuizen와 동료들은(Kolovou, Van den Heuvel-Panhuizen, & Koller, 2013; Van den Heuvel-Panhuizen, Kolovou, & Robitzsch, 2013) 초등학교 고학년 학생들이 온라인 환경에서 기초적 대수 문제를 어떻게 해결하였는지를 조사하였고, Chrysostomou, Pitta-Pantazi, Tsingi, Cleanthous, Christon(2013)은 개인의 수 감각과 대수에 대한 절차적, 개념적 이해를 조사하는데 이해도와 인지적 형태를 결합하기도 하였다.

다양한 수학적 **주제**에 집중하는 것 이외에, 연구자들은 지난 십년 동안 학생들의 **수학적 과정**에 점진적으로 관심을 보이며 조사를 해왔다. 이러한 시도들은 지난 한 세기 동안 개발되어 온, 추론과 문제해결(Polya, 1954; Schoenfeld, 1992), 문제 제기(Silver, 1997; Stoyanova & Ellerton, 1996), 모델링(Lesh & Zawojewski, 2007), 논증화(Toulmin, 1958), 추측과 일반화(Burton, 1984), 증명과 증명하기(Harel & Sowder, 1998), 시각화(Battista, 2007)와 같은 이론틀과 개념화에 기초를 두었다. 예를 들어, Levenson(2013)은 학생의 나이에 따라 설명하는 방식이 어떻게 다른지 그리고 학생들이 서로 다른 상황에서 수학적 설명의 성격을 어떻게 받아들이는지를 연구하였다. Silver(1997)의 문제 제기 개념을 이용하여, Cai et al.(2013)은 문제 제기가 어떻게 학생 학습에 영향을 미칠 수 있는지 조사하였다. 비슷한 맥락에서 다른 이론틀을 사용하여, Van Harpen과 Presmeg(2013)은 학생의 문제 제기 능력과 수학적 내용 지식간의 연관성을 조사하였다. 다른 수학적 과정에 대해서도 이와 비슷한 시도들이 있었는데 이는 추론과 패턴 일반화(Ellis, 2011; Jurdak & Mouhayar, 2014; Nilssona & Juter, 2011), 문제해결(Muir, Beswick, & Williamson, 2008; Stein & Burchartz, 2006), 증명하기(Bieda, 2010; Inglis & Alcock, 2012; Stylianides & Stylianides, 2009), 논증화(Hollebrands, Conner, & Smith, 2010)를 포함한다. 흥미롭게도, 많은 연구자들은 제스처가 학생들이 앞서 언급된 수학적 과정에 참여하는데 어떻게 도움을 주고, 일반적으로 학생의 사고와 학습에 어떻게 도움이 되는지 관심을 가지기 시작하였다(예를 들어, Bjuland, Cestari, & Borgersen, 2008; Kim, Roth, & Thom, 2011; Zurina & Williams, 2011).

지난 세기 동안 발전된 분야들이 계속 뒤따르고 확장되면서, 지난 십년간 연구자들은 학습을 단지 학생의 인지적 발달 이상의 더 큰 개념으로 확립시켜 왔다. 따라서, 수학 영역으로만 이론을 국한시키지 않으며, 학습의 여러 측면을 조사하였다. 예를 들면, 학생의 창의성(Leikin & Pitta-Pantazi, 2013), 메타인지(Kim, Park, Moore, & Varma, 2013; Modestou & Gagatsis, 2010; Schneider &Artelt, 2010; Yang, 2012), 감정, 태도, 신념과 같은 정의적인 면(Hemmings, Grootemboer, & Kay, 20ll; Schorr & Goldin, 2008; Sumpter, 2013)이 이에 해당한다.

요약하자면, 지난 십년 동안, 학자들은 학습을 개념화하고 그것의 다양한 측면을 고려하려는 시도 뿐만이 아니라, 여러 주제에 대한 학생 학습이나 여러 관행에 대한 참여를 조사하기 위해 다양한 이론틀을 이용하고 이 이론틀을 경험적으로 검증하려는 시도를 하였음을 알 수 있었다. 그러나, 학생의 학습에 어떤 것들이 수반되는지 완전히 알아내기 위해서는 더 많은 노력이 필요하다. 예를 들면, STEM 프로그램의 개발, 탐구 중심의 실천, 또는 모델링 중심의 환경(English, 2013; Ministry of Education of Singapore, 2013)과 같은 수학과 교육과정과 그 교육과정에 따라오는 교수 관행의 변화에서 관찰되는 참신한 것들이 있는데, 이러한 복잡한 상황에서 학습을 이해하기 위해 어떻게 하면 이론들을 가장 적절하게 조합할 수 있는지 조사하는 것이 필요하다. 이런 필요에 대해 논의하면서, Bikner-Ashbahs와 Prediger(2010)는 이론들의 집합체(constellations)가 어떻게 좀 더 복잡한 상황에서 학생 학습을 분석하고 보다 잘 이해할 수 있도록 지원할 수 있는지를 기술하기 위해서 **이론간의 연계**(networking theories)라는 용어를 새로 만들었다. 그러한 이론들은, 앞서 논의되었듯이, 학습의 다양한 측면을 포착할 수 있을 것이다. 이러한 복잡성뿐만 아니라 학습이 (정적인 관점이 아닌) 동적인 관점에서 이해되어야 한다는 사실을 다루고 해결하기 위한 새로운 이론들이 개발될 필요가 있다. 따라서, 향후 연구되어야 할 질문들은 다음과 같다.

» 앞서 나열한 환경에서 학생 학습을 가장 잘 묘사하는 이론이나 이론들의 조합은 무엇인가?
» 학생 학습의 다양한 측면들은 어떻게 상호작용하는가? 그리고 학습의 한 측면에의 변화가 다른 측면의 변화에 어떠한 영향을 미치는가?

학습 환경의 복잡성을 더하는 요소로 새로운 테크놀로지 활용을 들 수 있고, 따라서 이를 묘사할 이론적 관점 또한 필요하다(Drijvers, Godino, Fornt, & Trouche, 2013). 새로운 테크놀로지 도구와 미디어가 제공하는 기능, 표상화, 가능성은, 이 도구들이 학생의 사고와 학습 과정(Hollebrands, 2007; Pitta-Pantazi, & Christon, 2009; Tabach, Hershkowitz, & Dreyfus, 2013) 그리고 학생의 정서적인 면에(Schorr & Goldin 2008) 미치는 영향을 묘사하고 조사할 필요성을 시사한다. 이러한 맥락에서, 다음과 같이 많은 질문들이 대부분에 미해결된 채로 남아있다.

» 학생의 사고 과정, 시각화, 의사소통, 표상화 기술, 문제를 연구하고 해결하는 능력, 수학적 이해, 수학적 성취, 자아 성찰, 그리고 학생들간, 학생–교사간, 학생–자료간의 상호작용을 생산적이게 하는 능력에 테크놀로지의 진보가 미친 영향은 무엇인가?
» 위의 현상들을 묘사하고 설명하는데 어떠한 이론틀이 필요한가?

학생의 수학학습을 광범위하게 살펴보았으니, 이제는 그 각각의 구성요소들에 집중하여, 추가적인 연구 흐름을 파악하고 향후 연구에 우선순위가 되는 것이 무엇인지 시사하고자 한다.

수학

수학을 구성하는 요소를 고려한 문헌 검토를 통해 우리는 수학 개념들 간에 학문적 편식이 있음을 확인할 수 있었다. 특히, 현재에도 수 감각과 연산에 관한 연구나 대수에 관한 연구가 불균형적으로 많고, 공간과 기하, 통계, 측정, 그리고 확률에 있어서는 연구는 상대적으로 부족하다. 교사 지식에 관한 문헌 검토에서도 유사한 패턴을 볼 수 있다. 예를 들어, 최근 통계에 대한 관심이 증가했지만(Lavigne, Salkind, & Yan, 2008; Makar, Bakker, & Ben-Zvi, 2011; Sharma, 2006; Watson, 2007), 통계 영역의 연구는 여전히 수와 대수에 관한 연구에 비하면 미미하다고 할 수 있다. 특히 다양한 테크놀로지 기반의 환경 덕분에, 기하에 대한 연구자들의 흥미가 되살아났지만, 이 현상은 대부분 중등 교육에 집중되어 있다(Hollebrands, 2007). 측정에 관한 연구(Barrett, Clements, Klanderman, Pennisi, & Polaki, 2006; Kamii & Kysh, 2006; Szilagyi, Clements, & Sarama, 2013)와 확률에 관한 연구(Rubel, 2007)도 아직은 매우 드문 편이다. 따라서, 다음과 같은 질문이 향후 연구에 유익한 밑거름을 제공할 것으로 보인다.

» 지난 십년간 드물게 연구된 내용 영역에 있어, 구체적인 수학 개념에 대한 학습 궤적(learning trajectory)을 파악할 수 있는가? 서로 다른 내용 영역에 대한 학습 궤적은 어떠한 유사점과 차

이점을 보이는가?

한 가지 주의할 점은 다음과 같다. 앞서 언급한 문제들을 고려할 때, 연구자들은 수학 개념이 독립적으로 형성되지 않으며, 구체적인 맥락에서 다른 개념들과 함께 형성된다는 점을 잊지 말아야 할 것이다. 따라서, 수학 개념 형성은 순차적으로 조사되어야 할 뿐만 아니라, 그 형성이 일어나는 특정 맥락 속에서(Jurdak, 2006; Murata & Kattubadi, 2012) 혹은 사회적 상호작용을 통해(Dekker, Elshout-Mohr, & Wood, 2006; Wood, Williams, & McNeal, 2006) 일어나는 더욱 복합적인 상황 속에서 연구해야 한다.

더욱이, 우리가 생각하기에, 수학교육 연구자들은 현재 어떤 수학 개념들을 가르치고 있고 그 중 연구할 가치가 있는 수학 개념은 무엇인지, 그리고 21세기에는 **어떤 수학을 가르쳐야 하는지**를 재조사할 필요가 있다(English, 2006; English & Gainsburg, 이 책의 1장 참조). 이러한 조사는 학생들이 학교에서 배워야 하는 수학에 대한 또 다른 접근법을 제시해 줄 것이다. Lesh 등(2014)이 관찰하였듯이, 많은 나라에서 국가 교육과정은 주로 수학자와 교육자들이 쓰고, (사회)과학자나 경제학자, 공학자들의 자문은 받지 못하였다. 그 결과, 미래 시민들에게 필요한 수학은 아마도 현 교육과정에 제시된 수학보다 훨씬 많은 것을 포함할 필요가 있다. 이러한 시각은 향후 수학교육자들이 생각해 봐야 할 질문들에 대하여 추가적인 관점을 시사한다.

» 21세기 학생들은 성공적인 삶을 위해 어떠한 수학을 필요로 하는가? 서로 다른 교육과정들이 수학학습을 촉진하는데 어느 정도로 도움이 되겠는가?
» 수학 내용과 별개로, 21세기에 필요한 고차원 사고 기술은 어떤 방식으로 개발하고 기록하며 평가할 수 있는가? 어떠한 이론이 학생의 고차원 사고 기술을 묘사하거나 연구하는 데 가장 적합할 것인가?
» 현시대 학생들이 다가올 미래에 역할을 다하기 위해 필요한 수학은 새로운 테크놀로지의 사용에 의해 어떻게 바뀌는가?

학생

문헌 검토에 따르면, 대부분의 수학교육 연구들은 초·중등 학생들의 학습을 조사하였다. 그러나, 최근 취학 전 아동 학습 연구에 관심이 증가하고 있음을 관찰할 수 있다(Clements, Sarama, Spitler, Lange & Wolfe, 2011; English & Mulligan, 2013; Levenson, Tirosh, & Tsamir, 2011; Papic, Mulligan & Mitchlmore, 2011; Sarama & Clements, 2009). 실제로, 몇몇 연구자들은 어린 학생들이 초등학교에서 다루고 있는 여러 개념들을 어떻게 이해하는지를 연구하는데 관심을 갖고 있다. 몇 가지 예를 들면 다음과 같다. Carraher, Schliemann, Brizuela, Earnest(2006)와 Papic 등(2011)은 유치원생들에게 기초대수, Brizuela(2006)은 분수, 심지어 Francisco와 Hahkioniemi(2012)은 함수 개념을 도입하려고 하였다.

몇몇 연구들은 초등 이전의 수학과 교육과정이 어린이들의 단기 및 장기적 수학 성취에 어떤 영향을 미치는지 조사하였다(Clements & Sarama, 2007). 대학 수학교육에서 대학생들의 이해와 다양한 과정에 대한 대학생들의 능력을 연구하는 것 또한 드문 편이며, 더 많은 관심이 필요할 것이다(Mesa, 2012; Tall, 2013). 이러한 경향은 교사 지식에 대한 연구에서도 뚜렷이 나타났다. 따라서 더욱 주목해야 할 질문들은 다음과 같다.

» 취학 전 아동들과 대학생들의 수학적 이해와 능력은 어떠한가?
» 어린 나이에 특정 주제나 과정에 집중하는 것이 그 학생들의 뒤따르는 수학적 사고나 학습에 도움을 줄 수 있는가(아니면 방해가 되는가)?
» 학생들의 수학적 이해, 과정, 정의적 학습(affective learning)에 관한 장기적 연구로부터 우리는 무엇을 배울 수 있는가?

획일적 교육의 **한계**를 자각함에 따라, 수학교육 연구자들은 다양한 학생 집단의 요구, 특성, 성취도에 끊임없이 관심을 보이고 있다(Gilleece, Cosgrove, & Sofroniou, 2010). 예를 들자면, 사회경제적 하층 학생들(Baker, Street, & Tomlin, 2006; Balfanz, Mac Iver, & Byrnes, 2006; Tirosh, Tsamir, Levenson, Tabach, & Barkai, 2013), 다양한 수학 개념을 어려워하는 학생들(Yerushalmy, 2006), 학습장애가 있는 학생들(Newton, Star, & Lynch, 2010; Peltenburg, Van den Heuvel-Panhuizen, & Robitzsch, 2012), 성취도가 높은 학생들(Alsawaie, 2012; Leikin & Lev, 2013; Pitta-Pantazi, Christon, Kontoyianni, & Kattou, 20ll), 두 가지 언어를 구사하는 학생들(Ambrose & Molina, 2014; Dominguez, LpezLeiva, & Khisty, 2014; Verzosa & Mulligan, 2013)에 대한 연구가 있다. 이러한 연구를 시행할 때 연구자들이 조심해야 할 점은 특정 학생 집단에게 효과적이라고 알려진 실험처치 방식만 사용하면 안 된다는 것이다(Lesh et al., 2014 참고). 이러한 맥락에서, 다음과 같은 질문들이 향후 연구에 있어 생산적인 안내를 해 줄 것으로 보인다.

» 학생들의 다양한 집단의 학습을 어떤 식으로 촉진할 수 있는가?
» 학생들의 다양한 집단을 위한 여러 가지 수업 접근법의 장점과 단점은 무엇인가?
» 학생들의 다양한 집단을 고려한 수학학습을 발전시키고 시험하기 위해 어떠한 종류의 환경과 도구들이 필요한가?

우리는 측정의 문제를 짧게나마 논의하고, 이 절을 마치려 한다.

학생의 수학학습을 측정하기

다차원적인 현상으로 구성된 교수와 같이, 학습 역시 다차원적이라고 할 수 있다. 그로 인해, 학습을 측정할 수 있는 적절한 도구를 개발하는 것은 매우 복잡한 일이고(Lesh et al., 2014), 특히 학습의 여러 측면을 포착하기 위해서라면 이는 더욱 더 복잡해진다. 이 경우에 해당하는 예를 들면, 수학학습 능력(proficiency in learning mathematics)을 개념화하기 위한 이론적 틀인 「Adding It Up」(Kilpatrick, Swafford, & Pindell, 2001)에서 소개된 5가지의 요소는 개념적 이해(conceptual understanding), 절차적 능숙함(procedural fluency), 전략적 능력(strategic competence), 적응 추론(adaptive reasoning), 생산적 성향(productive disposition)이다. 이러한 수학학습 능력의 성취도를 파악하기 위해서 위 5가지 요소들의 통합을 측정할 수 있는 과제을 개발하는 데 상당한 노력을 기울여야 할 것이다. 왜냐하면 각각의 요소를 따로 측정하는 것이 학생 학습의 전체를 설명할 수 없기 때문이다. 더욱이, 학생의 창의적, 비평적, 복합적 사고 능력과 수학에서의 협동적 능력을 측정할 수 있는 측정 접근법과 도구가 필요하다. 이러한 의도로 시행된 몇몇 시도가 있었지만(Leikin, 2013; Lesh, 2010), 이 연구들은 도구를 개발 초기 단계에 있는 것으로 보인다. 사실상, 학생의 수학학습을 연구하기 위해 사용되는 가장 주된 수단은 시험이나 설문(Jurdak & El Mouhayar, 2014; Modestou & Gagatsis, 2010; Norton & Wilkins, 2009; Wilkins & Norton, 20ll), 혹은 과제를 기반으로 한 면담(Kamii & Kysh, 2006; Muir et al., 2008; Verzosa & Mulligan, 2013)이었다. 이러한 방법들이 복합적으로 쓰인 적도 있지만(Hollebrands, 2007; Papic et al., 20ll; Van Harpen & Presmeg, 2013), 학계는 도구/방법 또는 관련 복합체가 여러 종류의 학습을 연구하는데 적합한지에 대한 합의를 못한 것으로 보인다. 이러한 모든 것을 고려했을 때, 다음과 같은 연구문제들이 향후 연구에 생산적인 방향성을 제시할 것으로 보인다.

» 수학적 능력(mathematical proficiency)을 어떻게 **포괄적**으로 측정할 수 있는가? 수학적 능력을 미시적 수준에서 (기저가 되는 기제를 알기 위해서) 그리고 거시적 수준에서 어떻게 측정할 수 있는가?

» 학생 학습과 그 발전을 측정하는 데 어떤 도구와 접근법이 더욱 도움이 되는가? 특히 수학에서 창의적, 비평적, 복합적 사고 과정과 협동적 능력의 측정처럼 연구가 부족한 분야에서는 어떤 도구와 접근법이 더욱 도움이 되는가?

» 학생의 학습을 과정과 결과 측면에서 모두 고려할 때, 학습을 연구하는데 필요한 다양한 측정도구들을 조합해서 사용함으로써 얻는 득과 실을 무엇인가?

» 학생 학습의 결과가 좀 더 명확하고 타당하며 신뢰성이 있으려면, 어떤 방법론적인 발전이 필요한가?

» 학생 학습의 연구 분야가 다른 관련 연구 분야의 방법론과 통계적 방법으로부터 어떻게 도움을 받을 수 있는가? (Creemers, Kyriakides, & Sammons, 2010 참조)

위에서 언급한 마지막 질문은 학생의 수학학습 측정과 관련된 또 하나의 주요 분야인 부가가치 모형(value-added model)과 밀접한 관련이 있다. 이 분야는 교사 효율성 측정 방법의 하나로 지난 십년간 큰 관심을 받아왔다. 부가가치 모형들은 초창기에는 Sanders와 동료들(Sanders & Horn, 1994)에 의해 도입되었는데, 현재는 교사가 학생 학습에 미치는 영향을 조사하는 방법으로 널리 이용되고 있다. 이러한 영향을 포착하기 위해 여러 방법들이 개발되었지만, 대부분의 부가가치 모형은 학생들의 학년초-학년말 성취도의 차이와 학생의 배경 요소들 혹은 학교 차원에서의 요인들의 차이를 계산하여 결과를 산출하는 형태를 갖는다. 부가가치 모형의 광범위한 사용에도 불구하고, 그 모형들에 대한 평가는 둘로 나뉜다(Baker et al., 2010; Glazerman et al., 2010). 예를 들어, 그 모형을 지지하는 연구자들은 '부가가치 모형이 완벽하지는 않지만 표본선정 편향(bias)을 통제할 수 있다'고 지적하였다. 부가가치 모형은 또한 학생 학습을 측정하는 것과 궁극적으로는 교사 효율성을 측정하는 것에 있어, 교장 수행평가(principal ratings)(Harris, 2009)와 같은 주관적인 접근법보다 훨씬 객관적인 방법을 제공한다. 그러나 그 모형들에 회의적인 관점을 가진 연구자들은 통계적 모델들, 교사경력, 교사 지도 과목수, 그리고 서로 다른 시험들 간에 있어 부가가치 추정값들이 안정적이지 못하다는 점을 지적한다(McCaffrey, Sass, Lockwood, & Mihaly, 2009; Newton, Darling-Hammond, Haertel, & Thomas, 2010; Papay, 2011; Sass, 2008). 부가가치 모형을 사용하는 방법론에 대한 우려(Amrein-Beardsley, 2008)와 함께 학생의 학습에 영향을 미칠 수 있는 교사의 통제권 밖의 요소들(예를 들어, 학교 밖의 학습 경험, 과외 등)과 관련된 더욱 중대한 문제들(Baker et al., 2010)도 같이 제시되었다. 또한, 관찰에 기반한 교수 효율성의 측정값이 학생 학습 측정값과 상당한 관련이 있다는 것이 부가가치 모형에 의해 포착되었다고 할지라도(Kane et al., 2011), 다른 연구에서는(Hill, Kapitula, & Umland, 2011) 많은 교사들은 두 측정값이 다른 것으로 나타났다. 학계에서 부가가치 모형의 장래성과 한계점을 점차 인식하고 있는 만큼(Harris, 2011), 이 모형을 통해 앞서 언급된 학생 학습의 여러 가지 발현을 어떻게 더욱 잘 포착할 수 있을지를 결정하고 이러한 학습을 교사 효율성과 연결시키려는 노력이 향후에 더욱 필요할 것이다. 이때, 교수의 질을 함께 고려함으로써 더 큰 혜택을 볼 수 있을 것이라고 생각한다. 이는 부가가치 모형을 교수의 질 연구와 결합시키는 것이, 학생 학습 측정의 다양한 측면을 이해하고, 결국 교사-학생의 상호작용과 어떤 관련이 있는지 이해하는데 도움이 되기 때문이다.

끝으로, 우리의 문헌 검토는 현재까지 시행되어 온 종단연구가 꽤 제한적이라는 것을 보여준다. 따라서 다양한 조건들이 학생 학습에 미치는 장기적 영향을 파악하는 종단연구가 매우 절실한 실정이다. 학계 전체로 보았을 때, 극히 일부(Gilmore & Papadatou-Pastou, 2009)를 제외하고는 메타분석이 매우 제한적인 상태이고, 따라서 메타분석 역시 필요한 것으로 보인다. 종단연구와 메타분석 모두 무엇이 학생 학습에 영향을 미치는지 인과 관계적 추론을 이끌어내는 데 도움을 줄 것으로 보인다. 이러한 인과 관계는 다음 절에서 다룰 연결고리의 세 요소를 함께 고려하는 것과도 연관이 있다.

복잡성의 가중: 세 요소의 합체

앞선 세 개의 절에서 연결고리의 세 요소를 분리하여 살펴보았다. 문헌 검토를 통해 세 요소 모두 각각의 영역에서 지난 몇 십년간 눈에 띄는 성장을 이루었다는 것을(비록 정도는 다를지라도) 알 수 있었다. 하지만, 가장 어려운 문제는 그 연결고리를 하나의 객체로 생각해야 하는데 있다. 그리고 이것은 향후 연구에서 최우선 순위가 되어야 할 것으로 보인다. 인도 속담에 전해 오는, 장님들이 코끼리 몸의 서로 다른 부분을 만지고 묘사하는 이야기가 이 상황을 잘 대변해 주고 있다. 연결고리의 서로 다른 측면을 연구하는 것이 생산적이고 유용하다고 할지라도, 모든 요소들을 복합적으로 고려하지 않는 한, 교수와 학습의 과정 그리고 그것과 교사 지식의 관계를 완전히 이해할 수 없다. 따라서, 마지막 절에서 우리는 이러한 방향성을 가지고 수행된 연구들을 검토한다. 앞선 절의 구조와 비슷하게, 우선 연결고리 전체를 연구하는데 개념적인 문제들을 먼저 살펴보고, 방법론적인 발전과 도전으로 남아있는 문제들로 이 절을 끝맺으려 한다.

개념화: 각 요소들의 상호작용으로 구성된 완전체로서 연결고리

지난 수십 년간 연구자들은 주로 이 연결고리의 부분을 연구하기 위해서 완전체로서의 상호작용을 개념화해 왔지만, 최근 십년간 이 연결고리의 모든 요소 간 연결을(통합적으로) 고려하는 중요한 첫걸음을 내딛었음을 목격하였다. 우선 이 연결고리의 부분적 관계를 고려한 연구들을 먼저 간단히 검토하고, 그 뒤에 이 연결고리의 모든 부분들을 포괄적으로 다룬 연구들을 집중적으로 살펴보고자 한다. 이 절이 앞의 절들과 다른 점은, 전체 연결고리를 연구하면서 부딪치는 두 가지 주된 개념적 난관을 파악하는 것으로부터 시작한다는 것이다. 이런 문제점을 먼저 다룸으로써, 독자들이 기존의 연구를 알고 향후 연구 방향을 이해할 수 있도록 하였다.

현존하는 연구들과 관련된 이론틀을 면밀히 검토한 결과에 따르면, 학계는 앞서 언급한 모든 요소들을 함께 아우를 수 있는 포괄적인 이론틀을 제시하지 못하고 있을 뿐만 아니라 결과적으로 이 연결고리의 각 부분이 서로 다른 부분들에 어떻게 영향을 미치는지와 관련된 기저에 깔려있는 기제를 설명해 주는 이론틀을 제시하지 못하고 있다. 다시 말하자면, 교사 지식, 교수, 그리고 학생 학습을 개별적으로 포착할 수 있는 이론틀과 개념화는 다수 개발 되었다. 앞서 언급한 문헌 검토가 시사하듯이, 수십 년 전에 비하면, 학계는 이 장에서 검토된 세 가지 요소 각각과 관련된 문제에 대해서 많은 발전을 이루었다. 하지만, 세 가지 요소를 모두 아우르면서 (1) 교사 지식이 교수의 질에 영향을 미치는 특정한 방식과 조건들, 그리고 그를 통해 학생 학습에 영향을 미치는 특정한 방식과 조건들, 그리고 (2) 교수의 질이 학생 학습을 설명할 수 있는 방법을 고려한 이론틀은 없는 실정이다. 또한 교사 지식이, 양질의 교수를 통해 미치는 간접적인 영향을 넘어서서, 학생 학습에 직접적인 영향을 미칠 수 있는지 역시 미해결된 문제이다. 이러한 이론틀은 이 연결고리를 정적인 관점(그 연결성을 특정 시각에서 포착하기 위한)에서 뿐만 아니라 더 역동적인 관점에서 접근할 필요가 있다. 이는 세 요소 중 하나의 변화가 나머지 요소들의 변화에 어떻게 영향을 미치는지, 그리고 한 요소의 침체가 다른 요소의 발전에 어떻게 방해가 되는지와 같은 문제를 상세히 설명할 수 있는 이론틀이 필요하다는 것을 의미한다.[4] 이 장에서 논의된 연결성에 대한 현존하는 연구들의 엇갈리는 결과들과 결론에 이르지 못하는 결과들이 측정도구 자체만의 문제가 아닌 부실한 이론이 초래한 결과물일 수도 있다는 점(Shechtman, Roschelle, Haertel, & Knudsen, 2010)을 생각하면, 이론틀은 매우 필수적인 것으로 보인다. 하지만, Sriraman과 English(2010)가 주장하였듯이, 그러한 이론틀을 개발하려는 시도가 거대이론(grand theories)를 생성하는 것으로 이어져서는 안 될 것이다. 이는 거대이론들의 생성이 결국에는 앞선 절에서 언급된 연결고리 내의 복잡성에 대한 피상적 묘사로 귀결될 수 있기 때문이다.

그러한 이론틀을 개발하는 것은 상당히 고된 작업이며, 여러 연구 집단과 프로젝트를 교차하는 여러 영역의 학자들의 구체적인 노력들이 모여야 하는 작업이 될 것이다. 그러한 이론틀을 개발하기 위해서 다음과 같은 질문들이 해결되어야 할 것이다. 이론틀은 여러 가지 수학적 주제에 적용될 수 있도록 해야 하는가 아니면 구체적인 주제(예를 들면, 기하나 대수)에 중점을 두어야 하는가? 이론틀은 여러 학교급에 적용할 수 있어야 하는가 아니면 특정 학교급(예를 들면, 유치원)에 맞춰져 있어야 하는가? 이론틀은 여러 교육 제도에서 적용될 수 있는가 아니면 그 이론틀이 개발된 교육 제도에만 주로 영향을 미칠 수 있는 것인가? 이들 질문과 다른 관련된 이슈들이 연결고리의 각 요소들을 연구할 때 고려해야 하는 문제들이었다는 것을 독자들도 아마 기억할 것이다. 그러나 이러한 문제들은, 연결고리 전체를 고려함에 있어, 더욱 더 면밀한 검토가 필요하다.

이 글에서 검토한 연구들은 위와 같은 이론틀에 의해 진행된 것은 아니지만, 연결고리의 여러 부분들을 이어주는 이론적 고찰을 토대로 진행되었다. 그러한 만큼, 그 연구들은 이 영역에서 이미 추적해 온 연구 활동에 대한 통찰을 제공할 수 있으며, 향후 어떤 연구 활동이 더 필요한지를 안내해 줄 수 있다. 이러한 맥락에서, 우리는 우선 이 연결고리의 두 가지 요소를 조사한 연구를 짧게 검토하고, 그 뒤에 전체 연결고리를 조사한 연구를 집중적으로 다루려 한다.

먼저 교사 지식과 교수의 질 사이의 연결성을 알아내는 데 기여한 연구들이 있었다. 1990년대에도 이러한 노력은 있었지만, 지난 십년간 연구들은 이 질문에 새로운 강조점을 두고 접근하였다. 1990년대의 연구에서 중심적 역할을 하였던 유용성(affordance) 관점과 제한성(constraint) 관점으로 이 문제를 고찰하는 대신에, 최근에 학자들은 교사 지식이 어떤 식으로 교수(과정)을 지원할 수 있는지를 이해하는 데 관심을 보이고 있다. 그 결과 우리는 현재 교사 지식이 다음과 같은 영역에 도움을 줄 수 있음을 알게 되었다.

수업을 계획하고 이행하기(Tanase & Wang, 2013). 전체 학급 토의에서 학생과 상호작용 할 때 어떤 개념들을 이용할 지 결정하기(Cengiz et al., 2011). 여러 개념들 간의 수학적 연결성이 풍부한 수업과 수학적으로 적절한 언어와 기호를 사용하여 수업하기(Hill, Blunk, et al., 2008; Hill, Umland, Litke, & Kapitula, 2012). 여러 가지 표현 수단을 적절히 사용하고 학생의 수학적 공헌들을 이용하기(Izsk, 2008). 수학적 절차의 기저에 놓인 의미를 계속 강조함으로써 학생의 인지적 노력 수준을 일정하게 유지하기(Charalambous, 2010). 수업 동안 학생들을 인지적으로 자극하고 도와주기(Baumert et al., 2010). 학생의 실수에 적절히 응대하고 그들의 오개념을 해결하기 위해 학생 답안을 이용하기(Bray, 2011; Ding, 2008).

교사 지식과 교수의 관계를 정적인 관점에서 조사한 연구들과 대조적으로, 앞서 언급한 연구결과물의 총합보다 그 수는 월등히 적지만 일부 연구에서 교사 지식의 변화가 그들의 교수의 질에 어떻게 반영되는지를 조사하였다는데 가치가 있다. 예를 들어, 이들 연구들은 다양한 풀이과정을 비교하고 대조하며 교사들의 지식을 함양하도록 도와 준 것이 결국에는 교수 과정에서 구체적으로 실현되도록 하거나(Yakes & Star, 2011) 교사들에게 어려운 문제들을 풀게 하는 것이 그들의 PCK를 함양시키고 그로 인해 교사들이 수업을 하는 동안 학생들의 여러 풀이 방법을 파악하고 비교하는 데 도움을 줄 수 있다는 것을 밝혔다(Tirosh, Tsamir, Levenson, & Tabach, 2011).

다른 연구들은 교수의 질과 학생 학습 사이의 관계를 조사하였다. 예를 들면, 그러한 연구들은 서로 다른 교수 패턴들이 학생들의 정서적 영역의 여러 차원들에 미치는 영향에 차이가 있음(Hugener et al., 2009)을 보였고, 학생들이 참여한 수학적 활동의 수가 학생의 인지적 수행을 돕는 데 영향력 있음(Clements et al., 2011)을 보였다. 교사를 학생들에게 임의 배정하는 방법을 사용한 한 실험 연구(Kane, McCaffrey, Miller, & Staiger, 2013)는 여러 가지 교수 관행을 통해 학생 학습을 상당히 예상할 수 있음을 보임으로써 교수의 질과 학생 학습 사이의 관계를 경험적으로 입증하였다.

대규모 연구들은 교사 지식과 학생 학습 사이에 보통 수준의 상관 관계가 있음을 밝혔다. 예를 들어, Rockoff, Jacob, Kane, & Steiger (2011)의 연구에서, 교사의 MKT는 교사 개인적 그리고 일반적인 효율성과 더불어 학생의 수행능력을 예측할 수 있는 유일하게 유의미한 변수였다. 마찬가지로, Hill, Rowan, Balll(2005)의 연구에서, 높은 수준의 MKT를 지닌 교사에게 배운 학생들은 평균 수준의 MKT를 지닌 교사에게 배운 동년배 학생들보다 2주 정도 분량의 수업내용을 더 배웠고 시험에서 동일한 점수를 받은 것으로 나타났다. Krauss, Baumert, Blum(2008) 역시 높은 PCK 점수를 받은 교사에게 배운 9학년 학생들이 낮은 PCK 점수를 받은 교사에게 배운 학생들에 비하여 10학년 때 훨씬 더 좋은 수행능력을 나타낸 것으로 나타났다.

요약하자면, 21세기 초 Ball과 동료들(Ball et al., 2001)에 의해 조사되었던 연구에 비하면 이 장에서 언급한 연구들은 전도유망한 청사진을 제시하고 있다. Ball과 동료들은 그 당시에 검토한 354

개의 논문들 중 오직 5%만이 교사의 수학적 이해가 교사들의 관행에 어떻게 영향을 미치는지를 조사하였고, 오직 2%만이 교사의 수학적 이해가 어떻게 학생 학습에 영향을 미치는지를 조사하였다고 밝혔다. 이 장에서는 그에 비할만한 통계 자료를 제시하지는 않았지만, 검토한 연구들을 통해 지난 십년간 이 영역에서 많은 연구들이 수행되었음을 알 수 있었다. 그런데 Ball과 동료들이 제안한 것처럼 여전히 관련 영역에 대한 지속적인 연구는 필요하다.

더욱 흥미로운 점은 1990년대에 세 가지 요소를 모두 고려한 연구가 매우 드물었지만(Sowder, Philipp, Armstrong, & Schappelle, 1998의 연구는 매우 예외적임), 최근 몇 년 사이에 이런 연구들이 점점 나타나고 있다는 사실이다. 이 연구들은 같은 연결고리에 주목하여 이루어졌으나, 현저한 차이점을 지니고 있다. 첫째로, 그들은 서로 다른 연구 개념을 사용하였다. 예를 들어, 교사 지식의 연구에 있어, 어떤 연구자들은 SMK와 PCK의 차이점에 주목하였고(Baumert et al., 2010; Kunter et al., 2013), 어떤 연구자들은 MKT와 그 발현 양상에 주목하였으며(Cantrell & Kane, 2013; Shechtman et al., 2010), 어떤 연구자들은 저자가 직접 개발한 연구 개념을 이용하거나(Tchoshanov, 2011), 여러 이론틀을 복합적으로 사용하였다(Kersting et al., 2012). 교수의 질을 고려하는 것이나 그것을 측정하는 방법에서도 차이점이 발견 되었는데, 예를 들면, 교사 일지에서 포착된 교사가 내린 수업을 위한 **결정**에 주목하기(Shechtman et al., 2010), 교수의 제한점 고려하기(Baumert et al., 2010; Kersting et al., 2012; Kunter et al., 2013), 여러 관찰 도구에 포함된 교수적 측면의 집합체에 주목하기(Cantrell & Kane, 2013) 등의 방법을 보였다. 대부분의 연구들은 또한 학생들의 인지적 결과물에 주목하였는데, 오직 한 연구(Kunter et al., 2013)만 예외적으로 학생의 동기부여 측면까지 고려하였다. 둘째로, 이러한 연구들은 규모의 차이를 보인다. 어떤 연구는 50명이 넘는 교사를 대상으로 하였고(Kersting et al., 2012), 어떤 연구는 1,300명이 넘는 교사를 모집하였다(Cantrell & Kane, 2013). 셋째로, 한 연구(Shechtman et al., 2010)를 제외한다는 모든 다른 연구들은 연결고리를 정적인 관점에서 조사하였다. 하지만, 예외에 해당하는 그 연구 조차 연결고리의 첫 번째 요소의 변화만 주목하였다.

이러한 차이점에도 불구하고 이러한 연구들은, 종합적으로, 교사 지식-교수의 질-학생 학습 간의 관계에 있어 전도유망한 결과를 도출해 왔다. 두 편의 연구(Cantrell & Kane, 2013; Shechtman, Haertel, Roschelle, Knudsen, & Singleton, 2013)를 제외하면, 모든 다른 연구들은 교사 지식의 여러 측면들이 교수의 질의 여러 측면과 연관성이 있음을 보여 준다. 그 영향력의 정도에 있어서는 차이가 있었으나, 모든 연구들이 예외 없이 교수의 질이 학생 학습에 긍정적인 영향을 미친다고 시사하였다. 흥미롭게도, 연결고리 세 요소 간의 더욱 복잡한 상호작용이 증명되기도 하였는데, 예를 들면, 교사 지식이 학생 학습에 미치는 영향력에 교수의 질의 매개 효과가 밝혀졌다(Kersting et al., 2012). 종합적으로 살펴봤을 때, 이러한 연구들은 연결고리 전체를 조사하는 것이 가능할 뿐만이 아니라, 세 요소를 모두 고려함으로써 얻을 수 있는 이점이 많다는 것을 알려준다. 그러나, 동적인 관점에서의 연구가 1990년대 오직 4명의 교사를 대상으로 이루어졌으므로(Sowder et al., 1998) 연구자들에게 향후 남겨진 난제 중 하나는 연결고리 전체를 동적인 관점에서 대규모로 연구하는 것이라고 할 수 있다. 이는 개념적으로 힘든 문제일 뿐만이 아니라 방법론적으로도 연구자들이 향후 맞이하게 될 문제이기도 하다. 우리는 이제 이와 관련된 방법론적 문제들을 살펴보고 이 절을 끝맺으려 한다.

각 요소들 간의 상호작용들로 구성된 완전체로서 연결고리를 검토하는데 따른 방법론적 난제들

각 요소들 간의 관련성 측면에서, 전체 연결고리를 탐구하는 데 내재된 방법론적 문제들 중 일부는 이미 앞서 논의하였다. 이 문제들을 다시 언급하기 보다는 세 요소들을 모두 고려하기 위해 더욱 밀정한 관련이 있는 방법론적 문제 네 가지를 추가적으로 간단히 짚어 보려 한다.

첫 번째 문제는 복잡한 일련의 관계들을 더 깊이 탐구하는데 적합한 연구 설계와 관련이 있다. 이 연결고리의 여러 측면들을 연구하기 위해서 여러 연구 설계들이 이용 되었는데, 이는 실험적인 연구(Clements et al., 2011; Kane et al., 2013)부터 질적 기술에 집중한 연구(Izsk et al., 2008; Mitchell et al., 2014)까지 다양하다. 이 관련성에 수반되는 연결고리의 세 요소들 각각의 복잡성과 전체 연결고리를 연구하는 것이 그 복잡성을 훨씬 가중시킨다는 것을 고려해보면, 학자들은 자신들이 사용하는 연구 설계를 명확히 밝히고, 복잡성을 파악하는 데 있어서 자신들의 연구 설계의 유용성(affordance)과 한계를 논의하여야 할 것이다. 그러한 명확성은 복잡한 현상을 조사하는 데 필요한 학계의 집단 지식을 축적하기 위해 필수적이다.

두 번째 방법론적 고찰은 선형(linear)효과 그 이상을 탐구하는 것과 관련 있는데, 우리의 문헌 검토에서는 사실 선형(linear)효과만을 고려하였다. 충분히 강력한 결과를 내놓는 연구들이 있다면, 후속 연구들은 곡선적(curvilinear)효과를 밝혀낼 수 있을 것이다. 정책적 관점에서 보면, 그러한 연구 결과들은 양질의 교수에 대한 여러 측면에서의 변화와 교사 지식의 여러 차원에서의 변화를 유도하여 학생 학습을 지원할 수 있는 매우 값진 지침을 제공할 수 있다. 예를 들면, Hiebert와 Grouws(2007)가 제안한 것처럼, 학생들이 참여하고 있는 환경에서 수학적 풍부함과 학생들이 경험하고 있는 인지적 수준 사이의 상호작용만을 연구할 것이 아니라, 연구자들은 곡선적 효과 연구를 통해 수학적 풍부함의 최적 수준과 인지적 복잡성을 결정할 수 있을 것이다.

세 번째이자 앞선 고찰들과 동등하게 중요시해야 할 사항은, 그러한 연구에서 충족시켜야 할 최상의 수준의 일관성과 관련되어 있다. 일관성이란 학생들이 배우는 내용과 그 내용에 대한 성취도 평가 사이의 유사성과 일치도를 일컫는다(Gage, 2009, p. 59). 만일 우리가 이 정의를 확장해서 교사 지식 실행을 포함시킨다면, 일관성은 이 장에서 다룬 세 가지 요소들이 서로 일치하는 정도를 나타낸다. 이 연결고리의 진정한 효과가 나타나게 하려면, 일관성의 만족스러운 수준을 확보하는 것은 필연적이다. 예를 들어, 통계 영역에서의 교사 지식을 측정하고, 기하 영역에서의 교사들의 수업 접근법을 탐구하고, 그리고 수와 연산 영역에서 학생 수행을 측정하는 것은 말이 되지 않는다. 그 주제들이 전혀 상관이 없다면 모를까 말이다. 물론 이 장에서 검토한 다수의 연구들은 수학적 주제들이 상관이 없다는 것을 뒷받침 해 주지 않는다. 일관성에 초점을 둔것은 연결고리의 세 요소를 모두 함께 고려한 몇 안 되는 연구들 중 한 연구의 핵심 특징이었다. 이 연구에서(Kersting et al., 2012), 모든 측정값들은 분수 내용에 관한 것이었는데, 그것은 연결고리의 여러 부분에서 서로 다른 수학 내용을 다룸으로써 야기될 수 있는 혼선을 최소화하는데 도움이 되었다. 결과적으로, 교수의 질에 있어 교사 지식의 효과(Cohen's f^2= .54)와 학생 학습에 있어 교수의 질의 효과(Cohen's f^2 = .22) 또한 학생 학습에 있어 교사 지식의 효과(Cohen's f^2= .16)는 비슷한 연구에서 얻은 일반적인 측정값보다 더 컸다. 만족스러운 정도의 일관성을 확보하는 것은, 세 구성요소들이 서로 어떻게 상호작용 하는지 보다 명확하게 하고자 하는 연구의 설계 측면에서 필수요소로 보인다. 한 가지 주의 할 점은 일관성을 너무 강조하면, 그 연구 결과를 일반화하기 어려울 수 있다는 것이다. 본론으로 돌아와, 다음과 같은 가상 설계를 해보자. 이 연구는 3학년 학생들에게 비전형적인 정수의 곱셈 알고리즘을 가르치는데 있어서 교사 지식을 탐구하고, 이 내용을 가르치는 교사의 관행을 조사하며, 학생들의 수행 능력을 탐구한다. 높은 일관성 수준을 확보함으로써, 이 연구는 앞서 논의된 잡음을 더욱 최소화할 수 있고, 그 효과의 신호를 더 잘 포착할 수 있다. 그런데 이 신호는 진정 무엇을 의미할까? 그러한 연구 결과가 어떻게 다른 상황에 적용될 수 있을까? 비록 다소 극단적인 경우일지라도, 이러한 가상적 시나리오는 향후 연구에서 고려해야 하는 핵심 우선 사항에 시사점을 준다. 즉, 연결고리에서 진정한 관계성/효과를 포착할 수 있도록 해주는 한편, 그 결과물의 적용성과 일반화를 보장해 줄 수 있는 최상의 정도의 일관성 수준을 결정하기 위한 충분한 노력과 고찰을 하는 것이 우선사항이다.

마지막으로, 앞에서 제안한 것처럼 당면한 연결성을 탐구하는 것에 있어 좀 더 동적인 관점을 취하는 연구들은 성장과 안정성이란 이슈들을 조사하는 데에 유용하다고 할 수 있다. Shavelson 등(1986)은 거의 30년 전에 학자들이 교수와 학습 사이의 관계를 정적인 관점에서만 바라보는 것에 안타까움을 표했다. 이들 학자들이 주장한 것처럼, 교사와 학생은, 시간이 지나고 내용이 바뀌며 서로 상호작용함에 따라 성장하고 변하는 주체이기 때문에, 그러한 정적인 접근법은 결함이 있다고 볼 수 있다. 비록 우리의 문헌 검토를 통해서 주어진 현상을 좀 더 동적인 관점에서 바라보려는 움직임이 나타나는 것을 알 수 있었지만, 그 문제에 참여하고 교사와 학생의 학습 궤적을 연구하며, 어떻게 그 궤적이 서로 상호작용하는지를 탐구하려는 노력은 더욱 더 필요하다. 이러한 탐구는 교사와 학생을 적어도 1년 내내 살펴보는 장기간 연구를 필요로 한다. 최근의 측정과 통계 방법론적 발전(Creemers et al., 2010)은 연구자들이 이러한 시도를 하는데 유용하게 사용될 것이다.

결론을 대체하며: 문제 속에 놓인 기회

이 장을 시작할 때 학계가 40년간의 축적된 연구를 바탕으로 교사가 학생 학습에 영향을 미친다는 것을 증명할 만한 충분한 경험적 증거를 가지고 있다고 하였다. 그러나, 교사 지식, 교수의 질, 그리고 학생 학습 사이의 상호작용에 대한 의문과 상호작용이 어떻게 특수한 방식으로 발현되는지는 여전히 미해결 문제로 남아있다. 우리의 문헌 검토에 의하면, 연결고리의 세 요소 각각을 이해하기 위해서 지난 십년간 상당수의 연구가 이루어져온 반면, 연결고리 전체에 대한 연구는 극소수에 그쳤다. 앞서 논의 되었듯이, 향후 연구를 위해 초석을 제공할 수 있는 이론적, 방법론적 발전은 상당히 이루어졌다. 그러나 여전히 미해결된 문제들이 남아있다. 이 장에서 설명하고자 했던 복잡한 관계들을 완전히 이해하고 풀이하는 것은 사소한 문제도, 다루기 쉬운 문제도 결코 아니다. 교사의 개별적 성향(예를 들면, 신념이나 정체성)이나 교수 상황 속의 여러 자원(예를 들면, 교육 과정, 테크놀로지 도구, 시간과 여러 다른 제한 사항들)이 교수의 질이나 학생 학습에 영향을 미칠 수 있음(Kennedy, 2010)을 고려한다면, 그 복잡성은 가중될 것이고, 이 장에서 다룬 연결고리는 기껏해야 부분적으로 제시된 것임을 명심해야 할 것이다. 그러나, 19세기의 미국의 정치가인 Walter Cole의 말을 빌리자면, 우리가 모든 기회 속에 내재된 어려움에 대한 생각 때문에 무력해지지만 않는다면, 이러한 문제 속에 진정한 기회가 놓여 있을 것이다. 여태까지 이룩해 온 발전이 앞으로 우리가 더 나아갈 발판을 마련해 주었기를 바란다.

이제 이 장의 곳곳에서 암묵적으로 언급 되었던 한 가지 주제 즉, 이 복잡한 관계에 대한 이해가 정책과 관행에 주는 시사점에 대해 논하면서 이 장을 맺으려 한다. 21세기를 살아갈 학생들을 위해서 우리가 열망하는 학습에 대한 명확한 비전과 아울러, 이 관계에 대한 좀 더 명확한 이해를 발전시키는 것은 우리가 원하는 학습을 보장해 줄 가능성을 극대화시킬 것이다. 교수의 질이 학생 학습에 어떻게 영향을 미치는지를 이해함으로써, 학자와 교사들은 협력하여 교육 활동을 개발하고, 그로 인해, 학생들에게 강력한 학습을 이끌 수 있는 수학적 경험의 기회를 제공할 수 있을 것이다. 그와 동시에 학생들을 강력한 학습으로 인도할 수 있는데, 교사 지식이 어떤 작용을 통해 교수의 질에 영향을 미치는지에 대한 통찰력을 얻는 것은 예비교사 양성 프로그램과 현직교사의 연수 프로그램을 기획하는데 도움이 될 것이고, 그것은 교사들이 바람직한 학습 결과에 영향을 줄 수 있는 특정 교수 실행을 이행하는 데 효과적인 지식과 기술을 함양하는 데 도움이 될 것이다. 이러한 점에서, 이 복잡한 관계를 이해하고 알아내는 데 노력을 쏟는 것은 연구자와 정책 수립자, 그리고 교사들 간의 생산적이고 효과적인 협력관계를 맺어주는 하나의 장을 마련해 줄 것이다. 이러한 협력 관계는 수학교육계뿐 아니라 다른 학문에서도 요구되지만 언제 실천가능 한지 모르는 문제이다.

➲ NOTE

1. 지면 공간이 제한적이고 지난 십년간의 이론틀에 중점을 두고자 한 결정에 의해, 우리는 다른 중요한 개념화(예를 들면, Ma(1999)의 근본적 수학의 깊은 이해, 혹은 Fennema & Frank(1992)의 교사 지식에 관한 초창기 연구)를 생략하기로 한다.
2. 이러한 교사 지식의 상황적, 사회적, 분배적 특성은 다른 연구자들의 문헌에서도 찾을수 있고, 강조되었다(예를 들면, Askew, 2008; Hodgen, 2011).
3. 이론, 이론적 관점, 접근법, 그리고 모델 사이의 차이에 대한 논쟁이 있는 것을 인식하고 있지만, 우리는 이 논쟁을 삼가려 한다. 따라서, 이 글에서는 편의에 따라 이론적 관점이라 일컬을 것이다.
4. 서로 다른 요소들의 발전을 자세하게 묘사한 몇몇 이론틀이 제시 되었지만(예를 들어, Silverman & Thompson, 2008의 교사 지식), 현존하는 어떠한 이론틀도 세 요소의 변화를 모두 설명해 주지 못한다.
5. 글의 길이를 고려하여, 여기서 우리는 교사 지식을 하나의 큰 영역으로 간주하고, 첫 번째 절에서 다루었듯이, 교사 지식을 이루는 다른 종류의 지식들을 논하지는 않는다.

참고문헌

Adler, J., & Davis, Z. (2006). Opening another black box: Researching mathematics for teaching in mathematics teacher education. *Journal for Research in Mathematics Education, 37*(4), 270–296. doi:10.2307/30034851

Adler, J., & Huillet, D. (2008). The social production of mathematics for teaching. In P. Sullivan & T. Wood (Eds.), *Knowledge and beliefs in mathematics teaching and teaching development* (Vol. 1, pp. 195–221). Rotterdam, The Netherlands: Sense Publishers.

Alsawaie, O.N. (2012). Number sense-based strategies used by high-achieving sixth grade students who experienced reform textbooks. *International Journal of Science and Mathematics Education, 10*(5), 1071–1097. doi:10.1007/s10763-011-9315-y

Ambrose, R., & Molina, M. (2014). Spanish/English bilingual students' comprehension of arithmetic story problem texts. *International Journal of Science and Mathematics Education, 12*(6), 1469–1496. doi:10.1007/s10763-013-9472-2

Amrein-Beardsley, A. (2008). Methodological concerns about the education value-added assessment system. *Educational Researcher, 37*(2), 65–75. doi:10.3102/0013189X08316420

Andrews, P. (2011). The cultural location of teachers' mathematical knowledge: Another hidden variable in mathematics education research? In T. Rowland & K. Ruthven (Eds.), *Mathematical knowledge in teaching* (pp. 99–118). New York: Springer. doi:10.1007/978-90-481-9766-8_7

Arbaugh, F., Herbel-Eisenmann, B., Ramirez, N., Knuth, E., Kranendonk, H., & Quander, J.R. (2010). *Linking research and practice: The NCTM research agenda conference report.* Reston, VA: National Council of Teachers of Mathematics.

Artigue, M., Bartolini-Bussi, M., Dreyfus, T., Gray, E., & Prediger, S. (2005). Different theoretical perspectives and approaches in research in mathematics education. In M. Bosch (Ed.), *Proceedings of the Fourth Congress of the European Society for Research in Mathematics Education* (pp. 1239–1244). Barcelona: Fundemi IQS.

Askew, M. (2008). Mathematical discipline knowledge requirements for prospective primary teachers, and the structure and teaching approaches of programs designed to develop that knowledge. In P. Sullivan & T. Wood (Eds.), *Knowledge and beliefs in mathematics teaching and teaching development* (Vol. 1, pp. 13–35). Rotterdam, The Netherlands: Sense Publishers.

Bair, S.L., & Rich, B.S. (2011). Characterizing the development of specialized mathematical content knowledge for teaching in algebraic reasoning and number theory. *Mathematical Thinking and Learning, 13*(4), 292–321. doi:10.1080/10986065.2011.608345

Baker, E.L., Barton, P.E., Darling-Hammond, L., Haertel, E., Ladd, H.F., Linn, R.L., . . . Shepard, L.A. (2010, August). *Problems with the use of student test scores to evaluate teachers* (Briefing Paper No. 278). Washington, DC: Economic Policy Institute.

Baker, D., Street, B., & Tomlin, A. (2006). Navigating schooled numeracies: Explanations for low achievement, in mathematics of UK children from low SES background. *Mathematical Thinking and Learning, 8*(3), 287–307. doi:10.1207/s15327833mtl0803_5

Balfanz, R., Mac Iver, D.J., & Byrnes, V. (2006). The implementation and impact of evidence-based mathematics reforms in high-poverty middle schools: A multi-site, multi-year study. *Journal for Research in Mathematics Education, 37*(1), 33–64. doi:10.2307/30035051

Ball, D.L., & Bass, H. (2003). Toward a practice-based theory of mathematical knowledge for teaching. In E. Simmt and B. Davis (Eds.), *Proceedings of the 2002 Annual Meeting of the Canadian Mathematics Education Study Group* (pp. 3–14). Edmonton, AB: CMESC/GCEDM.

Ball, D.L., Charalambous, C.Y., Thames, M.H., & Lewis, J. (2009). Teacher knowledge and teaching: Viewing a complex relationship from three perspectives. In M. Tzekaki, M. Kaldrimidou, & C. Sakonidis (Eds.), *Proceedings of the 33rd Conference of the International Group for the Psychology of Mathematics Education* (Vol. 1, pp. 121–125). Thessaloniki, Greece: PME.

Ball, D.L., & Hill, H.C. (2009). Measuring teacher quality in practice. In D.H. Gitomer (Ed.), *Measurement issues and assessment for teaching quality* (pp. 80–98). Thousand Oaks, CA: Sage.

Ball, D.L., Lubienski, S.T., & Mewborn, D.S. (2001). Research on teaching mathematics: The unsolved problem of teachers' mathematical knowledge. In V. Richardson (Ed.), *Handbook of research on teaching* (4th ed., pp. 433–456). Washington, DC: American Research Association.

Ball, D.L., & Rowan, B. (2004). Introduction: Measuring instruction. *The Elementary School Journal, 105*(1), 3–10.

Ball, D.L., Sleep, L., Boerst, T.A., & Bass, H. (2009). Combining the development of practice and the practice of development in teacher education. *The Elementary School Journal, 109*(5), 458–474. doi:10.1086/596996

Ball, D.L., Thames, M.H., & Phelps, G. (2008). Content knowledge for teaching: What makes it special? *Journal of Teacher Education, 59*(5), 389–407. doi:10.1177/0022487108324554

Barrett, J.E., Clements, D.H., Klanderman, D., Pennisi, S.J., & Polaki, M.V. (2006). Students' coordination of geometric reasoning and measuring strategies on a fixed perimeter task: Developing mathematical understanding of linear measurement. *Journal for Research in Mathematics Education, 37*(3), 187–221.

Battista, M.T. (2007). The development of geometric and spatial thinking. In F. Lester (Ed.), *Second handbook of research on mathematics teaching and learning* (pp. 843–908). Reston, VA: National Council of Teachers of Mathematics.

Battista, M.T., & Clements, D.H. (1996). Students' understanding of three-dimensional rectangular arrays of cubes. *Journal for Research in Mathematics Education, 27*(3), 258–292. doi:10.2307/749365

Baumert, J., Kunter, M., Blum, W., Brunner, M., Voss, T., Jordan, A., . . . Tsai, Y.M. (2010). Teachers' mathematical knowledge, cognitive activation in the classroom, and student progress. *American Educational Research Journal, 47*(1), 133–180. doi:10.3102/0002831209345157

Bednarz, N., & Proulx, J. (2009). Knowing and using mathematics in teaching: Conceptual and epistemological clarifications. *For the Learning of Mathematics, 29*(3), 11–17.

Begle, E.G. (1979). *Critical variables in mathematics education: Findings from a survey of the empirical literature.* Washington, DC: Mathematical Association of America.

Behr, M., Lesh, R., Post, T., & Silver E. (1983). Rational number concepts. In R. Lesh & M. Landau (Eds.), *Acquisition of mathematics concepts and processes* (pp. 91–125). New York: Academic Press.

Bell, C.A., Wilson, S., Higgins, T., & McCoach, D.B. (2010). Measuring the effects of professional development on teacher knowledge: The case of developing mathematical ideas. *Journal for Research in Mathematics Education, 41*(5), 479–512.

Beswick, K., Callingham, R., & Watson, J. (2012). The nature and development of middle school mathematics teachers' knowledge. *Journal of Mathematics Teacher Education, 15*(2), 131–157. doi:10.1007/s10857-011-9177-9

Biddlecomb, B., & Carr, M. (2011). A longitudinal study of the development of mathematics strategies and underlying counting schemes. *International Journal of Science and Mathematics Education, 9*(1), 1–24. doi:10.1007/s10763-010-9202-y

Bieda, K.N. (2010). Enacting proof-related tasks in middle school mathematics: Challenges and opportunities. *Journal for Research in Mathematics Education, 41*(4), 351–382.

Biggs, J. B., & Collis, K.F. (1991). Multimodal learning and the quality of intelligent behavior. In H.A.H. Rowe (Ed.), *Intelligence: Reconceptualisation and measurement* (pp. 57–75). Hillsdale, NJ: Erlbaum.

Bikner-Ahsbahs, A., & Prediger, S. (2010). Networking of theories —An approach for exploiting the diversity of theoretical approaches. In B. Sriraman & L. English (Eds.), *Theories of mathematics education: Seeking new frontiers* (pp. 483–506). London, UK: Springer.

Bjuland, R., Cestari, M.L., & Borgersen, H.E. (2008). The interplay between gesture and discourse as mediating devices in collaborative mathematical reasoning: A multimodal approach. *Mathematical Thinking and Learning, 10*(3), 271–292. doi:10.1080/10986060802216169

Blömeke, S., Suhl, U., & Döhrmann, M. (2013). Assessing strengths and weaknesses of teacher knowledge in Asia, Eastern Europe, and Western countries: Differential item functioning in TEDS-M. *International Journal of Science and Mathematics Education, 11*(4), 795–817. doi:10.1007/s10763-013-9413-0

Borich, G.D. (1992). *Effective teaching methods* (2nd ed.). New York: Macmillan.

Boston, M.D. (2012). Assessing instructional quality in mathematics. *The Elementary School Journal, 113*(1), 76–104. doi:10.1086/666387

Boston, M.D. (2013). Connecting changes in secondary mathematics teachers' knowledge to their experiences in a professional development workshop. *Journal of Mathematics Teacher Education, 16*(1), 7–31. doi:10.1007/s10857-012-9211-6

Boston, M.D., & Smith, M.S. (2009). Transforming secondary mathematics teaching: Increasing the cognitive demands of instructional tasks used in teachers' classrooms. *Journal for Research in Mathematics Education, 40*(2), 119–156.

Bray, W.S. (2011). A collective case study of the influence of teachers' beliefs and knowledge on error-handling practices during class discussion of mathematics. *Journal for Research in Mathematics Education, 42*(1), 2–38.

Brizuela, B.M. (2006). Young children's notations for fractions. *Educational Studies in Mathematics, 62*(3), 281–305. doi:10.1007/s10649-005-9003-3

Brophy, J. (1986). Teaching and learning mathematics: Where research should be going. *Journal for Research in Mathematics Education, 17*(5), 323–346. doi:10.2307/749326

Brophy, J., & Good, T. (1986). Teacher behavior and student achievement. In M.C. Wittrock (Ed.), *Handbook of research on teaching* (3rd ed., pp. 328–375). New York: Macmillan.

Buchholtz, N., & Kaiser, G. (2013). Improving mathematics teacher education in Germany: Empirical results from a longitudinal evaluation of innovative programs. *International Journal of Science and Mathematics Education, 11*(4), 949–977. doi:10.1007/s10763-013-9427-7

Burton, L. (1984). Mathematical thinking: The struggle for meaning. *Journal for Research in Mathematics Education, 15*(1), 35–49. doi:10.2307/748986

Caddle, M.C., & Brizuela, B.M. (2011). Fifth graders' additive and multiplicative reasoning: Establishing connections across conceptual fields using a graph. *The Journal of Mathematical Behavior, 30*(3), 224–234. doi:10.1016/j.jmathb.2011.04.002

Cai, J., Moyer, J.C., Wang, N., Hwang, S., Nie, B., & Garber, T. (2013). Mathematical problem posing as a measure of curricular effect on students' learning. *Educational Studies in Mathematics, 83*(1), 57–69. doi:10.1007/s10649-012-9429-3

Cantrell, S., & Kane, T.J. (2013). *Ensuring fair and reliable measures of effective teaching: Culminating findings from the MET project's three-year study.* Seattle, WA: Bill & Melinda Gates Foundation. Retrieved from www.metproject.org/reports.php.

Carraher, D.W., Schliemann, A.D., Brizuela, B.M., & Earnest, D. (2006). Arithmetic and algebra in early mathematics education. *Journal for Research in Mathematics Education, 37*(2), 87–115.

Casabianca, J.M., McCaffrey, D.F., Gitomer, D.H., Bell, C.A., Hamre, B.K., & Pianta, R.C. (2013). Effect of observation mode on measures of secondary mathematics teaching. *Educational and Psychological Measurement, 73*(5), 757–783. doi:10.1177/0013164413486987

Cengiz, N., Kline, K., & Grant, T.J. (2011). Extending students' mathematical thinking during whole-group discussions. *Journal of Mathematics Teacher Education, 14*(5), 355–374. doi:10.1007/s10857-011-9179-7

Chapin, S.H., O'Connor, C., & Anderson. N.C. (2003). *Classroom discussions: Using math talk to help students learn.* Sausalito, CA: Math Solutions Publications.

Charalambous, C.Y. (2008). *Preservice teachers' Mathematical Knowledge for Teaching and their performance in selected teaching practices: Exploring a complex relationship.* Unpublished doctoral dissertation, University of Michigan, Ann Arbor.

Charalambous, C.Y. (2010). Mathematical knowledge for teaching and task unfolding: An exploratory study. *The Elementary School Journal, 110*(3), 247–278. doi:10.1086/648978

Charalambous, C.Y., Hill, H.C., & Ball, D.L. (2011). Prospective teachers' learning to provide instructional explanations: How does it look and what might it take? *Journal of Mathematics Teacher Education, 14*(6), 441–463. doi:10.1007/s10857-011-9182-z

Charalambous, C.Y., Hill, H.C., & Mitchell, R.N. (2012). Two negatives don't always make a positive: Exploring how limitations in teacher knowledge and the curriculum contribute to instructional quality. *Journal of Curriculum Studies, 44*(4), 489–513. doi:10.1080/00220272.2012.716974

Charalambous, C.Y., Komitis, A., Papacharalambous, M., & Stefanou, A. (2014). Using generic and content-specific teaching practices in teacher evaluation: An exploratory study of teachers' perceptions. *Teaching and Teacher Education, 41*, 22–33. doi:10.1016/j.tate.2014.03.001

Charalambous, C.Y., & Pitta-Pantazi, D. (2007). Drawing on a theoretical model to study students' understandings of fractions. *Educational Studies in Mathematics, 64*(3), 293–316. doi:10.1007/s10649-006-9036-2

Chester, M., & Zelman, S. (2009). Approximations of teacher quality and effectiveness: View from the state education agency. In D.H. Gitomer (Ed.), *Measurement issues and assessment for teaching quality.* (pp. 131–149). Thousand Oaks, CA: Sage.

Chevallard, Y. (1999). L'analyse des pratiques enseignantes en théorie anthropologique du didactique. *Recherches en Didactique des Mathématiques, 19*(2), 221–265.

Christou, C., Pitta-Pantazi, D., Souyoul, A., & Zachariades, T. (2005). The embodied, proceptual and formal worlds in the context of functions. *Canadian Journal of Science, Mathematics and Technology Education, 5*(2), 241–252. doi:10.1080/14926150509556656

Chrysostomou, M., Pitta-Pantazi, D., Tsingi, C., Cleanthous, E., & Christou, C. (2013). Examining number sense and algebraic reasoning through cognitive styles. *Educational Studies in Mathematics, 83*(2), 205–223. doi:10.1007/s10649-012-9448-0

Clements, D.H., & Sarama, J. (2007). Effects of a preschool mathematics curriculum: Summative research on the building blocks project. *Journal for Research in Mathematics Education, 38*(2), 136–163. doi:10.2307/30034954

Clements, D. C., Sarama, J., Spitler, M.A., Lange, A.A., & Wolfe, C.B. (2011). Mathematics learned by young children in an intervention based on learning trajectories: A large-scale cluster randomized trial. *Journal for Research in Mathematics Education, 42*(2), 127–166.

Clivaz, S. (2013). Teaching multidigit multiplication: Combining multiple frameworks to analyse a class episode. In B. Ubuz, Ç. Haser, & M.A. Mariotti (Eds.), *Proceedings of the 8th Congress of European Research in Mathematics Education* (pp. 2995–3004). Ankara, Turkey: Middle East Technical University.

Cobb, P., & Yackel, E. (1996). Constructivist, emergent, and sociocultural perspectives in the context of developmental research. *Educational Psychologist, 31*(3–4), 175–190. doi:10.1080/00461520.1996.9653265

Cochran-Smith, M. (2003). Teaching quality matters. *Journal of Teacher Education, 54*(2), 95–98. doi:10.1177/0022487102250283

Cohen, D.K. (1990). A revolution in one classroom: The case of Mrs. Oublier. *Educational Evaluation and Policy Analysis, 12*(3), 311–329. doi:10.3102/01623737012003311

Cohen, D.K., Raudenbush, S.W., & Ball, D.L. (2003). Resources, instruction, and research. *Educational Evaluation and Policy Analysis, 25*(2), 119–142. doi:10.3102/01623737025002119

Cole, Y. (2012). Assessing elemental validity: The transfer and use of mathematical knowledge for teaching measures in Ghana. *ZDM—The International Journal on Mathematics Education, 44*(3), 415–426. doi:10.1007/s11858-012-0380-7

Coleman, J.S., Campbell, E.Q., Hobson, C.J., McPartland, J., Mood, A.M., Weinfeld, F.D., & York, R.L. (1966). *Equality of educational opportunity*. Washington, DC: U.S. Government Printing Office.

Copur-Gencturk, Y., & Lubienski, S.T. (2013). Measuring mathematical knowledge for teaching: A longitudinal study using two measures. *Journal of Mathematics Teacher Education, 16*(3), 211–236. doi:10.1007/s10857-012-9233-0

Core Practice Consortium (2014, April). *Enriching research and innovation through the specification of professional practice*. Paper presented at the annual meeting of the American Educational Research Association, Philadelphia, PA.

Correnti, R., & Martínez, J.F. (2012). Conceptual, methodological, and policy issues in the study of teaching: Implications for improving instructional practice at scale. *Educational Assessment, 17*(2–3), 51–61. doi:10.1080/10627197.2012.717834

Cottrill, J., Dubinsky, E., Nichols, D., Schwingendorf, K., Thomas, K., & Vidakovic, D. (1996). Understanding the limit concept: Beginning with a coordinated process scheme. *The Journal of Mathematical Behavior, 15*(2), 167–192. doi:10.1016/S0732-3123(96)90015-2

Creemers, B.P.M. (1994). *The effective classroom*. London: Cassell.

Creemers, B.P.M., & Kyriakides, L. (2008). *The dynamics of educational effectiveness: A contribution to policy, practice and theory in contemporary schools*. London & New York: Routledge.

Creemers, B.P.M., Kyriakides, L., & Sammons, P. (2010). *Methodological advances in educational effectiveness research*. London & New York: Routledge.

Croninger, R.G., Buese, D., & Larson, J. (2012). A mixed-methods look at teaching quality: Challenges and possibilities from one study. *Teachers College Record, 114*(4), 1–36.

Croninger, R.G., Valli, L., & Chambliss, M.J. (2012). Researching quality in teaching: Enduring and emerging challenges. *Teachers College Record, 114*(4), 1–15.

Danielson, C. (2007). *Enhancing professional practice: A framework for teaching* (2nd ed.). Alexandria, VA: Association for Supervision and Curriculum Development.

Davis, R.B., & Maher, C.A. (1990). What do we do when we "do mathematics"? (Monograph). *Journal for Research in Mathematics Education, 4*, 65–78. doi:10.2307/749913

Davis, B., & Renert, M. (2013). Profound understanding of emergent mathematics: Broadening the construct of teachers' disciplinary knowledge. *Educational Studies in Mathematics, 82*(2), 245–265. doi:10.1007/s10649-012-9424-8

Davis, B., & Simmt, E. (2006). Mathematics-for-teaching: An ongoing investigation of the mathematics that teachers (need to) know. *Educational Studies in Mathematics, 61*(3), 293–319. doi:10.1007/s10649-006-2372-4

Dekker, R., Elshout-Mohr, M., & Wood, T. (2006). How children regulate their own collaborative learning. *Educational Studies in Mathematics, 62*(1), 57–79. doi:10.1007/s10649-006-1688-4

Delaney, S., Ball, D.L., Hill, H.C., Schilling, S.G., & Zopf, D. (2008). "Mathematical knowledge for teaching": Adapting US measures for use in Ireland. *Journal of Mathematics Teacher Education, 11*(3), 171–197. doi:10.1007/s10857-008-9072-1

Depaepe, F., Verschaffel, L., & Kelchtermans, G. (2013). Pedagogical content knowledge: A systematic review of the way in which the concept has pervaded mathematics educational research. *Teaching and Teacher Education, 34*, 12–25. doi:10.1016/j.tate.2013.03.001

Ding, M. (2008). Teacher knowledge necessary to address student errors and difficulties about equivalent fractions. In G. Kulm (Ed.), *Teacher knowledge and practice in middle grades mathematics* (pp. 147–171). Rotterdam, The Netherlands: Sense Publishers.

Dominguez, H., LópezLeiva, C.A., & Khisty, L.L. (2014). Relational engagement: Proportional reasoning with bilingual Latino/a students. *Educational Studies in Mathematics, 85*(1), 143–160. doi:10.1007/s10649-013-9501-7

Drijvers, P., & Godino, J.D., Font, V., & Trouche, L. (2013). One episode, two lenses: A reflective analysis of student learning with computer algebra from instrumental and onto-semiotic perspectives. *Educational Studies in Mathematics, 82*(1), 23–49. doi:10.1007/s10649-012-9416-8

Dubinsky, E. (1992). A learning theory approach to calculus. In Z. Karian (Ed.), *Symbolic computation in undergraduate mathematics education* (MAA Notes No. 24, pp. 48–55). Washington, DC: Mathematical Association of America.

Ellis, A.B. (2011). Generalizing-promoting actions: How classroom collaborations can support students' mathematical generalizations. *Journal for Research in Mathematics Education, 42*(4), 308–345.

English, L.D. (2006). Mathematical modeling in the primary school: Children's construction of a consumer guide. *Educational Studies in Mathematics, 63*(3), 303–323. doi:10.1007/s10649-005-9013-1

English, L.D. (2013). Complex modelling in the primary and middle school years: An interdisciplinary approach. In G.A. Stillman, G. Kaiser, W. Blum, & J.P. Brown (Eds.), *Teaching mathematical modelling: Connecting to research and practice* (Vol. 16, pp. 491–505). Dordrecht: Springer.

English, L.D., & Mulligan, J. (Eds.). (2013). *Reconceptualizing early mathematics learning.* Dordrecht: Springer.

Even, R. (2009). Teacher knowledge and teaching: Considering the connections between perspectives and findings. In M. Tzekaki, M. Kaldrimidou, & H. Sakonidis (Eds.), *Proceedings of the 33rd Conference of the International Group for the Psychology of Mathematics Education* (Vol. 1, pp. 147–148). Thessaloniki, Greece: PME.

Fauth, B., Decristan, J., Rieser, S., Klieme, E., & Büttner, G. (2014). Student ratings of teaching quality in primary school: Dimensions and prediction of student outcomes. *Learning and Instruction, 29*, 1–9. doi:10.1016/j.learninstruc.2013.07.001

Fennema, E., & Franke, M.L. (1992). Teachers' knowledge and its impact. In D.A. Grouws (Ed.), *Handbook of research on mathematics teaching and learning: A project of the National Council of Teachers of Mathematics* (pp. 147–164). Reston, VA: NCTM.

Fenstermacher, G.D., & Richardson, V. (2005). On making determinations of quality in teaching. *Teachers College Record, 107*(1), 186–213.

Fishbein, E. (1993). The theory of figural concepts. *Educational Studies in Mathematics, 24*(2), 139–162. doi:10.1007/BF01273689

Francisco, J.M., & Hähkiöniemi, M. (2012). Students' ways of reasoning about nonlinear functions in guess-my-rule games. *International Journal of Science and Mathematics Education, 10*(5), 1001–1021. doi:10.1007/s10763-011-9310-3

Franke, M.L., Kazemi, E., & Battey, D. (2007). Mathematics teaching and classroom practice. In F.K. Lester (Ed.), *Second handbook of research on mathematics teaching and learning* (pp. 225–256). Charlotte, NC: Information Age Publishers.

Freudenthal, H. (1968). Why to teach mathematics so as to be useful. *Educational Studies in Mathematics, 1*(1–2), 3–8. doi:10.1007/BF00426224

Gage, N.L. (2009). *A conception of teaching.* New York: Springer.

Gainsburg, J. (2008). Real-world connections in secondary mathematics teaching. *Journal of Mathematics Teacher Education, 11*(3), 199–219. doi:10.1007/s10857-007-9070-8

Gallagher, H.A. (2004). Vaughn elementary's innovative teacher evaluation system: Are teacher evaluation scores related to growth in student achievement? *Peabody Journal of Education, 79*(4), 79–107. doi:10.1207/s15327930pje7904_5

Gil, E., & Ben-Zvi, D. (2011). Explanations and context in the emergence of students' informal inferential reasoning. *Mathematical Thinking and Learning, 13*(1–2), 87–108. doi:10.1080/10986065.2011.538295

Gilleece, L., Cosgrove, J., & Sofroniou, N. (2010). Equity in mathematics and science outcomes: Characteristics associated with high and low achievement on PISA 2006 in Ireland. *International Journal of Science and Mathematics Education, 8*(3), 475–496. doi:10.1007/s10763-010-9199-2

Gilmore, C.K., & Papadatou-Pastou, M. (2009). Patterns of individual differences in conceptual understanding and arithmetical skill: A meta-analysis. *Mathematical Thinking and Learning, 11*(1–2), 25–40. doi:10.1080/10986060802583923

Gitomer, D.H. (2009). Crisp measurement and messy context: A clash of assumptions and metaphors—Synthesis of section III. In D.H. Gitomer (Ed.), *Measurement issues and assessment for teaching quality* (pp. 223–233). Thousand Oaks, CA: Sage.

Glazerman, S., Loeb, S., Goldhaber, D., Staiger, D., Raudenbush, S., & Whitehurst, G. (2010). *Evaluating teachers: The important role of value-added* (Report No. 6829). Washington, DC: Brown Center on Education Policy, Brookings.

Graeber, A., & Tirosh, D. (2008). Pedagogical content knowledge: Useful concept or elusive notion? In P. Sullivan & T. Wood (Eds.), *Knowledge and beliefs in mathematics teaching and teaching development* (Vol. 1, pp. 117–132). Rotterdam, The Netherlands: Sense Publishers.

Griffiths, M. (2013). Intuiting the fundamental theorem of arithmetic. *Educational Studies in Mathematics, 82*(1), 75–96. doi:10.1007/s10649-012-9410-1

Grossman, P. (2008). Responding to our critics: From crisis to opportunity in research on teacher education. *Journal of Teacher Education, 59*(1), 10–23. doi:10.1177/0022487107310748

Grossman, P., Hammerness, K., & McDonald, M. (2009). Redefining teaching, re-imagining teacher education. *Teachers and Teaching: Theory and Practice, 15*(2), 273–289. doi:10.1080/13540600902875340

Grossman, P., & McDonald, M. (2008). Back to the future: Directions for research in teaching and teacher education. *American Educational Research Journal, 45*(1), 184–205. doi:10.3102/0002831207312906

Groth, R. E., & Bergner, J. A. (2006). Preservice elementary teachers' conceptual and procedural knowledge of mean, median, and mode. *Mathematical Thinking and Learning, 8*(1), 37–63. doi:10.1207/s15327833mtl0801_3

Groth, R. E., & Bergner, J. A. (2013). Mapping the structure of knowledge for teaching nominal categorical data analysis. *Educational Studies in Mathematics, 83*(2), 247–265. doi:10.1007/s10649-012-9452-4

Hamre, B. K., Pianta, R. C., Downer, J. T., DeCoster, J., Mashburn, A. J., Jones, . . . Hamagami, A. (2013). Teaching through interactions: Testing a developmental framework of teacher effectiveness in over 4,000 classrooms. *The Elementary School Journal, 113*(4), 461–487. doi:10.1086/669616

Harel, G., & Sowder, L. (1998). Students' proof schemes: Results from an exploratory study. In A. H. Schoenfeld, J. Kaput, & E. Dubinsky (Eds.), *Research in collegiate mathematics education* (Vol. 3, pp. 234–283). Providence, RI: American Mathematical Society.

Harris, D. N. (2009). The policy uses and policy validity of value-added and other teacher quality measures. In D. H. Gitomer (Ed.), *Measurement issues and assessment for teaching quality* (pp. 99–130). Thousand Oaks, CA: Sage.

Harris, D. N. (2011). *Value-added measures in education: What every educator needs to know*. Cambridge, MA: Harvard Education Press.

Hattie, J. (2009). *Visible learning. A synthesis of over 800 meta-analyses relating to achievement.* London: Routledge.

Hemmings, B., Grootenboer, P., & Kay, R. (2011). Predicting mathematics achievement: The influence of prior achievement and attitudes. *International Journal of Science and Mathematics Education, 9*(3), 691–705. doi:10.1007/s10763-010-9224-5

Herbst, P., & Kosko, K. W. (2012). Mathematical knowledge for teaching high school geometry. In L. R. Van Zoest, J. J. Lo, & J. L. Kratky (Eds.), *Proceedings of the 34th Annual Meeting of the North American Chapter of the International Group for the Psychology of Mathematics Education* (pp. 438–444). Kalamazoo, MI: Western Michigan University.

Hiebert, J., Gallimore, R., Garnier, H., Givvin, K. B., Hollingsworth, H., Jacobs, J., . . . Stigler, J. (2003). *Teaching mathematics in seven countries: Results from the TIMSS 1999 video study*. Washington, DC: National Center for Education Statistics.

Hiebert, J., & Grouws, D. A. (2007). The effects of classroom mathematics teaching on students' learning. In F. K. Lester (Ed.), *Second handbook of research on mathematics teaching and learning* (pp. 371–404). Charlotte, NC: Information Age Publishers.

Hiebert, J., Stigler, J. W., Jacobs, J. K., Givvin, K. B., Garnier, H., Smith, M., . . . Gallimore, R. (2005). Mathematics teaching in the United States today (and tomorrow): Results from the TIMSS 1999 video study. *Educational Evaluation and Policy Analysis, 27*(2), 111–132. doi:10.3102/01623737027002111

Hill, H. C. (2007). Mathematical knowledge of middle school teachers: Implications for the No Child Left Behind policy initiative. *Educational Evaluation and Policy Analysis, 29*(2), 95–114. doi:10.3102/0162373707301711

Hill, H. C. (2010). The nature and predictors of elementary teachers' mathematical knowledge for teaching. *Journal for Research in Mathematics Education, 41*(5), 513–545.

Hill, H. C., Ball, D. L., Blunk, M., Goffney, I. M., & Rowan, B. (2007). Validating the ecological assumption: The relationship of measure scores to classroom teaching and student learning. *Measurement: Interdisciplinary Research and Perspectives, 5*(2–3), 107–118. doi:10.1080/15366360701487138

Hill, H. C., Ball, D. L., & Schilling, S. G. (2008). Unpacking pedagogical content knowledge: Conceptualizing and measuring teachers' topic-specific knowledge of students. *Journal for Research in Mathematics Education, 39*(4), 372–400.

Hill, H. C., Blunk, M. L., Charalambous, C. Y., Lewis, J. M., Phelps, G. C., Sleep, L., & Ball, D. L. (2008). Mathematical knowledge for teaching and the mathematical quality of instruction: An exploratory study. *Cognition and Instruction, 26*(4), 430–511. doi:10.1080/07370000802177235

Hill, H. C., & Charalambous, C. Y. (2012). Teaching (un)Connected Mathematics: Two teachers' enactment of the Pizza problem. *Journal of Curriculum Studies, 44*(4), 467–487. doi:10.1080/00220272.2012.716972

Hill, H. C., Charalambous, C. Y., & Kraft, M. A. (2012). When rater reliability is not enough teacher observation systems and a case for the generalizability study. *Educational Researcher, 41*(2), 56–64. doi:10.3102/0013189X12437203

Hill, H. C., & Grossman, P. (2013). Learning from teacher observations: Challenges and opportunities posed by new teacher evaluation systems. *Harvard Educational Review, 83*(2), 371–384.

Hill, H. C., Kapitula, L., & Umland, K. (2011). A validity argument approach to evaluating teacher value-added scores. *American Educational Research Journal, 48*(3), 794–831. doi:10.3102/0002831210387916

Hill, H. C., Rowan, B., & Ball, D. L. (2005). Effects of teachers' mathematical knowledge for teaching on student achievement. *American Educational Research Journal 42*(2), 371–406. doi:10.3102/00028312042002371

Hill, H. C., Schilling, S. G., & Ball, D. L. (2004). Developing measures of teachers' mathematics knowledge for teaching. *The Elementary School Journal, 105*(1), 11–30. doi:10.1086/428763

Hill, H. C., Sleep, L., Lewis, J. M., & Ball, D. L. (2007). Assessing teachers' mathematical knowledge: What knowledge matters and what evidence counts? In F. K. Lester (Ed.), *Second handbook of research on mathematics teaching and learning* (pp. 111–155). Charlotte, NC: Information Age Publishers.

Hill, H. C., Umland, K., Litke, E., & Kapitula, L. R. (2012). Teacher quality and quality teaching: Examining the relationship of a teacher assessment to practice. *American Journal of Education, 118*(4), 489–519.

Hodgen, J. (2011). Knowing and identity: A situated theory of mathematics knowledge in teaching. In T. Rowland & K. Ruthven (Eds.), *Mathematical knowledge in teaching* (pp. 27–42). London, UK: Springer. doi:10.1007/978-90-481-9766-8_3

Hollebrands, K. F. (2007). The role of a dynamic software program for geometry in the strategies high school mathematics students employ. *Journal for Research in Mathematics Education, 38*(2), 164–192.

Hollebrands., K., Conner, A., & Smith, R. C. (2010). The nature of arguments provided by college geometry students with access to technology while solving problems. *Journal for Research in Mathematics Education, 41*(4), 324–350.

Huang, R., & Cai, J. (2011). Pedagogical representations to teach linear relations in Chinese and US classrooms: Parallel or hierarchical? *The Journal of Mathematical Behavior, 30*(2), 149–165. doi:10.1016/j.jmathb.2011.01.003

Hugener, I., Pauli, C., Reusser, K., Lipowsky, F., Rakoczy, K., & Klieme, E. (2009). Teaching patterns and learning quality in Swiss and German mathematics lessons. *Learning and Instruction, 19*(1), 66–78. doi:10.1016/j.learninstruc.2008.02.001

Huillet, D. (2009). Mathematics for teaching: An anthropological approach and its use in teacher training. *For the Learning of Mathematics, 29*(3), 4–10.

İmre, S. Y., & Akkoç, H. (2012). Investigating the development of prospective mathematics teachers' pedagogical content knowledge of generalising number patterns through school practicum. *Journal of Mathematics Teacher Education, 15*(3), 207–226. doi:10.1007/s10857-012-9203-6

Ing, M., & Webb, N.M. (2012). Characterizing mathematics classroom practice: Impact of observation and coding choices. *Educational Measurement: Issues and Practice, 31*(1), 14–26. doi:10.1111/j.1745-3992.2011.00224.x

Inglis, M., & Alcock, L. (2012). Expert and novice approaches to reading mathematical proofs. *Journal for Research in Mathematics Education, 43*(4), 358–390.

Izsák, A. (2008). Mathematical knowledge for teaching fraction multiplication. *Cognition and Instruction, 26*(1), 95–143. doi:10.1080/07370000701798529

Izsák, A., Tillema, E., & Tunç-Pekkan, Z. (2008). Teaching and learning fraction addition on number lines. *Journal for Research in Mathematics Education, 39*(1), 33–62. doi:10.2307/30034887

Jackson, K., Garrison, A., Wilson, J., Gibbons, L., & Shahan, E. (2013). Exploring relationships between setting up complex tasks and opportunities to learn in concluding whole-class discussions in middle-grades mathematics instruction. *Journal for Research in Mathematics Education, 44*(4), 646–682.

Jencks, C., Smith, M., Acland, H., Bane, M.J., Cohen, D., Gintis, H., . . . Michelson, S. (1972). *Inequality: A reassessment of the effects of family and schooling in America.* New York: Basic Books.

Jurdak, M.E. (2006). Contrasting perspectives and performance of high school students on problem solving in real world situated and school contexts. *Educational Studies in Mathematics, 63*(3), 283–301. doi:10.1007/s10649-005-9008-y

Jurdak, M.E., & El Mouhayar, R.R. (2014). Trends in the development of student level of reasoning in pattern generalization tasks across grade level. *Educational Studies in Mathematics, 85*(1), 75–92. doi:10.1007/s10649-013-9494-2

Kamii, C., & Kysh, J. (2006). The difficulty of "length×width": Is a square the unit of measurement? *The Journal of Mathematical Behavior, 25*(2), 105–115. doi:10.1016/j.jmathb.2006.02.001

Kane, T.J., McCaffrey, D.F., Miller, T., & Staiger, D.O. (2013). *Have we identified effective teachers? Validating measures of effective teaching using random assignment.* Seattle, WA: Bill & Melinda Gates Foundation. Retrieved from www.metproject.org/reports.php.

Kane, T.J., & Staiger, D.O. (2012). *Gathering feedback for teaching: Combining high-quality observations with student surveys and achievement gains.* Seattle, WA: Bill & Melinda Gates Foundation. Retrieved from www.metproject.org/reports.php.

Kane, T.J., Taylor, E.S., Tyler, J.H., & Wooten, A.L. (2011). Identifying effective classroom practices using student achievement data. *Journal of Human Resources, 46*(3), 587–613. doi:10.3386/w15803

Kaput, J.J. (1998). Transforming algebra from an engine of inequity to an engine of mathematical power by "algebrafying" the K–12 curriculum. In S. Fennel (Ed.), *The nature and role of algebra in the K–14 curriculum: Proceedings of a National Symposium* (pp. 25–26). Washington, DC: National Research Council, National Academy Press.

Kennedy, M.M. (2010). Attribution error and the quest for teacher quality. *Educational Researcher, 39*(8), 591–598. doi:10.3102/0013189X10390804

Kersting, N. (2008). Using video clips of mathematics classroom instruction as item prompts to measure teachers' knowledge of teaching mathematics. *Educational and Psychological Measurement, 68*(5), 845–861. doi:10.1177/0013164407313369

Kersting, N.B., Givvin, K.B., Sotelo, F.L., & Stigler, J.W. (2010). Teachers' analyses of classroom video predict student learning of mathematics: Further explorations of a novel measure of teacher knowledge. *Journal of Teacher Education, 61*(1–2), 172–181. doi:10.1177/0022487109347875

Kersting, N.B., Givvin, K.B., Thompson, B.J., Santagata, R., & Stigler, J.W. (2012). Measuring usable knowledge: Teachers' analyses of mathematics classroom videos predict teaching quality and student learning. *American Educational Research Journal, 49*(3), 568–589. doi:10.3102/0002831212437853

Kieran, C. (1996). The changing face of school algebra. In C. Alsina, J. Alvarez, B. Hodgson, C. Laborde, & A. Pérez (Eds.), *8th International Congress on Mathematical Education: Selected lectures* (pp. 271–290). Seville, Spain: S.A.E.M. Thales.

Kilpatrick, J., Swafford, J., & Findell, B. (Eds.). (2001). *Adding it up: Helping children learn mathematics.* Washington, DC: National Academy Press.

Kim, M., Roth, W.M., & Thom, J. (2011). Children's gestures and the embodied knowledge of geometry. *International Journal of Science and Mathematics Education, 9*(1), 207–238. doi:10.1007/s10763-010-9240-5

Kim, Y.R., Park, M.S., Moore, T.J., & Varma, S. (2013). Multiple levels of metacognition and their elicitation through complex problem-solving tasks. *The Journal of Mathematical Behavior, 32*(3), 377–396. doi:10.1016/j.jmathb.2013.04.002

Klieme, E., Pauli, C., & Reusser, K. (2009). The Pythagoras study. In J. Tomás & T. Seidel (Eds.), *The power of video studies in investigating teaching and learning in the classroom* (pp. 137–160). Münster, Germany: Waxmann.

Koellner, K., Jacobs, J., Borko, H., Schneider, C., Pittman, M.E., Eiteljorg, E., . . . Frykholm, J. (2007). The problem-solving cycle: A model to support the development of teachers' professional knowledge. *Mathematical Thinking and Learning, 9*(3), 273–303. doi:10.1080/10986060701360944

Kolovou, A., Van den Heuvel-Panhuizen, M., & Köller, O. (2013). An intervention including an online game to improve grade 6 students' performance in early algebra. *Journal for Research in Mathematics Education, 44*(3), 510–549.

Konstantopoulos, S., & Chung, V. (2011). The persistence of teacher effects in elementary grades. *American Educational Research Journal, 48*(2), 361–386. doi:10.3102/0002831210382888

Koretz, D. (2008). *Measuring up: What educational testing really tells us.* Cambridge, MA: Harvard University Press.

Krauss, S., Baumert, J., & Blum, W. (2008). Secondary mathematics teachers' pedagogical content knowledge and content knowledge: Validation of the COACTIV constructs. *ZDM—The International Journal on Mathematics Education, 40*(5), 873–892. doi:10.1007/s11858-008-0141-9

Krauss, S., Brunner, M., Kunter, M., Baumert, J., Blum, W., Neubrand, M., & Jordan, A. (2008). Pedagogical content knowledge and content knowledge of secondary mathematics teachers. *Journal of Educational Psychology, 100*(3), 716–725. doi:10.1037/0022-0663.100.3.716

Kruteski, V.A. (1976). *The psychology of mathematical abilities in school children.* Chicago, IL: University of Chicago Press

Kunter, M., & Baumert, J. (2006). Who is the expert? Construct and criteria validity of student and teacher ratings of instruction. *Learning Environments Research, 9*(3), 231–251. doi:10.1007/s10984-006-9015-7

Kunter, M., Klusmann, U., Baumert, J., Richter, D., Voss, T., & Hachfeld, A. (2013). Professional competence of teachers: Effects on instructional quality and student development. *Journal of Educational Psychology, 105*(3), 805–820. doi:10.1037/a0032583

Kwon, M., Thames, M.H., & Pang, J. (2012). To change or not to change: Adapting mathematical knowledge for teaching (MKT) measures for use in Korea. *ZDM—The International Journal on Mathematics Education, 44*(3), 371–385. doi:10.1007/s11858-012-0397-y

Kyriakides, L., Christoforou, C., & Charalambous, C.Y. (2013). What matters for student learning outcomes: A meta-analysis of studies exploring factors of effective teaching. *Teaching and Teacher Education, 36*, 143–152. doi:10.1016/j.tate.2013.07.010

Kyriakides, L., & Creemers, B.P.M. (2008). Using a multidimensional approach to measure the impact of classroom level factors upon student achievement: A study testing the validity of the dynamic model. *School Effectiveness and School Improvement, 19*(2), 183–205. doi:10.1080/09243450802047873

Kyriakides, L., Creemers, B., Antoniou, P., & Demetriou, D. (2010). A synthesis of studies searching for school factors: Implications for theory and research. *British Educational Research Journal, 36*(5), 807–830. doi:10.1080/01411920903165603

Lakoff, G., & Nuñez, R. (2000). *Where mathematics comes from: How the embodied mind brings mathematics into being.* New York: Basic Books.

Lamon, S.J. (1999). *Teaching fractions and rations for understanding.* Mahwah, NJ: Lawrence Erlbaum Associates.

Lampert, M. (2010). Learning teaching in, from, and for practice: What do we mean? *Journal of Teacher Education, 61*(1–2), 21–34. doi:10.1177/0022487109347321

Langrall, C.W. (2014). Linking research and practice: Another call to action? *Journal for Research in Mathematics Education, 45*(2), 154–156.

Lannin, J.K., Webb, M., Chval, K., Arbaugh, F., Hicks, S., Taylor, C., & Bruton, R. (2013). The development of beginning mathematics teacher pedagogical content knowledge. *Journal of Mathematics Teacher Education, 16*(6), 403–426. doi:10.1007/s10857-013-9244-5

Lavigne, N.C., Salkind, S.J., & Yan, J. (2008). Exploring college students' mental representations of inferential statistics. *The Journal of Mathematical Behavior, 27*(1), 11–32. doi:10.1016/j.jmathb.2007.10.003

Learning Mathematics for Teaching Project. (2011). Measuring the mathematical quality of instruction. *Journal of Mathematics Teacher Education, 14*(1), 25–47. doi:10.1007/s10857-010-9140-1

Leikin, R. (2013). Evaluating mathematical creativity: The interplay between multiplicity and insight. *Psychological Test and Assessment Modeling, 55*(4), 385–400.

Leikin, R., & Lev, M. (2013). Mathematical creativity in generally gifted and mathematically excelling adolescents: What makes the difference? *ZDM—The International Journal on Mathematics Education, 45*(2), 183–197. doi:10.1007/s11858-012-0460-8

Leikin, R., & Pitta-Pantazi, D. (2013). Creativity and mathematics education: Overview on the state-of-art. *ZDM—The International Journal on Mathematics Education, 45*(2), 159–166. doi:10.1007/s11858-012-0459-1

Lesh, R. (2010). Tools, researchable issues & conjectures for investigating what it means to understand statistics (or other topics) meaningfully. *Journal of Mathematical Modelling and Application, 1*(2), 16–48.

Lesh, R.A., Sriraman, B., & English, L.D. (2014). Theories of learning mathematics. In S. Lerman (Ed.), *Encyclopedia of Mathematics Education* (pp. 615–623). New York: Springer. doi: 978-94-007-4978-8.

Lesh, R., & Zawojewski, J. (2007). Problem-solving and modeling. In F. Lester (Ed.), *Second handbook of research on mathematics teaching and learning* (pp. 763–804). Reston, VA: NCTM.

Levenson, E. (2013). Exploring one student's explanations at different ages: The case of Sharon. *Educational Studies in Mathematics, 83*(2), 181–203. doi:10.1007/s10649-012-9447-1

Levenson, E., Tirosh, D., & Tsamir, P. (2011). *Preschool geometry: Theory, research, and practical perspectives.* Rotterdam, The Netherlands: Sense Publishers.

Lewis, J.M., & Blunk, M.L. (2012). Reading between the lines: Teaching linear algebra. *Journal of Curriculum Studies, 44*(4), 515–536. doi:10.1080/00220272.2012.716975

Lo, J.J., & Luo, F. (2012). Prospective elementary teachers' knowledge of fraction division. *Journal of Mathematics Teacher Education, 15*(6), 481–500. doi:10.1007/s10857-012-9221-4

Luyten, H. (2003). The size of school effects compared to teacher effects: An overview of the research literature. *School Effectiveness and School Improvement, 14*(1), 31–51. doi:10.1076/sesi.14.1.31.13865

Ma, L. (1999). *Knowing and teaching elementary mathematics: Teachers' understanding of fundamental mathematics in China and the United States.* Mahwah, NJ: Lawrence Erlbaum Associates.

Makar, K., Bakker, A., & Ben-Zvi, D. (2011). The reasoning behind informal statistical inference. *Mathematical Thinking and Learning, 13*(1–2), 152–173. doi:10.1080/10986065.2011.538301

Martínez, J.F., Borko, H., Stecher, B., Luskin, R., & Kloser, M. (2012). Measuring classroom assessment practice using instructional artifacts: A validation study of the QAS notebook. *Educational Assessment, 17*(2–3), 107–131. doi:10.1080/10627197.2012.715513

Mashburn, A.J., Meyer, J.P., Allen, J.P., & Pianta, R.C. (2014). The effect of observation length and presentation order on the reliability and validity of an observational measure of teaching quality. *Educational and Psychological Measurement, 74*(3), 400–422. doi:10.1177/0013164413515882

Mason, J. (2008). PCK and beyond. In P. Sullivan & T. Wood (Eds.), *Knowledge and beliefs in mathematics teaching and teaching development* (Vol. 1, pp. 301–322). Rotterdam, The Netherlands: Sense Publishers.

Mayer, D.P. (1999). Measuring instructional practice: Can policymakers trust survey data? *Educational Evaluation and Policy Analysis, 21*(1), 29–45. doi:10.3102/01623737021001029

McCaffrey, D.F., Sass, T.R., Lockwood, J.R., & Mihaly, K. (2009). The intertemporal variability of teacher effect estimates. *Education Finance and Policy, 4*(4), 572–606. doi:10.1162/edfp.2009.4.4.572

McClellan, C., Donoghue, J., & Park, Y.S. (2013, April). *Commonality and uniqueness in teaching practice observation.* Paper presented at the annual meeting of the National Council of Measurement in Education, San Francisco, CA.

McCrory, R., Floden, R., Ferrini-Mundy, J., Reckase, M.D., & Senk, S.L. (2012). Knowledge of Algebra for Teaching: A framework of knowledge and practices. *Journal for Research in Mathematics Education, 43*(5), 584–615. doi:10.5951/jresematheduc.43.5.0584

McDonald, M., Kazemi, E., & Kavanagh, S.S. (2013). Core practices and pedagogies of teacher education a call for a common language and collective activity. *Journal of Teacher Education, 64*(5), 378–386. doi:10.1177/0022487113493807

Mesa, V. (2012). Achievement goal orientation of community college mathematics students and the misalignment of instructors' perceptions. *Community College Review, 40*(1), 46–74. doi:10.1177/0091552111435663

Mewborn, D.S. (2003). Teaching, teachers' knowledge and their professional development. In J. Kilpatrick, W.G. Martin, & D. Schifter (Eds.), *A research companion to principles and standards for school mathematics* (pp. 45–52). Reston, VA: NCTM.

Mills, M. (2014). A framework for example usage in proof presentations. *The Journal of Mathematical Behavior, 33*, 106–118. doi:10.1016/j.jmathb.2013.11.001

Ministry of Education of Singapore. (2013). *Primary mathematics teaching and learning syllabus.* Singapore: Curriculum Planning and Development Division. Retrieved from www.moe.gov.sg/education/syllabuses/sciences/.

Mitchell, R., Charalambous, C.Y., & Hill, H.C. (2014). Examining the task and knowledge demands needed to teach with representations. *Journal of Mathematics Teacher Education, 17*(1), 37–60. doi:10.1007/s10857-013-9253-4

Miyakawa, T., & Winsløw, C. (2013). Developing mathematics teacher knowledge: The paradidactic infrastructure of "open lesson" in Japan. *Journal of Mathematics Teacher Education, 16*(3), 185–209. doi:10.1007/s10857-013-9236-5

Modestou, M., & Gagatsis, A. (2010). Cognitive and metacognitive aspects of proportional reasoning. *Mathematical Thinking and Learning, 12*(1), 36–53. doi:10.1080/10986060903465822

Monk, D.H. (1994). Subject area preparation of secondary mathematics and science teachers and student achievement. *Economics of Education Review, 13*(2), 125–145. doi:10.1016/0272-7757(94)90003-5

Muijs, D., Kyriakides, L., van der Werf, G., Creemers, B., Timperley, H., & Earl, L. (2014). State of the art—Teacher effectiveness and professional learning. *School Effectiveness and School Improvement, 25*(2), 231–256. doi:10.1080/09243453.2014.885451

Muijs, D., & Reynolds, D. (2000). School effectiveness and teacher effectiveness in mathematics: Some preliminary findings from the evaluation of the mathematics enhancement programme (primary). *School Effectiveness and School Improvement, 11*(3), 273–303. doi:10.1076/0924-3453

Muir, T., Beswick, K., & Williamson, J. (2008). "I'm not very good at solving problems": An exploration of students' problem solving behaviours. *The Journal of Mathematical Behavior, 27*(3), 228–241. doi:10.1016/j.jmathb.2008.04.003

Murata, A., Bofferding, L., Pothen, B.E., Taylor, M.W., & Wischnia, S. (2012). Making connections among student learning, content, and teaching: Teacher talk paths in elementary mathematics lesson study. *Journal for Research in Mathematics Education, 43*(5), 616–650.

Murata, A., & Kattubadi, S. (2012). Grade 3 students' mathematization through modeling: Situation models and solution models with multi-digit subtraction problem solving. *The Journal of Mathematical Behavior, 31*(1), 15–28. doi:10.1016/j.jmathb.2011.07.004

Murphy, C. (2012). The role of subject knowledge in primary prospective teachers' approaches to teaching the topic of area. *Journal of Mathematics Teacher Education, 15*(3), 187–206. doi:10.1007/s10857-011-9194-8

Nason, R., Chalmers, C., & Yeh, A. (2012). Facilitating growth in prospective teachers' knowledge: Teaching geometry in primary schools. *Journal of Mathematics Teacher Education, 15*(3), 227–249. doi:10.1007/s10857-012-9209-0

Nathan, M.J., & Kim, S. (2009). Regulation of teacher elicitations in the mathematics classroom. *Cognition and Instruction, 27*(2), 91–120. doi:10.1080/07370000902797304

Neubrand, M. (2009). Two lessons—three views—some comments. In M. Tzekaki, M. Kaldrimidou, & H. Sakonidis (Eds.), *Proceedings of the 33rd Conference of the International Group for the Psychology of Mathematics Education* (Vol. 1, pp. 149–150). Thessaloniki, Greece: PME.

Newton, K.J., Star, J.R., & Lynch, K. (2010). Understanding the development of flexibility in struggling algebra students. *Mathematical Thinking and Learning, 12*(4), 282–305. doi:10.1080/10986065.2010.482150

Newton, X.A., Darling-Hammond, L., Haertel, E., & Thomas, E. (2010). Value-added modeling of teacher effectiveness: An exploration of stability across models and contexts. *Education Policy Analysis Archives, 18*(23), 1–27. doi:10.14507/epaa.v18n23.2010

Ng, D. (2012). Using the MKT measures to reveal Indonesian teachers' mathematical knowledge: Challenges and potentials. *ZDM—The International Journal on Mathematics Education, 44*(3), 401–413. doi:10.1007/s11858-011-0375-9

Ng, D., Mosvold, R., & Fauskanger, J. (2012). Translating and adapting the Mathematical Knowledge for Teaching (MKT) measures: The cases of Indonesia and Norway. *Montana Mathematics Enthusiast, 9*(1&2), 149–178.

Nilssona, P., & Juter, K. (2011). Flexibility and coordination among acts of visualization and analysis in a pattern generalization activity. *The Journal of Mathematical Behavior, 30*(3), 194–205. doi:10.1016/j.jmathb.2011.07.002

Norton, A., McCloskey, A., & Hudson, R.A. (2011). Prediction assessments: Using video-based predictions to assess prospective teachers' knowledge of students' mathematical thinking. *Journal of Mathematics Teacher Education, 14*(4), 305–325. doi:10.1007/s10857-011-9181-0

Norton, A., & Wilkins, J.L.M. (2009). A quantitative analysis of children's splitting operations and fraction schemes. *The Journal of Mathematical Behavior, 28*(2–3), 150–161. doi:10.1016/j.jmathb.2009.06.002

Nuthall, N. (2004). Relating classroom teaching to student learning: A critical analysis of why research has failed to bridge the theory-practice gap. *Harvard Educational Review, 74*(3), 273–306.

Nye, B., Konstantopoulos, S., & Hedges, L.V. (2004). How large are teacher effects? *Educational Evaluation and Policy Analysis, 26*(3), 237–257. doi:10.3102/01623737026003237

Olive, J. (1999). From fractions to rational numbers of arithmetic: A reorganization hypothesis. *Mathematical thinking and learning, 1*(4), 279–314. doi:10.1207/s15327833mtl0104_2

Palardy, G.J., & Rumberger, R.W. (2008). Teacher effectiveness in first grade: The importance of background qualifications, attitudes, and instructional practices for student learning. *Educational Evaluation and Policy Analysis, 30*(2), 111–140. doi:10.3102/0162373708317680

Pantziara, M., & Philippou, G. (2012). Levels of students' "conception" of fractions. *Educational Studies in Mathematics, 79*(1), 61–83.doi:10.1007/s10649-011-9338-x

Papay, J.P. (2011). Different tests, different answers: The stability of teacher value-added estimates across outcome measures. *American Educational Research Journal, 48*(1), 163–193. doi:10.3102/0002831210362589

Papay, J.P. (2012). Refocusing the debate: Assessing the purposes and tools of teacher evaluation. *Harvard Educational Review, 82*(1), 123–141.

Papic, M., Mulligan, J.T., & Mitchelmore, M.C. (2011). Assessing the development of preschoolers' mathematical patterning. *Journal for Research in Mathematics Education, 42*(3), 237–268.

Peltenburg, M., Van den Heuvel-Panhuizen, M., & Robitzsch, A. (2012). Special education students' use of indirect addition in solving subtraction problems up to 100: A proof of the didactical potential of an ignored procedure. *Educational Studies in Mathematics, 79*(3), 351–369. doi:10.1007/s10649-011-9351-0

Pepin, B. (2011). How educational systems and cultures mediate teacher knowledge: 'Listening' in English, French, and German classrooms. In T. Rowland & K. Ruthven (Eds.), *Mathematical knowledge in teaching* (pp. 119–137). London & New York: Springer. doi:10.1007/978-90-481-9766-8_8

Petrou, M., & Goulding, M. (2011). Conceptualising teachers' mathematical knowledge in teaching. In T. Rowland & K. Ruthven (Eds.), *Mathematical knowledge in teaching* (pp. 9–25) London & New York: Springer. doi:10.1007/978-90-481-9766-8_2

Philipp, R.A., Ambrose, R., Lamb, L.L., Sowder, J.T., Schappelle, B.P., Sowder, L., . . . Chauvot, J. (2007). Effects of early field experiences on the mathematical content knowledge and beliefs of prospective elementary school teachers: An experimental study. *Journal for Research in Mathematics Education, 38*(5), 438–476. doi:10.2307/30034961

Pianta, R.C., Belsky, J., Vandergrift, N., Houts, R., & Morrison, F.J. (2008). Classroom effects on children's achievement trajectories in elementary school. *American Educational Research Journal, 45*(2), 365–397. doi:10.3102/0002831207308230

Pirie, S., & Kieren, T. (1989). A recursive theory of mathematical understanding. *For the Learning of Mathematics, 9*(3), 7–11.

Pitta-Pantazi, D., & Christou, C. (2009). Cognitive styles, dynamic geometry and measurement performance. *Educational Studies in Mathematics, 70*(1), 5–26. doi:10.1007/s10649-008-9139-z

Pitta-Pantazi, D., Christou, C., Kontoyianni, K., & Kattou, M. (2011). A model of mathematical giftedness: Integrating natural, creative and mathematical abilities. *Canadian Journal of Science, Mathematics and Technology Education, 11*(1), 39–54. doi:10.1080/14926156.2011.548900

Polya, D. (1954). *Induction and analogy in mathematics.* Princeton, NJ: Princeton University Press.

Post, T. R., Cramer, K. A., Behr, M., Lesh, R., & Harel, G. (1993). Curriculum implications of research on the learning, teaching, and assessing of rational number concepts. In T. Carpenter, E. Fennema, & T. Romberg (Eds.), *Rational numbers: An integration of research* (pp. 327–362). Hillsdale, NJ: Erlbaum.

Praetorius, A. K., Lenske, G., & Helmke, A. (2012). Observer ratings of instructional quality: Do they fulfill what they promise? *Learning and Instruction, 22*(6), 387–400. doi:10.1016/j.learninstruc.2012.03.002

Praetorius, A. K., Pauli, C., Reusser, K., Rakoczy, K., & Klieme, E. (2014). One lesson is all you need? Stability of instructional quality across lessons. *Learning and Instruction, 31*, 2–12. doi:10.1016/j.learninstruc.2013.12.002

Presmeg, N. C. (1985). *The role of visually mediated processes in high school mathematics: A classroom investigation.* Unpublished doctoral dissertation, Cambridge University, England.

Rivers, J. C., & Sanders, W. L. (2002). Teacher quality and equity in educational opportunity: Findings and policy implications. In L. T. Izumi & W. M. Evers (Eds.), *Teacher quality* (pp. 13–23). Stanford, CA: Hoover Press.

Rockoff, J. E., Jacob, B. A., Kane, T. J., & Staiger, D. O. (2011). Can you recognize an effective teacher when you recruit one? *Education Finance and Policy, 6*(1), 43–74. doi:10.1162/EDFP_a_00022

Rowan, B., & Correnti, R. (2009). Studying reading instruction with teacher logs: Lessons from the Study of Instructional Improvement. *Educational Researcher, 38*(2), 120–131. doi:10.3102/0013189X09332375

Rowan, B., Correnti, R., & Miller, R. (2002). What large-scale survey research tells us about teacher effects on student achievement: Insights from the Prospects Study of Elementary Schools. *Teachers College Record, 104*(8), 1525–1567.

Rowan, B., Harrison, D. M., & Hayes, A. (2004). Using instructional logs to study mathematics curriculum and teaching in the early grades. *The Elementary School Journal, 105*(1), 103–127. doi:10.1086/428812

Rowland, T. (2008a). Researching teachers' mathematics disciplinary knowledge. In P. Sullivan & T. Wood (Eds.), *Knowledge and beliefs in mathematics teaching and teaching development* (Vol. 1, pp. 273–298). Rotterdam, The Netherlands: Sense Publishers.

Rowland, T. (2008b). The purpose, design and use of examples in the teaching of elementary mathematics. *Educational Studies in Mathematics, 69*(2), 149–163. doi:10.1007/s10649-008-9148-y

Rowland, T. (2012). Contrasting knowledge for elementary and secondary mathematics teaching. *For the Learning of Mathematics, 32*(1), 16–21.

Rowland, T., Huckstep, P., & Thwaites, A. (2005). Elementary teachers' mathematics subject knowledge: The knowledge quartet and the case of Naomi. *Journal of Mathematics Teacher Education, 8*(3), 255–281. doi:10.1007/s10857-005-0853-5

Rubel, L. H. (2007). Middle school and high school students' probabilistic reasoning on coin tasks. *Journal for Research in Mathematics Education, 38*(5), 531–556.

Ruthven, K. (2011). Conceptualising mathematical knowledge in teaching. In T. Rowland & K. Ruthven (Eds.), *Mathematical knowledge in teaching* (pp. 83–96). London & New York: Springer. doi:10.1007/978-90-481-9766-8_6

Sanders, W. L., & Horn, S. P. (1994). The Tennessee value-added assessment system (TVAAS): Mixed-model methodology in educational assessment. *Journal of Personnel Evaluation in Education, 8*(3), 299–311.doi:10.1007/BF00973726

Sarama, J., & Clements, D. H. (2009). *Early childhood mathematics education research: Learning trajectories for young children.* New York: Routledge.

Sass, T. R. (2008). *The stability of value-added measures of teacher quality and implications for teacher compensation policy* (Brief No. 4). Washington, DC: National Center for Analysis of Longitudinal Data in Education Research.

Sawada, D., Piburn, M. D., Judson, E., Turley, J., Falconer, K., Benford, R., & Bloom, I. (2002). Measuring reform practices in science and mathematics classrooms: The reformed teaching observation protocol. *School Science and Mathematics, 102*(6), 245–253. doi:10.1111/j.1949-8594.2002.tb17883.x

Scheerens, J., & Bosker, R. J. (1997). *The foundations of educational effectiveness.* Oxford, UK: Pergamon.

Schilling, S. G., Blunk, M., & Hill, H. C. (2007). Test validation and the MKT measures: Generalizations and conclusions. *Measurement: Interdisciplinary Research and Perspectives, 5*(2–3), 118–128. doi:10.1080/15366360701487146

Schneider, W., & Artelt, C. (2010). Metacognition and mathematics education. *ZDM—The International Journal on Mathematics Education, 42*(2), 149–161. doi:10.1007/s11858-010-0240-2.

Schoenfeld, A. H. (1992). Learning to think mathematically: Problem solving, metacognition, and sense-making in mathematics. In D. Grouws (Ed.), *Handbook for research on mathematics teaching and learning* (pp. 334–370). New York: MacMillan.

Schorr, R. Y., & Goldin, G. A. (2008). Students' expression of affect in an inner-city SimCalc classroom. *Educational Studies in Mathematics, 68*(2), 131–148. doi:10.1007/s10649-008-9117-5

Seidel, T., & Shavelson, R. J. (2007). Teaching effectiveness research in the past decade: The role of theory and research design in disentangling meta-analysis results. *Review of Educational Research, 77*(4), 454–499. doi: 10.3102/0034654307310317

Sfard, A. (1991). On the dual nature of mathematical conceptions: Reflections on processes and objects as different sides of the same coin. *Educational Studies in Mathematics, 22*(1), 1–36. doi:10.1007/BF00302715

Sharma, S. V. (2006). High school students interpreting tables and graphs: Implications for research. *International Journal of Science and Mathematics Education, 4*(2), 241–268. doi:10.1007/s10763-005-9005-8

Shavelson, R. J., Webb, N. M., & Burstein, L. (1986). Measurement of teaching. In M. C. Wittrock (Ed.), *Handbook of research on teaching* (3rd ed., pp. 50–91). New York: MacMillan.

Shechtman, N., Haertel, G., Roschelle, J., Knudsen, J., & Singleton, C. (2013). Development of student and teacher assessments in the scaling up SimCalc Project. In S. J. Hegedus & J. Roschelle (Eds.), *The SimCalc vision and contributions* (pp. 167–181). London & New York: Springer. doi:10.1007/978-94-007-5696-0_10

Shechtman, N., Roschelle, J., Haertel, G., & Knudsen, J. (2010). Investigating links from teacher knowledge, to classroom practice, to student learning in the instructional system of the middle-school mathematics classroom. *Cognition and Instruction, 28*(3), 317–359. doi:10.1080/07370008.2010.487961

Shulman, L. S. (1986). Those who understand: Knowledge growth in teaching. *Educational Researcher, 15*(2), 4–14.

Siegler, R. S. (2000). The rebirth of children's learning. *Child development, 71*(1), 26–35. doi:10.1111/1467-8624.00115

Silver, E. A. (1997). Fostering creativity through instruction rich in mathematical problem solving and problem posing. *ZDM—The International Journal on Mathematics Education, 29*(3), 75–80. doi:10.1007/s11858-997-0003-x

Silverman, J., & Thompson, P. W. (2008). Toward a framework for the development of mathematical knowledge for teaching. *Journal of Mathematics Teacher Education, 11*(6), 499–511. doi:10.1007/s10857-008-9089-5

Sleep, L. (2012). The work of steering instruction toward the mathematical point: A decomposition of teaching practice. *American Educational Research Journal, 49*(5), 935–970. doi:10.3102/0002831212448095

Sleep, L., & Eskelson, S. L. (2012). MKT and curriculum materials are only part of the story: Insights from a lesson on fractions. *Journal of Curriculum Studies, 44*(4), 537–558. doi:10.1080/00220272.2012.716977

Sowder, J. T., Philipp, R. A., Armstrong, B. E., & Schappelle, B. P. (1998). *Middle-grade teachers' mathematical knowledge and its relationship to instruction: A research monograph.* New York: State University of New York Press.

Sriraman, B., & English, L. (2010). *Theories of mathematics education: Seeking new frontiers.* London & New York: Springer.

Stecher, B., Le, V. N., Hamilton, L., Ryan, G., Robyn, A., & Lockwood, J. R. (2006). Using structured classroom vignettes to measure instructional practices in mathematics. *Educational Evaluation and Policy Analysis, 28*(2), 101–130. doi:10.3102/01623737028002101

Steele, M. D., Hillen, A. F., & Smith, M. S. (2013). Developing mathematical knowledge for teaching in a methods course: The case of function. *Journal of Mathematics Teacher Education, 16*(6), 451–482. doi:10.1007/s10857-013-9243-6

Steffe, L. P. (2001). A new hypothesis concerning children's fractional knowledge. *The Journal of Mathematical Behavior, 20*(3), 267–307. doi:10.1016/S0732-3123(02)00075-5

Steffe, L. P., Cobb, P., & von Glaserfeld, E. (1988). *Construction of arithmetical meanings and strategies.* New York: Springer-Verlag.

Steffe, L. P., von Glasersfeld, E., Richards, J., & Cobb, P. (1983). *Children's counting types: Philosophy, theory, and application.* New York: Praeger.

Stein, M., & Burchartz, B. (2006). The invisible wall project: Reasoning and problem solving processes of primary and lower secondary students. *Mathematical Thinking and Learning, 8*(1), 65–90. doi:10.1207/s15327833mtl0801_4

Stein, M. K., Engle, R. A., Smith, M. S., & Hughes, E. K. (2008). Orchestrating productive mathematical discussions: Five practices for helping teachers move beyond show and tell. *Mathematical Thinking and Learning, 10*(4), 313–340. doi:10.1080/10986060802229675

Stein, M. K., Smith, M. S., Henningsen, M. A., & Silver, E. A. (2000). *Implementing standards-based mathematics instruction: A casebook for professional development* (2nd ed.). New York: Teachers College Press.

Stigler, J. W., & Hiebert, J. (1999). *The teaching gap: Best ideas from the world's teachers for improving education in the classroom.* New York: Free Press.

Stoyanova, E., & Ellerton, N. F. (1996). A framework for research into students' problem posing. In P. Clarkson (Ed.), *Technology in Mathematics Education* (pp. 518–525). Melbourne: Mathematics Education Research Group of Australasia.

Strong, M., Gargani, J., & Hacifazlioğlu, Ö. (2011). Do we know a successful teacher when we see one? Experiments in the identification of effective teachers. *Journal of Teacher Education, 62*(4), 367–382. doi:10.1177/0022487110390221

Stronge, J. H., Ward, T. J., & Grant, L. W. (2011). What makes good teachers good? A cross-case analysis of the connection between teacher effectiveness and student achievement. *Journal of Teacher Education, 62*(4), 339–355. doi:10.1177/0022487111404241

Stylianides, A. J. (2007). Proof and proving in school mathematics. *Journal for Research in Mathematics Education, 38*(3), 289–321. doi:10.2307/30034869

Stylianides, A. J., & Delaney, S. (2011). The cultural dimension of teachers' mathematical knowledge. In T. Rowland & K. Ruthven (Eds.), *Mathematical knowledge in teaching* (pp. 179–191). London, UK: Springer. doi:10.1007/978-90-481-9766-8_11

Stylianides, G. J., & Stylianides, A. J. (2009). Facilitating the transition from empirical arguments to proof. *Journal for Research in Mathematics Education, 40*(3), 314–352.

Sumpter, L. (2013). Themes and interplay of beliefs in mathematical reasoning. *International Journal of Science and Mathematics Education, 11*(5), 1115–1135. doi:10.1007/s10763-012-9392-6

Szilágyi, J., Clements, D. H., & Sarama, J. (2013). Young children's understandings of length measurement: Evaluating a learning trajectory. *Journal for Research in Mathematics Education, 44*(3), 581–620.

Tabach, M., Hershkowitz, R., & Dreyfus, T. (2013). Learning beginning algebra in a computer-intensive environment. *ZDM—The International Journal on Mathematics Education, 45*(3), 377–391. doi:10.1007/s11858-012-0458-2.

Tall, D. (2013). *How humans learn to think mathematically: Exploring the three worlds of mathematics.* New York: Cambridge University Press.

Tall, D., & Vinner, S. (1981). Concept image and concept definition in mathematics with particular reference to limits and continuity. *Educational Studies in Mathematics, 12*(2), 151–169. doi:10.1007/BF00305619

Tanase, M., & Wang, J. (2013). Knowing students as mathematics learners and teaching numbers 10–100:

A case study of four 1st grade teachers from Romania. *The Journal of Mathematical Behavior, 32*(3), 564–576. doi:10.1016/j.jmathb.2013.06.006
Tatto, M. T., Schwille, J., Senk, S. L., Bankov, K., Rodriguez, M., Reckase, M., Ingvarson, L., Rowley, G., Peck, R., . . . Reckase, M. (2012). *Teacher Education and Development Study in Mathematics (TEDS-M): Policy, practice, and readiness to teach primary and secondary mathematics in 17 countries. Findings from the IEA Study of the mathematics preparation of future teachers.* Amsterdam, The Netherlands: IEA.
Tchoshanov, M.A. (2011). Relationship between teacher knowledge of concepts and connections, teaching practice, and student achievement in middle grades mathematics. *Educational Studies in Mathematics, 76*(2), 141–164. doi:10.1007/s10649-010-9269-y
Tirosh, D., & Stavy, R. (1999). Intuitive rules: A way to explain and predict students' reasoning. *Educational Studies in Mathematics, 38*(1–3), 51–66. doi:10.1023/A:1003436313032
Tirosh, D., Tsamir, P., Levenson, E., & Tabach, M. (2011). From preschool teachers' professional development to children's knowledge: Comparing sets. *Journal of Mathematics Teacher Education, 14*(2),113–131. doi:10.1007/s10857-011-9172-1
Tirosh, D., Tsamir, P., Levenson, E., Tabach, M., & Barkai, R. (2013). Exploring young children's self-efficacy beliefs related to mathematical and nonmathematical tasks performed in kindergarten: Abused and neglected children and their peers. *Educational Studies in Mathematics, 83*(2), 309–322. doi:10.1007/s10649-012-9458-y
Tomás, J., & Seidel, T. (2009). *The power of video studies in investigating teaching and learning in the classroom.* Münster, Germany: Waxmann.
Toulmin, S.E. (1958). *The uses of argument.* Cambridge: Cambridge University Press.
Tsamir, P., Tirosh, D., Levenson, E., Tabach, M., & Barkai, R. (2014). Developing preschool teachers' knowledge of students' number conceptions. *Journal of Mathematics Teacher Education, 17*(1) 61–83. doi:10.1007/s10857-013-9260-5
Turner, F. (2012). Using the Knowledge Quartet to develop mathematics content knowledge: The role of reflection on professional development. *Research in Mathematics Education, 14*(3), 253–271. doi: 10.1080/14794802.2012.734972
Van den Heuvel-Panhuizen, M., Kolovou, A., & Robitzsch, A. (2013). Primary school students' strategies in early algebra problem solving supported by an online game. *Educational Studies in Mathematics, 84*(3), 281–307. doi:10.1007/s10649-013-9483-5
Van Harpen, X.Y., & Presmeg, N.C. (2013). An investigation of relationships between students' mathematical problem-posing abilities and their mathematical content knowledge. *Educational Studies in Mathematics, 83*(1), 117–132. doi:10.1007/s10649-012-9456-0
Van Hiele, P.M. (1985). The child's thought and geometry. In D. Fuys, D. Geddes, & R. Tischer (Eds.), *English translation of selected writings of Dina van Hiele-Geldof and Pierre M. van Hiele* (pp. 243–252). Brooklyn, NY: Brooklyn College.
Vergnaud, G. (1990). La théorie des champs conceptuels. *Recherches en Didactique des Mathématiques, 10*(2–3), 133–170.
Vergnaud, G. (2009). The theory of conceptual fields. *Human development, 52*(2), 83–94. doi:10.1159/000202727
Verzosa, D.B., & Mulligan, J. (2013). Learning to solve addition and subtraction word problems in English as an imported language. *Educational Studies in Mathematics, 82*(2), 223–244. doi:10.1007/s10649-012-9420-z
Wagner, J.F., Speer, N.M., & Rossa, B. (2007). Beyond mathematical content knowledge: A mathematician's knowledge needed for teaching an inquiry-oriented differential equations course. *The Journal of Mathematical Behavior, 26*(3), 247–266. doi:10.1016/j.jmathb.2007.09.002
Walkowiak, T.A., Berry, R.Q., Meyer, J.P., Rimm-Kaufman, S.E., & Ottmar, E.R. (2014). Introducing an observational measure of standards-based mathematics teaching practices: Evidence of validity and score reliability. *Educational Studies in Mathematics, 85*(1), 109–128. doi:10.1007/s10649-013-9499-x
Watson, J.M. (2007). The role of cognitive conflict in developing students' understanding of average. *Educational Studies in Mathematics, 65*(1), 21–47. doi:10.1007/s10649-006-9043-3
Wilkins, J.L.M., & Norton, A. (2011). The splitting loope. *Journal for Research in Mathematics Education, 42*(4), 386–416.

Wilson, S. M. (1990). A conflict of interests: The case of Mark Black. *Educational Evaluation and Policy Analysis, 12*(3), 293–310.

Wood, T., Williams, G., & McNeal, B. (2006). Children's mathematical thinking in different classroom cultures. *Journal for Research in Mathematics Education, 37*(3), 222–255.

Yakes, C., & Star, J. R. (2011). Using comparison to develop flexibility for teaching algebra. *Journal of Mathematics Teacher Education, 14*(3), 175–191. doi:10.1007/s10857-009-9131-2

Yang, K. L. (2012). Structures of cognitive and metacognitive reading strategy use for reading comprehension of geometry proof. *Educational Studies in Mathematics, 80*(3), 307–326. doi:10.1007/s10649-011-9350-1

Yanik, H. B. (2011). Prospective middle school mathematics teachers' preconceptions of geometric translations. *Educational Studies in Mathematics, 78*(2), 231–260. doi:10.1007/s10649-011-9324-3

Yerushalmy, M. (2006). Slower algebra students meet faster tools: Solving algebra word problems with graphing software. *Journal for Research in Mathematics Education, 37*(5), 356–387.

Zachariades, T., Christou, C., & Pitta-Pantazi, D. (2013). Reflective, systemic and analytic thinking in real numbers. *Educational Studies in Mathematics, 82*(1), 5–22. doi:10.1007/s10649-012-9413-y

Zazkis, R., & Chernoff, E. J. (2008). What makes a counterexample exemplary? *Educational Studies in Mathematics, 68*(3), 195–208. doi:10.1007/s10649-007-9110-4

Zazkis, R., & Zazkis, D. (2011). The significance of mathematical knowledge in teaching elementary methods courses: Perspectives of mathematics teacher educators. *Educational Studies in Mathematics, 76*(3), 247–263. doi:10.1007/s10649-010-9268-z

Zodik, I., & Zaslavsky, O. (2008). Characteristics of teachers' choice of examples in and for the mathematics classroom. *Educational Studies in Mathematics, 69*(2), 165–182. doi:10.1007/s10649-008-9140-6

Zurina, H., & Williams, J. (2011). Gesturing for oneself. *Educational Studies in Mathematics, 77*(2–3), 175–188. doi:10.1007/s10649-010-9294-x

수학에서의 체화학습을 위한 접근 3

Susan Gerofsky
The University of British Columbia

도입

수학이 체화 가능한 학문이라는 점과 체화적 방법을 통해 무엇을 안다(knowing)라는 연구주제는 민주적 수학교육에서 어렵지만 흥미로운 여러 가지 근본적 문제들을 야기시킨다. 그 중 몇몇 예들은 다음과 같다.

이론적/정의적 수준에서: 체화(embodiment)는 무엇을 의미하는가? 학자들은 체화의 의미와 함의에 대한 의견 일치를 보고 있는가? 지금이 수학교육자들이 체화라는 단어가 가진 여러 의미를 구분 짓고 대조할 적절한 시기인가? 앎의 체화적 방법은 앎의 다른 방법들과 확연히 구분되는가? 그러한 구분이 가능한가? 체화된 앎은 수학적 감각 및 상상(예를 들면, 수학적 개념의 시각화)과 어떤 관련이 있는가? 과연 수학적 개념은 **체화될 수 있는가**?

서로 상충하는 수학의 기초들을 중심으로: 계몽주의와 근대주의 관점에서 수학은 가장 추상적이고 비체화(disembodied)적인 학문으로 볼 수 있다. 그렇다면 수학학습과 신체(bodies)는 어떠한 관련이 있는가? 수학학습 과정은 점점 더 추상적이고 비신체적(non-bodily)이며, 개념적인 앎의 방법을 받아들이며, 추상화의 추상화를 창조해가는 과정인가? 고도 근대주의(high-modernism)를 표방한 부르바키 그룹은 1960년대의 수학 책자와 토론 현장에서 삼각형, 다이어그램, 시각적 혹은 체화적 표상들을 모두 금지시켰다. 수학적 정교함이 높아진다라는 것이 흔히 계몽주의와 근대주의 관점에서 "고상하지 않다" 또는 "조야하다"고 여기는 신체적 영역에 의존하지 않거나 감각의 세계에서 가능한 흔히 말하는 "기만"을 줄이는 것을 의미하는 것일까?

탈근대주의적(postmordern) 관점에서: 수학은 인간의 생동적, 감각적 경험으로부터 발생하는가? 만약 그렇다면, 신체적 제한점(예를 들면, 크기, 유연성, 감각적 능력 등)은 무한대, 무한소, 그리고 미묘하게 얽혀있는 수학적 관계를 표상화하고 이해하는데 어떻게 작용하는가? 수학은 물리적이고 체화된 세계에서 시작하여 다시 그리로 귀속하는 것인가? 그렇다면, 물리적 현상을 모델화하는 수단으로서 수학의 "비합리적 합리성"은 맞는 말인가? 우리가 맞닥뜨리는 물리적 세계의 다감각적, 체화적, 상상적 접촉과 이러한 현상의 일반화 및 수학체계 내에서의 추상적 관계는 어떻게 서로 연결되어 있는가?

여러 사조의 역사를 살펴보며: 최근 들어 체화적 인식의 연구 영역에 대한 관심이 높아진 것은 분명해 보인다. 역사적 흐름 속 현 시점에서 앎의 체화적 방법에 관심이 높아진 것은 무엇 때문인가? 인식의 영역이나 수학학습의 영역에서 신체에 대한 급작스러운 관심은 무엇으로 설명할 수 있을까?

사회정치적 관점에서: "수학에서 민주적 접근"이란 무엇을 의미하는가? 앎의 체화적 방법이 수학적 개념으로의 민주적 접근에 어떻게 기여하는가? 이러한 접근은 신체의 특수성(예를 들면, 인종, 계급, 성별, 능력, 성적 성향, 나이)에 따라 바뀌는가? 이런 민주적 접근은 다양한 문화, 여러 국가, 특정 장소 내에서 또는 상호적으로 권력 구조에 영향을 받는가? 신체와 체화적 앎을 통한 수학의 민주적 접근을 설명하는 일반적 혹은 구체적 방법은 무엇인가?

앞서 언급된 질문들은 여러 이론적/개념적 문제들을 야기하는데 이 문제들은 다음과 같은 절의 제목을 통해 구체적으로 다룬다.

1) 추상화, 수학, 그리고 정신/신체
2) 체화한 연구의 시기적 타당성: 탈근대주의적 접근법
3) 수학교육에서 체화적 연구의 접근법

첫 번째와 두 번째 절에서는 체화, 수학/수학교육, 문화 모두에 관한 이슈에 대하여 역사적이고 철학적인 관점을 제시한다. 세 번째 절에서는, 체화 연구 분야의 이론적 영역들을 독자들에게 소개시킬 목적으로, 수학의 체화적 교수와 학습에 대한 현재 접근법에 대한 조감도를 제시한다.

독자들은 각각의 이론적 접근법이 **신체**와 **체화**에 대한 서로 다른 정의를 바탕으로 한다는 것에 유의하여야 한다. 수학교육에 있어 **담론분석**(discourse analysis)에 대해 모두가 동의하는 단일한 정의가 존재하지 않듯이, **체화적 학습**에 대한 단일한 정의는 존재하지 않는다. 연구자들은 체화의 의미가 지닌 여러 면 중에서 방법론적으로 브리콜라주(bricolage)나 혼성모방(pastiche)을 통해, 그들의 연구에 적합한 부분만 취하여 왔다.

이러한 한계점을 인식하고 이론적인 담론에서의 뉘앙스를 인식한다면, 독자들이 참고문헌의 경향과 영향을 파악하는 것에 도움이 될 것이다. 저자는 이 글을 통해 새로운 연구자들이 이 영역에서의 최근 동향을 읽고 연구를 발전시키는 데에 도움이 되기를 바란다. 각각의 접근법을 소개할

때 핵심 연구도 인용하였으므로, 이 분야에 입문하는 연구자들은 체화적 수학교육에서 새로운 연구에 활기를 불어넣는 영향력 있는 견해들이 무엇인지 알 수 있을 것이다. 마지막 절에서는, 체화적 수학학습의 연구가 어떤 식으로 새롭게 발전할 수 있는지를 예시화하기 위해, 저자의 체화적 수학학습에 대한 장기 연구 프로그램(그래프 & 제스처 프로젝트)을 설명한다. 체화적 학습에 대한 연구에서 학제간 교류 양상을 강조하기 위해, 마지막 절에서는 저자의 연구에 영향을 끼친 이론적 배경을 소개할 것이다. 이 절에서는 앞 절에서 사용한 것보다는 더욱 비격식적이고 담화적인 문체를 사용할 것이다.

이 책에 실린 다른 장들과 마찬가지로, 이 장에서도 수백 개의 논문을 다루었으나 이 분야에 대한 포괄적인 총람을 제시하는 것은 불가능하다. 그러므로 목표는 이 장에서 다루고 있는 각 영역에서의 중요한 발전 사항들을 강조하는 것이다. 저자는 모국어가 영어인 캐나다의 수학교육자라는 점이 논문과 연구자를 선택하는데 영향을 미쳤을 것이다. 따라서 체화적 수학학습의 영역에서 점점 증가하는 국제적 연구에 대한 폭넓은 시야를 키우기 위해서는 더 많은 자료를 탐색할 것을 권장한다.

추상화, 수학, 그리고 정신/신체

지난 수세기 동안, 지적이고 추상적인 학문의 정수로 손꼽히는 수학은 높은 위상과 그에 따른 책임을 갖는다. 서양 철학의 전통에서, 플라톤과 데카르트, 그리고 그들의 추종자들로부터 20세기 후반 계몽주의/근대주의 흐름의 정점에 이르기까지, 수학과 수학자들은 탈체화적, 확신적, 불변적인 "순수"한 생각들로 이루어진 초세속적인 영역을 점유하고 있다고 보았다.

수학의 영역은 출생, 삶, 죽음, 소멸, 새로운 세대에 좌우되는 우리가 살고 있는 물리적 신체의 영역, 즉 지구상의 현세에서 닿을 수 없는 곳에 존재한다. 수학의 영역은 무한의 성질과 심지어는 신성한 성질을 갖는 무결점의 영속적 객체들이 이루는 세계로 보았다(Sky Father/Earth Mother에 관한 신화적 전통에 대한 논의는 Frye, 1980 참조). 이러한 기조에서 수학적 아름다움은 이 세상 것이 아닌 고상한 것으로 여겨졌으며, 이는 지적인 노력을 통해서 추상적 객체를 이해하고 신체의 영역을 벗어나 사고하는, 무한하고 특수한 지성을 지닌 소수 특권층인 수학자들만 접근 가능한 것으로 이해한 것이다.

계몽주의/근대주의적 관점은 세계를 추상적이고 탈체화적인 수학적 완벽함의 영역과 물리적, 신체적 경험의 영역으로 이분화하였고, 삶의 물리적, 경험적 측면은 수준이 낮고 열등한 것으로 비하하였다. 그러한 철학 사조는 신체성, 감각, 그리고 심지어는 상상 혹은 상상을 통한 감각적 경험마저도 신뢰할 수 없는 기만적인 거짓으로 여겼다. (과학적이든 또 다른 방법이든) 경험적인 조사, 숙련된 기술, 신체적 즐거움, 만들기, 키우기, 바꾸기 등을 동반한 손을 사용한 모든 것들은 덧없고, 신

퇴할 수 없는 지식을 기반으로 한 하위 기능으로 여겼다. 이러한 이분법적 가치를 채택한 사고방식에서는 오직 지적이고 영속적이며 "완벽한" 것만 수준이 높다고 생각하였다.

세계를 두 영역으로 나누는 것은 분명히 비평등주의적인 철학적 움직임이며, 수학적 미의 신비로움에 대하여 민주적인 접근을 **막고**, 성, 문화, 민족성, 식민지주의와 같은 문제에도 정치적인 영향을 미치는 파급력이 있다. 예를 들어, 출생, 육아, 죽음과 밀접하게 연결되어 있는 사람들(주로 여성), 혹은 물건을 물리적으로 만들거나 돌보는 사람들(노동자, 예술가, 공예가), 혹은 특정 지형적 장소와 관련된 사람들(토착민, 농부, 어부)은 수학적 미의 탈체화적이고 고귀하며 순수한 정신적 영역에 참여하는 것이 불가능하다고 여겼다.

수학에서 정신/신체의 이분화의 근원이 무엇인지 논하고, 수학의 체화적 학습에 있어 현재 탈근대주의적 관심의 배경을 확립하기 위해, 이러한 주제를 논의한 다른 연구들도 소개하려 한다.

탈체화적 수학의 명시자: 플라톤과 데카르트

서구에서의 정신/신체의 분리적 논의를 플라톤과 데카르트의 탓으로 여기기 쉬운 것은 사실이나, 단순히 두 수학자/철학가가 인류의 문명사에서 정신/신체의 통합을 향한 흐름을 돌려놓았다고 하기에는 분명 무리가 있다. 다른 여러 철학자, 작가, 영향력 있는 기독교 신학자들이 영향을 미쳤을 것이고, 그 이후에는 과학 기술의 변화, 특히 점차적으로 글을 읽고 쓰는 능력, 그리고 전쟁, 질병, 기아, 사회적 부조리에 따른 힘든 삶에 대한 대중적인 반응들도 영향을 미쳤을 것이다.

그렇다 할지라도, 기원전 5세기 그리스에서 쓰여진 플라톤의 글과 17세기 프랑스에서 쓰여진 데카르트의 글을 참조하여, 정신을 신체로부터 분리하는 철학적 움직임과 신체적 존재보다 탈체화적 정신 능력을 우위에 두는 기조에 그들이 어떻게 기여하였는지 알아보는 것은 의미있는 일이다. 플라톤과 데카르트는 지상의 물리적 생명보다 고위한 정신 "영역"에 가치를 두는 입장을 가졌고, 그들의 글은 이러한 측면에서 주목해야 한다.

그리스에서 알파벳이 도입되었고 글을 읽고 쓰는 능력이 보편화되기 시작한 시기에 활동했던 플라톤은, 시인에 대한 비난을 하면서(Havelock, 1982; Plato, 2004), 이전에 존재했던 구어(oracy)의 문화, 특히 즉흥적 서사시, 그리고 전통적인 행위 예술을 강하게 반대하였다. 플라톤의 이분법적 사고를 잘 설명해 주는 동굴의 비유는 잘 알려져 있다. 이는 대부분의 사람들이 살고 있는 동굴 안은 추상적이고 고귀한 형상들(Forms)의 그림자만 보이는 물리적 세계이고, 이러한 추상적 형상이 존재하는 동굴 밖의 세계가 물리적으로 실존하는 세계보다 더 실체적인 것이라는 설명이다. 오직 선택된 소수의 사람들만이 이러한 추상적 영역에 들어설 수 있으므로, 『국가론(The Republic)』에서 플라톤은 능력 있는 철학자 왕이 지배하는 소수 독재 정치를 주장하고 이를 당연시 하였다. 물론 이는 민주주의적 시각과는 거리가 멀다!

플라톤의 『메논(Plato, 1976)』은 수학자와 수학교육자들 사이에서도 잘 알려져 있다. 소크라테스는 노예 소년과의 대화를 통해서, 그의 동료인 메논에게 교육을 받지 않은 사람이라도 소크라테스식 문답법을 통해서라면 미묘한 수학적 관계에 대한 추론을 할 수 있다는 것을 증명하였다. 플라톤에 의하면, 인간은 태생 이전에 형상의 영역에 살았고 천부적으로 형상을 이해할 수 있는 능력을 타고난 것이다.

플라톤의 세계관은 초자연적이고 "완벽한" 형상의 중요성을 강조하는데, 그 형상은 추상적인 생각, 소크라테스식 문답법, 그리고 그가 주장한 태생 이전의 초세속적인 삶에서 직접 겪은 경험에 대한 기억을 통해서 접근 가능하다고 여겼다. 플라톤의 세계관은 종교 집단, 특히 인간의 출생, 생명, 죽음과 같이 물리적으로 제한된 것을 벗어난 완벽하고 영구적인 세계를 강조하는 기독교에서 채택하기 적당한 내용이었다. 이러한 플라톤의 이상주의는 현시대의 수학교실에도 반영되어 있다. 칠판에 대강 그려진 원, 점, 선분은 형상으로서 완벽한 원, "면적이 없는 점," 두께가 없는 선분(Euclid, 1956 참조)에 대한 학생들의 초자연적이고 초세속적인 지식을 상징하는 것으로 볼 수 있다. 대부분의 수학교실에서, 물리적 모형 또는 만질 수 있는 모형, 자료를 사용하는 것은 저학년 수학에서 마지못해 허용된다. 수학의 "고등" 레벨인 중등학교 근처에서는 학습을 위해 물리적인 교구를 사용하는 것은 조야하거나 성숙하지 못하다고 여겼다. 교수 방법으로 교수자가 두 가지 역할을 모두 담당하는(Gerofsky, 1996 참조) 소크라테스식 변증법을 선호하는 경향은 학습에 대한 플라톤의 접근방식과 바로 연결된다.

활자 인쇄가 글을 읽고 쓰는 능력을 보편화 시키고 결과적으로 사회의 모든 영역을 혁신하는 시대에 유럽에서 태어난 르네 데카르트 역시 수학과 정신/신체 분리에 관한 글을 썼다. 『성찰(Descartes, 1641/1996)』에서 데카르트는 감각적이고, 체화된 세계는 속임수에 불과하다고 여기며 그의 신체와 관련된 감각들에 대한 불신을 강조하였다. 의심은 극단적인 형태를 취해, 그는 의심하고 있는 존재 자체와 생각의 핵심만을 그의 존재성을 증명하는 신뢰할만한 것으로 여겼다. 여기서 그의 유명한 문구인 "나는 생각한다 고로 존재한다"가 기인하였다. 이것을 근간으로 세상에 대한 인식을 재구축하면서, 데카르트는 신체적인 앎의 방법을 거부하고 수학과 같은 순수한 생각과 추상적, 정신적인 작업을 선호하였다.

비록 데카르트와 플라톤이 진실을 아는 방법으로서 신체와 감각을 거부하였다고 할지라도, 이 두 철학자/수학자에게 수학은 논리, 수, 그리고 다른 분야의 수학과 더불어 기하에 기반을 두고 있었다. 실제로, 그리스 수학자들은 일반적으로 수를 다룰 때, "순수한" 수 자체보다는 기하적 도형을 사용하였다. 예를 들어, 제곱수는 특정 변의 길이를 가지는 정사각형의 넓이로 묘사되었고, 제곱근은 특정 넓이를 가진 정사각형의 변의 길이로 묘사되었다. 플라톤과 데카르트 모두 이상적인

지적 형상들에 관한 기하에 대해 논하였다. 그럼에도 불구하고, 그들의 기하는 여전히 시각화와 도식화를 통한 도형과 객체들의 물리적 세계와 어느 정도 연결되는 점이 있다. 20세기에는 부르바키 운동과 함께, 기하에서 내재하는 고유한 신체적 움직임을 포함한 모든 신체적인 것들을 거부하는 극단적인 움직임이 나타났다.

수학에서 체화의 거부: 그 정점에 선 부르바키

철학과 사회적 큰 흐름 속에서 족적을 남긴 특정 학파와 학자들을 살펴보는 측면에서, 수학을 하는데 체화적, 신체적 방식을 거부한 정점에 서 있는 20세기 중반의 프랑스 수학자 그룹인 부르바키 그룹의 업적을 살피는 것은 도움이 될 것이다.

"니콜라스 부르바키"는 한 유럽 수학자 그룹이 사용한 필명인데, 그들은 수학 체계를 형식화하고 수학의 추상적인 이론을 통한 절대적 확실성의 토대를 마련하는 것을 목표로 두었다. 부르바키 집단은 수학이 앞서 언급한 확실성의 토대를 확보하기가 상당히 어렵고(Frege, 1980; Whitehead & Russell, 2011), 실제로 불가능하다는(Godel, 1992) 초기 철학자들의 생각에 대한 반발의 움직임 중 하나로 시작하였다.

플라톤과 데카르트는 수학에서 다양한 형태의 기하를 사용한 반면, 부르바키 그룹은 반체화적 관점으로 한층 더 나아가 기하적 도형이라면 어떤 것도 사용하지 않았다. 이러한 관점은 프랑스 레알몽에서 열린 1959년 수학교육 학회에서 부르바키 수학자 장 디외도네가 외친 "유클리드 타도! 모든 삼각형에게 죽음을!"이라는 언명(Yaglom, 1981)이 잘 설명해 준다. 이러한 분위기에서 수학은 추상화 정도가 점점 더 심해져, 물리적 세상이나 일상생활과 관련해서는 아무 의의를 가지지 못하는 지식의 게임이 되어버렸고, 알고리즘 법칙에 따라 종이 위의 기호를 움직이는, 복잡하면서도 궁극적으로 의미 없는 게임이 되는 지경에 이르렀다. 부르바키 그룹은 수학의 체계가, 추상적이고 법칙에 의해 지배되는 기호학적인 이론과 증명의 영역에서 자체적으로 일관성 있고 근간이 잘 갖추어진 것에 만족하였다. 심지어 삼각형 하나를 그리는 것처럼 조금이라도 물리적인 것에 의지하는 것은 극도로 체화된 것으로 여겼다.

체화에 대한 연구의 시기적 타당성: 탈근대주의적 접근법

계몽주의적/근대주의적 철학적 움직임이 정신과 신체를 분리시키는 세계관을 조장하고 정신적 측면을 신체적/감각적 측면보다 우위에 놓은 반면에, 탈근대주의적 이론에서는 정신과 신체로 존재를 분리하는 것이 불가능하다고 여기며, 체화적인 세계관을 제시하고 있다. 20세기 중반부터, 특히 1980년대부터 시작된 PC와 인터넷의 증가와 함께 활발해진 탈근대주의는 현재 시대상에 따라 재구성되는 양상으로 세계를 이해하는 접근법이다.

다양한 분야에서 탈근대주의 이론들은 종종 체화된 정신이라는 개념과, 감각이 있는 존재가 체화를 경험하는 다양한 방법에 의존한다. 근대주의가 보편적인 가르침과 일반화, 추상화된 지식을 추구한 움직임과는 반대로, 탈근대주의는 지식을 신체, 문화, 장소, 성별, 계급, 인종, 나이, 능력 등과 같은 특정 맥락 안에서 이해한다. 탈근대주의 관점에서 쓰여진 글들은 체화된 경험을 기반으로 한 특정 앎의 방법들 간의 관계나, 식민지주의와 정치적 싸움과 같은 권력의 구조에서 이러한 지식이 어떻게 이용되는지에 집중한다.

수학교육에서, 탈근대주의는 순수하게 정신적이고 추상적인 수학학습의 본질을 가정한 근대주의적 교수법에 의심을 가지고, 여러 가지 방법으로 신체-정신간의 연결성을 되돌아보게 한다.

체화에 대한 연구의 시기적 타당성 이해하기: McLuhan의 현대적 해석

특정한 학문적 경향, 학파, 새로운 아이디어가 왜 특정 시기와 장소에서 발생하는지에 대하여 모두가 만족할만한 대답을 찾기 어렵다. 과거를 살펴본다 하더라도, 새로운 사상이나 생각/삶의 방식을 설명해 주는 패턴이 어떠한 특정한 요인(정치적, 경제적, 학문적, 공학적, 사회적, 종교적 등등)에 의해 생성되는지를 알아내는 것은 어려운 일이다. 이러한 작업은 동시대에서 벌어지고 있는 일들을 이해하기 위해서라면 더욱 어렵고 다급한 문제이다.

현시대를 살아가는 많은 이론가들이 신체와 체화적 학습을 재통합시키는 지적인 작업에 착수했고, 이 작업의 강도는 1980년 이후에 점점 증가했다. 다른 이론가들은 이러한 체화와 관련된 사상들이 증가하는 이유에 대한 의문과 설명에 관한 글을 썼다(Slingerland, 2008; Wilde, 1999 참조). 저자는 그러한 노력의 일환으로, 체화에 대한 연구의 시기적 타당성을 Marshall McLuhan의 테크놀로지와 문화에 관한 탈근대주의적 업적에 기반하여 설명해 보고자 한다. McLuhan(1911-1980)은 캐나다의 저명한 미디어 이론가로서, 그의 멘토이자 경제 역사학자인 Harold Innis(2008)의 업적에 영향을 받았고, 후대에는 Jean Baudrillard(1994)와 같은 많은 다른 문화 이론가들의 작업에 영향을 미쳤다.

첫째로, 이 장에서 사용한 **탈근대주의**라는 용어에 대한 설명을 하자면, 탈근대주의는 McLuhan의 이론적 작업(McLuhan & McLuhan, 1988; McLuhan, 2010; McLuhan & Zingrone, 1995)에 기반을 두고 있다. 우선 존재와 생각의 문화적이고 지적인 방식들을 테크놀로지와 미디어의 변화에 대한 반응 혹은 결과물로 생각하면, 근대주의(그리고 소위 말하는 계몽주의)는 구텐베르크가 발명한 활자술과 함께 서구에서 시작된 글을 읽고 쓰는 능력의 확대와, 1400년대 중반 인쇄물의 증가로부터 시작되었다고 볼 수 있다(McLuhan, 1962). McLuhan은 글을 읽고 쓰는 능력과 계몽주의/근대주의 프로젝트를 다음과 같은 것들에 연관시킨다: 몸과 마음의 분리, 급진적 개인주의(그리고 그에 따르는 외로움과 소외), 선형적, 논리적 사고방식을 가치 있게 여기는 것, 보편주의 이론, 과학의 발전, 신교(개신교), 그리고 다른 근대주의와 관련된 경향이나 표현 양식(Toulmin, 1992 참조). McLuhan의 주장에 따르면, Lyotard(1984) 및 다른 몇몇에 의해 탈근대주의라고 명명된 시기는 글을 읽고 쓰는 능력이나 인쇄술이 전자, 전기 미디어에 의해 교체되고 그 미디어가 우리 사회의 주도적인 테크놀로지가 되어가던 시기를 뜻한다. 이 과정은 특정 해에 일어난 급작스러운 변화가 아닌, 지난 세기 혹은 더 긴 시간 동안 일어난 점진적인 과정이다. 이 과정은 대략적으로 1980년쯤 PC와 인터넷의 활발한 보급과 개발 이래로 더욱 빠르게 진행되었다. 그렇지만, 그 이전인 19세기 후반에는 전화, 영화, 전깃불의 도입, 그리고 20세기에는 라디오와 텔레비전의 등장으로 인하여, 근대로부터 탈근대로의 변화가 이미 진행되고 있었다. McLuhan에 의하면 즉각적이고 광범위한 전자 의사소통의 탈근대주의 시대는 다음과 같이 특징지을 수 있다. 개인주의에서 공동사회주의적 의식으로 변화하는 통합적인 사고의 시대, 지역적인 것의 중요성, 직관과 믿음의 중요성, 시각보다는 청각을 중요시하는 감각의 양상, 그리고 생각과 앎의 비선형적 배열의 중요성이 그 특징이다. 이러한 시대를 이 글에서는 탈근대주의라 일컫는다. 20세기와 21세기 우리의 삶은, 근대주의 방식의 사고와 존재가 지배하는 상태로부터 탈근대주의 방식으로의 급작스런 변화를 경험하고 있으며, 그로 인해 두 가지 방식이 부자연스럽게 공존하는 현상도 종종 발생한다.

이러한 탈근대주의 시대속에서 체화에 대한 연구가 왜 시기적으로 타당한지 설명하기 위해, McLuhan 이론 중 또 다른 부분인 쇠퇴 이론을 이용하려 한다.

McLuhan은 미디어와 테크놀로지의 지배력 때문에, 겨우 물고기가 그들이 살고 있는 물을 인식하는 정도만큼, 사람들이 그들의 문화를 결정하는 미디어를 인식하고 있다고 주장한다. 인간이 도구와 테크놀로지를 만들지만, 곧바로 우리가 인식하지 못하는 방식으로 인간을 어떠한 틀에 가두기도 한다. 하지만, 한 때 문화를 지배했던 테크놀로지가 새로운 테크놀로지에 둘러싸이고 자리를 빼앗기게 되는 순간, 예전의 테크놀로지는 갑자기 인식이 가능하고 눈에 보이게 된다. 그리고 이러한 테크놀로지가 계속 사용된다고 할지라도 더 이상 지배적인 수단이 아니라는 면에서 쇠퇴한 것으로 보고 이렇게 테크놀로지는 예술의 한 형태로 변화한다(McLuhan, 1974; McLuhan & McLuhan, 1988).

이러한 다소 놀라운 개념을 설명할 예시들은 다음과 같다.

» **예술 형태로서 마차.** 자동차의 출현에 의해, 말과 마차는 운송수단으로서의 지배적인 역할에서 신기함과 하나의 예술로 변하고, 사람들은 (예를 들면 미국 뉴욕의 센트럴 파크 근처에서) 마차를 타기 위해 큰 돈을 지불한다.

» **예술 형태로서 지구.** McLuhan은 그의 저서에서 다음과 같이 말했다.

> 아마도 가장 큰 정보의 혁명은 Sputnik호가 이 지구에게 새로운 환경을 생성해 낸 1957년 10월 17일 일 것이다. 역사상 처음으로 인류의 자연 세계는 인간이 만든 조그마한 기계 구조물 속에 완전히 갇힌 격이 되었다. 그 새로운 인공물 속에 지구가 갇히는 순간, 자연(nature)은 종식을 맞이하고 생태(ecology)라는 개념이 생겨났다. "생태학적" 사고는 지구가 예술 작품의 상태를 띄게 되는 순간 피할 수 없게 되었다. (McLuhan, 1974, p. 49)

지구를 별 거부감 없이 하나의 추상적인 "세상"으로 받아들이기 보다는 또 다른 테크놀로지의 창작물로 인식하게 되는 효과는 1969년 달착륙과 우주에서 찍은 지구의 사진으로 인해 더 자연스러운 현상이 되었다. 사람들은 갑작스럽게 우주선 지구(지구를 우주선에 비유한 말)에 대해 얘기하고, 지구를 우주상의 "깨지기 쉬운 파란색 마블"로 보기 시작했다. 이러한 환경적 움직임은 큰 중요성과 원동력을 갖기 시작했다. 이러한 시기에, 인간들은 일반적으로 지구를 "세상" 혹은 "모든 것"으로 여기는 것이 아닌, 하나의 예술의 형태로 인식하게 된다. 달리 말하면, 지구는 우리가 인식하지 못했던 하나의 객체가 아니라 하나의 예술적 대상이 된 것이다.

» **구시대의 테크놀로지가 현시대의 예술 형태로 변화된 예.** 기술이 급변하는 현 상태에서, 우리는 많은 테크놀로지가 한 때 "기본"으로 사용되다가도 곧 새로운 미디어에 의해 둘러싸이고, 쇠퇴하며, 새로운 예술 형태로 바뀌는 것을 목격한다. 타자기, 회전식 전화기, 필름과 폴라로이드 카메라, 수기, 레코드판, 카세트, VHS 테이프, 또 다른 많은 테크놀로지가 완전히 사라지지는 않았지만 "쇠퇴"(McLuhan의 용어를 따르자면)하면서 예술 형태로서 새로운 가치를 얻게 되는 것이다. McLuhan이 말했듯이 "쇠퇴는 어떤 것이 끝나는 것이 아닌, 새로운 시작을 의미하는 것이다"(McLuhan, 1967).

(19세기 말의 전보와 전화로부터 시작된) 현시대의 통신화된 전기/전자 테크놀로지의 출현과 함께, 사람들이 신체(body)를 바라보는 문화적인 시각도 변하게 되었다. McLuhan은 어떠한 새로운 테크놀로지든 몸의 일부분을 확장시키고 동시에 그 부분을 마비시키는 효과를 갖는다고 지적하였다. 예를 들면 자동차는 우리의 다리와 발의 능력을 (지구상을 가로지를 수 있을 만큼) 크게 확장시킨 반면, 동시에 우리를 차안에 몇 시간씩이나 움직이지 못한 채 앉아있게 함으로써 다리와 발을 마비시킨다고 볼 수 있다. 의사소통을 위한 전기/전자 미디어 통신망 또한 우리의 신경계를 확장시키면서도 동시에 마비시킨다.

네트워크 미디어 통신망은, 실제 신체는 집에 있을지라도, 우리가 어떤 순간이든 세계의 많은 곳에 있을 수 있게끔 해준다. 이 효과는 전기의 속도로 목소리나 단어가 지구 곳곳에 도달할 수 있었던, 전신과 전화의 시대부터 존재하였다. 이 과정은 라디오와 텔레비전에 의해 가속화되었고, 1980년대에 시작된 PC와 인터넷의 도입과 함께 더욱 가속화되고 널리 퍼지게 되었다. 우리는 이제 목소리와 영상을 통해 여러 장소에 "존재"할 수 있을 뿐만 아니라 3D 스크린 아바타의 가상 체화, 멀리 떨어진 물체와 도구의 기계적 제어, 촉각형 인터페이스를 통해서도 여러 장소에 존재할 수 있다. 이러한 혼합 및 가상현실의 테크놀로지를 통해 사람들이 실제와 가상 세계 사이에 상호작용 할 수 있는 다양한 방법을 알아가는 초기 단계에 있다(Lindgren & Johnson-Glenberg, 2013 참조). 이러한 인간-컴퓨터 간의 교류는 눈으로 보는 것 혹은 손가락 터치와 같은 작은 것부터 전신 동작, 보행, 목소리와 같은 보다 광범위한 것을 동반하기도 한다.

McLuhan은 1960년대 초반에 이미 인류가 인공위성과 유·무선 방송 테크놀로지를 통해 인간의 신경계를 사람의 몸을 떠나 외부 세계로 확장되어 가고 있고 그러한 확장된 신경계는 (말 그대로) 지구 전체를 둘러싸고 있다고 보았다. 1980년대 이래로, 이 과정은 점차 속도가 빨라지고 확대되었고, 그 부작용 역시 가속화되었다. 확장된 신경계 안에서의 우리의 삶은 신체를 새로운 미디어(전신, 전화, 라디오, 텔레비전 네트워크, 그리고 현재는 인터넷)에 둘러쌓이게 했고, 사람들의 "신체"는 존재에 필요한 당연한 수단의 미디어가 아닌 교화, 수정, 장식의 대상으로서 사람들이 선택하는 예술 형태가 되었다. 우리는 이제 하나의 커다란 집단으로서 인간의 역사상 가장 탈체화된 방식으로 살 수 있게 되었고, 사람들은 체화를 필수가 아닌 선택사항으로 인식하게 되었다. 이러한 주장은 1980년대부터 시작된 기술적인 조작의 대상으로서 몸을 대하는 방식을 살펴보면 더욱 설득력을 갖게 된다. 피어싱과 타투와 같은 발명을 통해 신체 장식의 방법은 크게 증가하였고, 성형 수술, 보철, 스테로이드, 임플란트, 그리고 인간 강화 기술을 통해 신체 조작은 의학화 되었다(Haraway, 1987 참조).

신체가 예술 형태가 되고, (McLuhan의 용어를 빌리자면) 쇠퇴한 선택사항이 되버림으로써, 우리가 매일 사용하지만 별다르게 인식하지 못했던 기본 미디어인 신체를 다른 테크놀로지나 미디어로 대체하게 되었다. 테크놀로지 변화의 엄청난 속도가 새로운 미디어나 그 영향을 인식하게 해줄까? 아니면 더 새로운 미디어가 이것을 둘러싸고, 쇠퇴해진 후에야 관찰 가능할 것인가? McLuhan이 제시하는 답은 문화에 대한 혁신적인 예술가들이 해주는 "안테나"로서의 역할이다. 무감각해져 버린 대부분의 사람들에 반해 감수성이 뛰어난 예술가들이 말하는 문화영역에서의 변화나 동요에 주목해야 한다는 것이다. 아방가르드 예술가들, 그리고 학자들 역시, 변화를 감지하고 그것을 다른 사람들에게 표현함으로써, 일종의 문화적 조기 경보 체계의 역할을 할 책임이 있다.

신체와 체화에 대한 현재의 열풍에 대하여 정치, 역사, 사회, 경제와 같은 여러 관점에서 서로 다르게 생각해보고 설명할 수 있다(거시적이거나 미시적인). 삶의 모든 측면에서 인터넷의 영향이 느껴지는 만큼, 이러한 대안적 설명은 참고할 필요가 있다. 저자는 문화와 테크놀로지 관계를 바탕으로 설명해 주는 McLuhan 방식의 접근이 테크놀로지 변화를 분석하는 실질적인 방법론(McLuhan & McLuhan, 1988 참조)으로서 큰 반향과 설명력을 가졌기에 여기에 제시하였다.

수학교육에서 체화적 연구의 접근법

이 절에서는, 체화에 대한 현재 수학교육 연구의 7가지 접근법을 약술하고자 한다.

1) 은유와 언어
2) 인지 과학
3) 기호학
4) 문화 연구
5) 신 유물론
6) 제스처 연구
7) 예술 행위 이론

독자들은 이 목록이 제한적임을 염두에 두어야 한다. 물론 다른 접근법이 있을 수 있고 현재 개발 중인 접근법도 있을 것이다. 더욱이 이 7개의 범주는 모두 본래 간학문적이며, 특정 연구자들에 의해 복합적으로 사용될 수 있을 것이다. 이러한 접근들 간의 경계가 모호하고 지속적으로 변화하고 있기 때문에, 특정 접근법이나 영향을 단독으로 설명하는 것이 부족하다고 느낄 수도 있을 것이다.

목차가 작위적이라 하더라도, 이 7개의 연구 접근법을 특징화하는 것은 고유하고 인식 가능한 특성을 가진 각 범주를 뚜렷하게 구분할 수 있는 시발점을 설명해 줄 것이다. 이 글에서는 각각의 연구법이 (연구에 사용되는 물질이나 분석 방법을 선택하는 것에) 어떻게 펼쳐지는지 그 예를 보여주기 위해, 각 범주에 해당하는 참고문헌의 표본을 제시할 것이다.

은유와 언어를 통한 체화에의 접근법

체화에 대한 탈근대주의적 접근법은 다양한 학문, 또는 학문간 연구의 관점에서 시작되는데, 여기서 그 중 몇 가지를 논하고자 한다. 가장 큰 영향을 미쳤던 것은 George Lakoff, Mark Johnson, Rafael Núñez에 의해 주도된 은유와 언어를 통해 체화된 지식(일반적 지식, 특히 수학에서의 지식)의 성격을 연구하는 것이다.

1980년대 초에 시작된 인지언어학이라는 새로운 분야에서의 Lakoff, Johnson, Núñez의 연구는 많은 근대주의자들이 가진 언어와 인지심리학에 대한 가정에 의문을 갖는 것으로 시작되었고, 수학에서 당연시 했던 가정들에 대한 도전으로 이어졌다. 그들의 인지언어학 연구가 수학**교육**의 문제를 직접적으로 다루지는 않지만, 수학의 교수와 학습을 개념화하는 새로운 기반을 제시하는 데 확실한 영향을 미쳤고, Núñez는 그의 후속 연구에서 수학교육자와의 협업도 보여주었다.

Johnson(1990, 2008), Lakoff(1990), Lakoff와 Johnson(1999, 2003), 그리고 Lakoff와 Núñez(2000)는 체화적 형상 스키마(image schema)를 통해 정신과 신체를 연결한다. 짧게 요약하자면, 형상 스키마는 인간이 몸으로 겪는 세계와, 그 경험을 언어로 바꾸는 방법, 특정 문화 안에서 이러한 경험의 복합체로부터 발생되는 개념적 은유를 모두 아우르는 구조를 의미한다. 여기서 은유는 움직임, 보행, 뻗기, 쥐기, 먹기, 자기, 물체를 움직이기, 온도의 차이 느끼기, 그리고 유아기 때부터 인간의 존재로서 겪어온 모든 다른 신체적 움직임과 감각으로 인해 체화되게 된다. 우리는 자라면서, 이러한 경험을 통해 언어와 문화적 이행의 일부분이 되어온 감정, 가치, 이야기, 그리고 문화적 범주들을 겪게 된다. 이러한 신체적 경험과 언어/문화적 의미에서 시작하여, "현재 우리가 따르고 있는 은유들"을 알게 되고 만들어가는 것이다. 이러한 은유들은 인간의 문화적 발전의 영역뿐만 아니라 수학적 개념에도 의미를 부여한다.

Lakoff, Johnson, Núñez는 영어권 사회에서 보이는 체화적 은유 체계와 핵심적 형상 스키마 중 일부를 연구하고 정교화하는 것부터 시작하여, 추상적 개념의 체화적 은유가 어떻게 확장되고 경험될 수 있는지 연구한다. 미학, 윤리학, 수학과 같이 광범위한 분야의 개념화의 기저에 체화적 은유 체계와 형상 스키마가 있음이 밝혀지고, 이러한 이론들은 매우 추상적인 개념이라고 할지라도 "살아 있고" 무언가를 불러일으키는 신체적 경험이 존재함을 보여준다.

정신적 개념을 체화적 경험에 연결하는데 있어, Lakoff, Johnson, Núñez는 언어, 수학, 윤리학 등에서 이전의 철학자들에 의해 배척되어온 인간 경험의 영역을 부활시킨다. 예를 들어, 신체적 움직임이나 감각은 더 이상 (데카르트나 그의 추종자들이 여겨왔듯이) 조악하고 천하고 기만적인 것이 아닌 다양한 개념적 사고와 언어의 근간이 된다. 사용 중인 언어나 제스처와 같은 준언어적인 기능은 Noam Chomsky의 미니멀리즘 근대 언어학(Chomsky, 1993)에서는 배척되었지만, 체화적 은유에 관한 연구에서는 언어학의 중심에 놓이게 되었다. 감정 역시 계몽주의/근대주의적 사상이나 수학에서는 논리나 이성에 기만적이고 방해가 된다고 봤으나, 인간의 이성에 있어 중요한 역할을 하는 것으로 재평가되었다. Lakoff, Johnson, Núñez는 형상 스키마와 체화적 은유에 관한 그들의 정교한 연구를 통해, 계몽주의/근대주의 철학자들이 순수함의 추구를 목적으로 배제해 왔던 신체, 감각, 움직임, 감정, 언어를 습득(유년기)하기 이전의 경험들과 같은 인간의 삶에 있어 "명확히 설명하기 힘든" 면면들을 포함해야 한다는 철학적인 움직임을 정립하였다.

그들은 이러한 경험이 신체적인 능력을 키우기 위한 것만이 아니라 인간의 모든 개념화의 기반이 된다고 주장한다. 여기에 수학적 사고의 가장 추상적인 부분도 포함한다. (Lakoff & Núñez(2000)에서 이러한 주장의 정점을 찍은 것은, 매우 추상적인 공식처럼 보이는 오일러 항등식, $e^{\pi i} = -1$조차도 인간의 감각적, 감정적, 문화적 경험에 기반을 둔 체화적 은유로부터 얻어질 수 있다는 것을 보인 것이다.) 이러한 결과물은 수학교육자들로 하여금 신체 감각적 경험, 감정, 언어, 은유, 이야기 등을 수학을 이해하기 위해 절대적인 기본이 되면서도 필수적인 수단으로 고려할 필요가 있다는 점을 인식시켜준다. 근대주의/계몽주의적 수학교육의 모델은 추상적인 언어와 기호로 가득 찬 강의를 통한 수학 개념의 "전달"에 초점을 맞춘 반면 Lakoff, Johnson, Núñez는 정신과 통합된 신체에 주목할 중요성과 이에 따른 새로운 교육학을 주장한다.

덧붙이자면, 이 원고의 초벌 원고를 검토한 검토자들 중 한 명이 언어적, 담화적 전략을 통한 과학적 연구에서 체화적 상상 접근법 (또는 체화적 상상이란 접근법)을 근래 저명한 과학자들이 택하고 있다는 것을 알려주었다. 잠재적으로 생산적인 이 접근법은 의인화 및 상상의 인격화를 비난하는 형식적 과학의 전통에 반하지만, 그럼에도 불구하고, 많은 연구자들의 연구에 사용되고 있는 것으로 보인다. 폴리오 백신을 처음 개발한 연구자인 Jonas Salk는 그가 연구하는 대상들을 어떻게 상상으로 체화할 수 있는지 다음과 같이 묘사한다.

> 나는 내가 이해하지 못하는 현상이 연구실에서 발견되었을 때, 이렇게 스스로 질문하고는 한다. "내가 그 바이러스나 암세포, 면역 체계라면 나는 왜 그런 행동을 할 것인가?" 이러한 내면적 대화는 나에게 어느새 습관이 되었고, 언젠가부터 항상 이런 식으로 질문을 하고 있는 내 자신을 발견하였다. (Salk, 1983, p. 7)

1983년 노벨상 수상자인 세포 유전학자 Barbara McClintock도 비슷하게 상상적 체화의 과정을 통해 옥수수로 "의인화"를 꾀하면서 옥수수를 연구한 경험에 대해 말한 적이 있다(Keller, 1983참조). (아인슈타인이 광선을 쫓거나 올라타는 것을 상상했던 것처럼) 사고 실험은 과학자들이 상상한 신체적 존재를 연구 시나리오 속으로 끌어 들인다. 흥미롭게도 과학에서의 이러한 예시들은 이글의 말미에서 제시될 "그래프 & 제스처 프로젝트"에서 학생들이 말하는 '그래프 되기'와 유사해 보인다.

은유와 언어를 통한 수학의 체화적 접근의 예

Núñez, Edwards, Matos(1999)에서, 저자들은 "자연적" 연속 함수의 정의와 코시-바이어슈트라스의 연속 함수 정의를 비교한다. 비형식적, 직관적, "자연적" 정의는 움직임과 따라감(근원-방향-목표 스키마)의 은유를 이용하여 수학적 함수의 그래프를 묘사한다. 코시-바이어슈트라스의 정의는 부분-전체와 한정된 장소의 스키마와 같이 제한된 것들과, 이산적이고 매우 작은 점들의 정적인 은유를 사용한다.

저자들은 좀 더 "자연스러운" 연속의 정의를 뉴턴, 라이프니츠, 오일러의 업적에 근간을 둔 오래된 개념으로 제시한다. 이 정의는 그래프를 제스처화 하는 경험으로부터 나온 것으로 보이며, 오일러는 연속 함수를 "손을 자연스럽게 이끌어 얻는 곡선"으로 묘사한 것으로 알려져 있다.

연속의 정의는 "동작, 흐름, 과정, 시간의 변화, 전체와 같은 인식적 콘텐츠"(p. 54)를 동반하고 따라서, 정적인 은유보다는 더욱 직관적이고 쉽게 접근 가능하다고 볼 수 있다. 왜냐하면 그 개념이 일상적인 경험과 가공의 동작(fictive motion)의 일상적인 은유로부터 자연스럽게 생성될 수 있기 때문이다. 가공의 동작이란 움직이지 않는 물체에 적용되는 은유적 동작을 일컫는다. 예를 들어, "저 길은 스프링필드를 **가로지른다**"라거나 "이 다리는 강 위를 **지나간다**"라고 말할 때, 도로나 다리가 정적임에도 불구하고 그들이 움직이는 것을 의미하는 단어나 언어적 표현을 사용한다. 비슷하게, 우리는 함수를 논할 때에도 가공의 동작 은유를 종종 사용한다. 예를 들어, 우리는 "이 그래프는 점근선에 **다가간다**", "이 함수는 극한값에 **도달한다**" 혹은 "이 곡선은 **진동한다**"라고 묘사한다.

그와는 반대로, 19세기의 해석학의 발전에서 생성된, 코시-바이어슈트라스의 연속의 정의는 함수를 이산적인 점들로 구성된 정적인 개체로 보았다. 이 정의는 점들이 선 상의 위치가 아니라 그 선을 **구성하는** 대상이라는 인식을 바탕으로 한다.

이러한 차이점은 미적분학을 배울 때 학생들이 이 두 정의를 서로 연결해서 이해하기를 어려워하는 맥락에서 연구되었다. 만일 학생들이 가공의 동작 은유를 통한 자연스러운, 제스처적 정의를 이해했다면, 수학적 함수의 연속성을 개념화하는 것에 정적인, 점을 개별적으로 다루는 정의와 연결해서 이해하는 것에 어려움을 겪게 될 것이다.

인지과학을 통한 체화에 접근법

인지과학 분야는 1980년대 이래로 급속도로 성장했는데, 이는 전산과 컴퓨터 네트워크, 로봇, 뇌와 뇌기능을 영상화 하는 새로운 방법들의 가속화된 발전과 함께 이루어졌다. 인지과학은 컴퓨터과학, 인공지능(AI) 연구, 정신의 철학, 인류학, 심리학, 신경과학, 그리고 언어학을 포함한 다양한 학문을 아우른다. 이 분야의 연구는 인식, 집중, 인지, 기억의 본질과 인간이 아닌 동물이나 기계와 같은 객체의 감각적 인지의 가능성에 대한 철학적 질문들을 탐구한다. 신경과학과 뇌 영상법에 초점을 맞추며, 인지 과학은 뇌와 신경계를 신체적 대상으로서, 신경학적 기능을 신체 기능의 한 부분으로 보는 질문을 다룬다. (따라서 체화적 학습과 앎을 뉴런, 호르몬, 뇌 손상, 또는 다른 신경학적 시스템의 신체적 징후 수준에서 다루는 방법이라고 볼 수 있다.)

수학에서 체화적 앎의 방법에 대한 인지과학적 접근법은 유아와 동물의 수 개념 발달에 관한 Dehaene의 실험적 연구(Dehaene, 1999)와 Devlin의 후속 연구(Devlin, 2006)로부터 영향을 받았다. Dehaene과 Delvin은 동물 인지와 유아의 인식 발달에 있어 행동학적 연구방법을 사용하였고, 이는 사람이 사물의 개수를 눈으로 인식하는 능력(subitization), 측정, 수 감각과 같은 과정에서의 타고난 정도를 알아보기 위함이었다. 이 연구 결과는 삶의 단계, 문화, 언어를 뛰어 넘는 인간의 수학적 능력의 개념화에 영향을 미쳤고, 후속 연구도 수학교육학 연구에 영향을 미치고 있다.

인지과학의 다른 면에서 보면, 설계와 인지 체계의 연구자들은 인간-컴퓨터 간 상호작용(HCI)과 컴퓨터 모델링의 설계로부터 나오는 아이디어를 심리학 및 교육학에 바탕을 둔 학습 이론과 접목하여 "인지적 인간 공학" 체계를 개발해 왔다. 컴퓨터 인터페이스와 인간의 정신-신체는 학습 환경에서 서로에게 반응하고 서로 영향을 준다(Abrahamson, 2009, 2010; Holbert & Wilensky, 2012; Antle & Wang, 2013; Lindgren & Johnson-Glenberg, 2013 참조). 상호작용의 설계와 이들이 문화적 신체적 규범과 상호작용하는 방법의 연구에 주목하는 것은 수학학습을 위한 교육 테크놀로지에서 하드웨어, 소프트웨어, 인터페이스, 교육과정, 교육학을 설계하는 데 중요한 역할을 한다. Barsalou(2008, 2009)와 같은 인지과학자들의 이론적 연구는 이러한 작업을 위한 근간을 마련하였다. 또한 거울 신경세포와 체화적 학습에 관한 연구도 주목할 만한다(Decety & Grèzes, 2006참조).

체화적 학습과 인간-컴퓨터 상호작용의 설계에 관한 Hayles와 Noss(2009), Kaput(1994), Fernandes와 Healy(2010), Healy와 Kynigos(2010), Jackiw와 Sinclair(2009), Hegedus와 Moreno-Armella(2011), Borba와 Villarreal(2005)의 연구도 중요하다. 이 중 대부분이 선구자적인 Papert(1993)와 Turkle(1984)의 연구에 기반을 두고 있다. 수학교육에서 테크놀로지 사용에 관한 참고문헌은 광범위하여 이 장에 그 내용을 모두 다루기는 힘들지만, 체화적 학습에 관한 문제는 우리 학계에서 교육공학에 관한 관심사 중 일순위가 되었다. 그 중 중요한 문제들은 다음과 같다. 화면상의 대리인을 통한 실제적 체화와 가상적 체화와의 차이점, 컴퓨터에 기반한 정적이고 동적인 형상에 의한 학습의 유용성, 체화적 형상을 통한 상상 활동, 교육공학 도구를 통해 시각적이고 다감각적인(촉각, 소리) 경험을 통한 수학 개념의 발달 등.

교육공학과 수학학습에서 체화에 관한 연구는 전자 기계나 컴퓨터를 이용한 학생의 참여로 국한되지 않는다. 그것은 물리적인 도구나 조작도구의 사용, 몸 전체를 쓰는 활동, 연필과 분필을 사용한 다이어그램과 기호적 표상, 이야기, 조별 토의, 문제해결, 또 다른 종류의 다중양식의 수학적 활동을 포함할 수 있다. 1980년대의 Papert의 LOGO 마이크로월드와 "거북이 기하"에 관한 연구는, 체화적 인식과 교구/구체물을 수학교육에 사용한 저명한 교육 이론가였던 Dienes(1963)와 Gattegno(1987), 이론가이자 실천가였던 Castelnuovo(Castelnuovo & Gori-Giorgi, 1976 참조)의 유명한 연구들과 더불어, 실제적 경험과 가상적 경험을 통합하는 것에 영감을 주었다(Abelson & diSessa, 1986 참조). 이들은 학습의 신체적, 정신적 측면 간의 경계를 짓는 것을 거부하면서 통합적 접근법을 취했고, 체화적 인식의 개념화에 있어서 여러 감각을 통한 학습 경험을 활용하였다. 전자적, 온라인의 가상 공간이 도입됨으로써 (비전자적인 접근법을 배제하지 않고서라도) 신체를 통해 수학을 경험할 수 있는 새로운 방법들이 생겨나게 되었다. 현시대에 가상과 실제 수학적 경험을 연구하는 학자들로는 Nemirovsky(Nemirovsky & Borba, 2003), Noble(Noble, Neniirovsky, Wright, & Tierney, 2001), 그리고 Ferrara(Nemirovsky & Ferrara, 2009) 등이 있다.

인지과학을 통한 체화적 수학교육 접근법의 예

Nemirovsky와 Ferrara(2009)는 중등 교실에서 녹화된 17초 영상에서 한 학생의 담화, 제스처, 시선들을 미시적으로 분석하여 수학적 상상과 체화적 학습의 면면을 탐구하였다. (여기서 담화, 제스처, 상호작용의 여러 요소를 담은 짧은 에피소드를 미시적으로 정밀하게 분석하는 것은 종종 인지과학 연구, 기호학 연구, 제스처 연구에서 종종 쓰이는 방법이다. 체화에 관한 다른 접근법은 오래 시간을 두고 관찰한 현상을 분석하거나 개념적인 대상을 연구하는 방법을 활용할 수 있다.)

이 미시적 분석은 교사, 학급 구성원, 도구 사이의 상호작용 안에서, 학생이 함수 그래프의 x, y 좌표를 분리해 내는 도구를 어떻게 사용하는지를 살핀다. 저자들은 2개의 인지적 현상을 발견하였다. 이 두 가지 인지적 현상은 "위치를 병렬시키기"와 "필요한 경우를 설명하기"인데, 이것들은 학생의 담화, 제스처, 상호작용, 물리적 물질들의 사용에서 드러난 것이다. 이 장에서는 체화적 표현과 수학적 상상의 발전 사이의 관계에 초점을 두고 살핀다.

저자들은 "위치를 병렬시키기"를 상상 속 상황의 여러 측면들이 서로 관련되어 배치되는 인지적 활동으로 기술하였다. 이 효과는 입체파 그림의 구성과 비교될 수 있는데, 입체파 그림에서는 여러 관점과 시각적 평면들이 마치 인접해 있는 것처럼 병렬되어 있다. 이러한 인지적 활동은 가설적으로 수학학습의 범위라기보다 일반적으로 인간의 상상적 인지가 갖는 특징의 일면에 가깝다고 할 수 있다.

"필요한 경우를 설명하기"는 "위치를 병렬시키기"와 반대되는 인지적 동작으로 묘사되는데, 이는 콜라주 형식으로 개념과 형상을 모으기보다는 나누는 것을 동반하기 때문이다. 필요한 경우를 설명하기에서, 특정 경우들이 나뉘고, 배열되며, 논리적 필요성에 따라 연결된 법칙이나 원리를 통해 설명된다.

두 현상의 증거는 한 학생이 학급 전체에 수학적 설명을 제공할 때, 그 학생의 제스처, 응시, 담화 속에서 발견되었다. 논의 중이던 함수의 그래프에 대한 학생의 인지는, 두 개의 인지적 현상을 이용하여, 지각과 관련한 제스처를 그 학생의 수학적 상상으로 해석하였다. Gallese의 "거울 체계"와 거울 신경 세포에 관한 신경인지적 연구(Gallese & Lakoff, 2005 참조)를 적용해 보면, 17초 동안 교실에서 일어난 교사와 학생 간의 몇몇 상호작용은 거의 동시에 함께 말하는 모습으로 분석되었다. 알맞은 자료와 도구를 사용할 때, 수학학습은 기본적으로 체화적 경험을 통한 학습자의 수학적 상상을 풍부하게 하는 과정으로 생각될 수 있으며, 학습은 체화적이고 다양한 감각을 통한 표현으로 명시될 수 있다.

기호학을 통한 체화에 접근

20세기 하나의 학문으로 생성된 기호학은 주로 문화적 현상을 기호나 기호의 의미를 고려하여 분석하는 것에 주력하였다. 기호학은 구조주의(그리고 현재에 와서는 탈구조주의로 계승되고 있다.)와 깊게 연관되어 있고, 언어학(Ferdinand de Saussure가 그 설립자이다), 수학과 철학(Charles Peirce의 업적을 통해), 인류학(Claude Levis-Strauss을 통해), 문학 비평과 문화 연구(Roland Barthes를 통해)에 뿌리를 두고 있으며, 영화, 건축, 교육을 포함한 다른 문화의 영역에도 영향을 끼친다.

저명한 수학교육 이론가들 중 다수가 그들의 체화적 수학교육 연구를 기호학과 그와 관련된 철학, 언어학에 기반으로 하였다. 기호학은 언어와, 제스처, 수학적 기호, 다이어그램, 그림, 그리고 실제적/가상적 모델을 포함한 다양한 수학적 표상과 도구를 이해하기 위한 이론과 분석적 방법을 제공한다. 수학교육 연구가들은 교수와 학습에 새로운 통찰을 얻기 위해, 의미의 연속, 어형변화와 통합 (syntagmatic)관계, 외연과 내포, 다의성, 텍스트 간의 관련성과 같은 기호학적 개념을 통해서, 체화된 기호, 상징, 표상을 연구해 왔다.

기호학을 체화적 수학학습의 접근법으로 택한 저명한 학자들로는 Radford(Radford, 2002, 2009, 2010; Radford, Edwards, & Arzarello, 2009; Radford & Puig, 2007), Roth(Givry & Roth, 2006; Roth, 2001, 2010; Roth & Bowen 1998; Roth & McGinn, 1998), Presmeg(Presmeg, 1997, 2003, 2005, 2006, 2008), Arzarello(Arzarello, Paola, Robutti, & Sabena, 2009), Robutti(2006), Ferrara(2006) 그리고 Sabena(Sabena, Radford & Bardini, 2005) 등이 있다.

기호학을 통한 체화적 수학학습 접근법의 예

Arzarello, Paola, Robutti, Sabena(2009)는 고등학교 미적분학 수업에서 학생-교수간의 상호작용의 다중양식적 측면에 대한 미시적 분석에 착수하였다. 그 연구에서 그들은 “기호학적 다발”과 “기호학적 게임”이라는 개념을 개발하여 제스처를 동반하는 체화적 현상을 고안하고 모델화 하였다.

고전적인 기호학적 분석의 기본이 되는 단위는 Peirce와 다른 이론적 기호학자들이 정의한 기호(sign)이다. 하지만 오랜시간 동안 사람들은 기호기 꼭 다중양식적이지는 않으며, 행위자와 분리된 시간에 국한된다고 여겼다.

기호학적 다발은 ‘전형적인 교실 속 상호작용에서 동시에 발생하는 여러 활동(제스처, 발언, 시선, 그림 등)의 집합이다’라고 할 수 있다. 기호학적 다발은 학생들과 교수에 의해 만들어진 기호를 포함할 수도 있다. 기호학적 다발은 교실 내 사람들 간의 상호작용, 시간의 흐름에 따른 다중양식적 기호 현상의 동적인 발전을 모두 아우르는 개념이다. 이것은 고전적인 기호의 개념보다 더욱 넓고 유연한 개념이며, 따라서 수학교육자들에게 교실 상호작용의 기호학적 분석을 위한 유용한 단위가 될 수 있다. 그것은 또한 기호학적인 교실 분석에 신체성과 상호주관성을 아우르는, 신체적 동작, 물리적 대상, 사람들 간의 동적인 상호작용을 분석하도록 해준다. 기호학적 다발은 (특정 순간에) 공시적으로 혹은 (기간에 걸쳐) 통시적으로 분석될 수 있다.

기호학적 게임은 교사 주도적인 학습 상호작용을 통해 발달된 기호학적 자원이나 기호학적 다발과 관련하여 교사가 취한 교육적 선택을 일컫는다. 교사 주도적인 수업을 하는 교사는 교실 내 기호학적 자원을 중재하는 사람으로 본다. 교실에서 발전 중인 체화된 다중양식의 기호학적 다발을 이해하는 교사의 능력은 그 자원을 최대한으로 이용할 수 있는 교육학적 결정을 하는데 중요한 도구이다. 그러한 분석은 교사가 학생의 제스처, 그림, 언어, 또 다른 다중양식적이고 체화된 표현들을 살펴볼 수 있도록 해주고, 그를 통해 각 학생의 발전 중인 수학 개념을 이해하고 필요한 때에는 교사의 개입을 가능하게 해준다.

일반적으로, 본 연구는 수학 교실에서 일어나는 기호 현상의 다중양식적, 체화적, 상호주관적, 일시적 요소들이, 특정 개인이 사용하는 언어학적 기호보다 더 큰 의미를 가지는 풍부하고 복잡한 이해 체계를 형성한다는 것을 보여주는 데 목표를 둔다.

문화 연구를 통한 체화에 접근법

문화 연구는 권력 관계와 정체성을 문화적 객체(대상), 과정, 기관, 형태의 맥락 안에서 연구하는 현대의 간학문적 학술 분야이다. **문화 연구**라는 용어는 처음에는 1960년대 중반에 사용되었는데, 1980년대 이래로 "전례 없는 국제적인 인기"를 받았다(Grossberg, Nelson, & Treichler, 1992).

문화 연구 분야는 학문적 접근법이나 이론의 다양성에 근간을 두었는데, 이는 인류학, 사회학, 정치 과학, 영화/미디어 연구, 문학, 역사, 과학, 테크놀로지 연구, 정신분석학, 페미니스트/젠더 연구, 장애 연구, 교육과정 연구를 포함한다. 이러한 다양한 접근법을 통해서, 문화 연구는 동시대의 삶을 이론화하고 사회와 문화에 내재된 억압과 헤게모니, 자유와 사회 정의의 관계를 지각하는 데 목표를 둔다. 현재 탈근대주의 시대에서 삶의 상황들이 변함에 따라, 문화 연구는 변화하는 상황으로부터 일어나는 인식과 권력 관계의 변화, 새로운 삶의 양식이나 방법을 인지하는 학문이다.

페미니스트, 성별, 인종, 장애와 관련된 문화 연구 학자들은 체화의 문제를 탈근대주의적 권력 관계의 일면으로 보는 데 집중하였다. 이 모든 분야에서, 주류 권력의 위치에 있는 사람들(식민지 주의자/가부장제 주의자/이성애규범주의자/인종주의자/장애인 차별 주의자)에 비해 "다른 신체"를 가진 사람들은 지배를 당한 경험을 했다고 알려졌다. 서로 다름이나 권력의 차이라는 측면에서 체화에 대한 초점은 급진적인 이분법의 재개념화로 이어졌고, 이는 여성-남성, 흑인-백인, 비장애인-장애인, 인간-동물, 인간-기계와 같은 것들을 포함한다. 경제학, 정치 과학, 인류학, 사회학에서 이 분야에 종사하는 학자들은 체화의 이론을 생산자-소비자, 제1세계-제3세계, 식민-피식민, 권력자-무권력자와 같은 이분법을 둘러싼 규범의 문제를 제기하는 식으로 적용할 수 있다.

이렇게 대립하는 논쟁과 관련하여, 문화 이론가들은 엄밀한 범주화와 배타적인 경계를 문제로 본다. 이 분야에서 새로운 이론은, 다양성, 욕망, 상품화, 집단, 미디어 영향, 정체성, 문화적 어구, 글을 읽고 쓰는 능력과 같은 문맥화되고 체화된 경험을 고려하는 데 있어, 혁명적인 관점을(주로 억압받고 정치적으로 힘을 상실한 편에 서서) 갖는다. 이전에는 숨겨진 사적이며 금기시 되었던 체화적 시행이나 경험들은 공식적인 학문적 담론 영역으로 들어왔고, 새로운 이론의 근간을 형성한다. 이러한 급진적 개념의 도전들은 학술 출판물에 국한되지 않고, 정책 결정이나 예술에서도 근본적인 사회 변화와 보다 공정한 법과 관행을 위한 노력의 기초 조건으로서 실천된다. 문화 연구는 고급문화-저급문화의 이분법을 문제시하는 데 위축되지 않고 유희적 태도를 취하는데, 이는 대중문화의 다양한 현상이나 장르(예를 들면 영화, 드라마, 만화, 비디오 게임, 가요)가 소위 말하는 고급문화의 현상, 장르와 동등한 관심을 받는 현상에 영향을 주었다.

Heidegger(1962), Merleau-Ponty(1962/1945), Foucault(1977), Levi-Strauss(1969), Mauss(1954), Lacan(1966), Kristeva(2002)와 같은 초기 철학적 토대를 바탕으로 한 Grosz(1994), Haraway(1999), Bordo(2003), Hall(1993), Butler(1993), Sheets-Johnstone(1999), Tyler(2000), Csordas(1994), Zizek(1997), Kroker와 Kroker(1987)와 같은 핵심적 문화 이론가들의 연구를 통하여, 신체, 체화, 체화된 경험, 동작, 감각, 혼종성(hybridities), 다양성을 둘러싼 새로운 논의는 공공, 정치, 예술, 학문의 영역으로 들어오게 되었다. 크게 보면 이러한 논의는 사회에서 분쟁과 변화를 야기해 왔다. 그들은 분명 수학교육의 영역에도 영향을 끼쳐으며, 특히나 Walkerdine(1998), Mendick(2004), Appelbaum(2010), Swanson(2007), De Freitas(2008), Walshaw(2004), Zevenbergen(2000)을 포함한 평등, 문화, 사회 정의 분야에서 연구 중인 많은 수학교육 이론가들에게 영향을 주었다.

문화 연구를 통한 체화적 수학교육에의 접근법의 예

Mendick(2004, pp. 43-47)은 학습자와 수학의 관계에 영향을 줄 수 있는 젠더에 대한 고정관념을 조사하기 위해, 여러 대중 영화에서 수학자에 대한 체화된 문화적 고정 관념을 분석하는데 문화 연구 방법을 적용하였다. Mendick은 자신의 혼합적인 정체성을 먼저 분석하였는데, 그녀는 스스로를 수학자이자, 수학교사, 사회학자, 그리고 대중문화에 깊게 연결되어 있는 사람으로 설명하였다.

영화를 즐기고 대중문화에 관심이 많은 여성 수학자로서, Mendick은 수학자들이 종종 “지루하고, 관계없는 일에 집착하며, 사회성이 부족하고, 이성에는 관심이 없는 것으로 고정관념화 된다는 것을 알게 된다. 그들이 다루는 수학 자체는 “어렵다” 할지라도, 괴짜인 수학자들은 종종 “유약하다”라고 (운동과 건강식의 부족으로 의해, 그리고 정신과 신체의 이분법에 의해 약한 몸을 가진) 묘사된다.

하지만 역설적이게도 괴짜로서 수학자와, 동시에 천재나 모험가로서 수학자라는 대중 문화적 대립된 시각이 존재한다. 대중문화에서 수학자는 탐정이나 스파이 활동, 학문적 연구를 통해 합리성을 추구하는 인물로 종종 비춰지기도 한다. 이러한 탐구 활동은 종종 광기로 종결되는 것으로 정형화되기도 하는데, 이는 마치 수학 연구 자체가 그 수학자를 미치게 만드는 것처럼 보이기도 한다.

Mendick은 최근의 4개의 수학에 관한 영화(A Beautiful Mind, Enigma, Good Will Hunting, and Pi)를 보고 수학자가 젠더, 성적 성향, 광기, 합리성, 완전히 체화되고 감정적으로 맞닿아 있는 연결된 삶의 방식(혹은 대개의 경우, 분리)에 관해 어떻게 묘사되는지 조사하였다. 4개의 영화에 대한 그녀의 세세한 묘사는 수학자들이 남성, 이성애자(실제 수학자의 전기에서는 공개적으로 게이나 양성애자라고 할지라도)로 묘사되고, 탐구적이며, 몸, 감정, 사회로부터 분리되고, 정신 질환으로 귀결하는 식으로 정형화된다고 밝혔다. 적어도 영화 Good Will Hunting에서는 일련의 성별에 근거한 이분법이 존재한다: "정신/몸, 분리/연결, 이론/경험, 책읽기/삶을 꾸려나가기. 수학은 이 대립 구조 안에서 첫 번째 나오는 단어들과 관련이 있고 윌의 여자친구 스칼라와의 관계는 두 번째 단어들과 연결되어 있다"(p. 47). 이 영화에서 수학자는 결국 완전히 체화되고 연결된, 경험적 삶을 살기 위해 수학을 버리게 된다. Mendick은 이러한 정형화된 미디어 속의 이미지가 성별에 관계없이, 수학 전공을 고려하는 학생에 미칠 영향에 질문을 던진다. 그녀는 또한 문학이 "전인적인 인간에게 꼭 필요한 부분으로 비춰지는"(p. 47) 반면, 수학자가 되는 것이 왜 대중문화에서 마치 극히 소수의 사람에게만 있는 타고난 재능으로 비춰지는지 의문을 제기한다.

신 유물론을 통한 체화에 접근법

현재 수학교육에서 많은 학자들이 사용하고 있는, 문화 연구 내의 체화에 대한 새로운 접근법은 주목할만하다. 신 유물론은 급진적으로 실질적이며 페미니스트적, 반데카르트적이다. 탈근대주의 철학의 초기 특정인 "언어를 중심으로 하는 분위기"에 반하는 움직임이다. 신 유물론은 언어, 담화, 생각, 개념을 포함한 모든 것을 실질적이라고 규정한다. 그것은 플라톤과 데카르트의 이분법과는 반대로, 한때 추상적이라고 여겼던 모든 것들도 이제는 체화적, 물리적이라고 여기는 일원론적 이론이라고 할 수 있다. 그렇지만 생각과 언어의 실질적 의미가 무엇인지는 연구가 더 필요하다.

기초 신 유물론의 핵심 저자에는 Barad(2003), Maclure(2013), Massumi(2002), Stewart(2007)이 포함되고, 그들의 작업은 Butler(1993, 2010), Latour(2007, 2009), Deleuze(1987), Bergson(2004), Tarde(2010)와 같은 연구자들의 이론에 바탕을 두고 있다. 신 유물론은 포스트휴먼 시대의 연구와 깊게 연관되어 있다(Weaver, 2010; Lewis & Kahn, 2010 참조). 신 유물론과 체화적 수학에 관한 연구를 시작한 수학교육자들은 De Freitas, Sinclair, Ferrara, Radford를 들 수 있다(De Freitas & Sinclair, 2014; Radford 2013; Sinclair, De Freitas, & Ferrara 2013).

신 유물론을 통한 체화적 수학학습에 접근법

De Freitas와 Sinclair(2013, pp. 456-468)는 Barad와 Chatelet의 연구를 바탕으로 "수학의 신체"와 관련하여 인간, 물질적 대상, 그리고 수학 개념 간의 분리 불가능한 관계를 재구성하였다. 체화의 재구성은 플라톤과 데카르트의 이분법과 물질과 개념을 정적이고 비활성화된 것으로 특성화하기를 거부하고, 그 대신 페미니스트적 관점을 취하여, 정체성을 행위적, 사회문화적, 맥락에 놓인 것으로 보고 연구하였다. 수학 개념, 조작적 대상, 그리고 수학을 하는 사람들은 끝없이 서로 상호작용하며, 실질적, 체화적, 공존적, 가동적인 것으로 여겨졌다.

이 글에서, 저자는 신체를 "사회적 얽힘"(p. 456)으로서 인식하였으므로 학습자의 개별적인 상황에 국한된 분석은 개인과 사회 문화적 맥락 간의 단절을 야기한다. 하지만 신 유물론은 교실에서의 인간의 신체, 환경, 그리고 물질들이 연속적으로 역동적인 상태에 놓이면서, 상호 영향을 주고 받으며 구성될 때 결코 완전히 형성되거나 고정이 될 수 없다고 본다는 점에서, 수학교육에서 이전의 사회 문화적 분석보다 한 층 더 나아갔다고 볼 수 있다. 학습자와 교사의 신체, 교실, 조작적 대상, 그리고 다른 존재들도 모두 행위자이자 행위의 대상이 된다. 그 중 어떤 것도 완전히 형성되거나, 종결되었거나, 비활성화된 상태라고 볼 수 없다. 이러한 급진적인 신체와 상호작용간의 재구성 관점은, 교실(즉 "아상블라주(assemblage)"와 같은 관계형 존재론이 형성되는 과정)에서 수학적 개념이 체화되고 실질적으로 본다는 점에서 진일보한 개념이다.

포스트휴먼 시대의 철학과 Haraway 및 다른 연구자들의 연구를 통해 살펴보면, "새로운 자아 개념과 신체를 분석하는 방법은 동력이 없는 세계에서 고립되어 있는 인간이라는 개념 자체를 부정한다"(p. 457). 신체를 생물학적 공간이나 개개인으로 인지하는 개체가 아닌, 물질, 힘, 그리고 존재 간의 지속적인 상호작용으로 본다. 다시 말해 "신체를 통한 교류를 통해 자아와 그 주변의 물질을 통합시키고, 자신을 계속해서 사영하고 확장시키는 존재"(p. 458)로 여기는 것이다. 이들은 이러한 맥락 안에서 수학을 재정립하려는 시도를 하였고, Chatelet의 가상(virtual)이라는 개념을 수학 개념의 실질성을 설명하기 위한 핵심 아이디어로 보았다. 수학 개념은 "언제나 유동적이고, 특히나 중요한 점은, 미완성이라는 것이다." 또한 수학 개념은 제스처, 다이어그램, 조작적 대상, 언어, 디지털 네트워크 등을 통해 물질적인 방법으로 존재하게 된다. 이들은 수학교육과정을 신 유물론의 관점을 통해 실행하는 것에 희망을 찾고 있는 것이다. 그들은 "개념과 학습자의 아상블라주가 존재의 상태가 되는 체화 행위에 초점을 맞추고, 가상을 실제화하는 행위로 개념을 다시 정의하는 것이 수학적 잠재성을 이루는 미래로 가는 길이라고 결론지었다.

제스처를 통한 체화에 접근법

체화적 존재와 앎의 방법, 그리고 신체에 대한 관심이 높아지면서, 제스처는 매우 큰 관심을 모으게 되었다. 이는 제스처가 신체와 그 움직임이 언어적 의사소통과는 다른 방식으로 인간의 활동에 개입하기 때문이다. 수학교육은 제스처 연구 분야가 생겨날 때부터 관련 핵심분야였기 때문에 이런 배경을 알아보는 것은 흥미로운 일이다.

제스처 연구는 새로운 간학문적 연구분야로서, the International Society for Gesture Studies(ISGS, 웹사이트 http:// gesturestudies.com에서 접근 가능함), Gesture라는 이름의 학술지, 그리고 관련된 책의 출간(대부분은 John Benjamins 출판사의 제스처 연구 시리즈를 통해)과 함께 1980년대부터 개발되었다. 제스처 연구의 근간이 되는 시카고 대학의 두 명의 정신언어학자, David McNeill(1992, 2000, 2008)과 Susan Goldin-Meadow(2003, 2005), 그리고 다른 협력자들에 의해 발전하였고, 이후에는 Adam Kendon(2004), Sotaro Kita(2000), Cornelia Müller(Cienki & Muller, 2008), Jurgen Streeck(2009), Gale Starn(McCafferty & Starn, 2008)를 포함한 영향력 있는 제스처 이론가에 의해 개발되었다. ISGS와 제스처 연구의 간략한 역사는 Müller(2002)의 저서에서 찾아볼 수 있다. 제스처 연구에 대한 간학문적 연구의 기원은 심리학, 인류학, 그리고 언어학에서 찾을 수 있었으나, 2007년 시카고에서 개최된 제 3차 ISGS 회의에서 많은 타학문 분야에서 제스처의 성격이나 사용을 연구한 결과를 발표하였다. 컴퓨터공학, 미학, 사회학, 음악 분야의 학자들도 모임에 참석하였지만, 주목할 만한 점은 수학교육 분야의 많은 연구자가 참여하였다는 점이다. 실제로, 그 해에는 수학교육자들이 전체 발표자의 10%를 차지했다. 수학교육과 제스처에 관한 연구는 대략 2002년으로 거슬러 올라가는데, 체화적 수학과 제스처의 연구 포럼은 그 이후 영향력 있는 IGPME(International Group for the Psychology of Mathematics Education)와 ICME(International Congress on Mathematical Education) 학회의 일부가 되었다.

제스처 분석은 대부분은 앞서 언급된 McNeill의 연구를 기반으로 한다. 이 연구를 하고 있는 수학교육자들과 다른 학자들은 McNeil의 기초적 연구의 영향을 많이 받았는데, 그의 연구가 제스처 단계나 종류의 분류법, 제스처와 발표, 그리고 제스처와 생각의 관계에 관한 연구, 제스처의 사용과 목적, 제스처 어법, 방법론, 방법, 제스처를 기록하는 기록 요강, 제스처와 신경학적 장애, 범문화적 제스처의 연구 등을 포함하고 있기 때문이다. 교육 연구에서 McNeill의 연구 적용의 한계점이 존재하는 이유는 McNeill은 무의식적으로 생성된 말과 관련된 제스처를 연구해온 반면, 교육 연구자들은 의식적으로 생성된 제스처(아마도 교사 쪽에서)나 의식적으로 가르치고 유도된 제스처(학생과 교사의 교육학적 상호작용 속에서)에도 관심을 갖고 있기 때문이다. McNeill의 연구는 여전히 유용하게 사용할 수 있지만, 교육 연구의 맥락에서 주의해야 할 차이점이 존재한다.

제스처 연구에 관련된 현재 수학교육 연구의 대부분은 다음 분야 중 하나 혹은 여러 가지와 관련 되었다는 특징을 갖는다.

(i) **교실 상호작용의 언어학적 분석을 연계한 연구들**: 제스처에 나타난 학습자와 교사의 무의식적인 사고 측면에 접근하기 위한 목적으로, 종종 그룹 문제해결이나 강의의 맥락에서, 수학

학습자와 교사의 매우 짧은 발언과 그에 동반된 제스처의 미시적 분석이 이루어진다.

(ii) **인지 및 컴퓨터 설계를 연계한 연구들**: "인지적 인체 공학" 조작 도구와 (실제와 가상의) 교수 순서를 설계하기 위한 자원으로서 학습자의 제스처 분석이 이루어진다.

(iii) **정신, 인식, 언어, 기호학, 문화와 철학적 이론의 연결**: 정신-신체-언어-문화 이론에서 관계와 속성의 증거가 되는 자료로 수학적 활동을 둘러싼 제스처의 관찰과 분석이 이루어진다.

(iv) **교육과정과 교수법 이론의 연결**: 수학적 관계나 개념에 학습자들의 다중양식적 참여에 목표를 둔, 교육과정과 교수법의 설계 실험의 일환으로써 제스처의 관찰 및 제스처의 교수/유도가 이루어진다.

(v) **문화 연구와 다양성 연구의 연결**: 성, 사회 계급, 인종, 문화, 장애, 언어와 관련된, 그리고 학생의 실제적이고 사회 문화적인 다양한 존재 방식의 다른 측면들과 관련된, 수학학습에서 생성된 제스처의 관찰이 이루어진다.

수학교육에서 제스처 연구는 특정 나이대나 학년에 제한되지 않으며, 유년기, 초등, 중등, 대학 교육까지 다양한 연령층을 포함하고, 아동의 학교 외 학습 경험이나 어른들이 단체 활동을 통해 배우는 것까지 포함한다.

대략 2002년부터, 제스처와 수학교육에 관한 논문과 북챕터가 다수 편찬되었고, 이 분야는 지속적으로 학계에서 매우 생산적인 분야이다. 대표적인 연구자나 논문은 다음과 같다. Núñez(2004a; 2004b; 2008), Goldin-Meadow(Goldin-Meadow 2014; Goldin-Meadow, Nusbaum, Kelly, & Wagner, 2001), Abrahamson(2004, 2007), Edwards(2003, 2009; Edwards & Moore-Russo, 2012), De Freitas와 Sinclair(2012; Sinclair et al., 2013), Arzarello(Arzarello & Edwards, 2005; Arzarello, Robutti, & Bazzini, 2005), Radford(2009; Radford et al., 2009), Ferrara와 Nemirovsky(2005; Ferrara, 2013; Nemirovsky, Kelton, & Rhodehamel, 2012), Gerofsky(2008, 2010, 2011a), Alibali와 Nathan(2012; Alibali et al., 2013; Alibali et al., 2014), Morgan(Morgan & Alshwaikh, 2008), Rotman(2005), Francaviglia(Francaviglia & Servidio, 2011), Frant(Frant, Acevedo, & Font, 2005), Robutti(Robutti, Edwards, & Ferrara, 2012), Healy와 Fernandes(2011; Healy, Fernandes, & do Rosario, 2008).

제스처 이론을 통한 체화적 수학학습에 접근법의 예

Alibali와 Nathan(2012, pp. 248-277)은 수업 상호작용 안에서 교사와 학생의 제스처의 여러 예를 엄밀하게 분석한 결과에 따라, 수학 지식은 반드시 체화되는 것이라고 주장하였다. McNeill의 제스처 분류학에서 2가지 군의 제스처가 공통적으로 사용되었는데, 하나는 수학 개념을 행위를 통해 나타내기 위해서이고, 다른 하나는 수학 개념의 기반을 객체나 교수/학습 환경에 두기 위해서이다.

저자들은 교사나 학습자가 (교실에서 다른 사람과 협의 중에 만들어내는 제스처보다는) 수학 개념을 설명할 때 만들어 내는 제스처에 초점을 두었다. 그들이 설명을 하는 과정에서, David McNeill의 **표상적 제스처** 그리고 그 하위범주인 **은유적 제스처**와 **가리키는**, 즉 **대상 지시적 제스처**에 주목하였다. 표상적 제스처는 이론적으로는 "언어와 표상의 기초가 되는, 움직이고 지각적인 시뮬레이션을 명확히 하기 위해서 이론화 되었다"(p. 254). 또한 표상적 제스처는 체화된 경험에 근거를 둔 개념적 은유를 드러낸다. 그러한 제스처는 실제로 존재하지 않는 대상과 상황을 인식하게끔 하는 힘을 가진 것으로 보인다. 이는 93쪽에서 논의 되었던 Nemirovsky와 Ferrara의 수학적 상상에 관한 연구를 상기시킨다.

대상 지시적 제스처는 학습자의 수학적 사고가 학습 공간의 물리적 환경에 근거한다는 증거를 제시해 주고, "인식은 환경 맥락 안에 놓여있고, 환경은 인지 체계의 불가결한 요소라는 주장을 뒷받침해준다"(p. 255). 이는, 급진적인 정도는 비교적으로 약할지 몰라도, 98쪽에서 논의되었던 De Freitas와 Sinclair의 신 유물론에 관한 연구와 유사하다.

Alibali와 Nathan은 두 가지 연관된 목표를 가지고 이 분석을 시작하였다. 첫째는, 수학 사고, 학습, 교수의 체화적 성질에 대한 이해를 발전시키기 위해서이고, 둘째는, 수학적 경험과 수학 교수법을 향상하기 위한, 경험적이고 분석적인 기반을 발전시키는 것을 돕기 위함이다.

예술 행위 이론을 통한 체화에 접근법

모든 미술, 공연 예술, 행위 예술에는 물질성과 신체성이 존재하고, 인간의 신체는 이들 중 일부와 명백하게 관련 되어 있다. 춤, 연극, 음악, 그리고 또 다른 형태의 행위 예술은 예술가의 신체적 존재와, 움직임, 목소리, 악기를 다룰 줄 아는 능력을 동반한다. 뿐만 아니라, (실사 촬영 영화, 녹음 뒤 샘플을 추출한 음악과 같이) 미리 어떤 행위를 녹음 또는 녹화하여 사용하는 예술도 무대 위에서의 예술가의 신체적 존재를 필요로 한다. 예술작품을 창조하는 것은 매체, 공간, 존재와 밀접한 관련이 있다. 조각가, 화가, 도예가, 직공들은 모두 그들의 미디어에 익숙해져야 하고, 작품을 만드는데 있어 그들의 신체를 사용한 디자인 기술을 계발해야 한다. (비디오 애니메이션이나 시와 같이) 물질적이고 신체가 직접적으로 이용되는 예술이 아니라 할지라도, 예술가는 그들의 손, 몸, 목소리에 사용하는 물질들에 익숙해져야 한다. 이는 그 물질들이 컴퓨터 프로그램이나 언어라고 해도 마찬가지이다. 예술과 공연은 명제적 언어의 제약을 벗어난 방식으로 사람들을 움직이고 그들과 소통하는 힘을 가지고 있다. 효과적이고 감정을 움직이는 예술은 다양한 수준에서 동시에 작용하고, 사람들로 하여금 복잡한 관계들을 종합적인 관점에서 이해할 수 있도록 도와준다. 공예품은 보는 이가 지성, 감성, 운동-감각적 경험에 참여할 수 있는 잠재성과 소통을 위한 개방성을 동시에 보여준다.

이러한 체화적, 감정적, 지적, 직관적인 예술의 속성은, 수학자와 수학교육자에게 수학적 패턴의 아름다움을 소통할 수 있는 새로운 방법을 제공한다. 대부분의 사람들이 증명, 설명, 혹은 방정식과 같은 명제적 언어를 통해 수학에 접근하기에는, 교육적 배경이나 관심이 부족하지만, 수학이 음악, 춤, 그림, 사진, 조각, 영화, 극장 등을 통해 표현되었을 때에는 수학의 미적 부분들을 이해할 수 있을 것이다. 이러한 미적인 감상이 수학적 관계의 경험적 그리고/혹은 명제적 이해를 돕는 시발점이 될 가능성이 있다. 더욱이, 형식적인 수학 기호만 사용하도록 요구할 때보다 색상, 모양, 움직임, 목소리, 시적 언어 및 다른 예술적 표현 방식을 사용했을 때, 학습자는 수학적 패턴에 대한 직관과 의문점을 더욱 잘 표현할 수 있을 것이다.

많은 수학자 및 수학교육자들이 그들의 수학적 혹은 교육적 실제의 일환으로 예술을 통해 체화된 표현을 사용하기 시작했다. 이러한 시도는 여러 가지 전제와 연구자의 학문적 혹은 예술적 입장에 바탕을 둔다.

» 수학자 및 컴퓨터과학자들로 구성된 한 대규모 단체는 조각, 회화, 및 디지털 그래픽 아트와 같은 예술 형식을 사용하여 자신의 분야에서 이론적인 작업을 표현하고 응용하였다. 연례 Bridges Math and Art 학회의 참가자들이 이 범주에 속한다. 학회 논문집과 갤러리(http://bridgesmathart.org참조)에서는 미적이고 흥미로운 작업을 다수 볼 수 있다. 이러한 종류의 작업을 하는 저명한 수학 예술가들은 다음과 같다: George Hart, Carlo Sequin, Craig Kaplan, Mike Naylor, Robert Bosch.

» 몇몇 예술가들은 수학적 패턴이 그들의 미적 탐구에 영향을 주었기 때문에, 수학적 주제와 관계에 기반하여 예술 작품을 창조하는 것에 관심을 보인다. Bridge 학회의 많은 참가자들과 다른 연구자들이 이 범주에서 괄목할만한 업적을 남기고 있다. 예를 들어, Dr. Schaffer와 Mr. Stern Dance Ensemble, 조각가 Nick Sayers, 댄서이자 안무가인 Sarah Chase 그리고 극작가이자 수학자인 John Mighton이 있다.

» 대학 수준에서의 교수법에 관심 있는 수학자들은 수학을 가르치기 위해 예술에 기반한 교재와 교수법들을 개발해 왔다. 그들 중 다수는 여성 수학자인데, 수학은 모두에게 열려있고, 특히 여학생들이 수학적 공간이나 관계를 나타내는 바느질 작업과 같은 전통적 여성의 예술품들을 통해 수학을 쉽게 접근하려고 노력하고 있다(Taimina, 2009; Belcastro & Yackel, 2008, 2011 참조).

» 초·중등학교와 협업하는 일부 수학교육자들은 학생들의 수학학습과 이해를 돕기 위해 예술 및 수학적 행위에 관심을 보인다. 이러한 교육자들에게는 학생들의 예술가로서의 참여가 연구에서 매우 중요하고, 이러한 참여는 학습자들로 하여금 주인 의식을 기르고 적극적으로 수학적 관계를 표현하고 탐구하는 방법을 배우게 하는 것으로 본다. 예를 들어, George Gadanidis, Marcelo Borba, 그리고 필자와 다른 동료들은 유치원에서 12학년까지 학생들과 교사를 대상으로 수학 행위에 관해 연구하였고, 생생한 디지털 수학 행위를 수집하기 위해, 국

제적 온라인 수학 행위 축제/경연대회(Math+Science Performance Festival, http://mathfest.ca 참조)를 설립하였다(Gadanidis & Borba 2008; Gadanidis, Hughes & Borba 2008). 다른 학자들은 학생들이 수학 행위를 관람하면서 즐기는 측면을 강조하였고 그 예로는 MITACS 수학 쇼 혹은 Math Out Loud 경연이 있다. 이 경연은 수학자인 Jean-Marie De Koninck이 설립하였고 고등학교 학생을 대상으로 한다.

수학교육자들은 수학의 미학 혹은 수학교육의 미학과 같은 예술에 기반한, 혹은 예술을 주입한 수학교육과정의 교수법적, 이론적 측면들을 연구하고 있다(Sinclair, Pimm, & Higginson, 2006; Sinclair, 2001, 2009; De Freitas, 2010; Gerofsky, Sinclair, & Davis 2003; Gerofsky, 2007, 2009, 20llb). 이러한 연구들의 이론적 바탕은 철학과 문화 연구와 같은 미학의 일반적 학문 분야(예를 들면, Dissanayake, 1995; Ranciere, 2004), 행위 민족학(Denzin, 2003, 2006a, 2006b), 극장과 인류학에 근간을 둔 행위 연구 분야(Turner, 1986; Conquergood, 2002; Schechner, 2003, 2011)에 이르기까지 다양하다.

몇몇 연구 수학-예술가들은, 그들 자신을 수학교육자라고 여기지는 않겠지만, 수학 교수와 학습을 돕는 작업에 노력을 쏟고 있다. 이들 중 가장 유명한 George Hart와 Vi Hart는 음악, 저글링, 벨소리, 종이 접기, 시, 그림, 조각을 통해, 수학적 주제에 대하여 매우 인기 있고 공개적으로 접근 가능한 비디오 연재물을 만든다. 이러한 체화적 예술을 통해 수학적 주제를 탐구하는 수학/예술 비디오와 관련 자료는 이미 많은 중등 수학교실에서 사용되고 있다.

예술 행위 이론을 통한 체화적 수학학습에의 접근법의 예

Gadanidis와 Borba(2008)는 평행선에 대한 고찰인 Flat-land라는 공동 제작된 온라인 비디오의 분석을 통해 수학교육을 (디지털) 행위로 보는 것에 대해 탐구하였다. 그들은 여러 행위 이론들을 참조하고 그중에서도 Boorstin(1990)이 제시한 예술적 행위를 경험하는 세 가지 범주, 사실성, 감정이입, 그리고 재미를 기준으로 자료를 분석 하였다. 저자들은 직접 행위 영역에 참여하였는데, Gadanidis는 작곡과 비디오 창작의 영역에서 Borba는 브라질의 정치 극장과 같은 곳에서 작업하였다. Augusto Baal의 정치 활동적 포럼 극장에서는 청중을 "관람자이면서 동시에 배우"로 여기는 관객 참여에 관한 관점을 드러냈는데, 그러한 관점은 행위적 참여(수학교육이나 정치적 체계에 관한)와 관련하여 기존의 가정들을 긍정적인 의미에서 무너뜨리는 결과를 나을 수 있다.

디지털 수학 행위에 관한 그들의 연구는 수학에 대한 기존의 관점에 저항하기 위한 것이었는데, 즉 수학은 차갑고 비인간적인 경험이며 정확한 답을 생성해내는 일련의 절차로서 수학, 조금씩 쉽게 가르치는 것이 가장 효과적이며 이미 알려진 사실로만 구성된 과목, 그것이 수학이다. 이와 대조적으로, 그들은 수학을 따뜻하고 인간적이며, 통찰력과 상상력을 자극하고, 호기심을 격려하며, 이야기 같고 지속가능한 노력의 산물로서 보는 관점을 학생들과 교사에게 심어 주기 위한 수단으로서 행위 예술을 사용하고 있다. 라이브 혹은 온라인상에서 벌어지는 체화적, 예술 바탕의 행위들을 분석함에 있어, 저자들은 예술과 인터넷을 사람과 동등한 행위자로서 여기고, 수학이 그들(즉, 예술과 인터넷)을 바꾸는 만큼이나 그들도 수학을 바꿀 수 있다고 여겼다.

Gadanidis와 Borba는 예술을 통해 시적이며 스토리가 있는 경험을 만들어 내고자 한다. 그 경험은 (훌륭한 시가 그러하듯) 희귀하고 놀라운 것을 포함할 것이고 학습자들에게 심오한 질문을 할 기회를 제공하며, (학생들이 역사, 문학, 과학 수업에서 자신의 학습에 대해 이야기 하듯이) 그들이 배운 수학에 대한 이야기를 할 기회를 제공할 것이다. 이 저자들이 지적하듯이 수학은 진부하고 절차적이며 비체화적인 것으로 여기고, 질문하거나 이야기 하는 것이 불가능하다고 생각되었다. 행위 수학에 참여하는 것은 학생들과 교사로 하여금 전통적으로 수학을 피하게 만들었던 기존의 가정들을 극복하는 새로운 장을 마련해 줄 것이다. 저자들은 "우리 자신을 행위 수학자라고 부름으로써 수학교육에서의 시각의 변화를 일으킬 수 있는데, 이는 우리가 수학을 교실 활동이나 수학자들의 전문적인 활동으로 제한시키지 않고 더 넓은 세상과 교류 가능한 것으로 인식하게 해 준다"라고 주장한다(p. 50).

이 장에서 제시된 수학교육에서의 체화에 관한 연구방법 요약

이전 절에서는 수학교육에서 체화에 대한 현재 가장 활발하고 생산적인 7가지 접근법을 간략히 소개하였다. 각 접근법 마다, 이론적 근간을 특징화하고, 현재의 연구 초점이나 중요 용어, 그리고 핵심 연구자나 참고문헌들을 소개하였다. 이제 7가지 접근법을 간단히 정리하여 논하고자 한다.

언어와 은유를 통한 체화: Lakoff, Johnson, & Núñez의 체화적 은유에 대한 연구를 바탕으로, 수학교육자들은 다음 세 가지 요소들 간의 관계에 집중해 왔다. (감정을 포함한) 물리적, 신체적 경험, 그리고 문화 안에서의 그 경험의 언어화, 그리고 그것들과 수학적 및 개념적 자료의 학습과의 관계. 체화적 은유에 초점을 맞추는 것은 수학적 개념화에 새롭고 비데카르트적인 의미를 부여한다.

인지과학을 통한 체화: AI, 인지 신경과학, 컴퓨터과학, 심리 철학, 인지언어학(91쪽 참조)을 포함하는 인지과학이라는 새로운 분야는, 수학교육 연구자들로 하여금 체화적 학습을 신경학 체계 수준에서 고려하게 하고, 인지적 인간 공학 디자인을 연구하게 하였으며, (수학학습을 온라인 상이나 하이브리드 공간에서 연구하는 것과 같이) 학습에 있어 실제와 가상의 신체 모두를 고려하게 하였고, 수학학습이나 지식을 이해하는 데 있어 인간의 영역을 넘는 세상을 포함하게 하였다.

기호학을 통한 체화: 기호학은 근대주의에 기반한 구조주의 관점을 반영한 접근법이지만, 탈근

대주의의 예고이자 근간이 되기도 하였다. 수학교육자들은 말하기, 쓰기, 다이어그램, 그래프, 영화 등을 포함한 다양한 양식 간의 관계를 이해하기 위해 기호학의 방법이나 분석적인 구조를 택하였고, 이러한 관계를 수학 교수나 학습의 관점에서 해석했다.

문화 연구를 통한 체화: 사회 정의와 권력, 억압, 자유에 대해 의문을 가지고 있는 수학교육자들은, 성, 인종, 계층으로 구분된 수학 교실에서의 신체, 목소리, 그리고 존재에 대해 연구하고, 불공평한 활동에 이의를 제기하기 위해, 문화 연구 중 탈근대주의적 분야의 이론적 접근법을 선택하였다.

신 유물론을 통한 체화: 문화 연구에서 새롭고 중대한 하위 주제 중 하나로서, 신 유물론은 정신-신체의 데카르트적 이분법에 반하기 위한 급진적인 일원론적 시각을 택한다. 신 유물론에서는 심지어 언어와 생각을 포함한 모든 것들이 물질적이라고 주장한다. 이 분야를 연구 중인 수학교육 연구자들은 수학학습의 일환으로서 개념화, 사고하기, 그리고 물질에 대한 특수화된 이론을 개발하기 시작하였다.

제스처를 통한 체화: 언어학, 심리학, 그리고 컴퓨터 과학에 기반한 학제간 교류적 신분야인 제스처 연구는, 많은 수학교육자들이 흥미를 가지고 제스처 데이터에 바탕을 두고 수학 교수 및 학습을 연구하도록 하였다. 제스처는 인지적이고 사회적인 차원에서의 무의식적 과정으로 접근 가능하게 해주었고, 이는 수학교육에서 흥미로운 분야인 무의식적 과정에 대한 통찰력을 제공해 주었다.

예술 행위 이론을 통한 체화: (행위 예술을 포함한) 모든 예술은 재료 사용과 움직임과 함께 감각, 감정, 물질적 세계와 관련된 정서적인 영향을 통해 체화된다. 미술, 행위 예술, 실생활 예술을 통한 체화적 수학은 많은 연구 그룹에게 생산적인 새로운 분야로 여겼다. 연구 수학자들은 그들의 발견을 예술적인 방식으로 표현하게 되었고, 대학 수학교육자들은 (특히 여학생을 위해) 수학이 쉽게 접근 가능하도록 하였으며, 교육자들이 초등학교나 중·고등학교 학생들에게 더 큰 참여와 접근의 기회를 제공하게 하였고, 수학자 겸 예술인들이 온라인 비디오나 다른 방법을 동원하여 수학교육에 관심있는 청자들과 소통할 수 있도록 하였다.

그래프 & 제스처 프로젝트:
체화적 수학 교수와 학습에 관한 연구 프로그램의 발자취

앞서 설명한 7가지 접근법은 수학교육 연구의 실제에서 식별가능하고 뚜렷하게 구분할 수 있지만, 상호 배타적이지는 않다. 체화적 수학교육에 관심이 있는 대부분의 연구자들은 연구의 특정

부분 또는 연구 프로그램 전체에서 여러 가지 접근법을 동시에 사용하기도 한다.

이장의 마지막 절에서는, 그와 같은 프로그램을 발전시킬 수 있는 방법 중 모범적 사례로 체화적 수학 교수와 학습에 대한 다년간의 그래프 & 제스처 프로젝트의 자취를 살펴보고, 이 프로그램에 영감을 주고 근간이 되었던 이전 절에서 설명된 여러 연구 방법들을 알아볼 것이다. 몇 분짜리 학급 영상에 대한 미시적 분석을 하기보다 전체 연구 프로그램을 거시적 측면에서 살펴보았는데, 이는 보통 이와 같은 논문의 통상적인 관례이다. (미시, 중시, 거시를 포함하는) 분석의 모든 수준에는 잠재적 가치가 있다. 여기에서는 연구적인 면에 중점을 두기 보다 연구 프로그램을 검토한 내용으로 연구 문헌에 기여하고자 한다.

그래프 & 제스처 프로젝트 개요

그래프 & 제스처 프로젝트는 몸짓, 움직임, 목소리, 그리고 재료들을 통한 수학적 함수의 그래프 교수 및 학습을 진행 중인 연구 프로그램이다. 이 프로젝트는 2006년에 시작했고, 캐나다의 밴쿠버, 그리고 이탈리아의 토리노에 있는 중등학생 및 초등 고학년 학생들을 주대상으로 하고 있다.

이 프로젝트는 우리의 신체적, 감각적, 그리고 운동적 경험이 수학적 이해를 알리는 방법들에 대한 작은 관찰 그리고 일반적인 흥미와 관심에서 비롯되었다. 그래프의 체화적 이미지에 중요한 무언가 있다는 직관적인 느낌에서 시작하여, 이 프로젝트는 시간이 지남에 따라 발전했고 변화해 왔다. 현재, 이 프로젝트는 다양한 그룹의 학습자들을 대상으로 하는데, 영재 그룹, 일반 그룹, 학습에 수동적인 그룹, 난독증 그룹, 그리고 시각장애 학습자 그룹을 포함한다. 이 프로젝트의 목적은 기본 원리의 개발부터 학제간 교류의 교수법적 설계 실험의 이론 개발에까지 이른다. 지난 8년 동안의 그래프 & 제스처 프로젝트의 궤적을 살펴봄으로써, 체화적 수학교육에 익숙치 못한 이들에게 이 분야에 "입문"하는 법을 간략하게 소개하고자 한다. 이 글이 많은 연구자들을 독려하여, 새롭고 촉망되는 분야에서 자신들만의 연구 방법을 찾는 것에 도움이 되기를 바란다.

학술 연구자가 새로운 분야의 연구를 시작할 때, 기존 연구 경험의 유무를 떠나, 연구 프로그램의 계획을 시작하는 단계에서는 계획을 처음부터 상세히 세우는 것이 가능할 것이라는 약간의 기대가 있다. 이런 경우도 있지만, (체화적 수학학습과 같은 사례처럼) 여전히 활발히 성장 중인 분야인 경우, 연구의 궤적은 "시행착오를 거치며" 만들어가는 것을 의미한다. 연구자는 매년 연구 프로그램을 발전시킬 것이고, 현재의 결론, 추측, 그리고 결과물들을 통해 미래 연구에 대한 이론적 기초를 발전시키고자 노력할 것이다.

Bavelas(1987)의 방법론적인 논문은 이 연구 과정의 지침이 되었는데, 사실상 이 논문을 접하기 이전에도 저자는 이미 이러한 방법을 사용 중이었다. 사회 심리학자이자 제스처 이론가인

Bavelas는 과학적 연구의 초기 단계에서는 직관적인 느낌을 통해 연구에 대한 감을 유지할 것과 자기 자신의 새롭거나 생소한 아이디어를 연구과정에서 너무 일찍 포기하지 않는 것의 중요성을 옹호했다. Bavelas는 연구의 후기 단계에서는 지지할 수 없는 아이디어에 엄격하면서 비판적이어야 하고 때로는 부적합한 아이디어를 버려야하는 것이 필수적이라 할지라도, 초기 단계에서는 과학적 연구에 창의력을 유지하기 위해서라도 터무니없는 아이디어를 받아들이는 개방성과 의지가 필요하다고 이야기한다. 연구자가 “터무니없는 아이디어”를 일찍 버리지 않는 것이 중요하지만, 일단 그 아이디어가 발전할 시간을 거쳤다면, 아이디어를 진지하게 그리고 비평적으로 면밀히 검토하는 것 또한 중요하다. 과학에서 창의력을 허용하기 위한 Bavela의 스키마와 같은 과정은 다년간의 그래프 & 제스처 프로젝트에서 적용되고 있는데, 수학교육 연구의 새로운 방향성을 고민하는 다른 연구자들에게도 하나의 예시가 될 수 있겠다.

시작점부터 제 8년까지의 연구

시작점: 교사 경력과 직감에서 시작된 연구

이 프로젝트는 저자가 대학 연구원으로 일하기 전년도에 시작되었는데, 박사 학위를 마친 후, 고등학교에서 수학을 가르칠 때였다. 연구 질문은 연구를 시작할 때 가졌던 관찰 경험, 성찰, 그리고 직감으로부터 시작되었다.

고등학교 교사로서, 동료와 본 저자는 학생들이 수학적 패턴에 대해 이야기할 때 많은 제스처, 움직임, 그리고 목소리를 사용한다는 것을 깨달았다. 중등 수학에서 주요하게 다루는 내용이 그래프를 포함한 수학 함수이기 때문에 이러한 제스처들은 대부분 데카르트 평면 위의 함수 그래프를 지목하는 것이었다.

하나의 특정 사건이 이 프로젝트에 대한 아이디어의 시초가 되었는데, Math 10 수업에서 이차함수로 둘러싸인 영역이 갖는 넓이의 최댓값을 다루는 중이었고 $y = 4$인 직선과 교차되는 포물선 그래프가 주어졌다. 빠르게 확인하고자 학생들에게 제스처를 사용하여 함수 $y = 4$가 어떻게 생겼는지 나타내도록 하였다. 나의 수업 목표는 학생들의 지식에 대한 빠른 조사를 통해 그들이 이 함수가 원점 위로 4만큼 떨어진 수평선이라는 것을 아는지 확인하는 것이었다(그리고, 대부분의 학생들은 이것을 안다는 것을 보여주었다).

그런데, 그 당시 놀라웠던 것은 이 수평선을 보여준 학생들의 다양한 방법들이었다. 몇몇 학생들은 코 근처에서 손가락 하나로 가리키는 작은 제스처를 보였다. 다른 학생들은 가슴 높이에서 두 손을 이용하여 좀 더 큰 대칭적인 제스처를 하였는데, 중간부터 시작해서 양쪽 바깥쪽 방향으로 뻗었다. 또 다른 학생들은 가슴 높이 근처에서 한 손이나 두 손을 사용하여, 한쪽에서 다른 쪽으로의 큰 움직임을 보였고, 무게중심을 넘어 뻗기까지 하였다. 때론 "워-쉬"와 같은 소리가 제스처에 동반되었다.

저자는 학생들의 제스처의 다양한 특징이 궁금해졌는데, 특히 함수 $y = 4$를 표현하기 위해 사용했던 선의 높이에 대해 궁금했다. 학생이 수평선을 보여줄 수 있는지 여부는 알 수 있었지만, 원점이 어디에 위치하는지 알지 못하는 이상 그 수평선이 얼마만큼이나 원점보다 위에 위치하는지는 알 수 없다는 것을 깨달았다. 이는 다음 두 가지 중요한 연구 질문을 이끌어냈다.

(1) 사람들이 좌표평면의 그래프를 제스처로 표현할 때, 사람 몸을 기준으로 어느 위치에 x축을 놓는가?

(2) 이처럼 유도된 제스처에 특별한 **속성**이 존재하는가? (예를 들어, 대칭적/비대칭적, 한 손가락/양손, 빠름/느림, 큼/작음, 소리의 동반 여부 등등)

좌표 평면을 제스처로 표현하는데 본 저자의 분석에 의하면, 저자 본인은 대게 x축을 허리 쪽에 놓고 원점을 배꼽 쪽에 놓는 경향이 있는 것으로 나타났다(제스처로 위치를 표시하기 어려울 정도로 x축의 아주 아래쪽에 그래프가 놓여서 x축을 약간 위쪽으로 올려야 하지 않는 한 보통 그렇게 한다). 수학교사로서 저자의 역할은, 학생들이 집중하길 원하는 그래프에 대한 특정한 특성을 강조하는 방법으로 책상에 앉기보다 선채로 큰 움직임을 나타냈고 종종 발성이 동반되었다. 동료교사들이 수학수업에서 그래프를 가르칠 때 역시 비슷한 큰 제스처와 발성을 한다는 것을 알게 되었다. 하지만, 많은 학생들이 그래프의 모양을 다르게 제스처화 했는데, 어떤 이유로 이런 제스처들이 다양하게 나타나고 이러한 다양성이 수학을 교수·학습하는데 있어 우리에게 무엇을 말해주는지 연구하고 싶었다.

이러한 초기 연구 질문을 제기함에 있어 나의 가정은 그래프를 제스처를 통해 체화함에 있어, 주체의 몸, 움직임, 그리고 그래프에 대한 개념은 밀접하게 연관되어 있다는 것이다. x축, y축, 그리고 원점, 최대/최소점, 근, 기울기, 교점 등은 학생들과 교사들이 제스처 할 때 공간상에 움직이는 몸으로 표현되는데, 반드시 제스처 하는 사람의 몸의 위치와의 관계 속에서 만들어진다. 이 가정은 (앞에서 설명한) Gesture Theory의 이론적 개념들과 상당히 부합하지만, 그 당시에 저자는 이 새로운 분야가 생소하였다. 또한, "예술을 통한 체화" 그리고 "신 유물론를 통한 체화"와 부분적으로 잠재적인 연관성이 있다.

하지만, 이 프로젝트의 시작단계에서 이러한 이론적 연관성을 알지 못했다. 연구 질문은 아직 구체화 하지 못한 수준이었고, 시작 단계에서 연구는 단지 직감을 유지하면서 발전시키는 차원이었다.

제 1년과 제 2년: 예비연구

대학교수 그리고 연구원으로서 첫 해에, 저자는 예비연구 질문으로 시작한 비공식 시범 연구를 설계하였다. 시범 연구의 대상자은 주로 기회적 표본선정 과정으로 선택된 성인들이었는데, 프로젝트에 참여하기로 동의한 지인들이었다. 다수의 학계동료, 대학원생, 교직원, 친구 그리고 가족이 연구 대상이 되었다.

미적분 과정에서 함수에 대한 17개의 그래프가 선택되었는데, 이를 확대한 후 카드에 붙였다. 각 참가자들을 개별적으로 삼각대로 고정된 카메라로 녹화하였다. 참가자들은 카메라 앞에서 각각의 그래프 모양을 몸으로 표현하도록 지시받았는데, 언어적 은유 또는 발성을 선택적으로 동반하도록 하였다. 이렇게 수집한 영상으로 다음 내용을 분석하였다.

- » 몸에 대한 x축과 y축의 위치
- » 좌우 또는 회전 대칭인 그래프에 대한 대칭 또는 비대칭 제스처
- » 대칭 제스처에서, 위에서 시작해서 아래로 움직여야 하는지 그렇지 않으면 그 반대인지(또는 중앙에서 시작해서 바깥쪽으로 움직여야 하는지 그렇지 않으면 그 반대인지)
- » 제스처가 가속되는 정도 (또는 가속의 결여)
- » 제스처에서 전체 몸을 쓰는 정도
- » (사용된 경우에) 언어적 은유와 발성의 종류와 특징

비공식 시범 연구에서 얻은 영상 분석은, 한 참가자가 각 그래프에 대해 그의 몸의 좌측 또는 우측에 y축을 정렬시켜 보이는 경우를 제외하면, 대부분의 참가자들이 y축을 몸 중앙에 수직으로(척추와 평행하게) 놓았다. x축의 경우에는 허리에서부터 코 위치까지 상당한 차이가 있었다. x축의 위치가 높으면 높을수록, 몸의 움직임은 더 제한적으로 보였고, 제스처 움직임의 가속이 덜하거나 없으며, 은유 또는 발성이 거의 없었다. 반면에 x축의 위치가 낮으면 낮을수록, 몸의 움직임이 더 커졌고, 제스처의 가속/감속 변화가 심했으며, 언어적 은유와 발성의 더 많이 사용되었다.

많은 참가자들이 두 손을 동시에 움직이며 대칭적인 제스처를 사용하였는데, 이들 중 대부분은 x축을 낮게 위치시킨 참가자들이었다. 이 참가자들은 대칭성을 지닌 그래프에서 대칭성에 집중도가 언어적 표현에서 많이 보였고, 그래프를 왼쪽에서 오른쪽, 혹은 오른쪽에서 왼쪽으로 단순히 표현한 참가자들도 비슷한 패턴을 보였다.

첫 해 결과는 다음 해에 좀 더 형식적인 시범 연구로 발전되었는데, 사회 경제적 여건이 다양한 캐나다 밴쿠버 지역의 3개의 중등학교에서 8학년과 11학년의 22명의 학생과 4명의 교사가 연구에 참여하였다(Gerofsky, 2010). 이 두 그룹(13살, 16살)을 선택한 이유는 나이가 어린 그룹은 함수의 그래프에 관한 경험이 거의 없고, 나이가 많은 그룹은 이 주제에 관해 1년간의 강도 높은 과정을 이수하였기 때문이다. 나는 나이가 어린 그룹과 경험이 많은 그룹의 그래프에 대한 제스처 차이를 알고 싶었다. 또한 교사들이 학생들과 제스처의 차이가 있는지 혹은 학생들이 교사의 제스처를 따

라할지도 관심사였다. 성, 문화적 배경, 사회경제적 지위, 학교에서 수학 수업에 대한 관심이나 성공 여부가 다양했던 관계로 저자는 교사들에게 자발적 참여자들 중에서 보다 다양한 그룹의 학생들을 연구 참여자로 추천해 주기를 청했다.

두 번째 시범 연구를 위해서, 저자는 연구의 시작점에서 가장 흥미로운 결과를 나타내었던 5개(총 17개 중) 그래프만 포함시킨 자료를 인쇄하였다. 연구 초기의 데이터와 비슷하게, 삼각대에 설치된 카메라 앞에서 참가자들은 그래프의 모양을 제스처화 하였다. 그러나 이번에는 각각의 그래프를 3번에 걸쳐 제스처화 하도록 하였고, 3번째는 말을 하지 않도록 하였다. (처음 두 번의 제스처에서 참가자들은 원한다면 은유와 음성을 사용하여 말을 할 수 있었는데, 함수의 그래프에 대한 전문적인 용어는 사용하지 않도록 요구하였다. 이는 제스처를 방해하는 경향이 있었기 때문이다.)

제 2차년도 시범연구에서, 저자는 학교를 2번 방문하였다. 처음 방문에서, 저자는 학생들과 교사들이 그래프를 제스처화 하는 것을 비디오 녹화하였다. 한 주가 지난 두 번째 방문에서는, 지난 주에 찍은 각 참가자의 비디오를 돌려보면서 참가자들이 스스로의 제스처를 어떻게 느끼는지 인터뷰하였다. 참가자들이 스스로의 제스처에 대한 성질을 비디오를 보기 전과 보는 중에 알 수 있는지, 그리고 자기 반성적 분석을 통해 사람들이 그래프에 대한 제스처를 다르게 하는 이유를 밝혀줄 수 있을지 관심이 있었다.

제 2년차년도 연구 문제는 다음을 포함하였다.

(1) 좌표평면에 있는 그래프의 모양을 제스처화 할 때, 사람들은 x축을 자기 몸의 어디에 위치시키는가? 그들이 제스처를 기억한다면, x축을 자기 몸의 어디에 위치시키는지 의식적으로 알고 있는가? 참가자들은 자신들의 위치를 어떤 식으로 설명하는가?
(2) 그래프를 나타내는 사람들의 유도된 제스처에 특별한 **속성**이 존재하는가? (예를 들어, 대칭적/비대칭적, 한 손가락/양손, 빠름/느림, 큼/작음, 소리의 동반 여부 등등) 이러한 제스처에서 동시에 발견되는 속성이 있는가? 그렇다면 그것은 어떻게 설명되는가?
(3) 초보 학습자, 경험 있는 학습자, 교사는 그래프의 제스처에 있어 차이를 보이는가? 학습자와 교사가 그래프를 제스처화 하는 방법에 있어 모방과 전이가 존재하는가?

제 2차년도 시범연구 결과는 제 1차년도의 비공식 시범연구에서 직관적으로만 얻었던 통찰을 심화시켰다. 2차년도 연구는 명료화, 형식화, 이론화를 통해 "초기의 직관적 예감들을 유지하고 발전시키는데" 기여하였으며, 그 결과들이 수학교육과 제스처 이론학계에서 발표되고, 검증되고, 면밀한 조사를 받을수 있도록 해주었다.

학생들과 교사들을 관찰한 결과, 제 1차년도에 관찰되었던 것과 비슷하게 x축을 매우 높거나 혹은 매우 낮은 곳에 위치시키는 등 두 가지 패턴을 볼 수 있었고, 두 축의 위치와 관련된 제스처의 특징도 두 가지 경우로 구별되었다.

예상했던 대로, 교사들은 그들의 수업 기교의 일환으로써 제스처를 심사숙고하여 사용하는 만큼 그들이 사용한 제스처의 특성을 의식적으로 인지하고 있었다. 반면에, 학생들 대부분은 그들의 몸의 어느 위치에 x축을 놓았는지 기억하지 못하였고, 비디오에 녹화된 그들의 제스처를 본 후에도 많은 학생들은 그들이 매우 높거나 낮은 곳에 x축을 위치시킨 것에 놀라기도 하였다.

하지만, 흥미롭게도 그들이 어디에 x축을 위치시켰는지를 확인한 후, 학생들은 왜 그곳에 x축을 놓았는지 쉽게 설명할 수 있었다. 코와 목과 같이 높은 곳에 x축을 위치시킨 학생의 경우에는, 그래프를 볼 수 있기를 원했다고 대답하였고, 가슴, 허리, 엉덩이와 같이 낮은 위치에 x축을 놓았던 학생들은 그래프를 쉽게 손으로 움직일 수 있는 느낌을 원했다고 대답하였다. x축을 낮은 위치에 놓았던 학생들 중에는 그래프가 파도나, 스키 언덕, 혹은 롤러코스터인 것 마냥, "그래프를 탄다"라는 표현을 쓰기도 하였다.

원점을 어디에 위치시켰고 왜 그곳에 위치시켰는지에 대한 질문에, 몇몇 학생들은 즉각적으로 확신에 차서, "그곳이 나의 중심이에요!"라고 대답하였다. 이러한 대답은 원점이 심장, 배꼽, 혹은 목 위치에 놓인 경우에 나타났다. 흥미로운 점은, 원점이 개인의 중심 혹은 근원으로 인식되고, 학생들이 사분면의 원점을 자기 자신의 중심과 관련지어 생각하고 있는 모습을 자주 보였다는 것이다.

Ferdinanda Arzarello의 제안을 받아들여 실행한 후속 비디오 분석에서는, x축을 높게 위치시킨 학생들이 그들의 제스처를 눈으로 살피기도 하였다는 것이 밝혀졌다. 그들은 (연필처럼) 한 손가락으로 제스처를 하였는데, 이 동작은 작으면서도 (심지어 팔의 길이가 되는 몸짓이어도) 매우 잘 통제되었다. x축을 낮게 위치시킨 학생들은 그들의 동작을 눈으로 살피지 않았다. 그들은 두 손을 동시에 사용하는 것과 같은 훨씬 큰 동작을 사용하였다. Kathryn Ricketts의 제안을 받아들여 더 살펴본 결과, 참가자들이 그들의 척추와 몸의 중심을 사용한다는 것에 주목하였고, 수직(아래에서 위) 혹은 수평(왼쪽에서 오른쪽)적인 움직임으로 몸의 중심에서 벗어난다는 것을 알아냈다. 반대로, x축을 위에 위치시킨 학생의 경우 척추나 몸의 중심을 사용하지 않았으며, 대부분 한 손과 팔, 눈만 움직이며 거의 가만히 있는 행동을 보였다. 이러한 관찰은 x축을 몸의 어느 위치에 놓느냐와 관련된 제스처와 움직임의 이분화를 보여주는 다음 문구들로 요약될 수 있다.

» 그래프를 "시야가 닿는 범위 안에" 놓기 혹은 "손에 닿는 범위 안에" 놓기
» "그래프를 보기" 혹은 "그래프를 의인화 하기"

제 2차년도 시범 연구에 관여했던 4명의 교사 중 한 명이 관찰 1일차의 마지막에 저자에게 어떤 학생이 수학 개념을 완전히 이해하며, 정확하고 창의적으로 배우는 "상위" 학생인지, 어떤 학생이 "보통" 학생인지, 어떤 학생이 공부는 열심히 하지만 깊은 이해보다는 단순 암기에 의존하는지,

어떤 학생이 수학 시험에 통과를 못할 것인지, 어떤 학생이 수학을 이해하지 못하고 좋아하지 않는지 이 연구를 통해 알 수 있느냐고 물었다. 저자는 각 학생들이 5개의 그래프를 몸으로 표현한 5분짜리 비디오들을 보는 것만으로도 그녀가 질문한 종류의 학생들을 모두 정확히 맞출 수 있었다. 다른 3명의 교사들과도 비슷한 실험을 해 보았는데, 1명(좌우 대칭성이 있는 모든 그래프의 한쪽 면만을 계속해서 제스처 한 학생)의 경우를 제외하고는 모두 교사의 평가와 같은 결과를 얻었다.

학생들을 평가하는데 있어 다음과 같은 관찰에 기반하였는데, 당시에는 관찰과 평가의 이러한 관계를 명확히 설명하기 힘들었다. 스스로 "그래프가 되었던" 학생의 경우에는 그래프의 모양에 좀 더 적극적이고 내면적으로 참여하였다고 볼 수 있는 반면에, "그래프를 몸에서 떨어진 위치에 놓고" 조심스럽게 손가락 끝으로만 제스처 한 학생의 경우에는 수학 자체와 거리를 두면서 본인과 최대한 멀리 위치시키고, 수학에 최소한으로 참여하고 있었다고 볼 수 있다. 수학적 이해의 발전에 관해서는, 제 2차년도의 시범 연구와 그 이후 연구 사이에 깨달음(noticing)과 관련한 변화가 있었다. 짧게 요약하자면, 척추나 몸의 중심을 사용하여 내면적으로 그래프 활동에 임한 학생들의 경우는 필연적으로 (극값, 기울기, 불연속성 등) 그래프의 중요한 특성들을 깨닫게 되는 현상이 있었다. 그래프를 적극적으로 사용하지 않은 학생들의 경우에는 이러한 특성들을 깨닫는 것이 낮은 강도 혹은 최소한으로 이루어졌고, 어떤 경우는 전혀 인식하지 못하였다. 이러한 종류의 깨달음(noticing)이 패턴과 관계를 인식하는 기저를 이루게 되므로, "깨달음(noticing)"을 강화시키는 참여는 수학적 관계의 인식 또한 강화시킬 것이다 (따라서 이는 교수법적 관행들에 함의하는 바가 있다).

스스로 "그래프가 되었던" 학생들은 그래프 모양을 묘사하기 위해 다양한 언어적 은유나 발성법을 쉽게 사용하였다. 이 학생들은 그래프를 이해하기 시작하는데, 풍부한 은유적, 상상적 언어를 사용하였다. 그와 대조적으로, "그래프를 보는" 것에 대해 이야기하였던 학생들은 대부분 그래프 위 점들의 수치적 좌표를 언어화하였고, 상상적 혹은 은유적 참여 없이 오로지 기술적인 묘사만을 하는 것으로 보였다. 이러한 관찰에 기반하여, 저자는 "그래프가 되었던" 학생들이 상위 학생들이고, "그래프를 보았던" 학생들이 수학적 의미, 관계, 개념을 이해하기 어려워하는 보통 학생들이라는 것을 정확하게 추측할 수 있었다.

소수의 학생들은 그래프 모양을 제스처로 나타내기를 매우 주저하였는데, 이들은 계속해서 그래프 모양이 적힌 카드를 쳐다보았고, 제스처를 할 때에도 완전히 끝맺음 없이 그 제스처를 반복하였다. 이러한 학생들은 시각화 수준에서도 무엇에 초점을 맞춰야 할지 불확실해 보였고, 그래프 안에서 어떤 것들이 두드러진 특징이 되는지 모르는 것처럼 보였다. 이러한 학생들은 대개 그래프 모양마다 하나의 은유를 찾아, 그것에 기반하여 제스처를 만들곤 하였다. 이 학생들은, "그래프가 되었던" 학생들과는 다르게, 풍부한 은유를 생성해 내지 못하였고, 그래프 묘사에 대한 근거로 부정확한, 특정 은유에 집착하는 모습을 보였다. 예를 들어, 한 학생은 비대칭성의 4차함수를 보았을 때, 한참을 망설이더니, "W모양"을 작은 소리로 속삭이고, 곧이어 대칭적이고 뾰족한 끝을 가진 W모양의 제스처를 3번 연속으로 보여주었다. 이런 식으로 저자는 그래프에서 무엇이 두드러진 특징인지 구분을 못하는 학생들이 수학 수업에서 낙제할 가능성이 높은 학생이라고 정확하게 추측할 수 있었다.

제 3차년도 연구 방향 결정

이쯤해서 저자는 그래프 & 제스처 프로젝트를 통해서 생각하게 된 가설이었던 "**직접 그래프가 되는** 제스처를 보여준 학습자들이 **그래프를 보는** 제스처만 보여준 학생들 보다 어떤 면에서 '더 나은' 수학학습자이다"를 탐구하고 정식으로 시험해 볼지에 대한 결정을 내려야 한다는 것을 깨달았다. 그러한 연구는 비형식적이면서도 우연한 기회에 얻게 된 좋은 관찰 결과에 엄격한 방법론을 적용하면 가치있는 연구가 될 것이고 수년 내에 구체적인 연구를 시작할 계획이다. 이러한 방향의 연구에는 확실한 장점이 있는데, 이는 새로운 형식의 교수법을 위한 기초적 증거를 확보하는 것과, 그래프를 그리는 것과 같은 수학적 주제에 대한 학생 참여와 접근법을 이해하는 방법을 포함한다. 잠재적으로 새로운 지식을 생성해낼 수도 있겠지만, 이러한 연구는 설계 자체에 내재된 결점이 상당수 있다고 본다. 예를 들어, 학생들은 그래프를 제스처로 나타내는 방식의 일관성을 보이는가? 그들이 항상 같은 방식으로 제스처 하는가? "더 나은" 수학 학생이란 무엇을 의미하는가? 앞의 가설이 사실로 확인된다면, 그것이 학생들을 표준화된 평가를 하는데 (부적절하게) 사용될 것인가? (이미 몇몇 사립학교 교사들이 지원자의 그래프 제스처를 평가하는 것에 기반해 수학 입학시험을 만드는 것을 제안하며 접근해 왔다…!)

이러한 주제로 연구를 바로 시작하는 것보다, 저자는 (관련 되었지만) 다른 연구 결정을 내리기로 하였다. 이는 초등 고학년과 중등 수준의 수학 교실을 대상으로, 학습자들이 함수의 특성을 배우는 데 있어 그래프와 관련된 활동에 좀 더 완전히 체화된 방식으로 참여하게끔 모든 학습자를 도울 수 있는 교수법적 요소들이 무엇인지 알아 낼 수 있는 교수법 관련 연구 설계를 이용하는 것이었다. 이 연구단계에서 교수법적 실험에 초점을 맞춘 이유는, 수학 교수와 학습에 더 접근 용이하고 차별이 접근법을 개발하기 위한 저자 개인의 열정 때문이었다. 중등학교와 고등 교육 교사로서의 본인의 이전 작업들이 이 연구 계획에 영향을 미쳤다. 저자는 학교와 지역 내에서 학생들과 함께 일하는 수학교사들에게 사려 깊게 고안된 교수법적 대안을 제시하는 것에 큰 책임감을 느낀다. 교수법적 설계 실험은, 이론적이고 실험적인 원리에 기반한 교수법적 혁신을 고안하고 시험해 볼 수 있는 기회를 주며, 이것이 저자가 제 3년부터 제 8년까지 택한 연구 경로이다.

제 3년부터 제 8년까지, 학교에서의 설계 실험

이 시기에, 저자는 Kathryn Ricketts와 같이 일하기 시작했는데, 그녀는 문학 교육자인 동시에 호평을 받는 현대 무용가이자 안무가이다. 협업을 통해 저자의 수학교육에 대한 배경지식과 신체와 움직임에서 교수법에 대한 Kathryn의 지식 및 경험이 합쳐지게 되었다. 또한 수학교육과 상호적 예술과 테크놀로지 분야에서 몇몇의 대학원생들이 연구팀에 합류하였다. 이 연구의 가정은, Gattegno의 금언인 "깨어있는 자만이 교육가능하다"(Gattegno, 1987, p. 158)에 기반을 두었다. 우리는 생생한 형상, 이야기, 은유 뿐만이 아니라, 체화적, 내면화된 제스처와 움직임, 목소리를 통해 나타나는 그래프의 수학적 성질에 대해 더 큰 관심을 가지고 모든 학생들이 함수의 그래프에 대한 인식과 이해를 증진시킬 수 있을 것이라고 가정하였다. 이러한 인식을 하고 있는 학습자와 그렇지 않은 학습자를 구분하는데 초점을 맞추기보다는, 본 연구는 전체 학생들의 인식을 수학 우등생 수준으로 끌어 올리는 것과, 이러한 교육 방식이 수학을 더 깊게 학습할 수 있도록 도울 수 있는지를 알아보는 것에 목표를 두었다.

매년, 캐나다 밴쿠버와 이태리 토리노의 공립 및 사립학교에서 서로 다른 학생 그룹을 대상으로 연구를 진행하였고, 함수의 그래프와 연관된 여러 가지 수학적 주제에 집중하였다.

제 3차년도, H학교(밴쿠버 공립 중등학교): "영재" 학생들와 2/3의 "보통" 학생들 1/3로 구성된 8학년 수학 학급. 주제: 다항식 함수와 근, 극값

제 4차년도, H학교(밴쿠버 공립 중등학교): "소극적인 수학학습자"로 구성된 9학년 수학 학급. 학생 중 많은 수가 중독, 가정 기능 장애를 겪고 있었고, 결석이 잦았음. 주제: 다항 함수와 근, 극값

제 5차년도, G학교(벤쿠버 사립 초등학교): "난독증" 학생으로 구성된 6, 7, 8학년 학급. 주제: 함수의 절댓값

제 6, 7차년도, K학교(벤쿠버 공립 중등학교): 학생 2명(10/11학년과 11/12학년), 선천적으로 앞을 못 보는 시각장애 학생 2명 교사, 시각이 있는 교사들과 점자 통역사. 주제: 함수의 평행 이동

제 8차년도, L학교(토리노 공립 상업 고등학교): 상업 고등학교에서 12학년 수학 수업(낮 시간)과 12학년 수학 성인 교육 수업(밤 시간). 두 학급 모두 후천적 시각장애인 학생을 한 명씩 포함하였다. 주제: 이차 함수와 최대 영역

모든 학급에서, 우리는 학생들과 교사들이 다소 수학 학급에서는 생소할 수 있는 큰 신체적 움

직임, 제스처, 목소리와 같은 것들을 사용하는 것을 편안하게 느낄 수 있도록 환경을 조성하였다. 이러한 편안한 맥락을 조성하는 것은 벽과 가구가 움직임에 방해가 되지 않는 공간을 마련하는 것도 포함된다. (예를 들면, 학교의 연극실, 운동실, 복도, 운동장, 혹은 가구가 모두 벽으로 재배치된 수학 교실) 우리는 시각적, 청각적, 촉각적으로 흥미로울 수 있는 도구들과 재료들을 선택하였는데, 색색의 면고무 밴드, 무거운 황동 다림 추, 긴 양초 모루 (왁스가 칠해진 줄), 단추, 탁구공, 색색의 기하학적 그림, 롤러코스터 영화를 준비하였다.

특히, 협동으로 설계된 준비 활동을 통해 학생들을 움직임에 순응시키기 위한 작업을 하였다. 이 준비 활동은 움직임에 관한 측면(코어 근육 쓰기, 균형잡기, 회전하기, 몸의 중심선 흔들기, 심박수와 호흡 올리기), 목소리(피치, 볼륨, 리듬, 보컬 음색), 연구에서 다루어질 수학적 측면(기울기, 선의 교차, 반사, 평행 이동, 최대/최소점, 점근선)을 모두 다루었다. 준비 활동은 (공 던지기와 같은) 운동이나 일상생활("거기 누가 있나?"와 동반되는 빠른 회전; "식탁보 정리하기"와 같이 "안전함"이란 단어가 동반된 수평적 제스처)에서 익숙한 움직임 은유를 사용하였다. 이러한 위협적이지 않고, 익숙한 제스처를 통해, 전체 학급은 척추, 몸의 중심, 내면을 참가시키는 움직임에 편안해하고 거침없어졌으며, 살짝 균형이 깨진 채로 움직이고, 소리를 내며, 특정 제스처 움직임과, 음성, 그리고 수학적 요소간의 일치가 이루어지게 되었다. 우리가 강사로 활동한 교수/연구 학급(8년 동안 각각 5개월간의 과정에 평균 25여명의 학생이 5-6개의 한 시간짜리 수업)에서, 불편함을 느낀 극소수의 학생들은 움직임이나 소리를 내는 활동에서 제외하였다.

준비 활동 뒤에는, 지정된 수학 주제와 관련된 그래프에서 눈에 띄는 수학적 특성들에 대한 학습자들의 인식을 향상시킬 것을 목표로 한 실험 설계에 들어갔다. 이 활동들은 개별적 혹은 집단적 움직임, 제스처, 발성과 같은 다양한 참여 외에도, 다감각적 재료(시각, 촉각, 청각)의 사용이나, 은유, 형상, 이야기를 동반하였다. 이 활동들과 재료는 학생들의 이목을 그래프의 특정한 속성에 집중시킬 수 있도록 신중하게 선택되었다. 예를 들어, 학교 H에서, 다항함수 단원 중 학생들은 차례대로, 사영된 그래프의 함수와 x축의 교점 위에 밝은 오렌지색 점을 찍었다. 그리고는 x축을 나타내기 위해 자홍색의 고무줄을 늘려서 사용하였고, 학급 전체는 동시에, 함수의 기울기와 방정식의 근을 나타내기 위해 학생들이 직접 고른 음성을 사용하면서, 그래프의 모양을 제스처로 나타내었다. 탄성있는 x축에 닿는 접촉이나 근에 도달했을 때 잠시 멈추는 움직임, 그리고 오렌지색 점이나 근을 나타내는 특별한 소리("파~")와 같은 것들이 다항 함수 그래프 곡선에서 이러한 점들이 지닌 중요성을 강조하게 도와주었다. 전체 학급이 상의 하에 오렌지색 점을 찍는 활동과 그래프의 모양을 음성화하는 활동은 학생들이 활동 내에서의 근(혹은 x절편)이 가지는 수학적 의미의 중요성이 y절편과는 다르다는 것을 구별하여 알 수 있도록 도와주었다.

학교 H에서 제3, 4차년도에 시행된 활동에서는 (제 2차년도의 시범 연구에서 "그래프가 되는" 학생들의 은유에서 착안된 접근법으로) 모든 학생들에게 그들이 직접 그래프가 "되어 보거나" 아니면 그 위를 지나갈 수 있는 풍경인 것처럼 그래프 활동에 임하도록 하였다. 이 활동에서 우리는 다항 함수나 다른 수학적 함수와 매우 유사한 모양을 지닌 풍경의 그림을 사영시켰다. 학생들은 먼저 사고 과정을 거친 뒤에 그 풍경 안으로 직접 들어가면 어떤 느낌일지, 어떤 냄새가 날지, 어떤 소리가 날지, 그 영역을 걸어 다니는 느낌이 어떨지를 상상하는 경험을 하게 되었다. 그림이 사영되었던 슬라이드는 비슷한 모양의 함수의 그래프가 있는 슬라이드로 대체되었는데, 이 그래프는 그 풍경의 영역을 나타내는 지도로서 도입되었다. 그러고 나서 또 한 번, 학생들은 그 영역을 걸어 다니는 것이 어떠한 느낌일지를 상상하고 서술하게 하였다. 깎아지른 듯한 협곡이나 갑작스러운 절벽이 존재하는가? 그 풍경은 완만히 오르는 경사를 지녔는가, 아니면 급경사인가? 학생들의 대답은 대학에서 미적분을 가르치는 강사들이 내가 녹화했던 그들의 강의에서 함수의 그래프를 묘사할 때 사용한 은유적 묘사와 유사했다(Gerofsky, 1996). 그래프가 마치 흥미롭고 신비로운 장소의 지도인 것 '마냥' 은유와 상상에 기반한 참여를 통해서, 중등학생들이 풍경으로서 그래프를 생생하게 묘사하는 것은 (기울기, 극값, 연속성/불연속성과 같은) 수학적으로 현저한 특징들을 강조하는 효과가 있었다.

난독증이 있는 학생, 소극적인 학생, 시력을 잃었거나 손상된 학생들을 연구에 참여시킨 것은, 움직임을 강화시킨 수학학습이 전형적 교실에서보다 풍부하고 다감각적인 수학 개념에 접근을 가능하게 할 것이라는 잠재성에 기반한 것이다. 매우 중요한 결과 중 하나는 (난독증, 조증, 소극적 학습태도) 교육적 문제와 장애가, 학생들이 책상과 같은 공간적 제약과 몇 시간 동안 조용하게 가만히 앉아 있어야 하는 제약을 벗어난 순간, 사라지는 것처럼 보였다는 것이다. 몸 전체를 사용한 움직임, 목소리, 은유/이야기를 통한 수학적 주제에 대한 다양한 체화적 참여를 통해, 대부분의 학생들은 수학적 실험과 질문을 시도하고 싶은 것처럼 보였다. 실험 후 평가에서는, 심지어 1년이 지난 후에 치러진 평가에서도, 학생들은 수학을 기억하고 이해하기 위한 인지적 자료로서 실험에서 사용된 제스처, 소리, 은유를, 사용하였고, 매우 정확하게 그들이 배운 것을 재구성 할 수 있었다.

그래프 교육에 있어 다중양식성과 다감각성을 연구하기 위해, 시력을 잃었거나 손상된 학생들을 실험에 참여시켰다. 이 학생들은 시각적 표상에 접근할 수 없기 때문에, 우리 연구팀은 고유 수용성 감각, 움직임, 균형, 촉각(Paterson, 2007) 등을 포함한 소리와 촉각과 같은 감각을 우리의 실험적 교수법에 동원해야했다. 시각적 손상이 있는 수학학습자들을 위해 현존하는 자료(종종 매우 드물거나 부적절하였음)의 현실을 알게 되었고 이전 연구에 기반한 새로운 자료나 접근법을 개발함으로써, 우리는 시각을 잃은 학습자를 위한 더 나은 수학교육학을 만드는 과정을 시작할 수 있었다. 이렇게 고무적이지만 동시에 완벽하지 않은 결과를 바탕으로, 우리는 시각적 손상이 있는 학생의 일반 학급 동료들, 교사들과 함께, 비시각적, 다중양식적, 다감각적 방법에 참여하여, 시각장애학생뿐만 아니라 모두가 활용할 수 있는 그래프를 이해하는 인지적 자료를 풍부하게 할 수 있었다.

그래프 & 제스처 프로젝트의 향후 연구 방향

체화적 수학학습 이론과 실제에 관한 제 3-8차년도의 연구 프로젝트에서, 몇몇 연구 질문들은 다른 질문들에 비해 더욱 깊이 있게 조사되고 연구되었다. 연구의 중심이 되었던 질문들과 향후 더욱 발전될 내용은 다음과 같다.

- » 그래프와 관련된 완전히 체화적이며 다감각적인 새로운 교수법을 발전시키고 시험하기.
- » 이러한 교수법을 통해, 시각적으로 편향되고, 앉아 있기만 하며, 참여가 거의 없는 "전형적인" 수학 교실에서 잘 배우지 못했던 학습자들을 위한 체화적 앎의 방법을 통한, 수학의 민주적 접근을 확대하기. 이러한 학습자들에는 난독증이 있거나, 조증이 있고, 집중력이 부족하며, 소극적이고, 시력이 약한 학생들을 포함될 수 있다. 수학에 접근이 막혀 있던 다른 그룹의 학생들을 포함시킬 수 있도록 향후 실험의 확대가 가능하다.

제 1, 2차년도의 시범 연구에서 도입되었지만 아직 실행되지 않은 연구 질문은 다음과 같다.

- » 대칭적 움직임, 몸의 중심선을 넘나드는 움직임, 위에서 밑으로 혹은 밑에서 위로의 움직임과 같이, 그래프 제스처에 있어 움직임의 다른 측면들의 잠재적 중요성을 고려하기.
- » 학생들이 만들어 내는 그래프에 관한 은유와 이야기 한 두개에 집중하기보다 학생 생각의 다양성이 갖는 잠재성을 고려하기.
- » 손가락과 손에 제한된 팔 길이 정도의 제스처를 할 때보다, 몸의 중심선을 지나가고 균형을 잃게 할 만큼 척추, 코어 근육, 그리고 내장을 동반한 제스처 움직임이, 현저한 수학적 특성에 학생들이 더 강하게 집중하게 할 수 있을 것이라는 비형식적으로 검증된 가설을 더 엄격하게 검증하기.

추가적으로 가능한 연구 방향은 다음과 같다.

지금까지, 함수의 그래프와 관련된 여러 가지 주제가 우리 연구팀 실험의 중심이 되어 왔다. 초등, 중등, 대학 수준에 이르기까지 다양한 수학적 주제를 다루는 것이, 체화적 수학의 교수법을 발전시킬 수 있는 완전한 연구 프로그램을 만드는 것에 도움이 될 것이다. 우리 연구 팀은 촉각형 인터페이스와 움직임을 감지하는 게임 기술(the Kinect)을 사용하여 컴퓨터 기반의 테크놀로지를 만드는 실험을 해왔고, 체화적 수학과 컴퓨터 인터페이스를 합치는 방법으로 실내 자전거의 모니터를 프로그래밍 하는 것과 관련된 실험도 해 왔다. 이처럼 테크놀로지를 활용한 연구가 향후 이루어 질 수 있을 것이다.

그래프 & 제스처 프로젝트에서 얻음 통찰력과 수학, 문화, 예술, 교육 분야의 더욱 광범위한 주제들을 통합하는 이론적 접근법이 발전 중에 있다(예를 들면, Gerofsky, 2009, 20llc, 2013; Nicol & Gerofsky, 2009). 이 분야는 물론 추가적인 연구가 더욱 필요하고, 이러한 이론을 발전시키는 것은 수학 교수와 학습의 관행에 새로운 접근법을 제시해 줄 것이다.

결론

이 장에서는 수학과 수학교육에서 체화와 비체화에 관한 문제의 기저에 놓인 여러 철학적인 이슈들을 논하였다. 특히 역사상 체화에 관한 학문적, 사회적 관심이 높아진 현재 시점에 대한 성찰에 관해서는 McLuhan의 문화와 테크놀로지 이론을 확장, 해석하여 설명하였다. 체화적 수학교육에서 학문적으로 이루어진 최근 연구(여러 학문 분야의 이론적 바탕을 포함)의 "동향"은, 본질적으로 다른 종류의 연구들이 매우 활발하게 성장하는 것에 기여하였고, 이러한 다양한 접근법을 이 장에서 요약하고 예시를 제공하였다.

마지막으로, 다년간에 걸친 저자의 그래프 & 제스처 프로젝트를 예로 들면서, 체화적 앎의 방법을 통한 수학학습에 민주적 접근성에 관한 연구 프로그램을 발전시키는 것에 관심있는 연구자들이 참고할 만한 연구 궤적도 공유하였다. 이 글을 통해, 이 분야에 생소한 연구자들이 빠르게 성장 중인 체화적 수학 연구를 이해하고, 관련 연구를 진행하는데 큰 용기를 얻었으면 하는 바람이다.

참고문헌

Abelson, H. & diSessa, A. (1986). *Turtle Geometry: The computer as a medium for exploring mathematics.* Cambridge, MA: MIT Press.

Abrahamson, D. (2004). Embodied spatial articulation: A gesture perspective on student negotiation between kinesthetic schemas and epistemic forms in learning mathematics. In *Proceedings of the Twenty Sixth Annual Meeting of the North American Chapter of the International Group for the Psychology of Mathematics Education* (Vol. 2, pp. 791–797). Windsor, Ontario: Preney.

Abrahamson, D. (2007, June). From gesture to design: Building cognitively ergonomic learning tools. In *Proceedings of the annual meeting of the International Society for Gesture Studies* (pp. 18–21). Evanston, IL: Northwestern University.

Abrahamson, D. (2009). Embodied design: Constructing means for constructing meaning. *Educational Studies in Mathematics, 70*(1), 27–47.

Abrahamson, D. (2010). A tempest in a teapot is but a drop in the ocean: Action-objects in analogical mathematical reasoning. In K. Gomez, L. Lyons, & J. Radinsky (Eds.), *Learning in the disciplines: Proceedings of the 9th International Conference of the Learning Sciences* (Vol. 1, pp. 492–499). Chicago: University of Illinois, ISLS.

Alibali, M.W., & Nathan, M.J. (2012). Embodiment in mathematics teaching and learning: Evidence from learners' and teachers' gestures. *Journal of the Learning Sciences, 21*(2), 247–286.

Alibali, M.W., Nathan, M.J., Wolfgram, M.S., Church, R.B., Jacobs, S.A., Johnson Martinez, C., & Knuth, E.J. (2014). How teachers link ideas in mathematics instruction using speech and gesture: A corpus analysis. *Cognition and Instruction, 32*(1), 65–100.

Alibali, M.W., Young, A.G., Crooks, N.M., Yeo, A., Wolfgram, M.S., Ledesma, I.M., Nathan, M.J., Church, R.B. & Knuth, E.J. (2013). Students learn more when their teacher has learned to gesture effectively. *Gesture, 13*(2), 210–233.

Antle, A. N., & Wang, S. (2013, February). Comparing motor-cognitive strategies for spatial problem solving with tangible and multi-touch interfaces. In *Proceedings of Tangible, Embodied and Embedded Interaction* (pp. 65–72), Barcelona, Spain: ACM Press.

Appelbaum, P. (2010). Sense and representation in elementary mathematics. *Supporting Independent Thinking Through Mathematical Education*, (pp. 10–17).

Arzarello, F., & Edwards, L. (2005). Gesture and the construction of mathematical meaning. In H.L. Chick & J.L. Vincent (Eds.), *Proceedings of the 29th Conference of the International Group for the Psychology of Mathematics Education* (Vol. 1, pp. 123–154). Melbourne: PME.

Arzarello, F., Paola, D., Robutti, O., & Sabena, C. (2009). Gestures as semiotic resources in the mathematics classroom. *Educational Studies in Mathematics, 70*(2), 97–109.

Arzarello, F., Robutti, O., & Bazzini, L. (2005). Acting is learning: focus on the construction of mathematical concepts. *Cambridge Journal of Education, 35*(1), 55–67.

Barad, K. (2003). Posthumanist performativity: Toward an understanding of how matter comes to matter. *Signs, 28*(3), 801–831.

Barsalou, L.W. (2008). Grounded cognition. *Annual Review of Psychology, 59*, 617–645.

Barsalou, L.W. (2009). Simulation, situated conceptualization, and prediction. *Philosophical Transactions of the Royal Society B, 364*(1521), 1281–1289.

Baudrillard, J. (1994). *Simulacra and simulation*. Ann Arbor: University of Michigan Press.

Bavelas, J.B. (1987). Permitting creativity in science. In D.N. Jackson & J. P. Rushton (Eds.), *Scientific excellence: Origins and assessment* (pp. 307–327). Newbury Park, CA: Sage Publications.

belcastro, s.-m. & Yackel, C. (Eds.) (2008). *Making mathematics with needlework*. Wellesley, MA: A. K. Peters.

belcastro, s.-m. & Yackel, C. (Eds.) (2011). *Crafting by concepts*. Wellesley, MA: A. K. Peters.

Bergson, H. (2004). *Matter and memory*. Mineola, NY: Courier Dover Publications.

Boorstin, J. (1990). *The Hollywood eye: What makes movies work*. New York: Harper Collins.

Borba, M., & Villarreal, M. E. (2005). *Humans-with-media and the reorganization of mathematical thinking*. New York: Springer.

Bordo, S. (2003). *Unbearable weight: Feminism, Western culture, and the body*. Berkeley: University of California Press.

Butler, J. (1993). *Bodies that matter: On the discursive limits of "sex."* New York: Routledge.

Butler, J. (2010). Performative agency. *Journal of Cultural Economy, 3*(2), 147–161.

Castelnuovo, E., & Gori-Giorgio, C. (1976). La géometrie projective à l'école. *Educational Studies in Mathematics 7*, 443–463.

Chomsky, N. (1993). A minimalist program for linguistic theory. In K.L. Hale & S.J. Keyser, (Eds.) *The view from Building 20: Essays in linguistics in honor of Sylvain Bromberger* (pp. 1–52). Cambridge, MA: MIT Press.

Cienki, A. & Müller, C. (Eds.). (2008). *Metaphor and gesture*. Amsterdam: John Benjamins.

Conquergood, D. (2002). Performance studies: Interventions and radical research. *TDR/The Drama Review, 46*(2), 145–146.

Csordas, T.J. (Ed.). (1994). *Embodiment and experience: The existential ground of culture and self*. Cambridge, UK: Cambridge University Press.

Decety, J., & Grèzes, J. (2006). The power of simulation: Imagining one's own and other's behavior. *Brain Research, 1079*, 4–14.

De Freitas, E. (2008). Mathematics and its other: (Dis)locating the feminine. *Gender and Education 20*(3), 281–290.

De Freitas, E. (2010). Making mathematics public: Aesthetics as the distribution of the sensible. *Educational Insights, 13*(1).

De Freitas, E., & Sinclair, N. (2012). Diagram, gesture, agency: Theorizing embodiment in the mathematics classroom. *Educational Studies in Mathematics, 80*(1–2), 133–152.

De Freitas, E., & Sinclair, N. (2013). New materialist ontologies in mathematics education: The body in/of mathematics. *Educational Studies in Mathematics, 83*(3), 453–470.

De Freitas, E. & Sinclair, N. (2014). *Mathematics and the body: Material entanglements in the classroom*. Cambridge, UK: Cambridge University Press.

Dehaene, S. (1999). *The number sense: How the mind creates mathematics.* Oxford: Oxford University Press.

Deleuze, G. (1987). *A thousand plateaus: Capitalism and schizophrenia.* Minneapolis: University of Minnesota Press.

Denzin, N. K. (2003). *Performance ethnography: Critical pedagogy and the politics of culture.* Thousand Oaks, CA: Sage Publications.

Denzin, N. K. (2006a). The politics and ethics of performance pedagogy: Toward a pedagogy of hope. In D. S. Madison & J. Hamera, (Eds.) *The Sage Handbook of Performance Studies* (pp. 325–338). Thousand Oaks, CA: Sage Publications.

Denzin, N.K. (2006b). Pedagogy, performance, and autoethnography. *Text and Performance Quarterly, 26*(4), 333–338.

Descartes, R. (1641). *Meditations on first philosophy.* (J. Cottingham, Trans./Ed.) Cambridge: Cambridge University Press, 1996.

Devlin, K. (2006). *The math instinct.* New York: Basic Books.

Dienes, Z.P. (1963). On the learning of mathematics. *The Arithmetic Teacher 10*(3), 115–126.

Dissanayake, E. (1995). *Homo aestheticus: Where art comes from and why.* Seattle: University of Washington Press.

Edwards, L.D. (2003, April). A natural history of mathematical gesture. In *Proceedings of the American Educational Research Association Annual Conference*, Chicago.

Edwards, L.D. (2009). Gestures and conceptual integration in mathematical talk. *Educational Studies in Mathematics, 70*(2), 127–141.

Edwards, L., & Moore-Russo, D. (2012, July). Embodiment, gesture and multimodality in mathematics. In *Proceedings of the 36th Conference of the International Group for the Psychology of Mathematics Education* (p. 161).

Euclid. (1956). *The thirteen books of the Elements* (Vol. 1, T. L. Heath, Trans.). Mineola, NY: Dover.

Fernandes, S.H.A.A, & Healy, L. (2010). Embodied mathematics: Relationships between doing and imagining in the activities of a blind learner. In M.M.F Pinto & T.F. Kawasaki (Eds.), *Proceedings of the 34th Conference of the International Group for the Psychology of Mathematics Education* (Vol. 2, pp. 345–352). Belo Horizonte, Brazil: PME.

Ferrara, F. (2006, July). Remembering and imagining: Moving back and forth between motion and its representation. In *Proceedings of the 30th Conference of the International Group for the Psychology of Mathematics Education* (Vol. 3, pp. 65–72).

Ferrara, F. (2013). How multimodality works in mathematical activity: Young children graphing motion. *International Journal of Science and Mathematics Education, 12*, 917–939.

Ferrara, F., & Nemirovsky, R.(2005). Connecting talk, gesture, and eye motion for the microanalysis of mathematics learning. *29th Conference of the International Group for the Psychology of Mathematics Education* (Vol. 1, pp. 137–142). Melbourne, Australia.

Foucault, M. (1977). *Discipline and punish.* Toronto: Random House.

Francaviglia, M., & Servidio, R. (2011). Gesture as a cognitive support to solve mathematical problems. *Psychology, 2*, 91.

Frant, J.B., Acevedo, J.I., & Font, V. (2005). Metaphors in mathematics classrooms: Analysing the dynamic process of teaching and learning graph functions. In *Proceedings of the Fourth Congress of the European Society for Research in Mathematics Education* (pp. 82–91).

Frege, G. (1980). *The foundations of arithmetic.* (J. L. Austin, Trans.). Chicago: Northwestern University Press.

Frye, N. (1980). *Creation and recreation.* Toronto: University of Toronto Press.

Gadanidis, G., & Borba, M. (2008). Our lives as performance mathematicians. *For the Learning of Mathematics 28*(1), 44–51.

Gadanidis, G., Hughes, J., & Borba, M.C. (2008). Students as performance mathematicians. *Mathematics Teaching in the Middle School, 14*(3), 168–175.

Gallese, V., & Lakoff, G. (2005). The brain's concepts: The role of the sensory-motor system in conceptual knowledge. *Cognitive Neuropsychology, 22*, 455–479.

Gattegno, C. (1987). *The science of education.* New York: Educational Solutions.

Gerofsky, S. (1996). Selling mathematics: The language of persuasion in an introductory calculus course. In *Proceedings of the 1996 Meeting: Psychology of Mathematics Education* (pp. 409–417). Valencia, Spain.

Gerofsky, S. (2007). Performance space & time. In Gadanidis, G. & Hoogland, C. (Eds.), *Digital Mathematical Performance*. Proceedings of a Fields Institute Symposium, Faculty of Education, University of Western Ontario.

Gerofsky, S. (2008). Gesture as diagnosis & intervention in the pedagogy of graphing: Pilot studies & next steps. In *International Group for the Psychology of Mathematics Education: Proceedings of the Joint Meeting of PME 32 and PME-NA XXX* (pp. 17–21).

Gerofsky, S. (2009). Performance mathematics and democracy. *Educational Insights, 13*(1). Special issue, "Performing the Sign." Retrieved from www.ccfi.educ.ubc.ca/publication/insights/v13n01/toc.html (January 2015).

Gerofsky, S. (2010). Mathematical learning and gesture: Character viewpoint and observer viewpoint in students' gestured graphs of functions. *Gesture, 10 (2–3)*, 322–344.

Gerofsky, S. (2011a). Seeing the graph vs. being the graph. *Integrating Gestures: The Interdisciplinary Nature of Gesture, 4*, 245–256.

Gerofsky, S. (2011b). "Without emotion, there is nothing left but burden": Teaching mathematics through Heathcote's improvisational drama. In R. Sarhangi & C. Sequin (Eds.), *Proceedings of Bridges 2011 Coimbra: Mathematics, Music, Art, Architecture, Culture* (pp. 329–337). University of Coimbra, Portugal.

Gerofsky, S. (2011c). Ancestral genres of mathematical graphs. *For the Learning of Mathematics, 31*(1), 14–19.

Gerofsky, S. (2013). Learning mathematics through dance. In G.W. Hart & R. Sarhangi (Eds.), *Proceedings of Bridges 2013 Eschede, NL: Mathematics, Music, Art, Architecture, Culture* (pp. 337–344). Enschede, NL: Saxon University.

Gerofsky, S., Savage, M. & Maclean, K. (2009). 'Being the graph': Using haptic and kinesthetic interfaces to engage students learning about functions. In Bardini, C. & Fortin, P. (Eds.) *Proceedings of ICTMT 9: The Ninth International Conference on Technology in Mathematics Teaching*, Université de Metz, Metz, France.

Gerofsky, S., Sinclair, N. & Davis, B. (2003). Mathematics and the arts. In B. Davis and E. Simmt (Eds.) *Proceedings of the 2002 Meeting of the Canadian Mathematics Education Study Group*.

Givry, D., & Roth, W.M. (2006). Toward a new conception of conceptions: Interplay of talk, gestures, and structures in the setting. *Journal of Research in Science Teaching, 43*(10), 1086–1109.

Gödel, K. (1992). *On formally undecidable propositions of Principia Mathematica and related systems*. Mineola, NY: Dover.

Goldin-Meadow, S. (2003). *Resilience of language: How gesture creation in deaf students can tell us how all children learn language*. New York: Taylor & Francis.

Goldin-Meadow, S. (2005). *Hearing gesture: How our hands help us think*. Cambridge, MA: Harvard University Press.

Goldin-Meadow, S. (2014). How gesture works to change our minds. *Trends in Neuroscience and Education, 3*(1), 4–6.

Goldin-Meadow, S., Nusbaum, H., Kelly, S.D., & Wagner, S. (2001). Explaining math: Gesturing lightens the load. *Psychological Science, 12*(6), 516–522.

Grossberg, L., Nelson, C. & Treichler, P.A. (Eds.) (1992). *Cultural studies*. New York: Routledge.

Grosz, E. (1994). *Volatile bodies: Toward a corporeal feminism*. Sydney: Allen & Unwin.

Hall, S. (1993). What is this "black" in black popular culture? *Social Justice, 20*(1–2), 104–114.

Haraway, D. (1987). A manifesto for cyborgs: Science, technology, and socialist feminism in the 1980s. *Australian Feminist Studies, 2*(4), 1–42.

Haraway, D. (1999). The biopolitics of postmodern bodies: Determinations of self in immune system discourse. *Feminist theory and the body: A reader, 1*(1), 203.

Havelock, E. (1982). *Preface to Plato*. Cambridge, MA: Harvard University Press.

Healy, L. & Fernandes, S.H.A.A. (2011). The role of gestures in the mathematical practices of those who do not see with their eyes. *Educational Studies in Mathematics, 77*, 157–174.

Healy, L., Fernandes, S.H.A.A., & do Rosário, C.N.S. (2008). The role of gestures in the mathematical practices of blind learners. In *Proceedings of the 32nd conference of the international group for the psychology of mathematics education* (Vol. 3, pp. 137–144). Morelia, Mexico.

Healy, L. & Kynigos, C. (2010). Charting the microworld territory over time: Design and construction in mathematics education. *ZDM—The International Journal on Mathematics Education, 42*, 63–76.

Hegedus, S.J. & Moreno-Armella, L. (2011). The emergence of mathematical structures. *Educational*

Studies in Mathematics 77(2–3), 369–388.

Heidegger, M. (1962). *Being and time.* (J. Macquarrie and E. Robinson, Trans.). Oxford: Blackwell.

Holbert, N. R., & Wilensky, U. (2012). Designing video games that encourage players to integrate formal representations with informal play. In *Proceedings of the10th International Conference of the Learning Sciences: The Future of Learning, ICLS 2012.* Vol. 1, pp. 119–126. Sydney, Australia.

Innis, H.A. (2008). *The bias of communication.* Toronto: University of Toronto Press.

Jackiw, N., & Sinclair, N. (2009). Sounds and pictures: Dynamism and dualism in dynamic geometry. *ZDM—The International Journal on Mathematics Education, 41*, 413–426.

Johnson, M. (1990). *The body in the mind.* Chicago: University of Chicago Press.

Johnson, M. (2008). *The meaning of the body: Aesthetics of human understanding.* Chicago: University of Chicago Press.

Kaput, J. J. (1994). The representational roles of technology in connecting mathematics with authentic experience. In R. Biehler (Ed.), *Didactics of mathematics as a scientific discipline* (pp. 379–397). Berlin: Springer.

Keller, E.F. (1983). *A feeling for the organism.* New York: W.H. Freeman & Company.

Kendon, A. (2004). *Gesture: Visible action as utterance.* Cambridge: Cambridge University Press.

Kita, S. (2000). How representational gestures help speaking. In D. McNeill (Ed.), *Language and gesture* (pp. 162–185). Cambridge: Cambridge University Press.

Kristeva, J. (2002). *The portable Kristeva.* New York: Columbia University Press.

Kroker, A., & Kroker, M.L. (1987). *Body invaders.* Victoria, BC: New World Perspectives.

Lacan, J. (1966). *Écrits.* Paris: Le Seuil.

Lakoff, G. (1990). *Women, fire and dangerous things.* Chicago: University of Chicago Press.

Lakoff, G. & Johnson, M. (1999). *Philosophy in the flesh: The embodied mind and its challenge to Western thought.* New York: Basic Books.

Lakoff, G. & Johnson, M. (2003). *Metaphors we live by.* Chicago: University of Chicago Press.

Lakoff, G. & Núñez, R. (2000). *Where mathematics comes from.* New York: Basic Books.

Latour, B. (2007). Can we get our materialism back, please? *Isis, 98*(1), 138–142.

Latour, B. (2009). A collective of humans and non-humans following Daedalus's labyrinth. In *Pandora's hope: Essays on the reality of science studies* (pp. 174–215). Cambridge, MA: Harvard University Press.

Levi-Strauss, C. (1969). *The raw and the cooked.* (J. Weightman & D. Weightman, Trans.) London: Jonathan Cape.

Lewis, T.E., & Kahn, R. (2010). *Education out of bounds: Reimagining cultural studies for a posthuman age.* New York: Palgrave Macmillan.

Lindgren, R., & Johnson-Glenberg, M. (2013). Emboldened by embodiment: Six precepts for research on embodied learning and mixed reality. *Educational Researcher 42*(8), 445–452.

Lyotard, J.F. (1984). *The postmodern condition: A report on knowledge.* (G. Bennington & B. Massumi, Trans.) Minneapolis: University of Minnesota Press.

MacLure, M. (2013). Researching without representation? Language and materiality in post-qualitative methodology. *International Journal of Qualitative Studies in Education, 26*(6), 658–667.

Massumi, B. (2002). *Parables for the virtual: Movement, affect, sensation.* Durham, NC: Duke University Press.

Mauss, M. (1954). *The gift.* (I. G. Cunnison, Trans.). London: Cohen & West.

McCafferty, S.G., & Stam, G.A. (Eds.). (2008). *Gesture: Second language acquisition and classroom research.* Abingdon, UK: Taylor & Francis.

McLuhan, E., & Zingrone, F. (Eds.). (1995). *Essential McLuhan.* Toronto: House of Anansi.

McLuhan, M. (1962). *The Gutenberg galaxy: The making of typographic man.* Toronto: University of Toronto Press.

McLuhan, M. (1964). *Understanding media: The extensions of man.* Cambridge MA: MIT Press, 1994.

McLuhan, M. (1967). *1967 McLuhan television interview.* Retrieved from www.youtube.com/watch?v=OMEC_HqWlBY (December 2013).

McLuhan, M. (1974). At the moment of Sputnik the planet became a global theater in which there are no spectators but only actors. *Journal of Communication, 24*(1), 48–58.

McLuhan, M. (2010). *Understanding me: Lectures and interviews.* (S. McLuhan & D. Staines, Eds.) New York: Random House.

McLuhan, M., & McLuhan, E. (1988). *Laws of media: The new science*. Toronto: University of Toronto Press.

McNeill, D. (1992). *Hand and mind: What gestures reveal about thought*. Chicago: University of Chicago Press.

McNeill, D. (Ed.) (2000). *Language and gesture*. Cambridge: Cambridge University Press.

McNeill, D. (2008). *Gesture and thought*. Chicago: University of Chicago Press.

Mendick, H. (2004). A mathematician goes to the movies. *Research Into Learning Mathematics*, pp. 43–48.

Merleau-Ponty, M. (1945). *Phenomenology of perception*. London: Routledge & Kegan Paul, 1962.

Morgan, C., & Alshwaikh, J. (2008). Imag(in)ing three-dimensional movement with gesture: 'Playing turtle' or pointing? In *Proceedings of the British Society for Research into Learning Mathematics, 28*(3), 136–141.

Müller, C. (2002). *A brief history of the origins of the ISGS*. Retrieved from www.gesturestudies.com/history.php (December 2013).

Nemirovsky, R. & Borba, M. (2003) Perceptual-motor activity and imagination in mathematics learning. In Pateman, N., Dougherty, B., & Zilliox, J. (Eds.). *Proceedings of the 27th Conference of the International Group for the Psychology of Mathematics Education held jointly with the 25th Conference of PME-NA*. Honolulu: University of Hawaii.

Nemirovsky, R., & Ferrara, F. (2009). Mathematical imagination and embodied cognition. *Educational Studies in Mathematics, 70*(2), 159–174.

Nemirovsky, R., Kelton, M.L., & Rhodehamel, B. (2012). Gesture and imagination: On the constitution and uses of phantasms. *Gesture, 12*(2), 130–165.

Nicol, C. & Gerofsky, S. (2009). Mapping multiple worlds: Imagining school mathematics beyond the grid. In Liljedahl, P., Oesterle, S. & Abu-Bakare, V. (Eds.), *Proceedings of CMESG 2009: Canadian Mathematics Education Study Group annual meeting* (pp. 111–116). Toronto: York University.

Noble, T., Nemirovsky, R., Wright, T., & Tierney, C. (2001). Experiencing change: The mathematics of change in multiple environments. *Journal for Research in Mathematics Education*, 85–108.

Núñez, R. (2004a). Do real numbers really move? Language, thought, and gesture: The embodied cognitive foundations of mathematics. *Embodied artificial intelligence* (pp. 54–73). Berlin & Heidelberg: Springer.

Núñez, R. (2004b). Embodied cognition and the nature of mathematics: Language, gesture, and abstraction. In K. Forbus, D. Gentner, & T. Regier (Eds.), *Proceedings of the 26th Annual Conference of the Cognitive Science Society* (pp. 36–37). Mahwah, NJ: Erlbaum.

Núñez, R. E. (2008). A fresh look at the foundations of mathematics: Gesture and the psychological reality of conceptual metaphor. In A. Cienki & C. Müller (Eds.), *Metaphor and gesture* (pp. 93–114). Amsterdam: John Benjamins.

Núñez, R. E., Edwards, L. D., & Matos, J. F. (1999). Embodied cognition as grounding for situatedness and context in mathematics education. *Educational Studies in Mathematics 39*, 45–65.

Papert, S. (1993). *Mindstorms*. New York: Basic Books.

Paterson, M. (2007). *The senses of touch: Haptics, affects and technologies*. New York: Berg.

Plato. (1976). *The meno*. (G.M.A. Grube, Trans.). Indianapolis, IN: Hackett Publishing.

Plato. (2004). *The republic*. (C.D.C. Reeve, Trans.). Indianapolis, IN: Hackett Publishing.

Presmeg, N. C. (1997). A semiotic framework for linking cultural practice and classroom mathematics. In J. A. Dossey, J. O. Swafford, M. Parmantie, & A. E. Dossey (Eds.), *Proceedings of the 19th Annual Meeting of the North American Chapter of the International Group for the Psychology of Mathematics Education* (Vol. 1, pp. 151–156).

Presmeg, N. (2003). Beliefs about the nature of mathematics in the bridging of everyday and school mathematical practices. In *Beliefs: A Hidden Variable in Mathematics Education?* (pp. 293–312). Amsterdam: Springer.

Presmeg, N. (2005). Metaphor and metonymy in processes of semiosis in mathematics education. In *Activity and sign* (pp. 105–115). New York: Springer US.

Presmeg, N.C. (2006). Research on visualization in learning and teaching mathematics. *Handbook of research on the psychology of mathematics education*, 205–235.

Presmeg, N. (2008). Spatial abilities research as a foundation for visualization in teaching and learning mathematics. In *Critical Issues in Mathematics Education* (pp. 83–95). New York: Springer US.

Radford, L. (2002). The seen, the spoken and the written: A semiotic approach to the problem of objectification of mathematical knowledge. *For the Learning of Mathematics, 22*(2), 14–23.

Radford, L. (2009). Why do gestures matter? Sensuous cognition and the palpability of mathematical meanings. *Educational Studies in Mathematics, 70*(2), 11–126.

Radford, L. (2010). The eye as theoretician: Seeing structures in generalizing activities. *For the Learning of Mathematics, 30*(2), 2–7.

Radford, L. (2013). Sensuous cognition. In D. Martinovic, V. Freiman, & Z. Karadag (Eds.), *Visual mathematics and cyberlearning* (pp. 141–162). Dordrecht: Springer.

Radford, L., Edwards, L., & Arzarello, F. (2009). Introduction: beyond words. *Educational Studies in Mathematics, 70*(2), 91–95.

Radford, L., & Puig, L. (2007). Syntax and meaning as sensuous, visual, historical forms of algebraic thinking. *Educational Studies in Mathematics, 66*(2), 145–164.

Rancière, J. (2004). *The politics of aesthetics: The distribution of the sensible.* (G. Rockhill, Trans.). New York: Continuum.

Robutti, O. (2006). Motion, technology, gestures in interpreting graphs. *International Journal for Technology in Mathematics Education, 13*(3), 117–125.

Robutti, O., Edwards, L., & Ferrara, F. (2012, July). Enrica's explanation: Multimodality and gesture. In *Proceedings of 36th Conference of the International Group for the Psychology of Mathematics Education* (p. 27). Taipei, Taiwan.

Roth, W. M. (2001). Gestures: Their role in teaching and learning. *Review of Educational Research, 71*(3), 365–392.

Roth. W. M. (2010). Incarnation: Radicalizing the embodiment of mathematics. *For the Learning of Mathematics, 30*(2), 8–17.

Roth, W. M., & Bowen, G. M. (1998). Decalages in talk and gesture: Visual and verbal semiotics of ecology lectures. *Linguistics and Education, 10*(3), 335–358.

Roth, W. M., & McGinn, M. K. (1998). Inscriptions: Toward a theory of representing as social practice. *Review of Educational Research, 68*(1), 35–59.

Rotman, B. (2005). Gesture in the head: mathematics and mobility. In *Proceedings of the Mathematics and Narrative Conference*. Mykonos, Greece.

Sabena, C., Radford, L., & Bardini, C. (2005). Synchronizing gestures, words and actions in pattern generalizations. In *Proceedings of the 29 PME Conference* (Vol. 4, pp. 129–136). Melbourne, Australia: University of Melbourne.

Salk, J. (1983). *Anatomy of reality: merging of intuition and reason* (Convergence series). New York: Columbia University Press.

Schechner, R. (2003). *Performance theory.* London: Routledge.

Schechner, R. (2011). *Between theater and anthropology.* Philadelphia: University of Pennsylvania Press.

Sheets-Johnstone, M. (1999). *The primacy of movement.* Amsterdam: John Benjamins.

Sinclair, N. (2001). The aesthetic is relevant. *For the Learning of Mathematics, 21*(1), 25–32.

Sinclair, N. (2009). Aesthetics as a liberating force in mathematics education? *ZDM—The International Journal on Mathematics Education, 41*(1–2), 45–60.

Sinclair, N., De Freitas, E., & Ferrara, F. (2013). Virtual encounters: The murky and furtive world of mathematical inventiveness. *ZDM—The International Journal on Mathematics Education, 45*(2), 239–252.

Sinclair, N., Pimm, D., & Higginson, W. (2006). *Mathematics and the aesthetic: New approaches to an ancient affinity.* New York: Springer.

Slingerland, E.E.G. (2008). *What science offers the humanities.* New York: Cambridge University Press.

Stewart, K. (2007). *Ordinary affects.* Durham, NC: Duke University Press.

Streeck, J. (2009). *Gesturecraft: The manu-facture of meaning.* Amsterdam: John Benjamins.

Swanson, D. M. (2007). Cultural beads and mathematical AIDS: A critical narrative of disadvantage, social context and school mathematics in post-apartheid South Africa, with reflections and implications for 'glocal' contexts. *Philosophy of Education Journal, 21*(2), 1–78.

Taimina, D. (2009). *Crocheting adventures with hyperbolic planes.* Wellesley, MA: A. K. Peters.

Tarde, G. (2010). *Gabriel Tarde on communication and social influence: Selected papers.* University of Chicago Press.

Toulmin, S. (1992). *Cosmopolis: The hidden agenda of modernity.* Chicago: University of Chicago Press.
Turkle, S. (1984). *The second self: Computers and the human spirit.* Cambridge, MA: MIT Press.
Turner, V. (1986). *From ritual to theater: The human seriousness of play.* New York: PAJ Publications.
Tyler, I. (2000). Reframing pregnant embodiment. In S. Ahmed, J. Kilby, C. Lury, M. McNeil & B. Skeggs (Eds.), *Transformations: Thinking through feminism* (pp. 288–301). New York: Routledge.
Walkerdine, V. (1998). *Counting girls out: Girls and mathematics.* Abingdon, UK: Psychology Press.
Walshaw, M. (Ed.) (2004). *Mathematics education within the postmodern.* Charlotte, NC: Information Age Publishing.
Weaver, J.A. (2010). *Educating the posthuman: Biosciences, fiction, and curriculum studies.* Rotterdam: Sense Publishers.
Whitehead, A. N., & Russell, B. (2011). *Principia mathematica.* Seaside, OR: Rough Draft Printing.
Wilde, M.H. (1999). Why embodiment now? *Advances in Nursing Science, 22*(2), 25–38.
Yaglom, I.M. (1981). Elementary geometry, then and now. In C. Davis, B. Grünbaum, & F. A. Sherk (Eds.), *The geometric vein* (pp. 253–269). New York: Springer.
Zevenbergen, R. (2000). Cracking the "code" of mathematics classrooms: School success as a function of linguistic, social and cultural background. In J. Boaler (Ed.), *Multiple Perspectives on Mathematics Teaching and Learning* (pp. 201–223). Westport, CT: Ablex.
Zizek, S. (1997). *The plague of fantasies.* London: Verso.

교수를 도와주는 학습 이론의 재구성[1] 4

David Kirshner
Louisiana State University

패러다임의 전환, 즉 전혀 새로운 방법으로 실체에 접근하려는 시도는 긴 시간을 필요로 하지 않는다. 어떤 패러다임의 전환은 한 달이면 충분할 수도 있다. 하지만 패러다임의 전환에는 다양한 학문이론과 그것의 가능성에 대한 희망 및 주장이 혼돈스럽게 존재한다. 이러한 가운데 패러다임의 전환을 이루려면, 불필요한 사조를 차단하면서도 집중력 있게 여러 아이디어를 통합하면서 사고 과정을 통해 탐구적이면서도 재치 있는 인간의 역량이 필요하다(Geertz, 2000, p. 188).

도입

이 장에서는 Geertz가 비탄한 사회 과학의 멀티 패러다임적 특성을 논한다. 특히 Geertz는 교수의 이론화와 관련하여 심리학의 견고하면서도 일관된 기반을 세우는 과정의 일환으로 교육자들의 합의가 선행되어야 할 다수의 피상적인 학습 개념들이 존재하는 것에 대해 우려했다. 전문적 교수활동에 있어 학습은 교수의 핵심 목적이다. 따라서, 심리학의 여러 분야에서 학습이 다양하게 이론화되는 현상은 의학이나 공학과 같은 **패러다임적 직업군**에서는 경험하기 힘든 상당한 어려움을 야기한다. 의학이나 공학은 공인된 이론과 연구방법을 가진 물리학, 화학, 생물학, 유전학, 해부학과 같이 Khun(1970)이 명명한 **패러다임적 과학**에 의해 지식이 구성된다. 하지만, Kennedy(1999)가 언급하였듯이, "교수에 있어 학습과 교수의 관계는 중요한 문제이면서도 난해하고 잘 알려져 있지 않은 부분이기도 하다(p. 528)."

심리학의 멀티 패러다임에 접근하는 교육자들의 주된 전략은 몇 가지 현존하는 분야를 찾아서 교육적 관행을 위한 지침을 도출하는데 있었다. 지난 한 세기 동안, 교육자들은 행동주의 심리학, 게슈탈트 심리학, Dewey의 기능 심리학, 피아제의 발달 심리학, 비고츠키의 사회문화 이론, 생태 심리학, 정보 처리 심리학(Gardner, 1987), 개념적 변화 이론, 상황 인지 이론, 그 외의 여러 가지 구성주의 이론들(Spivey, 1997)과 같은 학습 이론들에 고무되었다.

심리학에서 제공하는 이론들 중 하나의 이론만을 선택하는 것이 교육에 끼치는 영향을 **바벨 효과**(Babel effect)[1]라고 명명할 수 있다. 다양한 심리학적 접근법이 존재하는 현실에서 동시대의 교육자들이 선호하는 특정 패러다임에 대한 선택은 다양해진다. 이로 인해 이론가들이 서로 다른 언어를 사용하여 교수법(pedagogy)의 근간을 설명하는 현상이 생기고, 그로 인해 학계에서 교수에 대한 공통적이고 전문적인 담론을 형성할 기회를 상실하게 된다.

바벨 효과는 교수법적 논의가 대립이나 혼란을 통해 심화되는 현상을 통해 나타난다. 대립은 학습에 대한 서로 다른 시각을 가진 교육자들이 서로 대조되는 교수 관행 모델을 제시하는 과정에서 생긴다. 역사적으로, John Dewey의 기능 심리학을 지지한 진보주의 교수법자들과 그에 반해 점차적으로 세력이 약해진 Edward Thorndike의 자극-반응 학습을 지지한 전통적 교육학자들의 대립이 대표적인 예라고 볼 수 있다(Lagemann, 1989). 최근에 와서는, “독해전쟁(Reading Wars)”과 “수학전쟁(Math Wars)”(Loveless, 2001)이 그러한 대립의 예이고, 이 장 후반부에서 상세히 다루겠다.

교육학적 교훈(precepts)에 관한 다양한 관점으로 인해 야기되는 혼란과 분열은 교육계에 도움이 되지 않을 뿐 아니라 결과적으로 악영향을 끼친다. 각 교육학적 언어의 섬 범위내에서 보면, 이러한 문제들은 심각하지 않다고 볼 수 있다. 행동주의 심리학자든 구성주의자든 상황주의자든 비판적 이론가든 간에, 각자 자신의 이론에서 학습과 교수에 관한 대화는 일관성 있고 수렴적이며, 각 분야의 학자들은 그들의 이론이 점점 진보하고 있다고 생각할지도 모른다. 하지만 집합적으로 생각해 볼 때, 교육학적 사고에 대한 소국분열화(balkanization)는 기능적 장애를 가진다. 교사들이 하나의 특정한 교육학적 이론에 본인의 교수를 정확히 맞추어 생각하지 않는 한 - 대부분의 교사들은 이렇게 하지 못한다-, 교사들은 일관성이 결여된 교육학적 조언들에 혼란스러운 상황을 맞게 될것이다.

학습은 지속적인 연습이 필요하다.	반복적인 연습은 학습과 정반대이다.
학습은 집단 활동을 통해 촉진된다.	개별화 학습은 각 학생이 최적으로 자신의 속도에 맞춰서 성장할 수 있도록 허용해 준다.
강의는 학생들에게 지식을 전달하는 가장 효과적인 방법이다.	지식은 전달되는 것이 아니며, 개별 학생에 의해 구성되어야 한다.

[1] (역자 주) 바벨탑 효과라고도 한다. 인류가 하나의 공통어를 사용하며 신의 권위에 도전하기 위해 바벨탑을 세웠다는 창세기 이야기에서 유래한다.

이러한 혼동 속에서, "학생들을 잘 돌보며 수업 준비를 철저히 하라. '최선을 다하라'."(Pressman, 2017)와 같은 평범하고도 진부한 조언만이 교사들을 위한 충고가 될 뿐이다. 이렇듯 교육학에 대한 일반적인 논의는 다양한 이론의 영역을 통한 심도 깊은 지식을 의미 있게 담아내지 못하고 있다.

분명히 하자면, 여기서 중요한 것은 교육학에 대한 수사(修辭)가 아니라 교육학적 사고와 관행의 성격과 성질이다. 항암치료의 화학적 요법과 관련하여 일련의 사고과정을 생각해 보자. 우선, 세포 생물학자들은 그 질병과 관련된 세포 병리학적 통찰력을 제공해 준다. 그 다음은 암 세포의 번식을 막는 방법이 이론화 되고, 실험용 동물을 통해 그 이론이 실효성이 있는지 결정하는 실험이 시작된다. 마지막으로, 임상 실험을 통해 인간에 대한 효용성이 확인되고, 복용량과 같이 이론상으로 해결하기 어려운 문제들을 실험적으로 해결한다(Arthur & Hancock, 2007).

이렇게 서로 연결되는 연구 활동의 기저에는 죽음과 건강의 메커니즘에 대한 의학계 내에서 전반적인 합의가 존재한다. 이러한 합의를 통해 의사들은 관련 이론에 전문성을 가지고 환자를 치료한다. 물론 기대치 않던 성공이나 행운을 통해 귀납적 일반화를 이루는 경우도 있지만, "의학은 논리적 주장, 인과관계의 법칙, 관찰과 실험을 통한 인식론적 전략으로 이루어진 과학적 전통에 근간을 둔 이성적 활동이다"(Kottow, 1992, p. 19).

교육의 경우에, 학습에 관하여 서로 충돌하는 다양한 이론들의 영향으로 관행을 위한 합리적 조직화의 위한 기반이 약해진다. 예를 들어, 전형적인 교육심리학 서적들은 다양한 학습 이론을 서로 다른 장에 나누어 제공하고 각 장에서 관행을 위한 제안점들을 제공한다(예를 들면, Eggen & Kauchak, 2013; Ormrod, 2009). 그러한 접근법은 교육적 관행을 합리적으로 조직해 내야 하는 책무성을 저버리는 것이고, 그 결과로 개별 교사들은 서로 상충되는 다양한 주장들 속에서 그들만의 길을 찾아야 한다(Wojcikiewicz & Wenzel, 2012).

좋은 교수 관행을 찾고 있는 연구자들이 학습 이론에 관심이 없다는 사실은 교육 연구에서 심리학의 효율성과 관련한 현실을 잘 보여준다. 예를 들어, 1990년대 초반에 OECD의 지원을 받은 다국적 연구에서, 효율적인 교수 관행을 알아보기 위해 우수 교사들에 대한 연구를 실행하였다. Hopkins & Stern(1996)은 각 국가로부터 얻은 결과들을 종합하는 연구를 실시하였고, 우수교사가 형성하고 있는 가장 중요한 6가지 특징을 확인하였다. Nuthall(2004)은 이를 다음과 같이 요약하였다.

1. 학생을 위해 최선을 다하여 헌신하는 열정
2. 따뜻하고 잘 돌봐주는 관계에게 드러나는 아이들을 향한 사랑
3. 중요한 개념을 어떻게 제시하고 설명하는지를 아는 교수학적 내용 지식(pedagogical content knowledge)
4. 다양한 교수-학습 모델 사용
5. 다른 교사들과 계획, 관찰, 토론을 통한 협력적인 업무 방식

6. 자신의 교수 관행에 대한 지속적인 물음, 반성, 수정(p. 282)

효과적인 교수 관행을 알아내기 위한 이러한 접근법은, 마치 의학에 비하면 훌륭한 의사들의 시술을 관찰함으로써 암의 치료법을 찾고자 하는 것과 비슷하다고 할 수 있다. 그러한 접근법은 교사가 의사처럼 학생을 치료하는 태도에 대한 일련의 목록을 만드는 것과 같은 결과를 낳을 뿐이다.

몇몇 이론가들이 실시한 교육적 관행들(예를 들면, Design-Based Research Collaborative(2003)에서의 설계연구(design research); 이는 뒤에서 논의될 것임)은 예외로 하면, 교육적 관행의 표면적 구조에 초점을 맞추는 것은 교육적 관행의 고유한 특성이다. 대부분의 경우, "교사들은 학급 활동에서 학생들의 참여를 주관하는 동안 '학생들의 흥미가 학습의 필요 충분 조건이다(Prawat, 1992, p. 389)'라는 믿음을 가지고 학생들의 학습에 그다지 관심을 두지 않는다(Nuthall, 2004, p. 276)." Windschitl(2002)의 한 통찰력 있는 검토에서 볼 수 있듯이, 심지어 교수와 학습에 대한 전통적 생각을 바꾸기 위한 개혁적인 교수법조차도 규범화된 교수법을 흉내내는 수준이었다. 즉, "사고과정이 아닌 활동지가 수업 계획의 시작점이자 기본 단위였다"(p. 138). 매우 드문 경우를 제외하고, 심리학의 여러 분야에서 생성된 학습에 대한 풍부한 통찰력은 교사의 관행 속에서 찾아보기 힘들었다.

교육자와 정책 수립자 모두, 학습 이론의 다양성으로부터 오는 교육적 관행의 어려움을 오해하고 있다. 정책 수립자에게(그리고 학계의 다른 이들에게), 교수와 교수에 관한 학술적 성찰(scholarship of teaching)은 "중요도가 낮은 일"(Lagemann, 2000, p. xii)이다. 교사들은 재치가 부족하여 **(혹은 지나치게 이상적인 이유로)** 상대적으로 단순한 문제인 효율적인 교수의 판단 및 관행을 실천하지 못한다. 현재 미국에서는 정책적 해결 방안으로, 제안된 관행의 효과성을 입증하거나 더욱 다듬는 작업과 같이 과학적 연구의 최종 실험적 단계에 연구비를 지원하고는 있지만, 연구에 있어서 견고한 이론적 바탕의 필요성을 완전히 무시하고 있다(Schoenfeld, 2007). 반면에, 교육학자들은 교육적 이론화의 어려움을 "축소 불가능한 복잡성" 때문으로 여기고, 이론적 이질성을 근본적인 문제로 여기기 보다는 복잡성의 지표로 여길 뿐이다. "교수에 대한 우리의 지식은 언제나 교사의 행동과 학생의 반응을 매개하는 다양한 매개 변수들에 큰 영향을 받는다"(Labaree, 2000, p. 231; Otterness, 2009를 참조; Regehr, 2010).[2)]

이 장의 목적은 심리학의 다양한 패러다임에서 발견된 학습에 대한 풍부한 통찰력을 이용할 수 있는 새로운 방법을 설명하는 데 있으며, 교육적 활동을 약화하고 분화시킬 수 있는 상충적 처방안을 만드는 것은 피하고자 한다. 교육에서 학습 이론을 이해하는 것이 오래 지속되어온 어려운 문제라는 점에서, 이 장의 전략은 상당히 단순하다. 즉, 학습 이론의 멀티 패러다임적 성격에 저항하기보다는 받아들이는 것이다.

만일 교육자들이 교수법적 관행의 근거로서 한 가지 학습 이론만 채택한다면, 그것은 교육자들이 심리학 조차 해결하지 못한 학습 이론의 다양성을 인정하지 않는 것이다. 이는 심리학에서 제공된 멀티 패러다임적 학습 이론화가 우리 하나의 공동체를 이루도록 동기부여 해줄 수 있는 가능성을 무시한 채, 하나의 학습 이론에 교육의 번영의 희망을 거는 것과 마찬가지이다.

이 장에서 제안하는 대안은, 교육 전반을 살피면서 교육적 관행에 동기를 부여하는 학습의 여러 개념을 알아보는 것이다. 각 개념을 적합한 것으로 인정하면서, 이 장에서는 교수법적 관행을 장르별로 설명하고, 각 장르에서는 개별 학습의 개념을 다룬다. 각 장르는 해당 학습 개념에 알맞은 이론화를 다룬다. 이렇게 학습 목적 → 학습 이론 → 교수법적 장르를 정렬시키는 단순한 작업은 교육적 관행을, 의학 혹은 공학과 같은 패러다임적 직업군처럼, 하나의 이론적 틀이 전문적 직업 수행을 도와주는 기초가 되도록 해준다. 따라서, 전문 교육자들은 각각의 장르와 관련된 이론들을 배울 수 있고, 제시된 관행이 기대하던 학습 효과를 어느 정도 이끌어 낼 수 있는지 분석하는 합리적인 계획을 바탕으로 가르칠 수 있다. 이러한 장르적 접근을 통해 다양성을 보장하면서도 현존하는 대립과 혼란을 피할 수 있을 것이다.

논의에 앞서, 독자들이 제시할 수 있는 반대 의견을 논하는 것이 적절해 보인다. 학습을 복합적 개체로 인식하고(Regehr, 2010), 학습이 다면적이면서도 상호 종속적인 요소들로 구성된다(Bransford, Stevens, Schwartz, et al., 2006; Greeno, 2011)는 주장과는 달리, 학습을 분리된 독립 과정으로 구성하고자 하는 제안이 어떻게 가능한가? 하지만, 심리학의 역사는 학습을 복합적 개체로 보는 현재의 학습에 대한 지식들을 아직까지 지지하지 않는다. 행동 심리학은 정신적 접근법에 대한 **보완**이 아닌, **대안**으로 제시되었다(Watson, 1913). 비슷하게, 사회문화적 심리학, 인지심리학, 발달심리학, 기타 기초적 이론들에서도 학습/발달을 독립적으로 설명하려는 노력이 있었다. 대화적, 통합적, 전체론적 이론화를 향한 현시대의 움직임에서, 학습은 복합적 개체로 보지만, 이전 시대에서 학습은 (조건화, 발달 스키마, 연속적 정보 처리에 근간을 둔) 단일 매커니즘으로 보았다. 요지는, 학습에 관한 가설의 결론을 유보하면서 선입견을 미연에 방지하자는 것이다. 학습에 대한 독립적 이론화의 유용성의 한 가지 예시를 이 장에서 다루고, 그 장점 역시 직접적으로 평가 할 수 있을 것이다.

앞으로의 논의에서 장르적 접근법의 전반적 근거가 제시될 것이고, 그 전에 이 방법의 윤곽을 더 잘 보여주기 위한 두 가지 설명이 제시될 것이다. 첫 번째는 학습의 서로 다른 해석을 정당화해주는 다양한 논의를 통한 가치 결정의 역할에 대한 설명이고, 두 번째는 멀티 패러다임적 과학의 특수성과 그것이 심리학의 학습 이론에 미치는 영향에 대한 설명이다.

가치 결정

한 가지 분명히 할 것은, 목적-이론-관행을 일대일로 대응시키는 것이 심리학을 갑자기 패러다임적 과학으로 변화시킨다거나, 교육을 패러다임적 직군으로 바꾸지 못한다는 것이다. 오히려, 교수법적 관행을 독립적 장르로 조직화하는 것은 다른 패러다임적 직업군들과는 비교할 수 없는 새로운 문제점을 부각시킨다. 그것은 학생, 교실, 교과 영역, 학교, 교육 관할 구역에 적합한 교수 장르 선택과 관련된 가치 결정의 필요성이다.

학습 목표에 관한 가치문제는 독해전쟁 또는 수학전쟁(Loveless, 2001)의 충돌에서처럼 현재 교육적 논의와 이미 관련되어 있다. 하지만, 각각의 이론학파가 자신들의 패러다임만을 적합하다고 인정하는 현 논의에서, 반대 학파들은 학습 목적을 그릇된 방향으로 설정했을 뿐만 아니라, 교수 방법 또한 호도적이라고 보는 것이다(예를 들면, Draper, 2002; Klein, 2005). 여러 다른 학습 이론에 정당성을 부여하고 각 이론과 관련된 교수법적 관행의 기준을 마련하는 것은, 곧 목표가 다르다고 해서 가치 결정의 차이를 보이는 전문가들의 능력이나 효율성을 비판할 수 없다는 것을 의미한다. 이는 교수가 좀 더 전문적인 행동이라는 의미이다.

또한, 다양한 학습 개념에 적합한 교수 장르를 찾는 것은 이론가들이 가치 결정의 충돌을 피할 수 있도록 해주는 효과를 낳는다. 학습 이론가들은 교수법적 관행의 체계화를 위한 전문적 지식을 제공해 준다. 하지만, 교수의 여러 장르가 똑같은 목적지에 이르는 여러 가지 길이 되는 것은 아니다. 즉, 이것은 여러 **학습 방식**에 대한 것이 아니다(North, 2015; Pashler, McDaniel, Rohrer, & Bjork, 2009). 교수의 서로 다른 장르에 따라 결과물이 달라지고 이는 곧 교수의 관행이 이루어지는 장소와 상황에 따라 어떠한 형태의 학습이 높이 평가되는지를 결정하는 문제와 관련된다.

가치 결정을 교수 관행이 이루어지는 장소에 위임하는 것은 교육 정책에서 새로운 차원의 문제를 야기한다. 그 문제는 학교 교육의 조직화에 광범위한 영향을 미칠 수 있다. 교사들이 그들의 수업을 위한 결정을 해야 하는가? 아니면 학교 혹은 지역구 단위의 결정이어야 하는가? 부모들의 선택을 허용하기 위해 학교 교육의 분권적 모델을 개발해야 하는가? 이러한 질문들은 이 장에서 다루지 않지만, 장르적 접근법의 결과를 염두에 두는 것은 가치 있는 일일 것이다.

멀티 패러다임적 과학에서의 이론화

이 도입부에서 다룰 마지막 문제는 심리학과 같은 멀티 패러다임적 과학에서의 이론의 발전이 어떻게 이루어지냐는 것이다. 교육자들은 심리학에서 이론화가 다른 과학 분야에서의 이론화와 같은 기본적 구조와 기준을 따른다고 가정했다. 다음 절에서, 이러한 가정은 과학사회학적 관점에서 엄밀하게 검토한 결과, 학습 이론가들이 지나치게 결과를 확대 해석하는 경향, 그리고 이론적 접근법들 차이를 최소화하고 숨기려는 경향이 있음을 보여준다.

이러한 장르적 접근법을 취하게 되면, 결과적으로 교육에서의 학습 개념을 파악할 수 있다 할지라도, 교육을 위해 기존의 학습 이론을 받아들여서 해결되는 단순한 문제는 아니다. 대신, 우리는 특정 학습 개념과 관련하여 심리학자들이 실행한 연구결과를 바탕으로 선택적으로 추론한 학습 이론을 스스로 구성해야 한다. 이렇게 교육자들을 위해 학습이론을 해석해 주는 역할을 하였던 심리학의 기존 역할을 도용하는 것은 두 학계 간의 긴장을 야기할 것이다. 하지만, 여러 패러다임을 조정하려고 하기 보다는 한 가지 학습 패러다임을 골라 개혁 교수법에 적용하려는 지난 한 세기 동안의 노력은 항상 통합된 패러다임을 구축하려는 심리 학계 내의 이익에 부합하고자 한 것이다(이는 과학사회학 절에서 다뤄질 것이다.). 교육자들 사이의 토론을 공식화하기 위해 장르적 접근법을 채택하는 것은 심리학이라는 거대한 과학의 그림자에서 벗어나는 것이 필요하다.

이 장의 개요: 이 도입부 다음 절은 "학습의 이론화에 대한 사회학적 일견"이다. 이 절은 과학사회학적 관점으로부터 심리학 이론 구축의 성격을 알아보고, 멀티 패러다임적 과학이 최초의 합의를 통해 성숙한 과학의 상태로 변하는 경쟁적 과정에 대한 Kuhn(1970, 2000)의 분석에 바탕을 둔다. 그 다음 절인 "교육의 학습 이론에 대한 이해"에서는 학습 이론에 대한 교육의 이해를 역사적으로 살펴보고, 이 문제에 대한 네 가지 흐름의 양상에 대해 논한다. 그 다음 절인 "장르적 접근법"에서는 교육적 관행에 동기를 부여하는 학습의 중요한 개념들을 소개하고 심리학적 이론을 이용하는데 따르는 제한점들을 나열한다. 이 장의 중심 절인 "범학문적 이론틀"에서는 학습의 이론화와 그와 연계된 교수의 장르를 설명한다. "교수법적 관행의 범학문적 분석" 절에서는 이론과 교육학을 조정한 이 이론틀을 적용하여 교육적 관행의 여러 문제를 분석하고 그에 대한 통찰력을 제공한다. 이 절은 다음과 같은 주장의 설득력을 높여준다. 장르적 접근법은 교육적 관행을 위한 새로운 사고 체계를 만드는 것이라기 보다는, 학습과 교수에 관한 현재의 통합적인 논의 속에서 얽힌 개념화의 가닥들을 풀어내는 역할을 한다. 마지막 절인 "문제와 전망"에서는 이 장의 목적을 되짚어보고 장르적 접근법을 취할 때 생길 수 있는 위험 요소에 대하여 논한다.

학습의 이론화에 대한 사회학적 일견

이 장의 전반적인 주제는 심리학이 학습과 관련하여 훌륭하고 강력한 통찰력을 축적해 왔음에도 불구하고 학문의 멀티 패러다임적 성격으로 인해 교육적 관행을 위한 자원으로는 충분히 활용되지 못하고 있다는 것이다. 이러한 문제는 패러다임적 직업군이나 패러다임적 과학을 통해 단순히 지침을 얻고 해결할 수 있는 문제가 아니다. 축적된 지식을 활용할 방법을 알아보는 첫 단계로서, 우리는 멀티 패러다임적 심리학에서의 지식 생성 과정을 조심스럽고 독립적으로 분석해야 한다. 이 절에서, 과학 지식의 사회학(Sociology of Scientific Knowledge, SSK)적 관점을 통해 학습 이론들의 발전을 이끄는 사회학적 제약을 이해하고자 한다(Barnes, 1985; Collins & Pinch, 1993).

과학사회학, 특히 SSK는 과학계가 그들이 속한 넓은 문화안에서 어떻게 형성되는지 뿐만 아니라, 과학 지식 결과물이 사회적 맥락의 흔적을 어떻게 지니고 있는지 연구한다(Shapin, 1995). 과학자들은 사회학적 요소들이 과학적 이론화를 제약한다는 생각에 반대한다. Danziger(1990)가 말하였듯이, 심리학자들은 "개인적, 문화적, 역사적 요소들이 심리학적 이론의 생성과 수용에 중요한 역할을 한다"는 것에 불편함을 느끼며, "사회학적 요소가 중요시 되는 현상은 학문 자체로 인간 행동에 대한 객관적인 통찰력을 제공한다는 주장과 대립한다"(p. 5). 실제로 과학사회학적 관점은 학문이 비판의 대상이 되는 과학자들에게는 상당히 불안한 요소로 작용한다. 과학사회학은 쉽게 논하기에 상당히 조심스러운 영역이다.

심리학적 이론의 발전에 대한 나의 분석은 Thomas Kuhn(1962, 1970, 2000)의 잘 알려진 이론인 과학적 패러다임에 근간을 둔다. 과학적 진보를 지식과 기술의 지속적인 축척으로 여기던 오랜 관념에 대해 문제를 제기하며, Kuhn(1970)은 두 종류의 과학적 진보를 분류하였다. **정상 과학**(normal science)의 기간 동안에는, 과학자들 사이에 과학의 진보를 위한 내용적 본질과 적절한 방법에 대한 광범위한 합의가 있었다. 실제로, 이러한 패러다임적 합의가 있던 시대에는 과학의 진보가 축적적이며 마치 퍼즐을 푸는 활동의 연장된 형태와 같았다(p. 35). Kuhn(1970)에 따르면, 정상 과학은 그 시야가 제한적이나 집중되어 있으므로 강력할 수 있었다. 하지만 결과적으로, 과학 연구에서 지속적으로 제기되는 새롭고 생각지도 못한 현상들을 수용하기에는 한계가 있었다. 결국, 이러한 변칙점들이 기존의 패러다임의 제한을 벗어나 탐구할 기회가 되기도 한다. 어떠한 경우에는, 이러한 탐구로 인해 새로운 이론적, 방법론적 과학의 틀이 생겨나기도 하고, 패러다임 간의 충돌과 **과학적 혁명**(scientific revolution)을 위한 토대가 마련되기도 한다. 과학적 혁명이 일어난 후에는 정상 과학의 새로운 주기가 계속된다(Kuhn, 1970).

Kuhn(1970)은 성숙한 과학이 어떻게 정상 과학과 혁명의 주기를 거쳐 왔는지 자세히 설명할 뿐 아니라, 의사과학(proto-sciences) 혹은 **전패러다임적**(preparadigm, p. 17) 과학이 어떻게 패러다임적 과학으로 발전해 가는지도 설명하였다. 패러다임적 과학은 과학적 학파의 다양성이라는 특징을 지니는데, 각 학파는 새로운 과학에 관한 그들만의 관점을 가진다. 전패러다임적에서 패러다임적으로 넘어오는 변화는 그 과학이 처음으로 패러다임적 합의를 이루는 순간과 일치하며, 정상 과학이 시작되는 첫 주기가 된다. 이 과정은 과학적 혁명과 매우 비슷하지만, 한 가지 다른 점은 과학에서는 이미 성립된 패러다임과 도전적 패러다임 두 가지가 존재하는 반면에, 전패러다임적 과학에서는 미처 성립되지 못한 여러 가지 도전적 패러다임이 존재한다는 것이다. 이 절에서 논의될 부분은 이러한 패러다임의 경쟁 과정과 관련되어 있다.

사회과학 특히 심리학이 이러한 Kuhn의 전패러다임의 정의에 맞는지에 관한 논의는 상당부분

이루어졌다. Driver-Linn(2003)은 "Kuhn이 (물리학과 같은 패러다임적 과학과 비교하기 위해) 전패러다임적 과학의 예로 심리학을 이용하였다"(p. 272)고 기록하고, 비슷한 관점이 Rosenberg(2005, p. 272)와 Staats(1981)에서도 나타났다[3]. 그럼에도 불구하고, 학자들의 의견은 분분하였다.

저자의 관점에서 심리학자들 사이에 인기 있는 관점은 Weimer와 Palermo(1973)의 논지이다. 그들은 심리학이 행동주의를 기점으로 하여 최초의 동의를 이루었으며, 그 이후 인지심리학이라는 혁명을 맞이하였으므로 따라서 심리학은 패러다임적이라는 것이다. 근래에 와서 상황인지 이론과 같은 새로운 이론들이 인지심리학과 충돌을 일으키고 있음을 알 수 있다(Anderson, Reder, & Simon, 1996, 1997; Greeno, 1997).

그와 반대의 입장에서는, 행동주의가 심리학의 주류에서는 벗어났을지라도, 그의 추종자들에 의해 저널, 학회, 조직들이 계속해서 존재하는 것에 비추어 여전히 활동적인 패러다임이라고 주장한다(Leahey, 1992). 물론 교육자의 입장에서는, 교수법적 관행에 도움을 주려는 현대의 연구들이 심리학의 여러 분야의 학습 이론을 사용하기 때문에, 심리학을 전패러다임적이라고 **느끼게 된다**(예를 들어, Eggen & Kauchak, 2013). 저자는 이 글을 쓰면서 학습 이론의 사회학적 분석을 택하고 있지만, 심리학자들은 심리학이 전패러다임적이라는 접근법에 반대할 수 있다. 역설적으로 하나의 학문 분야를 패러다임적이라고 설명하려는 노력 자체가 전패러다임적 경쟁에서의 전략일지도 모른다.

공약불가능성

Kuhn(1970)의 이론에서 가장 주목할 만한 점은 경쟁구도에 있는 패러다임들을 "공약불가능적"(p. 4)이라고 묘사한 것이다. 서로 다른 패러다임에 속한 이론가들은 "다른 것을 보고, 그들 사이의 다른 관계를 본다(p. 150)". 과학자들이 해결하고자 하는 그 문제 자체가 그들의 패러다임적 관점에 연결되어 있기 때문에, 관점의 차이는 이성적 논의나 경험적 근거를 바탕으로 한 판결을 통해 좁혀질 수 없다. 과학적 혁명은 새로운 학파가 다른 학파의 연구가들, 특히 학계에 갓 입문한 학자들에게, 새로운 패러다임적 관점에 끌어들일 수 있을 만큼 충분히 흥미로운 설명을 제시할 수 있을 때 이루어 질 수 있다. 실패한 패러다임의 경우 "그것에 속한 구성원들이 새로운 패러다임으로 흩어지면서 사라진다. 하지만 언제나 오래된 관점을 고수하는 학자들은 존재하고, 그들은 그 학계에서 관심을 끌지 못하고 제명될 뿐이다(Kuhn, 1970, pp. 18-19)." 패러다임의 변화는, 이전의 관점이 전복된다기 보다는 버려진다는 점에서, 궁극적으로 사회학적인 사건이다.

Kuhn의 상대성이라는 개념은 매우 강렬한 비난의 대상이 되었다. 자주 인용되는 Davidson(1974)은 상대적 이론이라는 개념은 논리적 맥락이 없다고 주장했고, Kuhn의 이론에 근본적인 문제를 제기하였다. Davidson(1974)이 비판한 Kuhn(1962)의 주장은, 상대성이 패러다임 간의 이해가 불가능하다는 것을 의미하는 것이었는데, Kuhn이 이를 뒷받침하기 위해 예로 든 것은, "Lavoisier가 산소를 발견한 후에 완전히 다른 세계관을 가지고 일하게 되었다"는 것이다(1962, p. 118). 하지만 Oberheim과 Hoyningen-Huene(2013)가 언급한데로, "Khun은 기존의 그의 생각들을 몇 십 년에 걸쳐 발전하고 다듬은 결과, 공약불가능성이 비교불가능성을 의미하지는 않는다고 반복적으로 강조하였다"(p. 3).

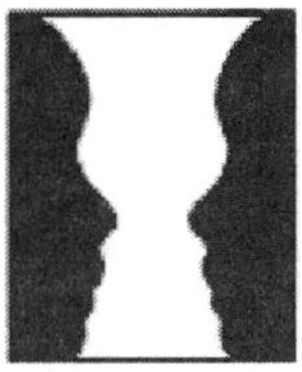

[그림 4.1] 두 가지로 해석이 가능한 화병-얼굴 형상

덴마크의 심리학자인 Edgar Rubin에 의해 만들어진 유명한 화병-얼굴 그림(그림 4.1 참조)과 같은 쌍안정이면서 여러 가지로 해석이 가능한 형상들을 통해 드러나는 인지적 역학 원리는 저자의 해석을 도왔다. 이 그림을 보는 이는 그것을 화병으로 인식하거나 두 얼굴로 인식 할 수 있지만, 동시에는 불가능하다. 그 그림의 해석과 유사하게, 상대적인 이론들이 같은 인지적 구조 안에서 생각될 수 없다는 사실이 반드시 다른 패러다임에 속한 과학자가 서로를 이해할 수 없음을 의미하지는 않는다. 다만, 이는 관점의 차이가 공유된 과학적 관점 안에서는 좁혀질 수 없다는 것을 의미한다. 따라서 관점을 좁혀가는 과정은 불가피하게 더 넓은 사회과학적 영역에서 이루어져야 한다(Kuhn, 1970). 이러한 관점은 "과학에서 혁명적 변화는 게슈탈트적 전환이 필요한다"(Driver-Linn, 2003, p. 272)는 Kuhn의 믿음과 일치한다.[4)]

패러다임 경쟁

전패러다임적 과학이 패러다임적 단계로 발전하기 위한 필요충분조건은 패러다임 중 하나가 완전하게 성립되어 나머지 경쟁적 패러다임을 소멸하게 할 수 있어야 한다는 것이다. 따라서 여러 패러다임들 사이의 경쟁은 존재의 문제이며, 그 경쟁에서 승리하는 것(아니면 적어도 경쟁자들을 막아내는 것)이 각각의 패러다임적 학파에게는 주요 책무가 된다.[5)] 『공약불가능적 패러다임들 간의 경쟁은 심리학적 이론의 제시와 전패러다임적 과학의 특징을 규정하는 이론적 궤도의 원동력이 된다.』

공약불가능성이라는 개념은 과학적 연구 패러다임 내부의(intra-paradigm) 그리고 패러다임들 사이의(inter-paradigm) 원동력을 생성한다. 하나의 패러다임 내에서, 학자는 그와 패러다임적 관점을 공유한 동료들과 협업하여 학계의 지식을 발전시켜 나간다. 이 작업은 정상 과학의 특징과 그 신

퇴성, 성공의 근간이 되는 점진적 진보와 방법론적 엄밀성의 보수적 기준을 그대로 채택한다(Kuhn, 1970, Chapter 8). 하지만 외부적으로 우열을 가리는 싸움은 사회학 영역에서 발생하고 학자들을 그들의 패러다임으로 끌어올 수 있는 능력에 의존하게 된다. 결과적으로 패러다임 간의 우월성은 이성적 주장으로 가려질 수 없기 때문에, 학자들은 그들 학파의 업적을 과장하고 불확실성은 축소하려는 경향을 보인다. 이러한 열광적이며 낙관적인 자세는 전패러다임적 과학을 기존과 다른 과학적 활동으로 볼 수 있는 특징 중 하나이다.[6]

이러한 담론적 원동력은 주어진 시대에서 학계의 헤게모니를 장악한 강력한 패러다임 안에서 주로 관찰된다. 행동주의 심리학과 인지과학의 예에서 보여졌듯이, 이 패러다임들의 발전 양상은 개시-(보수적) 확장-(무분별한) 사영의 흐름을 따른다.

패러다임의 개시: 패러다임은 심리학적 기능의 어떤 부분을 설명하는 강력하고 차별화되는 업적을 기반으로 성립된다. 행동주의의 경우 그것은 Pavlov(1897/1910, 1927)의 "조건적 반사"(Murray, 1988)의 발견과 훗날 고전적, 조작적 조건화의 근간이 된 Thorndike(1898)의 효과의 법칙이다(Hunt, 1993). 동물 행동에 관한 연구를 바탕으로, 이 저자들은 비교심리학의 사고 절약성의 원리를 확립하였는데, 이는 Morgan(1894/1903)에 의해 처음 도입된 개념으로, 어떠한 행동이 저차원적 지적 과정으로 설명이 가능하다면 고차원적 지적 과정은 동원될 필요가 없다는 것이다. 이로 인해 그 당시 심리학 연구에서 팽배했던 멘탈리즘에 급변을 가져왔다(Benjamin, 2007, p. 137).

인지과학의 경우, 다양한 분야(신경과학, 논리, 인류학, 정신언어학, 컴퓨터과학)에서의 발전이 새로운 간학문의 영역으로 융합된 것으로, 당시 행동주의 심리학에서 지지한 반멘탈리즘을 비판하였다(Hunt, 1993). 특히, 연속적인 디지털 컴퓨터가 인간의 문제해결을 가장하여 어떻게 기호적 요소를 코딩하고 조작하는지를 검사할 수 있는 모델을 제공하였다(Newell & Simon, 1972). 그 정보 처리(Information Processing, IP) 모델은 인지심리학에서 "중요한 은유"로 사용되었다(Hunt, 1993, p. 516).

패러다임의 확장: 그 다음은 최초의 발견이 그것이 직접적으로 발견되고 적용된 맥락을 벗어나 점점 확장되는 단계로서 보수적이면서도 조심스러운 연구가 진행되고 이론이 형성 되는 기간이다. 행동주의의 경우, 반멘탈리즘적 인간 행동 심리학의 실험 연구로 영역을 확장하면서 고전적, 조작적 조건화가 더욱 세밀하고 정교해졌다(Murray, 1988). 인지과학의 경우에는, IP 모의실험이 시각적 정보처리와 같은 잠재의식적 과정 뿐만 아니라 의사 결정이나 논리적 문제해결 영역에까지 성공적으로 적용되었다(e.g., Marr, 1982). 이러한 확장은 인지심리 학자들이 패턴 인식, 주의, 범주화, 의미적, 절차적 기억과 같이 넓은 범위의 기능들 기저에 놓인 인지적 구조를 발전시키고 미세하게 조정함에 따라 가능했다(Gardner, 1987; Smith, 2001).

패러다임의 사영: 결국 헤게모니를 형성하기 위해서 패러다임은 최초에 통찰력을 주었던 영역으로부터 벗어난 더 넓은 영역에서의 현상에도 사영 가능해야 한다. 이러한 이론상의 큰 도약은 전패러다임적 과학을 정상 과학의 점진적 진보와 구별짓는다. 정상 과학에서 과학자는 "그가 해결할 수 있다고 믿을 만한 충분한 이유가 있는 문제에만 집중"하기 때문이다(Kuhn, 1970, p. 164). 이 단계에서, 전패러다임적 이론은 비교적 투명했던 상태에서 불투명한 상태로 넘어가고, 업적에 대한 주장들은 과장될 가능성이 크며, 그들이 발전시켰다고 믿고 싶은 것을 기정사실화해 버린다. 하지만 이러한 헤게모니적 노력은 다른 패러다임이나 현상을 성공적으로 해결하는 새로운 패러다임의 형성에 의한 저항에 마주친다.

행동주의의 경우, 중재되지 않은 반응 조건화로부터 언어적 행동으로 조작적 이론을 확장하려는 Skinner(1958a)의 노력이 그 예이다. Chomsky(1956)는 Skinner의 이론형성이 "과학에서의 연극"(p. 559)과 같다며 그 이론의 결점을 지적하고 비판하였다. 실제로, 이 예시는 행동주의에서 인지주의로 공이 넘어오는 과정을 설명하는 과정에서 인용되었다(Gardner, 1987).

인지주의 심리학의 경우, 탈맥락적 문제해결의 성공을 Lave(1988)가 비판한 맥락적 추론으로 사영시키려는 노력은 상황 인지 이론이 전통적 인지 과학으로부터 이탈하는 현상을 낳았다(예를 들면, Brown, Collins, & Duguid, 1989; Greeno, 1993; Hirst & Manier, 1995). 이러한 관점의 차이는 여전히 학계의 문제로 남아 있다(Anderson, Reder, & Simon, 1996, 1997; Anderson, Greeno, Reder, & Simon, 2000; Greeno 1997).

앞서 언급되었듯이, 이론 안에서 큰 도약을 이루려는 노력은 정상 과학에서는 보이지 않는 특징이지만 전패러다임적 경쟁의 사회학적 과정과 밀접한 관련이 있다(Khuh, 1970). 이러한 분석으로부터 내릴 수 있는 결론은 교육자들이 심리학을 비판적이고 분별력 있는 태도로 보고 이용해야 한다는 것이다. 심리학자들의 모든 주장이 근거와 신뢰성을 갖추고 있다고 할 수 없다. 하지만, 교육의 역사는 심리학과 밀접한 연관이 있고, 교육은 심리학을 비판적으로 검증하기보다 순종하고 아첨하는 태도를 가졌다. 이는 다음 절에서 자세히 다룬다.

심리학과 교육

역사적으로, 1800년대 후반에 과학적 심리학이 시작된 이래, 교육과 심리학은 밀접하게 관련되어 왔다. 심리학의 선구적 연구 중 하나는 "훈련의 전이"에 대한 교육적 믿음을 연구하는 것이었다(예를 들어, Thorndike & Woodworth, 1901). 그 이전에는 교육자들은 수세기에 걸쳐 발전되어 온 아리스토텔레스의 능력 심리학(Faculty Psychology)의 원리를 교육학적 지침으로 여기며 의존해 왔다. 능력 심리학에 따르면, 인간의 정신은 상대적으로 독립적인 "정신적 능력들"로 구성되어 있으며, 각각의 능력은 마치 근육처럼 훈련을 통해 강해질 수 있다. 중요한 것은 "지식이 저장되고 민첩해진

정신은 어떠한 소명 혹은 직업을 위해서도 준비되어 있다고 볼 수 있다. 실제로, 그 정신은 '훈련되고' 삶을 위해 필요한 것을 갖췄다고 볼 수 있다. 따라서 훈련의 전이는 특정한 과목이나 공부 방법으로부터 얻어지는 구체적인 이득이라기 보다, 정신의 힘과 '능력'을 민첩하게 하는 것으로부터 얻어지는 것이다"(Rippa, 1971, p. 208).

Thorndike와 그의 동료들은 연구를 통해 교육자들이 훈련의 전이 효과를 매우 과대평가해 왔다는 것을 밝혔다(Hall, 2003). 이러한 연구 결과는 교육을 통해 학생들이 삶을 준비한다는 주장을 약화시켰고, 이러한 지적은 교육이 지적 권위를 상실하는 효과를 낳았다. 짧은 몇 년의 기간 동안, 교육 심리학은 "학교 교육의 지침적 과학"으로 자리잡았다(Cubberly, 1920, p. 206). 심리학의 실용적 장점이 없었더라면 교육심리학에 대한 관심은 없었을 것이다. "실제적 교육의 질문에 대한 유용한 대답을 제공할 수 있다는 가능성은 20세기로 넘어서는 즈음에는 여러 대학에서 심리학과를 만드는 기동력이 되었다"(White, 1991; Beatty, 1996, p. 102에서 인용됨).

따라서 심리학자들의 세계에서 교육의 역할은 이러한 역사적 맥락하에서 이해해야 한다. 객관적인 상급 파트너가 아니라 심리학자들은 교육이 그들의 이론을 어떻게 이용하는지에 민감하게 관심을 유지해 왔다. Thorndike(1910)가 말했듯이, "심리학자들에게 학교생활은 '순수' 심리학을 위한 수 천 개의 실험이 이루어지는 연구소라 해도 무방하고"(p. 12) 많은 심리학자들이 그들의 이론을 교육에 적용시키는 것에 적극적으로 참여했다.

하지만 심리학자들의 교육에 대한 공헌을 사회학적 의무가 아닌 특별한 것으로 해석하는 것은 옳지 않다. 교육에 영향을 미친다고 알리는 것은 패러다임의 적합성을 입증할 수 있는 심리학자들의 중요한 수단이기 때문이다. 상이한 패러다임으로부터의 저항에 대한 두려움으로 학자들이 과학적 업적을 과장하는 경향을 줄여주는 경우가 있는 반면 교육에 미치는 영향에 관한 주장에서는 그러한 자제력이 보이지 않는다. 예를 들어, Bransford, Brown, & Cocking(2000)은 그들의 저명한 Academy of Sciences에 실린 글에서 "점점 중요해지는 새로운 학습 이론"에 의존한 교육적 관행의 기초를 발표했다(p. 3). 물론 책임 있는 패러다임적 과학이라면 신생 이론을 다른 분야에 적용하여 발표하지는 않았을 것이다. 하지만 이러한 발표는 자신의 패러다임의 명성과 신뢰성을 강화시키기 위해 교육을 "점유하려는" 전패러다임적 경쟁의 맥락에서 해석할 수 있을 것이다(Beatty, 1996).

여기서 강조할 점은, 본인이 심리학자의 편에서 핑계를 대거나 과장을 하려는 것이 **아니라**, 전패러다임적 경쟁이 어떻게 심리학적 이론화에 있어서 산만한 토론을 형성했는지를 설명하는 것이다. 과학 패러다임 안에서, 서로 다른 패러다임 간의 지켜야 할 책무를 앞두고 심리학자들은 그들의 세계관을 조정하여 두 가지 책무를 모두 만족시켜왔다. 그리고 두 가지 책무 사이의 갈등은 전패러다임적 과학의 문화적 이행의 부분으로서 내재적으로 존재할 수 밖에 없다고 보았다. 패러다임적 과학의 보수적인 기준으로부터 벗어나, 심리학자들은 그들의 패러다임에 관해 상당히 대담하지만 무리한 주장을 한다. 이는 그들의 과학적 이행에서, 자신들의 패러다임에 대한 새로운 잠재성과 유망함에 매료되었기 때문이다. "연구자들은 그들의 패러다임에 감정적으로 연결된다. 그리고 그것은 그들 삶의 일부가 된다"(Hergenhahn, 2009, p. 11). 심리학자들의 주장은 그들이 경험한 진실을 반영한다.

교육의 관점을 통한 학습 이론에 대한 이해

앞서 심리학이 어떻게 전패러다임적 과학으로 기능하는지 그리고 교육이 심리학과 관련해 어떤 위치를 갖는지 언급하였으므로, 이제 교육자들이 심리학이 제공한 여러 학습 이론을 다룬 네 가지 전략의 분석을 사회학적으로 총람하려 한다. 이 전략들은 역사적으로 당시 직면할 문제들에 대한 해결책으로 서로 다른 시기에 도입된 만큼 연속적이라고 할 수 있지만, 오래된 전략들이 대체되고 사라진 것은 아니고 현재에도 모두 사용되고 있다.

기본 이론: 첫 번째 전략은 행동주의 심리학, 기능 심리학(Dewey), 게슈탈트 심리학, 발달심리학, 인지심리학, 사회문화적 심리학과 같은 주요 분야들로부터 생성된 기본적 패러다임들의 신봉자들로부터 교육적 관행에 관한 지침을 받아들이는 것이다. 기본적 패러다임들은 집중되고 일관성이 있으면서도, 특수화된 학습 과정의 관점을 설명한다. Alexander(2007)가 지적하였듯이, 이러한 이론의 지지자들은 그들의 패러다임만으로 충분하다고 믿으므로, 다른 이론이나 관점의 적합성을 부인하는 경향이 있다. 앞서 언급하였듯이, 그러한 이론의 한계점은 시야의 문제이다. 이는 이론가들이 그들의 제한된 패러다임적 관점이 다른 패러다임에서 해결되는 학계의 다른 문제들도 포함하고 있다고 주장하기 때문이다.

통합 이론: 기본 패러다임이 경쟁 패러다임에 대결하는 방식으로 존재할 수 없음을 부분적인 근거로 삼아, 심리학자들은 사회적 구성주의나 상황 인지 이론과 같은 **통합적 이론**을 발전시켰다. 이러한 통합적 이론은 기본 이론들의 관점을 통합하려는 시도이다(Alexander, 2007, 역시 기본 이론과 통합 이론의 차이를 다른 용어를 이용하여 구분지었다). 이러한 이론들은, 기본 이론에서 배타적 성향을 걷어냄으로써 교육을 도왔고, 학습과 교수를 위한 더욱 풍부하고 통합적인 관점의 근간을 제공하였다. 새로운 이론이 기존 이론의 조합을 통해 만들어 질 수 있다는 점은 Kuhn(1970)에 의해 언급되었는데, 그는 Newton이 「Opticks」을 집필한 즈음에 하나로 통합된 광학 과학이 그 이전에 전패러다임적 기간을 거쳤음을 논하였다. 그 당시에는 "여러 개의 경쟁하는 학파와 하위 학파가 존재하였고, 그들 중 대부분은 에피쿠로스 학파, 아리스토텔레스 학파, 플라톤 학파 중 하

나를 신봉하는 학파였으며 나머지는 **다른 학파들의 조합이나 개조형**을 옹호하였다”(p. 12, 진하게 강조) 하지만, 여러 패러다임간의 연결을 이론화하는데 따르는 어려움을 과소평가 할 수 없다. Lave(1988)가 언급하였듯이, 진실로 융합하기 위해서는, “분석의 단위는, 전통적으로 따로 자세히 설명하더라도, 공통적으로 일관성 있게 정의해야 한다”(p. 146).

전체론적 이론: 통합체를 이루려는 통합이론의 노력의 대안으로, 문헌 속에서는 여러 개의 학습 패러다임간의 모순점이나 함의점을 해결하지 않은 채로, 그들을 모두 아우르는 교육학적 이론 틀을 제공하려는 움직임이 있다. 이러한 전체론적 경향은 『How People Learn』(Bransford, et al., 2000)과 『How Students Learn』(Donovan & Bransford, 2005)과 같은 학습 과학계에서의 필독 문헌에서 분명히 드러난다. 이들 책에서 저자들은 행동주의심리학, 인지심리학, 문화심리학, 발달심리학, 게슈탈트심리학, 정보처리이론, 신경심리학, 상황 인지, 사회문화적 심리학을 모두 다룬다. 앞서 언급된 것처럼, 이는 “점점 중요해지는 새로운 학습 이론”(Bransford, et al., 2000, p. 3)으로 합쳐지고, 이로 인해 이론적 발산을 해결해야 하는 문제는 사라진다.

변증법적 관계와 탈실증주의적(Postpositive) 단편화: 앞서 언급하였듯이, 패러다임간의 분화를 극복하고 진실로 통합된 이론화를 이루는 것은 힘든 일이다. 하지만, 현존하는 많은 경우에서 통합되어야 할 많은 이론들은 서로 상대적일 뿐만 아니라, 변증법적으로 연관되어 있다. 예를 들어, 상황 인지 이론의 중심적 가정은 “관행(practice)은 행하는 사람과 그 행동이 이루어지는 상황 사이의 변증법적 관계 속에 성립된다”는 것이다(Lave, 1988, p. 145). 비슷하게, Ernest(1998)는 “개인/주관적 지식과 사회/객관적 지식이 동등하게 중요시되며 둘 사이의 관계를 설명하는 정밀한 이론이 사회적 구성주의의 중심에 놓인다”(p. 241)고 밝혔다. 변증법적 관계는 Cobb(2007)이 묘사한 “반사성”을 함축한다. “반사성은 두 관점이 상호의존적이라는 것보다 훨씬 더 강력한 관계를 가짐을 의미한다. 그것은 서로가 없이는 존재할 수 없으며, 각각의 관점은 수학적 활동이 나머지 관점으로 해석될 수 있는 배경을 구성한다”(p. 29).

변증법적 관계는 여러 이론을 상호 의존적 상태에 가둬두지만, 그 사이의 모순점은 해결하지 않는다. 저자의 관점에서 이는 진실로 통합된 이론 형성을 불가능하게 한다. 예를 들어, 빛의 파동성/입자성에 관한 Kuhn(1970)의 글에서처럼, “빛이 ‘어떤 때에는 파동이고 어떤 때에는 입자’라고 여겼던 시기는 모순의 시기였고, 그 시기는 파동 역학의 발전과 더불어 빛은 입자나 파동이 아닌 자기 무모순의 개체임을 받아들이는 것으로 종식되었다”(p. 114). 비슷하게, 학습의 사회적 혹은 인지적 개념의 참된 통합은 서로의 변증법적 모순성을 벗어나야만 한다.

패러다임들 간의 통합의 심각한 어려움을 인식하고, 몇몇 이론가들은 학습과 교수를 위한 인식론적 근간을 마련하는 것이 가능한지에 대한 의문을 품게 되었다. Sfard(1998)가 학습에 대한 서로 다른 은유에 관한 자신의 글에서 언급하였듯이, 우리는 "일치하는 작은 조각들이 일관성 있는 광범위한 이론으로 결국 합쳐질 것이라는 희망을 버리는 것이 좋다. 통합되고 동질적인 학습 이론보다는 결국 우리의 연구가 여러 은유를 오려붙여 놓은 것이라는 것을 빨리 인정하는 것이, 연구자 자신과 연구의 영향을 받을 사람들에게 바람직하다"(p. 12).

비슷하게, Cobb(2007)은 수학교육을 **설계 과학**으로 여기며, 이론/연구의 생성물로서 인식론적 지식을 얻을 수 있을 가능성을 명시적으로 부인하였다. Cobb(2007)에 의하면, 이론가들은 "**브리콜라지를 하는 사람**, 즉 실제 상황에서 유용한 해결법을 발명하는 사람"으로 바뀌고, "비슷하게, 한 가지 특정한 이론적 관점에 고착되기 보다는 여러 이론적 자원으로부터 아이디어를 받아들이는 브리콜라지의 방법을 택하기를 권한다"(p. 29). 실제로, Cobb(2007)은 "이론이 현장 교육자의 활동과 개별적으로 그 상위에 존재하는 탈맥락화된 명제, 문장, 혹은 주장으로 구성되어 있다는 가정에 문제를 제기하고"(p. 5), 그 결과 그는 "동시대의 인기 있는 철학적 [그리고 심리학적] 입장들을 먼저 조사한 뒤에 수학교육 연구와 관행을 위한 함의점을 도출해 내는 방법을 피한다"(pp. 6-7).[7)]

본 저자의 입장은, 심리학이 여러 패러다임들을 통해 만들어 낸 학습에 대한 발산적 인식론적 지식을 일관성있게 정리하지 못하는 현실을 고려할 때, 심리학적 이론이 교육적 관행을 위한 인식론적 근간을 제공했다는 주장을 버리는 것은 합리적이고 책임감 있는 결론이라고 생각한다. 하지만, 인식론적 지식으로부터 탈실증주의로의 변화는 급진적 변화이다.[8)] 학습과 교수의 지식을 불가피하게 국소적으로 구체화함으로서 우리는 교수를 위한 지식의 기반이 체계화 될 수 있을 가능성, 교수 전문성이 국소적 이론의 영역을 벗어나 증강될 수 있을 가능성, 교수가 인식론적 과학의 지식을 바탕으로 명성과 권위가 있는 직업에 도달할 가능성을 버리는 것이다. 우리는 이러한 상황을 피하도록 해야 한다.

장르적 접근법

앞서 언급된 심리학적 이론에 대한 교육의 이해는 4 가지 전략을 강조하였다.

- **기본 이론:** 제한적이지만 학습에 대한 분명한 관점을 제시하는 하나의 기본 패러다임을 채택
- **통합 이론:** 일관성 없는 분석 단위를 서로 연결하려고 노력하는 통합적 이론을 채택
- **전체론적 접근:** 공약불가능성을 무시한채로, 넓은 범주의 학습 이론으로부터 취사선택의 방식으로 교수법적 총체 생성

» **탈실증주의적 접근:** 주어진 교육학적 상황에서 특정 관심 부분에 국한된 이론을 재구성 (학습의 인식론적 이론화 가능성을 부정)

장르적 접근법은 기본적 패러다임 속에서 만들어진 학습에 대한 중요한 통찰력을 효과적으로 활용하기 위해 고안된 새로운 전략이다. 이 전략은 교육적 관행을 위한 서로 다른 학습 개념을 알아보고, 각 개념을 가장 잘 해석한 심리학 이론을 결정하며, 그 이론을 사용하여 **교수의 장르**, 즉 각 학습 개념에 맞는 서로 다른 교수법적 방법을 설명하는 것을 동반한다. 물론, 세포 병리학이 암을 위한 치료법을 결정하지 못하듯이, 학습 이론이 교수 방법을 **결정짓지**는 못한다. 그럼에도 불구하고, 두 가지 경우 모두 기저 매커니즘을 분명하게 이해하는 것은 견고하고 전문적인 방법을 생성하는데 중요한 자원이 될 것이다. 학습 목표, 학습 이론, 교수법적 시행을 정렬하는 전략은 현존하는 전략들이 각각 야기한 충돌, 혼돈, 진부함, 단념을 해결하고자 하는 대안으로 볼 수 있다.

학습에 대한 문화적으로 공유된 은유들

장르적 접근법의 첫 번째 과제는 교육자들의 근본적 관심사를 포착하는, 심리학자들이 연구한 학습의 개념을 알아보는 것이다. 지난 18년 동안의 학습이론에 대한 저자의 연구는 다음 3 가지의 은유로 종착하게 되었다. **습관화로서의 학습**(행동주의 심리학에 주로 영향 받음), **구성으로서의 학습**(Piaget의 발달심리학에 의해 영향 받음), **문화화로서의 학습**(사회문화적 심리학에 의해 영향 받음). 이러한 은유는 다른 연구자들에 의해서도 동일하게 사용되어 왔다(Bredo, 1994; Case, 1992; Greeno, Collins, & Resnick, 1996; Richey, Klein, & Tracey, 2011; Shulman, 1987, p. 7; Wojcikiewicz, 2010). 더욱이, 이러한 학습의 은유는 U.S. National Council for Accreditation of Teacher Education에도 명시된(NCATE, 2002; AERA, 2005) 전형적인 학습 목표들과 밀접하게 연관되어 있다(각각 기술, 개념 지식, 문화적 성향과 연관됨).

이러한 연관성을 우연으로 여기기보다는, 심리학이 종종 문화적으로 자주 쓰이는 은유에 기대어 그것의 기초적 형상이나 직관을 형성해 왔다는 것에 주목할 만하다(Fletcher, 1995; Leary, 1994; Olson & Bruner, 1996; Sternberg, 1997). Fletcher(1995)가 말하기를, 문화 속의 "대중 심리학은 우리가 일반적으로 생각하기 보다 훨씬 철저한 방식으로 과학적 심리학에 스며든다"(p. 97).

따라서, 장르적 접근법은 교육적 관행을 결정짓는 학습 목표가 심리학자들이 추구해 온 학습의 개념을 반영한다는 것을 전제로 한다. 따라서 교수의 장르를 설명하는 것은, 교수법적 관행을 위한 새로운 기초를 다지려는 것이 아닌, 통합적 이론의 논의에서 서로 얽힌 교수와 학습에 관한 기존의 직관들을 풀어내는 것이 목적이다(Kirshner, 2002). 이것이 성공적으로 이루어진다면, 앞으로 설명할 장르의 체계는, 교육의 넓은 스펙트럼에 걸친 교수법적 생각과 실제를 구성해 온 다양한 흐름의 개념화를 정제하고 정리한 체계로 볼 수 있을 것이다.

학습 이론의 사용

장르적 접근법의 두 번째 과제는 교육자들에게 동기 부여하는 학습에 대한 은유를 가장 잘 설명하는 학습 이론을 찾아내고 사용하는 것이다. 교육과 심리학 모두를 발전하도록 하는 학습에 대한 은유의 원천을 바탕으로(Fletcher, 1995; Leary, 1994; Olson & Bruner, 1996; Sternberg, 1997), 이용 가능한 패러다임의 목록에서 기존의 학습 이론들을 채택하는 것이 당연한 수순으로 보인다.

이 접근법에는 두 가지 문제가 존재한다.

(A) 비록 심리학의 주된 학습 패러다임들이 장르적 접근법의 은유에 의해 영향을 받은 것처럼 보일지라도, 그들을 대응시키는 것은 쉬운 작업이 아니다. 어떤 경우에는 주어진 은유가 하나 이상의 심리학 분야에 영향을 주어, 그 경우 학습의 이론화는 하나 이상의 패러다임에서 도출해야 한다. 다른 경우에는, 학습 이론이 주로 하나의 은유에 의해 생겨났다고 해도, 더욱 복잡한 분석 단위를 채택하기도 한다. 그러한 경우에는 심리학을 벗어나 다른 학문과 연계하여 생각해야 할 필요가 있다.

(B) "패러다임의 사영"절(p. 137)에서 언급하였듯이, 타 패러다임에서 추구된 학습의 개념까지 아우르는 노력의 일환으로, 학습 이론은 기존의 패러다임적 경계를 벗어나 사영되기도 한다. 그러한 사영은 심리학이 언젠가는 패러다임적 학문이 되려하는 경쟁적 과정에서 필요한 일부분이기도 하지만, 일관성 있고 차별화된 학습의 이론화를 설명하려는 우리의 노력에는 오히려 방해가 된다.

이러한 문제점들은 단순히 가설이 아니고, 장르적 접근법에서 논할 3가지 학습 은유의 이론화에 직접적으로 영향을 준다.

» **습관화:** (A) 기술 학습에 대한 습관화 은유는 행동주의 심리학 뿐만 아니라 인지심리학의 함의된 학습이론으로부터 도움을 받을 수 있다. (B) 더욱이, 행동주의 심리학에서는 반멘탈리즘적 논법을 구사함에도 불구하고, 교육에 적용할 때는 "사실"의 학습(Skinner, 1958b)에 연관되면서, 행동주의 심리학이 개념 학습의 영역을 침범하는 효과를 낳았다.

» **구성:** (B) 개념 학습에 대한 구성을 은유하는데 있어, Piaget의 발달심리학(Piaget, 1965/1995)과 이것의 해석인 급진적 구성주의(von Glasersfeld, 1995) 모두 그들의 이론에서 자연적 유아독존적 제한점을 부인하며, 상호주관성을 어느 정도 포용하려는 노력을 보인다.

» **문화화:** (A) 문화적 관습의 학습을 이론화하려는 근간으로서의 사회 문화적 이론의 사회발생학적 방향성에도 불구하고, Vygotsky(1978)의 관점은 궁극적으로 변증법적이며, 그들의 문화화 은유를 설명하기 위해 사회학적 이론에 의존하는 것이 불가피하다.

이 모든 문제점들은 다음 절에서 심도 있게 논의될 것이다. 여기서 중요한 점은 이 3가지의 은유에 맞는 심리학의 학습 이론을 하나씩 그대로 채택하는 간단하고 직관적인 전략에서, 한 단계 더 나아갈 필요성을 보여주는 것이다. 장르적 전략은 각 은유와 관련한 학습 이론들을 알아보고, 그 이론의 결과물을 선택적으로 채택하며, 그 은유에 특성화된 학습 이론화를 정리하는 것이라고 볼 수 있다. 이러한 구성적 과정에서 중요한 것은 이 3가지 은유들 사이의 경계를 분명히 하는 것이다. 현재 논의에서, 우리는 일반적으로 "기술의 이해", "사고의 기술 심어주기", 혹은 "개념 연습"과 같이 학습의 은유를 혼동해서 사용하는 언어적 표현을 쓰기도 한다. 장르적 체계는 각 장르에서의 학습 목표가 서로 분리되어 있을 때에만 유용할 것이고, 이론을 정리하는 선택적인 활동은 그러한 목표를 위해 작동한다.

다음 절에 제시될 이러한 선택적인 과정의 결과물은 심리학적 이론으로부터 정리된 학습 이론 틀들의 집합이지만, 그것은 기존의 이론들을 보는 일반적으로 승인된 시각과 정확히 일치하지 않는다. 그 결과물의 목적은 심리학 이론으로부터 도움을 받은 학습의 은유에 대한 가장 선명하고 집중된 분석을 교육자들에게 제공하기 위함이다. 그렇지만, 학습의 윤곽을 그리는 이 활동이 교육심리학의 한 부분으로 쉽게 받아들여지지는 않을 것이다. 교육심리학은 심리학의 한 분야로서 "그 상위 학문인 심리학에 큰 영향을 받으며"(Pressley & Roehrig, 2003, p. 340) 심리학에 의해 승인된 지식의 산물을 증진하는 것이 교육심리학의 최우선 목표이기 때문이다. 그보다, 학습의 윤곽을 그리는 활동은 심리학과 연관된 교육학계의 노력으로 봐야하며, 이것은 우리가 가진 목표로 학습을 해석해야 한다는 교육자들의 자율성에 관한 주장이기도 하다.

물론 이러한 해석적 노력은 심리학자들의 긍정적 참여를 통해 도움을 받을 수도 있지만, 과학의 동족적인 성격으로 인해(McRae, 2011) 그 가능성은 희박해 보인다. 그보다, 심리학자들은 승인받지 못한 이러한 학습의 이론화를 "약한" 혹은 "잘못된" 심리학적 이론화로 받아들일 가능성이 높다.

교육이론가들 역시 이러한 장르적 접근법을 받아들이기를 주저할 가능성이 높다. 앞서 언급하였듯이, 교육은 이제까지 심리학과 공동연구를 통해 지적 권위를 얻어왔다(Lagemann, 2000). 또한, 교육학계가 통합적이고 변증법적인 이론화의 시대로 접어들면서, 철학적, 이론적 폭과 깊이는 학문적 적합성의 척도가 되었다(수학교육자에 의해 생성된 이론의 목차는 Lester, 2010, p. 82, 참조). 이론을 몇몇 심리학적 접근법들의 집합으로 축소하는 것은 이러한 결에 어긋난다. 하지만, 이론을 축소하고 조직화하는 것이야 말로 이론적 연구가 Nuthall(2004)이 말하는 "실질적 유용성"을 얻고, "교사들이 이해할 수 있고 실제 유용한 방법으로 교수와 학습을 연관시키는 연구(p. 273)"가 되는 방법이다. 여전히, 이 새로운 접근법은 위상과 업적을 서열화하는 것에 방해가 된다.

다음 절에는 학습 이론화의 틀과 그와 관련된 교수법적 방법들이 제시된다. 그 틀은 다음과 같은 넓은 범주의 교육적 관행과 문제들의 학습 이론 배경을 분석하는 장치로 쓰일 것이다. Skinner

의 프로그램 학습, 독해전쟁, 수학전쟁, 비평적 교육학, 메타 인지적 관심, 정체성 발달, 도덕적 이슈. 각각의 예를 통해 어쩌면 복잡하며 민감하게 대립되는 문제로 남아있을 수도 있는 이슈들에 대한 혜안을 제시하려한다. 이러한 방식으로, 장르적 접근법은 기존의 내외부적 관계에 반할지라도, 간결성을 바탕으로 교육자들의 노력이 진보할 수 있게 해준다.

범학문적 이론틀

앞서 언급한 것처럼, 장르적 접근법은 학습의 이론화를 습관화, 구성, 문화화로 정리하였는데 그 결과, 각각은 확실히 서로 분리되어 있었다. 이러한 점에서 3가지 이론화는 교수 관행과 관련된 학습 이론의 틀을 구성한다고 할 수 있다. (학문 간의 연결보다는) 범학문적이라는 형용사를 사용하여 심리학의 여러 분야(행동주의 심리학, 발달심리학, 사회문화 심리학)가 (통합되기 보다는) 동시에 조율되고 있음을 강조하고자 하고, 심리학의 하위 **학문**으로서 각각 독립성을 지님을 강조하고자 하였다. [표 4.1]은 그 범학문적 이론틀의 개요를 보여주며, 3가지 학습의 은유, 그와 연계된 이론들과 이론가들, 학습 목표와 과정, 교수 장르를 포함한다.

[표 4.1] 범학문적 이론틀

학습에 관한 은유	습관화	구성	문화화
습득 되는 것	기술	개념	성향
해당 이론	행동주의, 암묵적 학습 이론	발달 심리학, 급진적 구성주의	사회문화적 이론, 사회학적 이론
주요 이론가	Thorndike, Skinner, Reber	Piaget, von Glasersfeld	Vygotsky, Parsons
학습 과정	입력/출력 요소간의 잠재의식적 연결	충돌하는 경험 → 개념적 재구성	삼투 혹은 본보기 형태의 참여
교육학적 목적	반복적 연습의 숙달	이해 및 연결 가능한 개념들	문화적으로 규범화된 참여
학생 중심의 교육학	외적으로 동기부여된 반복적 연습	가정적 학습 궤적	교실 속 미시 문화 양성
교사 중심의 교육학	반복적 연습	강의	모델링/코칭 (문화적 동화)
학생에게 필요한 특징	독립적으로 동기부여된 학습자	메타 인지적으로 성숙한 학습자	문화적으로 정체성을 찾은 학습자

학생중심, 교사중심의 교수법

[표 4.1]에서 볼 수 있듯이, 각각의 학습 은유는 두 가지의 교수 접근법을 제공하는데, 이는 학생들이 주어진 학습 목표를 성취하는 데 필요한 핵심적 특성을 지니고 있는지에 따라 달려있다. 그러한 특성을 지닌 학생은 수업 자료를 독립적으로 사용할 수 있다고 본다. 이러한 경우에는 교사가 학습 자료를 제공하는 것에만 집중하면 되는 교사 중심적 교수법이 적합하다. 하지만, 학생들이 그러한 핵심 특성을 가지고 있지 않다면, 학생 중심의 교수법에서 교사의 역할을 확장하여 학생들의 수업 자료의 이해를 돕는 것을 포함하도록 한다. 관련된 학생 특징은 각 은유와 함께 나열되어 있다. 각 은유마다 교사 중심적, 학생 중심적 교수법이 따로 제시되어 있다. 이러한 사용은 기존의 양극화된 논의 속에서 개혁안 중심의 교육과 전통적 교육에 의해 나뉘어진(McCombs, 2003) **학생 중심**(또는 학습자 중심), **교사 중심**의 사용과는 다름을 밝힌다.

습관화로서 학습

Thorndike의 연결주의를 따르는 습관화로서의 학습은 자극과 충동을 구성하는 감각적 느낌과 반응을 구성하는 행동 사이의 관계 형성으로 이해할 수 있다. 그 관계는 반복 사용할수록 더욱 강해지는데(연습의 법칙), 그것은 특히 행동적 반응이 만족할 만한 결과를 야기할 때 더욱 강해진다(효과의 법칙; Thorndike, 1911). 반복을 통해, 자극에 대한 반응은 패턴을 형성한다. 이것은 특정 행동을 보상과 처벌의 시행을 통해 형성할 수 있는 가능성을 보여주고, 이것은 행동주의 심리학에서 널리 생산적으로 연구된 문제 중 하나이다(예를 들어, Ormrod, 2000).

처음에는 동물을 이용한 연구 맥락에서 발견되고 연구되어 온 만큼, 행동주의 학자의 관점에서 중요한 학습의 부분은 의식적인 사고나 의도의 수준보다 낮은 수준에서의 학습적 조작에 관한 것이었다. Watson(1913)은 그 새로운 접근법의 개시적 연설에서 다음과 같이 말하였다. "나는 심리학을 행동의 과학이라고 정의한 뒤, 그 정의를 번복할 필요가 없다고 믿는다. 우리는 의식, 정신적 상태, 마음, 내용, 자기성찰로 증명가능한, 형상적과 같은 단어들을 사용할 필요가 없다"(p. 166).

20세기 초중반에 걸쳐 심리학의 지배적인 패러다임이었던 만큼, 행동주의 심리학은 교육에 큰 영향을 미쳤고, 플라톤으로부터 이어진 정신과 의식의 개념에 뿌리내린 교육적 전통과 상충하는 반멘탈리즘적 주장을 내세웠다(Egan, 1997). 실제로, 많은 연구자들은 행동주의 심리학이 교육과정을 정신이 배제된 행동으로 축소시킨 점을 매우 안타깝게 여겨 왔다(von Glasersfeld, 1987; Schoenfeld, 1992). 하지만, 행동주의자들은 반멘탈리즘을 교육에 사영하는 것에 엄격하지 못하였고, 대부분 (저급의) 정보 획득을 행동적 학습의 결과로 보려고 하였다. "교수학적 환경에서 교수와 학습을 조사한 연구는 **정보의 요소들**과 반복적 기술의 학습을 선호하는 조건화에 관한 행동주의 이론의 가정들을 확인하였다"(Greeno, Collins, & Resnick, 1996, p. 28, 진하게 강조). 실제로 Skinner(1958b, p. 974) 조차도 "사실"의 학습을 장려하였다.

물론, 일련의 글자들(예를 들어, 전화번호)을 단순 암기하는 것이 행동으로 학습될 수 있고, 종종 교육자들은 과학에서 정의와 같은 것들은 단어 하나하나 정확히 암기 되어야 한다고 주장한다. 이러한 의미에서, "사실"은 행동으로 봐야 한다. 하지만, 행동주의의 절정기에도, 행동주의적 교육가들은 좀처럼 단어 그대로 암기를 의도하거나 강요하지 않았다. 예를 들어, Sund와 Picard(1972)는 그들의 행동 목적에 대해, 다음과 같은 예를 교과서에 제시하였다. "학생은 유사분열의 단계를 알 수 있고 그 자신의 언어로 각 단계의 세포에서 일어나는 변화를 묘사할 수 있다"(p. 2). Chomsky(1959)가 주장하였듯이, 행동주의자들이 객관적으로 정의되지 않은 자극과 반응을 용인한 것은 개념적 내용을 비공식적으로 수용하는 효과를 낳았다.

암묵적 학습 이론: 범학문적 이론틀을 위해서 우리는 하부인지적 성과로서 기술을 배우는 것을 엄밀하게 준수할 필요가 있다. 하부인지적 차원에서 습관화 학습을 잘 이해하기 위하여 행동주의 이론을 인지심리의 한 영역인 암묵적 학습이론으로 보충하는데, 이러한 연구 영역은 반복적인 실행을 통한 자극과 반응의 복잡한 상관 관계를 정립하는 인지적 처리의 힘과 영역을 보여준다(Kirsner, Speelman, Maybery, et al., 2013; Reber, 1967). Reber(1993)는 다음사항을 언급했다.

> 암묵적 학습의 전형적인 실험법과 조건화의 표준적 연구 사이에는 매우 밀접한 관계가 있다. 그들 사이의 공통점은 사건의 공변성을 감지하는 것에 있고, 주장하건데 이 공통점은 겉보기에는 고전적 조건화와 암묵적 학습만큼이나 달라 보이는 과정 속 깊이 내재된 원리이다. 더욱이, 표면적으로는 암묵적 학습이 추상적 귀납화를, 조건화 실험은 단순한 연계성을 의미하는 것 같지만, 이러한 개념적 유사성은 여전히 유효하다. (p. 7)

이러한 연구의 전통 속에서, 자극과 반응 간의 복잡한 상호작용은 반복적 노출을 통해 형성된다. 일반적인 연구에서, 피실험자들은 자극 실험에 임할 명목상의 이유를 알게 되지만, 실제 학습목표인 기저 구조는 알지 못한다. 예를 들어, 피실험자들이 글자의 나열을 암기하도록 지시받을 때, 그 나열이 어떠한 법칙에 따른 유한 상태 문법에 의해 생성되었다는 사실은 알지 못한다(Reber, 1967). 충분히 노출됨에 따라, 피실험자들은 문법과 관련한 자신감을 획득하였다는 증거를 보이는데, 예를 들어, 같은 글자로 구성된 비문법적 나열보다 그들이 더 자주 보았던 문법적 나열을 알아보게 된다. 흥미로운 점은, 그러한 연구의 피실험자들은 대게 그들이 특정 패턴을 학습했다는 것을 인지하지 못하고, 심지어 패턴이 있었다는 사실도 인지하지 못한다. 이는 자기 보고를 통해 의식적 지식이 확인된 경우에서도 확인되었다(Fu, Fu, & Dienes, 2008, p. 186).[9]

기술 그리고 개념

동시적 발생과 공변성의 패턴이 조작적으로 인지 체계에 연결됨에 따라, 습관화로서의 학습이 무의식적으로 형성된다는 생각은 Reber(1993)의 글에서 강조되었다.

> 인지 과학자가 자극 환경을 형성할 때, 그 과학자는 요소 사이의 동시적 발생과 공변성의 특정 패턴을 반영할 만한 환경을 생성하는 효과를 가지는 특정 원리를 기본으로 할 것이다. 하지만 [피실험자에게는] **법칙**은 존재하지 않고, 동시적 발생과 공변성의 패턴만이 존재할 뿐이다. 인지 과학자는 이러한 공변성을 특징화 짓는 법칙이 존재한다고 **생각할** 수도 있고, 실제로 시작과 관련한 특정한 법칙 몇 가지를 염두에 두고 있을 것이다. (p. 116)

기술과 개념의 구분을 복잡하게 하는 것은 의식적 과정과 명시적 지시가 습관화된 학습을 촉진하는 역할을 할 수 있다는 사실이다. 기저 관계에 대한 명시적 지시는 지각적 조직을 자극 노출의 관련된 부분으로 집중시키는 역할을 하여, 특징을 연결하는 암묵적 과정을 촉진시키고 결과적으로 학습의 속도를 증가시킨다. 하지만 이러한 촉진 효과는 기저 관계를 실제로 이해하는 것과는 별개의 문제이다.

> [우리 연구의] 가장 설득력있는 해석이자 교수 이론에 흥미로운 함의점을 지닌 해석은 명시적 지시를 제공하는 것이 피실험자의 관심을 원하는 곳으로 집중시키는 기능이 있다는 것이다. 그것은 그들로 하여금 이행되어야 하는 적절한 코딩 스키마를 따르고 허용하도록 하는 자극을 특징짓는 구조적 관계를 의식하게끔 한다. 하지만, 이러한 지시사항은 문법을 완전하고 명확한 방식으로 가르쳐주지는 않는다. 대신, 지시사항은 피실험자들이 관련된 불변성으로 향하도록 방향을 잡아준다. (Reber, 1993, p. 51)

교사들이 한 세트의 수학문제와 같은 자극을 생성하기 위해 일련의 법칙을 사용할 수 있다는 사실, 그리고 학생들이 그 법칙들의 명시적 제시로 인해 이득을 볼 수 있다는 사실은 반복적 연습에 의해 일어나는 학습의 성격에 관한 상당한 오해를 불러 일으켜 왔다. 교육자들은 종종 의도된 기술을 보일 줄 아는 학생들이 그 법칙을 개념적으로 이해하였고, 이러한 이해가 성공적 수행의 근간이 된다고 결론지었다(확장된 논의를 위해 Kirshner & Awtry, 2004 참조). 이 글에서 습관화로서의 학습의 해석에 따르면, 이 두 결론 모두 근거가 부족하다. 습관화로서의 학습은 재론의 여지없이 잠재의식적인 과정이다.

기술 그리고 성향

기술을 성향으로부터 분리하기 위해, 행동 분석을 언어적 행동으로 확장하려한 Skinner(1958a)의 노력에 대하여 Chomsky(1959)가 언급한 객관성에 대한 문제제기를 되짚어보아야 한다. 이 문제는 주로 방법론적인 성격을 갖는다. 실험적으로, 혹은 교수적으로, 누군가의 행동을 기계적으로 형성하는 것은 연습과 피드백의 체계를 조직화하기 위해 자극과 반응의 사건을 객관적으로 특징화 할 수 있는 정도까지만 가능하다(Ormrod, 2000). 예를 들어, 학생들은 수업에서 손을 들고 선생님이 이름을 부를 때 말하는 습관화된 반응을 형성할 수 있는데, 이는 이 사건을 형성하는 별개의 요소들을 객관적으로 특징화 할 수 있기 때문이다. 비슷하게, 누군가는 여러 가지 문제를 풀거나 다항식을 인수분해 하는 활동을 기술로 해석할 수 있는데, 이는 각각이 식별 가능하고, 코드화할 수 있는 문제 유형이나 반복적 풀이 과정을 동반하기 때문이다.

그러나 그러한 방법은 자극과 반응이 객관적으로 분리될 수 없을 때 무용지물이 된다. 예를 들어, 평범하지 않은 수학 문제들은 발견술을 유연하게 사용할 수 있어야 한다는 점에서(Polya, 1957) 코드화하기 힘들다. 그러한 경험에 입각한 방식은 기술보다는 문화적 성향으로 받아들이는 것이 적합하고, 효과적 수업은 반복적 시행보다는 문화적 참여를 기반으로 해야 한다. Stanic & Kilpatrick(1988)이 말한 것처럼, "경험에 입각한 방식을 절차적 기술로 한정시킨"(p. 17) 1980년대의 교육과정은 학생들의 문제해결의 요령을 기르는데 실패하였다. 비슷하게, 교실 참여의 개별적 행동을 습관화된 학습으로 가르칠 수는 있지만, 행동의 규칙을 넘어서는 교실에서의 성숙한 학습자 의식을 기르기 위해서는 문화화적 생각의 틀이 필요하다(Millei, Griffiths, & Parkes, 2010).

습관화주의자의 교육학

교사 중심: 습관화 학습은 자극 세트에 반복적으로 노출됨에 따라 특징들 간의 상호 연관성을 점차적으로 성립하는 것에 바탕을 두기 때문에, 습관주의적 수업에서 기본 요소는 다양한 자극 조건에 걸친 체계적 반복 수행을 조직화하는 것이다. 또한, 앞서 언급되었듯이, 절차를 시범적으로 보여주는 것은 자극 세트의 어떤 특징들을 활성화 할 수 있고, 이는 습관화 학습의 속도를 증가시킬 것이다. 마지막으로, 수정적 피드백은 학생들이 올바른 연습과 학습을 할 수 있도록 하므로, 학습을 위해 매우 중요하다(Thorndike & Gates, 1929).

학생 중심: 반복 수행을 계속해 갈 수 있는 학생들의 동기부여가 이 수업 방식의 중요한 결정요소이다. 만약 학생이 내적으로 동기부여가 되어 있다면, 교사 중심적 습관주의 교사의 역할은 단순히 수행을 위한 적절히 구조화된 기회를 제공하는 것이다. 그렇지 않을 경우에, 학생 중심적 습관주의 교사는 학생이 외부적으로 동기부여 할 수 있는 여러 가지 도구를 사용한다. 행동주의 심리학은 참여를 유지하는데 쓰이는 보상 혹은 처벌 제공을 위한 많은 지침을 제공하는데, 이는 신중한 격려와 칭찬, 게임 형태의 활동 및 경쟁, 이익과 보상 등을 포함한다(Ormrod, 2000).

구성으로서 학습

학습을 구성으로 은유하는 것은 Piaget의 개념 발전의 이론화를 통해 다듬어졌다. Piaget는 각 개인이 지적 발달 단계를 어떻게 거치는지에 대한 거시발생학적 연구를 통해 잘 알려져 있다. 그 중 특히, 공간, 시간, 수와 같은 특정 개념적 영역에서의 거시발생학적 연구가 수학교육자나 과학교육자의 교육학과 연구에 도움을 주었다.[10)]

Piaget의 논리 체계에서 우리가 이해해야 할 점은 그의 발생적 인식론에 대한 기본적 접근 방식, 즉 경험을 통해 세상에 대한 지식을 획득하는 능력의 발생과 진화에 대한 그의 관점이다. 세상의 구조가 직접적으로 지각된다는 경험주의 관점과는 반대로, Piaget는 세상을 경험하는 행위를 통해 지식이 구성된다고 보았다.

> 어떠한 객체를 알기 위해서는, 인식의 주체가 그 객체에 대한 행위를 개시해야 하고, 그것을 변화시켜야 한다. 그 주체는 객체를 옮기고, 연결하고, 합치고, 떨어뜨리고, 다시 조립하는 과정을 거쳐야 한다. (밀고 잡아당기는 것과 같은) 가장 기초적인 감각운동적 행위로부터 (조합, 순서 매기기, 일대일 대응 시키기와 같은) 내면적으로 이루어지는 행위인 정교하고 지적인 조작에 이르기 까지, 지식은 이러한 행위, 조작과 항상 연결되어 있다.(Piaget, 1970/1983, p. 104, Paz & Leron, 2009, p. 20에서 인용)

Piaget에 따르면, 개념적 구조는 행위에서 경험된 규칙성에 그 토대를 둔다. 이는 그 규칙성이 "행위 스키마"를 형성하기 때문인데, 이는 "동일한 행위의 다양한 반복이나 겹침 속에서 공통적으로 존재하는 것이다"(Piaget, 1971, p. 7). 이러한 스키마는 추상화의 단계를 오르내리며 지식의 구성을 가능케 하는 계층적으로 구조화된 체계의 토대를 구성한다.

논리와 수학이 소위 "추상적" 과학이라면, 심리학자들은 반드시 "무엇으로부터 추상화가 이루어지는가?"라는 질문을 해야 한다. 이러한 논리 수학적 구조의 기원은 주체의 활동에서 찾아야 한다. 즉, 주체의 행위 조정의 가장 일반적 형태에서 그리고 종국에는 [유아의 기초적 반응인 빨기나 잡기와 같은] 그의 유기적 구조 내에서 그 기원을 찾아야 한다(Piaget, 1970/1983, p. 106).

초창기에 동물학자로서 경험을 살려, Piaget는 개념 발달을 적응의 관점에서 접근하였다. Piaget는 적응을, 환경 요소를 기존 개념적 구조에 **동화**하는 과정과 인지 구조를 환경 요소를 받아들일 수 있도록 **조절**하는 과정이 상보적으로 작용하는 것으로 보았다. 그 과정은 환경과의 불평형 상태에 의해 활동적으로 시작되는데, Piaget는 이 불평형 상태를 인지적 충돌, 모순, 인지 구조 내부의 불일치, 혹은 기대와 실제 사건사이의 불일치로 이론화 하였다(Sigel, 1979). 학습을 유도하는 것은 바로 더 높은 상태의 평형을 이루려는 노력, 즉 평형화이다. "Piaget가 말하는 '평형화'는 갈등에 의해 동기부여 되고 갈등을 줄임으로써 강화되는 학습의 한 형태이다"(Berlyne, 1970, p. 968;

Cantor, 1983, p. 44에서 인용함).

중요한 것은, 생산적인 개념적 재구성을 위해서는 갈등을 어떤 식으로든 반드시 경험해야 한다는 것이다(Inhelder, Sinclair, & Bovet, 1974). Piaget는 인지 체계 안에서 경험이 기록되는 자각적, 비자각적 방법들을 이해하기 위한 매우 엄밀한 개념들을 개발하였다(von Glasersfeld, 1991). 비자각적 **경험적 추상화**(empirical abstraction)는 어떤 객체나 상황의 감각적 성질에 대한 경험을 격리시키는 것을 동반하는데, 이러한 격리는 나중에 그것을 인식하는데 사용될 수 있다. 그러나 스키마가 조정되어 더 높은 단계의 개념으로 격상되기 위해서는, 그 물리적 상황과는 독립적으로 그 경험을 재생산해 낼 수 있어야 한다. 이러한 **반영적 추상화**(reflective abstraction)는 "제한적 자각의 형태"를 동반한다(von Glasersfeld, 1991). 이는 "회상적(retroactive) 주제화의 과정"(Piaget, 1977b)인 **반영된 추상화**(reflected abstraction)와는 다른 과정인데, 반영된 추상화는 자각적인 반성의 과정이 통상적으로 동반된다. 이로부터, 인지적 갈등은 어떤 개념이나 문제의 자각적 인식과 반드시 연관되어 있지는 않다는 것을 알 수 있다.

급진적 구성주의: 앞서 언급하였듯이, Piaget는 지적 발달의 단계에 대한 거시발생학을 발전시키고자 했고, 특정 영역에서의 개념적 발달에 대한 미시발생학적 연구들이 그 목적을 달성하기 위해 도왔다. 이러한 점에서, Piaget의 발생적 인식론을 다시 미시발생학에 적용한 것은 기존 이론틀을 중심적 구조로부터 모든 영역의 개념적 발달을 포함하도록 크게 확장시켰다(Steffe & Kieren, 1994). 급진적 구성주의는 발생적 인식론의 그러한 확장 요구를 받아들인 인식론적 이론(혹은 후기인식론적 이론, Noddings, 1990)이다.

모든 개념의 발달이 세상을 경험하는 행위로부터 유도된 구조에 기초한다는 것은 세상에 대한 어떤 직접적인 지식도 불가능하다는 것을 의미한다. 어떠한 유기체의 적응을 담당하는 지적 담당 기관에 있어, 문제는 "나의 이해가 실제 바깥 세상과 일치하는가?"가 아닌, "나의 이해가 생존력을 강화시켜주는 방식으로 세상과 일치하는가?"이다. 세상과의 불일치를 야기하는 개념들은 인지 체계에 동요를 일으키고, 이는 개념적 재구조화와 더욱 생존가능한 지식 구조를 갖게 한다(von Glasersfeld, 1987, 1995).

다른 사람의 지식을 포함한 모든 지식이 각 개인에 의해 구성된다는 생각은 급진적 구성주의에 대한 강도 높은 비판을 야기했고, 급진적 구성주의는 유아독존적이며 상호주관적 지식을 설명하지 못했다(e.g., Gergen, 2002; Howe & Berv, 2000; Lewin, 1995; McCarty & Schwandt, 2000; Phillips, 1995). Piaget 역시 그의 이론이 인간 지식의 사회적 측면을 설명하지 못했다는 비난을 당했다(Vygotsky, 1934/1986, pp. 154-155).

아마도 그러한 비난을 예측했거나 그에 대한 대답으로 Piaget와 von Glasersfeld는 그들의 이론이 상호주관적 지식을 설명해준다고 주장했다. "Piaget는 탈중심화(decentering) 즉, 본인과 다른 관점을 받아들이려 시도하는 과정을 강조하였다. 그는 상호주관적 조작(intersubjective operations)이라는 용어를 사용하여 타인과 소통하는 생각들을 묘사하였다"(Thompson, 2013, pp. 62-63). von Glasersfeld(1995) 역시 유사하게 "개인의 경험의 영역을 벗어나 다른 이의 경험에 도달하는 상호주관적 수준"(p. 120)을 논하며 비난에 대응했다.

상호주관적 지식을 설명하는데 있어 기본 존재론을 결합하는 것은 심리학이나 철학과 같이 다른 이론과 경쟁해야 하는 분야의 이론에서는 꼭 필요한 일일지 모른다. 그러나 범학문적 논의를 택한 이 글에서는 국소적 일관성을 유지하는 것이 목표이므로, 급진적 구성주의의 유아독존적 한계는 구성주의적 교수법을 생각하는 것에 있어 중요한 부분이고, 이는 학생과 교사의 분리 -즉, 학생의 개념적 구조에 대한 교사의 모델의 임시적, 추측적 성질 그리고 이해를 전이시키는 것의 불가능성- 을 강조한다.

학생 중심 구성주의자의 교육학[11)]

Piaget의 심리학과 급진적 구성주의에서의 인식론적, 이론적 제약들 속에서 생각하는 법을 배우고 나면, 학생 중심의 구성주의적 교육학 접근법은 꽤나 쉽게 이해가능하다(실제로 행하기는 매우 어려울지라도).

상호주관적 가능성을 배제한다면, 학생은 목표를 중심으로 한 접촉 활동으로부터 학습 가능하고, 특히 이러한 접촉이 그들의 개념적 구조와 불일치하는 것을 경험하게 될 때 가능하다. 이러한 학습에 대한 관점은 교사에게 아주 작은 역할만을 남긴다. 실제로 "Piaget에게는, 구성을 위한 주요 요소는 기존 개념과 실제 결과 사이의 불일치에 대한 활동적인 학생 스스로의 발견이었다. 그는 인지적 발달이 일어나기 위해서는 학생이 그러한 불일치를 **스스로** 마주치는 것이 절대적 필수 요소라고 주장했다"(Brainerd, 2003, p. 271).

그럼에도 불구하고, Piaget의 이론을 사용하면서 구성주의 연구자들은 Piaget의 임상 면담을 통해 학생의 개념적 구조 변이(즉, 학습)를 일으키는 것을 시도하였다(Cobb & Steffe, 1983; Steffe & Thompson, 2000). 이러한 구성주의적 **교수 실험** 방법론은 이 글의 범학문적 이론틀에서 학생 중심적 구성주의적 접근법의 기초를 제공한다.

핵심은 교사-연구자가 학생이 마주칠 문제 환경을 개념적 재구조화에 알맞은 경험으로 만들어 냄으로써, 학습의 생성에 오직 간접적으로 참여하는 것에 있다. 학습은 문제 활동 환경 내에서 학생의 행위와 반성적 활동의 결과로 일어난다. "학습은 그것을 유인하는 것이 교사-연구자에 의해 의도된 바일 수 있다는 점에서 우연이라고 볼 수 없다. 그러나, 그 학생의 기억속에서, 학습에 동반된 과정은 본질적으로 그의 지각 바깥 영역에 놓인다"(Steffe & Thompson, 2000, p. 290). 이것이 행위의 유아독존적 원리이다.

Steffe & Thompson(2000)이 설명하였듯이, 그러한 문제 환경을 만드는 데 첫 번째 필수 요소는 교사가 학생의 개념적 구조에 대한 모델을 형성하는 것이다. 이 모델은 가르쳐야 할 내용에 대한 교사의 성숙한 이해에 반해 학생의 개념적 구조가 가진 제한점을 이해하는 것을 포함한다. 이따금 이러한 모델이 Piaget의 이론적 개념을 사용하여 생성되었지만(Steffe, 1994; Thompson, 1994), Piaget 이론의 대부분은 "만족스러운 설명을 제공하기에는 너무 모호하다"고 지적되었다(diSessa, 2006, p. 535; Goodson-Espy, 1998). 역사적으로, 이러한 모델링을 위한 지침으로써 다음과 같은 다양한 틀들이 그 역할을 했다: 인지 과학(Sloboda & Rogers, 1987); "개념적 은유"(Lakoff & Núñez, 2000); "체화된 객체"(Gray & Tall, 2001); 과학교육에서는, (Kuhn에 근거한) 고착화된 오개념, 수정 가능한 선입관(diSessa, 2006).

Piaget의 이론적 장치가 직접적으로 사용되는 일은 드물더라도, 그의 기본적인 생각의 틀은 다음 세 가지에 매우 유익하다: (A) 유용한 모델의 본질, (B) 효과적인 문제 환경의 특성, (C) 구성적 과정에서 교사의 지지적 역할.

(A) 주체의 행위를 개념적 스키마의 기초로 보는 Piaget의 강조점에 따라, 학생의 이해에 대한 모델은 학생이 실제적, 지각적 조작 단계에서 가질 수 있는 직관과 선입견을 최대한 추적해 내야 한다. Lakoff & Núñez(2000)가 논하였듯이, "대부분의 경우, 인간은 추상적인 개념을 구체적인 용어를 이용해 개념화하고, 감각 운동계에 기초한 추론의 방법이나 생각을 이용한다"(p. 5). 학생이해에 관한 실험적인 모델은 이러한 지각적이고 감각 운동적 바탕을 추적할 수 있어야 한다.

(B) 첫 번째 원리에 입각하여, 개념적 이해를 형성하기 위한 문제 환경은 이러한 지각적, 감각 운동적 수준의 기초를 일깨우는 활동 체계를 구축해야 한다. 앞서 언급 했듯이, 이러한 활동 체계는 스키마가 재배열되는 "반영적 추상화"에 이르게 할 수 있다. 이는 학생의 설명과 예측에 모순되는 경험적 증거를 제공하는 "교수의 '갈등' 모델"(diSessa, 2006)은 배제한다(Confrey, 1990; Simon & Tzur, 2004). 그러한 경험적 접근법은, Piaget에게는 파생물로 여겨진 지각적 "반영된 추상화"에 의존한다(von Glasersfeld, 1995). 그보다는, 지각적, 감각 운동적 수준의 개념적 구조를 꿰뚫는 활발한 활동 구조가 필요한데, 이는 이러한 참여가 학생이 재구성적 과정을 거치기 위한 긍정적인 재료를 제공할 수 있기 때문이다. 즉, 경험적 모순만으로는 부족하다.

(C) 마지막으로, 학생의 구성 활동을 효과적으로 돕기 위해서, 교사는 학생 이해의 초기 상태에 관한 모델, 성숙한 이해의 최종적 목표, 그 과정에 이르는 중간 단계의 이해를 알고 있어야

한다. 뿐만 아니라, 교사는 그 학생의 성장을 돕도록 고안된 문제에 학생의 이해가 어떻게 변화할 지 역시 예상할 수 있어야 한다. 이 모든 것을 종합한 개념이 **가설적 학습 궤적**(hypothetical learning trajectory)이며, 이 개념은 "학생의 학습을 위한 목표, 학생 학습을 촉진하기 위한 수학적 과제, 그리고 학생 학습의 과정에 대한 가정으로 구성되어 있다"(Simon & Tzur, 2004, p. 91). 개념적 변화 과정에 대한 관심은 구성주의자들의 교수 실험 개념에 있어 동기부여적인 수정 사안이다.

> 몇몇 교수 실험에서(예를 들어 Steffe, 2003), 회상적 분석의 목적은 학습 과정에서 시간상 다른 지점에 있는 학생의 이해를 특징짓는 것이다. 우리가 교수 실험을 채택하는 것에 있어 분석의 목적은 학생의 최종적 이해만을 특징짓는 것이 아닌, 학생의 (변화하는) 사고의 흐름을 특징짓는 것이다. (Simon, Saldanha, McClintock, et al., 2010, pp. 91-92)

이 모든 것을 종합하자면, 구성주의적 교수 실험에서 교사/연구자는 학생의 내용적 이해에 대한 실질적 도움이 되는 모델을 개발하는 것, 학생이 그 이해를 재구조화 할 수 있는 문제 환경을 고안하는 것, 학생의 눈을 통해 그 과제 영역이 어떻게 개념적 발달을 촉진시킬 수 있는지 인지하는 것을 위한 상당한 지식을 필요로 한다.

뿐만 아니라, 교사/연구자가 학생의 과제에 참여를 촉진함에 있어 필요한 활동적인 능력은 다음과 같다. 첫째, 과제에 대한 이해를 감독 하고, 학생이 과제를 의도대로 이해하였는지를 확실히 하기 위한 조정 및 재방향 설정; 둘째, 과제 참여가 예상대로 흘러가는지 측정(실험자는 학생 이해의 모델과 과제 환경의 효과성을 재고하고 수정할 준비가 되어 있어야 함); 셋째, (참여를 방해하지 않는 임시적 수준에서) 과제가 이해를 변형할 수 있는 잠재력을 강화하기 위해 불일치적 요소를 학생의 참여공간에 병렬시키는 것을 조력; 넷째, 개념적 장애물을 마주쳤을 때 발생할 좌절감을 헤쳐나갈 수 있도록 격려(Steffe, 1991). 마지막으로, 이 목록에 포함되지 않은 것은 교사가 완성된 활동을 간결하게 요약하여 제공할 수 있어야 한다는 것이 요구사항이다. 많은 경우에, 이 경험은 정제되지 않은 상태로 남겨져야 하는 데, 이는 그 경험이 스키마의 재구조 과정에 계속해서 도움이 되기 위해서 이다. "회상적 주제화"(Piaget, 1977b, Vol. 1, p. 6)는 우연히 일어나도록 놔두거나 지체가 일어나서는 안 된다. 성급히 활동을 마무리 짓는 것은 반영적 추상화로 연결되는 깊은 사고 과정을 단축시킬 수 있다.

교실에서의 이행

앞서 언급된 교수법적 모델은 한 두 명의 학생들이 그들을 위해 고안된 문제에 참여하는 동안 교사-연구자가 개념적 구조를 면밀히 살피는 임상 연구 방법론에 기초한 것이다(Steffe & Thompson, 2000). 각 학생의 개념적 구조를 그 학생의 개별적 경험에 의한 고유 결과로 이해하는 존재론적 시각에서, 이 교수법이 어떻게 교실 맥락에 적용될 수 있을까? 이에 대한 대답은, 비록 구성주의가 학습을 개별적 구성에 기초한 것으로 이론화하지만, 학생들에게 공통적으로 발견되는 적응적 구조가 존재한다는 것이 밝혀졌다. Piaget는 이를 생물학적, 물리학적 실제에 기인한 구성의 제약 때문이라고 보았다(Brainerd, 2003; Glick, 1983).[12)]

그러나 실제 교실은 학생의 개념적 구성을 살피기에는 복잡한 환경이다. 학생들이 본인 자리에서 문제를 해결하도록 하는 것은 개별 학생들이 과제에 참여하도록 할 수 있겠지만, 그로 인해 언어적 표현이나 교사의 중재가 제한된다. 소집단 형식은 학생들에게 그들의 이해를 표현하는 기회를 제공하지만, 학생들 간의 소통은 개별적 학생의 생산적 반영 활동을 돕기 힘들 것이다. 교실 학생 전체를 위한 수업은 교사가 대화 중재를 가능케 하지만 학생들의 표현 정도를 제한한다.

더욱 복잡한 것은, 총괄적 개념적 이해는 개별적인 개념적 구조로 이루어진 것이 아니라, 수직적 그리고 수평적으로 서로 연결된 구조들로 이루어져 있다는 점이다(Hiebert & Carpenter, 1992). 이는 과정(processes)의 수준에서 개념적 대상(objects) 수준으로 넘어가는 사물화(reification)를 통한 수직적 연결을 포함한다(Goodson-Espy, 1998; Sfard & Linchevski, 1994). 따라서, 학생 중심의 구성주의적 교사는, 구체적 개념에 목표를 둔 수업을 고안할 뿐 아니라, 내용 간의 연결을 통한 이해의 발현을 돕기 위한 기회에 민첩하게 대응할 것이다. 개념의 변화는 종종 상호작용적으로 성립된다. 구성주의적 교수 실험에 있어 앞서 언급한 교사의 능력은 매우 중요하다. 하지만, 교사는 주어진 상황에 적절하게 대처 가능해야 한다.

이러한 제한점과 복잡성에도 불구하고, 학생 중심의 구성주의적 교실 수업은 꽤나 견고해 보인다. 다양하게 이행가능한 방식이 있으므로, 심리학적 구성주의의 존재론을 교실에 적용하는데 관심을 보이는 많은 연구자들은 특정 교수법적 방법을 택하는 것을 피해 왔다. 예를 들면, 인지적으로 안내된 수업(Cognitively Guided Instruction, CGI)의 연구자들은 교사와의 작업에 있어, 단순히 학생의 수학적 구성에 대한 내용만 공유한 뒤 그것이 교수법에 미친 영향을 관찰 하였다(Carpenter, Fennema, Peterson, Carey, 1988; Moscardini, 2014). 또한 이 학생들이 얻은 학습 효과 중 인상적인 것을 기록하였다. 비슷하게, 과학교육에서는, “학생들의 가공되지 않은 생각에 주의를 기울이는 매우 일반적인 구성주의적 발견술이 효과가 있어 보였다... 교사에게 학생들의 생각을 가르치는 간단한 개입이 놀라울 만큼 성공적 결과를 낳았다”(diSessa, 2006, p. 276).

교사 중심 구성주의자의 교수법

앞서 묘사된 학생 중심의 구성을 위한 교수법은, 강도 높은 문제해결, 대단한 지식 기반, 인지적 부조화를 조정하고 학습자에게 그를 선명히 볼 수 있도록 하기 위한 실시간의 대응 가능성을 필요로 한다는 점에서 큰 노력을 요한다. 이러한 고강도의 노력은 개념적 구성이 가진 우연적 성질 때문에 필요한 것이다.

> 주체의 개념적 변화를 이끄는 인지적 갈등의 효과성은 과학교육과 읽기 교육에서 모두 입증되었지만, 그 효과는 자동적이지 않다. 인지적 갈등의 효과성은 학생의 이해가 감독되는 방식에 달려 있다. 우선 그 주체가 불일치성을 알아채는가에 달려 있고, 또한 그것이 어떻게 해결되느냐에 달려 있다. (Otero, 1998, p. 149)

미묘한 불일치도 알아볼 수 있는 섬세함이 개념적 학습을 이끄는 반영적 추상화 과정을 자극하는 핵심 요소이므로, Otero(1998)의 관찰에서 메타 인지적 능력이 학생에게 줄 수 있는 자극제 역할을 보여 준다(Simon, Tzur, Heinz, & Kinzel, 2004). 이 경우에, 개념을 가르치기 위한 더욱 자명한 방법을 이용하여, 훨씬 더 간단한 교사 중심적 구성주의적 교수법이 이용될 수 있다. 바로, 개념의 성숙한 형태를 직접적으로 설명하는 형태의 강의이다. (이는 매우 특별한 형태의 강의임을 강조한다. 강의 또한 상호작용적 요소를 포함할 수 있고, 학생들이 가질 만한 선개념에 주의를 기울일 수 있으며, 학생 중심의 구성주의적 수업을 더욱 강화할 수 있는 학생 이해를 위한 추가적 도움도 제공할 수 있다(Brown, Manogue, & Sadownik, 2001.).

메타 인지적으로 우수한 학생에게, 강의는 성공적일 수 있는데, 이는 그들의 직관과 교사의 설명 요소 사이의 갈등 관계에 주의를 기울이는 학생들이 그들의 개념적 구조와 불일치를 일으키도록 가정된 상황을 생성함으로써 스스로 인지적 갈등을 조정하려고 하기 때문이다. 이 경우에, 교사의 역할은 개념의 성숙한 형태를 조직화하고 전달하는 것에 국한된다. 그 교사는 학생 이해 모델을 알고 있거나 그 모델을 기반으로 한 문제를 중재할 필요가 없다. 실제로, 교사는 학습과 교수에 관한 구성주의적 관점을 채택할 필요조차 없지만, 자신의 이해를 학생들에게 직접적으로 전달한다고 믿고 있을 지도 모른다.

메타 인지적 능력은 가르쳐야 할 내용의 개념적 복잡성과 연동되어 있다는 데 주목해야 한다. 강의는 학생의 메타 인지적 능력이 그 개념의 현 상태와 성숙한 형태의 차이를 조절할 수 있을 만큼 충분할 때에는 완벽히 적절한 교수 방법이다. 비교적으로 훌륭한 메타 인지적 능력을 가진 학생이라도 매우 어려운 개념이라면 강의 내용을 효과적으로 소화하지 못할 수도 있고, 메타 인지적 능력이 부족한 학생이라도 간단한 개념적 내용을 다루는 강의라면 도움이 될 수도 있다.

문화화로서 학습

이 글에서 **문화화**는 한 문화적 공동체에 포함됨으로써 **성향**들을 갖게 되는 과정을 말한다. 성향은 넓게 해석할 수 있는데, 이는 사람, 문제, 인공물, 혹은 그 자신과 상호작용하는 특정한 문화적 방식을 말한다. 달리 말하면, 문화화는 문화적 관행(practices)의 습득이고, 다만 분석적 객체로서 관행은 문화 안에 갇혀 있고 행위자를 거쳐 확산된다(Hutchins, 1995; Nardi, 1996). 그에 반해 성향은 개인의 성질이다. 범학문적 이론화를 위해서, (비록 학습의 과정은 사회적일지라도) 학습을 개별의 수준에서 획득되는 것으로 논하는 것이 이로울 것으로 보인다.

어떤 성향을 획득할 가능성은 유전적 소인의 영향을 받을 수 있다. 예를 들어, 사람들은 어떤 사람이 논리적 사고를 하는 경향이 있다던가 선천적으로 부끄러운 성향이 있다라고 말을 한다. 하지만, 참여에 대한 경향은 문화적 맥락 안에서 성향의 형태로 나타날 뿐이다. 이러한 해석은 독일의 심리학자 William Stern의 성격 이론과 일치하는데, 그는 "성격의 모든 특성은 부분적이든 전체적이든 심리적 존재의 행동이나 상태의 고정된 결정요소로 여겨져서는 안 되며… 그보다는 **잠재성**을 가진 것으로 봐야한다... 오직 세상과의 오랜 접촉을 통해서만 다양한 잠재성들이 점차적으로 억제되며, 최초에 특정 방향으로 향했던 강하지 않은 성향은 다른 많은 가능성들을 허용하며 상대적 경향으로 발전할 수 있다"(Lamiell, 2013, pp. 108-109).

성향에 대한 이러한 생각은 인지과학에서의 전형적 묘사와는 차이가 있다. 예를 들어 비판적 사고, 메타 인지, 문제해결 전략과 같은 인지적 관행은 인지적 기구에 의한 능력으로 자연적으로 길러진다고 보며, 그것을 문화가 개인적 수준에서 발현된 것이라고 이해하지 않는다(Scribner & Cole, 1977). 따라서, 성향은 이러한 능력을 이용하기 위한 경향이나 추세로 보여질 뿐이다. 예를 들어, Perkins와 Ritchhart(2004)는 "성향 그 자체를 사고 능력으로 보기 보다는 능력의 기폭제 혹은 동기부여제"(p. 179)로 여기는 좋은 사고를 위한 이론틀을 제시하였다.

문화의 내면화는 구소련 시대의 심리학자인 Lev Vygotsky와 그의 학생들, 협력자들에 의해 활발히 이론화 되었다. 그를 뒤따라 사회문화주의와 행동이론 학파가 생겨났다. 사회발생학적 방향성을 띄는 Vygotsky의 업적은 그의 발생적 법칙에서 명확히 드러난다. "아이의 문화적 발달에서 어떠한 기능이든 두 가지 차원에서 두 단계에 걸쳐 나타난다. 첫 번째, 그것은 사회적 차원에서 사람들 간의 정신간적(interpsychical) 범주에서 나타나고, 그 뒤에 심리학적 차원에서 그 아이 내면의 정신내적(intrapsychical) 범주에서 나타난다"(Vygotsky, 1978, p. 57).

하지만, Vygotsky의 사회발생학적 방향성은, 문화에 의해 형성되고 문화를 형성하는 것을 모두 설명하는 인간 발달과 학습을 위한 총망라적 이론을 제공하려는 그의 바람에 의해 더욱 복잡해졌다. 따라서 그는 "정적인 개념의 사회적 결정"을 거부하였다(Penuel & Wertsch, 1995, p. 84). Cole(1996)이 언급하였듯이 Vygotsky에게,

> 문화를 형성하고 문화를 통해 형성되는 이중적인 과정은 인간들이, 주체와 객체, 사람과 환경 등의 전통적 이분법이 분석적으로 분리되거나 독립-종속 변수로 순서짓는 것이 불가능한 "의도적으로"(구성

된) 세계에 살고 있다는 것을 의미한다. (p. 103)

더욱이, Vygotsky(1978)는 발달(즉, 더 높은 수준의 정신적 문화적 시행을 내면화 하는 것)과 학습(기술과 개념)을 상호의존적인 것으로 보았다. "우리의 가설은 학습 과정과 내면적 발달 과정을 동일시하기 보다는 화합을 이루도록 하는 것이다. 그 가설은 하나가 나머지로 변형된다는 것을 전제로 한다"(pp. 90-91).

사회학적 이론

비록 Vygotsky가 심리학에서는 순수 사회발생학적 입장에 가장 가까이 위치한 학자였지만, 그의 변증법적 입장과 이론의 통합적 복잡성으로 인해 Vygotsky 이론은 학습 은유로서의 문화화의 이론틀로서 그 유용성이 제한적이다(그러나 사회문화적 심리학의 특정 부분은 여전히 사용될 것이며, Vygotsky의 교수법적 통찰력은 공감할 만 한다). 실제로, 서구의 사회 과학은 매우 강한 개인주의적 성향을 보여서 심지어 사회학에서도 "대부분의 사회학자들은 존재론적 개인주의로 알려진 입장을 [갖는다]. 이는 오직 개인만 존재한다는 **존재론적 입장**이다"(Sawyer, 2002a, p. 555). 그러나, 사회학에서는 Emile Durkheim의 연구로 부터 유래한 **환원불가능한 창발**(irreducible emergence)이라는 개념이, 문화화 은유의 중심에 놓인 사회적 인과성과 관련한 입장과 일치한다. "Durkheim([1895] 1964)의 사회학의 자율성에 대한 창발론자들의 설명은 기초적으로 창발적 (혹은 '독자적인') 사회적 성질이 각 개인에게 인과적 힘을 가진다는 것에 기반을 둔다"(Sawyer, 2002a, p. 558; Durkheim의 업적은 Sawyer, 2002b 참고).

개인적 공간에 대한 사회학적 심리학, 즉 인간 공간학(Hall, 1966; Li, 2001)은 사회적 인과관계의 패러다임적 예를 제공한다. 인간 공간학은 국가적 문화의 구성원이 다양한 사회적 목적을 가지고 그들의 몸 주변에 특정 경계를 만드는 경향을 다룬다. 예를 들어, 프랑스인들은 미국인보다 대화를 할 때 신체적으로 더욱 가까이 있는 것을 선호하는 경향이 있다(Remland, Jones, & Brinkman, 1991). 명백히, 인간 공간학적 성향은 폭력이나 지각적 인식 없이도 그 문화적 환경에 포함됨으로써, 그 문화권의 시민에 의해 획득된다. 실제로, 사회학자인 Talcott Parsons(1951)에 의하면, 사회적 규범이 "규범적"이 되기 위해서는, 그것이 인지적 반영의 영역에서 벗어나야 한다. 즉, 그것은 단지 행동을 위한 추가적, 기계적 자원이 되는 것이다.

어떤 가치 기준에 대한 방향성은 동기부여적 측면에서 다양한 방식이 존재한다. 그 중 가장 중요한 두 가지 방식은 편의(expediency)를 택하는 태도와 가치 기준을 투입(introjection) 혹은 내면화하는 방식이다. 첫 번째 방식에서는 기준을 따르는 것 혹은 따르지 않는 것이 행위자의 수단적 이익의 기능을 하게 된다. 두 번째 방식에서는 기준을 따르는 것이, 수단적으로 중요하다기 보다는, 행위자의 인격적 구조 속에서 필요한 하나의 성향이 된다. 후자는 가치의 규범적 패턴-구조가 그 동기부여와 결합되는 기본적 방식으로 봐야한다(p. 37).

저자는 Parsons가 말하는 무의식적인 **투입**이 문화화의 기본적 매커니즘이라고 본다. 하지만, 이러한 순수한 형태의 문화화는 하나의 성향만 두드러지는 단일 문화에서만 가능할 것이다. 또한 인간은 여러 하위 문화에서(예를 들면, 운동선수로서, 과학자로서, 조직의 일원으로서) 독특한 관습을 통해 그 하위 문화로 문화화 될 수도 있다. 그런 경우에 구성원은 독특한 문화적 관습을 모방함으로써 하위문화에 **문화적 동화**(acculturation)를 일으킨다. 문화적 동화가 역사적으로 더욱 일찍 발견되었고(Powell, 1883) 더욱 현저한 과정일지라도, 문화적 동화는 그 주변에서 항상 일어나고 있는 문화화(enculturation)의 무의식적 과정에 보조적 역할을 하는 것으로 이해되어야 한다. 문화는 셀 수 없이 많은 문화적 관습으로 이루어져 있고, 각 관습은 단지 제한된 수의 사람들에 의해서만 의식적 모방의 형태로 이루어질 뿐이다(Kirshner & Meng, 2011).

학생 중심 문화화 교수법

문화화/문화적 동화의 구분은 두 가지의 교수법적 장르를 규정한다. 하나는 모든 학생들에게 적합한 **학생 중심적 문화화**(enculturation) 교수법이고, 다른 하나는 그들이 속한 문화에 자신을 동일시하고 그 구성원이 되려고 하는 학생들에게 적합한 **교사 중심적 문화적 동화**(acculturation) 교수법이다. 문화화 교수법에서, 교사는 주어진 문화 속에서의 참고 문화와 목표로 설정된 성향을 정함으로써 시작한다. 수업의 초점은 교실의 미시문화에 있고, 교사는 목표 성향에 있어 교실의 미시문화를 참고 문화와 비슷하게 만들려고 노력한다. 따라서 학생들은 교실의 대행적 문화에 포함됨으로써 목표된 성향에 근접한 것들을 획득하게 되고, 이 무의식적인 과정은 인간 공간학적 성향이 국가적 문화에서 습득되는 것과 같은 과정이다. Vygotsky(1926/1997)는 문화화 교육학의 근간을 명확히 설명하였다.

> 심리학적 관점에서, 교사는 교실의 사회적 환경의 감독관이자, 학생과 교육적 과정의 상호작용을 지휘하고 이끄는 역할을 한다.... 비록 교사가 학생에게 당장 어떠한 영향을 생성해 낼 힘은 없더라도, 사회적 환경을 통해서 학생에게 직접적 영향을 미치기에 충분한 힘을 지닌다. 사회적 환경은 교육 과정의 진정한 수단이고, 교사의 전반적 역할은 그 수단을 조정하는 것으로 볼 수 있다.... 따라서, 교사는 그 환경을 변화시킴으로써 학생을 교육시킨다. (p. 49)

Yackel & Cobb(1996)은 그러한 교수법이 어떻게 구조화 되는지에 대한 훌륭한 관점을 제시한다. **사회수학적 규범**(예를 들면, 수학적으로 명확한 풀이를 가치있게 여기는 것)을 "각 교실 공동체가 활발히 형성"(p. 475)하는 수학적 문화의 목표된 성황으로 논함에 있어, 그들은 닭이 먼저냐 달걀이 먼저냐에 해당하는 문제에 대해 언급한다. 학생들이 목표된 성향을 획득하는 것은, 오직 관련된 관습이 그 교실의 미시문화 속에서 이미 형성되어 있는 정도 만큼만 가능하기 때문이다. Yackel & Cobb(1996)은 이 문제를 설명하기 위해 민속사회학적 방법론에서 "재귀(reflexivity)"(Leiter, 1980; Mehan와 Wood, 1975)라는 개념을 빌려 온다.

> 사회수학적 규범에 있어, 교실 속의 수학적 규범이 되는 것은 그 상황에서의 교실 구성원들이 가진 목표, 신념, 추정, 가정에 의해 제한된다. 동시에 이러한 목표와 매우 함축적인 이해는 허용 가능한 수학적 활동의 영향을 받는다. 이러한 점에서 사회수학적 규범과 수학적 활동에 대한 목표, 믿음은 재귀적으로 연결되어 있다.(p. 460)

이 문제를 해결하기 위해 문화화를 택한 교사에게 중요한 전문성이 필요하다. Yackel & Cobb(1996)이 묘사하였듯이, 섬세한 관심과 격려를 통해, 교사는 시간이 지남에 따라 교실의 미시문화에 명백히 드러나는 참여의 방식에 큰 영향을 미치게 된다(Vygotsky, 1926/1997). 문화화의 목표를 위해서, 점진적 계획이 필요한데, 최초의 참여 방식이 교실 미시 문화에 일반적 기류를 형성하는 단계에 이르고, 종국에는 더욱 성숙한 형태의 참여로 대체되어야 한다.

예를 들어, 일반적으로 수학적 주장을 뒷받침하기 위해 교과서나 교사에게 허가를 구하려는 (Harel와 Sowder(2007)는 이를 "외부적 확신의 증명 스키마"(p. 809)라 일컬음) 어린 학생들에게 수학적 증명(Pedamonte, 2007; Stylianides & Stylianides, 2009)이라 불리는 특징적 주장의 형태를 가르치는 상황을 가정해 보자. (주장의 정교함에 상관없이) 학생이 어느 정도의 주관적 확신을 보일 때 그것이 흥미롭다는 신호를 자연스럽게 내보임으로써, 교사는 교실에서 주장에 대한 규정을 "경험적 증명 스키마"로 점차 옮겨가도록 할 수 있으며, 이는 결국 "연역적 증명 스키마"로 옮겨갈 것이다(p. 809). 이 예처럼, 중요한 문화적 정체성을 배우는 것은 몇 달이나 몇 년에 걸친 조정된 노력을 요구한다.

문화화의 특징을 구현하고자 할 때, 문화화 교수법의 중요한 특징은 교사의 참여에 대한 계획이 암묵적으로 드러나야 한다는 것이다. 이는 교사가 (비교적 수동적인) 참여의 도구로 제한되어야 한다는 것을 의미하지는 않는다. 교실 공동체의 한 구성원으로서, 교사는 참여를 통해 참여 방식을 도입시킬 수 있다. 그러나, 어떤 경우에도 그 참여 계획은 암묵적이어야 한다(Parsons, 1951). 그것이 노골적으로 드러나는 순간 문화적 정체성의 정치학으로 들어서며, 이는 문화적 동화의 교수법으로 변하게 된다.

교사 중심 문화화 교수법 (문화적 동화의 교수법)

문화적 동화의 특징을 구현하기 위해, 중요한 학생의 특징은 해당하는 문화에 자신을 동일시하는 것이다. 이 경우에, 교사의 주된 교수법적 역할은 문화의 특징적 관행의 표본을 보여주는 것이다. 이러한 수업 과정은, 해당 문화와 동일시하고 그 일부가 되려는 학생에게, 문화적 자원의 가치를 깨닫고 그 자원을 점차 발달하는 참여적 관행에 적용할 기회를 제공한다. 그 수업 과정은 교사와 학생의 문화적 참여로 활발하지만 비형식적으로 구조화 될 수 있다(예를 들어, 수학 동아리의 활동을 이끄는 수학자가 수학 문화에 특수화된 사고, 가치, 문제해결 시행 방식을 보여줄 때). 이러한 경우에, 문화적 관행을 배우는 계획은 암묵적일 수 있다. 또 다른 방법으로 교사는 학생에게 목표된 문화적 관행의 수행을 가르치고, 그 교육목표를 노골적으로 드러낼 수도 있다.

문화적 동화를 따르는 교사에게 필수 조건은 그가 문화적 관행을 효과적으로 시범 보일 수 있을 만큼 기준 문화에 충분히 흡수되어 있어야 한다는 것이다. Ma(1999)의 말을 빌리자면, "수학에 문화적으로 동화된 교사들만이 학생들에게 수학적 탐구를 행할 수 있는 능력을 길러줄 수 있다"(p. 106). 더욱이, Ma는 교사가 학생 앞에서 자신을 그 기준 문화의 충실한 구성원으로 **드러내야하며,** 이는 교사가 보여준 문화적 관행의 모델이 본보기로 삼을 가치가 있다고 학생들이 느끼게 하기 위함이다. 이 필수 조건은 앞서 문화화를 따르는 교사에게 필요한 조건과는 다르다는 것에 주목하길 바란다. 문화화를 따르는 교사는 문화의 특정 관행에 대한 지식이 명확해야 하고 그 관행의 발전적 관점까지 포함하고 있어야 한다.

학교에서, 문화적 동화 교수법은 정체성의 동일시가 학생들 자신의 의지에 의해 선택되는 방과후 동아리나 마그넷 프로그램에 적용될 수 있다. 하지만, 유치원부터 고등학교에 이르는 일반적인 교육이나 대학 수준의 교육에서는 응용이 제한적일 수 있다. 몇 년 전, 저자는 두 명의 수학자들과 함께 졸업반 학부 수학 수업을 가르칠 기회를 가졌다. 이 수업의 목적은 학생들이 수학 문화 속에서 더욱 깊이 이해하고, 가치를 느끼며, 참여하도록 돕는 것이었다. 나의 동료들은 매우 저명한 수학과의 선임 구성원이었으며, 박사과정 학생들을 성공적으로 지도한 상당한 경험이 있었다. 그 수업에서 그들이 취한 접근법은 학생에게 문제를 제시하고, 같이 토론을 하며, 그 과정에서 그들의 문제해결 과정을 모델링하고, 기존 문제에서 파생되는 흥미로운 문제들을 다루며, 그들의 수학에 대한 넓은 관점을 소통하고, 수학에 대한 흥미와 열정을 공유하는 것이었다. 짐작컨대, 이러한 방식은 이미 자신을 수학자로 동일시한 박사과정 학생들에게는 좋은 효과를 가졌을 것이다. 하지만, 이 수업의 졸업반 학생들은 대부분 교사 양성 과정의 학생이었으며, 자신들을 수학자와 동일시 하지 않았다. 따라서, 그 강사들이 제공한 풍부한 문화적 자원을 가치있게 여기거나 사용할 수 없었다.

정체성의 정치학

앞서 논의하였듯이, 문화적 동화 교수법은 문화적 대변인으로서 교사와 학생의 비형식적 관계를 통해 진행 할 수 있으며, 혹은 문화적 관행의 교과 과정이 명확히 제시된 상태에서 보다 형식적인 멘토링 활동이 될 수도 있다. 후자의 경우에, 문화적 관행의 채택이 필수적이도록 수업을 설계하는 것이 가능하다.

명시적이고 필수적인 문화적 동화 교육과정 경우, 스스로를 기준 문화와 동일시하지 않는 학생에게 그것을 적용하려고 하는 것에는 위험이 따르는데, 그 위험은 수업에서의 문화적 요구가 그 학생에게 "내적 갈등"을 야기할 수 있다는 것이다(Brown, 2004, p. 810; see also, Bishop, 2012; Clark, Badertscher, & Napp, 2013; Gutierrez, 2002; Kincheloe & Steinberg, 2007; Nasir & Saxe, 2003; Rubin, 2007; Vagan, 2011). 과학교육에서 Aikenhead와 Jegede(1999)는 다음과 같이 논하였다.

> 과학의 문화가 학생의 실제 세상과 일반적으로 반목할 때, 과학교육은 그 학생이 그의 실생활에서의 개념을 버리거나 축소하고, (과학적인) 개념화의 새로운 방식을 재구성하게 함으로써 그 학생의 세계관을 혼란시키는 경향을 보일 것이다. 이 과정이 동화이다. 동화는 학생 고유의 실생활 문화로부터 그를 고립시키고 따라서 다양한 사회적 분열을 야기할 수 있다(Baker & Taylor, 1995; Maddock, 1981). 혹은 그 대신에, 동화를 하려는 시도는 학생을 과학으로부터 고립시킬 수 있다. (p. 274)

윤리적 원리: 예를 들어, 과학이 모든 곳에서 학교 필수 과목으로 지정되면 안 되는 것처럼 아직 기준 문화에 속하지 않는 학생들을 위한 문화적 동화 교수법 사용과 관련한 윤리적 문제의 복잡성을 단순하게 논하고 싶지는 않다. 이러한 문제는 이 장의 내용을 벗어나는 길고 중요한 역사를 가진다(Apple & Au, 2014). 그러나, 문화화와 문화적 동화의 구분은 이 범학문적 이론틀에서 새롭게 도입된 것이다(Kirshner, 2004; Kirshner & Meng, 2011). 이로 인해 두 가지의 문화화 교수법과 관련된 주요 원리를 제안할 기회가 주어졌다. **문화적 동화 교수법에서 일어날 법한 개인내 문화적 갈등에 관한 윤리적 문제는 문화화 교수법에서는 일어나지 않는다.**

내 주장의 요지는, 다원론적 사회에서 문화는 다른 문화와의 접촉의 영향 하에서 언제나 변화하고 있다는 것이다. 사회는 통상적 사회적 교류 과정에서 개개인이 경험하는 문화의 영향으로 가득 차있다. 이 과정에서, 정체성 구조는 발달하고 변한다. Kim(1988)이 언급하였듯이, "주최 환경에서 증가된 기능적 맞춤성을 향해 문화적 이방인이 점차적으로 변해가도록 하는, 문화 간 경험의 긴장-채택 성장 역학"(p. 200)이 내재되어 있고, 이는 새로운 문화적 영향에 적응하는 역학이기도 하다. 또한 주체에 의해 경험된 문화적 연속성의 필요에 대한 반응이기도 하다. 따라서 목표된 성향의 교육과정이 암묵적인, 문화화 교수법에 연관된 학생들은 진화하는 교실 문화에 그들만의 속도와 방식으로 적응하거나 부적응 한다고 볼 수 있다.

교수법적 관행의 범학문적 분석

범학문적 분석의 방법

앞 절에서 이론화된 학습 은유는 우리 문화의 학습에 대한 기본적 이해를 반영하므로(Fletcher, 1995) 교육의 넓은 스펙트럼에 걸쳐 다양한 교수법적 계획을 이끌어갈 수 있도록 해준다. 이러한 점에서, 범학문적 이론틀은 교수법적 관행의 새로운 집합체를 제공하기 보다는, 현재 통합적 논의에서 얽힌 여러 다양한 개념화의 가닥을 정리하고 정제하려는 의도를 갖는다(Kirshner, 2002).

이 주장을 뒷받침하기 위해, 교수법의 **범학문적 분석 방법**을 제시한다. 이 방법은 교수법 실행의 구체적인 사항을 평가하는 것, 즉 기술이나, 개념, 성향이 증진되었는지를 평가하는 것을 포함한다. 만약 이 중 하나라도 증진이 되었다면, 그 분석가는 증진된 기술, 개념, 성향을 알아내야 하고, 그 교수법이 학생 중심인지 교사 중심인지 조사해야 하며, 앞선 절에서 정리된 교수법적 원리에 따라 교수법의 효율성을 평가해야 한다. 여러 가지 교수법적 방법들이 수업에서 쓰였을 때, 분석가는 어떠한 학습 목표가 가장 우세한지 결정하고 여러 방법들을 조정하는데 일관성 있는 방식의 조직회가 이루어졌는지 평가한다.

이 절에서, 이 방법은 넓은 범위의 중요한 교수법적 관행에 적용할 예정이다. 이는 범학문성이 익숙한 교수법적 관심 분야에 걸쳐 있음을 보여주기 위함이다. 이중 많은 관심들은 현재 교육적 사고를 지배하는 통합적이고 전체적인 학습에 대한 관점을 통해 형성되었다. 범학문적 분석 방법은 반사경으로 작용하는데, 이는 개념화 가닥의 요소들을 분리하고, 이전의 관점에서는 발견되지 않았던 약점이나 불일치성을 드러내 준다. 또한, 현재의 통합적 이론틀들을 생각의 동질성에 이르게 한다. 예를 들어, 교육 개혁 기반 교수법의 스펙트럼은 "지식이 개별적으로 구성되고 사회적으로 중재되는"(Windschitl, 2002, p. 137) 균형을 동반하는데, 단지 둘 중에 어느 것이 더 강조되느냐가 조금씩 다를 뿐이다. 범학문적 접근법은 다른 풍조를 띄는데, 물론 다양한 학습 계획이 같이 조정될 수 있겠지만, 그렇게 하기 위해서 전체적 혹은 변증법적 방법이 필요하지 않다. 따라서 여러 가지 교수법적 가능성은, 우리가 이전에 인식하거나 가치를 느끼지 못했던 개별적 학습 은유와 관련한 예상치 못한 현상들을 포함할 수 있다. 이 절의 마지막 하위 절에서는 그러한 하나의 교수법적 방법을 분석한다.

주의 사항: 비록 여기에 제시된 각각의 분석이 독자에게 설득력 있을 수 있겠으나, 거시적 관점에서 이 절의 의도는, 이론적 도구들의 작은 세트가 학생 학습 증진에 있어 교수법적 관심의 총체성을 확장한다는 제안을 지지하기 위함이다. 처음에는, 여기에 제시된 분석들이 교육적 관행

의 독립적 비평으로 보일 수 있다. 그러나 시간이 지남에 따라, 특히 본인이 직접 분석을 수행하는 경험을 하게 됨에 따라 (이 글의 예제는 단지 설명적일 뿐이다), 비평은 일관성 있는 교육적 관점의 부분으로서 합쳐질 것이다. 소위 범학문성이라는 굴절렌즈는 교수법의 문제점과 가능성을 볼 수 있는 유일한 관점으로 어느 정도 스스로의 역할을 하게 된다.

B. F. Skinner의 프로그램 학습

범학문적 분석 방법을 설명하기 위해, 역사적 중요한 수업 방법을 먼저 소개하려 한다. Skinner(1958b)는 행동주의 원리의 응용으로써 개별적으로 속도를 조절할 수 있는 프로그램 학습을 도입하였는데, 이는 그가 교육에 남긴 유산 중 가장 중요한 것이라고 볼 수 있다(Morris, 2003). 이 교육 형식에서, 학생들은 (한 두 문장의) 글자들의 조합을 연속적으로 보게 되고, 각 조합에서 핵심 단어에 빈칸 처리가 되어 있다. 학생의 역할은 글을 읽고 빈칸을 채우는 것이다. 그 틀은 처음의 간단한 문제로부터 점차 복잡한 마지막 수행까지 점진적 진전을 이룰 수 있도록 구성되어 있다. 이러한 방식으로 학생들은 다음 프로그램 수업으로 넘어가기 위한 95%의 성공 조건을 쉽게 유지할 수 있다. 피드백은 즉각적이고 계속적이어서 참여를 강화시킬 수 있다(Morris, 2003).

프로그램 학습을 설명하기 위해, Skinner(1958b, p. 973)는 전류와 전구 회로를 다루는 과학 수업을 제시하였다(Morris, 2003, pp. 242-243 참고). 35개의 문장 중 처음의 몇 문장은 [표 4.2]에 나열되어 있다. 우리는 이 수업을 범학문적 이론틀의 세 가지 렌즈를 통해 분석할 것이고, 학생에게 주어진 학습의 기회의 성격과 질을 결정할 것이다.

[표 4.2] Skinner(1958b)의 교수 기계를 설명하기 위해 사용된 프로그램 수업 단원의 일부

완성되어야 하는 문장	채워져야 할 단어
1. 전등의 중요한 부분은 전지와 전구이다. 우리가 전등을 "켤 때," 우리는 전지와 _____ 를 연결하는 스위치를 닫는 것이다.	전구
2. 우리가 전등을 켤 때, 전류는 _____속의 가는 전선을 통해 흐르고 그것을 달구게 된다.	전구
3. 뜨거운 전선이 밝게 빛날 때, 우리는 그것이 열과 _____을 발산한다고 말한다.	빛
4. 전구 속의 가는 전선은 필라멘트라고 불린다. 그 전구는 필라멘트가 _____의 흐름에 따라 가열되었을 때 "밝게 빛난다."	전류
5. 전지가 약한 전류를 보낼 때, 가는 전선, 즉 _____는 많이 가열되지 않는다.	필라멘트
6. 필라멘트가 덜 가열되었을 때, 그것은 빛을 _____ 발산한다.	덜
7. "발산"은 "내보냄"을 의미한다. "발산되는" 빛의 양은 필라멘트가 얼만큼 _____되는지에 달려있다.	가열

습관화: 누가 수업자료를 작성했느냐를 고려한다면, 과학적 어휘와 관련된 언어적 기술이 교과과정에서 증진되었다고 생각할 수 있다. 이는 "물리를 배우는 것이 사실, 정의, 공식을 외우는 것을 의미한다는 전통적인... 믿음"과 일치한다(White, 1993, p. 5). 실제로 Skinner(1958b)가 묘사하는 그의 전략은 용어의 반복을 언급한다.

> 전문적인 용어는 천천히 도입된다. 예를 들어, 두 번째 문제에서 "가는 선"과 같은 익숙한 용어 다음에, 네 번째 문제에서 "필라멘트"와 같은 전문 용어의 정의가 소개된다. "필라멘트"는 다섯 번째 문제에서 비과학적인 동의어와 같이 문제에서 쓰이고, 아홉 번째 문제에서는 동의어 없이 쓰인다. (p. 974)

그러나, 단어의 친숙함 혹은 근접한 용어와의 약한 연결성이 이 수업을 통해 길러질지라도, 반복적으로 요구되거나 암기했는지 시험하지는 않는다(Skinner(1958b, p. 972)의 단어 스펠링과 같은 다른 예와는 반대로). 실제로, Skinner(1958b)가 원하는 학습 결과는 대답의 조건화라기 보다는, 이해의 목적과 관련되어 있다.

> 이러한 학습 자료의 순수한 효과는 사실이나 용어의 획득을 넘어선다. 전구, 초 등과 같은 것에 비언어적으로 친숙해지는 것을 시작으로 하여, 학생은 친숙한 사건들을 얘기할 때, 몇 가지의 새로운 사실과 전문적인 용어들을 사용하도록 유도된다. 빛나는 자원으로부터 빛이 방출되는 것은 탐구를 위한 영역이나 주제가 된다. 그 주체의 이해는 놀랍게도 단편화된 문장을 채워나가는 시점에서 발생하게 된다. (p. 974)

구성: 구성에 관한 은유와 관련하여 교수법적 방법을 살펴보자면, 프로그램된 문장이 전류에 관한 일종의 강의로 해석이 가능하다. 학생들은 읽으면서 이해하는 과정을 거치고, 학생이 문장에 집중하고 그것을 처리하도록 하는 빈 단어 채우기라는 참여적 활동이 도움을 준다. 따라서, 주된 교수법적 방법은 전구에서 빛 생성의 물리학에 대한 이해를 도모하는 교사 중심적 구성이다.

전류 흐름의 개념적 복잡성을 고려할 때, 교사 중심적 접근법이 적당한지에 대한 질문을 해볼 수도 있다. 실제로 Wandersee, Mintzes, Novak(1994)은 전류에 대해서 학생들은 다양한 형태로 부정확한 개념을 가지고 있고 이는 과학교육이 해결해야 할 문제로 본다.

학생들은 간단한 회로의 다섯 가지 다른 모델을 사용하였다. "단일선" 개념은 전류가 전지를 떠나 하나의 선을 통해 전구로 흐르며, 전구는 전기의 처리 장소로 사용됨을 의미한다. "대립 전류" 모델에서, 전기는 전지의 양쪽 끝에서 출발해 전구로 흐르며, 그곳에서 모두 사용된다. 이 외에도, 세 가지의 "단일 방향성 모델"이 사용되었는데... "한 방향으로 보존" 되는 것은 과학적으로 수용가능한 관점이다(p. 182).

따라서 Skinner(1958b)의 과학 수업은 다소 피상적인 전기 회로의 이해를 목표로 한다. 이러한 점에서 그의 교사 중심적 구성을 사용한 수업 방법은 수업 내용과 잘 들어맞는다. 이는 앞서 언급 했듯이 복잡한 개념적 내용의 강의는 높은 메타인지 능력을 가지고 있는 학생들에게만 성공적이기 때문에 학생들이 그렇지 않다면, 학생 중심적 구성 방법이 필요할 것이다.

문화화: 개념적 내용을 가르치는 것 뿐만 아니라, 프로그램 교육은 "학생들에게, 예를 들어, 글을 읽을 때 선택적으로 집중하고 관련 없는 내용은 버리는 공부법을 가르친다"고 알려졌다(Morris, 2003, p. 244). 범학문적 이론틀에서, 이러한 학습 목표는 문화적으로 특수한 형태의 참여인 '성향'이라고 볼 수 있다.

범학문적 분석을 제대로 하자면 의도된 성향이 규범이 적용되는 소위 참고 문화(어쩌면 학문적 문화)를 알아내고 이 수업에 참여하는 학생들의 문화를 함께 조사해야 한다. 학습 이론에 관한 대학원 수업에서 학생들은, 이 35개의 문장을 모두 채워나가면서, 최소한의 언어적, 의미적 정보처리를 통해 빈칸을 채워나가는 경향을 보였다. 따라서 이 교육과정에서 의해 의도된 문화화적 학습 목표가 어느 정도 이루어질지 명백하지 않다.

Skinner(1958b)는 그의 교수 기계(teaching machine)의 해석에서 그 기계가 행동주의 원리의 응용을 보여주는 것이라고 의도하였다. 이는 언어의 생성을 행동주의 용어로 해석하려는 그의 노력과 일치하고(Skinner, 1958a), Chomsky(1959)는 이것이 행동주의의 요건인 객관적 분석을 적절히 만족시키지 못한다고 주장하였다. 범학문적 분석틀이 있는 우리의 입장에서는, 프로그램 학습의 자료들이, 학생들이 이해해야 할 전구 속 전기 흐름의 물리학 설명을 제공하는 것이 자명해 보인다. 그 자료에는 습관화적 학습이 이행되어야 한다는 것이 두드러지게 나타나지 않는다. 따라서, 상당한 수준에서, Skinner는 그의 노력을 안내해 줄 명확한 원리 없이 개념적으로 방향이 설정된 수업 자료를 만든 것이다.

Skinner의 수업 자료는, 다소 불명확한 수준에서라도 학생이 개념을 학습하도록 하는 일관성있는 접근방식을 제공해 준 점에서 교육연구에 시사점을 준다. 그러나 비행지도 없이 비행기를 운항하는 것은 대단히 위험한 일이다. 근대 교육에 범학문성의 렌즈를 적용하는데 있어, 정규 교육과정의 방법들이 학습의 주요 내용과 연결 및 통일성이 결여되어 있음을 확인 할 수 있다.

독해 전쟁

독해 전쟁(Reading Wars)은 다음 절에서 다루어질 수학 전쟁(Math Wars)의 도입부 역할을 한다. 현재 학계에서 이 둘은 형제와 같이 여겨지는데 이는 그들이 기본적인 학습과 교수에 관한 한 세기 동안 논쟁을 반복하고 있기 때문이다. "Dewey가 언급했던 '교육의 종파'는 [오늘날] 여전히 존재한다. 독해에서는 '총체적 언어 학습법'의 지지자와 '발음 중심의 어학 교수법'의 지지자, 수학에서는 'NCTM 수학 개혁안'의 지지자와 반대자가 그 예이다"(Loveless, 2001, p. 2). 범학문적 렌즈를 통해, 우리는 이 논쟁의 뿌리에 있는 학습이란 무엇인가란 정의에 해당하는 구조와 그를 따르는 교수법적 관행의 질에 있어 큰 차이점을 보게 될 것이다.

독해 전쟁을 통해 '발음 중심의 어학 교수법'의 지지자들(Burns, Griffin, & Snow, 1999; Fox, 2000; Stanovich, 1986)과 '총체적 언어 학습법'의 지지자들(Dechant, 1993; Goodman, 1986; Serpell, 2001)은 크게 대립하였다. '발음 중심의 어학 교수법'은 체계적이고 연속적인 방식으로 반복적 연습을 제공하는데, 이는 기본 언어적 요소(자모음, 음성단위)로부터 시작하여, 단어, 문장, 더 긴 글 만들기와 같이 이전에 학습된 구성적 요소를 통합하는 과정을 포함한다.

> 발음 중심의 어학 교수법의 지지자들은 독해를 주로 어려운 인지적, 언어심리적 성취로 보았다. 즉, 독해는 문자와 그 소리를 알고 그를 일대일로 사영하도록 요구될 때 특정방식으로 수행을 할 수 있는 능력이다. (Snow, 2001, p. 232)

총체적 언어 학습법은 책을 읽는 경향과 효과적 독해를 위한 방법을 포함한 글을 읽고 쓸 수 있는 사회의 성향에 초점을 맞춘다. 총체적 언어 학습법 지지자들은 학생이 글을 읽는 활동은 언제나 다음과 같은 두 가지 측면의 의미가 있어야 한다고 주장한다.[13] 우선 글이 이해 가능해야 하고, 독해의 활동이 개인적인 흥미나 관여에 의해 동기부여 되어야 한다. 그 교수법적 방법은 학생들이 그들의 흥미와 의사소통적 필요에 의해 독해와 쓰기에 참여하는 사회적 공동체를 만들기 위함이다.

> 총체적 언어 학습법 지지자들은 독해를 사회적, 문화적 활동으로 본다. 즉 독해와 쓰기가 정규적 활동이며 따라서 모든 구성원이 필요에 의해 이를 획득하기 위한 공동체적 관행에 참여하는 것이다. (Snow, 2001, p. 232)

범학문적 입장에서, 두 교수법적 방법 모두 견고하게 구성된 것처럼 보인다. 발음 중심의 어학 교수법에서는 일련의 반복적인 관행을 통해서 독해 기술에 체계적이고 효과적인 방법으로 접근한다. 총체적 언어 학습법은 학생이 자신을 독해자로 동일시하는 문화적 동화의 과정을 돕는 것과, 독해의 관행이 규범적인 사회적 미시문화를 제공하는 문화화적 전략이 섞여있다. 실제로 독해 전쟁에서 대립의 위치에 있던 학자들은 서로의 접근법이 지지하는 학습 결과에 대해서 거의 비판을 하지 않았다. 그 대신에 발음 중심의 어학 교수법 지지자들은 총체적 언어 학습법이 학생들에게 필요한 기술을 심어주지 못한다고 우려하였고(Dahl, Scharer, Lawson, & Grogan, 1999), 반대로 총체적 언어 학습법 지지자들은 발음 중심의 어학 교수법이 가치 있는 성향을 등한시한다(Krashen, 2003)고 하였다.

실용적인 수준에서, 이는 "균형잡힌 접근법"(Honig, 1996)이라 불리는 두 교수법을 같이 조정하는 방법의 합리성을 시사할지도 모른다. 그러나, 오직 "진실된" 학습(그리고 그에 따른 좋은 교수)의 설명만을 지지하는 교수법적 논의에서 실용적인 조정은 실현하기 힘들다. 독해 전쟁 뒤의 선동적인 풍자는 잘 알려져 있다. 이는 학계를 넘어 입법기관의 영역까지 영향을 미쳤는데(Boyd & Mitchell, 2001; Goodman, 1998), 이 때문에 교육자들이 전문적 판단을 시행할 수 있는 자율성이 실질적으로 제한되는 결과를 낳았다.

수학 전쟁

수학 전쟁은 시연/강의와 문제지 연습을 합친 전통주의자와 탐구 위주의 교수 방법을 선호하는 개혁주의자(Draper, 2002; Klein, 2007; Schoen, Fey, Hirsch, & Coxford, 1999; Wilson, 2003)의 싸움이었다. 전통적인 교과서는 수학 수업을 주제별로 조직화 하여, 그 주제에 대한 설명과 그 내용에 맞는 동질 그룹의 문제들을 제시한다. 이런 방식으로, 개념과 기술이 서로 강화시키도록 구성 되어 있다. 개혁주의자들은 일반적으로 개방형 문제를 제시하여 가치 있는 수학적 성향인 자율성, 창의성, 문제해결 발견술 등을 길러주고 협동적인 작업의 기회를 제공한다. 또한, 수학 문제는 중요한 개념적 내용을 중심으로 하고, 그 내용의 깊은 이해의 발전을 돕는다. 따라서 독해 전쟁과는 대조적으로, 수학 전쟁은 '기술과 개념' 대 '개념과 성향' 간의 혼합된 교수법들의 경쟁을 특징으로 한다.

전통적 수업

수학 전쟁에서 전통주의자들의 수업에 대한 입장은 이를 특징짓는 '전통적'이라는 용어가 대게 긍정적으로 정의되지 않는다는"(Klein, 2007)점에 있어 불리하다. 실제로 수학 전쟁은 NCTM(1989)의 **규준**(standards)에 대한 대응으로 일어났으며, 전통주의자들의 명분은 단지 다음과 같은 전통적 미국 수학 수업 방식을 고수하는 것이었다. "교사는 용어의 정의를 제공하고 특정 문제를 푸는 절차를 시연한다. 학생은 그 정의를 외우고 절차를 연습하도록 요구받는다"(Stigler & Hiebert, 1999, p. 27). 그러나 그 시연(Clark, Nguyen, & Sweller, 2006)과 암기가 어느 정도까지 기본 원리의 설명(즉 강의)으로 보완되는 지 명확하지 않다. 그러나, 전통주의자에 저명한 대학 수학자(Klein, Askey, Milgram, Wu, et al., 1999)들을 포함하였으므로, 아마 설명과 시연은 모두 중요시 되었을 것으로 보인다.

구성: 앞서 설명하였듯이, 범학문적 시각에서 절차의 시연은 개념적 목표보다는 습관주의에서

도움이 된다. 시연은 지각의 도구들을 자극의 관련 부분에 집중시키므로, 숙련된 수행의 기본인 잠재의식적 상호연결성을 촉진한다(Reber, 1993). 따라서 교사가 절차의 시연과 함께 그 절차가 왜 그렇게 작용하는지에 대한 개념적 설명을 덧붙일 수 있다면 개념적 목적이 지지될 수 있다. 원리의 설명이 절차의 시연을 보완하는 경우에, 그 수업 방식은 교사 중심의 개념적 교수법이고, 이는 학생이 그들 자신의 이해와 교사에 의해 제공되는 설명 사이의 불일치를 인지할 수 있을 만큼 메타 인지적으로 충분히 성숙할 경우에만 효과가 있다(Otero, 1998). 따라서 전통적 교수의 개념적 의도는 일관성있게 전달되지 못하고, 오직 소수의 학생들에게만 가능할 것이다.

습관화: 습관화 의제(agenda) 역시 이 접근법에서는 제대로 발휘되지 못한다. 개념적 내용에 집중하기 위해서, 교과서는 주제별로 정리되어 있고, 그 장의 개념을 강화하기 위한 비슷한 문제들이 함께 제시된다. 마지막 종합 문제 단원을 제외하고 연습 문제가 동질적 그룹으로 묶여 있다는 점은 학생들에게 문제 종류를 구별해내는 법을 배울 기회를 제공하지 못함을 의미한다. 학생들은 반복적인 풀이 방법을 **어떻게** 적용하는지를 배우지만, **언제** 그것을 적용하는지는 배우지 못하고, 따라서 기술을 확실히 숙련시키는 것이 맞는지 의문이 된다(Greeno, 1978; VanderStoep & Seifert, 1993).

전통적 수학 교과서의 제한점을 이해하기 위해서는 1980년대 초 John Saxon에 의해 개발된 "적절한 반복" 방법을 고려하는 것이 도움이 된다. Saxon의 교과서는 개념적 설명을 장황하게 늘어놓지 않고, 새로운 내용을 짧게 설명한 뒤 이질적인 문제 세트로 빠르게 넘어간다. 이러한 식으로, Saxon은 "그 문제가 익숙해짐에 따라 학생은 새로운 문제를 보고 그 종류를 인지한다. 그 인지는 풀이를 하게 끔하는 조건화된 반응을 일으킨다"라고 자랑하듯 말하였다(Saxon Publishers, 1992, 표지 안쪽 장). 범학문적 관점에서, Saxon의 접근법은 습관화 학습을 위해 효과적으로 구조화되었고 그것이 기술 발달을 위한 전통적 접근법에서 우위를 차지했다는 것이 경험적으로 입증 되었다(Resendez & Azin, 2007). (역사적 사족을 달자면, 수학교육계는 애초 Saxon이 개념적 설명을 넣지 않은 것에 실망을 표하고, Saxon의 교과서에 대한 비평을 하고자 했는데 이것이 NCTM의 1989년 규준(McLeod, Stake, Schappelle, & Mellissinos, 1995)의 시초가 되었다고 알려져 있다.)

요약하자면, 수학 전쟁에서 전통주의자들은 (기술 발달을 위한) 문제 세트와 (개념 발달을 위한) 강의를 병행하는 교육적 방식을 지지하였고, 이는 "개념적 이해와… 조작적 절차가… 서로를 강화시킨다"는 설득력 있는 믿음에 근거한 것이다(National Mathematics Advisory Panel [NMAP], 2008, p. xix). 앞서 논의했듯이, 이는 법칙을 명확히 제시하는 것이 기술 획득의 속도를 높이는 효과로 인해 생길 수 있는 실체가 없는 믿음이다(Kirshner & Awtry, 2004; Reber, 1993). 그러한 믿음 때문에, 현재 교육에서 학생들이 기술 발달과 개념 획득을 함께 높일 수 있게 도움을 주는 요소가 부족하며 또한 전통적 수업의 이런 요소들이 오히려 기술 발달과 개념 획득을 서로 약화시키는 것을 직시하지 못하였다.

개혁 교수법

수학교육 개혁은, 구성주의, 사회적 구성주의, 상황 인지 이론, 사회문화적 이론화의 스펙트럼 속에서의 구성, 문화화로서 학습의 움직임에 영향을 받은 일반적인 교수법적 개혁 움직임의 한 부류였다(Donovan & Bransford, 2005). 드물게, 순수한 (심리학적인) 구성주의적 계획이 발전하기도 하고(Simon, Saldanha, McClintock, et al., 2010; Thompson, 2013), 다른 이들은 완전히 문화주의적인 목적과 방법을 추구하기도 한다(Mark, Cuoco, Goldenberg, & Sword, 2010). 그러나 이러한 구분은, 현재 학습을 복잡하고 다면적인 총합체로 보는 개혁 교육학("지식이 개별적으로 구성되고 사회적으로 중재되는 속에서... 유용한 통합"(Windschitl, 2002, p. 137))과 같은 통합적 논의 때문에 쉽게 판별 불가능하다.

일반적으로 개혁 수업 교실은 수학 내용의 깊은 이해를 증진하기 위한 **탐구 그룹, 학습 공동체, 지식 형성 공동체** 혹은 **다른 형태의 협동적 토론**을 기본으로 구성되고, 또한 가치 있는 문화적 관행을 위한 수학적 논리구성(증명), 문제해결 발견술, 미적 가치, 지적 자율성, 비판적 사고, 창의성과 같은 것을 바탕으로 구성된다(예를 들어, Brown & Campione, 1994; Hutchison, 2012; Market al., 2010; NRC, 2000, 2005; Scardamalia & Bereiter, 2003). 수업은 대게 개방형 문제, 비반복적 문제, 학생들이 해결하고 토론해야 할 프로젝트를 동반한다. 이 과제들은 개념적 풍부함을 기준으로 선택되고, 따라서 협동적 토론과 탐구활동은 개념의 깊은 이해 뿐만 아니라 가치 있는 성향의 발달을 이끈다(Brooks & Brooks, 1999).

범학문적 관점에서, 여러 교수 장르를 섞는 것은 그 교사가 다음을 이해할 경우에만 교수 전략으로 사용 가능하다. 각각의 교수 접근법이 근본적으로 나머지 접근법과는 불일치하며 따라서 교사는 어느 지점에 이르러서는 불가피하게 하나를 선택해야 하고, 그 선택은 나머지 것을 희생함으로써 얻어진다. 앞서 논의했듯이, 학생 중심적 구성은 교사에 의해 중재된 교수법이나 마찬가지이다. 교사는 학생의 참여가 예상되는 대로 가설적 학습 경로를 바탕으로 그 학생을 위한 문제 환경을 만든다. 그 경로를 따라가는 것을 도와주기 위해, 교사는 과제에 대한 학생의 최초 이해를 중재하거나 과제에 대한 학생의 참여를 강화해야 할 필요가 있을지도 모른다. 이와 반대로, 학생 자율성과 창의성을 추구하는 문화화 목적에 있어 교사는 학생들이 문제를 푸는 과정에서 스스로 흥미를 느끼도록 격려하는 교실 문화를 양성할 필요가 있다. 따라서 효과적인 개혁 중심의 교사는 학생들을 지켜보는 입장을 가지고, 학생들의 대화를 계속 주시하면서 그룹 내 상호작용의 문화적 역동성이 촉진되도록 도와주고, 그 논의가 개념적으로 생산적이지 못할 것을 유념하면서, 학생 자율성과 탐구를 최소한으로 손상시키는 선에서 개념 구성의 중재자로서 개입할 것인지 말 것인지 (혹은 어떻게 개입할 것인지에 대한) 순간 순간의 현명한 선택을 해야 한다. Lampert(1985)가 말하였듯이, "교사의 직업과 관련하여 복합 다단한 책임들은 개념적인 모순을 이끌 수 있으며" 이 문제에서 하나의 옳은 선택은 존재하지 않는다. 교사는 "매 순간 서로 모순되는 많은 목표들을 동반하는데, 그러한 불일치의 모순을 해결하는 것은 간단하지 않다"(Lampert, 1985, p. 181, Ball, 1993, p. 377에서 인용됨).

메타인지

학습/교수에 대한 통합적 혹은 전체적 관점에 입각한 개혁 교수 안에서 여러 교수법을 균등하게 혼합하려는 노력이 어떻게 제대로 발휘되지 못하는지 이해하기 위해서는, 현대의 교수법적 이론화에서 메타인지가 가진 중심적이고 중요한 역할을 살펴보는 것이 도움이 된다. 실제로, Bransford, Brown, Cocking(2000)이 집필하고 필독 문헌이 된 『How People Learn』에서 메타인지는 교수의 세 가지 근본적인 측면 중 하나로 강조되었다.

> 메타인지적 교수를 과목 중심 학습과 통합하는 것은 학생의 성취를 강화할 수 있고 독립적으로 학습하는 능력을 발달시킬 수 있다. 이는 과목과 나이대를 불문하고 교육과정에 의식적으로 포함되어야 한다. (p. 21)

메타인지에 대한 현재의 이론적 관심은 Vygotsky와 Piaget의 근본적인 연구로 거슬러 올라간다(Fox & Riconscente, 2008). 이미 논의하였듯이, Vygotsky에게, 메타인지적 능력(그리고 다른 고차원적 정신 기능들)은 사회적/문화적 관습의 내면화로부터 생긴다. Olson(2003)은, 자신의 생각을 다른 이에게 정당화 하는 것이 일종의 자기 검열로 내면화 된다는 점에서, 이러한 관점을 적용하여 협동적 조별 활동에서 메타인지 능력이 어떻게 발달하는지를 설명하였다. "이유를 제공하는 것과 메타인지의 규범적 관행은 같이 발생한다. 명확하고 공적인 이유를 제공하는 설명 과정은... 메타인지로 향하는 길이며, 메타인지는 인지에 대한 인지이다"(p. 241).

Piaget(1975)는 메타인지가 그의 발생적 인식론에서 주로 드러났고, 개념적 재구조화를 위한 주된 메커니즘인 반영적 추상화의 개념에 깊게 함의되어 있다고 주장한다.

> 반영적 추상화는 언제나 두 가지 불가분의 특성을 동반한다. 이전의 단계에서 더욱 고차원적 단계로 무언가를 빌려오는 "투영"과 투영된 것을 (의식적 수준에서) 인지적으로 재구성하고 재조직화하는 "반성". (p. 41, von Glasersfeld, 1991에서 인용됨)

이 두 가지를 조합한다면, 앞서 인용된 Bransford, Brown, Cocking(2000)이 그들의 교수법적 관행 틀에서 메타인지를 사용한 것이 가져올 모순적 함의점을 볼 수 있을 것이다. 한편으로는, "독립적으로 학습할 능력을 학생에게 발달시키는 것"(p. 21)은 학생의 메타인지적 능력을 발달시키는 것을 동반하는 문화화 관련 수업의 목표이다. 앞서 논의하였듯이, 그러한 문화화 과정은 수개월 혹은 수년이 걸리는 과정이다. 그와 반대로, "과목에 기반한 학습을 동반한 메타인지적 교수가 학생의 성취를 강화할 수 있다"(p. 21)는 생각은 메타인지가 개념 발달에 가진 촉진적 역할을 가리키는 것이다. 따라서 메타인지는 개혁 교수법에서 공격받기 쉬운 약점으로 드러났다. 마치 고양이가 자신의 꼬리를 잡으려고 하지만 언제나 놓치는 것처럼, 메타인지는 교수의 목적이기도 하면서 효과적 실현을 위한 필수요소이기도 하다.

개혁 교수법에서의 메타인지에 대한 모순적인 바람을 지적하는 것이 개념과 성향을 동시에 가르치려는 계획을 불신한다는 것을 의미하지는 않는다. 다만 이는 교수의 문제적 특성과, 교사들이 이러한 공존의 필요성과 교수 장르들의 모순성을 인식할 수 있도록 준비시켜야 한다는 것을 밝히려는 목적이다. 그러나 이렇게 여러 장르를 교묘하게 다루는 것이, "시너지 효과"(Bransford et al., 2006)나 통합적 사회문화적 이론화와 상황 인지 이론화의 기반이 된 총체적 사고에 대한 논의 저변의 숨어있는 것이기도 하다. 이러한 통합적 이론화에서 "주체의 인지적 내용의 **학습**은 문화화라는 더욱 포괄적 과정 속의 하나의 과정이다"(Perrenet & Taconis, 2009, p. 182).

Lampert와 Ball처럼 여러 가지의 학습 목표의 문제점을 느끼고 그에 관여하는 개별적인 교사가 언제나 존재할 것이다(그들의 영향에 대한 분석은 Green, 2014 참조). 하지만 대부분의 교사에게, 개혁은 단순히 교실 활동의 특정 형태를 이행하는 것이고, "학생이 스스로의 학습을 구조화할 능력에 대한 과도한 신념"에 의해 유지되는 교육적 가치에 대한 희망이다(Windschitl, 2002, p. 138).

요약하자면, 수학 전쟁은 기술과 개념을 중시한 전통주의자와 개념과 성향을 발달시키려 하는 개혁주의자를 서로 대립하게 하였다. 두 경우에서, 모두 기술과 개념 혹은 개념과 성향이 조화될 것이라는 가정은 이론적으로 철저히 검증되지 못하였고, 그로 인해 교육자들의 선의는 이러한 학습 목표들이 상충하는 곳에서 약화 된다. 독해 전쟁의 경우 학생들에게 큰 피해는 없었다. 불필요한 적대관계는 독립적으로 일관성을 보여준 서로 다른 교수법적 관점 사이에서 존재했다. 하지만 수학의 경우 미국 학생들은 전통적이든 개혁적이든 일관성있는 수업을 받을 기회가 거의 없었다.

사회적 변화의 교수법

이 절과 다음 절은 문화화와 문화적 동화의 차이점에 기반하여 이론화된 문화화 은유에 관한 것이다. 의식적인 모방을 무의식적 채택과 구분하는 것은 범학문적 이론틀에서 새롭게 도입된 것이다(Kirshner, 2004; Kirshner & Meng, 2011). 예를 들어, Yackel와 Cobb(1996)은 교사가 학생의 대답을 선택적으로 수용하는 것이 의도했던 문화적 관행의 확산을 돕는다는 점에서 명확히 문화화 교수법의 이론화를 제시하였다. 하지만 그들은 "교사가 수학적 공동체의 대표자로서 지닌 결정적이고 중심적인 역할" 또한 강조하였다(p. 475). 이는 문화적 동화 교수법의 대표적 논지인데, 교사가 문화적 대표자로서 학생이 모방해야 할 의도된 관행의 본보기를 보이기 때문이다. 앞서 "정체성의 정치학"에서 논의했듯이, 이 둘의 구분은 교육자가 꼭 관심을 가져야 할 부분이다. 이는 문화적 동화 교수법이 "내적 갈등"을 야기할 수 있기 때문이다(Brown, 2004, p. 810).

이 절에서, 문화화와 문화적 동화의 차이는 사회에서 도덕적 영역의 향상을 위한 교수법에 응용된다. 민주적 교육, 해방 교육, 가치 교육, 비판적 언어능력, 진보적 교육, 인성 교육, 다문화 교수법과 같은 교수법을 이 글에서 종합적으로 **사회적 변화의 교수법**이라 일컫는다. 현재의 교육적 논의에서, 이러한 교수법들은 학문적 사명에 밀려 변두리로 밀려나는 경향이 있다. 예를 들어, Cochran와 Smith(2004)는 이러한 교수법을 소개하는 글에서, " '교육의 결과에 관한 질문'의 이슈를 택하여… 사회 정의에 집중하는 것이 학문적 훌륭함이나 엄밀함에 관한 지속적인 관심에 필수적인 **보충점**이 되어야한다는 주장을 펼친다"(p. 193).

평등(equity)에 관한 논의가 관심에서 밀려나는 것을 설명하는데 있어 "Secada[1995]는 수학교육이 전통적으로 심리학으로부터 온 이론적 개념을 사용해 왔음에 주목하였다. 그의 기본적 주장은 '주류를 이루는 심리학적 논의'에 속하지 않는 연구는 학계의 주 관심사에서 밀려난 변두리의 문제로 생각한다는 것이다"(Nasir & Cobb, 2002, p. 94). 하지만 어떠한 교수법적 방법이라도 세상을 직접적으로 개선하기를 갈망할 수는 없다. 그 방법은 필히 학생의 **학습**에 의존해야만 한다. 따라서 사회적 변화의 교수법은 학생 학습을 증진시키는 모든 교수법에 적용되는 학습 이론틀 안에서 설명되어야 한다.

범학문적 렌즈를 통해 들여다보면, 두 기본적 방법이 넓은 영역의 사회적 변화의 교수법에 명백히 드러남을 알 수 있다. 그 두 가지는 **이상적 교수법**과 **비판적 교수법**이다. 저자가 이상적 교수법이라 일컫는 것은, 민주적 교육, 진보적 교육, 다문화 교수법의 몇몇 변형물들, 그리고 아마도 가치 교육을 포함하는데, 이 교수법은 문화화 교수 방법을 채택하고, 더욱 이상적인 사회의 소우주를 교실의 미시 문화 속에서 형성한다. 이러한 교실 사회의 규정 속으로 문화화된 학생들은 더 넓은 사회로 나아가 그들의 성향을 정치적, 사회적 참여를 통해 표현하게 된다. John Dewey의 교육적 관점은 그러한 이상적 전략을 포함한다.

> 학교가 사회의 모든 아이들이 작은 공동체를 경험하고 구성원으로서 훈련 받도록 하고, 봉사하는 정신을 심어주고, 아이들에게 효과적인 자기 지시의 도구를 제공한다면, 우리는 큰 사회가 가치 있고 사랑이 넘치며 조화로울 것이라는 기대를 가질 수 있다.(Dewey, 1900, p. 44, Hall, 2003, p. 16에 인용됨)

내부로부터 사회를 바꾸기 원하는 이상적 교수법과는 반대로, 해방 교육, 비판적 언어능력과 같은 비판적 교수법은 학생들이 " '억압의 구조'와 '지배의 관계'에 관한 상식적 이해를 생성함"(Burbules & Berk, 1999, p. 53)으로써 사회적 타협을 방해하려 한다. 이러한 교수법적 방법은 문화적 동화를 택한 것이고, 그 목적은 학생들을 "부정의, 불평등, 억압적인 세상이라는 사회 통념을 알아보고 교정할 수 있는 능력을 지닌 '변화적 지식인'(Giroux, 1988), '문화적 노동자'(Freire, 1998)"(Gruenewald, 2003, p. 4)로 참여시키는 것이다. 따라서 학생들은 사회의 변화를 이끄는 요인으로서 정체성을 확립할 수 있게 안내받고, 교사는 저항의 문화의 진정한 대표자로서 역할을 한다.

범학문적 관점에서, 평등에 관한 문제가 중심에서 밀려나는 것은 전통적인 심리학적 이론틀 안에서 문화화의 은유가 약화되는 것으로 이해해야 한다. 앞서 우리는 어떠한 심리학적 패러다임도 이 은유에 완벽히 초점이 맞춰져 있지 않음을 확인하였고, 따라서 문화화 학습을 위해서는 사회학적 이론에 기댈 필요가 있었다. 비슷하게, 통합적 교수법적틀 안에서 문화화에 대한 관심은 항상 축소되어 있고, 문화화를 이루려는 목표는 언제나 다른 학습 목표와 짝을 이루고 있다. 예를 들어, Greeno, Collins, Resnick(1996)의 **상황적** 관점은 "학교 학습 환경의 영향을 다음 두 가지로 이해할 수 있게 해준다. 학습 환경의 학생이 습득하는 교과 지식과 능력에 미치는 영향, 그리고 학생들이 어떤 유형의 학습자로 변하는데 미치는 영향"(p. 31). 범학문적 접근법은 각각의 학습에 은유가 중요시되는 장르의 교수에 도움이 되고, 다른 장르나 이론과는 독립적으로 일할 수 있도록 해줌으로써, 이러한 방치의 문제를 교정해 준다.

이러한 범학문적 접근법의 효과로 사회적 변화의 교수법을 학생 성향을 양성하고자 하는 다른 교수법들과 같은 범주에 넣을 수 있다. 이것은 고차원의 인지적 성향인 비판적 사고, 메타인지적 정교함, 논리적 추론을 포함하고, 이들은 종종 문화적으로 체가름한(스크리닝) 부산물(Burbules & Berk, 1999; Scribner & Cole, 1977)로 인식되기 보다는 인지적 구조(cognitve architecture)의 일부(Perkins & Ritchhart, 2004)로서 길들여졌다. 더욱이, 범학문적 분석 방법에서 목표가 된 성향이 기존 문화에서 어떻게 했는지 반드시 확인해야 한다. 따라서, 비판적 교수법을 행하는 교사는 비판적 사고와 같은 겉보기에는 무해한 목표들 까지도 특정 계층, 성별, 인종에 기반한 특권을 반영하고 있다는 것을 지적할 기회를 가진다(Burbules & Berk, 1999). 물론, 문화적 관심을 명확히 할 의무는 비판적 교수법과 이상적 교수법에 모두 해당하고, 이는 환영받지 못할 검열을 해야할 수 있다. 하지만 전반적으로 문화적 관심을 숨기는 것은 사회적 지배층의 입장을 확립하고 유지하는 데에 기여한 것으로 볼 수 있다(Delpit, 2006; Giroux, 1997; Gutstein, 2006; Lerman, 2009; Ostrove & Cole, 2003). 따라서, 범학문적 접근법에서 문화적 목표를 명확히 하는 것은, 이제까지 문화적 비평의 표적으로 노출된 사회적 변화를 위한 교수법 활동 중인 여러 분야들에 공정한 경쟁의 기회를 제공하는 효과가 있다(NCATE이 사회 정의 요구사항을 뺀 것에 대한 논의는 Wasley, 2006 참조).

Christopher Healy의 주목할 만한 교수법

나는 이 절을 Christopher Healy의 “책을 만드는 기하학” 수업의 범학문적 분석으로 끝맺으려 한다. 이 수업은 학생들이 교과서를 같이 만든 매우 보기 드문 수업이었으며, 학생들은 민주적으로 어떠한 주제가 기하학의 내용으로서 중요한지 어떠한 결과가 온전히 추론되었는지 결정하였다. Healy는 이 수업을 몇 해 동안 반복하였다. 그 중 첫 해인 1987년은 자신이 지도하던 캘리포니아 노동자 계층의 학부모를 둔 학생들이 다수인 한 고등학교에서 시작했다. 그의 수업 방식은 학생들이 소집단 그룹에서 같이 공부하고 기하와 관련된 생각들을 생성하도록 하였다. 매일 밤 그는 학생들이 작성한 리포트를 심사숙고하여 다음 날 수업에서 발표할 학생 결과물을 선택하였다. 이것은 교사가 학생이 발표하는 내용을 선정하는데 영향을 미칠 수 있게 하였으나, 학생들이 학급 전체에게 발표하는 정기적인 모임을 통해, 학생들이 도달한 결론이나 사용된 추론 과정을 스스로 판결하도록 직접적인 역할을 부여하였다.

> 각 발표가 끝날때 마다… 그 자료가 사실이고 책에 실릴만한 것인지에 대한 투표가 있었다. 이 과정은 내게 가장 힘든 순간들 중 하나였는데, 그 이유는 내가 느끼기에 매우 중요한 기하학의 부분이라고 생각되는 것들이 학생들에게는 표를 얻지 못했기 때문이다. 그럼에도 불구하고, 내가 개입하지 말아야 한다고 믿는다. (Healy, 1993a, p. 87)

Healy(1993a, 1993b)는 그의 수업의 효과를 기록하기 위해, 구성된 일기 형태의 독특한 방식을 사용하였다. Healy는 일기를 통해 학생들이 수업에 참여하고 또한 학교 밖 생활의 다양한 측면에 대해 반성할 때 느낀 것과 생각한 것을 표현하도록 했다. 비록 이렇게 구성된 일기 형태의 개별적 요소들이 방법론적 이유들로 문제시 될지라도, 그가 이 수업의 경험을 특징화 한 것은 부록에 첨부된 실린 실제 학생들의 말과 일치한다. 방법론적으로 어떠한 결점이나 이점이 있던지 간에, 이렇게 구성된 일기 형태는 그가 학생과의 상호작용에서 무엇에 집중하였고 무엇에 가치를 두었는지 명확히 들여다 볼 기회를 제공하였다. 그리고 이러한 자료는 범학문적 분석을 실행하기에 꼭 필요한 것이다.

Healy(1993a, 1993b)의 보고는 그의 학생들이 수업에서 제공된 광범위한 자율성을 극복하려고 어떻게 노력하였는지, 그리고 그들이 학교 밖에서 개인적 관계와 삶의 계획을 어떻게 다루었는지에 주목하였다. 많은 학생들에게, 그 수업은 개인적인 변화를 일으켰다. Chris라는 학생의 예를 들면, 그녀는 의존적 성향을 지녔는데, 남자친구인 David와의 관계에서 주의를 의식하는 성향이 있었고, 수학에 자신감이 없었다. “정답을 아는 누군가가… 저를 가르쳐줄 누군가가 있을 때 더욱 잘할 수 있어요”(Healy, 1993b, p. 10). 그리고 공부를 계속할 생각이 없었다. “제가 대학에 갈 것이라고 생각하는 상담사가 있어요(그를 이해 못하겠어요). 그 분을 실망시키고 싶지는 않지만, 2년 동안 학교를 다니고 나면 그걸로 끝이에요”(p. 10). Healy가 말했듯이, “책이 없는 기하학 수업에서 처음에 Chris는 참여 하지 않는 학생이었다. 그녀는 수업이 끝나기 만을 기다리고 있는 듯 보였다. 하지만 이러한 태도는 결국 그녀가 활동에 참여한다는 감정을 느끼고 나서 바뀌었다”(p. 85).

Chris에게 핵심적인 에피소드는 그녀가 다음과 같은 제안에 영감을 받았을 때였다. 거리는 두 점에서 정의될 필요가 없다. 거리는 2개 이상의 점에 대해서도 정의될 수 있다. 그녀는 이 주장을 할 준비가 되어 있었고 칠판으로 올라가 그녀의 생각을 설명하며, 학급 친구들에게 이 문제를 재고할 필요가 있다고 설득하였다. Healy에 의하면 “학급 전체에 있어 이것은 큰 일이 아니었으나, Chris에게는 이 사건이 그녀의 모든 경험에 접근하는 방법을 크게 바꾼 전환점이 되었다. 이 사건은 그녀에게 참여, 자신감, 긍정적 상호작용, 소속감을 주었다”(p. 85).

수업이 진행됨에 따라, 우리는 Chris가 교실과 가정에서의 권위 관계의 차이를 깊이 고민하고 있다는 증거를 보게 된다. “수업에서는 법칙, 옳고 그름, 궁극적 진리가 존재하지 않는다... 이는 내 집과는 사뭇 다르다. 수업에서는 우리가 말하는 것이 중요하며, 우리가 어떤 것을 결정하기 전에 모든 것을 같이 의논한다. 나는 사람들이 서로 얘기해야 한다고 생각하고 한 사람이 독재자가 되어서는 안 된다고 생각한다”(Healy, 1993b, p. 47). 이후에, 그녀에게 학교에 다니는 것은 우선순위가 되었다. “재미있어요. 무슨 이유에서인지 학교에 가는 것과 졸업하는 것이 제게는 매우 중요해요”(Healy, 1993b, p. 80), 또한 결국에는 “저는 대학에 갈 거에요”(Healy, 1993a, p. 100)라고 말하였다. 그녀가 나중에 돌아보기를, 그녀의 변화는 스스로 자주성을 깨닫고 그녀의 삶에서의 역할을 재평가하면서 일어났다. “올해 나에게 일어난 기적은 진정으로 중요한 긍정적인 대답은 바깥에서 오는 것이 아니라 나의 내면에서 오는 것이라는 것을 배운 것이다. 내가 무엇인가가 된다면, 이는 다른 사람을 기쁘게 하기 위해서가 아니라 나 스스로를 위한 것이다”(Healy, 1993b, p. 163).

분석

이 교수법은 범학문적 분석에 있어 상당한 어려움을 야기한다. (대담한 독자들은 여기서 멈추고 이 분석틀에 대한 자신의 이해를 자가 진단 해볼 수 있을 것이다.) 비록 Healy의 학생들이 성취도 평가에서 다른 학생들과 비슷한 성취도를 보였다 할지라도 그 교수법 자체는 기술을 익히거나 특정 개념 내용을 형성하는데 도움을 주지 않았다. (기껏해야, 이런 학습 결과는 교사들이 원하거나 일어나기를 기대하지만 직접적으로 돕지는 못하는, 학생의 **주의깊은 학습**에 따른 결과라고 볼 수 있다.) 더욱이, 논리적 주장, 문제해결 발견술, 미적 감각과 같은 전형적으로 중시되는 수학적 관행 역시 지지되지 못하였다. Healy는 특정 수학적 관행에 관심을 표현하거나 승인을 함으로써 지적 환경을 중재하지 않았다. 그보다는, 학생들의 정체성과 관련된 어떤 변화가 일어난 것으로 보인다. 그러나 그 변화는 무엇이고 Healy의 교수법이 그것을 어떻게 생성해 냈는가?

그가 **하지 않은 것**을 조사해 봄으써, 이제 그가 **한 것**이 무엇인지 살펴보려고 한다. 그는 자신의 교실을 수학적 공동체로 구성하였다. 이 공동체에서, 학생들은 스스로를 수학적 지식의 생산자이며 수학적 사실의 심판관으로 경험할 기회를 얻었다. 이러한 기회를 통해 그들의 개인적 정체성과 삶에 대한 목표가 변하게 되었다.

범학문적 이론틀에서 학생의 기존 문화와의 동일시는 문화적 동화 교수법에서는 필수 요소이다. 이 교수법에서 교사는 문화의 대표자로서 문화적 관행의 본보기를 보인다. 물론 이는 Healy의 교실에서 이행된 교수법이 아니다. 우선, 교실에 들어서는 학생들은 그들을 수학자와 동일시하지 않는다. 둘째로, Healy는 그를 수학자로 소개하지 않으며 (그는 그저 별스러운 교사일 뿐) 수학적 성향의 본보기를 보이지도 않는다.

그보다는, 문화화에 해당하는 교수 방법들을 살펴보아야 한다. 이 교수 방법들에서 성향은 교실 속 미시문화 맥락 안에서 성장한다. 이 경우, 교실에서 활발하게 지지되는 성향은 수학적 정체성 그 자체이다. 실제로, 스스로를 수학자로 여기는 것은 수학자들에게는 일반적으로 나타나는 성향이며(Burton, 2004), 따라서 그 자체로 문화화 교수법의 한 목표가 될 수 있다. 하지만 이제 우리는 난제에 직면한다. Healy(1993b)의 설명에 의하면, 몇 년 간의 "책을 만드는 기하학" 수업에서 학생 스스로 수학자라고 인식하게 되고 본인의 직업을 수학분야에서 찾게된 사람은 오직 한명 뿐이었다. 그러면 우리는 Healy의 교수법을 실패한 것으로 봐야하는 것인가?

문화화를 택한 교사는 목표 성향을 이해할 뿐만 아니라 그 목표를 성취하기 위해 거쳐야 할 중간 단계에 대한 이해도 갖추고 있어야 함을 상기하자. Healy의 학급에 있는 노동자 계층의 학생들에게, 이러한 단계는 사회적 계층과 관련되어 있다. 수학자들은 사회적으로 높은 지위를 지닌 직업군 중 하나이다. 그들은 노동자처럼 시간 기록계에 카드를 찍지 않고, 긴 시간동안 스스로의 문제를 선택하고 해결한다. 공동체관점에서, 그들은 과학의 언어를 형성하는 분석적 관계를 제공한다. 이러한 점에서, 수학자의 정체성은, 사회적으로 낮은 계급에서 경험할 수 있는 타인이 세운 계획, 스키마, 영업을 위한 서비스 직종을 갖는 사람의 생활에 기대와는 거리가 멀다고 할 수 있다 (Kenny & Bledsoe, 2005; Burton, 2004).

이러한 관점에서, Chris와 같은 학생의 자아상과 꿈의 변화는 계층 정체성의 변화를 나타내는 것으로 해석할 수 있다. Healy가 그의 학생에게 키워낸 성향은 본인들의 지적인 능력에 대한 스스로의 믿음이었다. 학생들이 생성해낸 생각들에 대하여 강한 그리고 지속적인 존경을 보이고, 매일 저녁마다 그 결과물을 연구한 그의 교수법은, 학생의 생각을 중요시 여기는 그의 마음을 교실 구석구석 충만하게 하였다. 그 결과, 학생들은 그들 스스로를 수학자는 아니더라도, 한 지식 공동체의 책임있는 구성원이자 효과적인 사고를 할 수 있는 사람으로 경험하기 시작했다. 이러한 자아 정체성은 전문직 계급의 사회적 정체성에 해당하는 것이다(Costello, 2005). 이것이 바로 학생들의 기하학이 잘못된 방향으로 흘러가도 Healy가 개입하지 않았던 이유이다. 이는 그가 수학적인 문제에 신경을 쓰지 않았기 때문이 아니라, 그의 교수 목표가 특정 내용의 이해보다는 학생들이 수학적 사실의 심판자로써의 그들의 역할을 다하는 것에 집중되어 있었기 때문이다. 그의 교수법은 학생들이 그들의 수학 정체성을 확립하는 데 닿지는 못했지만, 학생들의 계층 정체성에 영향을 미친 것만으로도 대단한 성취를 이룬 것이라고 할 수 있다.[14)]

Healy의 성취의 크기를 알아보기 위해, 그의 방법과 결과를 다른 표준적 방법과 비교하는 것이 도움이 될 것이다. 예를 들어, 학생들이 학자로서 더욱 생산적인 정체성을 갖도록 하기 위해서, 교사들은 "본인의 개인적인 이야기나 회고를 통해 학생들이 수학학습자로서의 경험을 투영할 기회를 제공하고, 학생을 위한 롤모델이나 동기부여자로서 역할을 할 수 있다"(Clark et al., 2013, pp. 1, 26). 앞서 언급하였듯이, 그러한 문화적 동화의 방법은 아직 참고 문화와 자신을 동일시하지 않은 학생에게 사용되었을 때 내면적 갈등을 일으킬 잠재성이 있다. 실제로 "신분 상승의 담론을 이용하는 교육자는 학교나 교실의 관행에서 계급주의적 계층을 형성하고... [이는] 의도치 않게 그들이 고무하고자 하였던 학생들을 고립시키는 결과를 낳을지도 모른다"(Jones & Vagle, 2013, p. 129). Healy의 "책을 만드는" 교수법은, 사회 계층적 정체성을 양성한 그의 독특한 문화화적 교수법과 그의 학생에게 미친 깊은 영향으로 인해 주목할 만하다.

교육과 인지라는 과목에서 저자가 Healy의 교육 관행을 대학원생들에게 소개할 때, 대학원생들(대부분 교사)은 Healy가 "책을 만드는 기하학" 과목에서 기술과 개념을 등한시 했다는 점에 대하여 불편해 했다. 현대 교육 역사에서, 습관화로서의 학습을 강조하는 행동주의 이론 혹은 개념발달을 강조하는 심리적 구성주의 이론은 교사들에게 많은 영향을 미쳤다. 앞서 언급한 바와 같이, 문화화로서 학습 목표는 항상 학교교육의 학술적 목표에서 부수적인 면에 지나지 않았다. 학제간 접근에 있어서, 이러한 3가지 학습에 관한 은유는 서로 독립적으로 이론화 되었고, 각각 교수 장르 분야 발달의 기초를 형성하였다. 이러한 사실을 통해, 우리는 교수의 여러 가지 양상을 보다 넓게 이해하고 Healy와 같이 일반적으로 당연하다고 생각하는 교수에 대한 상식을 벗어나 괄목할만한 성취를 인정할 수 있다.

문제와 전망

> 지난 수 십 년 동안 "교육"의 개념은 점점 쇠퇴하고 "학습"의 개념은 눈에 띌 만큼 성장한 것을 볼 수 있다… 현재의 교육적 논의에서 학습의 개념은 어딜 가나 존재함에도 불구하고, 학습이라는 용어의 사용이 하나의 특정한 과정의 결과나 단일한 기저 목표의 표현이 아님을 인식하는 것은 중요하다. 그

보다는 여러 가지의 심지어 서로 모순되는, 경향이나 발달의 조합의 결과로 인식해야 한다. (Biesta, 2009, pp. 37, 38)

지난 20년 동안 학습에 대한 관심의 증대가 학생이나 교사의 삶에서 큰 개선을 이루지 못한 것은 (어쩌면 더 약화되게 만든 것은) 매우 불편한 문제이다. Biesta의 말이 시사하듯이, 그리고 본 저자가 주장하였듯이, 이러한 불편한 상황은 심리학의 여러 가지 학습의 이론화와 좋은 교수는 상호간에 일관성 있는 관행들로 특징화되어야 한다는 교육적 믿음의 불일치에 그 원인이 있다. 우리는 교수 관행의 구체적인 내용에 관해서는 의견이 불일치할지도 모른다. 우리는 교수 관행을 알맞게 특징화할 수 없는 복잡성에 절망할지도 모른다. 하지만, 지난 백 년 동안 여러 개의 독립적 학습 이론이 다양하고 독립적인 교수의 이론화를 필요로 한다는 생각은 단 한 번도 우리에게 떠오르지 않았다. 이러한 맹점은 왜 생기는가? 앞서 주장했듯이, 우리는 심리학의 영향으로 학습을 분리되고 독립적으로 일관성 있는 과정으로 보기를 선택하지 않았다. 심리학의 역사적 책무는 하나의 패러다임을 중심으로 통합되는 것이며, 그렇게 함으로써 과도기의 과학은 완전히 패러다임적으로 성숙한 단계에 이를 수 있다(Kuhn, 1970). 우리가 심리학의 파벌싸움의 주역들 옆에서 편을 들어주는 상황에서, 심리학의 단일 패러다임을 이루기 위한 목적을 이루는데 있어서만 유용하였다. 하지만 학습을 각각의 심리학 패러다임 속에서 구체화할 필요가 있다. 하나의 패러다임이 승리하여 모든 패러다임 간의 경계를 허물 수 있다는 교만적 허식은 버려야 한다.

심리학의 거대한 계획을 묵인하고 타협하는 데 어떤 대가를 치렀는가? 학습이 다양한 패러다임 속에서 우리의 다양한 목표로 향하는 길을 밝히게끔 하는 대신에, 하나로 통합할 수 있다는 희망과 착각에 매달린 것이 교육에 충동, 혼란, 평범함을 불러왔다. 현재 우세한 교수법 연구의 **설계 과학**(Cobb, 2007; Lesh & Sriraman, 2005; Wittmann, 1995)은 우리를 이론적 자기 중심주의에 빠뜨리고, 그 설계 과학에서 이론적 도구를 하나의 교실 혹은 하나의 수업에 적용하는 것조차 충분히 어렵다. English(2008)가 Niss(2004)를 인용하며 말한 것 처럼 “연구자들은 관행의 형성에 초점을 맞춘 문제들을 해결하지 않고, 관행을 연구의 대상으로 삼고 그것에만 초점을 맞춘다”(p. 10). 따라서, 체계적인 이론의 처방적 가능성에 대한 전망은 점점 흐려지고 있다.

교육자들이 교수법적 기반을 찾을 때 철학적 전제, 정치적 분석, 신경 생리학적 데이터, 도덕적 이상, 영적 열망, 정신분석적 방법 등에 영향을 받는 것처럼, 실제 교육의 세계에서도 학습 과학을 교수를 위한 특권적 자원으로 보지 않는다. 그리하여 결국에는, 교육적 생각의 장이, 확립된 직업군의 조직화된 지식 바탕이 아닌 잡화점과 닮은 모습이 되어버린다.[15] 축제의 분위기 속에서, 재빠른 교육 기업가들은 과학적 권위나 품위를 빌려 고질적인 교육문제에 대한 어젠다를 만들고 이슈를 선점하고 있다. 이는 의술이 그 과학적 기반을 완전히 마련하기 전, 옛날의 허풍쟁이 약장수를 연상시킨다(웹사이트 목록은 Kirshner, 2012 참조). 적어도 미국에서는 교수에 대한 정책 수립을 위해 전문적인 결정을 내려야 할 때 우리에게 조언을 구하지 않고, 그대신 학습결과물에 대한 측정값(즉, 하나의 숫자)으로 대신하고 그 수치를 교사가 그의 전문적 책임을 다하였는지 결정하는 척도로 사용한다(Briggs & Domingue, 2011; Scherer, 2011). (우리가 통합을 이루려는 노력을 하는 대신, 학습의 다양성을 바탕으로 이론을 정리할 수 있다면, 이러한 논의에 대응할 수 있다.) 그 결과 우리의 전문적 의견과 동떨어지게 미연방정부의 2001 No Child Left Behind 정책에서는 중등 학년에서 "매우 능력 있는 교사"를 교수법적 훈련이나 전문성에 관한 언급 없이 "그 교사는 적어도 학부 학위를 가지고 있어야 하고 가르쳐야 할 각 과목에서 높은 수준의 역량을 보여야 한다"(NICHCY, 2009)로 재정의 하였다.

장르적 접근법을 제안함에 있어, 저자는 단일 이론화가 교수법을 도와줄 자원으로서 널리 사용될 수 있다는 헛된 희망을 다양한 학습 이론화가 대체해야 한다고 주장 하였다. 그 제안을 지지하기 위해, 심리학과 교육에 모두 동기부여가 되는 학습의 다양한 은유를 알아보았고, 각각의 이론화를 형성하였으며, 단일 관점을 관철시키려고 하기 보다는 다양한 렌즈를 넓은 영역의 교육적 문제에 적용함으로써 그 접근법의 뚜렷함을 입증하려 하였다.

그러나, 장르적 제안에 있어 교육 이론가에게 가장 어려운 문제는 아마 학습의 다양한 예시화가 아닌, 고립적 성격일 것이다. 우리는 이론적 해박함에서 오는 도전과 보상 모두를 학계의 개방적 논의를 통해 수용하고 발전시킬 것이다. 최종적 학습 이론을 추구하는 심리학의 동반자로서, 우리는 현시대의 지성적 삶의 일부로서 계속되는 과학의 문제들에 관여할 것이다.

심리학을 과도기적 과학으로 인정하고, 오늘날 교수에 관한 보다 안정적이고 견고한 지식의 기반을 다지는 희생을 마다하지 않고 교육학이 성공할 수 있다는 희망을 가지고 소통해야 한다.

➲ NOTE

1) 이 장을 집필하는 데 긴요한 협업에 임해준 Steve Wojcikiewicz에게 감사를 표한다.

2) 심리학 자체가 규칙을 따르지 않는 성격을 지닌 만큼 통합된 과학으로서 자리잡기 어렵다. 따라서 교육적 프로젝트의 복잡성은 심리학 자체에 내재되어 있다. "역사를 만드는 객체를 자연 과학으로서 다루는 것은 심리학의 딜레마이다"(Boesch, 1971, p. 9). "심리학은 비자연적 현상에 대한 자연 과학이 되고자 한다"(Vygotsky, 1927/1987, p. 190). 이 자료를 찾아준 Mike Cole에게 감사를 표한다.

3) Kuhn(1962)은 실제로, "사회과학자로 구성된 집단에서 시간을 보내면서 그들에게 사회과학자와 내가 예전에 속해 있던 자연과학자 집단의 차이에 관한 질문을 받게 되었고... 그 차이를 발견하려는 노력으로, '패러다임'이라 불리는 것의 과학적 연구의 역할을 인지하게 되었다." (pp. ix-x, note a).

4) Kuhn(1970)은 또한 쌍안정의 두 가지로 해석이 가능한 형상들을 참고하였는데, 관점을 변환하려는 노력에 뒤따르는 형상의 분해감에 초점을 맞추었다. “그의 환경은 아무 것도 바뀌지 않았음을 인지하면서, 그는 형상 자체에 집중하기 보다는 그가 보고 있는 종이 위의 선들에 더욱 집중하게 된다”(p. 114). 이러한 식으로, Kuhn은 두 가지로 해석 가능한 형상들을 패러다임 간의 상호 이해 불가능성이란 결론에 이르는데 사용하였다.

5) 전패러다임적 과학에서는 경쟁적 기능이 중심적이라고 할지라도, 대부분의 심리학자에게 이는 중요한 관심사가 되지 못한다. 이는 패러다임의 변화가 사회학적 과정으로서 비교적 긴 시간 동안 이루어지기 때문이고, 경쟁적인 풍조는 (국소적인 발견에 대한 논쟁을 제외하고는) 진실을 추구하는 공통된 목표를 가진 패러다임적 과학의 전형과 상충되기 때문이다(Merton, 1942/1973; Sarkar, 2007). 비록 전패러다임적 과학이 경쟁적인 목표에 의해 지지되지만, 동시에 협력이라는 이상에 대한 지지를 공유하고, 이는 경쟁이 과학을 활성화하는 데 필수적이라고 인지하는 것을 완화시킨다. 뒤에서, 전패러다임적 경쟁의 설득력 있는 증거가 제시될 것이다. 하지만 많은 심리 이론가들은 그들의 과학을 같은 시각으로 인지하지는 않을 것이다.

6) 패러다임 내부적 혹은 패러다임 사이의 연구 원동력에 대한 분석은 심리학의 사회학 문헌에서 찾지 못하였다. 하지만, 이 장에서 검토된 과장과 부주의한 주장의 역사적 근거는 이러한 이론이 아니고서는 설명이 불가능하다.

7) Cobb(2007)은 일반화된 심리학적 원리에 대한 반대에 있어 Kuhn(1962)의 “이미 구축된 연구 분야에서 과학자들이 이론을 발전시키는 과정과 경쟁하는 연구 분야 중 하나를 선택하는 과정을 모두 분석한 것”을 부분적으로 받아들였다(p. 5). 패러다임 내부에서의 논리에서, Cobb(2007)은 Kuhn이 관찰한 “이론의 발달과 사용은 그들의 전공 분야에서의 귀납적 과정을 통해 배운 암묵적 추정이나 가정들을 동반한다는 것”에 주목한다(p. 5). 또한 패러다임 간의 논리에서 그는 계속 Kuhn의 이론을 논하였다. “Kuhn(1962)은 과학자들이 경쟁하는 연구 분야중 하나를 선택하는 과정을 고려할 때 암묵적인 과학적 논리에 대한 이 주장을 확대하였는데, 그는 ‘이론-선택의 중립적 알고리즘은 존재하지 않고, 모든 이들을 같은 결정에 이르게끔 할 체계적인 결정 절차 또한 존재하지 않는다’고 주장하였다(p. 200)” (p. 6). 이를 종합하고 Bernstein(1983, p. 47)의 말을 인용하며 다음과 같이 결론지었다. 과학적 논리는 실제로 “진실된 지식의 특성이라면 마땅히 그래야 한다고 믿는 현대의 형상과는 다르게, 실용 철학의 전통적 특성인 합리성에 더욱 가깝다고 할 수 있다”(Cobb, 2007, p. 6).

저자의 관점에서 이는 Kuhn의 입장을 잘못 해석한 것이다. 패러다임 내부의 과학적 논리가 부분적으로 암묵적인 규범에 의한 문화적 시행이라는 것은, 꼭 그것이 경쟁하는 패러다임 사이에서 가치 판단적이고 사회적으로 중재된 선택적 행이라는 것을 의미하지는 않는다. Kuhn(1970)의 주장은 실제로 통상적 과학을 혁명으로 “확장하는” 것이 아닌, 논리를 기반으로 한 통상적 과학의 퍼즐 맞추기와 같은 시행과 “증명을 통해 해결될 수 없는 패러다임간의 경쟁”을 구분 짓는 것이었다(p. 148). Kuhn(1962/1970)의 인식론적 지식을 (객관적 진실보다는) 그것이 생성된 패러다임적 세계관에 갇힌 것으로 재특성화한 작업은 관념(이론)과 실제(기술)의 경계를 지우려는 의도가 아니었으며, 인식론적 지식이 응용에 미칠 구조적 기능을 축소하려는 의도도 아니었다.

8) 실제로, Sfard(2008)의 의사소통과 사고를 통합한 **의사소통적 인지** 이론틀(commognitive framework)은 그녀가 인식론적 이론으로 회귀했음을 보여준다.

9) 다양한 목적의 기준이 혼합된 결과를 야기했다고 제기되어 왔다. 혹은 개인이 자신의 지식 사용을 의식적으로 통제할 수 있는 능력이 지각적 지식을 나타낸다고 여겼다(Fu et al., 2008).

10) Piaget의 미시 발생적 연구들은 일반적으로 그의 거시 발생적 이론을 정교화하거나 강화시키는 것에 도움을 주었다. 그러나, 단계 이론은 표현의 격차와 불균등함의 문제에 직면하였는데, 이는 단계 개념에 대한 의문을 낳았다(Bruner, 1983; Fischer, 1980). 이는 연구자들이 학교 내용에 발달 이론을 재조명할 수 있는 계기를 마련하였다. "우리가 Piaget를 사용하기 보다는 우리의 교육적 목적을 달성하기 위한 스스로의 모델을 만들어야 할 필요를 인식했다는 사실은 중요한 비약적 전진이자 해방인 것으로 보인다. 실제로, 이러한 발견의 장기적 효과는 현시대의 구성주의적 연구에서 발견되는데, 연구자들은 특정 학습 환경에서 수학 지식이 형성되는 메커니즘을 관찰하고 묘사하려 한다"(Steffe & Kieren, 1994, p. 716).

11) 구성주의 학습 관점들은 매우 깊고 풍부하다(Spivey, 1997). 많은 연구자들이 그와 관련된 구성주의 교육학들을 생산하였지만 그 중 어느 것도 이 글에서 제시된 관점과 같지는 않다.

12) 이것은 Piaget적 접근법에의 하나의 비판점이었다: "전반적으로, 미국의 교육심리학자들은 이러한 조건에 만족하지 못했는데, 그 이유는 물리적인 법칙과 생물학적 구조에 입각한 제한점들은 모호하고 일반적이기 때문이다"(Brainerd, 2003, p. 273). 그럼에도 불구하고, 30년 간의 교수 실험은 "참여 학생의 학습을 설명하는 이론적 개념들이 ... 다른 학생들의 학습을 설명하는 데 유용하다는 것을 입증하였다"(Cobb, Jackson, & Dunlap, 본서 p. 619).

13) 문화화와 구성 은유의 차이점을 명확히 하기 위해, 독해 수업에서의 목적을 예로 드는 것이 도움이 될 것이다. 학생에게 문화화를 목적으로 글에서 의미를 유추하도록 할 때, 글 속에서 문화적으로 특정한 참여의 형태를 찾게 된다. 이는 학생에게 특정 문장을 특정 방식으로 이해하게 하는 개념적 구성 목적과는 다르다. 예를 들어, 등장인물인 맥베스 부인의 광기와 여성성의 관계(Thomas, 2004)를 이해하는 것은, 전자와는 다른 교수법을 필요로 할 것이다.

14) 동일화가 성향으로 취급되고 다른 어떤 성향과 마찬가지로 같은 교수법적 방법에 의해 해결될 수 있다고 보는 것은 이 분석에서 비약적 진전이었으며 범학문적 이론틀의 견고한 능력을 확인하는 것이었다. Healy의 교수법에 대한 통찰력에 도움을 준 대학원생 Marie Lord에게 감사를 표한다.

15) 물론, 이들은 유효하고 귀중한 교수법적 영감의 자원이지만, 교수법적 목적이 학생 학습인 경우 영감은 학습 이론에 의해 중재 되어야 한다.

참고문헌

AERA (2005). Annual meeting program. Retrieved from www.aera.net/Portals/38/docs/Annual_Meeting/AM_2005_000_Full%20Program.pdf

Aikenhead, G.S., & Jegede, O.J. (1999). Cross-cultural science education: A cognitive explanation of a cultural phenomenon. *Journal for Research in Science Teaching, 36*(3), 269–287.

Alexander, P.A. (2007). Bridging cognition and socioculturalism within conceptual change research: Unnecessary foray or unachievable feat? *Educational Psychologist, 42*(1), 67–73. Retrieved from www.tandfonline.com/doi/pdf/10.1080/00461520709336919.

Anderson, J.R., Greeno, J.G., Reder, L.M., & Simon, H.A. (2000). Perspectives on learning, thinking, and activity. *Educational Researcher, 29*(4), 11–13.

Anderson, J.R., Reder, L.M., & Simon, H.A. (1996). Situated learning and education. *Educational Researcher, 25*(4), 5–11.

Anderson, J.R., Reder, L.M., & Simon, H.A. (1997). Situative versus cognitive perspectives: Form versus substance. *Educational Researcher, 26*(1), 18–21.

Apple, M.W., & Au, W. (Eds.) (2014). *Critical education* (Vol. 2). New York: Routledge.

Arthur, A., & Hancock B. (2007). *Introduction to the research process.* The National Institute for Health Research, Research Design Services for the East Midlands/Yorkshire & the Humber.

Baker, D., & Taylor, P.C.S. (1995). The effect of culture on the learning of science in non-Western countries: The results of an integrated research review. *International Journal of Science Education, 17*, 695–704.

Ball, D.L. (1993). With an eye on the mathematical horizon: Dilemmas of teaching elementary school mathematics. *The Elementary School Journal, 93*(4), 373–397.

Barnes, B. (1985). *About science.* Oxford: Blackwell.

Beatty, B. (1996). Rethinking the historical role of psychology in educational reform. In D. Olson &. N. Torrance (Eds.), *Handbook of education and human development: New models of learning, teaching and schooling* (pp. 100–116). Cambridge, MA: Basil Blackwell.

Benjamin, L. T., Jr. (2007). *A brief history of modern psychology.* Oxford: Blackwell.

Bernstein, R.J. (1983). *Beyond objectivism and relativism: Science, hermeneutics, and praxis.* Philadelphia: University of Pennsylvania Press.

Biesta, G. (2009). Good education in an age of measurement: On the need to reconnect with the question of purpose in education. *Educational Assessment, Evaluation and Accountability, 21*, 33-46.

Bishop, J.P. (2012). "She's always been the smart one. I've always been the dumb one": Identities in the mathematics classroom. *Journal for Research in Mathematics Education, 43*(1), 34–74.

Boesch, E. E. (1971). Zwischen zwei wirklichkeiten. *Prolegomena zu einer ökologischen psychologie.* Bern: Huber.

Boyd, W.L., & Mitchell, D.E. (2001). The politics of the reading wars. In T. Loveless. (Ed.), *The great curriculum debate: How should we teach reading and math?* (pp. 299–341). Washington, DC: Brookings Institution Press.

Brainerd, C.J. (2003). Jean Piaget: Learning, research, and American Education. In B.J. Zimmerman & D. Schunk (Eds.), *Educational psychology: A century of contributions* (pp. 251–287). Mahwah, NJ: Lawrence Erlbaum Associates.

Bransford, J.D., Brown, A.L., & Cocking, R.R. (Eds.) (2000). *How people learn: Brain, mind, experience, and school* (Expanded Ed.). Washington, DC: Committee on Developments in the Science of Learning, National Research Council.

Bransford, J.D., Stevens, R., Schwartz, D.L., Meltzoff, P.K., Pea, R.D., Roschelle, J., Vye, N., Kuhl, P., Bell, P., Barron, B., Reeves, B., & Sabelli, N. (2006). Learning theories and education: Toward a decade of synergy. In. P.A. Alexander & P.H. Winne (Eds.) *Handbook of educational psychology* (2nd ed., pp. 209–244). Mahwah, NJ: Lawrence Erlbaum Associates.

Bredo, E. (1994). Reconstructing educational psychology: Situated cognition and Deweyan pragmatism. *Educational Psychologist, 29*(1), 23–35.

Briggs, D., & Domingue, B. (2011). *Due diligence and the evaluation of teachers.* Boulder, CO: National Education Policy Center.

Brooks, J.G., & Brooks, M.G. (1999). *In search of understanding: The case for constructivist classrooms.* Upper Saddle River, NJ: Prentice Hall.

Brown, A.L., & Campione, J.C. (1994). Guided discovery in a community of learners. In K. McGilly (Ed.), *Classroom lessons: Integrating cognitive theory and classroom practice* (pp. 229–270). Cambridge, MA: The MIT Press.

Brown, B.A. (2004). Discursive identity: Assimilation into the culture of science and its implications for minority students. *Journal of Research in Science Teaching, 41*(8), 810–834.

Brown, G., Manogue, M., & Sadownik, L. (2001). Refreshing lecturing: A guide for lectures. *Medical Teacher, 23*(3), 231–244.

Brown, J.S., Collins, A., & Duguid, P. (1989). Situated cognition and the culture of learning. *Educational Researcher, 18*(1), 32–42.

Bruner, J. (1983). State of the child. *New York Review, 30*(16), 83–89.

Burbules, N., & Berk, R. (1999). Critical thinking and critical pedagogy: Relations, differences, and limits. In T. Popkewitz & L. Fendler (Eds.), *Critical theories in education.* New York: Routledge.

Burns, M.S., Griffin, P., & Snow, C.E. (1999). *Starting out right: A guide to promoting children's reading success.* Washington, DC: National Academy Press.

Burton, L. (2004). *Mathematicians as enquirers: Learning about learning mathematics.* Dordrecht, The Netherlands: Kluwer Academic Publishers.

Cantor, G.N. (1983). Conflict, learning, and Piaget: Comments on Zimmerman and Blom's "Toward an empirical test of the role of cognitive conflict in learning." *Developmental Review, 3*(1), 39–53.

Carpenter, T.P., Fennema, E., Peterson, P.L., & Carey, D.A. (1988). Teachers' pedagogical content knowledge of students' problem solving in elementary arithmetic. *Journal for Research in Mathematics Education, 19,* 385–401.

Case, R. (1992). Neo-Piagetian theories of child development. In R.J. Sternberg & C.A. Berg (Eds.), *Intellectual development* (pp. 161–196). Cambridge, UK: Cambridge University Press.

Chomsky, N. (1959). A review of B.F. Skinner's *Verbal Behavior. Language, 35*(1), 26–58.

Clark, L.M., Badertscher, E.M., & Napp, C. (2013). African American mathematics teachers as agents in their African American students' mathematics identity formation. *Teachers College Record, 115*(2). Retrieved from www.tcrecord.org; ID number: 16835; date accessed: 7/26/2013 5:46:27 p.m.

Clark, R. C., Nguyen, F., & Sweller, J. (2006). *Efficiency in learning: Evidence-based guidelines to manage cognitive load.* San Francisco: Pfeiffer.

Cobb, P. (2007). Putting philosophy to work: Coping with multiple theoretical perspectives. In Frank K. Lester, Jr. (Ed.), *Second handbook of research on mathematics teaching and learning* (pp. 3–38). Greenwich, CT: Information Age Publishing.

Cobb, P., & Steffe, L.P. (1983). The constructivist researcher as teacher and model builder. *Journal for Research in Mathematics Education, 14,* 83–94.

Cochran-Smith, M. (2004). Defining the outcomes of teacher education: What's social justice got to do with it? *Asia-Pacific Journal of Teacher Education, 32*(3), 193–212.

Cole, M. (1996). *Cultural psychology.* Cambridge, MA: The Belknap Press.

Collins, H.M., & Pinch, T.J. (1993). *The golem: What everyone should know about science.* Cambridge, UK: Cambridge University Press.

Confrey, J. (1990). A review of the research on student conceptions in mathematics, science, and programming. In C.B. Cazden (Ed.), *Review of research in education* (pp. 3–56). Washington, DC: American Educational Research Association.

Costello, C.Y. (2005). *Professional identity crisis: Race, class, gender, and success at professional schools.* Nashville, TN: Vanderbilt University Press.

Cubberly, E.P. (1920). *The history of education.* Boston: Houghton Mifflin.

Dahl, K., Scharer, P., Lawson, L., & Grogan, P. (1999). Phonics instruction and student achievement in whole language first-grade classrooms. *Reading Research Quarterly, 34*(3), 312–341. doi:10.1598/RRQ.34.3.4.

Danziger, K. (1990). *Constructing the subject.* New York: Cambridge University Press.

Davidson, D. (1974). On the very idea of a conceptual scheme. *Proceedings and Addresses of the American Philosophical Association, 47*, 5–20.

Dechant, E. (1993). *Whole-language reading: A comprehensive teaching guide*. Lancaster, PA: Technomic.

Delpit, L. (2006). *Other people's children: Cultural conflict in the classroom*. New York: New Press.

Design-Based Research Collaborative (2003). Design-based research: An emerging paradigm for educational inquiry. *Educational Researcher, 32*(1), 5–8.

Dewey, J. (1900). *School and society*. Chicago: University of Chicago Press.

diSessa, A.A. (2006). A history of conceptual change research: Threads and fault lines. In R.K. Sawyer, (Ed.), *The Cambridge handbook of the learning sciences* (pp. 265–281). New York: Cambridge University Press.

Donovan, M.S., & Bransford, J.D. (Eds.) (2005). How students learn: *History, mathematics, and science in the classroom*. Washington, DC: National Academies Press.

Draper, R.J. (2002). School mathematics reform, constructivism, and literacy: A case for literacy instruction in the reform-oriented math classroom. *Journal of Adolescent & Adult Literacy, 45*(6), 20–529. Retrieved from http://jwilson.coe.uga.edu/EMAT7050/Students/Ramsey/DraperMathLiteracy.pdg.pdf.

Driver-Linn, E. (2003). Where is psychology going? Structural fault lines revealed by psychologists' use of Kuhn. *American Psychologist, 58*, 269–278. Retrieved from www.radford.edu/~tpierce/622%20files/Driver-Linn%20(2003)%20Kuhn.pdf.

Durkheim, E. (1895/1964). *The rules of sociological method*. New York: The Free Press. (Originally published as *Les règles de la mêthode sociologique*. Paris: Alcan, 1895.)

Egan, K. (1997). *The educated mind: How cognitive tools shape our understanding*. Chicago: University of Chicago Press.

Eggen, P., & Kauchak, D. (2013). Educational Psychology: Windows on Classrooms. Boston: Pearson.

English, L.D. (Ed.) (2008). *Handbook of international research in mathematics education* (2nd ed.). New York: Routledge.

Ernest, P. (1998). *Social constructivism as a philosophy of mathematics*. Albany, NY: State University of New York Press.

Fischer, K.W. (1980). A theory of cognitive development: The control and construction of hierarchies of skills. *Psychological Review, 87*, 477–531.

Fletcher, G. (1995). *The scientific credibility of folk psychology*. Mahwah, NJ: Lawrence Erlbaum Associates.

Fox, B.J. (2000). *Word identification strategies: Phonics from a new perspective*. Upper Saddle River, NJ: Merrill.

Fox, E., & Riconscente, M. (2008). Metacognition and self-regulation in James, Piaget, and Vygotsky. *Educational Psychology Review, 20*(4), 373–389.

Freire, P. (1998). *Teachers as cultural workers*. Boulder, CO: Westview Press.

Fu, Q., Fu, X., & Dienes, Z. (2008). Implicit sequence learning and conscious awareness. *Consciousness and Cognition 17*, 185–202.

Gardner, M. (1987). *Riddles of the sphinx and other mathematical puzzle tales*. Washington, DC: Mathematical Association of America.

Geertz, C. (2000). *Available light: Anthropological reflections on philosophical topics*. Princeton, NJ: Princeton University Press.

Gergen, K.J. (2002). Social construction and pedagogical practice. In K.J. Gergen, *Social construction in context* (pp. 115–136). London & Thousand Oaks, CA: Sage Publications.

Giroux, H. (1988). *Teachers as intellectuals: Toward a critical pedagogy of learning*. South Hadley, MA: Bergin Garvey.

Giroux, H. (1997). *Pedagogy and the politics of hope: Theory, culture, and schooling*. Boulder, CO: West view.

von Glasersfeld, E. (1987). Learning as a constructive activity. In C. Janvier (Ed.), *Problems of representation in the teaching and learning of mathematics*. Hillsdale, NJ: Lawrence Erlbaum Publishers, 3–17.

von Glasersfeld, E. (1991). Abstraction, re-presentation, and reflection: An interpretation of experience and Piaget's approach. In L.P. Steffe (Ed.), *Epistemological foundations of mathematical knowledge* (pp. 45–67). New York: Springer-Verlag.

von Glasersfeld, E. (1995). *Radical constructivism: A way of knowing and learning*. New York: Falmer Press.

Glick, J.A. (1983). Piaget, Vygotsky, and Werner. In S. Wapner & B. Kaplan (Eds.), *Toward a holistic developmental psychology* (pp. 35–52). Hillsdale, NJ: Lawrence Erlbaum Associates.

Goodman, K.S. (1986). *What's whole in whole language?* Portsmouth, NH: Heinemann.

Goodman, K.S. (Ed.) (1998). *In defense of good teaching: What teachers need to know about the "Reading Wars."* York, ME: Stenhouse.

Goodson-Espy, T. (1998). The roles of reification and reflective abstraction in the development of abstract thought: Transitions from arithmetic to algebra. *Educational Studies in Mathematics, 36*, 219–245.

Gray. E., & Tall, D. (2001). Relationships between embodied objects and symbolic procepts: An explanatory theory of success and failure in mathematics. *Proceedings of PME 25*, Ütrecht, Holland: University of Ütrecht.

Green, E. (2014). *Building a better teacher: How teaching works (and how to teach it to everyone)*. New York: W.W. Norton & Company Inc.

Greeno, J.G. (1978). Understanding and procedural knowledge in mathematics instruction. *Educational Psychologist, 12*(3), 94–143.

Greeno, J.G. (1993). For research to reform education and cognitive science. In L.A. Penner, G.M. Batsche, H.M. Knoff, & D.L. Nelson (Eds.), *The challenges in mathematics and science education: Psychology's response* (pp. 153–192). Washington, DC: American Psychological Association.

Greeno, J.G. (1997). On claims that answer the wrong question. *Educational Researcher, 26*(1), 5–17.

Greeno, J.G. (2011). A situative perspective on cognition and learning in interaction. In T. Koschmann (Ed.), *Theorizing learning and practice* (pp. 41–72). New York: Springer.

Greeno, J.G., Collins, A.M., & Resnick, L.B. (1996). Cognition and learning. In D.C. Berliner & R.C. Calfee (Eds.), *Handbook of educational psychology* (pp. 15–46). New York: Macmillan.

Gruenewald, D.A. (2003). The best of both worlds: A critical pedagogy of place. *Educational Researcher, 32*(4), 3–12.

Gutiérrez, R. (2002). Enabling the practice of mathematics teachers in context: Toward a new research agenda. *Mathematical Thinking and Learning, 4*, 145–189.

Gutstein, E. (2006). *Reading and writing the world with mathematics: Toward a pedagogy for social justice.* New York, NY: Routledge.

Hall, E.T. (1966) *The hidden dimension*. New York: Doubleday.

Hall, V.C. (2003). Educational psychology from 1820 to 1920. In B.J. Zimmerman & D. Schunk (Eds.), *Educational psychology: A century of contributions* (pp. 3–40). Mahwah, NJ: Lawrence Erlbaum Associates.

Harel, G., & Sowder, L. (2007). Toward comprehensive perspectives on the learning and teaching of proof. In F.K. Lester (Ed.), *Second handbook of research on mathematics education* (pp. 805–842). Charlotte, NC: Information Age Publishers.

Healy, C.C. (1993a). Discovery courses are great in theory, but . . . . In J.L. Schwartz, M. Yerushalmy, & B. Wilson (Eds.), *The Geometric Supposer: What is it a case of?* (pp. 85–104). Hillsdale, NJ: Lawrence Erlbaum Publishers.

Healy, C.C. (1993b). *Build-A-Book Geometry: A story of student discovery*. Berkeley, CA: Key Curriculum Press.

Hergenhahn, B.R. (2009). *An introduction to the history of psychology* (6th ed.). Belmont, CA: Wadsworth, Cengage Learning.

Hiebert, J., & Carpenter, T.P. (1992). Learning and teaching with understanding. In D.A. Grouws (Ed.), *Handbook of research on mathematics teaching and learning* (pp. 65–97). New York: Macmillan Co.

Hirst, W., & Manier, D. (1995). Opening vistas for cognitive psychology. In L.M.W. Martin, K. Nelson, & E. Tobach (Eds.), *Sociocultural psychology: Theory and practice of doing and knowing* (pp. 89–124). New York: Cambridge University Press.

Honig, B. (1996). *How should we teach our children to read?: The role of skills in a comprehensive reading program–A balanced approach.* San Francisco: Far West Laboratory for Educational Research and Development.

Hopkins, D., & Stern, D. (1996). Quality teachers, quality schools: International perspectives and policy implications. *Teaching and Teacher Education, 12*, 501–517.

Howe, K.R., & Berv, J. (2000). Constructing constructivism, epistemological and pedagogical. In D.C. Phillips (Ed.), *Constructivism in education: Opinions and second opinions on controversial issues.* Ninety-ninth Yearbook of the National Society of the Study of Education, Part I (pp. 19–40). Chicago: University of Chicago Press.

Hunt, M. (1993). *The story of psychology.* New York: Doubleday.

Hutchins, E. (1995). How a cockpit remembers its speed. *Cognitive Science, 19*, 265–288.

Hutchison, A. (2012). Mind the gap: Education reform policy and pedagogical practice. *The International Journal of Educational Organization and Leadership, 19*, 1–12.

Inhelder, B., Sinclair, H., & Bovet, M. (1974). *Learning and the development of cognition.* Cambridge, MA: Harvard University Press.

Jones, S., & Vagle, M.D. (2013). Living contradictions and working for change toward a theory of social class–sensitive pedagogy. *Educational Researcher, 42*, 129–141.

Kennedy, M.M. (1999). A test of some common contentions about educational research. *American Educational Research Journal, 36*, 511–541.

Kenny, M.E., & Bledsoe, M. (2005). Contributions of the relational context to career adaptability among urban adolescents. *Journal of Vocational Behaviour, 66*(2), 257–272.

Kim, Y.Y. (1988). *Communication and cross-cultural adaptation: An integrative theory.* Intercommunication Series, 2. Clevedon, England: Multilingual Matters, http://psycnet.apa.org/psycinfo/1988-97819-000.

Kincheloe, J., & Steinberg, S. (2007). *Cutting class: Socio-economic status and education.* Boulder, CO: Rowman & Littlefield.

Kirshner, D. (2002). Untangling teachers' diverse aspirations for student learning: A crossdisciplinary strategy for relating psychological theory to pedagogical practice. *Journal for Research in Mathematics Education, 33*(1), 46–58.

Kirshner, D. (2004). Enculturation: The neglected learning metaphor in mathematics education. In D. McDougall & J.A. Ross (Eds.), *Proceedings of the twenty-sixth annual meeting of the International Group for the Psychology of Mathematics Education, North American Chapter* (vol. 2, pp. 765–772), Toronto: OISE/UT.

Kirshner, D. (2012). *The decline of learning theory as an influence on pedagogy: A crossdisciplinary analysis.* Paper presented at AERA Annual Meeting, Vancouver, Canada, April.

Kirshner, D., & Awtry, T. (2004). Visual salience of algebraic transformations. *Journal for Research in Mathematics Education, 35*(4), 224–257.

Kirshner, D., & Meng, L. (2011). Enculturation and acculturation. In N.M. Seel (Ed.), *Encyclopedia of the sciences of learning* (pp. 1148–1151). Berlin: Springer Publishing.

Kirsner, K. Speelman, C. Maybery, M., O'Brien-Malone, A., Anderson, M., & McCleod, C. (Eds.) (2013). *Implicit and explicit mental processes.* East Sussex, UK: Psychology Press.

Klein, D. (2005). *The state of state MATH standards.* Washington, DC: Fordham Foundation. Retrieved from www.math.jhu.edu/~wsw/ED/mathstandards05FINAL.pdf.

Klein, D. (2007). A quarter century of US 'math wars' and political partisanship. *BSHM Bulletin: Journal of the British Society for the History of Mathematics, 22*(1), 22–33, doi: 10.1080/17498430601148762.

Klein, D., Askey, R., Milgram, R.J., Wu, H., Scharlemann, M., Tsang, B., et al. (1999, November 18). An open letter to United States Secretary of Education, Richard Riley. *The Washington Post.*

Kottow, M.H. (1992). Classical medicine v alternative medical practices. *Journal of Medical Ethics, 18*, 18–22. Retrieved from http://jme.bmj.com/content/18/1/18.full.pdf.

Krashen, S.D. (2003). False claims about phonemic awareness, phonics, skills vs. whole language, and recreational reading. *NoChildLeft.com, 1*(5). Retrieved from www.nochildleft.com/2003/may03reading.html.

Kuhn, T.S. (1962). *The structure of scientific revolutions.* Chicago: University of Chicago Press.

Kuhn, T.S. (1970). *The structure of scientific revolutions* (enlarged ed.). Chicago: University of Chicago Press.

Kuhn, T.S. (2000). *The road since* Structure*: Philosophical Essays, 1970–1993*, with an autobiographical interview edited by Conant & J. Haugland. Chicago: University of Chicago Press.

Labaree, D. F. (2000). On the nature of teaching and teacher education: Difficult practices that look easy. *Journal of Teacher Education, 51*, 228–233.

Lakoff, G., & Núñez, R. E. (2000). *Where mathematics comes from: How the embodied mind brings mathematics into being.* New York: Basic Books.

Lagemann, E. C. (1989). The plural worlds of educational research. *History of Education Quarterly, 29*(2), 185–214. doi:10.2307/368309. Retrieved from www.jstor.org/stable/368309.

Lagemann, E. C. (2000). *An elusive science: The troubling history of education research.* Chicago: University of Chicago.

Lamiell, J. T. (2013). Critical personalism: On its tenets, its historical obscurity, and its future prospects. In J. Martin & M. H. Bickhard (Eds.), *The psychology of personhood: Philosophical, historical, social-developmental, and narrative perspectives* (pp. 101–123). Cambridge, UK: Cambridge University Press.

Lampert, M. (1985). How do teachers manage to teach? Perspectives on problems in practice. *Harvard Educational Review, 55*, 178–194.

Lave, J. (1988). *Cognition in practice.* Cambridge, UK: Cambridge University Press.

Leahey, T. H. (1992). The mythical revolutions of American psychology. *American Psychologist, 47*, 308–318. Retrieved from www.radford.edu/~tpierce/622%20files/Leahey%20%281992%29%20the%20mythical%20revolutions%20of%20american%20psychology.pdf.

Leary, D. E. (1994). Psyche's muse: The role of metaphor in the history of psychology. In D. E. Leary (Ed.), *Metaphors in the history of psychology* (pp. 1–78). Cambridge, UK: Cambridge University Press.

Leiter, K. (1980). *A primer on ethnomethodology.* New York: Oxford University Press.

Lerman, S. (2009). Pedagogy, discourse and identity. In L. Black, H. Mendick, & Y. Solomon (Eds.), *Mathematical relationships: Identities and participation* (pp. 147–159). New York: Routledge.

Lesh, R., & Sriraman, B. (2005). Mathematics education as a design science. *Zentralblatt für Didaktik der Mathematik, 37*(6), 490–505.

Lester, F. K. (2010). On the theoretical, conceptual, and philosophical foundations for research in mathematics education. In B. Sriraman & L. English (Eds.) (2010). *Theories of mathematics education: Seeking new frontiers* (Advances in Mathematics Education) (pp. 67–85). Berlin/Heidelberg: Springer Science. Reprinted from International Reviews on Mathematical Education, 37(6), 457–467, 2005.

Lewin, P. (1995). The social already inhabits the epistemic: A discussion of Driver; Wood, Cobb, & Yackel; and von Glasersfeld. In L. P. Steffe & G. Gale (Eds.), *Constructivism in education* (pp. 423–432). Hillsdale, NJ: Lawrence Erlbaum Associates.

Li, S. (2001). How close is too close? A comparison of proxemic reactions of Singaporean Chinese to male intruders of four ethnicities. *Perceptual and Motor Skills, 93*, 124–126.

Loveless, T. (2001). Introduction. In T. Loveless (Ed.), *The great curriculum debate: How should we teach reading and math?* (pp. 1–12). Washington, DC: Brookings Institution Press.

Ma, L. (1999). *Knowing and teaching elementary mathematics: Teacher's understanding of fundamental mathematics in China and the United States.* Mahwah, NJ: Lawrence Erlbaum Associates.

Maddock, M. N. (1981). Science education: An anthropological viewpoint. *Studies in Science Education, 8*, 1–26.

Mark, J., Cuoco, A., Goldenberg, E. P., & Sword, S. (2010). Developing mathematical habits of mind. *Mathematics Teaching in the Middle School, 15*(9), 505–509.

Marr, D. (1982). *Vision: A computational investigation into the human representation and processing of visual information.* New York: Freeman.

McCarty, L. P., & Schwandt, T. A. (2000). Seductive illusions: Von Glasersfeld and Gergen on epistemology and education. In D. C. Phillips (Ed.), *Constructivism in education: Opinions and second opinions on controversial issues.* Ninety-ninth yearbook of the National Society of the Study of Education, Part I (pp. 41–85). Chicago: University of Chicago Press.

McCombs, B. L. (2003). A framework for the redesign of K-12 education in the context of current educational reform. Theory Into Practice, 42(2), 93–101.

McLeod, D. B., Stake, R. E., Schappelle, B., & Mellissinos, M. (1995). International influences on the NCTM Standards: A case study of educational change. In D. T. Owens, M. K. Reed, & G. M. Millsaps

(Eds.), *Proceedings of the seventeenth annual meeting of the North American Chapter of the International Group for the Psychology of Mathematics Education* (pp. 240–246). Columbus, OH: ERIC Clearinghouse for Science, Mathematics, and Environmental Education.

McRae, M. (2011). *Tribal science: Brains, beliefs, and bad ideas.* St. Lucia, Australia: University of Queensland Press.

Mehan, H., & Wood, H. (1975). *The reality of ethnomethodology.* New York: Wiley.

Merton, R. K. (1942/1973). The normative structure of science. In R. K. Merton, *The sociology of science: Theoretical and empirical investigations* (pp. 267–278). Chicago: University of Chicago Press.

Millei, Z, Griffiths, T. G., & Parkes, R. J. (2010). Re-theorizing discipline in education: Problems, politics, & possibilities. New York: Peter Lang.

Morgan, C. L. (1894/1903). *An introduction to comparative psychology* (2nd ed.). London: Walter Scott Publishing.

Morris, E. K. (2003). B. F. Skinner: A behavior analyst in educational psychology. In B. J. Zimmerman & D. Schunk (Eds.), *Educational psychology: A century of contributions* (pp. 229–250). Mahwah, NJ: Lawrence Erlbaum Associates.

Moscardini, L. (2014). Developing equitable elementary mathematics classrooms through teachers learning about children's mathematical thinking: Cognitively Guided Instruction as an inclusive pedagogy. *Teaching and Teacher Education, 43*, 69–79.

Murray, D. J. (1988). *A history of Western psychology* (2nd ed). Englewood Cliffs, NJ: Prentice Hall.

Nardi, B. A. (1996). Studying context: A comparison of activity theory, situated action models, and distributed cognition. In Nardi, B. A. (Ed.), *Context and consciousness: Activity theory and human-computer interaction* (pp. 69–102). Cambridge, MA: MIT Press.

Nasir, N. S., & Cobb, P. (Eds.). (2002). Editors' introduction to *Diversity, equity, and mathematical learning.* Special issue of *Mathematical Thinking and Problem Solving, 4*(2&3), 91–102.

Nasir, N. S., & Saxe, G. B. (2003). Ethnic and academic identities: A cultural practice perspective on emerging tensions and their management in the lives of minority students. *Educational Researcher, 32*(5), 14–18.

National Council for Accreditation of Teacher Education. (2002). *Professional standards for the accreditation of schools, colleges, and departments of education.* Washington, DC: Author.

National Council of Teachers of Mathematics. (1989). *Curriculum and evaluation standards for school mathematics.* Reston, VA: Author.

National Dissemination Center for Children with Disabilities (NICHCY) (2009). *How NCLB defines "Highly Qualified."* Retrieved from http://nichcy.org/schools-administrators/hqt/nclb.

National Mathematics Advisory Panel. (2008). *Foundations for success: The final report of the National Mathematics Advisory Panel.* Washington, DC: U.S. Department of Education.

National Research Council. (2000). How people learn: Brain, mind, experience, and school. Washington, DC: National Academy Press.

National Research Council. (2005). How students learn: History, mathematics, and science in the classroom. M. S. Donovan & J. D. Bransford (Eds.). Committee on How People Learn: A Targeted Report for Teachers. Division of Behavioral and Social Sciences and Education. Washington, DC: National Academy Press.

Newell, A., & Simon, H. A. (1972). *Human problem solving.* Englewood Cliffs, NJ: Prentice-Hall.

Niss, M. (2004). Key issues and trends in research on mathematical educational. In H. Fujita, Y. Hashimoto, B. Hodgson, P. Yee Lee, S. Lerman, & T. Sawada (Eds.), *Proceedings of the ninth international congress on mathematical education* (pp. 37–57). Dordrecht, Netherlands: Kluwer Academic Publishers. http://link.springer.com/book/10.1007/1-4020-7910-9/page/1.

Noddings, N. (1990). Constructivism in mathematics education. In R. B. Davis, C. A. Maher, & N. Noddings (Eds.), *Constructivist views on the teaching and learning of mathematics. Journal for Research in Mathematics Education*, Monograph Number 4 (pp. 7–18). Reston, VA: National Council of Teachers of Mathematics.

North, A. (2015). Are 'learning styles' a symptom of education's ills? *New York Times, Op Talk*, 2/25/15. Retrieved from http://op-talk.blogs.nytimes.com/2015/02/25/are-learning-styles-a-symptom-of-educations-ills/?smid=fb-share&_r=1.

Nuthall, G., (2004). Relating classroom teaching to student learning: A critical analysis of why research has failed to bridge the theory-practice gap. *Harvard Educational Review,74*(3), 273–306. Retrieved from http://her.hepg.org/content/e08k1276713824u5/fulltext.pdf.

Oberheim, E., & Hoyningen-Huene, P. (2013). The incommensurability of scientific theories. In E.N. Zalta (Ed.), *The Stanford encyclopedia of philosophy* (Spring Edition). http://plato.stanford.edu/archives/spr2013/entries/incommensurability/.

Olson, D.R. (2003). *Psychological theory and educational reform: How school remakes mind and society.* Cambridge, MA: Cambridge University Press.

Olson, D.R., & Bruner, J.S. (1996). Folk psychology and folk pedagogy. In D.R. Olson & N. Torrance (Eds.), *The handbook of education and human development* (pp. 9–27). Cambridge, MA: Blackwell Publishers.

Ormrod, J.E. (2000). Behaviorist views of learning. In J.E. Ormord, *Educational psychology: Developing learners* (3rd ed.) (pp. 394–432). Upper Saddle River, NJ: Prentice-Hall.

Ormrod, J.E. (2009). *Essentials of educational psychology.* Upper Saddle River, NJ: Merrill.

Ostrove J.M., & Cole E.R. (2003). Privileging class: Toward a critical psychology of social class in the context of education. *Journal of Social Issues, 59,* 677–692. doi:10.1046/j.0022-4537.2003.00084.x.

Otero, J. (1998). Influence of knowledge activation and context on comprehension monitoring of science texts. In D.J. Hacker, J. Dunlosky, & A.C. Graesser (Eds.). *Metacognition in educational theory and practice* (pp. 145–164). Hillsdale, NJ: Lawrence Erlbaum Associates.

Otterness, J. (2009). Teaching and learning—It's not rocket science! *Phi Delta Kappan, 91*(2), 86–88.

Parsons, T. (1951). *The social system.* London: Routledge & Kegan Paul.

Pashler, H., McDaniel, M., Rohrer, D., & Bjork, R. (2009). Learning styles: Concepts and evidence. *Psychological Science in the Public Interest, 9*(3), 105–119.

Pavlov, I. P. (1897/1910). *The work of the digestive glands.* (W. H. Thompson, Trans.) London: Charles Griffin & Co.

Pavlov, I. P. (1927). *Conditioned reflexes: An investigation of the physiological activity of the cerebral cortex.* (G. V. Anrep, Trans./Ed.) London: Oxford University Press.

Pashler, H., McDaniel, M., Rohrer, D., & Bjork, R. (2009). Learning styles: Concepts and evidence. *Psychological Science in the Public Interest, 9*(3), 105–119.

Pavlov, I. P. (1897/1910). *The work of the digestive glands.* (W. H. Thompson, Trans.) London: Charles Griffin & Co.

Pavlov, I. P. (1927). *Conditioned reflexes: An investigation of the physiological activity of the cerebral cortex.* (G. V. Anrep, Trans./Ed.) London: Oxford University Press.

Paz, T., & Leron, U. (2009). The slippery road from actions on objects to functions and variables. *Journal for Research in Mathematics Education, 40*(1), 18–39.

Pedamonte, B. (2007). How can the relationship between argumentation and proof be analysed? *Educational Studies in Mathematics, 66*(1), 23–41. Retrieved from http://link.springer.com/article/10.1007%2Fs10649-006-9057-x.

Penuel, W.R., & Wertsch, J.V. (1995). Vygotsky and identity formation: A sociocultural approach. *Educational Psychologist, 30,* 83–92.

Perkins, D., & Ritchhart, R. (2004). When is good thinking? In D.Y. Dai & R.J. Sternberg (Eds.), *Motivation, emotion, and cognition: Integrative perspectives on intellectual functioning and development* (pp. 175–194). Mawah, NJ: Lawrence Erlbaum Associates.

Perrenet, J., & Taconis, R. (2009). Mathematical enculturation: Shifts in problem solving beliefs and behavior during the bachelor programme. *Educational Studies in Mathematics, 71,* 181–198. doi:10.1007/s10649-008-9166-9.

Phillips, D. C. (1995). The good, the bad, and the ugly: The many faces of constructivism. *Educational Researcher, 24*(7), 5–12.

Piaget, J. (1965/1995). *Sociological studies* (T. Brown, R. Campbell, N. Emler, M. Ferrari, M. Gribetz, R. Kitchener, W. Mays, A. Notari, C. Sherrard, and L. Smith, Trans.). New York: Routledge.

Piaget, J. (1970/1983). Piaget's theory. In P.H. Mussen (Ed.), *Handbook of child psychology* (4th ed., Vol. 1, pp. 103–128). New York: John Wiley & Sons.

Piaget, J. (1971). *Biology and Knowledge.* Edinburgh University Press, Edinburgh.

Piaget, J. (1975). *L'equilibration des structures cognitives.* Paris: Presses Universitaires de France.
Piaget, J. (1977a). Problems of equilibration. In M. H. Appel, & L. S. Goldberg, (Eds.), *Topics in cognitive development* (Vol. 1, pp. 3–14). New York: Plenum.
Piaget, J. (1977b). *Recherches sur l'abstraction reflechissante*, Vols. 1 & 2. Paris: Presses Universitaires de France.
Pinch, T. (2007). The sociology of science and technology. In C. D. Bryant & D. L. Peck (Eds.), 21st century sociology: A reference handbook (vol. 2) (pp. 266–276). Thousand Oaks, CA: Sage Publications.
Polya, G. (1957). *How to solve it: A new aspect of mathematical method* (2nd ed.). Princeton, NJ: Princeton University Press.
Powell, J.W. (1883). Human evolution: Annual address of the President, J.W. Powell, Delivered November 6, 1883. *Transactions of the Anthropological Society of Washington, 2*, 176–208.
Prawat, R.S. (1992). Teachers' beliefs about teaching and learning: A constructivist perspective. *American Journal of Education, 100*, 354–395.
Pressley, M., & Roehrig, A. D. (2003). Educational psychology in the modern era: 1960 to the present. In B.J. Zimmerman & D. Schunk (Eds.), *Educational psychology: A century of contributions* (pp. 333–366). Mahwah, NJ: Lawrence Erlbaum Associates.
Pressman, B. (2007). *Substitute teaching from A to Z.* New York: McGraw-Hill.
Reber, A. S. (1967). Implicit learning of artificial grammars. *Journal of Verbal Learning and Verbal Behavior, 6*, 855–863.
Reber, A. S. (1993). *Implicit learning and tacit knowledge: An essay on the cognitive unconscious* (Oxford Psychology Series No. 19). Oxford, UK: Oxford University Press; New York: Clarendon Press.
Regehr, G. (2010). It's NOT rocket science: Rethinking our metaphors for research in health professions education. *Medical Education, 44*(1), 31–39. Retrieved from www.ncbi.nlm.nih.gov/pubmed/20078754.
Remland, M.S., Jones, T.S., & Brinkman, H. (1991). Proxemic and haptic behavior in three European countries. *Journal of Nonverbal Behavior, 15*(4), 215–232.
Resendez, M. & Azin, M. (2007). *The relationship between using Saxon elementary and middle school math and student performance on California statewide assessments.* Austin, TX: Harcourt.
Richey, R.C., Klein, J.D., & Tracey, M.W. (2011). *The instructional design knowledge base: Theory, research, and practice.* New York: Routledge.
Rippa, S.A. (1971). *Education in a free society* (2nd. ed.). New York: David McKay Company.
Rosenberg, A. (2005). *Philosophy of science: A contemporary approach* (2nd ed.). New York: Routledge.
Rubin, B.C. (2007). Learner identity amid figured worlds: Constructing (in)competence at an urban high school. *The Urban Review, 39*, 217–249.
Sarkar, H. (2007). *Group rationality in scientific research.* New York: Cambridge University Press.
Sawyer, R.K. (2002a). Emergence in sociology: Contemporary philosophy of mind and some implications for sociological theory. *American Journal of Sociology, 107*(3), 551–585. Retrieved from www.jstor.org/stable/10.1086/338780.
Sawyer, R.K. (2002b). Durkheim's dilemma: Toward a sociology of emergence. *Sociological Theory, 20*(2), 227–247. doi:10.1111/1467-9558.00160.
Saxon Publishers (1992). *Saxon Publishers* (a promotional catalogue). Norman, OK: Author.
Scardamalia, M., & Bereiter, C. (2003). Knowledge building. In J.W. Guthrie (Ed.), *Encyclopedia of Education* (2nd ed., pp. 1370–1373). New York: Macmillan Reference, USA.
Scherer, J. (2011). Measuring teaching using value-added modeling: The imperfect panacea. *NASSP Bulletin, 95*(2), 122–140. doi:10.1177/0192636511410052.
Schoen, H.L., Fey, J.T., Hirsch, C.R., & Coxford, A.F. (1999). Issues and options in the Math Wars. *Phi Delta Kappan, 80*(6), 444–453.
Schoenfeld, A.H. (1992). Learning to think mathematically: Problem solving, metacognition, and sense making in mathematics. In D.A. Grouws (Ed.), *Handbook of research on mathematics teaching and learning* (pp. 334–370). New York: Macmillan.
Schoenfeld, A.H. (2007). Method. In Frank K. Lester, Jr. (Ed.), *Second handbook of research on mathematics teaching and learning* (pp. 69–107). Greenwich, CT: Information Age Publishing.
Scribner, S., & Cole, M. (1977). Cross-cultural studies of memory and cognition. In R.V. Kvail, Jr., & J.W. Hagen (Eds.), *Perspectives on the development of memory and cognition* (pp. 239–272). Hillsdale, NJ: Lawrence Erlbaum Associates.

Secada, W. (1995). Social and critical dimensions for equity in mathematics education. In W. Secada, E. Fennema, & L.B. Adajian (Eds.). *New directions for equity in mathematics education* (pp. 146–164). New York: Cambridge University Press.

Serpell, R. (2001). Cultural dimensions of literacy promotion and schooling. In L. Verhoven & C.E. Snow (Eds.), *Literacy and motivation: Reading engagement in individuals and groups* (pp. 243–273). Mahwah, NJ: Lawrence Erlbaum Associates.

Sfard, A. (1998). On two metaphors for learning and the dangers of choosing just one. *Educational Researcher, 27*(2), 4–13.

Sfard, A. (2008). *Thinking as communicating: Human development, the growth of discourses, and mathematizing.* Cambridge, UK: Cambridge University Press.

Sfard, A., & Linchevski, L. (1994). The gains and the pitfalls of reification: The case of algebra. *Educational Studies in Mathematics, 26*, 191–228.

Shapin, S. (1995). Here and everywhere—sociology of scientific knowledge. *Annual Review of Sociology, 21*, 289–321.

Shulman, L.S. (1987). Knowledge and teaching: Foundations of the new reform. *Harvard Educational Review, 57*(1), 1–21.

Sigel, I.E. (1979). On becoming a thinker: A psychoeducational model. *Educational Psychologist, 14*, 70–78.

Simon, M.A., Saldanha, L., McClintock, E., Karagoz Akar, G., Watanabe, T., & Ozgur Zembat, I. (2010). A developing approach to studying students' learning through their mathematical activity. *Cognition and Instruction, 28*, 70–112.

Simon, M.A., & Tzur, R. (2004). Explicating the role of mathematical tasks in conceptual learning: An elaboration of the hypothetical learning trajectory. *Mathematical Thinking and Learning, 6*(2), 91–104.

Simon, M.A., Tzur, R., Heinz, K., & Kinzel, M. (2004). Explicating a mechanism for conceptual learning: Elaborating the construct of reflective abstraction. *Journal for Research in Mathematics Education, 35*(5), 305–329.

Skinner, B.F. (1958a). *Verbal behavior.* New York: Macmillan.

Skinner, B.F. (1958b). Teaching machines. *Science, 128*, 969–977.

Sloboda, J.A., & Rogers, D. (Eds.) (1987). *Cognitive processes in mathematics.* Oxford: Oxford University Press.

Smith, E.E. (2001). Cognitive psychology: History. *International encyclopedia of the social and behavioral sciences.* New York: Elsevier, pp. 2140–2147. Retrieved from http://mechanism.ucsd.edu/teaching/w07/philpsych/smith.cogpsychhistory.pdf.

Snow, C.E. (2001). Preventing reading difficulties in young children: Precursors and fallout. In T. Loveless. (Ed.), *The great curriculum debate: How should we teach reading and math?* (pp. 229–246). Washington, DC: Brookings Institution Press.

Spivey, N.N. (1997). *The constructivist metaphor: Reading, writing, and the making of meaning.* San Diego: Academic Press.

Staats, A.W. (1981). Paradigmatic behaviorism, unified theory, unified theory construction methods, and the Zeitgeist of separatism. *American Psychologist, 36*(3), 239–256. doi: 10.1037/0003-066X.36.3.239.

Stanic, G.M.A., & Kilpatrick, J. (1988). Historical perspectives on problem solving in the mathematics curriculum. In R.I. Charles & E.A. Silver (Eds.), *The teaching and assessing of mathematical problem solving* (pp. 1–22). Hillsdale, NJ: Lawrence Erlbaum Associates; Reston, VA: National Council of Teachers of Mathematics.

Stanovich, K.E. (1986). Matthew effects in reading: Some consequences of individual differences in the acquisition of literacy. *Reading Research Quarterly, 21*, 360–406.

Steffe, L.P. (1991). The constructivist teaching experiment: Illustrations and implications. In E. von Glasersfeld (Ed.), *Radical constructivism in mathematics education* (pp. 177–194). Dordrecht, Holland: Kluwer Academic Publishers.

Steffe, L. (1994). Children's multiplying schemes. In G. Harel & J. Confrey (Eds.), *The development of multiplicative reasoning in the learning of mathematics* (pp. 3–40). Albany: State University of New York Press.

Steffe, L. P. (2003). Fractional commensurate, composition, and adding schemes: Learning trajectories of Jason and Laura: Grade 5. *Journal of Mathematical Behavior, 22*, 237–295.

Steffe, L. P., & Kieren, T. (1994). Radical constructivism and mathematics education. *Journal for Research in Mathematics Education, 25*(6), 711–733.

Steffe, L. P., & Thompson, P. W. (2000). Teaching experiment methodology: Underlying principles and essential elements. In A. Kelly & R. Lesh (Eds.), *Handbook of research design in mathematics and science education* (pp. 267–306). Mahwah, NJ: Lawrence Erlbaum Associates.

Sternberg, R. J. (1997). *Metaphors of mind: Conceptions of the nature of intelligence.* Cambridge, UK: Cambridge University Press.

Stigler, J. W., & Hiebert, J. (1999). *The teaching gap: Best ideas from the world's teachers for improving education in the classroom.* New York: The Free Press.

Stylianides, G. J., & Stylianides, A. J. (2009). Facilitating the transition from empirical arguments to proof. *Journal for Research in Mathematics Education, 40*(3), 314–352.

Sund, R. B., & Picard, A. J. (1972). *Behavioral objectives and evaluation measures: Science and mathematics.* Columbus, OH: Charles Merrill Publishing.

Thomas, C. (2004). Distracted subject: Madness and gender in Shakespeare and early modern culture. Ithaca, NY: Cornell University Press.

Thompson, P. W. (1994). The development of the concept of speed and its relationship to concepts of rate. In G. Harel & J. Confrey (Eds.), *The development of multiplicative reasoning in the learning of Mathematics* (pp. 181–236). Albany: State University of New York Press.

Thompson, P. W. (2013). In the absence of meaning. . . . In Leatham, K. (Ed.), *Vital directions for research in mathematics education* (pp. 57–93). New York: Springer.

Thorndike, E. L. (1898). *Animal intelligence: An experimental study of the associative processes in animals.* New York: Macmillan.

Thorndike, E. L. (1910). The contribution of psychology to education. *Journal of Educational Psychology, 1*, 5–12.

Thorndike, E. L. (1911). *Animal intelligence: Experimental studies.* New York: Macmillan. Retrieved from https://archive.org/stream/animalintelligen00thor#page/n5/mode/2up.

Thorndike, E. L., & Gates, A. I. (1929). The main characteristics of learning. In *Elementary principles of education* (pp. 84–106). New York: The Macmillan Company.

Thorndike, E. L., & Woodworth, R. L. (1901). The influence of improvement in one mental function upon the efficiency of other functions. *Psychological Review, 8*, 247–261.

Vågan, A. (2011). Towards a sociocultural perspective on identity formation in education. *Mind, Culture, and Activity, 18*, 43–57.

VanderStoep, S. W., & Seifert, C. M. (1993). Learning "how" versus learning "when": Improving transfer of problem-solving principles. *The Journal of the Learning Sciences, 3*(1), 93–111.

Vygotsky, L. S. (1926/1997). *Educational psychology* (R. Silverman, Trans.) Boca Raton, FL: St. Lucie Press.

Vygotsky, L. S. (1927/1987). *The historical meaning of the crisis in psychology: A methodological investigation.* New York: Plenum Press.

Vygotsky, L. S. (1934/1986). *Thought and language* (Chapter 6, "The development of scientific concepts in childhood"). Cambridge, MA: MIT Press.

Vygotsky, L. S. (1978). *Mind in society.* Cambridge, MA: Harvard University Press.

Wandersee, J. H., Mintzes, J. J., & Novak, J. D. (1994). Research on alternative conceptions in science. In D. L. Gabel (Ed.), *Handbook of research on science teaching and learning* (pp. 177–210). New York: Macmillan Publishing Company.

Wasley, P. (2006, June 6). Accreditor of education schools drops controversial 'social justice' standard for teacher candidates. *The Chronicle of Higher Education.* Retrieved from http://chronicle.com/article/Accreditor-of-Education/14458/.

Watson, J. B. (1913). Psychology as the behaviorist views it. *Psychological Review, 20*, 158–177.

Weimer, W. B., & Palermo, D. S. (1973). Paradigms and normal science in psychology. *Science Studies, 3*, 211–244.

White, B.Y. (1993). ThinkerTools: Causal models, conceptual change, and science education. *Cognition and Instruction, 10*(1), 1–100. Retrieved from www.jstor.org/stable/3233779?origin=JSTOR-pdf&seq=1#page_scan_tab_contents.

White, S.H. (1991). Three visions of a psychology of education. In L.T. Landsmann (Ed.), *Culture, schooling, and psychological development* (pp. 1–38). Norwood, NJ: Ablex.

Wilson, S.M. (2003). *California dreaming: Reforming mathematics education*. New Haven, CT: Yale University Press.

Windschitl, M. (2002). Framing constructivism in practice as the negotiation of dilemmas: An analysis of the conceptual, pedagogical, cultural, and political challenges facing teachers. *Review of Educational Research, 72*(2), 131–175. Retrieved from http://rer.sagepub.com/content/72/2/131.full.pdf+html.

Wittmann, E. (1995). Mathematics education as a 'design science.' *Educational Studies in Mathematics, 29*, 355–374.

Wojcikiewicz, S.K. (2010). Dewey, Peirce, and the categories of learning. *Education and Culture, 26*(2), 65–82.

Wojcikiewicz, S.K., & Wenzel, A. (2012, April). *Theories of learning as aspects of experience: A philosophical system for reconceptualizing, and teaching, behaviorist, cognitive, and situative perspectives.* Paper presented at AERA Annual Meeting, Vancouver, Canada.

Yackel, E., & Cobb, P. (1996). Sociomathematical norms, argumentation, and autonomy in mathematics. *Journal for Research in Mathematics Education, 27*(4), 458–477.

제 2 부

수학학습에 대한 민주적 접근

강력한 수학 아이디어에 대한 어린 아동들의 접근: 유아기에 관한 현재의 도전과 새로운 발달에 대한 검토

5

Joan Moss
OISE of the University of Toronto

Catherine D. Bruce
Trent University

Janette Bobis
The University of Sydney

행동의 촉구

최근의 연구 결과들은 유아기에 수학의 기초를 견고하게 다지는 것의 중요성을 뒷받침한다. 이러한 연구들을 보면, 초기 수학이 향후의 학업과 직업에서의 성공을 예측하는 힘을 가지고 있음을 알 수 있다(Claessens, Duncan, & Engel, 2009; Duncan et al., 2007; Geary, Hoard, Nugent, & Bailey, 2013; Ritchie & Bates, 2013). Duncan과 그 동료들(2007)은 유치원에 들어갈 때의 수학적 기능이 학업 성취도를 예측하기에 가장 좋은 변수라는 것을 확인하였으며, 이러한 결과는 사회 경제적 배경의 높고 낮음, 그리고 남학생과 여학생 성별에 상관없이 모두에게 일관되게 나타났다. 가장 최근에 Watts, Duncan, Siegler와 Davis-Kean(2014)은 54개월 ~ 15세의 1,364명의 아동들을 대상으로 한 추적 연구에서 "유아·유치원(preschool) 시기의 수학적 능력과 청소년의 수학 성취도 사이에 통계적으로 유의미한 연관성"이 있으며, "유아·유치원부터 1학년까지 쌓은 수학 지식은 유아·유치원 시기의 다른 지식에 비해 15세가 되었을 때의 수학 성취도를 훨씬 더 잘 예측한다."(p. 352)고 밝혔다. 그에 비해 읽기와 작동 기억은 향후의 성취도를 잘 예측하지 못하는 것으로 드러났다. 동시에, 이러한 연구들은 정규 학교교육 이전과 1학년에서 높은 수준의 수학을 학습하는 기회가 중요하다는 것을 강력하게 시사한다.

다행히도 아동들을 의미 있는 수학 활동에 참여하게 하는 최상의 관행(best practices)을 설명하는, 강력하면서도 흥미로운 연구 근거가 있다. 미국 수학교사 협의회(National Council of Teachers of

Mathematics [NCTM], 2000) 및 미국 유아 교육 협의회(National Association for the Education of Young Children [NAEYC/NCTM], 2002)와 같은 전국적인 협의회와 전문가 집단은 유아기에 풍부하고 폭넓은 수학 프로그램을 채택할 것을 강하게 권고한다.

그럼에도 불구하고, 여러 요인들은 이러한 최상의 관행을 실행하는 것을 어렵게 한다. 이러한 요인에는 유아기에 수학보다는 문해 능력(literacy)을 우선시하는 것, 많은 유아 교육자들이 수학에 대해 불편함을 가지는 것, 특히 수학적 사고 영역에서 어린 아동들의 발달 가능성에 대하여 일반적으로 오해하고 과소평가 하는 것 등이 있다. 이러한 요인들과 그 밖의 다른 요인들은 교사와 정책 입안가가 수학을 학습하는 어린 학생들에 대해 기대하는 범위를 제한한다. 결과적으로 유아 수학은 대부분 기본적인 수 세기, 정렬하기(sorting), 모양(shapes)의 이름 짓기에만 초점을 맞추거나, 그렇지 않으면 체계적으로 탐구하지 않는 비 구조화된 놀이로 격하된다(Ginsburg, Lee, & Boyd, 2008).

비록 유아 수학교육의 범위와 기대에 관한 이러한 한계들은 모든 아동들에게 해당되지만, 빈약한 수학 프로그래밍과 교육이 서로 다른 사회 계층의 아동들에게 끼치는 차별적인 효과를 고려하면 이에 대한 개혁은 매우 시급하다. 단계적인 교육 제도를 갖춘 많은 국가에서 교육적 전문 지식은 소득층에 따라 불평등하게 분배되며, 사회 경제적 지위(SES)가 더 높은 학생들은 권고 규준에 맞게 시행된 교육을 받을 기회가 더 많다(Arnold & Doctoroff, 2003). 두 번째 요인은 서로 다른 사회 계층의 어린 아동들이 유아·유치원 프로그램을 시작하기 전에 접하게 되는 사회화 경험의 차이이다. 이러한 차이로 인해 보다 부유한 학생들이 학교 수학을 준비하기에 유리할 것이다(Clements & Sarama, 2009). 이런 점에서 저소득층 학생들은 유아 교육과 초등학교에서 또래 친구들보다 뒤쳐질 가능성이 크다. 다행스럽게도, 어린 학습자 모두에게 유망할 것으로 보이는 연구 기반 프로그램이 점차 증가하고 있다.

이 장에서는 어린 아동들이 수학적 사고와 아이디어에 공평하게 접근하도록 돕는 교수법과 교육과정 모두를 확장하는 방법에 대해 살펴본다. 우리는 학업 전반에 걸친 장기적인 성공에서 초기 수학의 중요성에 관한 새로운 연구 결과를 논의하고, 놀이 및 공간 추론 영역에서 기대되는 발달을 제시한다.

본 장의 첫 번째 절인 "유아 수학에 관한 현재 이슈, 접근 방법 및 프로그램"에서는 양질의 유아 수학에 중점을 두면서 선두 기관들(leading organizations)의 핵심 권고 사항을 요약한다. 우리는 저소득층과 고소득층 아동들 사이의 준비도에서 발생하는 격차에 관한 문헌을 검토하고, 초기 수학 수행능력과 향후 학업 성공을 연결하는 최근 연구를 검토한다. 우리는 또한 어린 학습자들, 특히 수학에 어려움을 겪는 학생들을 성공적으로 지원하는 유아 수학 프로그램의 대표적인 몇 가지 사례에 대해 설명한다.

두 번째 절인 "수학적으로 풍부한 수업에 대해 문서화된 난관(documented challenges)"에서는 초기 수학교육에 대한 많은 전문 기관들의 권고 사항을 광범위하게 구현하는 데 있어 잘 알려진 방해 요인들 중 일부에 대해 분석한다. 또한 이 절은 유아 교실을 위한 수학 내용 및 교수법에 대한 태도와 신념을 논의한다.

세 번째 절인 "이 분야의 새로운 발달"에서는 최근 수학교육 연구 커뮤니티에서의 발달에 관해 살펴본다. 첫 번째는 안내된 놀이 교수법의 이점에 관한 다양한 관점과 결과를 기술한다. 두 번째는 기하와 공간 추론에서 최근의 발달을 포함하기 위하여 유아 수학교육과정의 개념을 확장한다. 다음으로, 우리는 어린 아동들이 보여줄 수 있는 정교한 수학적 사고를 설명하기 위해 공간 추론 맥락에서 안내된 교수법을 결합한 일화들을 제공한다.

마지막 절인 "유아 교사들을 위한 전문성 개발"에서는 유아 교사들의 수학 전문성 학습에 대한 몇 가지 새로운 모델과 유망한 접근 방법을 설명한다. 이 장은 간결한 요약과 일련의 권고들로 끝맺는다. 일반적으로 유아기(early childhood years)는 0 ~ 8세에 해당하지만, 이 장에서는 대략 유아원(pre-kindergarten)부터 1학년까지에 해당하는 4 ~ 7세 학생들의 수학 교수 및 학습에 초점을 맞춘다.

유아 수학에 관한 현재 이슈, 접근 방법 및 프로그램

지난 10년 동안 유아 교실에서 수학의 중요성에 대한 학문적·정치적 관심이 이례적으로 집중되어왔다(Clarke, Clarke & Roche, 2011; Ginsburg et al., 2008; Hachey, 2013; MacDonald, Davies, Dockett, & Perry, 2012; Tirosh, Tsamir, & Levenson, 2011; Purpura, Baroody, & Lonigan, 2013). 축적된 증거들에 따르면 6세까지의 수학학습이 이후의 수학 성취도뿐만 아니라 전반적인 학업 성공에 장기적으로 지속되는 결과를 가져온다는 것을 알 수 있다(예, Jordan & Levine, 2009; Duncan et al., 2007). 미국 유아 교육 협의회와 미국 수학교사 협의회(NAEYC & NCTM, 2002)는 공동으로 수학은 어린 아동들이 학습해야 할 중요한 영역이라는 것을 확인하고, "모든 3 ~ 6세 아이들을 위한 높은 수준의 도전적이면서 접근 가능한 수학교육"(NAEYC & NCTM, 2002, p.1)을 해야 한다고 하였다.

일상 수학과 형평성(equity)

어린 아동들이 "일상 수학(everyday mathematics)"을 직관적이고 강력하게 이해하며(Ginsburg et al., 2008, p. 3), "정교한 수학적 마음(mind)과 다양한 수학 활동에 참여하고자 하는 열의를 타고났다"는 것은 잘 알려져 있다(English & Mulligan, 2013, p. 1; 또한 Anthony & Walshaw, 2007; Baroody, Lai, & Mix, 2006; Hunting et al., 2013; Perry & Dockett, 2008; Sarama & Clements, 2009 참조). 심지어 학생들은 유아·유치원에 들어가기 전에 "놀라울 만큼 폭넓고 복잡하며 때때로 정교한" **일상 수학**을 개발한다(Ginsburg et al.,

2008, p. 3). 이러한 일상 수학은 타고나거나 일상적인 경험에서 얻을 수도 있고, 학교생활 전반에 걸쳐 보다 복잡하고 추상적인 수학을 학습하기 위한 기초를 제공하기도 한다(Jordan & Levine, 2009). 실제로 인지과학자들(West, Denton, & Germino-Hausken, 2000; Baroody & Wilkins, 1999; Hunting, 2003)과 수학교육학자들은 어린 아동들의 일상 수학의 폭을 고려하여 교육과정의 상한선(curriculum ceiling)을 높일 것을 요구한다. 그 이유는 "아동들은 대개 교육과정 개발자나 교사가 인정하는 것보다 더 많은 것을 알고 있기 때문이다"(Sarama & Clements, 2008, p. 68; 또한 Bruce & Hawes, 2014; Bruce, Moss, & Flynn, 2013 참조).

불행하게도, 모든 어린 아동들이 같은 수준의 일상 수학을 가지고 있지 않고, 경험하지도 않는다. 많은 강력하고 보편적인 출발점에도 불구하고 아동들이 학교에 입학할 때까지 그들의 수학 준비도에는 두드러진 차이가 있다. 이러한 차이는 대부분 SES와 관련된 요인들로 인해 발생한다(Baroody, 2006; Case, Griffin, & Kelly, 1999; Jordan, Kaplan, Oláh, & Locuniak, 2006; Klibanoff, Levine, Huttenlocher, Vasilyeva, & Hedges, 2006; Lee & Burkam, 2002; Saxe, Guberman, & Gearhart, 1987; Starkey, Klein, & Wakeley, 2004). 저소득층 가정의 유치원생들이 더 부유한 가정의 또래들에 비해 수학 지식 및 준비도에서 뒤떨어진다는 것을 드러내는 연구는 많이 있다(Alexander & Entwisle, 1988; Claessens et al., 2009; Duncan et al., 2007; Jordan & Levine, 2009). Clements와 Sarama(2011a)는 "일부 6세 아동들은 다른 아동들이 3세에 습득한 수학 지식을 습득하지 못했다"(p. 5)고 언급했다. 두 집단의 아동들 모두 양적 상황을 비형식적으로 경험했을지라도, 저소득층의 아동들은 이러한 암묵적 지식을 수학화할 기회, 즉, 상황에 대해 반성하고 표현할 기회가 대부분 더 적다. 연구에 따르면, 저소득층 가정의 아동들은 더 많은 특권을 누리는 또래들보다 수학적 아이디어와 과정을 설명하는 능력이 부족하다.

게다가 개입(intervention)이 없으면 저소득층과 중산층 학생들 사이의 이러한 격차는 시간이 지남에 따라 커진다(Cannon, Jackowitz, & Painter, 2006; Crosnoe & Cooper, 2010). 우리가 이 장에서 설명한 바와 같이, 초기 역량이 사회 교과 및 읽기를 포함한 향후 학업 성공의 강력한 예측변수로 밝혀졌으므로(Duncan et al., 2007; Verdine et al., 2013), 이러한 SES의 차이는 수학과 관련된 초기 교육 맥락에서 중대한 문제를 제기한다.

향후 학업 성공의 강력한 예측변수인 유치원에서의 수학

일련의 주목할 만한 연구들에서, Claessens, Duncan, 그리고 동료들(예, Claessens et al., 2009; Claessens & Engel, 2011; Duncan et al., 2007)은 유치원에 들어갈 때 측정한 수학 기능이 향후 학업 성취도를 **가장 잘** 예측하는 변수라는 것을 밝혔고, 이러한 연구 결과가 사회 경제적 배경이 높고 낮은 남학생과 여학생 모두에게서 일관되게 나타났다고 하였다. 이 연구들은 36,000명의 학생들을 포함하고 6개의 국제적인 자료를 결합하였는데, 유치원 시기에 측정한 아동들의 학교 입학 수학 능력(children's school-entry mathematics abilities)이 독해력, 주의력 및 사회 정서적 기능들에 의해 설명되는 편차(variance)를 넘어서서 향후의 학업 성공을 더욱 강력하게 예측한다는 것을 밝혔다. 또한 연구자들은 "초기 수학 기능은 유치원부터 8학년까지의 성적을 유지하게 할 뿐만 아니라 읽기, 수학 및 과학 성취도를 예측하고", "후속 성취도에 대한 이러한 수학 기능의 중요성은 시간이 흐름에 따라 증가되거나 유지된다."고 밝혔다(Claessens & Engel, 2011, p. 2). 게다가 그 결과는 인구 통계학적인 집단 전반에 걸쳐 유효했다.

> 초기 기능이 모든 아동들에게 똑같이 중요하다는 사실 때문에, 성취도의 격차를 줄이기 위하여 지속적으로 노력해야 하며, 모든 아동들이 1) 성공에 필수적인 기능을 가지고 학교생활을 시작하고, 2) 계속하여 학습하려고 노력할 때 적절하게 지원 받는다는 것을 확실히 할 필요가 있다. (p. 22)

이러한 결과와 그 외의 다른 결과들은 아동들이 학교와 삶에서 성공할 수 있도록 준비하는 데 있어 초기 수학 학습이 매우 중요하다는 것을 시사한다(Baroody et al., 2006). Jordan과 Levine(2009)은 유아기에 수학에서 어려움을 겪는 학습자들이 학교 생활 초기 몇 해에 적절한 도움을 받지 못하면, "연쇄적인 수학적 실패"(Jordan & Levine, 2009, p. 6)로 인하여 학업을 따라 가는 데 어려움을 경험할 수 있다고 경고한다(또한 Aunola, Leskinen, Lerkkanen, & Nurmi, 2004 참조).

여러 배경의 모든 학생들이 공평한 출발점에서 시작하도록, 미국 국립 연구 위원회(US National Research Council [NRC])는 정책 입안가들이 어린 아동들에게 광범위하고 질 높은 초기 수학 수업을 제공할 것을 강력하게 권고한다. "이러한 초기 수학 수업은 향후 수학학습을 위한 건전한 토대가 될 수 있고, 교육 결과에서 장기적인 제도적 불평등을 해결하는 데 기여할 수 있다"(Cross, Woods, & Schweingruber, 2009, p. 2). Baroody 외(2006)는 "대부분의 개인차는 아마도 기회가 부족하기 때문"(p. 200)이라고 주장한다. 따라서 정규 학교 교육의 초기에 수학 지식의 기초를 확립하는 것은 "형평성을 위한 필수적인 첫 번째 단계일 것이다"(Baroody et al., 2006, p. 202). 가장 기본적인 의미에서 초기 수학교육은 가장 중요한 사회적 정의에 관련된 이슈 중 하나이다.

학교 수학에 대한 정책 방향과 비전

"광범위하고 수준 높은 초기 수학 교육"이 의미하는 바를 자세히 설명하기 위해서 NAEYC/NCTM과 NRC를 살펴본다. NAEYC/NCTM(2002)은 유아 교실에서의 수학이 문제해결, 분석 및 의사소통 과정을 통해 수학의 모든 영역의 핵심(big) 아이디어를 다루어야 한다고 명시한다. 또한, NRC(2009)는 유아를 가르치는 것은 **의도적**이어야 한다고 공표한다. 의도적 교수(intentional teaching)는 교사가 "명확한 학습 목표를 가지고 학습 내용, 학습 경험의 유형, 그리고 아동 개인의 특성에 맞추어 가르치는 것”(NRC, 2009, p. 226)을 뜻한다.

어린 아동들이 자연스럽게 개발하는, 직관적인 기초 수학 기능으로는 충분하지 않다. 즉, 아동들은 의도적인 가르침을 통해서 자신들의 직관적인 수학을 뛰어 넘어 기초적인 수학 원리를 의미 있게 해석하는 것으로 나아갈 수 있다(Ginsburg, 2009; Hachey, 2013).

유아 수학 프로그램

일부 수학교육 연구자와 심리학자들은 유아 수학 프로그램을 개선하기 위해 도덕적이고 실제적으로 반드시 필요한 것을 고려하여, 정규 학교교육이 시작되기 전과 학교생활의 첫 몇 해 동안 발생하는 성취도의 격차를 줄이기 위한 종합적인 개입 프로그램을 개발해 왔다.

1990년대 후반부터 연구 기반의 질 높은 유아 수학 프로그램이 다양하게 개발되었는데, 그러한 프로그램은 어린 학생들 특히 저소득층 학생들을 정밀한 수학학습에 참여시키도록 지원하였다. 유아 프로그램에 대한 광범위한 설명은 본 장의 범위를 벗어난다. 대신에 우리는 네 가지 프로그램 즉, 블록 쌓기(Building Blocks), 수 세계(Number Worlds), 패턴과 구조에 대한 수학적 인식 프로그램(Pattern and Structure Mathematical Awareness Program), 그리고 어린 아이들을 위한 핵심 수학(Big Math for Little Kids)을 제시한다. 왜냐하면 이 프로그램들은 이 장에서 초점을 두고 있는 연령대인 유아원부터 1학년까지에 해당하며, 더 중요하게는 이러한 프로그램의 핵심적인 특징이 대부분의 성공적인 유아 수학 교육과정을 대표하기 때문이다. 이 프로그램들을 선택한 또 다른 이유는 수학에 어려움을 겪는 아이들의 필요(needs)를 구체적으로 다루고, 기대된 역량(competence) 수준 이상으로 수학에서 성공할 수 있도록 어린 학생들을 지원하는 데 효과적임이 실증적으로 검증되었기 때문이다.

우리가 네 가지 프로그램에 대한 설명에서 언급하는 바와 같이, 이 프로그램들은 주제의 범위, 테크놀로지 사용 수준(첨단 테크놀로지 사용의 예는 프랑스에서 시작된 Maschietto & Soury-Lavergne의 EducMath 프로그램을 참조), 그리고 자료의 전반적인 조직화 측면에서 여러 가지 차이점이 있다. 이러한 차이점에도 불구하고, 이 네 가지 프로그램은 기본 원리와 특징을 공유한다. 이러한 공통점에는 (1) 아동들의 수학 지식 및 흥미를 학습의 출발점으로 사용하고, (2) 놀이만으로는 기본적인 수학 아이디어에 대한 깊이 있는 이해를 보장하기에 충분하지 않으므로 계획된 방식으로 수학을 도입하고 강화해야 한다는 것을 이해하며, (3) 발달 이론에 기초하여 활동을 설계하고 조직해야 함을 이해하고, (4) 성인의 세심한 안내가 필요하다는 가정이 포함된다. 이 프로그램들은 각각 실질적인 전문성 개발과 관련이 있다. 마지막으로 Greenes, Ginsburg, Balfanz(2004)에 따르면 각 프로그램에 근간을 이루는 일반적인 가설은 “제공된 활동에 폭넓게 참여하면, ... 어린 아동들에게서 일상적으로 관찰되는 수준의 역량보다 더 높은 수준에 도달할 수 있다”는 것이다(p. 164).

블록 쌓기: 수학적 사고 프로그램의 토대(Clements & Sarama, 2002)

선택된 네 가지 수학 프로그램 중 우리는 Clements와 Sarama의 블록 쌓기(Building Blocks) 교육과정으로 논의를 시작하는데, 이 교육과정은 현재까지 여러 단계의 엄격한 평가를 거쳤으며 매우 성공적인 것으로 드러났다(프로그램의 효과가 얼마나 강력한지를 드러내는, 무작위로 통제된 연구에 대한 자세한 내용은 Clements & Sarama, 2008 및 Clements, Sarama, Spitler, Lange, & Wolfe, 2011 참조). 유아원부터 2학년까지의 학생들을 위해 설계된 블록 쌓기 프로그램은 어린 학생들이 (1) 수 개념 영역(특히, 직산(subitizing)[1], 수 세기, 산술 연산), (2) 공간 및 기하 개념과 과정에 관한 영역에서 역량을 키우도록 돕기 위해 만들어졌다. Clements와 Sarama는 이 주제들을 선정한 이유로, 이 주제들이 "수학적으로 기초적이고, 어린 아동들을 위해 생성적(generative)이며, 어린 아동들에게 흥미롭다"(p. 6)는 것을 들었다. 이 두 가지 영역 내에서 패턴, 자료 및 정렬, 순서(sequencing)라는 세 가지 수학 주제(themes)가 통합된다(Sarama, 2004). 블록 쌓기에 포함된 활동은 "아동들의 일상적인 활동에서 수학을 발견하고 개발하는 것"(Sarama & Clements, 2002, p. 93)을 목표로 한다.

이 프로그램은 다양한 교실 활동을 포함하지만, 블록 쌓기의 한 가지 특징은 교육과정의 일부로 설계된 컴퓨터 소프트웨어를 두드러지게 사용하는 것이다(Sarama, 2004; Clements & Sarama, 2002). 소프트웨어 구성 요소는 학생들의 모델링과 수학화를 지원하는 데, 중요한 것은 학생들에게 개별화된 학습 경험을 제공한다는 것이다.

이 프로그램의 중요한 두 번째 특징이자 근본적으로 기여하는 특징은, 각 주제(topic)와 하위 주제의 저변에, 철저하게 연구된 학습 경로들이 통합되어 있다는 것이다. 학습 경로들은 네덜란드에서 현실적(Realistic) 수학 프로그램(Gravemeijer, 1994)의 일환으로 처음 도입되고 사용되었으며, 또한 네덜란드 연구자들이 개발하고 사용하였는데(Van den Heuvel-Panhuizen, 2008; Van den Heuvel-Panhuizen & Buys, 2008; Van den Heuvel-Panhuizen, Kühne, & Lombard, 2012), 이러한 학습 경로들은 블록 쌓기 프로그램에서 모든 교육 활동을 구성하는 핵심 요소이다. 이러한 경로들은 특정 주제의 목표를 향한, 수학적 추론의 연속적인 수준에 대한 설명을 포함하며, 학생들이 한 수준에서 다른 수준으로 발전할 수 있게 하는 수업 활동에 내재되어 있다. 예를 들어, 구성 및 분해 영역의 기하 부분에서, 학생들은 개별적인 조각으로 모양을 조작하지만 그 조각들을 결합하여 더 큰 모양을 구성하지는 못하는 "전 구성자(Pre-Composer)" 수준에서 형태 배열(gestalt configuration)과 선택하고 버리는 전략(a pick-discard strategy)을 사용하여 모양을 고르는 "그림 제작자(Picture Maker)" 수준을 거쳐, 새로운 모양을 만들기 위해 예상하여 모양을 결합할 수 있는 "모양 구성자(Shape Composer)" 수준으로 나아간다.

[1] (역자 주) 몇 개 안 되는 물체에 대해 일일이 세지 않고도 그 수를 바로 판단할 수 있는 것.

수 세계 프로그램(Griffin, 2004)

수 세계(Number Worlds) 프로그램(원래는 Rightstart로 부른다; Griffin, Case, & Siegler, 1994 참조)도 발달 경로 접근 방법을 기반으로 하여 설계되었다. 그러나 이 프로그램은 오로지 수 발달에만 초점을 두고 있으며 범자연수 발달을 위한 핵심 개념 구조(central conceptual structure) 이론(예, Case & Okamoto, 1996)에 의해 뒷받침된다. 핵심 개념 구조를 간단하게 정의하면, 한 영역에서 야기되는 문제들을 개인이 숙달할 수 있도록 핵심적인 역할을 하는, 지식을 조작하는 강력한 네트워크이다. 이 이론은 수에 대한 핵심 개념 구조가 어린 아동들(3세)이 가지고 있는 별개의 두 가지 역량/스키마의 통합을 토대로 만들어진다는 것을 제안한다. 하나는 초기(initial) 수 세기 스키마(schema)이고, 다른 하나는 전반적인 양(global quantity)의 비교 스킴(scheme)으로 직관적이면서 양에 대한 비수치적 감각과 관련된다. 광범위한 인지 발달 연구에서 보고한 바와 같이(Griffin & Case, 1996에 요약되어 있음), 5세 또는 6세에서 개별적인 두 개의 스키마가 병합되고, 이는 수에 대한 하나의 상위 개념 구조를 형성하도록 돕는다.

Griffin, Case, Siegler(1994)는 이 구조를 내적 계수선(internal counting line), 즉 한 단위씩 증가하는 연속체라고 제안하는데, 아동은 수학적 과제를 해결하고 새로운 아이디어를 학습할 때 이 구조에 접근할 수 있다. 아동이 일단 핵심 개념 구조를 개발하고 나면, 어떤 것을 4개 가지고 있고 3개를 더 받았을 때 모두 몇 개를 가지고 있는지를 구하는 것과 같이, 물리적 대상을 필요로 하지 않고 셈수(counting numbers)를 사용하여 여러 양을 판단할 수 있다. 수 세계 프로그램의 개발 동기 중 하나는 캐나다와 미국 저소득층 아동들의 상당수가 이러한 개념적 구조를 지니지 않은 채로 6세에 학교에 들어가고 수학에 대한 상당한 어려움을 겪는다는 연구였다(Griffin et al., 1994).

수 세계 프로그램에 제시된 활동들은 이러한 발달적인 핵심 개념 구조 이론을 기반으로 하여 특정한 순서를 따른다. 그 순서는 각각의 역량/스키마를 기르도록 돕고, 그 후에 두 가지를 통합하는 활동을 학생들에게 제시하는 것으로 시작한다. 따라서 수 세계 프로그램은 양, 수 세기, 형식적 기호를 포함한 활동을 제공하고, 세 가지 측면 사이의 관계를 구성하기 위한 여러 기회를 제공하기 위해 조직된다. 중요한 점은 학생들이 현재 이해하고 있는 것을 활용하여 다음 수준에서 새로운 이해를 구성할 수 있도록 이 프로그램이 신중하게 단계를 구분한 일련의 활동을 제공한다는 것이다.

유아원 프로그램에서의 활동으로 4세 학생들은 자신들의 개념 구조를 사용하여 이후에 필요한 기본적인 지식을 획득할 수 있다. 유치원 프로그램의 활동은 학생들이 핵심 개념 구조를 구성하고 강화하도록 한다. 또한 각 단계 수준 내에서의 활동은 발달이 복잡해짐에 따라 3가지 수준으로 분류된다. 활동의 순서가 자연스러워 개별 학생들은 자신에게 적합한 수준에서 시작하여 적절한 속도로 정상적인 발달 단계를 거쳐 성장할 수 있게 된다.

마지막으로 수 세계 프로그램에서는 어린 학생들이 우리 문화에서 보편적으로 볼 수 있는 수 표현에 대한 다섯 가지 다른 형태를 경험할 수 있도록 게임을 사용한다. 그 형태로는 물체 나라(Object Land)에서 여러 물체들(groups of objects), 그림 나라(Picture Land)에서 점으로 된 패턴 및 숫자, 선 나라(Line Land)에서 경로 상의 위치 또는 선, 하늘 나라(Sky Land)에서 수직 척도 상의 위치, 원 나라(Circle Land)에서 다이얼 상의 위치가 있다. 유아원에서 2학년까지 4개 학년 수준을 위하여 확장된 프로그램은 수준이 점차 복잡해지고 학생들은 이러한 "나라들" 사이를 연결하게 된다.

패턴과 구조에 대한 수학적 인식 프로그램

호주의 유아 수학 프로그램인 패턴과 구조에 대한 수학적 인식 프로그램(Pattern and Structure Mathematical Awareness Program [PASMAP])은 유치원부터 2학년까지의 아동들을 대상으로 개발된 일련의 학습 경험으로 구성된다. 이 프로그램은 패턴 및 구조에 대한 인식이 수학을 이해하는 데 기본적으로 필요한 조건이고 패턴과 구조는 적절한 학습 경험과 명시적인 교수를 통해 학습될 수 있다는 가정을 기반으로 한다(Mulligan & Mitchelmore, 또한 English, 2012, 2013 참조). 이 프로그램의 연구자들은 수학에서 패턴을 찾는 것과 구조적인 사고를 초기에 발달시키는 것이 수학적 아이디어와 관계를 추상화하고 일반화하는 데 중요하다고 주장한다. 연구자들의 관점에서 볼 때, 수학적 발달은 학생들의 사고 구조와 이것이 수학적 개념과 관계의 구조를 얼마나 잘 반영하는지에 매우 크게 의존한다. 예를 들어, 아동들은 10씩 묶음으로써 수 체계가 어떻게 조직되는지, 그리고 같은 크기의 묶음들이 어떻게 곱셈과 나눗셈 개념의 기초를 형성하는지를 이해하기 위해서, 수학적 구조를 인식하고 그 구조가 어떻게 일반화되는지를 알아야 한다(Mulligan, Prescott, Papic, & Mitchelmore, 2006). Mulligan과 그 동료들이 수행한 연구에 따르면, 강력한 구조 감각을 지닌 아동들은 새로운 수학적 패턴에서 유사점과 차이점을 더 쉽게 인지할 수 있지만 낮은 구조 감각을 지닌 아동들은 패턴과 관계에서 보다 피상적인 특징에 집중하는 경향이 있었다. 강력한 구조 감각을 지니지 못한 학생들에 대한 결과는 이들이 자신의 이해를 전이할 가능성이 더 적다는 것을 의미한다(Mulligan & Mitchelmore, 2013; Mulligan et al., 2006).

이론적으로, PASMAP은 수학적 패턴과 구조에 대한 인식(Awareness of Mathematical Pattern and Structure [AMPS]) 구성체(construct)가 존재(existence)한다고 제안된 것에 기반을 두고 있다. 아동들이 패턴과 구조를 인지하고 적용하는 정도를 그들의 AMPS라고 한다. 이 이론에 따르면 AMPS 구성체는 여러 초기 수학 개념 전반에 걸쳐 일반화되며 아동들의 수학적 이해와 연관되어 있다. Mulligan과 Mitchelmore(2013, p. 35)는 AMPS 구조를 "전구조적(Prestructural)" 단계부터 "확장된 구조적(Advanced Structural)" 단계까지 5개의 발달 단계로 분류하였으며, 이것은 인지 및 메타인지 능력을 모두 포함한다. 인지는 구조에 대한 지식을 포함하고 메타인지는 패턴을 찾고 분석하는 경향을 포함한다.

PASMAP은 정규 학교 교육의 처음 3년 동안 어린 학생들의 패턴 인식을 돕기 위해 설계된 수많은 학습 계열에 대한 안내지침들(guidelines)로 구성된다. PASMAP에 포함된 학습 계열 중에는 패턴 찾기, 구조화된 세기(structured counting), 자릿값, 분할 및 나누기, 측정, 격자 구조, 기하와 대칭 및 변형이 있다. 각각의 개별 학습 계열은 학생들을 위한 학습 경험의 동일한 발달 패턴을 따르며 4개로 구분된 단계적인 구성요소로 이루어진다. (1) 학습 계열에서 초기 활동은 다양한 유형의 "모델링(modeling)"과 관련된다. 학생들은 모델링을 통해 해당 주제 내에서 패턴이나 구조를 그대로 따라하고(copy), 모델을 만들거나(model) 설명한다. 첫 번째 활동에서 교사의 역할은 학생들이 패턴이나 관계의 본질적인 특징을 이해하도록 돕는 것이다. (2) 두 번째 활동은 "표현하기(representing)"와 관련된다. 여기에서 아동들은 패턴이나 패턴에 대한 모델이 보이는(visible) 동안 물리적으로 그려야 한다. 이러한 경험은 아동의 이해력과 표현력을 강화한다. (3) 학습 계열에서 다음 단계는 "시각화(visualization)"와 관련된 활동이다. 이를 위해 학생들이 참여하는 과제는 원래의 구조가 보이지 않아도 그림을 그리거나 기호화(symbolizing)하는 것을 포함한다. (4) 마지막으로, 아동들은 "일반화(generalizations)"하는 것으로 나아간다. 이 단계에서 교사는 학생들이 패턴의 구조를 이해하도록 명시적으로 돕고, 학생들과 함께 활동하면서 다른 맥락에서 유사한 패턴을 찾는다. PASMAP은 호주의 수학교육과정(Australian Curriculum, Assessment, and Reporting Authority, 2014)에 부합하는 완전한 수학 프로그램으로 구현될 수 있다. 대안적으로, PASMAP의 학습 계열은 기존의 수학 프로그램과 통합되어 패턴 및 대수와 같은 교육과정의 특정한 측면을 지원할 수 있다.

어린 아이들을 위한 핵심 수학(Greenes et al., 2004)

어린 아이들을 위한 핵심 수학(Big Math for Little Kids) 프로그램은 유아원에서 1학년까지의 학생들이 수학을 학습할 수 있도록 만들어진 수학교육과정이다(Greenes et al., 2004). 이 프로그램은 이 절에서 설명한 네 가지 프로그램 중 가장 포괄적이며, 6개 단원(수, 모양, 측정, 수의 구성과 분할, 패턴과 논리, 내비게이션과 공간 개념)을 포함한다. 이 프로그램은 개별 학생뿐만 아니라 전체 학급 및 소집단 활동에서도 사용할 수 있도록 만들어졌다. 여기에는 수학적 이해와 언어를 촉진시키기 위해 고안된 재미있는 활동들도 포함하고 있다(Greenes et al., 2004). 이 프로그램은 유아·유치원 환경에서 어린 아동들의 수학에 대한 집중 연구 및 관찰 연구에 기반하고 있다. 여기에 제시한 다른 프로그램들이 매우 구체적인 경로를 따르는 것과 다르게, 어린 아이들을 위한 핵심 수학 프로그램은 하나의 통합된 틀에서 다양한 유형의 활동, 게임, 과제, 이야기 및 구두 표현에 중점을 둔다. 실제로 이야기

책은 프로그램의 각 부분에 맞게 개발되었다.

어린 아이들을 위한 핵심 수학의 목표 중에서 중요한 것은 어려움을 겪는 학생들을 포함한 모든 학생들이 자신의 수학을 말로 표현하고, 수학화하는 것을 배우도록 지원하는 것이다. 어린 아이들을 위한 핵심 수학 프로그램은 "수학자처럼 생각하는 것"을 권장하며, 언어 발달을 신장시키고, 학생 반성을 촉진한다(Greenes et al., 2004). 어린 아이들을 위한 핵심 수학 프로그램이 언어에 집중하는 것은 Greenes와 그 동료들의 연구에서 비롯되었다. 구체적으로, 어린 아이들을 위한 핵심 수학 프로그램이 언어 및 메타인지에 초점을 두는 것은 언어적인 수 감각, 덧셈 및 뺄셈에서 사회 경제적 배경이 높고 낮은 학생들 사이의 수행능력에서 흔히 볼 수 있는 지연(lag)에 대한 연구에서 비롯되었다. 예를 들어 사회 경제적 배경이 높고 낮은 학생들 모두 덧셈과 뺄셈 문제에서 유사한 전략[예, 더 큰 수에서부터 세기 또는 "유도된 구구(derived facts)"]을 이용했지만, 이 두 집단의 아동들이 이러한 전략과 이해를 설명하는 방법에서 차이가 있었고 사회 경제적 배경이 낮은 학생들이 더 많은 어려움을 겪었다(Ginsburg & Pappas, 2004). 어린 아이들을 위한 핵심 수학이 성공적이라는 것을 보고하는 기록이 있고(예, Presser, Clements, Ginsburg, & Ertle, 2012), 특히 이 프로그램은 모든 학생들에게 이익이 되고, 수학적으로 풍부한 프로그램의 형태로써 격차를 줄이는 개입의 역할을 한다.

유아 수학 프로그램에 대한 몇 가지 끝맺는 생각

지금까지 설명한 네 가지 수학 프로그램은 몇 가지의 기초적인 신념을 공유한다. 첫째, 프로그램 및 관련 교육은 연구를 기반으로 하고 발달상 타당할 때 효과적이다. 둘째, 학습은 아동이 현재 가지고 있는 수학 지식을 바탕으로 한다. 셋째, 아동들은 계획된 프로그램에서 도움을 받는다. 이러한 프로그램은 아동들이 수학에 관심을 두도록 이끄는 어른에 의해 주의 깊게 안내된다. 넷째, 아동들은 과제가 적절한 자료와 아이디어로 잘 구성되어 있을 때 의미 있는 수학에 참여할 수 있게 된다. 우리는 어린 아동들을 위한 수학 프로그램의 질을 높이기 위해 몇 가지 다른 토대를 제안한다. 그것은 (1) 일상/정규 수학학습 기회의 중요성, (2) 수학적 아이디어를 개발하고 강화할 때 또래와의 상호작용을 넘어서 교사와 학생 간 상호작용의 중요성, (3) 다양한 교수 맥락에 대해 가치를 두고, 학생들이 여러 학습 센터를 순환하는 것에 덜 의존하는 것이다(예, Bruce et al., 2013; Ginsburg et al., 2008).

잘 구성된 프로그램을 이용할 수 있다는 것을 아는 것은 유용하지만, 이러한 모범적인 사례들이 있음에도 불구하고 많은 교실에서 풍부한 수학 프로그램이 제한적으로 발생한다는 점을 강조하는 것도 중요하다. 그 이유는 여러 가지가 있다. 예를 들어, 유아 교사들은 수학을 가르치는 것이 편하지 않을 수 있고, 또는 이 장에서 언급한 프로그램들의 가장 기본적인 원리와는 상반되는 수학학습에 대한 신념을 가지고 있을 수도 있다. 특히 우려되는 것은 수학에 대한 학생들의 흥미와 능력을 전반적으로 과소평가하여 세기 및 모양 이름짓기라는 매우 제한된 수학 프로그램으로 이어지는 것이다(Ginsburg et al., 2008). 이러한 난관들과 기존의 다른 난관들에 대해 다음에 논의한다.

수학적으로 풍부한 수업에 대해 문서화된 난관

수준 높은 유아 수학 프로그램에 대한 주장과 비전이 활발하게 연구되고 설명되었지만, 유아 수학에서 이러한 비전을 실현하는 데 필요한 체계적인 변화는 쉽게 일어나지 않는다. 여기에서 우리는 유아기에 수학적으로 풍부한 수업에 대한 몇 가지 주요 난관에 대해 요약한다.

수학 내용과 교수법에 대한 부정적인 태도, 신념 및 관심의 부족

수학교육 연구를 통해 우리는 수학 자체에 대한 태도와 신념의 영역에서, 그리고 수학을 어떻게 가르쳐야 하는지와 관련하여 여러 가지 도전을 확인할 수 있다. 유아 교사들은 종종 수학을 가르칠 때의 불안감, 불편함 및 어려움을 이야기한다(Copley, 2004; Lee & Ginsburg, 2007). 다른 초등 교육자들과 비교했을 때, (4세에서 10세까지의 아이들과 함께 활동하는) 유치원부터 4학년까지의 교사들은 수학에 대해 가장 부정적인 태도를 보였다(Kolstad & Hughes, 1994). 많은 유아 교사들은 또한 자신을 수학 교사로 여기지 않음을 인정한다. 이는 Ginsburg와 Ertel(2008)이 "정체성 문제(identity issue)"라고 부르는 것이다. 또한 많은 유아 교사들은 더 나이가 많은 학생들보다 어린 아동들을 교육하는 직업을 선택한 **이유**로 자신들이 수학을 좋아하지 않거나, 수학을 가르치고 싶지 않기 때문이라고 말한다(Ginsburg & Ertel, 2008). 주로 여성들로 구성된 예비 초등교사들(384명)을 대상으로 한 설문조사에서 Perry(2011)는 이들 중 초등 교육과 관련한 직업을 선택한 예비교사는 수학학습에서 주목할 만하게 낮은 수준의 자신감을 보인다고 하였다. 이는 다른 분야의 직업을 선택한 여성들보다 평균적으로 낮았다.

유아 수학교사가 겪는 이러한 도전들은 교육자에 대한 비판이 아니라 체계적, 문화적, 역사적 요인에 대한 비판으로 해석되어야 한다. Stipek(2013)이 설득력 있게 썼듯이, "우리는 교사를 탓할 수 없다. 최근까지 우리는 유아 교육 프로그램에서 수학 수업을 기대하지 않았다. 많은 사람들은 훈련 받지 않았을 뿐만 아니라, 자기 자신의 수학적 기능(skill)에 대해 불편하게 느낀다."(Ginsburg et al., 2008, p. 13).

전반적인 어려움은 효과적인 유아 수학 교수(teaching)의 사례와 모델이 부족하기 때문에 발생한다. 사실 유아 수학 교수, 학습, 그리고 관련된 교육 연구는 국제적으로 수학교육 커뮤니티로부터 상대적으로 별반 관심을 받지 못한다. 동료 심사를 거치는 수학교육 저널에서 2005년부터 2013년 사이에 "유아 수학교육"이라는 용어로 검색되는 학술 논문은 모든 수학교육 저널을 합쳐 83개(대략 연간 10개의 논문)뿐이었다(2014년 5월 ProQuest 검색).

이러한 전반적인 낮은 관심은 유아 교실에서 수학 교수의 가치를 평가 절하하는 것과 관련이 있다. Ginsburg, Lee, Boyd(2008)는 "일반적으로 유아 교사는 수학을 가르치는 것에 높은 가치를 두지 않는다."(p. 10)고 하였다. 오히려 아동들이 사회적, 정서적으로 발달하도록 돕고(Kowalski, Pretti-Frontczak, & Johnson, 2001; Lee, 2006; Lin, Lawrence, & Gorrell, 2003), 어린 아동들을 가르치는 교육자의 최우선 사항은 지루함과 스트레스로부터 아이들을 보호하는 것으로 보았다(Lee, 2006; Lee & Ginsburg, 2007). 또한, 많은 교육자들은 자신들의 학생들이, 유아기 동안 어떤 일이 일어나든지 간에 상관없이, 결국에는 또래 친구들을 수학적으로 따라 잡을 것이라고 믿는다(Lee & Ginsburg, 2007, 2009).

Lee와 Ginsburg의 연구에서 지적한 바와 같이, 교사들은 어린 아동들이 수학에 준비되어 있지 않으며, 수학에 관심도 없다고 믿는다. 또한 어린 아동들은 높은 수준의 추론이나 추상적인 추론을 할 수 없고, 유아기의 학교 교육에서 가장 적합한 수학 내용은 간단한 수와 모양(shapes)이라고 믿는다. 최종적인 문제는 수학이 독립적인 과목이 아니라 학생들이 "수학을 하고 있는지조차 모르게" 다른 학습에 통합되어야 한다는, 널리 퍼져있는 신념이다. 실제로 수학에 대한 놀이 접근 방법은 널리 통용된다. 많은 유아 교사들은 모든 수학 활동이 아동이 주도한 놀이에서 발생해야 한다는 강력한 신념을 가지고 있다. 어린 아동들이 자신의 수학 지식을 적극적으로 구성하여 학습한다는 점에 있어서는 광범위하게 합의하고 있지만, 유아 수학학습을 위한 적절한 교수 방법에 대해서는 여전히 많은 질문들이 남아있다.

모든 수학학습은 아동들의 안내되지 않은 놀이로부터 시작해야 한다는 신념

이 절에서는 심도 깊은 수학학습을 위하여 유아 수학에서 지배적인 놀이 교수법과 안내되지 않은 놀이(unguided play)의 잠재적인 한계를 상세히 설명한다. 놀이가 유아 교육의 핵심이며, 학생들이 유아기의 수학학습에 참여하는 중요한 방식이라는 것은 논란의 여지가 없다(예, Bergen, 2009; Caldera et al., 1999; Perry & Dockett, 2002). 학습에서 놀이는 여러 이점을 지니는데, 그 중에서도 호기심, 창의성, 동일한 문제에 대하여 다양한 경로나 여러 가지 답이 있을 수 있음을 아는 것과 같이 수학교육에서 가치가 있는 성향과 사고 습관의 발달을 돕는다고 보고되어 왔다(Ginsburg, 2006; NAEYC/NCTM, 2002; Dockett & Perry, 2007). 놀이는 다양한 가능성을 지닌 반면, "수학적 발달을 보장하지는 않는다"(NAEYC/NCTM, 2002, p. 6; de Vries, Thomas, & Warren, 2010, p. 717에서 인용). "아동들은 놀이를 통해 학습을 한다. 하지만 아동들은 교사로부터 능숙한(artful) 안내와 도전적인 활동들을 제공받음으로써 훨씬 더 많이 배울 수 있다"(Seo & Ginsburg, 2004, p. 103). 나아가 Sarama와 Clements(2009)는 아동들이 수학과 관련된 물체를 가지고 홀로 놀이를 할 때, 그 놀이가 의도된 개념의 학습을 촉진하지는 않을 것이라고 주장한다.

놀이만 강조한 접근 방법(play-only approach)에서 언급된 많은 어려움 중 하나는 그런 학습 프로그램이 "하나의 주제나 프로젝트와 관련 있어 보이는, 어떤 수학 관련 경험이든지 간에 그냥 섞어 놓은 것"이 될 수 있다는 것이다(NAEYC/NCTM, 2002, p. 8). 더욱이 가르칠 만한 순간을 알아차리고 그때 수학을 이끌어내는 것은 "굉장히 어렵다"(Ginsburg & Ertle, 2008, p. 47). 놀이 기반 수학 프로그램에서는 직관적이고 비형식적인 수준에서 처음에 이해한 것에 대해 재진술하고(redescribing), 추상화하며, 일반화하고, 언어를 부여하는 것과 같은 수학화의 핵심 과정을 교사가 지원할 수 있는 기회가 드물다(Clements & Sarama, 2009, p. 244). 가르칠 수 있는 순간을 활용하는 것과 수학화를 돕는 것은 모두 아동들이 놀이에서 실제로 어떤 수학을 하고 있고, 생각하고 있는지에 대한 미묘한 수학 지식과 주의 집중을 요하는 정교한 과정이다(Clements & Sarama, 2009; Ginsburg et al., 2008; Perry & Dockett, 2008). Ginsburg와 Ertel(2008)의 주장처럼, 수학에 참여할 기회가 부족하여 어려움을 겪는 저소득층 학생들의 능력 차이를 놀이만으로는 해결하지 못할 가능성이 크다(Bowman, Donovan, & Burns, 2001; Starkey & Klein, 2008).

어떤 수학을 가르쳐야 하는지에 대한 편협한 이해

비구조화되고 비수학화된 놀이의 한계는 어린 아동들을 위한 수학에 일반적인 관심이 부족한 것과 관련이 있다. 결과적으로 여러 유아 수학 프로그램은 제한된 내용을 제공한다는 보고가 많은데(Balfanz, 1999), 주로 20까지 세기, 패턴 반복하기, 모양의 이름 짓기에 초점을 두고 있으며(Copley, 2004; Frede, Jung, Barnett, Lamy, & Figueras, 2007; Graham, Nash, & Paul, 1997), 이로 인해 어린 아동들의 수학적 발달은 매우 결핍된 상태로 머물게 된다(Ginsburg et al., 2008).

다행히 이 분야에서 몇 가지 매우 유망한 새로운 발달이 있으며, 이를 통해 행동을 촉구하는 현행 요구에 부응하여 나아갈 방향을 제시할 수 있을 것이다.

이 분야의 새로운 발달

우리는 이제 어린 아동들에게 더 깊고 넓은 범위의 수학학습에 접근할 기회를 제공할 수 있다는 가능성을 가지고 어린 아동을 위한 수학 분야의 새로운 발달에 대해 논의한다. 이러한 발달 중 처음은 **놀이 교수법**(playful pedagogy)의 장점을 제시하는 것이다. 다음으로, 공간 추론에 중점을 둔 수학교육과정의 잠재적인 장점에 대해 논의한다. 그런 다음 어린 아동들이 기하와 공간 추론에 초점을 둔 교실 수업에 참여할 때 드러나는 정교하고 진정한 추론을 설명하기 위해 세 가지 사례 형식으로 이러한 두 가지 발달을 통합한다.

놀이 교수법의 효과에 대한 새로운 연구 결과

지난 10년 동안 안내되지 않은 놀이와 직접 교수의 중간쯤이 어린 학생들의 수학학습에 가장 효과적일 것이라는 증거가 축적되어 왔다. 이는 **안내된 발견**(guided discovery, Baroody et al., 2006), **안내된 놀이**(guided play, Singer, Golnikoff, & Hirsh-Pasek, 2006), **구조화된 놀이**(structured play, Bruce & Flynn, 2012)와 같이 다양하게 불려왔는데, 이러한 중간적 접근 방법(middle ground approach)은 아동 중심의 놀이 참여(child-centered engagement of play)를 교육과정 목표와 통합하고, 아동들이 그들의 학습에 대하여 강한 통제력을 유지할 수 있도록 하였다.

특히 상세한 연구로, Baroody 외(2006)는 교실 관찰을 토대로 유아 수학 교수법들을 하나의 유용한 연속체(continuum)로 설명하였다. 이 연속체는 네 개의 지점으로 설명되는데, (1) **전통적인 직접 교수**(traditional direct-instruction)로부터, (2) **어른이 시작한 과제를 통한 안내된 발견 학습**(guided discovery learning via an adult-initiated task), (3) **아동이 시작한 과제를 통한 유연한 안내된 발견 학습**(flexible guided discovery learning via a child-initiated task), 그리고 마지막은 (4) **아동이 시작한 과제를 통한 안내되지 않은 발견 학습**(unguided discovery learning via a child-initiated task)이다. 이러한 유형의 연속체는 누가(아동 또는 교사) 과제 또는 학습을 시작했는지, 그리고 과제 도중에 발생하는 교사의 "안내(guidance)" 정도(전혀 안내하지 않는 것부터 전부 안내하는 것까지)에 따라 구분된다. Baroody와 그 동료들은 교실에서 아동들을 관찰한 결과, (연속체의 중간에 위치한 두 가지 범주인) 안내된 발견과 유연한 안내된 발견이 수학학습을 위해 가장 유망한 접근 방법이었고, 각각의 접근 방법이 유아 교실에서 중요한 위치를 차지한다는 것을 확인하였다.

더 최근에 Fisher, Hirsh-Pasek, Newcombe, Golinkoff(2013)는 자신들이 **안내된 놀이**(guided play)라고 부른 교수법의 효과를 검증하였다. 이 연구에서 연구자들은 다음과 같은 질문을 제기했다. 유아 교사들의 아동에 대한 온전한 관심, 놀이와 선택의 포함, 그리고 여기에 탄탄한 내용과 학습 경로에 대해 관심을 갖는 초등 학년 시기의 관행을 결합한 교수법은 어떤 모습일까? 저자들은 유치원에 다닐 나이의 아동들이 직접 교수, 안내된 놀이, 자유 놀이의 세 가지 조건에서 도형의 성질을 학습할 때의 효과를 비교한 교수 실험의 결과를 보고하였다. 그들의 연구 방법이나 결과에 대한 전체 내용을 기술하는 것은 이 장의 범위를 벗어난 것이기 때문에(전체 내용은 Fisher et al., 2013 참조), 여기서는 실험적 개입의 일부 내용을 구체적으로 제시하여 연구자들이 안내된 놀이라는 개념을 운용한 방법을 설명한다.

이 연구에서는 4세에서 5세의 아동들 70명에게 네 가지 도형(삼각형, 사각형 오각형, 육각형)의 성질을 소개한 후 안내된 놀이, 자유 놀이, 직접 교수 중 한 가지 교수·학습 양식(mode)에 무작위로 배정하였다. 연구자들이 4, 5세 아동들을 선정한 이유는 그들이 전형적으로 수학적 의미를 구성할 때 모양에 대한 지식을 나열하거나 종종 시각적 표현에 매우 의존하기 때문이다. 실험적 개입의 목표는 이 연령대의 학생들에게 전형적으로 나타나듯이(Van Hiele, 1999) 학생들이 표준적인 형태의(정형적인) 모양을 인식할 수 있을 뿐만 아니라, 비정형적인(변의 방향이나 길이가 비정형적인) 모양도 **실제**(real) 모양으로 확인할 수 있게 하는 것이었다. 그 외에, 이 연구에서는 어린 학생들이 대상이 된 네 개의 모양들 중 하나와 닮았지만 옳지 않은 특징을 가진 오답(distractor) 모양을 걸러낼 수 있는지 평가하였다. 수학교육 용어로, 교수 실험의 목적은 학생이 모양을 단순히 시각적으로 인식하는 것에서 보다 분석적으로 인식할 수 있도록 변화시키는 것이었다.

흥미롭게도, 안내된 놀이와 직접 교수법의 조건은 차이점보다 유사한 점이 더욱 많았다. 이 두 가지 조건 모두에서 교사-연구자는 아동에게 모양의 비밀에 대한 놀이 같은 시나리오를 소개했다. 안내된 놀이와 직접 교수의 조건에서는 모두 연구자가 "모든 모양은 비밀을 가지고 있다는 것을 알고 있나요?"라는 발문으로 시작하였다. 직접 교수의 조건에서는 실험자가 계속 "오늘 나는 너희들에게 모양의 비밀을 **말해**줄 거야."라고 지속적으로 말했다. 이와는 대조적으로, 안내된 놀이의 조건에서는 연구자가 "오늘 모양의 **비밀을 발견하기 위해** 너희들의 **도움**이 필요해."라고 말했다. 연구자들은 이러한 차이점을 학생들에게 말하는 것(직접)과 추론에 학생을 참여시키는 것(안내)으로 설명했다.

수업이 진행됨에 따라, 직접 교수의 조건에서는 교사가 각 모양의 성질(비밀)을 정의했다. 안내된 놀이의 조건에서는 교사가 학생들이 각 모양의 범주에서 유사하게 보이는 것에 초점을 두고 식별하도록 독려했다. 본질적으로 두 조건 모두에서 학생들이 개별적인 모양들 사이의 유사성에 초점을 두도록 하였는데, 다만 직접 교수의 조건에서는 실험자가 **말하기**(telling)를 통해서 가르치고 있었고, 안내된 놀이 조건에서는 연구자가 **암시**(implying)에 의하여 가르치고 있었다(Fisher et al., 2013).

연구 결과를 통해 안내된 놀이와 직접 교수의 조건에서 모두 아동의 학습이 발달했다는 것을 알 수 있다. 그러나 안내된 놀이의 조건에 참여한 학생들이, 직접 교수를 통해 가르친 학생들에 비하여 더욱 많은 발달을 보였고, 도형의 성질에 대한 더욱 깊이 있는 개념적인 과정을 드러내었으며, 추론(extrapolate)을 더 잘 할 수 있었다. 자유 놀이의 조건에서 참여한 아동들은 아무런 발달도 보이지 않았다. 이 그룹은 이해 측면에서 어떤 변화도 보이지 않았다.

이 연구의 결과를 통해 안내된 놀이 접근 방법이 수학학습에 훨씬 더 효과적이라는 것을 알 수 있다. 또한 이 연구는 자세한 사례를 통해 어린 아동들에게 수학을 지도하기 위한 중간적 접근 모델, 즉 놀이와 직접 교수의 중간에 위치하고 있는 모델인 의도적인 놀이 교수법을 명확하게 정의하고 운용하는 데 유용하다.

유아 교수법과 관련하여 직접 교수법(direct instruction)을 지지하는 측면도 있다. 이러한 주장은 직접 교수법이 다른 접근 방법보다 더욱 효율적이며 아동들의 학습을 더욱 효과적으로 촉진할 수 있다는 것이다(Stockard & Engelmann, 2008). 그러나 이러한 접근 방법은 미국, 영국, 호주와 같은 국가에서 인기를 얻고 있는 반면에, 실제로 유아기에서 직접 교수법의 효과를 뒷받침하는 결정적인 연구는 거의 이루어지지 않았고(Diamond, Barnett, Thomas, & Munro, 2007), 특히 수학학습 분야에 대한 연구는 거의 찾아볼 수 없다(Fisher, Hirsh-Pasek, Newcombe, & Golinkoff, 2013). 사실상 유아기에서 직접 교수법으로 인한 개입이 이후 발달과 학습을 저해하는 것으로 일부 보고되었다(Hirsh-Pasek, Hyson, & Rescorla, 1990; Marcon, 2002). 지금까지의 이러한 상반된 결과는 4 ~ 7세 아동들을 대상으로 하는 정밀한 비교 연구가 추가적으로 이루어져야 한다는 것을 시사한다.

어린 아동들의 수학에서 공간적 접근 방법의 이점(affordances)에 대한 지식과 관심의 증가

어린 아동들을 대상으로 한 수학교육 연구 분야에서 최근에 나타나고 있는 또 다른 발달은 아동들의 기하 및 공간 추론 능력을 키우고 확장하는 수학교육과정의 잠재적인 장점을 연구하는 것이다. 이러한 최근의 발달은 이 **핸드북**의 이전 버전(edition) 이후에 등장하기 시작했고, 아직까지 온전하게 파악되지는 않는다.

유아 교실에서 기하를 다루는 활동은 대부분 모양을 인식하고 명명하는 활동이다(Copley, 2004). Freudenthal(1981)은 기하를 유아원부터 상급(senior) 학교 수학교육과정에 걸쳐 "잊혀진" 영역이라고 언급하면서, 수학교육에서 가장 소홀히 다루는 주제라고 주장하였다. Clements와 Sarama (2011b)는 유아기에 기하를 다루는 것의 중요성을 강조하였으나, 기하에 대해 다룬 수학교육 문헌은 수와 관련된 문헌에 비하여 매우 적었다(NRC, 2009). 실제로 수십 년 동안 유아 교육과정과 그 이후의 학년에서 기하가 최소한의 역할을 하는 것을 염려해 왔다. 유아 수학교육에 대한 연구 문헌을 조사한 결과, 소수의 프로그램을 제외하고는(Casey et al., 2008; Clements & Sarama, 2007; Levenson, Tirosh, & Tsamir, 2011; Van den Heuvel-Panhuizen & Buijs, 2005), 기하 영역에서 어린 아동들의 학습에 초점을 둔 프로그램은 거의 찾아볼 수 없다.

Van den Heuvel-Panhuizen과 Buijs(2005)는 "초등학교에 기하를 위한 더 많은 공간"을 제공할 것을 촉구했다(p. 145). 이처럼 기하적 사고에 대해 많은 관심을 기울이도록 요구하는 것이 중요한데, 그 이유는 전체(overall) 수학에서, "학생들이 수학의 공리 구조를 추론하고 이해하는 것을 학습하는 곳에서" (NCTM, 2000, p. 41) 기하적 사고가 바탕이 되는 역할을 담당하기 때문이다. **학교 수학을 위한 원리와 규준**에서, NCTM은 유아기(K-2) 수학 프로그램에서 기하를 다음과 같이 네 가지의 활동 범주로 구분하였다. (1) 2차원 및 3차원 도형의 성질을 분석하기, (2) 공간에서 물체의 위치를 찾고 공간적 관계를 묘사하기, (3) 변환을 적용하고 대칭을 사용하기, (4) 시각화 및 공간 추론을 사용하기. 이제는 10년도 더 되었음에도 불구하고, 이 목록은 현재 4 ~ 8세 아동들을 위한 전형적인 교실 학습을 넘어서는 데 잘 적용되며, 새로운 수학교육 연구 에너지의 의제를 설정하는 데도 도움이 된다. 기하 활동에 대한 NCTM의 네 가지 범주에서는 공간 추론이 가장 두드러진다. 어린 아동들의 공간 추론은 시각화하는 능력, 관점을 취하는 활동에 참여하는 능력, 공간에서 자신과 다른 대상을 배치할 수 있는 능력, 도형을 머릿속으로 회전시킬 수 있는 능력을 포함한다. 이를 통해 유아의 공간 추론이 전반적인 수학 능력의 주요 예측 변수라는 것을 확인할 수 있다(Mix & Cheng, 2012; Verdine et al., 2013).

현재까지 공간 추론에 대한 연구는 인지과학과 심리학 분야에서 주로 수행되어 왔다(Gathercole & Pickering, 2000; Levine, Huttenlocher, Taylor, & Langrock, 1999; Cheng & Mix, 2012; Newcombe, 2010, 2013; Newcombe & Frick, 2010). 수상 경력이 있는 메타 분석에서 보고된 한 가지 중요한 발견은 공간 추론이 가변적(malleable)이라는 것이다. 이는 모든 연령의 사람들이 연습과 훈련을 통해 공간 추론 능력을 신장할 수 있다는 것을 의미한다(Uttal et al., 2013). 공간 추론 능력을 과학, 기술, 공학 및 수학 분야(STEM)와 연결한 최근의 연구 결과는 수학교육 연구자들뿐만 아니라 교실 기반 연구에 토대를 둔 수학 프로그램에 공간 추론을 포함할 수 있는 방법을 모색하던 일부 수학 및 과학교육자들의 관심을 끌기 시작했다(Battista, 2007; Clements & Sarama, 2011a; Sinclair & Bruce, 2014; Van den Heuvel-Panhuizen & Buys, 2008; Whiteley, 2002). 공간 추론의 중요성에 대한 이러한 최근의 결과에 부응하여, 의도적으로 공간 추론에 초점을 맞추고 교실 현장에서 검증한 일부 자원(Stipek, 2013)이 현재 개발되고 있음에도 불구하고, (예를 들어, Clements & Sarama, 2002; Moss et al., 2012; Bruce, Flynn, McPherson, & Bennett, 2012 참조), 공간 추론을 구축하는 데 중점을 둔 교사들이 활용할 수 있도록 현장 검증된 양질의 자원은 기하 전반에서와 마찬가지로 매우 부족하다(Clements & Sarama, 2011a; Ehrlich, Levine, & Goldin-Meadow, 2006).

영국(Jones, 2000), 호주(MacDonald et al., 2012), 미국(Clements and Sarama, 2011b)의 보고서는 위와 같은 결과를 더욱 뒷받침하고, 초기 기하 학습이 부족한 것에 대해 국제적으로 관심을 가지기를 촉구했다. 예를 들어, 최근 미국의 한 연구에서는 유치원 교사 81명(이 중 절반 이상이 석사학위 이상을 취득함)을 대상으로 수 감각, 규칙성, 순서, 모양, 공간 감각, 비교 문제에 대한 수학적 내용 지식을 검사했다. 교사들은 수 감각 검사에서 평균 89.12점을 받은 반면, 공간 감각에 대한 지식은 평균 44.23점으로 가장 낮았다(Lee, 2010).

수학 발달에서 기하 및 공간적 사고가 근본적으로 중요하다는 사실을 고려하면, 이에 대한 관심과 이해가 부족한 것은 문제가 된다. Clements와 Sarama(2011)가 지적했듯이, 기하는 본질적으로 공간적인 아이디어를 전달하는 특별한 종류의 언어이며, "기하적 기초는 수직선부터 배열에 이르기까지, 양적, 수치적, 산술적 아이디어의 기반"이다(p. 134). 또한 기하는 수학과 과학에 걸쳐 있으며, 물리학, 화학, 생물학, 지질학, 지리학, 미술, 건축과 같은 여러 분야의 핵심이다(Wai, Lubinski, & Benbow, 2009). 나아가 발달 심리학자들은 일반적으로 수학에서 공간적 사고의 중요성을 강조하였다. 한 세기(century) 이상에 걸친 심리학 연구는 공간과 수학적 과정 간의 긴밀한 관계를 뒷받침한다. Mix와 Cheng(2012)은 "공간 능력과 수학의 관계가 너무 잘 형성되어 있어 이들이 연결되어 있는지를 묻는 것은 더 이상 의미가 없다"고 하였다(p. 206). 최근의 메타 분석에 따르면 공간 추론은 가변적이고, 모든 연령의 사람들은 연습과 훈련을 통해 공간 추론 능력을 신장할 수 있다(Uttal et al., 2013). 더 나아가, Newcombe, Uttal, 그리고 Sauter(2013)는 어린 아동들의 공간 추론 능력을 향상시키기 위한 교수·학습적 지원을 제공하여, STEM 관련 활동에 학생들이 장기적으로 관심을 가지고 참여하게 하고 있다고 언급했다. 보다 구체적으로, Verdine 외(2014)는 공간 추론을 유아 수학에 통합함으로써 아동들의 공간 추론 능력과 수학적 발달 모두에 이익을 가져다주는 "1석 2조(two-for-one)"의 효과를 볼 수 있다고 주장했다(p. 6). 게다가 공간 능력을 가르치는 것은 아동들의 수학적 태도를 향상시킨다(Casey et al., 2008; Van den Heuvel-Panhuizen & Buys, 2008).

놀이 교수법 맥락에서 어린 아동들의 정교한 공간 추론을 드러내는 예시적 사례

다음 절에서는 어린 아동들(4~6세)의 수학적 추론에 대한 세 가지의 사례를 제시한다. 이때 아동들은 공간 추론에 특히 중점을 두고 신중하게 고안된 다양한 수학 활동에 참여하였다. 이 사례들은 (현저하게 사회 경제적인 혜택을 받지 못하는 지역 사회에 있는) 우리의 연구 교실에서 가져온 것이며, 아동들이 강력한 수학에 초점을 둔, 흥미롭고 구조화된 학습 기회에 참여할 때 발생할 수 있는 정교한 수학적 추론을 나타낸다.

유치원 교실에서 합동 탐구하기: 2차원 펜토미노 과제

이 첫 번째 사례에서 다룬 과제는 학생들에게 12개의 펜토미노 도형을 만들어보게 하는 것이었는데, 여기서 12개의 펜토미노 도형은 각각 5개의 정사각형으로 만들어질 수 있는, 서로 합동이 아닌 2차원 도형들의 풀 세트(full set)이다(이 때, 정사각형의 각 변은 [그림 5.1]에서 보듯이 서로 닿도록 연결되어야 한다).

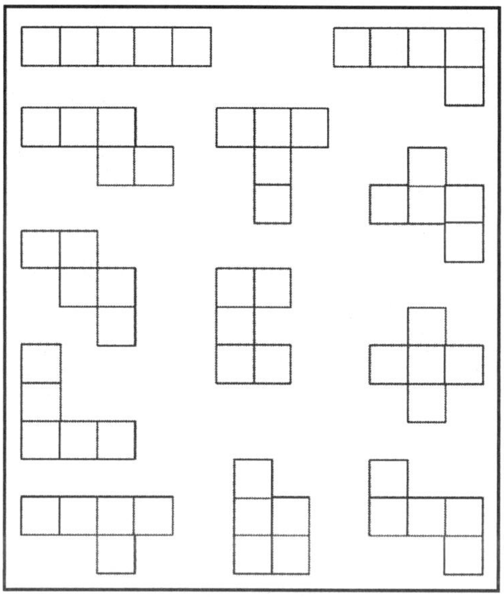

[그림 5.1] 펜토미노 배열 12개의 완성된 세트

도입에서 아동들에게 케이트(Kate) 공주가 사악한 마녀의 탑에서 윌리엄(William) 왕자를 구하기 위해 12개의 마법 열쇠(펜토미노 도형)를 모아야 한다는 이야기를 들려주었다. 다음으로 교사는 5개의 정사각형으로 펜토미노 도형을 조립하는 규칙을 안내한 후, 한 학생에게 쌍방향 화이트보드(interactive whiteboard)에서 5개의 정사각형을 조립하여 12개의 펜토미노 배열 중 한 가지를 만들어 보게 하였다. [그림 5.2]를 참조하시오.

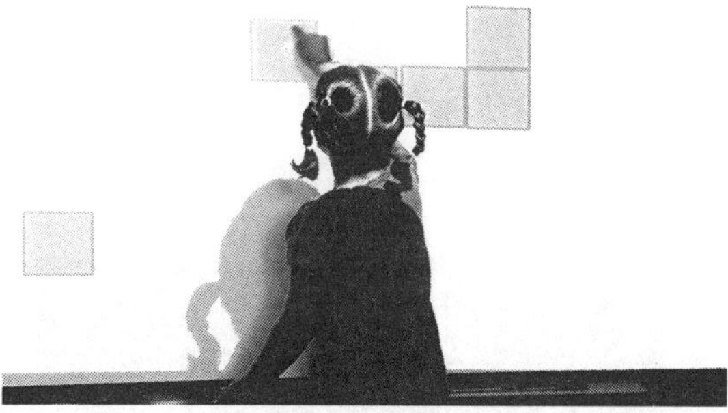

[그림 5.2] 한 학생이 배열의 제약을 따르면서 12개의 펜토미노 도형 중 1개를 만들기 위해 쌍방향 화이트보드 위에서 정사각형들을 드래그 한다. 이 학생이 도형을 완성하자마자, 교사는 이 학생이 만든 도형이 정말로 "마술 열쇠"라는 것을 인정했다.

그런 다음 교사는 화이트보드에 두 번째 도형을 조립했는데, 이 도형은 첫 번째 도형을 180도 회전시킨 것과 일치했다([그림 5.3]).

[그림 5.3] 교사가 다른 방향으로 합동인 도형을 만든다.

그 다음 교사는 학생들에게 말했다.

교사 저기, 지금 내가 *새로운(new)* 마술 열쇠를 만들었어요.

학생들 (*흥분하여 외치며*) 아니에요, 그건 똑같아요! 그건 똑같아요!

교사 (*모르는 척하며*) 똑같다는 게 무슨 의미죠?

샘(Sam) 그걸 회전(rotate)시킬 수 있고, 그러면 똑같아져요(*팔을 움직이며*).

교사 (*다음, 교사는 자신이 붙였던 펜토미노 도형과 똑같은 플라스틱 모형을 집어서, 여전히 다른 방향으로 회전시킨 것을 아동들에게 보이며*) 이거는 어떤가요? 이거도 역시 똑같은가요?

학생 네, 그것도 똑같아요!

학생들 (*여러 명의 목소리로*) 그것도 똑같은 방법으로 하면 알 수 있어요.

아동들이 앞서 3개의 펜토미노가 모두 합동이고 12가지의 가능성 중 단지 1가지라는 것을 이해하자, 교사는 아동들에게 소집단별로 5개의 정사각형을 조립하여 가능한 한 많은 펜토미노 도형을 찾아보게 하였다. [그림 5.4a]와 [그림 5.4b]를 참조하시오.

[그림 5.4a] 5개의 정사각형으로 배열을 조립하는 학생들

[그림 5.4b] 5개의 정사각형으로 배열을 조립하는 학생들

수업의 마지막 단계에서, 학생들은 조립한 도형을 공유하고 비교하면서 12가지의 펜토미노 도형을 구별하였다. 아동들이 펜토미노 도형을 제시하고 설명하는 과정에서 놀랍게도 망테(Mante)라고 하는 한 학생은 자신이 만든 펜토미노를 접으면 뚜껑이 열린 상자처럼 보일 수 있다는 것도 관찰하였다.

이에 대한 논의는 아래의 전사 자료로 확인할 수 있다.

교사	누가 자신이 만든 마술 열쇠 중 하나의 모양에 대해 설명해 볼까요?
망테	(*십자가 모양의 펜토미노를 들어 올리며*) 이건 더하기에요.
교사	그래요, 망테, 그건 십자가처럼 보이네요. 그 모양을 설명할 수 있는 다른 방법이 있을까요? 망테? 라나?
망테	이건 해적의 보물에 표시한 X처럼 보여요, 또, 이건 상자로 변할 수 있어요!
교사	어떻게 상자로 변할 수 있나요?
학생들	그렇지만 뚜껑은 없는 상자에요. 이 옆을 들어 올리면, 한 개가 더 필요하지만...한 개를 위에 놓으면 큐브(cube)를 만들 수 있어요.

교사는 학생들에게 더 조사해보도록 독려했다([그림 5.5] 참조).

[그림 5.5] 학생들이 어느 펜토미노 배열로 열린 상자(open box)를 만들 수 있는지 결정하기 위해 종이를 접어본다.

이 특별한 사례에서 볼 수 있듯이, 4 ~ 6세의 학생들은 12개의 펜토미노 도형을 조립하고 구별할 수 있을 뿐 아니라 동료의 도움을 받아 먼저 머릿속으로 도형을 접어보고, 그런 후에 물리적으로 접어보면서 “뚜껑이 없는 상자”를 만들었고, 이를 통해 2차원 도형과 3차원 도형을 동적으로 연결하기 시작했다. 나아가 이 과제에서 학생들은 합동인 도형과 합동이 아닌 도형을 구별하기 위해 평행이동, 회전, 반사를 인식하고 적용하는 것과 같이 NCTM에서 규정한 기하 추론을 할 수 있었다.

위치, 방향, 위치 언어: 1학년의 장벽 게임

두 번째 사례에서는 7세 학생 두 명이 모양에 기초한 장벽 게임(shape-based barrier games)을 하면서 논의한 것에 초점을 두는데, 이 게임은 쿠키판과 모양 자석을 사용하여 모양의 위치(location), 방향, 위치 언어(positional language)에 초점을 둘 수 있도록 설계된 것이다.

이 사례에서 소개된 수업은 여러 단계를 거쳐 진행되었다. 처음에 학생들은 6개의 동일한 부분으로 나누어진 쿠키판과 서로 다른 모양 자석 6개를 받았다. 다음으로 둘이 짝을 이루어 그 사이에 장벽을 두고 활동을 하였다. 도전자의 역할을 하는 사람은 격자 구획 중 하나에 각각의 모양을 놓고 전체 격자를 모두 덮은 후 자신의 짝에게 각 모양을 격자의 어느 위치에, 어떤 방향으로 놓았는지 설명하였다.

장벽 게임의 다음 단계에서는 과제 수준을 더 높여서 격자를 제거했고, 이번에는 디자이너 역할을 하는 아동들이 탱그램(Tangram) 조각들로 말, 집, 화살표, 로켓 등을 디자인하여 합성 도형을 만들었다. 다시, 아동들은 그들 사이에 장벽을 세운 후 한 명은 더 작은 모양들을 다양하게 사용하여 합성 도형 디자인을 만들고, 자신이 만든 디자인을 볼 수 없는 짝에게 그 디자인에 대해 설명했다([그림 5.6] 참조).

[그림 5.6] 두 명의 1학년 아동들이 빨간색 폴더(folder)를 장벽으로 사용하여 장벽 게임을 하고 있으며, 아동들은 각자 초록색 탱그램 도형 자석과 쿠키판을 가지고 있다.

다음의 전사 자료에서, 만드는 사람(composer)이자 도전자인 벤(Ben)은 그가 만든 도형에 대해 설명하고 있으며, 그의 짝에게 최대한 자세하게 설명하기 위해 노력하고 있다. 벤의 짝인 샤이(Shay)는 필요에 따라 추가적인 질문을 하고 있다.

벤	그래서 삼각형의 오른쪽 꼭짓점이 쟁반(tray)의 한 변이랑 닿아 있어.
샤이	특정한 방식으로?
벤	응. 그건 보트랑 비슷해. 이제 짧은 변에 삼각형을 쫙 펴서 놔.
샤이	왼쪽에, 아니면 오른쪽에?
벤	왼쪽에. 그리고 이제 삼각형을 놔, 이제 다른 짧은 변에 딱 맞아.
샤이	오른쪽에.
벤	맞아. (*잠깐 멈추고*) 그러면 전체가 삼각형을 위와 옆으로 쫙 펼친 것 같아.

게임이 끝나면, 자신들의 디자인이 정확히 일치하는지 아니면 약간 차이가 있는지 결정하기 위해 짝끼리 자신들의 디자인을 비교했다([그림 5.7]).

[그림 5.7] 장벽 게임이 끝난 후 두 아동들이 디자인을 비교한다.

벤	네가 뭔가 옳게 하지 않았지만, 그러나 아주 많이 비슷해. (*자신의 디자인을 가리키며*) 여기 봐 그리고 이제 (*짝이 만든 디자인에서 동일한 부분을 가리키며*) 네 것을 봐. 봐, 봐. (*짝이 만든 디자인을 가리키며*) 거기에 빈 공간이 있지? 하지만 (*자신의 디자인을 가리키며*) 여기에 빈 공간이 있어?
샤이	알았어(*샤이는 자신의 디자인에서 맨 아래 부분을 왼쪽으로 약 1cm 정도 이동시킨다*).

이제 디자인은 정확히 일치한다.

위 전사 자료에서, 벤은 몇 가지의 중요한 기하적·수학적 아이디어를 언급했다. 그것은 쿠키판의 직사각형 틀 안에 놓인 모양의 전체 위치와 방향, 두 도형들의 상대적인 위치, 만든 모양의 전체적인 구성에 대한 것이다(큰 삼각형이 "위와 옆으로 쫙 펼쳐진" 도형처럼 보임). 마지막으로, 만드는 사람인 벤은 자신의 디자인과 짝의 디자인 간의 작은 차이점을 지적하며 정확성을 요구했다. 벤은 대화와 게임을 마치기 위해, 짝에게 질문하고 샤이의 디자인에서 정확히 일치하지 않는 부분을 가리키면서(만지지는 않고), 샤이에게 디자인을 조정할 것을 제안하고, 샤이는 도형을 약간 밀어서 벤의 도형과 정확히 일치시킨다. 이러한 과제에 포함된 (많은 어른들에게도 어려운) 기하 및 공간 추론, 지속성 및 정밀성의 수준이 이 2명의 7세 아동들에게서 관찰된다는 점은 주목할 만하다.

3개, 4개, 5개의 큐브 과제: 3차원 도형의 동형을 발견하는 수업

세 번째 사례에서는 3차원 도형에 대한 아동들의 추론이 강조된 기하와 변환에 초점을 두었다. 이 사례에서 제시하는 학생들의 사고의 예는 「어린 아동들을 위한 수학(Math for Young Children)」이라는 교사 수업 연구(lesson study) 팀에서 설계한 1학년 수업에서 가져온 것이다. 이 수업의 전반적인 목표는 학생들이 3차원 도형의 합동 및 동형(equivalence)이라는 어려운 개념을 학습하도록 지원하는 것이었다. 다시 말해, 교사가 기술한 목표처럼, "학생들이 특정한 3차원 모양들이 비록 방향은 다르더라도 동일하다는 것을 알아차릴 수 있도록 돕는 것이다."

이 수업은 난이도가 점차 높아지는 여러 단계로 설계되었다. 구체적으로 처음에는 학생들에게 연결큐브 3개를 사용하여 가능한 모든 배열을 찾아보게 하였다. 그 다음에는 연결큐브 4개, 그리고 다음에는 연결큐브 5개를 사용하여 가능한 한 많은 배열을 찾아보게 하였다. 처음 연결큐브 3개를 사용한 과제에는 결과적으로 2개의 고유한 도형을 만들 수 있는데, 이 과제를 통해 학생들이 도형의 위치(position)나 방향이 다르더라도 동형의 원리를 발견할 수 있도록 도왔다. 연결큐브 4개, 5개를 사용하는 과제는 훨씬 더 어려웠다. 이 과제에서는 학생들이 연결큐브 4개로는 총 8개, 연결큐브 5개로는 총 29개의 새로운 도형을 만들 수 있는 여러 가지의 조합을 상상하고 만들어야 했다.

수업 참여 구조(lesson participation structures)는 두 가지 방법으로 동형을 인식할 수 있도록 설계되었다. 한 방법은 학생들이 시각적으로 관찰하고 머릿속으로 회전시켜보는 것이고, 다른 방법은 실제 도형을 만들어 보고, 비교하고, 조작하는 방법이었다. 다음에 제시된 짧은 대화는 수업 중반에 학생들 사이에서 발생했으며, 시각화와 머릿속으로 회전시켜보는 방법을 통해 학생들이 동형을 추론할 수 있는 능력을 예시로 보여준다.

학생 1 (*큐브 5개로 만든 도형을 집어 들고*) 이런 모양을 만든 사람 있어? 이건 "더블유(W)" 야.

학생 2	나는 그 "더블유(W)"를 만들려고 했었는데, "엠(M)"처럼 생긴 것을 이미 만들었다는 것을 알았어.
유사하게(Similarly)	
학생 3	나는 왕좌(throne)처럼 생긴 모양을 만들었어. 이거 만든 사람이 또 있니?
학생 4	내가 만든 모양들 중에도 있는데, 내 것은 회전시킨 모양이고 탁자처럼 생겼어.

위 학생들이 추론한 방법은 시각화를 통해 모양을 전체적으로 생각하고, 보고 있다는 것을 드러낸다. 앞의 전사 자료에 나타난 바와 같이, 우리 연구에 참여한 어린 학생들은 모양들 사이의 합동을 인식할 수 있었음에도, 대다수의 학생들은 서로에 대해 거울 이미지(mirror images)인 3차원 도형을 어려워하였다. 이러한 혼란은 학생들이 2차원 도형을 가지고 활동할 때 서로에 대해 거울 이미지인 모양이 합동이라고 학습한 경험으로 인해 발생한다. 그로 인하여 학생들은 3차원 도형을 가지고 활동할 때 거울 도형들(mirror figures)이 동형이 **아니라는 것**을 이해하는 데 혼란을 겪었다. 거울 이미지의 도형들(mirror-image figures)이 무슨 의미인지 설명하기 위해, [그림 5.8]에 연결큐브 4개로 만들 수 있는 모든 도형에 대한 사진을 제시한다. 그 중 오른쪽 끝에 있는 마지막 두 개의 도형은 서로에 대해 거울 이미지이지만 구조는 다르다.

[그림 5.8] 연결큐브 4개를 사용하여 만들 수 있는 고유한 배열

사실상 마지막 전사 자료에 제시한 것처럼, 거울 이미지 문제는 학생들에게만 어려운 것이 아니라 교사나 연구자와 같은 어른들에게도 어렵다. 마지막 전사 자료는 수업의 마지막 부분에서 가져온 것인데, 이 때 학생들은 연결큐브 5개를 사용하여 만들 수 있는 모든 가능한 도형을 찾아야 했다. 학생들은 10분 동안 둘씩 짝을 지어 연결큐브 5개로 가능한 많은 도형을 만들었다. 그 후에 교사는 2명의 학생들을 모아서 4명씩 한 집단으로 묶었고, 만든 도형들을 모두 모으게 했다. 그리고 새로운 모양들을 평가하게 하여, 그 중 서로 합동인 도형을 제거하게 하였다. 라이언(Ryan)과 그의 소집단은 자신들이 만든 모양들을 바라보았다. 라이언은 한참동안 두 개의 모양을 바라본 후 그 두 개의 모양을 집어 계속 회전시켰다. 그는 다른 집단의 아동들과 활동을 하고 있는 교사에게 다가가, 그 두 개의 도형을 보여줬다.

라이언 저는 이 두 개가 다른 것 같은데, 확신할 수가 없어요.

교사 음... 어떻게 생각하니? (*잠깐 멈추고*) 라이언, 그것들을 나에게 주렴. 나는 이 두 개가 같아 보이는구나.
(*교사는 두 개의 도형을 서로 옆에 내려놓은 후, 한 개를 회전시켜보며 이 문제에 대해 생각한다.*) 미안하다, 라이언, 나도 확신할 수가 없구나.

(라이언은 그 두 모양을 가지고 그의 집단과 이야기를 나눈 후, 다시 교사에게 돌아왔다.)

라이언 이 두 개는 달라요. 이것을 어떻게 해도 (*라이언은 도형 중 한 개를 물리적으로 회전시키며*), 이것과 같아 보이도록 만들 수 없어요. 이 두 개는 달라요. 왜냐하면 (*배열에 있는 큐브 1개를 가리키며*) 이 큐브를 가져가서 옮겨야하기 때문에 알아요. 저것에 딱 맞게 이것을 만들 수가 없어요.

[그림 5.9] 거울 모양의 동형을 고려하는 학생들

[그림 5.10] 학생들이 교사와 함께 거울 모양을 논의한다.

[그림 5.11] 교사와 학생들은 모양의 배열을 시각적으로 비교하기 위해 모양을 카페트 위에 나란히 놓는다.

이 분야의 새로운 접근 방법에 대한 몇 가지 끝맺는 생각

세 가지 사례에 제시된 역동적인 학생 활동의 유형은 유아기의 기하 수업과 활동에서 일상적인 것이 아니다. 인지적인 측면에서, 머릿속으로 회전시켜 보는 것은 학생들에게 어렵다. 몇몇의 연구에서는 여자에 비하여 남자가 머릿속으로 회전시켜 보는 활동을 더욱 잘한다고 주장하지만(예, Jansen, Schmelter, Quaiser-Pohl, Neuburger, & Heil, 2013; Levine et al., 1999; Tzuriel & Egozi, 2010), 남학생과 여학생 모두 이러한 활동을 즐거워했으며 큐브 배열을 열심히 만들었다. 7세 학생들로 구성된 모둠의 활동을 살펴보면, 학생들은 큐브 5개로 만들 수 있는 29개의 배열 중 26개를 찾아냈다. 이러한 결과는 다른 지역에서 동일한 「어린 아동들을 위한 수학(Math for Young Children)」 프로젝트에 참여했던 다른 아동들의 결과와도 일치한다. 이와 같은 정교한 수학적 아이디어의 예들은 또한 명확한 수학 목표와 결합된 놀이 교수법이 어떻게 아동들로 하여금 전형적인 교육과정 상의 기대와 전형적인 경로를 분명히 넘어서게 할 수 있는지도 설명할 수 있다. 이러한 구체적인 예들은 우리의 연구 프로젝트로부터 나왔지만, 수학교육 문헌에 보다 빈번히 보고되고 있는 수학적 추론의 대표적인 유형이기도 하다. 예를 들어, 역동적인 기하 환경에서의 어린 아동들에 관한 Sinclair의 연구(Sinclair & Crespo, 2006; Sinclair & Jackiw, 2011; Sinclair & Moss, 2012), 자료 관리와 메타 표현을 다룬 English의 연구(예, English 2004), 규칙 찾기와 대수적 추론의 발달을 살펴본 아주 많은 문헌(Blanton & Kaput 2003; Brizuela, Martinez, & Cayton-Hodges, 2013; Carraher, Martinez, & Schlieman, 2008; Moss & London-McNab, 2011; Papic, Mulligan, & Mitchelmore, 2011; Radford, 2008; Warren & Cooper, 2008)이 있다.

우리가 부각시키고자 하는 마지막 새로운 개발(development), 즉 교사 전문성 개발은 본 장의 이전 절에서 다루었던 다른 개발과 불가분하게 연결되어 있다. 다음 절에서는 수학과 교육과정 및 실행, 그리고 교실 관행을 변화시키는 핵심적인 특징으로 교사 전문성 개발에 대한 유망한 접근 방법을 살펴본다.

유아 교사들을 위한 전문성 개발

아동들의 수학학습 기회를 향상시키는 과정에서 핵심적인 것은 수학 교수에 대한 교사의 지식, 자신감, 그리고 태도이다(MacDonald et al., 2012). 본 장의 이전 절에서 언급한 바와 같이, 연구에 따르면 안타깝게도 많은 유아 교육자들은 자신을 수학교사로 인식하지 않거나(Ginsburg & Ertel, 2008), 수학에 대해 양면적인 태도를 가지거나(Hunting et al., 2013), 심지어 수학을 싫어한다고 보고한다(Kolstad & Hughes, 1994). 이러한 난관들은 교사에 대한 비판적인 태도가 아니라, 체계적, 문화적 그리고 역사적인 요인이 반영된 것으로 바라보아야 한다(Stipek, 2013). 역사적으로, 우리는 아동들을 수학 활동에 참여시키는 데 필요한 지식을 과소평가해왔다. Stipek(2014)이 관찰했듯이, 교사들은 자신들이 가르치는 수학 내용에 대한 특정한 지식을 가지고 있어야 할 뿐만 아니라 학생들을 평가할 수 있고 더 나은 수준으로 발전할 수 있도록 학생들을 지지할 수 있어야 한다.

학생들이 탄탄한 수학 기초를 발달시키는 데 있어서 교사가 결정적인 역할을 한다는 점을 고려한다면(예, Simpson & Linder, 2014; Shulman 1986; Ball, Thames, & Phelps, 2008), 유아 교사를 지지하기 위한 전문성 개발 프로그램은 매우 중요하다. 전 세계 곳곳에서 이루어지는 연구 기반의 전문성 개발 프로그램은 교사가 높은 수준의 지속적인 전문성 개발 프로그램에 참여한 결과, 수학 지식 및 아동들에 대한 이해가 향상될 수 있다는 것을 알려준다(Anderson, Bobis, & Way, 2008; Bobis et al., 2005; Bruce et al., 2013; Clements & Sarama, 2013; Fennema et al., 1996; Guskey, 2003; Moss, Hawes, Naqvi, & Caswell, 2015).

전문성 개발을 통합하는 유망한 수학 프로그램

지난 10년간, 어린 학생들을 위한 특정한 연구에 기반한 수학교육과정의 실행을 지원하기 위하여 설계된 성공적인 전문성 개발 프로그램, 예를 들어, **수학 인식 프로그램**(Mathematical Awareness Program), **나도 끼워줘**(Count Me In Too), 그리고 **산술 능력 개발 프로젝트**(Numeracy Development Project, Bobis et al., 2005), 국가 문해 전략 및 산술 전략(National Literacy and Numeracy Strategies, Aubrey, 2004; Aubrey, Dahl, & Godfrey, 2006), 패턴과 초기 대수 전문성 개발 프로그램(Patterns and Early Algebra Professional Development Program, Papic, 2013), 호기심(Curios Minds, van Nes & de Lange, 2007)이 있었다. 앞에서 우리는 4개의 프로그램, 즉, 어린 아이들을 위한 핵심 수학(Greenes et al., 2004), 블록 쌓기

(Clements & Sarama, 2007), 수 세계(Griffin, 2007), 패턴 및 구조에 대한 수학적 인식 프로그램(Mulligan & Mitchelmore, 2009)을 기술했다. 이러한 프로그램은 각각 아동들의 수학학습에 유의미한 성취를 가능하게 했던 효과적인 전문성 개발 프로그램을 동반한다. 각 프로그램의 수학 내용에 뚜렷한 차이가 있음에도 불구하고 이러한 프로그램들의 전문성 개발 요소에는 다음과 같은 4가지의 공통적인 구조가 있다. (1) 각각의 프로그램은 해당 학년도(the school year)에 정기적인 워크숍뿐만 아니라 학년 초에도 교육자인 참가자를 위한 워크숍을 제공한다. (2) 각각의 프로그램은 교실 기반의 코칭 형식으로 교사들을 위한 개별화된 지원을 제공한다. (3) 각각의 프로그램은 유아 수학학습과 교수를 위한 연구와 규준을 기반으로 하는 일관성 있는 교육과정을 바탕으로 설계된다. (4) 또한 각각의 프로그램은 교육자인 참가자들이 내용을 탐구하여 이해를 심화할 수 있도록 포괄적이면서도 충분한 기간을 제공한다. 종합하면, 이러한 프로그램들은 유아 수학교육자들을 위한 모범적인 전문성 개발의 몇 가지 중요한 특징을 포함한다.

유아 교사를 위한 효과적인 전문성 개발의 특징

수학 전문성 개발에 관한 강력한 이론들은 대부분 고학년(older) 학생들을 가르치는 교사들을 대상으로 한다. 하지만 Zaslow, Tout, Halle, Whittaker, Lavelle는 2010년에 수학과 문해력에 관한 18개의 유아 전문성 개발 프로그램을 자세하게 평가했다. 이러한 평가를 통하여 연구자들은 아동의 학습을 지원하는 데 효과적인 전문성 개발 프로그램들의 공통된 특징들을 찾아냈다.

교실 기반 및 관행 중심 전문성 학습 프로그램

성공적인 전문성 개발의 공통적인 특징은 관행(practice)에 내재되어 있다는 점이다. 관행 중심 접근 방법은 교실에서 아동들과 활동하는 것을 우선시하는데, Webster-Wright(2009)는 전문성 개발에 관한 200개 이상의 연구를 검토한 뒤 “관행에의 활발한 참여”(p.723)라 칭했다. 이 접근 방법은 전문성 개발에 관한 보다 전통적인 지식 기반 접근 방법과 대조적인데, 지식 기반 접근 방법에서는 교사들이 맥락이 배제된 지식을 교실 관행으로 쉽게, 그리고 성공적으로 전달할 것이라는 가정이 내재되어 있다(Bruce, Esmonde, Ross, Gookie, & Beatty, 2010). 점점 더 많은 연구들이 밝히는 것은, 아동들의 수학 발달에 관한 일반적인 개념을 교사들에게 소개하는 것이 효과적이려면, 관행과 지식이 정교하게 조정된 상태로 아동들과 직접적이면서도 협력적으로 활동하는 것을 통해(Moss et al., 2015) 그러한 개념을 설명해야 한다는 것이다. 전문성 개발에 대한 관행 중심 접근 방법은 수학을 가르치는 것에 대해 처음에는 주저하거나 심지어 반대할 수도 있는 유아 교사들을 지원할 때 특히 성공적일 것이다.

전문성 개발에 대한 관행 중심 접근 방법은 많은 변수와 특징이 있지만, Zaslow 외(2010)는 "코칭(coaching)"을 강조하는데 이는 전문성 개발 연구 팀에 소속된 숙련된 교육자나 연구자가 가르치는 것을 모델링하고, 함께 가르치고, 반성을 공유하면서 피드백을 제공하여 개별 교사들을 지원하는 것이다. Zaslow 보고서에 따르면 이러한 유형의 코칭은 현장에서 또는 테크놀로지를 통해 일어날 수 있다. 테크놀로지는 2가지 방식으로 활용될 수 있는데, 비디오 라이브러리(video library)는 모범적인 관행에 대한 예를 문서로 제공할 수 있고, 교사들은 자신들의 수업을 기록하여 코치에게 보내어 피드백을 받을 수 있다.

전문성 개발을 위해 명확하게 표현되고 구체화된 목표

Zaslow 외(2010)의 보고서는, 전문성 개발 프로그램의 목표의 범위와 이러한 목표가 의사소통되는 방법을 모두 중요하게 다룬다. 연구 결과 가운데, 목표가 개방적인 것보다는 구체적이었을 때(Fukkink & Lont, 2007, Zaslow, 2010에서 인용), 그리고 전문성 개발 프로그램의 참여자들에게 그 목표를 분명하게 표현하고 의사소통하였을 때 전문성 개발의 효과가 더욱 강력했다는 결과가 있었다. 인용된 의사소통 방법들 중에는 각 참여자가 전체 프로그램에 관한 설명서를 이용할 수 있게 하는 것이 있었다. 메타 분석에서는 참여자들이 프로그램의 목표에 대한 이해를 심화할 수 있는 또 다른 방법으로서, 그 프로그램에 사용된 방법을 익히는 것이 중요하다고 강조하였다(Hamre, Pianta, Burchinal, & Downer, 2010).

모든 교육자들에게 성공적인 전문성 개발을 위하여 목표를 구체화하고 의사소통하는 것은 중요하지만, Zaslow는 유아기의 수학 교수·학습을 위해서는 목표에 대해 의사소통하는 것이 그 과정에서 특히 중요하다고 강조한다. Clements 외(2011)를 인용하면서, 저자는 프로그램에서 목표로 하는 특정한 개념과 기능을 명확하게 하는 것은, 어떻게 이러한 개념과 기능에 대한 초점이 학습 계열의 일부인지에 대한 설명과 더불어, 이전 학습을 바탕으로 하며 후속 학습을 위한 기반을 마련한다고 제안한다(Zaslow, 2010).

아동 평가로부터 얻은 정보의 실행과 활용

다양한 연구로부터 얻은 중요한 결과는 효과적인 전문성 개발 프로그램이 교사들과 다른 교육자들을 위한 훈련을 종종 포함하여, 아동의 평가를 수행하고 평가로부터 얻은 정보를 수업에 반영하며 학생들의 발달을 살펴보는 데 활용한다는 것이다(Mast & Ginsburg, 2010; Moss et al., 2015; Tirosh, Tsamir, Levenson, & Tabach, 2011; Zaslow et al., 2010). Ginsburg(2009)가 관찰했듯이, 수업에 정보를 주기 위해 평가를 활용하는 것은 여러 가지 전문성 개발의 목적을 갖는데, 과제에 기반한 평가를 수행하는 동안 학생을 관찰하는 관행은 특히 유아 수학교육자에게 중요할 수 있고, 이들이 수학학습의 기본 계열에 익숙해지게 한다.「어린 아동들을 위한 수학」 프로젝트에서, 교사들은 정교한 수학 내용 영역에서 학생들의 사고를 더 많이 이해하기 위하여 학생들의 면담 과제를 개발하도록 지원을 받았다(Bruce et al., 2013; Moss et al., 2015).

충분한 기간의 지속적인 전문성 개발

전문성 개발이 교사 지식과 관행의 변화에 끼치는 효과와 관련하여 현존하는 실증 연구 분석 가운데, Desimone(2011)은 교사들의 관행을 변화시키기 위해서는 충분한 시간동안 전문성을 개발하는 경험을 가지는 것이 중요하다고 밝혔다. 이 분석에서, Desimone은 적어도 4~5개월에 걸쳐 최소 20시간의 만남을 가져야 한다고 제안했다. 이러한 지속적인 전문성 개발 모델은 블록 쌓기 전문성 개발 프로그램의 중요한 특징인데, 예를 들어 16시간의 현장 코칭뿐만 아니라 9일간의 훈련을 포함한다.

지속적인 전문성 개발 프로그램과 관련된 또 다른 중요한 특징에는 교육자들이 (1) 주기적으로 도전적인 수학을 적극적으로 다룬다는 점과 (2) 협력적인 과제 설계, 교실 실행, 유목적적인 반성(reflection)의 사이클에 참여한다는 점이 있다(Bobis, Higgins, Cavanagh, & Roche, 2012; Bruce et al., 2013; Clements et al., 2011; Goldsmith, Doerr, & Lewis, 2014; Papic, 2013; Timperley, Wilson, Barrar, & Fung, 2007; Warren & Quine, 2013). 이러한 유목적적인 성찰은 어려운 환경의 학생들을 가르치는 교육자들에게 처음 2년 동안 매우 성공적이었다. Warren과 Quine(2013)은 교사들이 교실에서 새로운 교수 방법과 자원을 시험해 보려고 했을 때, 그 분야 전문가와의 지속적인 논의와 주기적인 성찰을 통합한 전문성 개발 프로그램을 실행했다. 이 연구자들은 시간이 흐르면서 유아 교육자들이 수학에 대해 자신감을 갖는 것이 전문성 개발 프로그램의 성공을 위하여 매우 중요하다는 것을 찾아냈다.

유아 수학교사를 위한 전문성 개발의 한 형태로서 수업 연구

일본에서 수업 연구(lesson study)는 지난 한 세기 동안 지배적이면서도 강력한 전문성 개발 형태가 되었다(Murata, 2013; Takahashi & Yoshida, 2004). 1990년대 후반에 수업 연구가 미국에 소개되었고(Chokshi & Fernandez, 2004; Lewis, Perry, & Murata, 2006 참조), 그 이후 북아메리카와 [2013년 스웨덴이 주최한 국제 학회인 수업 연구에 대한 세계 협회(World Association of Lesson Studies)와 더불어] 유럽, 유라시아(Doig, Groves, & Fujii, 2011 참조)에 널리 전파되었다. Takahashi와 Yoshida(2004)는 이와 같이 세계적인 무대에서 교사들에게 호소력을 가지고 있는 수업 연구의 3가지 특징을 찾아냈다. 첫째, 수업 연구는 실제 교실 환경에 내재되어 있다. 둘째, 학생들과 학생 학습에 매우 초점을 두고 있다.

셋째, 수업 연구는 수업 변화의 행동가로서 교사들을 지지한다. 수업 연구의 사이클을 살펴보면 참가자들은 반복적인 주기에 참여하는데, 문제를 정의하는 것에서 시작하여, 목표를 설정하고 한 차시나 여러 차시의 수업을 설계하고, 수업을 하고, 수업의 성공을 되돌아보고, 마지막으로 추가적인 수정을 한다(예, Lewis et al., 2006). 최근 수업 연구의 과정을 개별화하여 각색하는 것이 유아 수학교사의 전문성 개발 프로젝트에 도입되었다(Moss et al., 2015 참조). 유아기의 기하 및 공간 추론에 관한 전문성 개발을 주도하는, 「어린 아동들을 위한 수학」 프로젝트는 2011년 이래로 기하와 공간 추론의 교수·학습에 대해 새로운 접근 방법을 적용하려고 협력해 온, 유아 교육자들(early childhood educators [ECEs]), 유치원부터 2학년 교사들, 수학 선도 교사들, 학교 관리자들, 그리고 대학교의 수학교육자들 팀과 함께 수업 연구를 적용해왔다. 아마도 유아 교사들을 위한 전문성 개발의 다른 유형에 비하여 수업 연구는 교사들에게 학생들의 흥미, 강점, 그리고 어려움에 대한 생생한 묘사를 제공할 것이다. Copley와 Padrón(1999)이 언급한 바와 같이, 협력적으로 교사의 전문성을 개발하는 경험은 참여자들이 특별한 도움이 필요한 아동들, 문화·언어적으로 소외된 아동들, 그리고 사회 경제적으로 소외된 계층의 아동들이 포함된 커뮤니티 안에서 다양한 학생들에게 민감하게 반응하고 집중할 수 있게 한다.

결론 및 제언

본 장의 목적은 4 ~ 7세 아동들에 초점을 맞춘 수학교육 연구에서 가장 최근에 개발된 것 중 일부에 주목하는 것이다. 우리는 모두에게 정밀한 수학학습을 제공하기 위한 NCTM, NAEYC, 그리고 다른 단체들의 야심찬 권고들을 논의했고, 사회 경제적 배경과 수학 준비도의 차이로 인하여 학교 교육의 초기에 발생할 수 있는 잠재적인 불평등을 확인하였으며, 어린 학습자들이 일반적으로 기대되는 수준 이상으로 수행할 수 있도록 지원하는, 대표적인 유아 교육과정에 대해 기술하였고, 유아들의 수학학습이 새롭게 국제적인 관심을 받고 있다는 점을 알아보았다.

요약하면, 우리는 다음과 같이 최근의 수학교육 연구에서 중요하면서도 생산적인 5가지 영역을 강조한다.

1. 학교에서 전반적으로 성공할 것을 가장 잘 예측할 수 있는 변수인 초기 수학의 중요성을 드러내는 탄탄한 종단적 연구를 수행한 교육 연구자들에 의한 발전(예, Claessens & Engel, 2013)
2. 어린 학습자들의 능력에 대해 이전에 알고 있었던 지식의 상한선을 올리는 수학교육 연구(예, English & Mulligan, 2013)

3. 관행 지향 모델에서 전문적 학습을 맥락화하고 개별화할 수 있는 방법을 확장시킨, 유아 교사들을 위한 전문성 개발의 특징에 대한 흥미로운 연구 결과
4. 초기 수학학습의 토대 및 가능한 관문으로써의 공간 추론의 잠재성에 대해 새롭게 발견된 증거(예, Van den Heuvel–Panhuizen, Elia, & Robitzsch, 출간중)
5. 의도된 교수와 구조화된 놀이 수학학습 기회의 긍정적인 영향력을 입증하는 초기 수학 교수법에 대한 연구 기반의 통찰(예, Fisher et al., 2013).

이러한 증거와 발전을 염두에 두고, 모든 아동들을 위한 수학교육으로 나아가는 질 높은 교실 관행을 유아 교육자들이 수행할 수 있도록 공동으로 노력할 필요가 있다. 이 장에서 제시했던「어린 아동들을 위한 수학」프로젝트의 연구 교실에서 확인한 3가지 사례는, 특히 저소득층에서 이와 같이 노력하는 것이 가치 있음을 요약하고 입증한다. 사례에서는 앞에서 언급한 5개의 모든 영역이 다루어졌다. 사례는 4 ~ 7세 아동에게 명시적으로 초점을 두는데, 이 시기가 장기적인 영향력을 가지며, 아동들의 수학 발달에 결정적인 시기라는 것을 알기 때문이다(영역 1). 3가지 사례는 주로 나이가 많은 학생들의 몫이었던 중요한 수학 내용을 포함하는 혁신적인 수업 아이디어와 과제의 예를 제공한다(영역 4). 사례에서 어린 아동들이 보였던, 반사, 회전, 평행이동, 그리고 시각화에 대한 추론과 같은, 정교한 공간 추론의 유형은 어린 아동들의 능력에 대해 우리가 알고 있는 경계선을 다시 검토해보는 강력한 예를 제공한다(영역 2). 사례는 또한 안내된 놀이 교수법도 설명하는데(영역 5), 이것은 개방형이고, 놀이이지만 계획된 활동과 명확한 교육과정 목표를 결합한다. 마지막으로, 전문성 개발의 새로운 비전을 소개하기 위하여(영역 3),「어린 아동들을 위한 수학」프로그램은 수업과 개입(interventions)을 개발하고 시험해 보며 개선하기 위해서 매우 협력적인 교실 기반 구조를 활용했다. 전 세계에는 비슷한 흥미와 발달을 보이는 다양한 프로그램들이 있고, 우리는 어린 아동들의 수학학습 연구에 대한 급증하는 국제적 관심으로 고무되어 있지만, 특히 확장성과 형평성이라는 사안과 관련하여 해야 할 일이 더 있다는 것을 알고 있다. 이 장에서는 실천으로 나아가기 위한 현재와 미래의 연구에서의 다양한 고려 사항을 제시한다.

유아 수학을 가르치는 데 포함된 과정을 연구하라

어린 아동들의 수학 발달과 수학 프로그램에 대한 연구가 급증하고 있지만, 어린 아동들과 활동할 때의 수학 교수 과정을 조사한 연구는 제한적이다. 분명하고도 설득력 있는 방식으로 Ginsburg, Lewis, 그리고 Clements(2008)는 다음과 같이 주장한다.

> 일련의 중요한 질문들은 가르치는 것을 중심으로 이루어진다. 많은 연구들은 교사들이 다소 의도한 대로 자료(material)를 가르치는지를 결정한다는 측면에서, 수업의 충실도(fidelity)를 확실히 하고자 시도했다. 그러나 그 연구들은 교사들이 활동을 실행하고, 그러한 활동을 자신들의 수업 방식에 통합하고, 다른 주제보다 더 쉽게 가르칠 수 있는 몇 가지 주제를 찾고, 자료를 해석하고, 학생들의 필요에 맞게 수업을 조정하고, 학생들의 역량을 이해(또는 오해)하는 방식에 대해서는 거의 관심을 기울이지 않는다. 모든 프로그램과 교육과정에서 교사가 가장 중요하지만, 현재 연구들은 교사의 역할에 대해서 거의 설명하지 않는다. (p. 9)

이제까지 유아기의 수학에 대해서는 관심이 적었다. 어떻게 가르치고, 어린 아동들이 어떻게 학습하는지에 대한 실질적인 지식 기반을 개발하는 데 있어 단지 시작 단계에 있다. 어린 아동들의 수학 능력을 개념화하는 방식에서 혁명을 일으킨 대부분의 인지 발달 연구들은 교수나 교수 과정에 초점을 맞추지 않는다. 따라서 교실 맥락에서의 교수, 교사 행동 그리고 이에 따른 아동들의 학습에 초점을 두는, 탐색적이고 형식화된 연구가 필요하다. 이러한 종류의 연구로부터의 결과는 궁극적으로 유아 교사들에게 매우 실용적인 가치를 가지게 될 것이라고 기대된다.

예비 교육자 프로그램에서 수학에 대한 초점을 증가시켜라

예비 유아 교육자들을 위한 여러 가지 프로그램은 명확한 수학 내용을 많이 포함하고 있지 않다. 예비 초등학교 교사를 양성하는 프로그램조차도 유아기 수학에 관한 현재 연구의 관점에서, 프로그래밍, 정책, 또는 지시사항에 관한 내용이 최근의 것이 아닐 수 있다(Schoenfeld & Stipek, 2011 참조). 이러한 어려움을 해결하기 위하여 시작할 수 있는 한 가지 전략은 예비 교육 과정에서 유아기의 교실에 있어 보게 하는 것이다. 또한 유아·유치원, 그리고 저학년 교육자들이 필요로 하는 심오한 수학 내용 지식에 대해 더 큰 관심이 필요하다. 현직교사들의 수학 전문성 개발 프로그램이 빠르게 성장하고 있다는 것을 고려했을 때, 이러한 모델과 관행의 일부를 예비 교육 프로그램에 가져올 수도 있을 것이다. 관행에 대한 Ginsburg의 초점(Ginsburg, Hyson, & Wood, 2014)은 여전히 개발 중에 있지만, 수학 내용 학습 및 예비교사 프로그래밍을 현직교사의 전문성 개발과 연결하기 위해 일관성 있게 시도하고 있다.

전문성 개발의 성과를 측정하기 위한 도구의 범위를 확장하고 개선하라

본 장의 전문성 개발에 관한 절에서 설명했듯이, 최근 연구는 유아 수학교사를 위한 전문성 학습 프로그램의 몇 가지 핵심적인 특징에 주목하면서, 성공의 척도로 학생 성취도를 측정하는 것을 강조한다. 비록 학생들의 성취도는 매우 중요하지만, 유아 교사들의 전문성 개발 기회의 결과로서 태도(Anderson et al., 2008), 신념(Bruce et al., 2010), 그리고 관행(Tout, Zaslow, & Berry, 2006)에 대한 교사 변화를 평가할 수 있는 연구 문제와 이에 관한 측정 방법이 부족한 것으로 보인다. 연구에서의 이러한 부족함의 원인은 부분적으로 교실 관행과 교사 태도의 변화를 주의 깊게 연구하기 위하여 많은 자원이 필요하고 재정적인 요구가 따르기 때문이나, 원인이 되는 요인을 찾아내는 것 또한 복잡하기 때문이다. 코칭, 테크놀로지 활용, 면대면 상호작용, 소집단 협력, 교실 경험, 비디오 사용/분석 때문인가? 또는 교수 관행과 신념에 가장 큰 영향력을 행사하는 다른 요인이 있는가? (Zaslow et al., 2010 참조) 특정한 유아 수학학습 환경에서 전문성 개발의 결정적인 조합은 무엇인가? 교실 환경의 복잡성과 그러한 환경에 있는 아동들의 학습의 다양성을 고려했을 때 이러한 질문들은 상당히 도전적이다.

유아 수학교육과정의 상한선을 높여라

"어린 아동들이 유아기에 의미 있는 수학을 학습할 수 있는 관심과 능력을 지녔음을 드러내는 증거가 쌓여가고 있다"(Newton & Alexander, 2013, p. 23). 연구자들은 어린 아동들이 아는 것, 할 수 있는 것에 대한 지식 기반을 계속적으로 확장시켜 나가며, 이러한 확장에서 평가 도구를 개선하는 것은 핵심적이다. 예를 들어, 수십 년간 아동들은 실제 도형을 사용하는 것이 아니라, 오직 2차원과 3차원의 이미지(그림)를 사용하여 머릿속으로 회전해보는 것을 검사받았다. 머릿속으로 회전시키는 것을 평가하기 위한 새로운 도구로써 3차원 두뇌 회전 블록 과제를 도입하고 개선하는 것과 더불어(Bruce & Hawes, 2014; Hawes, Lefevre, Xui, & Bruce, 2014), 연구자들은 5세 아동들이 3차원 도형을 머릿속으로 회전시킬 수 있는 능력이 있다는 것을 알았는데 이는 이전 연구에서는 5세 아동들에게 매우 어렵다고 여겨진 능력이다. 이러한 예와 최근 연구에서 제시된 또 다른 많은 예는 어린 아동들이 추상적이거나 정교한 수학 아이디어에 대해 생각할 수 없다고 오랫동안 믿어온 신념에 대해 의문을 제기한다(English & Mulligan, 2013; Ginsburg, 2009). 종합하면, 어린 아동들이 알고 있는 것과 할 수 있는 것에 대한 여러 증거를 바탕으로, 현재 교육과정의 상한선을 높이거나 심지어 제거함으로써 아동들을 좀 더 정교한 수학 아이디어에 노출시킬 수 있을 것이다. 이렇게 상한선을 상향 이동하여, 참여하는 어린 아동들을 위해 수준 높은 수학 과제를 개발하는 것에 더 관심을 기울일 수 있다. 그러한 과제는 중요한 수학 내용을 포함하고, 문제해결·노력·인내심을 필요로 하며, 아동들이 협력적으로 활동하도록 격려하고, 아동들의 행위를 알리도록 지속적인 피드백을 포함하며, 아동들이 주인 의식·자기 지시(self-direction)·성취감을 개발할 수 있는 기회를 제공해야 한다(Schoenfeld & Stipek, 2011). Perry와 Dockett(2013)가 우리에게 상기시키는 바와 같이, "아동들이 할 수 있도록, 도전적이면서 지지하는 맥락을 제공하지 않는다면, 아동들은 잠재력을 충분히 드러낼 것 같지 않다(Bobis et al., 2012; Hunting, Mousley, & Perry, 2012)"(p. 156). 우리는 Styplianides와 Stylianides (2013)와 함께, 아동들이 교실 맥락에서 무엇을 학습할 수 있는지 제시하고, 아동들의 수학 이해의 발달에 교수법이 미치는 영향을 비교하여, 궁극적으로 교육과정의 개발과 실행에 "상한선이 없는 (no-ceiling)" 접근 방법으로 나아갈 수 있게 하는(Bruce et al., 2013), 체계적인 교실 기반 연구를 포함하여, 여전히 해야 할 과업이 많이 있다고 제안한다.

형평성을 증진시켜라

본 장은 취약 계층의 아동들이 수학 발달과 관련하여 겪을 수 있는 불평등과 어려움에 주목하고 있다. 이는 새로운 것이 아닌데, Ginsburg와 Russell(1981)이 30년 이전부터 취약 계층의 학생들에 관한 수학 연구를 촉구했기 때문이다. 하지만 많은 토착민들처럼 일부 취약 환경에 있는 어린 아동들의 수학에 관한 연구들은 이제 겨우 보고되기 시작하고 있다. 이 연구의 주요 어려움 가운데 하나는 어린 아동들이 자신들의 잠재력을 개발하고 학습 격차를 없애는 것을 도울 수 있는 특정한 강점과 "지점(points of leverage)"을 알아내는 것인데, "이러한 아동들에 관한 연구는 보통 가정하는 것보다 훨씬 복잡한 결과를 산출하기 때문에 어렵다"(Schoenfeld & Stipek, 2011, p. 4). 수학 언어의 역할, 공간 추론의 역할, 구조화된 놀이 수학 과제의 영향, 그리고 학습할 기회를 제공하는 것의 영향에 관한 탄탄한 연구를 포함하여, 저소득층 아동들을 지원하는 수학 프로그래밍과 개입을 실행하는 것으로 기존의 연구를 확장하는 것이 시급하다.

끝맺는 생각

문헌에 드러난, 최근의 극심한 사회 경제적 학습 격차를 고려해 볼 때, 유아 연구자와 교육자 모두 깊이 있는 수학적 이해를 향상시키는 교수법에 대한 연구 및 실행과 관련하여 구조적으로 절박하다. 초기 수학교육 및 관련 연구에서는 유아 수학의 우선순위와 재정적 우선순위의 이동을 촉진시키기 위하여, 더욱 광범위한 연구와 정책에 대한 흥미와 합법성을 확립하자는 주장이 급증하기 시작하고 있다. 활발한 연구 프로그램, 지식의 유통, 그리고 연구 기반의 효과적인 교수법과 교육과정의 실행은 앞으로 20년 동안 어린 아동들의 수학교육 연구에서 핵심이다.

참고문헌

Alexander, K. L., & Entwisle, D. R., (1988). Achievement in the first 2 years of school: Patterns and processes. *Monographs of the Society for Research in Child Development, 53*(2, Serial No 218).

Anderson, J., Bobis, J., & Way, J. (2008). Teachers as learners: Building knowledge in and through the practice of teaching mathematics. In H. Forgaz, A. Barkatasas, A. Bishop, B. Clarke, S. Keast, W.T. Seah, P. Sullivan, & S. Willis (Eds.), *Research in mathematics education in Australasia 2004–2007* (pp. 313–335). Rotterdam, The Netherlands: Sense Publishers.

Anthony, G., & Walshaw, M. (2007). *Effective pedagogy in mathematics/pāngarau*. Wellington, New Zealand: Ministry of Education.

Arnold, D. H., & Doctoroff, G. L. (2003). The early education of socioeconomically disadvantaged children. *Annual Review of Psychology, 54*, 517–545.

Aubrey, C. (2004). Implementing the foundation stage in reception classes. *British Educational Research Journal, 30*(5), 633–656.

Aubrey, C., Dahl, S., & Godfrey, R. (2006). Early mathematics development and later achievement: Further evidence. *Mathematics Education Research Journal, 18*(1), 27–46.

Aunola, K., Leskinen, E., Lerkkanen, M.-K., & Nurmi, J.-E. (2004). Developmental dynamics of math performance from preschool to grade 2. *Journal of Educational Psychology, 96*(4), 699–713.

Australian Curriculum, Assessment, and Reporting Authority (2014). *The Australian Curriculum*. Retrieved from www.australiancurriculum.edu.au/Curriculum/Overview

Balfanz, R. (1999). Why do we teach children so little mathematics? Some historical considerations. In J.V. Copley (Ed.), *Mathematics in the early years* (pp. 3–10). Reston, VA: National Council of Teachers of Mathematics.

Ball, D. L., Thames, M. H., & Phelps, G. (2008). Content knowledge for teaching: What makes it special? *Journal of Teacher Education, 59*(5), 389–407.

Baroody, A. J. (2006). Why children have difficulties mastering the basic number combinations and how to help them. *Teaching Children Mathematics, 13*(1), 22–31.

Baroody, A. J., Lai, M., & Mix, K.S. (2006). The development of young children's early number and operation sense and its implications for early childhood education. In B. Spodek & O. Saracho (Eds.), *Handbook of research on the education of young children* (Vol. 2, pp. 187–221). Mahwah, NJ: Erlbaum.

Baroody, A. J., & Wilkins, J.L.M. (1999). The development of informal counting, number, and arithmetic skills and concepts. In J. Copeley (Ed.), *Mathematics in the early years, birth to five*. Reston, VA: National Council of Teachers of Mathematics.

Battista, M.T. (2007). The development of geometric and spatial thinking. In F. Lester (Ed.), *Second handbook of research on mathematics teaching and learning* (pp. 843–908). Reston, VA: National Council of Teachers of Mathematics.

Bergen, D. (2009). Play as the learning medium for future scientists, mathematicians, and engineers. *American Journal of Play, 1*(4), 413–428.

Blanton, M., & Kaput, J. (2003). Developing elementary teachers' algebra eyes and ears. *Teaching Children Mathematics, 10*(2), 70–77.

Bobis, J., Clarke, B., Clarke, D., Thomas, G., Wright, R., Young-Loveridge, J., & Gould, P. (2005). Supporting teachers in the development of young children's mathematical thinking: Three large scale cases. *Mathematics Education Research Journal*, 16(3), 27–57.

Bobis, J., Higgins, J., Cavanagh, M., & Roche, A. (2012). Professional knowledge of practising teachers of mathematics. In J. Greenlees, T. Logan, T. Lowrie, A. MacDonald, & B. Perry (Eds.), *Review of Australasian mathematics education research: 2008–2011* (pp. 313–341), Rotterdam, The Netherlands: Sense Publishers.

Bowman, B., Donovan, M. S., & Burns, M.S. (Eds.). (2001). *Eager to learn: Educating our preschoolers*. Washington, DC: National Academy Press.

Brizuela, B. M., Martinez, M. V., & Cayton-Hodges, G. A. (2013). The impact of early algebra: Results from a longitudinal intervention. *Journal of Research in Mathematics Education / Revista de Investigación en Didáctica de las Matemáticas, 2*(2), 209–241.

Bruce, C., Esmonde, I., Ross, J., Gookie, L., & Beatty, R. (2010). The effects of sustained classroom-embedded teacher professional learning on teacher efficacy and related student achievement. *Teaching and Teacher Education, 26*(8), 1598–1608.

Bruce, C. & Flynn, T. (2012). Integrating instruction and play in a Kindergarten to Grade 2 lesson study project. In L. R. Van Zoest, J. J. Lo, & J. L. Kratky, (Eds.), *Proceedings of the 34th annual meeting of the North American Chapter of the International Group for the Psychology of Mathematics Education* (pp. 853–856). Kalamazoo, MI: Western Michigan University.

Bruce, C., Flynn, T., McPherson, R., Bennett, S. (2012). *Mathematics for Young Children*. Retrieved from http://tmerc.ca/m4yc/.

Bruce, C. D., & Hawes, Z. (2014). The role of 2D and 3D mental rotation in mathematics for young children? What is it? Why is it important? And what can we do about it? *ZDM: The International Journal on Mathematics Education, 47*(3), 1–14. doi: 10.1007/s11858-014-0637

Bruce, C., & Moss, J. & Flynn, T. (2013). A "no-ceiling" approach to young children's mathematics: Preliminary results of an innovative professional learning program. In M. Martinez, & A. Castro Superfine (Eds.), *Proceedings of the 35th annual meeting of the North American Chapter of the International Group for the Psychology of Mathematics Education* (p. 911). Chicago, IL: University of Chicago.

Bruce, C. D., Moss, J., Sinclair, N., Whiteley, W., Okamoto, Y., McGarvey, L., . . . Davis, B. (2013, April). *Early years spatial reasoning: Learning, teaching, and research implications*. Paper presented at the NCTM research presession: Linking research and practice, Denver, CO.

Caldera, Y., McDonald Culp, A., O'Brien, M. Truglio, R., Alvarez, M., & Huston, A. (1999). Children's play preferences, construction play with blocks, and visual-spatial skills: are they related? *International Journal of Behavioural Development, 23* (4), 855–872. doi:10.1080/016502599383577

Cannon, J.S., Jacknowitz, A., & Painter, G. (2006). Is full better than half? Examining the longitudinal effects of full-day kindergarten attendance. *Journal of Policy Analysis & Management, 25*(2), 299–321. doi:10.1002/pam.20174

Carraher, D., Martinez, M., & Schlieman, A. (2008). Early algebra and mathematical generalization. *ZDM: The International Journal on Mathematics Education, 40*, 3–22.

Case, R., Griffin, S., & Kelly, W. (1999). Socioeconomic gradients in mathematical ability and their responsiveness to intervention during early childhood. In D. Keating & C. Hertzman (Eds.), *Developmental health and the wealth of nations: Social, biological, and educational dynamics* (pp. 125–152). New York: Guilford Press.

Case, R., & Okamoto, Y. (1996). The role of central conceptual structures in the development of children's thought. *Monographs of the Society for Research in Child Development, 61*(1–2, Serial No. 246).

Casey, B.M., Andrews, N., Schindler, H., Kersh, J.E., Samper, A., & Copley, J. (2008). The development of spatial skills through interventions involving block building activities. *Cognition and Instruction, 26*, 269–309.

Cheng, Y.L., & Mix, K.S. (2012). Spatial training improves children's mathematics ability. *Journal of Cognition and Development*. Advanced online publication. doi: 10.1080/15248372.2012.725186

Chokshi, S., & Fernandez, C. (2004). Challenges to importing Japanese lesson study: Concerns, misconceptions, and nuances. *Phi Delta Kappan* (March), 520–525.

Claessens, A., Duncan, G., & Engel, M. (2009). Kindergarten skills and fifth-grade achievement: Evidence from the ECLS-K. *Economics of Education Review, 28*, 415–427.

Claessens, A. & Engel, M. (2011, April). *How important is where you start? Early mathematical knowledge and later school success*. Paper presented at the 2011 Annual Meeting of the American Educational Research Association (AERA), New Orleans, LA.

Claessens, A. & Engel, M. (2013). How Important is where you start? Early mathematics knowledge and later school success. *Teachers College Record, 115*, 1–29.

Clarke, D., Clarke, B., & Roche, A. (2011). Building teachers' expertise in understanding, assessing and developing children's mathematical thinking: the power of task-based, one-to-one assessment interviews. *ZDM: The International Journal on Mathematics Education, 43*(6–7), 901–913.

Clements, D.H., & Sarama, J. (2002). *Effects of a preschool mathematics curriculum: Summary research on the Building Blocks project*. University of Buffalo, State University of New York. Retrieved from gse.buffalo.edu/org/buildingblocks/index_2.htm

Clements, D.H., & Sarama, J. (2007). Effects of a preschool mathematics curriculum: Summative research on the Building Blocks project. *Journal for Research in Mathematics Education, 38*(2), 136–163.
Clements, D.H., & Sarama, J. (2008). Experimental evaluation of the effects of a research-based preschool mathematics curriculum. *American Educational Research Journal, 45*, 443–494.
Clements, D.H., & Sarama, J. (2009). *Learning and teaching early math: The learning trajectories approach*. New York: Routledge.
Clements, D., & Sarama, J. (2011a). Early childhood mathematics intervention. *Science, 333*, 968–970.
Clements, D.H., & Sarama, J. (2011b). Early childhood teacher education: The case of geometry. *Journal of Mathematics Teacher Education, 14*(2), 133–148.
Clements, D.H.,, & Sarama, J. (2013). Rethinking early mathematics: What Is research-based curriculum for young children? In L. English & J. Mulligan (Eds.), *Reconceptualizing early mathematics learning* (pp. 121–148). New York: Springer.
Clements, D.H., Sarama, J., Spitler, M. E., Lange, A. A., & Wolfe, C. B. (2011) Mathematics learned by young children in an intervention based on learning trajectories: A large-scale cluster randomized trial. *Journal for Research in Mathematics Education, 42*(2), 127–166.
Copley, J.V. (2004). The early childhood collaborative: A professional development model to communicate and implement the standards. In D.H. Clements & J. Sarama (Eds.), *Engaging young children in mathematics: Standards for early childhood mathematics education* (pp. 401–414). Mahwah, NJ: Lawrence Erlbaum Associates.
Copley, J. V., & Padron, Y. (1999). Preparing teachers of young learners: Professional development of early childhood teachers in mathematics and science. *Dialogue on early childhood: Science, mathematics, and technology education*. Washington, DC: American Association for the Advancement of Science (AAAS).
Crosnoe, R., & Cooper, C.E. (2010). Economically disadvantaged children's transition into elementary school: Linking family process, school contexts, and educational policy. *American Educational Research Journal, 47*(2), 258–291.
Cross, C.T., Woods, T.A., & Schweingruber, H. (Eds.) (2009). *Mathematics learning in early childhood*. Washington, DC: National Academies Press.
de Vries, E., Thomas, L., & Warren, E. (2010). Teaching mathematics and play-based learning in an indigenous early childhood setting: Early childhood teachers' perspectives. In L. Sparrow, B. Kissane, & C. Hurst (Eds.), *Shaping the future of mathematics education: Proceedings of the 33rd annual conference of the Mathematics Education Research Group of Australasia* (pp. 719–722). Fremantle: MERGA.
Desimone, L. (2011) A primer on effective professional development. *Phi Delta Kappan, 92*(6), 68–71.
Diamond, A., Barnett, W.S., Thomas, J., & Munro, S. (2007). Preschool program improves cognitive control. *Science, 318*, 1387–1388. doi:10.1126/science.1151148
Dockett, S. & Perry, B. (2007). *Starting school: Perceptions, experiences and expectations*. Sidney: University of New South Wales Press.
Doig, B., Groves, S. & Fujii, T. (2011). The critical role of task development in lesson study. In L.C. Hart et al., (eds.), *Lesson study research and practice in mathematics education*, Springer: New York.
Duncan, G.J., Dowsett, C.J., Claessens, A., Magnuson, K., Huston, A.C., Klebanov, P., . . . & Japel, C. (2007). School readiness and later achievement. *Developmental Psychology, 43*, 1428–1446.
Ehrlich, S., Levine, S.C., & Goldin-Meadow, S. (2006). The importance of gesture in children's spatial reasoning. *Developmental Psychology, 42*(6), 1259–1268.
English, L.D. (2004). Promoting the development of young children's mathematical and analogical reasoning. In L. D. English (Ed.), *Mathematical and analogical reasoning of young learners*. Mahwah, NJ: Lawrence Erlbaum Associates.
English, L.D. (2012). Data modelling with first-grade students. *Educational Studies in Mathematics Education, 81*(1), 15–30.
English, L. D. (2013). Reconceptualizing statistics learning in the early years. In L. D. English & J. Mulligan (Eds.). *Reconceptualizing early mathematics learning*, (pp. 67–82). New York: Springer.
English, L. D. & Mulligan, J. (2013). Perspectives on reconceptualizing early mathematics learning. In L. D. English & J. Mulligan (Eds.), *Reconceptualizing early mathematics learning* (pp. 121–148). New York: Springer.
Fennema, E., Carpenter, T.P., Franke, M.L., Levi, L., Jacobs, V.R., & Empson, S.B. (1996). A longitu-

dinal study of learning to use children's thinking in mathematics instruction. *Journal for Research in Mathematics Education, 27*(4), 403–434.

Fisher, K.R., Hirsh-Pasek, K., Newcombe, N., & Golinkoff, R.M. (2013). Taking shape: Supporting preschoolers' acquisition of geometric knowledge through guided play. *Child development, 84*(6), 1872–1878.

Frede, E., Jung, K., Barnett, W.S., Lamy, C.E., & Figueras, A. (2007). *The Abbott preschool program longitudinal effects study (APPLES)*. Rutgers, NJ: National Institute for Early Education Research.

Freudenthal, H. (1981). Major problems of mathematics education. *Educational Studies in Mathematics, 12*, 133–150.

Fukkink, R., & Lont, A. (2007). Does training matter? A meta-analysis and review of caregiver training studies. *Early Childhood Research Quarterly, 22*(3), 294–311.

Gathercole, S.E., & Pickering, S.J. (2000). Assessment of working memory in six- and seven-year old children. *Journal of Educational Psychology, 92*, 377–390.

Geary, D. C., Hoard, M. K., Nugent, L., & Bailey, D. H. (2013). Adolescents' functional numeracy is predicted by their school entry number system knowledge. *PLoS ONE, 8*, e54651. doi:10.1371/journal.pone.0054651

Ginsburg, H.P. (2006). Mathematical play and playful mathematics: A guide for early education. In D. Singer, R.M. Golinkoff, & K. Hirsh-Pasek (Eds.), *Play = Learning: How play motivates and enhances children's cognitive and social-emotional growth* (pp. 145–165). New York: Oxford University Press.

Ginsburg, H. P. (2009). The challenge of formative assessment in mathematics education: Children's minds, teachers' minds. *Human Development, 52*, 109–128. doi: 10.1159/000202729

Ginsburg, H.P., & Ertel B. (2008). Knowing the mathematics in early childhood mathematics. In O. Saracho & B. Spodek (Eds.), *Contemporary perspectives on mathematics in early childhood education* (pp. 45–66). Charlotte, NC: Information Age Publishing.

Ginsburg, H. P., Hyson, M., & Woods, T. A. (Eds.). (2014). *Preparing early childhood educators to teach math: Professional development that works.* Baltimore, MD: Paul H. Brookes Publishing.

Ginsburg, H.P., Lee, J.S., & Boyd, J.S. (2008). Mathematics education for young children: What it is and how to promote it. *Social Policy Report of the Society for Research in Child Development, 22*, 3–23.

Ginsburg, H. P., Lewis, A., & Clements, M. (2008). *School readiness and early childhood education: What we can learn from federal investments in research on mathematics programs?* A working paper prepared for a working meeting on recent school readiness research: Guiding the synthesis of early childhood research. Washington, DC: October 21–22. Retrieved from http://aspe.hhs.gov/hsp/10/SchoolReadiness/apb3.pdf.

Ginsburg, H.P., & Pappas, S. (2004). SES, ethnic, and gender differences in young children's informal addition and subtraction: A clinical interview investigation. *Journal of Applied Developmental Psychology, 25*, 171–192.

Ginsburg, H. P., & Russell, R. L. (1981). Social class and racial influences on early mathematical thinking. *Monographs of the Society for Research in Child Development, 46* (6, Serial No. 193).

Goldsmith, L. T., Doerr, H.M., & Lewis, C.C. (2014). Mathematics teachers' learning: a conceptual framework and synthesis of research, *Journal of Mathematics Teacher Education, 17*(1), 5–36.

Graham, T.A., Nash, C., & Paul, K. (1997). Young children's exposure to mathematics: The child care context. *Early Childhood Education Journal, 25*(1), 31–38.

Gravemeijer, K. (1994). *Developing realistic mathematics education*. Utrecht: Freudenthal Institute.

Greenes, C., Ginsburg, H., & Balfanz, R. (2004). Big math for little kids, *Early Childhood Research Quarterly, 19*, 159–166.

Griffin, S. (2004). Number Worlds: A research-based mathematics program for young children. In D. H. Clements, J. Sarama, & A.-M. DiBiase (Eds.), *Engaging young children in mathematics: Standards for early childhood mathematics education* (pp. 325–342). Mahwah, NJ: Lawrence Erlbaum Associates.

Griffin, S. (2007). Early intervention for children at risk of developing mathematical learning difficulties. In D.B. Berch & M. M. Mazzocco (Eds.), Why is math so hard for some children? The nature and origins of mathematical learning difficulties and disabilities (pp. 373–396). Baltimore, MD: Brookes Publishing.

Griffin, S., & Case, R. (1996). *Number worlds: Kindergarten level.* Durham, NH: Number Worlds Alliance.

Griffin, S., Case, R., & Siegler, R. (1994). Rightstart: Providing the central conceptual prerequisites for first formal learning of arithmetic to students at risk for school failure. In K. McGilly (Ed.), *Classroom lessons: Integrating cognitive theory and classroom practice* (pp. 24–49). Cambridge, MA: MIT Press.

Guskey, T.R. (2003). What makes professional development effective? *Phi Delta Kappan, 84*(10), 748–750.

Hachey, A. (2013). The early childhood mathematics education revolution. *Early Education and Development, 24*, 419–430.

Hamre, B. K., Pianta, R. C., Burchinal, M., & Downer, J. T. (2010, March). *A course on supporting early language and literacy development through teacher-child interaction: Effects on teacher beliefs, knowledge and practice.* Presentation at the Meetings of the Society for Research in Educational Effectiveness, Washington, DC.

Hawes, Z., Lefevre, J., Xui, C., & Bruce, C. (2014). Development of a new reliable 3D mental rotation blocks task (3D MRBT) for clinical interviews, *Mind, Brain and Education, 8*(3).

Hirsh-Pasek, K., Hyson, M., & Rescorla, L. (1990). Academic environments in preschool: Do they pressure or challenge young children? *Early Education and Development, 1* (6), 401–423.

Hunting, R. (2003). Part–whole number knowledge in preschool children. *Journal of Mathematical Behavior*, 22, 217–235.

Hunting, R., Bobis, J., Doig, B., English, L., Mousley, J., Mulligan, J., . . . Young-Loveridge, J. (2013). *Mathematical thinking in preschool children in rural and regional Australia: Research and practice.* Camberwell: ACER Press.

Hunting, R.P., Mousley, J.A., & Perry, B. (2012). A study of rural preschool practitioners' views on young children's mathematical thinking. *Mathematics Education Research Journal.* doi:10.1007/s13394-011-0030-3

Jansen, P., Schmelter, A., Quaiser-Pohl, C., Neuburger, S., & Heil, M. (2013). Mental rotation performance in primary school age children: Are there gender differences in chronometric tests?. *Cognitive Development, 28*(1), 51–62.

Jones, K. (2000). Teacher knowledge and professional development in geometry. In Rowland, T. (Ed.), *Proceedings of the British Society for Research into Learning Mathematics 20*(3).

Jordan, N., Kaplan, D., Olah, L.N., & Locuniak, M. (2006). Number sense growth in kindergarten: A longitudinal investigation of children at risk for mathematics difficulties. *Child Development, 77*, 153–175.

Jordan, N., & Levine, S. (2009). Socioeconomic variation, number competence, and mathematics learning difficulties in young children. *Developmental Disabilities Research Reviews, 15*, 60–68.

Klibanoff, R., Levine, S. C., Huttenlocher, J., Vasilyeva, M., & Hedges, L. (2006). Preschool children's mathematical knowledge: The effect of teacher "math talk." *Developmental Psychology, 42*(1), 59–69.

Kolstad, R.K., & Hughes, S. (1994). Teacher attitudes towards mathematics. *Journal of Instructional Psychology, 21*, 44–48.

Kowalski, K., Pretti-Frontczak, K., & Johnson, L. (2001). Preschool teachers' beliefs concerning the importance of various developmental skills and abilities. *Journal of Research in Childhood Education, 16*, 5–14.

Lee, J.S. (2006). Preschool teachers' shared beliefs about appropriate pedagogy for 4-year-olds. *Early Childhood Education Journal, 33*(6), 433–441.

Lee, J.S. (2010). Exploring kindergarten teachers' pedagogical content knowledge of mathematics, *International Journal of Early Childhood, 42*, 27–41. doi:10.1007/s13158-010-0003-9

Lee, J.S., & Ginsburg, H.P. (2007). Preschool teachers' beliefs about appropriate early literacy and mathematics education for low- and middle-socioeconomic children. *Early Education and Development, 18*(1), 111–143.

Lee, J.S., & Ginsburg, H.P. (2009). Early childhood teachers' misconceptions about mathematics education for young children in the United States. *Australasian Journal of Early Childhood, 34*(4), 37–45.

Lee, V. E, & Burkam, D.T. (2002). *Inequality at the starting gate: Social background differences in achievement as children begin school.* Washington, DC: Economic Policy Institute.

Levenson, E., Tirosh, D., & Tsamir, P. (2011). *Preschool geometry theory, research, and practical perspectives.* Rotterdam, The Netherlands: Sense Publishers.

Levine, S.C., Huttenlocher, J., Taylor, A., & Langrock, A. (1999). Early sex differences in spatial skill. *Developmental Psychology, 35*(4), 940–949.

Lewis, C., Perry, R., & Murata, A. (2006). How should research contribute to instructional improvement: The case of lesson study. *Educational Researcher, 35*(3), 3–14.

Lin, H-L., Lawrence, F. R., & Gorrell, J. (2003). Kindergarten teachers' views of children's readiness for school. *Early Childhood Research Quarterly, 18*(2), 225–237.

MacDonald, A., Davies, N., Dockett, S., & Perry, B. (2012). Early childhood mathematics education. In B. Perry, T. Lowrie, T. Logan, A. MacDonald & J. Greenlees (Eds.). Research in Mathematics Education in Australasia 2008–2011 (pp. 169–192). Rotterdam, The Netherlands: Sense Publishers.

Marcon, R. (2002). Moving up the grades: Relationship between preschool model and later school success. *Early Childhood Research and Practice, 4*(1), 1–23.

Mast, J. & Ginsburg, H. (2010). Child study/lesson study: Developing minds to understand and teach children. In N. Lyons (Ed.), *Handbook of reflection and reflective inquiry: Mapping a way of knowing for professional reflective inquiry* (pp. 257–271). New York: Springer.

Mix, K. S., & Cheng, Y-L. (2012). The relation between space and math: Developmental and educational implications. *Advances in Child Development and Behavior*, 197–242.

Moss, J., Caswell, B., Chang, D., Hawes, Z., Naqvi, S., & Tepylo, D. (2012). *Math for Young Children*. Retrieved from www.oise.utoronto.ca/robertson/Inquiry-based_Mathematics/Math_For_Young_Children/index.html.

Moss, J., Hawes, Z., Naqvi, S., & Caswell, B. (2015). Adapting Japanese Lesson Study to enhance the teaching and learning of geometry and spatial reasoning in early years classrooms: A case study. *ZDM: The international journal on mathematics education, 15*(3).

Moss, J. & London-McNab, S. (2011) An approach to geometric and numeric patterning that fosters second grade students' reasoning and generalizing about functions and co-variation. In J. Cai & E. Knuth (Eds.), *Early algebraization: A global dialogue from multiple perspectives (Advances in Mathematics Education)*. New York: Springer.

Mulligan, J. T., & Mitchelmore, M. (2009). Awareness of pattern and structure in early mathematical development. Mathematics Education Research Journal, 21(2), 33–49.

Mulligan, J. T., & Mitchelmore, M. C. (2013). Early awareness of mathematical pattern and structure. In L. D. English & J. Mulligan (Eds.). *Reconceptualizing early mathematics learning* (pp. 29–45). New York: Springer.

Mulligan, J. T., Prescott, A., Papic, M., & Mitchelmore, M. C. (2006). Improving early numeracy through a Pattern and Structure Mathematics Awareness Program (PASMAP). In P. Grootenboer, R. Zevenbergen & M. Chinnappan (Eds.), Identities, cultures and learning spaces: Proceedings of the 29th annual conference of the Mathematics Education Research Group of Australasia, (pp. 376–383). Canberra: MERGA.

Murata, A. (2013). Diversity and high academic expectations without tracking: Inclusively responsive instruction. *The Journal of Learning Sciences, 21*(2), 312–335.

National Association for the Education of Young Children and the National Council of Teachers of Mathematics. (2002). *Position statement: Early childhood mathematics: Promoting good beginnings*. Retrieved from www.naeyc.org/about/position/psmath.asp.

National Council of Teachers of Mathematics (2000). Principles and standards for school mathematics. Reston, VA: Author.

National Mathematics Advisory Panel. (2008). *Foundations for success: The final report of the National Mathematics Advisory Panel.* Washington, DC: U.S. Department of Education.

National Research Council. (2009). *Mathematics learning in early childhood: Paths toward excellence and equity*. Committee on Early Childhood Mathematics, C. T. Cross, T. A. Woods, & H. Schweingruber (Eds.), Center for Education, Division of Behavioral and Social Sciences and Education. Washington, DC: The National Academies Press.

Newcombe, N. (2010). Picture this: Increasing math and science learning by improving spatial thinking. *American Educator, 34*(2), 29–35.

Newcombe, N. S. (2013). Seeing relationships: Using spatial thinking to teach science, mathematics, and social studies. *American Educator, 37*(1), 26–31.

Newcombe, N., & Frick, A. (2010). Early education for spatial. intelligence: Why, what, and how. *Mind, Brain and Education, 4*(3), 102–111.

Newton, K., & Alexander, P. (2013). Early mathematics learning in perspective: Eras and forces of change.

In L. English & J. Mulligan (Eds.). *Reconceptualizing early mathematics learning*, (pp. 5–28). New York: Springer.

Papic, M. (2013). Improving numeracy outcomes for young Australian Indigenous children through the Patterns and Early Algebra Preschool (PEAP) Professional Development (PD) Program. In L. D. English & J. Mulligan (Eds.). *Reconceptualizing early mathematics learning* (pp. 253–281). New York: Springer.

Papic, M., Mulligan, J.T., & Mitchelmore, M.C. (2011). Assessing the development of preschoolers' mathematical patterning. *Journal for Research in Mathematics Education, 42*(3), 237–268.

Perry, C. (2011). Motivation and attitude of preservice elementary teachers toward mathematics. *School Science and Mathematics, 111*(1), 2–10.

Perry, B., & Dockett, S. (2002). Young children's access to powerful mathematical ideas. In L. D. English (Ed.). *Handbook of international research in mathematics education: Directions for the 21st century* (pp. 81–111). Mahwah, NJ: Lawrence Erlbaum.

Perry, B. & Dockett, S. (2008). Young children's access to powerful mathematical ideas. In L. D. English (Ed.), *Handbook of international research in mathematics education* (2nd ed., pp. 75–108). New York, Routledge.

Perry, B., & Dockett, S. (2013). Reflecting on young children's mathematics learning. In L. D. English & J. T. Mulligan (Eds.), *Reconceptualizing Early Mathematics Learning*, Springer Series: Advances in Mathematics Education, 149–162.

Presser, A. L., Clements, M., Ginsburg, H., & Ertle, B. (2012). *Effects of a preschool and kindergarten mathematics curriculum: Big Math for Little Kids* (pp. 1–55). Retrieved from cct.edc.org/sites/cct.edc.org/files/publications/BigMathPaper_Final.pdf

Purpura, D. J., Baroody, A. J., & Lonigan, C. J. (2013). The transition from informal to formal mathematical knowledge: Mediation by numeral knowledge. *Journal of Educational Psychology, 105*, 453–464.

Radford, L. (2008). Iconicity and contraction: A semiotic investigation of forms of algebraic generalizations of patterns in different contexts. *ZDM: The International Journal on Mathematics Education, 40*, 83–96.

Ritchie, S. J., & Bates, T. C. (2013). Enduring links from childhood mathematics and reading achievement to adult socioeconomic status. *Psychological Science, 24*(7), 1301–1308. doi: 10.1177/0956797612466268

Sarama, J. (2004). Technology in early childhood mathematics: Building Blocks™ as an innovative technology-based curriculum. In D.H. Clements, J. Sarama & A.-M. DiBiase (Eds.), *Engaging young children in mathematics: Standards for early childhood mathematics education* (pp. 361–375). Mahwah, NJ: Lawrence Erlbaum Associates.

Sarama, J., & Clements, D.H. (2002). Building Blocks for young children's mathematical development. *Journal of Educational Computing Research, 27*(1&2), 93–109.

Sarama, J., & Clements, D. H. (2008). Linking research and software development. In G. W. Blume & M. K. Heid (Eds.), *Research on technology and the teaching and learning of mathematics: Vol. 2. Cases and perspectives* (pp. 113–130). New York: Information Age Publishing.

Sarama, J., & Clements, D.H. (2009). *Early childhood mathematics education research: Learning trajectories for young children*. London: Routledge.

Saxe, G. B., Guberman, S. R., & Gearhart, M. (1987). Goals and contexts: A reply to the commentaries. Reply to commentaries of *Social Processes in Early Number Development* (1987), *Monographs for the Society for Research in Child Development, 52*(2), 160–163.

Seo, K., & Ginsburg, H. (2004). What is developmentally appropriate in early childhood mathematics education? Lessons from new research. In D. Clements, J. Sarama, & A. Dibiase (Eds.), *Engaging young children in mathematics: Standards for early childhood mathematics education* (pp. 91–104). Hillsdale: Erlbaum.

Schoenfeld, A., & Stipek, D. (2011). *Mathematics matters: Children's mathematical journey starts early.* Report of a conference held November 7–8. Berkeley CA. University of California Berkeley.

Shulman, L. (1986). Those who understand: Knowledge growth in teaching. *Educational Researcher, 15*(2), 4–14.

Simpson, A., & Linder, S. (2014). An examination of mathematics professional development opportunities in early childhood settings. *Educational Journal, 42*(5), 335–342.

Sinclair, N., & Bruce, C. (2014). Spatial reasoning for young learners (research forum). In Liljedahl, P., Nicol, C., Oesterle, S., & Allan, D. (Eds.). *Proceedings of the Joint Meeting of PME 38 and PME-NA 36* (Vol. 1). Vancouver, Canada: PME.

Sinclair, N., & Crespo, S. (2006). Learning mathematics with dynamic computer environments. *Teaching Children Mathematics 12*(9), 436–444.

Sinclair, N., & Jackiw, N. (2011). *TouchCounts* [computer software]. Tangible Mathematics Project, Simon Fraser University.

Sinclair, N., & Moss, J. (2012). The more it changes, the more it becomes the same: The development of the routine of shape identification in dynamic geometry environments. *International Journal of Education Research*, 51&52, 28–44.

Singer, D., Golinkoff, R.M., & Hirsh-Pasek, K. (Eds.). (2006). *Play = Learning: How play motivates and enhances children's cognitive and social-emotional growth.* New York: Oxford University Press.

Starkey, P., & Klein, A. (2008). Sociocultural influences on young children's mathematical knowledge. In O. Saracho & B. Spodek (Eds.), *Contemporary perspectives on mathematics in early childhood education* (pp. 253–276). Charlotte, NC: Information Age Publishing.

Starkey, P., Klein, A., & Wakeley, A. (2004). Enhancing young children's mathematical knowledge through a pre-kindergarten mathematics intervention. *Early Childhood Research Quarterly, 19*, 99–120.

Stipek, D. (2013). Mathematics in early childhood education: revolution or evolution? *Early Education and Development, 24*: 431–435. doi: 10.1080/10409289.2013.777285

Stipek, D. (2014). Play and mathematics: An equation that works. *Preschool Matters . . . Today! A blog of the National Institute for Early Education Research.* Retrieved from http://preschoolmatters.org/2014/03/14/play-and-mathematics-an-equation-that-works/

Stockard, J., & Engelmann, K. (2008). *Academic kindergarten and later academic success: The impact of direct instruction* (Technical Report 2008–7). Eugene, OR: National Institute for Direct Instruction.

Stylianides, A.J., & Stylianides, G.J. (2013). Seeking research-grounded solutions to problems of practice: Classroom-based interventions in mathematics education. *ZDM: The International Journal on Mathematics Education, 45*(3), 333–340.

Takahashi, A., & Yoshida, M. (2004). Ideas for establishing Lesson-Study communities. *Teaching Children Mathematics* (May), 436–443.

Timperley, H., Wilson, A., Barrar, H., & Fung, I. (2007). *Teacher professional learning and development: Best evidence synthesis iteration [BES].* Wellington, New Zealand: Ministry of Education.

Tirosh, D., Tsamir, P., & Levenson, E. (2011). Using theories to build kindergarten teachers' mathematical knowledge for teaching. In K. Ruthven & T. Rowland (Eds.), *Mathematical Knowledge in Teaching* (pp. 231–250). Dordrecht: Springer.

Tirosh, D., Tsamir, P., Levenson, E., & Tabach, M. (2011). From preschool teachers' professional development to children's knowledge: Comparing sets. *Journal of Math Teacher Educators, 14*, 113–131.

Tout, K., Zaslow, M. & Berry, D. (2006). Quality and qualifications: Links between professional development and quality in early care and education settings. In M. Zaslow & I. Martinez-Beck (Eds.). *Critical issues in early childhood professional development.* Baltimore, MD: Brookes Publishing.

Tzuriel, D., & Egozi, G. (2010). Gender differences in spatial ability of young children: The effects of training and processing strategies. *Child development, 81*(5), 1417–1430.

Uttal, D.H., Meadow, N.G., Tipton, E., Hand, L.L., Alden, A.R., Warren, C., & Newcombe, N.S. (2013). The malleability of spatial skills: A meta-analysis of training studies. *Psychological bulletin, 139*(2), 352.

Van den Heuvel-Panhuizen, M. (Ed.) (2008). *Children learn mathematics. A learning-teaching trajectory with intermediate attainment targets for calculation with whole numbers in primary school.* Rotterdam /Tapei: Sense Publishers.

Van den Heuvel-Panhuizen, M., & Buijs, K. (2005). *Young children learn measurement and geometry. A learning-teaching trajectory with intermediate attainment targets for the lower grades in primary school.* Utrecht, The Netherlands: Freudenthal Institute.

Van den Heuvel-Panhuizen, M., & Buys, K. (Eds.). (2008). *Young children learn measurement and geometry.* Rotterdam, The Netherlands: Sense Publishers.

Van den Heuvel-Panhuizen, M., Elia, I. & Robitzsch, A. (in press). Kindergartners' performance in two types of imaginary perspective taking. *ZDM: The International Journal on Mathematics*

Education (3).
Van den Heuvel-Panhuizen, M., Kühne, C., & Lombard, A. P. (2012). *Learning pathway for number in the early primary grades.* Illovo, South Africa: Macmillan.
Van Hiele, P. (1999). Developing geometric thinking through activities that begin with play. *Teaching Children Mathematics* (February), pp. 310–316.
van Nes, F., & de Lange, J. (2007). Mathematics education and neurosciences: Relating spatial structures to the development of spatial sense and number sense. *The Montana Mathematics Enthusiast, 4*(2), 210–229.
Verdine, B. N., Golinkoff, R., Hirsh-Pasek, K., Newcombe, N., Filipowocz, A. T., & Chang, A. (2013). Deconstructiong builidng blocks: Preschoolers' spatial assembly preformance relates to early mathematics skills. *Child Development.* doi: 10.1111/cdev.12165
Wai, J., Lubinski, D., & Benbow, C. P. (2009). Spatial ability for STEM domains: Aligning over fifty years of cumulative psychological knowledge solidifies its importance. *Journal of Educational Psychology, 101*, 817–835.
Warren, E., & Cooper, T. J. (2008). Generalising the pattern rule for visual growth patterns: Actions that support 8 year olds thinking. *Educational Studies in Mathematics, 67*, 171–185.
Warren, E., & Quine, J. (2013). Enhancing teacher professional development for early years mathematics teachers working in disadvantaged contexts. In L. D. English & J. Mulligan (Eds.). *Reconceptualizing early mathematics learning (pp. 283–308).* New York: Springer.
Watts, T., Duncan, G., Siegler, R., & Davis-Kean, P. (2014). What's past is prologue: Relations between early mathematics knowledge and high school achievement. *Educational Researcher, 43* (7), 352–360.
Webster-Wright, A. (2009). Reframing professional development through understanding authentic professional learning. *Review of Educational Research, 79*(2), 702–739.
West, J., Denton, K., & Germino-Hausken, E. (2000). *America's kindergarteners. Statistical analysis report*, NCES2000–070. Washington, DC: U.S. Department of Education, Office of Educational Research and Improvement, National Center for Education Statistics.
Whiteley, W. (2002). Teaching to see like a mathematician. *Presentation at the Visual Representation and Interpretation conference*, Liverpool, UK. Retrieved from www.math.yorku.ca/~whiteley/Teaching_to_see.pdf.
Zaslow, M. (2010) Quality Measurement in Early Childhood Settings. In M. Zaslow, I. Martinez-Beck, K Tout , T Halle H P. Ginsburg & M. Hyson (Eds.), *Towards the identification of features of effective professional development for early childhood educators.* Prepared for Policy and Program Studies Service, Office of Planning, Evaluation and Policy Development, U.S. Department of Education. Retrieved from www.ed.gov/about/offices/list
Zaslow, M., Tout, K., Halle, T., Whittaker, J. V., & Lavelle, B. (2010). *Towards the identification of features of effective professional development for early childhood educators.* Prepared for Policy and Program Studies Service, Office of Planning, Evaluation and Policy Development, U.S. Department of Education. Retrieved from www.ed.gov/about/offices/list.

초등학교 수학에서 강력한 아이디어 6

David W. Carraher
TERC
Analúcia D. Schliemann
Tufts University

서론

우리는 여기서 함수(functions), 보다 일반적으로 관계(relations)가 초등학교 수학교육 전반에 걸쳐 핵심적인 역할을 한다는 아이디어를 개진한다. 이 주장은 함수와 관계가 이미 현재 초등 수학교육과정의 내용 전반에 걸쳐 내포되어 있고, 초등교육에서 함수와 관계의 중요성을 더 많이 부각할 가치가 있으며, 어린 학생들도 함수와 관계에 접근 가능하다는 생각에 기초한다. 우리는 함수와 관계에 대한 학생들의 이해를 일찍부터 향상시킴으로써 현재 교육과정 내의 주제들에 대한 학생들의 지식을 심화하고 통합시키며 수학적 일반화 능력을 증진시키고, 추후의 보다 형식적인 대수와 함수의 도입에 학생들을 더 잘 대비시킬 수 있다고 주장한다.

함수와 관계를 일찍 도입한다고 할 때, 우리는 형식적이면서 자명한 접근 방법과는 확연히 구별되는 접근 방법을 생각한다. 확실히 말해, 구문(syntax)의 형식적 규칙은 점차적으로 중요해지지만, 어린 학생들의 함수에 대한 추론은 문장제를 통해 묘사되는 상황의 구조를 표현하고 반성함으로써 상당히 발전할 수 있다.

본 장의 전반부에서는 함수와 관계가 어떻게 초등 수학의 공통 주제와 표현에 관련되는지 살펴본다. 산술 연산은 그 자체가 함수라는 아이디어부터 시작하여, 네 가지 되풀이되는 강력한 아이디어를 제시하는 것으로 시작한다. 수학적 측면에서 이 네 가지 아이디어는 함수와 관계의 정의만큼이나 꽤 간단하고 논란의 여지가 없다. 그럼에도 불구하고 이 네 가지 아이디어는 초등 수학교육에서 널리 인정되지 않기 때문에 보다 주의 깊은 검토가 필요하다. 뒤에 밝혀지겠지만 이것은 부분적으로, 함수와 관계를 초등 교실에서 표현하는 방법과, 수학에서 관례적인 형태의 차이에서 비롯된다.

본 장의 나머지 부분에서는 교육과정에서 함수와 여러 관계를 좀 더 중요하게 다루었던 여건에서 공부한 초등학교 학생들의 학습에 대한 연구와 이론에 초점을 둔다. 많은 부분에서 우리는 2학년부터 8학년까지를 망라한 우리의 종적(longitudinal) 교실 탐색에 토대를 둔다(Carraher, Schliemann, & Brizuela, 2000, 2005; Carraher, Schliemann, & Schwartz, 2008; Carraher, Schliemann, Brizuela, & Earnest, 2006, 2014; Schliemann, Carraher, Brizuela, 2007, 2012; Schliemann, Carraher, & Caddle, 2013; Schliemann, Carraher, Goodrow, Caddle, & Porter, 2013).

현재의 분석은 다음과 같은 세 종류의 연구를 토대로 한다. (1) **초기 대수**(early algebra) 연구(예, Blanton, 2008; Blanton & Kaput, 2000; Brizuela & Earnest, 2008; Brizuela & Schliemann, 2004; Cai & Knuth, 2011; Carpenter & Franke, 2001; Carpenter, Franke, & Levi, 2003; Carraher, Schliemann, & Brizuela, 2000, 2005; Carraher, Schliemann, & Schwartz et al., 2008; Carraher, Schliemann, Brizuela, & Earnest et al., 2006, in press; Davydov, 1991; Dougherty, 2008; Carraher & Schliemann, 2007; Kaput, 1998; Moss & Beatty, 2006; Schliemann et al., 2007, 2012), (2) **덧셈적**(additive) **구조**와 **곱셈적**(multiplicative) **구조**에 대한 연구(예, Carpenter, Moser, & Romberg, 1982; Harel & Confrey, 1994; Lesh & Landau, 1983; Vergnaud, 1982, 1983, 1994), 그리고 (3) **함수**(functions)에 대한 연구(예, Romberg, Fennema, & Carpenter, 1993; Sfard, 1991; Dubinsky & Harel, 1992; Schwartz, 1996; Schwartz & Yerushalmy, 1992).

강력한 아이디어

초등학교 수학에서는 학생들에게, 정수의 연산과 성질, 분수와 소수를 통한 유리수, 그리고 기하와 측정에 대한 기본 아이디어를 도입한다. 초등학교 수학은 자릿값 표기법, 식과 (변수가 없는) 등식의 표기, 표, 수직선, 간단한 그래프, 그리고 문장제와 같은 자연 언어(natural language)의 수학적 진술과 관련된 주요 표현 체계를 온전히 숙달하는 것을 상당히 강조한다. 수학교육의 역사에서 초등학교 수학에 강력한 아이디어를 적용해 보려는 시도는 많았다. 예를 들어, 20세기 초에 행동주의 학파의 학습 이론가들(예, 손다이크)은, 대개 정형적인 산술 계산 및 문장제의 해결과 같이, 학생들에게 기대되는 행동을 강화하는 것에 목적을 둔 교수 방법을 주장하였다. 20세기 후반에는 "새 수학 운동"의 지지자들이, 19세기에 산술의 일관되고 엄밀한 토대를 세우는 데에 공헌했던 집합 이론의 아이디어들을 활용하여 초등학교 수학을 더욱 강력하게 만들기 위해 노력하였다. 비록 그 운동의 수학적 근거는 일반적으로 타당했다고 인정할 수 있지만, 그 결과는 열망에 비해 한참 부족했다[2]. 수학사가(historian of mathematics)는 자릿값 체계의 창안과 같이, 전통 있는 수학적 아이디어와 표기법에서의 진척을 강조할 수도 있는데, 그러한 창안은 한 번 개발되면 사람들로 하여금 그 이전 보다 훨씬 적은 노력으로 보다 넓은 범위의 문제를 해결할 수 있게 하였고 대수적 표기법과 같은 진보를 가능하게 했었다. 보다 최근에, 수학교육자들은 학생들이 이미 알고 있는 것이 무엇인지, 어떻게 추론하는지, 그리고 학생들의 추론이 수학 내용을 학습하는 데에 어떠한 역할을 수행하는지의 중요성을 강조해 왔다(예, Langrall, Mooney, Nishet, & Jones, 2008).

본 장의 목적을 위해, "강력한 아이디어"란 주요 수학 내용 영역에 대한 깊이 있는 학습, 이해, 그리고 교수를 촉진하고, 장기적인 발전을 진작하는 아이디어를 말한다. 우리는 [표 6.1]에 제시한 네 가지 강력한 아이디어를 중심으로 분석할 것인데, 이 아이디어는 후속 논의의 전조가 된다. 분석을 진행함에 따라 그러한 아이디어의 의미와 시사점은 더욱 분명해질 것이다.

[표 6.1] 네 가지 강력한 아이디어

(1) 산술의 네 가지 기본 연산인 덧셈, 뺄셈, 곱셈, 그리고 나눗셈은 함수이다.
(2) 함수의 정의역과 공역을 부각시키고, 그렇지 않으면 고정되었을 변수들을 자유롭게 변하도록 두어 수학적 일반화를 신장할 수 있다.
(3) 함수와 관계는 산술, 대수, 그리고 기하의 통합에 기여한다.
(4) 등식(equations)과 부등식(inequalities)을 두 함수의 비교로 자연스럽게 해석할 수 있다.

첫 번째 강력한 아이디어는 산술의 연산이 문자 그대로 함수로써 정의된다는 것이다. 실제로 산술의 연산은 학생들이 수학에서 처음으로 마주하게 되는 함수의 예이다. 그러나 변수의 원천이 되는 함수의 정의역과 공역은 기껏해야 암묵적으로 표현된다. 게다가, 초등학교에서 제시되는 압도적인 다수의 문제들은, 자유롭게 변하기보다는, 고정된 변수들을 다룬다.

두 번째 강력한 아이디어는 왜 함수와 관계를 보다 중요하게 다룰 가치가 있는지를 강조한다. 이러한 개념들은 초등학생들의 수에 대한 개념을 자연수의 범위를 넘어서 확장하는 데에, 그리고 집합의 원소들에 대해 변수를 자리지기(placeholder)로 도입하는 데에 핵심적이다.

세 번째 강력한 아이디어는 산술, 대수, 그리고 기하를 통합할 때 함수의 역할과 관련이 있다. 함수의 추상적인 본질 때문에 교육적 관점에서 다양한 형태로 함수를 표현해 보게 하는데, 여기서 다양한 형태란 주로 자료를 나타내는 표(data tables), 직선 위의 점과 좌표평면에서의 그래프, 산술식과 대수식, 다이어그램, 그리고 구두 언어와 지필 언어에서의 진술(statements)을 말한다.

네 번째 강력한 아이디어는 정의역에 따른 두 함수의 비교로써 등식과 부등식을 이해할 수 있다는 사실에 근거한다. 두 함수가 주어진 입력 값에 대해 동일한 결과 값을 산출하는 조건을 나타내는 진술로 등식을 이해할 수 있다. 이와 유사하게, 한 함수가 다른 함수보다 더 큰 결과 값을 산출하는 조건을 표현하는 진술로 부등식을 해석할 수 있다. 등식과 부등식은 전통적으로 대수적 표기법의 형태로 나타낸다. 그러나 함수를 표현하는 다양한 형태 중 어떤 형태로든 등식과 부등식을 나타낼 수 있다.

교육적 관점에서 우리가 제안하는 아이디어는 학생 학습에 기여할 만큼의 힘을 갖는다. 따라서 수학적 아이디어를 표현하고 유도하며 의사소통하기 위한 도구를 바탕으로 수업 프로그램을 어떻게 성공적으로 계획하고 무대에 올리며 실행할지에 대한 교수학적 통찰 역시 동등하게 중요하다. 선택된 주제에 관해 학생들이 어떻게 추론하고 학습하는지에 대한 연구를 교육과정과 교실 활동에 활용하는 정도에 따라, 그 영향력은 다르게 나타난다. 이러한 이유로 우리는 교실에서의 학생 학습에 관한 연구에 대해 상세히 기술하였다.

어떤 아이디어를 강력한 아이디어로 할 것이냐는 한 개인이 신장하고자 희망하는 능력과 개념의 정도에도 영향을 받는다. 본 장에서는 특히 문장제에 묘사된 상황을 모델링할 수 있는 학생들의 능력에 초점을 둘 것이다. 상황을 모델링한다는 것은, 관심을 받는 다양한 양들이 어떻게 상호 연관되는지에 대해 일관되고 유용한 설명을 제시하는 것을 의미한다. 본 장 전체에 걸쳐 우리는 **양**(quantity)을 "현상, 본체 또는 실체의 속성으로 그 속성은 크기를 지니고 있어 수와 참조물(reference)로 나타낼 수 있는 것"(JCGM, 2012, p. 2)으로 본다. 이러한 관례는 수학(예, Whitney, 1968a)과 수학교육(Fridman, 1991)에서 사용되는 것과 일관된다. 원칙적으로 양이 어떻게 상호 관련되는지를 묘사함으로써 학생은 다른 양에 대한 정보를 통해 하나의 양에 대해 추론할 수 있게 된다. 그러한 묘사는 변화하는 값을 가진 다양한 사례뿐만 아니라 특정한 사례도 다룰 수 있어야 한다.

이에 따라, 우리는 학생들이 상황을 모델링할 때, 변수의 사용이 점차 빈번해진다는 사실에 주목할 것이다. 예상대로, 이 때 수와 양 사이의 관계를 고정된 것으로 그리고 변화하는 것으로 진술하기 위한 학생들의 표기법 활용을 조사해야 한다. 또한 학생들이 모델을 표현하기 위해 자연 언어를 어떻게 사용하는지에 대한 특별한 주의가 요구된다. 수와 수치적 연산이 점차적으로 실직선(real line)과 평면에서의 위치, 거리, 그리고 궁극적으로는 변환과 같이 기하적 형태를 취하게 됨에 따라, 학생들이 관계를 표현하기 위해 수직선 그림과 그래프를 어떻게 사용하는지 세심한 주의를 기울일 필요가 있다.

초등학교 수학의 기초 주제들을 함수와 관계의 렌즈로 바라보는 것은 교사뿐만 아니라 학생들에게도 서로 관련 없어 보일 수 있는 주요 아이디어와 기법을 통합하는 데에 기여할 수 있다. 수직선, 막대그래프(bar diagrams), 그래프, 산술적 표기와 대수적 표기, 표, 특화된 언어 구조와 같이, 관계와 함수를 통상적으로 표현하는 도구에 보다 쉽게 접근가능하게 함으로써 문제해결을 촉진할 수 있다. 또한 산술을 지나치게 계산적으로 접근함으로써 악화되는 어려움을 최소화하면서, 학생들이 중학교와 고등학교 수학에 더 잘 준비하게 한다(Booth, 1988; Kaput, 1988; Lacampagne, 1995; Schliemann et al., 2007; Schoenfeld, 1995). 특정 값(values)에 대한 계산으로부터 값의 집합 사이의 관계로 초점을 옮기기 위한 기회를 마련하는 것이 교육자들의 주요 도전 과제이다.

덧셈적 구조, 곱셈적 구조, 선형적 구조

지난 수십 년 간 수학교육 연구자들은 합과 차, 곱, 그리고 몫을 계산하는 방법을 아는 것을 넘어서 산술적 연산에 대한 지식을 점점 더 많이 연구하였다(Carpenter et al., 1982; Lesh & Landau, 1983; Schwartz, 1996; Vergnaud, 1982, 1983, 1994). 어떤 이는 이러한 보다 광범위한 유형의 산술적 지식을 포괄하기 위해 "덧셈적 구조와 곱셈적 구조"라는 용어를 사용하기도 한다.

본 맥락에서, **구조**(structure)라는 용어는 문제 내에서 양 사이의 논리적 관계를 암시한다. **덧셈적 구조**(additive structures)는 A+B=C 형태 그리고 C−B=A와 C−A=B와 같은 변형 형태의 진술문과 관련되는데, 여기서 문자 A, B, C 등은 수 또는 개수 또는 규모에 대한 양의 값을 나타낸다. 또한 A+B<C와 같은 부등식에도 상응한다. **곱셈적 구조**(multiplicative structures)는 A×B=C 그리고 C÷B=A와 같은 변형 형태로 표현될 수 있는 문제들에 수반된다. **선형적 구조**(linear structures)는 A×B+C=D와 같은 등식과 연관된다. 이러한 관계적 구조는 문제에 대수적 표기가 포함되는지 또는 변수가 명시적으로 드러나는지와 상관없이 문장제의 속성이다.

동일한 관계적 구조를 갖는 문제임에도 불구하고 다른 관점으로 보면 서로 다른 구조를 가진 것으로 개념화할 수 있다. 많은 연구에서 제시했듯이(예, Vergnaud, 1982), 어린 학생들은 부분-전체 구성(C는 A와 B라는 두 부분으로 구성된다), 변환(A에 B만큼의 덧셈적 변화가 이루어지면 C가 된다), 비교(C는 A보다 B만큼 크다), 순 변화(net changes, A만큼의 변화와 B만큼의 변화의 구성은 순 변화 A+B만큼을 구성한다)와 같은 문제들을, 그것들이 A+B=C라는 동일한 관계적 구조에 토대를 두고 있음에도 불구하고, 서로 다른 "개념적 구조"를 지닌 것으로 간주할 수 있다(Vergnaud, 1982). 불행스럽게도, 부분-전체 구성, 변환 등을 **구조**로 언급하는 것은 잠재적으로 오해를 유발할 수 있다. 왜냐하면 우리는 학생들이 궁극적으로 개념적 구조가 그 이면의 공통된 관계적 구조를 보기 어렵게 할 수도 있다는 것을 인식하기를 희망하기 때문이다. 교사들은 두 종류의 구조를 모두 인식하고 있어야 하며, 둘 중에 관계적 구조가 더 파악하기 어렵다는 것을 인지해야 한다.

상황을 구체적으로 특징짓는 경우 또한 그 이면의 관계적 구조를 모호하게 만들 수 있다. 더욱이, 모든 변수에 또는 하나를 제외한 모든 변수에 값을 할당하는 문제에서는 관계적 구조가 덜 명료하게 드러난다. 사실상, 하나를 제외한 모든 변수가 정해진 경우에는, 학생들이 정해지지 않은 변수를 정의역의 모든 원소에 대한 자리지기로 생각하기 보다는 비밀의 수 또는 누락된 수로 간주하기 쉽다. 이러한 이슈를 다루는 방법들이 있다. 실제로, 우리는 변수를 "자유롭게 변하게 하는" 방법으로 문제를 만든 예를 보게 될 것이다.

비수학자들은 통상적으로 산술의 연산을 합, 차, 곱 그리고 몫을 계산하기 위해서 사용되는 특정한 절차나 규칙과 융합한다. 이 관점은 문제가 있다. 왜냐하면 이는 대안적인 절차가 필연적으로 새로운 연산으로 구성된다는 것을 암시하기 때문이다. 고대 이집트의 "배가(doubling)와 이등분(halving)" 절차는 비록 현대 곱셈의 세로셈과는 확연히 다르지만 그럼에도 불구하고 곱셈의 타당한 형태이다. 이와 유사하게, 200−35의 차에 대한 브라질 거리 행상인들의 머릿셈은, 비록 뺄셈 기호, 자리 값 표기, 세로셈의 계산법을 활용하지는 않지만 뺄셈이라는 연산을 수반한다(Carraher, Carraher, & Schliemann, 1985).

이어지는 분석에서 문제의 기호적 형태는 우리가 꼭 유념해야 할, 수학적 지식과 문제해결의 핵심적인 요소이다. 문제의 기호적 형태를 그 이면의 관계적 구조와는 구별할 필요가 있다.

대수적 구조

우리는 산술적 연산을 함수로 다루는 것이 상대적으로 주는 이점에 대해 따져보고자 한다. 이 과정에서 산술적 연산의 성질을 더 깊이 이해하는 데 있어서 또 다른 종류의 구조가 도움이 될 수 있다. 수학에서 **대수적 구조**(algebraic structure)란 고려 대상인 수들의 집합 또는 부류에 대응하고, 보다 광범위하게는 그러한 집합에 정의되는 연산의 성질에 대응한다. 초등학교 수학에서, 첫 대수적 구조는 자연수 즉, 셈수(counting numbers) 1, 2, 3, ...일 것이다. 초등학교 과정에서 학생들은 정수, 분수와 소수 형태의 유리수, 그리고 최종적으로 실수를 포함하기 위해서 수에 대한 자신들의 이해를 확장한다. 새로운, 보다 포괄적인 부류의 수가 등장함에 따라 연산의 산술적 성질은 변화할 것이다. 실수는 덧셈 그리고 곱셈에 대해 닫혀있고, 교환성, 결합성, 분배성, 항등원, 역원 그리고 추이성, 덧셈과 곱셈의 양립가능성과 같은 순서적 성질을 지닌다(Rosen, 2012). 이러한 성질이 "이전에 다루었던", 보다 덜 포괄적인, 다른 수의 부류에 모두 적용되는 것은 아니다. 우리가 산술의 연산을 함수로 재개념화 할 때 염두에 둘 필요가 있는 것은, 함수와 관계의 정의역이 즉, 학생이 아마도 다루게 될 바로 그 수들이 변화한다는 것이다. 자연수 즉, 기수에서 나눗셈의 연산은 닫혀있지 않다. 이것이 바로 정수의 나눗셈, 보다 더 정확하게는 나머지가 있는 자연수의 나눗셈이 학생들이 마주하게 되는 첫 번째 형태의 나눗셈인 이유 중의 하나이다. 유리수는 정수의 나눗셈과는 다른 기능의, 장제법(long division)을 가능하게 한다. 기수의 곱셈에서는 곱이 피승수보다 작아지는 경우는 없다. 이러한 성질은 정수나 유리수에서는 적용되지 않는다. 앞으로 보겠지만, 정의역에 집중하게 만드는 함수와 관계는 교사와 교육과정 개발자로 하여금 수가 무엇인지에 대한 학생들의 변화하는 이해를 고려하도록 도울 수 있다.

구문적 구조

$2x+3$과 같은 관습적인 형태의 대수식을 생각해 보자. 이 식의 구문적 구조(syntactical structure)는 다음과 같은 계통도(tree notation)를 통해 명료하게 표현될 수 있다.

> 계통도는 노드(nodes)의 수직적 배열을 통해 식에서 연산의 위계를 나타낸다. 뿐만 아니라 계통도에서는 일반 표기법에 기호를 배치함으로써 단지 암묵적으로만 암시된 연산을 표현하기 위해 문자를 사용한다. (Kirshner & Awtry, 2004, pp. 232-233)

구문적 구조는 또한 괄호를 통해 연산의 수준과 순서를 묘사하는, 일련의 글자들로 표현될 수 있다. 예를 들면, 매스매티카(Mathematica)로도 알려진 올프람(Wolfram) 언어에서 $2x+3$이라는 식은 "더하기[3, 곱하기[2, x]]"와 같이 온전한 형태로 표현된다. 이 식에 대한 나무(tree) 형태의 그림은 코드 TreeForm[2x+3]으로 생성된다. 게다가, 나무 구조는 구두 또는 지필 언어로 구체화되는, "대수적 구조와 과정에 대한 정확한 서술적 설명(Kirshner & Awtry, 2004, p. 249)"을 통해 묘사되고 명료화될 수 있다.

비록 산술과 대수에 대한 학생들의 숙달에 형식적 구조가 중요하지만, 본 분석에서 우리는 그러한 구조에 초점을 두지는 않을 것이다.

관계와 함수적 관계(함수)

관계의 수학적 의미를 알아보기 위해, 표, 즉 자료나 정보를 표의 형태로 나타낸 것을 생각해 보자. 대부분의 목적을 위해, 정보에 대한 어떤 표든지 관계로 간주될 수 있다. 각 투플(tuple), 즉 일렬의 정보를 구성하는 순서쌍, 3쌍(triple), 4쌍(quadruple) 등은 관계의 구성원이다[3].

편의를 위해, 주사위 1개로 만들 수 있는 수의 집합 {1, 2, 3, 4, 5, 6}을 생각해 보자. 한 쌍의 주사위로 나올 수 있는 수와 그 합은 3쌍 (1, 1, 2), (2, 1, 3), (1, 2 ,3), (2, 2, 4), ..., (6, 6, 12)이다. 수학에서는 종종 3쌍의 집합을 그 자체로 관계로 간주한다. 관계를 사례(cases)의 목록으로 보는 개념은 정수, 유리수, 또는 실수와 같은 무한 집합에도 적용된다. 물론, 무한한 길이의 표를 만들 수는 없다. 그러나 그러한 표를 상상할 수 있고, 전체 관계를 구성하고 있지는 않다고 하더라도 그러한 표의 부분집합에 대해 학생들과 함께 활동해 볼 수 있다.

우리가 실증적인 자료(강우량 자료, 실제 여행에서 위치와 시간의 쌍)를 배제한다면, 초등학교 수학에서 관심을 가지는 대부분의 관계는 말(words)과 대수적 표기법을 통해서 묘사될 수 있다. 예를 들어, "집합 {1, 2, 3, 4, 5, 6}의 원소인 정수 n, m과 {2, 3, 4, ..., 12}의 원소인 s가 주어졌을 때, 관계는 {n, m, n+m}으로 묘사될 수 있다." 우리는 이 관계를 동등하게 {n=s−m, m, s}, {n, s−n, s}, 또는

{n=s−m, m=s−n, s=n+m} 세 쌍으로도 묘사할 수 있다. 실생활에서 한 사람이 먼저 주사위를 던지고 나서 전체를 알기 위해 결과를 더하는 것은 문제가 되지 않는다. 관계가 투입과 산출의 의미까지 전달할 필요는 없다.

독자는 위에 기술된 관계가 일부는 뺄셈으로 표현되고, 일부는 덧셈으로 표현된다는 것을 알 것이다. 관계적 관점에서 모든 덧셈 문제는 뺄셈 문제이고, 실제로 두 개의 뺄셈 문제가 된다. 나누는 수가 0이 아니라면 모든 나눗셈 문제는 곱셈 문제로 간주될 수 있다. 관계의 두 기호적 표현은 동일한 투플에 대응된다면 상호 교환이 가능하다.

덧셈과 뺄셈에 대한 관계적 접근의 주된 장점 중의 하나는 간접적인(indirect) 문제를 직접적인(direct) 문제로 재구성하는 것을 촉진하는 정도에 있다. 다음의 간단한 문제를 생각해 보자.

> 새 몇 마리가 나무에 앉아 있다. 새 두 마리가 나무로 날아와서 다섯 마리가 된다. 처음에 나무에 앉아있었던 새는 몇 마리인가? (Mikulina, 1991, p. 186)

이 문제는 간접적이다. 왜냐하면 이 이야기에서 "새 두 마리가 나무로 날아와서"라는 구절에서 암시하는 것 같은 덧셈을 수행하면 타당한 답이 산출되지 않기 때문이다. 이 문제의 관계적 구조를 $x+2=5$로 표현할 수도 있으나, 그 구조를 $x=5-2$로 표현할 수도 있다는 것을 인식함으로써 더해지는 수를 모르는 문제(missing addend problem)를 보다 직접적으로 해결할 수 있다. 이렇듯 구문의 규칙(rules of syntax)을 통해 관계를 재진술하는 것을 정당화할 수 있다. 그러나 어린 학생은 현재 나무에 있는 새의 무리는 처음부터 있었던 새에 나중에 도착한 새를 합한 것으로 구성된다는 것을 알게 되면서, 이야기 형태로 관계를 파악하는 것이 초기에는 보다 자연스럽다고 여길 수 있다. 현재의 새의 집합으로부터 "추가된 것(joiners)"을 제거하면 원래의 새가 남는다. 즉, 현재 새의 수에서 추가된 새의 수를 빼면 원래부터 있었던 새의 수가 된다.

관계적 접근 방법은 한 문제에서 다양한 수 또는 양을 어떻게 잘 어울리게 묘사하느냐를 목표로 한다. 이 방법은 대안적이지만 여전히 동치인 기호적 변형을 발견하도록 지원하는 데 그렇게 변형하면 훨씬 쉽게 간단해질 수 있다. 결과적으로 구문의 규칙은 재진술을 안내할 수 있다. 그러나 초기에 학생들이 문제의 의미(semantics)를 이해하는 것은 동치식(equivalent expressions)을 찾아내기 위한 중요한 동인이 된다.

(이진) **함수**(binary function)는 한 집합(정의역)으로부터 모든 각각의 "정보"(원소)가 두 번째 집합, 공역 또는 치역의 각각의 정보와 결합되는 관계이다. 우리는 이것을 곱셈의 사례로 예를 든다. "곱하기 7"이라는 표는 관계 {(1, 7), (2, 14), (3, 21), (4, 28), ..., (12, 84)}를 나타낸다. x는 정의역의 원소를 나타내고 $7x$는 공역의 원소를 나타낼 때, 함수적 표기 $x \mapsto 7x$("x는 $7x$로 대응된다"로 읽음)에서 반영되듯이 암시된 비대칭(asymmetry)과 방향(direction)이 있다. "항상 x로부터 $f(x)$를 만들어

낼 수 있다"는 비대칭은 함수가 단일방향성의 절차 또는 과정이라는 관점과 일치한다. 하지만, 행위를 가할 수 있고 다른 함수들과 비교도 할 수 있는 대상으로 함수를 볼 필요가 있는 경우도 많이 있다(과정으로서의 함수와 대상으로서의 함수의 구별에 대해서는 Sfard(1991) 참고). 앞으로 보겠지만, 함수의 비교로 등식과 부등식을 다룰 때, 과정으로서의 함수와 대상으로서의 함수 두 가지 모두를 생각하는 것이 유용하다.

곱셈을 이진 함수로 생각할 때, 첫 번째 집합의 각 원소는 그 자체로 순서쌍, (x, y)이다. 예를 들어, 곱셈을 함수 $(x, y) \mapsto x \times y$로 표현할 수 있다. 이 관계를 또한 $\{(x, y), x \times y\}$로 표현할 수도 있다.

산술에 대한 함수적 접근 방법을 통해 학생들은 물리적 양과 상황을 분석하고, 수학적 개념을 형성하고 이해하기 위한 기회를 가진다. 함수적 접근 방법을 통해 교사와 학생들은 표준적인 주제를 더 깊이 있고, 보다 상호 연결된 방법으로 학습할 수 있다. 십진 체계부터 산술 연산, 분수, 비율(ratio), 비례(proportion)까지 함수적으로 접근함으로써 중·고등학교 교육과정과 미래의 대수 학습에 이르기까지(Schoenfeld, 1995; Schliemann et al., 2012), 그리고 심지어 미적분학(Oehrtman, Carlson, & Thompson, 2008)까지 순조롭게 전이 가능하게 할 수 있다.

첫째, 교사는 산술 연산을 함수로 인식함으로써, 산술 연산의 정의역과 공역에 더 쉽게 집중할 수 있다(강력한 아이디어 #2). 이것이 중요한 이유는 어린 학생들이 대개 자연수를 제한적으로 이해한 상태에서 학교에 입학하지만, 초등학교를 마칠 즈음에는, 추가적인 성질, 새로운 표기(notational) 및 표현(representational)의 진척(단항의 연산자, 분수와 소수의 형태, 수직선의 추가적인 사용 등), 그리고 모델링되는 새로운 종류의 상황이 소개되면서, 정수와 유리수에 대한 연산(곧 함수)에 익숙해지도록 기대되기 때문이다.

둘째, 산술 연산을 함수로 다루는 것은 변수를 사용할 수 있는 기회를 많이 제공한다(강력한 아이디어 #2). 계산 가능한 함수, 즉 알고리즘(분명하게 명시화된 단계나 공식의 목록)을 활용하여 입력 값으로부터 결과 값이 유일하게 결정되는 함수는 변수, 상수, 그리고 연산자로 구성되는데, 특정한 방법으로 설정되면 개별적인 값보다는 값의 세트(sets)에 초점을 둘 수 있다. 특정한 수에서 변수로 초점을 이동하는 것은 수학적 일반화를 양산하게 한다.

셋째, 산술 연산을 함수로 다룸으로써 수학적 구조와 관계는 보다 분명해진다. 수학적 구조는 계산과 같은 다른 행위에 의해 공유되는 특징(features)을 통해 스스로 드러난다. (예를 들어, 1×3+7, 2×3+7, 3×3+7, 4×3+7과 같은 계산을 반복하면 □×3+7이라는 변하지 않는 형식적 구조가 부각된다.) 시간이 지남에 따라, 상대적으로 깊이 있는 구조에 점차 접근할 수 있게 될 것이다.

넷째, 산술의 기초 연산을 함수로 볼 때, 산술 및 산술적 추론에 대수, 대수적 사고, 기하가 본질적인 것임을 이해한다(강력한 아이디어 #3, #4). 이는 산술을 계산적 관점으로 수년 간 다룬 후에 대수를 형식적으로 소개함으로써, 많은 학생들이 현재 경험하는 산술과 대수 사이의 충돌을 완화시킬 수 있다.

우리가 보여주려고 시도하는 것은, 초등학교 수학에서 함수적으로 접근하는 것이 일반화, 모델링, 다양한 표현의 사용과 같은, 다른 강력한 아이디어와 밀접하게 관련된다는 점이다. 함수적 접근 방법은 고립된 예와 주제를 보다 추상적인 아이디어와 개념의 예로 볼 수 있게 한다. 우리는 이러한 아이디어가 초등학교 수준에서 교수·학습에 차이를 만들 수 있다고 믿는다.

덧셈적 관계에 대한 학습

넓은 의미에서 우리가 덧셈적 관계(additive relations)라는 용어를 사용할 때 어린 학생들이 이에 대해 학습할 어떤 기회가 있는가? 관계를 명시적으로 만들기 위해, 변수를 도입할 필요가 있다. 이로 인해 "어린 아동들은 변수를 어떻게 이해하는가? 만약 가능하다면 관계를 논의할 때 변수를 어떻게 사용하는가?"라는 질문을 제기하게 된다.

변수는 원소들의 집합에 대한 줄임말(short name) 또는 자리지기(placeholder)이다. 일상 경험에서 변수를 사용하지 않는 것처럼 보이지만, 우리는 결정되지 않은 양이나 변화하는 양을 나타내기 위해 자주 단어나 식을 사용한다. 예를 들어, **저녁 값이 얼마이던 간에** 봉사료는 저녁 값의 15%로 설정될 수 있다.

함수를 포함하여 관계는 근본적으로 우리가 변수를 통해 나타내는 (원소들의) 집합들 사이의 결합에 관한 것이다. 논의되고 있는 원소가 **수**일 때, 변수는 일반화된 수(generalized number)로 생각할 수 있다. 때때로 그러한 원소는 항목의 개수, 길이, 시간 또는 질량(mass)과 같은 양이나 속도, 밀도, 또는 인시(person-hours)[1]와 같은 파생된 양과 연관된 값으로 이해된다. 그러한 경우에, 변수는 **변수 등급**(variable magnitudes, Aleksandrov, 1999) 또는 **변수 양**(variable quantities)으로 언급된다. 수의 영역과 양의 영역을 어떻게 의미 있게 연결할 수 있는지에 관해 상당한 논쟁의 여지가 있다. 어떤 사람들은 학생들이 수를 학습한 다음에, 양을 포함한 상황에 그 지식을 적용한다고 생각한다. 다른 사람들은 학생들이 주로 수학 외의 상황을 통해서 수학적 지식을 획득한다고 제안한다.

관계와 덧셈적 구조

1960년대 소련의 연구 집단(Davydov, 1991을 보시오)은 학교에서 맨 처음부터 대수를 학생들에게 도입하기 위한 장기 프로그램을 시작했다. 그 프로그램의 성공에 대해 문서로 남겨진 관련 증거가

[1] (역자 주) 한 사람이 한 시간에 처리하는 작업량의 단위.

많고, 그러한 아이디어를 주의 깊게 개발하고 출간했음에도 불구하고, 그 프로그램은 구 소련 이외의 초기 수학교육과정에 상대적으로 거의 영향을 끼치지 못했다. Dougherty(2008)의 연구와 Schmittau와 Morris(2004)의 연구는 매우 예외적이다.

Schmittau와 Morris(2004)는 다음과 같이 1학년을 위한 Davydov 접근 방법에서의 초기 활동에 대해 유용한 설명을 제시하는 데, 이 활동은 물리적인 양 사이의 덧셈적 관계를 부각한다.

> 1학년 교육과정에서 실제 대상의 양적 속성에 관한 탐구를 시작해야 한다. 세로, 가로, 부피, 넓이, 무게는 "양"의 예이다. 아동들은 대상의 단일한 양적 속성(예, 유리잔 표면의 면적)을 구분하고 찾아내며, 이를 그 대상의 공간적 방향으로부터 추상화하는 것을 학습한다. 아동들은 대상을 비교하고 몇몇의 양적 속성에 대하여 같은지 결정하며, 양의 비교 결과를 표현하기 위해 선분 모델을 사용하는 것을 학습한다. 처음에 아동들은 두 대상의 일부 속성이 같음을 나타내기 위해 동일한 선분 "‖"을 그리고, 속성이 같지 않다는 것을 나타내기 위해 다른 선분을 그린다. 아동들은 대상의 양적 속성을 표현하기 위해 대문자를 사용하는 것을 배우고, 같거나 다른 관계를 기호 =, ≠, 〉, 〈로 표현하는 것을 학습한다. 예를 들어, 아동들은 두 판의 길이를 비교하여 길이 A와 B로 명명하고, 이들 사이의 관계를 $A=B$, $A\neq B$, $A>B$, $A<B$로 표현한다. 이 일을 하는 동안 수에 대한 언급은 없다. 즉, "A"는 그 판의 측정되지 않은 길이를 표현한 것이다. (Schmittau & Morris, 2004, p. 60)

이 저자들은 더 나아가, 부등(예를 들어, $K>D$, 두 대상의 측정되지 않은 길이 K와 D에 대해)이 자연스럽게 세 대상이 포함된 등식을 만들어 내는 것에 주목한다. 즉, "만약 (A만큼) $K>D$ 이면, $K-A=D$ 그리고 $K=A+D$이다" (Schmittau & Morris, 2004, p. 64).

Davydov의 접근 방법은 관계에 대수적 표현을 제공하는 방향으로 나아가게 한다. 이 접근 방법은 한 집합에서 모든 원소에 대한 자리지기로서의 변수를 명백하게 도입하지는 않으면서 변수 표기를 도입한다.

함수로써의 덧셈과 뺄셈

여기서부터, 초등학교에서 함수와 다른 관계에 대한 특정한 접근 방법을 탐색하기 위해 설계했던 우리의 종적 개입(intervention) 연구에서 발생한 교실 논의의 예를 자세히 묘사한다. 이 자료를 보면, 참여 학생들이 단지 두 수 또는 양의 값이 아니라, 두 변수 사이의 대응으로 관계를 이해한다는 증거를 제공하고 있음을 알 수 있다. 여기서 채택된 특별한 의미로 관계와 함수를 다룬다면 어린 초등학교 학생들도 관계와 함수를 이해할 수 있다는 점을 제안한다.

첫 번째 예는 3학년부터 5학년 학생들에게 변수와 함수를 소개했던 3년 동안의 연구(Carraher, Schliemann, & Schwartz, 2008)에서 나온 것이다. 8세와 9세의 3학년 4개 교실에서 교사(instructor)는 두 학생, 존(John)과 메리(Mary)가 가지고 있는 사탕의 수를 논의할 것이라고 학생들에게 말했다. 교사는 왼손에 존의 사탕이라고 확인한 사탕 상자를 들고 있었다. 오른손에는 유사하게 보이는 상자, 즉, 메리의 상자를 들고 있었는데, 이 상자 위에는 낱개 사탕 3개가 테이프로 붙여져 있었다. 교사는 메리의 상자 위에 여분의 사탕 3개가 더 있지만, 각각의 상자 안에는 정확히 같은 수의 사탕이 들어 있다고 말했다.

3학년 학생들에게 제시되는 표준적인 덧셈 문제와는 다르게, 존의 양과 메리의 양을 나타내는 많은 순서쌍이 이 문제의 조건을 만족시킨다는 측면에서 이 문제는 특정한 해답이 없다. 주어진 시간에 실제 상자 안에는 사탕의 수가 고정된다는 측면에서, 수업은 경험적 현실(실제로 상자에 얼마나 많은 사탕이 있는가?)과 논리적 가능성(이 문제의 조건을 만족시키는 모든 가능한 쌍은 무엇인가?) 사이의 긴장이 발생된다.

수업 초반에, 학생들은 이 문제를 특정한 양에 관한 문제처럼 다루었는데, 교사는 이러한 해석을 즉각적으로 불식시키지는 않았다. 별반 놀랍지 않게 학생들은 사탕의 양을 어림해 보기 위해 상자를 들어보고 흔들어 보기도 했다. 상자를 싼 종이로 인해 사탕이 덜거덕거리지 않았기 때문에, 교사는 학생들에게 그 상자 안에 사탕이 있다는 것뿐만 아니라 정확하게 같은 개수의 사탕이 있다는 것을 다시 강조해야 했다. 이 후에, 학생들은 존과 메리가 가지고 있는 사탕의 수에 대해서 자신들이 알거나 말할 수 있는 것을 개별적으로 종이에 그리거나 묘사해야 했다. 대략 3분의 2의 학생들이 존과 메리의 양에 특정한 수치를 부여했다. 대부분의 경우에 메리에게 부여된 수는 존에게 부여된 수보다 3만큼 컸다. 몇몇의 학생들은 특정한 수치를 부여하지 않고, 대신에 양 사이의 관계, 즉, '메리가 존보다 3개 더 가지고 있다' 또는 '메리는 존보다 더 많다'라고 기술했다. 기타 사례로 한 학생은 미지의 양을 나타내기 위해 기호(물음표 또는 네모 또는 상자)를 사용했다. 그러나 이러한 사례에서 존의 양과 메리의 양을 나타내기 위해서 동일한 종류의 자리지기가 사용되었다.

학생들이 한 것을 검토한 후에, 교사는 각 학생에게 존과 메리가 가지고 있을 것으로 생각되는 사탕의 개수를 말해 보라고 물어보았다. 교사는 학생들의 어림값을 칠판에 3칸짜리 표로 나타냈는데, 이 표의 한 줄에 학생 이름, 그 학생이 존의 양으로 어림한 값, 메리의 양으로 어림한 값을 적었다. 그런 다음, 교사는 상자를 열지 않고, 다양한 추측의 타당성, 즉, 어떤 답이 문제에서 말한 것과 일치하는지를 논의하기 시작했다. 교사의 의도는 실제 사탕의 수에 대한 대화로부터 벗어나 일관된 모든 수의 순서쌍으로 이동하는 것이었다. 여기서 관계를 나타내기 위한 도구로 표를 활용하였다.

가끔, 예를 들어, 존은 사탕 7개를 가지고 있고 메리는 13개를 가지고 있다고 제안하는 것과 같이, 메리가 존보다 3개 더 많은 사탕을 가지고 있다는 조건에 맞지 않는 대답도 있었다. 다른 학생들은 재빨리 그러한 모순을 알아채고 그러한 순서쌍은 옳을 수가 없다는 것을 주장했다. 우리의 관점에서 학생들은 그 쌍이 관계에 맞지 않다고 주장한 것이다. 상자 안에는 어떤 개수의 사탕이

든지 간에 들어 있을 수는 있지만, 각 상자의 양은 동일해야만 하고, 메리는 존보다 정확히 3개 더 많은 사탕을 가지고 있어야 한다는 점을 지적하는 것이었다. 학생들은 결국 메리나 존 중에서 한 학생의 양이 정해지면, 나머지 학생의 양은 특정한 값을 가질 수밖에 없다는 점에 동의했다. 학생들은 또한 문제에 제시된 정보와 일치하는 모든 답이 합당하다는 것에 동의했다. 표에서 타당하지 않은 쌍의 답이 제거된 후, 한 학생은 이에 대해 다음과 같이 말했다. "모두 항상 [메리의 양으로] 3개 더 많이 가지고 있기 때문에, 모두 정답이다."

한 교실에서 한 학생이 상자 안에 있는 양을 물음표로 나타낼 것을 제안했고, 교사의 안내로 그 학생은 메리의 양을 "?+3"으로 표현할 것을 제안했다. 다른 교실에서는, 교사가 정해지지 않은 것이나 변화하는 양을 나타내기 위해서 문자 N을 사용할 것을 제안했다. 학생들은 처음에 N이 19, 90, 또는 14(N은 알파벳의 14번째 문자이다)일 수 있다고 추측했다. 교사는 N이 어떤 수든지 나타낼 수 있다는 관습(convention)을 말하면서, "만약 존이 사탕 N개를 가지고 있고 N은 어떤 수라도 나타낼 수 있다면, 메리는 몇 개를 가지고 있다고 말해야 합니까?"라고 질문했다. 몇몇의 학생들은 메리의 양 또한 N으로 말할 수 있다고 제안했다. 이 때 교사는 "음, 만약 우리가 여기[칠판에, 존에게 부여했던 N 옆]에 N이라고 쓴다면, 이것은 존과 메리가 같은 양을 가지고 있다는 것을 제안하는 것은 아닐까?"라고 질문했다. 학생들은 처음에는 N이 "어떤 것이든 나타낼 수 있다"고 주장하면서, 이 제안을 거절했다. 교사는 동의하면서도, "어떤 사람들은 이것[존의 양과 메리의 양 둘 다를 나타내기 위해서 N을 채택한 것]을 보고, 둘 다를 N으로 말한다면, 그 둘은 같은 것이라고 말할 수 있다"는 이슈를 제기했다. 이 때, 한 학생이 메리의 양을 N+3으로 표현할 것을 제안하면서 다음과 같이 설명했다. "왜냐하면, 메리는 존보다 3개 더 많이 가질 수 있기 때문에 그렇게 생각했어요. 어떤 양이든지 간에 더하기 3만큼 메리가 가질 수 있기 때문에 N 플러스 3이라고 써요." 다른 학생 하나가 "만약 그게 어떤 수라면, 예를 들어, 90이라면, 단지 3을 더해서 93이 되기 때문에"라고 설명하면서 동의했다.

4개 교실의 학생들은 결국 N이 상자에 있는 사탕의 양을 나타낸다면, 메리의 양은 "N+3"이라고 말할 수 있다고 합의할 수 있었다. (한 교실에서, 한 학생이 눈을 반짝이며, 만약 10억 개의 사탕이 각 상자에 있다면, 메리는 10억 3개의 사탕을 가질 수 있다고 말했다.) 이 학생은 그 상자에 10억 개의 사탕이 들어갈 수 없다는 점을 분명히 인식했다. 이 학생의 요점은 이 문제에서 그러한 가능성을 배제하지 않았다는 것으로 보인다. 한편, 이 학생은 교사가 합당하다고 생각할 수 있는 정의역의 범위를 시험하고 있는 중이었다. 이 학생은 물리적인 제약을 장난스럽게 간과하고 문제에서 제시한 표현(wording)에 의한 제약에만 초점을 두고 있었다.

어떤 사람들은 이 문제에 내재한 애매모호함이 혼란의 원인이 될 수 있다고 생각할 수 있다. 그러나 바로 이 이야기의 애매모호함으로 인해, 교사와 학생들은 자신들이 추구하는 사실, 즉, "현장의 사실(facts on the ground)"에 일치되는 경험적 사실 또는 문제의 표현에 일치하는 논리적인 증명에 대해 의미 있는 논의를 할 수 있게 된다. 이러한 대화를 통해 학생들은 현실적인 고려사항(존과 메리가 가진 사탕의 수에 대해 단지 하나의 답만 있다)과 논리적 가능성(목전의 특정한 경우에 부합하느냐에 상관없이 주어진 정보에 일치하는 답은 모두 타당한 답이다) 사이의 긴장을 인식하기 시작할 수 있다.

사탕 상자 과제의 결과를 보면, 어린 학생들도 개별적인 예를 넘어서서 수의 집합이나 그들의 상호관계로 초점을 옮겨 학습할 수 있다는 것을 알 수 있다(강력한 아이디어 #2). 이 관점에서 수학적 대상은 더 이상 두 상수 간의 관계가 아니라 오히려 두 변수 간의 관계이다. Brizuela, Blanton, Gradiner, Newman-Owens, Sawrey(출간 중)의 최근 연구를 보면, 심지어 1학년과 2학년 학생들도 문제를 논의할 수 있고 양들 사이의 관계를 표현하기 위해 변수를 사용할 수 있음을 알 수 있다. 그러나 우리는 이 유망한 첫 번째 단계를 확대해석하지 않도록 주의를 기울여야 한다. 사탕 상자 수업은 몇 달과 몇 년에 걸쳐, 그리고 다양한 맥락에 걸쳐 확장되었던, 변수에 대한 긴 대화의 시작을 나타냈을 뿐이었다.

수직선에 덧셈적 함수를 표현하기

사탕 상자 활동은 수치를 나타내는 표, 간단한 대수적 표기법, 수직선을 통해 3학년 학생들에게 함수를 소개했다. 장기적인 목적 중 하나는 수직선과 좌표 평면에 관계를 나타내기 위한 핵심적인 기하적 표현을 개발하는 것이었다. 여기서 우리는 나중에는 실직선(real line)에서의 변환을 다루도록 학생들을 준비시키면서, 수직선에서의 이동(displacements)을 통해 덧셈적 관계(additive relations)를 어떻게 도입하는지를 간단히 기술한다. 우리는 또한 "N-수직선(N-number line)" 또는 "변수 수직선(variable number line)"이라고 불렀던 것을 통해 논의에서 어떻게 변수를 언급하게 되는지를 보여준다.

교실 연구에서 수직선은 교실에 펼쳐 놓은 노끈의 길이로 처음에 도입되었는데, 이 노끈에는 대략 한 발 간격으로, 연속적인 정수를 나타내는 숫자들이 붙어 있었다. 학생들은 처음에 오직 노끈 위에 붙어 있는 숫자들만 고려하는 것 같았지만, 수직선이 어디에서 끝날지에 대해 논의한 후에는 수직선이 "벽을 통과하고" 반대 방향으로 무한대로 뻗어나갈 수 있는 가상적인 개념으로 생각할 수 있게 되었다. 후속 수업에서는 수직선을 종이 위에 나타내거나 큰 화면에 투사하였다. 수직선 상의 점이 아니라 간격을 강조하기 위해서, 동일 선상 위의 점을 연결하는 화살표는 값의 변화를 나타냈고, 더 짧은 화살표들을 연결하는 더 긴 화살표들을 활용하여 학생들이 첫 번째 화살표의 꼬리에서 마지막 화살표의 머리로 가는 지름길을 고려하게 하였다. 예를 들어, "+7−9"라는 연산은 2를 빼는 것으로 구성되고 표현될 수 있는데, 이는 때때로 "지름길(shortcut)"로 간주되었다.

우리는 수직선을 연속적이고 빽빽한 (수학적 대상인) 실직선의 전형으로 생각할 수 있지만, 어린 학생들은 수직선을 빈 공간에 의해 나누어진 정수들만 가지고 있는 것으로 해석할 것 같다. 학생들은 때때로 수직선 위의 수들 사이의 차이를 거리나 미터법 단위로 측정된 거리라고 생각하기보다는 한 수와 다른 수 사이에 존재하는 경계선(tick marks)의 개수라고 여기는 경향이 있다. 학생들이 수와 그 연산을 거리, 기울기, 변화율, 그리고 기하적 변형(평행이동, 확대, 반사 등)을 수반하는 것으로 생각할 수 있게 하는 것은, 해석 기하학으로 귀결되는, 산술과 기하를 통합하는 장기적인 과정이다. 우리는 이런 과정을 비형식적으로 학생들이 "실직선으로" 그리고 이후에는 "좌표평면으로" 나아갈 수 있도록 돕는 것으로 언급할 수 있다.

학생들은 또한 교실 바닥에 그려진 수직선을 따라 자기 자신을 배치해 보거나, 종이에 이동시켜 봄으로써 문장제의 덧셈적 관계들을 모델링하는 데 수직선을 활용했다. 양의 정수와 음의 정수를 사용하는 활동에 대비하여, 우리는 한 수업에서 돈과 빚을 포함하는 상황을 제시했다(수직선에 수를 나타내기 위한 관습을 채택할 때, 3학년 학생들이 경험한 어려움과 진척을 자세히 보려면 Carraher 외, 2006과 Peled & Carraher(2008) 참고).

우리는 이후에 "**N 수직선**"을 도입했는데, 각 위치는 N−2, N−1, N, N+1, N+2 등으로 변형되어 표현된다([그림 6.1]). 그러한 표현으로 인해 학생들은 덧셈적 관계들을 한 변수의 함수로 나타낼 수 있었다.

학생들에게 정해지지 않은 값을 포함하는 덧셈과 뺄셈 문제들을 해결하고 변수와 변수 표기법에 초점을 맞추라고 요청하였다.

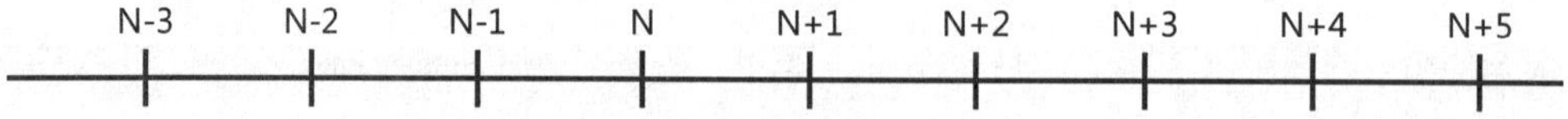

[그림 6.1] N 수직선. 이 수직선은 정해지지 않은 수나 양인 N에 대한 연속적인 덧셈 연산을 표현하기 위해 사용되었다.

N 수직선을 이용하여 여러 단계의 덧셈 문제를 해결하기

다음은 16명의 학생들로 구성된 3학년 교실 수업에 대한 기술로, 변수 수직선이 어떻게 학생들로 하여금 덧셈과 뺄셈을 포함하는 여러 단계의 문제에 관한 다음의 진술들을 반영하고 표현하며, 결국에는 그 문제를 해결하도록 도와주었는지를 알 수 있다([그림 6.1] 참고).

메리와 존은 각각 돼지 저금통을 가지고 있다.

일요일에 그들은 둘 다 돼지 저금통에 같은 액수를 가지고 있었다.

월요일에 그들의 할머니가 오셔서 메리와 존 각각에게 3달러를 주신다.

화요일에 메리와 존은 함께 서점에 간다. 메리는 해리 포터 신간을 사는 데 3달러를 사용한다. 존은 강아지 그림이 그려진 2001년 달력을 사는 데 5달러를 사용한다.

수요일에 존은 이웃 사람의 차를 청소하고 4달러를 번다. 메리 또한 아기를 돌보아 4달러를 벌었다. 메리와 존은 자신들의 돼지 저금통에 각각 돈을 넣는다.

수요일까지의 모든 이야기를 논의하고 표현한 다음에 학생들에게 다음과 같은 추가적인 진술을 보여주었다.

목요일에 메리는 자신의 돼지 저금통을 열고 9달러를 가지고 있음을 알게 된다.

그런 다음 학생들에게, 처음에 각 돼지 저금통에 들어있던 돈은 얼마인지, 마지막에 존과 메리가 가진 돈은 얼마인지, 그리고 마지막에 두 사람이 가진 돈의 차이는 얼마인지를 알아보게 하였다.

미지의 양을 표현하기

이 문제의 각 단계에 관해 교실 논의를 마친 후에, 학생들은 혼자서 또는 짝과 함께 주어진 정보에 대하여 써 보았다. 연구팀의 구성원들은 개별 학생들에게 그들이 무엇을 하고 있는지 설명하게 하였고, 보다 적절한 표현을 개발할 수 있도록 격려하는 질문을 제기했다. 우리는 학생들의 통찰과 표현에 관련된 주요한 것들을 부각할 것이다(수업 적용에 대한 상세한 서술에 대해서는 Carraher 외, 2006과 발간 중인 Carraher 외를 보시오).

일요일 한 학생이 전체 학급을 위해 **일요일** 부분(일요일에 그들은 둘 다 돼지 저금통에 같은 액수를 가지고 있었다)을 읽은 후에, 교사는 그 이야기의 등장인물들이 각각 돈을 얼마만큼 가지고 있었는지 아느냐고 질문했다. 학생들은 그들이 알지 못하는 것에 동의했고, 그것에 대해 별반 신경 쓰는 것 같아 보이지 않았다. 몇 명이 "N"이라고 말했고, 그들 중 한 명은 "N, 무엇이든지 간에"라고 말했다. 다른 학생들은 "어떤 수"와 "무엇이든지"라고 소리쳤다. 한 학생은 "거기에 돈이 얼마라도 정할[원문 그대로] 수도 있지만, 똑같은 양이어야 합니다."라고 제안했고, 교사가 그 양이 미지의 양이라는 것을 학생에게 상기시키자, 그 학생은 미지의 양을 나타내기 위해서 N을 쓸 수 있음을 제안했다. 학생들은 모두 N 수직선이 복사된 유인물에 쓰기 시작했다. 교사는 학생들에게 N 수직선을 사용할 수 있고, 보드판에 N 수직선을 그릴 수 있다는 점을 상기시켰다.

약 3분 후에, 4명의 학생들은 메리와 존이 일요일에 가지고 있었던 돈에 대해 특정한 값을 할당했고, 5명은 금액을 N이라고 나타내었으며, 2명은 각각의 돼지 저금통 안이나 옆에 물음표를 써 넣었고, 5명은 각각의 돼지 저금통 안에 무엇이 들어있을지에 대한 아무런 표시가 없는 돼지 저금통을 그렸다([그림 6.2]).

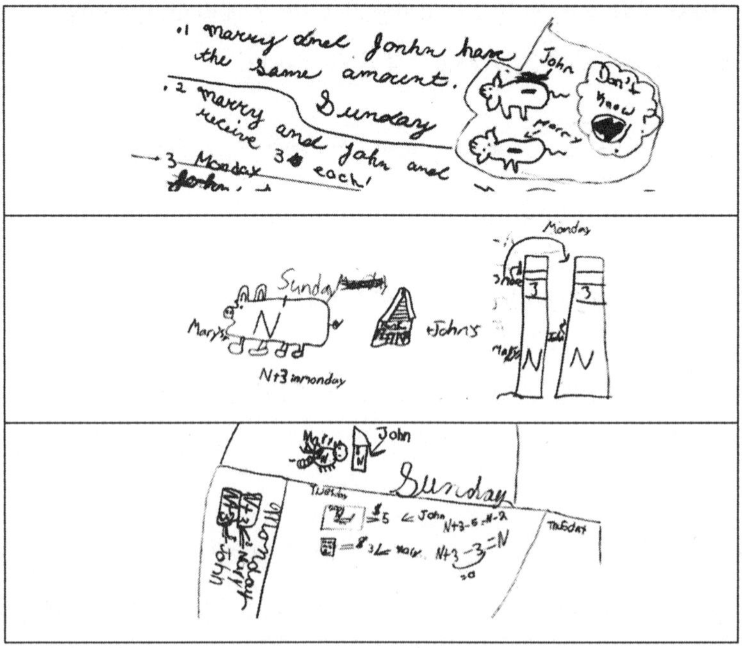

[그림 6.2] 돼지 저금통에 있는 양을 나타내기 위해서 학생들이 N을 사용한 세 가지 예

학생들 중 한 명은([그림 6.2]의 첫 번째 예) "그들이 얼마만큼의 금액을 가지고 있는지 모르고" "N은 어떤 숫자라도 나타내기 때문에" N을 사용하였다고 설명했다. "그들이 각각 예를 들어 10달러를 가지니?"라고 좀 더 질문하였더니, 그 학생은 "아니오, 왜냐하면 우리는 그들이 얼마만큼 가졌는지 알 수 없기 때문입니다."라고 대답했다.

미지의 양의 변화를 표현하기

월요일 각 아동이 월요일에 3달러를 받았다는 것을 학생들이 읽었을 때, 메리와 존이 여전히 서로 같은 금액을 가지고 있을 것이라는 사실과 두 명 모두 그 전날보다 3달러를 더 가지게 된다는 사실을 추론했다. 한 학생은 "우리는 그들이 일요일에 얼마만큼의 돈을 가지고 있었는지 모르고, 월요일에 그들은 3달러씩을 더 받았기 때문에" 월요일에 그들 각자는 N+3을 가지게 되었을 것이라고 제안했다. [그림 6.2]의 두 번째와 세 번째 예를 보면 학생들이 N+3을 자연스럽게 표현한 것을 알 수 있다. 한 학생은 "할머니가 그들을 방문했을 때 그들은 N을 가지고 있었다. 그런 다음 할

머니가 메리와 존에게 3달러를 주었다. 이게 왜 내가 [종이에서 N+3을 가리키며] N 플러스 3이라고 말하는 지에 대한 이유이다."라고 설명했다.

수업이 끝날 때쯤, 학생들의 활동지를 보니 16명 중 11명의 학생들은 월요일의 금액으로 N+3을 채택했고, 한 학생은 특정한 금액을 썼으며, 4명은 해석이 불가능한 그림을 그렸거나 N+3=N과 같이 N을 사용하기는 했지만 모순되게 사용했다.

다양한 표현으로 미지의 양을 조작하기

화요일 몇몇 학생들은 화요일에 돼지 저금통 안에 물건을 구입할 만큼의 충분한 돈이 있었을지 궁금해 했다. 한 학생은 이야기 속의 아동들이 아마도 10달러를 가지고 있었을 것이라고 제안했다. 다른 학생들은 월요일에 돼지 저금통 각각에 적어도 5달러는 있었을 것이라고, 그렇지 않으면 존이 5달러를 주고 달력을 살 수 없었을 것이라고 가정했다. 학생들은 또한 화요일에는 존과 메리가 각자 다른 금액을 가지고 있었을 것이고, 메리는 존보다 더 많은 돈을 가지고 있으며 메리는 일요일에 가지고 있던 금액과 같은 액수를 가지고 있을 것이라고 결론지었다.

교사는 일요일부터 화요일까지 무슨 일이 일어났는지 나타내기 위해서 학생들에게 N 수직선을 이용하도록 격려했다. 학생들의 대답을 들으며, 교사는 메리의 금액에서 변화를 나타내기 위해 N에서 N+3으로, 그리고 다시 N으로 이동하는 화살표를 그렸다. 동시에 교사는 대수 표기법을 사용했는데, 일요일부터 화요일까지의 변화를 차근차근 들려주면서 학생들의 대답을 들으며 N+3−3이라고 썼다. 그런 다음, 교사는 +3-3 아래에 괄호를 쓰고 거기에 0을 썼고, N+3−3=N+0=N으로 표기를 확장하였다. 한 학생이 3달러를 소비하여 할머니로부터 받은 3달러가 어떻게 상쇄되는지 다음과 같이 설명했다. "3을 더했고, 그런 다음 그녀가 그 3을 써버렸으니 처음에 가지고 있었던 그 수만큼 가지게 되는 것입니다." 학생들의 대답을 바탕으로, 교사는 화요일에 존이 가진 금액을 나타내기 위해서 결과적으로 N+3−5를 썼다. 몇몇 학생들은 교사가 N+3−5=N−2로 기록했던 것을 추론하여, 그 양은 "N 마이너스 2"와 같다고 제안했다.

[그림 6.2]의 마지막 예를 보면, 학생이 처음에 5달러와 3달러의 값 옆에 달력과 책을 아이콘처럼 그렸다는 것을 알 수 있다. 그 학생은 교실에 있던 면담자와 논의하면서, N 수직선을 판단의 근거로 이용하여(강력한 아이디어 #3) 등식 2개(N+3-5=N−2와 N+3−3=N)를 썼다. 이후 (목요일의 금액에 대한 정보로부터) N이 5와 같다는 것을 알게 되었을 때, 이 학생은 자신의 학습지에서 월요일 칸에 있던 N+3 옆에 8이라고 썼다.

수요일 학생들은 수요일에 메리와 존이 결국 각자 다른 금액을 가지게 되었을 것이라고 결론 내렸고, 메리는 N+4, 존은 N+2를 가지고 있을 것이라고 설명하였다. 한 학생은 "우리는 더 이상 이게 필요 없어요."라고 말하면서 +3−3에 줄을 그어 지움으로써 왜 N+3−3+4가 N+4와 같은지 자발적으로 보여주었다. 다른 학생은 이것이 0과 같은 것이라고 말했다.

그런 다음 학생들은 차례로 교사가 그 주 동안 존의 금액에 어떤 일이 일어났는지를 보여주는 등식을 쓰도록 도왔다. 이야기의 각 단계를 점검하면서, 학생들은 등식 N+3−5+4=N+2를 만들었다. 학생들이 이 등식에서 우변의 식에 동의하기 전에, 교사는 N 수직선 위에서 N+2로 되는 연산, 즉 +3−5로 시작하여 −2+4가 2로 되는 것을 학생들이 시각화할 수 있도록 도와주어야 했다. 학생들 중 한 명이 다음과 같이 설명했다. "N은 아무것이나 될 수 있고, 플러스 3, 마이너스 5는 마이너스 2에요. N 마이너스 2 플러스 4는 (손가락으로 세며) N 플러스 2와 같아요." 이 학생은 또한 먼저 3과 4를 더한 후 5를 빼는 방식으로 숫자들을 다르게 묶었는데, 이로 인해 교사는 연산의 순서는 문제가 되지 않는다는 것을 강조할 수 있는 기회를 얻었다.

해집합이 하나의 값만을 가지는 경우의 문제해결하기

목요일 메리가 마지막에 9달러를 가졌음을 알게 되자, 몇몇 아동들은 N이 5가 되어야만 한다고 크게 말했다. 그들 중 일부는 존이 (존의 금액은 N+2로 표현됨) "2 더 **많이**" 가졌다고 주장했는데, 이는 "N보다 2 더 많이"라는 의미로 보였다. 다른 학생들은 존의 금액을 5+2로 계산하거나 메리의 최종 금액인 9에서 2를 빼는 방법을 통해 7이라고 대답했다. 한 학생은 N+2(존의 금액)가 N+4(메리의 금액)보다 2만큼 작다고 말했다.

교사는 메리와 존이 4일 동안 가졌던 금액을 나타내는 2×4 표를 학생들과 함께 채워가면서 수업을 마무리했다. 어떤 학생들은 미지의 값을 가진 식을 제안했고, 다른 학생들은 목요일의 사건에 대한 정보를 통해 유추하여, 실제적인 값을 사용할 것을 제안했다.

수직선에 대한 이 초기 연구는 학생들이 산술 문제를 더 잘 해결할 수 있도록 도울 뿐만 아니라 이후 좌표 공간(Cartesian space)에서의 학습도 준비할 수 있게 하였다. 먼저 평행한 수직선 둘을 그린 후 둘 중 하나를 회전시켜 다른 하나에 수직이 되게 하여 결과적으로 좌표 공간을 만들어냄으로써 이러한 전이가 일어났다.

새 맥락에서의 N 수직선: 키의 차이

알려진 치수(measures)와 제한이 없는 치수를 혼합하는 것은 가능하다. 예를 들어, [그림 6.3]은 세 주인공의 키는 자유롭게 변화할 수 있도록 제한을 두지 않은 채, 아동들의 키 차이는 특정하게 규정한 문제이다(Carraher et al., 2006). 그림을 그리거나 대안적으로 말로 설명하거나 등식을 사용하든지 간에, 키 사이의 관계를 표현하는 것은 3학년 학생들에게 처음에는 어려울 수 있다. 그러나 한 두 번의 수업을 하면서, 학생들은 그런 문제에 점점 익숙해진다.

톰(Tom)은 마리아(Maria)보다 4인치만큼 크다. 마리아는 레슬리(Leslie)보다 6인치만큼 작다. 톰의 키, 마리아의 키, 레슬리의 키를 그리시오. 수 4와 6이 의미하는 것이 무엇인지 보여주시오.

[그림 6.3] 키 문제

그 다음 주, 3학년의 8번째 수업에서, 같은 집단의 학생들에게 [그림 6.3]의 문제를 해결하게 했다(다른 집단의 학생들을 대상으로 한, 동일한 문제에 대한 이전의 분석을 보기 위해서는 Carraher 외, 2000, 2007을 참조하시오). 문제는 세 명의 등장인물의 실제 키는 제시하지 않은 채, 키 차이를 언급한다. 가능한 값들의 집합에서 키를 선택할 수 있는 한, 우리는 그 키가 달라질 수 있다고 생각할 수 있다. 이 이슈를 연구하는 요점은 학생들이 이러한 문제를 어떻게 이해하는지를 보는 것이었다.

문제의 각 문장을 논의한 후, 교사는 학생들에게 주인공의 키 차이에 초점을 맞추고(수업의 이 첫 번째 부분에 대한 자세한 내용은 Carraher, Brizuela, & Earnest, 2001을 참조하시오), 개별 학습지에 문제를 나타내도록 격려하였다. 대부분의 학생들은 세 명의 키를 보여주기 위해 세로 막대 또는 선을 사용하였다([그림 6.4]의 예를 참조하시오).

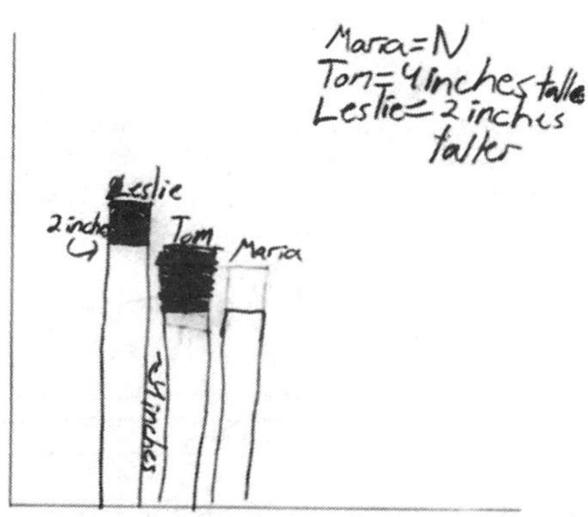

[그림 6.4] 키 문제에 대한 한 학생의 그림과 표기

놀랍게도, 학생들 중 한 명은 이전 수업에서 활동했었던 것과 매우 유사하게, 키를 나타내기 위해 변수 수직선을 선택하였다([그림 6.5] 참조). 교사는 키 사이의 관계에 대해, 그리고 마리아가 변수 수직선에서 N의 위치에 있다([그림 6.6]의 가운데 수직선)고 가정한 것을 수업 시간에 논의하기 위해서

이 학생의 수직선을 채택하였다. 논의에서 학생들은 대부분 마리아의 키가 수직선 위 N에 위치해 있으면 톰의 키는 N+4이고 레슬리의 키는 N+6에 있어야한다는 것을 쉽게 수용했다.

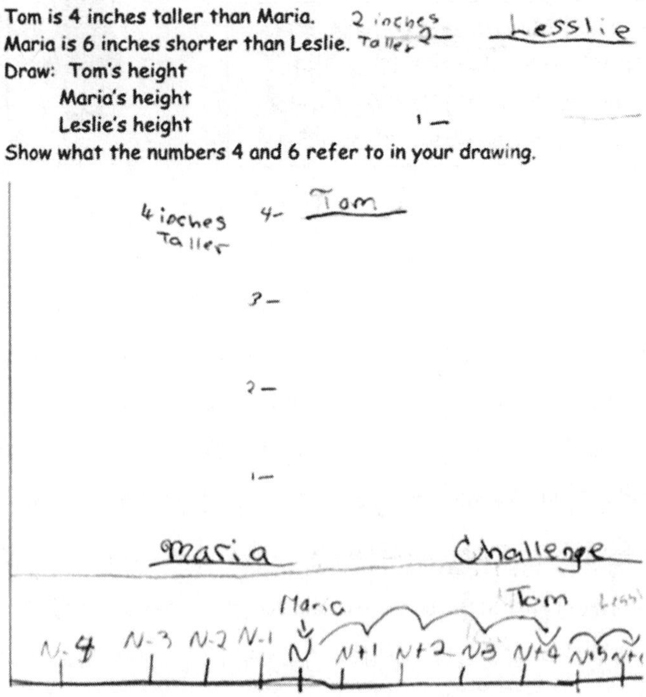

[그림 6.5] 시작점(origin) 없이 차이를 나타내는, 한 학생의 그림(표시). 이 학생은 또한 후속 논의의 바탕이 되는 변수 수직선을 사용한다.

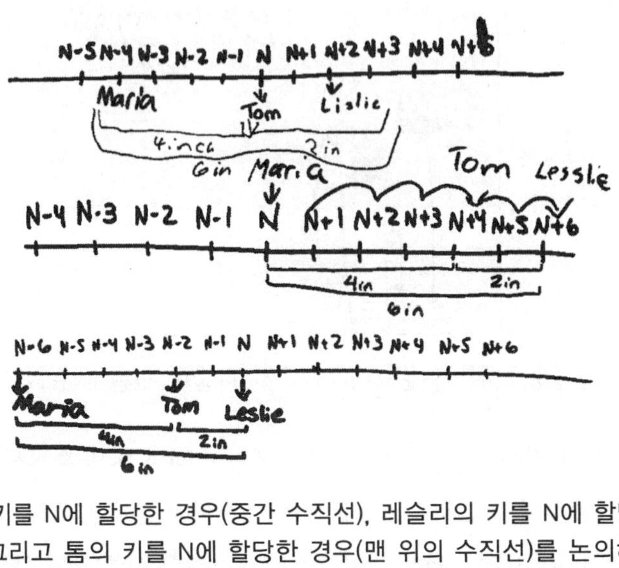

[그림 6.6] 마리아의 키를 N에 할당한 경우(중간 수직선), 레슬리의 키를 N에 할당한 경우(맨 아래의 수직선), 그리고 톰의 키를 N에 할당한 경우(맨 위의 수직선)를 논의하기 위해, 학생들과 교사가 그린 3가지의 "변수 수직선" 표현

N 수직선이 그 문제를 즉시 명확히 하도록 도울 수 있다는 것을 이 학생이 인식했다는 점과, 나머지 학생들이 이 학생의 아이디어를 쉽게 받아들이고 마리아의 키(N)로부터 톰의 키와 레슬리의 키(각각 N+2, N+4)를 표현했다는 점이 인상적이다. 그런 다음 교사는 학생들에게 더 나아가 레슬리의 키를 N이라고 가정하게 하였다. 학생들은 톰의 키는 N−2이고 마리아의 키는 N-6이라고 언급하였다([그림 6.6]의 맨 아래 수직선). 학생들은 변수 수직선에서 적당히 이동해 보면서 이것을 결정하였다. 교사가 다시 N의 위치에 톰을 놓도록 제안했을 때, 간격 대신에 점을 센 학생의 활동을 어느 정도 조정한 후, 레슬리는 정확하게 N+2에 위치하고, 마리아는 N-4에 위치하게 되었다([그림 6.6]의 맨 위의 수직선).

수업이 끝날 때까지, 학생들은 주어진 수치적 차이를 대수적 표기법, 선분 다이어그램, 수직선(변수 수직선을 포함하여), 뺄셈, 세기, 그리고 자연 언어로 묘사하는 것과 연결하고 있었다. 학생들이 한 표현 형태에서 다른 표현 형태로 유동적으로 옮겨갈 수 있다는 것은 **덧셈적 구조**를 유연하게 이해한다는 것을 암시한다. (세 사람의 키 사이의 관계가 변함없이 유지되는 한) 그 이야기에서 세 등장인물 중 누구의 키든, 학생들이 기꺼이 N을 사용하여 키를 나타냈다는 것은 학생들의 사고가 꽤 견고하다는 것을 드러낸다.

덧셈적 관계와 구조에 대한 학습에서 또 다른 도전

위의 예에서 우리는 어린 학생들이 덧셈적 구조를 확인하고 변수에 대해서 추론할 때 진전을 보인 것에 초점을 두었다. 우리는 그러한 진전을 이루기까지 필요한 시간과 노력을 과소평가하지 않도록 주의해야 한다. 학생들은 수직선에 음의 정수가 있다는 아이디어를 빨리 받아들일 수도 있으나, 음수가 수학 외적인 맥락에서 언제 발생하는지는 여전히 혼란스러워 할 수 있다. 예를 들어, 많은 학생들은 돈의 양을 자신들의 손에 쥘 수 있는 물질적 상품으로 생각한다. 이 기준에 따르면, 학생들이 가질 수 있는 최소의 양은 돈이 전혀 없는 것이다. 자신들이 가진 것보다 더 많은 돈을 쓸 수 있고, 이 행위의 결과를 음의 값으로 표현할 수 있다는 아이디어를 이해하기 위해서는 학생들이 부채(debits)를 음의 양으로, 그리고 궁극적으로 순 자산(net balance)을 신용과 부채의 합으로 볼 수 있어야 한다. 이러한 이슈에 대해 관심 있는 독자는 Peled와 Carraher(2008)의 유용한 논의를 찾아 볼 수 있다.

양(quantities) 사이의 곱셈적 관계와 선형적 관계에 대한 학습

곱셈과 나눗셈은 일반적으로 서로 다른 양 또는 수와 양의 조합을 포함하는 상황에 의해 모델링되거나 모델로 제공된다. 학생들은 두 개의 입력 값(inputs), 승수와 피승수 중 (a) 하나는 양을 나타내고 다른 하나는 수를 나타내거나(6초 곱하기 5), (b) 두 개체가 다른 종류의 양을 나타내는 상황(예, 거리 곱하기 속도의 결과는 시간, 또는 길이 곱하기 길이의 결과는 넓이)에 직면한다. 따라서 양의 곱셈과 나눗셈은, 두 수를 넣으면 세 번째 수가 나오는 수의 영역에서는 발생되지 않는 비대칭성(asymmetry)을 보인다.

Vergnaud(1983)가 지적한 것처럼, 곱셈적 구조라는 개념 장(conceptual field)의 일부로 곱셈을 이해하기 위해서는 비례를 이해해야 한다. 우리는 여기에 곱셈에 대한 깊은 이해는 선형(linear) 함수의 이해를 기반으로 한다는 것을 추가할 것이다.

이러한 상황으로 인해 몇몇 연구자들은 응용문제를 해결하기 위해서 사용되는 수학적 모델에 양을 명시적으로 통합할 것을 제안하였다(Whitney, 1968a, 1968b). 현재의 논의, 즉 학생들이 수학 문제를 어떻게 개념화하느냐에 있어서 양의 역할을 논의하기 위해서 우리가 곱셈적 구조에 관한 이슈들을 조사할 때, 이를 고려할 필요가 있을 것이다.

곱셈적 구조를 관계로 보기

이제 변수 간의 관계가 중요한 역할을 하는 곱셈 문제와 선형 함수의 도입 가능성을 살펴보자. 우리는 3학년의 후반기 동안 적용했던, 식탁의 구성에 따른 좌석 수에 대한 두 개의 연속적인 수업을 살펴볼 것이다(Carraher, Martinez, & Schliemann, 2008의 상세한 분석을 보시오). 그 교실에 있던 15명의 학생들은 3년간의 또 다른 종적 수업 중재 연구에 참여하고 있었고, 소수 민족 및 이민자 커뮤니티에 속해 있는 보스톤 학교에 다녔다. 이전 33개의 수업은 학생들이 변수 간의 일반적인 관계를 기록하고 명확하게 나타낼 수 있도록 돕는 것을 목표로 하였다. 수업 중 학생들은 자료를 나타내는 표와 수학적 표기법을 사용하여, 식탁의 수와 앉을 수 있는 사람 수 사이의 관계를 표현하고 결정하려고 노력하였다.

첫 번째 수업에서 식탁은 분리되어 있었고 네 명이 각각 앉을 수 있었다. 두 번째 수업에서는 식탁의 끝과 끝을 한 줄로 붙여놓으면서 식탁을 추가적으로 놓게 하였다. 두 개의 과제는 각각 함수 f(n)=4n과 g(n)=2n+2에 대응하며, 여기서 n은 식탁의 수를, f(n), g(n)은 n개의 식탁에 앉을 수 있는 사람의 수를 나타낸다. 과제는 3학년 학생들에게 문장제로 소개되었다.

분리된 식탁 문제

최대와 **최소**라는 용어에 대해 10분간 논의를 하는 동안 각 식탁을 채울 때의 제한점이 명확해졌다. 분리된 식탁의 경우, 각 식탁에서 "좌석 수 0"이 최소이고 4명이 최대 인원 수였다. 학생들의 과제는 분리된 식탁의 수가 바뀔 때 앉을 수 있는 최대 인원수를 결정하는 것이었다.

그런 다음 학생들은 식탁 1, 2, 3, 9개에 대한 학습지를 완성했고, 교사는 합의된 결과를 화이트 보드에 표 형식으로 기록하였다. 식탁 3개와 9개에 대해 행(rows)에 차이를 둔 것은 열 단위(column-wise)로 쌓아 올리기 전략(building-up strategy)(Schliemann, Carraher, & Brizuela, 2001 및 Vergnaud, 1983을 보시오)을 사용하지 못하게 하고, 행 내에서(within-row) 입력 값과 결과 값(input-output)을 고려하도록 학생들을 격려하기 위한 의도였는데, 이 접근 방법은 함수의 닫힌 형태의 식에 좀 더 알맞은 것으로 간주된다. 학생들은 식탁의 수에 4를 곱하고, 4 더하기 4를 하고, (각 식탁마다 한 번씩) 4를 반복해서 더하고, 이전 행에 있는 사람들의 수에 4를 더하여 학습지에 있는 자료 표를 채웠다. 한 학생은 자료를 나타내는 표의 행이 규칙적으로 늘어나도록 배열되지 않았을 때 한 행의 값을 사용하여 다음 행의 값을 얻는 것이 어렵다는 것에 주목하였다.

식탁 맥락에서 기록된 계산의 의미를 논의할 때, 학생들은 처음에 우리가 아마도 "식탁 당 인원수"라고 칭할 수 있는 것을 "사람의 수"라고 말하였다. 교사는 총 인원수와 식탁 당 인원수를 구별하면서, 체계적으로 아동들의 진술을 다시 바꾸거나 그렇게 하도록 도왔다. 한 학생은 변수의 표기법에 대한 이전 학습을 토대로, 식탁의 수를 t로 사용하고 총 사람의 수를 "4 곱하기 t"로 진술할 것을 제안하였다.

또한 이 문제를 사용하여 $t = p/4$라는 역함수에 관해 논의하게 되었다. "사람이 총 20명이라면 어떨까?"라는 질문에 대답하기 위해, 한 학생은 4 곱하기 5는 20이고, 20을 5로 나누면 그 답은 4가 된다는 것을 말했다. 또 다른 학생은 20을 4로 나눈 것으로 생각할 수 있다고 제안했고, 세 번째 학생은 그 질문을 "4 곱하기 몇은 20인가?"라고 보았다.

연결된 식탁 과제

연결된(joined) 식탁에 대한 수업에서, 우리는 특히 등식에서 요소들(elements)이 무엇을 나타내는지를 고려하면서, 학생들이 식탁의 수와 이용할 수 있는 사람들의 수 사이의 관계를 결정하기 위해 시도하는 다양한 방법을 조사했다.

교사는 먼저 이전 수업을 복습했고 학생들은 그때 무엇을 했는지 기억해 냈다. 수업을 시작한지 5분 후에 교사는 학생들에게 연결된 두 개의 식탁에 몇 명이 앉을 수 있는지 결정하라고 하였다. 학생들은 그 답이 6명이라고 결론지었다. 교사는 칠판에 그려진 두 식탁의 바깥쪽 가장자리를 따라 세어보고 다음과 같이 물었다. "자, 왜 지난번 우리가 두 개의 식탁을 가지고 있었을 때에는 8명이 앉을 수 있었는데, 지금은 두 개의 식탁이 있는데 자리가 6개가 생길까요?" 한 학생이 그림에서 식탁이 서로 붙어 손님이 앉을 수 없는 곳인 두 개의 안쪽 가장자리를 가리키며 "바로 여기, 이 두 변 때문이에요." 라고 설명하였다. 인접한 식탁 사이에 그 좌석이 없어질 것이라는 데 동의한 후, 다른 학생들은 두 개 그리고 세 개가 연결된 식탁에 몇 명이 앉을 수 있는지 논의하였다. 한 학생은 "두 개씩 계속 더해요."라고 말하며 식탁 수에 따라 얼마나 많은 자리가 늘어나는지를 일반화하려고 하였다.

교사는 그런 다음 [그림 6.7]과 같이 식탁의 수(t), 분리되어 있는 식탁에 앉을 수 있는 최대 사람 수(p) (화요일의 칸), 그리고 연결된 식탁에 앉을 수 있는 최대 사람의 수를(목요일) 가로축으로 하여 자료를 나타낼 수 있는 표를 칠판에 그렸다. 아동들과 함께 활동하면서, 교사는 분리된 식탁이 각각 2개일 때와 3개일 때의 결과를 표에 채워 넣었고, 그 식탁이 연결되는 경우에도 채워 넣었다. 각 행별로 자료가 완성되자, 교사는 두 가지 상황에 대한 결과를 대조하였다. 다시 한 번, 몇몇 학생들은 연결된 식탁에 대해 "매번 두 개씩 더하고 있어요."라고 말했다.

[그림 6.7] 식탁이 분리되어 있는 경우(화요일) 또는 연결되어 있는 경우(목요일)에 각각 앉을 수 있는 사람의 수와 식탁의 수를 관련짓는 표

수업을 시작한 지 15분이 지나면서, 식탁이 추가될 때마다 단순히 사람 수를 2만큼 더하는 대신에, 식탁의 수와 좌석의 수를 연관시키는 일반적인 규칙을 학생들이 찾도록 동기를 부여하기 위해 교사는 다음과 같이 질문하였다. "100개의 식탁에 얼마나 많은 사람들이 앉을 수 있을까요?" 한 학생이 200명이라고 답했고, 다른 학생은 101명이라고 답했는데, 이는 단지 추측한 것으로 보였다. 교사는 이전 수업을 상기시켰고, 몇몇 학생들은 4를 곱해야 한다고 언급했다. 학생들의 의견을 들으면서 조금 논의를 한 후에, 교사는 분리된 식탁의 경우에 대해 $t \times 4 = p$라는 등식을 쓰고 각 요소가 무엇을 말하는 것인지 학생들에게 말해 보게 했다. 교사는 학생들의 제안을 다시 말하며, t는 식탁의 수, 4는 식탁 당 사람 수, 그리고 p는 총 인원수를 나타낸다고 말하였다. 연결된 100개의 식탁에 앉을 수 있는 사람들의 수에 관한 질문으로 돌아가기 전에, 교사는 학생들에게 연결된 식

탁의 경우에 대한 공식을 만들어보게 했다.

[그림 6.7]에 제시된 바와 같이 칠판에 적힌 자료의 표에서 각 행을 가리키며, 학생들 중 한 명이 연결된 식탁의 좌석 수와 분리된 식탁의 좌석 수가 어떻게 다른지를 조사하고, 식탁 수가 증가할수록 연결된 식탁은 분리된 식탁보다 훨씬 더 적은 수의 손님만을 앉게 한다고 말했다. 교사는 그 학생의 의견에 동의하면서도, 분리된 식탁의 사람 수에 의존하지 않는, 일반적인 문장을 찾는 중임을 강조했다. 그런 다음 교사는 100개의 식탁에 얼마나 많은 사람이 앉을 수 있는지 한 번 더 물었다. 한 학생은 100개의 식탁에 202명의 사람들이 앉을 수 있다고 예상했다. 교사는 이 학생에 동의하며 학생들이 학습지를 가지고 모둠 활동을 할 것을 제안했다([그림 6.8]).

» 식당에서 정사각형 모양의 식탁은 항상 한 줄로 같이 배열된다.
아래에, 앉을 수 있는 최대 사람 수를 알아보시오.

식탁		사람 수
1 		4
2 		
3		
4		
5		
6		
7		

[그림 6.8] 식탁 문제 학습지

대부분의 아동들은 연결된 식탁에 앉을 수 있는 사람 수를 결정하기 위하여 식탁을 그리고 식탁의 외부 가장자리 수를 계산하였다. 이것은, 학생들이 칠판에 자료 표를 채웠을 때와 동일한 사례를 이미 논의했기 때문에, 불필요한 것처럼 보일 수 있다. 그러나 그런 그림 덕분에, 학생들이 그 함수의 닫힌 형태의 식에 부응하는, 일반적인 규칙을 표현하려고 시도했을 때, 그리고 "만약 내가 여러분에게 줄지어 있는 식탁의 수를 말한다면, 앉을 수 있는 최대 인원수를 어떻게 알아낼 수 있습니까?"라는 질문에 대답하려고 시도했을 때, 학생들이 개발할 수 있게 된, 다양한 유형의 일반화를 구성할 수 있었다.

모둠 활동을 하는 중에, 한 학생이 일반적인 규칙을 제안했고 "t에 2를 곱하고 2를 더하면 p와 같다."라고 말하였다. 다른 모둠에서, 한 학생이 각 경우별로 그림을 그렸고 다음 합계를 위해 연속적으로 2를 더하였다. 교실에서 연구원이 100개의 식탁에 대한 인원수를 물었을 때, 그 학생은 202명의 사람들이 식탁에 앉을 수 있다고 말했고 그 함수에 대한 일반적인 규칙을 만들었다. 그는 나중에 칠판에 긴 직사각형을 그리고 반 전체에게 다음과 같이 설명하였다. "왜냐하면, 한 개의 식탁을 가지고 있다면, 그 식탁의 한 변이 100, (다른 긴 쪽을 따라) 저쪽 변이 100, 그 다음 [식탁의 머리 쪽에] 여기 두 개. . . 200 더하기 2는 202와 같다." "임의의 식탁의 수"에 대한 공식을 제안해보라고 요청하자, 이 학생은 "t 곱하기 2 더하기 2"라고 제안했고, $t \times 2 + 2$를 칠판에 적었다. 또 다른 학생은 $t \times 2$에 괄호를 할 것을 제안했다. 교사는 등식 $(t \times 2) + 2 = p$를 칠판에 적고, 학생들에게 이 등식의 각 요소가 무엇을 나타내는지 말해 보게 하였다.

등식 $(t \times 2) + 2 = p$는 연결된 식탁의 수와 앉을 수 있는 최대 인원수 사이의 관계에 대한 닫힌 형태의 표현이다. 수업에 참여한 15명의 아동들 중 8명은 수업 활동지에 "만약 내가 여러분에게 줄지어 있는 식탁의 수를 말한다면, 앉을 수 있는 최대 인원수를 어떻게 알아낼 수 있습니까?"라는 질문에 대한 대답을 적었다. 나머지 7명은 그림과 세기(counting)에 의존하거나 그 질문에 대답하지 않았다. 수업 비디오와 학생들이 쓴 것을 검토하면, 교사가 선호했던 닫힌 형태의 표현으로 발전해 나가는 과정에서, 학생들은 두 가지 넓은 범주, 즉 재귀적인(recursive) 공식 대 닫힌 형태의 식 중 하나에 해당하는, 몇 가지 동치인 식을 만들었다. 그 식들은 이 관계에 대한 대안적인 올바른 표현이었다(자세한 내용을 위해서는 Carraher, Martinez, & Schliemann, 2008년 논문을 참조하시오). 교실 논의와 학생들의 지필 활동은 개념적 이동을 강조하는데, 몇몇 학생들은 자신들이 만든 모델을 버리고, 우리가 학생들이 학습하기를 바라는 수학적 관계와 표현에 더 가까운 무언가를 구성할 필요가 있다. 이를 통해 학생들이 수학의 일반적인 표현 도구를 점차적으로 어떻게 사용할 수 있는지를 알 수 있다.

함수들의 비교로써의 등식과 부등식

등식과 부등식은 함수들의 비교로 해석될 수 있다(강력한 아이디어 #4). 예를 들어 설명해 보자. 어떤 저자들(예, Filloy & Rojano, 1989)은 대수를 처음 배우기 시작한 많은 학생들이 예를 들어 등식 $w + 8 = 3 \times w$에서 변수 w가 등호의 양변에 나타나기 때문에 어려워한다는 것에 주목했다. 아마도 소위 말하는 미지의 것을 조작하는 것에 어려움이 있는 것 같다.

이 등식의 각 변에서 w를 빼면 $8 = 2w$가 된다. 양변을 각각 2로 나누고 표준적인 형태 $w = 4$로 등식을 해결할 수 있다. 그러나 등식 w + 8 = 3 × w를 함수 w + 8과 함수 3 × w의 비교로 해석하면 등식의 해에 접근하기 위한 새로운 방법이 발생한다.

우리는 그래프와 언어적 서술을 포함하여 함수를 다양한 형태로 표현할 수 있음을 주목했다. 예를 들어, 함수 w + 8의 그래프는 점(0, 8)을 지나고 기울기가 1인 직선으로 그릴 수 있다. 유사하게, 함수 3 × w는 원점을 지나고 기울기가 3인 직선으로 그릴 수 있다.

우리는 어린 9세 학생들이 함수들의 비교로 등식을 탐색하도록 하는 수업을 설계했다. 우리가 논의하고 있는 함수 w + 8과 3 × w를 활용해서 적용해보기도 했는데, 수업과 결과에 대해서는 다른 문헌에서 자세히 다룬다(Carraher, Schliemann, & Schwartz, 2008). 본 장에서는 흥미로운 요점만 요약할 것이다.

우리는 4학년 후반기에 (약 10세) 학생들에게 다음 문제를 제기했다.

> 마이크(Mike)는 손에 8달러를 가지고 있고, 지갑에 나머지 돈이 있다.
> 로빈(Robin)은 마이크가 지갑에 가지고 있는 돈의 3배만큼의 돈을 가지고 있다.
> 마이크와 로빈이 가지고 있는 돈의 양에 대해서 무엇을 말할 수 있는가?

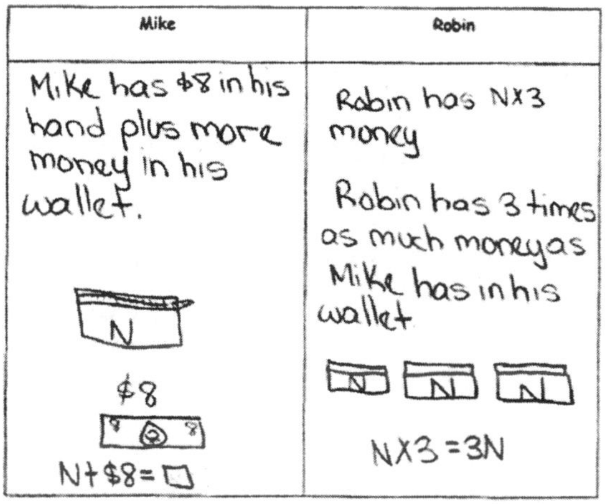

[그림 6.9] 지갑 문제에 대한 11세 학생의 표현

첫 번째 문장은 함수 w + 8을 나타내려고 의도한 것이었다. 두 번째 문장은 함수 3 × w를 나타내려고 의도한 것이었다. 로빈은 마이크가 지갑에 가지고 있는 돈의 3배만큼의 돈을 가졌다는, 단언된 관계에 대해 학생들이 동의하도록 교사가 약 10분 동안 전체 논의를 이끌었다. 그때까지, 많은 학생들은 로빈의 금액은 마이크가 가진 총액의 3배라는 뜻으로 문장을 해석했다. 그래서 학생들에게 개별적으로 그 상황을 써서 표현해보게 하였다. 60% 이상의 학생들이 변수 사이의 함수적 관계를 포착하기 위해 대수적 표기법을 사용했다([그림 6.9]).

그러나 논의가 진행되면서 학생들은 대부분 '한 소년이 다른 소년보다 더 많은 돈을 가졌다'고 믿었다. 교사는 학생들에게 지갑에 있는 돈의 양에 따라 달라지는 마이크의 총액과 로빈의 총액뿐만 아니라, 지갑에 있는 금액을 조사하게 했다. 교사는 지갑에 돈이 0, 1, 2달러가 있는 경우에 3칸이 있는 표(w, w + 8, 3w)를 채우는 방법을 보여줬다. 그런 다음 학생들은 지갑에 들어 있는 가능한 금액과 마이크와 로빈이 각각 가지고 있을 금액을 관련짓는, 자료의 표와 그래프를 만들었다. 자료의 표와 그래프를 조사함으로써 학생들은 지갑에 4달러가 있을 때, 그들이 같은 금액을 가지게 될 것이고, 지갑에 들어 있는 돈이 4달러보다 적으면 마이크가 더 많은 돈을 가지며, 4달러보다 많으면 로빈이 더 많이 가진다는 것을 알게 되었다.

두 번의 수업이 진행되는 동안, 학생들은 그 소년들 중 어느 소년이 더 많은 돈을 가지게 되는지를 깨닫게 되고, 자신들의 말로 편안하게 나타낼 수 있게 되었다. 학생들은 이 질문에 대한 답은 지갑에 든 돈이 얼마인지에 따라 달라진다는 것을 깨달았다. 즉, 지갑에 들어 있는 돈이 4달러보다 적을 때는, 마이크가 더 많은 돈을 가지게 되고, 지갑에 정확히 4달러가 있을 때, 두 소년은 같은 금액을 가지게 되며, 지갑에 든 돈이 4달러보다 많으면 로빈이 더 많은 돈을 가지게 된다.

학생들은 지갑에 들어 있는 값의 증가를 훑어보면서 지갑을 "채우기(filling up)"로 말하였다. 학생들은 마이크의 총액은 로빈의 총액(지갑에 1달러가 증가할 때마다 추가로 3달러씩 증가)보다 매우 천천히 증가한다(지갑에 1달러가 증가할 때마다 추가로 1달러씩 증가)는 것을 알아차렸다.

논의와 학생 활동을 통해, 학생들이 두 소년의 총액뿐만 아니라 지갑에 들어 있는 돈의 양도 변수로써 다루고, 마이크와 로빈의 금액을 함수로써 다룬다는 것을 알 수 있다.

학생들에게 w(지갑에 있는 돈의 금액)는 "미지수(unknown)"가 아니라 변수였다. 지갑에 4달러(w=4)가 있을 때만 두 함수 값은 같았다. 모든 다른 조건에서는 그 소년들 중 한명이 다른 한명보다 돈을 더 많이 가지고 있었다.

이러한 결과를 보고 우리는 어린 학생들도 (단지 하나의 미지 값으로써가 아니라) 집합의 자리지기로서의 변수와, 비교될 수 있는 함수를 나타내는 대수식을 다룰 수 있고 이해할 수 있다는 것을 드러낸다고 해석한다.

우리는 또한 4학년 학생들이 등식의 대수적 표현을 직접 조작하는 것을 학습할 수 있음을 알게 되었다. 여기서 기술하지는 않겠지만 그렇게 하기 위해서는 미묘한 표기법 사용에 대해 추가적으로 교육할 필요가 있었다. 형식적 규칙을 활용하면, 양적 상황을 모델링하기 위해 대수를 활용할 때 학생들이 구성하고 확장하는 직관에 기초할 수 있고 실제 기초해야 한다고 믿는다. 어느 시점에서는, 학생들이 궁극적으로 새로운 식을 도출하기 위한 충분한 정보를 제공하는 것으로 대수식을 다룰 수 있기를 기대한다. 그러나 이것은 장기간에 걸친 목표이지, 함수에 대한 학습을 처음 시작할 때의 목표는 아니라고 믿는다. 그렇다고 할지라도, 수학 외적인 상황을 모델링하기 위해 대수를 사용하는 경우는 항상 있을 것이다.

우리의 수업 개입 연구에서, 4학년 학생들과 5학년 학생들은 좌표평면에 대해서 학습하기 시작했고, 각 함수의 그래프를 그려보며 두 함수를 비교하고, 대수의 형식적 규칙을 이용하여 등식을 해결하기 시작했는데, 이러한 주제들은 전형적으로 중・고등학교에서 도입되는 주제들이다. 학생들이 우리가 수업에서 다루었던 상황과 관련된 문제를 해결하려고 시도하였을 때, 학생들은 수 구구(number fact)를 적용하고, 산술 연산을 다루고 있었다는 것을 말하는 것으로 충분하다. 더 중요하게, 학생들은 양과 수의 집합 사이의 관계에 대해 숙달하기 시작했다는 것이다.

개입 연구의 매년 말, 지필 평가 결과는 실험반(treatment) 학생들이 모든 학년에서 다른 학생들보다 뛰어난 것으로 드러났다. 프로젝트가 끝날 즈음(5학년), 실험반 학생들은 통제반 학생들에 비해 대수 문제를 훨씬 잘 해결했다. 우리의 접근 방법의 이점은 2~3년 후의 평가에서도 지속되었다. 이후, 참여 학생들은 더 심화된 대수 문제를 해결하는 것을 배울 때 다른 학생들보다 훨씬 성공적이었고, 7학년과 8학년에서 대수 수업을 더 수월하게 학습했다.

논의와 결론

많은 교육과정 개발자들과 수학교육자들은, 덧셈, 뺄셈, 곱셈, 나눗셈 연산이 함수로 정의된다는 것과, 이러한 아이디어가 초등학교 수학에 중요한 통찰력을 제공할 수 있다는 점을 간과해 왔다. 산술 연산을 함수로 도입할 때, 두 집합 사이의 공변을 논의할 수 있게 하는 상황과 양, 그 두 집합의 공변을 부각하는 데 도움이 되는 수학적 표현, 그리고 제안된 상황에 대해 학생들 스스로 처음 접근하는 방법을 고려하는 것이 중요하다. 산술을 관계적으로 접근해 보면, 교육과정의 주제들은 더 추상적인 아이디어와 개념들의 예로 이해된다. 이는 학생들의 산술에 대한 이해를 넓힐 뿐만 아니라, 초등 대수(elementary algebra)를 의미 있게 학습하기 위한 기초를 형성한다.

그러나 초등학교 학생들이 함수와 관련된 전문 용어(함수, 정의역과 공역, 순서쌍, 데카르트 곱)를 숙지할 필요는 없다. 그럼에도 불구하고 어느 정도의 형식화는 기초 수준에서 바람직하다. 초등학교 학생들이 수직선, 함수의 그래프, 대수적 표기법을 포함하여, 주요 표현 양식을 활용하고 숙달하도록 배우는 것은 중요하고 실행 가능하다. 물론 이를 위해서는, 장기적인 안목으로 보면, 실행되는 정리(theorems-in-action)대 정리(theorems, Vergnaud, 1996), 직관 대 논리(Poincaré, 1969), 수학적 도구와 아이디어의 활용 대 성찰 사이에서 균형을 유지하는 상황을 신중하게 계획하고 설계하는 것이 필요하다.

전통적인 초등학교 교육과정에서, 어린 학생들에게 수 구구나 6+4=□와 같은 단순 문제를 통해 간접적으로 수학적 관계를 도입하게 된다. 그러나 변수 2개는 고정되어 있고, 그 결과 세 번째 변수가 10일 때에만 이 등식이 참이 된다. 그리고 세 번째 변수가 등식의 한 변에 이미 따로 제시되어 있기 때문에, 그 관계를 뺄셈 연산을 이용하여 다른 동치의 형태로 진술할 필요가 없어진다. 덧셈과 뺄셈은 다른 계산 절차를 수반한다. 그러나 등식 또는 부등식을 통해 관계를 기술할 때, 완전히 동일한 관계를 덧셈과 뺄셈으로 표현할 수 있다. 동치인 형태는 동일한 정보를 전달하는 것으로 이해된다. 이와 유사하게, 등호 기호를 다른 관계적 연산자(>, <, ≥, ≤)와 함께 소개함으로써, 단순히 미지수가 아니라, 변수를 강조하기 위한 중요한 기회를 얻게 된다.

어린 학생들이 "="을 "만든다(makes)" 또는 "산출한다(yields)"라고 믿는 경향이 있다(Kieran, 1981)는 것에 크게 놀랄 필요가 없다. 이는 실제 학생들에게 등호를 도입하고 설명하는 방법이기 때문이다. 그러나 등호는 이보다 훨씬 많은 의미를 가지고 있다. 관계적 연산자인 <, ≤, =, ≥, >은 비교 연산자이다. 어떤 연산자가 사용되든지 간에, 관계에 대한 대수식은 항상 그 연산자의 한 변의 양(크기 또는 다수)을 다른 변의 양과 비교하는 것으로 간주될 수 있다. 부정(不定) 변수를 한 개 이상 가지고 있는 등식에도 이와 동일한 접근 방법을 적용할 수 있다.

사탕 상자 문제에서, 어린 학생들은 x가 그 상자 안에 들어갈 수 있는 모든 사탕의 수를 나타낼 수 있다는 것을 온전히 깨달으면서, x에 수치를 할당하지 않은 채, 함수 $x+3$이라는 아이디어, 또는 x와 $x+3$ 사이의 관계를 쉽게 이해할 수 있다는 것을 알게 되었다. 며칠 동안 두 학생들이 가진 돈을 비교하는 문제에서, 학생들은 변화하는 양을 조작할 수 있었고, 나중에, 목요일에, 그 학생들이 가지게 되었던 같은 금액에 대해 듣고 난 후에 특정한 x값을 구하는 문제를 해결했다.

하지만, 학생들이 양을 변수로써 기꺼이 다룰지라도, 추가적으로 탐구해야 할 쟁점이 있다. $x<6$인 관계를 다루고 있는 4학년 학생을 생각해 보자. 수직선의 6에 손가락을 놓고, 그 위치의 왼쪽에 있는 수들은 $x<6$인 관계를 만족시키고, 6의 오른쪽에 있는 수는 그 관계를 거짓으로 만든다고 주장할 수 있다. 지금까지는 좋다. 그러나 그 학생이 언급하고 있는 관계가 우리가 생각하고 있는 관계라고 결론 내리기 위해서는 더 많은 것이 필요하다. 이 학생은 정의역의 모든 값에 대해, 예를 들어, 실수에 대해 그 관계가 유지된다는 것을 믿는가? -7, -8 등과 같은 수는 어떠한가? 6보다 작은 음의 정수도 그 관계를 성립시킨다고 믿는가? 분수는 어떠한가? 이 학생은 $\frac{2}{3}$와 $-\frac{3}{17}$도 6의 왼쪽에 있는 수라고 믿는가? 이 학생은 6의 오른쪽에 무한히 많은 분수들이 있다는 것과, 5.5와 6 사이에도 무한히 많은 분수가 있다는 것을 깨닫는가? 하나의 특정한 관계에 대해서 단지 선택된 몇 개의 사례에 동의한다고 해서, 학생들이 우리처럼 똑같이 이해했다고 결론 내릴 수는 없다.

우리는 교사가 일찍부터 실수를 명확하게 도입해야 한다는 것을 말하려는 것이 아니다. 분수와 소수를 통해 유리수를 조금 이해하기까지 몇 년이 걸릴 것이고, 실수에 익숙해지려면 훨씬 더 많은 시간이 걸릴 것이다. 우리는 또한 대수적 표기법이, 특히 어린 학생들에게, 관계를 탐색하기 위한 유일한 수단임을 주장하려는 것도 아니다. 예를 들어, 문장제의 진술에서처럼 자연 언어로 관계를 표현할 수 있다. 자료의 표로 관계를 나타낼 수도 있다. 또한 다이어그램, 수직선 위의 이동, 좌표평면의 그래프로 관계를 표현할 수 있다. 학생들은 다양한 표현을 사용하면서, 함수를 포함하여 관계에 대한 이해를 학습하고 나타낸다.

아동들에게 처음에는 함수를 한 양의 다른 양에 대한 종속으로 가르칠 수 있고, 아동들은 그렇게 이해할 수 있다. 함수를 보다 추상적인 것으로 보기보다는 순서쌍으로 보는 현대적인 관점으로 처음에 도입할 필요가 있다.

초등학교 교사와 교과서는 **함수**라는 용어를 도입하기 전에, 은연중에 함수를 다룬다. 산술의 함수적 특성을 드러내는 것의 이점은 초등학교 학생들이 개별적인 수에 초점을 두다가 수와 양의 집합(즉, 변수) 및 그 상호관계에 초점을 두게 하는 것이다. 이러한 초점의 이동은 자연스럽게 학생들이 변수 사이의 관계를 고려하게 한다. 개별적인 예들은 항상 보다 일반적인 경우의 예로 다뤄질 수 있다. "더하기 3"은 정해지지 않은 수, 즉 변수에 대한 연산으로 이해될 수 있다. 결국 학생들은 수치적 연산을 수직선(즉, 실직선)에서의 이동(변환)으로 인식하기 시작할 수 있다.

맺는 말

본 장에서는 강력한 아이디어 4가지에 초점을 맞췄다. 다음은 지금까지 분석에 중요한 역할을 했던 다른 강력한 아이디어로, 이는 초등학교 수준에서 교사교육자에게 관심사가 될 수 있다.

» 모든 산술식은 하나 이상의 대수식의 특정한 예이다.
» 모든 중요한 수학적 아이디어는 다양한 표현으로 구현된다. 일부 아이디어는 다양한 표현들 사이의 연결에 좌우된다.
» 변수는 수 또는 양의 집합을 표현하는 기호이다. 그 집합의 원소가 실세계의 대상, 사건, 또는 현상의 속성을 언급할 수도 있지만, 학생들은 언어 형태의 진술이나 수학적 진술의 가능성과 제한점에 따라 언제 정의역의 원소가 형성되는지 이해할 필요가 있다.
» 자연수에서부터 양의 유리수, 정수, 유리수, 실수를 포함하기 위해 수를 확장하는 것은 그 수가 무엇을 위한 것인지 그리고 어떻게 그 수를 표현해야 하는지에 대한 많은 새로운 아이디어를 받아들여야 한다. 또한 이러한 수의 종류에 따라 산술 연산은 다양한 성질을 갖는다.
» 양은, 수든지 양의 값이든지 간에, 다양한 방법으로 합성되고 분해될 수 있다.
» 수와 양은 (먼저 수직선 위의) 위치와 이동으로 공간에 표현될 수 있고, 중학교 이후로는 점차 평면과 그 이상에 표현될 수 있다.

우리가 원하는 바, 학생들의 수학에 대한 일종의 깊이 있는 이해는 "학생들의 추론에 주의를 기울여라", "모든 학생들을 위한 대수" 또는 "학생들 사이의 논의와 상호작용을 증진하라"와 같은 슬로건을 수용한다고 해서 성취되는 것이 아닌 것과 마찬가지로, 초등 수학교육과정에서 **함수** 용어를 가끔씩 포함한다고 해서 성취되는 것도 아니다. 늘 사소한 것이 문제가 되는 법이다. 특정 주제와 예시는 교육과정 개발자, 교사, 그리고 궁극적으로 학생들이 상대해야 할 많은 이슈를 제기한다. 예를 들어, 소수의 순서를 논의할 때, 자릿값 표기법과 실직선 위에 점의 위치에 관한 이슈가 고려되어야 한다. 소수의 순서는, 정수의 순서에 바탕을 두면서도 어떻게 그것과 다른지에 대해서 학생들이 받아들일 필요가 있다는 것을 교사가 알아야 한다. 직선 위와 평면에서 연산을 표시하기 위한 관습을 이해하는 것은 더욱 어렵다. 잠정적으로 강력한 아이디어를 학습하는 데 성공하기 위해서는 궁극적으로, 학생들의 지속적인 참여뿐만 아니라 학습 활동을 선보이고 계열 짓는 것에 전적으로 좌우되는 데, 이 각각은 교사의 전문성에 영향을 받을 수 있다.

우리는 이 장에서 잠정적으로 강력한 아이디어 몇 개에만 초점을 두었다. 그러한 아이디어를 간결하게 진술할 수 있기 때문에, 교실에서 곧바로 실행 가능한 것으로 믿기 쉽다. 이것은 일부만 참이다. 사탕 상자 문제, 키 문제, 지갑 문제와 같이, 여기서 논의했던 과제는 평범한 산술 문장제처럼 보인다. 그러나 숙련된 교사에게 맡겨지면, 학생들은 그 문제가 자신들과 친구들이 즉각적으로 동의할 수 없고 해결하기 어려운 이슈를 제기한다는 것을 곧 알게 된다. 이는 특히, 문제에서 하나 또는 그 이상의 양이 자유롭게 변하도록 남겨둘 때 발생한다. 학생들은 관련된 상황에 대한 직관과 사전 지식을 사용하여 답 또는 최선의 추측을 공통적으로 제안한다. 학생들은 말하자면, 가까이 있는 상황과 밀접하게 관련된 '의미의 논리'(Piaget & Garcia, 1991; Schliemann, 1998)를 가지고 작업한다. 교수학적으로 이는 유용한 출발점이 될 수 있지만 종착점으로는 만족스럽지 않다. 학생들을 지원하는 수학교사는 문제의 형식화를 독려하기를 원할 것인데[4], 이 형식화는 표, 수직선 다이어그램, 평면 위의 그래프, 다양한 표기법을 포함한, 수학의 관습적인 표현 도구에 의존할 것이다. 형식적인 구조와 관계적인 구조가 보다 두드러짐에 따라, 학생들은 참조물(references)의 특수하고 수학 외적인 특색에 점점 덜 의존하여 이해하게 된다.

1. 우리는 연구 장려금(Grants) #9722732, #9909591, #0310171을 통해 이 장에 기술된 교실 연구를 지원해 준 국립 과학 재단(National Science Foundation)에 감사한다. 또한 수년간 우리를 도와준 많은 협력자에게도 고마움을 표현한다. 이들 중에 특히 모든 연구의 영원한 기여자인 Bárbara M. Brizuela와 Poincare(Poincaré) 수학교육 연구소에서 공동 연구하는 동안(NSF 연구 장려금 #0962863) 수학 내용에 대한 많은 논의를 한 Montserrat Teixidor-i-Bigas에게 고맙다. 여기에 제시되는 관점은 저자들의 관점을 나타낸 것이고 연구비를 지원한 기관의 관점은 아니다.

2. 함수는 "새 수학"에 현저한 역할을 했다. 그러나 여기서 논의되는 방법과는 매우 다른 방법으로 새 수학에서 함수를 도입하였다.

3. 우리는 현재 목적을 위해 관계를 정의하고 있다. 관계가 교사들과 학생들에 의해서 어떻게 개념화되는지는 중요하지만 매우 다른 이슈이다.

4. 여기서 "형식화"는 대략, 문제의 저변에 깔려 있는 구조를 강조하여, 그 문제를 유사한 구조를 가지는 문제들의 부류의 한 예시로 묘사하는 데 기여하는 표현을 언급한다.

참고문헌

Aleksandrov, A. D. (1999). A general view of mathematics. In Aleksandrov, A. D., & Kolmogorov, A. N. (Eds.). (1999). *Mathematics: its content, methods and meaning*. N. Chelmsford, MA: Courier Dover Publications.

Blanton, M. (2008). *Algebra and the elementary classroom: Transforming thinking, transforming practice*. New York: Pearson Education.

Blanton, M., & Kaput, J. (2000). Generalizing and progressively formalizing in a third grade mathematics classroom: Conversations about even and odd numbers. In M. Fernández (Ed.), *Proceedings of the 20th Annual Meeting of the for the Psychology of Mathematics Education, North American Chapter* (p. 115). Columbus, OH, ERIC Clearinghouse (ED446945).

Booth, L. R. (1988). Children's difficulties in beginning algebra. In A. F. Coxford & A. P. Shulte (Eds.), *The ideas of algebra, K-12: 1988 Yearbook* (pp. 20–32). Reston, VA: National Council of Teachers of Mathematics.

Brizuela, B. M., Blanton, M., Gardiner, A., Newman-Owens, A., & Sawrey, K. (in press). A first grade student's exploration of variable and variable notation. *Estudios de Psicología*. Abingdon, UK: Taylor & Francis.

Brizuela, B. M., & Earnest, D. (2008). Multiple notational systems and algebraic understandings: The case of the "best deal" problem. In J. Kaput, D. Carraher, & M. Blanton (Eds.), *Algebra in the Early Grades* (pp. 273-301). Mahwah, NJ: Lawrence Erlbaum Associates.

Brizuela, B. M., & Schliemann, A. D. (2004). Fourth graders solving linear equations. *For the Learning of Mathematics, 24*(2), 33–40.

Cai, J. & Knuth, E. (Eds.). (2011). Early algebraization: A global dialogue from multiple perspectives. New York, NY: Springer.

Carpenter, T. P., & Franke, M. (2001). Developing algebraic reasoning in the elementary school: Generalization and proof. In H. Chick, K. Stacey, J. Vincent, & J. Vincent (Eds.), *The future of the teaching and learning of algebra. Proceedings of the 12th ICMI Study Conference* (Vol. 1, pp. 155–162). Melbourne, Australia: The University of Melbourne.

Carpenter, T. P., Franke, M. L., & Levi, L. (2003). *Thinking mathematically: Integrating arithmetic and algebra in elementary school*. Portsmouth, NH: Heinemann.

Carpenter, T. P., Moser, J. M., & Romberg, T. A. (1982) (Eds.), *Addition and subtraction: A cognitive view*. Hillsdale, NJ: Lawrence Erlbaum Associates.

Carraher, D. W., Brizuela, B. M., & Earnest, D. (2001). The reification of additive differences in early algebra. In H. Chick, K. Stacey, J. Vincent, & J. Vincent (Eds.), *Proceedings of the Twelfth ICMI Study Conference: The future of the teaching and learning of algebra* (Vol. 1, pp. 163–170). Melbourne, Australia: University of Melbourne Press.

Carraher, D. W., Martinez, M., & Schliemann, A. D. (2008). Early algebra and mathematical generalization. *ZDM – The International Journal on Mathematics Education, 40*(1), 3-22.

Carraher, D. W. & Schliemann, A. D. (2007) Early algebra and algebraic reasoning. In F. Lester (ed.) *Second handbook of research on mathematics teaching and learning: A project of the National Council of Teachers of Mathematics* (Vol 2, pp. 669–705). Charlotte, NC: Information Age Publishing.

Carraher, D.W., Schliemann, A. D., & Brizuela, B. (2000, October). *Early algebra, early arithmetic: Treating operations as functions.* Plenary address at the 22nd Meeting of the Psychology of Mathematics Education, North American Chapter, Tucson, AZ (available in CD-ROM).

Carraher, D.W., Schliemann, A. D., & Brizuela, B. (2005). Treating operations as functions. In D. Carraher & R. Nemirovsky (Eds.), *Monographs of the Journal for Research in Mathematics Education, 8*, CD-ROM only.

Carraher, D.W., Schliemann, A. D., Brizuela, B.M., & Earnest, D. (2006). Arithmetic and algebra in early mathematics education. *Journal for Research in Mathematics Education, 37*(2), 87–115.

Carraher, D. W., Schliemann, A. D., Brizuela, B., & Earnest, D. (2014). Arithmetic and Algebra in early Mathematics Education. In E.A. Silver & P.A. Kenney (Editors). *Lessons Learned from Research: Volume 2. Useful Research on Teaching Important Mathematics to All Students.* Reston, VA: National Council of Teachers of Mathematics.

Carraher, D.W., Schliemann, A. D., & Schwartz, J.L. (2008). Early algebra is not the same as algebra early. In J. Kaput, D. Carraher & M. Blanton (Eds.), *Algebra in the early grades.* Mahwah, NJ: Lawrence Erlbaum Associates.

Carraher, T.N., Carraher, D.W., & Schliemann, A. D. (1985). Mathematics in the streets and in schools. *British Journal of Developmental Psychology, 3*(1), 21–29.

Davydov, V.V. (1991). *Psychological abilities of primary school children in learning mathematics* (Vol. 6). Reston, VA: National Council of Teachers of Mathematics.

Dougherty, B. (2008). Measure up: A quantitative view of early algebra. In J. Kaput, D. Carraher, & M. Blanton (Eds.), *Algebra in the early grades.* Mahwah, NJ: Lawrence Erlbaum Associates.

Dubinsky, E., & Harel, G. (Eds.) (1992). *The concept of function: Aspects of epistemology and pedagogy.* Washington, DC: Mathematical Association of America.

Filoy, E., & Rojano, T. (1989). Solving equations: The transition from arithmetic to algebra. *For the Learning of Mathematics, 2*, 19–25.

Fridman, L.M. (1991). Features of introducing the concept of concrete numbers in the primary grades. In V.V. Davydov (Ed.), *Psychological abilities of primary school children in learning mathematics. Vol 6: Soviet studies in mathematics education* (pp. 148–180). Reston, VA: National Council of Teachers of Mathematics.

Harel, G. & Confrey, J. (1994) (Eds.), *The development of multiplicative reasoning in the learning of mathematics.* Albany: State University of New York Press.

JCGM (2012) International vocabulary of metrology: Basic and general concepts and associated terms (VIM, 3rd ed.). Sèvres, France: Bureau Internacional de Poids et Measures (BIPM), Joint Committee for Guides in Metrology, JCGM 200:2012 (JCGM 200:2008 with minor corrections). Retrieved from www.bipm.org/en/publications/guides/, May 5, 2015.

Kieran, C. (1981). Concepts associated with the equality symbol. *Educational Studies in Mathematics, 12*, 317–326.

Kaput, J. (1998). Transforming algebra from an engine of inequity to an engine of mathematical power by "algebrafying" the K–12 curriculum. In National Council of Teachers of Mathematics and Mathematical Sciences Education Board Center for Science, Mathematics and Engineering Education, National Research Council (Sponsors). *The Nature and Role of Algebra in the K-14 Curriculum* (pp. 25–26). Washington, DC: National Academies Press.

Kirshner, D., & Awtry, T. (2004). Visual salience of algebraic transformations. *Journal for Research in Mathematics Education, 35*(4), 224–257.

Lacampagne, C.B. (1995). *The Algebra Initiative Colloquium.* Washington, DC: U.S. Department of Education, OERI.

Langrall, C., Mooney, E. S., Nishet, S. & Jones, G. S. (2008). Elementary school students' access to powerful mathematical ideas. In L. D. English & D. Kirshner (Eds.) *Handbook of international research in mathematics education* (2nd ed., pp. 109–135). New York, Routledge.

Lesh, R. A & Landau, M. (Eds.) (1983). *Acquisition of mathematics concepts and processes.* New York: Academic Press.

Mikulina, G. G. (1991). The psychological features of solving problems with letter data. In V. Davydov

(Ed.), *Soviet studies in mathematics education* (vol. 6, pp. 181–232). Reston, VA: National Council of Teachers of Mathematics.

Moss, J. & Beatty, R. (2006). Knowledge building in mathematics: Supporting collaborative learning in pattern problems. *Computer-Supported Collaborative Learning, 1*, pp. 441–465.

Oehrtman, M.C., Carlson, M.P., & Thompson, P.W. (2008). Foundational reasoning abilities that promote coherence in students' understandings of function. In M.P. Carlson & C. Rasmussen (Eds.), *Making the connection: Research and practice in undergraduate mathematics* (pp. 27–42). Washington, DC: Mathematical Association of America.

Peled, I., & Carraher, D.W. (2008). Signed numbers and algebraic thinking. In J. Kaput, D.W. Carraher, & M. Blanton (Eds.), *Algebra in the early grades*. Mahwah, NJ: Lawrence Erlbaum Associates.

Piaget, J., & Garcia, R. (1991). Vers une logique des significations. Geneva: Murionde Editeur.

Poincaré, H. (1969). Intuition and logic in mathematics. *The Mathematics Teacher, 62*(2), pp. 205–212.

Romberg, T., Fennema, E., & Carpenter, T. (1993) (Eds.) *Integrating research on the graphical representation of functions* (pp. 41–68). Hillsdale, NJ: Lawrence Erlbaum Associates.

Rosen, K. (2012). Axioms for the real numbers and positive integers. In *Discrete Mathematics and its applications* (pp. A1–A6). New York: McGraw-Hill.

Schliemann, A. D. (1998). Logic of meanings and situated cognition. *Learning and Instruction, 8*(6), pp. 549–560.

Schliemann, A. D., Carraher, D. W. & Brizuela, B. M. (2001). When tables become function tables. In M. v. d. Heuvel-Panhuizen (Ed.), *Proceedings of the 25th Conference of the International Group for the Psychology of Mathematics Education* (Vol. 4, pp. 145–152). Utrecht, The Netherlands: Freudenthal Institute.

Schliemann, A. D., Carraher, D.W., & Brizuela, B.M. (2007). *Bringing out the algebraic character of arithmetic: From children's ideas to classroom practice*. Hillsdale, NJ: Lawrence Erlbaum Associates.

Schliemann A. D., Carraher D. W., & Brizuela B. M. (2012). Algebra in elementary school. In L. Coulange & J.-P. Drouhard (Eds.) *Enseignement de l'algèbre élémentaire: Bilan et perspectives* (pp. 109–124). Special Issue of *Recherches en Didactique des Mathématiques*.

Schliemann, A. D., Carraher, D. W., & Caddle, M. (2013). From seeing points to seeing intervals in number lines and graphs. In B. Brizuela & B. Gravel (Eds.) *Show me what you know: Exploring representations across STEM disciplines*. New York: Teachers College Press.

Schliemann, A. D., Carraher, D. W., Goodrow, A., Caddle, M., & Porter, M. (2013). Equations in elementary school. In A.M. Lindmeier & A. Heinze (Eds.). *Proceedings of the 37th Conference of the International Group for the Psychology of Mathematics Education* (Vol. 4, pp. 161–168). Kiel, Germany: PME.

Schmittau, J. & Morris, A. (2004) The development of algebra in the elementary mathematics curriculum of V. V. Davydov. *The Mathematics Educator, 8*(1), 60–87

Schoenfeld, A. (1995). Report of Working Group 1. In C.B. Lacampagne (Ed.), *The Algebra Initiative Colloquium: Vol. 2. Working Group Papers* (pp. 11–18). Washington, DC: U.S. Department of Education, OERI.

Schwartz, J.L. (1996). *Semantic aspects of quantity*. Unpublished manuscript, MIT and Harvard Graduate School of Education, Cambridge, MA.

Schwartz, J. & Yerushalmy, M. (1992). Getting students to function on and with algebra. In E. Dubinsky & G. Harel (Eds.), *The concept of function: Aspects of epistemology and pedagogy* (pp. 261–289). Washington, DC: Mathematical Association of America.

Sfard, A. (1991). On the dual nature of mathematical conceptions: Reflections on processes and objects as different sides of the same coin. *Educational Studies in Mathematics 22*, 1–36.

Vergnaud, G. (1982). A classification of cognitive tasks and operations of thought involved in addition and subtraction problems. In T.P. Carpenter, J.M., Moser, & T.A. Romberg (Eds.), *Addition and subtraction: A cognitive view* (pp. 39–59). Hillsdale, NJ: Lawrence Erlbaum Associates.

Vergnaud, G. (1983). Multiplicative structures. In R.A. Lesh & M. Landau (Eds.), *Acquisition of mathematics concepts and processes* (pp. 127–174). New York: Academic Press.

Vergnaud, G. (1994). Multiplicative conceptual field: What and why? In G. Harel & J. Confrey (Eds.), *The development of multiplicative reasoning in the learning of mathematics* (pp. 41–59). Albany: State University of New York Press.

Vergnaud, G. (1996). The theory of conceptual fields. In L. Steffe & P. Nesher (Eds.), *Theories of mathematical learning* (pp. 219–239). Mahwah, NJ: Lawrence Erlbaum Associates.
Whitney, H. (1968a). The mathematics of physical quantities: Part I: mathematical models for measurement. *American Mathematical Monthly, 75*(2), 115–138.
Whitney, H. (1968b). The mathematics of physical quantities, Part 2: Quantity structures and dimensional analysis. *American Mathematical Monthly, 75*(3), 227–256.

중고등학교에서 학생들의 수학학습에 대한 접근성 7

Teresa Rojano
Center for Research and Advanced Studies of the National Polytechnic Institute (Cinvestav)

서론

이 장은 중고등학교 학생들에게 평생수학학습에 대한 접근성을 부여하는 과정으로서 수학과 관련한 감각의 개발과 의미부여의 역할을 분석하는 것에 중점을 두고 있다. 모든 학습자를 위한 평생수학학습의 달성은, 실생활, 연령, 학교급별, 과거의 수학학습 경험에서 개개인이 형성한 의미들과 관계가 깊다는 점에 대해 많은 논의가 있어왔다.

1990년대 Arcavi(1994)의 상징 감각으로부터 최근 Hoch와 Dreyfus(2006)의 고등학교 대수에서의 구조 감각에 대한 연구에 이르기까지, 연구자들은 평생학습의 본질이 감각 생산의 기저가 되는 방식으로 수학내용 학습과 관련된 연구문제를 제기할 수 있게 이론 및 실제적 기여를 하였다. 앞서 언급한 연구들과 아울러 Filloy, Rojano, & Puig(2008), Otte(2005), Puig(2003), Presmeg(2005), Radford(2000) 등의 연구처럼 기호학적 접근을 취하는 수학교육 연구도 이루어졌다.

이 장에서는 구체적 예시를 통해 새로운 중점 사항을 조명함으로써, 평생수학학습이라는 주제를 부각시키는 몇 가지 새로운 방식들을 간략히 설명하고자 한다. 의미부여가 수학지도 과정 중 학생들에게 제시되는 텍스트[1]를 읽고 변환하는 활동을 통한 감각 개발의 결과라는 논의도 함께 다룬다. 또한 의미형성과정(semiosis: 기호작용)과 중고등학생들의 수학 및 언어학적 경험의 관계에 대한 심도 있는 고찰이 학생들에게 적합한 교수모형의 구상을 가능하게 할 수 있다는 점에 대해서도 논의하고자 한다. 심화논의를 위해 "수학학습에서 감각의 생산: 대수학적 읽기와 쓰기의 사례"라는 제목의 절에 하나의 제안이 제시되었다. 이 제안은(기호학적 개념에 영향을 받아) Filloy와 그의 공저자들이 개발한 이론적 요소에 기반을 두고 있으며, 최근의 출판물들을 통해 널리 발표되었다(예를 들면, Filloy et al., 2008; Filloy, Rojano, & Solares, 2010; Rojano, Filloy, & Puig, 2014). 이 저자들이 감각과 의미 생성의 과정을 거론할 때 단지 수학적 기호나 표현과 관련된 과정만을 언급한 것이 아니라는 점에 주목할 필요가 있다. 그들은 수학적으로 적합한 기호뿐만이 아니라 일상적 언어, 숫자, 도식, 실생활과 연관된 상황의 표현, 컴퓨터 화면 속의 장면 등을 포함하는 이질성을 갖는 기호로 구성된 텍스트와도 감각과 의미 생성을 연관 지었다. 앞서 언급한 절에서는 여기에서 설명한 텍스트도 포함하는 수학적 기호체계에 대한 광범위한 개념도 소개하고 있다.

이 장은 수학 교수 및 학습에 있어 디지털 테크놀로지의 영향이라는 주제도 재조명하고 있다. 보다 구체적으로 이 장은 중고등학생들에게 수학지식에 대한 민주적 접근을 가능하게 해주는 공학의 측면과 형식을 분석한다. "**민주적 접근**"(democratic access)이라는 용어는 광범위하게 이해되고 있는데, 그 중에서도 고급 수학 주제들을 중고등학교 수준에 조기 도입하는 것, 그리고 수학의 다양성 및 모델링과 같은 복잡한 개념들에 대한 실제적 접근을 포함한다. 예를 들어, 다음과 같은 내용에서 파생된 연구주제들이 제시된다. 1) 동적 기하(Dynamic Geometry) 프로그램들을 이용한 3차원적 기하 주제를 중학교 교육과정에 포함시키는 가능성, 2) 대수의 조작적 측면에 대한 강조를 축소시켜 학생들이 개념적 과제에 집중할 수 있도록 하거나(Kieran, 2007), 3) 개념적 그리고 기술적 측면의 수학을 모두 향상시킬 수 있도록 컴퓨터 대수 시스템(computer algebra system [CAS])을 이용하는 가능성(Lagrange, 2003), 4) 서로 다른 집단의 학생들이 수학모델링 활동을 할 수 있는 친화적인 환경을 제공하는 최신 버전의 스프레드시트(spreadsheets) 이용 가능성.

가장 잘 알려진 디지털 테크놀로지의 잠재성은 수학적 개념과 대상에 대한 다양한 표상과 그 상호간의 역동적 연계성을 포함한다. 후자는 학습 공학 환경에서 의미의 근원이 되는 성질을 부여하는데, 이는 정적인 표상에 내재된 의미의 원천과는 다르다. 결국, 이러한 환경에서는 의미생산과정이 다른 성격을 갖는데, 이는 무엇보다도 사용자와 역동적 지식의 표상간의 상호작용 형식에 기인한다는 가설을 도출한다. 이 절의 초반에 사용된 용어들을 이용하면 디지털 공학을 활용한 교수모델에서 텍스트를 읽고 전환하는 과정은 그 역동성과 상호작용성 때문에 차별성을 갖는다는 가설을 수립할 수 있다. 표상(혹은 텍스트)의 성질과 기호작용(semiosis) 과정 간의 관계는 이 장에서 다루지 않는다. 대신 이 가설을 후속연구를 위한 자료로 남기고자 한다.

또 다른 관점에서 디지털 공학과 같은 맥락이기는 하지만, 차후 연구를 예측해 본다는 의미에서 이러한 도구들의 진화에 대한 논의도 이루어진다. 최신 버전 모바일 기기(가령 디지털 태블릿)의 공학적 학습환경이나 90년대에 개발 및 사용된 마이크로월드(microworld)에서 사용자들은 수학적 대상의 표상을 실제로 만지고 조작할 수 있다. 이는 수학학습의 인식론 및 인지적 수준에 영향을 미칠 것이다. 마이크로월드에 인지체계가 통합되고 이미 알려진 피드백의 도구가 최적화되면서 새로운 것이 창출될 수 있다. 이 장의 후반부에는 앞서 언급한 혁신과 인터넷을 통한 연결성이 수학교육과정에 디지털 공학이 통합되는 방식을 어떻게 변화시킬 수 있는지에 대한 논의가 있을 것이다. 이것은 클라우드를 통해 접근할 수 있는 교육 자료와 내용에서 나타날 것으로 예상되는데, 이는 학생들과 교사들이 가상의 공동체 내에서 협력하는 것을 가능하게 하기 때문이다. 이러한 새로운 시나리오는 특히 중고등학생을 대상으로 한 수학교육 연구의 주제가 될 수 있다.

요약하자면 이 장에서 논의되는 두 가지 주제는 감각의 개발과 의미 부여에 기반을 둔 평생수학교육, 그리고 최신 버전과 형태의 디지털 공학을 이용한 중고등학교에서의 수학지식에 대한 민주적 접근이다. 앞서 분명히 하였듯이 이 장에서는 두 주제 간의 관련성을 논의하지 않을 것이다. 그것은 차후 연구에서 다루어지기를 바란다.

다음의 두 절에서는 평생수학교육과 중고등학교에서 수학지식의 민주적 접근성이라는 주제를 다룬다. 첫 번째 절은 평생수학교육을 고려한 공식 교육문서들을 검토하고, 두 번째 절에서는 연구문헌에 나타난 수학에서의 감각에 관한 다양한 인식을 기술한다. 이 장의 말미에서는 수학감각의 계발과 평생학습을 관련지어 본다.

중고등학교에서 평생수학학습에 대한 접근성

학생들로 하여금 학교에서 배운 지식을 학교생활을 넘어 다양한 상황에 사용할 수 있도록 하고자 하는 목적은 점차 보편화되고 있다. 많은 국가의 수학교육과정 문서들 및 세계기구에서 출간한 문서들은 이를 다양한 형태로 제시하고 있다. 그 중 몇몇 문서는 수학학습을 통해 학생들이 다양한 수준의 학교급으로 진급하는 과정이 원만하도록 하고, 졸업 후의 생활에서 당면할 문제를 과학적이고 융통성 있게 접근하도록 하는 것을 구체적인 목적으로 제시하고 있다. 예를 들어, 학교수학의 규준과 원리(NCTM, 2000)는 기계적이고 암기에 기반을 둔 학습과정이 아닌, 이해를 바탕으로 한 수학학습이라는 인식을 가지고 목표를 수립하였다(NCTM, 2000, p. 20-21). 이 문서는 Bransford, Brown, Cocking(2000)의 연구를 인용하여 개념적 이해는 능숙함을 이루는 가장 중요한 구성요소이며 이는 단순 지식 및 절차적 능력과 아울러 학생들이 자신들의 지식을 융통적으로 사용하고 학습한 내용을 어떤 상황에서 다른 상황으로 적절하게 적용시키도록 해준다는 점을 지적하였다. 이 문서는 또한 학생들이 의미 있게 새로운 지식을 기존의 지식과 연결할 때 수학의 이해와 적용이 가능하다고 주장한 Schoenfeld(1988)의 연구도 인용하였다. 영국의 국가수학교육과정 3단계는다음과 같은 목표를 강조하였다. "수학학습은 학생들로 하여금 자신의 지식, 기술, 이해를 관련 있는 실생활에 적용하도록 해야만 한다"(Qualifications and Curriculum Authority, 2007). 멕시코 교육부의 공식 문서인 2006 중등학교 교육과정 개혁(Reform of the Secondary School Curriculum)의 가장 중심이 되는 목표 중의 하나는 "학생들이 공부를 더 많이 하는 것뿐만 아니라 의미 있게 학습을 하고 학습한 내용을 특정 문제풀이를 위해서만이 아니라, 계속해서 자기 스스로 새로운 질문을 던지고 학습하기 위해 이용하는 것"(SEP, 2006, p. 9)이라고 제시하고 있다.

이와 같이 이미 습득한 수학지식을 학생들이 학교 내외에서 융통적이고 의미 있게 이용할 수 있도록 하는 것에 대한 전반적인 관심에는 **현실 수학**(Realistic Mathematics) (Gravemeijer, 1994, 2004; Streefland, 1991; Van Den Heuvel-Panhuizen, 2003)과 **맥락 수학**(Mathematics in Context) (Sierpinska, 1995) 등의 연구 기류가 지대한 공헌을 하였다. 두 기류의 기반이 되는 제안은 수학지도가 실제적이거나 상황적인 문제 상황을 시작점으로 하여 이루어질 때, 학생들이 지식형성과 관련된 추가적인 수학적 준거와 의미를 이해하게 될 것이라는 점이다. 이는 학생들이 지식을 다양한 상황을 가진 문제에 적용시키는 것을 가능하게 하며, 이러한 전체적 순환은 학생들이 학교수학을 이해하도록 돕는다.

그러나 이 연구들은 실생활이나 상황적 문제와의 연관성 이외에도 수학의 의미를 수학 자체에서 찾아야 한다는 점도 지적해 왔음을 주목해야만 한다. 보다 거시적인 안목에서 이 장은 어떤 감각이 생산되고 의미가 상황에 어떻게 부여되며, 수학적 혹은 수학교과 외적인 성질에 대한 연구를 해야 할 필요성을 강조하고 있다. 이 장은 또한 기호나 개념과 관련된 것뿐만 아니라, 수학의 방법에 대한 중고등학생들의 의미생성에 대한 연구도 강조한다. 보다 광범위한 관련연구를 제공하기 위하여 다음 절은 각기 다른 관점과 학교수학의 다양한 측면에서 수학 감각에 대한 논의를 제시한 여러 연구자들의 연구를 다루고자 한다. 제시된 예시 중 하나는 대학과정의 내용이지만, 적합한 기호의 사용이 수학문제해결에 있어 결정적인 역할을 함을 분명히 제시하고 있다는 점에서 어떤 학교수준에도 적용할 수 있을 것이다.

수학에서의 감각과 의미부여

지난 수십 년간에 걸쳐 이루어진 학생들의 수학학습의 어려움에 대한 집중적인 연구에서는 특정 수학내용(가령, 분수, 변수, 비율 등의 개념)에 대한 개념형성 과정과 80년대 초반에 시작된 빈번하고 지속적으로 나타나는 오류 분석에 대한 연구가 강조되었다. 이 점에서 Kieran(1981)에 의해 수행된 등호 기호 "="의 해석에 대한 분석과 대수에서 문자를 사용한 방정식 및 수식을 다룬 중고등학교 수학과학 프로젝트가 주목할만하다(Concepts in Secondary School Mathematics and Science [CSMS]).[2)] 오류의 분석에 관해서는 학습자들의 수학 기호 읽기 및 해석에 대한 연구가 대두되었다. 이 연구들은 다양한 관점에서 진행되어 왔는데, 이 분야의 일부 연구들은 수학적 기호에 의미와 감각을 부여하는 과정에 대한 연구로 확장되었다.

이 절에서 제시되는 예들은 수학의 표현과 기호의 해석에 대한 연구들과(Arcavi, 1994; Hoch, 2007; Hoch & Dreyfus, 2006) 좀 더 일반적인 의미화 과정(semiosi: 기호작용)에 관심을 갖는 연구들(Presmeg, 2005) 중에서 선택하였다. 중고등학교 수학의 교수학습에 있어 중요하고 실제적인 공헌이 이 두 가지 사례를 통해 파악된다. 후반부에는 비록 중고등학생들의 대수 개념과 방법(Filloy et al., 2008) 및 일반화 과정(Radford, 2000)에 중점을 두기는 했지만, 기호학적 접근을 하고 있는 몇 가지 연구들의 결과들도 제시한다. 이어지는 절들에서는 학생들의 전략적 사고를 함양하는 의미화 과정이 평생 수학학습으로 진화될 수 있는 이유와 관련해 논의한다.

수학학습에서의 기호와 구조 감각

1994년에 출판된 에세이에서 Arcavi는 "문제해결 과정에서 언제 기호를 사용하고, 반대로 언제 기호사용을 안하는 것이 더 나은 도구가 될 것인지를 결정하는 직관적 느낌"을 포함하는 일련의 기술로서 "기호 감각(symbol sense)"에 대해 논의하였다(Arcavi, 1994, p. 25). 저자는 기호 감각을 "근본이 되는 의미를 조사하고 자기 자신을 그 의미와 연계시키기 위한 기계적인 기호화 과정을 지양하는"(Arcavi, 1994, p. 27) 사례화의 형식이라고 언급하였다. 후자의 기술에 대한 예시로서, Arcavi는 방정식의 해를 구하기 위해 방정식의 간략화 과정을 하는 중, 방정식 $3x+4=4x$에 이르게 된 한 고등학교 학생의 사례를 들었다. 기계적으로 대응하는 대수의 조작을 수행하는 대신에(즉, $3x$를 방정식의 양변에서 빼는 것) 학생은 잠시 멈추어 접근방식을 변경하였는데, 기호 읽기를 통해 좌변에 $3x$가 있다는 것에 기초하여 우변이 $4x$가 되기 위해서는 x를 좌변에 더해야 하기 때문에 결과적으로 x의 값은 5가 됨을 알았다. 이 사례와 관련하여 Arcavi는 정형화된 대수 풀이 방식과 이 학생의 방법은 수학적으로 구별하기 어렵지만 심리학적인 수준에서 중요한 차이가 있으며, 이 예는 "작지만 기호 감각을 내실 있게 잘 이용한 예"(Arcavi, 1994, p. 27)라고 주장하였다.

보다 더 최근의 예로 Hoch와 Dreyfus(2006) 그리고 Hoch(2007)는 고등학교 대수에서의 "구조감각(structure sense)"을 학생들이 지녀야만 하는 능력으로 다음과 같이 언급하였다. 1) 가장 단순한 형태로 된 친숙한 구조를 인지하는 능력, 2) 복잡한 항(compound terms)을 하나의 개체(entity)로 다루는 능력, 그리고 적절한 대입을 통해 복잡한 형태에서 친숙한 구조를 인지하는 능력, 3) 구조를 잘 이용하기 위해 적절한 조작을 하는 능력. 앞선 정의에 따라, 저자들은 Hoch & Dreyfus(2010, p. 530)의 연구 내용을 이용하여, 다음에 제시된 문제 1-5와 같은 과제를 통해 11학년 학생들에게 구조 감각을 지도하는 방식을 개발하였다.

1. xy의 값 찾기: $8xy+15=0$
2. xy의 값 찾기: $8x^2y^2+6xy-9=0$
3. 3xy의 값 찾기: $17xy-25=13+xy\ 90$
4. 2xy의 값 찾기: $34xy-4x^2y^2=10xy-13$
5. x의 값 찾기: $17x^2-45=0$

수학을 지도하면서 진행된 인터뷰를 통해 학생들에게 이 방정식들의 구조에 대해서 질문을 했고, 차후에 학생들이 다른 비슷한 구조를 가진 방정식을 만들 수 있는지 물어보았다. 몇몇 경우에서는 학생들이 문제해결을 위한 효과적인 방법을 제시할 수 있는지 알아보았다. 5번 문항이 만일 "x^2의 값을 찾아라"는 질문이었으면 다른 구조의 방정식을 가져야만 하는지를 학생들에게 물었다.

앞서 제시한 두 사례에서 저자들은 기호 감각과 구조 감각의 의미에 대해 의사소통하는 기술들에 의존했다. 혹자는 이 연구들에서 드러나는 논리화의 부재를 주목할 수도 있겠지만, 이러한 연구는 학생들이 앞서 서술한 기술을 가지고 있는지 확인하고 그러한 기술들을 개발하도록 도와주는 수업방식을 제안하고 검증하는데 있어 매우 유용하다(예를 들어, Hoch & Dreyfyu, 2010의 연습문제에 나오는 일차방정식 혹은 이차방정식의 구조의 예시).

Arcavi(1994), Hoch와 Dreyfyus(2006) 등의 연구와 아울러 Linchevski와 Liveneh(1999), Griffin(2004) 등의 수 개념에 대한 연구는 수학에 대한 전략적 사고의 범주 내에 있다. 이 점을 생각한다면 이들의 연구는 중고등학교 교육과정에서 다양한 대수 관련 주제와 문제해결에 대한 전략적 사고의 지도 가능성을 확장시키는 길을 열어주는 것이다. 예를 들어, 한편으로는 학생들이 데카르트 방식("방정식으로 만드는" 방법)을 이용하여 문장제 문제를 해결하거나 일차 방정식 또는 두 개의 미지수를 갖는 이차방정식 및 일차 연립방정식을 대수적 방법으로 해결하라는 과제를 수행할 때, 학생들이 그들의 학습수준에 적합한 수와 기호 감각의 표현을 인식하는 것이 중요하다. 이러한 발견은 학생들의 전략적 사고와 학교에서 배운 방법 간의 상호작용을 심도 있게 분석하는데 유용하다. 다른 한편으로는 중고등학교 대수에서 구조감각과 관련된 수업 차시들을 만들고 테스트 하는 것은 흥미로운 교수학적 도전이기도 하며, 학교수준에서 기호 대수 지도법의 중점이 변화될 수 있는 가능성을 시사하는 것이기도 하다. 더욱이 근본적으로 기호적이고 구조적인 수학의 성질에 비추어 볼 때 기호 및 구조 감각과 관련된 전략적 사고의 계발은 고등교육과 평생교육을 위한 중요한 수학학습의 구성요소이다.

의미 형성 과정으로서의 수학의 이해

Arcavi(1994), Hoch와 Dreyfyus(2006)의 연구와 마찬가지로 일부 연구자들은 수학에서 의미가 부여되는 과정을 설명하려고 시도하는 이론의 개발에 관심을 표명하고 기호학 또는 기호의 과학을 이용한 연구를 하였다. 일반적으로 수학교육에서 야기되는 문제에 대한 기호학적 접근은 수학 개념과 기호에 대한 이해를 의미 형성 과정으로 본다. 말하자면 의미 형성을 위하여 기호를 생성하고 사용하는 과정에 의존한다는 것이다.

다양한 연구자들과 기호학의 흐름에 따르면, 의미 형성 과정과 그 구성요소는 각기 다른 방식으로 인식되고 있다. 이 절에서는 Peirce(1931~1958)가 제시한 이론의 요소들을 참조하였으며 이 장의 후반부에서는 이 이론을 바탕으로 하여 수학교육연구와 관련된 논의를 하겠다. 이 이론의 특성 중의 하나는 기호 자체보다는 그 과정이 더 강조된다는 것이다(Hoopes, 1991). 그 강조는 기호의 개념 자체에 있어서도 나타난다. Peirce는 다양한 정의를 통해서 기호란 Saussure의 제안처럼 기표(signifier)와 기의(signified)의 양자관계로 규정되지 않는다고 지적하며, 이는 표상체(S), 대상체(O), 그리고 어떤 기호가 그 대상의 어떤 목적으로 연관되는 관계를 다른 시각으로 다루는 관념(해석체 I) 간의 삼자관계라고 하였다. 따라서 (S, O, I)의 삼자관계에서 S와 I는 표상체이며, I는 새로운 표상체 S', 즉 대상체(O)의 다른 해석체[3]인 I'를 만들어내어 새로운 인식인 I'을 만드는 것이다. 그래서 대상체 O는 두 개의 삼자관계인 (S, O, I)와 (S', O, I')를 연결하는 매개가 되는 것이다. 이것이 바로 Peirce가 정의한 무한한 의미 형성 과정을 가진 기호의 개방성이다.

> **기호:** (1) 어떤 것을 결정하는 것(그것의 해석체)은 대상체를 언급하게 되는데 그 대상체를 같은 방식으로 언급하면서 그 해석체가 다시 표상체가 된다. 이처럼 기호 행위는 무한하고 연속적인 과정이다. (Peirce, 1931-1958, Vol. 2, p. 169)

Peirce(1868)가 몇 가지의 정의를 제시한 것처럼 그는 또한 기호의 몇 가지 분류체계를 제시하였는데, 그 중 하나는 다음과 같은 세 개의 범주로 구성되어 있다. 도상(icons), 지표(indices), 상징(symbols)[4]. 이 분류체계는 기호가 대상을 표시하는 방법에 따라 정의된다. 도상(icon)은 그 대상 자체의 성질에 의해, 지표(index)는 그 대상의 실제적 연관성에 의해 상징(symbol)은 해석체(interpretant)를 위한 습관이나 규칙에 의해 표시되는 것이다.

수학교육 분야에서 기호학과 수학 또는 기호학과 수학학습에 대한 근래의 연구는 이러한 접근 형식에 관심을 관심을 보이고 있다(예를 들어, Hoffmann, Lenhard, & Seeger, 2005; Radford, Schubring & Seeger, 2008 등의 연구 참조). 이처럼 Peirce의 이론에 대한 관심을 공유하고 그 이론의 구성요소들을 접목시킨 연구자 중 한 명은 Otte(2005)이다. 그는 기호학의 관점에서 수학이해에 대한 근본적인 문제들을 연구할 것을 제안하였다. 이는 수학적 대상과 증명의 모순(Otte, 2005, p. 9)과 같은 문제들을 포함한다. Otte는 수학의 의미화에 있어 Peirce가 만든 기호의 분류체계(도상[icons], 지표[indices], 상징 [symbols])의 역할을 분석하였다. 반면, Otte의 생각에서 영향을 받은 Presmeg(2005)는 이러한 표상의 범주를 은유와 환유로 규정하고, Peirce의 삼자적 공식에 기반을 둔 종속 모델을 만들었다(이 모델에 대한 설명은 Presmeg, 2005, pp. 106~107 참조). 대학생들과의 수업 일화를 이용하여 Presmeg은 어떻게 표기법의 변화를 통해 기하학적 도형의 선분의 길이에 대한 관계가 자신과 학생들에게 어떻게 더 명확해졌는지를 제시하고 있다. 이 일화에는 삼각형의 꼭짓점에서 시작된 선분과 대응 방접원의 접선들과의 교차점을 의미하는 삼각형의 나겔점(Nagel point)의 존재를 보여주기 위한 측정이 이용되어야 했다(그림 7.1에서 N은 삼각형 ABC의 나겔점을 나타낸다).

기호의 변화는 선분 AB를 c1 + c2, 선분 BC를 a1 + a2, 선분 AC를 b1 + b2로 나타내는 것으로 이루어졌다. 그림 분석에 이를 이용하면, c1+c2+a1과 b2+b1+a2가 삼각형 ABC의 둘레의 절반임이 분명해진다. 이는 대문자로 AB, BD, AC, CD를 선분을 표기하기 위해 사용하는 동안 "감추어져 있었던" 필요한 증명의 수행을 가능하게 해준다. Presmeg에 의하면,

> 의미생성의 용어로 AB+BD = AC+CD 라는 표현체(representamen)는 그 대상이 둘레의 절반이고, 주어진 6개의 표현의 각각은 둘레의 절반으로 표현되며, 따라서 이들은 서로 같다는 사항들을 분명히 하기 위한 삼각형의 둘레의 절반과 비슷한 도상적(iconic) 유사성이 충분하지 않았다. 표현체인 c1+c2+a1 = b2+b1+a2는 유사한 방정식과 함께 그들 간의 관계를 명확히 하는데 도움이 된다. 양자 모두 기호학적이고, 선분의 길이의 관계를 표현하는 일상적인 방법이다. 두 경우 모두 성공적이건 아니건 간에 해석체는 행위의 결과를 결정하는데 있어 중요하다. 두 기호의 차이점은 은유적 성격 또는 환유적 성격을 띠는지, 즉, 원과 선의 배치의 추상적 배치를 표현하는데 있어 도상(iconic)으로 사용되는지 지표(indices)로 사용되는지에 있다 […]. 은유로서 저차원적 표현체인 도상(icon)은 관계를 드러내게 하는 해석체를 제시하는데 있어 보다 효과적이다. (Presmeg, 2005, pp. 113-114)

기호의 은유 및 환유적 성질과 관련된 분석을 한 Presmeg의 일화는 수학지도와 전문적 수학 자체에서 사용되는 기호의 관련성의 예시이다. 이 특정 사례는 기호나 표현체가(그 자체로서 혹은 도상[icon]의 역할을 하며) 기하학적 도형의 특정 부분과 관련된 의미화의 과정, 즉 필요한 표현의 기본이 되는 도형의 요소간의 관계가 명확해지도록 표현하는 데 결정적인 역할을 함을 보여주고 있다. 이 예시는 대학 수준의 기하에서 다뤄지는 주제(나겔점[Nagel point], 체바의 정리[Ceva theorem])이기는 하지만, 의미화 과정에 대한 논리적 설명은(대수에서는 아닐지라도) 중고등학교 수학에서의 도형, 공간 및 측정, 통계, 상황과 문장제의 표상과 같은 주제나 사례들에도 잘 적용될 수 있다.

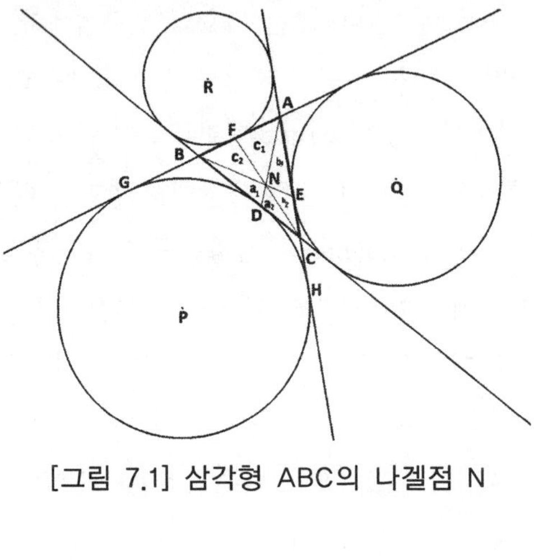

[그림 7.1] 삼각형 ABC의 나겔점 N

수학학습에서 감각의 생성: 대수적 읽기와 쓰기의 사례

앞서 언급하였듯이 대수 기호의 읽기(해석)를 다루는 연구 분야에서 연구자들은 11~16세의 학생들이 이러한 읽기의 특성을 풀어내는 시도를 통해 대수의 기호를 읽는 방식을 연구하였다(Booth, 1984; Filloy & Rojano, 1989; Freudenthal, 1983; Kieran, 1981; Kuchemann, 1981). 어떤 연구자들은 대수를 언어로 간주하는 관점에서 문제에 접근한다. 이에 대해 어떤 이들은 기호학에 의존하는 연구가 언어학을 사용하는 연구와 다르다는 것을 명료히 해야만 한다고 한다. 후자는 수학을 언어로서 연구하고 그 구문론과 의미론적인 측면을 분석하는 것이다(Drouhard, 1992; Kirshner, 1987, 1989). 반면에 전자는 수학을 기호의 체계로서 연구한다. 후자는 수학 기호만이 아니라 토착어나 다른 형태의 기호들도 연구에 포함한다. 이것은 수학 교수·학습에 쓰이는 텍스트가 각기 다른 체계에서 온 기호들을 포함하고 있기 때문에 수학교육에서 매우 유용하다(Puig, 2003).

Filloy(1993)가 개발한, 학생들이 수학 과제를 수행할 때 만들어 내는 것을 포함한 광범위한 개념의 수학적 기호체계(Mathematical Sign System: MSS)를 가지고 Filloy와 동료들(2008)은 수학학습 및 지도 상황에서 수학 기호 체계의 텍스트 읽기 및 변형 과정을 기술하기 위해 의미형성 과정에 대한 Peirce 이론의 요소를 차용하였다(여기서 텍스트는 학생들에게 제시되는 과제나 문제, 또는 그 과제를 논의하고 해결하는 과정에서의 생산물이다). 앞서 언급하였듯이 Peirce의 이론에 따르면, 끊임없는 의미 형성의 과정에 있어 기호 개방성의 조건은 O를 통한 두 삼자관계, (S, O, I)와 (S', O, I') 간에 생성되는 연결고리로부터 나온다(Peirce, 1931~58, p. 135). Filloy 등의 연구에서 이 의미형성의 과정은 분리된 기호들이 아닌 텍스트로 인식되며, 이는 한 텍스트 T가 읽혀지고 새로운 텍스트인 T′으로 읽혀지고 변형될 수 있는 개방성을 가진 텍스트인 T″로 변형되는 연계를 가능하게 한다. 이 관점에서 T, T′, T″ 간의 구분은 무한한 읽기/변형 과정에서의 텍스트 위치 간의 구분이다(Filloy et al., 2008, p. 125). Peirce의 이론에서 의미 형성의 과정은 기호에 대한 감각의 생성을 유도한다. 반면 Filloy 등은 수학학습 및 지도에서 감각의 생성은 수학 텍스트(앞서 언급한 폭넓은 개념의 수학적 텍스트)의 읽기/변형의 과정을 통해 발현된다고 하였다.

중고등학교 대수의 교수 및 학습에서 관심사는 개념(예를 들어, 미지수, 변수, 함수) 뿐만이 아니라 방법(예를 들어, 방정식과 문장제 문제해결을 위한 대수적 방법)에 대한 감각의 생성을 연구하는데 있다. 선행연구들은 중고등학교 수준에서 대수의 개념과 방법을 학습하는 것은 학생들의 사고에 있어 중요한 전환임을 시사해왔다. 이러한 전환은 동치 및 변수의 개념 확대, 미지수 연산에 있어서의 어려움 극복, 문장제 문제해결에 있어 산술적 및 직관적 방식에서 문제를 방정식으로 바꾸는 방식으로의 전환(Cartesian method) 등을 포함한다. 이러한 전환의 일부는 위에서 인용한 텍스트의 읽기/변형의 과정의 관점에서 최근에 연구가 이루어져 왔다. 예를 들어, Filloy, Rojano, & Solares(2010)는 고등학교 학생들을 대상으로 수업을 겸한 심층 인터뷰를 수행했다. 이 연구는 두 개의 미지수를 가진 문제의 대수적 풀이 학습을 다루고 있는데, 이는 한 미지수가 두 번째의 미지수를 포함한 식으로 표현될 때 그 미지수를 다루는 학생들의 능력의 향상을 분석하였다. 교육과정으로 살펴보았을 때, 이 연구는 학생들이 일차방정식의 대수적 해결은 이미 습득했지만 두 개의 미지수를 갖는 연립일차방정식의 대수적 방법을 아직 학습하지 않았을 때의 상황을 보고하고 있다. 여기 구체적인 문제가 있다.

$$\begin{aligned} Ax + By &= C \\ Dx + Ey &= F \end{aligned}$$

x와 y가 미지수이고 A, B, C, D, E, F의 값을 알고 있을 때, 해를 찾기 위해서는 결국 그 미지수를 다음과 같은 표현으로 나타내어 연산을 하는 것이 필요하다.

$$y = \frac{C - Ax}{B},\ B \neq 0$$

이 연구에서 인터뷰를 시작할 때, 학생들에게 두 개의 미지수를 가진 문장제를 가지고 오라고 했다. 그 풀이과정을 통해서(수업시작 전, 직관적인 전략을 사용하는 단계에서) 두 개의 미지수를 대수적 구문을 통해 발전시켜야 한다는 것이 분명해졌다. 학생들은 미지수가 하나인 일차방정식을 해결하는 어려움을 극복하는 것이나 두 미지수를 문자로 명명하는 것으로도 불충분하다는 것을 확실히 알게 되었다. 이는 한 미지수를 다른 미지수를 통해 표현해서 연산을 하는 것이 필요하다는 것과 동치와 대수적 치환에 새로운 의미를 제공하는 것이다(Filloy et al., 2010, p. 76). 미지수의 연산 및 대수적 치환과 관련된 감각을 유도하는 이러한 의미 형성의 과정을 보여주기 위해서, L이라는 연구 참여 학생의 인터뷰를 여기 제시한다. 이 일화에서 L에게 두 개의 미지수를 포함한 "나이 문제"를 제시하였다(Filloy et al, 2010, p. 4).

이미 언급하였듯이 인터뷰 당시 L은 한 개의 미지수가 있는 일차방정식과 관련된 구문적 규칙은 숙달했으나, 두 개의 미지수를 가진 두 일차 연립방정식의 해법은 학습하지 않았다. 인터뷰의 단계에서 L은 두 개의 미지수가 있는 간단한 문제를 해결했고, 인터뷰 중에 이러한 문제들을 어떻게 연립방정식으로 변환시킬 수 있는지에 대해 학습했다.

나이문제: Juan과 Carlos의 나이차는 12년이다. 4년 이내에 둘 중 더 나이가 많은 Juan의 나이는 Carlos의 나이보다 2배 많아진다. 현재 이 둘의 나이는 각각 몇 살인가?

L은 문자 J와 C를 미지수(Juan과 Carlos의 나이)를 표현하는데 사용하였고 문장제를 다음과 같은 연립방정식으로 표현하였다.

$$\begin{aligned} J - C &= 12 \\ J + 4 &= 2(C + 4) \end{aligned}$$

대수식(algebraic code)으로의 변환은 문장제에 대응하는 텍스트의 읽기/변환의 중요한 과정이다.

L은 Carlos가 특정 나이일 때 Juan의 나이를 찾아낼 수 있었지만, Carlos의 나이에 따라 Juan의 나이를 계산해낼 수 있는 대수식을 찾지는 못했다($J = C + 12$). 또한 J와 C의 값을 모르기 때문에 미지수 J와 C에 대한 연산을 할 수 없었다. 즉, 방정식에 대응하는 텍스트의 읽기/변형을 위해서 두 개 중 하나의 미지수(C)에 수치를 대입해야만 했다.

적절한 식을 얻어낼 수 있도록 L을 돕기 위하여 질문자(I: interviewer)는 미지수 C의 값을 알고 있다고 생각해보라고 했다.

I: 여기서 Juan나이 빼기 Carlos의 나이는 12라고 했지. 만약 우리가 여기 숫자를 넣으면 예를 들어, 10이라고 하면 Juan의 나이를 찾을 수 있을까?

(질문자는 방정식 J − C = 12를 가리키고, 그 방정식의 C 아래에 10이라고 썼다.)

L: 예. 이거 두 개를 더해요

(L이 10과 12를 가리킨다.)

I: 좋아. 그럼 우리가 Carlos의 나이를 알면 Juan의 나이를 알 수 있을까?

L: 예!

I: 어떻게?

L: Carlos의 나이에 12를 더해요.

I: 그렇다면 내가 Carlos의 나이를 C라고 표현하면 Juan의 나이는 어떤 값일까?

(질문자는 방정식 J − C = 12에서 C와 J를 가리킨다).

L: 아직 몰라요.

L이 미지수가 하나인 일차방정식의 해법을 잘 수행했지만, $J = C + 12$를 도출해내기 위해 텍스트 $J - C = 12$를 적절히 읽고 변형시키는 작업은 할 수 없었다. 그 때 질문자가 개입을 했다.

I: J의 값이 무엇일까? 이것은 수인데 네가 그 값을 몰라, 하지만 그것은 수야. 만약 내가 그 수가 뭔지를 알고 있는데, 너에게 말하고 싶지 않다고 하자. 그것을 C라고 부를께. 너에게 그것이 C라는 것을 말해줄게. 그러면 Juan의 나이는 몇 살일까?

(질문자는 $J - C = 12$에 있는 J를 가리킨다.)

L: C 더하기 12.

(L이 $J = C + 12$라고 쓰고 잠시 후에 또 $(C + 12) + 4 = 2(C + 4)$라고 쓴 후, $(C + 12) + 4 = 2C + 8$이라고 간단히 쓴다.)

I: 뭐를 했니? 왜 그것을 여기에 놓았지?

(질문자는 방정식 $(C+12)+4=2C+8$에 있는 $C+12$를 가리킨다.)

L: 왜냐면 … 그거 기억나세요, P가 … 여기 있을 때 … 우리가 그걸 a 다섯 개로 바꾸었을 때? 음, 그래서 여기서 J를 C 더하기 12로 바꾸었어요. 그랬더니 여기 C들만 남았어요.

L은 둘레 문제 (인터뷰 방금 전에 풀었던 문제)를 가리켰다. 그러고 나서는 방정식 $J+4=2C+8$에 있는 J와 방정식 $(C+12)+4=2C+8$에 있는 $C+12$를 가리켰다.

L은 자신의 추론을 다음과 같이 설명했다. "전 J를 C + 12로 치환해서 C들만 남도록 했어요." 여기서 이 학생은 미지수 C에 대해 자신이 얻은 방정식을 $(C+12)+4=2C+8$이라고 썼다.

이 시점에서 L은 이 방정식을 아무 어려움 없이 풀어 C = 8임을 얻었다. 그리고 나서 $J=12+C$에 C의 값을 대입하여 J = 20을 찾았다.

L에게 C를 알고 있는 값이라고 생각해보라고 한 질문자의 개입은 L이 이전에 스스로 해결했던 더 간단한 문제를 참고했던 것과 함께 방정식 J - C = 12를 J = 12 + C로 읽고 변형시키며, J + 4 = 2 (C + 4)에서 J를 C + 12로 치환할 수 있는 감각을 생산해 내는데 있어 결정적인 역할을 했다. 이러한 감각의 생산은 L이 미지수가 하나인 일차방정식을 해결하는 구문 능력을 회복하고 결과적으로 미지수가 두 개인 연립일차방정식을 풀 수 있게 되는 과정에서 중요한 역할을 하였다.

조작적인 관점에서 이 연립방정식의 두 번째 식을 $y=\dfrac{C-Ax}{B}$로 치환하는 것은 y가 문제 상황에서 무엇을 나타내는지를 참조하는 것과 아울러, 대다수의 학생들로 하여금 치환의 결과로 나오는 수식들의 동치성과 두 개의 미지수가 있는 두 개의 연립방정식의 해법으로서 치환방법 그 자체를 이해하도록 한다(Filloy et al., 2010, pp. 70-75).

여기 기술한 연구들은 대수에서 수학 기호체계를 능숙하게 사용하기 위한 과도기적 과정은 중고등학교에 걸쳐 지속적으로 나타난다는 사실을 보여준다. 더욱이 학생들은 치환 및 동치 등과 같은 대수와 관련된 행위에 관한 감각생성을 요하는 중요한 시점을 경험하게 되며, 이는 "적절한" 읽기를 할 수 있는 것 - 즉, 대수 기호를 해석하는 것- 이상으로 나아간다. 이처럼 수학 교수·학습을 수학적 텍스트의 읽기/변형 등을 통한 의미 형성의 과정(감각생성의 과정)으로 여기는 관점에서 보면 특수적인 것에서 일반적인 것으로, 산술에서 대수로, 구체에서 추상으로 변화하는 중고등학교 학생들의 수학적 사고의 발달과 같은 오래된 연구 문제를 재조명 할 수 있다. 중고등학교 학생들이 이러한 형식의 발달을 성취하는 것은 그들에게 장기간의 수학학습을 준비할 수 있도록 도와준다. 왜냐하면 일반적, 기호적(대수적), 그리고 추상적 성질이 수학적 사고에 있어 고유한 영역이기 때문이다.

수학 일반화에 있어서 기호와 의미

학생들의 초기 대수적 사고에서의 기호와 의미를 다룬 Radford(2000)의 연구는 기호론적 시각을 포함한 사회문화적 이론의 틀을 이용하였다. 한편, 이 틀은 우리의 인지적 기능은 기호에 영향을 받는다는 비고츠키의 생각에 기반을 두고 있으며, 다른 한편으로는 개인이 행동하고 생각하는 기호는 개인적 수준으로 파급된 기호적 문화 체계에 속한 것이라는 생각에 바탕을 두고 있다. 이러한 방식으로 개인이 생각하는 기호는 사회적 사용의 의미와 규범에 따라 형성되며, 그것은 개인들에게 기호의 객관화라는 사회적 의미를 제공한다(Radford, 2000).

이러한 관점에서 Radford(2000)는 대수 학습을 "수학활동에 대한 사회적 몰입의 결과로서 학생들이 그 의미를 습득하는 기호의 새로운 이용과 생산을 교수학적으로 서로 엮어 주는 새롭고 구체적인 수학적 행위와 사고의 방식에 대한 지원으로"(p. 241) 인식하였다. Radford는 이 접근방식을 8학년 학생들을 대상으로 한 연구자료 분석에 이용하였는데, 그 연구는 다음과 같은 목적을 가지고 있었다. "1) 패턴의 대수적 일반화와 관련된 아주 초기적인 과제들을 수행하는 동안에 학생들이 어떠한 방식으로 기호를 사용하고 의미를 부여하는지에 대한 조사, 2) 학생들의 대수적 사고의 발현에 대한 설명 제공" (Radford, 2000, p. 238). 이 두 가지의 목적과 관련하여 저자는 도형 수열(figurative sequence)에서 n번째 배열에 있는 원소의 수를 계산하는 공식을 찾는 일반화 활동에 참여한 소집단 학생들의 자료를 분석하였다. [그림 7.2]는 학생들에게 제시된 과제이다.

일반화된 공식을 찾기 위한 과정 중, 이 수열의 12번째 배열을 생각하는 일화에 대한 기호학적 분석을 통해 Radford는 다음과 같이 보고하였다.

> 객관적 일반화는 두 핵심 언어적 요소를 이용해 잠재적 행위로 정교화된다. 두 요소란 지시적 용어와 은유기능을 하는 구체적 예시(여기서는 그림 [7.2]의 수열)로부터 기인하는 발생적 행동의 부사이다. "순위", "수직적", "수평적" 등과 같은 용어를 사용하여 만들어진 은유적 그림 [7.2]는 학생들로 하여금 구체적인 예를 이용하여 일반적인 것을 표현하는 방법을 제공하여 일반적 이해와 논리적인 표상을 가능하게 해준다. 게다가, 기호로 된 공식이 축약되거나 약식의 진술에 등장하는 것으로 미루어 볼 때, 보통의 언어를 사용하는 일반적 객관화는 기호로 된 공식의 등장에 있어 기본이 됨을 증명하고 있다. 중요한 결과는 기호의 객관화의 과정에서 도출되는 문자 기호가 지표(indexes)의 범주에 해당된다는 것이다. (Radford, 2000, pp. 260 - 261)

논문의 다른 부분에서 Radford는 다음과 같은 결론을 제시했다. "비기호적인 표현으로부터 일반적인 기호적, 대수적 표현으로의 변환 과정은 두 가지의 균열을 의미한다. 첫째는 패턴의 감각적 기하에서의 균열이고 다른 하나는 그에 관련된 수식적 특성에서 균열이다"(Radford, 2000, p.261). Radford의 논문에서 발췌한 이 인용구는 학생들이 다양한 수학적 기호체계와 상호작용을 할 때,

그들이 생산한 것을 분석하는데 이용하였던 이론적 접근의 기호적 그리고 사회문화적 성질을 제시한다. 더욱이 제시된 사례는 그러한 기호학적 관점을 이용하여 지난 30여 년간에 걸쳐 폭넓게 연구되었던 중고등학교 학생들의 일반화 과정에 대한 새로운 발견을 제시한다. 이러한 발견에는 다음과 같은 것들이 포함된다. 1) 학생들에게 일반성을 말로 표현하도록 허용하고 특수한 사례를 통해 일반화를 표현할 수 있게 하는 과정의 은유적 성질, 2) 학생들이 비기호적 표현방식으로부터 일반화된 기호적 표현으로 전환해 가는 과정에서 특수한 특성들로부터 벗어난다는 발견.

제공된 빙고 칩을 이용하여 다음의 수열을 만드시오.
6번째 그림에 도달할 때까지 계속 수열을 만드시오.

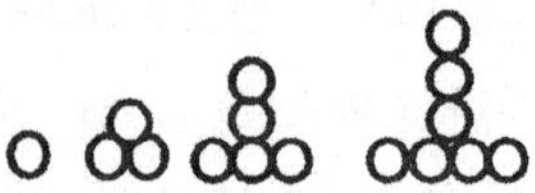

6번째 그림을 포함한 수열을 계속 만드시오.

a) 10번째 그림에는 원이 모두 몇 개 있는가?
b) 100번째 그림에는 원이 모두 몇 개 있는가?
c) 이제 다른 반에 있는 8학년 학생에게 이 수열에서 몇 번째 그림에 원이 몇 개 있는지를 설명하는 메시지를 보내려고 한다. 메시지:
d) "n" 번째 그림에 있는 원의 수를 계산하는 공식을 찾으시오.

[그림 7.2] 소집단 활동으로 학생들에게 제공된 문제 (Radford, 2000, p. 254)

수학학습을 보는 새로운 방식

이 절에는 의미와 감각이 수학적 기호와 텍스트에 부여되는 과정에 대한 다양한 연구들을 인용하였다(앞서 서술한 폭넓은 의미에서의 텍스트의 개념을 고려할 것). 연구들로부터 도출된 경험적인 발견과 이론화는 수학의 이해와 학습을 보는 새로운 시각을 제시한다. 이 새로운 관점은 중고등학교 학생들의 수학적 사고 전환에 대한 분석을 보다 철저하게 하도록 해주었으며, 이러한 전환은 학습자와 수학적 기호체계간의 관계에 있어 근본적인 변화를 포함한다는 점을 논의하였다. 이러한 전환에 대한 심도 있는 연구를 기반으로 이를 수용하는 교수방식이 디자인되고, 이러한 방식으로 학생들이 상위 수준의 수학적 학습을 향해 전진할 수 있도록 돕는다.

디지털 테크놀로지와 중고등학교 수학

이 핸드북의 2판에서 저자는(Rojano, 2008) 중고등학교에서 수학의 일반화와 다양성을 지도하고 학습하는데 있어 디지털 테크놀로지가 중요한 역할을 한다는 분석을 제시하였다. 90년대에 이루어진 연구들에 기반을 둔 이 분석은 중고등학교 학생들에게 복잡한 수학적 개념을 이른 나이에 도입하는 것이 가능함을 분명하게 해주었다. 이 분야의 연구들은 학생들의 도형 수열 또는 숫자 수열의 기호화 과정을 돕고, 학생들이 함수의 분석적 표현을 다루지 않고도 많은 표상에 있는 변동 현상 분석에 도움을 주는 것에 있어 테크놀로지의 가능성을 보여주었다(Rojano, 2008). 이번 핸드북에서는 또한 3차원적 도형을 조작하고 그 기하학적 성질의 연구 및 가시적 발견을 가능하게 해주는 새로운 버전의 동적 기하(Dynamic Geometry) 프로그램들을 이용하여 3차원적 기하 주제를 중고등학교 수준에 도입하는 가능성에 대해서도 언급하였다(Rojano, 2008, pp. 146-148). 이 절에서는 "디지털 테크놀로지-중고등학교 수학" 에 대한 주제가 재조명되는데, 테크놀로지의 진화가 교육과정과 수업현장에 미치는 잠재적 파급력에 강조점을 둔다.

테크놀로지의 혁신과 중고등학교 교육과정

수학교사 및 학교행정가들 사이에는 디지털 테크놀로지가 수학교육과정에 미치는 잠재적인 영향에 대한 다소 회의적인 반응이 존재한다. 그럼에도 불구하고 아주 다양한 전문적 소프트웨어와 앱을 이용해 지난 십년간 수행된 경험적 연구들의 결과는 다양한 학교수준의 교육과정 변화에 실로 큰 영향을 미쳤고(Sutherland & Rojano, 2012), 특히 중고등학교 수준에서는 더욱 그러했다. 이 영향은 디지털 테크놀로지가 다음과 같은 사항들을 이루는데 어떻게 도움이 되었는지를 통해 보여 진다. 1) 서로 다른 교육과정 영역을 연결하는 것(예를 들면, 서로 역동적으로 연결될 수 있는 개념이나 상황의 다양한 표상들을 가지고 작업하는 가능성을 이용한 수학과 과학의 연계), 2) 영향력 있는 수학적 내용을 학생들에게 이른 시기에 접할 수 있게 하는 것(예를 들어, 학생들에게 초등학교 수준에서 다양한 수학에 대한 도입 가능성) 3) 학생들로 하여금 통계, 정보의 표현 및 관리 능력과 관련한 광범위한 실제 자료를 분석하도록 하는 것, 4) 새로운 주제를 교육과정에 도입하는 것, 5) 전통적 교육과정 주제를 제외하는 것(Royal Society & JMC, 1997). 상당 부분의 조작적 대수가 90년대의 교육과정에서 삭제된 영국의 경우가 이에 해당한다. 영국은 교육과정 제안서에서 방정식과 문제의 해결은 계산기를 이용한 시행착오 방식으로 행해지도록 하였다. 이후에 대수 교수법에 대한 연구결과를 토대로 교육당국이 이전의 결정을 번복하여 오늘날에는 지필을 통한 대수가 영국 교육과정에서 주를 이루고 있음도 언급할 가치가 있다(Sutherland, 2007).

중고등학교 교육과정의 특정 주제와 관련해서 좀 더 최근 발전의 일부가 변화의 잠재적 요소가 되어왔다. 예를 들어, 최근 3차원적 동적 기하의 발달 동향은 학생들이 3차원적 도형에 대한 시각적 정보를 얻을 수 있도록 해주었다. 그래서 이전에는 대학 교육과정에서 다루어지던 도형에 대한 분석적 표현 및 고차적인 수학의 성질과 정리의 숙달을 필요로 하는 공간 기하가 이제는 고등학교 학생들에게 제시될 수 있게 되었다(그림 7.3).

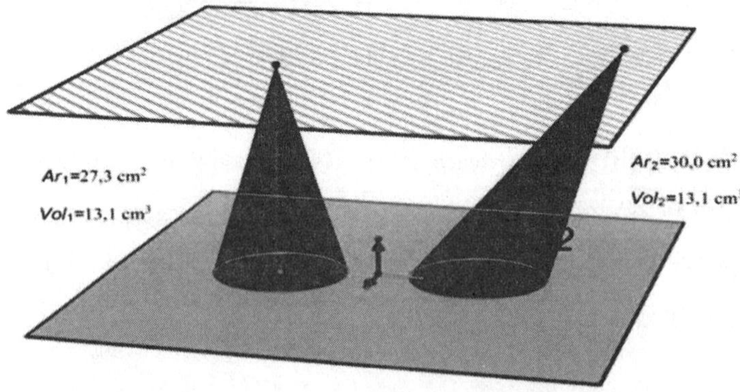

[그림 7.3] Cabri-3D Geometry Figure. 원뿔의 꼭짓점들을 움직이는 것을 통해, 합동인 밑면과 같은 높이를 가지는 원뿔들이 표면적은 달라도 같은 부피를 가짐을 보여준다.

CAS(Computer Algebra System)환경에서 수행된 연구를 통해서 연구자들은 대수의 조작적 측면에 대한 강조를 줄이고 개념적 활동에 중점을 두거나(Kieran, 2007) 또는 개념적 및 기술적인 수학의 측면을 모두 증진시키는 것이 가능함을 발견하였다(Artigue, 2002; Lagrange, 2003).

개방형(open-source) 동적 기하 소프트웨어인 지오지브라는 유클리드 기하학(Euclidean geometry), 데카르트 기하학(Cartesian geometry), 해석 기하학(analytic geometry)을 연계하여 학습하는데 편리하다. 교육적 목적으로 특별히 제작된 것이 아닌 소프트웨어들 중, 최근 버전의 스프레드시트는 다양한 수학적 표상과 실제 현상에 대한 시뮬레이션이 포함된 수학적 모델링 활동에 우호적인 환경을 제공한다(Horton & Leonard, 2005).

이러한 혁신이 공식적 교육과정의 변화에 영향을 줄 수 있다는 사실에도 불구하고 도구화, 조율(Trouche, 2004), 그리고 기호적 중재(Bartolini & Mariotti, 2008) 등의 과정에 대한 견고한 이론 하에 실제 중고등학교 교실에서의 수학교육과정 실행에 미치는 영향을 연구할 필요가 있다. 이는 차후 전도유망한 연구과제가 될 것이다.

테크놀로지 혁신과 수업실행

학교로 디지털 테크놀로지가 도입되면서 테크놀로지를 이용하는 수많은 방식들이 등장했는데, 그 중 테크놀로지의 혁신에 발을 맞추려는 시도가 있어 왔다. 예를 들면, 계산기 및 컴퓨터의 이용 시 전자칠판을 보조적으로 함께 사용하는 것이다. 전자칠판의 경우 개인이나 집단의 작업이 통합되어 큰 화면에 함께 투사될 수 있기 때문에 무엇보다도 지식의 사회적 구성을 위한 그룹 토론, 풀이방법의 비교, 지식의 제도화(Trouche, 2004) 등을 위한 적합한 환경을 구성한다.

지난 10여 년간 이러한 특성을 가진 정부주도의 프로젝트가 세계 여러 지역에서 실행되었다. 멕시코에서는 무상 초등학교 교과서 프로그램과 연계하여 화이트보드에 직접 투사하고 조작할 수 있는 전자칠판 같은 상호교류 자료가 개발되었다(Trigueros et al., 2006). 영국에서는 전자칠판이 의무교육 기관의 교실에서 방대하게 사용되었다(Kenewell, 2009). 앞서 제시한 두 경험 사례 중 그 어느 것도 전자칠판과 관련하여 아주 낙관적인 결과를 보고하지 않았음에도 불구하고, 우리는 테크놀로지로부터 파생되어 나온 사용법이 80년대의 현저한 이분법적 사고에 종지부를 찍었다고 말할 수 있다. 그 이분법적 사고란 개인적으로 혼자 이용하기 위해 디자인된 테크놀로지와(예를 들어, 그래픽 계산기)와 개인적 작업을 대중화하는데 사용되는 테크놀로지(예를 들어, 개인 컴퓨터)로 구분하는 것이었다(Rohano, 2014).

교수관행의 전환과도 관련되어 있는 아주 다른 사고의 맥락에서 보면, 테크놀로지 혁신은 최근 들어 수학학습의 조건을 바꾸며 개발되어 왔다. 예를 들어, (네트워크를 통해) 새로운 앱(태블릿을 위한 앱)들을 연결하고 이전 세대에 개발된 쌍방향 교류를 가능하게 하는 자료들(예를 들어, GD, spreadsheets, CAS)을 모바일 기기에 연결하게 한 접근성은 교수 및 학습 모두에 있어 디지털 테크놀로지의 융통적이고 다양한 방식의 사용을 장려할 수 있게 했다(Hegedus & Tall, 이 책의 23장 참조). 특히 자기주도학습을 위해 개발된 앱들을 이러한 기기에서 개별 작업하게 된 것은 학습자 중심의 학습을 가능하게 했다. 더욱이 이 경우 디지털 테크놀로지는 자율적 학습, 평생학습의 수단으로서의 기능을 수행한다. 이러한 개발에 있어 각기 이차방정식의 분해와 이차방정식의 해결을 위해 개발된 iFactor나 iFactor Pro와 같은 Apple iPad 앱의 사례에서 보이는 것처럼, 교수(teaching)에 대한 강조가 줄어들었다. 이러한 앱들은 이전에 학생들이 지필을 이용해 대수 문제를 해결한 결과를 확인하는데 사용되어 그 학생들이 대수조작 기술을 개발하는 것을 도울 수 있다. 그러한 형식의 앱들은 표현의 구조와 수식으로 된 방정식 계수 및 해법, 대수에 있어서의 다양한 형태를 지닌 대수 과제나 연습문제들을 자동적으로 제시하는 특성을 가지고 있다.

마우스나 키보드와 같은 매개체 없이 사용자가 기하학적 사물들을 직접 “터치”하고 조작하는 태블릿용 앱들도 개발되어 왔다. 지식의 대상과 직접적인 상호작용을 가진 이러한 자료들을 이용하는 것은 인지적 및 인식론적 수준에서 영향을 미칠 수 있음을 생각할 수 있다. 즉 이는 학생들이 수학적 지식을 계발하는 방식에 영향을 미칠 것이다(그림 7.4).

[그림 7.4] 디지털 태블릿의 터치 스크린에서 기하학적 도형을 직접 조작하기
출처: Hegedus (2012); James Kaput Center, University of Massachusetts (www.kaputcenter.umassd.edu)

또 다른 혁신은 디지털 학습환경에서 공부를 할 때 학습자에게 제공되는 지능적인 피드백 지원체계에서 일어났다. 이 중 eXpresser라는 소프트웨어가 있는데, 이는 London Knowledge Lab(www.lkl.ac.uk)에서 개발된 것으로 학생들이 도형 수열(figurative sequence)의 패턴을 만들고 분석하는 것에 기반하여 일반화를 학습하기 위해 마이크로월드(mircroworld)에서 작업을 하는 것이다(그림 7.5). 이 시스템은 과제가 수행되는 동안 활동을 개발한 사람이 "학습기회"라고 생각되는 구체적인 부분에서 사용자에게 질문을 제시한다(Noss et al., 2009).

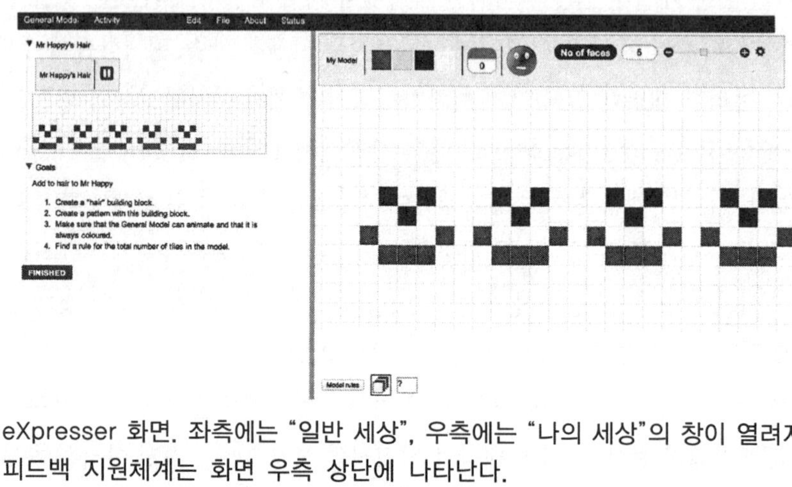

[그림 7.5] eXpresser 화면. 좌측에는 "일반 세상", 우측에는 "나의 세상"의 창이 열려져 있다. 지능적 피드백 지원체계는 화면 우측 상단에 나타난다.

Laboratorio de Innovacion Tecnologica y Educativa(LITE)와 Instituto de Matematicas of National University of Mexico(UNAM)에서 합작으로 개발한 **지능적 대화**(Intelligent Dialogue)에서는 마이크로월드 윈도우와 채팅을 할 수 있는 윈도우가 서로 역동적으로 연결되어 화면에 동시에 제시된다(Dialogos con Prometeo,http://arquimedes.matem.unam.mx/Dialogos/참조). 사용자가 마이크로월드에서 작업을 하는 동안 이 시스템은 사용자들과의 대화에 참여한다. 이 경우 상호작용은 두 시스템 사이에 일어난다. 학생들이 마이크로월드에서의 한 행동은 채팅창에 있는 시스템에 의해 질문이나 제안으로 연계된다. 그러면사용자가 채팅창에 제시한 답은 양쪽 윈도우에서의 피드백으로 연계된다. eXpresser처럼 지능적 대화(Intelligent Dialogue)상에서의 상호작용 디자인은 사전에 정해진 중요한 피드백 제시 시점을 포함한다. 단원의 내용이 과학적 모델링 활동을 포함하는 것과 같은 특정한 경우에 이러한 피드백 제시 시점은 그 모델의 가설을 확인하거나 모델을 입증하려는 현상이 행동적으로 예측되는 시점이다(그림 7.6).

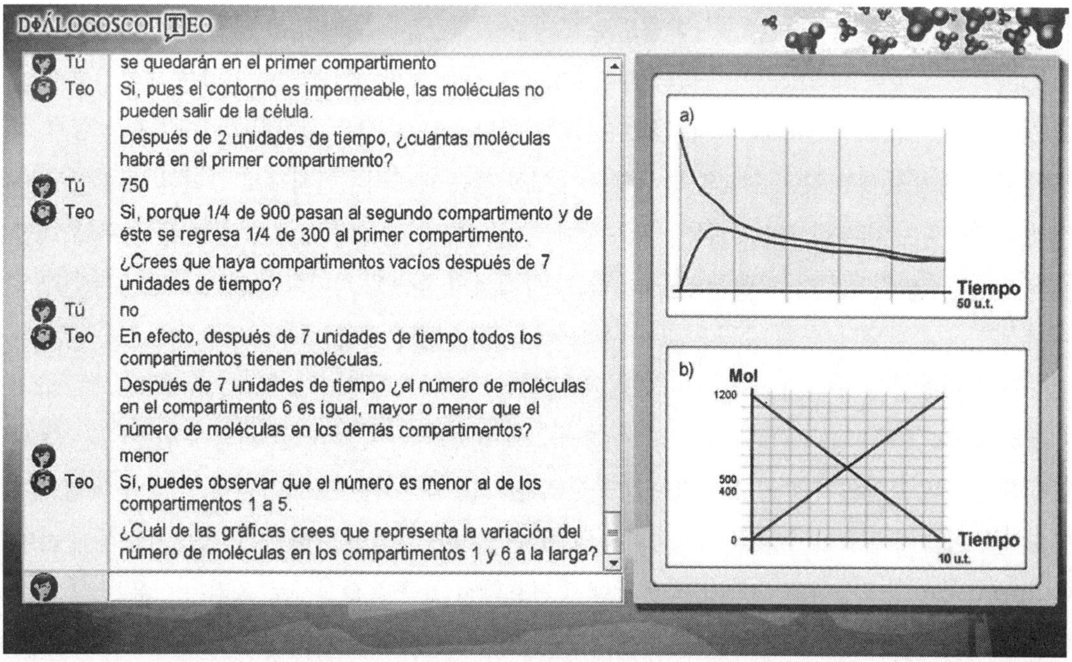

[그림 7.6] Intelligent Dialogue에서 분자 확산 모델의 화면. 우측에는 마이크로월드 창이 열려 있고 (변화 가능한 매개변수를 가진 그림), 좌측에는 대화창이 나타난다.

앞서 제시한 두 예에서의 사용자와 디지털 환경간의 상호작용은 매우 복합적인 특성을 지닌다는 것에 주목하는 것이 중요하다. 이들은 소위 튜토리얼이라고 불렸던 프로그램화된 학습 모델에 기반을 둔 디자인을 만든 80년대의 인공지능시스템에서 개발된 앱의 형태와는 근본적으로 다르다(Rojano & Abreu, 2012). 두 가지 사례 모두에 있어서 지능적 지원이란 교사나 급우들이 제공하는 피드백의 보조적 역할을 하면서 적절한 시기에 구체적이고 개별화된 지원을 하는 것이다. 즉 이러한 도구의 개발은 보다 집중적인 피드백 제공이 가능하다는 측면에서 수업 관행의 변화에 도움을 주고자 하는 의도가 있는 것이다(Noss et al., 2009; Rojano & Garcia-Campos, 2014). 디지털 혁신으로부터 초래된 새로운 사용방식의 출현은 기기에서 사용할 앱과 전문화된 소프트웨어를 위해 교수학적 및 디지털 디자인의 가설을 입증할 수 있는 연구의 필요로 이어진다. 다시 말해서 수학 교수·학습에서의 디지털 테크놀로지 사용의 미래는 테크놀로지의 진화에만 달려 있는 것이 아니라, 이러한 혁신의 잠재성과 한계가 교사들과 교육과정 개발자들에게 분명해질 수 있는 연구결과에도 달려 있다(Rojano, 2014).

수학에서의 평생학습, 디지털 테크놀로지, 그리고 의미: 최종 제언

이 장은 이 핸드북의 2부인 “수학학습으로의 민주적 접근”에 속하며, 이 제목과 관련하여, 앞에서 저자는 중고등학교 학생들이 수학의 대상, 기호, 텍스트, 방법 등에 대해 의미를 부여하고 감각을 형성하는 과정에 대한 우리의 지식을 더 심화시켜야 할 필요성을 제기하였다. 이 장의 일부 내용이 이 주제에 할애된 것은 수학의 평생학습에 대한 접근성이 최우선적으로 그러한 의미 형성 과정에 의존한다는 내재적 가설 때문이다. 수학에서의 의미와 감각에 대해 중점을 둔 연구에 대한 개요에서 기호학적 접근을 채택한 연구들, 즉, 수학에서의 학습을 의미화의 과정으로 보는 연구들에 특별히 주목하였다. **현실 수학**(Realistic Mathematics)이나 **맥락 수학**(Mathematics in Contenxt)처럼 실생활과의 관련성이 수학지도에 있어 의미와 밀접한 관련이 있다고 보는 흐름(Gravemeijer, 2004; Sierpinska, 1995; Streefland, 1991; Van Den Heuvel-Panhuizen, 2003) 대신에, 이러한 접근을 한 이유는 앞서 언급한 연구의 흐름이 수학연구에 기여한 공헌의 진가를 폄하하는 것이 아니라, 기호학적 접근이 학습자와 학습에 필요한 수학적 기호체계와의 관계에 대한 분석을 연마하는 것을 가능하게 하기 때문이다. 특히 중고등학교 수학에 관한 장에서 기호학적 접근을 관심사로 올리는 이유는 그 수준의 수학적 사고에 접근하도록 하기 위해 청소년들의 사고 과정에 있어 필요한 전환들은 수학적 기호, 표기, 그리고 텍스트 등을 읽고, 해석하고, 변형하는 방식에 있어서 심도 있는 변화를 전제로 한다는 사실과도 관계가 있다. 수학적 텍스트를 읽는 과정이 서로 다른 지식 영역 수준의 예를 통해 제시되었는데, 기하(Presmeg의 일화)나 대수(2개의 미지수를 가진 일차 연립방정식의 해에서 하나의 미지수를 2차적인 방법으로 표현하는 것, 데카르트 방식으로 문장제를 해결하는 것, 일반화의 대수적 표현) 등의 영역에서 예를 들 수 있다. 여기서 제시된 몇 가지 사례는 직업교육(구조 감각과 상징 감각)이나 대학(기호의 은유적, 환유적 성질) 수준이기는 하지만, 저자는 이러한 예시에서의 주제와 강조점을 통해 이를 중고등

학생들에게 적합한 문제들로 확장시킬 것을 제언하는 바이다.

"수학에서 감각과 의미부여"로 명명된 절은 중고등학교 학생들이 수학 교수 및 학습에 관련된 기호 체계를 이해하고 다루는 방식에 대한 이론적 접근으로의 초대와 촉구에 전체를 할애하였다. 이는 지난 수십 년 동안 수행 된 수학기호를 읽고 쓰는 것에 대한 경험적 연구들, 그 중에서도 학생들의 학습상의 어려움을 확인하고 보고한 80년대와 90년대에 걸쳐 진행된 연구들을 통해 수집된 무수히 많이 축적된 자료들에 대한 답변을 제시하고 있다. 이 중 몇몇 연구들은 그러한 학생들이 겪는 어려움의 원인과 특성에 관한 이론적인 지식을 진보시켰음을 언급할 필요도 있다.

또한 이 핸드북에 "수학학습에 대한 민주적인 접근성"이라고 명명된 부분의 주제를 보는데 있어서 이론적이기보다는 실제적인 시각을 가지고 디지털 테크놀로지의 역할, 좀 더 정확히는 수학지식에 대한 민주적인 접근성이라는 점을 되새겨 보고자 노력하였다. 저자는 이 점에서 테크놀로지 혁신이 중고등학교 교육과정과 실제 수업에 미치는 잠재적인 영향에 대해 생각해 보았다. 그 이유는 강력한 수학적 생각의 관문으로서의 테크놀로지 학습환경의 역할이 이 핸드북에서 이미 발의되었기 때문이다. 저자는 새로운 개발(가령 3차원적 버전의 동적 기하나 마이크로월드에 수반하는 인지적 지원 등)을 교수·학습에 투입하는 중요성을 교수학적 잠재력과 대중적 이용에 대한 이해를 도울 수 있는 연구와 관련지어 제시했다. 지난 수십 년간에 걸친 집중적인 연구의 결과가 제시하는 수학에서 디지털 학습환경의 교수학적 우수성에 비하면 그 연구들이 교육과정과 실제 수학수업에 미친 영향은 미미하기에, 현존하는 간극을 좁히는데 이 글의 목적이 있다(Artigue, 2007).

(새로운 혹은 오래된) 상호작용이 가능한 도구들을 클라우드와 모바일 기기 상에서 이용하는 것은 학생 및 교사 공동체 내에서의 상호작용과 협력에 대한 새로운 가능성을 그리고 자기학습의 기회를 제공하기 때문에, 수학적 지식 형성의 사회적 측면에 중요한 영향을 미칠 것이라는 예측도 이루어졌다. 이러한 예측은 평생수학학습에 미치는 디지털 테크놀로지(가장 최신 버전에서)의 역할과 관련이 있다는 점에 대한 언급도 주목할 만하다.

두 측면 (테크놀로지 혁신-수학교육과정 그리고 테크놀로지 혁신-수학수업의 실제)과 관련된 특정한 문제에 대한 연구는 이 장에서 제시하지 않았지만, 연구와 실제의 간극을 좁히는 것에 목적을 둔 방향의 연구에 좀 노력을 기울일 필요가 있음을 강조하였다.

1. 여기서 고려되는 수학적 텍스트는 다양한 이질적 기호의 집합이다. 보통 특별히 수학과 관련된 것으로 여겨지는 기호는 이러한 일상적 언어, 숫자, 그림, 또는 테크놀로지 환경에서 사용되는 기호 등을 아우르는 텍스트에 사용되는 기호의 일부일 뿐이다(Filloy, Rojano, & Puig, 2008, 8장 참조).
2. 이 영국의 프로젝트는 사회과학연구회(Social Science Research Council)의 예산지원을 받아 Chelsesa College(University of London)의 연구팀이 수행을 하였고, Hart(1981)의 논문을 통해 모두 보고되었다. CSMS 수학 결과의 주요 사항 중의 하나는 “오개념이 부적절한 전략을 유도함을 보이는 예상치 못한 특정 오답의 빈번한 발생”(Booth, 1984, 서문) 이었다.
3. Perirce(1931-1958)는 **해석체**(interpretant)라는 용어를 다음과 같이 소개하였다. “기호는 [⋯] 누군가에게 전달되는 것이며, 그 사람의 마음속에서 동등한 기호 또는 더 발전된 기호를 생성시킨다. 그렇게 생성된 기호가 첫 번째 기호에 대한 해석체이다. 이 기호는 그 대상을 의미한다”(Peirce, 1931-1958, Vol. 2.228, p. 135).
4. 도상(icon)은 공유하는 본질로서 대상을 표현하는 것이지만 그 대상에 구애받지 않는다. 초상화나 도표와 같은 도상은 그 대상을 닮았거나 모방한다. 지표(index)는 **실제적 연관**에 의해 대상을 표현하는 기호이다. Perirce는 이를 해석의 구애를 받지 않는 **진정한 관계**라고 불렀다. 상징(symbol)은 이것이 해석될 것이라는 사실에 의거하여 대상을 표현한다. 상징은 자연적, 관습적, 논리적 규칙, 규범, 습관 등으로 구성된다. 여기서 습관이란 상징적 기호가 대상과의 유사성 및 실제 연관성에 대해 의존하지 않는 습관을 말한다. 따라서 상징은 해석체로서 표현된다. 기호-행동(기호작용)은 확실한 해석을 위해 여러 체계와 제휴하는 이 습관에 의해 지배된다(Peirce, 1868).

참고문헌

Arcavi, A. (1994). Symbol sense: Informal sense-making in formal mathematics. *For the Learning of Mathematics, 14*(3), 24–35. Retrieved from http://flm-journal.org/index.php?do=show&lang=en&showMenu=14%2C3.

Artigue, M. (2002). Learning mathematics in a CAS environment. The genesis of a reflection about instrumentation and the dialectics between technical and conceptual work. *International Journal of Computers for Mathematical Learning, 7*, 245–274. doi:10.1023/A:1022103903080

Artigue, M. (2007). *L'impact curricular des technologies sur l'éducation mathématique [The curricular impact of technology on mathematics education]*. Paper presented at the XII CIAEM Conference, Querétaro, Mexico. Retrieved from www.centroedumatematica.com/ciaem/?q=es/node/237.

Bartolini, M., & Mariotti, A. (2008). Semiotic mediation in the mathematics classroom: Artifacts and signs after a Vygotskian perspective. In L. English (Ed.), *Handbook of international research in mathematics education* (2nd ed., pp.746–783). New York: Routledge.

Booth, L. (1984). *Algebra: Children's strategies and errors.* Windsor, Berkshire: NFER-NELSON.

Bransford, J., Brown, A., & Cocking, R. (Eds.) (2000). *How people learn: Brain, mind, experience, and school.* Washington, D.C.: National Academy Press.

Drouhard, J. P. (1992). *Les écritures symboliques de l'algèbre élémentaire [The symbolic writings of elementary algebra].* Doctoral dissertation, Université Paris 7. Retrieved from http://tel.archives-ouvertes.fr/tel-00925358.

Filloy, E. (1993). Tendencias cognitivas y procesos de abstracción en el aprendizaje del algebra y de la geometría [Cognitive tendencies and processes of abstraction in the learning of algebra and geometry]. *Enseñanza de las Ciencias 11*(2), 160–166. Retrieved from http://ddd.uab.cat/record/18?ln=carecord/14?ln=ca.

Filloy, E. & Rojano, T. (1989). Solving equations: The transition from arithmetic to algebra. *For the Learning of Mathematics, 9*(2), 19–25. Retrieved from http://flm-journal.org/index.php?do=show&lang=en&showMenu=9%2C2.

Filloy, E., Rojano, T., & Puig, L. (2008). *Educational algebra. A theoretical and empirical approach.* New York: Springer.

Filloy, E., Rojano, T., & Solares, A. (2010). Problems dealing with unknown quantities and two different levels of representing unknowns. *Journal for Research in Mathematics Education*, 41 (1), 52–80. Retrieved from www.nctm.org/publications/article.aspx?id=26190.

Freudenthal, H. (1983). The algebraic language. In H. Freudenthal, *Didactical phenomenology of mathematical structures* (pp. 461–490). Dordrecht: Reidel. doi:10.1007/0–306–47235-X_16

Gravemeijer, K. (1994). *Developing realistic mathematics education.* Utrecht, The Netherlands: Freudenthal Institute.

Gravemeijer, K. (2004). Local instruction theories as means of support for teachers in reform mathematics education. *Mathematical Thinking and Learning*, 6 (2), 105–128. doi:10.1207/s15327833mtl0602_3

Griffin, S. (2004). Building number sense with Number Worlds: A mathematics program for young children. *Early Childhood Research Quarterly*, 19 (1), 173–180. Retrieved from www.sciencedirect.com/science/article/pii/S0885200604000146.

Hart, K. (1981). Children's understanding of mathematics: 11–16. London: John Murray

Hoch, M. (2007). *Structure sense in high school algebra.* Unpublished doctoral dissertation, Tel Aviv University, Israel.

Hoch, M., & Dreyfus, T. (2006). Structure sense versus manipulation skills: An unexpected result. In J. Novotná, H. Moraová, M. Krátká, & N. Stehlíková (Eds.), *Proceedings of the 30th Conference of the International Group for the Psychology of Mathematics* Education, *3*, 305–312. Prague, Czech Republic: PME.

Hoch, M., & Dreyfus, T. (2010). Developing Katy's algebraic structure sense. *Proceedings of CERME 6*, January 28–February 1, 2009, Lyon France © INRP 2010. Retrieved from www.inrp.fr/editions/cerme6.

Hoffmann, M.H.G, Lenhard, J., & Seeger, F. (Eds.) (2005). *Activity and sign. Grounding mathematics education.* New York: Springer.

Hoopes, J. (Ed.) (1991). *Peirce on signs. Writings on semiotics by Charles Sanders Peirce.* Chapel Hill: University of North Carolina Press.

Horton, R. M., & Leonard, W. H. (2005). Mathematical modeling in science: Using spreadsheets to create mathematical models and address scientific inquiry. *The Science Teacher, 72*(5), 40–45.

Kennewell, S. (2009). *Reflections on the interactive whiteboard phenomenon: A synthesis of research from the UK.* Portugal: Observatório dos Recursos Educativos. Retrieved from www.ore.org.pt/filesobservatorio/pdf/KENNEWELL.pdf.

Kieran, C. (1981). Concepts associated with the equality symbol. *Educational Studies in Mathematics*, 12, 317–26. doi:10.1007/BF00311062

Kieran, C. (2007). Research on the learning and teaching of school algebra at the middle, secondary, and college level: Building meaning for symbols and their manipulation. In F. Lester (Ed.) *Second handbook of research on mathematics teaching and learning* (pp. 707–762). Charlotte, NC: Information Age Publishing.

Kirshner, D. (1987). *Linguistic analysis of symbolic elementary algebra.* Unpublished doctoral dissertation, University of British Columbia.

Kirshner, D. (1989). The visual syntax of algebra. *Journal for Research in Mathematics Education*, 20, 274–287. Retrieved from www.nctm.org/publications/article.aspx?id=38660.

Küchemann, D. (1981). Algebra. In K. Hart (Ed.) *Children's understanding of mathematics 11–16* (pp. 102–119). London: Murray.

Lagrange, J-B (2003). Learning techniques and concepts using CAS: A practical and theoretical reflection. In J. T. Fey (Ed.) *Computer algebra systems in secondary school mathematics education* (pp. 269–283). Reston, VA: National Council of Teachers of Mathematics.

Linchevski, L. & Liveneh, D (1999). Structure sense: The relationship between algebraic and numerical contexts. *Educational Studies in Mathematics*, *40* (2), 173–196. Retrieved from www.jstor.org/stable/3483083.

National Council of Teachers of Mathematics. (2000). *Principles and standards for school mathematics.* Reston, VA: National Council of Teachers of Mathematics.

Noss, R., Hoyles, C., Mavrikis, M., Geraniou, E., Gutierrez-Santos, S., & Pearce, D. (2009). Broadening the sense of "dynamic": A microworld to support students' mathematical generalization. In Special Issue of *ZDM: The International Journal on Mathematics Education, Transforming mathematics education through the use of dynamic mathematics technologies, 41*(4), 493–503. doi:10.1007/s11858-009-0182-8

Otte, M. (2005). Mathematics, sign and activity. In M.H.G. Hoffmann, J. Lenhard, & F. Seeger (Eds.), *Activity and sign. Grounding mathematics education* (pp. 9–22). New York: Springer.

Peirce, C. S. (1868). On a new list of categories. *Proceedings of the American Academy of Arts and Sciences* 7, 287–298.

Peirce, C. S. (1931–1958). *Collected papers of Charles Sanders Peirce.* C. Hartshorne & P. Weiss, Eds. (Vols. 1–6) and A. Burks, Ed. (Vols. 7–8). Cambridge, MA: The Belknap Press of Harvard University Press.

Presmeg, N. (2005). Metaphor and metonym in processes of semiosis in mathematics education. In M.H.G. Hoffmann, J. Lenhard, & F. Seeger (Eds.) (2005). *Activity and sign. Grounding mathematics education* (pp. 105–115). New York: Springer.

Puig, L. (2003). Signos, textos y sistemas matemáticos de signos [Signs, texts and mathematical sign systems]. In E. Filloy (Ed.) *Matemática Educativa: Aspectos de la investigación actual* (pp. 174–186). México: Fondo de Cultura Económica/Cinvestav.

Qualifications and Curriculum Authority (2007). *Mathematics. Programme for key state 3 and attainment targets* (p. 145). Retrieved from http://webarchive.nationalarchives.gov.uk/20130123124929/http://media.education.gov.uk/assets/files/pdf/q/mathematics%202007%20programme%20of%20study%20for%20key%20stage%203.pdf.

Radford, L. (2000). Signs and meanings in students' emerging algebraic thinking: A semiotic analysis. *Educational Studies in Mathematics, 42*, 237–268. doi:10.1023/A:1017530828058

Radford, L., Schubring, G., & Seeger, F. (Eds.) (2008). *Semiotics in mathematics education.* Rotterdam/Taipei: Sense Publishers.

Rojano, T. (2008). Mathematics learning in the middle school/junior secondary school: Student access to powerful mathematical ideas. In L. English (Ed.) *Handbook of International Research in Mathematics Education* (2nd ed., pp. 136–153). New York: Routledge.

Rojano, T. (2014). El futuro de las tecnologías digitales en la educación matemática: Prospectiva a treinta años de investigación intensiva en el campo. [The future of digital technologies in mathematics education: A prospective after 30 years of intensive research in the field]. *Educación Matemática*, número especial: 25 años [special issue: 25 years], 11–30. Retrieved from www.revista-educacion-matematica.com/volumen-25/numero-e/11-30.

Rojano, T., & Abreu, J-L (2012). Dialogues with Prometheus: Intelligent support for teaching mathematics. In C. Kynigos, J-E Clayson, & N. Yiannoutso (Eds.) *Proceedings of the Constructionism 2012 Conference* (pp. 544–548). Athens, Greece.

Rojano, T., Filloy, E., & Puig, L (2014). Intertextuality and sense production in the learning of algebraic methods. *Educational Studies in Mathematics, 87*(3), 389–407. Retrieved from http://link.springer.com/article/10.1007/s10649-014-9561-3.

Rojano, T., & García-Campos, M (2014). Intelligent dialogues with tertiary education pupils. Working with parameterized modeling activities. In P. Liljedahl & C. Nicol (Eds.), *Proceedings of the 38th Conference of the International Group for the Psychology of Mathematics Education, 6*, 210. July 15–20, Vancouver: Simon Fraser University/British Columbia University.

Royal Society/JMC (1997). Teaching and learning algebra pre-19. *Report of a Royal Society/Joint Mathematical Council Working Group* (pp. 3–4). London: Royal Society.

Schoenfeld, A. (1988). When good teaching leads to bad results: The disasters of well taught mathematics classes. *Educational Psychologist, 23*, 145–166. doi:10.1207/s15326985ep2302_5

Secretaría de Educación Pública (SEP). (2006). *Reforma de la educación secundaria. Fundamentación curricular. Matemáticas* [Reform of secondary school education. Curricular foundations. Mathematics].

Sierpinska, A. (1995). Mathematics: "In context," "pure," or "with applications"? *For the Learning of Mathematics, 15*(1), 2–15. Retrieved from http://flm-journal.org/index.php?do=show&lang=en&showMenu=15%2C1.

Streefland, L. (Ed.) (1991). *Fractions in realistic mathematics education. A paradigm of developmental research*. Dordrecht: Kluwer Academic Publishers.

Sutherland, R. (2007). *Teaching for learning mathematics*. Maidenhead: Open University Press.

Sutherland, R., & Rojano, T. (2012). Technology and curricula in mathematics education. In S. Lerman (Ed.) *Encyclopedia of mathematics education*. New York: Springer.

Trigueros, M., Lozano, M., Sandoval, I., Lage, A., Jinich, E., García, H., & Tovilla, E. (2006). Developing resources for teaching and learning mathematics with digital technologies in *Enciclomedia*, a national project. In C. Hoyles, J. B. Lagrange, L. H. Son, & N. Sinclair (Eds.) *Proceedings of the 17th Study Conference of the International Commission on Mathematical Instruction* (pp. 556–563). Hanoi Institute of Technology and Didirem Université Paris 7.

Trouche, L. (2004). Managing the complexity of human/machine interactions in computerized learning environments: Guiding students' process through instrumental orchestrations. *International Journal of Computers for Mathematical Learning, 9*, 281–307. doi:10.1007/s10758-004-3468-5

Van den Heuvel-Panhuizen, M. (2003). The didactical use of models in realistic mathematics education: An example from a longitudinal trajectory on percentage. *Educational Studies in Mathematics, 54*(1), pp. 9–35. doi:10.1023/B:EDUC.0000005212.03219.dc

고등 수학 사고에서의 수학적 구조, 증명, 정의 8

Joanna Mamona-Downs and Martin L. N. Downs
University of Patras, Greece

도입

수학적 사고가 완숙해짐에 따라, 과도기적 변화의 단계를 통하여 사고의 발전 과정을 조망해 보는 것이 용이할 때가 있다. 어떤 개념의 이해에 대한 위계적 수준이 비교적 안정적인 수학적 맥락에서는 그러한 과도기적 단계가 지엽적이고 국부적일 수 있으나, 개념 자체가 수학이론의 상태에 따라 유동적이고 서로 다른 정의가 만들어질 때는 더 광범위할 수도 있다. 과도기적 단계는 점차적으로, 또는 급작스럽게 나타날 수도 있다. 학교급간의 변화에 따라 수학을 하는 방법에 있어서 정교화가 빠르게 진행되는 경향이 있으며, 이것은 특히 고등학교와 대학 수준에서 가르치는 수학의 특징에 있어서의 차이점을 고려해 볼 때는 특히 심하다(미국에서는 이러한 학교급간의 변화가 대학 졸업반으로 들어갈 때 가장 잘 나타난다). 많은 학생들이 대학에서 제시되는 수학이 이전에 익숙했던 것과 많이 다른 형식이라는 점을 발견하면서, 이 전환시기에 어려움을 느낀다(예를 들어 De Guzman, Hodgson, Robert, & Villani, 1998 등의 연구 참조). 학교급간의 변화 자체가 이러한 어려움을 초래하는지에 대한 질문을 하는 것은 당연하다. 학생들은 이전 단계의 학교에서는 겪어보지 못한 생소한 수학의 형식화와 논증의 새로운 규준들에 갑작스럽게 직면하게 된다. 학생들이 이러한 "괴리"를 겪지 않고 "지속적인" 형식으로 수학을 학습할 수 있게 지도하는 방법이 있을까? 어떤 교육자들은 그러한 방법이 있다고 주장한다. 예를 들어, Rasmussen, Zandieh, King, Teppo(2005)는 "비형식적인 추론에서 형식적인 추론으로의 전환에 대해 생각하는…고등 수학활동"(p. 71)을 지지했다. 또 다른 연구에서 Marrongelle와 Rasmussen(2008)은 그러한 수학활동이 어느 정도 보편성이 있다고 언급하면서 수학을 "연속체"로서 지도하는 것에 대한 잠재성을 제시했다. 이러한 입장에서, "**고등 수학적 사고**"라는 용어를 정확하게 특성화하기는 힘들다. 고등 수학 사고는 대학 수준의 수학학습의 어려움에 대해 고민하는 많은 수학교육자들이 지지하는 주제이기도 하다.

교사의 안내를 통해 다시 개입을 하거나 재발견을 하는 것이 (여기서 우리는 이 용어를 구별해사 용하지 않는다) 경우에 따라서는 수학을 가르치는 적당한 방법이기는 하지만, 이러한 방법을 좀 더 큰 규모로 실시하는 것이 가능한지, 혹은 권장할 만한지는 의문이다. 대학 수준에서 정의된 수학적 대상들은 그들이 공통적으로 갖는 일관된 성질들이 어느 정도 결정된 후에 개념적인 비중을 얻게 된다. 어떤 스타일로 표현이 되는지에 영향을 주는 수학적 이론을 진보시키는 것에 대한 관심은 매우 높다. 이런 상황에서, 수학은 구조적 유용성을 인식함을 통해 발전하고, 학교급간에 따른 변화는 새로운 사고방식이 필요하다고 강조하는 것이 유용하다고 여겨질 수 있다. 그렇다면, 여기서 교육자의 역할은 학생들이 새로운 형식을 가진 관행들에 결과적으로 어떻게 대처하는지를 연구하고, 그것들을 성공적으로 수행할 수 있도록 학생을 지원하는 방안을 제안하는 것이다.

부분적으로는 고등학교에서 다루어지고, 대학수준에서 다시 등장하는 수학적 이론들은 과도기적 전환 단계에 대한 문제를 연구할 때 특히 흥미롭다. 가장 명백한 예는 고등학교에서 제시되는 미적분과 대학에서 실해석학(Real Analysis)을 위해 첫 번째 과목으로 다루어지는 미적분이다. 많은 학생들이 이 둘 사이의 차이에 크게 놀라는데, 이는 실수에 대한 공리체계가 이전에는 대부분 당연한 것으로 여겨왔던 성질들의 증명을 가능하게 해준다는 점에서 그러하다. 어떤 나라들에서는 특정 선형대수의 기본개념들이 고등학교 상위 수준의 학생들에게 소개되는데, 이는 대체로 벡터 공간, 독립 또는 종속 벡터, 선형 방정식의 풀이 등과 같은 주제들을 다루고 있다. Selinksi(2012)는 비교연구에서 이러한 주제들에 대한 고등학생과 대학생들 간의 수행을 비교하였다. 연구결과에 의하면 학생들은 서로 다른 성향, "특히 새로운 수학적 경험에 대한"(p. 403) 성향을 보였다고 한다. 보다 구체적으로 대학생들은 실벡터 공간(real vector spaces)을 넘어 선형 공간(liner spaces)의 예를 들 수 있었지만, 고등학교 학생들은 그렇지 못했다. 경험적으로 이러한 결과는 그리 놀라운 것이 아니지만, 상이한 유형의 대상에 대해 하나의 이론이 지속적으로 적용된다는 것은 공리체계가 적절히 사용되고 있음을 보여준다. 만일 "고등 수학"에 대한 특성화가 요구된다면 공리체계에 따라 하는 것이 가장 설득력 있는 방법 중의 하나이다. David Tall의 "수학의 세 가지 세계(Three Worlds of Mathematics)"의 특징에서 세 번째 세계는 공리체계에 기반을 둔 수학의 본질을 다루고 있다. Tall(2004)은 이를 다음과 같이 설명한다. "나는 이것을 '형식적-공리의 세계' 또는 줄여서 '형식적 세계'라고 명명한다. 이는 사람들의 머릿속에 있는 이전의 경험에 대해, 경험적으로 친숙한 대상이 아닌, 특정 성질들로 수학적 구조를 정의하기 위해 세심하게 만들어진 공리들을 가지고 작업을 하는 것이다"(pp. 30-31). 그렇다면 이러한 시각에서 "수학적 구조"의 특성과 역할을 면밀히 조사하는 것이 중요하며, 이것이 이 장의 주요 주제가 될 것이다.

수학적 구조를 논함에 있어 다양한 연구주제가 추구될 수 있음은 자명하다. 저자가 취하고 있는 접근은 다소 대략적이라고 할 수 있는데, 형식적-공리 세계의 근간이 되는 구조의 측면을 알아보는데 목적을 두고 있다. 그러나 우리는 고등학교에서 보편적 관행을 대표하는 보다 자연적이고 도구적인 기반으로부터 나오는 수학적 사고를 지원하는 구조의 측면에도 또한 관심이 있다. 따라서 이 두 광범위한 구조의 "형식"을 구분하는 것을 통해 교사들이 고등학교에서 대학과정으로의 전환에 있어 쟁점이 되는 것이 무엇인지를 학생들에게 보다 더 잘 설명할 수 있으리라 예상해 볼 수 있다.

"고등 수학"을 표현하는 "세계"를 제안함에 있어서 어떤 활동들이 장려되어야 하는지에 대한 고찰이 필요하다. 이와 관련하여 어떻게 질문하는지에 상당한 변화가 있다. "구하시오" 또는 이와 비슷한 지시어들을 가진 과제들 대신에, 대부분 "보이시오" 또는 "증명하시오" 등의 지시어가 쓰인다. 정답을 찾는 것 보다는 실제로 쓰이는 기술적인 언어를 사용하여 논리의 법칙, 규준, 관례 등에 관한 적절한 논증을 하는 것이 과제의 결과물이 된다. 실제적인 측면에서 중요한 점은 전제와 제시된 추론을 연결하는 구조를 추출해내는 과정이다. 또한 공리체계가 좌우하는 상황에서 정의를 규정하려는 노력은 수학 이론을 발전시킬 수 있는 잠재력으로 연결되기도 한다. 고급 수학에서 동치명제들의 중요한 역할 때문에 증명과 정의가 서로 교환될 수 있는 많은 사례들이 있다. 이것은 증명에 대한 철저한 논의가 정의에 대한 부수적 논의 없이는 이루어질 수 없음을 의미한다.

따라서 이 장에서는 수학적 구조, 증명, 정의라는 세 가지의 관련 주제를 교육적 견지에서 고찰한다. 구조의 성질과 역할에 대한 연구는 다소 광범위하기 때문에 두 절에 걸쳐 주제를 다룬다. 첫 번째 절은 우리가 가진 특정 목적을 염두에 두고 전망을 제시하며, 두 번째 절에서는 다른 연구자들이 구조에 관한 문제에 대해 접근해 온 방식들에 대한 폭 넓은 설명을 제시하는데, 불가피하게 선택적인 논의가 이루어진다. 그 다음 절은 증명에 대한 것이고, 다음은 정의에 대한 절이 이어진다. 이 두 절은 이중적 목적을 가지고 있다. 증명과 정의를 다룬 최근 교육연구 문헌의 예시를 제시하는 것과 구조에 관한 생각을 밝히기 위해 자주 거론되는 연구들을 논의하는 것이다. 언급된 많은 연구들이 구조라는 주제를 분명히 제시하고 있지 않기 때문에 두 번째의 목적은 다소 한정적인 수준에서만 이루어진다. 결론 부분에서는 구조에 관한 수학논리의 형성 그리고 구조적 시각을 취함으로써 얻게 될 실제적인 교육적 혜택에 대하여 간략히 논의한다.

수학에서의 구조에 관하여

철학적, 심리학적, 교육학적 자료들을 통해 수학에서 구조의 성질에 대한 다양한 입장들이 있음을 볼 수 있다. 이 장에서는 이런 다양한 입장들을 바탕으로 구조의 역할을 설명한다. 이 장이 증명과 정의에 관한 주제를 다룰 때 구조와의 관련성이 그리 직접적으로 드러나지 않을 수 있기 때문에 다소의 설명이 필요하다.

이를 위해 간단한 예시로 시작해보겠다. Rickart(1996)의 연구에 저자가 어린 아동에게 다음과

같은 질문들을 하는 경우에 대한 일화가 있다. 네 개의 포크에 몇 개의 갈래가 있니? 그 갈래 사이의 공간은 몇 개이니? 어떤 수만큼의 갈래가 있는 포크를 생각해 봤을 때, 거기에는 얼마나 많은 공간이 있니? 아동은 각 질문에 즉각적으로 정답을 말했다. 저자는 후에 이 일화를 구조 또는 구조 감각과 관련지었는데, 이는 실로 기초적인 예시가 되었다. 아동이 어떤 상상속의 물체의 성질에 대한 질문에 대답을 할 수 있었다는 사실은 구조 감각의 증거로 이용되었다. 그러나 저자는 그 당시 이를 더 심화시키지는 않았다. 가상적인 후속상황을 생각해보자. 우선 이 아동에게 **왜** 공간의 수가 갈래의 수보다 하나 더 적은지 물을 수 있다. 아마 아동은 네 개의 갈래가 있는 포크에 대한 경험으로 나온 추정에 의해 나온 답이라고 하거나, 아니면 모든 경우를 포괄하는 추론을 제시할 것이다. 후자는 전자보다 구조에 대한 이해가 잘 드러난 경우이다. 아동은 각 공간은 바로 왼쪽에 있는 갈래와 함께 하기 때문에 맨 오른쪽에 있는 갈래는 연관된 공간이 없다고 설명할 수도 있다. 일대일 대응에 대한 생각이 이 설명의 근간이다. 이제 이 아동에게 예상할 수 있는 것을 뛰어넘는 질문을 해보자. 만약 갈래와 공간에 대한 생각을 접는다면, 원래 주어진 상황의 범주를 넘어서 그 논의가 여전히 유효하도록 할 수 있을까? 몇 개의 수학용어를 사용하면 그렇게 할 수 있다. 갈래와 공간의 사례는 다음과 같은 경우이다. 유한집한 A 와 b를 원소로 갖는 집합 B에서 A와 B-{b} 사이에 전단사 함수(bijection) 관계가 성립하면, $|A| = |B| - 1$이다.

이 예제를 다루는 이유는 구조가 두 가지 형태를 취한다는 것을 보이기 위함이다. 그것은 바로 과제를 수행하는 특정 환경 내에서 확인되는 구조와 그 환경에서 성립하는 성질이라는 설명 없이 구체화되는 구조이다. 첫 번째 형태는 어린 학생들이 사용할 수 있는 것이나, 두 번째 형태는 보통 대학수준에서 이루어지는 수학의 공리적 성격과 관련된 추상적 정의에 대한 이해를 필요로 한다. 하지만 이 두 형태 간에 공통되는 점이 있다. 특히 형식적 특성을 가진 구조의 구체적 예시는 왜 그 구조가 구별되는지를 설명하는데 도움이 된다. 예를 들어, 평면 등거리변환(plane isometries)은 평면 도형을 그대로 유지하는데 종종 **도형의 대칭**(symmetries of the figure)으로 불리고 군(group)의 조건을 만족한다. 군의 정의의 추상적인 구조는 다른 상황들에서도 (군의 행동으로) 대칭을 정의하는데 사용될 수 있다.

여기서 두 가지 형태의 구조에 대한 우리의 논의가 대략적으로만 이루어지고 있음을 인정한다. 실제로 아동이 어떤 수만큼의 갈래를 가진 포크를 상상할 때, 구조의 이해에 대한 중간적인 전환이 일어난다고 말할 수 있다. 그렇다면 Van Hiele(1986)의 구조에 관한 사고의 위계와 다소 유사성을 갖는 3단계인 서술적, 관계적, 이론적 수준들을 구분할 수 있다. 그러나 고등 수학의 관점에서 주요 관심사는 이론적 수준이며, 따라서 다른 수준에서의 구조에 대한 상세한 논의는 여기에서 중요하지 않다.

비록 수학교육 문헌들이 구조의 두 가지 주요 형태를 (하나는 감각과 관찰에 의한 것, 다른 하나는 어떤 조건을 주고 그의 결과를 보는 것) 인식하고 있기는 하지만, 우리가 본 바로는 이 둘을 아우르는 모델의 형성을 위한 시도는 거의 없었다. 이는 다소 의외이다. 두 가지 형태 모두 논증을 시작할 때 조직적인 측면을 다루는 사고를 강조한다. 관찰은 종종 대응을 인지하는 형식으로부터 나타나며, 조건은 종종 (형식적)기능의 제한을 암시한다. 이러한 관점에서는 불변하는 측면들을 중심으로 논증을 구성하는 것이 종종 우선된다.

예를 들어, 유한 실수 집합의 기하평균과 산술평균을 생각해보자. n을 그 집합의 원소의 수라고 하자. 두 평균값은 정의에 따른 구조가 있지만 다소의 비형식적 해석도 허용한다. 예를 들어, 산술평균은 모든 원소가 그 합에 동일한 기여를 한다고 생각했을 때 갖는 일정한 값이다. 또한 두 평균은 완전히 동일한 구조를 갖지만 두 개의 서로 다른 연산에 적용된다. 이는 비형식적 해석에서 "**산술**"이라는 단어가 "**기하**"로 대치되는 것 이외에는 (합의 값을 제외하고는) 아무것도 바뀌지 않는 것처럼 보인다. 표준 공리에 의하면 만일 최소한 두개의 서로 다른 숫자들이 한 집합에 있으면 산술평균은 기하평균보다 더 커진다. 이 부등식을 입증하는 방식은 다음과 같다. 산술평균보다 큰 값을 갖는 원소 x_1과 이보다 작은 값을 갖는 x_2가 있다고 하자. 이 값들과 산술평균의 차이를 찾아 더 적은 값을 d라고 하자. 이제 새로운 집합을 보자. 원소 x_1과 x_2가 각각 $x_1-d,\ x_2+d$로 치환되고, 다른 것들은 변하지 않는다. 계획에 따라, 산술평균은 그대로 유지되고, 새로운 집합에서 원소가 생성되었다. 이제 기하평균에 미치는 영향이 결정되어야 한다. 기하평균은 $(x_1-d)(x_2+d)-x_1x_2$의 부호에 따라 증가하거나 감소한다. 이 식은 $d[(x_1-x_2)-d]$로 간략화되는데, $(x_1-x_2)-d$는 조건에 따라 양수이기 때문에, 기하평균은 항상 증가한다. 이제 집합이 한 원소만으로 구성될 때까지 이 과정을 반복해보면 산술평균은 n번만큼 "반복"된다. 이 경우 산술평균은 기하평균과 동일하다. 원래집합의 기하평균이 최종집합에서 보다 더 적어지는 것을 보였다. 따라서 결과는 증명되었다. 요약하자면, 어떤 집합에서든 전략은 (그 집합으로 시작하는) 집합들의 (유한)수열을 산술평균이 유지되도록 형성하고 계속적으로 그 수열이 산술평균값을 갖는 원소들의 수를 증가시켜 결국 모든 원소들이 이 값을 갖게 되도록 하는 것이다. 우리는 의도적으로 우리가 알고 있고 할 수 있는 방향으로 모든 것을 이끌어 나갔다. 여기서 (수열처럼) 구성에 도움이 되는 조건들을 만들고, 관계를 파악하고 이용했으며, 그리고 논증의 구성을 불변적인 것을 중심으로 했다는 것이 매우 명백하다. 여기서 우리는 필요한 기호의 사용이 상대적으로 적었음에 주목하고자 한다. 구조에 대한 감각이 기호를 효과적으로 사용할 수 있게 해준 경우이다.

우리가 취하는 구조에 대한 관점은 가능한 수학적 표현을 통해 모델화되는 직관적 생각 그리고 부여된 정의적인 구성을 포함한다. 이 두 경우 모두 사고를 함에 있어 구조가 융통성이 없는 기반을 제공한다고 생각하지 않으며, 오히려 수학적인 이슈를 부각시키는데 중요한 구성을 만드는데 있어 구조가 지원하며 이러한 사안들을 어떻게 다루어야 하는지를 돕는다고 생각한다. 많은 사안들이 이미 수립된 성질들에 대한 것이기 때문에 이는 곧 증명의 전통을 설명해 준다. 구성에 대한 강조는 다양한 수준에서 정의를 수립하는 것을 포함한다. 또한 제시하는 방법과 관련된 요소들도 중요하다고 생각하는데, 그 이유는 효율성에 영향을 주는 기술적 언어를 잘 파악하는 것이 궁극적으로는 구조적 인지에 달려있기 때문이다.

우리는 증명을 하거나 증명을 읽는 것 그리고 정의를 디자인하고 다루는 것에 대한 학생들의 행동을 분석할 때 구조적 관점이 유익하게 쓰일 수 있다고 주장하는 바이다. 그러나 이 장의 주요 관심사는 고등학교와 대학수준에서 증명과 정의에 관한 교수·학습에 대한 교육연구 문헌의 개요를 제공하는 것이다. 이와 관련한 절들에서 구조가 종종 배경적인 역할로 언급되어져 왔으나, 우리는 위에서 제시한 구조적 관점과 일치하는 요소들을 독자들이 인식하리라 믿는다. 여기서 독자들은 제시된 구조가 형식적-공리적 세계에 치우쳐 있다는 것이 현재의 상황임을 고려해야 할 것이다.

문헌에서 논의된 구조

우리는 여기에서 수학교육계에서 구조에 대한 개념을 어떻게 다루고 있는지 개괄적으로 살펴보기로 하겠다. 물론 **구조**라는 단어는 종종 일상적으로 쓰이지만, 연구의 중요한 틀이나 주제로서 "구조"의 특성은 지속적인 관심사가 되고 있다. 문헌에서 발췌한 구조에 대한 서술들을 언급하는 것으로부터 시작해보겠다.

Mason, Stephens, & Watson(2009)은 다음과 같이 구조를 규정하였다.

> 수학적 구조란 요소들 간의 관계로 특정한 상황들에서 예시화되어 있는 일반적 성질을 인식하는 것을 의미한다… 관계란 원소나 부분집합들이 구별될 때 그들 간의 어떤 연결이나 연계이다. (p. 10)

이것은 앞선 절에서 언급한 구조적 인식의 첫 번째 형태와 일맥상통한다. 예를 들어("조건"이나 "결과"가 아닌) **성질**이라는 단어의 등장은 그 관계가 직관적임을 제시한다. 당연히 여기서 수학적 구조는 모든 연령대에 걸쳐 연관성이 있어 보인다.

구조에 대한 포괄적인 설명은 찾기 힘들기 때문에 구조에 대한 어떤 설명은 의도적으로 구조의 양상과 특별하게 관련된 주제인 경우가 많다. 예를 들면, Niss(2006)의 연구에서 선택된 주제는 "수학 개념의 형성, 본질, 역할, 수학적 증명의 필요와 역할, 수학에서 상징주의와 형식주의"(p. 51) 등이다. 이는 앞 절에서 우리가 제시한 입장과 비슷하다. 개념과 정의는 무엇이 먼저 받아들여져야 하는가에 대한 질문과 더불어 서로 긴밀하게 관련되어 있다. 어떠한 논증이 증명으로 인정될 수 있는가는 수학자, 철학자, 교육자 간에 오랜 논쟁거리였는데, 수학에서 구조의 역할이라는 측면에서는 그 논의가 가장 잘 이루어졌다. 마지막으로 Niss는 다음과 같은 주장을 이끌어내며 상징주의와 형식주의의 역할을 논의한다.

> 상징주의와 형식주의의 숙달은 학생들에게 직관 그리고 이해와 형식주의간의 일종의 "통제된 분열"을 발전시키도록 요구한다. 이것은 학생들이 그 둘 간의 변환을 가능하게 하여 한편으로는 해석과 의미를 다른 한편으로는 표기와 규칙을 구분하도록 한다. (Niss, 2006, p. 61)

이는 앞서 산술평균과 기하평균과 관련된 증명에서 제시된 것과 상응한다.

또 다른 정의를 살펴보자. 이는 Novotna와 Hoch(2008)의 연구에서 발췌한 내용이다.

> **대수적 구조**라는 용어는 보통 추상대수에서 사용되며, 어떤 공리들을 만족시키는 하나 또는 그 이상의 연산에 대해 닫혀있는 집합으로 이해될 수 있다. (p. 94)

이것은 구조의 특수한 형태이지만 이 단어에 대해 많은 수학자들이 취하는 첫 번째 해석과 일관된다. 이 상황에서 구조는 의미론적이기보다는 구문론적인 성향에 더 치중되어 주어진 조건을 바탕으로 구조가 작동한다. 또한 근본적인 것들에 중점을 두고 있다. 그러나 "공리는 필요에 의해서 나온 것이지 무작위로 나온 것이 아닌데 종종 이 추론이 잘못 이해되고 있다"(Artmann, 1988, p. 23). 개념을 갖는다는 것이 통찰력을 기르는 일을 포괄하고 있음에 동의를 한다면 개념은 여전히 그 역할이 있다(Tall & Vinner, 1981 참고). 이러한 점에서 수학자들은 비록 구조라는 단어를 명시적으로 사용하지는 않을지라도, 특히 어떤 사안이나 프로그램을 이끌어낼 때 구조의 측면을 전달하는 것에 관심이 있다. 다음은 군 이론에 관한 교과서의 도입부에서 발췌한 내용이다.

> 초창기 분류 문제는 두 부분으로 구분된다. (1) 모든 가능한 형식의 유한 단순군 찾기 (유한 군 이론의 '초석'이 되는 것), (2) 확장 문제해결하기 (즉, 어떻게 그 초석들이 연계되는지를 찾아내는 것). (Rose, 1978, p.9)

이 발췌문은 기술적인 언어의 범주를 벗어나 은유적 표현의 요소를 지니고 있다는 점에서 흥미롭다. 형식적 관점에서 본다면 이 요소는 피상적이고 의미가 없다. 그럼에도 불구하고 이 비형식적 문장은 구조적 이해를 강조하고 통찰력이라는 장기적인 목적을 강조하는 것처럼 보인다. 이것은 비형식적 언어가 형식적인 수준에서의 논의에 대한 일종의 메타논평의 역할을 한다는 것을 보여준다. 이는 많은 학생들이 대학수준의 수학에서 단지 아무 의미 없는 기호조작만을 하고 있다는 부정적인 이미지를 타계하는데 있어 중요한 요소이다.

Novotna와 Hoch(2008)는 **구조 감각**과 **대수 구조**라는 용어를 도입했다. 구조 감각은 추상대수와 같은 특정 수학적 영역에 대한 단순한 언급을 넘어서, 어떤 구조적 기반이 인지적으로 만들어지는가에 대한 평가의 근원을 보여주는 듯하다. 따라서 형식적 환경에서 공리에 의거한 작업을 하는 것과 이해를 하는 것 간에는 차이가 있다는 것이다. 우리의 견해는 이와 달리 이러한 구분을 하지 않는다. **구조**라는 단어 자체가 어쨌든 이해를 포함하고 있기 때문에 **구조 감각**이라는 용어는 불필요한 의미의 중복이 있다고 생각한다.

Novotna와 Hoch(2008)이 제시한 구조의 정의는 특정한 수학 영역에 한정적이다. 이는 구조와 특별히 관련이 있는 수학적 영역들의 목록을 설정하고 학습 및 지도의 지침을 세울 때 유용할 수 있을 것이다. 다음은 Zalman Usiskin이 제시한 목록이다.

> 내가 가장 명백하다고 생각하는 첫 번째 수학구조들은 명백한 것들이다. 대수의 구조, 즉, 군(group), 환(ring), 벡터공간(vector spaces), 체(field) 등의 구조이다. 그리고 구조의 구조라고 할 수 있는 카테고리들이 있다. 그러나 이러한 구조 안에 있는 대상들조차도 구조로 간주될 수 있다. 예를 들어, 행렬은 데이터의 구조이다. 네트워크는 또 다른 경우의 데이터의 구조이다. 관계(relation)는 제 3의 구조 형태이다.
>
> 그리고 논리적 구조도 있다. 어떤 것은 무엇으로부터 나오는가? 이러 이러한 것이 주어졌다면 무엇을 증명할 수 있겠는가?
>
> 역사적인 구조도 있다. 하나의 발전은 제 3의 발전을 유도하는 또 다른 발전으로 이어진다. 이러한 구조들은 대수 또는 논리의 구조처럼 엄격하지 않지만 개념으로부터 의미를 추출해내는데 있어 매우 중요하게 여겨지는 감각이 있다.
>
> 또한 알고리듬적인 구조도 있다. 알고리듬들은 다른 알고리듬들에 속해 있고, 이는 더 많은 알고리듬을 유도해낸다.
>
> 관심의 구조가 있다 - 이것은 우리로 하여금 다른 것을 연상하게 해 주고 더 많은 것을 연상하게 해주는 것이다.
>
> 또한 교육학적 구조도 있는데 이는 특정 수학에 대한 학생들의 학습을 목적으로 우리가 구성하는 활동의 순서와 연계이다.
>
> 따라서 우리는 형식적 구조와 비형식적 구조가 있다고 말할 수 있을 것이다. 우리는 서로 관계가 있을 것 같은 변형과 기능들을 찾는 것을 통해 형식적 구조들 사이의 관계를 연구한다. 우리는 공통성을 찾는 것을 통해 비형식적 구조를 연구한다. (개인적 대화, 2014년 1월)

이 목록은 구조의 역할이 놀라울 정도로 다양함을 보여주고 있으며 여러 상이한 시각들을 제시한다. 예를 들어, 수학의 일부로서의 구조, 수학 이해의 부분으로서의 구조, 수학간의 연계성을 도모하는 구조, 수학 지도에 있어 역할을 하는 구조 등이다. 마지막 항목은 논란의 여지는 있으나, 변형의 개념을 필수적으로 적용하지 않으면서 자신들의 연구에 구조의 측면을 연계하는 것에 관심이 있는 교육자들의 "보편적" 관점을 표현하는 것과 가장 근접하다.

다소 추상적으로 보이는 개념을 특성화하는데 있어서 한 타당성 있는 접근은 그 개념이 적절한 것으로 보이는 상황들을 소환하여 특성화를 형성하는데 도움이 될 수 있는 다양한 상황들 간의 유사점을 추출해내는 것이다. 따라서 Usiskin이 제시한 목록과 같은 것을 가지고 있는 것이 중요하다. 그러나 궁극적으로 다양성만을 가지고서는 공통성을 추출하는 것이 어렵다. 이러한 이유로, 교육자들은 보다 직접적이고 일반적인 틀을 구성하는데 주요 관심사가 있다. 여기서 자연적으로 고려하는 것은 구조적 인식이 "수학적 객체들"과 그들간의 상호작용에 대한 생각을 하도록 도와준다는 것이다. 인지적으로, Action Process Object Schema(APOS) (e.g., Cottrill, et al., 1996) 등과 같은 "객체화(objectification)"의 모델들은 학생들의 기본적인 개념에 대한 이해를 연구하는데 유용할 수 있다. 또한 그것이 구조의 유용성을 강조하는 것으로 활용될 때 수학적 객체의 상태는 확고해진다는 입장을 취하고 있다. 그러나 이러한 모델은 문제해결이나 작도의 디자인과 같은 수학적 활동을 고려하는 동안에 일어나는 객체의 차용(appropriation)을 위해서는 그다지 효과적이지 않다. 객체(objects)를 논함에 있어서 수학자들은 **개체**(entity)라는 단어도 이용하고 있다. 어떤 교육자들은(예를 들면, Font, Gondino, & Gallardo, 2013) 이 두 단어를 동의어로 취급하기도 하지만, 다른 연구에서는 개체(entity)가 더 폭넓은 의미를 가지고 있기도 하다. 예를 들어, Prasada, Ferenz, Haskell(2002)의 연구에서 우리는 다음을 발견했다. "객체 구성(object construals)은 비임의적인 구조에 대한 생각을 요구하는 반면, 실체구성(substance construals)은 임의적인 것으로서 구조를 생각할 것을 요구한다" (p. 141). 이것은 구조에서 상이한 수준의 구체화 단계가 존재함을 시사한다. 개체(entity)는 확정되지 않은 반면, 객체(object)는 적어도 부분적으로라도 결정된 것이다. 따라서 실존하는 증명은 객체보다는 개체를 다루는 것이다. 이는 공리적 접근에 기초한 수학이 모순이 되는 경우, 즉 공리체계가 어떤 객체에 의해 충족될 수 없는 경우를 포함할 수 있다는 점을 피력하는데 있어 중요하다. 모순이 생기기 이전에 잠재적인 개체에 대해 논의하는 것이 적절하다.

객체에 대한 생각은, 어떤 객체에 적용되는 연산을 통해 "내적" 구조의 분석을 초래하고 그 객체를 포함하고 있는 더 큰 구조에 대한 고려로 이끈다. 따라서 어떤 객체는 그 체계가 구조를 통제하는 장으로서 여겨질 수 있는 수학적 체계 내에 "위치"되어질 수 있는 것으로 생각할 수 있다(Rickart, 1996). 하나의 체계는 보통 다양한 형태의 객체들을 가지고 있고 각 형태의 하위 및 상위 객체들은 어떤 특정한 객체와의 관계로 규정될 수 있다. 그 구조는 관련된 다양한 객체들의 군집간의 대응관계를 밝히는 것을 통해 탐색되어질 수 있다(예를 들어, Mamona-Downs & Downs, 2004).

그러나 이 전체적 그림이 아직 완성된 것이 아니다. 이전의 객체와 관련된 새로운 객체를 생성하려는 욕구는 늘 존재한다. 한 예가 바로 동치와 동치적 관계의 개념이다. 동치는 어떤 객체가 자연스럽게 동급(class)으로 놓이게 되는지를 결정해주기 때문에 구조적 사고에 있어서 중요한 부분을 담당한다. 이러한 결정은 추상적 구조에 기반을 두고 이루어진다. Hamdan(2006)의 연구는 동치적 관계와 관련이 있는 분할(partition), 동류(equivalence classes), 함수의 파이버 구조(fiber structure of a function)와 같은 개념들 사이의 의미 있는 연계성을 학생들에게 제시하라고 하였다.

구조가 수학적 체계에 의해 기술되는 것으로 생각하는 것도 어느 정도 한계가 있다. 구조의 역할은 특정한 논증이나 수학적 상황들로부터 다른 사례들을 위한 방법 및 기술을 추출해내는 것이다. 이것을 때로는 **전이의 문제**(transfer problem)(예를 들어, Lobato & Siebert, 2002)라고 언급하기도 한다. 이와 관련하여 다른 수학적 주제들을 통해 동일한 문제가 제시될 때 그 주제들 사이의 공통적인 구조적 이해를 알려준다(Kondratieva, 2011). 또한 동형사상(isomorphisms), 준동형사상(homomorpisms), 기타 다른 동형사상(“morphisms”)처럼 두 객체가 공통적인 구조를 갖는지 아닌지에 대해 수학적 결정을 하는 기능적인 장치들도 있다. 동형사상에 관한 수학적 구조의 역사에 대한 설명은 Timmermans(2012)의 연구에서 찾을 수 있다. 비형식적 형태의 동형사상들은 수학교육문헌에서 종종 논의되고 있으며(예를 들어, Greer & Harel, 1998), 학생들의 형식적 동형사상에 대한 이해에 관련된 현존하는 연구들도 있는데, 군 동형사상(group isomophisms)에서 Weber & Alcock(2004)의 연구, 그래프 동형사상(graph isomorphism)에서 Ebert, Ebert, & Klin(2004)의 연구 등이 바로 그 예이다.

여기에서 우리가 말하고 싶은 논점은 수학적 객체이다. 앞 절에서 우리는 구성(construction)에 대해 이야기하였다. 수학적 구성의 개념은 본질적으로 객체를 인식하는 것에 달려있다는 논의가 될 수 있다. 예를 들어, 산술평균이 기하평균보다 크거나 같다는 것을 보인 논증에서 그 과정은 집합의 유한한 수열을 표현하는 것을 완수했을 때 이루어졌다. 수열의 인식은 객체가 인식되었음을 의미한다. 그 객체에 기저한 과정은 부동치(inequality)를 결정하도록 의도적으로 디자인되었다. 따라서 그 과정 및 객체는 하나의 구성으로서 행동한다. 객체 요소를 강조하는 것은 독창적인 전략을 형성하는 것을 돕는다.

우리가 보았듯이, 수학적 대상과 관련된 작용과 상대성은 매우 복잡하기에 이에 대한 많은 부분이 학교수준에서 다루어지지 않는다. 구조의 역할은 다루고 있는 체계에 대한 전반적이고 일관적 관점을 제공하는 것이다. 이에 대해 Dreyfus와 Eisenberg(1996)는 다음과 같이 언급하였다.

> 일단 파악되고 통합이 되면, 우리로 하여금 전체 주제를 조직하고 그 통일성을 갖게해주는 개념과 관계의 주요 핵심이 있다. 일단 학생들이 이 단계에 이르면 관련된 많은 지식이 와해되는 것처럼 보일 수 있다. 이전에 서로 완전히 분리되었던 예들이 이제는 필연적으로 동일한 것으로 판명되는 것이다. (p. 267)

증명에 관하여

증명의 성격에 대한 해석은 매우 광범위하게 이루어지고 있다. 이와 관련된 한 요소는 수학의 주 관심사가 결과의 습득인지 아니면 주어진 조건으로부터 나오는 잠재적인 결과를 제안하고 이에 대한 검증을 요구하는 것인지 이다. 후자가 증명의 "문화"에 더 들어맞는다. 더욱이 수학의 이론을 수립하고 제시하는 관점에서 볼 때, 더 이상 잠정적이 아니라고 여겨지는 가능한 결과의 진술이라고 보는 것이 더 간편하다. 따라서 통상적으로 "증명하라"는 지시어가 "입증하거나 반증하라"는 지시어보다 수학교과서에서 더 자주 쓰인다. 이러한 측면에서 그 차이를 구별하기 위해 두 개의 서로 다른 단어를 쓰는 것이 더 편리하다. 바로 정리(proposition)와 **명제**(statement)이다. 여기서 **명제**는 논리에서 보통 사용되는 것과는 다소 다르게, **권위 있는 진술**(authoritative statement), 즉 이미 참임이 수립된 "참"인 명제의 준말로 생각될 수 있다. 정리는 반박할 수 있으나 명제는 참인 것으로 **가정된다**. 정리의 상태를 (즉, 참인지 거짓인지) 결정하기 위해 논증을 할 수 있다. 명제의 최종적 상태(참 또는 거짓)를 결정하기 위해 논증을 한다기보다는 입증과 설명의 기회를 갖는 것이라고 할 수 있다. 많은 학생들에게 이것이 쉽게 납득되지 않을 수 있다. 학생들이 형성 과정에 참여하지 않았던 정리를 강요하는 것도 나쁘지만, 명제의 경우처럼, 정리가 참이라고 하는 것도 과도한 듯하다. 결국, 다음과 같은 형식이 만들어졌다. 전제를 진술하고, 추론을 제시한 후에 추론을 진술한다. 당연히, 일부 교육자들이 이러한 형식을 배제한 증명의 특성을 옹호할 수 있다. 그들이 말하는 증명은 주로 추측을 먼저하고 그 상태(참 혹은 거짓)를 결정하기 위해 논증을 하는 것을 포함한다. 예를 들어, Pedemonte(2007)는 추측을 만드는 논리와 그와 연계된 "증명"을 구성하는데 있어 "인지적 통일(unity)"에 중점을 두었다. 많은 경우, 연관성이 있는 공리의 내용이 추측의 형태로 미리 나왔다면 "증명"이 좀 더 자연스럽게 보일 것이다. 그러나 교육자들이 무시하기에는 앞서 언급한 형식이 상당히 만연되어 있는데, 그 이유는 그러한 형식이 수학 연구의 실제 과정을 잘 반영하기 때문이다.

지금부터 명제를 제시하는 상황에서의 증명을 논하겠다. 명제는 참인 것으로 받아들여지기 때문에 적합하고 효율적인 논증을 하는 것이 목적이다. 관심사는 논증 그 자체에 있다. 그런데 이러한 상황은 학생들을 불안하게 하고 어떤 논증이 증명의 자격을 갖추었는지에 대해 불확실하다고 느끼게 만든다. 이 문제를 다루는 교육학적 연구들도 있다. 사용되고 있는 한 가지 방법은 증명도와 완성도가 다른 항목들이 있는 논증의 목록을 제시한 후에 학생들에게 증명에 대한 각 항목의 상태(참 또는 거짓)에 대한 의견을 묻는 것이다. 예를 들어, Weber(2010)는 대학교 4학년 학생들이 경험에 의한 작업은 증명으로 보지 않고 대부분 도식화된 논증은 받아들이며 내용보다는 친숙한 형식에 더 쉽게 영향을 받는다는 사실을 발견하였다. 또한 학생들은 연역적으로 보이는 논증은 세심하게 확인하지 않는 경향이 있었는데, 심지어 오류가 인식된 경우에도 기본 구조에 대한 영향은 고려하지 않았다.

증명이 "실제적인" 상황을 모델링하는 방식을 취하는 부분은 학생들에게 혼란을 초래할 수 있다. Martinez와 Brizuela(2009)는 Chevalard(1989)의 연구에 따른 틀을 요약하였다. 이 틀에 의하면 모델링의 주요 단계는 다음과 같다. (1) 변수와 매개변수의 확인 (2) 변수와 매개변수간의 관계 설정 (3) 새로운 관계를 수립하기 위해 모델을 이용. 또한 내재적 수학 상황과 외재적 수학 상황 간의 구분도 있다. 외재적 수학 모델링은 상황에 암시된 구조를 충족하는 수학적 체계를 결정하는데 관심을 갖는다. 예를 들어, 반대편 두 코너에 위치한 정사각형을 없애고 체스판을 2×1 타일로 덮는 전형적인 문제는 각 타일에서 정사각형 하나가 표시된 것을 힌트로 삼아서 체스판을 타일들로 덮는 것이 불가능하다고 유추할 수 있다. 그러나 이러한 논리는 감각적인 면이 있고, 엄격히 말하면 증명으로 간주될 수 없다. 그러나 데카르트의 곱(Cartesian product)의 환경에서 앞서 언급한 풀이는 모델화될 수 있고, 이 증명은 오직 그 환경에서만 가능하다(Mamona-Downs & Downs, 2011). 이렇듯 현상적인 세계로부터의 모델링은 일반적으로 수학적 증명을 포함하지만 모델 자체를 만드는 과정은 수학적 표현이 허용할 수 있는 것 이상의 범주에 있다. 따라서 모델링과 증명은 두 가지 독립적인 성과인 것이다.

명제는 학생들에게 이미 수립된 것으로 가정되어 제시되기 때문에 학생들은 자신들이 증명할 필요가 있는지에 대해 질문을 할 수 있다. 그러나 수학이 점차 추상화되면서 주어진 요건과 그에 따르는 명제들은 인지적으로 쉽게 상호 분리될 수 있다. 예를 들어, "거리 공간에 있는 콤팩트 집합(compact set)은 열린 덮개(open cover)가 유한 덮개(finite cover)로 세분되는 조건을 만족시키는 집합과 동치이다"라는 진술은 방향성이 없고 무작위적인 것으로 보인다. (만일 이것이 참이라고 하더라도, 그래서 어쩌라는 것인가?) 증명은 이처럼 이상해 보이는 연계성이 **왜** 발생하며 그것을 입증하는 것 이상의 중요성이 무엇인가에 대해 설명하는 역할이 있다. 관련된 증명을 칠판에 완성하고 관객들에게 다음과 같은 부탁을 하는 Pierre Deligne의 일화는 잘 알려져 있다. "여기 제시된 것을 이해한 사람이 나에게 이것을 설명해 준다면 매우 감사하겠습니다." 증명은 종종 진정한 의미의 목적 수행보다는 실용주의적인 것으로 보일 수도 있다. 최근 문헌에는 증명의 "목적"에 대한 관심이 나타났다. 가장 우세한 것은 전제, 결과, 증명이 하나의 인식적 단위로 나타난다는 것이다(Barnard, 1998 참고). 또 다른 관심은 어떤 증명들이 증명을 지원하는 논증으로부터 추출될 수 있는 일반적인 기술을 분석한다는 단순한 관찰에 기초를 두고 있다. 물론 이러한 주제는 수학교육에서 새로운 것이 아니다. de Villers의 "수학에서의 증명의 역할과 기능"이라는 제목의 영향력 있는 연구는 1990년에 출판되었다. 그런데 수학자인 Rav(1999)의 논문에서 언급한 통찰, 연계, 일반화와 추출 기술의 향상에 대한 증명의 역할에 대한 논의가 이 영역이 새로운 탄력을 받는 계기를 제공하였다(예를 들면, Hanna & Barbeau, 2008). 여기서의 메시지는 수학의 전체 지식은 이미 입증된 명제들만큼이나 증명 자체로부터도 축적되어 왔다는 것이다. "훌륭한" 증명은 단순히 설명력으로만 판단되는 것이 아니라 그것이 제공하는 도구들로도 판단된다. 따라서 추상화 과정에서 의미에 미치는 영향과 동시에 기능성의 향상에도 영향을 미친다. 도구를 만든다는 것은 이미 존재하고 있는 구조를 다른 어떤 상황에도 적용되는 형태로 재조직하는 것을 포함한다. 학생들은 수업을 통해 그러한 목적들에 대한 정보를 잘 전달받지 못할 수도 있다. 그러나 이러한 부재는 학생들이 맨 처음 증명을 표현하는 어려움에 직면하였을 때를 생각하면 부차적인 것으로 간주된다.

학생들이 증명을 편하게 생각하지 않는 이유는 더 있다. 수학 용어가 증명을 돕도록 미리 다 짜여 있는 것처럼 보일 수 있다(Downs & Mamona-Downs, 2005). 공허한 인지적 게임이 펼쳐진다는 인상을 남길 수도 있다. 이를 완화하기 위하여 수학적 이론의 수립에 대한 감각이 고취되어야만 하고(Balacheff, 2010 참고), 특히 남겨진 작업을 위해 정의가 어떻게 내려져야 하는지 알아야 한다. 정의의 역할은 다음 절에서 논의될 것이다. 형식적 언어로 사고하는 것이 가능하다는 가정 하에 이론을 개발하는 감각을 유지하는 것은 학생들에게 도움을 줄 수 있다(Thurston, 1995). 그리고 그러한 감각의 부재는 결정적인 단계에서 악재로 작용한다(Moore, 1994 참고).

증명을 구성하고 이해하는 **실제 활동**에서의 어려움에 대하여 논의를 계속해보자. 우선, 학생들은 과제가 무엇을 묻고 있는지를 파악해야 한다. 보통 두 개의 분리된 부분이 있는데 하나는 조건을 또 다른 하나는 결과를 제시하고 있다. 두 가지 모두 이해되어야 하는 부분인데 과제의 형식적 언어 때문에 무엇이 제시되어 있는지조차 이해하는 것도 어려울 수 있다. 한 가지 어려움은 논리적 형태의 진술을 "풀어나가는 것"에 있다(Selden, McKee & Selden, 2010). 증명에 관한 수학자들의 실행에 대한 연구에 의하면(Wilkerson-Jerde & Wilensky, 2011) 수학자들은 하위요소들을 알아내기 위하여 명제에 내재된 생각들을 "분해"하는 경향이 있다. 만일 학생들이 이 작업을 하지 않는다면 차후 사고의 동기화를 마련해줄 의미 있는 수학적 사안을 이해하는데 있어 어려움을 겪을 것이다. 두 번째의 어려움은 많은 학생들이 증명에 대해 "A"로부터 "B"를 얻어내는 연역적인 단계의 순서라는 생각을 갖고 있다는 점이다. 이는 논리가 자동적으로 증명의 방향을 결정한다는 인상을 남긴다. 이러한 생각은 도움이 되지 않으며, 특히 증명의 초기화 단계에서 더욱 그러하다. 논리적 고려는 증명을 하는데 있어서 역할을 하지만 논리 자체가 전략적 포인트를 지원할 수는 없다. 증명을 수행하는데 있어 문제해결이라는 요소는 중요하다(Mamona-Downs & Downs, 2013). 그러나 문제해결을 위한 현재의 교수법은 지나치게 이론적인 상황을 피하는 경향이 있다. 이것은 그리 놀라운 일이 아니며 문제해결 수업이 다른 수업에는 잘 전이되지 않는다는 보고들도 있다(Yusof & Tall, 1999).

증명에 대한 우리의 입장은 논리에 입각한 규칙은 분명히 존중되어야 한다는 것이다. 그러나 학생들이 증명을 구성할 때 논리적 측면을 찾는 것을 어렵게 느낄 수 있고 현저한 오류가 있는 논증을 받아들일 수도 있다. 문제는 사용하는 언어의 의미 감각과 구조적 인식의 결여에서 주로 비롯된다. 종종 증명에서 한 줄에서 다음 줄로 넘어갈 때 어떻게 넘어갔는지를 이해하는 것은 한 단계의 연역적 과정으로 정당화될 수 있는 것 이상이기 때문에, 학생들로서는 무엇이 암시적으로 함축되어 있는지를 이해하는 것이 어렵다. Durand-Guerrier(2003)의 연구에 제시되었듯이 하나의 암시는 서로 다른 논리적 형태를 취할 수도 있다. Pinto(1996)의 연구는 여러 가지 수량을 이해하고 다루는 것이 특히 어려움을 보여주고 있다. 간접적인 증명은 종종 학생들이 혼란스러워 한다. 거짓이라고 예상되는 정리에 대해 "긍정적으로" 주장해야만 하기 때문에 모순에 의한 증명은 인지적으로 큰 부담을 줄 수 있다. Leron(1985)은 일부 모순에 의한 증명의 경우 구성적인 과정으로 대치되어야 한다고 제안한다. 그는 이러한 접근이 위에서 언급한 증명의 목적이라는 점에서 많은 이점을 갖는다고 하였다. 그러나 현실에서 모순에 의한 증명은 "고등" 수학에서 너무도 만연되어 있는 전략이다. Antonini와 Mariotti(2006)의 연구에서는 모순에 의한 증명을 지원하는 논리에 대한 더 상세한 분석과 이에 따른 학생들의 이해에 대한 요구가 함께 이루어졌다.

종종 과제를 수행함에 있어 수학적 논증의 한 줄을 위한 자극제가 되는 "도입의 방법"을 확인하는 것이 필요한데, 이는 과제가 증명형식으로 되어 있든 아니든 간에 필요한 것이다. 그러한 도입의 방법은 약간의 탐색 작업을 한 후에 알게 되는 관계의 관찰을 통해 나타난다. 학생들은 실행을 요구하는 다양한 생각들을 꾸준히 시도해 보아야만 한다. 최초의 돌파구를 찾은 후 증명의 과정에서 조건적인 단계들이 나타날 것이다. 예를 들어, Raman, Sandefur, Birky, Campbell, Somers (2009)에 따르면 학생들은 증명이 되는 생각을 시작할 핵심 아이디어를 확인하기 시작하고, 일관적인 기록을 하도록 기술적인 방안들을 발달시키며, 최종적으로 이것을 인지하고 있는 정형화한 형식으로 재구성한다. Alcock(2010)은 수학자의 관점에서 학생들이 성공적인 증명가가 되는데 필요한 사고의 형식에 대해 논하였다. 이는 **예시화, 구조적 사고, 창의적 사고, 비판적 사고**이다. 교수의 목적에서 강의자가 구조적 요소에 더 많은 강조를 두어야만 한다는 의견이지만, 이 네 가지의 사고는 모두 존재하고 잘 어우러져야만 한다.

비록 학생들이 증명에 대한 훌륭한 관계적, 도구적 이해를 습득했다고 해도 수용되는 형식으로 증명을 기록하는 것을 어려워할 수 있다. 두 가지의 어려운 상황이 있는데, 첫째는 생각을 기존에 수립된 수학적 용어로 "번역하는 것"이고, 둘째는 (예를 들면, "이것은 자명하다"라는 용어가 허용될 때) 증명의 어떤 부분을 무리 없이 생략할 수 있는지를 결정하는 것이다. 그러한 표현상의 우려는 학생들이 증명에 대해 가지는 전반적인 생각에 영향을 줄 수 있다. 표현을 강조하는 것은 증명의 역할이 명제를 입증하는 것뿐만이 아니라 논증의 기반을 입증하는 것임을 나타낸다. 또한 표현은 기록물과 유사하게 보일 수 있다. 그러나 짐작컨대 그러한 기록물을 만드는 일은 중재된 재구조 활동을 포함한다. 수업에서 강사가 증명을 어떻게 제시하는지에 대한 논문들이 있지만, 제시된 형식에 맞추어 논증을 재정비하는 과정에 대한 연구는 거의 없다. 예를 들어, Mills(2011)는 증명이 이루어지는 동안 학생들이 어떻게 반응해야할 지에 대한 강사들의 기대 수준을 보고하였는데, 강사들은 때로는 학생들에게 단편적인 정보를 제공하도록 요구하고 때로는 핵심 아이디어를 형성하는데 기여하도록 요구하였다. Weber(2012)는 수학자들이 학생들에게 증명을 어떻게 제시하는지에 대해 그들을 인터뷰하였다. 결과 중 하나는 수학자들이 학생들의 증명에 대한 이해를 평가하기 위해서 마지막 제시 형태를 마치 모델로 간주하는 듯한 피상적인 방법을 사용한다는 것이다.

이제 증명의 읽기에 대해 간략히 언급하면서 이 절을 끝내고자 한다. 증명의 읽기는 증명의 구문 분석에서 정독에 이르기까지 다양한 수준에서 행해질 수 있다. 구문 분석에 대해 우리는 Polya(1954)의 진술에 동의한다. "너무 기초적인 것으로 보이는 부분은 건너뛰는 수준 높은 독자는 복잡한 것으로 보이는 부분을 피하는 낮은 단계의 독자들보다 더 많은 것을 간과하고 지나칠 수 있다"(p. xi). 지금부터는 독해로 논의를 제한하여 관련된 사항을 알아보려고 한다. 즉, 구체적인 "결과"가 없기 때문에 증명을 읽는 동안 학생들의 사고의 과정을 직접적으로 연구하는 것은 어려운 일이다. 하지만, 간접적으로 이해의 정도를 측정할 수 있는 방법이 있다. Weinberg와 Wiesner(2011)는 학생들의 읽기가 교과서에서 찾을 수 있는 "폐쇄적 구조"나 그것이 주는 권위적 감각에 의해 강요된다고 보고하였다. Weber와 Mejia-Ramos(2011)는 증명 읽기에 관한 습관과 실행에 대해 교수학적 중요성을 포함한 인터뷰를 수학자들을 대상으로 실행하였는데, 한 줄씩 읽어 내려가는 것과 증명에서 사용된 전반적인 방법을 확인하고 관련짓는 읽기가 구별되었다. 후자는 형식적 논증의 타당성 확인을 위해 심적 평가가 가동될 수 있는 "구조적-직관적 증거"의 형성을 포함한 추측이다. Mejia-Ramos, Fuller, Weber, rhoads와 Samkoff(2012)는 증명 읽기의 구성 요소에 관한 모델을 제시하였는데, 그것이 어떻게 실행되는지는 다소 모호하다. 증명의 최초 형성과정에 관여한 어떠한 구조적인 사항은 증명을 읽을 때 파악할 수 있겠지만 단순히 직해 수준의 읽기를 통해 그러한 파악이 가능한 것은 아니다. 증명 읽기의 연구 분야는 아직 초기단계이며, 특히 읽기가 증명을 도출하는 과정에 대한 학생들의 능력에 미치는 영향에 있어서 더욱 그러하다.

개념화와 정의에 대하여

Tall와 Vinner(1981)의 영향력 있는 논문은 **개념 이미지**와 **개념 정의**에 대한 개념을 소개했다. 여기서 개념 이미지는 "개념과 관련된 모든 심적인 표상 및 이상적으로 연관된 성질과 과정을 포함하는 종합적인 인지적 구조"로 구성되어 있다. 반면에 개념 정의는 "개념을 구체적으로 사용하기 위한 단어의 형태"를 취한다(p. 152). 일단 학습자에 의해 내면화된 개념 정의는 개념 이미지의 특정한 한 부분이 된다. 이와는 대조적으로 Davis와 Vinner(1986)의 논문은 **개념 이미지**라는 용어를 형식적 정의와 구별하였고 **개념 정의라**는 용어는 언급하지 않았다. 두 논문 중 첫 번째는 정의 자체와 정의 형성 이전의 초기 직관으로부터 얻는 통찰을 언급한다. 두 번째 논문은 최초에 초기 직관이 어떻게 나타나는지와 수업이 그 직관들을 모으는 데 어떠한 역할을 하는지에 대해 더욱 관심을 가진다. 이 관점에서 "피할 수 없는 오개념의 단계"가 나타난다. 두 관점 모두 정의는 어떤 권위의 형태에 의해 이미 결정되었다는 가정을 하고 있는 것으로 보인다. 보다 최근에는 "정의 형성의 과정"과 "개념 형성의 과정"의 동시 발달을 서술하는 경향이 있다(Ouvrier-Buffet, 2006). 따라서 도구적 이해를 추구하는 설계와 관계적 이해를 추구하는 설계가 만나는 상황이 된다. 기저 구조에 대해 증가하는 관심은 이 둘의 결합에 있어 중요하다.

교사의 지도가 개입된 재발명(guided reinvention) 과정을 통해 형식적인 정의의 형태를 학생들 스스로 다시 파악할 수 있다고 보고하는 무수한 교육연구들이 있다. 어떤 연구는 기본적인 정의를 다루고, 어떤 것들은 이미 알고 있는 정의를 새로운 영역에 적용하는 것을 다루며, 또 다른 연구들은 이전에 직관적인 수준에서만 가지고 있었던 과거의 지식을 강화하는 것 등을 다루고 있다. 마지막 연구는 학생들에게 놀라움을 가져다준다. 예를 들어 어떤 논문들은 $(-8)^{1/3}$이 학교 교육과정의 상황에서는 정의되지 않은 것으로 간주되어야만 한다는 입장을 취한다(예를 들어, Woo & Yim, 2008).

기존의 정의들을 학습자 중심으로 회복하는 것에 전형적인 영향을 준 것은 Lakatos(1976)의 정신이라기보다는 현실 수학교육(Realistic Mathematics Education, Gravemeijer, 1999), 은유의 이용(Lakoff & Núñez, 2000), 생산, 검색, 예제의 분석, 예측치 못한 사태들에 대한 대처를 하기 위해 조건을 수정하고 개념적 중심을 바꾸는 것과 같은 것들이다. 이에 대한 최근 경향을 반영한 좋은 예는 Zandieh와 Rasmussen(2010)의 연구인데, 여기서 학생들에게 평면 삼각형의 정의를 제시하라고 하고 이것을 구의 정의에 적용하라고 했다. 수집된 자료들을 통해서 저자들은 상황적, 참고적, 일반적, 그리고 형식적인 활동의 네 가지의 주제로 구성된 틀을 제시하였다. 상황적, 참고적 활동들은 존재하는 개념 이미지의 측면을 다루는 경향이 있고, 일반적 및 형식적 활동들은 보다 친숙하지 않는 영역들로 이를 확장시키는 경향이 있는 것들이었다.

최근에는 학생들의 효과적인 예시 능력 또는 학생들이 이미 가지고 있는 예시들로부터 무엇을 창출해내는 능력 등을 다루는 연구들의 양이 많아지고 있다. 우리는 예시화가 많은 상황들에서 특히 유추의 상황에서 중요하다는 것을 인식하고 있지만 여기서 정의의 중요성에 대해서만 관심을 갖는다. 전통적으로 중심이 되는 형식적 정의들은 강의실에서 많은 설명 없이 제시되지만, 학생들을 적응시키기 위해서는 많은 예를 제시해야 한다. Dahlberg와 Housman(1997)은 친숙하지 않은 정의가 주어진 연구를 하였는데, **스스로 예시**를 만든 학생들이 주요한 개념적 입력 사항들을 수집하는 것에 있어 더 우수함을 보여주었다. 이는 학생들이 예시를 생성하는 것이 정의가 진술되고 난 후 개념 이미지를 초기화 하는데 있어 중요함을 제시한다. 개혁 성향의 수업에서 예시들은 정의보다 앞선다. 학생들은 (요구되는) 정의를 구성하기 위해 예시들에 있는 필수적인 공통 구조를 추출해내도록 도전받는다. 학생들은 자신들이 만들었거나 그 밖의 다른 예시이거나 간에, 예시들의 출처의 풍부함과 신뢰성은 이미 존재하는 개념 이미지의 힘에 달려있다. 어떤 교육자들은 학생들이 (개별적으로 혹은 집단적으로) 특정 수학 주제의 "예시의 장"을 구성하는 것에 대한 중요성에 대해 말한다. 여기서 특정 수학 주제는 정의의 형태에 이론적 고려가 영향을 미치는 것들이다. 이 영역에서 Watson과 Mason(2005)의 연구가 영향력이 있다. Curley와 Meehan(2010)은 실해석학에 있는 다양한 주제들에 대한 광범위한 예시들의 연관 체계를 형성할 수 있는 기회를 학생들에게 제공하는 틀을 설계하였다. 이 활동이 관련 있는 개념 정의를 정확히 묘사하는 것을 권장하는지 아닌지는 명확하지 않지만, 그 활동에 대한 연습은 학생들로 하여금 수학에서의 어떤 측면들의 진가를 알아보게 하는데 도움이 되었다. 다른 연구자들은 어떤 특정 수학분야에서의 예시의 사용이 다른 분야에서보다 더 효과적이라고 보고하였다(예를 들어, Zaslavsky & Shir, 2005). 이는 그리 놀라운 일이 아니다. 예를 들어, 어떤 이론이 연계된 수학적 사안들의 흐름을 부드럽게 할 때 (복소 함수론에서 첫 번째 코스처럼) 형성된 정의는 이론적 추진력을 돕기 위해 만들어지고 예들은 삽화나 응용의 지위로 강등되어지는 경향이 있다.

Edward와 Ward(2004)는 학생들이 수학적 정의의 성질을 이해하는데 어려움을 겪으며 그들은 "수학적 정의를 이용하는 것에 중점을 둔 경험과 정의를 하는 과정에 대한 경험을 가져야만 한다" 고 말했다(p. 422). 그러나 이 저자들은 정의를 만들기 위해 설계된 활동들이 "교사가 생각하고 있는 것을 학생들이 짐작할 수 있다면 이기는 게임"으로 축소될 수 있다고 경고하였다(Edward & Ward, 2008, p. 230). 문제는 "학생들이 정의를 만드는 활동을 하라고 했을 때 정말 동기화되는가?"이다. 이와 관련하여 정의를 만드는 과정은 현상학적으로 설명될 수 있다. 여기서 주요 요소는 직관적인 근원들과 복합된 "의도"이며, 정의는 그 의도를 충족하기 위해 조직되어지거나 얼마나 의도를 잘 표현하였는지 혹은 왜 또는 어떻게 원래의 의도가 절충되었는지가 어떻게 설명되고 있는지에 대해 면밀히 조사되어지는 것이다(예를 들면, Asghari, 2004).

학교에서 정의는 서술적이며 감각적인 요소들을 수용하고 내재된 가정을 허용한다. 학생들은 대학에 들어와 완전히 다른 분위기에 직면한다. 이것의 예를 제시해 보겠다. 가장 보편적인 사각형(quadrilateral)의 정의는 "교차 사각형(crossed quadrilateral)"을 포함하지만 대부분의 학생들은 교차 사각형을 사각형으로 간주하고자 하지 않는다. De Villiers(1998)에 의해 수행된 현장 연구에서 어떤 학생들은 교차 사각형의 네 꼭짓점에서 내각의 합을 찾으려 시도하지만, 그리하면 "보통의 사각형"에서 얻는 것과 같은 총합을 갖게 된다. 따라서 이 둘을 구분하려는 시도가 실패한 듯하다. 교차 사각형의 정확한 정의에 적용될 때 내각의 일반적인 이미지는 파괴된다. 여기서 요점은 학생들은 교차 사각형을 구분하는 더 심도 있는 조건이 필요하다는 것을 안다는 것이다. 그러나 조건이 보통의 사각형과 교차 사각형에 동일하게 적용되도록 보장하는 정의의 측면을 재조정하는

데 실패한 것이다. 이 조건을 도입하는데 있어서 학생들은 능숙하게 수행을 하지만 일반적인 관행과 맞지 않게 감각적으로 내각을 취했을 때는 그렇지 않다는 것이다(즉, 각을 계속적으로 반시계방향으로 취한 경우).

간혹 정의의 역할은 인지적으로 미약하다. 정의는 단지 수학적 보증을 위해 거기 존재할 뿐이다. 예를 들어, 실수열(real sequence)은 자연수의 실수에 대한 함수로 정의된다. 여기서 실제로 전달되는 바는 (무한하지만 "셀 수 있는") 실수의 순서쌍의 목록이다. 이에 대한 비형식적 읽기는 특별한 기호의 사용을 요구한다. 즉, $f: N \rightarrow R$ 그리고 $n \in N$ 인 f의 값을 $f(n)$으로 쓰는 기본적인 함수의 형식 대신에, 수열의 n번째 항을 표시하기 위해 우리는 보통(a_n)이라고 쓴다. 이 변형된 형식은 항들의 순서에 있어서의 "위치"에 대한 생각을 강조한다(Vollrath, 1994). 전반적으로 형식은 정의에 관한 중요한 주제이다. 이를 설명하자면, 수열과(sequences) 급수(series) 간의 실질적 차이는 없다. 그러나 "급수"의 시각에서 나온 이론은 엄청난 파급력을 가진 매우 특수한 것임이 입증된다(학생들은 부분합을 받아들이는데 어려움을 느낄 수 있고 그래서 급수가 수열로 간주됨을 인지하는 것이 어렵다. Martinez-Planell, Gonzalez, DiCristina & Acevedo, 2012 참조). 또한 형식적인 정의의 제시가 가장 실용적인 형태로 진술되는 경향이 있다고 할지라도 정의가 다른 목적을 강조하기 위해 재구성될 수 있다. 예를 들어, 실수에서 함수의 극한을 생각해보자. 일반적인 정의에 대한 진술을 대체하는 형식은 다음과 같다. f는 x에서 극한값 l을 가진다는 다음과 필요충분조건이다. l을 중심으로 갖는 모든 구간에 대하여 점 x 자신을 제외하고 x를 중심으로 하는 구간이 있을 때, 함수 f는 그 구간으로 사상된다(Mamona-Downs, 2014).

정의의 상대성이 발현되는 또 다른 방식은 (논리적으로) 동치인 정의들의 상황에서 일어난다. 여기서 정의적 명제란 다른 명제를 암시하며, 역으로 두 번째 진술이 첫 번째 것을 암시한다. 그렇다면 둘 중 어느 하나가 정의로, 다른 하나는 결과로 간주될 수 있다. 둘 중 어느 것에서든 얻어지는 결과는 둘 모두를 입증하는 것이다. 이것은 수학적으로 완벽히 통제되는 관점간의 상호 전환을 허용한다. 동치인 정의들은 같은 체계에 존재하는 조건을 따라 성립되거나, 또는 좀 더 급진적으로 두 개의 서로 다른 체계에서 도출된 두 개의 성질들의 집합의 역할을 동일시함으로써 성립된다(많은 형태의 실수의 완비성 원리는 이 두 경우를 모두 보여주고 있다. Berge, 2008 참조). Parameswaran(2010)의 연구에서 어떤 수학자들은 "동치인 정의의 재구성은 이해를 풍부하게 한다"고 표현하였다. 인식론적, 인지적, 그리고 교수학적인 차원에서 동치인 정의들에 대한 선호도가 Wilhelmi, Godino, & Lacasta(2007)의 연구에서 수행되었다. 그 논문은 다양한 정의의 선택에 의해 가능해진 문제해결법을 언급하고 있으며 조작적 및 담론적 시각뿐만이 아니라 그 정의들이 부분적 혹은 전체적 성격을 가지는지 아닌지에 대한 의미들을 논의했다. 물론 학생들은 자신들의 개념 이미지의 대조되는 측면을 기반으로 한 가지 이상의 정의를 만들어 낼 수 있는데, 특히 집단으로 작업을 할 때 더욱 그러하다. 학생들에게 자연스럽게 물어볼 수 있는 것은 그 정의들이 인지적으로 다른지 아니면 동치인지이다. Leikin과 Winicki-Landman(2000)의 연구는 이 방향을 따르고 있다.

우리의 논의를 통해 정의들은 서로 다른 역할과 지위를 갖는다는 것이 확실해졌다. Ouvrier-Buffet(2011)는 Lakatos의 정의 분류체계를 기술하였다. 세 가지 형태는 단순 정의(naïve definitions), 제로 정의(zero-definitions), 증명유발 정의(proof-generated definitions)이다. 단순 정의(naïve definitions)는 규정하고 명명을 하기 위한 것으로 변하지 않는다. 제로 정의(zero-definitions)는 최초의 개념적 기반을 가지고 만들어진 것이며, 증명유발 정의는(proof-generated definitions) "괴물배제"("monster-barring") 활동으로부터 나오거나 개념적 기반이 원하는 정리를 증명하기 위한 필요에 절충해야 할 때 나온다. 다시 말해서 이 접근방식은 구조적 고려에 대해 응답하도록 제안하는 접근방식으로, 우리는 정리가 증명되어야할 때 정의를 "손본다."

전반적으로 정의와 정의 만들기에 대한 주제는 구조적 사고의 핵심이다. 우리는 구체화되어야 하는 영역에서 우리가 준수해야만 하는 "법칙들"을 규정한다. 또한 정의를 하는 것은 그러한 법칙을 만들고 원래의 의도와 조화를 이루게 하는 설계(design) 측면을 가지고 있다. 이는 모델링의 매우 흥미로운 측면으로 연결된다. 생각하고 있는 목적에 따라 많은 형태의 정의가 있으며, 이는 학생들의 반응에 대한 폭넓은 교육학적 연구의 범주를 제공하고 있다. 학생들이 이해하는 동치인 정의들에 대해서 특별히 연구해 보는 것이 중요하다. 왜냐하면 이는 상이한 가능성을 갖는 서로 다른 구조의 기반을 드러내기 때문이다(Mamona-Downs and Megalou (2013) 참조).

맺는 말

이 장은 이전의 **핸드북**에 있는 구조와 관련된 장들보다 더 협소한 범위를 다루었고 다소 다른 형태를 취하였다. 그러나 세 판 모두 고등 수학적 사고에서 구조의 중요성을 강조한다. 이 판에서는 증명과 정의에 특히 집중하였다. 결과적으로 효과, 설명과 추론의 광범위한 시각, 또는 이미 수립된 교육학적 이론들의 현주소 등과 같은 주제는 이전보다 강조되지 않았다. 우리는 오늘날의 고등 수학적 사고 연구에 있어 가장 주목받는 분야들이 증명과 개념에 기반을 둔 정의를 중심으로 한 활동이라고 생각한다. 즉 교사의 지도가 개입된 재발명(guided reinvention) 활동 및 학생들이 주어진 증명을 적극적으로 읽고 정의와 증명된 것 사이에서의 상호작용을 경험하는 것이다. 이러한 점에서 많은 교육자들이 이제 수학자들과 교류하고 수학자들의 신념과 교수의 실제를 조명하고 있다는 것은 고무되는 일이다.

우리가 채택한 증명/정의의 시각에서도 다루지 못한 부분들이 있다. 예를 들어, 강사가 제시한 자료와 학생들이 과제에서 수행하도록 요구받은 활동들 간의 차이에 대해서는 논의하지 않았다.

어떤 과제는 학생들로 하여금 수업에서 제시된 것 이상으로 명제의 증명을 하도록 한다. 그러나 다른 과제들은 기본 이해의 측정, 과정이나 알고리듬의 연습, 그리고 이미 수립된 명제/정리의 적용, 즉 증명이 필요하거나 필요하지 않은 것들을 적용하도록 한다. 어떤 교육자들은 전형적인 대학 수준의 수업에서 학생들에게 주어지는 과제가 절차적인 작업이나 책 내용 암기에 너무 편향되어져 있다고 주장한다. 물론 학생들이 새로운 수학을 적극적으로 창출하는 것이 좋겠지만, 많은 연습과 기억을 보유하도록 장려하는 것도 수학과 같은 누적되어지는 학문에서는 중요한 일이다. 이는 이 장에서 직접적으로 다루지 않은 또 하나의 주제이다. 비록 어떤 특정 수학적 이론 내에서의 입장을 참조하기도 하지만, 수학에서의 이론의 형성은 분리된 주제를 다루는 것이 아니다. 수학에서 전체적인 구조의 역할을 완성하는데 있어 이론의 형성은 증명과 정의를 보완하는 것으로 간주된다. 예를 들어, 거리공간(metric space)은 자연스럽게 열린 집합(open set)의 개념으로 이어진다. 열린 집합에서 활동을 하면서 우리는 곧 거리공간(metric space)의 원래의 조건과 (증명과 관련된) 별개의 개조된 사항들을 취하게 된다. 이것은 "거리"에 대한 원래의 개념적 기반보다는 포괄적인 위상공간의 개념에 대한 동기를 부여한다. 교육자들에게는 학생들의 수학적 이론에 대한 이해를 파헤쳐 연구하는 것이 하나의 도전이 될 수 있다. 성공적인 학생들을 위해서는 지엽적인 사용을 위해서나 장기적으로 무엇을 취해야 할지를 결정하기 위해 어떤 내용을 걸러내야 하는지와 함께 현재의 지식은 변화 가능해야만 한다. 어떤 과목이 무엇에 관한 것인지 소개를 하는 것은 매우 어려운 일이다. 왜냐하면 필요한 많은 언어가 과목 전반에 **걸쳐** 개발되기 때문이다. 이론을 제시하는 다양한 방법이 있는데 재발명(reinvention)을 옹호하는 사람들의 입장대로 학생들의 활동을 통해 전체 이론을 다룬다는 것은 비현실적이다. 그러나 강사가 수업자료의 방향을 다 드러낼 때 학생들이 수업을 통해 달성해야 하는 전체 "조직(tissue)"에 대한 이해 없이 강좌를 끝마칠 수도 있다는 위험이 있다. 문헌에서 수학적 이론의 수립에 대한 설명은 매우 적다. Chevallard(1998)의 연구가 이를 잘 다루고 있는데 여기서 "이론"은 "수학적 조직화"의 4요소 중 하나이다. 수학적 조직화 개념은 강좌에서 다루어지는 수업자료의 선택을 강조한다. 이와는 대조적으로 대학수준의 수학에서 하나의 이론을 개발하는 감각은 종종 수업과정 전반에 걸쳐 수행되어야 충분하다. 그러나 학생들이 그것을 인식할까? 학생들이 수학적 이론에 대한 진가를 알아가는 것에 대해서는 지금보다 더 많은 주목을 해야 한다.

우리는 실제 교수 행위에 대한 생각을 더 논의하고자 한다. 이는 수학에서 구조의 중요성에 대한 고려에 있어 다소 분리된 방식으로 이루어지고 있다. 이는 교육학적 가치의 실질적 제안으로 번역되어야할 것이다. 이와 관련하여 우리는 현재의 문제해결이라는 안건이 많은 수학의 이론적 상황을 대처하기에 부적합하다는 주장을 재고한다. 이러한 주장은 문제해결을 독립적인 주제로 보는 것이 가능한지에 대한 의구심의 표현이 되어왔다(Sweller, Clark, Kirschner, 2010). 우리는 현재

"문제해결"이라는 용어에 의해 이해되는 것을 구조적 관점에서 강화하는 것이 필요하다고 생각한다. 여기서 한 중요한 요소는 구성(construction)이 어떻게 이해되고 사용되는지에 대한 조사이다. 이것이 이루어지면 발견법이나 통제와 같은 문제해결 이론의 중추가 되는 기존의 사안들에 필요한 조정을 고려할 수 있다. 구성은 논증의 심화를 위한 도구를 개발하는 정의적(definitional) 관심사를 통합할 수 있다는 점에서 흥미롭다. 명심해야 하는 또 다른 요소는 증명의 제시가 증명에 깔린 구성의 설계 과정을 억누르는 경향이 있다는 것이다. 이는 몇 연구자들이 상의하달식의 내용전개를 통한 증명의 제시를 옹호하기 위해 주창되어왔다(예를 들어, Leron, 1983). 그러나 현재 이 분야에 대해 연구가 많이 되어 있지 않다. 학부 학생들이 자신 스스로 구성을 잘하는지, 또한 어떻게 이런 형태의 활동을 잘 도울 수 있는지에 대해 연구하는 것이 중요하다.

우리는 교사의 지도가 개입된 재발명 활동에 대한 주제로 돌아가 끝맺고자 한다. 이것은 고등학교에서 배운 수학에서 대학수학으로 넘어가는 과도기를 용이하게 하는데 있어 가능한 전략이다. 우리가 이 장의 초반에 언급한 두 가지 형태의 구조 (관찰적, 형식적)는 어느 정도 혼합될 것이다. 그러나 우리는 일반적 교수의 실제에서 이 구조의 비현실성도 지적하고자 한다. 대학수준의 수학을 배울 때 새로운 아이디어가 도입되고 수학적 지식이 어떻게 기록되는지에 있어서 변화가 차지하는 비율은 주어진 자료를 처리하는 새로운 형식이 필요함을 보인다. 이러한 관점에서 학생들에게 새로운 생각을 할 때 이론을 기반으로 하라고 하는 것은 사치이다. 또한 장기적 안목에서 이것은 아이디어들이 어떻게 진화되고 상호 연결되어 있는지에 대한 일반적인 문화적응 과정에 역행하는 것이 될 수 있다. 우리는 교사의 지도가 개입된 재발명(guided reinvention)이 흥미 있는 결과를 낳으리라고 생각하지만 결국 이것은 보다 큰 스캐폴딩의 모델 안에서 적용되어야 한다(즉, 처음에는 교사가 지원을 하고 이것을 점차 줄여나가는 식).

참고문헌

Alcock, L. (2010). Mathematicians' perspectives on teaching and learning of proof. *Research in Collegiate Mathematics Education, CBMS Issues in Mathematics Education, 16*, 63–91.

Antonini, S., & Mariotti, M. A. (2006). Abduction and the explanation of anomalies: The case of proof by contradiction. *Proceedings of the CERME, 6*, 322–331. Lyon, France.

Artmann, B. (1988). *The concept of number: From quartenions to monads and topological fields.* New York/ Chichester: John Wiley & Sons.

Asghari, H.A. (2004). Organizing with a focus on defining. A phenomenographic approach. In A.B. Fuglestad, (Ed.) *Proceedings of the 28th PME Conference*, 2, 63–70. Bergen, Norway.

Balacheff, N. (2010). Bridging knowing and proving in mathematics: A didactical perspective. In G. Hanna, H.N. Jahnke, & H. Pulte (Eds.) *Explanation and proof in mathematics. Philosophical and educational Perspectives* (pp. 115–137). New York: Springer.

Barnard, T. (1998). Compressed units of mathematical thought. *Journal of Mathematical Behavior, 17*(4), 401–404.

Bergé, A. (2008). The completeness property of the set of real numbers in the transition from calculus to analysis. *Educational Studies in Mathematics, 67*(3), 217–235.

Chevallard, Y. (1989). Le passage de l'arithmétique á l'algébrique dans l' enseignement des mathématiques au college. *Petit X, 19*, 43–72.

Chevallard, Y. (1998). Analyses des practiques enseignantes et didactique des mathematics : l'approche anthropologique. *Actes de l' École d'été de la Rochelle, 19*(2), 91–118.

Cottrill, J., Dubinsky, E., Nichols, D., Schwingendorf, K., Thomas, K., & Vidakovic, D. (1996). Understanding the limit concept: Beginning with a coordinated process scheme. *Journal of Mathematical Behavior, 15*(2), 167–192.

Curley, N., & Meehan, M. (2010). Example generation exercises in an introductory analysis course. *MSOR Connections, 10*(1), 49–51.

Dahlberg, R.P., & Housman, D.L. (1997). Facilitating learning events through example generation. *Educational Studies in Mathematics, 33*(3), 283–299.

Davis, R.B., & Vinner, S. (1986). The notion of limit: Some seemingly unavoidable misconception stages. *Journal of Mathematical Behavior, 5*(3), 281–303.

De Guzmán, M., Hodgson, B.R., Robert, A., & Villani, V. (1998). Difficulties in the passage from secondary to tertiary education. In G. Fischer and U. Rehmann (Eds.), *Proceedings of the International Congress of Mathematicians*, (Vol 3., pp. 747–762). Berlin: Documenta Mathematica.

De Villiers, M. (1998). An alternative approach to proof in Dynamic Geometry. In R. Lehrer & D. Chazan (Eds.), *Designing learning environments for developing understanding of geometry and space* (pp. 369–393). Mahwah, NJ: Lawrence Erlbaum Associates.

Downs, M., & Mamona-Downs, J. (2005). The proof language as a regulator of rigor in proof, and its effect on student behavior. *Proceedings of CERME, 4*, 1748–1757. Sant Feliu de Guixols, Spain.

Dreyfus, T., & Eisenberg, T. (1996). On different facets of mathematical thinking. In R.J. Sternberg & T. Ben-Zeev (Eds.). *The nature of mathematical thinking* (pp. 253–284). Mahwah, NJ: Lawrence Erlbaum Associates.

Durand-Guerrier, V. (2003). Which notion of implication is the right one? From logical considerations to a didactic perspective. *Educational Studies in Mathematics, 53*(1), 5–34.

Ebert, C., Ebert, G., & Klin, M. (2004). From the principle of bijection to the isomorphism of structures: an analysis of some teaching paradigms in discrete mathematics. *ZDM: The International Journal on Mathematics Education, 36*(5), 172–183.

Edwards, B.S., & Ward, M.B. (2004). Surprises from mathematics education research: Student (mis)use of mathematical definitions. *The American Mathematical Monthly, 111*(5), 411–424.

Edwards, B.S., & Ward, M.B. (2008). The role of mathematical definitions in mathematics and in undergraduate mathematics courses. In M.P. Carlson & C. Rasmussen (Eds.), *Making the connection; Research and Teaching in Undergraduate Mathematics Education* (pp. 223–232). Washington, DC: Mathematical Association of America.

Font, V., Godino, J.D., & Gallardo, J. (2013). The emergence of objects from mathematical practices. *Educational Studies in Mathematics, 82*(1), 97–124.

Gravemeijer, K. (1999). How emergent models may foster the constitution of formal mathematics. *Mathematical Thinking and Learning, 1*(2), 155–177.

Greer, B., & Harel, G. (1998). The role of isomorphisms in mathematical cognition. *The Journal of Mathematical Behavior, 17*(1), 5–24.

Hamdan, M. (2006). Equivalent structures on sets: Equivalence classes, partitions and fiber structures of functions. *Educational Studies in Mathematics, 62*(2), 127–147.

Hanna, G., & Barbeau E. (2008). Proofs as bearers of Mathematical Knowledge. *ZDM: The International Journal on Mathematics Education, 40*(3), 345–353.

Kondratieva, M. (2011). The promise of interconnecting problems for enriching students' experiences in mathematics. *The Montana Mathematics Enthusiast, 8*(1&2), 355–382.

Lakatos, I. (1976). *Proofs and refutations: The logic of mathematical discovery*. Cambridge: Cambridge University Press.

Lakoff, G., & Nunez, R. E. (2000). *Where mathematics comes from*. New York: Basic Books.

Leikin, R., & Winicki-Landman, G. (2000). On equivalent and non-equivalent definitions II. *For the Learning of Mathematics, 20*(2), 24–29.

Leron, U. (1983). Structuring mathematical proofs. *The American Mathematical Monthly, 90*(3), 174–184.

Leron, U. (1985). A direct approach to indirect proofs. *Educational Studies in Mathematics, 16*(3), 321–325.

Lobato, J., & Siebert, D. (2002). Quantitative reasoning in a reconceived view of transfer. *Journal of Mathematical Behavior, 21*(1), 87–116.

Mamona-Downs, J. (2014). *Reconciling two non-equivalent definitions for the limit of two-variable real functions.* Talk presented at the MAA Joint Mathematics Meeting, Baltimore, MD.

Mamona-Downs, J., & Downs, M. (2004). Realization of techniques in problem solving: The construction of bijections for enumeration Tasks. *Educational Studies in Mathematics, 56* (2&3), 235–253.

Mamona-Downs, J., & Downs, M. (2011). Proof: A game for pedants? *Proceedings of CERME, 7,* 213–223, Rzeszów, Poland.

Mamona-Downs, J., & Downs, M. (2013). Problem solving and its elements in forming proof. *The Mathematics Enthusiast, 10*(1), 137–162.

Mamona-Downs, J., & Megalou, F. (2013) Students' understanding of limiting behavior at a point for functions from R^2 to R. *Journal of Mathematical Behavior, 32*(1) 53–68.

Marrongelle, K., & Rasmussen, C. (2008). Meeting new teaching challenges: Teaching strategies that mediate between all lecture and all student discovery. In M. Carlson, & C. Rasmussen (Eds.), *Making the connection: Research and teaching in undergraduate mathematics education* (pp. 167–178). Washington, DC: The Mathematical Association of America.

Martinez, M.V., & Brizuela, B.M. (2009). Modelling and proof in high school. In M. Tzekaki, M. Kaldrimidou, & H. Sakonidis (Eds.) *Proceedings of the 33rd PME Conference, 4,* 113–120. Thessaloniki, Greece.

Martínez-Planell, R., Gonzalez, A.C., DiCristina, G., & Acevedo, V. (2012). Students' conceptions of infinite series. *Educational Studies in Mathematics, 81*(2), 235–249.

Mason, J., Stephens, M., & Watson, A. (2009). Appreciating mathematical structure for all. *Mathematics Education Research Journal, 21*(2), 10–32.

Mejia-Ramos, J.P., Fuller, E., Weber, K., Rhoads, K., & Samkoff, A. (2012). An assessment model for proof comprehension in undergraduate mathematics. *Educational Studies in Mathematics, 79*(1), 3–18.

Mills, M. (2011). Mathematicians' pedagogical thoughts and practices in proof presentation. In S. Brown, S. Larsen, K. Marrongelle, & M. Oehrtman (Eds.) *Proceedings of the 14th Conference for Research in Undergraduate Mathematics Education, 4,* 167–172. Portland, Oregon.

Moore, R.C. (1994). Making the transition to formal proof. *Educational Studies in Mathematics, 27*(3), 249–266.

Niss, M. (2006). The structure of mathematics and its influence on the learning process. In J. Maasz & W. Schloeglmann (Eds.), *New Mathematics Education Research and Practice* (pp. 51–62). Rotterdam: Sense Publishers.

Novotná, J., & Hoch, M. (2008). How structure sense for algebraic expressions or equations is related to structure sense for abstract algebra. *Mathematics Education Research Journal, 20*(2), 93–104.

Ouvrier-Buffet, C. (2006). Exploring mathematical definition construction processes. *Educational Studies in Mathematics, 63*(3), 259–282.

Ouvrier-Buffet, C. (2011). A mathematical experience involving defining processes: In-action definitions and zero-definitions. *Educational Studies in Mathematics, 76*(2), 165–182.

Parameswaran, R. (2010). Expert mathematicians' approach to understanding definitions. *The Mathematics Educator, 20*(1), 43–51.

Pedemonte, B. (2007). How can the relationship between argumentation and proof be analysed? *Educational Studies in Mathematics, 66*(1), 23–41.

Pinto, M.M.F. (1996). *Students use of quantifiers.* Paper presented to the Advanced Mathematical Thinking Working Group at the Twentieth Conference of the International Group for the Psychology of Mathematics Education, Valencia, Spain.

Polya, G. (1954). *Mathematics and plausible reasoning.* Princeton, NJ: Princeton University Press.

Prasada, S., Ferenz, K., & Haskell, T. (2002). Conceiving of entities as objects and as stuff. *Cognition, 83*(2), 141–165.

Raman, M., Sandefur, J., Birky, G., Campbell, C., & Somers, K. (2009). "Is that a proof?": Using video to teach and learn how to prove at university level. In F.-L. Lin, F.-J. Hsieh, G. Hanna & M. de Villiers (Eds.), *Proceedings of the ICMI Study 19 Conference: Proof and Proving in Mathematics Education, 2*, 154–159. Taipei, Taiwan.

Rasmussen, C., Zandieh, M., King, K., & Teppo, A. (2005). Advancing mathematical activity: A practice-oriented view of Advanced Mathematical Thinking. *Mathematical Thinking and Learning, 7*(1), 51–73.

Rav, Y. (1999). Why do we prove theorems? *Philosophia Mathematica, 7*(1), 5–41.

Rickart, C. (1996). Structuralism and mathematical thinking. In R. J. Sternberg & T. Ben-Zeev (Eds.), *The nature of mathematical thinking* (pp. 285–300). Mahwah, NJ: Lawrence Erlbaum Associates.

Rose, J. S. (1978). *a course on group theory*. Cambridge: Cambridge University Press.

Selden, A., McKee, K., & Selden, J. (2010). Affect, behavioural schemas and the proving process. *International Journal of Mathematical Education in Science and Technology, 41*(2), 199–215.

Selinski, N. E. (2012). Examining students' mathematical transition between secondary school and university: working with vectors and linear independence. In S. Brown, S. Larsen, K. Marrongelle & M. Oehrtman (Eds.), *Proceedings of the 15th Conference on Research in Undergraduate Mathematics Education, 1*, 403–416. Portland, Oregon.

Sweller, J., Clark, R., & Kirschner, P. (2010). Teaching general problem-solving skills is not a substitute for, or a viable addition to, teaching mathematics. *Notices of the AMS, 57*(10), 1303–1304.

Tall, D. (2004). Introducing three worlds of mathematics. *For the Learning of Mathematics, 23*(3), 29–33.

Tall, D., & Vinner, S. (1981). Concept image and concept definition in mathematics with particular reference to limits and continuity. *Educational Studies in Mathematics, 12*(2), 151–169.

Thurston, W. P. (1995). On proof and progress in mathematics. *For the Learning of Mathematics, 15*(1), 29–37.

Timmermans, B. (2012). Prehistory of the concept of mathematical structure: Isomorphism between group theory, crystallography and philosophy. *The Mathematical Intelligencer, 34*(3), 41–54.

Van Hiele, P. (1986). *Structure and insight. A theory of mathematics education*. Orlando, FL: Academic University Press.

Vollrath, H. J. (1994). Reflection on mathematical concepts as starting points for didactical thinking. In R. Biehler, W. Scholz, R. Strasser, & B. Winkelmann (Eds.), *Didactics of mathematics as a scientific discipline* (pp. 61–72). Dordrecht: Kluwer Academic Publishers.

Watson, A., & Mason, J. (2005). *Mathematics as a constructive activity: learners generating examples*. Mahwah, NJ: Lawrence Erlbaum Associates.

Weber, K. (2010). Mathematics majors' perceptions of conviction, validity, and proof. *Mathematical Thinking and Learning, 12*(4), 306–336.

Weber, K. (2012). Mathematicians' perspectives on their pedagogical practice with respect to proof. *International Journal of Mathematical Education in Science and Technology, 43*(4), 463–482.

Weber, K., & Alcock, L. (2004). Semantic and syntactic proof productions. *Educational Studies in Mathematics, 56*(2–3), 209–234.

Weber, K., & Mejia-Ramos, J. P. (2011). Why and how mathematicians read proofs: An exploratory study. *Educational Studies in Mathematics, 76*(3), 329–344.

Weinberg, A., & Wiesner, E. (2011). Understanding mathematics textbooks through reader-oriented theory. *Educational Studies in Mathematics, 76*(1), 49–63.

Wilhelmi, M. R., Godino, J. D., & Lacasta, E. (2007). Didactic effectiveness of mathematical definitions. The case of the absolute value. *International Electronic Journal of Mathematics Education, 27*(2), 3–9.

Wilkerson-Jerde, M. H., & Wilensky, U. (2011). How do mathematicians learn math?: Resources and acts for constructing and understanding mathematics. *Educational Studies in Mathematics, 78*(1), 21–43.

Woo, J., & Yim, J. (2008). Revisiting 0.999. . . and $(-8)^{1/3}$ in school mathematics from the perspective of the algebraic permanence principle. *For the Learning of Mathematics, 28*(2), 11–16.

Yusof, Y. M., & Tall, D. (1999). Changing attitudes to university mathematics through problem solving. *Educational Studies in Mathematics, 37*(1), 67–82.

Zandieh, M., & Rasmussen, C. (2010). Defining as a mathematical activity: A framework for characterizing progress from informal to more formal ways of reasoning. *The Journal of Mathematical Behavior, 29*(2), 57–75.

Zaslavsky, O., & Shir, K. (2005). Students' conceptions of a mathematical definition. *Journal for Research in Mathematics Education, 36*(4), 317–346.

수학교육 연구를 위한 주제로서의 개혁(reform): 변화, 소통과 협력에 대한 고찰 9

Michael N. Fried
Miriam Amit
Ben Gurion University of the Negev

수학교육 연구는 이론적이고 실제적인 활동이라 할 수 있다. 하지만 수학교육 연구의 가장 이론적인 형태에서도 무엇을 가르칠 것인가, 어떻게 가르칠 것인가 그리고 무엇을 학습자가 학습하기를 기대하는가에 대한 변화를 추구하는 것에 궁극적인 목표를 두고 있다. 이러한 점에서 수학교육 연구는 이론적이든 실제적이든 수학을 가르치고 배우는 것을 **개혁**(reform)하는 것에 대한 노력이라 할 수 있겠다. 실제로 일어나는 개혁이 얼마나 유효성이 있는가 하는 것은, 연구 계획의 질뿐만 아니라 우리가 개혁의 본질과 과정을 얼마나 잘 이해하는지에도 달려있다. 일부 개혁 과정은 완전히 일반적인 반면, 또 다른 개혁 과정은 특별히 수학교육에 대한 것이며 수학교육 개혁에 대한 연구를 전체적인 수학교육 연구에 확고한 지위를 부여할 정도로 특별하기도 하다.

하지만 그러한 개혁 연구는 어떻게 진행되어야 하는가? 개혁의 목적은 무엇인가? 개혁 운동이라고 칭하는 폭넓은 시도들은 기본적인 질문인 개혁이란 무엇인지에 대하여 답하기 어렵게 하고 개혁에 대한 정의를 내리려 하는 시도조차 할 수 없도록 하는 것 같다. 그러나 개혁 운동은 학생, 교사, 연구자, 학부모, 그리고 정치가 모두의 복합체 속에서 필요한 것이고, 사회·과학·기술적인 필요뿐만 아니라 수학과 일반적인 교육에서도 필요한 것으로 여겨진다. 또한 개혁은 가치와의 관계를 피할 수 없는 것이다. 이미 언급했듯이 개혁 현상은 수학교육의 핵심과 매우 밀접한 관계를 가지고 있기 때문에, 최소한 수학교육 자체만큼 복합적이어야 한다. 이 장에서 논의하고자 하는 것은 바로 개혁에 대한 연구는 이러한 복합성을 반영해야만 한다는 것이다. 개혁에 대한 연구는 사회적이고 역사적인 개혁의 본질, 지엽적이고 전체적인 측면, 변화하는 과학 기술과 변화하는 수학과 과학의 관심사를 고려해야 하고, 또한 이들 중 어느 하나의 개혁을 소홀히 하는 것을 지양해야 한다. 그러한 연구는 자연히 다른 일반적인 형태의 교육 연구와는 다르게 더욱 반성적이고 회상적이며 총체적이어야 한다.

우리의 논의는 이 장의 주요 내용인 연구가 개혁의 동기, 구성요소 그리고 결과와 밀접하게 연관되어 있다는 것에 대한 논의를 시작으로 할 것이다. 그 논의로부터 "개혁 연구자" 와 그들의 연구 방법에 대해 논해 보고자 한다. 논의는 크게 두 부분으로 이루어져 있는데, 이들은 개혁에 대한 연구 방법이 그자체로 개혁의 과정의 일부분으로 필요하기에 매우 밀접하게 연관되어 있다. 스스로를 참조하는 연구의 형태가 수학교육에 존재하며, 어쩌면 이들이 개혁 운동 연구에 가장 명백한 적용을 한 것인지도 모른다. 게다가 이미 언급했듯이 개혁 연구는 반성적이어야 하며 때때로 개혁 연구자들은 연구와 실행 사이의 쉽지 않은 관계에 맞서며 연구해야 한다.

이 논의에 이어 우리는 개혁 연구를 위한 두 가지 주요 방향을 설정하고자 한다. "의사소통"이라는 제목의 첫 부분에서는 협력과 상호 호혜의 밑거름을 제공하면서도 오해와 긴장을 일으키는 다양성을 포함하여 서로 다른 관심사와 전문성 그리고 필요성을 가진 다른 집단을 모두 포괄하는 개혁의 복잡성에 대하여 다루었다. 두 번째는 개혁에 있어서 핵심적 문제인 변화에 대한 것이다. 개혁은 변화와 관련 있는 모든 것을 다룬다. 개혁을 추구하는 연구자들은 개혁이 어떻게 변화에 영향을 미칠 것인가에 대해, 특히 변화에 반응하는 것에 대해서 숙고해야 한다. 후자는 최근의 개혁이 사회, 지식, 그리고 테크놀로지에 있어서 급격한 변화를 겪고 있기 때문에 특히나 중요하다고 할 수 있다. 다른 측면에서 보면, 변화에 대한 대응은 대응이 부족하거나 변화하기를 거부하는 것을 포함 한다. 여기서 주목할 한 가지는 실제로는 변화하지 않는 변화, 즉 겉으로만 보이는 변화인데, 우리는 이것을 **허구적 변화**(pseudo-change)라고 부르도록 하겠다.

마지막으로, 이 장 전체에 걸친 개혁에 관한 연구들은 개혁의 과정에 있어서 가치의 역할을 인식해야만 한다는 것을 강조하겠다. 변화를 가져오길 바라고 변화의 정당성을 설명해야만 하는 연구자는 그 종착점의 정의에 굉장한 주의를 기울여야만 한다는 이유에서이다. 하지만 개혁의 종착점을 정의한다는 것은 **바람직한** 종착점을 정의한다는 것을 의미한다. 이런 이유에서 근본적으로 개혁 연구자들은 가치에 대한 질문을 완벽히 인지하고 있어야만 한다. "유용한" 이라는 것조차 가치를 포함한다는 점을 상기할 때 내용에 대한 질문은 결코 가치중립적일 수 없다. 그러므로 개혁의 종착점을 정의하는 것은 수학교육자들의 관점뿐만 아니라 수학자, 과학자, 철학자, 그리고 역사연구자의 관점까지 포함하여 폭넓은 논의를 거쳐야만 할 것이다. 이는, 개혁의 일반적인 복잡성과 더불어 개혁 연구가 수학교육 연구 내에서의 좁은 영역보다는 서로 다른 학문 간의 협력을 포함해야한다는 것을 제시하고 있는 것일지도 모른다. 그러므로 이 장은 그러한 협력을 주장하는 것으로 마무리 지어질 것이다.

논의를 시작하기에 앞서 이 장에서 다루지 않을 내용을 미리 언급하도록 하겠다. 개혁이라는 주제를 적절히 다루기 위해 그리고 수학교육 연구에 이것이 어떻게 나타나야 하는지를 밝히기 위해서는 단행연구가 필요하다. 이렇게 짧은 장에서는 자세한 자료들에 대해서 소개하기 힘들 것이므로, 이 장에서는 과거의 특정한 개혁 움직임에 대하여 제한적으로만 언급할 것이다. 이는 광장히 안타깝다고 할 수 있는데, 왜냐하면 개혁에 대한 연구는 다른 형태의 수학교육 연구보다 더욱 그 역사에 대하여 연구를 확장해야하기 때문이다. 실제로 현재의 발달에 대한 비판적 검증보다 장기적 관점으로 접근할 때 더욱 많은 것을 얻을 수 있을 것이다. 역사적인 세부사항을 더 자세히 다루는 연구에는 대표적으로 Amit과 Fried(2008)의 연구, 더 오래전 연구인 Howson, Keitel, Kilpatrick(1981)의 연구, 그리고 Griffin과 Howson(1979)의 연구가 있다. 이들은 과거에 있었던 개혁에 대해 폭넓은 검토를 하고 있다. 마지막으로 이 장에서 다루지 않는 주제는 이민자와 저소득층을 포함한 사회적 정의와 관련된 것들이다. 왜냐하면 이러한 많은 질문들은 사회 정의를 위한 수학교육에 관한 연구에서 상당히 밀접한 연구가 되어 왔다고 생각하기 때문이다. 이에 대하여 더 알아보고자 한다면 Atweh, Graven Secada, Valero(2011)의 연구를 참고하기 바란다.

개혁의 구성요소와 결과로서의 연구

이 장을 시작할 때 이미 언급했듯이 가장 이론적일 때조차 수학교육 연구의 최종점은 수학교육을 개선시키는 것이 되어야 한다. 이런 의미에서 거의 대부분의 모든 수학교육 연구는 수학교육의 개혁과 관련될 수 있다. 물론 이러한 노력들은 교육과정 설계와 개발, 학습 자료, 그리고 학습 환경에 대한 관심으로 이어진다. 더욱이 구성주의 이론의 역할은 기본적인 연구가 수학교육 개혁의 구성요소가 될 수 있다는 것을 보여주는 **전미수학교사협의회 규준집**(National Council of Teachers of Mathematics Standards, NCTM, 1989, 2000)에 반영되어 있다. 기본적인 연구는 어떠한 개혁이 되어야 한다는 가치를 결정할 수는 없지만(Amit과 Fried, 2008), 연구 없이 진행된 개혁은 의미가 없다. 최소한 가장 최근의 개혁에서는 개혁에 대한 연구의 영향이 상당하다. 기이한 점은 그 영향이 **상호적**이라는 것인데, 이는 학술 연구가 개혁을 형성했을 뿐만 아니라 개혁 또한 학술 연구를 형성한다는 점이다! 이것은 진정한 수학교육 연구자 커뮤니티가 주요 개혁에 대하여 확고해지기 시작했던 시기가 1950년대에서 1960대라는 점을 상기한다면 확실히 알 수 있을 것이다(Kilpatick, 1992, p. 23-29). 그리고 이것은 미국의 연구자 커뮤니티에서 뿐만 아니라 유럽에서도 그러하였다. 1950년에 시작되고 동시에 그 이름이 나타내듯이 개혁의 핵심이 된, Gattengo의 지휘 하에 시작되어 "인식론자, 논리학자, 심리학자, 수학자, 교육자"(Félix, 1998, p. 18)를 한데 모으는데 목표를 둔 Commission Internationale pour l'Etude et Amélioration de l'Enseignment des Mathématiques(CIEAEM)의 구성을 살펴보아야 한다.

개혁이 어떻게 학술 연구에 영향을 미쳤는지에 대한 예로, 학교 수학 연구 그룹 (School Mathematics Study Group, SMSG)의 업적을 평가하기 위하여 수학적 능력에 대한 국가 장기 연구(National

Longitudinal Study of Mathematical Abilities, NLSMA)가 1961년에 수립되었다는 것을 들 수 있다. NLSMA는, 그 연구 자체의 실수와 "새 수학"을 평가하기 위한 도구인지에 대한 의구심에도 불구하고 "새 수학"운동의 진정한 결과였으며 수학교육 연구에 지대한 영향을 미쳤다. 이에 대하여 Kilpatrick(1992)은 다음과 같이 언급하였다.

> [NLSMA]는 수학을 일반적이지 않은 상황에 적용할 수 있는 능력이 추론 능력과 수학의 다양한 측면에 대한 태도를 평가할 수 있는 도구를 개발하는 데에 심리학자와 수학자가 함께 협력할 수 있도록 하였다. 또한 이 평가 도구는 보충자료로도 활용할 수 있으며, 학술 연구에 도움을 주기도 하였다. 이 도구는 무작위로 추출되지 않은 집단에 대한 복잡한 연구 처치의 다양한 효과를 분석할 수 있는 새로운 기술로 개발되고 정교화 되었다. 그리고 몇몇 수학교육 연구자를 양산 하는데 기여하였다. (p. 29)

이후 이와 관련하여 NLSMA가 개발한 기본적인 주제 중 일부가 SMSG의 설립 1년 후인 1959년부터 시작되고 있었다는 점은 주목할 만하다. 자문위원회(Advisory Committee)의 자문에 대하여, Begle은 저명한 심리학자 세 명을 포함한 즉석 회의를 개최하였다. 회의에 참여한 심리학자들은 "필요한 연구에 대한 계획의 개요작성 [수학을 가르치는 것과 관계있는 심리학적 문제에 대하여]을 하였으며, SMSG는 새 수학 프로그램이 어린이들의 태도, 동기, 불안, 그리고 기술에 미치는 효과를 평가하는데 특히 관심이 있었다"(Wooton, 1965, pp. 56-57, 95-96). NLSMA의 예시는 1950년대와 60년대의 개혁 시절의 연구 커뮤니티의 성장과 발달이 우연적인 것이 아니라 개혁의 과정의 자연적인 일부로서 적극적으로 참여했다는 것을 보여주기 때문에 중요성을 지닌다.

물론 Romberg와 Collins(2000)의 글에서 볼 수 있듯이 그러한 지지가 1990년과 2000년대 초반에 NCTM 성취기준이 나오던 시기의 특징과 동일하지는 않다.

> 십년 전만해도, 모든 미국의 학생들이 수학과 과학에서 일정수준 이상의 성취를 하도록 교육하는 것에 대한 요구가 이루어질 수 있을 것이라고 생각되지 않았었다. 개혁 운동의 과제는 모든 학생들이 수학과 과학의 아이디어를 이해할 수 있는 기회를 가지도록 하는 교실을 만드는 것이다. 이 주장은 학생의 이해도와 성취도 사이에 강력하고 직접적인 관계가 있다는 믿음에 기인한다. 사실 우리가 모든 학생들에게 가지는 높은 기대수준을 성취하는 것은 학교에서 전문적인 교사가 가르치는 주요 수학 과학 아이디어에 대한 학생들의 이해에 달려있다. 이 과제는 연구자들이 직접적으로 언급해야하며, 그렇게 함으로써 다음 세대에 수학과 과학 교수와 학습에 실제적인 변화가 일어날 수 있을 것이다. 학교 교실의 학교 관계자와의 협력하여 진행되는 연구 프로그램이 필요하다. (p. 82)

위 글은 개혁이 연구와 수학교육의 사회적 중요성에서 기인한 행동을 위한 의제를 어떻게 결정하는지 보여주며, 그렇게 하는 동시에 연구 자체에 대한 의제를 양산해 낸다. 그래서 개혁 운동과 연구 커뮤니티가 서로 영향을 미치도록 하는 아이디어를 강화하고 설명한다. 어떻게 연구와 개혁의 상호 의존성이 정치적이고 사회적인 숙고를 불러일으키는지에 대한 것은 연구가 필요한 부분이다. 하지만 우리는 이제 "개혁 연구"의 특징과 일반 학술 연구 커뮤니티와 교육자들 사이에서 "개혁 연구"의 위치에 대하여 고찰을 해 보아야 한다. 현재까지는 수학교육 연구 내에서 "개혁 연구"라고 불리는 **명백한** 하위 영역은 없었다. 그리고 그러한 연구가 어떠해야 하는지에 대한 몇몇 측면을 그려보는 것이 이 장의 주요 목적이라 할 수 있겠다.

"개혁 연구자" 그리고 그들의 연구 방법

방금 제시한 간략한 설명에서조차도 개혁 시기에 연구자들 공동체가 어떻게 의견을 결정하는지 볼 수 있다. 그것은 일반적으로 연구 공동체의 칭찬할만한 측면이며 진정한 **공동체**이다. 이것은 특정 영역에 국한되어 있지 않아서 수학교육 연구의 여러 분야 연구자들이 공통 부분이나 공통 언어를 찾기 어렵다. 그러나 개혁 연구자들은 같은 공동체의 구성원이어야만 하며, 그들이 헌신하는 연구문제의 본질 때문에 그들의 관계는 특별하다. 이는, 구성에 의해서든 혹은 필요에 의해서든, 개혁 운동이 수학교육의 거의 모든 부분에 관련되어 있다는 간단한 이유 때문이다. 그래서 그들은 내용과 교육과정 개발을 한다. 그래서 교수 방법, 학습 환경 그리고 테크놀로지에 관여한다. 또 그들은 사회적 요구, 국가의 선호 그리고 경제적 개발과 더불어 사회 정의와 권한 분산에 관여한다. 더욱이 이들 모두와 관련된 것은 어떤 이가 모든 교육은 "가치에 흠뻑 젖어있다" 라고 언급하였듯이(Egan, 2005, p. 35), 피할 수 없는 가치에 관한 것이다. 하지만 개혁이 교육을 향상시키려는 다른 노력들과 차별화되는 것은 이러한 모든 측면은 융합된 전체의 하나로 보아야 한다는 것이다. 그렇다면 개혁의 과정은 교육의 체계를 향상시키는 것이라고 할 수 있겠다. 그것의 목적을 교육과정이나 교수 방법, 혹은 학습 환경으로 하여 그 각각을 개별적으로 다루는 것이 아니라 내용, 방법, 사회적 요구, 그리고 학생, 교사, 연구자, 학부모, 그리고 정치가와 관련된 가치를 아우르는 전체의 융합으로 다루는 것이다.

생물학적으로 비유하자면 개혁 과정은 교육의 생태학과 비슷하다고 할 수 있다(Goodlad, 1987 참고). 세상을 생태학적 관점으로 보는 것은 물리학, 유전학, 화학과 같은 모든 것들이 이 세상을 단일의 복잡한 체계로 만든다고 여기는 것이다. 이와 비슷하게 개혁 과정도 하나의 복잡한 체계로 향한다. 지금까지 보아왔듯이 연구 공동체는 그 체계에 있어서 개혁을 정의하고 또 개혁에 의해 정의되는 핵심적인 부분이다. 그러므로 생태계를 연구하는 인간이 동시에 그 체계의 일부인 것처럼, 개혁의 연구자들 또한 그들 연구의 일부라 할 수 있다. 이것은 어느 정도에서는 수학교육의 다른 분야에서도 마찬가지라고 할 수 있겠지만, 다른 점이 있다. 대부분의 교육 연구에서 연구자의 영향이 고려되어야 하는데, 왜냐하면 연구자들이 연구의 대상에 영향이 없는, 즉 본 적도 들은 적도 느껴 본 적도 없는 **이상적인** 상황은 절대로 완벽히 알 수 없기 때문이다. 대조적으로 개혁 연구에서는 연구자가 연구 대상의 **핵심적인** 부분이다. 게다가 연구자들이 다른 분야의 연구자들만큼 일반적인 연구 공동체의 일부이기 때문에, 그들이 바로 연구하고 있는 것인 개혁을 정의하고 개혁에 의해 그들이 정의된다. 곧 이러한 점들이 연구 방법론에 대한 질문을 위한 시사점을 갖는다.

자연 과학에 방법론적 기본을 둔 전통적인 연구방법은 연구자의 물리적인 존재와 그들의 가치, 그리고 특정한 세계관을 고려하여 연구하고 있는 현상으로부터 연구자를 분리시키는 것을 목표로 한다. 이와 대조적으로 개혁 연구에서의 연구방법은 개혁의 과정에 있어서 연구자가 일정한 가치와 목표를 가지고 있으며 개혁의 일부라는 것을 인지하고 있어야만 한다. 어떤 면에서는 개혁 연구자들이 자신들의 연구 속의 한 부분이라는 것은 사회학자나 역사학자와 비슷하다고 볼 수 있으며, 실제로 어떤 면에 있어서 개혁 연구는 역사적 과정에 대한 연구라고 볼 수 있다. 흥미롭게도, 교육 연구와 마찬가지로, 역사 기록학에서도 한때 "단순한 과학 그 이상도 이하도 아니다"(Bury, 1956, p. 233)라고 목표를 둔 적이 있었고, 교육 연구와 마찬가지로, 결국에는 역사가 E. H. Carr(1967)와 같은 관점을 받아들이게 되었다.

> 인류만이 자연에 있어서 가장 복잡하고 다양한 존재는 아니다. 하지만 그들은 다른 인간에 의해서 연구되어야 하며 다른 종의 독립적인 관찰자는 아니다… 사회학자, 경제학자 혹은 역사학자는 그들의 연구의 대상인 인간이 그들 자신과 같이 행동할 것인지에 대해 알아내기 위해 인간 행동의 형태에 깊숙이 관여해야만 한다. 이것은 역사와 사회과학에 특유한, 관찰자와 관찰의 대상사이에 관계를 형성한다. 역사가의 관점은 그들이 하는 모든 관찰에 있어서 피할 수 없다. 역사는 철저히 상대성으로 가득차 있다. (p. 70)

여기서 얻는 교훈은 개혁 연구가 내부자의 시선으로부터의 과정에 신경을 써야한다는 것이고, 그래서 개혁 연구는 역사가들이 하는 것처럼 반성적이고 자기 성찰적이어야 한다는 것이다. 이에 따르는 연구방법은 Howson과 그의 동료들(1981, p. 195)이 "공식적인 전기(傳記)" 혹은 "엄격한 일기"라고 부르는 것과 흡사하다. 가장 잘 알려진 예로는, 비록 그들이 개혁에 대한 엄격한 평가를 의도하지는 않았더라도(Wooton(1965, p. vii)가 언급했듯이), Wooton의 1965년도 보고서인 학교 수학 연구 그룹(the School Mathematics Study Group, SMSG, Wooton, 1965)과 스푸트니크 사건에 대한 영국의 대응을 담은 Thwaites의 1972년도 보고서인 학교 수학 프로젝트(School Mathematics Proejct, SMP)라고 할 수 있다. 하지만 원칙적으로 전기의 역사적인 인물들이 엄격한 학술 활동의 업적인 것처럼 그러한 "공식적인 전기(傳記)"가 엄격한 분석이 될 수 없는 이유는 없다. 어쩌면 사실 쓰여진 준역사적인(quasi-historical) 보고서는 개혁운동의 성취를 보존하는 데 최선의 방법일 수도 있고 개혁 목표의 정당성과 가정된 가치를 반영할 수 도 있다. 이런 설명은 사실적일 수 있는 동시에 두꺼운 통계책은 절대로 할 수 없는 방식으로 현실을 잘 반영하는 것일 수도 있다. 이와 관련하여 최근 Senk와 Thompson(2003)이 성취기준 중심의 개혁(Standards-Based Reform) 운동의 과정에 관하여 편집한 책의 처음과 마지막 파트가 확실히 역사적 특징을 가졌다고 할 수 있다.

하지만 개혁 연구자들은 단순한 내부자가 아니라, **능동적인** 내부자이다. 대신 해석이 불충분하며, 이는 개혁 과정에 있는 연구자들과 다른 참여자들을 개혁을 정의하고 개혁에 의해 정의되는 순환에 참여시켜야 한다. 그러므로 개혁 연구의 연구방법은 반성적이어야 하고 능동적이어야 한다.

이러한 종류의 연구를 위한 몇몇 모델이 존재한다. 쉽게 떠올릴 수 있는 것은 **실행 연구**(action research)나 **참여 연구**(participatory research)이다. Carr와 Kemmis(1986)은 실행 연구를 다음과 같이 설명하였다.

> 실행 연구는 사회환경에서 자기 자신의 행동에 대한 이성과 정의, 이러한 행동에 대한 이해, 그리고 그러한 행동이 나오게 된 상황에 대한 이해를 향상시키기 위한 자기 반성적인 연구의 한 가지 형태이다. (p. 162)

이 짧은 설명에서조차 실행 연구는 개혁 연구에서 지향하는 바로 설명된 많은 요소를 실행 연구가 포함하고 있다는 것은 명백하다. 실행 연구는 재귀적이다. 즉, 연구자와 연구 대상의 확실한 구분이 없으며 종착점과 가치를 고려하며 실행지향적이다(e.g. Dick, 1999; Elliott, 1978). 게다가, 실행 연구는 이미 언급했던 바와 같이 개혁 연구의 연구방법과 일맥상통하는 일지 기록과 같은 방법을 사용한다. Elliott(1978)이 설명하였듯이 " '무슨 일이 일어나고 있는지' 설명하는데 있어서 실행 연구는 상호 독립적인 맥락을 연결 지음으로써 하나의 사건-사건의 발생이 상호 의존적이기에 '서로 관련 있는' 사건- 에 대한 '이야기'를 들려준다"(p. 356).

실행 연구의 중요한 한 측면은 **순환적**이고 **반복적**이라는 점이다. 실행 연구는 행동과 반성을 번갈아 한다. 게다가 순환이 순환을 포함한다. "큰 순환은 연구 프로그램의 전체 부분에 걸쳐 있다"(Dick, 1999, p. 3). 이 큰 순환은 교사와 다른 참여자들의 이해를 지속적으로 확장시키고 깊이 있게 하며, 자신의 행동영역을 넘어서 각각의 교실 영역으로 확장된 "전문적"인 연구자를 포함한 다양한 참여를 이끌 수 있다. 이것은 실행 연구가 개혁 연구의 연구방법 모델로서 가지는 명백한 두 가지의 약점에 대해 대응할 수 있기 때문에 중요하다. 즉, 1) 연구 참여자가 그들의 행동을 깊이 반성하기 위한 적절한 이론적 지식을 가지고 있지 않을 수도 있다. 2) 개혁은 매우 폭넓은 범위를 포함하고 교실을 매우 넓은 맥락속에서 바라보아야 함에도 불구하고, 실행 연구는 본질적으로 **지엽적**일 수 있다(하나의 교실, 하나의 학교). "전문적인" 연구자가 당연히 지녀야한다고 생각되는 이론적 배경 지식이 고정된 지식체가 아니라 순환 과정에서 지속적으로 검토되고 수정되어야 한다는 사실과 "전문적인" 연구자들과 교사-연구자들이 비슷하기 때문에, 학습에 있어서 그들 자신을 학습자이자 동반자로 보아야 한다. 게다가, 학습에 있어서 이상적으로는 확장되지 않아야 하는 동반자 관계는 (Dick, 1999, p. 4) 연구자들이 개혁의 현상을 폭넓게 바라보는 적절한 관점을 제공한다.

실행 연구의 순환적 특징과 실제에 대한 초점은 Stigler와 Hiebert의 유명한 책, 「The Teaching Gap」(Stigler와 Hiebert, 1999)에 의해 서구에 알려진 일본의 수업 연구(Japanese Lesson Study)에도 반영되어 있다. 일본의 수업 연구는 약간의 변형을 할 수 있는 네 가지 단계를 포함한다. 1) 조사(수업에서 다룰 내용과 수업의 목표에 대한), 2) 수업 계획, 3) 수업이 진행 되고 그에 대한 성공이나 실패에 대한 자료를 수집한 "연구 수업", 4) 반성과 개선. 중요한 것은 수업의 환원과 반성이 협력적이라는 것이며, 이것이 한 학교의 지역에서만 국한되어 일어나는 것이 아니라 더 광범위하게 일어난다는 것이다. 이런 이유에서 Gunnarsdóttir과 Pálsdóttir(2011)이 아이슬란드의 수업 연구에 대한 연구에서 강조된 바와 같이 일본의 수업 연구는 교사와 연구자들의 공동체가 만들어지도록 할 수 있다. 이는 또한 연구자와 교사들이 실행을 할 수 있도록 하며, 가장 중요한 것은 개혁을 이해하도록 하는 것이다(Perry와 Lewis(2009)는 수업 연구 접근법의 이러한 측면에 대하여 특별히 관심을 가졌다). 그것은 모든 참여적 접근법처럼, 개혁의 한 가지 방법일 뿐만 아니라 지속적이고 반복적으로 개혁을 검토해 보는 수단이 될 수 있다.

당연히 여기서 다루고 있는 개혁 연구방법에 대한 접근법은 최근 수학교육의 일반적인 경향과 일맥상통한다. 예를 들어, "수학교육과 과학교육 연구의 초점에서 몇 가지 변화"에서 Kelly와 Lesh(2000, p. 37, 표 2.1)는 다른 변화들, "연구자의 '객관성'을 가지는 거리 혹은 입장에 대해 강조가 덜 되고 있으며" "연구자 참여나 참여자-관찰자의 역할"은 더욱 강조되고 있다고 하였다. "전문가로서의 연구자, 미리 정해진 측정을 사용한 지식전이의 효과에 대한 판단"에는 덜 강조되고 있으며 "지식의 구성자로서의 연구자, 자기 반성을 실행하는 연구 대상의 관점을 가치있게 여기는 학습자-청취자"에는 더욱 많은 관심을 기울이고 있다. "단순한 인과 관계 또는 상관 관계 모델"에는 관심이 덜하며 "복잡 이론, 시스템 사고, 학습과 체계 변화의 유기적이고 진화적인 모델"은 더욱 많은 관심을 받고 있다. 이러한 분위기의 이면에는 연구 방법론의 **다양성**으로 특징지어지는 연구에 대한 일반적인 이해가 있다. 그래서 만약 일반 교육 연구가 연구 방법의 다양성으로 특징지어 진다면, 복잡한 대상이 어떤 면에서는 전체에 대한 다양한 관점을 필요로 하는 개혁 연구에서도 마찬가지일 것이다. 그러므로 앞서 소개되었던 역사 고증학이나 실행 연구 모델과 같이 전체 개혁 연구 노력의 일부분으로서 다양한 연구방법이 다루어져야만 한다.

하지만 지금 우리는 개혁 연구가 그 안에 가져야만 하는 두 개의 주요 영역에 대하여 다루어 보려고 한다. 이들은 이미 언급하였듯이 의사소통, 변화의 문제, 변화에 대한 대응, "허구적 변화"가 그들이다.

의사소통

개혁 연구가가 처한 상황을 설명하기 위해서 생태학을 은유로 쓰고자 한다. 이 은유는 개혁이 개혁에 관심 있는 공동체와 변화의 원인인 "정책 결정자"와 "정책 동인" 전체의 공동체 수준에서 일어난다는 근본적인 사실을 강조하는 역할을 한다(Niss, 2014). 그래서 학생-교사-연구자--부모-정치가로 구성되는 복잡한 개혁 연구자들은 개혁을 위한 인지적 기반을 세우고 개혁의 원리에 의해 영향을 받는 이들과의 의사소통과 그 의사소통의 결렬을 조사하는데 있어서 핵심적인 역할을 한다. 연구자와 대중간 그리고 연구자와 수학교사 사이에 의사소통의 **부족**은(그리고 여기서 앞으로 보게 될 것과 마찬가지로 수학자와 수학교육자를 포함한 연구자들은) 개혁의 성공을 진실로 위협할 수 있다. 어느 정도 그렇게 될 수 있는지는 Usiskin(1999-2000)과 Battista(1999)가 명백히 설명하였다. 특히 Battista는 이 의사소통의 부족이 의사소통의 부재보다 더 심각한 것이라고 하였으며, 하지만 거의 대부분의 통신 수단을 통하지 않은 활성화된 의사소통은(거의 대부분 대중으로부터 연구자 공동체로 가는) "학교에서 사용되는 교육 프로그램과 방법이 너무 자주 **과학적 연구에 대한 고려 없이** 교육에 대한 실무자, 행정가, 비전문가, 정치가, 그리고 교수에 의해서 형성되어 진다"(Battista, 1999, p. 431, 강조는 덧붙여 졌음)고 하였다. 하지만 연구 공동체 자체가 의사소통 분위기를 **조성**하기 위해서 충분히 이루어졌는지 생각해 보아야 한다.

어떤 상황이든지 의사소통의 문제는 매우 중요하고 이것을 해결하기 위해서는 이해가 필요하다. 그러므로 개혁 연구자들에게 있어서 이 의사소통 문제는 핵심 고민거리가 되어야만 하며, 특히 그 형태는 **이론과 실제의 문제**라는 특정한 형태 중의 하나여야 한다. 사실, 어떤 이론을 교육의 실제에 투여 할 것인가 하는 것은 연구자와 교사의 상호 이해를 반영한다. 명백히 대중, 교사, 그리고 학생이 개혁을 알게 되는 것은 실행의 언어 속에 있다.

연구가 교사와 대중과 의사소통 하는 데에는 1) 학술지, 2) 교사 연구 코스, 3) 교재와 다른 학습 자료, 4) 인기 있는 미디어, 이렇게 네 가지의 주요 방법들이 있다. 교사 연수는 의사소통을 위한 가장 직접적이고 어떤 면에 있어서는 이상적인 방법이라 할 수 있다. 전반적인 교육 개혁의 맥락 속에서 Kennedy(2005)는 교사들이 교사 연수가 교사 자신들의 교육적인 변화의 가장 주된 이유로 꼽았다고 하였다. 그런데 여기에서조차 의사소통이 당연하게 생각되어서는 안 된다. Kennedy(2005)는 다음과 같이 지적하였다.

> 교사 연수 프로그램과 교육기관의 정책과 같은 교실 밖의 지식의 원천은, 자주 그런 것은 아님에도 불구하고, 수업실행에 굉장히 강력한 영향을 **가질 수 있다**. 그들의 영향력은 공평하다고도 할 수 없는데 왜냐하면 그 영향력은 일시적이기 때문이거나 교사들에게 일관적이지 않고 공평하지 않게 소통하기 때문이다. (p. 224)

그러나 만약 교사 연수가 연구가 교사들에게 접촉할 수 있는 가장 강력한 방법이라면, 교과서와 다른 학습 자료들을 통한 것은 가장 일반적인 것이라고 할 수 있다. 게다가 교과서는 교육 실제 관행에 가장 즉각적인 영향을 끼친다고 할 수 있는 것이다. 교과서가 제작되고 받아들여진 과정은 의사소통의 어려움을 잘 보여주는 예라고 할 수 있고, 그래서 개혁 연구의 초점이 되어야 한다.

Ginsburg, Kelin, 그리고 Starky(1998)은 미국의 교과서 출판과 전파 과정에 있어서 연구자, 정부, 전문가 그룹, 출판사, 교사 사이에 존재하는 복잡한 역학 관계에 중점을 두고 살펴보았다. 이 관계의 복잡한 사슬의 시작의 실마리를 찾기는 어려웠지만 정부의 역할은 출발점으로 삼기 좋다. Ginsburg 외(1998)는 많은 이들이 "교과서 제작자들은 그들이 제작한 교과서를 판매하기 전에 정식 허가를 받아야 한다"(p. 432)고 주장한다고 하였다. 그 당시 많은 주에서는 NCTM 성취수준(NCTM, 1989)과 연구 공동체에서 얻은 정보에 따라 허가 기준으로 삼았다. 그러한 허가에 영향을 미친 연구가 어떤 것인지는 Ginsburg 외(1998)의 연구에서 논의 된 바 있는 1992년도 California Framework(California Department of Education, 1992)를 보면 알 수 있다.

> 구성주의의 해석에 입각하여 캘리포니아 프레임워크는 교과서의 제작에 근본적인 접근법으로 생각되는 것을 포함하도록 요구한다. 캘리포니아 프레임워크는 캘리포니아 소재의 학교에 받아들여지기 위해서 교육과정 자료들은 의미있는 학습, 지식의 구성, 독립적인 사고와 폭넓은 조사와 탐구를 강조해야한다. 캘리포니아 프레임워크는 교과서 제작자들이 의미없는 학습, 암기, 그리고 수동적으로 지식을 받아들이는 것을 지양할 것을 요구한다.(p. 433)

교과서 출판사들의 편집위원들은 NCTM의 Teaching Children Mathematics와 같은 논문집을 참고하고 교육 전문가들의 학회에 참석함으로써, NCTM 성취기준을 연구하여 주에서 요구하는 성취기준에 맞추었다. 게다가 "편집위원들은 대부분 전직 교사이거나 어린이들이 학습하는 것을 진실로 돕기를 원하는 개인들이다"(Ginsburg 외(1998), p. 434). 이런 관계에서 편집위원들의 역할이 단순히 교과서가 허가되느냐 불허가 되느냐에 대한 회의를 하는 것을 넘어선다는 것은 주목할 만하다. 그리고 이로 인하여 마케팅 직원은 교과서의 최종 형식뿐만 아니라 그 내용에도 지대한 영향을 가지게 된다.

개혁에 대한 노력에 대한 정부의 허가와 독려 그리고 교과서 출판사들의 적절한 자료를 제작하고자 하는 의지는 연구자, 교사, 대중, 그리고 진정한 기회가 건설적인 의사소통을 할 수 있는 상황으로 보일 수 있다. 불행히도 정부는 투표자들과 출판사들과 시장을 고려해야만 한다. 이는 개혁의 전반적인 방향과 특정한 세부사항을 지지하는데 만장일치가 되는가 하는 가정적인 문제를 가져오지만 이런 일은 절대 일어나지 않을 것이다. 전통적인 것이 최고라 생각하며 근본적으로는 변화를 반대하는 사람들도 있다. 현재의 개혁을 단순히 이해하지 못하는 사람들도 있고, 이해는 하지만 개혁이 추구하는 가치를 거부하는 이들도 있다. 이러한 반대의견들은 합리적인 것도 있고 그렇지 않은 것도 있다. 하지만 그들 모두는 유명한 언론이 보고하기를 원하는 과열된 분위기에 기여할 수 있고, 이는 정치가와 출판사가 무시할 수 없는 것이다. 이러한 압력과 반대압력은 출판사에 의해 견뎌내어지고, Ginsburg 외(1998, p. 437)는 이를 "이 결과는 타협의 복잡한 결과이다. 판매와 이윤을 최대화하려는 목표를 생각해 볼 때 출판사들은 당연히 자신들의 교과서를 만들어 팔고자 할 것이다. 어느 정도는 출판사들이 논쟁의 모든 면을 만족시키기 위해서 노력할 것이다." 그렇기 때문에 출판사들이 교과서를 명백한 전략과 명백한 겉모습으로 만들기보다 뒤섞인 메시지 투성이로 만드는 경향이 있다.

그러한 교과서가 교사들의 교실에서의 교수에 도움이 될 것이라고 기대하기는 힘들며 개혁의 이점에 대해 껄끄럽게 생각하는 교사들에게 미칠 악영향은 클 것이다. 교과서는 사용되어야만 하고, 어떤 방식으로 사용되는지는 교과서 사용자의 준비도와 이해도에 달려있다는 것을 명심해야 한다. Ginsburg 외(1998)는 다음과 같이 언급하였다.

> 하지만 연구에 기반한 교과서는 교사들의 참여를 요구한다는 점을 고려하라. 이러한 페이지들은 가르치는데 있어서 요리책처럼 제안을 하는 것이 아니다. 그들은 교사들에 의해 입증되지 않은 것이다. 그 정반대가 진실이다. 구성주의적 접근법은 어린이들의 학습을 촉진하기 위하여 어린이들의 학습에 대한 이해를 구성해야하는 교사의 지식에 달려있다. 이러한 페이지를 활용하려면 교사는 어린이 각각의 요구와 어린이 개개인의 특수한 구성과정에 대응하면서 유연하게 사고해야만 한다. 교과서 페이지들은 단순한 자료일 뿐이다. 그들은 방향을 제시할 수는 있지만 교사가 무엇을 해야 하는지는 보장하지 않는다. (p. 440-441)

그래서 교과서가 집필될 때(부분적으로는 교과서가 최종적으로 출판되는 방식 때문에)와 교실에서 교과서가 실제로 활용될 때, 교과서를 통한 연구자와 교사간의 의사소통이 실패할 수 있다. 이 문제에는 개혁에서 제안하는 바를 교과서가 충족시킬 수 있는지와 교사가 올바른 가치관을 가지고 개혁에서 제안하는 바를 적용할 수 있는지-이것은 사람들이 마치 아무도 진실로 들으려 하지 않거나 자신의 생각을 이야기하지 않으려 하더라도 자신들이 진정한 대화를 하고 있다고 생각하는 이상한 능력을 반영하는 것이다.-여부가 혼합되어 있다.

교과서를 통한 대화가 실패하는 것은 교과서 자체의 본질 때문인지도 모른다. 학술 연구에서 찾아낸 수학학습과 교수에 대한 것이 명백하고 지속적으로 반영된 교과서를 제작하기에는 많은 장애물이 있다는 것은 이미 언급했다. 그러나 교사와 학생들이 교과서가 **최종**적으로 고려해야하는 것이라는 점, 이상적으로는 교과서가 포괄적이어야 하고 권한이 있어야한다는 것은 교과서를 통한 의사소통이 본질적으로는 **일방**이라는 것을 의미한다. 연구자, 저술자, 그리고 편집인들은 개혁의 아이디어를 자신들과는 반대쪽 끝에 서 있는 교사와 학생들에게 전달해야 한다. 하지만 이론과 실제가 일치하기 위해서는 의사소통은 **양방향**이어야 하고 **지속적**이어야 한다. Lesh와 Lovitts (2000)가 "수학과 과학교육에서는 연구자와 교사 사이의 정보 흐름은 **정보 보급**과 같은 일방향적 과정이 아니다. 대신, 효과적이기 위해서는 정보의 흐름이 순환적이고 반복적이며 상호작용적이어야 한다"(p. 54) 라고 언급하였다. 그러나 현재 어떤 종류의 출판된 학습 자료가 이러한 양방향적이고 지속적인 의사소통을 **가져올 수 있는지** 찾아보기 힘들다. 그러나 그러한 자료를 찾는 노력을 해야 하고 꼭 찾아야 한다. 그래서 교과서에 대한 이론적이고 실제적인 문제는 개혁 연구자들이 교수와 학습에 대한 의견의 교환에 있어서 그들 자신의 역할을 재정의 해야 하며 동시에 의사소통의 새로운 방법을 찾아야 한다. 그리고 물론, 이들은 의사소통 문제를 면밀히 살펴보는 것을 필요로 한다.

다른 유형의 연구자와 교사 사이의 의사소통의 실패는 연구자 공동체 그들 자신 내에서의 즉, 학술적인 수학자와 학술적인 수학교육자 사이의, 의사소통 실패이다. 1990년대부터 수학자와 수학교육자의 관계는 순탄치 않았다(초기의 수학교육과 수학교육 개혁에 관여한 유명한 수학자에 대한 설명은 Amit과 Fried, 2008을 참고 하기 바란다). Gerald Goldin(2002)은 "깊은 골," "만," 그리고 "나누어짐"과 같은 용어를 그 두 공동체 사이를 설명하기 위해 사용하였으며, 단순한 편애를 넘은 그들 사이에 근본적으로 다른 점을 찾아내었다(Cuoco, 2003 참고). 대학 수학교육 연구자와 대학 수학자들 사이의 긴장은 누군가 "학술적인 연구 공동체"를 언급한다면 반드시 그 학술 커뮤니티를 하나의 단일된 모임으로 다루어야 한다는 것을 의미한다. 대학이 주요역할을 해야 하는지만 생각해야 하는 것이 아니라, 어떤 부분에서 주요 역할을 해야 하는지도 생각해 보아야 한다.

이러한 긴장의 가능성이 개혁에 대한 노력에 주요한 영향을 가질 것이라는 것은 Common Core State Standards의 비준 협의회를 둘러싼 분위기에서도 볼 수 있다. 비준 협의회의 많은 특징은 교육 연구자 또는 수학교육 연구자들뿐만 아니라 교사와 교육 행정가를 포함한다. 그 협의회에 수학자가 거의 없다고 하더라도 미주공통핵심교육기준안(Common Core State Standards Initiative, 2012)의 집필을 이끄는 집필자 중 한 사람인 William McCallum은 뛰어난 수학자이다. 그럼에도 불구하고, 다른 수학자인 원래 비준 협의회의 일원이었던 James Milgram은 인디애나 교육 평의회 패널에게 다음과 같이 언급하며 Common Core을 반대하는 의견을 제시하였다. "미주공통핵심교육기준안과 인디애나 주의 교육기준안은 수학교육 커뮤니티와는 다른 수학 커뮤니티에 의해 쓰여졌다. 하지만 그 집필과정을 지켜 본 - CCSSO [Council for Chief State School Officers] 의 비준 협의회에서의 나의 주요 역할이었다- 사람으로서, 전문적인 수학 공동체가 CCSSI에 제시한 것들은 종종 무시되었다는 것이 확실하다고 할 수 있다"(Milgram, 2013).

하지만 차이가 긴장으로 이끌지는 않는다. 만약 인공의 학술 토론 내에 머무른다면 대학은 하나의 목소리로 이야기하지 않는다. 이는 사실 변화를 위해 무엇이 필요한지에 대한 우리의 이해를 더욱 깊게 하는 기회를 제공하는 것일 수도 있다. 바로 이러한 가능성은 수학자(의아하게도 Jame Milgram을 포함한)와 "K-12 수학교육의 공통적인 기반을 달성하기(Reaching for Common Ground in K-12 Mathematics Education)"의 작성을 주도한 수학교육자 사이의 논의에서 볼 수 있다. 이 문서는 두 그룹에서 수학교육을 향상시키기 위한 공통적인 "근본적인 전제" 와 특정한 "동의의 영역"에 대하여 윤곽을 잡았다. 그러나, 미주공통핵심교육기준안 비준 협의회의 일원이자 이러한 토론에 참여했던 Jeremy Kilpatrick은 협력이 항상 잘 되는 것은 아니라고 명백히 하였다.

> National Science Foundation과 Texas Instruments로부터 자금을 지원받은 Common Ground Committee로서의 내 경험은 내가 미국 학교에서 새 수학운동에 대하여 가장 많은 비판을 했던 Morris Kline과 지난 삼십년간 가졌던 경험과 비슷하다. 학교 수학과 같은 주제에 대하여 강력한 관점을 드러내는 사람과 대화를 할 때는 그 사람에게서 마이크를 빼앗아야 한다 - 즉, 요즘의 말로 하면 트윗이나 블로그를 못하게 해야한다- 그러면 그들은 그들의 언어를 상당히 중화시킬 것이다. 이전에는 드러나지 않은 많은 영역에서의 상호 동의를 찾을 수 있을 것이다. 결과적으로 나는 수학자와 수학교육자가 이미 상당한 공통의견을 가지고 있다고 강력하게 믿는다. (Kilpatrick, 2014, p. 342)

수학과 수학교육 사이의 잠재적인 긴장을 이겨내기 위해서 가능한 협력을 이끌어기 위한 환경을 어떻게 조성할 수 있는지는 자명하지 않고 더 연구해야 할 부분이다(Fried와 Dreyfus, 2014). 수학 또는 수학교육 중 한 가지만으로는 충분하지 않으며 둘 다 필요하다. 어쩌면 약간의 대립과 함께 두 분야에 대한 가치와 목표에 대한 지식이 전진을 위한 필수 요소일 것이다.

변화, 변화에 대한 대응, 그리고 허구적 변화

어떤 개혁 연구에 관심을 가져야 하는지에 대한 가장 명백한 질문은 변화와 관련된 질문들이다. 개혁은 변화에 대한 모든 것이다. 개혁 운동은 변화와 변화에 대한 대응, 둘 다의 동인이라 할 수 있다. 변화의 동인으로서 개혁은 학생, 교사, 연구자, 학부모, 그리고 정치가를 하나의 집합체로 인식해야만 한다. 변화에 대한 대응으로서 개혁은 수학적 지식과 수학교육 연구뿐만 아니라 사회와 사회의 요구를 염두에 두어야만 한다. 그래서 이 두 가지 변화의 측면은 앞서 언급했던 요인들을 체계화하고 개혁의 목표를 형상화한다.

변화의 동인으로서의 개혁에 대하여 기본적으로 가질 수 있는 질문은 다음과 같다. 변화가 어떻게 영향을 받을 수 있는가? 변화가 정말로 영향을 받을 수 있는가? 언제 그리고 어떻게 변화의 결과를 판단할 수 있는가? 지금까지 발달되어 온 개혁의 복잡한 측면 - 즉 연구자와 교사 사이의 차이와 움직이는 사람과 움직여지는 사람의 차이가 모호해지고, 개혁에 관련된 모든 것의 상호작용과 서로 미치는 영향력을 생각해 볼 때, 이러한 질문들은 간단명료하게 보이지만 조금은 다르게 다루어져야 한다. 이런 의미에서 기본적인 질문은 교사와 연구자가 변화의 촉진자인 **동시에** 어떻게 학습하고 바뀌어야 하는가? 일 것이다.

이 질문은 동일하게 그리고 더욱 명료하게 부정적인 형태로 다시 질문될 수 있다. 학습과 실행하기의 순환이 **깨어진다면** 어떤 일이 벌어질 것인가? 만약 순환의 깨어짐이 개혁에 대한 노력의 중단을 의미한다면 이 질문은 별 의미가 없을 것이다. 하지만 그럴 가능성은 거의 없다. 그보다 거의 대부분의 개혁의 실패는 허구적 변화이거나 "허구적 개혁" 의 일종이 개혁의 제안을 따르는 것처럼 보이는 자료가 제작되었지만, 사실은 개혁이 수정하고자 하는 바로 그 문제를 구현하고 있는 것이다(Ginsburg 외, 1998, pp. 434, 438). 교사는 개혁의 자료들을 교실에서 사용하고 혹은 더 나아가 교사 연수 프로그램이나 개혁의 원리와 관련된 프로그램에도 다녔을 수도 있다. 하지만 자주 개혁의 정신과 정반대되는 교육 방법을 고집하는 경우가 많다(Robert B. Davis가 언급하였듯이, "그들은 가사는 알고 있지만 음악은 하고 있지 않다"). 왜냐하면 개혁의 아이디어를 받아들인 것처럼 보이는 결과 중심의 행정가들 때문이다. 허구적 개혁은 변화의 실패에 대한 표현이며 또한 앞으로의 변화에 대한 장벽이라 할 수 있다. 그래서 건강한 변화를 상징하는 변화와 변화되고 있는 것의 과정에 대한 정확한 부정이라 할 수 있다. 허구적 변화를 학습과 실행의 순환 안에서의 반성의 목적으로 삼는 것은 당장은 순환을 활성화 시키고 안정화시키는 것일 수 있다.

어쩌면 허구적 개혁이 몇몇 개혁운동에 대한 저자들이 훈련과 암기에 대한 문제를 지적하면서 마치 훈련과 암기가 이전 개혁가들이 주장했던 것처럼 여기는 흥미로운 사실 뒤에 있는 현상이라는 것을 상기시킬 필요가 있다. 물론 진실은 교육에서 훈련과 암기에 대하여 아무도 깊이 생각해 본적이 없다는 것이다. 이는 현대의 사상가들뿐만 아니라 밀턴과 몽테뉴, 혹은 파이드로스에게 사랑에 대한 진정한 이해 없이 암기해 보라고 놀린 플라톤까지 거들러 올라간다. **반복이 학습의 어머니이다**(Repetitio mater studiorum est[!]) 라고 이야기하던 예수회에서 조차 암기가 **유일한** 학습의 어머니라고 생각하지 않았다. 문제는 개혁 그 자체를 위하여 겉모습 아래 숨겨져 있는 비개혁적인 실행인 훈련과 암기를 하는 실수를 범하기 너무 쉽거나 때로는 너무 편하다는 것이다. 그래서 허구적인 개혁과 알기 위하여 학습하는 것을 이해하기는 현재 개혁의 성공뿐만 아니라 과거의 개혁에 대한 공정한 평가를 위해서 꼭 필요한 것이다.

알맞은 개혁의 **속도**는 어떤 것인가에 대한 질문은 변화와 개혁을 연결한다. 명백히 이는 실행에 대한 질문으로 여겨져야 하며 그러므로 이는 변화의 **동인**으로서의 개혁에 대한 질문이라 할 수 있다. 예를 들어, 주로 개혁 운동과 연관되어 있는 교육과정 개발 프로젝트의 중요한 특징 중 하나는 그들의 목표를 이루기 위한 일정한 시간을 정해두고 있다는 것이다(Griffiths와 Howson, 1979, pp.

145-146). 프로젝트를 위한 시간을 정해두는 것은 방법과 전략이 지속적으로 재정의되는(항상 신흥인) 개혁의 관점과 대치되는 것처럼 보인다. 개방적이고 자유로운 대화를 위해 시간을 정해두는 것이 문제처럼 보이기도 한다. 그러나 대화든 개혁 프로젝트이건 간에 시간을 정하는 것은 실제적인 필요성이 있다. 그래서 개혁 연구가들은 개혁의 스케줄을 정하는 실제적인 필요와 즉흥적인 방법과 전략에 필요한 유연성 사이의 균형을 어떻게 맞추어야 하는지 숙고해 보아야 한다.

또한 개혁의 속도에 대한 의문은 **변화에 대한 대응으로서의** 개혁과 관련된 질문으로 이어진다. 이는 특히나 최근의 성취기준 중심의 개혁(Standards-based reform)과 같은 개혁 운동과 관련되어 있다. 이러한 움직임들은 세계가 빠른 속도로 변화하고 있으며 수학교육도 이에 발맞추어 변화해야 한다는 가정 하에 있다. 비록 과하게 간단히 여기는 것이라 들릴지 몰라도 확실히 구분되지는 않지만 세계가 변화하고 있다고 염두 하면서 할 수 있는 수학교육과 관련된 세 가지의 방법이 있다. 첫째는 수학적 지식과 수학교육에 관한 지식 내에서의 개혁, 둘째는 사회와 경제의 요구의 범위 내에서의 개혁, 셋째는 의사소통, 생산, 그리고 과학적 탐구를 위한 가능한 방법의 범위 내에서 개혁을 진행하는 것이다. 이들은 내용, 최종점, 그리고 방법으로 교육을 대응시키는 것을 필요로 한다. 수학·과학적 지식의 변화는 "새 수학" 개혁의 "현대화" 라는 동인 뒤에 있다는 것은 확실하다. 수학교육에 이 변화가 제시하는 것은 수학적 주제의 선택과 선택된 주제가 어떻게 제시되어야 하는가와 큰 관련이 있다. 그러나 개혁의 어느 시기이든지 개혁이 수학적 지식의 변화에 대응하는 방법은 수학적 지식이 성장하는 방법과 깊이 관계되어 있다.

이제 수학적 지식의 성장은 축적되는 **지식체**(특정 수학적 이론, 물체, 개념, 그리고 과정)와 수학에서 무엇이 중요한가에 대한 관점, 무엇이 수학적으로 엄밀하다고 여겨져야 하는가, 그리고 무엇이 수학적으로 적당한 **주제**인가에 관한 굉장히 복잡한 과정이다(Elkana가 지식의 이미지(images of knowledge) 라고 명명하였다; Corry, 1989; Davis와 Hersh, 1981, Elkana, 1981 참조). Leo Corry(1989)는 그 구별을 다음과 같이 설명하였다.

> 지식체는 이론, "사실", 방법, 그리고 개방된 문제를 포함한다. 지식의 이미지는 안내하는 이론, 또는 선택자로서 역할한다. 그들은 지식체로부터 생겨나는 질문을 제시하고 해결한다. 하지만 그들은 지식체의 부분도 아니며 지식체 자체 안에 있을 수도 없다. 예를 들어, 지식의 이미지는 다음과 같은 질문을 해결하는 데에 도움을 준다. 특정 영역의 어떤 개방된 문제를 가장 시급하게 다루어야 하는가? (p. 411)

수학적 지식의 이미지로부터 본체를 분리해 내는 것은 쉽지 않지만, 일반적으로 개혁이 변화에 대응하는 방법은 이러한 수학적 변화의 두 가지 측면을 모두 고려해야한다. "새 수학" 운동에서 전통적인 기하의 중요성이 사라지고 있을 때 지식의 이미지가 어떻게 주목받을 수 있는 역할을 할 것인가? 수학적 우선순위를 재조정하는 것은 어느 정도는 논리-대수적 구조가 수학의 핵심이라고 보는 **수학적 관점**의 결과라고 할 수 있다. 이와 함께 Dieudonné는 다음과 같이 언급했다. "어쩌면 [유클리드 기하학] 전체는 두 세시간 안에 공격받을 수 있을 것 같다. 그 중 하나는 공리체계로 이루어져 있고, 또 하나는 유용한 결과로 이루어져 있고, 그리고 세 번째는 조금 재미있는 연습 몇 가지로 이루어져 있다"(Howson 외, 1981, p. 102). 수학적 지식의 다른 이미지는 성취기준 지향적 개혁의 수학적 내용을 결정하는데 부분적으로 영향을 미친다. 이에 관련하여 Kilpatrick(1997)은 "성취기준 지향적 개혁의 대부분은 수학 자체가 더욱 계산적이고 덜 형식적이라는 관점에 있다"(p. 957). 개혁 연구자는 개혁의 과정 중에 교사와 학생이 새로운 주제뿐만 아니라 수학의 일반적인 특성에 대하여 고찰해 보는 새로운 방법에 대하여 익숙해지도록 하는 것은 중요하다. 수학 지식의 **본체**는 **축적**이 되는 것이고 새로운 지식은 이전의 지식과 거의 **충돌**하지 않기 때문에 학교 수학 프로그램은 굉장히 안정적인 성향이 있다. 연구자, 교사, 그리고 학생은 개혁에 의해 나타난 새로운 사고의 방식으로부터 기본을 다져야 한다.

지식 이미지의 선형적이지 않은 변화는 조건, 사회의 요구, 그리고 경제에 있어서 동등한 비선형적인 것에 기인하고 그러한 특징을 가지게 된다. 이는 어느 정도에 있어서는 거의 항상 맞지만, 어쩌면 오늘날 사회적 경제적 변화의 속도에는 전례가 없는 것이다. 이것이 교육에 대하여 의미하는 바는 명백하다. Hass(1964)가 이미 50년 전에 언급했듯이 "혁신적이고 생산중심의 사회에 있어서 변화는 매우 속도가 빠르며, **오늘날의 교육은 미래의 세계에 알맞지 않으며 내일로부터 20년 후의 Model-T[1]와 같이 시대에 뒤쳐져 있다.** 세계의 리더는 현재 미국의 교실안에 있다"(p. 143, 강조는 덧붙여 졌음). 특히, 변화는 경제적 변화의 요구는 NCTM 성취기준(NCTM, 1989, 2000)의 핵심이며 "수학적 소양이 있는 노동자"을 양산하기 위한 목표를 세우는 데 정당화되었다.

> 수 십년간의 공장 근로자들의 같은 방법으로 같은 물건을 만들어 내는 같은 일을 하는 현재의 경제 상태는 과거의 공업사회로 돌아가는 것이다. 오늘날 경제적 생존과 성장은 굉장히 짧은 시장 순환 주기에 맞춘 복잡한 생산과 서비스를 생산하는 새로운 공장의 설립에 달려 있다.… 지속적으로 변화하고 있는 시장에 대응하기 위해 첫 상품이 팔리기 전에 이미 새로운 대체제가 개발되고 있는 것은 말 그대로 현실이다. 전통적 의미의 기본적 수학 능력은 노동자들에 대한 수준 높은 기술과 지식에 대한 기대에 의해 이미 그 의미가 퇴색되었다. 생산의 새로운 방법은 기술적인 역량을 지닌 노동력을 필요로 한다. 미국 테크놀로지 평가 의회(The U.S. Congressional Office of Technology Assessment, 1988)는 노동자들이 질문을 하고 익숙치 않은 정보를 받아들이고, 팀으로서 협력하여 일하기 위해서 의사소통의 복잡성과 테크놀로지를 이해할 수 있도록 준비되어야 한다고 하였다. 사업체들은 더 이상 튼튼한 허리, 빠른 손놀림, 그

[1] (역자 주) Model T는 포드사가 1908년에서 1927년 사이에 판매했던 대부분의 사람들이 실제로 살 수 있는 거의 최초의 자동차 모델이었다.

리고 **"가게 주인"**이 필요로 하는 계산 능력을 필요로 하지 않는다. (NCTM, 1989, p. 3)

예를 들면, 이와 비슷한 오늘날 직업 현장에서 여전히 볼 수 있는 경제적 우려는 Dan-Ben-David의 PISA에서 이스라엘의 성취도가 좋지 않은 것에 대한 응답에서도 찾아볼 수 있다.

> 출생 자체가 경제적으로 테크놀로지적으로 어디로 가야하는지 방향을 제시하지 못하기 때문에 한 나라가 끊임없는 위험에 처해있으며, 이는 다른 나라에는 없는 능력을 개발해야만 하도록 지속적으로 요구할 것이다. 그러한 잔혹한 이웃속에서 버텨야만 하는 작은 경제단위는 그들 경제의 미래가 테크놀로지적이고 과학적이며 의료적인 혁신에 달려있다는 것을 알아야 한다. 이러한 상황에서 이스라엘이 자신의 최고의 학생들에게 국제 시장에서 경쟁해야하는 24-25개국의 서양국가보다 형편없는 교육을 제공하는 것이 이스라엘의 미래에 대하여 암시하는 것을 이해하는 것은 어렵지 않다. (Ben-David, 2011, p. 334)

수학적 지식의 변화와는 달리 이러한 빠른 비선형적 변화 속에서 개혁 교육과정에 안정적인 핵심 내용이 있는지는 불확실하다. 명백히 개혁이 지속적으로 변화하고 있는 교육과정에 발맞추려 하는 것은 가능하지도 않고 올바르지도 않다. 하지만 그러한 변화에 대응하는 올바른 방법은 무엇인가? 교육과정 개발자들이 이렇게 지속적으로 변화하는 경제적 요구에 대답하기 위해 어떠한 전략이 필요한가? 최근 개혁의 전체적인 방향은 학생들이 **"배우는"** 커리큘럼보다는 학생들에게 유연하고 적정한 교육과정을 강조한다. 마찬가지로 이 교육과정은 특정 내용을 제공하기보다 학습하고 실행하는 수학을 위한 환경에 초점을 두고 있다. 그래서 NCTM의 원래 성취기준은 "문제해결이 - 이는 어떤 문제가 제시되는지, 수학 언어의 의미, 추측과 추론의 방법을 포함한다 - 학교교육의 핵심이 되어 학생들이 탐구하고, 창조하고, 변화된 환경에 적응할 수 있고, 그들의 삶에서 새로운 지식을 능동적으로 생산해 내도록 하면서, 교육의 사회적 목적을 "평생 학습"에 두고 있다 (NCTM, 1989, p. 4). 즉, 문제해결, 수학적 추론, 의사소통과 같이 NCTM성취기준이 강조하는 것은 수학을 학습할 수 있는 한 사람으로서 수학적으로 교육받은 사람의 이상적인 모습을 형상화 하고 있으며, 이는 특정한 수학 내용을 습득할 수 있는 가능성을 가지고 있는 사람이다. 이것이 바로 1989년 NCTM성취기준이 "수학적 힘" 이라고 말한 것을 의미한다. 여기서 **힘**(power)과 **가능성**(potential)이 라틴어로 같은 어원인 **posse**("가능한" 혹은 "능력이 있는")을 가지고 있다는 것은 주목할 필요가 있다.

수학적 내용을 학습할 수 있는 가능성에 대한 강조는 구체적인 수학적 내용과의 연결에 관심이 있는 개혁의 정신에서도 볼 수 있다. 덴마크의 역량에 대한 접근인 KOM[2]은 그 한 예가 될 수 있

[2] (역자 주) KOM는 competencies and mathematics learning의 의미를 가지는 덴마크어의 약자임.

다(Niss, & Højgaard, 2011). Niss는 KOM의 핵심을 다음과 같이 설명하였다.

> **수학적 역량**을 가지고 있다는 것은, 즉 수학을 완전히 익힌다는 것은 한 개인의 능력이며 적절하게 행동할 수 있는 준비성이다. 또한 수학이 역할을 하거나 그 역할을 할 가능성이 있는 상황에서 지식에 기반하여 행동할 수 있다는 것을 의미한다. 수학적 **역량**은 수학적으로 능력이 있다는 것의 구성요소 중에서 다른 것들과는 구분되는 주요한 구성요소이다. KOM 프로젝트는 그러한 여덟가지 수학적 역량을 가려내었다. 수학적 사고, 수학적 문제해결력, 수학적 모델링, 수학적 추론, 수학적 표현, 수학적 기호화와 형식화를 다루는 능력, 수학적인 의사소통, 수학적 활동을 위한 보조 수단과 도구를 다루는 능력이 그들이다.(Niss, 2014, p. 270)

이는 June Mark, Al Cuoco, Paul Goldenberg(Goldenberg, 2014 참조)가 개발하고 Common Core State Standards에 적용된 정신의 습관(Habits of Mind)에서도 볼 수 있다. 사실 역량과 "정신의 습관" 사이의 관계는 캘리포니아 오렌지 카운티 교육부에서도 명백히 하고 있다.

> CCSS [Common Core State Standards]의 영어와 수학의 도입부에는 21세기 역량에 대한 설명이 포함되어 있다. 이러한 인지적이고 심리적인 소질은 영어 성취기준에 "능력(Capacities)"으로, 그리고 수학 성취기준에는 "습관(Practices)"으로 표현되어 있다. 이들은 성취기준의 학술적인 내용과 함께 "정신의 습관"으로 언급되어 있다. (OCDE, 2011)

사고의 특정한 목적보다 수학 프로그램의 초점인 사고의 방식을 만드는 것은 사회와 경제의 불안정하고 지속적인 변화에 대응하기 위하여 안정적인 교육과정을 제공하는 데 대한 문제에 대한 좋은 해답일 수 있다. 이는 데카르트와 같은 이성주의 전통과도 일맥상통하는 해답이며 현대 민주주의의 일반 교육이 깊게 단단히 자리 잡은 전통에 우선하는 방법을 제공한다(Brann, 1979, pp. 129-149). 하지만 이와 같은 전통에는 난관이 많다. 그래서 일단 이런 방향으로 개혁 프로그램의 일반적인 접근법을 받아들일지라도 급변하는 사회에 대한 교육의 올바른 대처법은 개혁 연구의 주제가 되어야 하며 탐구 과제로 남겨져야 한다.

변화 방법의 문제는 의사소통, 생산, 그리고 사회적 탐구에서 찾아볼 수 있으며 이는 당연히 테크놀로지의 문제이다. 어떤 면에서는, 테크놀로지적인 변화의 속도로부터 파생되는 개혁의 어려운 점은 방금 논의되었던 어려움들을 개혁이 해결하고자 하는 방법과 비슷하다고 볼 수 있다. 그러나 아직 논의할 점이 더 남아 있다.

그래프 계산기와 컴퓨터를 사용하는 것이 수학적 사고를 저해한다고 생각하는 이들도 있지만(예, Neal Koblitz, 1996), 대부분은 테크놀로지는 피할 수 없고 현대에서는 환영받는 것이라고 할 수 있다(교육과정과 이 주제와의 관계와 관련하여 Wong, 2003 참조). Roitman(1997)은 교실에서의 테크놀로지 사용과 관련된 네 가지의 질문을 열거하였다.

» 테크놀로지를 사용하는데 있어서 어떤 수학이 반영되어 있는가?
» 수학이 중요하고 올바르게 되는 데에 어떠한 노력이 깃들어 있는가?
» 테크놀로지가 어떻게 학생들이 실제적이고 유의미한 수학적 활동을 하도록 하는가?
» 테크놀로지의 사용이 어떻게 주요 수학적 이해를 더욱 깊게 하고 수학을 할 수 있도록 하는가?(p. 7)

이상의 질문은 오늘날에 있어 매우 적절하다고 여겨지며 여전히 수학교육에서 늘어나고 있는 테크놀로지와 관련된 문헌에 인용되고 있다. 테크놀로지 연구 분야의 리더이자 선구자인 Jim Kaput은 SimCalc의 개발과 관련하여 이 질문을 많이 언급하였다. 그러나 여기서 개혁 연구는 Kaput과 그와 같은 이들이 추구하는 독립된 연구의 노력을 요구하는 Roitman의 질문을 적절하게 고려하기 위하여 그들의 전문분야에서 빠져나오는 위험에 처했다. 그럼에도 불구하고 테크놀로지 지향적인 개혁에 대한 기대의 정도는 이러한 질문이 심각하게 받아들여지는 정도와 비례한다고 볼 수 있다. 또한 이러한 개혁 연구는 실제와 반성의 순환 과정에서 그런 질문들이 지속적으로 질문되어지며 모델을 제공하고 개발하는데 있어서 그의 역할이 있다고 할 수 있다. 단순히 학교에 컴퓨터나 그래프 계산기를 제공하는 것은 Larry Cuban(2006)이 지적한 것과 같이 당연히 불충분하다. 사실 컴퓨터는 매우 매력적이고 가리킬 수 있는 물리적 물체이기 때문에 그들의 지혜로운 사용에 대한 교사와 연구자의 반성없이 그들을 단순히 제공하는 것은 허구적 개혁이 된다. 테크놀로지가 있지만 영향력이 없는 것이다.

결론: 내용, 가치, 그리고 협력

지금까지 논의한 개혁 연구와 테크놀로지는 개혁 연구가 질문 그 자체보다는 내용에 대한 질문, 어떻게 질문되는지, 그리고 언제 질문되는지에 관한 것으로만 보인다. 이는 존재, 방법, 의사소통의 정도와 관련한 과도한 걱정과 같은 개혁 연구에 대하여 언급한 다른 것들과도 일치하는 점이 있다. 그러나 개혁 연구가 정말 개혁의 "방법" 즉, 의사소통에만 관심이 있고 의사소통의 내용이 무엇인지, 질문이 있는지에만 관심이 있고 질문의 핵심에는 관심이 없다고 할 수 있는가? 그러한 관점은 왜곡된 것이며 개혁 연구가 능동적이라고 했던 것과는 일치하지 않는다.

개혁에 있어서 능동적인 참여는 연구자들 자신이 주요한 역할을 차지하는 복잡한 상호작용적 체계인 개혁의 본질에 의한 것이라고 본다. 개혁 연구자들은 이전처럼 외부 체계 내의 정보의 흐름을 연구하거나 감독하지 않을 뿐만 아니라 변화가 일어나는 것을 지켜보고 변화하면서 교사, 학생, 학부모, 그리고 다른 연구자들과 아이디어를 교환하고, 그들에게 영향을 주고 또 그들로부터 영향을 받는다. 그러므로 개혁 연구자들은 개혁의 내용과 가치와 관련하여 지속적으로 참여되어야 할 필요성이 있다.

이 논의에서 개혁 연구자들의 특이한 지위를 명백히 하는데 도움이 되는 은유는 그들이 전문가들 사이의 논의의 중재자라는 것이다. 그러한 논의에서 중재자들은 참여자만큼의 전문성을 가지고 있을 것이라 기대되지는 않지만, 잘 경청하고 질문을 하고 논의의 내용으로부터 지식을 얻는 것을 요구하도록 한다. 그러나 중재자들은 논의의 전체적 그림에 대하여 정확하게 인식을 하고 있어야 한다. 왜냐하면 논의가 도달해야 할 점이나 특정한 결론에 대한 것이 아니라 논의가 그 주제를 지키고 그의 목표를 지키는 것이 중재자의 책임이기 때문이다. 요약하면 중재자는 논의의 주제와 최종점 사이를 지속적으로 조정해야 한다.

논의가 개혁 운동에 상응하지만 그러한 조정 노력의 필요성은 명백하다. 개혁의 동기에 대한 언급을 보면 명백한 것처럼 개혁의 요구는 단순히 교정적인 것이 아니라 수학교육 전체에 대한 관점의 구체적인 표현이라 할 수 있다. 게다가 이 전체적인 관점은 개혁의 노력에 관련된 모든 이들의 노력이며 생각이라 할 수 있다. 하지만 특별히 수학교육과 관련된 연구 영역에 덧붙여 철학자들, 인류학자들, 사회학자들, 역사가들도 염두 해 두고 있다.

이 모든 것은 앞서 언급한 지식의 이미지와 관련이 있다. 수학과 수학교육의 최종점에 대한 이해는 논리와 객관적인 정신적 활동이라는 문화와 사회에 의해 결정된다. 그래서 역사가나 인류학자의 관점은 교실 수학 이면의 가치를 정의하는데 도움이 되어야 한다. 이런 점에서 수학교육은 편협할 수 없다. 특히, 개혁 연구는 폭넓은 인간 활동과 관련하여 개방적이고 협력적인 면을 촉진시키는 데서 정체성을 찾아야 한다.

지금까지의 논의는 개혁 연구의 가장 기본적인 요건과 개혁 연구가의 가장 일반적인 윤곽만 제시하였을 뿐이다. 이를 위하여 연구자들을 생태학자, 복잡한 체계의 분석가, 논의의 중재자로 은유를 하였다. 개혁 연구자들에 대하여 언급할 때 그들이 새롭고, 아직 정의가 부족하고, 정확성이 여전히 부족하기 때문에 그러한 은유가 필요하다. 이 새로운 분야가 교육 연구의 다른 분야와 같은 수준으로 명료하게 되길 바란다. 만약 연구자들이 이러한 은유와 교육 연구의 다른 패러다임을 참고하여 그들이 찾은 문헌에 대하여 냉정한 자세를 취하면서 이 영역으로 뛰어들어 진실한 개혁에 노력을 기울인다면 그렇게 될 수 있을 것이다. 이는 도전할 가치가 충분히 있다고 본다. 사실 어쩌면 이는 교육 연구의 다른 미래에 대한 도전의 전형이 될지도 모른다.

참고문헌

Amit, M., & Fried, M.N. (2008). The complexities of change: aspects of reform and reform research in mathematics education. In L. English (Ed.), *Handbook of International Research in Mathematics Education* (2nd Ed., pp. 385–414). New York: Routledge.

Atweh, B., Graven, M., Secada, W., & Valero, P. (Eds.) (2011). *Mapping equity and quality in mathematics education.* Dordrecht: Springer

Ball, D.L., Ferrini-Mundy, J., Kilpatrick, J., Milgram, J.R., Schmid, W., & Schaar, R. (2005). Reaching for common ground in K–12 mathematics education. *Notices of the American Mathematical Society, 52*(9), 1055–1058.

Battista, M.T. (1999). The mathematical miseducation of America's youth. *The Phi Delta Kappan, 80*(6), 424–433.

Ben-David, D. (2011). Israel's educational achievements: Updated international comparisons. In D. Ben-David (Ed.), *State of the nation report: Society, economy and policy in Israel 2010.* Jerusalem: Taub Center of Social Policy Studies in Israel.

Brann, E.T.H. (1979). *Paradoxes of education in a republic.* Chicago: University of Chicago Press.

Bury, J.B. (1956). History as a science. In F. Stern (Ed.), *The varieties of history* (pp. 209–223). New York: Meridian Books.

California Department of Education (1992). *Mathematics framework for California public schools: Kindergarten through grade twelve.* Sacramento, CA: California Department of Education.

Carr, E.H. (1967). *What is history?* Harmondsworth, UK: Penguin Books.

Carr, W., & Kemmis, S. (1986). *Becoming critical. Education, knowledge and action research.* Lewes, UK: Falmer.

Common Core State Standards Initiative. (2012). *Mathematics standards.* Retrieved from www.corestandards.org/Math (accessed August 20, 2013).

Corry, L. (1989). Linearity and reflexivity in the growth of mathematical knowledge. *Science in Context, 3*, 409–440.

Cuban, L. (2006). The laptop revolution has no clothes. *Education Week 26*(8), 29. Retrieved from www.edweek.org/ (accessed August 20, 2013).

Cuoco, A. (2003). Teaching mathematics in the United States. *Notices of the American Mathematics Society, 50*(7), 777–787.

Davis, p. J., & Hersh, R. (1981). *The Mathematical Experience.* Boston: Birkhäuser.

Dick, B. (1999). Sources of Rigour in Action Research: Addressing the Issues of Trustworthiness and Credibility. A paper presented at the *Association for Qualitative Research Conference "Issues of rigour in qualitative research"* at the Duxton Hotel, Melbourne, Victoria, 6–10 July 1999.

Egan, K. (2005). Students' development in theory and practice: The doubtful role of research. *Harvard Education Review, 75*(1), 25–41.

Elliott, J. (1978). What is action-research in schools? *Journal of Curriculum Studies, 10*, 355–357.

Elkana, Y. (1981). A programmatic attempt at an anthropology of knowledge. In E. Mendelson & Y. Elkana (Eds.), *Sociology of the Sciences: Vol. 5. Sciences and Cultures* (pp. 1–76). Dordrecht: Reidel.

Félix, L. (1998). Essai sur l'histoire de la CIEAEM. In T. Bernet & F. Jaquet (Eds.), *La CIEAEM au travers de ses 50 premières rencontres: Matériaux pur l'histoire de la Commission.* Neuchâtel, Switzerland.

Fried, M.N., & Dreyfus, T. (Eds.) (2014). *Mathematics and mathematics education: Searching for common ground.* New York: Springer.

Ginsburg, H.P., Klein, A., & Starkey, P. (1998). The development of children's mathematical thinking: Connecting research with practice. In I. Sigel & A. Renninger (Eds.), *Handbook of Child Psychology, 5th Ed.: Vol. 4. Child Psychology and Practice* (pp. 401–476). New York: John Wiley & Sons.

Goldenberg, P. (2014). "Mathematical Literacy": An Inadequate Metaphor. In M.N. Fried & T. Dreyfus, (Eds.), *Mathematics and Mathematics Education: Searching for Common Ground* (pp. 139–156). New York: Springer.

Goldin, G.A. (2002). Connecting understandings from mathematics and mathematics education research. In A. D. Cockburn & E. Nardi (Eds.), *PME26: Proceedings of the 26th Annual Conference 1* (pp. 161–166). Norwich, UK: University of East Anglia.

Goodlad, J.I. (1987). Towards a healthy ecosystem. In *The Ecology of School Renewal: 86th Yearbook of the National Society for the Study of Education, Part I* (pp. 210–221). Chicago: University of Chicago Press.

Griffiths, H.B., & Howson, A.G. (1979). *Mathematics, society and curricula.* London: Cambridge University Press.

Gunnarsdóttir, G.H., & Pálsdóttir, G. (2011). Lesson Study in teacher education: A tool to establish a learning community. In M. Pytlak, E. Swoboda, & T. Rowland (Eds.), *CERME7 Proceedings of the Seventh Congress of the European Society for Research in Mathematics Education.* Rzeszow, Poland. Retrieved from www.cerme7.univ.rzeszow.pl (accessed August 20, 2013.

Hass, C.G. (1964). Who should plan the curriculum? In A. Crow & L.D. Crow (Eds.), *Vital Issues in American Education* (pp. 143–148). New York/Toronto/London: Bantam Books.

Howson, G., Keitel, K., & Kilpatrick, J. (1981). *Curriculum development in mathematics.* Cambridge: Cambridge University Press.

Kelly, A.E., & Lesh, R. (2000). Trends and shifts in research methods. In A. Kelly, & R. Lesh (Eds.) *Handbook of Research Design in Mathematics & Science Education* (pp. 35–44). Mahwah, NJ: Lawrence Erlbaum Associates.

Kennedy, M. (2005). *Inside teaching: How classroom life undermines reform.* Cambridge, MA: Harvard University Press.

Kilpatrick, J. (1992). History of research in mathematics education. In D.A. Grouws (Ed.), *Handbook of Research on Mathematics Teaching and Learning* (pp. 3–37). New York: Macmillan Publishing Company.

Kilpatrick, J. (1997). Confronting reform. *American Mathematical Monthly, 104,* 955–962.

Kilpatrick, J. (2014). We must cultivate our common ground. In M.N. Fried & T. Dreyfus, (Eds.), *Mathematics and Mathematics Education: Searching for Common Ground* (pp. 337–343). New York: Springer.

Koblitz, N. (1996). The case against computers in K–13 math education (kindergarten through calculus). *The Mathematical Intelligencer, 18,* 9–16.

Lesh, R., & Lovitts, B. (2000). Research agendas: Identifying priority problems and developing useful theoretical perspectives. In A. Kelly & R. Lesh (Eds.), *Handbook of Research Design in Mathematics & Science Education* (pp. 45–72). Mahwah, NJ: Lawrence Erlbaum Associates.

Lewis, C.C., Perry, R.R., & Hurd, J. (2009). Improving mathematics instruction through lesson study: A theoretical model and North American case. *Journal of Mathematics Teacher Education, 12,* 285–304.

Milgram, J. (2013). Testimony to the Indiana Senate Education Committee. Retrieved from http://hoosiersagainstcommoncore.com/james-milgram-testimony-to-the-indiana-senate-committee/ (accessed August, 28, 2013).

NCTM (National Council of Teachers of Mathematics). (1989). *Curriculum and evaluation standards for school mathematics.* Reston, VA: Author.

NCTM (National Council of Teachers of Mathematics). (2000). *Principles and standards for school mathematics.* Reston, VA: Author. Retrieved from http://standards.nctm.org (accessed August 20, 2013).

Niss, M. (2014). Mathematics and mathematics education policy. In M.N. Fried & T. Dreyfus (Eds.), *Mathematics and Mathematics Education: Searching for Common Ground* (pp. 261–275). New York: Springer.

Niss, M., & Højgaard, T. (Eds.) (2011). *Competencies and mathematical learning. Ideas and inspiration for the development of mathematics teaching and learning in Denmark.* IMFUFA-text number 485. Roskilde, Denmark: Roskilde University.

OCDE (Orange County Department of Education). (2011). Common Core State Standards for California. Retrieved from www.ocde.us/CommonCoreCA/Pages/default.aspx (accessed May 22, 2014).

Perry, R.R. & Lewis, C.C. (2009).What is successful adaptation of Lesson Study in the U.S.? *Journal of Educational Change, 10*(4), 365–391.

Roitman, J. (1997). A mathematician looks at the standards. Retrieved from www.stolaf.edu/other/extend/Expectations/nise.html (accessed August 20, 2013).

Romberg, T.A. & Collins, A. (2000). The impact of standards-based reform on methods of research in schools. In A. Kelly & R. Lesh (Eds.) *Handbook of Research Design in Mathematics & Science Education* (pp. 73–86). Mahwah, NJ: Lawrence Erlbaum Associates.

Senk, S.L. & Thompson, D.R. (Eds.) (2003). *Standards-based school mathematics curricula: What are they? What do students learn?* Mahwah, NJ: Lawrence Erlbaum Associates.

Shimizu, Y. (1999). Aspects of mathematics teacher education in Japan: Focusing on teachers' roles. *Journal of Mathematics Teacher Education, 2*(1), 107–116.

Stigler, J.W. & Hiebert, J. (1999). *The teaching gap*. New York: The Free Press.

Thwaites, B. (1972). *SMP: The first ten years*. Cambridge: Cambridge University Press.

Usiskin, Z. (1999–2000). Educating the public about school mathematics. *UCSMP Newsletter* (26, Winter), 4–12.

Wong, N.Y. (2003). The influence of technology on the mathematics curriculum. In A.J. Bishop, M.A. Clements, C. Keitel, J. Kilpatrick & F.K.S. Leung (Eds.), *Second international handbook of mathematics education* (pp. 271–321). Dordrecht: Kluwer Academic Publishers.

Wooton, W. (1965). *SMSG: The making of a curriculum*. New Haven/London: Yale University Press.

예비 수학교사의 학습과 교수를 위한 지식 10

Joao Pedro da Ponte
Universidade de Lisboa

Olive Chapman
University of Calgary

서론

현재 진행되고 있는 초중등 예비 수학교사교육에 대한 연구의 본질은 무엇인가? Ponte와 Chapman(2008)의 연구에서 우리는 1998년과 2005년 사이에 출판된 연구물의 검토에 기반하여 이 질문에 대해 연구하였다. 이 장에서는 선행연구에 덧붙여 2006년에서 2013년 사이의 연구물로 확장하여 살펴보고자 한다. 우리는 이 주제들과 관련된 교사교육의 전반적인 흐름에 대해 살펴보는 것으로 이 장을 시작하고자 한다. 그러고 나서 예비교사의 수학적 지식, 수학 교수에 대한 지식, 전문가적인 정체성, 성장과 발전을 촉진하는 학습 접근법에 대한 지식, 그리고 교사교육 프로그램의 구성요소를 포함하는 다양한 주제에 대해서 제시하고 논의할 것이다. 끝으로 이 연구의 본질에 대해 반성적으로 생각해 보고 수학 교사교육의 발전을 꾀할 수 있는 기회와 이를 저해하는 요인에 대해서 생각해 보았다.

예비교사교육의 모습

예비교사교육은 구성요소 서로간의 관계가 얽혀 있는 복잡한 과정이다. [그림 10.1]은 이 복잡성을, 수학 교수를 중심으로 한 예비교사의 수학적 지식의 발전과 함께, 주요 구성요소의 모습으로 나타내고 있다. 이 두 가지 요소가 독립적으로 여겨지기도 하면서 그들은 또한 서로 관련이 있는 것으로 표현되어 있다. 그들은 어쩌면 수학 교사교육의 주요 초점일지도 모른다. 그들은 또한 예비교사의 정체성의 발달에도 위치해 있는데, 이 정체성에는 가치, 신념, 습성, 규범, 성향, 그리고 일반적으로는 어떠한 교사가 될 것인가 하는 것이 포함되어 있다. 정체성은 궁극적으로 앞의 세가지 요소를 포함하는 교사의 전문가적인 집단에 근거하여 발달하기 때문에 중요하다. 마지막으로 [그림 10.1]은 교사 양성 과정의 본질의 내적 요인과 상호작용하는 여러 가지 요인들을 보여준다. 그 요인들은 다음과 같은 것을 포함한다.

» 예비교사의 특성, 예를 들어, 그들이 교사교육 프로그램에 들어오기 전에 지니고 있는 신념, 태도, 지식, 개념, 그리고 기술.
» 프로그램 강의자와 다른 참여자들의 특성, 예를 들어, 그들의 신념, 태도, 지식, 개념, 그리고 개인적인 특징들(다른 참여자들은 예비교사의 실습과 관련된 협력교사와 학생들을 포함한다.).
» 교수 접근법, 목적, 그리고 목표와 같은 프로그램 구성요소, 교육과정과 교재, 평가도구와 그 과정, 그리고 전체적인 조직과 프로그램의 교수법적 특징(예, 강조된 학습 방법, 예비교사와 다른 참여자들 간의 개인적인 관계, 자료에 대한 접근, 그리고 ICT(Information and Communication Technology)의 사용).
» 교육 관련 정부기관, 학교 운영기관, 학부형, 언론, 그리고 일반 대중이 추구하는 사회의 역할과 가치를 포함하는 사회문화적인 특징.
» 교사교육과 교사교육 프로그램에 입학하기, 자격증, 계약, 직업의 특징, 그리고 교육과정 조직 등을 포함하는 교육 시스템의 구조.
» 연구, 예를 들면, 그들의 강조점, 가치, 우선사항들, 결과를 표현하는 방법과 실제 관행과의 관계(Ponte 와 Chapman 2008, p. 226).

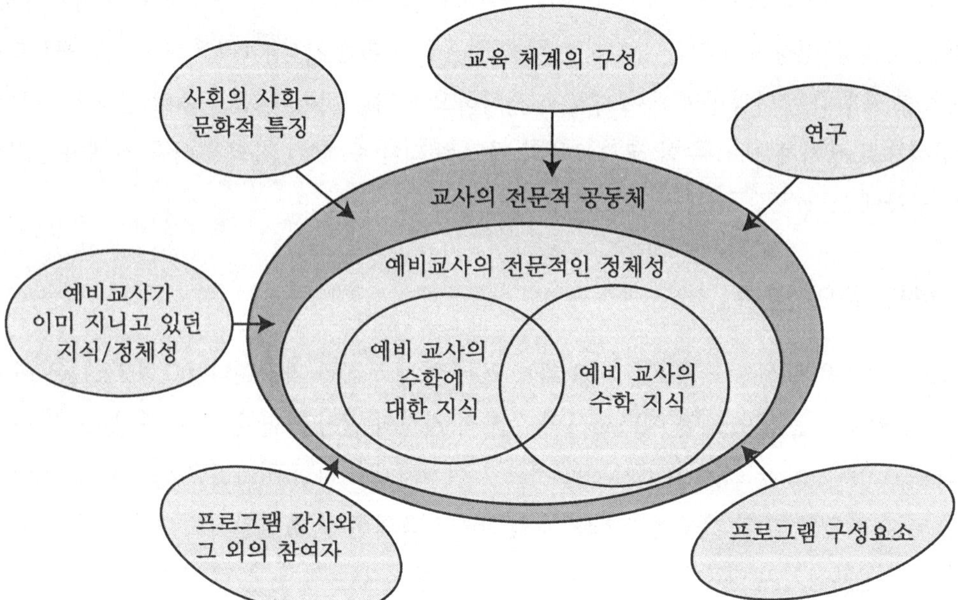

[그림 10.1] 예비교사교육의 조경(Ponte & Chapman, 2008, p. 226)

이 그림은 예비교사교육의 복잡한 구조를 강조하면서도 여전히 이 복잡성에 더 추가될 수 있는 여러 주제들을 포함하고 있다. 예를 들어, 예비교사교육의 목적, 즉 예비교사의 정체성을 학생으로부터 교사로 바뀌도록 하고 그들의 전문가적인 역할을 하도록 준비시키는 것에 모순과 대립이 존재한다. 교사의 모습은 다양하며, 교사의 정체성은 다양한 측면을 포함한다. 또한 수학교육과정에 대한 다양한 대립하는 시각이 있으며 예비교사가 무엇을 배워야 하는지와 그들이 실제적으로 배우는 것에는 차이가 있다. 또한 대학과 학교 상황에 대해 대립하는 시각차이도 있으며 교사교육과정에 직접적으로 참여하는 사람과 권력자들의 관심에도 대립되는 점이 있다. 학술 연구도 또한 교사교육을 이해하는데 복잡성을 더한다. 연구들은 많은 측면의 수학교육과정에 서로 다른 강조점을 두고 있으며 또한 자주 예비교사의 학습과 적절한 학습 기회에 대해 대립되는 조언을 하기도 한다.

이 장의 초점

[그림 10.1]에 제시된 예비교사교육에 대한 포괄적인 관점은 이 영역에 대한 장의 구성에 많은 가능성을 제공해 준다. 그러나 Ponte와 Chapman(2008)의 최근 연구를 포함한 이 장의 목적을 두고 볼 때, 우리는 그 구성에 동일한 세 개의 중심적인 요소에 초점을 두기로 하였다. 그 요소들은 수학에 대한 지식, 수학 교수에 대한 지식, 그리고 교사의 정체성이다(그림 10.1). 우리는 또한 [그림 10.1]에서 다른 요소들과 연결되어 있으며 최근의 연구에서 많은 관심을 받고 있는 교사교육 프로그램의 요소에 대하여 논의할 것이다. 우리의 목적은 예비 수학교사들의 지식, 학습, 그리고 정체성과 2006년에서 2013년 사이의 교사교육 프로그램 특징에 대한 연구 사례들을, 의미있고 효과적인 예비교사교육 프로그램의 현재의 주요 흐름에 대한 이해의 한 방법으로서 강조하는 것이다. 우리는 여러 가지 예시를 포함하는 것을 가능하도록 연구들의 목적과 조사결과에 대해 간략한 설명을 할 것이다. 이 연구들에 대한 논의를 다음의 다섯 가지 부분으로 나누어 구성할 것이다. 그들은, "예비교사의 수학 지식", "예비교사의 수학 교수", 그리고 "예비교사의 정체성"이다. 각 부분은 지식이 개념화 되고 발전되는 것에 초점을 맞출 것이다. 다음의 내용 "교사교육 환경, 활동, 그리고 도구"는 지난 몇 년간 교사교육에서 중요한 위치를 차지하게 된 혁신적인 특징들을 강조한다. 마지막으로 "결론적 반성"에서는 우리는 예비 수학교사들의 학습에 대한 반성적인 요약을 하고 그들의 지식과 발전에 대한 연구의 현 상태에 대한 일반적인 주제에 대해 논의 할 것이다.

예비교사의 수학 지식

많은 이들이 교사는 탄탄한 내용지식을 지니고 있어야 한다는데 동의한다. 왜냐하면 이 내용지식이 교사들이 무엇을 가르치는지 또 어떻게 가르치는지에 영향을 미치기 때문이다. 그러므로 교사의 지식이 예비교사교육 연구의 주요 주제가 되고 있다는 것은 당연하다. 몇몇의 연구들은 교수를 위한 수학적 지식을 측정하는 방법에 대해 연구하기도 하지만, 가장 두드러지는 연구의 초점은 질적연구 시각에서 바라보는 예비교사 지식의 본질에 있다. 여기서는 예비교사 학습에 대해 세 가지에 초점을 두어 살펴 보고자 한다. 하나는 수학 지식에 대한 관점, 이 지식과 관련하여 발견된 문제들, 그리고 이 지식이 수학교육 강좌에서 어떻게 발전되도록 촉진되어 왔는가이다.

수학 지식에 대한 관점

탄탄한 수학 지식을 지니고 있지 않은 교사들은 전문적인 능력에 제한이 있을 것이다. 그러나 그러한 지식의 소유가 훌륭한 교사가 되는 것을 보증하는 것은 아니다. 교수의 질은 교과 지식과 직접적 관련이 있으며 이 지식의 본질은 이 관계에 있어서 결정적인 요인이다. Ma(1999)는 효과적인 교사가 되기 위해서 교사는 수학의 근본에 대해서 심도있는 이해를 해야 한다고 하였다. 이 이해는 반드시 깊고, 넓고 그리고 빈틈이 없어야하며, 또한 그것은 올바르게 계산하는 능력 이상이어야 한다. 이 관점은 교수를 위한 수학의 범위의 기저를 이룬다. 예를 들어 전미수학교사협의회(NCTM)에서 그것을 다음과 같이 설명하고 있다. "수학적 내용과 담화는 수학적 개념과 과정 그리고 그들 사이의 연결, 즉 수학적 개념과 과정의 다양한 표상과 수학적으로 추론하는 방법, 문제해결 그리고 서로 다른 형식적 수준에서 수학을 효과적으로 의사소통하는 것을 포함한다"(NCTM,1991, p. 132). 비슷하게 Kilpatrick, Swafford, Findell(2001)은 수학 지식을 다음과 같이 설명한다.

> 수학적 사실, 개념, 과정, 그리고 그들 사이의 관계에 대한 지식, 수학적 아이디어가 표현될 수 있는 방법에 대한 지식, 교과목으로서의 수학에 대한 지식, 특히 수학적 지식이 어떻게 생산되었는지, 수학에서 담화의 본질, 그리고 주장과 증명으로 이끄는 규준과 표준에 대한 지식이다. (p. 371)

[표 10.1] 예비교사의 수학 지식 연구의 예

주제	관점	연구
범자연수	추론	Lo, Grant, & Flowers, 2008
범자연수/유리수	추론	Seaman & Szydlik, 2007
유리수	추론	Son & Crespo, 2009
비와 비례	개념/절차	Bartell, Weber, Bowen, & Dyson, 2013
방정식	개념/절차/표상	Lo & Luo, 2012
함수	언어/의사소통	Tobias, 2013
	개념/문제해결	Pitta-Pantazi & Christou, 2011
	개념/추론	Prediger, 2010
	표상/추론	Caglayan, 2013
	표상	Davis, 2009
	표상/정의	Stelle, Hillen, & Smith, 2013

이 지식에 대해 설명을 하는 것에 대한 논쟁에 덧붙여 현직교사의 지식을 측정하는 것에 대한 연구도 시작되었다. 예를 들어, Hill, Blunk, et al.(2008)에서는 "교수를 위한 수학적 지식"을 평가하기 위한 검사 도구의 결과를 "교수의 수학적 질"을 측정하기 위한 양적인 관찰 도구의 결과와 비교하였고, 그들 사이의 강한 정적 상관관계를 발견하였다. Krauss et al.(2008)에서는 교수를 위한 내용지식과 내용지식이 구별될 수 있는지 그리고 지식의 평균정도와 그 지식들 사이에 수학적 전문성에 따라 관계가 있는지를 살펴보기 위해 고등학교 교사의 "교수를 위한 내용 지식"과 "내용 지식"을 측정하기 위한 검사를 제작하였다. 연구 결과 수학적으로 심도있게 학습한 고등학교 교사가 다른 교사들에 비해서 두 가지 지식에서 성취도가 높았으며 두 가지 지식 사이에 인지적으로 긴밀하게 연결되어 있음을 보여주었다. 최근 Beswick, Callingham, Watson(2012)는 중학교 교사 지식의 다양한 측면을 측정하는 검사 도구를 사용하였다. 그들은 교사의 지식이 네 가지의 수직적인 단계를 동반하는 다양한 측면을 포함함을 발견하였다. 그 네 가지 수직적인 단계는 개인의 수감각, 교수학적 민감성, 교수학적 내용 지식의 발생, 그리고 교수학적 내용 지식의 통합이다.

[표 10.1]은 우리가 논의했던 교수를 위한 수학적 지식에 대한 관점의 다양한 측면을 포함하는 연구를 보여준다. 특히 그들은 학교 교육과정과 관련있는 특정한 개념, 과정, 표상, 그리고 추론 과정으로서의 예비교사의 수학적 지식을 바라보는 흐름을 보여준다. 그들은 넓은 폭의 교육과정 주제를 다루고 있다. 다음에서는 [표 10.1]의 연구 예시들을 더욱 자세히 다룰 것이다.

예비교사의 수학 지식과 관련된 주제

가장 보편적인 예비교사의 수학 지식에 대한 연구 주제는 교사교육 프로그램이 고려해야 할 심각한 논제를 포함하고 있다는 것이다. Llinares와 Krainer(2006)의 연구와 Ponte와 Chapman(2006)의 연구는 수학을 가르치는데 충분하다고 여겨지는 것과 관련있는 교사의 지식에 대한 몇 가지 주제를 밝히는 30년간의 연구를 참고했다. 이 주제들은 수와 정수론, 기하, 측정, 비와 비례, 대수, 함수, 미적분, 확률과 통계, 집합론, 논리와 증명, 문제 제기, 그리고 문제해결과 같은 학교 수학의 여러 주제에 대한 오개념을 포함한다. 우리의 연구 결과(Ponte & Chapman, 2008)와 최근의 연구 결과 검토는 예비교사의 수학 지식에 대한 제한점을 가려내거나 우려를 표현하는 이러한 경향을 계속해서 반영하고 있다. [표 10.2]는 우리의 이전 연구 결과에 근거한 예시를 보여준다.

지난 8년 동안 연구자들에게 주요 관심을 받은 수학의 영역은 유리수이다. 예비교사들의 유리수에 대한 지식이 여러 가지 다른 방법으로 연구에서 계속해서 언급되고 있다. 예를 들어 Tobias(2013)는 예비 초등교사가 전체를 정의하는데 사용하는 언어에 대한 이해를 어떻게 발전시켜 나가는가 하는 것을 연구하였고, 중요한 수학적 이해가 필요할 때조차(예를 들어 분수가 전체나 그룹에 따라 "무엇의"를 정의하는 것, 그리고 분모가 무엇을 의미하는가를 하는 것) 몇몇의 연구 참여자들은 "~의", "1의", "그것의", 그리고 "각각의" 와 같은 용어 사이의 다른 점을 식별하는데 어려움을 겪고 있음을 발견하였다. Son과 Crespo(2009)는 예비교사의 추론과 분수 나눗셈에서 학생의 비전통적인 전략에 대한 반응에 대하여 연구하였고, 다른 연구 참여자들이 분수를 "일반적인 형태"와 대수적인 방법을 사용하는데 비해, 몇몇의 연구 참여자들이 숫자로 된 분수를 사용하는 과제를 "표현된 나눗셈"과 교환법칙으로 해결하였음을 발견하였다. 그들은 또한 학생들의 분수와 관계된 전략에 깊은 수학적인 이해근거가 있는 연구 참여자가 상호간의 설명과 정당화하기를 통해 학생들이 학습하는 것으로 생각하는 경향이 있음을 발견하였다. 다른 문화적 맥락에서 Lo와 Luo(2012)가 대만의 예비 초등교사들의 분수 나눗셈의 지식에 대하여 연구하였고 대부분의 연구 참여자가 이 연산에 대하여 충분한 지식을 가지고 있었으나 분수 나눗셈을 문장제 문제나 다이어그램으로 표현하는 것은 뛰어난 예비교사들에게도 어려움이 있음을 발견하였다.

대수적 추론과 증명의 중요성을 연구의 초점으로 둔 연구도 있다. 예를 들어 Stephens(2006)은 예비 초등교사의 동치에 대한 인식과 관계적 생각에 대하여 연구하였고 대부분의 연구 참가자가 학생들을 참여시키기 위한 과제에서 제공하는 기회와 학생들의 과제결과물에서 그러한 생각을 찾아내는데 관계적인 사고를 인지하고 나타내었다. 하지만 많은 연구 참여자가 초등학생의 등호에 대한 오개념에 대해서는 알고 있지 못하였다. 증명에 관하여 Stylianides, Styliandis, Philippou(2007)은 예비 초등교사와 예비 중등 수학교사의 귀납적 증명에 대한 지식을 연구하였고,

연구 참여자들이 귀납추론의 단계와 담화의 주제와 관련된 의미를 지니는 귀납의 기본적인 단계를 어려워 한다는 것을 발견하였다.

[표 10.2] 예비교사의 수학 지식과 관련된 이슈의 예

- 범자연수의 곱의 구조와 관련된 개념의 깊은 이해의 발달을 저해하는 절차에 대한 집착 - 곱셈과 나눗셈의 간단하고 행위적인 모델의 영향 - 충분한 절차적 지식 그러나 불충분한 나눗셈에 대한 개념적 지식과 그 둘의 희박한 연결 - 하나의 개념에 대한 다양한 표상간의 연결을 하지 못 함(유리수, 함수) - 분수, 함수, 방정식의 언어에 어려움 - 유리수에 대한 잘못된 정의와 이미지 - 실세계 상황과 기호적인 계산을 연결시키는 능력 부족 - 변수의 다양한 의미에 대한 민감성 부족 - 기하학적 정보 처리에의 어려움과 기초적인 기하학적 지식, 기술, 그리고 분석적 사고력의 부족 - 불충분한 논리적 추론 - 추론적인 가설을 세우고 주장을 정당화하기 위해 정의와 성질을 사용하는데 어려움

최근의 연구 경향은, Ball, Thames, Phelps(2005, 2008)이 제안한 **공통적인 내용 지식**(즉, 틀린 답을 알아내고 교과서에서 정확하지 않은 정의를 찾아내고 기호를 바르게 사용하는 것)과 **특수화된 내용 지식**(즉, 오류를 분석하는 것, 대안적인 아이디어를 평가하는 것, 수학적 설명을 하는 것, 수학적 표상을 사용하는 것, 그리고 수학적 언어와 실행에 대하여 확실히 아는 것) 사이의 구별에 대한 것에 있다. 이 구별은 "교사가 아는 것을 연구하는 것은 교수에 필요한 지식에 대하여 이해하는 것에 대한 문제를 해결하는 것으로 충분하지 않다. 교사에 초점을 두어 생각할 때 교수라는 맥락에서의 수학적 지식에 대한 관점이 빠져있다."(Ball, Lubienski, & Mewborn, 2001, p. 450)는 주장에 근거한다. 이것은 수학 문제를 어떻게 해결하는지 아는 것과 교수에 활용할 때 필요한 방식으로 수학을 아는 것에 대한 중요한 구별을 의미한다. 이 관점으로부터 소개된 예시 연구들이 예비교사의 공통적인 내용 지식과 특수화된 내용지식이 문제를 포함할 수 있고 교사교육에서 지속적인 관심을 가져야한다는 것을 보여준다.

예비교사의 교수를 위한 수학 지식의 개발과 성장

예비교사의 수학 지식에 대한 우려를 생각하면, 교사교육에서 수학 지식을 강화하고자 하는 연구 문헌들이 많은 것은 당연하게 보인다. 예를 들어 Watson과 Mason(2007)은 교사교육 과정에서 예비교사들에게 강조해야 할 점으로 다음을 들고 있다.

» 적절한 수학 과제를 해결함에 있어서 수학적 사고를 신장할 것

- 수학을 하는 경험에 대해 혼자 혹은 다른 이들과 같이 반성해 보는 것
- 과제의 목표와 과제로의 안내 방법을 포함한 과제 구조를 분석하고, 과제 구조와 과제 발표를 확장하고 다양화하는 것과 같은 실험하기
- 단순 암기와 공식의 기계적인 사용에 의존한 절차에 초점을 둔 접근 방식에 도전하기
- 수업 관찰이나 비디오 관찰 또는 학습자와의 상호작용을 통한 학습자 관찰과 학습자에게 귀 기울이기

이러한 제안의 전제는 단순히 예비교사들에게 수학에 대한 학습 기회를 더 제공하는 것이 아니다. 더욱 중요한 것은, 그들이 알고 있는 것을 더욱 깊이 의미를 가지고 재구성하고 이해하도록 해주는 것이다. 특히 예비교사들은 수학교육을 위해 현재 교육과정에서 제안하고 있는 것과 같은 맥락에서 그들이 가르치게 될 수학을 학습하거나 재학습해야 한다. 다음의 연구들은 교사교육 과정에서 그러한 제안들의 본질과 효과성에 대한 근거를 제시해 줄 것이다.

Steele et al.(2013)은 교수를 위한 수학 지식을 포함한 교과 내용에 초점을 둔 교수 방법 강좌의 교수 실험(teaching experiment)에서 교사의 학습에 대하여 연구하였다. 연구의 목적은 교사 개개인의 선행 지식과 함수에 대한 강력한 이해의 발달에 기반을 둔 수학 지식의 발달에 대해 알아보는 것이었다. 강좌의 계획은 함수와 관련된 수학 과제, 사례, 그리고 다양한 함수의 예와 함수의 예가 아닌 것을 나타내는 학생들의 수행을 가려내는 것에서 시작하였다. 그 강좌는 고등학교 수학에서 가장 일반적인 내용인 선형 관계와 이차함수 관계에 중심을 두었다. 강좌에 등록한 예비교사를 포함한 연구 참여자들은 함수를 정의하는 것, 함수의 예를 드는 것과 그들을 함수의 정의와 연결 시키는 것, 함수의 표상 사이에 연결 짓는 것 그리고 K-12교실에서 수학적 정의의 역할에 대해 고려하는 것에 대한 능력이 신장되는 것을 보여주었다.

Lo et al.(2008)의 연구에서는 예비교사들이 참여한 과제를 소개하고 개인적으로 문제를 해결해 보고, 작은 모둠으로 나누어 과제에 대해 의견을 나누고, 그리고 나서 다양한 문제해결 전략과 정당화하기, 명백히 하기 그리고 다양한 전략들의 비교를 해 보는 전체 토론위주의 한 학기 수업에 참여하였다. 한 수업당 이 과정이 두세 번 반복되었다. 학생들이 덧셈과 뺄셈하기의 전략을 정당화하고 개발해 나가는 것을 해 본 이후에 4번의 수업으로 구성된 강좌의 자연수 곱셈부분에 집중하는 것에서 연구진은 관련 개념에 대한 연구 참여자의 지식이 향상되었음을 확인할 수 있었다. Crespo와 Sinclair(2008)는 학생들의 이해하기와 추론에 가치를 두고 이를 촉진하도록 하는 수학 교수의 형태에 대하여 읽어 보고 탐구해보고 조사해보는 기회를 가질 수 있도록 "보여주기의 교수법"보다는 "탐구 중심의 교수법"에 초점을 맞춘 수학 교수 방법 강좌를 수강하는 예비 초등교사들의 문제 제기 행동에 대하여 탐구하였다. 강좌에는 연구 참여자가 수학 하기에 참여하도록 하

는 것을 포함되어 있었다. 연구를 위한 두 가지 처치는 강좌의 목표와 과제에 포함되어 있었으며 그들은 다음과 같다. 선구자로서 수학적 문제제기를 하는 수학적 상황에 대한 탐구와 제기된 문제의 수학적 질을 평가하기 위한 탐구적인 표준을 개발하기이다. 연구 결과는 두 가지 처치 모두 문제 제기와 무엇이 문제를 "좋게" 만드는지에 대한 수학적으로 풍부한 이해도를 발전시켰다.

마지막으로 Prediger(2010)은 학생의 등호의 등식, 동등함, 그리고 의미에 대한 관점과 예비 중등교사의 학습에 대하여, 학교 대수에 대한 교사교육 강좌의 일부분으로서 구체적인 예를 통해 연구하였다. 첫 번째 활동은 즉흥적이고 개인적으로 교수 상황에 대하여 작문을 하는 것이었다. 작문 후에 동료들로부터 다양한 제안과 평가를 토론을 통해 듣는 시간을 가졌다. 두 번째 활동은 11학년 미적분학 수업 상황에 의해 풍부하게 되는 학습 상황이었다. 이 방법은 수업 참여자가 교수학적으로 민감한 교수를 위한 수학적 지식을 구성할 수 있도록 해 주었으며 심도 있는 분석의 필요성을 자각하도록 해 주었다.

앞서 소개한 연구들은 Watson과 Mason(2007)이 제시한 특징들이 실제에 어떻게 적용될 수 있는지를 보여준다. 그들은 예비교사들의 긍정적인 학습 결과를 이끌어 낼 수 있는 다양한 방법을 제시한다. 또한 최근의 방향인 예비교사들이 더욱 심도 있는 근본적인 수학적 아이디어를 학교 교육과정으로부터 학습자의 학습 활동과 그리고 그와 관계된 수학적 이해로 연결지을 수 있도록 하는 것과 일맥 상통한다. 교사들은 교실 상황에서 어떻게 발전 시켜나갈 것인지 밑에 깔린 수학적 의미가 무엇인지를 숙고하기 위해 그들에게 친숙하지 않은 방법으로, 그들에게 이미 친숙한 내용을 다시 한번 생각해 보도록 요청 받는다. 그렇다면 이러한 연구의 핵심 목표는 예비교사들이 그들이 나중에 가르치게 될 수학을 심도 있게 이해하도록 도와주는 방법에 대하여 고민하는 것일 것이다.

예비교사의 수학 교수에 대한 지식

내용지식에 덧붙여, 교사에게는 든든한 수학을 위한 교수학적 지식이 필요하다. 그러므로, 수학 교수를 위한 지식을 함양하는 것과 그의 본질은 예비교사에 대한 연구에서 지속적인 관심을 받게 될 것이다. 이 절에서는, 그 지식과 그의 발전을 도모하기 위한 방법에 대한 관점과 주제에 대하여 초점을 맞추어 몇 가지 연구를 살펴볼 것이다.

수학 교수 지식에 대한 관점

내용지식과 마찬가지로, 교사들이 가져야 하는 고유한 수학 교수를 위한 지식은 명백하게 정의되지 않았다. 그러나 1970년대 이후의 수학교육 관련 연구들의 발달은 교사들이 학생들의 사고와 학습 과정을 고려해야한다는 요구를 반영하고 있다. 이 요인들은 이 지식의 본질에 대한 최근의 이론들을 반영한다. 예를 들어, Shulman(1986)의 교수학적 내용 지식(PCK), Ball과 그의 동료들(Ball et al., 2008; Hill, Ball, & Schilling, 2008)은 세 가지의 지식으로 교수를 위한 수학 지식을 설명하였다.

» **내용과 학생에 대한 지식**, 즉, "학생이 어떻게 생각하는지, 어떻게 하는지, 또는 특정 내용을 어떻게 학습하는지에 대한 지식과 결합된 내용 지식" 이다(Hill, Ball et al., 2008, p. 375). 이것은 교사가 학생의 실수를 예측하는 것과 일반적인 오개념, 학생의 불완전한 생각을 해석하는 것, 그리고 특정한 과제에 학생이 어떻게 할 것인지 예측하는 것과 학생이 어떤 것을 재미있어 하는지, 혹은 어려워하는지 예측하는 것과 관계된 지식을 포함한다.

» **내용과 교수에 대한 지식**, 즉, 어떻게 학생들의 사고에 **기반하여** 더 발전시킬 것인가와 어떻게 학생의 실수를 효과적으로 언급할 것인가에 대한 지식이다. 이것은 교수를 위한 내용의 순서, 어려운 표상에 대한 교수학적 찬반과 관련된 지식 그리고 학생들의 독창적인 방법에 대응하는 수학적 주제를 확장시키는 것을 포함한다.

» **교육과정에 대한 지식**, 즉, 프로그램 전반에 대한 지식, 다른 수준에서 특정한 개념을 가르치는데 활용할 수 있는 교수 자료와 도구에 대한 지식을 말한다.

예비 수학교사에 대한 최근 연구에 대한 검토는 제안된 수학 교수에 대한 지식의 측면과 연구자들이 그들의 연구에서 탐구한 것 사이에 일치성이 있음을 보여준다. [표 10.3]은 그러한 연구에서 활용된 이 지식의 특정한 예를 보여준다. 다음 절에서 논의될 것처럼 예비교사들에게는 이 지식에 대한 여러 가지 논점이 있다.

예비교사의 수학 교수에 대한 지식에 대한 논점

앞선 연구에서 찾은 점과 최근 연구에 대한 검토는 예비교사의 수학 교수에 대한 지식에 대한 논점의 최근 경향을 반영하고 있다. 그 논점 중 몇몇은 우리의 선행연구 검토에 포함되어 있는데, 교수와 학습에 대한 순진 무구한 신념, 학생들의 실수에 대한 설명을 어려워하는 것, 어린이들이 문장제 문제를 어려워하는 것과 이 어려움에 대한 가능한 이유에 대한 지식이 결여되어 있는 것, 학생 응답의 옳고 그름에만 관심이 있는 것, 학생들이 정답만을 얻도록 하는 데 초점을 맞춘 질문만 하는 것, 그리고 학생들의 역동적인 이해에 대한 제한된 가능성을 가지고 있는 것을 포함한다. 다음 예시에 제시된 최근의 연구들은 이 목록에 더해진다.

인지적 복잡성에 따라 과제를 분리하고자 고안된 틀을 사용하여, Osana와 그의 동료들은(2007)

예비교사들의 초등수학 문제에 대한 평가의 본질에 대하여 연구하였다. 연구 결과 전체적으로 간단한 문제에 비해, 높은 수준의 문제라고 여겨지는 과제를 명확히 구분하는데 더욱 어려움을 겪는 것으로 나타났다. 탄탄한 수학 지식을 가진 예비교사가 내용지식이 약한 예비교사에 비해서 문제를 더욱 정확히 구분하는 것으로 나타났다. Morris, Hiebert, Spitzer(2009)는 예비교사들이 수업 수준의 수학학습 목표를 분석함(즉, 학습 목표에 부합하는 하위 개념과 하위 기능을 선별해내는 것)에 있어서 겪을 것이라 예상되는 것들에 대해서 연구하였다. 연구 결과 예비교사들은 학습 목표와 부합하는 수학적인 하위 개념을 알아낼 수 있었지만, 교수 학습 계획을 세우거나 평가하는데 필요한 학습 목표를 분석하는 데에 즉흥적으로 적용하지는 못하는 것으로 나타났다. 마지막으로 Karp(2010)는 교생실습 전에 수강하게 되지만, 실제 교수와 이에 대한 반성적 분석을 해 보는 것이 포함된, 교수법 강좌를 듣는 고등학교 예비교사들의 경험을 분석하였다. 연구 결과 연구 참여자들은 내용과 학생에 대하여 불충분한 지식(예를 들어 학생의 사고를 이해하는데 어려움을 겪는 것)을 가지고 있는 것으로 드러났다.

[표 10.3] 예비교사의 수학 교수에 관한 지식 연구의 예

오개념과 개념-분수, 곱셈	Isiksal & Cakiroglu, 2011
비와 비례식의 교수	Ben-Chaim, Keret, & Ilany, 2007
기하의 교수	Nason, Chalmers, & Yeh, 2012; Barrantes & Blanco,2006
설명을 제시 하기	Charalambous, Hill, & Ball, 2011
개념적 이해의 증거	Bartell et at., 2013
다양한 표상/의미	Ryken, 2009
기초적인 과제를 살펴보기	Osana, Lacroix, Tucker, & Desrosiers, 2007
교육과정 자료와 교과서의 사용	Lloyd, 2008; Nicol & Crespo, 2006; Davis, 2009
수업을 계획하고 평가하기	Morris, Hiebert, & Spitzer, 2009
문제해결 수업	Karp, 2010
학생 성취의 평가	Spitzer, Phelps, Beyers, Hognson, & Sieminski, 2011
수학 교수의 분석	Alsawaie & Alghazo, 2010

연구에 참여했던 예비교사들이 수강했던 수학 강좌들 대부분 수준 높은 수학을 다루고 있었음에도, 학생들에게 귀 기울이고 학생들이 하는 말에 대응하는 예비교사들의 능력은 그들 자신의 수학 지식과 수학에 대한 관점에 국한되어 있었다.

한편, 선행연구들로부터 알 수 있듯이, 예비 수학교사의 지식에 대한 우려가 지속되고 있는 속에서, 다른 연구들은 예비교사들이 알고 있는 것 또는 그들이 할 수 있는 것으로 전환하여 결핍의

시각으로부터 예비교사들의 이해하는 과정에 대한 이해로 초점을 이동할 것을 제안하고 있다. 예를 들어 Isiksal과 Cakiroglu(2011)은 예비교사들이 가지고 있는 6-7학년 학생들의 분수 곱셈에 대하여 가지고 있는 일반적 개념과 오개념에 대한 지식, 오개념의 원인, 그리고 이러한 오개념을 극복하도록 도와주기 위해 필요한 교수법적 전략에 대하여 연구하였다. 연구 결과 예비교사들이 가지고 있는 어린이의 실수에 대한 다섯 가지 형태의 인식이 드러났다. 그 다섯 가지는 다음과 같다. 알고리즘에 의해, 적절하지 못한 직관에 의해, 분수 연산에 대한 형식적인 지식에 의해, 분수 기호에 대한 잘못된 이해에 의해, 문제에 대한 잘못된 이해에 의한 것이 그들이다. 또한 연구 참여자들은 이 어려움들을 극복할 수 있는 세 가지 종류의 전략(교수법, 분수에 대한 형식적인 지식, 그리고 심리학적인 구성요소에 근거하여)도 제시하였다. Barrantes와 Blanco(2006)는 예비 초등교사들의 학교 수준의 기하의 교수와 학습에 대한 개념에 대하여 연구하였고 연구참여자들이 세가지 그룹으로 나뉠 수 있음을 발견하였다. 그 세가지 그룹은 전통적인 교수 형태를 전적으로 지지하는 그룹, 혁신적인 특징을 가지고 있지만 전통적인 방법을 지지하고 있는 그룹(대다수), 그리고 두 번째 그룹과 비슷하지만 전통적인 방향에 대하여 반대하는 것을 보여주는 그룹이다. 연구자들의 전체적인 인상은 기하학적 그림과 모델은 꼭 다루어져야 하고 학생들이 조작해 보아야 한다는 점 외에는 기하가 다른 부분의 수학과 동일한 방법으로 가르쳐져야 한다는 것이었다.

마지막으로 다룰 두 가지 연구는 교수 자원에 초점을 맞추고 있다. Nicol과 Crespo(2006)은 네 명의 예비교사가 교수를 위한 수학을 배울 때 교과서를 어떻게 해석하고 사용하는지 연구하였고, 연구 결과 교과서를 그대로 답습하는 것부터, 조금 수정하기, 또는 재창조 하기까지 다양한 방법을 가지고 있음을 발견하였다. Lloyd(2008)는 한 예비교사가 유치원에서 인턴쉽을 하는 동안 두 개의 서로 다른 프로그램으로부터 제작된 수학교육과정 자료를 어떻게 사용하는지에 초점을 맞추었고 연구 결과 그녀가 각각의 교육과정을 구변되는 방법으로 사용하고 있었음에도 불구하고 그녀의 교육과정 활용은 두 경우 모두에 적합했다.

이 예비교사의 수학 교수 지식에 대한 연구는 제한점과 더불어 Ball과 그녀의 동료들이(2008) 제안한 교수학적 내용 지식에 대한 관점의 학생, 교수, 그리고 교육과정 세 분야에 대한 이해를 도와준다. 이 연구들은 계속되는 염려에 대하여 연급할 수 있는 의미있는 방법에 대하여 교사 연구 분야에서 계속적인 연구가 이루어져야한다는 것을 제안한다. 다음에서는 우리의 연구 검토중에 이러한 방법에 대하여 다루고자 한다.

예비교사의 수학 교수에 대한 지식의 발달

앞선 우리의 연구 결과(Ponte & Champman, 2008)은 예비 수학교사의 교수에 대한 지식의 발달에 대한 연구방법에 주요한 두 가지 주제를 나타낸다. 내용과 교수법에 대한 성찰과 통합이다. 성찰은 예비교사들이 그들의 학습을 정의할 때 사용하는 어떤 교수법이 좋고 나쁜지에 대한 이전 교육 경험에 대하여 언급할 때 중요한 역할을 하는 것으로 여겨진다. Jaworski와 Gellert(2003)가 언급했듯이 예비교사들이 초기 수학교육 프로그램에 들어왔을 때 그들은 이미 수학 교수에 대한 상당한 지식을 가지고 있지만, 이 지식은 그들이 학생으로서의 경험에 대부분 근거하기 때문에 제한적이다. 그렇다면 이것은 교사교육 프로그램이 초기 예비교사들의 수학 교수에 대한 이해와 초기 지식을 다시 구성할 수 있도록 하는 학습 기회를 가질 수 있도록 하는 것은 중요하다는 것을 의미한다. 이것은 예비교사들의 이전 지식에 대한 자각과 깊은 조사를 필요로 한다. 이것을 획득함에 있어서 성찰은 중요한 과정이다. 하지만, 자신에 대한 성찰의 관점이 우리의 선행연구 검토의 초점이었지만(Ponte & Champman, 2008), 최근의 연구에서는 그렇지 않다. 대신 초기의 개인적인 이론과 개념에 대한 성찰에서는 멀어지는 경향이 있지만 내용과 교수법을 합성하여 포함하는 PCK에는 계속적인 관심이 있으며, 두 번째 주제는 우리의 앞선 연구결과에 있다. 두 번째 주제는 수학 교수에 대한 새로운 이해를 발달시키고 이것은 우리의 현재 연구 검토에 잘 드러난다. [표 10.4]는 수학 교수에 대한 그러한 지식의 발달을 촉진하는 개입 연구의 주요 항목의 예시를 정리하여 보여준다.

다음에 나오는 이러한 연구들의 몇 가지 예는 이러한 개입과 예비교사의 학습에 미치는 영향을 강조한다. 예를 들어 Spitzer와 그의 연구진은(2011) 초기 예비교사들이 수학 수업에서 학생들의 성취를 인지하고 평가하는 능력을 향상시키는 개입연구를 하였다. 개입으로는 연구 참여자가 학생의 성취에 대하여 주장을 하는 것, 그들의 초기 주장이 옳지 않다는 것을 보여주는 정보에 대하여 고려해 보는 것, 그리고 그들의 오류의 원인에 대하여 살펴보는 것을 포함하는 하나의 수업이 있었고, 두 번째 수업에서는 학생의 이해도에 대한 증거와 고려해야할 학습 목표 사이의 연결의 필요성에 대한 이해를 향상시켜주기 위한 카드 나누기 활동을 하였다. 연구 참여자들은 십진수 개념과 관련된 서로 다른 학습 목표를 기술하는 일곱장의 카드와 학생 응답의 예시를 보여주는 12 장의 카드를 받았다. 학습 목표 카드는 개념적이고 과정적인 목표를 모두 포함하고 있었으며 학생 응답 카드는 증거를 보여주기도 하고 보여주지 않기도 하였다. 연구 참여자들은 각각의 학습 목표 카드와 특정 학습 목표의 성취를 보여주는 학생 응답카드를 맞추어 연결하였다. 연구 결과, 증거를 평가하는 참여자의 능력이 향상되었음을 알 수 있었다. 예를 들어 참여자들은 학생의 사고를 증거로 생각하는 경향이 더 많았으며 증거가 학습 목표와 관련 없다는 것을 인식하는 능력이 더 뛰어났다. 그러나 증거가 학생의 이해도로 나타내지 않는 경우에는 참여자의 능력이 덜 향상했음을 볼 수 있었다(예를 들어, 자세한 절차적 단계).

수학 과제에 초점을 둔 연구로, Charalambous와 그의 연구진(2011)은 예비교사가 교사 양성과정 동안 설명을 제공하는 것을 배울 수 있는지를 연구하였다. 만약 그렇다면, 이 학습이 의미하는 것은 무엇이며 또한 무엇을 제시할 수 있는가? 개입은 풍부한 문제에 기반을 두고 예비교사가 정수론과 연산에 대한 주요 아이디어와 과정에 대한 융통성 있는 이해를 향상시키는 데에 기반을 둔 교과 내용 강좌였다. 네 명의 예비교사에 근거한 연구 결과는, 그들 모두 다양한 교수적 설명을 제공하는 것을 배우는데 진전이 있었음을 보여주었다.

몇몇 연구는 PCK를 명백히 언급한다. 예를 들어 Nason과 연구진은(2012) 초등 기하에 대한 교수와 학습에 대한 예비교사의 지식과 그 변화에 영향을 준 요인들에 대하여 연구하였다. 연구의 처치는 컴퓨터 기반 협력 학습 환경에서 교안 학습과 관련이 있었다. 연구 결과 처치가 질문의 질과 수업 계획구조화, 표상, 그리고 내용의 표상으로 대표되는 PCK를 상당히 향상시키는 것으로 드러났다. Imre와 Akkoc(2012)는 초등 예비교사의 수의 규칙에 대한 PCK를 학생의 이해도와 어려움에 대한 지식, 특정 규칙과 관련된 전략과 이 전략을 적용하기 위한 다양한 표상에 대한 지식의 발달에 대하여 연구하였다. 연구 처치는 초등학교(1-8학년)에서 실시하는 교육 실습과 일주일에 한 번씩 실습학교에서의 경험에 대한 반추 과정과 작은 그룹 교수활동을 하는 대학교 강의 시간으로 구성되어 있었다. 연구결과 세 명의 연구 참여자가 그들이 학생의 이해정도를 이해하고 규칙과 관련된 어려움을 고려하고 수업 중에 귀추적 국면에서 특정한 규칙과 관련된 전략을 사용하는 것을 포함하는 지식이 향상되었음을 볼 수 있었다.

[표 10.4] 수학 교수에 대한 지식 연구 접근법의 주요 아이템의 예시

구조화된 과제	Spitzer et al., 2011
탐구적인 과제	Ben-Chain et al., 2007
비디오 수업 분석	Alsawaie & Alghazo, 2010
주별 교육실습과 마이크로 티칭	Imre & Akkoc, 2012
수업 계획 연구	Nason et al., 2012
풍부한 수학 문제	Charalambous et al., 2011
수업 결과물	Tyken, 2009
교과서	Davis, 2009

마지막으로 수업 결과물은 학생의 표상의 질의 다른 점을 예비 초등교사가 어떻게 결정하는지를 표상 활동이 어떻게 도울 수 있는지, 또 그들이 직면하게 되는 문제해결의 난점과 시각적 표상을 분석하는 것이 교수적 추론을 강화하는지를 연구한 Ryken(2009)의 연구와 같은 연구에서 중요

한 역할을 한다. 연구 참여자들에게 두 가지의 과제가 주어졌다. 하나는 아이들의 이야기를 수학적으로 표현하는 수학 수업이고 다른 하나는 예비교사들이 그들의 수업을 되돌아보기 위한 수업 중에 수집한 학생들의 활동 결과물을 포함하는 전문가적인 프로젝트였다. 연구 결과 표상을 분석하는 것이 예비교사들이 자신의 교수활동을 반추해 보는데 도움이 됨을 볼 수 있었다.

이 연구들은 긍정적인 학습 결과에 대한 다양한 접근법이 예비교사의 수학 교수에 대한 지식의 발달을 촉진시킬 수 있음을 보여주었다. 초점은 학교 수학과 직접적으로 관련된 상황에 있다. 이러한 접근법들은 Ball과 그의 동료들이(2008) PCK라고 한 두 영역 즉, 수학에 대한 지식과 학습자에 대한 지식, 그리고 수학과 교수에 대한 지식과 관련되어 있다. 그러므로 이러한 연구의 주요 목표는 교사가 그의 학생들을 이해하는데 도움이 되고, 어떻게 그들이 가르치는 수학과 깊게 참여할 수 있도록 하는지에 있다. Ponte와 Chapman(2008)에서 밝혔듯이 Ball과 연구진(2008)은 "내용과 교수법"에 초점을 둔 비슷한 경향을 제안하였다. 그러나 이전 프로그램 지식에 대한 반성에 대한 관심의 명백한 감소는 학생의 사고에 대한 관심의 증가와 우리가 다음에 다루게 될 연구들 사이의 중첩의 결과로 생각된다.

예비교사의 정체성

정체성의 의미가 서로 다른 이론적 관점에 따라 서로 다른 의미를 가지고 있지만, Ponte와 Chapman(2008)에서 교사의 전문가적인 정체성이 그들 스스로 구성한 전문가적인 자아이며 교사로서 그리고 교사가 되어가는 과정에서 재구성 되는 것으로 밝혀냈다. 그것은 교사라는 직업에 대한 가치과 규준에 대해 교사들이 가치를 부여하는 것을 포함하며 "훌륭한 교사"가 무엇을 의미하는지에 대한 관점과 어떠한 교사가 되고자 하는지, 학습자로서는 어떤 의미를 가지는지, 그리고 교육 경험에 대하여 반추하여 생각할 수 있는 능력을 포함한다. 이러한 관점은 정체성과 관련한 연구를 가려내는데 기초를 제공해 준다.

Ponte와 Chapman(2008)의 연구에서 정체성이 예비 수학교사에 대한 연구 분야를 제대로 표현하고 있지 못하다고 주장했다. 우리의 최근 연구 검토는 정체성을 명백한 주요 초점으로 한 연구가 거의 없다는 것을 보여준다. 그러나 많은 연구들이 정체성의 이전의 정의에 근거하여 정체성의 특징을 부분적으로 또는 암묵적으로 계속하여 언급하고 있다. 이 절에서는 이러한 특징의 정체성을 강조하는 연구의 예시와 정체성의 발달에 대한 연구에 대하여 살펴보도록 하겠다. [표 10.5]는 우리가 살펴보는 이러한 특징과 연구를 요약하여 보여준다.

예비교사 정체성의 특징

[표 10.5]에 나와 있는 몇몇 연구의 요약은 정체성의 특징을, 이러한 정체성이 어떻게 해석되어져 왔으며 예비 수학교사와 어떤 관계가 있는지에 대하여 정리하여 보여준다. Llewellyn(2009)는 정체성을 수학적 담화 속에서 나타나는 성별, 관리, 선택, 그리고 자신감에 관한 것으로 보았다.

[표 10.5] 예비교사의 전문가적 정체성의 특징에 대한 연구의 예시

성별, 관리, 선택, 그리고 자신감	Llewellyn, 2009
전문적인 목표, 가치	Goos & Benninon, 2008
억압적이고 자유로운 교수활동	Yow, 2012
효능감적인 신념	Swars, Smith, Smith, & Hart, 2009
"좋은 교사"에 대한 관점	Charalambous, Philippous, & Kyriakides, 2008
수학적인 동기	Lavy & Shriki, 2008
수학적인 세련미	Newton, 2009
추론 태도	Jansen, 2009
자신의 수업 반성	Seaman & Szydlik, 2007
반성적인 태도	Peretz, 2006
	Jansen & Spitzer 2009
	Stockero, 2008

이러한 담화는 그들이 예비교사로서의 정체성을 일반화하려 하거나(혹은 그렇지 않더라도) 자주 성별을 반영하고, 겹칠 수 있으며 생산적인 동시에 제한적일 수 있다. 연구 결과 두 명의 예비 초등교사는 그들의 비슷한 수학적 성취에도 불구하고 Alex(남성)의 "수학을 하는 사람"에 자신을 두는 인식과, 자신감에 대한 불안정한 인식에 근거한 Sam(여성)의 "수학을 하는 사람"에 자신을 두지 않는 인식 사이에 놀라운 차이가 발견되었다. 둘 다 수학을 잘 다룬다고 생각되었다.

Newton(2009)은 정체성이 가치로 정의된 동기, 자신의 능력에 대한 자각과 불안으로 생각될 수 있다고 하였다. 이 연구는 예비 초등교사가 그들의 초등 수학에 대한 깊은 이해도를 돕는 강좌를 수강하기 전 후에 분수를 다루는 동기에 대하여 연구하였다. 사후 검사는 연구 참여자의 불안은 감소함에 비해 분수의 중요성과 유용성에 대한 가치와 자신의 능력에 대한 인지가 증가하였는데, 이는 강좌의 강의자에 따라 달랐음을 보여주었다. Jansen(2009)은 정체성이 특정한 활동에 관여하는 동기(예를 들어, 소망, 의도, 또는 의지)로 정의되는 동기부여로 보았다. 정체성은 다양한 가치관, 신념 그리고 목표와 상호 교류함을 통해서 성취될 수 있다고 하였다. 이 연구는 무엇이 예비 초등교사가 교사를 위한 수학 내용 강좌에서 교실 전체 토론에 적극적으로 참여하도록 하는지에 관하여 다루었다. 연구 결과 예비 초등교사들은 참여에 대한 긍적적인 가치관, 능력을 보여주는 것, 또는

다른 이들을 도와주는 것에 대한 긍정적인 태도에 의해서 동기부여가 되는 것으로 나타났다. 듣는 것으로 학습하는 것을 선호하고 부끄럼을 많이 타는 성격이라고 스스로를 보는 예비교사들이 참여에 대한 부정적인 가치관을 나타내는 것으로 나타났다.

수학적 행동의 본질에 대한 신념과 관계된, 수학적 정교화로서 정체성을 바라보는 Seaman과 Szydlik(2007)과 같은 연구들은 신념을 포함하였다. 이 연구는 예비교사의 기본적인 수학적 과제를, 수학적 정교화의 다양한 지표의 사용과 비사용을 결정하기 위하여 사용하였다. 연구 참여자들은 수학학습에 대한 매우 잘못되고 수학 커뮤니티와 다른 가치와 방안을 표현하였고 근본적인 수학적 이해를 위한 시도들은 대부분 성공적이지 못했다. Yow(2012)는 정체성을 "억압적인" 또는 "자유분방한" 교사로 바라보았고 행동 이면의 신념, 동기, 또는 의도로 교수 행위를 나누었다. 이 연구는 예비 고등교사가 그들 자신을 어떻게 억압적이거나 자유분방한 수학교사로 바라보는지에 대하여 초점을 두었다. 연구 결과 예비교사들은 자신의 교육 활동에 대하여 억압적이라기보다 자유분방한 쪽으로 표현하기를 선호하였다.

Jansen과 Spitzer(2009)의 연구는 반성에 대하여 언급한 연구로 볼 수 있는데, 이 연구에서는 정체성이 반성적 사고의 기술, 특히 예비교사의 그들 자신의 교수 행위에 대하여 묘사하고 해석하는 능력을 의미한다고 하였다. 이 연구에서는 예비 중등교사가 수정된 수업 연구에 참여할 때 그들이 어떻게 교수 관행을 학습하는지를 이해하기 위한 예비 중등 수학교사의 반성적 사고 기술에 대하여 연구하였다. 연구 결과, 그들이 학생의 사고를 설명할 때 학생의 특정한 수학적 이해와 학생 개개인의 사고를 구별하는데 초점을 두는 것으로 드러났다. 연구 참여자 대부분은 반성적 사고로 더 나아갔다.

전체적으로 이러한 연구들은 예비 수학교사의 정체성에 대한 다양한 측면에 대한 이해와 시각에 대하여 중요한 점을 제시한다. 또한 그들은 정체성에 대한 이러한 특징에 대한 논점을 불러일으킨다. 예를 들어 자신감과 관련된 문제, 불안, 동기 부여, 가치, 수학적 정교화가 그것이다. 이러한 제안점은 교사교육이 예비교사의 전문가적인 정체성을 촉진하는 의미있는 방법을 계속해서 찾아야 한다는 필요성을 제안한다. 다음 절에서는 우리가 검토하는 연구에서 이러한 방법을 제시하는 것에 대하여 살펴볼 것이다.

예비교사의 정체성 발달

교사의 정체성 발달은 교사교육 프로그램에 들어오기 이전의 영향으로부터 시작하여 교사교육이라는 오직 한 단계까지의 여러 가지 영향을 받는 지속적이고 역동적인 과정이다. 그러나 우리가 검토한 연구에 의하면 초점은 교사교육 프로그램이라는 환경 속에서 이루어지는 정체성의 발달을 촉진시키는 처치에 있다. Ponte와 Chapman(2008)에서 논의했듯이 정체성의 발달은 목표한 결과라기보다 교사교육의 부산물인 경향이 있다. 이 프로그램들은 예비교사가 전문적 역할이라고 여기고(학생, 다른 교사들, 그리고 커뮤니티), 자기 자신을 교사로 여기는 이미지, 가치, 그리고 규준같은 특징의 발달을 포함한다. 그들은 또한 경력이 많은 교사의 수업을 관찰하거나 자신의 교생으로서의 수업을 반성하는 것 같은 교생실습과 관련된 활동의 발달을 포함한다. 이러한 가능성들은 정체성 발달을 다루는 연구들을 가려내는데 기초를 제공해 줄 것이다.

우리의 선행연구 결과(Ponte와 Chapman, 2008)는 예비 수학교사 정체성의 발달에 대한 연구에 사용된 드러나거나 드러나지 않는 처치에 두 가지 주제를 보여주었다. 하나는 탐구 / 반성적인 / 실습과 관련된 것이고 다른 하나는 교생실습 이전, 중간, 그리고 실습 후의 자신에 대하여 반성적 사고를 해 보는 것이다. 두 가지 경우 모두 반성적 사고의 기술 발달은 새로운 지식과 관점의 발달만큼 중요하였다. 최근 연구 결과 계속적인 반성적 사고에 대한 드러나거나 드러나지 않는 초점의 흐름을 보여주었다. 예를 들면 반성적 사고는 수학적 활동 중의 모둠 대화, 실습 중 다른 이들과의 상호작용 중에 암묵적으로 나타났으며, 비디오 케이스를 다루는 활동에서는 확실히 들어났다. 그러나 자신에 대한 반성적 사고나 실습에 대한 반성적 사고의 초점은 덜 명확히 드러났다. 우리는 정체성의 특징이 드러났다고 가려낸 다음의 몇가지 예시 연구를 설명할 것이고 그들에 대한 처치의 본질과 효과에 대하여 강조할 것이다.

Goos와 Bennionon(2008)은 정체성을 명확히 명시하였기 때문에 가장 주목해 볼 만하다. 연구의 처치는 강의 시간 밖과 실습 중에 예비교사들이 전문가적인 토론을 할 수 있도록 장려하는 웹사이트를 포함하였고, 그 예비교사들이 초임 교사가 되었을 때까지 계속해서 지원을 해 주는 것을 포함하였다. 연구진은 웹사이트가 연구 참여자들의 필요에 따라 운영될 수 있도록 대화의 구조를 최소한으로 제공하였다. 이 연구는 중등 수학교사가 되는 것에 초점을 두고, 온라인 커뮤니티가 어떻게 나타나고 지속되는지 연구하였다. 연구 결과 커뮤니티의 초기 디자인이 예비교사들이 자신의 전문적인 목표와 가치를 정의하도록 허용함으로써 지속되도록 기여한 것으로 나타났다.

또 다른 예외는 반성적 사고에 대한 명시적인 초점을 포함한다. Stockero(2008)은 정체성이란 반성적인 입지에 포함되어 나타난다고 하였다. 실험 처치는 모든 학생들이 수학을 같은 방식으로 생각하는 것은 아니라는 것과 수학적 아이디어의 의미있는 발달에는 학생들의 생각을 이해하는 것이 중심이라는 것을 알게 하는데 목표를 두고 있는 중학교 수학 교수법을 포함하였다. 그 강좌는 예비교사의 반성적 입지를 발달시키는데 비디오 케이스를 보는 커리큘럼을 주요 교수적 도구로 사용하였다. 예비교사들은 반성적 사고의 수준, 분석을 근거에 두고 하려는 정도, 그리고 학생의 사고에 초점을 두는 정도에 있어 변화를 보여주었다.

몇몇의 연구는 신념과 이미지의 변화에 초점을 두고 있다. Swars와 그의 연구진(2009)은 정체성을 교수학적 신념, 효능감에 대한 신념, 그리고 불안의 측면으로 바라보았다. 연구의 처치는 수학 교수법 두 강좌와 교생실습이었다. 6세에서 2학년 사이의 수학교육에 초점을 둔 첫 번째 수학 교수법 강좌는 수학을 안다는 것과 수학을 한다는 것, 어떻게 아동들이 수학을 이해하여 학습하는지, 그리고 교사가 어떻게 아동의 문제해결과 이해의 구성을 지지해 줄 수 있는지에 대한 패러다임의 변화를 보여주었다. 3학년에서 5학년의 수학교육에 초점을 둔 두 번째 수학 교수법 강좌에서는 구성주의적인 관점으로 계속해서 발전해 나갈 수 있는 시간을 더 주었다. 두 강좌를 통틀어 예비교사들은 상당한 시간의 교생실습도 하였다. 연구의 결과 불안과 효능감에 대한 신념이 긍정적으로 영향을 미치는 것으로 나타났다. Charalambous와 그의 연구진(2008)은 정체성은 신념이라는 의미도 포함하고 있다고 보았다. 즉, 효능감에 대한 신념을 한 개인이 가지고 있는 자신이 구성할 수 있는 능력과 특정 목표를 성취하기 위해 과제를 수행해 내는 데에 대한 능력에 대한 신념으로 정의하였다. 연구의 처치는 교생실습이었다. 예비교사의 멘토 교사, 대학의 튜터, 동료 예비교사, 그리고 학생과의 상호작용이 그들의 효능감에 대한 신념에 여러 가지 방식으로 영향을 끼쳤다. 예를 들어 멘토교사는 그들의 효능감에 대한 신념을 교수를 모델링하고 피드백을 제공하면서 보여주었고 또한 행동을 통하여 암묵적인 메시지를 보냈다. 그리고 Lavy와 Shriki(2008)의 연구에서는 정체성이 교사의 개인적 성향과 관계있는 "훌륭한 교사"에 대한 이미지로 보았다. 연구의 처치는 한 강좌의 중등학교 교육에 초점을 두고 예비교사들이 의미있는 수학 과제에 참여하는 것, 교수학적이고 수학적인 문제에 대한 토론과 수학의 교수 학습에 대한 그들의 신념에 대하여 면밀히 살펴보는 것을 포함하는 컴퓨터화된 프로젝트 학습이었다. 연구 시작 전에 그들의 "훌륭한 교사"에 대한 이미지는 "어머니적" 이었다. 즉 수학에 대한 공포감을 줄여주고 학생이 실패하였을 때 격려해주는 것에 중점을 두는 것에 있었다. 연구 후에 그들의 이미지는 학생들이 수학의 아름다움을 볼 수 있도록 하는 것으로 관점이 변화하였다.

마지막으로 Peretz(2006)의 연구에서는 정체성이 추론하는 태도를 포함하는 것으로 보았다. 즉 추론을 향상시키는 것이 태도의 변화를 포함한다는 것이다. 연구의 처치는 구성주의적인 교수-학습-공간을 예비 초등교사들이 자세히 살펴보고, 예비교사들이 이미 "알고 있다"고 여기고 있는 기본적인 수학의 개념을 더욱 깊이 그리고 유연하게 이해하도록 재구성하는데 있었다. 연구의 목표는 예비교사들이 그들의 수학적 "하기"를 이해하고 단순히 기본적 산술 개념을 가르치기보다 추론적 태도를 촉진시키는데 있었다. 연구의 결과 이러한 접근법이 예비 초등교사의 수학에 있어서 추론에 대한 태도를 변화시키는데 도움이 되는 것으로 나타났다.

Ponte와 Chapman(2008)의 연구에서 우리가 그 시점에서 검토한 연구들은 한 개인의 자기 자신의 교수에 대한 탐구는 지식의 구성에 대한 강력한 방법이 되고, 집중적인 활동은 교사들이 자기 자신에 대하여 반성하고 자신에 대하여 배우고 자신의 발달을 이끈다는 것을 보여주었다. 현재의 연구들은 이러한 것에 대한 기여는 낮지만 다른 측면의 정체성에 대한 이해와 어떻게 다양한 활동이 성공적으로 정체성 발달에 기여하는데 더 많은 기여를 한다. 그들은 반성적 사고와 이러한 활동에 대한 탐구의 중요성을 보여준다. 하지만 여전히 개인적이고, 집단적이고 또 프로그램 단계에서 그러한 활동을 뒷받침해 줄 수 있는 조건에 대하여 더 많은 연구가 필요하다. 수학적 정체성을 이해하기 위하여 수학적 정체성의 발달을 촉진시킬 수 있는 의미있는 처치방법에 초점을 둔 연구가 더 이루어질 필요가 있다.

교사교육 세팅, 활동, 그리고 도구

교사교육의 구성과 이의 사회와 교육적 상황과의 관계는 예비교사교육에 중요한 측면이다. 이 장에서는 최근 연구에 주목을 받고 있는 새로운 트렌드에 관하여 논의할 것이다. 특히, 교사교육의 특정 측면을 결정하는 교육 기관과 관련된 구성요소와 학습 활동을 구성하게 하고 실습, 수업연구, 비디오 케이스, 그리고 온라인 세팅에 초점을 둔 환경을 결정하는 프로그램의 구성요소에 대하여 논의할 것이다.

가능하다면 이 요소들을 프로그램 학습 계획, 참여자 활동의 본질, 수학 내용과 수학 교수법의 관계, 그리고 교육 활동과 실제 교실 관행과 학교 문화와의 관계와 연결지어 고찰해 볼 것이다.

일반적 측면

21개국을 대상으로 한 설문조사 자료에 근거하여, Tatto, Lerman, Novotna(2010)은 대부분 예비 수학 교사교육은 대학에서 이루어지고 있다는 것을 알게 되었다. 그러나 경제적 제약이 예비 수학 교사교육을 초등이나 중등학교로 이동시키는 경향이 있는 것 같았다. 거의 대부분 예비교사교육은 국가적으로나 지역적으로 강력하게 이루어지고 있었다. 이러한 프로그램의 구성은 크게 두 가지로 나눌 수 있었다. 하나는 "동시적인 준비과정"인데, 이것은 일반적인 교육과 전문적인 교육이 하나의 프로그램에서 결합되어 이루어지는 것이고 초등교사교육에서 많이 이루어지고 있었다. 다른 하나는 "연속적인 준비과정"인데, 이것은 두 가지의 준비 과정이 별개의 두 기간 동안 이루어지는 것으로 중등 예비교사교육과정에서 주로 이루어지고 있었다. 교사교육자들이 수학 강좌에서는 수학자로서 교육활동을 하고 일반 교육자들은 교육학 강좌를 맡으며 수학교육자들은 교수법을 맡았다. 어떤 경우에는 수학교육자들이 교수법 강좌와 수학 강좌의 책임이 있는 것으로 여겨지는 경우도 있다. 수학 내용 지식에 대한 강조는 각 교육 프로그램 별로 많이 다른 것으로 나타났으나, 중등교사들에게는 많이 강조되는 반면 초등교사에게는 많이 강조되고 있지는 않은 것으로 나타났다. 대조적으로, 설문에 참여한 대부분의 나라에서 교수법과 교육학을 강조하고 있는 것으로 나타났고, 이 경향은 중등 교사교육에서 두드러졌다. 한편 영국, 독일, 그리고 이탈리아에서는 초기 학사학위 과정 이후에 교육학과 교수법에 대한 강좌를 수강하는 것으로 나타났다. 몇몇 국가에서는 교사가 되기 위해서는 석사학위가 필수로 요구되는 곳도 있었다.

최소한의 학술적인 교사교육이 이루어지거나 아예 없는 경우를 포함하여, 예비교사교육이 이루어지는 과정이 다양한 것은 다양한 영역(내용, 교육학, 교수법, 교육 실습)에 대하여 서로 다른 정도의 강조를 하고 있다는 것은, 여전히 교사교육이 하나의 전문적 영역으로 자리매김하고 있지 않다는 것을 보여준다. 이것은 연구자들이 예비교사교육의 특정한 측면을 고민할 뿐만 아니라 일관성있고 높은 질을 가진 교사 준비 과정을 촉진하도록 하는 논의를 하도록 노력하고, 나아가 이것이 정책 결정자와 사회 전체적으로 받아들여질 수 있도록 관심을 쏟아야 한다는 것을 제안한다.

교육실습과 수업 연구

교육실습과 인턴쉽이 교사교육과정에서 중요한 구성 요소라는 것이 받아들여지기까지 오랜 시간이 걸렸다. Tatto와 그의 연구진(2010)은 연구 설문에 참여한 대부분의 국가 / 지역에서 학교에서 이루어지는 실습의 기간이 45일에서 2년까지 다양하다는 것을 알아내었다. 다양한 시간과 구성상의 특징은 교사교육에서 이 요소가 아직 국제적인 수준에서 잘 성립되어 있지 않다는 것을 보여준다. 몇몇의 경우에 실습의 주요 목표는 -가장 필요한 기술을 발달시키는 것을 도와주는- 예비교사의 상태에서부터 교사로의 자연스러운 변화에 두고 있는 것으로 보인다. 한편 다른 경우에는 효과적인 수학 교수를 위하여 필요한 긴밀히 관계된 역량의 발달에 핵심적인 단계로 여기고 있는 것으로 보인다. 그러나 그러한 목표와 상관없이 학교에 기반을 둔 실습 경험은 예비교사가 그들이 교사교육 과정에서 배우거나 혹은 형식적이거나 형식적이지 않은 상황에 근거하여 그들의 전문가적인 능력과 정체성, 새로운 지식과 태도를 긴밀하게 발달하도록 할 수 있다. 이것이 교사 준비과정의 질을 향상시키는 것은 제공되는 경험의 본질, 특히 그 경험이 잘 구성된 활동에 바탕을 두고 있는 것(Wilson, Floden, & Ferrini-Mundy, 2001)에 달려 있다. 그러한 활동은 몇몇의 연구가 보여주듯이 협력 학교와 협력교사의 특성 그리고 학교 활동과 대학의 감독 사이의 긴밀한 협조에 달려 있다.

예를 들어 Peterson과 Williams(2008)은 예비교사와 협력교사 사이의 상호작용으로 인해 발생한 학습의 기회에 대하여 연구하였다. 이 연구에서 예비교사와 협력교사 사이의 대화에서 발생하는 핵심 주제에 대하여 분석하였다. 예비교사 1명과 협력교사 1명으로 이루어진 한 대화에서는 예비교사와 협력교사가 학생의 행동을 통제하는데 초점을 두고 교수를 위한 수학에 대해서는 거의 대화를 하지 않는 것에 비해, 다른 예비교사와 협력교사의 대화에서는 학생의 활발한 참여와 수업중 학생들의 수학에 대한 이해에 대해 초점을 맞추었다. 연구진은 그러한 실습 내에서의 서로 다른 경험이 예비교사의 수학과 수학 교수에 깊은 영향을 미칠 수 있다고 하였다. Leatham과 Peterson(2010)의 연구는 협력교사가 생각하는 교생실습의 목적에 초점을 맞추었다. 45명의 중등 수학 협력교사의 설문조사 결과로부터 협력교사가 생각하는 교생실습의 가장 공통적으로 드러난 목표는 경력 교사와의 상호작용, 실제 교실 상황에 대한 경험, 그리고 교실 운영에 대한 학습이었다. 가장 공통적으로 나타난 협력교사의 역할은 경험, 모델링, 반성적 사고 그리고 지식을 공유하는 기회를 제공하는 것이었다. 협력교사들은 자신들을 교사교육자가 아니라 경력 교사로서만 생각하고 있었다.

한 가지 우려되는 바는 교사교육 프로그램에서 주창하는 교육과정과 예비교사들이 학교 현장에서 찾게되는 교육과정 -즉 교육 실습 중에 대학에서 배운 것이 모순된다고 느끼고 잃어버리게 되도록 하는- 과의 불일치이다. 이 우려는 9명의 예비 고등학교 수학교사의 교육실습 중의 경험을 분석한 Rhoads, Radu, Weber(2011)의 연구에도 나타나 있다. 연구 결과, 대부분의 연구 참여자가 수학에서 개혁 중심의 교수와 개념적 이해를 지지하였지만 그들 모두 전통적인 교수와 절차적 이해를 가치있게 여기는 협력교사를 만나게 되었다. 그러나 이 예비교사들 중 몇몇은 향상을 위한 구체적인 조언, 그들 자신만의 교수법을 사용할 수 있는 자유, 그리고 친근하고 지지하는 관계와 함께 건설적인 중요한 피드백을 받게 되었다. 즉, 그들은 협력교사와 긍정적인 경험을 하게 되었다. 또 다른 Philipp과 그의 연구진(2007)의 연구에서는 교사교육 프로그램 중에 듣게 되는 처음 네 개의 수학 내용 강좌를 수강하는 159명의 예비 초등교사의 초기 교육실습 경험이 수학 내용 지식과 신념이 학교환경과 실험적인 환경에서 어떻게 전개되는지를 연구하였다. 연구의 결과 어린이의 수학적 사고과정을 공부한 예비교사가 다른 그룹의 예비교사에 비해서, 수학학습을 하는 동안 예비교사들 자신의 수학 내용지식을 향상시켰고 수학, 교수, 학습에 대한 새로운 정교화된 신념을 발달시켰음이 나타났다.

예비교사 준비과정에 대한 구조적인 환경에 대한 최근의 또 다른 연구는 수업 연구인데, 이는 교수를 계획하고 점검해 보는 것을 포함한다. 예를 들어 Fernandez와 Zilliox(2011)은 예비 초등교사와 예비 중등교사의 경험을 수업 연구의 특징에 기반하여 구성하였다. 36명의 중등 예비교사들은 비디오로 녹화된 수업을 가지고 하는 소그룹 교수 환경에서 계획하기, 실행하기, 그리고 수업을 되짚어보는 일련의 되풀이 되는 과정을 계속 반복하였다. 반면 48명의 예비 초등교사들은 비슷한 활동을 실제 학교에서 하였다. 연구 결과, 연구 참여 예비교사들은 역동적인 수업 연구 과정으로 이끌어지는 그들의 신념과 실습을 실험해보고 검토하면서 자신들의 신념과 실습을 동료와 다른 참여자에게 표현할 수 있었다. 그 경험들은 예비교사들이 개혁을 중심에 둔 교육실습을 이해하고 실행하도록 도와주었다. Murata와 Pothen(2011)은 예비교사들이 수업 연구에 대하여 읽어보도록 하고, 비디오 녹화를 시청하게 하고, 연구와 관계된 글을 읽게 하고, 그리고 교사 인터뷰와 학생 평가 데이터를 살펴보는 과제를 하도록 하고, 반성적 글쓰기도 하도록 하였다. 연구진은 연구 참여자들이 학생의 학습의 중요성에 대한 이해를 발달시켰으며 수학 내용에 대한 이해를 강화시켰으며, 어린이들과 상호작용할 수 있는 수업의 설계와 기술을 발달시켰고, 다른 교사들과 협력하는 방법을 배우게 되었다고 결론 내렸다. 또한 Rick(2011)의 연구에서는 네 명의 예비 중등교사와 수업연구를 하였으며, 연구결과 그들의 반성적 사고가 크게 두 가지로 분류될 수 있다고 하였다. 하나는 미래의 활동과 연관되지 않은 특정한 에피소드과 관련되어 있었고, 다른 하나는 아이디어의 정교화를 지지하는 경험적인 활동안에서의 순환적인 과정에서의 반성적인 에피소드와 관련되어 있었다.

수업 연구의 프레임 안에서 이루어진 여러 연구를 고려해 볼 때, Potari(2011)은 두 가지 요인이 가장 중요하다고 결론 내렸다. (i) 하나는 다른 정도의 지도와 지지를 통한 예비교사의 촉진자로서의 교사교육자들의 역할이고 (ii) 다른 하나는 아이디어를 공유하고 교수와 학습을 새로운 시각에서 바라보며, 소속감을 발달시키고, 수학 교수를 개혁 중심의 관행으로 발달시키도록 하는 그룹의 협력을 제공하는 것이다. 이러한 것들은 계획을 융합하고 교육과정 문서, 관련된 연구 결과, 관찰, 반성을 연구하도록 한다. 단점은 시간이 많이 든다는 것과 구조적인 노력이 필요하다는 것이다.

비디오 · 멀티미디어 사례와 온라인 세팅

지난 몇 년간 많은 연구들에서 멀티미디어와 비디오 동영상을 통한 예비교사교육의 가능성에 대하여 언급하였다. 예를 들어 Santagata, Zannoni, Stigler(2007)은 예비 중등 수학교사의 수업 분석에 편집되지 않은 전체 수업의 비디오를 활용하였다. 비디오 활용 수업 분석의 초점은 수업의 한 부분과 수업의 목표, 학생들의 사고과정과 학습, 그리고 가능한 대안적인 교수 전략이었다. 연구 참여자들은 교사의 활동과 의사결정, 학생들의 행동과 학습, 그리고 수학 내용에 대하여 그들이 흥미있다고 생각한 부분에 대하여 코멘트를 하였다. 연구의 결과는 예비교사들이 그들이 본 단순한 장면의 묘사로부터 학생의 학습에 영향을 미칠 수 있는 교사의 행동에 대한 분석으로 매우 눈에 띈 향상을 하였다는 것을 보여 주었다. Alsawaie와 Alghazo(2010)의 연구에서는 비디오 수업 분석 방법이 중등 예비교사의 수학 교수 분석에 미치는 영향에 대하여 연구하였다. 실험 집단은 10개의 비디오 수업을 해당 학기 동안 자신의 시간을 들여 분석하였으며 온라인 수업게시판을 활용하여 토론을 하였다. 실험 집단과 통제 집단 모두 비디오 수업 분석 전 후에 글을 쓰도록 하였다. 연구의 결과 실험 집단에서 수학 교수 분석 능력이 통제 집단에 비하여 더 많이 향상되었음을 알 수 있었다.

McGraw, Lynch, Koc, Budak, Brown(2007)은 교사교육에 있어서 멀티미디어 케이스의 활용 가능성에 대하여 연구하였다. 그들은 예비 중등 수학교사와 현직 수학교사, 수학자, 수학교육자들로 구성된 이질적인 집단 사이에서 이루어진 온라인과 대면 토론을 분석하였다. 과제의 인지적 요구에 기반을 둔 첫 번째 활동 후에 연구 참여자들은 연구자들이 구성한 교실 활동의 비디오 동영상과 녹취 기록을 포함하고 교수·학습을 분석할 수 있는 많은 가능성을 가진 멀티미디어 케이스를 시청하고 토론하였다. 연구의 결과 소그룹 내에서의 대부분의 토론은 교실 내에서 어떻게 과제의 수행되는가에 초점이 맞추어지는 경향이 발견되었다.

앞서 소개한 연구에서 볼 수 있듯이 풍부한 대표성을 가진 교수에 쉽게 접근할 수 있게 하기 때문에 멀티미디어 사례와 비디오 동영상은 예비교사교육에 있어서 유용한 자원이 될 수 있다. 이 연구들에서 몇몇의 연구자들이 비디오 동영상을 거의 편집하지 않은 교실 상황을 보여주기 위해 사용하는 것에 비해, 다른 연구자들은 정교화된 멀티미디어 자료를 비디오와 하나의 이미지, 글을 상호작용하는 기능과 혼합하여 구성하였다. 그러나 주요 쟁점은 어떻게 이러한 자료와 탐구가 주요 목표와 교사교육 프로그램의 다른 활동들과 어떻게 융합할 수 있는가이다.

예비교사교육에 있어서 온라인 세팅의 활용도 Alsawaie와 Alghazo(2010)의 최근 연구에서 보여지고 있다. Llinares와 Valls(2007, 2010)은 수학 교수에 대한 아이디어가 비디오 분석에 기반을 둔 수학 교수에 대한 토론에서 어떻게 나타나고 구체화되는지 연구하였다. 예비 초등교사들은 수학 교수법 강좌의 일부분으로 비디오 동영상 분석, 온라인 토론, 그리고 수학 교수의 주요 측면에 대한 에세이 작성을 포함한 두 가지의 가상의 학습 환경에 참여하였다. 연구의 결과 학습 환경의 구조가 찾아내기, 해석하기, 구성하기와 같은 활동을 통해 예비교사들의 탐구와 지식함양을 지지하는 것으로 나타났다. Llinares와 Valls(2010)은 온라인 토론에 제시된 특정한 질문을 포함한 예비교사의 학습을 설명하는 요소로, 이론적인 정보가 구성하도록 활용된 방식, 그리고 수학 교수에서 나타난 일을 분석하는 것, 그리고 온라인 토론에 참여한 다른 참여자들과의 관계의 특징을 들었다. 또한 Fernandez, Llinares, Valls(2012)은 예비 수학교사의 온라인 환경에서의 학생들의 사고에 대한 전문가적인 알아차림(noticing)의 발달의 특징에 대하여 알아보고자 하였다. 그들은 협력적 활동을 지지하는 최종의 작문이 역할 때문에 온라인 토론이 이러한 발달을 촉진시킨다고 결론 내렸다.

온라인 환경은 예비교사교육에 있어서 가능한 형식의 과제의 영역을 확장 시켜준다. 대부분 온라인 환경은 면대면 활동과 융합되어 있다. 지금까지 보여진 연구는 개인의 반성적 사고와 협력적인 온라인 토론을 융합함으로서 예비교사들의 전문적인 지식과 역량을 촉진 시킬 수 있는 적절한 학습 경험이 제공될 수 있을 것으로 기대된다.

결론 및 고찰

수학교육을 전공으로 하거나 혹은 다른 과목을 전공하면서 수학교육을 수강하더라도, 수학을 가르치는 예비교사교육은 수학교육자의 주요한 활동 분야로 구성되어 있다. 이 장에서는 예비교사의 수학 지식과 수학 교수지식의 발달과정과 본질, 그리고 그들의 정체성과 이와 관련된 학습 환경 영역에서의 지난 8년간의 연구에 초점을 둔 최근의 국제적인 연구들을 살펴보았다. 이 마지막 절에서는 연구 과정과 결과 그리고 계속되고 있는 논점의 흐름에 대하여 살펴볼 것이다.

연구 과정의 최근 경향

지난 8년간, 정교화된 측정 도구와 다수의 참여자를 바탕으로 예비교사교육, 교사 지식, 그리고 교사의 수업의 질에 대한 양적 연구를 시도하려는 노력이 있어왔다. 그러나 Ponte와 Chapman(2008)의 연구 결과와 비슷하게 우리가 논의하였던 이 장의 대부분의 연구는 인터뷰, 관찰, 수업 결과물, 그리고 예비교사들의 글쓰기, 연구자의 관찰 노트, 녹음, 비디오 녹화, 설문지와 검사지 같은 데이터에 기반을 둔 질적 연구이거나 작은 스케일의 연구였다. 이것은 예비교사교육 연구가 작은 스케일이고 질적 연구가 팽배해 있다는 것을 보여준다. 이것은 양적 연구를 행하기에 필요한 자료와 질적 연구 디자인이 개인적인 의미, 교육 기관의 교육, 그리고 전통과 관련된 논점을 다루기에 충분하다는 것을 고려하면 이해할 만하다. 하지만 이러한 연구들의 연구방법의 특정한 측면들은 많은 논쟁점을 불러일으킨다.

많은 질적 연구가 내부자의 관점으로 이루어진다는 사실(즉, 연구 처치에서 연구자가 강의자인 것)은 연구자 자신의 수업을 연구한다는 점에서 실무자들(교사교육자들)의 긍정적인 측면을 부각시킬 수 있다는 것이다. 균형잡힌 시각을 제공하고 이 연구분야에서 새로운 관점과 의문을 일으키기 위해서 질적 연구는 외부의 시각과 메타 연구와 융합될 필요가 있다. 많은 질적 연구는 훌륭한 연구디자인과 양질의 방법론을 기반으로 한다. 그러나 그 밖의 다른 연구들은 일회성 활동이나 연구 디자인상의 문제를 가지고 있다. 예를 들어 개인의 사례연구로서 디자인되지 않았는데, 연구의 결과를 개인의 사례 연구로서 제시하는 경우가 그러하다고 할 수 있다. 또 예를 들어보면 많은 예비교사의 학습을 지지하는 연구 처치를 한 많은 연구들은 대부분 연구자가 강의하는 수업과 관계되어 있다. 또한 모든 연구참여자에 대한 연구 결과가 제시되지 않고 한 명이나 네 명 정도의 결과만 제시되기도 하며, 때로는 연구 참여자의 학습 과정이 다양하다는 것을 보고하기도 한다. 실험 처치 연구로 여겨지지 않는 변인에 대한 논점도 있는데, 예를 들면 강의자의 실험 처치에 대한 의존도이다. Newton(2009)의 연구가 보여주듯이 연구 참여자의 변화는 같은 실험 처치를 하더라도 강의자에 따라서 달랐다. 샘플 사이즈와 혼재하는 변인이 존재하는 이러한 상황은 관련된 실험 처치의 전체적인 효과성을 이해하고 평가하고 전략을 비교하기 힘들게 한다. 양적 연구의 디자인은 샘플링 과정, 정당성의 구성과 측정의 정확성에 대한 더 많은 정교화를 필요로 한다.

연구 결과의 동향

언급했던 가능성 있는 제한점에도 불구하고 이 장에서 논의된 연구들은 교사 학습에 대한 주요한 통찰을 제시한다. 교사교육에 있어서 지속적으로 특별한 관심이 필요한 예비교사의 수학에 대한 지식과 수학 교수에 대한 지식이 부족하다는 것을 보여주는 연구가 그 예이다. 또한 이 연구들은 다양한 교수법적 접근, 예를 들면 예비교사들이 학교 수학에서 근본적인 수학의 개념 이해를 하도록 도와주고 학습자의 사고에 초점을 둔 활동을 통한 예비교사의 수학과 수학학습에 대한 이해 이 이러한 지식의 질에 변화를 가져올 수 있다는 것을 보여준다. 예비교사 개인의 관행에 대하여 반성해 보는 것은 수학, 학생, 교수, 그리고 자신에 대한 지식을 구성하는데 있어서 강력한 방법임이 입증되었다. 여러 연구에서 예비교사들이 정체성을 발달시켜 나가기 시작했고 현재의 수학 교육과정 관점과 수업 관행이 함께 한다는 것에 있어서 성공적인 사례를 보여주었다. 정체성의 특징에 대하여 언급하는 많은 연구들이 교사의 학습을 촉진 시키고 이해하는데 있어서 그들의 중요성을 인식해야 한다고 제시한다. 또한 여러 연구들은 교사교육 과정의 발달에 있어서 교사교육자가 중요한 역할을 한다는 것과 협력적인 관계를 유지해야한다는 것을 재고하는 한편, 비디오나 온라인 세팅과 같은 새로운 기술 매체가 교사교육에 있어서 중요한 가능성을 가지고 있다는 것을 보여준다.

계속 되는 주제

예비교사의 학습을 촉진시키는 이러한 연구들의 성공에도 불구하고, Ponte와 Chapman(2008)에서 논의 하였듯이 교사교육에 질문된 것들이 불가능한 과제로 보여질 수 도 있다. 근시안적으로는 젊은이(어쩌면 아직 성숙하지 못한)를 수학에 대한 흥미가 거의 없거나, 애정 결핍이거나 사회적으로 도움을 필요하거나, 다양한 문화적 배경에 있는 많은 수의 학생들(20-40명 정도나 그 이상)을 상대로 수학적 활동을 행하도록 하는 매우 복잡한 전문적인 과정으로 생각할 수도 있다. 더 나아가 신임교사들에게 일반적으로는 학교 현장에서 잘 뿌리내리지 않은 혁신적인 교육과정에 기반을 두고 교육을 하라고 하는 것과 같다.

교수의 이러한 특징을 염두해 두고서는, 교사교육의 의제가 예비교사교육에 공통적인 해결책을 마련해주기는 힘들다. 지엽적인 성과를 찾는 것이 더욱 성공에 가까워질 수 있을 것이다. 이러한 관점에서 연구들은 예비교사들에게 계속되는 탐구의 기반으로 그들의 수업 관행의 복잡성을 인정하고 이해하도록 하는 기회를 제공할 필요가 있다고 제안한다. 그러한 탐구는 더욱 전체적이고 수학 교수와 학습에 기반을 두고 발전해 나가도록 해 줄 수 있다. 연구들이 이러한 도전에 대한 방향을 제시해줄 수 있는 전략을 제시하더라도, 진정한 발전은 교사교육 기관, 학교 현장, 그리고 대학과 협력학교 사이의 강력한 시너지 효과 뿐 아니라 초보교사가 교육에 있어서 첫 발을 내딛을 때 영향력을 미칠 수 있는 교육에 대한 권위를 가진 기관 사이의 관계가 필수적이다. 또한 교육 정책과 수학교육, 학교 행정기관, 그리고 프로그램 평가와 관련된 중요한 논점이 있으며 이 또한 수학교육 연구자들이 관심을 기울어야 한다.

예비 교사교육이 수학을 어떻게 가르쳐야 하는지에 대하여 학습하게 되는 과정과 전문가적인 교사가 되어가는 과정 그리고 새로운 기술적인 환경과 도구에 대한 이해를 가져왔다 하더라도 이 연구영역에는 아직도 많은 연구가 필요하다. 지역적인 조건이 매우 다르기 때문에 우리가 더 연구할수록 이러한 많은 질문들은 더욱 답해지기 어려워질 것이다. 예비교사교육은 밀폐된 시스템은 아니지만, 또 다른 상위의 사회적 변화에 관련되어 있는 다른 큰 사회적 구조의 하위 시스템에 속해 있다. 이러한 내재적인 불완전성은 주요한 어려움이기도 하고 동시에 연구의 관심을 갖게 되는 이유이기도 하다.

참고문헌

Alsawaie, O.N., & Alghazo, I.M. (2010). The effect of video-based approach on prospective teachers' ability to analyze mathematics teaching. *Journal of Mathematics Teacher Education, 13*(3), 223–241.

Ball, D. L., Lubienski, S. T., & Mewborn, D. S. (2001). Research on teaching mathematics: The unsolved problems of teachers' mathematical knowledge. In V. Richardson (Ed), *Handbook of research on teaching* (4th ed., pp. 433–456). Washington, DC: AERA.

Ball, D. L, Thames, M.H., & Phelps, G. (2005). *Articulating domains of mathematical knowledge of teaching.* Paper presented at the American Education Research Association Conference, Montreal, Canada.

Ball, D.L., Thames, M.H., & Phelps, G. (2008). Content knowledge for teaching: What makes it special? *Journal of Teacher Education, 59*(5), 389–407.

Barrantes, M., & Blanco, L.J. (2006). A study of prospective primary teachers conceptions of teaching and learning school geometry. *Journal of Mathematics Teacher Education, 9*(5), 411–436.

Bartell, T.G., Webel, C., Bowen, B., & Dyson, N. (2013). Prospective teacher learning: recognizing evidence of conceptual understanding. *Journal of Mathematics Teacher Education, 16*(1), 57–79.

Ben-Chaim, D., Keret, Y., & Ilany, B.-S. (2007). Designing and implementing authentic investigative proportional reasoning tasks: The impact on pre-service mathematics teachers' content and pedagogical knowledge and attitudes. *Journal of Mathematics Teacher Education, 10*(4–6), 333–340.

Beswick, K., Callingham, R., & Watson, J. (2012). The nature and development of middle school mathematics teachers' knowledge. *Journal of Mathematics Teacher Education, 15*(2), 131–157.

Caglayan, G. (2013). Prospective mathematics teachers' sense making of polynomial multiplication and factorization modeled with algebra tiles. *Journal of Mathematics Teacher Education, 16*, 349–378.

Charalambous, C. Y., Hill, H. C., & Ball, D. L. (2011). Prospective teachers' learning to provide instructional explanations: how does it look and what might it take? *Journal of Mathematics Teacher Education, 14*(6), 441–463.

Charalambous, C.Y., Philippou, G. N., & Kyriakides, L. (2008). Tracing the development of preservice teachers' efficacy beliefs in teaching mathematics during fieldwork. *Educational Studies in Mathematics, 67*, 125–142.

Crespo, S., & Sinclair, N. (2008). What makes a problem mathematically interesting? Inviting prospective teachers to pose better problems. *Journal of Mathematics Teacher Education, 11*(5), 395–415.

Davis, J.D. (2009). Understanding the influence of two mathematics textbooks on prospective secondary teachers' knowledge. *Journal of Mathematics Teacher Education, 12*, 365–389.

Fernández, C., Llinares, S., & Valls, J. (2012). Learning to notice students' mathematical thinking through on-line discussions. *ZDM: The International Journal on Mathematics Education, 44*, 477–459.

Fernandez, M.L., & Zilliox, J. (2011). Investigating approaches to lesson study in prospective mathematics teacher education. In L.C. Hart, A. Alston & A. Murata (Eds.), *Lesson study, research and practice in mathematics education* (pp. 85–102). Dordrecht: Springer.

Goos, M., & Benninon, A. (2008). Developing a communual identity as beginning teachers of mathematics: Emergence of an online community of practice. *Journal of Mathematics Teacher Education, 11*, 41–60.

Hill, H., Ball, D.L., & Schilling, S.G. (2008). Unpacking pedagogical content knowledge: Conceptualizing and measuring teachers' topic-specific knowledge of students. *Journal for Research in Mathematics Education, 39*(4), 372–400.

Hill, H.C., Blunk, M.L., Charalambous, C.Y., Lewis, J.M., Phelps, G.C., Sleep, D.L. (2008). Mathematical knowledge for teaching and the mathematical quality of instruction: An exploratory study. *Cognition and Instruction, 26*, 430–511.

İmre, S.Y., & Akkoç, H. (2012). Investigating the development of prospective mathematics teachers' pedagogical content knowledge of generalising number patterns through school practicum. *Journal of Mathematics Teacher Education, 15*(3), 207–226.

Isiksal, M., & Cakiroglu, E. (2011). The nature of prospective mathematics teachers' pedagogical content knowledge: The case of multiplication of fractions. *Journal of Mathematics Teacher Education, 14*, 3, 213–230.

Jansen, A. (2009) Prospective elementary teachers' motivation to participate in whole-class discussions during mathematics content courses for teachers. *Educational Studies in Mathematics*, (2009) 71:145–160.

Jansen, A., & Spitzer, S.M. (2009). Prospective middle school mathematics teachers' reflective thinking skills: Descriptions of their students' thinking and interpretations of their teaching. *Journal of Mathematics Teacher Education, 12*(2), 133–151.

Jaworski, B., & Gellert, U. (2003). Educating new mathematics teachers: Integrating theory and practice, and the roles of practicing teachers. In A. J. Bishop, M. A. Clements, C. Keitel, J. Kilpatrick & F.K.S. Leung (Eds.), *Second international handbook of mathematics education* (pp. 829–875). Dordrecht: Kluwer.

Karp, A. (2010). Analyzing and attempting to overcome prospective teachers' difficulties during problem-solving instruction. *Journal of Mathematics Teacher Education, 13*(2), 121–139.

Kilpatrick, J., Swafford, J., & Findell, B. (Eds.). (2001). *Adding it up: Helping children learn mathematics.* Washington, DC: National Academy Press.

Krauss, S., Brunner, M., Kunter, M., Baumert, J., Neubrand, M., Blum, W., & Jordan, A. (2008). Pedagogical content knowledge and content knowledge of secondary mathematics teachers. *Journal of Educational Psychology, 100*(716–715).

Lavy, I., & Shriki, A. (2008). Investigating changes in prospective teachers' views of a "good teacher" while engaging in computerized project-based learning. *Journal of Mathematics Teacher Education, 11*(4), 259–284.

Leatham, K.R., & Peterson, B.E. (2010). Secondary mathematics cooperating teachers' perceptions of the purpose of student teaching. *Journal of Mathematics Teacher Education, 13*(2), 99–119.

Llewellyn, A. (2009). "Gender games": A post-structural exploration of the prospective teacher, mathematics and identity. *Journal of Mathematics Teacher Education, 12*(6), 411–426.

Llinares, S., & Krainer, K. (2006). Mathematics (student) teachers and teacher educators as learners. In A. Gutierrez & P. Boero (Eds.), *Handbook of research on the psychology of mathematics education: Past, present and future* (pp. 429–460). Rotterdam: Sense Publishers.

Llinares, S., & Valls, J. (2007). The building of pre-service primary teachers' knowledge of mathematics teaching: interaction and online video studies. *Instructional Science, 37*(3), 247–271.

Llinares, S., & Valls, J. (2010). Prospective primary mathematics teachers' learning from online discussions in a virtual video-based environment. *Journal of Mathematics Teacher Education, 13*(2), 177–196.

Lloyd, G.M. (2008). Curriculum use while learning to teach: One student teacher's appropriation of mathematics curriculum materials. *Journal for Research in Mathematics Education, 39*(1), 63–94.

Jansen, A., & Spitzer, S.M. (2009). Prospective middle school mathematics teachers' reflective thinking skills: Descriptions of their students' thinking and interpretations of their teaching. *Journal of Mathematics Teacher Education, 12*(2), 133–151.

Jaworski, B., & Gellert, U. (2003). Educating new mathematics teachers: Integrating theory and practice, and the roles of practicing teachers. In A. J. Bishop, M. A. Clements, C. Keitel, J. Kilpatrick & F.K.S. Leung (Eds.), *Second international handbook of mathematics education* (pp. 829–875). Dordrecht: Kluwer.

Karp, A. (2010). Analyzing and attempting to overcome prospective teachers' difficulties during problem-solving instruction. *Journal of Mathematics Teacher Education, 13*(2), 121–139.

Kilpatrick, J., Swafford, J., & Findell, B. (Eds.). (2001). *Adding it up: Helping children learn mathematics.* Washington, DC: National Academy Press.

Krauss, S., Brunner, M., Kunter, M., Baumert, J., Neubrand, M., Blum, W., & Jordan, A. (2008). Pedagogical content knowledge and content knowledge of secondary mathematics teachers. *Journal of Educational Psychology, 100*(716–715).

Lavy, I., & Shriki, A. (2008). Investigating changes in prospective teachers' views of a "good teacher" while engaging in computerized project-based learning. *Journal of Mathematics Teacher Education, 11*(4), 259–284.

Leatham, K.R., & Peterson, B.E. (2010). Secondary mathematics cooperating teachers' perceptions of the purpose of student teaching. *Journal of Mathematics Teacher Education, 13*(2), 99–119.

Llewellyn, A. (2009). "Gender games": A post-structural exploration of the prospective teacher, mathematics and identity. *Journal of Mathematics Teacher Education, 12*(6), 411–426.

Llinares, S., & Krainer, K. (2006). Mathematics (student) teachers and teacher educators as learners. In A. Gutierrez & P. Boero (Eds.), *Handbook of research on the psychology of mathematics education: Past, present and future* (pp. 429–460). Rotterdam: Sense Publishers.

Llinares, S., & Valls, J. (2007). The building of pre-service primary teachers' knowledge of mathematics teaching: interaction and online video studies. *Instructional Science, 37*(3), 247–271.

Llinares, S., & Valls, J. (2010). Prospective primary mathematics teachers' learning from online discussions in a virtual video-based environment. *Journal of Mathematics Teacher Education, 13*(2), 177–196.

Lloyd, G.M. (2008). Curriculum use while learning to teach: One student teacher's appropriation of mathematics curriculum materials. *Journal for Research in Mathematics Education, 39*(1), 63–94.

Lo, J.-J., Grant, T.J., & Flowers, J. (2008). Challenges in deepening prospective teachers' understanding of multiplication through justification. *Journal of Mathematics Teacher Education, 11*, 5–22.

Lo, J.-J., & Luo, F. (2012). Prospective elementary teachers' knowledge of fraction division. *Journal of Mathematics Teacher Education, 15*(6), 481–500.

Ma, L. (1999). *Knowing and teaching elementary mathematics.* Mahwah, NJ: Lawrence Erlbaum Associates.

McGraw, R., Lynch, K., Koc, Y., Budak, A., & Brown, C.A. (2007). The multimedia case as a tool for professional development: An analysis of online and face-to-face interaction among mathematics pre-service teachers, mathematicians, and mathematics teacher educators. *Journal of Mathematics Teacher Education, 10*(2), 95–121.

Morris, A.K., Hiebert, J., & Spitzer, S.M. (2009). Mathematical knowledge for teaching in planning and evaluating instruction: What can preservice teachers learn? *Journal for Research in Mathematics Education, 40*(5), 491–529.

Murata, A., & Pothen, B.E. (2011). Lesson study in preservice primary mathematics methods courses: Connecting emerging practice and understanding. In L.C. Hart, A. Alston, & A. Murata (Eds.), *Les-*

son study, research and practice in mathematics education (pp. 103–116). Dordrecht: Springer.

Nason, R., Chalmers, C., & Yeh, A. (2012). Facilitating growth in prospective teachers' knowledge: teaching geometry in primary schools. *Journal of Mathematics Teacher Education, 15*(3), 227–249.

National Council of Teachers of Mathematics. (1991). *Professional standards for teaching mathematics.* Reston, VA: Author.

Newton, J.N. (2009). Instructional practices related to prospective elementary school teachers' motivation for fractions. *Journal of Mathematics Teacher Education, 12*, 89–109.

Nicol, C., & Crespo, S. (2006). Learning to teach with mathematics textbooks: How preservice teachers interpret and use curriculum materials. *Educational Studies in Mathematics, 62*, 331–355.

Osana, H., Lacroix, G., Tucker, B.J., & Desrosiers, C. (2007). The role of content knowledge and problem features on preservice teachers' appraisal of elementary tasks. *Journal of Mathematics Teacher Education, 9*(4), 347–380.

Peretz, D. (2006). Enhancing reasoning attitudes of prospective elementary school mathematics teachers. *Journal of Mathematics Teacher Education, 9*(4), 381–400.

Peterson, B.E., & Williams, S.R. (2008). Learning mathematics for teaching in the student teaching experience: Two contrasting cases. *Journal of Mathematics Teacher Education, 11*(6), 459–478.

Philipp, R.A., Ambrose, R., Lamb, L.L.C., Sowder, J.T., Schappele, B.P., Sowder, L., et al. (2007). Effects of early field experiences on the mathematics content knowledge of prospective and beliefs of primary school teachers: An experimental study. *Journal for Research in Mathematics Education, 38*(5), 438–476.

Pitta-Pantazi, D., & Christou, C. (2011). The structure of prospective kindergarten teachers' proportional reasoning. *Journal of Mathematics Teacher Education, 14*(2), 149–169.

Ponte, J.P., & Chapman, O. (2006). Mathematics teachers' knowledge and practices. In A. Gutierrez & P. Boero (Eds.), *Handbook of research on the psychology of mathematics education: Past, present and future* (pp. 461–494). Rotterdam: Sense Publishers.

Ponte, J.P., & Chapman, O. (2008). Preservice mathematics teachers' knowledge and development. In L.D. English (Ed.) Handbook of international research in mathematics education: Directions for the 21st century (2nd Ed., pp. 225–263). New York: Routledge.

Potari, D. (2011). Response to part II: Emerging issues from lesson study approaches in prospective mathematics teacher education. In L.C. Hart, A. Alston, & A. Murata (Eds.), *Lesson study, research and practice in mathematics education* (pp. 127–132). Dordrecht: Springer.

Prediger, S. (2010). How to develop mathematics-for-teaching and for understanding: The case of meanings of the equal sign. *Journal of Mathematics Teacher Education, 13*(1), 73–93.

Rhoads, K., Radu, I., & Weber, K. (2011). Teacher internship experiences of prospective high school mathematics teachers. *International Journal of Science and Mathematics Education, 9*(4), 975–998.

Ricks, T.E. (2011). Process reflection during Japanese lesson study experiences by prospective secondary mathematics teachers. *Journal of Mathematics Teacher Education, 14*(4), 251–267.

Ryken, A. (2009). Multiple representations as sites for teacher reflection about mathematics learning. *Journal of Mathematics Teacher Education, 12*, 347–364

Santagata, R., Zannoni, C., & Stigler, J.W. (2007). The role of lesson analysis in preservice teacher education: An empirical investigation of teacher learning from a virtual video-based field experience. *Journal of Mathematics Teacher Education, 10*(2), 123–140.

Seaman, C.E., & Szydlik, J.E. (2007). Mathematical sophistication among preservice elementary teachers. *Journal of Mathematics Teacher Education, 10*(3), 167–182.

Shulman, L.S. (1986). Those who understand: Knowledge growth in teaching. *Educational Researcher, 15*(2), 4–14.

Son, J.-W., & Crespo, S. (2009). Prospective teachers' reasoning and response to a student's non-traditional strategy when dividing fractions. *Journal of Mathematics Teacher Education, 12*, 235–261.

Spitzer, S.M., Phelps, C.M., Beyers, J.E.R., Johnson, D.Y., & Sieminski, E.M. (2011). Developing prospective elementary teachers' abilities to identify evidence of student mathematical achievement. *Journal of Mathematics Teacher Education, 14*, 67–87.

Steele, M.D., Hillen, A.F., Smith, M.S. (2013). Developing mathematical knowledge for teaching in a methods course: The case of function. *Journal of Mathematics Teacher Education, 16*, 451–482.

Stephens, A.C. (2006). Equivalence and relational thinking: Preservice elementary teachers' awareness of opportunities and misconceptions. *Journal of Mathematics Teacher Education, 9*(3), 221–248.

Stockero, S. L. (2008). Using a video-based curriculum to develop a reflective stance in prospective mathematics teachers. *Journal of Mathematics Teacher Education, 11*(5), 373–394.

Stylianides, G. J., Stylianides, A. J., & Philippou, G. N. (2007). Preservice teachers' knowledge of proof by mathematical induction. *Journal of Mathematics Teacher Education, 10*(3), 145166.

Swars, S. L., Smith, S. Z., Smith, M. E., & Hart, L. C. (2009). A longitudinal study of effects of a developmental teacher preparation program on elementary prospective teachers' mathematics beliefs. *Journal of Mathematics Teacher Education, 12*(1), 47–66.

Tatto, M. T., Lerman, S., & Novotna, J. (2010). The organization of the mathematics preparation and development of teachers: A report from the ICMI Study 15. *Journal of Mathematics Teacher Education, 13*(4), 313–324.

Tobias, J. M. (2013). Prospective elementary teachers' development of fraction language for defining the whole. *Journal of Mathematics Teacher Education, 16*(2), 85–103.

Watson, A., & Mason, J. (2007). Taken-as-shared: A review of common assumptions about mathematical tasks in teacher education. *Journal of Mathematics Teacher Education, 10*(4), 205–215.

Wilson, S. M., Floden, R. E., & Ferrini-Mundy, J. (2001). *Teacher preparation research: Current knowledge, gaps, and recommendations.* Washington, DC: University of Washington Center for the Study of Teaching and Policy.

Yow, J. A. (2012). Prospective teacher beliefs about liberative and oppressive mathematics teaching practices: A first step toward equitable instruction. *Journal of Mathematics Teacher Education, 15*(1), 83–96.

Son, J.-W., & Crespo, S. (2009). Prospective teachers' reasoning and response to a student's non-traditional strategy when dividing fractions. *Journal of Mathematics Teacher Education, 12*, 235–261.

Spitzer, S. M., Phelps, C. M., Beyers, J. E. R., Johnson, D. Y., & Sieminski, E. M. (2011). Developing prospective elementary teachers' abilities to identify evidence of student mathematical achievement. *Journal of Mathematics Teacher Education, 14*, 67–87.

Steele, M. D., Hillen, A. F., Smith, M. S. (2013). Developing mathematical knowledge for teaching in a methods course: The case of function. *Journal of Mathematics Teacher Education, 16*, 451–482.

Stephens, A. C. (2006). Equivalence and relational thinking: Preservice elementary teachers' awareness of opportunities and misconceptions. *Journal of Mathematics Teacher Education, 9*(3), 221–248.

Stockero, S. L. (2008). Using a video-based curriculum to develop a reflective stance in prospective mathematics teachers. *Journal of Mathematics Teacher Education, 11*(5), 373–394.

Stylianides, G. J., Stylianides, A. J., & Philippou, G. N. (2007). Preservice teachers' knowledge of proof by mathematical induction. *Journal of Mathematics Teacher Education, 10*(3), 145166.

Swars, S. L., Smith, S. Z., Smith, M. E., & Hart, L. C. (2009). A longitudinal study of effects of a developmental teacher preparation program on elementary prospective teachers' mathematics beliefs. *Journal of Mathematics Teacher Education, 12*(1), 47–66.

Tatto, M. T., Lerman, S., & Novotna, J. (2010). The organization of the mathematics preparation and development of teachers: A report from the ICMI Study 15. *Journal of Mathematics Teacher Education, 13*(4), 313–324.

Tobias, J. M. (2013). Prospective elementary teachers' development of fraction language for defining the whole. *Journal of Mathematics Teacher Education, 16*(2), 85–103.

Watson, A., & Mason, J. (2007). Taken-as-shared: A review of common assumptions about mathematical tasks in teacher education. *Journal of Mathematics Teacher Education, 10*(4), 205–215.

Wilson, S. M., Floden, R. E., & Ferrini-Mundy, J. (2001). *Teacher preparation research: Current knowledge, gaps, and recommendations.* Washington, DC: University of Washington Center for the Study of Teaching and Policy.

Yow, J. A. (2012). Prospective teacher beliefs about liberative and oppressive mathematics teaching practices: A first step toward equitable instruction. *Journal of Mathematics Teacher Education, 15*(1), 83–96.

미래의 수학교육 교수 교육하기 11

Jeremy Kilpatrick and Denise A. Spangler
University of Georgia

20세기 초반에 콜롬비아 대학 Teachers College의 David Eugene Smith와 괴팅겐 대학의 Felix Klein이 처음으로 만든 수학교육 박사과정을 본 이들 중 어느 누구도 1세기 후에 그 프로그램이 다양해질 것이라고는 상상할 수 없었을 것이다. 마찬가지로 오늘날 어느 누구도 다음 1세기 동안 후속 세대의 수학교육 교수가 될 이들이 어떻게 교육받게 될 지 확실히 예측할 수 없다. 기술이 발전하고 교육 매체와 전달 시스템이 재구성되면서 교수 채용과 근로 조건은 변화하고 수학과 수학교육 교육과정은 다양한 방향으로 개정되는 상황에서 교수를 교육할 프로그램도 계속되어야 한다. 이 장에서는 미래 수학교육 교수를 교육할 프로그램들의 특징들을 검토하고, 미래의 수학교육 교수가 되기 위해 박사과정 학생들을 준비시킨다는 것이 무엇을 의미하는지를 탐구하겠다.

새로운 세대

오늘날 수학교육 분야의 박사과정 프로그램은 매우 많고 다양하다(세계적인 예를 보려면 Andžāns, Bonka, & Grevholm, 2008을 참고하라). 일부 프로그램은 수학교육이 (다학문적인) 수리 과학으로 여겨지기도 해서 수학 또는 수학·과학(mathematics and science) 학과에서 열리기도 한다. 아마도 앞으로는 역사의 유물이 되겠지만, 수학교육학(didactics of mathematics)이라는 용어는 때때로 그런 프로그램에 이름을 붙이는 데 사용된다. 이런 프로그램이 있는 대학은 수학과에서 수학과 수학교육을 모두 포괄한 박사학위를 제공하는 단과대학이나 다른 교육기관에서 시작되었을 것이다. 수학교육 박사과정 프로그램이 수학 또는 수학·과학 학과에 있다면 이런 경우 수학교육 분야의 새로운 교수진은 특히 수학 분야에 잘 준비되었을 것이라고 기대된다.

수학교육 프로그램이 운영될 수 있는 한 가지 대안은 학과나 단과대학 또는 대학 외부에서 시작하여 교육으로 학술분야의 지위를 얻은 사범대학으로 결합되는 것이다. 경우에 따라서 그 프로그램은 수학교육과 또는 수학과와 분리되어 있을 수도 있는데, 아마도 교육학과나 교과교육학과, 교육과정과 지도(curriculum and instruction)학과, 일반 교육학과에 속해 있을 가능성이 크다. 대부분 프로그램의 규모는 그것이 속한 대학의 역사에 좌우된다. 하지만 대학 내에서 프로그램의 위치가 그 프로그램의 일반적인 주요한 차이점은 아니다.

몇몇 대학은 수학교육 분야에 여러 박사과정 프로그램을 가지고 있지만 다른 대학들은 한 대학이나 여러 대학의 수학교육 박사과정 프로그램을 공유하기도 한다. 여러 프로그램을 가진 기관의 예로는 콜롬비아 대학의 Teachers College가 있고 그 곳에서는 교육학 박사(Ed.D.), 학문적인 교과 부분에서 대학 교수가 될 수 있는 교육학 박사(Ed.D.C.T.), 철학 박사(Ph.D.) 등의 프로그램을 제공한다. Reys, Glasgow, Teuscher와 Nevels(2007)에 따르면 수학교육에서 박사과정 프로그램을 가진 미국의 70개 기관 중에서 대략 15%는 Ed.D. 와 Ph.D.를 둘 다 수여한다고 한다. 두 학위 사이의 차이점은 Ph.D.는 "연구 박사학위"로 좀 더 과학적이고 지식적인 면에 기여하고, Ed.D.는 "전문가 박사학위"로 좀 더 응용적이고 전문가적인 실천이나 정책에 기여하는 것으로 보인다(Bernstein et al., 2014, p. 25; de Ibarrola & Anderson, 2014, p. xi). 그러나 두 가지 종류의 프로그램이 어떻게 다른가와 관련해서는 기관이나 국가 간에 상당한 차이가 존재한다. Ph.D. 프로그램 내에서도 차이가 많고 Ed.D. 프로그램 내에서도 차이가 많으며 두 종류의 프로그램 사이에도 많은 차이가 있다.

최근 몇 년 동안, 특히 유럽에서, 수학교육 박사과정을 지원하기 위해 협력하는 연구소의 사례들이 늘어나고 있다. 유럽 연합의 ERASMUS(EuRopean Community Action Scheme for the Mobility of University Students)라는 프로그램은 박사과정 동안의 학생 교류와 인턴쉽을 지원하는 보조금을 제공했고, 유럽 대학 연합(European University Association)은 유럽의 여러 나라에 걸쳐 논문 심사위원회를 구성하여 논문 방어를 위한 언어, 논문 승인, 박사 학위 연구 등을 요구하는 소위 유럽 박사(Doctor Europous)라고 불리는 학위를 만들었다. 여러 나라에 걸친 협력의 좋은 예로, 2004년부터 2009년까지 존재한 북유럽 수학교육 대학원(Grevholm, 2008)은 북유럽 및 발트 해의 국가 약 40개 기관에서 온 학생들을 위한 워크숍, 세미나, 여름학교 등을 개최하였다. 6년이라는 기간 동안 그 학교에서 50개의 수학교육 박사 논문이 성공적으로 통과되었다(Grevholm, 2009). 비록 이 프로젝트는 끝이 났지만, 지역 프로그램의 가치를 발국해 이용한 유사한 협력 사례들이 더 많은 나라들로부터 나오기를 기대할 수 있다.

교차 기관 프로그램은 단일 기관에서 교수나 학생 수가 많지 않는 상태에서 박사 교육을 제공하고 싶은 자원이 부족한 개발도상국에 하나의 수단을 제공할 수 있다. 예를 들어, 1997년도부터 2004년까지 남아공 국립연구재단(National Research Foundation of South Africa)과 미국 국립과학재단(U.S. National Science Foundation)이 협력하여 남아프리카의 연구학교에서 매년 공동으로 미국, 영국, 남아프리카를 포함한 여러 나라의 학자들과 수학 및 과학교육에서 박사과정 학생들이 일주일 정도 일할 수 있는 기회를 만들었다(Mewborn, 2008; 남아프리카의 수학교육 연구에 대한 자세한 내용은 Vithal, Adler, & Keitel, 2005를 참고하라). 2003년부터 남아프리카 수학, 과학 및 기술 교육 연구 협회(SAARMSTE, www.saarmste.org/를 참고하라)가 그 연구학교를 주최해왔다. 연구학교에서는 3일에서 4일간 상주 워크숍이 진행되는데, 주로 남아프리카 출신인 40명에서 50명 정도의 참가자들이 연구과정의 여러 가지 측면에 대해 배울 기회를 제공받았다. 여기에는 박사과정생, 박사후 연구원, 수학, 과학 및 기술교육에서 교육감독자(supervisor)들이 참여하였다. 이 학교에서는 전 세계 대학에서 경험 많은 연구자들이 연구 설계, 자료 수집, 자료 분석, 출판을 위한 글쓰기 등의 쟁점에 관하여 본회의와 워크숍을 진행하였다. 참가자들은 자신의 연구 활동과 글쓰기에 대해 경험이 많은 연구자들로부터 피드백을 얻을 수 있었고 지역의 다른 새로운 학자들과도 친해질 수 있었다. 이 연구학교는 남아프리카의 교육 연구 역량을 키우려는 의도로 만들어진 SAARMSTE의 많은 활동 중의 하나였다.

특히 북미지역의 몇몇 수학교육 박사과정 프로그램은 주로 수년간의 교육과정 이수(coursework)와 자격시험과 논문으로 이루어진다. 학생들은 수학, 수학교육, 심리학, 연구방법 및 학생에게 관심 있는 다른 분야나 해당 기관에서 강조하는 분야에서 대학원 수업을 받는다. 보통 그 학생에게는 해당 기관에서 일정 시간 동안 거주하면서 수업에 출석해야 한다는 요구사항이 있다. 하지만 이와 다른 박사과정 프로그램은 이미 석사학위를 소지한 학생을 입학시켜서 추가적인 교육과정 이수를 제거하거나 배제할 수 있다. 그런 프로그램은 유럽의 고등교육 분야(Curaj, Scott, Vlasceanu, & Wilson, 2012)가 대부분이며, 학생들은 석사학위를 가지고 프로그램에 들어가서 한 교수의 지도를 받으며 개인 연구를 시작하는데, 아마도 약간의 수업을 수강하고 필요한 많은 개인 연구를 하게 된다.

예를 들어, 영국에서 박사 연구의 주요한 (많은 경우에는 단지 한) 요소는 논문 또는 대학에서 인정한 전문가 패널에게 검토 받은 독창적인 연구(original research) 포트폴리오이다. 호주와 뉴질랜드에서는 교육과정 이수가 박사 과정의 일부가 아니었는데, 과거 십년은 이런 것이 평범하게 여겨졌다. 5개 호주 대학의 박사과정생을 대상으로 한 최근 온라인 설문조사(Kiley, Bell, & Feng, 2013)를 보면, 700명 이상의 응답자 중 39%가 이미 교육과정을 이수했거나 또는 이수하고 있는 중이라고 했고, 57%는 교육과정 이수가 박사과정의 일부가 되어야 한다는데 동의했다. 하지만 이런 현상을 연구하고 있던 호주 국립대학교의 Margaret Kiley가 인터뷰에서 말한 바처럼 교육과정 이수라는 용어의 의미는 항상 명확하지 않다(Van, 2012).

> 교육과정 소개에 참여한 사람들과 실제로 얘기하고 그게 무엇인지 물어보면 "교육과정 이수"가 무엇인지에 대한 이해가 아주 놀랍게도 다양했어요. 예를 들어, 교육과정 이수가 연구방법에 관한 것이라고 생각하는 사람도 있고 교육과정을 "연구 과정"이라고 부르는 사람들은 연구하는 방법과 관련된 모든

> 것이라고 생각하기도 했어요. 어떤 사람들은 사실 교육과정 이수가 학문적인 지식, 고급 학문 지식이라고 합니다. 물론 지식과 고급 지식도 전혀 다른 것이죠. (p. 119)

온라인 코스가 가능해지면서 심지어 박사과정 프로그램에도 온라인 코스가 허용되자, 학생들은 거주하면서 출석하는 요건이 폐기되고 교육과정 이수에서 요구 사항도 바뀌고 학생의 관심과 자격에 맞게 교육과정이 좀 더 조절되기를 기대할 수 있게 되었다. 차세대가 되면 개별 프로그램의 형태와 특성은 바뀌겠지만 국제적으로 프로그램들 사이에서 발견될 다양성이 줄어들지는 않을 것 같다.

필요한 숙련도

박사과정 프로그램의 위치와 구성은 다양하지만, 수학교육 교수가 되고자 하는 박사과정 학생의 숙련도에는 몇 가지 공통점이 있을 것이라고 당연히 기대하게 된다. 숙련도는 개인의 열망과 관심이나 특정 프로그램이 강조하는 바에 따라 당연히 달라지겠지만, 미래의 모든 수학교육 교수들에게 기대할 수 있는 숙련도의 범주가 있는데, 그것은 수학과 교수법에 능통해야 한다는 것이다. 수학교육 교수들은 수학과 교육 모두에서 준비가 필요하다는 것을 고려할 때, 박사과정 프로그램이 두 분야에서 필요한 모든 준비를 제공할 가능성은 거의 없기 때문에, 박사과정생들이 받은 교육이 무엇이든 간에 그들은 일단 일을 하면서 추가로 수학과 교육에 대해 숙달하게 될 것이다.

수학 지식, 기술 및 능력

수학교육 교수가 되기 위해 교육을 받은 사람이라면 누구나 분명히 수학에 대해 많은 교육이 요구된다. 그렇다면 얼마나 광범위하게 교육해야만 할까? 일부 수학교육 박사과정 프로그램은 그 프로그램을 마친 학생들이 적어도 수학 석사학위에 상응하는 대학원 수준의 수학을 공부해야만 한다고 가정한다. 다른 프로그램은, 특히 학생이 학부 수학 강사를 준비한다면, 수학을 더 많이 요구한다. 하지만 일부 프로그램은, 특히 학생이 초등학교 수학교사를 준비한다면, 수학을 덜 요구하기도 한다. Dossey와 Lappan(2001)은 다른 나라에서도 응시할 수 있는 미국 박사과정 프로그램에 가능한 여러 특별 분야의 박사과정에서 수강하게 될 수학 과목에 대한 가이드라인을 제공했다.

수학교육자가 알아야 하는 수학이 무엇인가라는 질문은 1세기 전에 Felix Klein이 제기했다. 1908년 Klein은 그의 획기적인 첫 번째 책인 '높은 견지에서 본 초등 수학(Elemenarmathematic vom hőheren Standpunkte aus)'이라는 책을 출판했다. 이 책은 예비교사에게 자신이 가르치게 될 내용에 대해 좀 더 포괄적인 견해를 제시해서 중등 수학 지도의 수준을 올리려는 시도였다. 1972년 그가 23

세의 나이로 Erlangen에서 교수가 되던 해에는 취임연설에서 수학교육에 대한 견해를 밝혔다. Klein에게 중등학교 교육과정의 문제는 불충분한 시간도, 부적절한 내용도 문제가 아니었다. 그가 생각한 문제는 수학의 여러 분야에서의 문제들 간에 상호 연관성을 더 잘 이해해서 좀 더 활발하게 내용을 다루지 않는 것이었다.

> 대학 교사로서 우리는 학생들이 공부를 마쳤을 때 학교에서 무엇을 배웠어야 하는지를 알게끔 해야 한다. 우리는 미래의 교사가 자신의 과목보다 위에 있기를 원하고, 자신의 분야에서 현재 지식상태에 대한 개념을 가지고 있기를 원하며, 일반적으로 뒤따라올 발전을 따라갈 능력이 있을 것이라 생각한다. (Rowe에서 Klein, 1985, p. 139)

수학교사가 알아야 할 것을 논하면서 Klein(1924/1932)은 다음과 같이 기술하였다. "교사의 지식은 그가 학생들에게 보여주는 것보다 훨씬 더 많아야만 한다. 교사는 그의 학생들이 벼랑이나 소용돌이를 안전하게 지나도록 이끌기 위해서 그런 벼랑과 소용돌이에 익숙해야만 하는 것이다"(p.162). 이것이 은유하는 바는 수학의 지형을 잘 아는 사람은 그나 그녀의 학생들이 길을 잃거나 다치지 않도록 잘 이끌어서 그 길을 지나가게 할 수 있다는 것이다. Klein은 초임 교사가 수학 개념에 대한 일반적인 오해에 어떻게 대응하도록 준비해야 하는지에 대해서도 논의했다.

> 만약에 당신이 오리엔테이션이 부족하거나, 연관 분야의 중요한 관계만큼 수학의 직관적인 요소에 관해 잘 알고 있지 못하거나, 무엇보다도 수학의 역사적 발전에 대해 알지 못한다면, 당신의 기반은 매우 불안정할 것이다. 그렇다면 당신은 현대 순수 수학의 기초를 포기하거나 학교에서 이해하기를 포기하거나 억압에 굴복해서 대학에서 배운 것도 포기하고 자신의 가르침에서조차도 자신을 없애고 전통적인 루틴대로 가르치게 될 것이다(Klein, 1924/1932, p. 236).

결과적으로 예비교사에 대한 Klein의 수학 접근법은 응용, 기하학적 설명, 공간 지각, 함수 개념과 그 분야의 역사적 발달을 상당히 강조하는 것이다. Klein은 교사가 알아야 할 더 큰 지식의 두 가지 예를 들었는데, 논증의 이론적 본질로서 함수를 이해해야 하고, 그의 관점에서 비유클리드 기하학은 정규 학교에서 가르치는 주제의 일부분이 아니었지만, 비유클리드 기하학 일부를 알아야만 한다고 생각했다.

Klein의 노력은 나중에 교사에게 필요한 특별한 종류의 수학적인 숙련도를 규정짓는 데 있어서, 단순히 학교에서 가르칠 확고한 내용 지식뿐만 아니라, 나중에 가르치는데 필요한 수학 지식(mathematical knowledge for teaching)(Ball, Thames, & Phelps, 2008; Bass, 2005; Bromme, 1994; Carrillo, Climent, Contreras, & Muňoz-Catalán, 2013; Rowland, Turner, Thwaites, & Huckstep, 2009; Silverman & Thompson, 2008)이라고 불리게 될 부분인 그 지식이 수학의 나머지 부분에 어떻게 쓰일지, 초임자들이 수학을 어떻게 파악하게 될 지, 어떤 학습의 어려움들이 나타날지, 등을 이해하는 것이라고 시도한 것이다. 여기에서 우리의 주장은 미래의 수학교육 교수에게도 역시 이런 종류의 숙련도가 필요하다는 것이다.

가르치는 데 필요한 모든 수학 지식(MKT)은 특별하다고 주장한 Carrillo et al.(2013)은 MKT 개념을 수정하여 **수학교사의 특별한 지식**(mathematics teachers specialized knowledge, MTSK)을 제안하였다. MTSK의 수학 지식에는 세 가지 요소, **주제 지식**(knowledge of topics, KOT), **수학 구조 지식**(knowledge of the structure of mathematics, KSM), **수학에 대한 지식**(knowledge about mathematics, KAM)이 있다. 우리의 관점에서 세 가지 요소는 모두 미래의 수학교육 교수에게 기대되는 것으로 그들이 일하게 될 수준에 적합한 수학 지식, 기술, 능력에 포함되어야만 한다.

KOT는 학교 수학에서의 주제와 관련된 개념과 절차에 대한 지식으로 그런 개념과 절차에 대한 이론적 기초에 대한 이해도 함께 한다. 어떤 교사라도 그나 그녀의 학생들보다 더 높은 수준, 더 형식적인 수준의 지식을 가져야만 한다. 예를 들어, 어떤 학생이 두 숫자를 더하는 순서가 상관없다는 것을 알았다고 한다면 교사는 덧셈이 가환이 된다(곱셈도 가환이지만 뺄셈이나 나눗셈은 아니다)는 좀 더 기술적인 지식이 필요하다. 비슷하게 수학교육 교수는 가르치게 될 학부생이나 대학원생들보다 좀 더 형식적이고 더 높은 수준의 KOT를 가지고 있어야만 한다. 예를 들어, 예비 중학교 교사를 가르칠 수학교육 교수는 분수와 비의 기술적인 차이, 그 차이가 언제 문제가 되며 언제 문제가 되지 않는지를 포함해서, 비례 추론에 대한 넓은 이해를 하고 있어야 한다.

KSM은 수학교과의 구조에 관한 지식이다. 수학의 기초 개념, 연산과 그 성질, 그리고 이런 것들이 어떻게 여러 체계에서 조직되는지와 관련된 지식이다. 예를 들어, 수학교사는 자연수, 정수, 유리수, 실수, 복소수를 포함해서 학교 교육과정에서 찾을 수 있는 수 체계에서 각각의 성질을 알아야 할 필요가 있다. 비슷하게 수학교육 교수도 수학 분야의 주제들 사이의 관계를 아는 것뿐만 아니라 수학의 여러 분야가 어떻게 관련되는지에 대한 지식도 알아야만 한다. 만약 수학교사가 6,000미터에서 수학을 보는 관점이 필요하다면 수학교육 교수는 12,000미터에서 보는 관점을 가져야 한다.

KAM은 수학이 어떻게 만들어지고 세워졌는지에 대한 지식이다. 이것은 수학적 의사소통, 추론, 평가의 측면을 아는 것, 정의하는 방법과 정의를 사용하는 방법을 아는 것, 동치, 합동, 관계를 만들 수 있는 것, 표현, 논쟁, 일반화, 탐색하기를 선택할 수 있는 것 등 수학에서 구조적 지식을 만들어내는 방법을 아는 것을 포함한다. 예를 들어, 어떤 수학교사라도[1] 그나 그녀의 학생들이 설명을 무엇이라 생각하는지 알아야만 한다. "학생들은 수학을 '알고' 또는 '한다'는 것을 무엇이라고 생각할까?"(Ball, 1990, p. 259). 수학교육 교수는 또한 어떻게 새로운 지식이 만들어지고 그 분야에서 검증되는지, 어떻게 그 교과가 지식발전을 조절하는지를 이해해야만 한다.

Carrillo et al.(2013)이 언급한 MTSK에서 수학적 지식 형성은 학교의 수학교사에게 필요한 만큼이나 수학교육 교수에게 필요한 특별한 종류의 수학 지식을 생각하는 데 있어 유용한 틀을 제공한다. 이 MTSK는 일반 시민이나 다른 분야의 전문가, 심지어 수학을 연구하는 사람에게 사용되고 필요한 수학 지식과는 꽤 다른 지식이다. 이것은 가르치는 분야에서 수학을 응용하는 것과 관련된다. Bass(2005)가 관찰한 바로는 "**수학교육은 수학이 아니다**. 이것은 수학적인 지식의 매우 특별한 종류를 근본적으로 사용하도록 만드는 전문가의 영역이다. 그런 의미에서 나는 이것을 응용 수학의 일종으로 볼 수 있다고 제안한다"(p. 418).

교수학적 지식, 기술, 그리고 능력

Carillo와 동료들(2013)은 MTSK의 수학 내용 지식의 측면과 함께 그것의 교수학적 지식 측면도를 분석했다[2]. 그 측면도 세 가지 요소로 구분하는데, 즉, 수학을 학습하는 특징에 대한 지식(knowledge of features of learning mathematics, KFLM), 수학 교수에 관한 지식(knowledge of mathematics teaching, KMT), 수학학습 규준에 관한 지식(knowledge of mathematics learning standards, KMLS)을 포함한다. 이 세 가지 요소 모두 미래의 수학교육 교수에게 기대하는 교수학적 내용 지식, 기술, 능력에 포함되어야 한다.

KFLM은 어떻게 수학을 배우는지를 이해하는 것과 관련된다. 수학학습 과정의 특징은 무엇이고 학생들이 수학학습 활동에 참여할 때 어떻게 생각할까? 아 지식은 특정 수학 주제와 특별한 학생 그룹을 아는 것과 학습 이론이나 모델과 친숙해지는 것으로, 교사는 학생이 수학을 학습할 때 가지게 될 어려움을 예상할 수 있다(Grossman & Schoenfeld, 2005). 예를 들어, 교사는 비례 추론이 필요한 문제를 주었을 때, 그의 학생들 중 몇몇이 모르는 양을 구하려고 곱하는 것 대신에 더하기를 시도할지도 모른다는 것을 그 교사는 이해할 수 있을 것이다. 이 아이디어를 연장하면 수학교육 교수는 다양한 학습 이론을 알아야만 하고 언제 각각의 이론이 특정 내용 부분이나 특정 학습자 그룹에게 적용하기에 가장 적절한지 이해해야만 한다. 수학교육 교수는 전형적인 학생의 오류, 오개념, 과제에 가장 적당한 내용 영역에서의(예를 들어, 초등, 중등, 대학 등) 문제를 푸는 전략들을 폭넓게 이해해야만 한다. 앞에서 말한 이 지식을 특정한 그룹의 학습자에게 적용하는 교사와 반대로, 수학교육 교수는 자신의 지식을 좀 더 일반적으로 적용할 수 있어야만 한다. 또한 수학교육 교수는 아이들뿐만 아니라 성인 학습자의 고유한 학습 요구와 성향에 관한 연구로 무엇이 가능한지도 알아야만 한다.

KMT는 구체적인 수학 내용과 관련된 교수학적 지식이 연관된다. 교사는 교과서와 다른 지도 자료를 포함해서 수학 주제에 적절한 자료를 알고 있다. 이 지식은 교사가 그 주제를 설명하기 위해 특별한 표현을 만들거나 구조화된 순서의 예제를 만들고 또는 선택하도록 한다. KMT는 단순히 일반적인 수학 지식이나 수학을 가르치는 지식이 아니다. KMT는 결과적으로 가르침을 제약하는 특별한 수학 내용 지식과 통합된 교수학적 지식이다. 예를 들어, 교사는 학생들이 이차방정식

풀이를 배울 때 일련의 이차방정식들이 다른 것보다 더 도움이 된다는 것을 알 것이다. 그리고 그런 까닭에 가르치기 전에 사용할 문제들을 고를 것이다. 이제 다시 수학교육 교수(professor)에 대한 얘기로 돌아가면, 수학교육 교수도 좀 더 일반화된 KMT가 필요하다. 예를 들어, 수학교육 교수는 독립적으로 다양한 순서로 이차방정식을 만들어낼 수 있어야만 하고 각각의 장단점을 구분할 수 있어야 한다. 수학교육 교수는 주의 깊게 수와 맥락을 선택해서 예비교사에게 단순 대각선 곱셈 이상의 풀이 방법을 요구하는 수학 과제를 구성할 수 있어야만 한다. 추가적으로 수학교육 교수는 아이들과 성인 학습자 모두를 위해 적절한 표현과 지도 자료에 대한 지식이 필요하고 그런 다양한 것들을 평가할 수 있어야 한다.

KMLS는 적절한 지도 자료, 평가도구, 규준 등에 대한 지식을 포함한 학년에 따른 학교수학교육과정에 대한 교수학적 지식이다. KMLS는 교사가 당면한 맥락을 넘어서 시험 관련 위원회와 전문가 협회 같은 외부 기관이 개발한 수행도 측정과 목표들을 확장시키려고 고안되었다. 예를 들어, 교육부가 수학 과목에서는 더 이상 변환을 이용한 기하 증명 부분은 학교 졸업 요건으로 받아들이지 않기로 수정하였다는 것을 아는 교사는 관련 자격시험을 준비하는 학생들을 더 잘 준비시키기 위하여 자신의 지도법을 바꿀 것이다. 국가 시스템이 중앙집권적이건 아니건 간에 만약 그 프로그램의 예비 수학교사가 다양한 교육과정과 평가 포맷을 가지는 학교로 갈 것이라면, 수학교육 교수는 더욱 광범위한 KMLS가 필요하다.

미래의 수학교육 교수는 그들의 직장생활 동안 그리고 첫 번째 교수직을 얻기 전에, 요구되는 교수학적 지식을 그들의 박사과정 프로그램 속에서 그리고 동시에 외부로부터 얻어야 할 것이다. 대학 수업과 세미나는 수학 교수·학습을 이해하기 위해 도움이 되는 이론적 틀을 제공할 수 있으나, 수학과 수학교육 교실에서의 광범위한 경험은 그 이론적 틀이 살아있도록 만들 수 있고 미래의 교수가 자신의 교수학적 지식을 만들고 체계화하는 것을 도울 수 있다.

필요한 경험

수학을 가르치는 현장 경험

수학교육 부분에서 교수직을 구하는 사람이라면 학교나 대학에서 수학을 가르친다는 것의 의미와 친숙해야만 한다. 만약에 예비 수학교육자가 학교나 대학 수업에 수학을 가르치는 일반 교수자로 있지 않다면, 자신의 학생인 예비 수학교사에게 그들이 가르치는 직업을 가질 때 직면하게 될 것이 무엇인지에 대해 권위 있게 이야기할 수 없을 것이다. 나중에 교원양성과정 기관에서 일하기를 원하는 박사과정생들은 그들의 박사과정 동안 초등, 중등, 또는 고등 교실에서 어느 정도의 경험을 반드시 가져야만 한다. 그들의 모국이 아닌 다른 지역에서 학위를 취득하거나 새로운 나라에서 직장을 구하려는 박사과정생이라면, 심지어 자신의 나라에서 가르쳤다고 할지라도, 교실 경험이 필요하다. 이런 경험은 학생을 가르치는 형식만 필요한 것이 아니라 수학 지도를 관찰하고 참여한 기회를 포함해야만 한다.

학교의 복합성과 교사교육 과정에 있는 학생들에게 충분한 양질의 자리를 배치하기 힘든 것을 생각하면 학교나 대학에 있는 박사과정 학생을 모두 학교에 배치하는 것이 힘들 수 있다. 따라서 대안적인 현장 경험 모델을 생각해 보는 것도 가치 있는 일이다. John Dewey(1904/1964)가 교사의 전문성 신장에 관해 논의한 것을 보면, 가르치는 것은 이론적인 것과 실천적인 일을 동시에 준비하는 것이 필요하다고 주장했다. 교사는 매일의 교실 활동을 조절하는 것과 동시에 교과 내용 지식과 교육학적 이론 사이의 관계에 대해 질문을 제기할 준비가 되어야만 한다. Dewey는 **실험실적** 접근법으로 교수의 이론적인 측면에 집중하는 것과 **도제식** 접근법으로 실천적인 면에 중심을 두는 것을 언급했다(Philipp et al., 2007). 실험실적 접근은 예비교사가 학생이 어떻게 배우고 이해하고 수학을 하는지를 수업을 가르쳐 보기 전에 미리 알게 한다. 이런 것을 "미리 살펴보기(forward-looking)"(p. 443)라고 한다. 반면에 도제식 접근은 "실천하는 교사들이 현재 일어나는 것이 어떻게 그렇게 되는지를 배우는 것을 돕는다"(p. 443). 효과적인 교사 준비에는 두 접근법이 동시에 필요하지만 교생 실습과 학교와 대학에서의 현장 경험은 도제식 활동들이 대부분인 경향이 있다(McIntyre, Byrd, & Foxx, 1996).

Philipp과 그의 동료들(2007)의 연구는 예비 초등교사들에게 두 가지 실험(비디오를 보거나 비디오를 보고 아이들과 활동하는 식 둘 중 하나)을 진행했는데, 아이들의 수학적 사고에 친숙해지도록 하는 실험실적 접근에서의 상대적인 효과에 대해 설명했다. 그 실험은 초등학교 수학 수업(전형적인 수업이나 선택된 수업 중 하나, 선택된 수업의 경우는 교사가 개혁 기반의 전문성 신장 노력에 참여한 경우)을 방문하는 것이 포함된 두 도제식 실험과 비교가 되었다. Philipp과 그의 동료들은 예비교사의 수학 지식을 향상시키는 데 실험실적 접근이 도제식 접근보다 더 완만하게 나아지는 것을 발견했다. 하지만 아이들의 학습과 사고에 대한 예비교사의 믿음을 향상시키는 것은 도제식 접근보다 실험실적 접근이 훨씬 더 놀랍게 향상됨을 발견하였다. Philipp과 동료들의 연구는 적어도 어떤 의도에서는 미래 수학교육 교수들이 교실 밖에서 신중하게 구조화된 경험을 하는 것이 학교에서나 대학에서 수학을 가르치는 직접적인 교실 경험을 대체할 수 있음을 제안한다.

수학교육을 가르치는 현장 경험

미래의 대학 교수진을 희망하는 박사과정 학생들은 다양한 수학교육 교과목을 가르치게 될 것이라고 기대할 수 있다. 그 교과목에는 독창적이고 실천적인 교사가 될 석사 및 박사과정 학생들을 위한 내용 및 방법론 교과목과 다양한 주제(평가, 학습, 교수, 교육과정)에 대한 이론 교과목을 포함한다. 박사과정 프로그램은 일반적으로 그런 과정을 가르칠 명확한 준비를 제공하지는 않는다. 몇몇 박사과정 학생들은 그들의 조교장학금을 받는 대가의 일부로 학부과정을 위한 강사 보조나 학부생 수업을 돕는 수업조교(teaching assistant)로서 일하는 기회를 갖는다. 하지만 많은 대학원생들은 조교장학금으로 다른 일(연구 보조 같은)을 하거나 조교장학금을 전혀 받지 못하는 경우도 많다. 이런 가르치는 경험은 거의 확실하게 미래의 종합대학 또는 전문대학 교수진에게 기대될 것이고, 박사과정 프로그램은 의도적이고 시스템적으로 학생들을 인턴쉽이나 현장 경험을 통해서 그 역할을 준비시켜야만 한다. 그런 인턴쉽이나 현장 경험은 숙련된 교수의 지도 아래 박사과정 학생이 수업을 위한 전반적인 계획을 포함해서 매일의 계획, 수업 안팎으로 해야 할 과제의 선택과 실행, 평가 루브릭 구성, 교실 밖에서 개별 학생 면담, 점수를 매기는 것까지를 포함한 지도(instruction)의 모든 면과 관련될 것이다. 그 인턴이 학부과정을 가르치고 설계하는데 대한 모든 이해를 얻도록 돕기 위해서 그 인턴의 담당교수는 다양한 결정 뒤에 숨겨진 이유들에 대해 인턴과 토론을 하게 될 것이다. 여기서 포인트는 박사과정 학생이 배워야만 하는 그런 수업을 가르치는 정확한 방법 한 가지가 아니라, 그것보다는 박사과정 학생이 수업을 설계하고 실행하는 데 여러 가지 결정들을 할 수 있는 기회를 가지도록 해서 그들이 스스로 결정을 내려 생각하도록 준비시키는 것이다.

교사 양성과정에서 도제식 접근을 덜하고 실험실적 접근에 좀 더 참여할 필요를 강조한 Feiman-Nemster(2012)는 다음을 지적하였다.

> Dewey에 따르면 교사의 최고 표식은 학생의 동기 유발적이고 지적인 과정을 해석하고 유발시키는 능력이라고 한다. 이것은 학생의 마음속에 무슨 일이 일어나는지를 보고 학생들을 가치 있는 학습에 어떻게 참여시킬지를 알아내는 것을 의미한다. (p. 12)

교사교육자의 양성으로 옮겨가서, 그녀는 비슷한 논쟁을 만들었다.

> 교사교육자의 양성은 전문가적인 활동에서의 경험을 포함해야만 한다. 어떻게 교사를 효과적으로 가르칠지를 배우기 위해서 교사교육자는 약간 다르게 포부를 키운다면 가르치는 것을 돕는데 기초적인 사고하는 방법과 과제에 대한 경험을 반드시 하도록 해야만 한다. (Feiman-Nemser, 2013, p. 190)

Feiman-Nemser(2013)에 따르면 경험으로부터 배우기 위해서 교사교육자는 교실 수업에 대한 그들의 친숙함, 경험의 일시적인 질, 가르치는 것의 특별한 특성 등으로부터 만들어지는 어려움들을 극복할 필요가 있다. 그녀는 박사과정 학생들이 이전에 가르친 경험을 새로운 관점에서 분석하고, 수업 교수자로서 그리고 그녀가 "현장 교수자"라고 부르는 것으로부터 얻은 직접적인 경험들을 분석하며, 다양한 형태의 녹화된 경험들을 관찰하고 살펴보는 일들을 하는 것이 필요하다고 지적했다. 이것은 박사과정 학생들을 가르치는 수십 년간 경험의 역할에 대해 그녀가 배웠던 것을 새롭게 생각한 것이다. "초임 교사교육자의 가르친 경험이 교육적인 자원이 되기 위해서... 교사교육자가 그들의 활동 안에서 그리고 다른 이들의 활동으로부터 배울 수 있도록 전문적인 학습 경험 설계가 필요하다"(p.206). 그런 학습 경험은 박사과정 프로그램에 포함되기는 매우 힘들지만, 미래의 수학교육 교수진은 다른 식으로 그런 기회를 만나야 할 것이다.

수학교육에서 대부분의 박사과정 학생들이 대학원 수준의 이론 과목들을 듣지만 그런 과목들을 만드는 데 "뒤에 숨겨진 상황"을 알게 되지는 못할 것이다. 일반적으로 박사과정 학생들이 그런 과목의 구성이나 실행에 대해 깊이 생각하게 되는 첫 번째 시간은 그들이 그 과목들을 가르치게 되었을 때일 것이다. 강사에게 얼마나 강의계획서를 수정하고 적용하고 또는 창조하는 자유를 줄 지에 대한 생각은 기관별로 다양하다. 하지만 표준적인 강의계획서가 존재한다고 하더라도 그것이 강사가 반드시 해야 하는 모든 결정들을 다 포함하고 있지는 않다. 새로운 교수자는 자신이 학생일 때의 경험을 발전시켜 해택을 얻는 것과 상관없이, 자신이 학생일 때의 경험에 기초해서 스스로 강의계획서를 구성하게 된다. 아마도 이런 일은, 모든 박사과정 학생들이 그런 종류의 과목을 가르치리라 기대되지는 않지만, 직장에서 훌륭히 일을 완수해내기 위한 학습 과정의 일부분이다.

연구 경험

수학교육 분야는 지난 세기동안 간단하게 성장해 오지 않았다. 이 분야도 역시 매우 급변하여 왔다. 예를 들면, 수학교육의 초기 연구자들은 실험을 하고, 변수를 조절하고 양적인 방법으로 효과를 측정하는 자연과학의 모델을 따라 연구를 시도했었다(Kilpatrick, 1992). 20세기 중반에 그 모델을 버리고서, 연구자들은 수학 수업을 관찰하고 교사와 학습자를 인터뷰하는 식으로 수학 교수·학습을 해석하기 위하여 소위 질적 연구방법을 사용하기 시작했다. 오늘날 연구자들은 종종 양적과 질적 방법을 혼합해서 사용한다. 혼합 연구방법의 인기는 미래의 수학교육 교수들이 두 종류의 방법을 이해하고 실행하도록 교육되어야 할 필요가 있다는 것을 의미해 왔다. 더 나아가 이제는 현재 Handbook의 각 장들이 보여주는 상당한 양의 문헌연구에도 미래의 교수들은 친숙해져야만 한다.

논문이나 학위논문을 위한 개인 연구 프로젝트는 박사학위를 위한 가장 좋은 표준이다. 하지만 많은 수학교육 프로그램의 박사과정 졸업자들은 독창적인 연구를 하는 것이 본인의 직장에서의 직무에 포함되지 않는 교수직을 얻게 될 것이다. 전통적인 박사과정 프로그램들은 논문, 학위논문, 또는 그들이 한 연구의 작업들이 기록된 포트폴리오 등으로 끝나게 된다. 이런 문서의 목적은 예비 졸업자가 그 분야에서 독창적이고 독립적이며 중요한 기여를 할 수 있는지를 확인하는 것이다. 대학은 일반적으로 이런 기여도를 판단할 전문가 그룹을 소집한다. 그 그룹은 대학의 교수진일 수도 있고 그 과정에 도움을 주기 위해 외부 전문가를 부르기도 한다. 스칸디나비아 국가에서 예비 졸업자들은 그들이 학위논문에서 만든 논쟁을 확인하기 위해서 외부에서 한 명 또는 그 이상의 "상대"와 마주해야 한다.

일부 학자들이 오늘날 실제로 쓰는 한 가지 대안은 지도교수가 일하고 있는 탐구 영역 내에서 학생이 연구를 수행하도록 요구하는 것이다. 이렇게 하는 것의 장점은 학생이 잘 정립된 문헌 기반, 이론적 틀, 자료 수집과 분석 기술을 사용해 연구를 하고 학위논문에서의 연구가 진행 중인 탐구에도 기여한다는 점이다. 더 나아가 ,지도교수는 앞으로의 연구를 위한 방향을 제안하고 도움을 주는데 무엇보다 더 잘 갖추어져 있다. 이런 시나리오에서 박사과정 학생은 여전히 원본 자료를 수집할 수 있으며(새로 수집되었건 또는 기존 자료이건 간에 가장 확실하게 자료를 분석할 것이다), 연구 문제, 문헌 검토, 연구방법 및 결과를 작성하는데 참여한다. 따라서 학생은 연구의 여러 측면을 준비하게 되지만, 처음부터 연구를 개념화하고 설계하는 것에 관해서는 많은 경험을 얻지 못할 것이다.

개별 연구 프로젝트에 대한 또 다른 대안은 박사과정 교육을 위한 **모드 2** 교육 모델(Nerad & Trzyna, 2008, pp. 305-306) 이라는 것인데, 수시로 학제 간 학생과 선임 연구자 그룹이 시장성 있는 프로젝트에서 함께 일하는 것이다. 교수직을 확보할 수 없는 박사학위 소지자들의 불만이 많아지면서, 사회 과학 및 교육에서의 일부 프로그램 기부자들은 자연 과학 및 공학 분야에서 박사과정의 더 성공적인 사례를 재현하기 위한 노력으로 모드 2를 지원하기 위한 기금을 만들어내었다. "모드 2 박사과정은 전 세계의 학자 및 대학을 다양한 학문 분야의 학자와 협력 네트워크를 통해 세계 수준의 박사과정을 조직할 수 있는 가능성을 열었다"(Nerad & Trzyna, 2008, p. 306). 하지만 수학교육 박사과정이 모드 2 접근법을 채택하는 것으로 옮겨갈지 여부는 앞으로 살펴봐야 한다.

개념화 연구나 설계 연구는 박사과정 학생이 미래에 독립적인 연구를 하게 될 직장에서의 경력을 쌓는데 필요한 경험이다. 하지만 다른 직업을 열망하는 학생들에게도 그런 경험이 필요할까? 이런 학생들은 지도교수의 탐구 맥락에서 문헌, 이론적 틀, 연구방법을 적용하는 법을 배우는 것이 더 나을까? 물론 이것은 어떤 학생이 독창적인 연구를 해야만 하고 언제 그런 결정을 해야 하는지를 누가 결정하는지에 대한 문제를 제기한다.

미래의 수학교육 교수 모두가 연구를 수행하여 새로운 지식을 창출하도록 요구되는 직책에 취업하게 되지는 않겠지만, 모두 연구의 소비자가 될 것이고, 이를 위해 준비할 필요가 있을 것이다. 소비자로서 교수는 그들의 수업을 위해 연구를 사용하고, 연구 보고서를 읽고, 그 분야의 변화를 파악하고, 정책입안자와 일반 대중이 연구 결과에 관여하도록 연구를 사용하리라 기대된다. 수학교육 교수는 교육 연구가 우리에게 알려주는 것과 가르쳐주지 않는 것에 대한 확실한 이해를 하고 있어야만 하고, 출판된 연구 논문을 비평하고 언론에 나타난 논점의 결함을 발견할 수 있도록 충분한 연구 설계에 대한 이해를 해야 하며, 가장 일반적으로 사용되는 연구방법과 친숙해야 하고, 새롭게 나타나는 연구방법을 배울 능력을 가져야만 한다.

현재 양적, 질적, 혼합 방법 설계는 수학교육 연구에서 일반적으로 사용하므로 교수들이 이 세 가지에 익숙하고 적어도 하나는 깊이 있게 이해하는 것으로 간주한다. 많은 정책 결정이 소규모 연구의 특정 해석에 기반하고 있으므로 미래의 교수들은 정책입안자와 같은 사람들을 위해 연구 분야에 대해 더 많이 알고 분석할 수 있으며 해석할 수 있는 지식이 필요하다. 더 나아가 경제학자나 사회학자처럼 외부의 사람들이 교육에서의 문제에 관해 많은 연구를 수행하고 있다. 그런 연구자들과 그들의 일에 대해 얘기하기 위해 지식과 어휘를 아는 것도 수학교육 교수에게는 매우 중요하다. 교수가 연구방법에 대한 상당한 지식을 가져야 하는 또 다른 이유를 들자면, 이 직업은 학술지, 책의 챕터, 연구보조금 제안서 등을 검토하는 동료 검토자의 사용 여부에 달려 있다. 연구팀이 연구수행에 사용할 연구방법을 결정하는 데 전문적인 연구방법론자를 포함시키는 것은 매우 흔한 일이다. 그럼에도 불구하고 팀에서 수학교육자들은, 심지어 정교한 기술과 소프트웨어를 사용한 자료 분석 기술을 가지고 있지 않더라도, 합리적인 결론을 도출하기 위해 연구방법에 능통해야만 한다. 교수가 되기 위한 지식 기반의 대부분의 측면에서 연구방법은 끊임없이 변화하고 있으므로 미래의 수학교육 교수는 현재의 연구 방법론을 배우는 것에 추가로 연구결과를 해석하기에 충분한 수준으로 새로운 방법에 대해 배울 자신감과 성향을 가질 필요가 있다.

직업적 정체성

의학 및 법학에서의 직업과 마찬가지로 교육에서의 직업은 그 분야의 교수가 연구 및 전문가적 활동에 동시에 참여할 것을 요구한다. 그러나 의학이나 법학과 달리 대부분의 나라에서 교육 기관은 누가 그 직업에 들어가기 위해 인증을 받았는지에 대해 상대적으로 통제력이 거의 없다. 특히 예비 초등교사나 예비 중등교사를 위한 교사 양성과정은 종종 대학 프로그램에서 다양한 대안적인 방법들을 통해 제공된다. 따라서 수학교육 교수는 단순히 연구자나 실무자 그 이상이어야 할 필요가 있다. 동료 종사자뿐만 아니라 정책입안자, 학부모, 일반 대중에게도 해당 분야를 알려야 할 필요가 있다. 수학교육 교수는 연구 환경이 존재하지 않는다면 만들어야 하고 연구 주제의 발기인이 되어야 하며, 수학교육을 좀 더 가시적이고 신뢰할 수 있는 분야로 만드는데 도움이 될 프로젝트를 수립해야 하고, 더 넓은 사회에서 수학에 관련된 문제들에 참여해야 한다. 다르게 말하면 수학교육 교수는 직업적 정체성을 개발할 필요가 있다(Grevholm, 2010).

전문 수학교육자이기도 한 대학 교수의 일은 항상 가르치는 것과 연구 그 이상의 의미를 갖는다. 기관 수준에서 교수진은 다른 업무와 함께 학과, 단과대학, 대학 관리 위원회(예를 들어 교육과정 위원회 또는 학생 학술 항소 위원회 등)에 봉사하고, 학생들에게 조언하고 박사과정 학생의 지도교수로도 일하고, 학생을 위한 독립연구를 지도하고, 대학원생을 위한 졸업시험을 만들고 읽고 평가하는 등의 일을 한다. 미래의 수학교육 교수는 학문적 명성을 확립하기 위한 다양한 활동도 수행할 것으로 예상된다. 예를 들어, 연구 문제를 확인하고 만드는 것, 연구를 수행하기 위한 기금을 찾는 것, 연구를 수행하고 글로 쓰는 것, 학술대회나 학술지에 연구 작업을 보고하는 것, 연구 자금 제안서를 검토하고 저널 원고를 검토하는 것, 기타 여러 학술 활동 등을 포함한 활동을 하도록 기대되는 것이다. 이러한 활동의 대부분은 예비 교수의 박사과정 프로그램에서 일부는 심도 있게 다루어질 수도 있지만, 대부분은 집중적인 관심을 받기 어렵기 때문에 직장을 얻고 나서 경험을 쌓을 필요가 있다. 수년 전, Walbesser와 Eisenberg(1971)는 수학교육자에게 필요한 연구 역량에 관한 문제를 다루었고 메릴랜드 대학에서 그러한 역량을 규정하기 위해 설계된 일련의 세미나를 진행해 상세히 설명했다. 하지만 교육 기관에서 상당한 수준의 수학교육 박사과정을 가지고 있지 않다면 그런 세미나를 제공할 수 없을 것이다.

또한 수학교육 교수는 박사과정 학생은 알기 힘든 교육 기관 및 직장에서 많은 활동에 참여한다. 종종 그런 교수들은 교육 정책에 영향을 줄 것이라고 예상된다. 그들은 수학 교수·학습에 대한 권위를 가지고 그 활동들이 어떻게 진행되고 있으며 국내에서나 국제적으로 논의되고 있는 것에 대해 얘기할 수 있는 소수의 인물일 수 있다. 수학교육의 미래 교수들 중 적어도 일부에 대한 직업적 정체성의 일부는 교육 정책의 변화에 영향을 받는 학문 및 학생과 교사를 지키기 위해 그들의 지식과 기술을 사용하도록 요구할 것이다.

많은 조교수들이 “하지만 내 지도교수는 내가 어떻게 해야 하는지 가르쳐주지 않았다”고 슬퍼하는 것을 보아왔다. 박사과정을 지도하는 교수는 학업 및 전문직 환경에 몰두하는 것이 이런 일을 수행하는 방법을 알게 될 것이라고 생각할 수도 있고, 또는 학생들이 교수진이 되었을 때 그들 스스로 이를 파악할 수 있을 거라고 믿는다. 일부 개별 교수진과 프로그램들은 이런 항목 중 일부를 박사과정 교육에 명시적으로 포함시키고 가장 일반적으로는 박사과정 학생이 학회에 제출된 제안서를 검토하는데 참여시키거나 학술지 논문을 검토하는데 참여시킨다. 물론 수학교육 분야에서 박사과정 프로그램이 학생들의 직업적인 삶에서 만나게 될 모든 상황을 대비시킬 수는 없다. 그렇다면 학생들을 교수의 삶에 포함될 광범위한 활동에 고의적으로 노출시키는 인턴십을 제공한다는 것은 무슨 의미일까?

Feiman-Nemser(2001)의 가르치는 임무의 연속성이 수학교육 박사과정 프로그램에 어떻게 적용될 수 있을지를 고려하는 것은 이것을 생각하는데 유용할 수 있다. 그녀는 가르치는 임무를 세 가지 기간으로 나누었는데, 예비 기간, 유도하는 기간, 그리고 직업을 가진 후 전문성 신장을 통해 가장 잘 배우는 기간으로 세분화하였다. 그녀에게 연속성은 교사가 직업의 각 지점에서 배워야 할 가장 중요한 항목 및 특정 종류의 학습을 촉진시키기 위한 기관(교사교육 기관, 학교, 전문성 개발 경험)의 역량을 기반으로 한다. 박사학위 수여 기관의 교수진은 교수가 되는 다양한 측면에 대한 분석에 참여할 수 있고, 박사과정 학생인 동안 가장 잘 배운 사람과 직장에서 가장 잘 배운 사람 또는 직업 경력에서 나중에 지원을 통해 잘 배우게 될 사람을 식별할 수 있다.

여러 가지 길

1999년, **한 분야, 여러 가지 길**(One Field, Many Paths, Reys & Kilpatrick, 2001)이라는 제목의 수학교육 박사과정 프로그램에 대한 최초의 미국 전국학술대회의 보고서가 있다. 여기서 **여러 가지 길**이라는 용어는 그 학술대회가 목표, 내용, 구조, 요구 사항, 운영 및 그 밖의 모든 면에서 엄청나게 다양하다는 사실을 밝혀냈기 때문에 선정되었다. 미국 밖에서 전 세계적으로 박사과정 프로그램을 볼 때 그 다양성은 더욱 커졌다. 그런 프로그램을 나온 대부분의 졸업생들이 일부 교사 양성이나 전문성 개발에 관여할 가능성이 있지만, 고등교육이나 그 외의 영역에서 다른 옵션들도 점점 더 많이 이용가능하다. 박사과정 학생들이 다양한 배경(학교 교사, 대학원 수준 수학과 학생)에서 오면서, 이전에 얘기한 것보다 더 다양한 박사과정 프로그램을 겪으면서, 여러 직업 옵션(수학교육 교수가 교과 내용학 수업을 가르치고, 교수 방법론 수업을 가르치고 또는 둘 다를 가르치는 것을 포함)을 가지면서, 전 세계의 상황은 전국학술대회(**한 분야, 여러 가지 길**)에서 묘사한 것보다 더 복잡해졌다. 비즈니스에서 가장 오래된 진부한 표현 중 하나는 교수의 교육이 평생 과정이라는 것이다. 진부하던 그렇지 않던 간에 우리는 그 주장을 앞으로 수년 동안 지속될 진리로 본다. 수십 년에 걸친 수학 및 수학교육에 대한 수년간의 경험과 같이 한 정규 교육은 수학교육 교수가 직책을 적절하게 수행하기에 필요한 기초 교육만을 제공할 수도 있다. 미래의 수학교육 교수를 교육하는 데 가장 큰 과제는 공식적인 연구, 체계적인 경험, 실무 학습 간의 적절한 균형을 유지하기 위해 그 과정을 어떻게 조정하는가 하는 것이다.

1. University of Agder에 있는 Barbro Grevholm과 University of Missouri에 있는 Robert E. Reys에게 초안에 대한 의견을 준 것에 감사한다.

2. 일부 국가에서는 이 맥락에서 교과 내용 교수학적 지식을 교수학적 지식이라는 용어로 사용할 수도 있다.

참고문헌

Andžāns, A., Bonka, D., & Grevholm, B. (Eds.). (2008). *Selected papers of the ICME 11 Discussion Group 12: Rethinking doctoral programs in mathematics education*. Rīga: University of Latvia, Mācību grāmata. Retrieved from http://math.unipa.it/~grim/icme11_dg12_proceedings_final.pdf.

Ball, D. L. (1990). The mathematical understandings that prospective teachers bring to teacher education. *Elementary School Journal, 90*, 449–466.

Ball, D. L., Thames, M. H., & Phelps, G. (2008). Content knowledge for teaching: What makes it special? *Journal of Teacher Education, 59*, 389–407.

Bass, H. (2005). Mathematics, mathematicians, and mathematics education. *Bulletin of the American Mathematical Society, 42*, 417–430.

Bernstein, B. L., Evans, B., Fyffe, J., Halai, N., Hall, F. L., Jensen, H. S., Marsh, H., & Ortega, S. (2014). The continuing evolution of the research doctorate. In M. Nerad & B. Evans (Eds.), *Globalization and its impacts on the quality of PhD education: Forces and forms in doctoral education worldwide* (pp. 5–30). Rotterdam, the Netherlands: Sense Publishers.

Bromme, R. (1994). Beyond subject matter: A psychological topology of teachers' professional knowledge. In R. Biehler, R. W. Scholz, R. Sträßer, & B. Winkelmann (Eds.), *Didactics of mathematics as a scientific discipline* (pp. 73–88). Dordrecht, the Netherlands: Kluwer.

Carrillo, J., Climent, N., Contreras, L. C., & Muñoz-Catalán, M. C. (2013, February). *Determining specialized knowledge for mathematics teaching*. Paper presented in Working Group 17 at the Eighth Congress of European Research in Mathematics Education (CERME 8), Manavgat-Side, Antalya, Turkey.

Curaj, A., Scott, P., Vlasceanu, L., & Wilson, L. (Eds.). (2012). *European higher education at the crossroads: Between the Bologna Process and national reforms*. Dordrecht, the Netherlands: Springer.

de Ibarrola, M., & Anderson, L. W. (Eds.). (2014). *The nurturing of new educational researchers: Dialogues and debates*. Rotterdam, the Netherlands: Sense Publishers.

Dewey, J. (1964). The relation of theory to practice in education. New York: Random House. (Original work published 1904.)

Dossey, J. A., & Lappan G. (2001). The mathematics education of mathematics educators in doctoral programs in mathematics education. In R. E. Reys & J. Kilpatrick (Eds.), *CBMS Issues in Mathematics Education: Vol. 9. One field, many paths: U.S. doctoral programs in mathematics education* (pp. 67–72). Providence, RI: American Mathematical Society.

Feiman-Nemser, S. (2001). From preparation to practice: Designing a continuum to strengthen and sustain teaching. *Teachers College Record, 103*, 1113–1055.

Feiman-Nemser, S. (2012). *Teachers as learners*. Cambridge, MA: Harvard Education Press.

Feiman-Nemser, S. (2013). The role of experience in the education of teacher educators. In M. Ben-Peretz (with S. Kleeman, R. Reichenberg, & S. Shimoni) (Ed.), *Teacher educators as members of an evolving profession* (pp. 189–210). New York: Rowan & Littlefield.

Grevholm, B. (2008). A Norwegian doctoral programme in didactics of mathematics—Doctoral programmes in the Nordic research communities. In A. Andžāns, D. Bonka, & B. Grevholm (Eds.), *Selected papers of the ICME 11 Discussion Group 12: Rethinking doctoral programs in mathematics education* (pp. 26–43). Rīga: University of Latvia, Mācību grāmata. Retrieved from http://math.unipa.it/~grim/icme11_dg12_proceedings_final.pdf.

Grevholm, B. (2009). Nordic collaboration in mathematics education research. *Nordic Studies in Mathematics Education, 14*(4), 89–100.

Grevholm, B. (2010). Mathematics teacher education: A Scandinavian perspective. In G. Anthony & B. Grevholm (Eds.), *SMDF Papers: No. 8. Teachers of mathematics: Recruitment, retention, professional development and identity* (pp. 93–100). Kristiansand, Sweden: Svensk förening för MatematikDidaktisk Forskning.

Grossman, P. L., & Schoenfeld, A. (with Lee, C. D.). (2005). Teaching subject matter. In L. Darling-Hammond, J. Bransford, P. LePage, K. Hammerness, & H. Duffy (Eds.), *Preparing teachers for a changing world: What teachers should learn and be able to do* (pp. 201–231). San Francisco, CA:

Jossey Bass.

Kilpatrick, J. (1992). A history of research in mathematics education. In D.A. Grouws (Ed.), *Handbook of research on mathematics research and teaching* (pp. 3–39). New York: Macmillan.

Kiley, M., Bell, K., & Feng, L. (2013, November). *Report of the online surveys related to OLT-funded project: Coursework in Australian Doctoral Education: What's happening, why, and future directions?* (Report to the Council of Deans and Directors of Graduate Studies in Australia [DDOGS]). Canberra: Australian National University, Centre for Higher Education, Learning & Teaching. Retrieved from http://chelt.anu.edu.au/doctoral-coursework/presentations.

Klein, F. (1932). *Elementary mathematics from an advanced standpoint: Arithmetic, algebra, analysis* (3rd Ed., Vol. 1). (E.R. Hedrick & C.A. Noble, Trans.) New York: Macmillan. (Original work published 1924.)

McIntyre, D.J., Byrd, D.M., & Foxx, S.M. (1996). Field and laboratory experiences. In J. Sikula (Ed.), *Handbook of research on teacher education* (2nd ed., pp. 171–193). New York: Simon & Schuster Macmillan.

Mewborn, D.S. (2008). Program delivery issues, opportunities, and challenges. In R.E. Reys & J.A. Dossey (Eds.), *CBMS Issues in Mathematics Education: Vol. 15. U.S. doctorates in mathematics education: Developing stewards of the discipline* (pp. 129–136). Providence, RI: American Mathematical Society.

Nerad, M., & Trzyna, T. (2008). Globalization and doctoral education—toward a research agenda. In M. Nerad & M. Heggelund (Eds.), *Toward a global PhD? Forces and forms in doctoral education worldwide* (pp. 300–312). Seattle: University of Washington Press.

Philipp, R.A., Ambrose, R., Lamb, L.L., Sowder, J.T., Schappelle, B.T., Sowder, L., Thanheiser, E., & Chauvot, J. (2007). Effects of early field experiences on the mathematical content knowledge and beliefs of prospective elementary school teachers: An experimental study. *Journal for Research in Mathematics Education, 38*, 438–476.

Reys, R.E., & Kilpatrick, J. (Eds.). (2001). *CBMS Issues in Mathematics Education: Vol. 9. One field, many paths: U.S. doctoral programs in mathematics education.* Providence, RI: American Mathematical Society.

Reys, R., Glasgow, R., Teuscher, D., & Nevels, N. (2007). Doctoral programs in mathematics education in the United States: 2007 Status Report. *Notices of the American Mathematical Society, 54*(11), 1283–1293.

Rowe, D.E. (1985). Felix Klein's "Erlanger Antrittsrede": A transcription with English translation and commentary. *Historia Mathematica, 12*, 123–141.

Rowland, T., Turner, F., Thwaites, A., & Huckstep, P. (2009). *Developing primary mathematics teaching: Reflecting on practice with the knowledge quartet.* London: Sage.

Silverman, J., & Thompson, P.W. (2008). Toward a framework for the development of mathematical knowledge for teaching. *Journal of Mathematics Teacher Education, 11*, 499–511. Retrieved from http://pat-thompson.net/PDFversions/2008SilvermanThompsonMKT.pdf.

Van, L.K. (2012). First course: Formal coursework and the new Australian PhD: An interview with Margaret Kiley. *Digital Culture & Education, 5*(2), 119–126. Retrieved from www.digitalcultureandeducation.com/cms/wp-content/uploads/2013/11/van.pdf.

Vithal, R., Adler, J., & Keitel, C. (Eds.). (2005). *Researching mathematics education in South Africa: Perspectives, practices and possibilities.* Pretoria, South Africa: Human Sciences Research Council.

Walbesser, H.H., & Eisenberg, T. (1971). What research competencies for the mathematics educator? *American Mathematical Monthly, 78*, 667–673.

제 3 부

학습 맥락에서 변화하는 양상들

21세기 수학교육과정에서 문제해결 12

Lyn D. English
Queensland University of Technology

Julie Gainsburg
California State University, Northridge

문제해결은 다른 이들이 그 용어로 무엇을 의미하는지 너무 가까이 들여다보지 않는 한 그것을 수행하는데 있어서 훌륭한 포장재 역할을 한다. (Kilpatrick, 1981, p. 2)

서론

수학교육과정에 있어서 문제해결에 관한 연구는 지난 수 십년간 이루어져 왔으며, 다양한 주제에 관해 일관되지 않은 제언을 해 왔다. 일반적인 교수 전략과 발견술의 효과성, 수학 내용의 역할(문제해결의 수단으로서인지 아니면 학습 목표로서인지), 맥락의 역할, 그리고 문제해결의 사회적, 효과적인 측면에 대한 논의는 지금도 계속 되고 있다(예, Lesh & Zawojewski, 2007; Lester, 2013; Lester & Kehle, 2003; Schoenfeld, 1985, 2008; Silver, 1985). 인지·행동 과학적, 신경과학적, 수학 분야, 교육 철학적, 그리고 사회문화적 입장을 포함한 다양한 학문적 관점은 이러한 논의에 정보를 제공해 왔으며, 자주 각각 다른 해결책을 제시하였다. 어쩌면 이러한 불확실성 때문에 교육자들의 학생들의 수학 문제해결 기술을 향상시키고자 하는 수년간의 노력이 실망스러운 결과로 이어졌는지 모른다. 양적· 질적 연구는 학생들이 일반적인 연습문제보다 문제해결을 어려워한다는 것을 지속적으로 보여왔다(OECD, 2014; Boaler, 2009).

문제해결에 대한 또 다른 관점은 현대의 삶과 직업에서의 필요성을 고려하는 것이다. 성인이 되었을 때의 직업과 삶에 대한 대비가 수학교육의 유일한 목적이 아니라는 것은 알고 있다. 그러나 얘기하고자 하는 것은, 수학자가 되지 않을 대부분의 학생들은 더 나은 직업과 삶에 대한 기회와 성취를 위하는 것이 사실상 수학교육의 주요 목표가 되어야 한다는 것이다. 세계적으로 수학이 삶을 풍요롭게 한다는 것을 고려하기보다, 수학교육을 직업에 대한 준비도에 연결시키는 것이 정책의 주요 주제가 되어 왔다(Grubb & Lazerson, 2004; Mehta, 2013; Miller, n.d.). 그럼에도 불구하고, 이러한 정책에서 주장하는 것(21세기의 일과 삶에서 수학에 대한 요구정도를 면밀히 분석하는 것, 이러한 요구가 수학교육을 어떻게 변화시켜야하는지)을 보여주고자 하는 노력은 불충분했다. 이 장에서는 고용주, 노동자, 경제, 그리고 다른 학문에서 문제해결을 현대의 일과 삶에서 어떻게 바라보는지와 학교의 기여에 대하여 살펴본다. 그 다음, 만약 수학교육의 과중한 목적이 학생들의 현 시대의 일과 삶의 요구에 대비시키기 위하는 것이라면, 지속되어온 문제해결에 대한 논란이 어떻게 해결될 수 있을 것인지 살펴본다.

수학교육에서 문제해결에 대하여 연구할 때는 한 가지 어려움이 생기게 된다. 공통적으로 받아들여지는 정의 없이 지난 수년간 **문제**와 **문제해결**에 대한 수많은 해석이 있어왔다는 점이다(English & Siraman, 2010; Lesh & Zawojewski, 2007; Lester, 2013; Schoenfeld, 2013; Toerner, Schoenfeld, & Reiss, 2008; Zawojewski, 2010). 문제해결의 영역은 광범위해서 그에 대한 정의는 수없이 많을 수 밖에 없다. 1981년에 Kilpatrick은 **문제**와 **문제해결**의 "부정확하고 불분명한 사용"이 "그들의 명칭에 있어서 수많은 재앙을 불러일으켰다"고 언급했으며 그 상황은 오늘날까지도 별로 나아지지 않은 듯하다.

전통적으로, 문제는 해결자가 답에 다다르는 방법을 모르는 과제로 정의되어 왔다. Lester(2013)는 Duncker의 "문제는 살아있는 생명체가 목적을 가지고 있지만 이 목적을 어떻게 성취할 수 있는지 모를 때 생긴다"와 같은 수많은 정의를 살펴보았다. Newell과 Simson(1972)는 Duncker의 이러한 난관봉착이라는 아이디어를 수용하면서 동기부여적인 측면을 포함하여 다음과 같이 정의하였다. "사람은 그 사람이 무엇인가를 원하고 그것을 얻을 수 있는 일련의 행동을 즉각적으로 모를 때 문제에 봉착한다." Mamona-Downs와 Down(2013)의 "절차적인 문제가 아니거나, 과제를 어떻게 해결해야하는지 초기에 학생이 전체적인 아이디어를 가지게 하지 않는 어떠한 수학적 과제에 대한 참여"와 같이, 문제해결에 대한 최근의 몇몇 정의는 여전히 해결책에 대한 불확실성을 내포하고 있다. 다른 학자들은 **문제해결**이라는 용어에, English와 Sriraman(2010)이 간단한 언급한, "넓은 의미에서 도전적이게 하고 사람의 사고를 확장시키는 일련의 활동을 포함하는 것"에서 볼 수 있는 것과 같이, 그 의미를 확장시켰다. 더 넓고 포괄적인 관점을 제시하는 것은 다음과 같은 Hegedus의 정의이다.

> 우리는 수학적인 문제해결을 다양한 접근법이 타당할 때 협력적인 탐구로 봄으로써 수학적 문제해결이 무엇인지에 대한 매우 폭넓은 시각을 취한다. 수학적 문제해결은 특정한 답이나 적용을 가지고 있는 단순한 어떤 특정한 문제를 해결하는 것이 아니라, 다양한 접근법이 존재하고 학생들이 다양한 관찰을 할 수 있는 탐구라고 할 수 있다. (2013, p. 89)

이러한 문제와 문제해결에 대한 새로운 해석은 전통적인 의미와 이러한 전통적인 의미가 문제해결을 지도할 때 도움이 되지 않는다는 데에 대한 불만족을 반영한다고 볼 수 있다(Lester, 2013).

문제해결이 성인이 되었을 때의 직장과 삶에 대한 준비라는 관점을 취할 때 또 다른 불확실성이 생긴다. 수학교육에서의 **문제**는 **수학적인** 문제(제기되고, 해결되고, 그리고 수학의 범위내에서 결론을 내리는)를 말하는 것인가? 아니면 수학을 적용함으로써 해결할 수 있는 실생활의 문제나 과학이나 경영과 같은 다른 분야의 문제를 말하는 것인가? 이 장에서는 21세기가 수학교육에 요구하는 것이 무엇인지에 대한 해석에 대한 제한을 피하기 위하여 **수학교육에서 문제해결**의 의미를 포괄적으로 다루고자 한다.

이 장을 다음과 같이 구성하고자 한다. 첫째, 지난 수십 년간의 수학적 문제해결에 대한 연구에서 다루었던 주요 논쟁을 검토하였다. 그 다음 현대의 직장과 삶에서 요구하는 것에 대한 문헌을 살펴보았다. 여기서 일터와 일상 생활에서의 변화를 가져온 것들, 이러한 변화하는 환경속에서 해결되어야 하는 양적인 것을 다루는 문제, 그리고 이에 필요한 역량에 대하여 조사하였다. 마지막으로 연구에서 제시된 21세기의 문제해결에 대한 주요 논의에 대한 해결책에 대하여 논의하였다.

수학적인 문제해결 연구에 대한 논의(그리고 실의)

수학적 문제해결을 촉진시키는 것은 시간이 많이 들고 집중적인 노력을 필요로 한다. 수학교육과정에서 문제해결의 중요성은 이미 잘 알려져 있고 학자들은 학생들이 다양한 문제를 해결할 수 있는 역량을 길러주는 수많은 전략을 제시해 왔다. 전미수학교사협의회(NCTM)에서 수학교육과정이 문제해결을 중심으로 구성되어야한다는 **실천을 위한 건의**가 제안된 1980년대는 "문제해결의 시대"였다. 최근에는 학교와 그 밖에서 문제해결에 대한 이론과 실천에 대한 주제를 다룬 수많은 출판물에서 볼 수 있듯이, 수학교육 연구자들 사이에서 문제해결이 다시 관심사로 부활하고 있는 듯하다. 예를 들어, The Mathematics Enthusiast(Vol.10, nos. 1-2) 학술지의 2013년 특별판은 "문제해결 연구의 최근 경향…교사의 영향과 교육과정 구성에 영향을 미친 주요 결과"를 살펴보는데 목적을 두고 있다(Moreno Armella & Santos-Trigo, 2013, p. 4). 다른 학술지의 특별판에서는(ZDM, Vol. 39, nos. 5-6), Toerner, Schoenfeld, 그리고 Reiss(2008)이 세계의 문제해결의 발달에 대한 리뷰를 작성하였다. 그리고 *Educational Studies in Mathematics*(Vol. 83, no.2013)의 최근 특별판과 편집된 책인 「Problem Posing: From Research to Effective Practice」(Singer, Ellerton, & Cai, 2013)에서는 **문제 제기**만을 집중해서 다루고 있다.

불행히도 이 수십 년 된 수학적 문제해결에 대한 초점은, 이에 대한 중요한 이해에 도움을 주면서도 교육 현장에는 확실하고 명백한 제안을 못하고 있다. 문제해결 역량을 어떻게 촉진시킬 것인가에 대한 질문은 여전히 남아 있다. 사실 '문제'와 '문제해결'에 대한 수많은 해석들, 최근 여러 나라에서 많은 학생의 균등한 교육에 중점을 두고 있는 것과 사회와 일터에서의 변화하는 요구에 의해 더욱 복잡하게 되었다. 특히, 특정한 해결되지 않은 논란은 앞으로 나아가는 것을 지연시키고 있다. 이제 그러한 몇몇 논란을 살펴보고자 한다.

문제해결을 가르치기와 문제해결을 통해 수학 가르치기의 대결

수학 교실에서 문제를 활용하는 것의 최종 목표가 문제해결을 가르치는 것인가? 아니면 문제해결을 수단으로 삼아 수학 내용을 가르치기 위한 것인가? Anderson(2014)과 같은 몇몇 학자들은 교실에서의 수학의 핵심 아이디어의 이해와 과정과 동떨어진 전통적인 문제해결활용 수업에서 학생들의 성취도가 실망스러웠다는 것을 비판한다. 보통 학교 현장에서 문제해결은 적용("이야기")의 형태로 문제해결이 마치 보충과제인 것처럼 그리고 이미 학습한 내용을 적용하는 능력을 향상시킬 것이라는 기대에서 교과서 단원의 마지막에 제시된다. 그러한 문제는 문제해결을 가르치는 목적이나 수학 내용 지식을 익히거나 심화시키는데 거의 기여하지 못한다(Anderson, 2014). 하지만 개념 발달이 문제해결을 통해 습득될 수 있는가에 초점을 맞춘 몇몇의 연구는 문제해결이 교육과정에 있어서 중심적인 역할로서 이해되기보다 주변으로 밀려났다는 것을 보여준다(Rigelman, 2013). 또 필요한 것은 한 번에 두 가지의 목표(즉, 문제를 통한 개념이해의 발달과 문제해결 역량의 발달)가 성취될 수 있는 것인가 하는 것이다(Lester & Charles, 2003; Schoen & Charles, 2003). 요약하면 최근의 연구에서는 수학 개념 이해의 발달의 수단으로서 문제해결을 바라보는 시각과 이와 반대로 문제해결 자체를 목표로 두는 시각이 존재하며, 이 시각차는 좁혀지기 힘든 것으로 보인다.

발견술과 일반적인 기술의 효능성

교실에서 문제해결의 목적에 대한 논쟁과 밀접한 관련이 있는 두 번째 논쟁은 학생들에게 문제를 해결하는 것을 어떻게 지도할 것인가에 대한 것이다. 초창기 연구에서는 문제해결을 내용영역에 걸쳐서 또는 맥락에서 벗어난 상태로 발달시킬 수 있는 일반적인 능력(또는 능력의 집합)으로 간주했다. 어쩌면 이 논쟁에서 가장 주목을 받는 것은 일반적인 전략과 "전문적인" 문제해결자의 도구이자 폴리아의 저서인 「How to Solve it」(1945)에서 기인한, 발견술의 교수 효능성일지도 모른다. 이 책은 오랫동안 학생들이 "난관에 봉착했을 때"에 해결하는 전략의 단계를 제시함으로써 친숙하지 않은 문제를 해결하는 능력을 향상시켜줄 수 있는 귀중한 자료로 여겨져 왔다. 그러한 도구들이 성공적인 문제해결에 기여할 수 있다는 몇몇 근거에도 불구하고, 수년전부터 교육자들이 추구하는 문제해결의 향상을 가져오지는 못하는 것으로 드러났다(예, Lesh & Zawojewski, 2007; Lester

& Kehle, 2003; Schoenfeld, 2013; Silver, 1985).

다른 일반적인 역량들도 또한 문제해결과 관련되어 있다. 초인지(문제해결자 자신이 자신의 사고와 해결 과정에 대해 반성하는 것)가 문제해결를 더욱 성공하게 해주는 더 세밀한 수준의 자각과 전략에 대해 명확히 하도록 함으로써, 문제해결에 영향을 미치는 것으로 여겨진다(Kapa, 2001; Schneider & Artelt, 2010). 문제해결 역량을 향상시키는 간접적인 수단으로서 초인지를 강화하기 위하여 수많은 교육방법이 개발되고 실행되어 왔다(예, Goos, Galbraith, & Rensahw, 2002; Kramarski, Weisse, & Kololshi-Minsker, 2010). 협동과 대화와 같은 사회적인 기술도 문제해결 역량과 관계되어 왔고 또 다시 교수법적 처치의 직접적인 표적이 되어 왔다(Goos & Galbraith, 1996; McKenna & Agogino, 2004).

여타의 긍정적인 결과가 있음에도 불구하고, 전체적으로는 이러한 일반적인 기술과 발견술의 향상이 문제해결에 성공(수학적이거나 아니거나)을 가져온다는 근거는 거의 없는 것으로 보인다(Lester, 2013). 이러한 제한적인 성공에 대한 한 가지 설명이 될 수 있는 것은 자주 일반적인 기술이 학생들이 왜 그러한지 또 어떻게 해야 하는지에 대한 이해 없이, 학습되어져야 하고 적용되어야하는 분리된 개체의 집합으로 여겨져 왔다는 것이다(예, English & Sriraman, 2010; Lesh & Zawojewski, 2007; Lester, 2013). 또 다른 설명이 될 수 있는 것은, 초기에 실제적인 문제해결에 학생들과 상호작용하는 것으로 여겨졌던 문제해결 기술과 발견술이, 교과서에 교수적으로 포함되었고 과정적인 알고리즘 형식으로 그 역할이 축소되었다는 것이다(Stanic & Kilpatrick, 1989).

맥락과 실제성의 역할

교수에 있어서 실제적인 맥락의 역할은 수학교육자들 사이에서 논쟁거리이다. 학생들이 수학적 개념을 적용하는 것과 학교에서 학습하였을 것으로 생각되는 것을 학교 밖이나 과학같은 다른 과목에서 적용하는 능력이 부족하다는 것은 명백히 보고되어 왔다(de Abreu, 2002; Greiffenhagen & Sharrock, 2008; Nunes, Schilemann & Carraher, 1993). 이러한 어려움에 대한 보편적인 설명은 맥락에 민감한 학습과 문제해결의 본질에 있다. 즉, 한 특정한 상황에서 학습한 문제해결 역량은 그 상황의 특징에서만 적용 가능하다. 이를 새로운 문제로 전이하는 것에는 어려움이 따른다(Lobato, 2003; Hohensee, 2014). 문제해결을 이렇게 보는 시각은 일반적인 기능(발견술, 초인지, 그리고 사회적 기술)을 습득하는 것이 문제해결 역량을 향상시키는데 별로 도움이 되지 않는지를 설명할 수 있게 해준다. 사실 이것은 "문제해결 역량"의 존재를 하나의 현상으로 여기게 한다. 한 가지 해결책은, 특정 맥락에서 학습된 문제해결이 다른 상황으로 전이되는 것이 쉽지 않더라 하더라도, 수학학습을 실생활 문제해결의 맥락에 놓는 것이다. 수학 교수를 상황맥락에 놓는 것의 형평성에 대한 우려도 제기되었다. Lubienski(2000)는 저소득층 어린이들이 맥락을 제공하는 교육과정에 적게 노출되고 있다는 것을 밝혔다. Cooper와 Cunne(1998)의 연구는 저소득층 학생들이 맥락이 있는 평가문항에서 성취도가 더 낮다는 것을 보여주었다. 이 두 연구 모두 고소득층 학생들은 이미 문제해결에 사용하지 않아도 된다는 것을 알고 있는 맥락을 제시하였다고 결론내렸다. 마지막으로 수업에 실생활 문제와 맥락을 포함시키는 것이, 교수학적이고 실행적인 이유로 인해, 그들의 실제성을 감소시킨다는 것이다. Barkker, Kent, Derry, Noss, Hoyle(2008)은 학생들의 학교 졸업 후의 가능성을 향상시키기 위해서 수업에 직업현장의 경험을 활용할 수 없다는 것을 경고하였다. 실생활 맥락을 활용하여 수학을 가르치는 것이 학생들이 성인이 되었을 때의 문제해결 능력을 향상시키는지, 또 만약 그렇다면 맥락이 얼마나 실제적이어야 하는지에 대해서도 더 많은 연구가 요구된다.

어떤 수학내용을 가르쳐야 하는가

더 일반적인 문제해결을 둘러싼 논쟁은 교수에 있어서 어떤 수학내용이 가장 중요한가에 관한 것이다. 또한 이 질문은 수학이라는 분야의 영구성, 미래의 수학자가 되기 위한 준비, 미래의 수학이나 다른 과목에 대한 준비, 그리고 개인의 지능 발달이나 즐거움 등의 다양한 관점에서 답해질 수 있다. 우리가 여기서 차용한 관점은 현대의 일과 삶의 요구에 준비하는 것이며, 이것은 수많은 목적 중 일부일 뿐임을 이미 인지하고 있다는 점을 밝혀 둔다.

이러한 오래된 논쟁에 한줄기 해결의 수단으로서, 어떻게 고용주, 노동자, 경제 전문가, 그리고 다른 학자들이 현대의 일과 삶에서 문제해결에 대한 요구와 학교교육의 기여도를 살펴보겠다.

21세기의 직업과 삶의 요구

변화의 동력

"21세기의 요구"라는 문구는 오늘날의 직업과 삶이, 인식의 전환과 새로운 교육을 필요한다는 점에서, 몇 십 년 전의 직업과 삶과는 매우 다르다는 것을 의미한다. 그러한 새로운 요구사항을 살펴보기 전에, 먼저 무엇이 삶과 직업에 변화를 가져왔는지 그리고 변화된 직업과 삶에서 요구하는 것이 다르다는 것의 근거가 무엇인지 살펴보고자 한다.

21세기의 직업과 삶이 상당히 변화하였다고 하는 주장에는 여러 근거가 있다. 기술 발전과 이 발전된 기술을 어디서든 접근할 수 있다는 것을 변화의 원인으로 보는 것이 아마도 가장 보편적일 것이다(Brynjolfsson & McAfee, 2011; Goldin & Katz, 2008; Handel, in press). 산업 현장에서 예전에는 사람이 했던 일을 이제는 컴퓨터와 로봇이 대체하고 하고 있다(Autor, Levy, & Murnane, 2003; Partnership for 21st-Century Skills [P21], 2008). 반면 이러한 발달은 노동자들에게 높은 수준의 문제해결 기술을 요구한다(Kaput, Noss, & Hoyles, 2008; Hoyles, Noss, Kent, & Bakker, 2010; P21, 2008). 직업 현장에서 기술이 통합적인 인지적 요구를 증가시킨다는 매커니즘에 대한 다양한 설명이 존재한다. 컴퓨터나 로봇에 의한 자동화는 낮은 수준의 인지를 요구하는 직업을 **대체하고**, 높은 수준의 인지를 요구하는 직업만 남을 지도 모른다. 기술은 이전에는 낮은 수준의 인지를 요구하는 직업의 형태를 **변화**시킬지도 모른다. 왜냐하면 **기술을 이용하여 일하는 것**이나 기술적인 변화를 다루는 것은 높은 수준의 인지력을 요구하기 때문이다(Pellegrino & Hilton, 2012에 인용된 Schultz, 1975; Welch, 1970). 또는 그 메커니즘이 직접적이지 않을지도 모른다. 몇몇의 연구 결과 회사 수준의 기술 투자는 새로운 전략, 과정, 실행, 구조와 같은(p. 21, 2008) 조직적인 변화와 동반될 때에만 생산성을 증가시키는 것으로 나타났다. 그러므로 기술은 스스로 관리하는 팀, 정보의 공유, 의사결정의 탈 중심화와 같이 노동자들의 조직에서의 역할을 바꿈으로써, 그들에게 요구되는 인지적 요구를 변화시키고 있는 것일지도 모른다.

이러한 메커니즘 중 어떠한 것이 직업 현장에서의 인지적 요구를 증가시키는 기술과 연관이 있는지는 확실치 않다. Brynjolfsson과 McAfee가 언급한 것처럼 "디지털 기술은 오늘날의 경제의 가장 중요한 원동력이다. 그들은 직업 현장 세계를 변화시키고 있으며 생산성과 성장의 중요한 원동력이다. 그러나 그들이 고용에 미치는 영향을 아직 미지의 영역이며 충분하게 이해되고 있지 않다"(2011, p. 9). 출판 예정인 Handel의 연구에서는 미국의 직업 대체와 직업 변화에 있어서 노동자들이 직면한 과제에 대하여 다루었다. 더 나아가 조직적 구조에서의 변화와 상하 수직적 구조와 팀 사용의 증가와 같은 노동자들의 인지적 요구를 증가시키는 일이 기술보다 더 다른 많은 것들을 야기하고 있는 것일지도 모른다. 세계화와 국제적 경쟁을 심화시키는 것은 직업 현장에서 인지적 요구를 향상시키는 또 다른 주요한 원인으로 꼽히고 있다(Hoyles et al., 2010). '21세기에 필요한 기술의 동반' 연구에 참여한 대부분의 노동자들은 설문에서 세계적 경쟁이 그들의 회사에 필요한 특정한 기술과 역량의 중요성을 바꾸었다고 하였다. 다른 변화의 원동력은 - 그들 중 몇몇은 기술, 세계화, 그리고 서로 상호의존적이다. 산업에서 서비스나 정보 경제(Pellegrino & Hilton, 2012에 인용된 P21, 2008; Reich, 1991), 사업의 빠른 속도로 변화, 제품의 개별화, 향상된 고객과 의사소통의 기준으로의 변화를 포함한다(Hoyles et al., 2010).

이러한 경제적 변화에도 불구하고, 직업 현장에서 필요한 인지에 대한 논쟁은 지속되고 증가되고 있다. [Pellegrino & Hilton, 2012에 인용된] Levy와 Murnane(2004)는 현대의 직업 현장에서, 복잡한 대화를 해 나갈 수 있는 역량과 언어와 양에 대한 기본 소양뿐만 아니라 일상적이지 않은 문제를 해결하는 능력이 점차 많이 필요하다고 주장하였다. 그러나 Bowles, Gintis, Osborne(2001)의 메타 분석의 결과, 1970년대 이후 기본적인 인지 테스트와 소득은 거의 상관관계가 없는 것으로 나타났으며, 이는 노동 시장에서 필요하는 인지적 역량이 변함없음을 암시한다. 또한 논의된 것은 직업 현장에서 요구되는 것의 변화가, 만약 존재한다면, 많은 것들이 보여주듯이 위기를 초래할 것이다. 예를 들어 미국에서는 STEM영역이 일자리를 많이 창출할 것으로 생각했다(Langdon, Mckittrick, Beede, Khan, & Doms, 2011). 그러나 전문가들은(예를 들어, Atkinson & Mayo, 2010l; Salzman, Kuehn, & Lowell, 2013) 그러한 새로운 일자리를 채울 수 있는 노동자들의 능력에 대한 평가를 달리 한다. 또한 다른 전문가들(Barton, 2000; Pellegrino & Hilton, 2012)는 학사학위의 향상된 프리미엄에 대하여 언급하지만 이유에 대해서는 여전히 알 수 없다는 입장이다. 대학 수준의 기술과 지식을 요구하기보다 고용인들은 기본적인 기술, 인내심, 또는 직업 윤리에 대한 심사기준으로 대학 학위를 요구하는 것일지도 모른다(Murnane & Levy, 1996; Vedder, Denhart, & Robe, 2013).

어쩌면 교육과 관계가 있는 새로운 환경적인 조건은 관념적일지 모른다. Mehta(2013)는 1983년 보고서인 'A Nation at Risk' - 이전에 보지 못했던 정도로 - 에서 학교의 교육과 개인, 그리고 국가의 경제적 성공을 연결지어 새로운 패러다임을 열었다. 이 패러다임은 학교가(사회적인 영향력이 아닌) 학문적인 성취에 책임을 져야한다(이전에는 이 역할을 잘 하고 있지 않았다)는 것을 가정하고 있으며, 표준화된 인지 시험에 의한 감독을 통해 강요될 수 있을 것이다(미국 공립학교에 대한 지역적인 감시에서 연방차원의 감시로 극적인 변화의 길을 열고 이를 정당화한 추정). 우리의 논의에서 이 새로운 패러다임의 암시는 오늘날의 늘어난 인지적 요구가 어쩌면 실제적으로 경제적이나 기술적인 발달을, 교육을 노동력의 질에 직접적으로 연결시키는, 학교의 목표에 대한 새로운 시각(그리고 이 관점을 실현한 정책)을 반영하지 못하고 있다는 것을 보여주는 것일지도 모른다.

전체적으로 지난 수 십년간 폭넓은 경제적이고 기술적인 변화가 일어났다는 일반적인 동의에도 불구하고, 이것이 고용과 인지적인 요구에 미치는 영향은 잘 설명되지 않았다. 출판 예정인 Handel의 연구에서는 이 상황을 요약하고 있다. "연구자들은 직업에서 요구하는 기술, 수준, 변화의 속도, 직업 기술의 변화에 동반되는 측면, 그리고 기술들 사이의 관계, 기술, 고용 참여에 대한 막연한 생각을 가지고 있을 뿐이다".

교육의 목적 중에서 경제적 이익정책을 최우선으로 하는 현재의 정책 환경을 고려해 볼 때, 그 변화가 21세기의 직업 밖의 삶에 필요한 변화된 요구에 대한 연구가 거의 없다는 것은 놀랍지 않다. 그러한 연구의 주요 원천은 인간의 판단, 의사결정, 그리고 위험에 대한 비영리 단체 의사 결정 연구(www. decision-research.org)이다. 건강 보험과 개인 재정 분야에서부터 소비자 의사결정으로 이행해 가는 이 단체들의 최근의 움직임에 대한 여러 연구와 이 영역들에 대한 접근 가능한 정보는 늘어나고 있다. 건강 보험에서는 "보장의 선택이 더욱 복잡해지고 다양해지고 있으며, 건강 전달 시스템은 더욱 복잡해지고 건강 보험 제공자의 질과 처방 효과는 더욱 명백해졌다. 그러므로 적절한 선택을 하고 새로운 정보에서 최대한의 이익을 보기 위해서 소비자들에게는 더욱 많은 지식과 기술이 요구되고 있다"(Hibbard, Peters, Dixon, & Tusler, 2007, p. 380). 한 연구에서는 암에 대한 정보를 찾는 사람들의 50%가 인터넷을 우선적으로 참고했으며 25%만이 의사와 우선적으로 상의 한 것으로 나타났다(Nelson, Fagerlin, & Peters, 2008). 이러한 건강 보험이나 재정적인 정보의 대부분은 통계(예, 손실과 혜택)와 그래프(예, 생존율과 사망률)에 의해 표현되며 복잡한 서류나 형식(예, 보험회사로부터의)도 마찬가지이다. 이러한 정보를 이해하는 개인의 능력은 개인의 건강이나 삶의 질에 명백한 영향을 미칠 것이라는 것은 명백하다(Nelson 외, 2008).

1988년에 Davis는 운전, 전쟁, 그리고 미적인 판단 등 현대의 삶의 거의 모든 측면이 수학화 되어 왔음을 관찰하였다. 그는 수학이 사람들의 삶의 형식을 결정하는 방식에 대한 이해만큼 수학적 기능은 필요하지 않기 때문에 현대인들은 사회적인 의사결정을 수학적으로 뛰어난 엘리트에게 양도하기보다 그들이 직접 참여할 수 있다고 주장했다. 2015년 David의 주장은 더욱 진실이 되었다(사실, 이런 종류의 사회수학적 지식은 사람들이 교육적 또는 인지적 기술 향상을 위한 경제적인 요구에 대한 정책 발언을 더욱 비판적으로 분석할 수 있도록 해 준다).

21세기의 삶과 직업이 직면한 과제

21세기의 직업과 삶에 요구되는 것이 상당히 변화와 상관없이, 또 그 이유와 상관없이 해결해야 되는 문제의 본질에 대하여 질문하는 것은 여전히 의미가 있다. 현대의 노동현장에서 필요한 인지적 요구에 대한 대부분의 연구는 일반적이다. 다수의 고용인들로부터 그들이 노동자에게 요구하는 것이 무엇인지 조사하는 것, 또는 학력 수준과 취업 또는 국가의 생산력과의 상관관계를 연구하는 것이다. 직업(또는 일상생활)에서 발생하는 지능적인 문제에 대한 세부적인 연구는 매우 드물고, 필요에 의해 상황과 매우 밀접한 관련이 있다. 그러한 연구들은 보통 민족적이고 그래서 특정한 직업 현장이나 일상생활 속 문제의 특징을 완벽하게 제공하지만, 모든 성인의 활동을 통틀어 일반화하기는 어려움이 있다.

현대의 노동자들이 해결해야하는 문제의 종류에 대한 민족적인 연구의 대부분은 직업 현장에서의 기술-수학적 소양 프로젝트(Techno-Mathematical Literacies in the Workplace Project)에서 다루어졌다. 2003년과 2007년 사이에 Holyes, Noss, Kent, Bakker와 연구진은 IT와 관련있는 분야의 중간층 노동자들을 살펴보았다. 여기에는 생산회사 다섯 곳 그리고 재정관련 회사 두 군데가 포함되어 있다. 이 노동자들이 일반적으로 해결하는 문제는 상당히 다름에도 불구하고 회사 내와 회사 간 공통점이 관찰되었다. 모든 일은 생산 중에 통계적인 과정 통제(statistical process control, SPC)와 재정의 이윤의 계산처럼 수학적인 과정과 상당히 관련되어 있었다. 이러한 과정 중에는 그래프, 차트, 스프레드시트, 그리고 컴퓨터 시뮬레이션을 통해 입력 변인과 출력 자료가 제시되고 있었다. 입력 변인의 변화가 출력 자료에 미치는 영향을 포함하는 매일 부딪히는 문제들은 노동자들에게 이러한 기술적인 표현을 해석하는 능력을 필요로 한다. 기술적인 표상을 통해 이해되는 수학적 과정의 여러 방법을 설명하기 위해 연구진은 **기술-수학적인 소양**(techno-mathematical literacies, TmL)이라는 용어를 만들었다. Hoyles 외(2010)는 이러한 직업현장에서 "계산과 기본적인 산술은 개념적인 이해는 어떻게 과정 발달이 이루어지는지, 어떻게 그래프와 스프레스시트가 관계를 강조하는지, 그리고 어떻게 체계적인 자료가 과정을 통제하고 향상시키는 힘있고 예견할 수 있는 도구와 함께 사용될 수 있는지에 비하면 부수적인 중요성만을 가진다"(p. 168). 불행하게도 많은 노동자들은 매일의 문제를 효과적으로 해결할 수 있는 충분한 TmL을 가지고 있지 않다. 연구진은 노동자들의 "주요 기술의 차이"는 수학적인 훈련(예를 들면, 과정이 형식적으로 설명된 대수를 이해하는 것) 보다 과정 밑에 깔려있는 수학적 모델에 대한 깊은 이해를 통해 좁혀질 수 있다고 결론 내렸다. Bakker 외(2008)의 연구에서는 학교 과제에 요구되는 통계적인 추론에 비하여, SPC를 사용하는 노동자들이 직면한 문제해결의 본질에 대하여 더 조사하였다. 연구진은 일반화 증거로서 자료의 활용, 확률과 관련된 용어의 활용, 그리고 모델에 자료를 비교하는 것에 목적이 있는 두 가지의 문제해결의 목적의 형태를 발견하였다. 그러나 SPC는 **과정**(학교 과제에서 하는 것 같이 인구에 초점을 두는 것 보다)에 대한 일반화를 포함하고 이의 목적은 활동(에 대한 결정), 출력값이 일치하지 않는 것을 줄이는 것이다. 그래서 SPC는 **귀납적 추론**(단순히 자료의 패턴을 예측하는)보다는 **귀추적 추론**(사건 과정이나 조건의 결과로서 자료에 나타나는 이상한 점을 설명하는)을 더 필요로 한다. 또한 압력을 가하는 맥락을 제공하는 학교에서 해결하는 과제와는 다르게, SPC자료를 해결하는 것은 맥락(예를 들면, 비용, 과정에 대한 지식)에 달려 있다.

Gainsburg(2006, 2007a, 2007b)의 구조공학에 대한 민족지학적인 연구의 결과는 TmL(techno-mathematical literacies)연구진의 연구 결과에 영향을 미쳤다. 공학 문제해결의 중심에서의 현상은 말하자면 과정이 아니라 구조이고 그들의 행동이었다. 그러나 수학적으로(또 기술적으로) 표현되는 저변의 모델을 이해하는 것의 필요성은 매우 중요하다. 사실, Gainsburg의 평가, "구조공학의 정신적인 노동의 중심은 선택, 적용, 또는 모델의 창조와 같은 것을 필요하는 수학적 표현을 적용하는 것과 문제해결을 하도록 디자인하는 과정이다(2007b, p. 38). 구조공학에서는 수학적 모델을 피할 수 없는데, 왜냐하면 그 구조가 아직 존재하지 않기 때문이다. 문제의 주요 근원은 각각 건물의 복잡성과 유일성인데, 이들은 확실히 자리잡은 과정의 단순한 적용을 하지 못하게 하는 것이다. 건물 또는 그 구성 요소를 정확히 표현하는 모델을 구축하기 위해 구조공학은 기본적인 수학과 개념적인 유창성의 결합된 구조적인 행동에 대한 깊은 이해를 필요로 한다. 중급 수준의 제조와 재정적인 일과 같이 구조 공학이 해결해야 하는 것은 근본적으로 예측에 관한 것이며, 또한 그 예측을 뒷받침해 줄 수 있는 도구는 수학적 모델과 그 과정이다.

이러한 민족지학적인 결론이 직업 현장에 일반적으로 다 적용될 수 있지는 않으며, 이러한 분야의 모든 근로자들의 일을 대표하는 것도 아니다. 예를 들어 Kent와 Noss(2002)가 진행한, Gainsburg가 연구했던 회사보다 큰 규모의, 구조공학 회사에 대한 연구에서는 다른 결과를 보였다. 이 연구에서는 수학적 모델의 창출이 수학 전문가들에 의해 행해졌고 공학자들은 기여하지 않았다(Dudley, 2010의 연구에서도 그러했다). 비슷하게 TmL프로젝트의 제조 회사에서는 낮은 수준의 근로자들이 수학적으로 설명되는 과정을 포함하는 문제를 해결하지 않는 반면, 높은 수준의 근로자들은 더 형식적인 수학적 이해를 필요로 하는 과정에서 일을 하였다.

출판 예정인 Handel의 연구에서는 직업 환경의 범위를 가로지르는 문제의 본질에 대한 폭 넓은 연구의 예에 대하여 살펴보았다. 미국의 다양한 직업에 있는 2000명의 근로자들을 상대로 한 그의 설문조사에서 22%만이 그들의 직업에서 "어려운" 문제를 "자주" 해결한다고 응답하였다. 33%는 거의 또는 아예 어려운 문제를 해결하지 않는다고 하였다. 직업 형태에 따라 어려운 문제의 출현 빈도가 다르지는 않았지만, 직업이 필요로하는 교육 수준과 어느정도는 상관 관계가 있는 듯 하다. 서로 다른 Handel, TmL연구진, 그리고 Gainsburg의 연구 결과는 놀라운 것이다. 이를 설명해주는 한 가지는 후자가 일반적이지 않은 어려운 직업을 연구했다는 점일 것이다. 더 자세히 말하면, 그들의 수학적인 문제해결에 대하여 보고할 때 사람들은 전형적인 학교 수학(형식적이고 공식을 사용하는)것에 기본을 두고 있으며, 이것은 직업 현장에서는 거의 나타나지 않는 것이다(Hoyles, Noss, & Pozzi, 2001). 민족지학자들은 대부분 수학에 대하여 폭넓은 시각을 가지고 있으며 같은 사람들이 일상생활의 문제를 해결하기 위하여 수학을 사용하고 있다는 것을 "볼 수 있다". TmL팀은 실제보다 더욱 중요한 이해와 양적인 추론이 문제를 더 잘 해결할 수 있다는 것을 발견하였다는 것에 유의해야 한다. 그래서 TmL팀은 그들이 연구한 직업 현장에서의 문제들을 가정적으로 어려운 것이라고 설명하였다. 만약 Handel이 동일한 근로자들을 설문조사하였다면, 그들 역시 거의 어려운 문제를 해결하는 경우가 없다고 응답하였을 것이다.

직업 현장 밖에서 의사결정 연구(Decision Research) 그룹은 개인의 건강에 대하여 사람들이 결정하게 되는 문제의 종류에 대하여 조사하였다. 이 연구는 연구자들의 경험이나 선행연구에 근거하였으며, 체계적인 연구는 아니었다. Reyna, Nelson, Han, Dieckmann(2009)의 연구와 Hibbard 외(2007)의 연구는 개인의 건강과 관련된 전형적인 문제들에 대하여 설명하였다. 서류에 나와 있는 정보에 대한 기본적인 산술을 하는 것, 처방전이나 영양 성분 표시에 대한 정보를 해석하는 것, 여러 자료를 비교하여 병원을 선택하는 것, 그리고 감수해야하는 위험을 예상해 보는 것이 그것들이다. 이 문제들이 공학자들이나 중급 수준의 제조업과 재정과 관련된 근로자들이 맞닥드리게 되는 문제보다 덜 어려워 보일지라도, 대부분의 사람들에게는 어쩌면 이 문제들이 더욱 골치 아플수도 있다. 왜냐하면 이 문제들은 직업 현장과는 달리 일상적이지 않으며 자주 일어나지 않기 때문이다. 사실 나중에 언급하게 될 것이긴 하지만, 대부분의 사람들은 이러한 건강관련 문제를 해결하기 어려워한다.

요약하자면 사람들이 21세기의 직업과 삶에서 해결해야만 하는 문제의 종류에 대하여 충분한 이해가 없으며 일반화하기는 거의 불가능하다. 몇몇의 근로자들은 수학적인 해석과 추론을 필요로 하는 복잡한 문제를 해결하고, 몇몇은 그렇지 않으며 몇몇은 그렇게 하더라도 일을 완성하지 못할 것이다. 구조 공학과 중급 수준의 제조와 재정 근로자들과 마찬가지로, 결과의 정교화되고 수학화된 과정과 컴퓨터화된 표상은 어쩌면 "메커니즘을 이해하기"에 대한 필요성을 고조시켜 줄 것이다(Kaput, Noww, & Hoyles, 2008). 하지만 어떤 방법으로 진행 될 것인지, 또 어떤 종류의 직업에 적용될 수 있는지에 대한 더 많은 연구가 필요하다.

21세기의 직업과 삶에 필요한 역량

연구자들은 현대의 직업과 삶에서 필요한 역량을 결정하기 위해 수많은 방법을 써 왔다. 가장 거시적인 지점은 학력과 국가와 개인의 경제력과의 관계를 살펴보는 연구였다. 이러한 연구들은 그들이 실제적인 결과를 측정했다는 점에서 가치가 있다. 하지만 이들은 인지적인 역량과 문제해결의 성공에 대하여 불투명한 예측만을 제공하였다. 이들 연구는 우리가 "학력"이 직업현장에서 필요한 역량을 길러준다는 것과 경제적 이익이 근로자가 작업 현장에서의 문제를 해결할 때의 효과성을 의미한다는 전제 하에서만 관련이 있다. 이에 대하여 나중에 논의할 것이다.

매우 일반적으로 말하면, 학교에서 보낸 시간은 개인과 국가의 경제적 이익과 관계가 있다(Barton, 2000; Bowles, Gintis, & Osborne, 2001; Cawley, Heckman, & Vytlacil, 2001; Goldin & Katz, 2008; Heckman, Stixrud, & Urzua, 2006; Tienken, 2008). 그러나 불확실한 것은, **왜** 학교 교육이 경제적인 이익을 창출하는가이다 - 학교 교육이 어떤 관계되는 것을 전달해 주는가(Pellogrino & Hilton, 2012). 한 가지 명백한 설명은 학교 교육이 인지적인 능력을 향상시킴으로써 경제에 영향을 준다는 것이다. 이것은 반복적으로 검증되어 왔으며, 충돌되거나 확고한 결론에 이르지 못하는 결과도 있었다(Bowles 외, 2001; Cawley 외, 2001; Hanushek &Woessman, 2008, 2011; Murnane, Willett, & Levy, 1995; OECD, 2010). 더욱이 국가의 경제에 대한 학교 교육의 영향은 교육 수준에 따라 다를 수도 있다. 그 영향은 개발도상국가에 있어서는 매우 확실하다. 국가의 평균 교육 수준을 초등에서 중등으로 끌어올리거나 낮은 수준의 인지적 능력을 중간 수준으로 끌어올리는 것은 학교 교육을 몇 년 더 하거나 높은 수준의 인지적 기술보다 더 많은 경제적 이익을 낳는다(Bowles 외, 2001; Hanushek & Woessmann, 2008; Tienken, 2008). (사실, Tienken은 이 인과관계가 높은 수준의 교육을 가지고 있는 나라에서는 반대의 방향으로 진행된다고 주장하였다. 번창한 경제가 높은 수준의 교육을 낳는다.) 하지만, 대학의 가치는 최근 의문을 사게 되었다. 물론 대학 학위가 있다면 취업시장에서 유리한 점이 있을 것이다(Greenstone & Looney, 2011; Zaback, Carlson, & Crellin, 2012). 하지만 대학에 가는 인구를 증가시킴으로서 국가가 얼마큼 이득이 있는가에 대해서는 전문가들 사이에 이견이 있다(예를 들면, Goldin & Katz, 2008; Handel, 출판 예정, Lim & Kim, 2013; Vedder, Denhart & Robe, 2013; Wolf, 2009).

여전히 어떻게 할 것인가에 대해서는 논쟁이 있기는 하지만, 기술은 학교 교육 또는 인지적 능력과 경제적 산출사이의 관계를 매개하는 것으로 알려져 있다. Goldin과 Katz(2008)은 미국의 경제적 불평성이 증가하고 있는 것은 기술의 진보와 대학 학위 취득의 감소에 있다고 하였다. 낮은 공급과 높은 수요의 상황은 대학 학위로 개인의 경제력을 쏟아 붓고 있다. 그러나 자세히 들여다보면 "공동화" 과정이 있다. 중간 계층의 화이트 칼라 직업은 사리지고 그래서 몇몇이 주장하는 바와 같이, 낮고 높은 인지적 요구가 있는 분야(수동 작업과 최신의 혁신분야)에서 결국에는 일자리의 증가를 야기하는 자동화가 되어간다는 것이다(Barton, 2000; Brynjolfsson & McAfee, 2011; Krugman, 2011). 이것은 대학 교육의 증가가 노동력 향상 전략으로 사용하는 것으로 적절치 않다는 것을 보여준다. 세계적으로 테크놀로지 전문가들은 요구되는 인지적 능력이 국가마다 다르다고 이야기한다. 경제적인 향상을 위해서 선진국에서는 인지적 기술이 많이 필요로 하는 혁신을 통해 앞서 나가야하는 반면, 개발도상국들은 다른 국가의 테크놀로지를 따라하는 수밖에 없다(이에는 인지적인 노력이 덜 필요하다).

많은 연구들은 경제적인 효과와 학교 교육의 특정한 과목(특히 수학)과의 관계를 알아보려 했으나, 대립되는 연구 결과가 도출되었다. Altonji(1995)는 1년 학교 교육을 더 받는 것에 비해 10-12학년에서 수학 과목을 하나 더 듣는 것이 개인의 소득을 예측하지 못하며 직업을 가진 처음 몇 년 동안의 소득의 향상에 기여하지 못한다는 것을 찾아내었다. Levine과 Zimmerman(1995)는 고등학교 수학 과정을 듣는 것이 소득에 어느 정도 많은 영향을 끼치지만 이것은 대학을 졸업한 여성에게만 해당한다고 하였다. 이러한 수학 수업의 약한 영향력은 어쩌면 고등학교 과목의 범위를 평균하는 것 때문일지도 모른다. 왜냐하면 이것은 수준 높은 과목의 강력한 이익을 약화시키고 기본과목에는 약한 영향력을 가지도록 하기 때문이다. 흥미롭게도 Bishop과 Mane(2004)의 연구에서는 고등학교의 과목 중에 직업과 기술 교육이 가장 소득에 영향을 많이 미치는 것으로 나타났으며, 대학에 간 학생들에게 그 영향은 더욱 증가되었다.

특정한 과목의 학교교육의 경제적 효과에 관한 연구가 어려운 것은 학교에서 학습하게 되는 어떠한 기술, 지식, 또는 행동이 직업현장에서 영향이 있는가 하는 의문을 불러일으킨다. 여러 설문조사에서 고용인들은 협력과 의사소통, 성실함과 끈기와 같은 개인적 성향, 그리고 문제해결과 비판적 사고에 필요한 일반적이고 높은 수준의 인지적 기술과 같은 "소프트 스킬"[1]을 가진 노동자

[1] (역자 주) 소프트 스킬(soft skill)이란 타인과 협력하는 능력, 문제해결력, 감정을 조절하는 자기 제어성, 의사소통 능력, 리더십, 회복 탄력성 등을 말한다(출처: 한경 경제용어 사전).

들을 원했다. MetLife(2010)에 설문한 Fortune지의 500명의 회사 대표들은 대학과 직업의 준비에 중요한 분야로 문제해결 능력, 비판적 사고능력, 명료하고 설득력 있는 작문 능력, 그리고 독립적이면서도 팀으로 일할 수 있는 능력을 꼽았으며, 높은 수준의 수학적 과학적 능력은 덜 중요한 것으로 여기는 것으로 나타났다. 비슷하게 Buisiness Council(2013)에서 설문조사한 100명의 미국 경영 리더들도 노동자들에게 중요한 기술/능력으로 직업 윤리, 팀워크, 의사 결정, 비판적 사고, 기본적 읽기와 수학, 컴퓨터 능력 순으로 꼽았다. Partnership for 21st-Centru Skills에서는 고용인들이 추구하는 기술의 네 가지 분야를 찾아내었다. **21세기 핵심 주제, 학습과 혁신 기술, 정보, 미디어, 테크놀로지 기술, 그리고 삶과 직업의 기술**(p. 21, 2009)이 그것이다. 학습과 혁신 기술은 또 다시 세 개의 범주로 나뉜다. **창의성과 혁신, 비판적 사고와 문제해결**, 그리고 **의사소통과 협력**이 그것이다. 비판적 사고와 문제해결을 더욱 자세히 살펴보겠다.

» **효과적으로 추론하기**
- 상황에 적절한 다양한 형태의 추론(연역, 귀납 등)의 사용

» **시스템 사고 사용하기**
- 복잡한 체계에서 산출물을 만들기 위해 전체의 부분이 어떻게 서로 상호작용하는지 분석하는 것

» **판단과 의사결정 하기**
- 증거, 논쟁, 주장과 신념에 대하여 효과적으로 분석하고 평가하는 것
- 주요 대안적인 시각을 분석하고 평가하는 것
- 정보와 주장 사이를 종합하고 연결 짓는 것
- 정보를 해석하고 최선의 분석에 근거하여 결론을 도출하는 것
- 학습 경험과 과정에 대하여 비판적으로 반성하는 것

• **문제해결하기**
- 다양한 생소한 문제를 전통적인 방법과 혁신적인 방법으로 해결하는 것
- 다양한 관점을 명백히 하고 더 나은 해결책으로 이끄는 중요한 질문을 찾아내어 하는 것

전체적으로 고용주의 설문조사 결과는 21세기 직업 현장에서 요구되는 것에 대한 "더욱 실제와 가까운" 관점을 찾아내는 것에 있어서 유용하다. 하지만 그들은 이러한 역량을 생산성, 고용, 또는 임금과 같은 실제적인 산출물과 연결하지는 않는다(그러나 2013년도 갤럽의 최근 18-35세 졸업생을 대상으로 한 연구에서는 학교 경험과 이러한 기술이 직업 현장에서 성공을 가져오는 것으로 자기보고 되었다). 그러나 이러한 설문조사는 어쩌면 그러한 결과에 학교 교육이 어떻게 기여하는지에 대한 매커니즘을 설명하

는데 도움을 줄지도 모른다. 고등학교 졸업자와 검정고시 출신을 비교한 연구는 특히, 낮은 수준의 기술 시장에 있는 여성과 남성에게 가치있는 "인지적이 아닌 특성"이 학교를 다님으로써 얻게 되고 늘어난 소득으로 보상받게 된다고 하였다(Heckman 외, 2006). 이와 관련지어 Cawley 외(2001)의 연구에서는 특정한 행동적이고 사회적 기술이, 그들이 학교를 다니는 것과 성과에 의한 것이긴 하지만, 인지적 기술과는 별개로 소득에 영향을 미치는 것으로 나타났다. 불행히도 여러 연구 보고서(Business Council, 2013; Fischer, 2013; P21, 2006)에서는 많은 미국인 노동자들이 대학을 졸업하였다 하더라도 고용인들이 요구하는 인간관계 기술과 문제해결 기술, 직업 윤리와 같은 것이 부족하다고 명백히 제시하고 있다.

현대 직업과 삶에서 **수학적인** 요구사항은 무엇인가? 최근의 정책과는 반대되게, 연구자들은 지난 수십 년간의 대부분의 직업에 기본적인 수학만이 연관되어 있다고 하였다. 1995년 국가 직업과제 분석(National Job Task Analsys, Packer, 1997)에서는 다양한 수준의 3000명의 미국 노동자들이 그들의 직업에 필요한 기술에 대하여 보고하였다. 그들이 가장 중요하다고 뽑은 25개의 역량 중에서 수학과 관련 있는 것은 단 하나만 있었다. "산술을 하는 것"이 그것이었다. 이후 분석에서는 가장 기본적인 고등학교 수준의 대수와 기하 수업 내용이 대부분의 노동자들이 필요로 하는 수학 기술을 포함하는 것보다 더 많다는 것을 보여주었다. 물론 1990년대 이후 변화가 거의 없다는 것은 명백하다. 출판 예정인 Handel의 연구에서 그는 2000명의 다양한 수준의 노동자들을 인터뷰했고 대부분의 노동자들이 직업현장에서 산술을 사용했으며 66%는 분수, 소수, 그리고 퍼센트와 관련된 것을 사용했다. 그리고 25%만이 간단한 대수와 같은 더 수준 높은 수학을 사용하는 것으로 드러났다(흥미있는 예외는, 15%에서 30%의 "숙련된 블루 칼라 노동자"들은 기하, 삼각함수, 추론통계, 그리고 복합대수를 사용하였으며, 이는 매니저나 전문가들이 사용하는 것과 비슷한 것이었고, 다른 그룹들은 그렇지 아니하였다). 미국 노동 통계청(U.S. Bureau of Labor Statistics)은 이러한 노동자들이 2001-2012의 일자리에서 수학적 요구가 낮다는 것을 자기보고 하였다는 것을 확인하였다(Barton, 2006). 교육과 경제에 대한 국립 센터(National Center on Education and the Economy, NCEE)에서 미국의 커뮤니티 칼리지를 대상으로 이루어진 2013년도의 연구에서도 비슷한 결론이 도출되었다(커뮤니티 칼리지는 미국의 직업교육의 많은 부분을 제공하고, 그들의 코스는 직업에 대한 준비도의 기본을 대표한다). 가장 유명한 여덟 개의 커뮤니티 칼리지 프로그램에서 학점을 인정해 주는 최초의 수업에서 중학교 수준의 수학, 특히 산술, 비, 비율, 식, 그리고 단순한 등식이 가장 중요하게 다루어진다. 단 하나의 프로그램만이 대수 II를 요구한다. 그러나 많은 프로그램이 고등학교에서 강조되지 않는 수학적 기술(예를 들면, 계통도, 기하학적 시각화, 측정의 고난이도 응용, 수학적 모델링, 통계, 그리고 확률)을 요구한다. 부드럽고, 사회적이며 일반적인 문제해결 기술과 마찬가지로, 많은 노동자들과 커뮤니티 칼리지 학생들은 이러한 기본적인 수학적 소양도 부족하다(Murnana과 Levy, 1996; NCEE, 2013; Packer, 1997). 앞서 이러한 연구들의 한계점은 언급되었다. 연구 참여 설문 응답자의 수학적 기술에 의해서 제약을 받는다. 그들은 향상된 수학적 기술, 이해, 또는 적용 능력이 노동자들 사이에서 수학 주제의 수나 수준을 향상시키는지, 또는 반대로 그들의 생산력이나 일의 질을 향상시키는지 드러내지 못한다.

더 많거나 더 나은 수학학습이 삶의 질을 향상시킬 지도 모른다. 의사결정 연구(Decision Research) 연구진이 진행한 연구에 따르면 더 많은 사람들이 더 나은 건강과 재정적인 결정을 내리는 것으로 나타났고, 더 향상된 건강과 재정적 산출물을 즐기고 있었다. 직업 현장에 대한 연구에 메아리가 되면서이러한 연구의 연구자들은 많은 사람들이 그러한 의사결정을 위해 필요한 수와 관련된 소양이, 수학의 기본적인 것만을 포함하고 있음에도 불구하고, 부족하다고 하였으며 향상된 수학적 기술이 많은 삶을 더 낫게 할 것이라고 제안하였다(Peters, Hibbard, Slovic, 그리고 Dieckmann, 2007). 그들의 연구방법이 의미하는 바는 산술 능력은 혼합된 구성체이며, 맥락속에서의 양적인 추론의 검증에 의해 측정된 것으로 여겨졌다는 것이다. 보통 말하는 그것은 이론적으로 학교 교육 수준과는 동떨어진 것이며, 지능이라고 할 수 있다(Nelson외 2008; Peters 와 Levine, 2008). 그것은 독립변인(산술 능력) 이 특정한 수학적 개념을 적용하는 능력을 대표하며, 종속 변인(양과 관련된 실제 생활에서의 의사결정)과 겹치는 부분이 있다. 이것은 어쩌면 고등학교 수학을 몇 년이나 학습함 - 수학적 소양에 대한 순수한 측정치- 에도 불구하고 직업 현장에서의 성과(즉, 소득)를 잘 예측하지 못하는지에 대한 이유를 설명해 줄지도 모른다. 고등학교에서 학습하는 수학은 실제 생활에서의 의사결정에 필요한 것 이상일지도 모르지만, 그러한 수업들은 학생들이 실제 생활 문제해결에 수학을 적용하도록 하고 있지 않다. Pellegrino와 Hilton(2012)는 "전이에 대한 지난 수백 년간의 연구에서는 교수가 학교 밖의 새로운 분야, 문제, 또는 맥락에 전이될 수 있는 일반적인 인지적 역량을 가르칠 수 있다는 것에 대한 증거를 제시하지 못한다."

어떻게 그리고 어디에서 21세기에 필요한 역량이 개발될 수 있는가?

전이를 위한 교수에 대하여 회의적임에도 불구하고, Pellegrino와 Hilton(2012)는 21세기에 필요한 역량에 대한 검토에서 정확히 그렇게 결론 내렸다. 사실 그들에게 있어서 학습한 것을 학습하던 상황과는 다른 상황에서 응용할 수 있는 능력이 21세기에 필요한 역량을 구성하는 것으로 보았다. 수많은 교육 연구에 비추어, 그들은 학교 교육이 "깊이 있는 학습" - 개념과 문제에 깔려있는 일반적인 원리와 구조의 이해 - 에 목적을 두어야 한다고 주장하였는데, 왜냐하면 깊이 있는 학습이 전이를 촉진하기 때문이라고 하였다.

Pellegrino와 Hilton은 학교 교육이 21세기의 직업과 삶의 긍정적인 결과에 어떤 영향을 미치는지 확실치 않다는 것을 인정했으며, 현재의 노동시장에서 증가된 인지적 역량을 필요로 하는지에 대해서도 확신하지 않았다. 이러한 불확실성에도 불구하고, 혹은 이 불확실성 때문에, 성인으로서의 성공을 촉진하기 위하여 학교기반의 교육에 신념을 가지고 있었다. 더 자세히 말하자면 그들은 전이를 위하여 교수가 다음과 같은 것에 초점을 맞출 것을 권고하였다.

» 근본이 되는 원리
» 학습의 과정
» 높은 수준의 기술(낮은 수준의 기술을 습득하지 못하였더라도)
» 특정 영역에서의 학습 기술과 개념
» 적용을 위한 조건
» 다양한 표상의 활용, 특히 시각적이거나 촉각적인
» 비인지적인 기술들의 융합
» 학습 과정에 충분한 시간 제공

이 권고들은 예측 불가능하고 빠르게 변화하는 직업현장과 사회에 있어서 전이와 더 효율적인 문제해결자들을 양산할 것이라고 생각되었다. 왜냐하면 학습한 지식과 기술이 유연하게 활용되고 다양한 문제 상황에 적용될 수 있기 때문이다. 여전이 Pellegrino와 Hilton은 맥락의 영향력을 알고 있으며, 특정한 영역에서의 기술과 지식이 활용될 수 있는 조건과 그 활용에 대한 평가를 명확히 하여 교수에 활용할 것을 권고하였다. 그러한 Pellegrino와 Hilton의 권고는(꼭 수학에 국한되지 않더라도) 지난 수십 년간 팽배해왔던 수학교육이 일반적인 정신적 훈련을 하도록 해주며 이는 다양한 영역에 전이 될 수 있다는 관점(Stani & Kilpatrick, 1989)을 탈피한 것이었다.

직업 교육에 기반을 둔 커뮤니티 칼리지의 낮은 수준의 수학 과정과 이러한 낮은 수준의 수학조차 적용하지 못하는 학생들에 관하여 NCEE(2013)의 수학교육에 대한 권고는 Pellegrino와 Hilton의 연구에 영향을 미쳤다. NCEE는 유치원부터 고등학교까지의 교육이, 비율관계, 퍼센트, 그래프 표현, 함수, 수식, 그리고 등식의 개념적 이해와 이들의 실제 문제에의 적용에 수업 시간을 너무 많이 할애한다고 주장하였다. 현재의 정책과는 반대되지만 Pellegrino와 Hilton의 학습 과정에 충분한 시간을 들이자는 주장을 반영하여, NCEE에서는 고등학교에서 대수 2를 필수로 하는 것에 반대하였고, 일부 몇몇 학생들에게는 대수1도 이수하는 것을 미루도록 하였다. 더욱이 NCEE 주창자들은 학생들 모두 미적분학을 이수하는 전통적인 길이 아닌, 수학을 이수하는 다양한 방법을 제시하였다. 예를 들어 통계, 자료 분석, 응용 기하 등을 선택과목으로 하여 다양한 직업에서 활용될 수 있는 수학과 STEM 영역에 더 많은 학생들이 남아 있을 수 있도록 하려고 하였다.

다른 학자들은(예를 들어, Bishop, 1993; Fischer, 2013; Harvard Graduate School of Education [GSE], 2011) 학

교나 직업 현장의 환경에서 맥락화된 또는 특정 직업과 관련된 학습에 대하여 역설하였다. 직업 현장과 대학, 개인의 건강에 대한 "준비도"를 구성하는 요소들 사이에 다른 점이 있지만, **번영을 위한 경로**(Pathways to Prosperity) 보고서(Harvard GSE, 2011)는 "젊은이들이 다양한 기술을 가지도록 하는 교육에 대한 더욱 통합적인 접근법이 21세기에 성공하는 청소년들을 더욱 많이 양산할 것이다"라고 결론내렸다. 이러한 더욱 통합적인 교육은 직업교육, 저학년부터 시작하는 진로교육, 고등학교에서의 구조화된 직업현장 경험을 포함한다. 이 보고서는 직업과 관련된 유치원에서 12학년까지의 교육 경험, 예를 들어 공학 교육과정인 "길로 안내하는 프로젝트(Project Lead the Way)", 캘리포니아의 "연결된 학습(Linked Learning)", 로보틱 대회, 그리고 다양한 직업과 기술 프로그램 그리고 직업-학술 프로그램 같은 것들을 찬성한다. 또한 경영 협의회(Business Coundil, 2013)가 설문조사한 미국 경영자들의 90%이상이 높은 질의 노동력을 위해 고등과 4년제 대학의 교육을 "매우/가장 중요함"으로 순위를 두었으며, 82%는 "직업 훈련"에 "매우/가장 중요함"으로 순위를 두었다. TmL연구자들은 연구의 실험처치를 경력있는 노동자들에 초점을 두었지만 성인 TmL 사이에 차이가 있다는 것을 주장하였으며, 이것은 맥락의 중요성, 실생활의 제약, 활동, 그리고 책임을 인식한 학교 교육에 의해서 줄여질 수 있다고 하였다(Bakker 외, 2008). 갤럽(Gallup, 2013)의 21세기에 필요한 기술보다 학교에서의 실생활 문제해결 경험이 직업에서의 성공을 더욱 잘 예견하는 것으로 나타난 연구는 이를 잘 뒷받침해 준다.

직업에 기반한 혹은 직업과 관련있는 21세기 문제해결 학습의 기여 가능성은 양면적이다. 먼저, 전이될 수 있는 추상적이고 일반적인 지식의 실패를 극복하도록 도와주는 학습을 위한 실제 맥락을 제공해 준다(그러나 확실치 않은 것은, 특정 맥락과 관련된 학습이 학습할 당시의 맥락과 다른 맥락에서의 문제를 해결할 수 있는 지식을 가지도록 할 수 있느냐이다[Cognition & Technology Group at Vanderbilt, 1990].) 다음으로 직업 관련 학습은 특히 실제 목적과 고객과 연관되어 있다면 고용주들이 선호하는 소프트 스킬과 태도를 거의 불러일으키지 않는다. 하지만 직업 상황(혹은 실제 상황)과 교실에서의 학습을 융합시키는 것은 간단한 문제가 아니다. TmL 연구자들은 "학교 교육을 위한 직업 현장의 가능성있는 시사점을 형상화 하는 것은 굉장히 어려운 일이다… 직업 현장의 상황을 학교 교육에 그대로 대입하려는 실수는 하지 않아야 한다" 라고 경고하였다(Bakker 외 2008, p. 142). 사실 현재 논쟁의 주제는 21세기 역량이 학교 혹은 직업 현장, 혹은 학교 밖의 환경에서 학습될 수 있는 것인가 하는 것이다(Fischer, 2013). 이러한 연구결과들이 의미하는 바는 확실하지 않다. 어쩌면 고등학교에서 학생들이 직업현장에 더 잘 준비되도록 하는 것을 제안하는 것일 지도 모른다. 혹은 고등학교 졸업자들이 자리를 채우는 대학 학위를 요구하는 직업이 요구하는 것보다 지능과 학교에서 학습한 기술을 덜 필요하는 직업이 무엇인지 알려주는 것일 수도 있다.

수학교육과정에서 문제해결을 발전 시키기

앞 절에서 요약된 21세기의 일과 삶에 대한 최근의 연구는 테크놀로지가 직업 현장에서의 문제해결에 어떤 영향을 미쳤는지, 그리고 전체적으로 인지적 요구가 증가 했는지에 대한 대립되는 견해를 불러 일으켰다. 그럼에도 불구하고 이들 연구로부터 수학교육과 관련된 몇 가지 원리가 나타났으며, 그들은 다음과 같다.

- » 일과 삶에서의 문제해결은 현재의 대부분의 사람들이 가지고 있는 것보다, 더욱 견고하고 유연한 기본적 수학의 이해를 필요로 한다. 더 수준 높은 수학을 이수하는 것은 해결책이 아니다.
- » (보통은 교육에서 잘 다루지 않고 있는) 특정한 비인지적이고 일반적인 기술은 직업 현장에서의 문제해결에 매우 중요하다. 이러한 것들의 대다수는 높은 수준의 인지능력을 요구한다.
- » 많은 직업들(특히 IT와 관련된 직업들)은 과정이나 체계 밑에 깔려 있는 일의 맥락의 복잡한 표상에 대한 해석을 필요로 하는 개념적인 모델에 대한 이해와 일하는 영역에 대한 깊은 이해를 필요로 한다.
- » 조금은 대조적으로, 일상생활에서의 의사결정은 다양하고 복잡한 형태이고, 여러 가지 생소한 영역에서의 양적인 자료를 해석하는 것을 점차 더 필요로 하고 있다.
- » 자신이 받은 훈련과 지식을 새롭고 생소한 문제에 적용하는 능력(전이)은 고용주들이 가장 요구하는 것이며, 이 전이 능력은 학교에서 직업과 똑같은 환경이나 직업과 관련된 맥락에서 학습할 때 더욱 효과적으로 길러질 수 있는 것으로 보인다.

이러한 원리들에 바탕을 두고, 앞서 언급된 논쟁을 다시 살펴보고 학생들이 21세기의 일과 삶에서 성공을 거둘 수 있도록 준비시키기 위해서 학교 교육과정 내에서 수학적 문제해결에 어떻게 접근해야 하는지 고민해 보도록 하겠다.

문제해결: 과정과 내용

이전에, 지난 수십 년간 지속되어 온 문제해결의 교수와 문제해결을 통한 수학의 교수에 대하여 살펴보았다. 수학 내용지식이라는 것은 고용주들에게는 별 관심사가 아니지만 고용주들이 효율적인 문제해결을 할 수 있는 노동자들을 원하는 것은 학교 교육이 문제해결을 목적으로 두고 있다는 것을 의미한다. 그러므로 수학교육계에서 수학적 내용을 학습하는 하나의 방법으로 문제해결을 지지하는 것에도 불구하고 우리는 두 가지의 목적을 제안한다. 우리는 이 논쟁을 수정하여, 어떻게 중요한 수학적 내용과 효율적인 문제해결 능력을 기를 수 있도록 충분히 인지적인 요구가 되는 문제를 어떻게 구성할 것인가 라는 질문으로 대신하고자 한다. 그 시작점으로 문제해결을 문제해결자나 협력 공동체가 "주어진 상황에 대하여 더욱 생산적이고 수학적인 사고를 발달시키는 것에 대한 요구" 로 재정의하고자 한다(Lesh & Zawojewski, 2007, p. 782). 이제 적용이나 문제해결 과정이나 전략이 아닌, 학습이나 아이디어 발생에 초점이 맞추어진다. 그러므로 과정과 내용 모두를 촉진 시키는 문제해결의 주요 특징은 학생들이 수학적 내용이 형식적으로 소개되기 이전에 수학적 아이디어를 만들어 내는 기회의 유무라 할 수 있겠다.

이러한 아이디어 생산의 특징은 높은 수준의 사고와 추론을 촉진시키고 다양한 시작점과 다양한 해결 접근법의 사용을 가능하게 하는 더욱 인지적으로 도전적인 과제에 대한 필요를 반영한다. 불행히도 Silver, Mesa, Morris, Star, Benken(2009)의 보고서에 드러났듯이, 1990년대의 인지를 요구하는 과제의 중요성에 대한 강조가 주목을 받지 못하고 사라져버렸다는 것이다. 이것은 유감인데, 왜냐하면 Stein과 그의 연구진(Stein, Grover, & Henningsen, 1996)이 제시한 범주가, 의사소통과 다른 일반적인 문제해결 기술과 관련된 21세기의 요구를 표적으로한 수학교육과정의 문제에 대한 적절한 기초를 제공하기 때문이다. 예를 들어 높은 수준의 인지를 요구하는 문제는 학생들이 설명하고, 묘사하고 정당화 하고, 의사결정을 하고, 선택하고, 계획하고, 질문을 생성하고, 현재의 지식을 새로운 아이디어를 생성하는데 적용하고, 그리고 다양한 형식에서 그들의 이해를 표상하는 것들을 요구한다. 학생들은 불확실성과 수학적 지식을 생성해 내는 능력을 가진 문제해결자들이 "필요에 의해" 수학적 내용을 확장하도록 요구하는 학교 밖의 문제에 부딪치게 되었을 때 그러한 요구에 직면하게 된다. 직업 현장에서의 인지적 도전이 정말 증가했는지에 대한 논쟁은 계속되고 있음에도 불구하고, 우리는 삶의 모든 장면에서 정보가 포함된 문제해결이 건강과 웰빙, 성취에 더욱 중요하며, 더욱 능숙한 의사결정과 문제해결이 필요하다는 것을 알고 있다.

일반적인 기술과 발견술

총괄해 보면 고용주와 수학교육자들이 공통적으로 주창하는 성공적인 문제해결을 위한 일반적인 기술은 이들을 촉진시키는 방법에 대해서는 아직 정립되지 않고 가끔은 대립되기도 하지만, 어느 정도는 공통된 특징을 가지고 있다. 일반적인 기술에 대한 상당한 선행연구들 중에 Partnership for 21st-Centry Skills(P21, 2010)에서 가려낸 네 개의 범주의 고용주들이 선호하는 기술은 특히 적절하다고 할 수 있겠다. 앞에서 소개한 이 영역들은 효과적인 추론, 체계적인 사고의 활용, 판단과 의사결정, 그리고 문제해결이다. 이러한 기술의 영역들은 추론의 패턴을 인식하고 구체화하고 문제해결 과정에 대한 주의깊은 판단을 한 Shoenfeld(2011, 2013)과 Lester(2013)의 최근 연구를 반영하고 있다. Schoenfel(2013)의 문제해결자의 자신과 관련된 분야에 대한 신념과 성향을 포함한 "의사 결정 매커니즘"(p. 17)은 "성향, 신념, 가치, 취향, 선호"(Schoenfeld, 2010, p. 29)를 문제해결의 핵심 특징으로 밝혔던 그의 이전 업적의 흥미있는 확장이다. 최근 Swanson (2013) 또한 도전적인 수학 문제에 직면했을 때 학생들의 신념과 성향이 중요한 역할을 한다고 강조하였다. 그녀는 그러한 문제들이 학생들에게 가져올 수 있는 두려움을 상기시키기 위하여 논문의 제목을 "달리기 응답을 극복하기(Overcoming the Run Response)"로 정하였다. 이러한 문제에 대한 학생들의 감정적인 반응을 드러내기 위하여 Swanson은 자각과 자기 통제, 즉 초인지의 중요성에 대하여 강조하였다. 넓은 의미로 초인지는 교육과정 안과 밖에서 성공적인 문제해결에 있어서 중요한 역할을 차지하는 것으로 알려지고 있다(예, Lester, 2013; Pellegrino와 Hilton, 2012). Lester(2013)의 성공적인 문제해결의 주요 구성요소로서 "직감"을 포함하는 것은 일반적인 인지적 구성요소에 대한 인식을 뒷받침하며, 학생들이 자신들의 직감을 인식하고 그들이 직면한 문제에 대해 의미하는 바를 평가할 수 있도록 해 준다. 그러나 여전히 다른 연구자들이 이야기하듯이(예를 들어, Schneider와 Artelt, 2010), 우리는 학생들의 초인지적 능력을 어떻게 함양할 수 있을지에 대해 거의 모른다. 사실 현재의 접근법은 자기 부정적일지 모른다(이 책의 4장, Kirshner 참조).

이러한 역량과 성향이 개인이 가질 수 있고 다양한 영역에 적용할 수 있는 일반적인 능력으로 존재할 수 있는지에 대한 것은 거의 알려진 바가 없고 불확실하다. 직업 현장에서 이들의 중요성에 대한 강한 동의는 고용주들이 그들이 가장 소중히 여기는 노동자들이 일상적이지 않은 문제를 반복해서 해결하는 것을 보고 그러한 일반적인 역량이 존재한다고 생각하는 것을 의미할 수도 있다. 그렇다 하더라도 **비일상적**(nonroutine)이라는 말은 **맥락적으로 생소한**(contextually unfamiliar)이라는 더 넓은 의미의 조건과 혼동되어서는 안된다. 대표적인 노동자들은 그들의 영역 내(예, 자동차 공학)에서 창의적인 문제를 해결하는 능력을 가지고 있지만 이러한 능력이 다른 영역의 문제(예, 요리)에까지 확장되는 것을 기대하는 것은 무리다. 이러한 구별은 문제해결의 발견술에 대한 정보를 제공할지도 모른다. 영역 내에서의 발견술(예, 폴리아가 주장한 수학적 문제해결)이 보장할 수 있을지 모르지만, 모든 영역을 아우르는 발견술을 아니다. 여전히 영역 내에서의 비일상적인 문제해결을 할 수 있는 문제해결자들이 있을지라도 영역내의 발견술이 그들의 성공이나 존재를 보장하지는 않는다. 명백히, 영역내의 문제해결 전문가와 이것이 어떻게 학습되어질 수 있는지에 대한 더 많은 연구가 요구된다.

맥락과 실제성

특정 영역과 관련된 지식이 직업 현장의 문제해결에 중요한 역할을 한다는 것은 명백하다. 그러나 특정 직업 훈련을 넘어서서 학교 교육에서 이것을 어떻게 다루어야 하는지 알아내는 것은 쉽지 않다. 더욱이 단 하나의 영역에서의 전문성으로 직업에서 성공하는 것이 가능할지 몰라도 일상 생활의 의사결정은 익숙해지기엔 너무 가끔 부딪치게 되는 다양한 영역에서 발생한다(예, 의료적 의사결정이나 재정적인 의사결정). 여전히 추상적인 것부터 맥락적인 문제에 대한 수학적인 기술의 전이를 뒷받침해 줄 연구는 거의 희박하며 학생들이 수학적 도구와 모델(실세계의 체계와 수학적으로 양과 관련된 과정)을 이해하는 맥락화된 문제를 해결해 보도록 하는 것이 제안되었다. 더 많은 교실에서 맥락에 기반을 둔 수학학습과 모델링을 할수록 그러한 교육이 학생들의 미래의 교육, 일, 그리고 삶에서의 문제해결 능력에 미치는 영향에 대한 연구가 진행될 수 있다. 특히, 특정한 맥락(학교)에서 문제해결을 위해 수학을 활용하는 것을 학습하는 것이 학교 밖의 맥락에서 학생들이 문제해결을 하도록 어떻게 준비시킬 것인가에 대한 연구도 가능할 것이다.

그러한 전이를 증명하는 것이 어려울지라도 실제 문제를 해결하는 맥락 속에서 수학을 가르쳐야 하는 이유는 여러 가지가 있다. 그것은 실생활 문제해결에 대해 전통적인 학교에서의 문제와는 달리 다양한 영역을 융합하고 특정한 맥락에서의 문제해결에 대한 더욱 실제적인 관점을 제공해 준다. 이 관점은 학생들이 그러한 문제해결에 더욱 잘 대비할 수 있도록 해 줄 것이다. 이것은 또한 다양한 직업 현장에서의 본질을 드러내줌으로써 직업에 대한 경각과 성인의 직업에서 필요한 것에 대한 일반적인 이해를 일깨워 준다. 실제 문제해결은 또한 고용주들이 선호하는 협동이나 의사소통과 같은 비인지적인 기술을 불러일으킨다. 그것은 또한 학생들에게 수학적 도구가 문제해결에 유용하며, 수학적 도구를 사용함으로써 자기 효능감이 상승되고, 끈기가 요구된다는 것을 보여주면서, 실세계 문제를 해결하는데 있어서 수학을 활용하는 것에 대한 긍정적인 성향을 심어준다.

수학적 내용

이제 연구결과로부터 얻은 메시지는 분명하다. 일과 삶에서의 대부분의 문제를 해결하기 위해서는 기본적인 수학만이 필요하고, 오늘날 사람들이 사용하고 적용하는 것보다 더 능숙해야만 한다. 대학 진학 전에 더 많은 학생들이 더 수준 높은 수학 주제를 접해 봐야 한다는 현재의 관점은 잘못되었다는 것으로 드러났다. 여러 가지 수학적 주제를 다양한 수학적이고 실제적인 문제를 해결하는데 활용하도록 함으로써 학생들의 이해도를 증진시키면서 각각의 주제에 더 많은 시간을 할애하는 것이 더 나을 것이다. 대부분의 학생들이 고등학교 졸업 때까지 통계, 자료 분석, 입체 기하와 같이 덜 전통적인 주제와 기본적인 대수와 기하를 익히도록 하는 것이 가장 바람직할 것으로 보인다.

전이에 대한 연구의 단점에도 불구하고, 실세계 과정의 저변에 깔려 있는 개념적인 모델을 이해하는 것의 중요성에 대해 연구진들이 밝힌 것은, 일반화할 수 있는 개념에 대한 깊은 이해가 얄팍

하고, 특정 상황에 국한되고 절차적인 지식보다 최소한 관련 영역내의 문제해결 능력을 촉진시키는데 더 효과적임을 뒷받침한다. 이는 수학 내용이 무엇이든 그리고 그 맥락이 어떻든 간에 교수의 기본적인 목적은 원리와 개념에 대한 깊은 이해가 되어야 함을 의미한다. 이렇게 하는 데에는 두 가지 방향이 있다. 실제 맥락 속의 문제해결은 수학적 개념과 원리에 대한 깊은 이해에 기여하고, 수학적 도구를 실제 문제에 적용하는 것은 실세계 체계나 현상의 원리와 개념에 대한 깊은 이해를 촉진한다. 고용주와 직업 현장의 민족지학자들에 의한 관찰은 직업에 대한 학습의 중요성과 초인지의 중요성을 강조한다. 성공적인 공학자, 과학자, 테크놀로지 근로자들은 수학이나 양적 추론을 그들의 일의 핵심 체계를 더 잘 이해하도록 하는데 활용하며 동시에 미래의 문제해결을 위한 그들의 수학적 양적 "도구"를 연마한다. 학교는 이러한 학습 사이클이 최고의 STEM분야 근로자들이 하는 일의 일부분이라는 것을 학생들에게 명백히 해야 한다.

수학적 모델링-21세기의 요구에 대비하는 한 가지 방법

수학적 모델링은 직업 현장과 삶의 여러 방면에 점차 중요한 위치를 차지하고 있다. **모델**과 **모델링**이라는 용어는 이들이 광범위한 문제해결의 스펙트럼상에 있는지 혹은 그들 자신으로 완전체인지에 대한 논쟁과 함께 문헌에서 다양하게 해석되어 왔다(예, English, 2013; Gainsburg, 2006; Lesh와 Doerr, 2003; Lesh와 Zawojewski, 2007; Stillman과 Galbraith, 2011). 우리는 이러한 논쟁에서 어떠한 입장을 취하기보다 모델링을 21세기 문제의 특징을 수학 교실로 가져다 줄 수 있는 강력한 매개물로 여기고자 한다.

1983년에 설립된 수학적 모델링과 적용에 관한 국제 학회(International Conference on the Teaching of Mathematics Modeling and Applications, ICTMA; Kaiser, 2010)에서 볼 수 있듯이, 모델링은 수학 커뮤니티에서 상당한 역사를 가지고 있다. ICTMA의 커뮤니티 내에서 조차 다양한 해석과 형태의 모델과 모델링이 존재하지만, 여기서는 Lesh와 Fennewald(2010)의 기본적인 "모델의 첫 번째 정의", 즉 "모델이란 명백한 특정 목적을 위해 다른 체계를 묘사하기(혹은 설명하기, 또는 디자인하기) 위한 체계"(p. 7)를 따르기로 하겠다. 이 해석은 공학과 다른 과학 영역을 포함하여 수학교육 이상으로 밀접한 관련이 있다. 이 관점으로 학생들을 모델링에 참여시키는 경험들의 일부는 모델을 이끌어내는 활동에 설명되어 왔으며(MEAs; English, 2007; Hamilton, Lesh, Lester, 그리고 Brilleslyper, 2008; Lesh와 Doerr, 2003) 그 초점은 문제가 있는 정보에 대한 해석과 재해석의 과정, 그리고 모델로서, 특정 설명에 대한 응답으로서, 수학적 아이디어의 반복적인 발달이 형성되고 검증되고 정교화되었는지에 있다. MEA는 해석하기, 설명하기, 그리고 공학과 같은 영역에서 발생할 수 있는 실제적인 문제에 대한 행동을 예측하기 위하여 수학적이고 과학적인 개념을 학생들에게 만들어내고 적용해 볼 수 있는 기회를 제공한다(예, Gainsburg, 2006).

이러한 MEA[2]의 통계적인 정보에 노출되는 것은 소비자들이 자료를 효율적으로 다루는게 필요한 기술을 발달시키는데 가치 있는 기본을 제공한다. 몇 가지 들어보자면 보험회사의 서류, 재정적 동의, 그리고 정치적 의제가 의미하는 바를 해석하고 이해하는 것은 복잡한 정보를 다룰 수 있는 능력을 필요로 한다. 문제를 모델링하는 것은 해석되어야 하고, 분별되어야 하고, 우선시되어야 하고 해결 모델과 어우러져야 하는 그러한 자료를 학생들에게 제시한다. 게다가 학생들의 모델링은 보통 그들의 학년에서는 다루지 않는 수학 주제를 양산해 낸다. 왜냐하면 실제 상황을 다루기 위해서는 서로 다른 형태의 양과 연산이 필요하기 때문이다. 예를 들어, MEA는 자주 축적, 확률, 빈도, 순위를 종류별로 나누기, 구성하기, 선택하기, 양화시키기, 무게재기 그리고 큰 자료를 변환하기 같은 것을 포함한다(Doerr과 English, 2003; Lesh, Zawojewski, 그리고 Carmona, 2003). 수학화 하는 과정에 꼭 필요한 것은 컴퓨터 기반의 그래픽, 표, 목차, 종이에 기반한 다이어그램과 그래프, 그리고 구술과 작문으로 이루어지는 의사소통을 포함한, 모델을 표현하고 작성하는데 필요한 수많은 표상방식이다. 왜냐하면 이러한 표상이 학생들이 그들의 모델을 만드는데 있어서 중요하다고 여기는 요인, 관계, 그리고 연산을 구체화하기 때문에 MEA는 교사와 연구자들에게 학생들의 수학적 사고의 신장으로 이끄는 강력한 통찰이라는 이점이 더 있다.

21세기의 요구에 대하여 논의했던 바와 같이 수학적이고 테크놀로지적으로 표현되는 저변의 모델을 이해하는 것의 중요성은 공학, 재정, 제조, 그리고 농업과 같은 많은 영역에서 매우 중요하다. 현대 삶의 모든 측면은 이미 우리가 강조했던 모델링의 구성요소를 사용하여 수학화되어 왔다. 우리의 미래 시민들은 이 수학화가 그들의 삶은 다양한 방식으로 형상화 한다는 것을 깨달아야 하고 어떻게 되는 것인지 이해해야 한다.

학생들이 수학적으로 깨어 있도록 준비시키기 위해서 실제를 반영하고 교실에서의 문제해결을 통해서 학습한 것의 가치를 증가시키기 위한 맥락을 어떻게 선택할 것인가에 대하여 고민해 볼 필요가 있다. 문제를 모델링하는 것은 또한 고용주들이 요구하는 일반적 기술과 시민들의 사회적 참여를 최대화하는 기술을 기르도록 한다. 그러한 기술들은 비판적이고 혁신적인 사고, 복잡한 추론, 초인지적 행동, 그리고 협력과 영역 내외에서의 의사소통을 포함한다. 요약하자면, 모델링 활동은 21세기의 일과 삶에서 가치있다고 여겨지는 학습을 촉진시키는 교수 전략의 훌륭한 하나의 예라고 할 수 있다.

[2] (역자 주) Model Eliciting Activities (MEAs): 모델을 구성하도록 하는 활동.

맺음말

이 장에서는 수학적 문제해결에 대한 지난 수십 년 간의 주요 논쟁에 대하여 재검토 해보았다. 그 논쟁들은 거의 해결되지 않고 있기에, 우리는 현대의 일과 삶에서의 요구와 변화의 요인에 대한 연구들을 살펴보았다. 이러한 변화 속에서 해결되어야 하는 문제의 본질과 이 속에서 발생하는 도전적 과제에 효과적으로 대응하기 위해 필요한 역량에 대하여 성찰해 보았다. 이 연구들에 기반하여 수학교육에 대하여 다시 생각해 보았으며 학생들이 21세기의 문제를 성공적으로 해결하도록 하는 준비를 어떻게 시킬 것인가에 대하여 제안하였다.

오늘날 학생들의 문제해결 능력을 향상시키기 위하여 어떠한 제안을 하는가에 대한 우리의 입장은 무엇인가? 명백히 적용될 수 있는 다양한 해결책은 많지만, 우리가 맞닥뜨리고 있는 다양한 학습 환경을 고려해 보면 모든 학교 체계에 적절한 하나의 해결책은 제시하기 힘들다. 그럼에도 불구하고 수학적 내용을 발달시키기 위하여 문제해결 과정을 어떻게 가르칠 것인가, 맥락과 실제를 어떻게 언급할 것인가, 그리고 현대의 일과 삶에서의 성공을 위한 문제해결에 필요한 일반적 기능들을 어떻게 개발할 것인가에 초점을 맞추었다. 그러나 이 제안들을 실행하고 더 많은 연구를 진행하기에는 여전히 해결해야 할 것이 많이 남아 있다.

MEA는 문제해결 과정과 수학적 내용뿐만 아니라 실제 맥락을 제공해주고 일반적 기능을 발달시킬 수 있는데 풍부한 자료를 제공하는 하나의 예라고 할 수 있다. 비슷한 학습 기회를 제공하는 인지적 요구가 있는 문제 유형들 또한 수학교육과정에 포함되어야 한다. STEM 영역을 아우르는 지식을 융합하는 학제간의 문제 -예를 들어 공학 관련 문제- 는 매력적이고 실제적일 수 있으나, 수학교육과정에 거의 남아 있지 않다(English, Hudson, & Dawes, 2012; Suh, Seshaiyer, Moore, Green, Jewell, & Rice, 2013).

단순한 공식의 적용보다 아이디어 창출을 위하여 "전통적인" 수학적 문제들을 변형시키는 것은 관심을 받아야 하는 또 하나의 영역이라 할 수 있다. 그러한 변형은 교사와 학생 모두로부터 시작될 수 있다. 교사들은 현재 존재하는 문제들이 여러 학문과 관계될 수 있도록 재구성할 수 있고 (어쩌면 다른 과목의 교사들과 협력하여), 그래서 명백히 드러나는 해결책이 덜 드러나게 할 수 있으며, 모든 필요한 수학 전부가 아니며 해결책에 대하여 더 열린 접근법을 활용하도록 되었다. 그리고 문제 제기에 대한 새로운 관심은 학생들이 그들 자신이 만든 문제를 적용하고, 창출하고, 그리고 해결하는데 학생들을 참여시켜야 한다는 충고를 해 준다.

더 넓게 생각해 보면 교실을 넘어선 상황에서 수학 문제해결에 대한 증가된 인식을 가져야 한다고 주장하였고, 21세기의 요구가 어떻게 우리의 삶에 영향을 미치는지에 대하여 깊은 통찰을 하였다. 바깥 세상의 수학적 문제해결을 간단히 교실 안으로 가져올 수 없을 지라도, "학교에서 다루는 문제"를 더 실제적으로 맥락화시키는 다양한 방법이 있다. 그러한 재맥락화는 인지적으로 더욱 어려운 문제-호기심을 자극하고, 비판적 사고를 촉진하고, 창의적인 해결책을 생각해 내게 하고, 다양한 해결 방법을 보여주며, 다양한 학생들에 의해 늘어난 접근을 위하여- 로의 전이를 수반해야 한다.

참고문헌

Altonji, J. G. (1995). The effects of high school curriculum on education and labor market outcomes. *The Journal of Human Resources, 30*(3), 409–438.

Anderson, J. (2014). Forging new opportunities for problem solving in Australian mathematics classrooms through the first national mathematics curriculum. In Y. Li & G. Lappan (Eds.), *Mathematics curriculum in school education* (pp. 209–230). Dordrecht: Springer.

Atkinson, R. D., & Mayo, M. (2010). *Refueling the U.S. innovation economy: Fresh approaches to science, technology, engineering, and mathematics (STEM) education*. The Information Technology & Innovation Foundation. Retrieved from www.itif.org/files/2010-refueling-innovation-economy.pdf.

Autor, D., Levy, F., & Murnane, R. (2003). The skill content of recent technological change: An empirical exploration. *Quarterly Journal of Economics, 118*(4), 1279–1333.

Bakker, A., Kent, P., Derry, J., Noss, R., & Hoyles, C. (2008). Statistical inference at work: Statistical Process Control as an example. *Statistics Education Research Journal, 7*(2), 130–145.

Barton, P. E. (2000). *What jobs require: Literacy, education, and training, 1940–2006*. Educational Testing Service Policy Information Report.

Barton, P. E. (2006). *High school reform and work: Facing labor market realities*. Educational Testing Service Policy Information Report.

Bishop, J. (1993). Improving job matches in the U.S. labor market. Brookings Papers on Economic Activity. *Microeconomics, 1993*(1), 335–400.

Bishop, J. H., & Mane, F. (2004). The impacts of career-technical education on high school labor market success. *Economics of Education Review, 23*, 381–402

Boaler, J. (2009). *The elephant in the classroom: Helping children learn and love maths*. London: Souvenir Press.

Bowles, Ginits, & Osborne (2001). The determinants of earnings: A behavioral approach. *Journal of Economic Literature, 39*(4), 1137–1176.

Brynjolfsson, E. & McAfee, A. (2011). *Race against the machine: How the digital revolution is accelerating innovation, driving productivity, and irreversibly transforming employment and the economy*. Lexington, MA: Digital Frontier Press.

Business Council. (2013, May). *CEO survey results: The Business Council survey of CEOs in collaboration with the Conference Board*. Retrieved from www.thebusinesscouncil.org/assets/TCB_BCS_MAY_2013.pdf.

Cawley, J., Heckman, J. J., & Vytlacil, E. J. (2001). Three observations on wages and measured cognitive ability. *Labour Economics, 8*(4), 419–442.

Cognition & Technology Group at Vanderbilt. (1990). Anchored instruction and its relationship to situated cognition. *Educational Researcher, 19*(6), 2–10.

Cooper, B. & Dunne, M. (1998). Anyone for tennis? Social class differences in children's responses to national curriculum mathematics testing. *The Sociological Review, 46*(1), 115–148.

Davis, P. J. (1988). Applied mathematics as social contract. *Mathematics Magazine, 61*(3), 139–147.

de Abreu, G. (2002). Mathematics learning in out-of-school contexts: A cultural psychology perspective. In L. D. English (Ed.). *Handbook of International research in mathematics Education* (pp. 323–353). Mahwah, NJ: Lawrence Erlbaum Associates.

Doerr, H. M., & English, L. D. (2003). A Modeling perspective on students' mathematical reasoning about data. *Journal for Research in Mathematics Education, 34*(2), 110–136.

Dudley, U. (2010). What is mathematics for? *Notices of the AMS, 57*(5), 608–613.

Duncker, K. (1945). On problem solving. *Psychological Monographs, 58*(5).

English, L. D. (2007). Interdisciplinary modelling in the primary mathematics curriculum. In J. Watson & K. Beswick (Eds.), *Mathematics: Essential research, essential practice. Proceedings of the 30th annual conference of the Mathematics Education Research Group of Australasia* (Vol. 2, pp. 275–284). Adelaide: MERGA.

English, L. D. (2013). Complex modelling in the primary and middle school years: An interdisciplinary approach. In G. Stillman, G. Kaiser, W. Blum, & J. Brown (Eds.), *Mathematical modelling: Connecting to practice—Teaching practice and the practice of applied mathematicians* (pp. 491–505). New York: Springer.

English, L. D., Hudson, P. B., & Dawes, L. (2012). Engineering design processes in seventh-grade classrooms: Bridging the engineering education gap. *European Journal of Engineering Education, 37*(5), 436–447.

English, L. D., & Sriraman, B. (2010). Problem solving for the 21st century. In B. Sriraman & L. D. English (Eds.), *Advances in Mathematics Education. Theories of mathematics education: Seeking new frontiers* (pp. 263–285). New York: Springer.

English, L. D., & Watson, J. M. (2014). Statistical literacy in the elementary school: Opportunities for problem posing. In F. Singer, N. Ellerton, & J. Cai (Eds.), *Problem posing: From research to effective practice*. Dordrecht: Springer.

Fischer, K. (2013). The employment mismatch. *The Chronicle of Higher Education* (March 4). Retrieved from http://chronicle.com/article/The-Employment-Mismatch/137625/#id=overview.

Gainsburg, J. (2006). The mathematical modeling of structural engineers. *Mathematical Thinking and Learning, 8*(1), 3–36.

Gainsburg, J. (2007a). The mathematical disposition of structural engineers. *Journal for Research in Mathematics Education, 38*(5), 477–506.

Gainsburg, J. (2007b). Problem solving and learning in everyday structural engineering work. In R. A. Lesh, E. Hamilton, & J. Kaput (Eds.), *Foundations for the future in mathematics education* (pp. 37–56). Mahwah, NJ: Lawrence Erlbaum Associates.

Gallup (2013, May 28). *21st century skills and the workplace: A 2013 Microsoft Partners in Learning and Pearson Foundation study*. Retrieved from www.gallup.com/services/176699/21st-century-skills-workplace.aspx.

Goldin, C. & Katz, L. F. (2008). *The race between education and technology*. Cambridge, MA: Harvard University Press.

Goos, M., & Galbraith, P. (1996). Do it this way! Metacognitive strategies in collaborative mathematical problem solving. *Educational Studies in Mathematics, 30*, 229–260.

Goos, M., Galbraith, P., & Renshaw, P. (2002). Socially mediated metacognition: creating collaborative zones of proximal development in small group problem solving. *Educational Studies in Mathematics, 49*, 193–223.

Greenstone, M. & Looney, A. (2011). *Where is the best place to invest $102,000—In stocks, bonds, or a college degree?* Report from the Hamilton Project, Brookings. Retrieved from www.brookings.edu/research/papers/2011/06/25-education-greenstone-looney.

Greiffenhagen, C., & Sharrock, W. (2008). School mathematics and its everyday other? Revisiting Lave's 'Cognition in Practice.' *Educational Studies in Mathematics, 69*, 1–21.

Grubb, W. N., & Lazerson, M. (2004). The education gospel: The economic power of schooling. Cambridge, MA: Harvard University Press.

Hamilton, E., Lesh, R., Lester, F., & Brilleslyper, M. (2008). Model-eliciting activities (MEAs) as a bridge between engineering education research and mathematics education research. *Advances in Engineering Education, 1*(2), 1–25.

Handel, M. J. (in press). What do people do at work? A profile of U.S. jobs from the survey of workplace skills, technology, and management practices (STAMP). In F. Green & M. Keese (Eds). Paris: OECD Publishing.

Hanushek, E. A., & Woessmann, L. (2008). The role of cognitive skills in economic development, *Journal of Economic Literature, 46*(3), 607–668.

Hanushek, E. A., & Woessmann. L. (2011). How much do educational outcomes matter for developed countries? *Economic Policy, 26(67).*

Harvard Graduate School of Education (GSE). (2011, February). *Pathways to prosperity: Meeting the challenge of preparing young Americans for the 21st century.* Report from the Pathways to Prosperity Project.

Heckman, J. J., Stixrud, J., & Urzua, S. (2006). The effects of cognitive and noncognitive abilities on labor market outcomes and social behavior. *Journal of Labor Economics, 4*(3), 411–482.

Hegedus, S. (2013). Young children's investigating advanced mathematical concepts with haptic technologies: Future design perspectives. *The Mathematics Enthusiast, 10*(1–2), 87–108.

Hibbard, J. H., Peters, E., Dixon, A., & Tusler, M. (2007). Consumer competencies and the use of comparative quality information: It isn't just about literacy. *Medical Care Research and Review, 62*(4), 379–394.

Hohensee, C. (2014). Backward transfer: An investigation of the influence of quadratic functions instruction on students' prior ways of reasoning about linear functions. *Mathematical Thinking and Learning, 16*(2), 135–174.

Hoyles, C., Noss, R., Kent, P., & Bakker, A. (2010). *Improving mathematics at work: The need for techno-mathematical literacies.* London: Routledge.

Hoyles, C., Noss, R., & Pozzi, S. (2001). Proportional reasoning in nursing practice. *Journal for Research in Mathematics Education, 32*, 4–27.

Kapa, E. (2001). A metacognitive support during the process of problem solving in a computerized environment. *Educational Studies in Mathematics, 47*, 317–336.

Kaiser, G. (2010). Introduction: ICTMA and the teaching of modelling and applications. In R. Lesh, P. Galbraith, C. R. Haines, & A. Hurford (Eds.), *Modeling students' mathematical modeling competencies* (pp. 1–2). New York: Springer.

Kaput, J., Noss, R., & Hoyles, C. (2008). Developing new notations for a learnable mathematics in the computational era. In L. D. English (Ed.), *Handbook of international research in mathematics education* (2nd ed., pp. 693–715). New York: Routledge.

Kent, P., & Noss, R. (2002, January). *The mathematical components of engineering expertise: The relationship between doing and understanding mathematics.* Paper submitted to the Institution of Electrical Engineers Annual Symposium on Engineering Education, London.

Kilpatrick, J. (1981). One point of view: Stop the bandwagon, I want off. *Arithmetic Teacher, 28*(8), 2.

Kramarski, B., Weisse, I., & Kololshi-Minsker, I. (2010). How can self-regulated learning support the problem solving of third-grade students with mathematics anxiety? *The International Journal on Mathematics Education, 42* (2), 179–193.

Krugman, P. (2011, March 9). Degrees and dollars. *New York Times.* Retrieved from www.nytimes.com/2011/03/07/opinion/07krugman.html.

Langdon, D., McKittrick, G., Beede, D., Khan, B., & Doms, M. (2011). *STEM: Good jobs now and for the future. U.S. Department of Commerce, Economics and Statistics Administration.* Retrieved from www.esa.doc.gov/Reports/stem-good-jobs-now-and-future.

Lesh, R. & Doerr, H. M. (2003). Foundations of a models and modeling perspective on mathematics teaching, learning, and problem solving. In R. Lesh & H. M. Doerr (Eds.), *Beyond constructivism: Models and modeling perspectives on mathematics problem solving, learning, and teaching* (pp. 3–33). Mahwah, NJ: Lawrence Erlbaum Associates.

Lesh, R., & Fennewald, T. (2010). Introduction to part I modeling: What is it? Why do it? In R. Lesh, P. Galbraith, C. R. Haines, & A. Hurford (Eds.), *Modeling students' mathematical modeling competencies* (pp. 5–10). New York: Springer.

Lesh, R., & Harel, G. (2003). Problem solving, modeling, and local conceptual development. *Mathematical Thinking and Learning, 5*(2–3), 157–189.

Lesh, R. & Zawojewski, J. S. (2007). Problem solving and modeling. In F. Lester (Ed.), *Second handbook of research on mathematics teaching and learning* (pp. 763–804). Charlotte, NC: Information Age Publishing.

Lesh, R., Zawojewski, J., & Carmona, G. (2003). What mathematical abilities are needed for success beyond school in a technology-based age of information? In R. Lesh & H. M. Doerr (Eds.), *Beyond constructivism: Models and modeling perspectives on mathematics teaching, learning, and problem solving*. Mahwah, NJ: Lawrence Erlbaum Associates.

Lester, F.K., Jr. (2013). Thoughts about research on mathematical problem-solving instruction. *The Mathematics Enthusiast, 10*(1&2), 245–278.

Lester, F.K., Jr., & Charles, R.I. (Eds.). (2003). *Teaching mathematics through problem solving: Grades pre-K–6*. Reston, VA: National Council of Teachers of Mathematics.

Lester, F.K., Jr., & Kehle, P.E. (2003). From problem solving to modeling: The evolution of thinking about research on complex mathematical activity. In R. Lesh & H. Doerr, (Eds.), *Beyond constructivism: Models and modeling perspectives on mathematics problem solving, learning and teaching* (pp. 501–518), Mahwah, NJ: Lawrence Erlbaum Associates.

Levine, P.B., & Zimmerman, D.J. (1995). The benefit of additional high-school math and science classes for young men and women. *Journal of Business and Economic Statistics, 13*(2), 137–149.

Levy, F., & Murnane, R.J. (2004). *The new division of labor: How computers are creating the next job market*. Princeton, NJ: Princeton University Press.

Lim, G, & Kim, C. (2013). Who has to pay for their education? Evidence from European tertiary education. *Educational Researcher, 42*(4), 250–252.

Lobato, J. (2003). How design experiments can inform a rethinking of transfer and vice versa. *Educational Researcher, 32*(1), 17–20.

Lubienski, S. (2000). Problem solving as a means toward mathematics for all: An exploratory look through a class lens. *Journal for Research in Mathematics Education, 31*(4), 454–482.

Mamona-Downs, J., & Downs, M. (2013). Problem solving and its elements in forming proof. *The Mathematics Enthusiast, 10*(1–2), 137–162.

McKenna, A.F., & Agogino, A.M. (2004, April). Supporting mechanical reasoning with a representationally-rich learning environment. *Journal of Engineering Education*, 97–104.

Mehta, J. (2013). How paradigms create policies: The transformation of American educational policy, 1980–2001. *American Educational Research Journal, 50*(2), 285–324.

MetLife. (2010). *The MetLife survey of the American teacher: Preparing students for college and careers.* Retrieved from www.metlife.com/teachersurvey.

Miller, R. (n.d.). *Education and economic growth: From the 19th to 21st century.* Paper commissioned by Cisco Systems. Retrieved from www.cisco.com/web/strategy/docs/education/eeg_what_research_says.pdf.

Moreno Armella, L., & Santos-Trigos, M. (2013). Introduction to international perspectives on problem solving research in mathematics education. *The Mathematics Enthusiast, 10*(1–2), 3–8.

Murnane, R.J., & Levy, F. (1996). *Teaching the new basic skills: Principles for educating children to thrive in a changing economy.* New York: The Free Press.

Murnane, R.J., Willett, J.B., & Levy, F. (1995). The growing importance of cognitive skills in wage determination. *The Review of Economics and Statistics, 77*(2), 251–266.

National Center on Education and the Economy (NCEE). (2013, May). *What does it really mean to be college and work ready? The mathematics required of first year community college students.* Retrieved from www.ncee.org.

National Council of Teachers of Mathematics. (1980). *An agenda for action.* Reston, VA: Author.

Nelson, W., Fagerlin, A., & Peters, E. (2008). Clinical implications of numeracy: Theory and practice. *The Society of Behavioral Medicine, 35*, 261–274. Retrieved from http://link.springer.com/article/10.1007%2Fs12160-008-9037-8.

Newell, H.A., & Simon, A.H. (1972). Human problem solving. Englewood Cliffs, NJ: Prentice Hall.

Nunes, T., Schliemann, A. D., & Carraher, D.W. (1993). *Street mathematics and school mathematics.* Cambridge: Cambridge University Press.

OECD. (2010). *The high cost of low educational performance: The long-run economic impact of improving PISA outcomes.* Paris: OECD Publishing. Retrieved from www.oecd-ilibrary.org/education/the-high-cost-of-low-educational-performance_9789264077485-en.

OECD (2014). *PISA 2012 results: What students know and can do: Vol. 1. Student performance in mathematics, reading and science—Volume 1.* Paris: OECD Publishing. Retrieved from www.oecd.org/pisa/keyfindings/pisa-2012-results-volume-I.pdf.

Packer, A. (1997). Mathematical competencies that employers expect. In L.A. Steen (Ed.), *Why numbers count: Quantitative literacy for tomorrow's America* (pp. 137–154). New York: College Entrance Examination Board.

Partnership for 21st Century Skills. (2006). *Are they really ready to work? Employers' perspectives on the basic knowledge and applied skills of new entrants to the 21st century U.S. workforce*. Retrieved from www.p21.org.

Partnership for 21st Century Skills. (2008). *21st century skills, education and competitiveness: A resources and policy guide*. Retrieved from www.p21.org.

Partnership for 21st Century Skills. (2009). *P21 framework definitions*. Retrieved from www.p21.org.

Pellegrino, J.W., & Hilton, M.L. (Eds.) (2012). *Education for life and work: Developing transferable knowledge and skills in the 21st century*. Washington, DC: National Academies Press. Retrieved from www.nap.edu/catalog/13398/education-for-life-and-work-developing-transferable-knowledge-and-skills.

Peters, E., Hibbard, J., Slovic, P., & Dieckmann, N. (2007). Numeracy skill and the communication, comprehension, and use of risk-benefit information. *Health Affairs, 26*(3), 741–748.

Peters, E., & Levin, I.P. (2008). Dissecting the risky-choice framing effect: Numeracy as an individual-difference factor in weighting risky and riskless options. *Judgment and Decision Making, 3*(6), 435–448.

Polya, G. (1945). *How to solve it*. Princeton, NJ: Princeton University Press.

Reyna, V. F., Nelson, W. L., Han, P. K., and Dieckmann, N. F. (2009). How numeracy influences risk comprehension and medical decision making. *Psychological Bulletin, 135*(6), 943–973.

Rigelman, N.R. (2013). Become a mathematical problem solver. *Mathematics Teaching in the Middle School, 18*(7), 416–423.

Salzman, H., Kuehn, D., & Lowell, L. (2013, April 24). Guestworkers in the high-skill U.S. labor market: An analysis of supply, employment, and wage trends. *EPI Briefing Paper #359*, Economy Policy Institute. Retrieved from www.epi.org/files/2013/bp359-guestworkers-high-skill-labor-market-analysis.pdf.

Schneider, W., & Artelt, C. (2010). Metacognition and mathematics education. *ZDM: The International Journal on Mathematics Education, 42*, 149–161.

Schoen, H.L., & Charles, R.I. (2003). *Teaching mathematics through problem solving: Grades 6–12*. Reston, VA: National Council of Teachers of Mathematics.

Schoenfeld, A.H. (1985). *Mathematical problem solving*. Orlando, FL: Academic Press.

Schoenfeld, A.H. (2008). Problem solving in the United States, 1970–2008: Research and theory, practice and politics. In G. Törner, A.H. Schoenfeld, & K. Reiss (Eds.), Problem solving around the world—Summing up the state of the art. *ZDM: The International Journal on Mathematics Education*, special issue (1).

Schoenfeld, A.H. (2013). Reflections on problem solving theory and practice. *The Mathematics Enthusiast, 10*(1&2), 9–34.

Schultz, T.W. (1975). The value of the ability to deal with disequilibria. *American Economic Review*, 13(3), 827–846.

Silver, E. (Ed.). (1985). *Teaching and learning mathematical problem solving: Multiple research perspectives*. Hillsdale, NJ: Lawrence Erlbaum Associates.

Silver, E.A., Mesa, V., Morris, K.A., Star, J.R., & Benken, B.M. (2009). Teaching mathematics for understanding: An analysis of lessons submitted by teachers seeking NBPTS certification. *U.S. Educational Research Journal, 46*(2), 501–531.

Singer, F., Ellerton., N., & Cai, J. (Eds.). (2015). *Mathematical problem posing: From research to effective practice*. Dordrecht: Springer.

Stanic, G.M.A., & Kilpatrick, J. (1989). Historical perspectives on problem solving in the mathematics curriculum. In R. I. Charles & E.A. Silver (Eds.), *The teaching and assessing of mathematical problem solving* (Vol. 3, pp. 1–22). Reston, VA: National Council of Teachers of Mathematics.

Stein, M. K., Grover, B. W., & Henningsen, M. (1996). Building student capacity for mathematical thinking and reasoning: An analysis of mathematical tasks used in reform classrooms. *American Education Research Journal, 33*, 455–488.

Stillman, G., & Galbraith, P. (2011). Evolution of applications and modelling in a senior secondary curriculum. In Kaiser, G., Blum, W., Borromeo Ferri, R., & Stillman, G. (Eds.), *Trends in teaching and learning of mathematical modelling: ICTMA14* (pp. 689–699). New York: Springer.

Suh, J. M., Seshaiyer, P., Moore, K., Green, M., Jewell, H., & Rice, I. (2013). Being an environmentally friendly package engineer. *Teaching Children Mathematics, 20*(4), 261–263.

Swanson, R. E. (2013). Overcoming the run response. *Mathematics Teaching in the Middle school, 19*(2), 94–99.

Tienken, C. H. (2008). Rankings of international achievement test performance and economic strength: Correlation or conjecture? *International Journal of Education Policy & Leadership, 3*(4).

Toerner, G., Schoenfeld, A. H., & Reiss, K. (Eds.). (2008). *Problem Solving Around the World—Summing up the State of the Art. ZDM: The International Journal on Mathematics Education*, 39(5–6), plus special issue (1).

Tucker, M. (2013, June 6). A framework for thinking and learning. *Education Week*. Retrieved from http://blogs.edweek.org/edweek/top_performers/2013/06/a_framework_for_thinking_and_learning.html.

Vedder, R., Denhart, C., & Robe, J. (2013). *Why are recent college graduates underemployed? University enrollments and labor-market realities.* Center for College Affordability and Productivity. Retrieved from http://centerforcollegeaffordability.org/uploads/Underemployed%20Report%202.pdf.

Welch, F. (1970). Education in production. *Journal of Political Economy, 78*(1), 35–59.

Wolf, A. (2009, July-August). Misunderstanding education: Why increasing enrollments can't and won't fix the economy. *Change*. Retrieved from www.changemag.org/July-August 2009/full-misunderstanding.html.

Zaback, K., Carlson, A., & Crellin, M. (2012). *The economic benefit of postsecondary degrees: A state and national-level analysis.* Report from the State Higher Education Executive Officers. Retrieved from www.sheeo.org/sites/default/files/publications/Econ%20Benefit%20of%20Degrees%20Report%20with%20Appendices.pdf.

Zawojewski, J. (2010). Problem solving versus modeling. In R. A. Lesh, P. L. Galbraith, C. R. Haines, & A. Hurford (Eds.). *Modeling students' mathematical modeling competencies* (pp. 237–244). Dordrecht: Springer.

문화와 수학학습에서 중요한 문제 13

Peter Appelbaum
Arcadia University, Philadelphia, United States

Charoula Stathopoulou
University of Thessally, Volos, Greece

사람들이 수학과 수학교육을 생각하는데 있어서 더 이상 문화, 정치, 논쟁을 멀리할 수 없다고 생각하는 것이 일상화되었다. 이것은 문화, 정치 및 논쟁에서 오는 오래된 전통의 산물 같은 것이다 (Zaslavsky, 1973a, 1973b; Pinxten, van Dooren, & Harvey, 1983; D'Ambrosio, 1985; Mellin-Olsen, 1987; Pinxten, van Dooren, & Soberon, 1987; Bishop, 1988a, 1988b; Ascher, 1991; Baker, Clay, & Fox, 1996; Barton, 1996a; Powell & Frankenstein, 1997; Dowling, 1998; Eglashm, 1999; Boaler, 2000; Martin, 2000; Adler, 2001; de Abreu, Bishop, & Presmeg, 2002; Gutstein, 2003; Kumashiro, 2009; Presmeg, 2007). 세계화, 국제 경제, 문화 확산, 이주와 이민으로 다양한 공동체가 증가하게 되고 이런 영향에 대한 관심이 증가하면서 일반적으로 교육에서도 문화적 맥락에 대한 관심, 특히 수학교육에서 다문화 공동체에 대한 관심을 일으키는 버팀목이 되었다. Lerman (2000)은 이것을 세기의 전환에서 "사회적 전환"이라고 불렀다. 하지만 최소한 40년이 지났지만 대표적인 문헌들이 지적하는 것처럼, 수학교육에서의 연구와 실행이 문화적으로 이미 구축되었고 문화적 맥락에 포함되어 있어서, 권위와 힘의 사회적, 정치적 기관의 요소로서 수학 및 수학교육의 미묘한 차이와 복합성을 탐구하는 데 문화가 관련될 수 있다는 사실을 여전히 인식하지 못하고 있다.

1980년대와 1990년대에는 다문화 방법에 대한 간략한 흥미들과 불평들이 교실 활동을 위해 수학과 다음의 내용들을 연결하는데 있어서 많은 제안을 이끌어내었다. 비 서구 문화로부터 게임이나 활동(예를 들어, Zaslavsky, 1993, 1996, & 1998; Whitin & Wilde, 1995; Lipka, Sharp, Adams, & Sharp, 2007 참고하라), 표준적이지 않은 계산 절차와 알고리즘(Stathopoulou & Kalabasis, 2002; Moreira, 2003; Knijnik, Wanderer, & Oliveira, 2005; Stathopoulou, 2005; Moreira & Pires, 2012; Orey & Rosa, 2008), 수학 개념의 다양한 표상들(Favilli, 2007; Gerdes, 1988; Barton, 1995; Phlhares, 2012), 수학과 연관된 문화적 자긍심(Matthews, 1989; Appelbaum, 1995; Moses & Cobb, 2001; Gutstein, 2003) 등과의 연관이다. 금세기에는 학생들이 가정과 지역사회 문화에서 학교로 가져오는 지식의 기금을 활용하는 학교수학 활동과 프로젝트를 개

발하려는 노력이 최근에 들어서 있어 왔다(예를 들어, Gerdes, 1988; Cvil & Kahn, 2001; Stathopoulou, 2006; Klein & Showalter, 2012를 참고하라). 하지만, 학습자에게 "다른" 비주류 문화의 사회 관습을 가지고 전통적인 수학 내용을 이해하도록 유도하는 것에는 관심이 적었다(Bazin & Tamez, 2002). 학습자가 학교에 가져오는, 문화적으로 특수한 지식을 다루는, 민감한 일부 교육과정 활동들은 학교에서 향상되거나 강화된 내용으로 다시 가정의 문화로 돌아간다. 심지어 수학 교수·학습에 정치적으로 더 민감한 접근법(Civil, 2002; Frankenstein, 1987; Gutstein & Peterson, 2005)은 수학이 정치적으로 중립적이라고 가정하면서도 그것을 정치적으로 이용하였다. 그리고 교육과정 개발 노력이나 수학교육에서 상호 문화적 협력 같은 소수의 연구 프로젝트에서는 잠재적으로 혼란스러우면서 복잡한 다수의 문화와 정체성이, 현재 그리고 식민지 독립 후의 혼성의 "상호 문화적" 맥락에서, 단일하고 획일적인 "문화"가 될 것이라는 개념을 심각하게 받아들인다(Appelbaum, 1995, 2008; Valero & Stentof, 2010; Swanson & Appelbaum, 2013; Chronaki, 2005).

최근인 2007년에 Norma Presmeg은 수학교육이 "인식에 있어서 주요 혁명을 경험했다"고 썼다. "오랫동안 고려된 가치 및 문화와 상관이 없는 듯한 수학이 사실은 문화적 결과물이고, 따라서 모든 복잡성과 논쟁이 있는 문화의 역할은 수학교육에서도 중요한 측면이다"(Presmeg, 2007, p. 435). 「Against Common Sense」라는 책의 최근 개정판에서 Kevin Kumashiro는 "어떤 학문보다도 수학은 사회적 요인들에 영향을 적게 받는다고 많은 사람들이 생각한다. 결과적으로 학교에서 배운 모든 과목 중에서 가장 편견이 없을 것이라고 간주한다. 사람들은 수학교실에서 피부색이 다른 학생을 대할 때 인종이 문제일 수 있다고 말해 왔지만, 인종은 숫자를 빼고 더하는 것과는 거의 관련이 없다"(Kumashiro, 2009, p. 111). 역사의 후반인 2009년도 즈음에 그가 이것을 썼다면 어땠을까? 적어도 1970년대와 마찬가지로 아마도 이 절에서 이미 인용되었던 내용과 동일한 의견이었을 것이다.

전문가와 대중의 담론에서 혼란스러울 것이 당연한 문화에 대한 정의내리기 작업의 범위를 이해하기 위해서 이제 수학교육과 문화에 대한 재고가 있어야 할 시점이다. 아마 수학교육에서 주요한 개념으로 "문화"를 대안으로 고려해야 할 때인 것 같다. 수학교육과 문화에 대한 접근 방식은 사람들이 수학, (수학)교육, 문화를 어떻게 생각하느냐에 따라 다른 형태를 취한다. 사람들은 여기에 접근하기 위해 있각각의 차원으로 된 3차원 축을 생각할 수 있고, 각 용어에 대한 가정과 그들이 표현하는 활동의 조합이 어떤 주어진 연구 프로젝트나 수학교육에 대한 반성에서 이 일로 인해 "실제로" 만들어내는 공통적인 "현실"을 창조하기 위해 모이게 된다. 우리가 한 번에 단지 두 가지 차원만 살펴보더라도(텍스트로 쓴 장의 한계를 감안할 때, 이것은 그런 상호작용을 표현하는 가장 쉬운 방법이지만 복합적인 상호작용의 아이디어를 소개하기 위해 한 번에 2차원을 택한 상호작용으로 분리하는 것도 유용하다), 더 넓은 분류체계에서 하위집단을 시각화할 수 있다(표 13.1 참고).

[표 13.1] 수학, (수학)교육, 문화의 복합적인 상호작용들

문화 → 수학 ↓	문화는 수학과 관련되지 않는다.	문화는 수학이 일어나는 맥락이다.	문화는 의미와 해석의 망이다.	문화는 권력이나 불평등의 사회적 순간적인 생성과 분리할 수 없다.	문화는 도구이면서 경제적 권력과 권위의 형태이기도 하다.
수학은 문제를 형식화하고 푸는 방법들의 집합이다.	수학은 일상생활과 글로벌 시장에서 경제적 성공을 위한 필수적인 지식이자 도구의 모음이다.	수학은 그 문화에서 구체적인 요구에 따른 특정 문화에서 발전된 지식과 도구의 모음이다.	수학은 문제를 정의하고 해결하면서 그들의 현실을 이해한 사람들을 관통하는 관행의 모음이다.	수학은 사회의 순간적인 생성에 관련될 뿐만 아니라 권력 관계에도 의존하는 지식과 도구의 모음이다.	학교수학은 고등교육으로 가는 길이고 권력이나 권위와 관련된 직장으로 가는 수송관 같은 것이다.
수학은 보편적이고 글로벌한 언어이다.	수학은 소통과 발전을 돕는 국가와 하위문화 사이에 걸친 다리이다.	수학적 개념은 모든 문화에서 공통이다.	수학은 사람들이 공통의 언어를 이용해 문화를 통한 소통을 돕는다.	수학은 사회 시스템을 조금 더 또는 조금 덜 평등하게 만드는데 사용될 수 있다.	수학의 발전된 지식은 어떤 사람이 다른 사람에게 권력을 휘두를 수 있게 한다.
수학은 사회적 관행의 집합체인 "문화"를 구성한다.	사람들은 일상생활 문화를 학교수학 문화로 전환하는 것을 교육자가 도울 때 수학을 "배울" 수 있다.	학교수학은 문화화한 관행들의 모음이다.	학교수학은 미학, 논리, 경이의 세계로 들어가는 문과 같고, 인간성이라는 거대한 아이디어에 대한 열쇠이다.	수학은 지성, 합리성, 특권과 관련되어 있다.	수학적 기술을 가진 사람들은 권력을 가진 사람들에게 가치가 있다.
사회적 관행으로서 수학은 사회적인 맥락과 문화적 맥락을 관통해서 또는 그 맥락 내에서 다르다.	수학교육자들이 가정 문화와 학교수학의 문화 사이에 연결을 만들 수 있다면 좀 더 성공적일 것이다.	다른 문화권에서 우리는 서로 다른 수학적 요구를 발견하고 수학적 지식을 발전시키는 서로 다른 방법들을 발견한다.	사람들의 세계를 수학화하는 특별한 방법들은 많다.	수학적 기술과 개념의 가치 있는 형태는 지배적인 문화 그룹과 관련된 수학의 형태들이다.	수학의 고유하고 민간의 전통을 기념하는 수학교육과정은 지배적인 그룹에 대한 명백한 정치적 도전이 된다.

사회적 관행의 집합으로서의 서구 수학은 식민주의와 제국주의의 형태를 영속화하고 인식의 변화를 없애면서 사람들 사이의 지배적인 문화적 상호작용의 일부로 또한 그 상호작용을 가능하게 한다.	학교수학은 사회적 불평등의 형태에 연루된다. 예를 들어 수학은 기관이나 직위를 만드는 직업으로 가는 문지기거나 연결되는 길일 수 있다.	학습자는 가정 문화와 학교 문화와의 차이에서 충돌이 생기는 경험을 할 수 있다. 이것이 학습자들이 학교에서 수학을 잘 하지 못하게 할 수도 있다.	가정 문화가 다른 가치와 욕구를 가진 학습자에게 학교수학의 가치와 욕구는 공감될 수도 또는 공감되지 않을 수도 있다.	학교수학은 사회에서 사회적 불평등을 낳는 불공평한 결과와 경험을 만드는 도구이다.	수학적 모델은 국제적 발전을 위한 정책과 프로그램을 결정하는 데 사용된다.
수학교육은 사람들이 수학적 기술과 개념을 확장하고 변경하면서 자신의 세계를 명명하고 바꾸는 것을 돕는 비평적 교육학의 구체적인 장르가 될 수 있다.	수학은 사회적 문제를 해결하고 개별 권한 부여를 위한 도구로 유용할 수 있다.	수학은 문화들 간의 차이점에 대한 지표이기 때문에 사회에서 불평등한 사건을 인지하게 하는데 사용될 수 있다. 문화들 간의 수학적 활동의 공통점도 있는 반면 특정 활동들은 한 문화와 다른 문화를 구분하기도 한다.	수학은 의미를 만들고 경험을 해석하는 방식의 집합체이다. 사람들의 수학을 바꾸면 그들의 현실(reality)에 대한 이해가 바뀐다. 사람의 상식적인 가정이 바뀌는 것은 수학적 관행이 바뀐다는 것이다.	비판적 교육학의 한 장르로서 수학교육은 사람들이 문화, 사회적 순간들의 연결, 사회적 불평등의 재생산 등을 인식하는 도구이다.	비판적 교육학의 한 장르로서 수학교육은 억압, 착취와 배제에 대한 도전을 바탕으로 신중함의 문화를 장려한다.

[표 13.1] 을 공유하는 것은 철저한 분류체계를 세우려는 것이 아니라, 전형적인 연구 프로젝트나 교육과정 설계 또는 개발 노력 등이 상식적으로 다양한 전제로 소통한다는 것을 보이려는 것이다. 문화, 수학학습, 가르침의 문제를 연구하고 이해하기 위해서 사람들은 수학교육, 교육 인류학, 사회학, 사회 언어학 및 비판 이론 등 다양한 시각을 고려해야 한다. 일반적으로 이 장에서의 문제들은 지식은 규범, 가치, 관습 및 관행을 통해 사회적, 문화적 제도와 기관으로 전해진다고 가정한다. 동시에 그런 사회적 규범, 가치, 관습, 관행은 지식과 관련된 이념과 현실의 구조를 관통한다. 지식과 문화는 각각으로부터 벗어날 수도 없고 어느 것도 다른 것에 대한 맥락으로 인식되어져서는 안 된다.

수학교육과 문화에 대한 접근법은 명확한 경계없이 종종 구별하여 현실과 상식의 형태를 만든다. 이런 방식으로 이 접근법들은 학교 안이나 밖에서의 학습, 공식 및 비공식 교육, 교수 및 학습, 수학 및 문화, 학생 또는 교사의 정체성 및 수학 등과 같은 이분법에 대해 암묵적으로, 때로는 명시적으로, 가정들을 만든다. 예를 들어, 우리가 프로젝트를 수행하거나 학교에서 수학을 가르칠 때 교실에 있는 일부 학생들에게 그들이 비주류에서 하위문화의 구성원이라는 점을 지적하게 되면 좀 더 의미 있고 관련성이 높아지기 때문에, 각 개인의 고유성을 하위문화의 일반적인 특징이 아닌 한 세트의 전형적인 가정으로 줄일 수 있게 된다. 각 개인은 이런 세트의 가정들에 들어맞을 수도 있고 맞지 않을 수도 있다. 실제로 이런 상황에서 대부분의 학습자들은 동시에 여러 하위문화의 구성원이기도 하면서, 어떤 주어진 순간에는 이러한 하위문화 중 하나 이상의 성향과 문화적 습관에 공감하게 되는 경험을 한다. 이것이 우리가 그 상황과 그 안에 있는 사람들을 이해하는 데 있어 유일하게 합리적이고 상식적인 방법처럼 보이기 때문에, 우리는 상황을 분석하는데 있어서 문화적 구분에 기반을 둔 범주를 사용하기를 원한다. 하지만 우리는 이런 구분을 사용하면서 어떤 그룹간의 차이점보다 더 극단적으로 보이는 그룹 내의 변화에 대해서도 이미 알고 있다. 그리고 우리가 주어진 그룹 내의 다양성을 고려하려고 할 때에도 이런 다양성을 그 그룹 내의 한 개인의 다양성으로 포착하는 것이 부적절한 방법이라는 것도 이미 알고 있다. 즉, 범주 간의 경계가 불변하기 때문에 (이것을 간단히 유지하려면), 예를 들어 그녀의 아버지가 쿠바계 미국인인 유대인이며, 그녀의 가장 친한 친구와 알바니아에서 최근 이민 와서 소규모 그룹에서 함께 일하고 있는 시카고의 한 교실에 있는 카톨릭 라틴계 소녀가 있다. 그녀의 선생님이 학습자에게 기대할 것 같은 경험을 그녀는 했을 수도 있고 하지 않았을 수도 있다. 다른 말로 하자면 각각의 학습자는 그들의 삶의 일부인 문화적 맥락에 따라 어느 정도 결정되지만, 개인으로서의 학습자는 행동에 대한 레퍼토리와 그들의 특별한 경험에서 벗어난 의미를 만드는 방법도 가질 수 있는 것이다.

자원의 종류와 위치가 무수히 많다는 것을 감안하면, 수학학습자의 관심을 높이기 위해 사용 가능한 모든 자원들을 활용하는 것은 점차 어려워지고 있다. 동시에 현재나 미래에서 개인과 사회적 요구의 관점에서 어린이와 성인의 삶에 널리 인식된 수학의 역할에 대해 논하는 대부분의 교육에 관한 토론에서의 갈등도 존재할 것이다. 수학의 역할에 대한 이러한 갈등과 관련된 혼동들은 교육적으로 서로 만나는, 문화적으로 더 혹은 덜 결정된, 수학과 수학학습에 대한 기대 때문에 더욱 복잡해진다. 이 장은 이 분야에서 중요하게 된 수학교육 교수법 및 연구에 대한 다양한 문화적 접근법을 통해 이런 문제들을 제기한다. 문화로서 수학을 포함해 지식 교수법의 자금, 민속수학의 비평과 교수·학습에 대한 접근, 대중문화 연구, 대중적인 교육학, 비판적(critical) 수학교육 등을 다룬다. 이들은 분석적 범주는 아니지만 서로 얽힌 담론을 상호 제공한다. 연구들을 기록한 핸드북에는 특유의 공간적인 제약이 있고 수학교육 분야에서 새롭게 중요해진 접근법에서 중요한 관계들이 있는데, 우리는 여기서 문화의 가능한 측면을 모두 다루지는 않을 것이고 언어와 조직 문화와 같이 다른 곳에서 주목받을 것 같은 문화의 특성이나 요소에는 초점을 두지도 않을 것이다. 또 다른 종합적인 분석을 위해 문화와 수학 가르침에 대한 것은 접어두고, 수학학습에 대한 논의로 제한하려 한다.

우리는 문화를 일반적으로 말하기보다는 문화적 맥락의 측면, 더 구체적으로는 학습과 지식과 관련된 문화의 측면을 말하기 위해 "문화"를 사용하기로 결정했다. 우리는 공식적 및 비공식적 학습이라는 이분법을 통해 학교에서 나타날 불연속성을 피하기 위해 이렇게 한다. 비공식적 학습은 "공식적" 학습에 필요한 학습환경에는 없는 학습 경험의 설계자나 평가자의 역할로 공식적 학습과 구분한다. 좀 더 넓게 문화는 "기호로 구체화된 의미의 역사적인 전달 패턴이면서 인간이 삶에 대한 그들의 지식과 태도를 전달하고 영속화하며 발전시킨 상징적인 형태로 표현된 계승 개념의 체계이다"(Geertz, 1973a, p. 89). 그리고 사람들이 스스로 돌려서 만드는 "**의미의 망**(webs of significance)"이 바로 문화이다(Geertz, 1973b, p. 5).

수학의 문화

수학적 사고는 인종, 계급, 성별, 민족, 종교, 성적 지향 등의 사회적 범주와는 독립되어 그것 자체로 특별한 문화라는 개념이 있다. 이 분야는 Alan Bishop(1988a; 1988b)의 초기 연구에서 보면 특별한 사회적 맥락과는 무관하게 "수학적"으로 간주될 수 있는 광범위하고, 보편적이며 지적인 활동들로 세기, 측정, 위치 파악, 설계, 놀이, 설명 등을 제안하였다. Bishop에 따르면 수학의 명백한 보편성은 수학적 원리의 중요한 본질이라기보다는 여섯 가지 유형의 활동들을 정의하는 적응적이고 인간적인 목표의 보편성에서부터 비롯된 것이라고 한다. Bishop은 그런 활동의 문화적 보편성을 가정했지만, 다양한 문화적 맥락에서 그런 활동들로 만들어지는 상징적 수학 테크놀로지에서 발견된 다양성을 강조하기도 했다. 수학과 문화에 대해 생각하기에 앞서 최소한 네 가지의 함축적인 내용이 존재한다.

(1) 수학적이 되는 특별하고 독특한 방법이 있다는 전제로 출발하면, 학교수학 경험은 그 문화에서 어린 구성원들이 더 정교해지고, 시간이 지난 후 어른이 되어 그 문화의 구성원이 되는 (Bishop의 책 제목처럼) 문화화의 경험이거나, 좀 더 정교하고 경험 있는 또는 좀 덜 정교하고 경험이 없는 사람들 사이에 권력 관계가 있는 곳에서의 문화 적응 중 하나이다. 문화 적응에서는 그 정체성이 좀 더 지배적인 사람들은 학교수학 문화에서 이러한 권력관계로 이점을 누린다. 이런 의미에서 우리 장의 제목에 있는 **학습**이라는 용어는 **문화화, 문화 적응** 또는 두 용어 모두를 대체할 수 있다.

(2) 수학은 사람들이 수학 문화에서 더 잘 기능할 수 있도록 배우고 활동해야만 하는 수학 자체적인 "등록"과 관련되거나 또는 "언어"와 관련될 수 있다.

(3) 수학은 특별한 가치를 받아들이고 유지하는 일련의 활동일 수 있다(Bishop, 1988a, b, 2007). 예를 들어, Bishop의 수학과 과학의 경험적 비교는 합리주의와 객관주의에 대한 인식론적 수행, 통제와 진보의 추구, 미묘하게 과학의 수행과 대비되는 실천의 장으로서 수학을 특징짓는 개방성과 신비함에 대한 강한 집착 등을 구분하였다. 논리적인 사고와 문제 식별, 보안보다는 패러다임이나 환경과 관련된 통제, 그럴듯한 대안에 좀 더 초점을 맞춘 진전, 검증보다는 인간의 건설작업과 더 일치할 것 같은 개방성 등으로 더 구분하려 하였다. Bishop에 따르면 수학에 대한 신비는 추상화, 궁금증, 비인간화된 지식, 직관 등과 더 관련이 있고, 반면에 과학의 신비는 추측, 백일몽, 호기심과 매혹 등으로 특징지어진다(Bishop, 2007, pp. 127-28). 문화적 맥락을 고려한다면 가치관도 수학교육에 대한 논의에 포함된다. 예를 들어, Seah(2004)는 호주의 이민자 교사들의 사회화 경험을 문화적 가치 사이의 상호작용의 관점에서 설명한다. 가정의 문화는 개인적인 가치를 바꾸는 것으로 여겨지고, 결과적으로 교육, 수학, 수학 교수·학습에 관한 세계관을 바꾸고 동시에 학교수학을 하는 학생들은 문화적 차이에 면역이 생긴 것처럼 Bishop의 범주를 따르는 일관된 수학 가치들을 내적으로 얻게 되는 것으로 밝혀졌다. Seah(2004)가 주장한 가장 중요한 것은 교사의 인식된 가치관 협상의 차이를 검사하는 것에서부터 이런 차이의 본질을 탐구하는 것으로 변화한 것인데, 이것은 교사 개인과 독립적인 사회적 가치의 공동 구축을 의미한다. 그리고 이런 변화는 더 넓은 맥락에서 사회화와 관련이 있다. 이런 의미에서 가치관은 경험을 통해 가르침을 받는다(Andersson & Seah, 2013). 하지만 Grootenboer, Lomas, Ingram(2008)이 지적한 바와 같이 이 분야의 연구는 직접적인 교실 기반의 연구를 통해 이런 경험을 적절히 다루지 않고, 대부분 중·고등학생들의 자체보고 설문조사와 인터뷰 등을 통해 다루었다는 것이 흥미롭다.

(4) 이 보편적인 개념의 수학이 어떻게 식민지 산업과 겹쳐졌는지 그리고 겹쳐지지 않았는지를 알아내는 것은 혼란스럽게 만든다. 일정 수준의 보편성에 대한 기대는 문화와는 거리가 먼 서양 수학의 이데올로기적 구조의 일부 요소를 가지고 있다. 그래서 거시적 수준에 대한 분석은 덜 중요하거나 겉으로 보기에는 관련이 없는 것 같은 문화와 하위문화에 걸친 지역적 다양성을 그 관점과 연결시킨다. 역사적으로 문화적으로 깊숙히 관련되지 않은 모든 수학 지식이 서양의 수학으로 측정되고 정의되었다. 사실 수학을 문화적 구인으로 보고 수학과 수학교육을 동시에 발전시키는데 기여할 수 있는 그런 관점에 기초한 연구를 위한 잠재력을 찾는 것이 지금까지 수학과 수학교육 연구의 중심이 되어 왔다(Barton, 1996b, p. 9; Appelbaum, 1995; Davis & Hersh, 1986). (심지어 수학과 수학교육이 문화적 구인이라는 개념조차도 식민주의적 인류학 연구의 유산으로 여겨진다. 이것도 자기 탐문이 필요한 "서양의" 인식론적 프로젝트이다. 예를 들어, 이 장에 포함된 인용문의 대부분이 서양 연구자들이라는 것이 그 설명이 될 수 있다. 문화적 관점은 역사적으로 유럽과 서양의 학문 전통에 자리 잡고 있고, 이러한 전통에서 자란 문헌연구들이 이런 전통을 반영하고 있다.)

초기 학교교육에 대해 말하면 문화화는 실제로 아동 자신들의 문화 안에서 도제식이 아니었다. 왜냐하면 학교의 교육과정은 이미 아동들이 오기도 전에 그들이 무엇을 어떻게 배울지 결정되어 있었기 때문이다. 이런 의미에서 학교 경험은 결코 문화화일 수 없다. 우리는 Alan Bishop(1988b)의 책 제목에서 **문화화**라는 용어를 가져왔다. 하지만 나중에는 모든 학습자들이 문화적 갈등을 겪을 때 더 적절한 용어로 Bishop 스스로도 **문화 적응**이라는 개념을 사용했다(Bishop, 2002). 여기서 논의된 사회 문화적 지향과 대조되는 심리적 접근으로 유사한 구분을 만들 수 있다. 문화화는 하위문화를 이 경우에는 수학인데, 문화 내에 휩쓸리게 해서 하위문화의 특성을 획득하는 것으로 이해할 수 있다. 반면에 문화 적응은 이미 그 환경의 구성원인 사람들의 특성을 모방해서 그 문화적 환경에 "딱 맞는지"를 의미한다(Kirshner, 2004). 여기서 환경은 그 초점이 "등록된 것"을 넘어선 광범위한 사회적 상호작용을 의미한다. 문화적 관점은 어떻게 관련 경험에서 항상 중요한 역할을 하는 불평등한 권력 관계가 상호 문화적 경험과 묶여 있는지를 강조한다. 우리는 학교수학이 권력과 권위의 체계로 다스려질 수 있는 사람들과 특별한 방식으로 생각하는 "합리적인" 사람들의 발전에도 기여하면서, 사회문화적 재생산에 있어서 문화 적응을 통해 학교수학이 중요한 기능을 한다고 말할 수 있을 것이다(Cline-Cohen, 1982; Walkerdine, 1987; Appelbaum, 1995). 동시에 학교수학에서의 특별한 어휘를 인식하고, 학교에서 학습자가 성공하도록 수학이 도울 때 작용하는 특수한 방법을 아는 것은 아직 자료에 숙달하지 못한 수학학습자를 돕는데 유용한 아이디어를 제공한다. 이런 문화적 접근은 수학 수업의 내용지식과 수학교사가 그 수업의 학습자에게 가지게 될 규범 및 기대를 구별한다.

학교라는 상황에서 사람이 어떻게 일하고 학습을 설명하는지에 대한 규범 및 기대는 때로 "학술적 소양"이라고 표현되는데, 이것은 학생들에게 명백하게 만들어지고 명백한 방식으로 실천되었을 때 가르치기도 쉽고 동화될 수 있는 것으로 밝혀졌다(Appelbaum, 2008; Polya, 1945; Mason, Burton, & Stacey, 1985; Brown & Walter, 2005; Cotton, 2010). Geertz의 **의미의 망** 이미지를 적용하기 위해 수학교실의 문화를 살펴보면 , 수학교실은 교사, 학습자, 학교와 사회의 사회적 환경의 광범위한 특징 등 교실로 가져오는 의미와 해석의 거미줄 같은 망이 얽힌 것이다. 학문적인 소양에 대한 기대는 활동, 해석, 기대, 두려움과 욕구를 제한하기도 하고 가능하게도 하면서 교육적인 만남에서 일어나는 잠재적인 상호작용을 만든다.

Nasir, Hand, Taylor(2008)는 "즉, 전형적으로 학생들의 가정과 공동체 등 학교 밖의 환경에서 파생된 지식... 그리고 ... 수학자와 수학교육자가 처방한 활동에서 가치 있는 지식"(p. 187)으로 "문화적" 지식과 "영역" 지식을 구별했다. 그들은 다른 사회적 맥락의 특징들이 학습자의 버릇과 성향과의 상호작용에서 무엇을 배우는지와 어떻게 중재하는지를 구분하는 것의 중요성에 주목했다. 수학과 문화가 이런 식으로 구성될 때, 지식을 증명하지 못한 학습자가 인종적 또는 민족적 성취의 차이를 좁히거나 또는 현재 수행 수준과 미리 결정된 "탁월한 수준"의 차이를 좁히는 데 좀 더 성공적으로 도움이 될 수 있는 것이 무엇인지 알아보는 것이 가능해진다. 또한 이런 구성은 학습자가 학교에서는 볼 수 없는, 일상적 상황에서 수학적 기술을 분명히 보여주는 이유를 설명하는 것도 가능하게 만든다. 하지만 어떤 것을 이해하는 데 있어서 이러한 "진전"은 수학교육과 문화에 관해 말할 수 있는 것들을 만들기도 한다. 문화적 "지식"과 영역 "지식"을 구분하는 것은 지식이 하나의 사회적 맥락에서 왔거나 또는 다른 곳으로 옮길 수 있다고 가정하는 것이다. 학습에서 문화의 본질과 역할에 대한 생각이 크게 변하는 것처럼 보이지만, 이것은 지식과 문화가 상호 결정되고 분리할 수 없는 방식은 다루지 않는 지식과 문화 사이의 상식적인 구별을 재현하는 것일 뿐이다. 수학교육에서 수학을 문화적 체계로서 지식의 영역으로 분리한다면, 심지어 우리가 보편적 영역을 중심에 두지 않으려 해도, 수학은 일상적으로, 학교 밖에서, 비공식적으로, 집에서 일어나는 수학 활동들을 옆에 둔 지식의 보편적 영역으로 재현해야 하는 위험을 떠안게 된다. 수학학습의 여러 맥락과 더 관련이 있는 것은 수학적 개념이나 활동과의 의사소통이 어떻게 "학습", "알기", "수학" 등을 구성하는 것과 교섭하느냐 하는 것이다.

학교 안과 밖에서의 수학을 구분하는 것은 꽤 중요해 보일 수 있다. 왜냐하면 그 구분은 수학 교실에서 언어를 분석하는데 정렬과 권력을 아는 것이 중요함을 알려주기 때문이다(Nasir et al., 2008; Lerman, 2001). 이런 식으로 연구는 집과 이웃 문화가 충돌하거나 공명하는 수학 교실의 특징을 묘사할 수 있다. 따라서 처음에는 관찰할 수 없지만 나중에는 불평등으로 이어지는 권력의 가시적인 형태가 교실에서 만들어지게 된다. 교육적 활동들의 몇 가지 특징은 일반적인 의미에서 학생들에게 다양한 형태의 지식과 존재를 지원하면서도 제한하고, 동시에 수학이 되는 것과 수학을 아는 다양한 형식이 어떻게 특정 개인 또는 특정 그룹의 학생들에게 이용가능하거나 불가능할지를 밝힐 수 있다(Presmeg, 2002; Atweh, Graven, & Secada, 2011). 그럼에도 불구하고 수학교육과 문화에 대한 이런 가정은 수학교육 연구자와 교육자의 일들이 자신의 분야에 대한 역사와 무관할 수 없다는 점을 상기시킨다. 예를 들어, 문화 활동의 한 형태로서 학교수학의 역사는 어떤 지식을 다른 지식과 분리할 수 있는지를 반복해서 생각하게 하고, 그러고 나면 어떤 지식이 가장 가치 있는지를 결정하는 권리나 권한을 누가 가졌는지에 대해서 궁금하게 만든다. 이것은 문화와 교육의 상호연관성을 보지 못한다면 알지 못할 수도 있다. 일부 학자들은 "일상적인" 수학과 "학교" 수학의 이분법이 잘못되었다고 제안했었다(Mellin-Olsen, 1987; Appelbaum, 1995; Moschkovich, 2007). 다른 학자들은(예를 들어, Gutiérrez, 2002a; 2002b; Gustein, 2003; 2006) 수학 지식을 생각하는 것에 있어서 사회에서 수학의 역할을 비판하고 사회 정의를 위한 도구로 수학을 사용하는 능력을 수학을 아는 것의 일부로 포함해야 한다고 주장했다. 이미 이런 유토피아적인 목표를 말하면서 우리는 수학과 수학교육 그 자체를 다시 생각하는 것을 놓쳐 버렸다.

지식 기금과 비판적 수학교육

때때로 문화는 교사와 수학학습자의 다양성이 증가하는 데 대한 반응으로 수학교육 정책 및 활동에 대한 논의를 시작한다. 예를 들어, 유럽 및 다른 지역에서의 이민 증가는 이민자를 주류 사회로 통합하는 비교적 새로운 "문제"를 야기하였지만, 동시에 새로운 지역사회 구성원들이 수학을 배우도록 도왔다. 북미와 남미에서는 노예 제도의 유산과 길게 늘어선 국경을 넘는 시민들이 결합하여 복잡하고 다국적인 언어 공동체 및 다민족 공동체가 형성되었다. 비주류 그룹의 구성원들은 함께 사는 세대이면서도 문화적으로 다르게 구성되고, 주류 사회는 사회적 경제적 차이가 문화적으로 해석될 때에는 문제가 없어 보인다. 정치적 선택에서 문화적 차이를 분리하기는 어렵다. 예를 들어, 최근 몇 년 사이에 그리스에 있는 로마 아이들은 비 로마 학생들의 학부모에 의해 지역 학교에 다니지 못하게 되었다. 이 상황에서 학교에 가지 않는 것은 문화적 선택은 아니지만, 이것은 로마 아이들이 공립학교[1]에 들어오는 것을 막으려는 사회의 지배그룹 구성원 일부가 오랫동안 노력한 결과였다. Marta Civil(2008)은 Peter Gates(2006, p. 391)를 인용해 다음과 같이 말했다.

> 세계의 많은 곳에서 교사들-수학교사들은 이민자, 토착민, 이주자 및 난민 자녀를 포함한 다민족, 다언어 교실에서 가르치는 데 어려움을 겪고 있다. 만약에 연구가 유용하려면 이런 어려움을 이해하고 해결하도록 도와야만 한다.

이민이나 다른 형태의 다양성이 학교에 새로운 문제를 만든다고 보는 학교교육의 역사를 감안하면, 교육자들 일부가 취하는 특별한 정치적 행동들은 문화와 지식의 질서에 관한 이런 문제들을 범주로 나누어 논의의 주제를 바꾸어 버린다. 문화적으로 다양한 학생들의 학습을 지원할 성공적인 방법을 찾는 것이 아니라, 문제는 학습자의 가정과 공동체 환경에서 학교로 가져오는 지식을 어떻게 활용할지에 대한 것이 된다(Civil, 1996; 2008; Lipka & Mohatt, 1998; Gorgorió & Planas, 2001; Lipka, 2005; D'Ambrosio, 2006; Klein & Showalter, 2012). Civil(1996)은 다음과 같이 질문했다.

> 학생들이 전문 분야를 사용하면서도 동시에 그들의 수학학습을 향상시키도록 도울 학습 경험을 개발할 수 있을까? 그리고 "소수 민족"과 가난한 학생들의 수학교육에 대한 비판적 교육학의 의미는 무엇일까? (Civil, 1996, Civil 2008, p. 3에서 재인용)

그녀의 반응은 다른 수학교육자들의 반응과 마찬가지로 지식 기금(González, Moll, & Amanti, 2005)에 관한 이론들의 근거가 되어왔다. 이 이론은 어떤 가정에도 존재하고 학교나 다른 교육 기관에서 세련되고 확장되어 구축될 수 있는 지식과 경험을 일컫는다. 한 차원에서 지식 기금을 옹호하는 사람들의 수준에서는 연구나 교육활동에서 교사가 그들의 학생과 그 가족을 더 잘 이해할 필요가 있다고 강조한다. 또 다른 수준에서는 연구나 교육활동에서 교사, 교육과정 개발자, 연구자들이 다문화 환경에서 협동적인 실행 연구를 수행하라고 요구한다. 그 이유는 학습자가 교육적 만남에 도움이 되는 기금을 적절히 알게 되면 결국은 그 기금으로 일하게 되게 때문이다(Dominguez, 2012; Radosavljevic, 2012; Willey, Lopez Leiva, & Vomvoridi-Ivanovic, 2012; Gerardo, Gutiérrez & Irving, 2012; Diéz-Palomar, 2012). 이런 관점은 가족과 공동체 구성원을 학교 학습 활동에 포함시키고, 가정 및 학교 밖 사회적 맥락에서의 경험을 예비교사들의 현장실습으로 체계적으로 활용하게 하며, 지역 사회 참여에 초점을 둔 방과후 학교나 주말 교육과정의 증대를 위한 중대한 노력으로 이어졌다.

일부 교육자들은 토착민이나 민속 전통을 갖춘 시설이 없다는 것이 잠재적으로 성공적일 수 있는 수학교육 경험을 훼손시키는 것이라고 생각한다(D'Ambrosio, 2006; Fash도, 2012). 다른 교육자들은 외부 경험으로부터 학교로 가져온 지식 기금을 구축할 뿐만 아니라 문화적으로 특정한 가치와 목표를 뒷받침하고 양성하는 방식으로 학교의 수학 경험을 일상생활로 되돌릴 필요가 있음을 강조한다(Mukhopadhyay & Roth, 2012; Klein & Showalter, 2012). 더 중요한 차원에서 연구와 실행 지식 기금은 가정과 학교 사이의 상식적인 구분을 약화시키는데, 학습은 두 곳 모두에서 일어날 뿐만 아니라 두 곳 중 한 곳에서의 학습 경험은(예를 들어, 길거리에서 배우며, 쇼핑몰에서 비디오 게임을 하고, 음악을 듣는 것 등) 결코 하나에서만 일어나는 것이 아니라, 모든 그런 장소에서의 공명, 불협화음, 결합된 잔향 등으로 인해 경험으로 합쳐지는 것이다.

수학학습이 일어나는 위치와 본질에 대한 가정은 수학학습의 사회적 정치적인 측면과 관련이 된, **비판적 수학교육**(critical mathematics education)이라는 또 다른 하위 분야에 의해서도 비슷한 도전을 받는다. 비판적 수학교육은 인종, 성별, 계급 및 기타 사회적 차이에 대한 범주와 무관하게 모든 사람들이 수학적 아이디어에 접근하는 것을 중심에 둔다. 그것이 고급 기술 응용이던 또는 일상의 경험이던 간에 실제 수학의 용도와 기능에 대해 얘기한다. 교실 내에서 비판적 수학교육은 민주적 시민 교육을 위해 아이디어를 제시하고 협상하는 민주적 형태의 교수법을 지원한다. 비판적 수학교육은 수학과 수학 교수/학습 모두에 비판적인 관점을 요구한다. 그렇게 함으로써 수학교육이나 민주적 참여가 의미해야하는 바가 무엇인지에 대한 우리의 가정에 의문을 제기하면서 한 걸음 더 나아간다.

Ole Skovmose(1994)는 비판적 수학교육에서 학생들(및 교사)이 "비판적인 능력"을 지니고 있다고 간주한 상태로 교실을 설명한다고 했다. 교육과정을 조절하는 모든 참가자들은 결정하는 역할이나 처방하는 역할을 하지 않으려 한다. 단순히 토론을 위한 교실 공동체를 형성하는 것 대신에 Skovsmose(1994)는 학생과 교사가 함께 "비판적 거리(distance)"를 설정해야 한다고 제안했다. 그가 의미하는 것은 새로운 관점으로 만든 교육과정의 구조가 객관적이고 중립적인 원리인 것처럼 보여야 하고, 그런 원리는 교사와 학습자에게 교육과정의 일부분으로 내용과 다른 교과의 측면을 비판적으로 고려하는 것이 필요하다는 것이다.

Keitel, Klotzman, Skovsmose(1993)는 수학을 민주적인 목표를 위해 일할 잠재력을 지닌 테크놀로지로 묘사하였고, 지식의 대상을 기반으로 한 여러 유형의 지식들을 구분하였다. 수학적인 작업의 첫 번째 단계는 참-거짓 이데올로기를 추정하는 것이며, 우리가 현재 학교 교육과정에서 목격한 것의 상당 부분과 연결된다. 두 번째 단계는 학생과 교사가 올바른 방법에 관해 다음과 같은 질문을 하도록 이끈다. 이것들은 다른 알고리즘인가? 우리의 요구에 맞는 가치 있는 것은 어떤 것인가? 세 번째 단계는 그 맥락에서 수학의 적합성과 신뢰성을 강조한다. 이 단계는 수단과 목적간의 관계를 특별히 조사하고, 특히 수학의 공학적인 측면을 강조한다. 네 번째 단계는 참가자들이 답을 찾기 위해 문제를 공식화하는 것의 적합성을 따져 묻도록 요구한다. 수학적/기술적 접근은 항상 현명하지는 않으며 참가자들은 이런 문제를 수학을 반성하는 형태로 간주할 것이다. 다섯 번째 단계에서 비판적 수학교육은 특별한 형식적 수단이 추구하는 의미를 연구한다. 이 단계에서는 특정 알고리즘이 우리의 현실(일부) 인식에 어떻게 영향을 끼치는지에 대해 묻고, 보편적으로 사용할 때 그 수학적 도구들을 어떻게 생각하는지를 묻는다. 따라서 사회에서 수학의 역할은 반성적인 수학 지식의 요소가 된다. 마지막으로 여섯 번째 단계는 반성적 사고 그 자체를 평가하는 과정으로 1단계와 2단계를 필수적인 수학 도구로 비교하고, 3단계와 4단계는 평균과 최종 사이의 관계로 비교하고 5단계는 이전의 기술을 사용해 전반적인 영향을 비교하는 식으로 검토한다. 6단계에서는 하나의 과정으로서 반성적인 평가가 도구 그 자체로 언급되며 반성의 대상이 된다. 이 모든 수준이 그룹 활동에서 나타나도록 교실 활동을 계획할 때 학생들과 교사들은 수학교육의 보다 일반적인 목적으로 계획된 비판적 능력을 가질 수 있고 교사와 학생들이 가져올 경험을 통해 지식 기금을 세우고 정교화할 수 있는 가능성이 커진다.

비판적 수학교육의 한 가지 중요한 방향은 수학을 교육적 경험에서 만들어지는 문화로서, 특히 토론을 위하기 위해 질문을 할 수 있는 권한을 비판적으로 생각할 수 있는 문화로서 검토하는 것이다. 누가 비판적으로 사고하는 교실에서 의제를 설정할까? Stephen Brown과 Marion Walter(2005)는 「**문제 제기의 예술**」이라는 책을 통해 수학을 탐구한다는 의미를 다시 생각할 다양하고 강력한 방법들을 제시했으며, 그렇게 함으로써 학생들이 수학으로 "말대꾸"를 하면서 문제해결자이면서 문제 제기자로 그들 스스로에 대해 배우기 위해 그들의 문제해결 및 문제 제기 경험을 사용할 수 있게 하는 여러 가지 아이디어를 제공했다. 이 과정에서 그들은 수학교육에서 후속 연구를 위한 또 다른 다음과 같은 딜레마를 만들기도 했다. 학생들이 문제를 제기한다면 항상 더 민주적인가? 가능한 질문의 종류와 우리가 그 질문을 표현하리라 예상되는 방식은 비판적으로 사고하는 사람이 조사해야만 한다. Susan Gerofsky(2001, 2010)는 그 문제들 자체가 수학과 관련된 것보다는 우리의 환상과 욕망에 대해 더 밝혀내었다고 지적했다.

마지막으로 학교 안팎과 대중문화에서 수학과 수학교육의 담론을 탐구하는 것이 중요해졌다(Appelbaum, 1995). 비판적 수학교육은 왜 그리고 어떻게 대중문화와 학교수학의 구분이 수학적 담론에 나타나며 왜 "필수품"으로서 수학과 "문화적 자원"으로서 수학이라는 그런 이상한 이분법으로 해결되어야만 하는지를 묻는다. 수학은 나중에 (직업 시장에서, 대학에 들어가기 위해 등) 쓰기 위해 사람들이 모으는 (지식) "것"으로 바뀌어왔기 때문에 우리의 소비 문화에서는 필수품이다. 하지만 수학은 사람들이 그들의 세계를 해석하고 새로운 방식으로 기술할 수 있는 은유와 의미를 만드는 방식의 세계라는 점에서, 또한 문화적 자원이기도 하다. 비판적 수학교육자들은 수학의 역할을 우리 사회의 필수품으로 인식하면서도 다양한 문화의 일부로서 수학의 의미 만들기 측면을 효과적으로 강조하는 그런 방법들을 찾는다. 그렇게 함으로써 수학은 정치적 행동을 위한 자원이 될 수 있게 되었다. 민주적이고 비판적인 수학교육을 공식화하는데 있어서 교사는 식민지 독립 후와 제국시대 권위의 도구로써 수학에 대한 다문화적 비난과 씨름하게 되었다. 우리가 한때 순수하고 신중한 진리로 받아들였던 것은 이제 문화적으로 특별하고 특정 관심사에 묶여 있는 것으로 이해되고 있다. 예를 들어, Philip Davis와 Reuben Hersh(1986), David Berlinski(2000)는 인간 경험을 제어하는 환상을 완성시키는 도구로써 수학의 일부 측면을 설명했다. 그들은 수학과 군대를 연결하거나 수학과 비즈니스를 연결하는 등의 예를 사용하였다(Schoenfeld, 1991; Gutstein, 2012 참고).

수학의 힘은 아주 이중적이기 때문에 악을 위해서도 선을 위해서도 쓰일 수 있다. 예술, 과학 및 기술 분야의 위대한 업적은 수학을 기반으로 한다. 하지만 다른 한편으로 수학이 재앙을 일으키는데 기술적으로 연루되기도 했었다(Atweh, 2007; D'Ambrosio, 2006). 그러나 이것이 수학 자체가 이런 저런 식으로 사용될 수 있는 중립적 도구라는 것을 의미하는 것은 아니고 또한 수학을 가르치는 방식이 "좋은" 또는 "나쁜" 응용으로 이어진다는 의미도 아니다. 상호 결정되고 진화하는 수학, 수학교육, 문화는 우리가 **수학**이라고 부르는 것, **수학교육**이라고 밝히는 것, **문화**라고 이름 붙이는 것들을 함께 만들어내고 있다.

Skovsmose(2004)는 수학의 사회정치적 역할, 그 의미, 용도, 응용이 수학 자체에서 본질적으로 결정된 것이 아니라고 주장한다. 수학적 지식과 그것이 문화적 맥락이 있는 상태에 사용되는 방법 사이에는 인과관계가 없다. 같은 방식으로 수학교육에서도 수학적 지식을 가지고 일하는 고정되거나 합의된 방법 같은 것은 없다. 수학을 표현하고 다루는 방법은 상호 발전하는 방식으로 문화를 돌아볼 수 있는 언제나 정리된 선택일 뿐이었다. 심지어 전통적인 수학 지식을 가르치는 주류 교육과정도 수학이 한 세대에서 다른 세대로 어떻게 전달되는지에 대한 관점을 함축하고 있다(François, 2007). 따라서 수학교육은 그것이 불확실성에 놓여있다는 점에서 중요하다. 이 불확실성은 수학의 본질에 기초를 두고 있으며 인간의 행동은 일어나는 순간에 우연하게 결정된다. 이 불확실성의 두 번째 측면이 아마도 더 중요한 측면일 수 있는데, 수학적 지식이라는 인간 행동의 결과가 다양하고 때로는 상충되는 요구, 신념, 관심사를 가진 인간에 의해 적용될 것이라는 사실이다. 이것이 수학을 이해하기 어렵게 만들고, 왜 수학교육이 중요한지를 알려준다. 교육자와 연구자가 이런 불확실성을 인식하고 있다는 사실은 수학교육을 "비판적 수학교육"으로 만든다. 어떤 고정된 교육과정도 없고 사전에 미리 결정된 내용이나 방법도 없다. 직업으로서의 수학교육은 수학의 본질과 기능을 반복적으로 반영하는 행위가 되었다.

민속수학, 다문화주의 및 다양성 교육

수학교육자는 학생들이 (일반적으로는 사람들이) 자신의 삶에서 사건을 해석하거나 인간의 경험을 통제하는 것을 수학이 도울 것이라고는 왜 생각하지 않는지 그 이유를 묻는다. 수학교육자들은 군국주의나 다른 통제의 환상에 있는 역사적인 일들을 찬양하지 않으면서 학생들이 수학의 경이로운 자질을 높이 평가하도록 도울 방법을 찾는다. 지식 기금 접근법은 학생들이 일상생활에서 학교로 가져오는 기술과 개념을 받아들인다. 그것들은 종종 학습자에게 요구되는 실천의 면에서 수학적으로는 같더라도 문화적으로는 다르다. 민속수학은 수학적 행위(mathematical practices)에 대한 인류학적 연구인데, 반드시 서유럽 역사에 뿌리를 둔 것은 아니지만, 수학과 수학적 추론이 문화적 구성이라는 점은 분명히 한다(Bishop, 1988b; Barton, 1996a; D'Ambrosio, 1987, 1988; Favilli, 2007; Gutstein et al., 1997). Barton(1996b)를 보면 민속수학의 정의에 따라 철저한 검토를 하면서, 문화적 그룹이 "그 그룹이 수학적 개념을 가지고 있든 없든 간에"(Barton, 1996c, p. 214) 우리가 설명하는 개념과 행위를 어떻게 이해하고 명료하게 표현하고 사용하는지를 조사한 연구 프로그램에 대한 논의가 있다. 이것은 수학 활동에서 세계적인 다양한 문화를 수용하게 되는데, 전형적인 아메로-유럽 학교에서 그런 관심으로 인해 정치 활동에 맞서는 문제를 만들었다.

다문화교육은 지난 세기에 다양한 형태의 관심들, 일부 학습자는 문화적 요구와 관련해서 특별한 관심이 필요함을 인지하는 것부터, 학교 활동이 교육적 시스템의 이타적인 목표를 저해할 수도 있다는 식으로 보다 더 정치적인 민감성을 지니게 된 것, 사회적 변화를 장려하고 옹호하는 학교 경험을 명시적으로 만드는 것까지 등을 포함하였다(Appelbaum, 2002; Sleeter & Soriano, 2012; Sleeter & Grant, 2007). 다문화 **수학**교육도 유사한 방식으로 구체화되었다. 초기의 노력은 서구적인 활동이 아닌 것들, 예를 들어 학습자가 활동으로 수학 개념과 기술을 "볼" 수 있는 사례들을 사용했다. 일부 교육자는 학생의 가정에서의 문화와 개인적으로 연결하기 위해서 교육자 자신이 그 가정 문화에 대해 알고 있는 것과 관련된 게임이나 활동을 사용하려고 노력했다. 나중에는 비서구적인 예시들을 사용해서 문화와 수학을 미묘한 방식으로 통합하려고 노력을 했다. 예를 들어, 수 세기 활동이나 묶기를 연습하기 위해서 수학적으로 문화적으로 동시에 아프리카 문화 전반에 걸친 만칼라(mancala) 게임의 여러 버전을 연구했다. 그런 교실에서는 여러 버전들이 어떻게 다른 전략과 다른 수학적 결정을 내리게 하는지를 물어볼 수 있게 되었다.

다문화 및 민속수학 접근법은 사회적으로 취약한 그룹에서 온 학생들에게 문화적 차이와 특별한 관심이 필요하다는 것을 강조하였다. 초기에는 대부분의 교육자들이 그런 관심이 평등과 사회적 민주주의 이해에 중요한 기여를 한다고 하였다. 하지만 지배적인 집단 외에 있는 집단의 구성원들은 다문화의 틀 안에서도 주류의 지배적인 문화에 대응해서 "다른" 의미에서 다르게 구성되는 경향이 있다. 인식론적 방식으로 이것이 어떻게 진행되는지를 보여주는 훌륭한 예가 바로 비서구적인 문제, 알고리즘 및 수학의 심미적 응용 등의 "내용을 완화시킨" 성문화된 교육과정에 대한 질문이다(Atweh, Forgasz, & Nebres, 2001; Olin, 2003; Orey & Rosa, 2008; Sykes, 1995). 사람들은 어떤 활동이 "현대 수학"의 렌즈를 통해 해석될 때 수학적으로 보일 수도 있지만, 일부 수학자들은 때때로 활동이 본질적으로 수학적이지 않으며, 원래의 사회적 맥락에서 연습했을 때조차도 수학적으로 되지 않는다고 주장한다. 다른 수학자들은 수학을 비서구적 맥락에 시도하는 것이 잠시였다고 하더라도 정당하지 않았다는 불만도 토로했다.

Ron Eglash(1999)는 추상화, 이론화, 탐구의 명시적 사용에 대해 수학적으로 해석할 수 있는 비수학적 활동부터 대안적인 이론으로 메타 추상화에 이르기까지 수학화된 활동의 연속체를 제안했다. 하지만 그런 연속체는 민속수학의 의미에서 문화 전반에 걸쳐 유효하거나 유효하지 않을 수 있는 추상화, 이론 및 메타 분석의 핵심으로 서구적인 관점에서는 수학적 활동을 이해하는 것을 전제로 한다. 이것은 또한 수학에서 "다른" 문화를 비교할 수 있고 더 나아가 문화의 개념 그 자체에 바탕을 두는 다문화적 노력에서 문제시되는 본질을 확장하는 식으로 서구의 수학을 정규화한다. 현대 사회에서 다양한 문화 집단은 "다른 것"이 아니라, 대신 공동체를 만들어 그 안에 학교가 있고 수학을 배우는 모자이크 같은 문화의 일부이다. 다문화주의는 또한 이민자 집단의 민족중심주의와 소외를 촉진시킬 수도 있는 위험을 안고 있다(Govaris & Antwniadou, 2000; Radtke, 1994). 풍부하고 다양한 수학교육은 상호 문화적 관계가 (거의 항상) 비대칭적이며, 상호 문화 교육이 한때 "중대한 문화적 차이"라고 불렸던 것에 주의를 기울이면서 생긴 상처를 치유하는 것을 목표로 둔다면, 앞으로 다문화주의의 대안으로 자리매김할 것이다.

이러한 이유로 많은 교육자들이 다문화주의라는 측면이 아닌 "다양성 교육"이라는 측면에서 자신들의 연구를 정의하게 되었다(Appelbaum, 2002; Nolan, 2009; Swanson, 2010; Walshaw, 2010; Martin & Gohlson, 2012). 다양성 교육은 생각할 수 있는 모든 하위그룹 학생들이 직면해야 하는 상황이 다르기 때문에 공교육 시스템이 움직이는 상태를 그대로 이용한다. 이런 한 가지 예는 학생들이 어디에서 어떻게 시작했는지 그리고 차이에 대한 대립을 어떻게 경험했는지 등에 상관없이, 공교육에서 평가를 할 때 일반적으로 성취도를 평가하는 식이다. 로마 학생의 경우, 일반적으로 복잡하고 머리로 하는 계산을 매우 잘 하지만 정식 학교수학을 어려워하는 것으로 인식하고 있는데, 그리스 학교의 교사들은 공식적인 교육과정을 따르기만 할 뿐 학생들의 그런 기술에는 관심이 없다. 한편 필라델피아의 4학년 라티노 청소년들은 놀이터에서 사다리꼴, 평행사변형, 마름모, 연 등의 일반적인 특징을 그들 스스로 발견하였다고 쓴 것으로 관찰되었지만, 그들의 교사는 모양의 이름과 분수 넓이 모델이 나오는 지역 진단 시험 결과에만 기초해서 이 청소년들이 해당 학년의 기하 수준에 준비되지 않았다고 설명했다. 학습자는 차이의 미묘함이나 권력이 수학교육의 형태를 통해 펼쳐지는 방식과는 상관없이, 더 큰 사회의 견해를 다루는 권위에 의한 결정을 따르게 된다. 이것은 더 나아가 인간 현상의 영역을 넓히는 권위 있는 지식을 소유하고 가능한 행동과 비판적 사고의 경계를 줄이고 학교수학에 참여하는 특정 어린이들을 점차 구분하고 경계를 짓고 배제하는 식으로 "모든 아이들을 뒤에 남겨두지 않는" "평등"에 교육적 관심을 넓히는 것으로, 수학과 수학자가 희생하는 것처럼 보이는 "문제해결", 협동, "학습 공동체"에 중점을 두게 된다(Popkewitz, 2004). 동시에 중요한 문화 연구와 관계없는 "문화"에 기반을 둔 교육개혁에 대한 강조는 혼란의 불협화음 속에서 아마 명백한 수학을 흐리게 만들 텐데, 여기서 학생들은 문제의 모호성에 빠져들고 교사는 교실로 수많은 가정들을 가져오는 과장된 "여러 다른" 문화들로 인해 당황하게 된다(Zolkower, 1995). 일부 수학교육자들은 수학 교실에서 많은 교사가 준비되지 않은 것처럼 보이는 전통적인 생각에서 시작해서, 사물이 "이해가 되지 않는"(Zolkower, 1995, p. 154) 장소에서 볼 수 있도록 가능한 활동을 만드는 문화의 방식에 대해 걱정한다.

차이를 제거하거나 또는 사회적 정의에 해가 되는 현재의 관행을 비판하는 대신에, 다양성 교육자는 차이를 인식**하고** 직접적인 주의를 유도**하는** 것으로 일한다. 그들은 다문화주의의 언어로 문화적 차이를 사용하는 것이 어떻게 사회 정의를 **위해** 일하게 될 것인지로 주의를 돌린다. Zolkower가 수학적 지식의 지배적인 구조에서 벗어나는 것을 이끄는 문화에 대해 두려움을 느꼈던 것과 달리, 다양성 교육자는 불평등을 영속시키는 것으로서의 차이, 문화적 차이의 신호로 학습에 대한 저항의 어떤 징후에 대한 질문으로서 차이의 개념을 불편해 한다. 다양성 교육자는 그들의 학생들과 함께 대응하기 위해서 "문화적 차이"로 지정된 어떤 것의 기능이 새로운 인종차별주의나 소외, 예를 들어 "문화적으로 양립할 수 없는" 표현으로 소외를 지지할만한 장소나 시간을 찾는다(Balibar & Swenson, 2003; Govaris & Antwniadou, 2000; Skovsmose & Penteado, 2011; Mishra, 2012). 문화적 인식에서 정치적 억압으로의 손쉬운 연결을 보여주는 것이 Vithal과 Skovsmose(1997)의 "결백의 끝"이라는 논문에서 아파르헤이트 남아프리카 공화국의 문화적 차이틀을 분석한 것에서이다. 민속수학의 하위 분야에서 이런 관심은 문화적 존엄성을 회복하고자 하고 시민권 행사를 위한 지적 도구를 제공하고자 하는 측면에서 목소리를 내어 왔다(D'mAmbrosio, 1999).

사회정치적 전환

Rochelle Gutiérrez(2010)은 "사회정치적 전환"이라는 문구를 사용하여 정치를 앞세우고 연구와 관련되어 긴장을 만드는 늘어나는 규모의 연구자와 실천가 그룹들을 설명했다. 2010년 수학교육 연구 저널인 JRME의 평등에 관한 특별호의 종합적 소개에서, 그녀는 서로 관련되어 있고 사회적 담론으로부터 생겨나는 (그리고 사회적 담론 내에서 구성되는) 지식, 권력, 정체성으로 시작하는 세 가지 종류의 이론적 관점을 요약했다. 이 입장을 채택한다는 것은 당연히 받아들여지는 규칙들을 밝혀내고 그러한 특권을 일부 개인이 운영하고 다른 사람들을 배제하는 식으로 운영되는 방법들을 밝혀내는 그런 관점들을 의미한다. Gutiérrez 연구의 특징은 사회와 문화의 형태 모두에서 수학교육에 대한 보다 나은 이해를 증진시킬 뿐만 아니라, 수학교육이 좀 더 사회적으로 활동들을 바꿀 수 있게 직접적으로 기여하는 방식으로 작동하도록 이런 이론에 근거하여 작업했다는 것이다. 그녀의 첫 번째 연구 예시는 이 장의 앞에서 논의한 비판적 수학교육이다. 두 번째는 사회 정의 연구가 종종 인종 불평등에 관한 직접적 언급을 모호하게 만드는 북미의 상황에서 생겨난 연구로 "비판적 인종 이론"과 "라크리트(Latcrit) 이론"의 결합인데, 이것은 유색인종 학자의 목소리와 학생과 교사의 경험, 그런 경험이 주관적이거나 불법적이거나 편향되었다고 제안하는 대중의 담론에 반대하는 것들이다.

비판적 인종 이론과 라크리트 이론은 소외된 하위문화의 경험을 분명히 하기 위해 논쟁 형식(counternarratives)이나 스토리텔링을 사용한다. 그 이야기들은 문화적 차이(Leonard & Martin, 2013;

Martin, 2000, 2009; Téllez, Moschkovich, & Civil, 2011) 대신에 인종적 불평등을 극복하는 것으로 독창성을 내세운다. 수학교육에서 비판적 인종 이론과 라크리트 이론을 사용한 출판물은 많지 않았다. 하지만 이러한 틀을 기반으로 글을 쓰는 사람들은 백인을 자산으로 강조하고, "정상적임"과의 관계를 강조하는 수단으로, 유색인종의 전략과 강점을 가치 있게 여기는 수단으로, 공동체의 부를 강조하고, 그리고 인종적인 계층구조나 중립적인 사회에 대한 일반적인 믿음에 도전하는 수단으로 인종과 인종주의를 해체하는 것의 가치를 설득력 있게 주장했다(Gutiérrez, 2010; Tate, 1997; Tate & D'Ambrosio, 1997).

Gutiérrez는 담론에 참여한 연구자들이나 이론가들과 함께 이런 이슈들을 다루는 집단적인 용어로 "후기구조주의(poststructural)"라는 용어를 쓰고, 그녀의 세 번째 예시인 사회정치적 변환을 얘기한다. 수학교육에서 이러한 접근 방식은 학습자, 교사, 연구자가 모두 담론의 결과이면서 담론의 제작자가 된다. 담론은 본질적으로 사회적, 정치적, 역사적이면서 그 의미를 구성하는 데 연결되어 있기 때문에, 이런 접근법은 문화라는 관심사에 연결되는 수학교육을 생각하는 방식들과 많은 부분을 공유한다. 하지만 하위 영역에서 의미, 추론, 지식, 활동, 학습 등은 문화의 특성이 아니라 담론의 결과물이다. 이것들은 또한 사회문화적 맥락에서 끊임없이 재협상되고 행동과 상호작용의 결과로 순간적으로 의미를 찾아낸다(Appelbaum, 1995, 2008; Walshaw, 2007). 다르게 말하면 사람들이 자신과 그들의 세상에서 만드는 의미는 더 큰 사회적 정치적 맥락에서 다른 사람들과 상호작용을 통해 그리고 그 상호작용에서 이런 경험과 사건들을 통해 갱신되고 수정되는 담론과 함께 영원히 창조된다. 담론은 때로는 상호작용하고 운영하는 데 이미 받아들여진 방식을 의미하면서 "정상적인 것"으로 기대되고 경험한 것의 일부이기 때문에 패러다임과 혼동될 수 있다.

Gutiérrez(2010)가 기술한 예를 보면 미국에서의 성취도 격차에 관한 것이 있다. 차이(difference)에 관한 담론은 사람들이 정상적으로 이해할 수 있는 상태의 것들을 "격차(gap)"라고 만들어 부른다. 가정된 "격차"는 교육과 제공된 자원에서 탁월성 중 하나로 더 잘 이해될 수 있음에도 불구하고(Tate, 1997; Tate, Anderson, & King, 2011) 여러 가지 면에서 반복되고 보고되어 왔기 때문에 사람들은 정상적인 상태의 것이라고 받아들인다. 이런 격차가 지배적이라고 가정하면서 백인 대다수를 표준으로 삼은 결코 명시적으로 나타내지 않았다. 또 많은 훌륭한 흑인 어린이들이 일상적으로 여러 가지 면에서 탁월성을 보인다(Leonard & Martin, 2013)는 것도 이 담론의 일부가 아니다. 대안적인 얘기는 상식적인 결정에는 들어오지 않는다.

이런 식으로 담론을 이해하는 것이 중요한 이유는 담론이 상식으로 여기는 "진실들"을 만들어 내기 때문이다. 명확한 현실 감각을 반영한다기보다는 담론은 사람들을 위한 실재(reality)를 구조화한다. 비슷한 예로 담론이 "성취", "평등", "수학" 그 자체로서 구성되는 것을 설명할 수 있다. Gutiérrez는 다음과 같이 썼다.

학습자나 실천가가 이런 담론에 도전하거나 다른 의미로 이 담론들을 다시 쓸 방법이 없다면, 그들은 학교 활동에서 진행되는 담론에 기초해서 성공했거나 실패했다고 믿게 될 수 있다. 따라서 그들은 (종종 무의식적으로) 심지어는 성공적인 학습자 또는 실천가의 습관(내부적인 감시의 한 형태)이라고 생각할 수 있는 특별한 행동을 하면서 자기 스스로를 평가할 수도 있다. (p. 43)

담화에 대한 관심이 어떻게 "문화적" 이슈로 고려될 수 있는지에 대한 예시를 살펴보려면 Gutiérrez가 학교 교육과정에서 요구된다고 한 특정 알고리즘을 생각해 보면 된다. 학습자에게 "자신의 일의 결과를 보여줄 것"을 요청하는 식의 활동은 이민자 학생에게는 다른 나라에서 수학을 배웠던 (또는 좀 더 일반적으로 다른 지역이나 다른 문화적 맥락에서 그들의 "외국" 알고리즘이 옳다고 하더라도) 자신의 부모의 지식을 무시하게 되는 식으로 이끌 수 있다. 물론 우리의 분석을 좀 더 나아간다면, 이런 활동은 그 지역에서 그들의 존재 자체가 그들의 이국주의를 폄하하고 다문화 사회에서 그들의 존재를 증명한다는 사실에도 불구하고, 일부 알고리즘과 지식의 형태를 정확하고 외국적인 것으로 정의한다. 후자의 의미에서 문화는 개인의 인식 부족이나 지식을 지속적으로 위장하거나 무시하는 도구가 되어왔다.

대중적인 교육학

비판적 수학교육과 다양성 교육에 관한 우리의 일부 논의들을 읽어보면 "문화"의 개념이 수학교육에 관한 과정들을 어떻게 실행하는지 궁금해질 것이다. 처음에는 문화를 수학 교수·학습과 관련된 것으로 보는 관점과 인식이 시작되고, 문화적인 이해 때문에 일반적인 교육 활동에 의문을 제기하고, 개인의 계속 진화하는 문화적 정체성의 집합을 이해하기에는 너무 조잡한 문화의 한계를 알게 되고, 나중에는 문화를 무지의 도구로 인식하게 되는 것이다. 그래서 문화를 좀 더 유용한 도구인 인종, 이민자 신분, 권력 등과 같은 것으로 대체하도록 제안하는 것이 꽤나 유혹적으로 보인다.

그렇지만 문화는 교육 내에서 사용되기에는 그다지 개념적 도구가 아니고 오히려 교육이 문화 내에서 개념적으로 사용되는 도구일 수 있다. 우리가 이런 생각을 멈추고 보면 교육적이지 않은 경험은 없다. 사람은 항상 배우고 있다. 거리를 거닐면서 우리는 언제 어디서 우리가 할 수 있고 할 수 없는지 (때로는 국가로부터 도움을 받기도 하면서) 배우고, 나무와 동물이 어떻게 우리와 공공장소를 공유할 수 있는지 어떻게 공유해야 하는지를 배우고, 공동체에서 산다는 것이 무슨 의미인지를 배운다. 지역 공원과 낙서가 있는 곳에서 우리는 새로운 방식으로 사용되는 공공장소를 어떻게 재생하는지 배운다. 음악을 듣고, 다른 사람과 춤을 추고, 가뭄에도 불구하고 찾아낸 식물 중에 먹을 것을 가려내고, 가능한 것을 배우고 문제를 느끼고 해결하는 새로운 방법을 배우고, 누군가와 공유할 수 있는 전문 지식을 결정하는 시기에 대해 배운다. 심오한 방식으로 "문화"는 우리가 살고 있는 맥락이 아니고 우리가 항상 배우고 있는 것과 그것으로부터 배우고 있는 결과물이다. 문화가 수학 교수와 학습을 위해 할 수 있는 것과 문화와 수학교육을 더 잘 이해하는 방법을 묻는 것 대신에 수학 교수·학습이 문화를 위해 무엇을 할 수 있는지를 이해하고 나서 문화를 살펴보면 더 많은 이익이 있을 것이다. 문화가 단순한 문맥이 아니라 의미와 해석의 거미줄 망과 같은 것처럼 교육은 진화하는 의미와 활동에 대한 해석의 망이다.

문화에서 수학교육으로 전환하면 교육자와 연구자는 텔레비전, 대중의 집회, 소셜 미디어와 일상생활의 다른 측면에서 일어나는 수학 교수·학습을 고려하게 된다. "교육은 포괄적인 개념이고 지배적인 관습들을 유지하면서도 비판과 상상력을 위한 자리도 내어주는 문화의 한 측면이다"(Sandlin, Schultz, & Burdick, 2009, p. 1). 종종 이런 식으로 (문화와 대중 매체의 중요한 특징으로) 연구되는 수학교육의 한 형태는 전통적인 교실 벽 밖에서 일어난다. 예를 들어, 사람들은 교회 지하실에서나 이웃의 네일 살롱에서 만나는 뮤직비디오, 비디오 게임, 거리 극장, 또는 수학 카페에서 수학을 연구하거나 또는 그런 수학을 하도록 촉진할 수 있다(Appelbaum, 1995, 2012). 이런 연구는 학생들이 학교수학에 주의집중 하도록 "교묘하게 다루는" 영리한 방법을 알려주려는 것이 아니라(Burks, 2010; Chappell & Thompson, 2009; Popmatics, 2010등 참고), 사람들이 사회 문화적 활동에 참여함으로써 어떻게 수학적 기술과 개념을 배우고 수정하는지를 이해하는 것에 관한 것이다. 이런 형태의 교수와 학습은 학교나 학교 구조의 한계에 관심을 두지 않고 이것 때문에 매일 모든 사람의 삶에서 일어나는 수학교육의 세계에 관한 이해를 넓힐 기회를 준다. 동시에 이런 교수·학습은 수학교육과정과 수학 교수법에 대한 새로운 가능성을 거의 무한히 제공한다. 이것이 전통적인 교육 기관의 밖에서 성장하고 확산하고 있는 학습과 교육의 공간, 지역, 언어인 "대중적인 교육학"(Sandlin et al., 2009; Trifonas, 2012)이다. 이것은 교실에서 이루어지는 것보다 더 많이는 아니더라도 개인, 지적인 업무, 사회 변화의 발전을 이해하는데 중요한 교육학이기도 하다.

대중적인 교육학의 연구는 학교에서의 학습의 새로운 형태를 안내하는 "플레이 북"처럼(Goble, 2013), 학교에서 일하는 사람들이 학교 밖에서 성공적으로 일하고 창조하는 방법을 교실로 가져오도록 돕는다. 교육자들이 학교수학의 경험을 동시대의 수학학습을 특징짓는 수학과 여러 형태의 문화 적응 중의 하나로 재구성할 수 있다는 것은 더 큰 잠재력이다. 또 대중적인 교육학은 주 정부가 후원하거나 교육 기관에서 설계하고 조직하는 전통이나 정치에 제한받지 않는 수학교육의 또 다른 대안적인 미래가 될 수도 있다.

수학학습

"문화"가 수학교육에서 학교수학교육의 효율성과 효능을 높이기 위해서 수학교육자들에 의해 도구로 채택된 것은 아직 오래되지 않은 일이다. 한편 Rosa와 Orey(2011)가 쓴 내용을 보면, "수학학습은 항상 학교 과정과 연관되어 있었다. 즉, 수학 개념과 기술은 개인이 학교에 갔을 때만 얻을 수 있다고 생각했었다"(p. 7). 이것은 학교수학과 문화가 수학과 수학학습에 대한 상식에 어떻게 상호 보완하는지를 보여주는 한 가지 예이다. 수학을 "배운다"는 것은 무엇을 의미할까? 이 질문에 대한 답은, 공식적 및 비공식적 교육, 일상생활, 그리고 대중적인 교육과의 만남 등 여러 수학적 경험과 개인적 변형들이 얽혀있음에도 불구하고, 여러 문화에서 사람들이 "배우는" 것이 과연 학교 경험에만 관련되어 있는가 하는 문제로 돌아간다. 학교수학은 많은 경우에 테크닉과 기술을 이용하는 과정으로 계속된다. "수학적으로" 문화적으로 식별될 수 있을 만한 것을 다시 생각해 보면 수학학습으로 정의될 수 있었던 많은 경험들이 간과되거나 빠지거나 조롱을 당했었다.

"문화"가 수학학습을 이해하기 위한 분석 도구 모음에 추가되면서 우리는 학습자가 "하나의" 문화라는 측면에서 정의될 수 없다기보다는 항상 중첩되고 잠재적으로 상충되는 하위문화를 언급해야 함을 이 장에서 강조해왔다. 동시에 "학습"은 우리가 계속 언급한 문화의 다양성을 정의하면서도 문화의 다양성에 의해 정의될 수 있기 때문에 문화와 분리할 수 없다. 많은 연구자들이 문화와 수학학습을 연결하는 데 관심을 가져 왔지만 (공식-비공식 학습, 학교 내-학교 밖 학습, 학문적-비학문적 학습 등의 그런 이분법이 명백히 지속하지만), 이러한 구분은 특히 소수 민족과 소외 그룹 구성원들의 학습을 촉진하기에 충분하지 못했다. 우리는 지식과 학습을 언급할 때 그런 이분법을 피하는 것이 유용하다고 제안한다. 지식은 모든 순간 어디에서나 창조되고 변형된다. 학습자 내에서와 사람들 사이에 의미와 해석의 복잡한 망이 있고, 아이러니하게도 그 자체가 의미와 해석의 복잡한 망의 일부이다. "문화"는 수학교육의 문제들에 해답을 제공하지는 않는다. 권력, 권위, 정치의 문제들은 문화와 수학학습을 이해하려는 노력에 어떻게든 포함되어야 한다. 탈식민지의 상호 문화에 대한 이런 문제나 다른 문제들이 우리의 분석에 집중되지 않는다면, 우리는 문화적으로 다른 아이들을 주류 학교 문화에 통합시키려는 현재 발견된 노력들처럼 소박하지만 상징적으로는 폭력적인 버전의 지배 문화에 대한 동화와 문화 적응으로 우리 자신을 제한해야 하는 위험에 빠진다.

질문하는 문화(Giroux, 2011)는 비판적 다문화주의, 다양성 교육, 민속수학, 비판적 인종 이론, 라크리트 이론과 대중적인 교육학에서 생겨나는 관심들의 여러 측면들로부터 생겨날 수 있다. 이러한 노력에서 수학교육자들은 억압, 착취, 배제 등에 도전하는 데 바탕이 되는 성찰하는 문화를 장려하는 새로운 교육기관이나 대중적인 교육학을 만드는 일부로 협력하게 된다. 이러한 의미에서 우리는 상호 영향력의 방향을 바꾸어, 수학학습이 정보화된 대중의 발전에 필요한 이데올로기적

이면서 구조적인 조건을 만드는 문화를 구축하기 위한 노력의 일부가 되는 그런 방식에 중심을 두고 억압, 착취 및 배제의 과정을 통해 사고하는 새로운 담론에 집중하였다.

1. 유럽 인권 재판소는 교육의 권리와 차별을 금지하는 조항을 위반한 그리스를 비난했다. 23명의 로마 부모들은 Sofades Karditsa 지역에서 초등학교에서의 학생 배제 및 로마 아이들을 위해 분리된 학교에서의 의무 교육에 대해서 불평했다. (TVXS를 참고, http://tvxs.gr/news/)

참고문헌

de Abreu, G., Bishop, A. J., & Presmeg, N. C. (Eds.). (2002). *Transitions between contexts of mathematical practices.* Dordrecht, The Netherlands: Kluwer Academic Press.

Adler, J. (2001). *Teaching mathematics in multilingual classrooms.* Dordrecht, The Netherlands: Kluwer.

Andersson, A. & Seah, W. T. (2013). Facilitating mathematics learning in different contexts: The values perspective. *Proceedings of the seventh international mathematics education and society conference (MES7), 1*(2), 193–202. International Mathematics Education and Society Conference (MES7), South Africa.

Appelbaum, P. (1995). *Popular culture, educational discourse, and* mathematics. Albany, NY: State University of New York Press.

Appelbaum, P. (2002). *Multicultural and diversity education: A reference handbook.* Santa Barbara, CA: ABC-CLIO.

Appelbaum, P. (2008). *Embracing mathematics: On becoming a teacher and changing with mathematics.* New York: Routledge.

Appelbaum, P. (2012). *Democracy & mathematics circles/Le démocratie et les cercles mathématiques.* Prezi for a workshop held at the International Commission for the Study and Improvement of Mathematics Teaching, Rhodes, Greece. Retrieved from http://prezi.com/s_3pvca2bb8j/democracy-mathematics-circles-le-democratie-et-les-cercles-mathematiques/.

Ascher, M. (1991). *Ethnomathematics: A multicultural view of mathematical ideas.* Pacific Grove, CA: Brooks/Cole.

Atweh, B., Forgasz, H., & Nebres, B. (Eds.). (2001). *Sociocultural research on mathematics education: An international perspective.* Mahwah, NJ: Lawrence Erlbaum Associates.

Atweh, B. (2007, November). Pedagogy for socially response-able mathematics education. In *Proceedings of the annual conference of the Australian Association of Research in Education.* Fremantle, West Australia. Retrieved from www.aare.edu.au/07pap/atw07600.pdf.

Atweh, B., Graven, M., & Secada, W. (Eds.) (2011). *Mapping equity and quality in mathematics education.* Dordrecht, The Netherlands: Springer.

Baker, D., Clay, J., & Fox, C. (1996). *Challenging ways of knowing in English, maths and science.* Bristol, PA: Falmer Press.

Balibar, E. & Swenson, J. (2003). *We, the people of Europe? Reflections on transnational citizenship.* Princeton, NJ: Princeton University Press.

Barton, B. (1995). Making sense of ethnomathematics: Ethnomathematics is making sense. *Educational Studies in Mathematics, 31*(1–2), pp. 201–233.

Barton, B. (1996a). Anthropology perspectives on mathematics and mathematics education. In A. Bishop, M. A. Clements, C. Keitel-Kreidt, J. Kilpatrick, & F. K-S. Leung (Eds.), *International handbook of mathematics education* (pp. 1035–1053). New York: Springer Publishing.

Barton, B. (1996b). *Ethnomathematics: Exploring cultural diversity in mathematics.* Unpublished doctoral dissertation, the University of Auckland.

Barton, B. (1996c). Making sense of ethnomathematics: Ethnomathematics is making sense. *Educational Studies in Mathematics, 31*(1–2), 201–233.

Bazin, M., & Tamez, M. (2002). *Math and science across cultures: Activities and investigations from the Exploratorium.* New York: The New Press.

Berlinski, D. (2000). *The advent of the algorithm: The idea that rules the world.* New York: Harcourt Brace.

Bishop, A. (Ed.). (1988a). *Mathematics education and culture.* Dordrecht, The Netherlands: Kluwer Academic Publishers.

Bishop, A. (1988b). *Mathematical enculturation: A cultural perspective on mathematics education.* Boston, MA: Kluwer Academic Publishers.

Bishop, A. (2002). Mathematical acculturation, cultural conflicts, and transition. In G. de Abreu, A. Bishop, & N. Presmeg, (Eds.), *Transitions between contexts of mathematical practices* (pp. 193–212). Dordrecht, The Netherlands: Kluwer Academic Publishers.

Bishop, A. (2007). Values in mathematics and science education: An empirical investigation. In U. Gellert & E. Jablonka (Eds.), *Mathematisation and demathematisation: Social, philosophical, and educational ramifications* (pp. 123–139). Rotterdam, The Netherlands: Sense Publishers.

Boaler, J. (Ed.) (2000). *Multiple perspectives on mathematics teaching and learning.* Westport, CT: Ablex.

Brown, S., & Walter, M. (2005). *The art of problem posing.* Mahwah, NJ: Lawrence Erlbaum Associates.

Burks, R. (2010). "Survivor" math: Using popular culture to enhance learning mathematics. *PRIMUS: Problems, Resources, and Issues in Mathematics Undergraduate Studies, 21*(1), 62–72.

Chappell, M. & Thompson, D. (2009). *Math, culture, and popular media: Activities to engage middle school students through film, literature, and the Internet.* Portsmouth, NH: Heinemann.

Chronaki, A. (2005). Learning about 'learning identities' in the school arithmetic practice: The experience of two young minority Gypsy girls in the Greek context of education. *European Journal of Psychology of Education, 20*(1), pp. 61–74.

Civil, M., & Kahn, L. (2001). Mathematics instruction developed from a garden theme. *Teaching Children Mathematics, 7*(7), 400–405.

Civil, M. (1996). *Teaching mathematics to minority students: Dilemmas I face.* Paper presented at working group 22 (Mathematics, Education, Society and Culture) at the 8th International Congress on Mathematical Education (ICME). Sevilla, Spain.

Civil, M. (2002). Everyday mathematics, mathematicians' mathematics, and school mathematics: Can we bring them together? In B. Brenner & J. Moschkovich (Eds.), *Everyday and academic mathematics in the classroom* (pp. 40–62). Reston, VA: National Council of Teachers of Mathematics.

Civil, M. (2008). *Mathematics teaching and learning of immigrant students. A look at the key themes from recent research.* Prepared for ICME Survey Team 5: Mathematics Education in Multicultural and Multilingual Environments, Monterrey, Mexico. Retrieved from http://math.arizona.edu/~cemela/english/content/ICME_PME/MCivil-SurveyTeam5-ICME11.pdf.

Cline-Cohen, P. (1982). *A calculating people: The spread of numeracy in early America.* Berkeley: University of California Press.

Cotton, T. (2010). *Understanding and teaching primary mathematics.* Edinburgh Gate: Pearson Education.

D'Ambrosio, U. (1985). Ethnomathematics and its place in the history and pedagogy of mathematics. *For the Learning of Mathematics, 5,* 44–48.

D'Ambrosio, U. (1987). Reflections on ethnomathematics. *International Study Group on Ethnomathematics Newsletter, 3*(1), 3–5.

D'Ambrosio, U. (1988). Ethnomathematics: A research program in the history of ideas and in cognition. *International Study Group on Ethnomathematics Newsletter, 4*(1), 5–8.

D'Ambrosio, U. (1999). Ethnomathematics and its first international congress. *ZDM: The International Journal on Mathematics Education, 31*(2), 50–53.

D'Ambrosio, U. (2006). *Ethnomathematics.* Rotterdam, The Netherlands: Sense Publishers.

Davis, P., & Hersh, R. (1986). *Descartes' dream: The world according to mathematics.* San Diego, CA: Harcourt, Brace, Jovanovich.

Diéz-Palomar, J. (2012). *Family mathematics education: Improvement performance beyond the classroom walls.* Paper presented at the American Educational Research Association, Vancouver, Canada.

Dominguez, D. (2012). *When home came to school: Mexican mothers and their children finding (and solving) mathematical problems in their life experiences.* Paper presented at the American Educational Research Association, Vancouver, Canada.

Dowling, P. (1998). *The sociology of mathematics education: Mathematical myths/pedagogic texts.* Bristol, PA: Falmer Press.

Eglash, R. (1999). *African fractals: Modern computing and indigenous design.* New Brunswick, NJ: Rutgers University Press.

Fasheh, M.J. (2012). The role of mathematics in the destruction of communities, and what we can do to reverse this process, including using mathematics. In Skovsmose, O. & Greer, B. (Eds.), *Opening the cage: Critique and politics of mathematics education* (pp. 93–106). Rotterdam, The Netherlands: Sense Publishers.

Favilli, F. (Ed.) (2007). Ethnomathematics and mathematics education. *Proceedings of the 10th international congress of mathematics education, discussion group 15: Ethnomathematics.* Pisa: Tipografia Editrice Pisana.

François, K. (2007). The untouchable and frightening status of mathematics. In K. Francois & J.-P. van Bendegem (Eds.), *Mathematics education library: Vol. 42. Philosophical dimensions in mathematics education* (pp. 13–39). New York: Springer.

Frankenstein, M. (1987). Critical mathematics education: An application of Paulo Freire's epistemology. In I. Shor (Ed.), *Freire for the classroom: A sourcebook for liberatory teaching* (pp. 180–210). Portsmouth, NH: Boyton/Cook.

Gates, P. (2006). The place of equity and social justice in the history of PME. In A. Gutiérrez & P. Boero (Eds.), *Handbook of research on the psychology of mathematics education: Past, present and future* (pp. 367–402). Rotterdam, The Netherlands: Sense Publishers.

Geertz, C. (1973a). Religion as a cultural system. In *The interpretation of cultures* (pp. 87–125). New York: Basic Books.

Geertz, C. (1973b). Thick description: Toward an interpretive theory of culture. In *The interpretation of cultures* (pp. 3–30). New York: Basic Books.

Gerardo, J. M., Guitiérrez, R., & Irving, S. (2012). *Playing games to "change the game": Preservice teachers learning to support Latina/o adolescents through an after-school mathematics club.* Paper presented at the American Educational Research Association, Vancouver, Canada.

Gerdes, P. (1988). On possible uses of traditional Angolan sand drawings in the mathematics classroom, *Educational Studies in Mathematics,19*(1), 3–22.

Gerdes, P. (1992). On the history of mathematics in Africa south of the Sahara. *AMUCHMA Newsletter, 9*, 3–32. Maputo: Higher Pedagogical Institute.

Gerdes, P. (1994). Reflections on ethnomathematics. *For the Learning of Mathematics, 14*(2), 19–21.

Gerdes, P. (1996). Ethnomathematics and mathematics education. In A. Bishop, M. A. Clements, C. Keitel-Kreidt, J. Kilpatrick, & F. K-S. Leung (Eds.), *International handbook of mathematics education* (pp. 909–943). New York: Springer-Verlag.

Gerofsky, S. (2001). Genre analysis as a way of understanding pedagogy in mathematics education. In J. Weaver, M. Morris, & Peter Appelbaum (Eds.), *(Post) modern science (education): propositions and alternative paths* (pp. 147–176). New York: Peter Lang.

Gerofsky, S. (2010). The impossibility of "real-life" word problems (according to Bakhtin, Lacan, Zizek and Baudrillard). *Discourse, 31*(1), 61–74.

Giroux, H. A. (2011). *On critical pedagogy. Bloomsbury Publishing Inc.1385 Broadway, 5th Floor New York, NY 10018*

Goble, R. (2013). *Making curriculum pop: A resource sharing community for educators interested in better practices and teaching with pop culture.* Retrieved from http://mcpopmb.ning.com/.

González, N., Moll, L., & Amanti, C. (Eds.) (2005). *Funds of knowledge: Theorizing practice in households, communities, and classrooms.* Mahwah, NJ: Lawrence Erlbaum Associates.

Gorgorió, N., & Planas, N. (2001). Teaching mathematics in multilingual classrooms. *Educational Studies in Mathematics, 47*, 7–33.

Govaris, C., & Antwniadou, A. (2000). Children of immigrants in a Greek kindergarten. *International Journal of the Humanities, 3*(1), 113–118.

Grootenboer, P., Lomas, G., & Ingram, N. (2008). The affective domain and mathematics education. In B. Perry, T. Lowrie, T. Logan, A. MacDonald, & J. Greenlees, (Eds.), *Research in mathematics education in Australasia 2008–2011* (pp. 23–37). Rotterdam, The Netherlands: Sense Publishers.

Gutiérrez, R. (2002a). Beyond essentialism: The complexity of language in teaching mathematics to Latina/o students. *American Educational Research Journal, 39*(4), 1047–1088.

Gutiérrez, R. (2002b). Enabling the practice of mathematics teachers in context: Toward a new equity research agenda. *Mathematical Thinking and Learning, 4*(2–3), 145–187.

Gutiérrez, R. (2010). The sociopolitical turn in mathematics education. *Journal for Research in Mathematics Education, 44*(1), 37–68.

Gutstein, E. (2003). Teaching and learning mathematics for social justice in an urban, Latino school. *Journal for Research in Mathematics Education, 34*, 37–73.

Gutstein, E. (2006). *Reading and writing the world with mathematics: Toward a pedagogy for social justice.* London: Taylor & Francis.

Gutstein, E. (2012). Mathematics as a weapon in the struggle. In B. Greer & O. Skovsmose (Eds.), *Opening the cage: Critique and politics of mathematics education* (pp. 23–48). Rotterdam, The Netherlands: Sense Publishers.

Gutstein, E., Lipman, P., Hernández, P., & de los Reyes, R. (1997). Culturally relevant mathematics teaching in a Mexican American context. *Journal for Research in Mathematics Education, 28*(6), 709–737.

Gutstein, E., & Peterson, B. (Eds.) (2005). *Rethinking mathematics: Teaching social justice by the numbers.* Milwaukee, WI: Rethinking Schools.

Keitel, C., Klotzmann, E., & Skovsmose, O. (1993). Beyond the tunnel vision: Analyzing the relationship between mathematics, society and technology. In C. Keitel & K. Ruthven (Eds.), *Learning from computers: mathematics education and technology* (pp. 243–279). New York: Springer-Verlag.

Kirshner, D. (2004). Enculturation: The neglected learning metaphor in mathematics education. In D. McDougall & J.A. Ross (Eds.), *Proceedings of the twenty-sixth annual meeting of the International Group for the Psychology of Mathematics Education, North American Chapter* (Vol. 2, pp. 765–772). Toronto: OISE/UT.

Klein, R. & Showalter, D. (2012). Where's the math? In J. Díez-Palomar & C. Kanes (Eds.), *Family and community in and out of the classroom: Ways to improve mathematics achievement* (pp. 115–122). Barcelona: Univ. Autònoma de Barcelona.

Knijnik, G., Wanderer, F., & Oliveira, C.J. (2005). Cultural differences, oral mathematics and calculators in a teacher training course of the Brazilian Landless Movement. *ZDM: The International Journal on Mathematics Education, 37*(2), 101–108.

Kumashiro, K. K. (2009). *Against common sense: Teaching and learning toward social justice.* London: Taylor & Francis.

Leonard, J., & Martin, D. B. (Eds.) (2013). *The brilliance of Black children in mathematics: Beyond the numbers and toward new discourse.* Charlotte, NC: Information Age Publishers.

Lerman, S. (Ed.). (1994). *Cultural perspectives on the mathematics classroom.* Dordrecht, The Netherlands: Kluwer Academic Press.

Lerman, S. (2000). The social turn in mathematics education research. In J. Boaler (Ed.), *Multiple perspectives on mathematics teaching and learning* (pp. 19–44). Westport, CT: Ablex.

Lerman, S. (2001). Cultural, discursive, psychology: A sociocultural approach to studying the teaching and learning of mathematics. *Educational Studies in Mathematics, 46*(1–2), 133–150.

Lipka, J. (2005). Math in a cultural context: Two case studies of a successful culturally based math project. *Anthropology and Education Quarterly, 36*(4), 367–385.

Lipka, J., & Mohatt, G.V. (1998). *Transforming the culture of schools: Yup'ik Eskimo examples. Sociocultural, political, and historical studies in education.* Mahwah, NJ: Lawrence Erlbaum Associates.

Lipka, J. Sharp, N., Adams, B., & Sharp, F. (2007). Creating a third space for authentic biculturalism: Examples from math in a cultural context. *Journal of American Indian Education, 46* (3), 94–115.

Martin, D.B. (2000). *Mathematics success and failure among African-American youth: The roles of sociohistorical context, community forces, school influence, and individual agency.* Mahwah, NJ: Lawrence Erlbaum Associates.

Martin, D. B. (Ed.) (2009). *Mathematics teaching, learning, and liberation in the lives of Black children.* London: Routledge.

Martin, D. B. & Gohlson, M. (2012). On becoming and being a critical Black scholar in mathematics education: The politics of race and identity. In *Opening the cage: Critique and politics of mathematics education* (pp. 203–222). Rotterdam, The Netherlands: Sense Publishers.

Mason, J., Burton, L., & Stacey, K. (1985). *Thinking mathematically.* Reading, MA: Addison-Wesley.

Matthews, J. (1989). *Escalante: The best teacher in America.* New York: Henry Holt & Co.

Mellin-Olsen, S. (1987). *The politics of mathematics education.* Dordrecht, The Netherlands: D. Reidel.

Mishra, V. (2012). *What was multiculturalism?* Melbourne: Melbourne University Publishing.

Moreira, D. (2003). A Matemática na educação familiar: Memórias escolares, ideias sobre a Matemática e relação educativa em grupos domésticos de baixa escolaridade. *Quadrante. Revista de Investigação em Educação Matemática, 12*(2), 3–23.

Moreira, D., & Pires G. (2012). O processo educativo das crianças ciganas e a aprendizagem da matemática. A. I. Afonso (Ed.), *Etnografias com ciganos. Diferenciação e resistência cultural* (pp. 71–87). Lisboa: Edições Colibri.

Moschkovich, J. N. (2007). Examining mathematical discourse practices. *For the Learning of Mathematics, 27*(1), 24–30.

Moses, R., & C. Cobb. (2001). *Radical equations: Civil rights from Mississippi to the algebra project.* Boston, MA: Beacon Press.

Mukhopadhyay, S., & Roth, W. M. (2012). *Alternative forms of knowing (in) mathematics: Celebrating diversity of mathematical practices.* Rotterdam, The Netherlands: Sense Publishers.

Nasir, N. S., Hand, V., & Taylor, E. V. (2008). Culture and mathematics in school: Boundaries between "cultural" and "domain" knowledge in the mathematics classroom and beyond. *Review of Educational Research, 32,* 187–240.

Nolan, K. (2009). Mathematics in and through social justice: Another misunderstood marriage? *Journal of Mathematics Teacher Education, 12*(3), 205–216.

Olin, D. (2003). Crash course: Ethnomathematics. *New York Times* (February 23). Retrieved from www.nytimes.com/2003/02/23/magazine/23CRASH.html.

Orey, D. C., & Rosa, M. (2008). Ethnomathematics and cultural representations: Teaching in highly diverse contexts. *Acta Scientiae, 10*(1), 27–46.

Palhares, P. (2012).. Mathematics education and ethnomathematics. A connection in need of reinforcement. *REDIMAT-Journal of Research in Mathematics Education, 1*(1), 79–92.

Pinxten, R., van Dooren, I., & Harvey, F. (1983). *Anthropology of space.* Philadelphia, PA: University of Pennsylvania Press.

Pinxten, R., van Dooren, I., & Soberon, E. (1987). *Towards a Navajo geometry.* Ghent, Belgium: KKI Press.

Polya, G. (1945). *How to solve it: A new aspect of mathematical method.* Princeton, NJ: Princeton University Press.

Popkewtiz, T. (2004). The alchemy of the mathematics curriculum: Inscriptions and the fabrication of the child. *American Educational Research Journal, 41*(1), 3–34.

Popmatics. (2010). *The intersection of pop culture and mathematics: Creating a generation of mathematicians.* Retrieved from http://popmatics.wordpress.com/.

Powell, A., & Frankenstein, M. (1997). *Ethnomathematics: Challenging Eurocentrism in mathematics education.* Albany, NY: State University of New York Press.

Presmeg, N. (2002). Beliefs about the nature of mathematics in the bridging of everyday and school mathematical practices. In G. Leder, E. Pehkonen, & G. Torner (Eds.), *Beliefs: A hidden variable in mathematics education?* (pp. 293–312). Dordrecht, The Netherlands: Kluwer Academic

Publishers.

Presmeg, N. (2007). The role of culture in teaching and learning mathematics. In F. Lester (Ed.), *Second handbook of research on mathematics teaching and learning* (pp. 435–460). Reston, VA: National Council of Teachers of Mathematics.

Radosavljevic, A. (2012). *Mathematics socialization through games: Bilingual third graders after school.* Paper presented at the American Educational Research Association, Vancouver, Canada.

Radtke, F. (1994). The formation of ethnic minorities and the transformation of social into ethnic conflicts in a so-called multicultural society—the case of Germany. In J. Rex & B. Drury (Eds.), *Ethnic mobilisation in a multi-cultural Europe* (pp. 30–37). Aldershot: Avebury.

Rosa, M., & Orey, D. C. (2011). Ethnomathematics: The cultural aspects of mathematics. *Revista Latinoamericana de Ethnomatemática, 4*(2), 32–54.

Sandlin, J., Schultz, B., & Burdick, S. (2009). *Handbook of public pedagogy: Education and learning beyond schooling.* New York: Routledge.

Schoenfeld, A. (1991). On mathematics as sense-making: An informal attack on the unfortunate divorce of formal and informal mathematics. In J. F. Voss, D. N. Perkins, & J. W. Segal (Eds.), *Informal reasoning and education* (pp. 311–343). Cambridge, MA: Harvard University Press.

Seah, W. T. (2004). Shifting the lens of inquiry into the socialization of mathematics teachers. Nature of value differences. In I. Putt, R. Faragher, & M. McLean (Eds.), *Proceedings of the 27th annual conference of the mathematics education research group of Australasia* (Vol. 2, pp. 501–508). Townsville: James Cook University.

Skovsmose, O. (1994). *Toward a philosophy of critical mathematics education.* Dordrecht, The Netherlands: D. Reidel.

Skovsmose, O. (2004). Critical mathematics education for the future. In Niss, M. & Emborg, E. (Eds.), *Proceedings of the 10th international congress on mathematics education (ICME).* Retrieved from www.educ.fc.ul.pt/docentes/jfmatos/areas_tematicas/politica/CME_for_the_Future.pdf.

Skovsmose, O. (2011). *An invitation to critical mathematics education.* Rotterdam, The Netherlands: Sense Publishers.

Skovsmose, O., & Penteado, M. G. (2011). In B. Atweh, M. Graven, & W. Secada (Eds.), *Mapping equity and quality in mathematics education* (pp. 77–90). Dordrecht, The Netherlands; Springer.

Sleeter, C. E., & Grant, C. (2007). *Making choices for multicultural education: Five approaches to race, class and gender.* New York: Wiley.

Sleeter, C. E., & Soriano, E., (Eds.). (2012). *Creating solidarity across diverse communities: International perspectives.* New York: Teachers College Press.

Stathopoulou, Ch. (2005). *Ethnomathematics: Exploring the cultural dimension of mathematics and of mathematics education.* Athens: Atrapos.

Stathopoulou, Ch. (2006). Exploring informal mathematics of craftsmen in the designing tradition of 'Xysta' at Pyrgi of Chios. *For the Learning of Mathematics, 26*(3), 9–14.

Stathopoulou, Ch., & Kalabasis F. (2002). Teaching mathematics to first grade Romany children, through familiar every day money dealings. In P. Volero & O. Skovsmose (Eds.), *Proceedings of the Mathematics Education and Society Conference* (pp. 507–514). Helsingør, Denmark: Danmarks Paedagogiske Universitet.

Swanson, D. (2010). Paradox and politics of disadvantage: narratizing critical moments of discourse and mathematics pedagogy within the "glocal." In M. Walshaw (Ed.), *Unpacking pedagogy: New perspectives for mathematics* (pp. 245–263). Greenwich, CT: Information Age Publishing.

Swanson, D. & Appelbaum, P. (2013). Refusal as a democratic catalyst for mathematics education development. *Pythagoras, 33*(2). Retrieved from www.pythagoras.org.za/index.php/pythagoras/article/view/189.

Sykes, C. (1995). *Dumbing down our kids: Why American children feel good about themselves but can't read, write, or add.* New York: St. Martin's Griffin.

Tate, W. (1997). Critical race theory and education: History, theory, and implications. *Review of Research in Education, 22*, 195–247.

Tate, W. F., Anderson, C. R., & King, K. (Eds.) (2011). Disrupting tradition: Pathways for research and practice in mathematics education. Reston, VA: National Council of Teachers of Mathematics.

Tate, W. F., & D'Ambrosio, B. S. (Eds.) (1997, January). Equity, reform, and research in mathematics education, Journal for Research in Mathematics Education, 28(6), 650–782.

Téllez, K., Moschkovich, J. & Civil, M. (2011). *Latinos/as and mathematics education: Research on learning and teaching in classrooms and communities.* Charlotte, NC: Information Age Publishing.

Trifonas, P. (2012). *Learning the virtual life: Public pedagogy in a digital world.* New York: Routledge.

Valero, P. & Stentof, D. (2010). The "post" move of critical mathematics education. In H. Alrø, O. Ravn, & P. Valero (Eds.), *Critical mathematics education: Past, present and future: Festschrift for Ole Skovsmose* (pp. 183–196). Rotterdam, The Netherlands: Sense Publishers.

Vithal, R., & Skovsmose, O. (1997). The end of innocence: A critique of "ethnomathematics." *Educational Studies in Mathematics, 34*(2), 131–157.

Walkerdine, V. (1987). *The mastery of reason: Cognitive development and the production of meaning.* New York: Routledge.

Walshaw, M. (2007). *Working with Foucault in education.* Rotterdam, The Netherlands: Sense Publishers.

Walshaw, M. (2010). The performance of self in the art of research. *Educational Insights, 13*(1). Retrieved from www.ccfi.educ.ubc.ca/publication/insights/v13n01/articles/walshaw/index.html.

Whitin, D., & Sandra Wilde. (1995). *It's the story that counts: More children's books for mathematical Learning, K–6.* Portsmouth, NH: Heinemann.

Willey, C., Lopez Leiva, C.A., & Vomvoridi-Ivanovic, E. (2012). *Reconnecting with powerful, personal resources to teach and learn mathematics: Experiences of three Latina/o preservice teachers.* Paper presented at the American Educational Research Association, Vancouver, Canada.

Zaslavsky, C. (1973a). *Africa counts: Number and pattern in African culture.* Boston, MA: Prindle, Weber & Schmid.

Zaslavsky, C. (1973b). Mathematics in the study of African culture . *Arithmetic Teacher, 20*, 532–535.

Zaslavsky, C. (1993). *Multicultural mathematics: Interdisciplinary cooperative-learning activities.* Portland, ME: J. Weston Walch.

Zaslavsky, C. (1996). *The multicultural math classroom: bringing in the world.* Portsmouth, NH: Heinemann.

Zaslavsky, C. (1998). *Math games and activities from around the world.* Chicago: Chicago Review Press, 1998.

Zolkower, B. (1995). Math fictions: What really solves the problem? *Social Text, 43*(3), 133–162.

수학교육과 민주주의: 긴장, 불확실성, 도전들로 열린 모습 14

Ole Skovsmose
Aalborg University

Miriam Godoy Penteado
Estadual Paulista University

Benn과 Peters(1959)는 해석 철학(analytical philosophy)의 관점으로 행해진 그들의 전통적인 연구에서 민주주의를 정의, 평등, 자유, 책임의 개념과 연결시켰다. Rawls(1971/1999)는 정의에 대해 추가적으로 연구를 했는데, 그는 해석 철학에서 탐구를 시작했지만 이 전통을 뛰어넘는 연구로 확장했다. 예를 들어 Bohman과 Rehg(1997)가 제시한 것처럼, 숙의 민주주의(deliberative democracy)를 참여, 협상, 대화의 민주주의 개념과 관련시켰다. 민주주의는 또한 시민권, 자치권, 인권, 포용 등과 관련될 수도 있다. 이 모든 개념들은 개방된 개념으로 확장된 부류에 속하는 것이다.

민주주의는 그리스어에서 파생되었다. **demos**는 "국민"을 의미하고 **cratos**는 "통치"를 의미하므로 글자 그대로 말하자면, "민주주의(democracy)"는 "국민이 통치한다"는 것을 의미한다. 전통적인 민주주의는 고대 그리스에서 실현되었지만 플라톤과 아리스토텔레스를 비롯한 저명한 철학자들에게 비판받기도 했다. 민주주의의 이상은 「**두 개의 정부 조약**」(Two Treatises of Government(1689/1988)) 이라는 책에서 Locke가 주장한 것이다. 여기에서 그는 표현과 사유 재산과 같은 민주주의에서의 자유주의 전통을 형성하는 많은 주제들을 다루었다. 그는 또 노예제도를 정당화할 수 있다고 다루기도 하였다. 우리는 1762년 처음 발간한 「**사회 계약**」(The Social Contract)이라는 책에서 Rousseau가 제안한 민주주의의 이상도 발견했다. Rousseau는 '누가 주권자인가?' 이런 질문을 제기했다. 군주제에서 이 질문에 대한 답은 간단히 왕이다. Rousseau에 따르면 우리가 민주주의를 생각한다면 그 답은 간단하다. 바로 국민이 주권자이다. 이것이 그가 민주주의에서 국민이 실제로 통치하는 것에 참여 가능하도록 해야 한다고 주장하는 이유이다. 이런 식으로 Rousseau는 민주주의의 전통적인 모델과 이상을 공유했다. 「**자본주의, 사회주의, 민주주의**」(Capitalism, Socialism, and Democracy, 1943)라는 책에서 Schumpeter는 Rousseau와는 민주주의에 대한 해석을 아주 다르게 제시했다. Schumpeter에 따르면 민주주의에서 국민의 역할은 정부를 만드는 것 단지 그것뿐이고, 따라서 민주주의는 권력을 행사할 인물 선출을 제외하고는 참여와 대중의 의사 결정과는 아무 관련이 없다. Schumpeter에 따르면 민주주의는 거대한 사회에서 완벽하게 작동한다. 민주적인 방법은 단순히 "논쟁거리가 많은 투쟁"의 형태를 취할 뿐이고 국민의 민주적 활동은 전적으로 자신의 표를 던지는 것에 있다.

이런 의견들을 바탕으로 우리는 명백히 민주주의라는 솔직한 개념이 다른 많은 개념과 이상들을 돌아보게 한다는 것을 강조하고 싶다. 민주주의는 단지 그 자체만큼이나 복잡한 개념을 통해서만 명확해질 수 있다. 수학교육과 민주주의에 대한 논의의 출발점으로 우리는 확장된 관련 개념들과 함께 민주주의의 개방성도 알게 되기를 원한다.

Dewey의 하모니

민주주의에 대한 Dewey의 개념은 Schumpeter가 제안한 어떤 기술만능주의적인 해석과는 꽤 거리가 있다. 그것은 오히려 Rousseau의 해석에 가깝다고 할 수 있다. Dewey(1966)는 민주주의를 "삶의 방식"으로 본다. 그 이후 저술에서와 비슷하게 「**민주주의와 교육**」(Democracy and Education, 1916)이라는 책에서 Dewey는 민주적인 삶의 방식과 교육의 과정 사이에 심오한 하모니라는 비전을 제시했다.

이런 하모니를 주장한 근거로 Dewey의 철학적 실용주의와 그가 과학을 보는 방식 등을 거론한다. Dewey에 따르면 과학은 어떤 형태의 독단주의도 자제해야만 한다. 모든 이슈는 선입견 없이 탐구되어져야만 하고 탐구 과정은 그러한 활동을 위해 매우 중요하다. 한 사람은 어떤 것을 경험하고, 어떤 질문을 하고, 어떤 것을 문제로 인식하고, 그 문제를 제기하고, 실험을 하고, 잠정적인 결론을 내리고, 어떤 이는 그런 결론에 의문을 제기한다. 이런 식으로 사람들은 개방된 과정을 경험하고 연구를 하고 있다.

Dewey(1938/1963, 1974)에 따르면 연구 과정은 학습 과정과 유사하며, 특히 학습이 탐구적 접근법으로 영감을 얻는 환경이 될 때는 더욱 그러하다고 하였다. 게다가 Dewey는 민주적 과정이 탐구 과정으로 특징지어질 수 있다는 것을 발견했다. 다른 말로 민주주의와 교육은 과학적 방법이라는 과정을 특징으로 공유한다. 결과적으로 탐구 과정으로 구성된 교육은 민주주의를 위한 교육이 된다. 이것은 우리가 **Dewey 하모니**(Dewey harmony)라고 부르는 것의 주요한 아이디어이다.

사람들은 수학교육에 관해 이 하모니와 관련된 여러 가지 표현을 발견했다. 그런 예를 들어보면, Hannaford(1998)가 쓴 논문의 제목에 "수학교육은 민주주의 교육이다"라고 명확하게 표현되어 있다. Hannaford는 이런 솔직한 방식으로 수학교육과 민주주의 사이의 본질적인 연관성이 존재한다고 주장한다. 한편 이것은 민주주의적 삶의 방식의 본질에 기인하고, 다른 한편으로는 수학적 사고방식에 기인한다. 양쪽 모두의 경우, 이성적 논쟁이 주요한 도구로 작용한다.

아포레틱 상태(aporetic condition)

Dewey의 하모니는 과학적 사고와 발견, 수학적 합리성, 기술적인 사업, 교육과정, 민주주의 생활방식, 복지 및 일반적인 사회정치적 진보 등의 사이에 존재하는 심오한 하모니를 주장하는 보다 일반적인 모던 아웃룩(Modern Outlook)의 일부분을 형성한다. 특히, 과학과 기술은 진보의 엔진[1]으로 개념화되어 왔다. 이런 모던 아웃룩은 현대성(Modernity)의 "웅장한 내러티브"(Lyotard, 1979/1984)라고 불리기도 했다.

현대성은 광범위한 것을 일컫는데, 계몽시대의 과학혁명을 언급하면서 19세기 동안 번창했던 과학적이고 기술적인 낙관주의를 포함한다. 이런 전망에 대해 단지 20세기 후반부에서만 광범위하게 의문이 제기되었다. 이런 의문의 기본적인 요소는 모던 아웃룩이 잘못된 자기 이해로서 현대성이라는 웅장한 내러티브가 단지 신화들만 나타낸다고 하는 주장이다.

우리는 인종주의를 동반한 식민지화의 가장 잔인한 형태가 현대성의 일부를 형성했다는 것을 무시할 수 없다. 인종차별주의는 유명한 선입견만으로 운영된 것이 아니라, 19세기에는 이것이 과학적 토대가 있다고 가정했었다. 예를 들어, 풍토학 연구를 통해 사람들은 선진 인종과 덜 발전한 인종을 구별하려고 시도했었다. 그 연구들은 그렇게 규정된 차이점을 언어적 표현에서 추적하려고 하는 언어학 연구들을 동반했다.[2] 그래서 사람들은 현대사에서 홀로코스트를 "진보"의 역사 일부를 만드는 것이 아닌 병리학적 사건으로 해석할 수 있었다. Bauman(1989)은 홀로코스트에 대한 "설명"과는 반대로 홀로코스트가 모든 막강한 효율성을 발휘하게 한 것은 정확하게 현대 기술, 현대 관료주의, 현대 경영이라고 강조했다. 사실 현대성은 현대성의 웅장한 내러티브를 잘못된 자기 묘사로 드러내는 일련의 사례를 포함하고 있다.

현대를 통틀어 민주주의가 그들을 위한 것이 아니라는 주장은 매번 계속되었었다. 예를 들어, Said(1979, p.31ff)는 Arthur James Balfour(1902-1905년 총리를 하고 1916-1919년 국무총리를 지냄)가 이집트에서 한 토론에서 민주주의가 "오리엔탈"을 위한 것이 아니라고 명확하게 말했다고 1910년 영국 국회에서 지적했다. 민주주의가 그들을 위한 것이 아니란 주장은 남아프리카의 아파르트헤이드 정권에서 흑인들을 제외시키기 위해서 기본이 되는 것이었다. 오랜 기간 동일한 주장이 여성의 민주주의 참여를 금지했고, 결국 영국에서 여성이 투표권을 얻은 것은 1928년이었고, 프랑스는 1944년, 스위스는 1971년이었다. 반면 사우디아라비아에서는 2015년에서야 여성에게 투표권이 허락되었다. 민주주의가 그들을 위한 것이 아니라는 논쟁은 민주주의의 다른 현대적 해석에서 중요한 부분으로 이용되었다.

현대성의 웅장한 내러티브는 신화들을 현실로 표현하면서 현대성이라는 바로 그 개념을 쓸모없게 만들었다. Beck(1986/1992, 1999)은 과학과 기술이 문제해결에 기여할 뿐만 아니라, 이런 문제를 만들어내는 것을 공식화한다는 아이디어를 포함하는 위험 사회(the risk society)라는 개념을 탐구했다. Michael Gibbons과 동료들은(1994) 일반적으로 과학과 지식 생산이 시장이라는 상황 하에서 작동하는 특징을 지닌 사회를 모드-2 사회로 부르고 이를 다루었다. Castells(1996, 1997, 1998)는 정보 시대의 복잡성을 제기하면서 현대 기술이 어떻게 글로벌화의 과정을 포함해 삶의 모든 영역에 영향을 미치는지 설명했다. 이런 모든 연구들이 소위 현대의 종결을 가리키는 것이다.

현대를 이해하는 것을 남겨두고, 우리는 교육과 민주주의의 논의에 대한 새로운 틀에 직면했다. 여기서 우리는 일반적으로 교육과 민주주의 사이에서 어떤 본질적인 하모니의 존재를 추측할 수도 없고, 특별하게 수학교육과 민주주의 사이에서 하모니의 존재를 추측할 수도 없다. 우리는 일반적으로 과학적 사고, 수학적 합리성, 기술적인 사업, 교육적 과정, 민주주의, 진보 간의 어떤 심오한 하모니의 존재도 추측할 수 없는 것이다. 예를 들어 이것은 정의, 평등, 자유와 같은 민주주의와 관련된 개방된 개념의 확장된 범위에 속하는 개념에 대한 어떤 통일된 해석에도 의존할 수 없다는 것을 말한다. 민주주의 그 자체와 마찬가지로 그런 개념들은 어떤 본질이 없다. 대신에 우리는 논쟁의 여지가 있는 개념들을 다루어야만 한다.[3] 이들은 서로 상충되는 시각을 포함하고 특정 관심사를 가질 수도 있는 등 서로 다른 방식으로 해석될 수 있다. 그런 개념들에 대한 보편적인 해석을 제공하는 데 도움이 될 수 있는 일반적인 관점은 없다. 이런 논쟁적인 개념과 함께 우리는 긴장과 모순으로 가득 찬 사회정치적 맥락에서 생각하고 있다. 결과적으로 우리는 심오한 불확실성에 직면하게 되었고, 이것을 **아포레틱 상태**(aporatic condition)[4]라고 부른다.

아포레틱 상태에 종속된 수학은 D'Ambrosio의 다음과 같은 관찰에서 강조되었다.

> 지난 100년간 우리는 자연에 대한 지식과 새로운 기술 발전에서 엄청난 발전을 보여 왔다. [...] 하지만 같은 세기에 비열한 인간의 행동들도 보아왔다. 전례가 없는 대량 살상 무기, 불안감, 새로운 끔직한 질병들, 이유를 모르는 기근 [...] 등은 돌이킬 수 없는 환경 파괴와 같은 것들이었다. 이런 역설의 상당 부분은 연구와 교육이 이루어지는 학계에서, 특히 과학 분야에서 가치에 대한 고려나 반성이 없었기 때문이다. 이런 경이로움을 달성하는 수단의 대부분과 과학과 기술의 이런 공포들은 수학의 발전과 관련이 있다. (D'Ambrosio, 1994, p. 443)

수학은 민주적 통제를 벗어난 과정, 즉 공포만큼이나 경이로움을 줄 수 있는 과정들과 관련될 수 있다. 또한 D'Ambrosio는 여기서 수학교육도 언급하면서 "수학교육과 민주주의"를 긴장, 불확실성, 도전의 열린 모습으로 인식했다.[5] 결과적으로 우리는 수학교육의 정치적 복합성을 인지하게 되었다.[6] 다음 절인 "학교 활동에서 수학"에는 사회 정의를 위한 수학교육의 여러 가지 형성 관점에서 민주주의를 위한 수학교육을 탐구한다. 또한 학교수학 전통을 통해서 연습될 수 있는 훈육의 종류가 무엇인지도 고려한다. 마지막으로 이런 전통을 다루는 것이 사회 통합의 심오한 형태를 보장할 수 있는지 그 가능성을 고려한다. 하지만 아포레틱 상태를 인정하면서는 수학교육과 민주주의의 관련성이 어떤 특정 교육 프로그램이나 어떤 교육과정 가이드라인으로 이어질 것이라고 기대할 수는 없다. 아포레틱 상태는 심오한 불확실성을 동반하기 때문이다.

그러나 **교수학적 상상**(pedagogical imagination)이라는 개념을 통해 우리는 아포레틱 상태에서 작동하는 건설적인 부분을 알게 되었다. 그 다음에 있는 "교수학적 상상"이라는 절에서 이 개념에 대한 일반적인 설명을 할 것이다. 또한 그 절에서 상상의 방향에 대한 두 가지 특별한 주제인 (1) 사회와 기술에서의 수학과 (2) 학생의 삶에서의 수학에 대해 논의할 것이다. 마지막 절인 "열린 풍경"에서 우리는 "수학교육과 민주주의"를 그런 상상이 가득한 토양으로 논의할 것이다.

학교 활동에서 수학

수학교육과 민주주의에 대한 논의는 학교교육에만 집중될 수 없다. 수학을 배우는 것은 여러 다른 맥락에서도 일어날 수 있으며, 이런 모든 맥락에서 인간은 민주적 이념을 추구하려고 시도할 수 있다는 것을 고려한다. 하지만 이 장에서 우리는 학교 활동에만 중점을 두려고 한다.

모던 아웃룩을 가정한다면 Dewey의 하모니를 수학교육에 적용할 수 있게 된다. 적절히 구성된 경우라면 수학교육은 민주적인 노력의 일부를 형성한다. 하지만 우리의 요점은 그런 어떤 가정에서도 출발할 수 없다. 대신에 수학교육이 어떤 형태로든 정치적 이익의 형태로 수행될 수 있다는 것을 발견했다. 우리는 수학교육이 어떤 특별한 민주주의의 본질을 포함하는지는 발견하지 못했다.[7] 이것은 민주적인 힘으로 작용할 수도 있을 뿐만 아니라, Foucault(1991)가 조사한 용어를 사용하자면 훈육 장치로도 작용할 수 있다. 학교에서 수학교육은 아포레틱 상태에서 운영된다. 이것은 논쟁의 여지가 있는 개념들을 통해서만 제기할 수 있는 긴장, 도전, 불확실성을 나타낸다.

사회정의를 위한 수학교육에 대한 내러티브

사회정의를 위한 수학교육은 여러 서적과 논문에서 탐구되어왔다(D'Ambrosio, 2012; Frankenstein, 2012; Gates, 2006; Gutstein, 2012a; Sriraman, 2008; Wager & Stinson, 2012). 분명히 사회정의는 민감성만큼이나 민주주의의 중요한 특징을 나타낸다. 따라서 민감하게 반응하는 수학교육은 학생들을 비판적 시민으로 지배 방식에 반응하도록 만들려고 노력한다. 이런 접근법은 **문화적으로 반응하는**

수학교육(Culturally responsive mathematics education)에서 깊이 있게 설명되어져 왔다(Greer, Mukhopadhyay, Powell, & Nelson-Barber, 2009). 여기서 핵심 아이디어는 신중한 민주주의의 중요한 아이디어인 "권위에 반응할" 수 있게 학생들을 만드는 수학교육을 수립하는 것이다.

Gutstein(2006)은 이와 비슷한 견해를 「**수학으로 세계를 읽고 쓰기**」(Reading and writing the world with mathematics)라는 책에서 제시했었다. 이 책에서 그는 모든 형태의 지배와 억압을 포함해서 세계를 해석하기 위한 방법으로 Freire가 공식화한 아이디어를 사용하여 "세계를 읽는다", 그리고 세상을 변화시키는 표현으로 "세계를 쓴다"에 대해 얘기한다. Gutstein은 수학과 관련해서 그런 읽기와 쓰기가 어떻게 개발될 수 있는지를 보여준다. 사람은 숫자와 도형을 통해서 세계를 읽을 수 있고 이런 가정 하에서 사람은 세계를 쓸 수 있게 된다.

사회 통합을 위한 수학교육은 많은 결과들을 낳았다. 취약한 사회 상태에서 학생들을 얘기하는 연구들도 있고 (예를 들어, Vithal, 2009 참조), 장님이나 귀가 잘 안 들리는 학생들처럼 특수교육적인 필요가 있는 학생들에 대한 연구들(Healy & Fernandes, 2011; Marcone & Penteado, 2013)도 있다. 요점은 통합이라는 것을, 그룹을 "정상 상태"로 연결하는 한 방향의 과정으로 보는 것이 아니라 소통하는 상호적인 과정으로 본다는 것이다. 많은 연구들이 평등(equity)의 개념과 관련하여 진화해 왔으며 (예를 들어, Forgasz & Rivera, 2012 참조) 많은 민속수학적인 연구들이 사회정의나 통합 같은 이슈들을 거론했다(예를 들어, D'Ambrosio, 2006 참조).

이런 연구들은 모든 사람들이 수학적 활동에 참여할 수 있는 가능성을 만들려는 목적을 지닌다. 하지만 우리는 그런 제안들이 민주주의를 위한 수학교육을 보장한다는 결론으로 치닫기를 원치 않는다. 사회정의를 위한 수학교육을 위해 하는 어떤 제안도 아포레틱 상태 안에서 작용하게 된다. 이것은 심지어 "사회적 정의"라는 개념이 적용되는 때라고 할지라도, 그런 교육이 제공하는 사회 정치적 기능이 어떤 것인지에 대해서 어떤 직접적인 확인도 할 수 없다는 것을 의미한다. 모든 접근법들은 모순을 포함하며, 이런 접근법들이 다룰 수 있는 모든 개념들은 모두 논쟁의 대상이 된다. 경쟁적이라고 제안할 수도 있다는 기본적인 개념들도 포함한다. 우리는 정말로 열린 모습을 다루고 있는 것이다.

학교수학 전통

수학교육의 **주류**라고 불리는 것이 무엇인지 생각해 보자. 어떤 사람은 거대한 규모에서 교육은 주요한 민주적 관심사라고 주장할 수도 있다. 교육의 전체적인 중요성은 계몽주의 운동에서부터 인식되어졌고, 그 때 이후로 교양 교육은 민주주의의 발전과 관련되어져왔다. 교육은 시민의식 개발을 위한 특징을 정의하는 것으로 받아들여졌다. 문해력(Literacy)은 민주적 관심사의 하나로 여겨졌고 그래서 이것의 다른 해석으로 보면 수학력도 마찬가지였다(예를 들어, Chronaki, 2010 참조). 이 관점에 따르면 학교수학 전통은 민주시민 의식을 보장하는 데 가장 중요한 토대로 볼 수 있다. 이제 학교수학 전통을 그 특별한 특징들에 주의를 기울여 다른 관점에서 살펴보자.

(1) 교실에서의 활동은 우선 선택한 교과서를 통해서 정의된다. 교사는 학생들을 위한 과제를 정의하는 특별한 주제에 대한 설명을 제공한다. 이런 방식은 "실행하는" 교육과정이 사용된 교과서를 통해 정의 내리게 된다.

(2) 형식화되기 전 연습을 하는 것이 수학을 배우는 데 널리 필수적으로 고려되었기 때문에 수학적인 연습들은 중요한 역할을 한다. 이런 연습들은 세 가지 특성을 보인다. 모든 주어진 정보는 정확하며, 또한 다른 정보가 필요 없도록 충분해야 하고, 그 연습은 하나의 답, 정확한 답을 하나만 가져야 한다.

(3) 교실 활동의 중요한 한 가지 특징은 오류를 없애는 것이다. 오류를 일으키는 많은 가능성들이 있다. 알고리즘이 잘못 수행될 수도 있으며, 잘못된 알고리즘이 실행될 수도 있고, 교과서대로가 아닌 잘못된 방법으로 연습될 수도 있고, 잘못된 연습도 실행될 수 있다 등등. "일은 정확하게 한다"가 "수학을 배운다"와 동일한 것으로 여겨지는 것처럼 모든 형태의 실수는 없애야만 한다.

(4) 학생의 결과물은 평가되어야 한다. 이것은 교사의 질문하는 접근법을 통해, 연습에 대한 학생의 풀이를 교사가 통제하는 것을 통해, 그리고 다른 형태의 테스트를 통해 행해질 수 있다. 또 학년 말에 시험을 통해 달성될 수도 있다.

학교수학 전통을 정의하는 이런 많은 연습의 내용을 고려할 때, 그런 연습을 하는 것이 수학에 대한 어떤 깊은 이해를 준다고 주장하기는 힘들 수 있다. 하지만 그 내용에 관심을 두지 않고도 그런 연습의 형태에만 주의를 기울일 수 있다. 그것은 연결된 긴 명령으로 작동한다. 예를 들어, "삼각형을 작도하라...!", "방정식을 풀어라...!", "~사이의 거리를 계산하라...!" 등등. 주어진 명령을 따르는 것은 명령의 논리를 정의하는 것이다.

이런 의미에서 학교수학 전통은 생각을 훈련하는 것을 통해 사회 통제의 형태를 제공하는 것처럼 보일 수 있고, 이것은 차례로 주어진 사회경제적 질서 내에서 주요한 기능을 수행할 수도 있다. 이런 논평은 Foucault의 통치력에 대한 논의와 관련될 수 있다. 적절하게 통치하기 위해서는 국가가 국민을 통치 가능하도록 할 필요가 있다. 수학교육은 예를 들어, 명령 논리를 연습해서 그런 훈련을 하도록 하는 것으로 보일 수 있다. 그러면 그런 논평은 학교수학 전통과 민주적 이상 사이의 어떤 본질적인 연결의 존재에 대해 의문을 제기한다.

전통 또는 대안?

이제 미국에서 Robert Moses가 조직한 대수 프로젝트에 대해 생각해 보자. 이 프로젝트는 1982년에 한 학교에서 수학을 가르치는 것으로부터 시작되어, 1990년 말 무렵까지 200개 넘는 학교에 급속히 확산되었다. Moses는 흑인 시민권 운동에 참여했고, 대수 프로젝트는 전반적인 인간의 권리에 대한 투쟁의 일부가 되었다. 대수 프로젝트에서는 빈곤한 지역에서 수학교육의 질을 향상시키려 노력했다. 프로젝트의 명백한 목표는 흑인 학생들이 더 나은 교육에 잘 접근하도록 만드는 것이었다. 그리고 Moses는 대수가 그 관문에서 중요한 역할을 한다고 보았다. 이 프로젝트의 목적은 수학 시험에서 낮은 점수를 받는 학생들을 받아서 이들이 고등학교를 졸업할 무렵에 대학 입학을 준비시키는 것이었다.

대수 프로젝트는 학생 스스로의 맥락을 수학교육의 내용과 관련시키는 많은 교육 사업들을 함께 했다. 하지만 주요 목적은 시민으로서 학생의 요구에 더 맞는 새로운 교육과정을 제공하는 것이 아니라, 학생들이 기존의 전통적인 교육과정에 좀 더 성공적으로 참여하도록 하는 것이었다. 이 커리큘럼은 관문이 존재한다는 논리를 가정해서 강력한 방식으로 운영되었다. 대수 프로젝트는 관문을 없애려는 것이 아니라, 자체적인 게임에서 관문을 이겨내도록 하는 것이었다. 프로젝트는 시스템의 논리를 변화시키려고 시도하는 대신에, 흑인 학생들이 그 논리에 대처할 수 있도록 변화하는 것으로 목표를 잡았다.

「문화적으로 반응하는 수학교육」(Culturally responsive mathematics education, Greer et al., 2009)과 **「수학으로 세계를 읽고 쓰기」**(Reading and writing the world with mathematics, Gusterin, 2006)라는 책들에서 제안한 대로 사회정의를 위한 수학교육은 학생들에게 불의가 작용하는 방식에 대해 통찰력을 제공하여 학생들이 급여, 집값, 건강보장 등과 관련한 수나 그림을 그 내용들을 탐구하는데 사용하도록 시도하였다. 하지만 대수 프로젝트는 명백하게 사회정의를 위한 교육으로 생각할 수 있다. 왜냐하면 더 나은 교육에 대한 접근을 제공하는(또는 거부하는) 것은 수학교육 전통의 중요성으로 인식하기 때문이다. 주변그룹이 배제되는 것을 막기 위해서 그 주변의 근원에 있는 바로 그 전통을 마스터하는 것이 중요해진 것이다. 모든 상황에서 대수 프로젝트는 수학교육을 통해서 사회정의를 추구하는 방식의 논쟁적인 본질을 설명했다.

교수학적 상상

우리는 아포레틱 상태 안에서 수학교육과 민주주의를 이야기해야 한다. 이전에 언급했듯이 우리가 사용하는 용어들의 논쟁적인 본질 때문에 민주주의를 위한 수학교육을 정의하는 어떤 특정 프로그램도 식별할 수 없으며 어떤 커리큘럼 제안서의 관점에서도 명확히 할 수 없다. 그러나 논쟁의 여지가 있는 개념은 분석적인 명확성을 주거나 특정 교육적 접근에 대한 적절한 정당성을 제공하는 것 이외의 다른 기능을 가질 수가 있다.

교육 연구는 교육 활동을 관측하기 위한 출발점으로 택할 수 있다. 사람들은 어떤 일이 일어나고 있는지 관찰할 수 있고, 정확하고 유효한 설명을 제공할 수 있고, 이런 기초 하에서 이론을 제공하려고 노력한다. 하지만 이론화는 일어나지 않은 것을 다룰 수도 있지만 앞으로 무엇이 일어나게 될 것인지를 다룰 수도 있다. 따라서 교육 연구는 단순히 그것이 무엇인지만이 아니라 그것이 (아직) 무엇이 아닌지에 대해서도 이야기할 수 있다. 그것은 교육적 가능성들을 이야기할 수 있으며, 물론 이런 모든 것들이 수학교육 연구에서도 적용된다(Skovsmose, 2009a).

교육적 가능성들을 탐구하기 위해서는 교수학적 상상력이 중요한 역할을 한다. Wright-Mills(1959)가 주장한 것처럼 교수학적 상상력의 개념은 **사회학적 상상력**과 관련될 수 있다. 그는 사회학적 상상력을 실제로 일어나는 것에 대한 대안이라는 개념으로 이해했다. 그런 상상력은 일부 "사회학적 사실"이 사실이 필요한 것이 아니라 예측할 수 없는(우발적인) 사실이 필요하다는 것을 밝히는 데 도움이 된다. 이 둘은 다를 수 있다. 사회학적 상상력은 사회정치적 대안이 가능하다는 것을 보여주는 데 중요한 역할을 한다. 교수학적 상상력도 비슷한 역할을 한다. 대안적인 교육 활동들이 가능할 수 있음을 밝히는데 도움이 되는 것이다. 당연한 것으로 받아들여질 수 있는 것은 교육적인 전통에서는 교육적인 필연이 아니라 예측할 수 없는 우발적인 것이다.

교수학적 상상력은 연료가 필요하고 그런 상상력은 개념화될 필요가 있다. 확장된 민주주의에 속하는 논쟁적인 개념은 그런 상상력을 표현하는 데 도움이 될 것이다. 따라서 우리는 교수학적 상상력의 비옥한 토대로서의 수학교육과 민주주의의 열린 모습을 보게 된다. 그러나 교수학적 상상력 자체가 논쟁의 대상이 된다는 것을 기억하는 것도 중요하다.

학교에서 수학 활동과 관련하여 교수학적 상상력의 표현으로서, 사회정의를 위한 수학교육의 여러 다양한 대안적인 이야기들을 생각해 볼 수 있다. 결국 민주주의의 개념은 우리에게 시민권에 대한 다른 해석을 고려하게 한다. 시민권은 참여와 자치에 관한 것이며, 시민권은 "권위에 반응하는" 능력을 포함한다고 생각할 수 있다. 사람들은 또한 시민권을 "세계를 읽고 쓰는 것"과 관련된 것으로 해석할 수도 있다. 분명히 시민권은 포함을 의미한다. 또 다른 매우 논쟁적인 개념은 민주주의와 관련될 수 있다. 결국 Valero, Garcia, Camelo, Mancera, Romero(2012)는 존엄의 개념을 탐구하였고 Swanson과 Appelbaum(2012)은 거절을 민주적 촉매라고 간주하였다. 이런 모든 개념들은 논쟁적이지만 그래서 교수학적 상상력을 만들 수 있다.

이제 다음 글에서 (1) 사회와 기술에서 수학과 (2) 학생의 삶에서의 수학을 고려하여 교수학적 상상력의 다른 좀 더 특별한 방향들을 모색할 것이다.

사회와 기술에서 수학

모던 아웃룩의 일부로서 수학은 숭고한 인간의 합리성의 한 형태로 칭송되었고, 이러한 칭송은 수학이 자연에서 독특한 통찰력을 제공한다는, 이것은 수학이 과학의 언어로 간주될 수 있음을 의미하는 "웅장한 내러티브"의 일부를 형성했다. 또한 수학은 광범위한 응용을 통해 기술 기반 진보의 합리성을 나타내고, 수학은 그것의 객관성과 중립성으로 인해 순수 과학으로 인정받는다.

그러나 이런 웅장한 내러티브는 일반적으로는 수학에 대한 칭송에 추가될 수 없는, 수학에 관한 매우 다르고 심지어 모순되기까지 하는, "작은 내러티브들"로 대체될 필요가 있다. 모순되는 작은 내러티브들은 여러 가지 형태의 수학과 관련될 수 있다. 그렇게 수학은 우리가 가장 광범위한 방식으로 해석하는 기술의 핵심 부분이 된다. 여기서 우리는 세탁기, tv, 로봇, 네트워크 등의 기술적인 인공물들만을 언급하는 것이 아니라 자동화의 형태들, 금융 거래의 절차들, 감시와 통제의 형태 등등도 얘기하는 것이다. 우리 **삶의 세상** 모든 일상에서의 형태들은 지속적으로 수학을 통해 정의되고 재정의 된다.[8] 수학은 민주적 도전으로 계속 이루어진다. 몇 가지 특정한 형태의 수학을 더 언급해 보자.

컴퓨터는 전자 형식으로 구체화된 수학적 알고리즘으로 간주된다. 이런 의미에서 컴퓨터는 수학적 구조의 그룹이다. 우리는 모든 형태의 현대 정보와 통신 기술에서 그런 구조를 발견한다. 예를 들어, 수학은 구글 페이지 랭크 시스템 기능에서 매우 중요하다. 이 시스템은 우리가 인터넷에서 어떤 것을 찾을 때 구글을 사용하면 매번 실행된다. 화면에 표시되는 것은 검색의 직접적인 결과가 아니라 미리 디자인된 수학적 알고리즘에서 제공되는 페이지 랭크(순위)인 것이다. 이것은 우리의 지식이 예전보다 훨씬 더 지금의 기술에 의해 구조화되고 있다는 사실을 알려주는 구체적인 예시이다.

정보를 처리하고 순환시키는 새로운 가능성은 (소셜 미디어에서 보이는 것처럼) 커뮤니케이션의 새로운 형태와 같이 민주주의에 새로운 도전들을 만든다. 우리가 개인의 참여와 자치를 지원하는 기술을 다루고 있는가? 그 똑같은 기술이 바로 그 시간에 통제와 억압의 새로운 가능성을 열고 있는가?

생산 공정은 자동화와 로봇 작업으로 인해 새로운 형태가 되었다. 자동차, 항공기, 세탁기 등의 모든 생산 공정은 자동화 과정과 기술 관리 및 수작업 사이에서 일정한 균형을 통해 확립된다. 그러나 이런 균형은 신기술로 인해 항상 바뀌고 있고 가능한 새로운 형태의 자동화가 만들어진다. 로봇의 과정은 생산 과정에서 기계적 요소와 수작업의 결합일 뿐만 아니라 적절한 로봇의 구성으로 된 수학을 통해 형성된다. 생산 과정을 전체적인 과학적 구조화로 만드는 것은 과학 그 자체가 시장으로 나오게 된 사회의 한 특징이다. 이런 구조화 과정에서 수학은 정의된 요소가 된다.

감시 과정은 컴퓨팅과 수학을 통해 형성된다. 엄청난 양의 데이터를 생성할 수 있으며 데이터의 자동 처리는 금융 거래, 보안 문제, 마케팅 전략 등을 해야 하는 현대적인 감시 체계의 일부분을 형성한다. 세계적인 감시 웹이 가능할 뿐만 아니라 이미 실행되고 있다는 사실은 우리의 주의를 끈다. 수학 기반 빅 브라더(사회 통제 권력)가 민주주의 원칙을 부정하는 것은 우리 시대의 주요한 특징이 되었다.

아주 바쁘게 진행된 수학 기반의 기술 발전은 많은 모순을 포함한다. 우리는 경이만큼이나 공포를 나타내는 강력한 행동들을 언급하고 있다. 그것들은 모든 종류의 인간 가치들을 나타내며 수학 기반 행동들은 위험하고, 비싸고, 자애로우면서 잔인하고, 냉소적이며 ,효율적인 등등의 것일 수 있다. 이런 스펙트럼은 수학에 대한 어떤 웅장한 내러티브에서도 포착될 수 없다. 실행하는 수학에는 긴장과 모순이 포함된다. 그래서 사람들은 공포와 경이에 대한 모든 종류의 이야기를 찾는다.

대학에서 이루어지는 수학교육을 생각해보자. 이것은 미래의 수학자에 대한 교육일 뿐만 아니라 미래의 엔지니어, 컴퓨터 과학자, 경제학자 등등에 대한 교육이기도 하다. 전문성은 수학을 실행하는 모든 형태와 관련해 필요하다. 그런 전문성은 기술과 과정의 반성적이지 않고 순종적인 적용일 수 있다. 이것을 **일차원적 전문성**(one-dimensional expertise)로 부른다. 모든 형태의 전문성은 만약에 그들이 "우리가 이것을 어떻게 하지?"와 같은 특정한 기술적인 질문에 집중하고 "왜 그렇게 하지?"나 "왜 그런 식으로 되는 거지?"와 같은 질문을 무시한다면 일차원적으로 바뀔 수 있다. 하지만 우리가 시민권, 자치, 책임과 같은 개념을 통해서 전문성을 탐구한다면 "어떻게 특정 영역에서 기술적인 전문성을 발전시키면서 동시에 이 영역의 응용에 대한 반성을 파노라마로 제공하는 그런 교육을 제공할 수 있을까?"라는 도전을 받게 된다. 이것에 대한 가능한 답은 이차원적 전문성인 반성적 전문성을 교육의 중요한 임무로 개념화하는 것으로 될 수 있다.[9)] 결국 우리는 수학을 실행하는데 있어 민주주의, 시민권, 참여, 자치, 책임, 반성 등의 일련의 개념들로 교수학적 상상력을 위한 유용한 길을 확인할 수 있을 것이다.

그러나 수학에 대한 반성이 단지 전문성의 형성에만 관련된 것은 아니다. 그런 반성은 모든 형태의 수학교육과 관련된다. 우리는 수학화된 사회에 살고 있는데, 명백하게 **탈수학화**(demathematization)가 그것의 일부분 역할을 하기도 한다(Gellert & Jablonka, 2009; Jablonka, 2010; Gablonka & Gellert, 2007을 참조). 탈수학화는 보이지 않는 형식으로 운영되고 있는 수학의 과정을 의미한다. 따라서 구글 페이지 랭크 시스템은 어떤 검색 과정에도 보이지 않는 것이다. 민주적 통제, 의사 결정에 대한 민주적 접근, 의사 결정 절차에 대한 비판, 그리고 심의와 같은 개념들은 모두 사회의 수학화와 탈수학화를 어떻게 다루는지에 관한 교수학적 상상력을 불러일으킨다. 그리고 이런 경우에 반응성, 세계를 읽기와 쓰기 같은 개념들은 교육적 가능성을 확인하는 데 건설적이라고 판명될 수 있다.[10)]

학생의 삶(Life-Worlds)에서의 수학

수학교육과 민주주의에 대한 논의는 또한 삶에서 학생의 관점과 그 학생들의 가능성과 관련된다. (그들은 또한 교사의 삶과 관련되지만, 공간적인 한계 때문에 이 주제에 대해서는 여기서 다루지 않을 것이다.) 우리는 이런 관점과 가능성을 고려할 때 교수학적 상상력의 방향이 무엇일지를 택하는 걸 생각할 것이다.

학생의 관점을 탐구하기 위해서 우리는 삶의 개념을 그려본다. Husserl(1936/1970)은 이 개념을 어떤 형태의 구조에서 순수한 토대를 나타내는 구조화되지 않은 현상으로 표현했다. 그러나 삶의 개념은 사회적, 정치적, 경제적, 문화적, 담론적인 힘을 경험한 세계에 부여함으로써 근본적으로 다른 해석을 줄 수 있다. 우리는 삶을 이런 식으로 보고 학생의 삶의 두 가지 특징, 즉 그들의 전경(foreground)과 그 경험의 의미에 대해 다룰 것이다.

한 사람의 전경은 사회적, 정치적, 경제적, 문화적 상황이 그나 그녀에게 제공한 기회나 장애물을 의미한다(Skovsmose, 2014). 전경은 삶의 한 부분으로 볼 수도 있지만 동시에 장애물과 황폐만큼이나 가능성과 희망을 포함해서 이 세계를 뛰어넘을 수도 있다. 전경은 삶의 지평을 나타내기도 한다. 당연히 그 전경은 잘 정의된 가능성의 공간으로 구성되지 않는다. 대신에 사람들은 전경을 가능성과 장애물, 희망과 절망의 흐름으로 볼 수 있다. 지평은 항상 변화하고 있다. 전경은 한 사람의 앞에 단순히 펼쳐진 것이 아니고 진화하는 현상이다.

사람들은 전경을 개인적으로 생각할 수도 있지만 가능성의 해석들은 상호작용과 의사소통의 패턴을 통해 설명되기 때문에 집단적으로 생각하는 것이 더 유용할 수 있을 것이다. 동일한 공동체에서 온 사람들은 동일한 기본 생활 조건에서 지냈을 수 있고, 이런 의미에서는 비슷한 전경을 가진다. 전경은 집합적이지만 여전히 개별적인 특징도 포함한다. 한 학생이 단지 아주 적은 가능성을 경험했다면 우리는 이것을 망가진 전경을 가진 것으로 얘기한다. 전경은 사회적, 경제적, 정치적, 문화적 폭력 때문에 망가질 수 있다. 남아프리카에서 아파르트헤이드 체제 동안 흑인들의 가능성을 망가뜨린 것은 그 시스템에서 중요한 부분이었다. 그러나 이것은 사회적 배제의 과정을 통해 구성되는 전경의 광범위한 예시도 된다(Baber, 2007).

우리는 수학교육이 학생들의 전경을 형성하는 데 중요한 역할을 하는 것으로 본다. Volmink(1994)가 다음과 같이 진술한 것으로 설명해 보겠다.

> 수학은 많은 사람들에게 단지 꿰뚫을 수 없는 미스터리일 뿐만 아니라, 사회에서 누가 "할 수 있는지" 그리고 누가 "할 수 없는지"를 결정하기 위해 어떤 다른 과목보다도 "객관적" 판단의 역할을 하게 되었다. 결과적으로 사회의 의사 결정 과정에서 참여하기 위한 문지기 역할을 한다. 수학에 참여하려는 어떤 접근을 거부하는 것은 누가 앞에 서고 누가 뒤에 남을지를 우선 결정하는 것과 같다. (pp. 51-52)

이것은 폭력적으로 특징지어질 수도 있는 방식으로 학생들의 전경을 바꾸는 데 수학교육이 수행하는 역할에 대한 강력한 진술이다. 대수 프로젝트가 거기 참여한 학생들의 전경에 좀 더 많은 가능성들을 부여함으로써, 가장 직접적인 방법으로 대처하려고 노력한 것은 그런 폭력의 형식이라고도 할 수 있다.

Gutstein의 학생 중 한 명인 Lupes는 근본적으로 다른 가능성의 형성을 표현했다.

> 내가 배운 수학에 대한 모든 하나하나는 어떤 다른 것이 되었다. 때로는 수학보다 다른 것을 더 많이 배웠다. 나는 공정성, 불의 등을 생각하는 것을 배웠고 그래서 세계 곳곳에서 왜곡된 숫자들에 대해 알게 되었다. 이제 나는 새로운 많은 것들에 개방적이 되었다. 나는 좀 더 독립적이고 더 인지한다. 나는 당신이 생각하는 모든 면에서 강해지는 것을 배웠다.(Gutstein 2003, p. 27을 인용한 Lupes)

Lupes는 수학교육을 통해 세상을 다르게 보게 되었다. 그는 공정과 불의에 대해 배웠다. 그의 삶이 바뀌었고 그의 전경도 바뀌었다. 우리는 삶에서 관계들의 네트워크를 의미라고 보지만 동시에 관계들은 그 이상에 도달한다. 결국 우리는 학생들이 교실에서 배우는 활동과 관련될 수 있는 의미가 그 학생들의 전경과 수업 활동과의 관계와 관련이 있음을 알게 된다. 우리는 이런 아이디어의 설명을 Lupes의 논평에서 읽을 수 있다.

삶, 전경, 의미, 가능성과 같은 개념들은 민주주의와 관련된 열린 개념의 넓은 부류에 속한다. 이제 그들이 어떻게 교수학적 상상력을 지도하는 것을 돕는지를 살펴보기 위해 두 가지 예시를 설명하겠다.

상파울로 주 내부에 있는 도시인 리오 클라로의 가난한 동네에서 진행된 한 프로젝트의 활동으로 우리는 교사가 보기에 교실에서 가장 가르치기 어려운 학생 그룹을 가르치기 시작했다. 그들은 항상 시끄럽고, 싸우고, 수업을 방해하면서 문제를 일으켰다. 그들은 수학에서 그 무엇에도 관심을 보이지 않았다. 우리는 이 열두 명의 학생을 컴퓨터실에서 만났고, 그 학생들이 컴퓨터로 작업하게 하는 것이 그다지 어렵지 않다는 것을 알게 되었다. 그 지역의 많은 사람들에게 학교는 키보드를 만지는 유일한 곳이었다. 그래서 어떤 종류의 활동들이 그들에게 의미가 있을까? 아주 많다. 예를 들어, 동적 기하로 활동하기에서 학생들은 스크린에서 삼각형의 구석을 여기저기로 끌고 다니는 그 움직임에 매료되었다. 처음에는 어떤 삼각형이라도 내각의 합이 항상 180도가 된다는 것을 마술처럼 여기며 많은 것들을 경험했다. 이런 종류의 활동이 그들에게 의미가 있는 것처럼 보였다. 하지만 왜? 다시 말하지만 친숙함과 관련이 있는 것으로만 의미를 생각할 필요는 없다. 의미는 학생들의 전경과 관련되는 것이어야만 한다. 컴퓨터로 작업하는 것은 “이것이 나에게 도움이 될 수 있다[11]”라는 새로운 가능성의 상상을 가져올 수 있다.

리오 클라로에 위치한 한 공립학교에서 우리와 함께 일한 선생님은 수학수업에 우리 프로젝트를 소개하기를 원했다. 그녀는 학생들에게 그들이 관심 있어 하는 주제가 무엇인지 물어보았다. 몇몇 제안을 내 놓았지만 한 가지 제안만 모든 학생들의 관심을 끌었다. 학생들은 서핑과 서핑 보드에 대해 알기를 원했다. 하지만 선생님은 그 주제에 대해 반신반의했다. 그녀는 이 주제가 학생들과 어떤 관련된 가능성도 주지 않을 거라고 생각했다. 무엇보다 그 학교는 가난한 동네에 있었고 리오 클라로는 바닷가에서 멀리 떨어져 있었다. 대부분의 학생은 해변에 가 본 적이 없었고 바다를 본 적도 없었다. 어떻게 서핑에 대한 것이 그들에게 이해가 될 수 있을 것인가? 처음에 학생들이 이미 경험한 것과 그들의 배경에 대해 의미와 연결을 시킨다면, 서핑은 전혀 의미가 없는 것처럼, "실제" 의미가 없는 것처럼 보인다. 하지만 의미는 학생들의 전경, 희망, 포부와도 관련이 있다. 그들의 가능한 지평을 고려한다면 서핑에 관한 프로젝트를 설명하는 것이 아주 의미 있게 될 수도 있는 것이다.

삼각형의 성질을 탐구하는 것과 서핑에서 수학을 고려하는 것은 정말로 많은 어린이들에게 의미 있을 수 있다. 왜냐하면 의미의 경험은 학생의 삶, 그들 전경에서 지평의 특징과 아주 많이 관련되기 때문이다. 전경, 의미와 같이 논쟁적인 개념들은 학생들과 함께, 학생들의 가능성을 구축하는 걸 고려하기 위해 교수학적 상상력을 자극할 수 있다.[12] 그런 구축은 학생들의 지평에 관한 것이다. 그들은 학습 의도를 지향할 수 있는 가능성들과 관련이 있어야 하며 이런 방식은 학생들의 활동에 의미를 부여한다. 따라서 민주주의, 가능성, 삶의 지평, 전경, 의미와 같은 일련의 개념들을 따라 교수학적 상상력을 위한 유익한 길을 확인할 수 있을 것이다.

열린 풍경

모던 아웃룩은 수학교육과 민주주의의 논의에 한 가지 프레임을 제공했다. 현대성이라는 웅장한 내러티브 안에서 민주주의는 내제된 민주주의의 "본질" 때문에 일정 정도의 본질적으로 좋은 특성을 포함한다. 이 프레임은 교육적 과정과 민주적 이상 사이에 조화를 내세운다. 좀 더 일반적으로 과학적 사고, 수학적 합리성, 기술적 발전, 교육적 과정, 사회 발전 사이에 전체적인 조화의 존재를 그리는 것이다.

그러나 아포레틱 상태를 인지한다면 우리는 어떤 종류의 조화도 생각할 수 없다. 사회정의, 평등, 자유 같은 개념들이 어떤 보편적인 특성을 유지한다고 생각할 수도 없다. 우리는 민주주의가 명백한 개념이라고 생각할 수도 없고, 대신에 그것은 모호함으로 가득 차 있을 수도 있다. 일반적으로 우리는 그것이 논쟁적이기 때문에 관련된 확장 개념들만큼이나 민주주의를 아주 많이 다른 모순, 흥미, 우선순위 등과 관련되어 있다고 인지한다.

하지만 이것은 우리가 그런 개념들을 그냥 옆에 제쳐 놓아야만 한다는 의미는 아니다. 그런 개념들은 중요한 역할을 한다. 비록 그 개념들이 "사회정의를 위한 수학교육", "포괄적인 수학교육" 또는 "민주주의를 위한 수학교육" 과 같은 교육적 프로젝트에 대한 보편적인 정당성을 제공할 수는 없지만, 그것들은 교수학적 상상력을 위한 자원들을 제공한다. 논쟁적인 개념들은 새로운 교육적 가능성을 형성하는 것을 도울 수 있다. 결과적으로 우리는 "민주주의를 위한 수학교육"이 긴장, 불확실성, 도전 등으로 가득 찬 열린 풍경이 된다고 생각한다.

감사의 글

이 글의 일부는 Skovsmose와 Penteado(2012)에 있는 내용이다. 우리는 편집자가 이렇게 하도록 허용해 준 것에 감사한다. 또한 Peter Gates, Denival Biottl Filho, Renato Marcone, Lessandra Marcelly Silva, Guiherme Gomes da Silva에게 이 글을 위해 많은 코멘트와 제안들을 준 것에 대해 감사한다.

1. 진보의 개념을 논의하기 위해서 Bury(1932/1955)와 Nisbet(1980)을 참고.
2. 언어학 연구와 인종차별주의 사이의 친밀한 관계에 대한 잘 설명된 연구는 Bernal(1987)을 참고.
3. "본질적으로 논쟁의 여지가 있는 개념"이라는 개념은 Gallie(1956)에서 논의된 것인데, "격정적인 개념"이라는 관련된 개념이 Skovsmose(2005)에서도 논의되었다.
4. 고대 그리스어인 아포리아(aporia)는 "토론을 위한 질문", "어려움", 또는 "퍼즐"이라는 의미이다. 이 단어의 기원은 a-pora로 "포리아가 없는"이라는 의미인데, 여기서 포리아가 없다는 의미는 "방향이 없는"이다. 젊은 플라톤의 대화는 종종 아포레틱으로 특징지어진다. 여기서 철학적 이슈의 갈등이 있는 해석들이 다루어지는데, 그 갈등은 여전히 해결되지 않았다. 아포리아에 관한 토론은 Skovsmose(2005)의 3절을 참고.
5. Aguilar과 Zavaleta(2012)에서 수학교육과 민주주의에 관한 종합적인 문헌 연구를 발견했다. 또한 Brijlall, Bansilal, & Moore-Russo(2012), Daher(2012), Khuzwayo & Bansilal(2012), Orrill(2001), Skovsmose (1990, 1998), Skovsmose & Valero(2001, 2001), Skovsmose & Penteado(2012), Vithal(2010, 2012), Vithal & Skovsmose(2012), Tate(1996), Woodrow(1997) 등도 참고.
6. 이 분야에 대한 중요한 발표는 Mellin-Osen(1987)에서 찾을 수 있다. 수학교육 정책의 심오한 탐구는 Powell & Frankenstein(Eds.)(1997), Gutsterin(2012b), Valero(2002), Vithal(2003)에서 찾을 수 있다. 또한 부제로 "수학교육의 비판과 정치"를 단 Skovsmose & Greer(Eds.)(2012)의 책도 참고. 예를 들어 후속 연구로 Alrø , Raven, & Valero(2010), Appelbaum(1995), Johnston & Yasukawa(2001), Martin(2009), Pais(2012), Vithal(1999)에서 찾을 수 있다.
7. 예를 들어 독일의 나치 시대 수학교육 연구를 위한 Mehrtens(1993)을 참고.

8. 예를 들어, Skovsmose(2012)를 참고.
9. 대학교육을 위한 Skovsmose, Valero, Raven Christensen(2009)와 "비판적 전문성"에 대한 논의를 위해 Skovsmose(2009b)를 참고.
10. 사회와 기술에서 수학에 관한 이런 의견에서 우리는 소외된 그룹의 수학을 해석하는 민속수학을 언급하지는 않았다. 그러나 모든 형태의 수학을 생각하는 것은 중요하다. 사람들은 모든 형태의 실행된 민속수학을 고려해야 할 필요가 있고 그런 실행에서 가능한 특성(quality)들도 생각해야 한다. 그것들이 위험하고, 비싸고, 잔인하고, 냉소적면서 자애롭고, 효과적일까? 그것들이 "공포"를 "경이"만큼이나 포함할 수 있을까? 우리의 요점은 어떤 형태의 민속수학도 아포레틱 상태에 종속되어 있다는 것이다.
11. Penteado & Skovsmose(2009), Skovsmose & Penteado(2011, 2012)를 참고.
12. 학생들의 관점을 다루는 것의 중요성은 Martin(2009), Mhlolo & Schäfer(2012)가 강조하여 왔다.

참고문헌

Alrø, H., Ravn, O., & Valero, P. (Eds.) (2010). *Critical mathematics education: Past, present, and future.* Rotterdam: Sense Publishers.

Aguilar, M.S., & Zavaleta, J.G.M. (2012). On the links between mathematics education and democracy: A literature review. *Pythagoras, 33*(2). Retrieved from www.pythagoras.org.za/index.php/pythagoras/issue/view/21

Appelbaum, P.M. (1995). *Popular culture, educational discourse, and mathematics.* Albany, NY: State University of New York Press.

Baber, S.A. (2007). *Interplay of citizenship, education and mathematics: Formation of foregrounds of Pakistani immigrants in Denmark.* Unpublished doctoral dissertation. Aalborg: Aalborg University.

Bauman, Z. (1989). *Modernity and the holocaust.* Cambridge, UK: Polity Press & Blackwell Publishing.

Beck, U. (1992). *Risk society.* London: Sage Publications. (First German edition 1986.)

Beck, U. (1999). *World risk society.* Cambridge, UK: Polity Press.

Benn, S.I., & Peters, R.S. (1959). *Social principles of the democratic state.* London: Allen & Unwin.

Bernal, M. (1987). *Black Athena: Afroasiatic roots of classical civilization: Vol. 1. The fabrication of Ancient Greece, 1785–1985.* New Brunswick, NJ: Rutgers University Press.

Bohman, J., & Rehg, W. (Eds.). (1997). *Deliberative democracy: Essays on reason and politics.* Cambridge, MA: The MIT Press.

Brijlall, D., Bansilal, S., & Moore-Russo, D. (2012). Exploring teachers' conceptions of representations in mathematics through the lens of positive deliberative interaction. *Pythagoras*, 33(2). Retrieved from www.pythagoras.org.za/index.php/pythagoras/issue/view/21

Bury, J.B. (1955). *The idea of progress: An inquiry into its origin and growth.* With an introduction by Charles A. Bead. New York: Dover Publications. (First published 1932.)

Castells, M. (1996). *The information age: Economy, society and culture: Vol. 1. The Rise of the Network Society.* Oxford: Blackwell Publishers.

Castells, M. (1997). *The information age: Economy, society and culture: Vol. 2. The Power of Identity).* Oxford: Blackwell Publishers.

Castells, M. (1998). *The information age: Economy, society and culture: Vol. 3. End of Millennium).* Oxford: Blackwell Publishers.

Chronaki, A. (2010). Revisiting mathemacy: A process-reading of critical mathematics education. In H. Alrø, O. Ravn, & P. Valero (Eds.), *Critical mathematics education: Past, present and future* (pp. 31–49). Rotterdam: Sense Publishers.

Daher, W. (2012). Student teachers' perceptions of democracy in the mathematics classroom: Freedom, equality and dialogue. *Pythagoras, 33*(2). Retrieved from www.pythagoras.org.za/index.php/pythagoras/issue/view/21

D'Ambrosio, U. (1994). Cultural framing of mathematics teaching and learning. In R. Biehler, R. W. Scholz, R. Strasser, & B. Winkelmann (Eds.), *Didactics of mathematics as a scientific discipline* (pp. 443–455). Dordrecht: Kluwer.

D'Ambrosio, U. (2006). *Ethnomathematics: Link between transitions and modernity*. Rotterdam: Sense Publishers.

D'Ambrosio, U. (2012). A broad concept of social justice. In A.A. Wager & D.W. Stinson (Eds.), *Teaching mathematics for social justice: Conversations with mathematics educators* (pp. 201–213). Reston, VA: National Council of Mathematics Teachers.

Dewey, J. (1963). *Experience and education*. New York: Macmillan Publishing Company (First edition 1938.)

Dewey, J. (1966). *Democracy and education*. New York: The Free Press (First edition 1916).

Dewey, J. (1974). *On education*. (R. D. Archambault, Ed.) Chicago: The University of Chicago Press.

Forgasz, H., & Rivera, F. (Eds.) (2012). *Towards equity in mathematics education: Gender, culture, and diversity*. New York: Springer.

Foucault, M. (1991). *Discipline and punish: The birth of the prison*. London: Penguin Books. (First French edition 1975.)

Frankenstein, M. (2012). Beyond math content and process: Proposals for underlying aspects of social justice education. In A.A. Wager & D.W. Stinson (Eds.), *Teaching mathematics for social justice: Conversations with mathematics educators* (pp. 49–62). Reston, VA: National Council of Mathematics Teachers.

Gallie, W. B. (1956). Essentially contested concepts. *Proceedings of the Aristotelian Society, 56*, 167–198.

Gates, P. (2006). The place of equity and social justice in the history of PME. In A. Gutérrez & P. Boero (Eds.), *Handbook of research on the psychology of mathematics education: Past, present and future* (pp. 367–402). Rotterdam: Sense Publishers.

Gellert, U., & Jablonka, E. (2009). The demathematising effect of technology: Calling for critical competence. In P. Ernest, B. Greer, & B. Sriraman (Eds.), *Critical issues in mathematics education* (pp. 19–24). Charlotte, NC: Information Age Publishing.

Gibbons, M., Limoges, C., Nowotny, H., Schwartzman, S., Scott, P., & Trow, M. (1994). *The new production of knowledge: The dynamics of science and research in contemporary societies*. London: Sage Publications.

Greer, B. Mukhopadhyay, S., Powell, A.B., & Nelson-Barber, S. (Eds.) (2009). *Culturally responsive mathematics education*. New York: Routledge.

Gutstein, E. (2003). Teaching and learning mathematics for social justice in an urban, Latino school. *Journal for Research in Mathematics Education, 34*, 37–73.

Gutstein, E. (2006). *Reading and writing the world with mathematics: Toward a pedagogy for social justice*. New York & London: Routledge.

Gutstein, E. (2012a). Reflections on teaching and learning mathematics for social justice in urban schools. In A.A. Wager & D.W. Stinson (Eds.), *Teaching mathematics for social justice: Conversations with mathematics educators* (pp. 63–78). Reston, VA: National Council of Mathematics Teachers.

Gutstein, E. (2012b). Mathematics as a weapon in a struggle. In O. Skovsmose & B. Greer (Eds.), *Opening the cage: Critique and politics of mathematics education* (pp. 23–48). Rotterdam: Sense Publishers.

Hannaford, C. (1998). Mathematics teaching is democratic education. *ZDM: The International Journal on Mathematics Education, 98*(6), 181–187.

Healy, L., & Fernandes, S.H.A.A. (2011). The role of gestures in the mathematical practices of those who do not see with their eyes. *Educational Studies in Mathematics, 77*, 157–174.

Husserl, E. (1970). *The crisis of European sciences and transcendental phenomenology.* (D. Car, Trans.) Evanston, IL: Northwestern University Press. (First German version 1936.)

Jablonka, E. (2010). Reflections on mathematical modelling. In H. Alrø, O. Ravn, & P. Valero (Eds.), *Critical mathematics education: Past, present and future* (pp. 89–100). Rotterdam: Sense Publisher.

Jablonka, E., & Gellert, U. (2007). Mathematisation—demathematisation. In U. Gellert & E. Jablonka (Eds.), *Mathematization and de-mathematization: Social, philosophical and educational ramifications* (pp. 1–18). Rotterdam: Sense Publishers.

Johnston, B., & Yasukawa, K. (2001). *Numeracy: Negotiating the world through mathematics.* In B. Atweh, H. Forgasz, & B. Nebres (Eds.), *Sociocultural research on mathematics education* (pp. 279–294). Mahwah, NJ: Lawrence Erlbaum Associates.

Khuzwayo, H.B., & Bansilal, S. (2012). Granting learners an authentic voice in the mathematics classroom for the benefit of both the teacher and the learner. *Pythagoras,* 33(2). Retrieved from www.pythagoras.org.za/index.php/pythagoras/issue/view/21

Locke, J. (1988). *Two treatises of government.* (P. Laslett, Ed.). Cambridge, UK: Cambridge University Press. (First published 1689.)

Lyotard, J. F. (1984). *The postmodern condition: A report on knowledge.* (G. Bennington & B. Massuni, Trans.) Manchester: Manchester University Press. (Original French edition 1979.)

Marcone, R., & Penteado, M.G. (2013).Teaching mathematics for blind students: A challenge at university. *International Journal for Research in Mathematics Education, 3,* 23–35.

Martin, D.B. (2009). *Mathematics teaching, learning, and liberation in the lives of black children.* New York: Routledge.

Mehrtens, H. (1993). The social system of mathematics and National Socialism: A survey. In S. Restivo, J.P. van Bendegem, & R. Fisher, R. (Eds.), *Math worlds: Philosophical and social studies of mathematics and mathematics education* (pp. 219–246). Albany, NY: State University of New York Press.

Mellin-Olsen, S. (1987). *The politics of mathematics education.* Dordrecht, The Netherlands: Reidel Publishing Company.

Mhlolo, M.K., & Schäfer, M. (2012). Towards empowering learners in a democratic mathematics classroom: To what extent are teachers' listening orientations conducive to and respectful of learners' thinking? *Pythagoras, 33*(2). Retrieved from www.pythagoras.org.za/index.php/pythagoras/issue/view/21

Nisbet, R.A. (1980). History of the idea of progress. New York: Basic Books.

Orrill, R. (2001). Mathematics, numeracy, and democracy. In L. A. Steen (Ed.), *Mathematics and democracy. The case for quantitative literacy* (pp. 8–20). Princeton, NJ: The National Council on Education and the Disciplines & The Woodrow Wilson National Fellowship Foundation.

Pais, A. (2012). A critical approach to equity. In O. Skovsmose & B. Greer (Eds.), *Opening the cage: Critique and politics of mathematics education* (pp. 49–92). Rotterdam: Sense Publishers.

Penteado, M.G., & Skovsmose, O. (2009). How to draw with a worn-out mouse? Searching for social justice through collaboration. *Journal for Mathematics Teacher Education, 12*(3), 217–230.

Powell, A.B., & Frankenstein, M. (Eds.). (1997). *Ethnomathematics: Challenging Eurocentrism in mathematics education.* Albany, NY: State University of New York Press.

Rawls, J. (1999). *A theory of justice.* Oxford: Oxford University Press. (First published 1971.)

Rousseau, J. J. (1968). *The social contract.* London: Penguin Books (First French edition 1762.)

Said, E.W. (1979). *Orientalism.* New York: Vintage Books.

Skovsmose, O. (1990). Mathematical education and democracy. *Educational Studies in Mathematics, 21,* 109–128.

Skovsmose, O. (1998). Linking mathematics education and democracy: Citizenship, mathematics archaeology, mathemacy and deliberative interaction. *ZDM: The International Journal on Mathematics Education, 98*(6), 195–203.

Skovsmose, O. (2005). *Travelling through education: Uncertainty, mathematics, responsibility.* Rotterdam: Sense Publishers.

Skovsmose, O. (2009a). Researching possibilities. In M. Setati, R. Vithal, C. Malcolm, & R. Dhunpath (Eds.), *Researching possibilities in mathematics, science and technology education* (pp. 105–119). New York: Nova Science Publishers.

Skovsmose, O. (2009b). Towards a critical professionalism in university science and mathematics educa-

tion. In O. Skovsmose, P. Valero, & O. Ravn Christensen (Eds.), *University sciences and mathematics education in transition* (pp. 325–346). New York: Springer.
Skovsmose, O. (2012). Symbolic power, robotting, and surveilling. *Educational Studies in Mathematics, 80*(1), 119–132.
Skovsmose, O. (2014). *Foregrounds.* Rotterdam: Sense Publishers.
Skovsmose, O., & Greer, B. (Eds.) (2012). *Opening the cage: Critique and politics of mathematics education.* Rotterdam: Sense Publishers.
Skovsmose, O., & Penteado, M.G. (2011). Ghettoes in the classroom and the construction of possibilities. In B. Atweh, M. Graven, W. Secada, & P. Valero. (eds.), *Mapping equity and quality in mathematics education* (pp. 77–90). New York: Springer.
Skovsmose, O., & Penteado, M.G. (2012). Mathematics education and democracy: An on-going challenge. In S. Kafoussi, C. Skoumpourdi & F. Kalavasis (Eds.), *International Journal for Mathematics in Education, 4,* 15–29.
Skovsmose, O., & Valero, P. (2001). Breaking political neutrality: The critical engagement of mathematics education with democracy. In B. Atweh, H. Forgasz, & B. Nebres (Eds.), *Sociocultural research on mathematics education* (pp. 37–55). Mahwah, NJ, & London: Lawrence Erlbaum Associates.
Skovsmose, O., & Valero, P. (2002). Democratic access to powerful mathematical ideas. In L. English (Ed.), *Handbook of international research in mathematics education* (pp. 383–407). Mahwah, NJ: Lawrence Erlbaum Associates.
Skovsmose, O., Valero, P., & Ravn Christensen, O. (Eds.) (2009). *University sciences and mathematics education in transition.* New York: Springer.
Sriraman, B. (Ed.) (2008). *The Montana Mathematics Enthusiast: Monograph 1. International perspectives on social justice in mathematics education.* Charlotte, NC: Information Age Publishing, Inc.
Swanson, D., & Appelbaum, P. (2012). Refusal as a democratic catalyst for mathematics education development, *Pythagoras, 33*(2). Retrieved from www.pythagoras.org.za/index.php/pythagoras/issue/view/21
Tate, W.F. (1996). Mathematizing and the democracy: The need for an education that is multicultural and social reconstructionist. In C.A. Grant & M.L. Gómez (Eds.), *Making schooling multicultural: Campus and classroom* (pp. 185–201). Englewood Cliffs, NJ: Prentice Hall.
Valero, P. (2002). *Reform, democracy, and mathematics education: Towards a socio-political frame for understanding change in the organization of secondary school mathematics.* Unpublished doctoral dissertation. Department of Curriculum Research, The Danish University of Education, Copenhagen.
Valero, P., García, G., Camelo, F., Mancera, G., & Romero, J. (2012). Mathematics education and the dignity of being. *Pythagoras, 33*(2). Retrieved from www.pythagoras.org.za/index.php/pythagoras/issue/view/21
Vithal, R. (1999). Democracy and authority: A complementarity in Mathematics Education? *ZDM: The International Journal on Mathematics Education, 99*(1), 27–36.
Vithal, R. (2003). *In search of a pedagogy of conflict and dialogue for mathematics education.* Dordrecht: Kluwer Academic Publishers.
Vithal, R. (2009). Researching, and learning mathematics at the margin: From "shelter" to school. In P. Ernest, B. Greer, & B. Sriraman (Eds.), *Critical issues in mathematics education* (pp. 475–484). Charlotte, NC: Information Age Publishing.

수학교육의 사회학을 향하여: 미국 학교에서의 민주적 접근을 고찰하며 15

Celia Rousseau Anderson
University of Memphis

William F. Tate
Washington University in St. Louis

> 역사적으로 수학교육 연구는 과학 연구와 밀접하게 연계되어 있었다. 수학교육의 전통적인 패러다임의 경계는 수학과 심리학, 이 두 분야에서 나누어진다. "민주적 접근"과 관련된 대부분의 논의의 초점은 교실, 그리고 보다 구체적으로는 학생 개개인의 인지로 국한된다. (Tate & Rousseau, 2002, p. 273)

이전 **핸드북**에서 우리는 형평성(equity) 또는 민주적 접근(democratic access)에 관한 연구의 초점이, 그 때까지도, 교실과 그 교실 내의 개별 학생에게 있었다는 것을 보았다(Tate & Rousseau, 2002). 우리는 또한 많은 수학교육 연구의 패러다임을 살펴보았고 그것은 수학과 심리학에 그 기초를 두고 있었다. 그 시기 이후로 형평성과 민주적 접근에 관한 연구는 교실이라는 물리적인 공간과 심리학적인 접근에서 확장되기 시작했다. 이번 **핸드북**에서 우리는 민주적 접근과 관련된 기존 연구들의 최근 경향을 다시 살펴보고 수학교육의 패러다임적 경계를 추가적으로 확장할 수 있는 향후 방향을 제안한다.

이전 **핸드북**에서와 마찬가지로 이 장에서 검토 및 분석은 미국의 수학교육을 보다 잘 이해하기 위해 수행된 사회과학 연구에 초점을 두었다(Rousseau-Anderson & Tate, 2008; Tate & Rousseau, 2002). 여러 나라의 교육 여건에는 분명히 유사점이 있지만, 우리의 검토가 사실상 전 세계적으로 적용 가능하다고 주장하지는 않는다. 이 장에서 우리가 주장하는 근본적인 논거들 중 하나는 맥락에 대한 시각을 가지고 민주적인 접근 문제를 검토할 필요가 있다는 것이다. 이러한 이유로 우리는 미국 학교에서의 민주적 접근에 초점을 맞추기로 했다.

맥락의 중요성을 설명하기 위해서 우리는 미국 학교 내에서의 구체적인 사례를 제시하고자 한다. 이 사례는 저자들 중 한 명이 수행한 대규모 연구의 일부이다. 우리는 이 사례를 사용하여 최근 연구에 대한 토론의 장을 마련하고 수학교육에서 교육의 형평성에 대한 개념적 틀을 탐구하겠다. 우리는 이 장 전체의 여러 부분에서 이 사례를 계속 살펴볼 것이다.

여기서 이 사례가 "도시(urban)"로 묘사되는 특정한 맥락에 놓여 있음을 이해하고 있는 것이 중요하다. 더욱이 이 장 전체에서 도시 학교의 조건과 관련된 연구를 반복적으로 참고하게 될 것이다. 학자들은 "도시"라는 용어를 여러 가지 방법으로 사용하기 때문에, 여기서 이 용어의 사용을 명확히 하고자 한다. **도시 교육 핸드북**(Handbook of Urban Education) (Milner & Lomotey, 2014)에서 편집자는 저자들이 "도시" 교육의 틀을 잡기 위해서 사용한 세 가지 주요 방식인 도시의 크기, 학교의 학생들, 그리고 학교에서 사용할 수 있는 자원을 설명한다. 도시 교육의 이러한 세 가지 측면은 서로 관련되어 있지만, 이 장에서는 "도시"를 첫 번째 접근 방법과 일치하는 방식에서, 밀도가 높고 큰 대도시 지역을 반영하는 도시 환경을 설명하는 용어로서 사용한다. Milner(2012)와 마찬가지로 우리는 이 "도시" 라는 틀 안에서도 도시의 크기, 역사 및 자원과 관련된 학교들의 서로 다른 현실들이 있다는 것을 인정한다. 그것이 사실상 이 장의 초점인 학교 위치의 맥락적 의미다. "도시 간의 차이점이 중요하다... 간소화를 위해 이질성을 무시하는 것은 상식보다는 편의를 택하는 것이고 단일한 원형에 대한 추구가 우리의 사고를 고정 관념으로 빠뜨릴 수 있게 하는 것이다"(21 및 22절)라는 Small(2014)의 주장에 우리는 동의한다. 도시 또는 도시가 아닌지 여부에 관계없이 우리는 "장소" 문제가 수학교육에서 배울 기회를 이해하는 데 중요하다고 주장한다. 다음의 사례를 사용하여 우리는 특정 도시 환경이 학교에서의 수학교육을 어떻게 형성하는지를 설명하고자 한다.

도시 중학교: 교실 장면 예시

교실에는 14명의 아프리카계 미국인 학생과 2명의 라틴계 학생으로 이루어진 16명의 학생들이 있었다. 이들은 9명의 소녀와 7명의 소년으로 구성되어 있었다. 학생들은 4명씩 그룹으로 나누어져 학습지를 하고 있었다. 학습지에는 각기둥과 각뿔의 꼭짓점, 면 그리고 모서리의 개수를 채우는 표 두 개가 있고, 학생들은 각기둥과 각뿔 그림이 있는 종이를 가지고 있었다.

학습지를 하면서 몇몇 학생들은 손을 들어 교사에게 과제에 대해 질문했다. 대부분의 경우 개별 학생이 교사에게 질문을 하고 교사는 그 학생에게 직접 응답했으며, 같은 그룹에 있는 다른 학생들은 과제를 계속 하고 있었다. 여러 학생으로부터 같은 질문을 받은 후에 교사는 학급 전체에게 말했다. "3번, 6번 문제를 하지 말라고 했습니다. 이 문제들은 학습지에서 지우세요." 교사가 생략한 두 문제는 학생들이 작성한 표를 이용하여 모든 각기둥 또는 각뿔에서 꼭짓점, 면 그리고 모서리의 개수 사이의 관계에 대한 일반화를 도출하는 것이었다.

대부분의 학생들이 과제를 마칠 때 즈음, 몇몇 학생들은 서로의 답을 비교했다. 학생들이 과제를 끝내면 종종 다른 수업의 과제를 하곤 했다(예, 어떤 학생들은 영어 수업에서 숙제로 내준 소설책을 꺼내어 읽었다). 같은 그룹의 학생들도 반드시 동시에 과제를 끝마치지는 않았다. 교사가 수업이 끝나가고 있다고 말했을 때 몇몇 학생들은 여전히 학습지를 하고 있었다. 교사는 학생들에게 학습지를 제출하도록 지시하고 다음 수업에서 학습지 활동에 관해 논의할 것이라고 말했다. 수업을 마치면서 교사는 "많은 학생들이 꼭짓점, 면과 모서리를 혼동하고 있습니다. 또 몇 명은 각기둥과 각뿔의 차이점에 대해서 정확히 알지 못합니다. 이것들에 대해 내일 다시 살펴볼 것입니다."라고 말했다.

수업 후 교사와의 인터뷰에서 학습지의 일반화 문제를 생략한 이유에 대해서 묻자, 교사는 학생들이 일반화 문제를 너무 어려워해서 그 문제를 어떻게 풀어야 할지 몰라 당황하거나 좌절하여 포기할 것 같아서라고 말했다. 교사는 학생들이 꼭짓점, 면, 모서리를 구별하고 각기둥과 각뿔이 어떤 것인지에 대한 아이디어를 얻는 것이 학습지 활동의 목표이며, 이런 이유로 일반화 문제를 생략하는 것이 더 낫다고 말했다. 또 교사는 주에서 주관하는 시험에서도 주어진 도형이 각기둥 또는 각뿔인지 구별하고 꼭짓점, 면, 모서리의 개수를 구하는 문제만 포함한다고 말했다. 교사는 시험에 나오는 내용에 집중하는 것이 더 적절하다고 생각했다. 그동안 이 교사의 학생들은 주에서 주관하는 시험에서 좋은 성적을 받지 못했다. 수업 관찰 전 1년 동안, 이 학교의 학생 중 19%만이 그 시험에서 '보통' 또는 '우수' 평가를 받았다. 이는 같은 기간 동안 주 전체의 '보통' 또는 '우수' 비율이 47%인 것에 비해 현저히 낮은 수준이었다.

이 수업 에피소드를 분석하는 방법 중 하나는 이 수업의 특성과 수업에서의 상호작용에 초점을 맞추는 것이다. 이러한 관점에서 볼 때, 우리가 관찰한 수업이 소그룹으로 구성되었지만 학생들 사이의 협력은 거의 없었다는 것을 알 수 있다. 대부분 학생들은 그룹 내에서 개별적으로 과제를 해결하고 있었다. 또한 과제는 다면체의 꼭짓점, 면과 모서리의 개수를 세는 것이지만, 학생에게는 단지 각기둥과 각뿔을 2차원으로 제시한 그림만이 제공되었다. 과제 자체를 조사한 결과, 두 가지 일반화 문제를 생략한 것이 과제의 본질을 크게 바꾸었다는 것이 밝혀졌다. 교사가 그 문제들을 생략함으로써 이 과제는 개수를 세는 절차적 과제로 바뀌어졌고, 결과적으로 이 과제의 인지적 요구 수준을 하락시키는 효과를 가져왔다(Stein, Smith, Henningsen, & Silver, 2009). 또한 수업이 끝날 때의 교사의 진술은 다면체의 구성요소들 사이의 관계에 대한 이해보다는 다면체의 구성요소들의 식별에 초점을 두었다.

이 수업의 "첫 모습"은 학생들 사이의 상호작용, 수업 과제의 성격, 그리고 반 전체에 대한 교사의 진술에 초점을 맞추었다. 이 조사의 범위를 넓히려면 수업 내의 상호작용을 더 분석하거나 교사의 다른 수업에 대한 분석으로 확장해야 할 것이다. 그러나 아직까지 분석에서 형평성이나 기회의 문제에 대해 직접적으로 문제를 제기하지는 않았다. 이 장에서 우리는 수학교육에서 형평성 연구에 대한 접근방법을 설명하고자 한다. 우리는 이 사례를 사용하여 이런 환경에서 민주적 접근의 본질과 관련된 중심적인 질문의 예를 제공하고자 한다.

수학교육 사회학적 측면에 대하여[1)]

학자들은 수학교육의 형평성에 대한 관심이 증가하고 있다고 말한다(Lubienski, 2007). 예를 들면 Gutierrez(2013)는 "수학교육 공동체에서 형평성에 대한 논의가 보다 더 주류를 이루게 되었다"고 언급했다(p. 2). 수학교육 문헌 고찰에 의하면, 이 핸드북의 이전 판 발간 이후에 형평성과 관련된 연구가 상당히 증가했다는 것을 알 수 있다. 특히, 형평성에 관한 최근 연구들이 수학교육의 전통적 경계를 허물었고, 전미 수학교사 협의회의 연구위원회(the National Council of Teachers of Mathematics Research Committee)(2005)에 따르면, 이러한 경계의 확장은 필요한 것이었다.

> 연구자가 형평성에 보다 충분히 기여하기 위해서는 전통을 깨고, 경계를 확장하고, 수학교육 이외의 분야로, **그리고** 교육 이외의 분야로 옮겨갈 필요가 있습니다.... 교수·학습의 복잡성, 그리고 형평성 및 사회정의 문제와의 교차점은 어느 한 분야에서 제공할 수 있는 좁은 범위 이상을 요구합니다. (pp. 96-97)

사실상, 형평성에 관해 집필하는 학자들은 수학교육 이외 분야의 영향을 지적했다. 예를 들어, Nasir와 Cobb(2007)은 학자들이 수학 수업의 형평성에 관한 자신들의 의견을 설명할 때 교육 이외의 다양한 분야의 개념을 채택한다고 말했다.

마찬가지로 JRME의 최근 형평성에 관한 특별호는 **권력**과 **정체성** 문제에 초점을 맞추었다. 편집자들은 이러한 초점을 수학교육 연구에서의 "사회정치적 전환(sociopolitical turn)"를 반영한 것으로 특징지었다. Gutierrez(2013)에 따르면, 그 사회정치적 변화는 "지식, 권력, 정체성이 얽혀 있고 사회 담론으로부터 나오는 것(그리고 그 속에서 구성되는 것)"(p. 4)이라는 이론적 관점의 변화를 나타낸다. 이러한 변화는 학자들로 하여금 수학교육의 전통적인 경계를 넘어 확장할 것을 요구했다. "정체성의 역동적인 성격과 사회적 상호작용에서의 권력 생산을 강조하는 연구를 수행하려면 수학교육 분야 이외의 여러 문헌을 알아야 하며 그것들을 이용할 적절한 방법을 찾아야 한다"(Gutierrez, 2013, p. 21). 또 Gutierrez는 사회 정치적 변화를 반영한 학문은 수학교육에 한발, 다른 분야에 다른 한 발을 딛고 있는 연구자들로부터 나온 것이라고 주장한다.

여기서 "다른 한 발"이 발견되는 흔한 장소 중 하나가 사회학이다(Martin, 2009b, 2011; Nasir & de Royston, 2013; Stinson, 2006). 사회학은 사회정치적 전환을 나타내는 학문에 기여한 것으로 확인된 주요 분야 중 하나이다(Gutierrez, 2013; Nasir & Cobb, 2007; Stinson, 2006, Stinson & Bullock, 2012). 그러나 수학교육의 경계를 확장해야 할 필요성이 널리 주장되어 왔음에도 불구하고 그렇게 하는 데에는 특유의 긴장감이 있다. Lubienski(2007)는 이것을 교실의 형평성을 조사하는 일의 어려움 중 하나로 확인한다. 서로 다른 두 분야에 발을 디뎌야 할 필요성은 수학교육과 사회학 분야에서 이론적인 지식과 동시에 방법론적인 지식에 대한 기반을 요구한다. 그러나 형평성과 관련된 최근의 많은 연구가 이 교차점에서 찾아볼 수 있다. 우리 연구의 많은 부분이 두 분야에 걸쳐 있기 때문에, 여기서 수학교육과 사회학의 교차점이 수학교육의 형평성에 관한 최근의 학문을 반영하면서도 확장시키는 방법을 탐구하고자 한다.

우리는 먼저 형평성에 관한 연구에 정보를 제공한, 수학교육 사회학(sociology of mathematics education)에 대한 기존의 학문이 있다는 것을 인정해야만 한다(Gutierrez, 2013; Gutierrez & Dixon-Roman, 2011). 학자들은 이미 수학 교수·학습의 사회적 측면과 수학 교수·학습에 대한 영향을 다루는 수학교육 사회학에 대한 관점의 개요를 설명했다. 예를 들면, Dowling(1998)은 그의 책 「**수학교육 사회학: 수학적 믿음/교육학적 텍스트**」(The Sociology of Mathematics Education: Mathematical Myth/Pedagogical Texts)에서 수학교육 사회학에 대한 관점을 "개인과 집단 사이의 관계의 패턴과 문화적 관행 및 행동에서 이러한 관계의 생산 및 재생산에 관련되는 이론적 공간에 초점을 두는 것으로 설명한다"(p. 1). 그는 또한 이 공간을 "사회 활동 이론"과 학교수학의 교차점으로 설명한다.

또한 Restivo(2007)도 수학교육 사회학에 대한 관점의 개요를 설명했다. 구체적으로, Restivo는 수학교육 사회학을 수학 교수·학습과 관련한 마인드의 사회학으로 묘사한다. Restivo와 Bauchspies(2006)에 따르면 수학교육 사회학은 "수학의 사회학과 마인드의 사회학을 수학교육자를 위한 교육적 도구로 변환"(p. 198)하는 것이다 .

유사하게 Mesquita, Restivo, D'Anibrosio(2011)는 수학교육을 이해하는데 있어서 수학의 사회학 역할에 대해 주의를 상기시킨다. 특히 가치 있는 수학을 수립하는데 권력과 문화의 역할을 강조하기 위해서 수학의 사회생활에 초점을 둔다. 그들은 이러한 사회적 과정을 수학교육에 연결한다.

> 수학 사회학은 수학교육에 큰 영향을 미쳤다. 공식적 수학적 관행에서 비공식적이고 비정규적인 수학의 역할을 찾아냈다. 경제학과 정치적 및 문화적 행위를 포함하는 많은 사회적 사실 간의 상호작용의 결과들이 모든 수학을 탐구하는 데 도움이 되었다. (p. 53)

그래서 Mesquita와 그녀의 동료들은 수학교육 사회학 자체의 개요를 설명하지는 않지만, 수학 사회학을 수학교육의 구조와 연결시켜 사회학적 관점을 취하는 것의 중요성을 강조한다.

수학교육 사회학에 대한 기존의 학문을 인정하지만, 사회학과 수학교육의 통합을 개념화하려는 우리의 접근 방식은 이전에 언급된 결과와 몇 가지 면에서 다르다. 이 차이는 부분적으로 그 근원이 나온 장소 때문일 가능성이 크다. 우리는 교육 사회학을 수학교육에 적용하는 것을 반영하는 수학교육 사회학을 생각한다. 수학 사회학이나 일반적인 사회학에서 도출하는 것과는 대조적으로 이 접근법은 형평성과 접근성에 중점을 둔 교육 사회학에 대한 기존 연구를 기반으로 한다. 이러한 방식은, 교육 사회학 내에서 활용되어 온 이론적 관점과 방법론을 토대로 수학교육 사회학의 기반을 효과적으로 구축하고 학교수학에서 평등과 접근 문제를 검토할 수 있는 보다 견고한 틀을 만들 수 있게 한다고 믿는다.

사회학의 하위 분야로서 교육 사회학은 주로 공식적인 학교 교육이 개인에게 어떤 영향을 미치는지 그리고 사회가 교육에 영향을 미치는 방식(공식적 및 비공식적 모두 포함)에 대한 연구에 전념한다. 교육 사회학 연구를 주도하는 주요 질문은 다음과 같다.

1. 교육은 어떻게 사회화되는가?
2. 교육은 자격 인증에서 어떤 역할을 하는가?
3. 사회의 다양한 주체들은 교육에 어떤 영향을 미치는가?
4. 사회적 불평등을 만들고 유지하는데 교육은 어떤 역할을 하는가?

다음에서 우리는 수학교육에 관한 연구와 관련하여 위의 각 질문에 대해 고찰한다. 이러한 방식으로 우리는 수학교육 사회학이 어떻게 보일 수 있는지, 그리고 기존의 학문 위에 어떻게 구축되는지에 대한 개요를 설명하고자 한다.

사회화

JRME의 2013년 형평성에 관한 특집호에서 형평성과 민주적 접근과 관련된 최근 연구의 한 방향을 볼 수 있다. 문제의 초점을 설명하는 데 있어서 편집 위원들은 "학교에서의 수학교육 및 학습과 보다 폭넓은 수학교육의 정책과 관행에서 정체성과 권력이 어떻게 작용하는지를 강조"한 연구를 예로 들면서, 이들 연구가 형평성에 대한 접근을 했다고 말한다(D'Ambrosio et al., 2013, p. 5). 이 정체성 및 권력에 대한 초점은 형평성 및 민주적 접근에 관한 최근 학문의 중요한 주제를 반영한다. 더욱이 이 초점은 수학교육의 사회화 과정도 반영한다. 다시 말하면, 이 학문은 수학교육이 어떻게 사회화 되는가?라는 문제를 다룬다.

최근 수학교육 연구에서 권력에 대한 관심은 형평성에 초점을 두는 연구자들의 이론적 관점과 학문적 방향이 변화했다는 증거를 제공한다. 최근의 연구는 심리학 및 교실[1] 중심의 초기 연구에서 벗어나 더 큰 사회적 담론 및 관계가 수학 내에서 학생과 교사의 사회화를 형성하는 방식을 탐구하기 시작했다. 특히 학자들은 Foucault(Stinson, 2013; Valero, 2007; Walshaw, 2013)의 연구를 기초로 권력에 대한 후기 구조주의적 관점을 제공했다. 예를 들면, Valero(2007)는 권력이 사회적 관계 내

[1] (역자 주) 15장, 16장, 22장을 통틀어 "classroom(s)"은 맥락에 따라 물리적 환경의 의미가 강조될 때에는 "교실"로, 교사의 수업 또는 수업 내용의 의미가 강조될 때에는 "수업"으로 번역함.

에 분포되어 있으며 권력은 "행위자가 사회적 관행, 그 의미의 창조, 그리고 그들과 관련되는 관행의 구성에 일상적으로 참여하는 것"(p. 226)을 통해서 생긴다고 설명한다. 유사하게 Walshaw(2013)는 권력은 "집단생활을 구조화하고 개인의 정체성을 형성하는"(p. 102) 담론에서 구성된다고 주장한다. 이러한 개념들은 "수학교육 관행에서 권력의 미시 물리학"(Valero, 2007)에 대한 관심을 이끌며 학교 안과 밖에서 작용하는 구조들을 고려할 것을 요구한다(Nasir & Cobb, 2007).

권력에 대한 후기 구조주의적 관점의 한 예는 중등학교 학생과 예비교사의 경험에 대한 Walshaw(2013)의 조사에서 볼 수 있다. 구체적으로 Walshaw의 분석은 그들의 경험에서 관리와 대행의 작용(또는 그것의 부족)을 고려한다. 그녀는 이 접근법이 "권력이 학교와 교실 생활의 담론과 관행에 스며드는"(p. 116) 방법을 조명한다고 주장한다. 다시 말해서 이 연구는 학생과 교사 모두를 사회화하는 권력이 작용하는 방식을 반영한다.

또한 JRME 특집호의 초점에서 알 수 있듯이 수학교육에서의 권력과 관련된 최근 연구의 상당 부분은 동시에 정체성 개발에도 초점을 두었다. Martin(2006)은 다음과 같이 말했다.

> 수학 정체성이란 개인이 자신의 전반적인 자아 개념 내에서 수학적 맥락에 참여하여 효과적으로 수학을 사용하여 자신의 삶의 조건을 변화시키는 능력에 대해 개인이 계발하는 기질 및 깊이 믿는 신념을 의미한다. 수학적 정체성은 수학을 하는 맥락에서 개인의 자기 이해를 포함한다. 또한 다른 사람들이 수학과 관련하여 우리를 어떻게 구성하는지도 포함한다. (p. 206)

이런 측면에서, 수학 정체성에 대한 연구는 수학교육에서의 권력에 대한 논의와 중복된다. 정체성에 초점을 맞춘 연구자들은 "수학 교실을 학생들이 수학의 실천가 및 학습자로서의 자신들에 대한 생각을 발달시키고 더 광범위한 권력과 접근 문제가 본질적인 방식으로 작용하는 공간으로 간주한다"(Nasir, Hand, & Taylor, 2008, p. 206). 수학교육은 수학학습자로서 학생들 자신에 대한 이해에 영향을 줄뿐만 아니라 동시에 수학학습에 관련된 사회적 및 사회 수학적 규범(Yackel & Cobb, 1996)에 대한 학생들의 이해를 형성하는 것으로 보인다(Martin, 2006).

예를 들면, Varelas, Martin, Kane(2012)은 교과 내용 학습과 정체성 지도 사이의 상호작용에 중점을 둔 분석틀을 통해 이러한 동시발생적인 영향을 강조한다. 그들은 "내용 학습(content learning, CL)과 통합적으로 연결되고 얽혀있는 것은 정체성 구축(identity construction, IC) -아동이 학문적 지식 및 관행에 대하여 자신을 어떻게 보고 다른 사람들이 그 아동을 어떻게 보는지"(p. 323)- 라고 주장한다. 이들은, 아프리카계 미국인 학생들을 대상으로 하는 연구를 설명하면서, 수학의 정체성은 수학의 성공 또는 실패와 "강한 상관관계"가 있다고 언급한다. 더욱이 그들은 학생들의 정체성 형성에 대한 교사의 교실 관행의 중요성을 강조했다. 이러한 영향에 대한 한 가지 예는 수학에서 성공적인 흑인 남성들에 대한 Berry(2008)의 연구에서 볼 수 있다. 그의 연구의 주요 결과 중 하나는 정체성의 중요성과 관련되어 있다. Berry에 따르면, 그의 연구에서 나온 결론들은 "이 남성들이 어떻게 수학에 대한 이해와 끈기를 형성 하는지를 기술하는 정체성 형성에 관한 경험"(p. 477)과 관련되어 있었다. 이러한 정체성에 대한 관심은 수학교육에서의 형평성 연구의 최근 동향의 한 예이다.

또 Berry의 연구는 정체성에 대한 연구와 인종에 대한 연구와의 교차점의 한 가지 예이기도 하다. Martin(2009a)에 따르면 소수의 학자들은 "수학적 경험, 특히 아프리카 계 미국인 학습자가 자신의 정체성을 통해 얻은 성공을 보다 잘 이해할 수 있도록 수학적 정체성과 인종적 정체성을 함께 구축하는 것과 관련된 문제를 조사하기 시작했다"(p. 28). 유사하게 수학에서의 문화 연구에 대한 문헌 고찰에서 Nasir과 동료들(2008)은 문화 및 수학학습을 이해하는 데 사용한 세 가지 관점 중 하나로서 수학 수업에서 인종 차별화된 정체성을 예로 들고 있다.

예를 들면 Berry와 마찬가지로, Stinson(2013)은 성공적인 아프리카계 미국인 남학생의 경험을 조사했다. 이 연구에서 그는 더 큰 사회문화적 맥락에서의 "담론"이 학생들의 정체성 형성과 상호작용하는 방식을 고려했다. 그는 사실상 참가자들의 수학적 정체성을 "아프리카계 미국인 남자 청소년들을 둘러싼 더 광범위하고 불공정한 사회 문화적 담론들과 타협한 방식으로부터 탈맥락화된 그들의 복잡성에서 완전히 이해할 수 없다"(p. 87)고 주장한다. 이런 방식으로 정체성 형성 과정은 인종 및 인종 담론과 관련된 더 큰 사회적 영향뿐만 아니라(지도를 통한) 교실 기반의 영향도 받는다.

정체성 발달을 학교 내에서 그리고 큰 문화로부터의 경험 및 담론을 수반하는 과정으로 이해하는 것의 중요성은 Nasir와 de Royston(2013)의 연구에서도 강조된다. 아프리카계 미국인 학생들의 경험에 대한 분석에서 그들은 학생들의 상황에 따라 학생들의 문화적 자본에 부여된 서로 다른 가치를 언급하고, 이 가치에서 권력의 역할을 지적한다. 이들에 따르면 분석 결과는 "인종과 정체성은 문화적 관행에 대한 접근성과 그 안에서 표현되고 채택된 자본의 유형에 대해 이해하는 것이 중요한 부분이라는 것을 보여주었다"(Nasir & de Royston, 2013, p. 283). 그들은 또한 가치가 특정한 문화적 관행에 귀속되는 것을 통해서 권력이 작용하는 방식을 이해하는 것이 수학교육 연구의 중요한 방향이라고 주장한다.

유사한 방식으로, Nasir와 Shah(2011)는 "인종 차별화된 발언"이 학생들의 경험을 형성하는 방식을 조사했다. 특히 그들은 인종적 발언을 "문화적 인공물"로 간주하고 이러한 발언이 어떻게 학생들의 자기 인식과 다른 학생들의 입지를 형성하는지 설명한다. 이들에 따르면 "학생들의 지적 능력과 수학적 능력에 대한 인종 차별적 발언이 위치 결정 및 신분 확인 과정에서 핵심적인 역할을 한다"(p. 27). 그들은 이러한 발언들과 그 발언들이 학교와 교실에서 어떤 역할을 하는지 이해하는 것이 아프리카계 미국인 학생들의 수학적 정체성과 참여를 이해하는 데 중요하다고 주장한다.

최근 수학에서 아프리카계 미국인 학생들의 인종차별적 경험에 대한 초점은 이 주제를 다루는 책들(예, Leonard & Martin, 2013; Martin, 2009a)에도 반영된다. 이 책들에서 여러 장이 특히 수학 사회화에 초점을 둔다. 예를 들면, 「**흑인 아동들의 삶에서 수학 교수, 학습 및 해방**」(Mathematics Teaching, Learning and Liberation in the Lives of Black Children)에서 Jackson(2009)이 쓴 장은 중학교 수학교사의 수업 관행과 두 아프리카계 미국인 학생의 사회화에서 이러한 관행의 역할에 대해 설명한다. Jackson은 또한 학생들에 관한 더 큰 담론이 교실에서 발생하는 사건들을 형성하는 방식을 조사한다. Jackson에 따르면, 교사의 교실은 "모든 교실과 마찬가지로 청소년, 수학 및 교육학에 관한 담론의 연결점이었다. 수업의 관행은 [학교] 밖에서 볼 수 있는 가난한 유색인종 아동들과 수학에 대한 담론에 영향을 받았다"(p. 195). 이 연구는 교사의 기대와 그 이후에 학생들의 경험을 형성하는 데 있어서 지역적 상황의 상호작용에 대한 통찰력을 제공한다.

수학교육에서 형평성 연구들의 초점이 되는 각 영역들(권력, 정체성, 인종)은 수학교육이 어떻게 사회화 되는가라는 질문을 다루는 것과 관련하여 퍼즐의 한 조각임에 틀림없다. 그럼에도 불구하고 우리가 다음 절에서 설명하고자 하듯이, 사회화 기능과 관련된 요인은 수학교육 사회학을 구성하는 다른 질문들과 분리될 수 없다. 예를 들면, 정체성과 관련된 연구(예, Jackson, 2009; Stinson, 2013)는 사회화의 과정을 형성함에 있어서 사회 및 더 큰 사회문화적 담론의 역할을 지적했다. 이 연구결과들은 우리를 사회의 영향과 불평등의 형성과 관련된 문제들로 다시 돌아가게 한다. 따라서 우리가 수학교육 사회학을 규정짓기 위해 사용하는 질문들은 상호 연결되어 있으며, 완전히 개별적으로는 다룰 수 없다. 분석틀을 구성하는 다른 질문들을 탐구하기 전에, 우리는 잠시 처음 교실 장면으로 돌아간다.

교실 장면 재조명 : 수학교육은 어떻게 사회화되는가?

최근 연구의 성격과 그 최근 연구가 수학 교수 및 학습에 대한 이전의 이해를 넘어서 확장하는 방법을 설명하기 위해서 우리는 이 장의 시작 부분에서 설명한 교실 장면으로 돌아간다. 우리는 관찰한 수업의 분석에 접근하는 한 가지 방법, 즉, 교사의 수업 습관, 과제 선택 및 학생 상호작용의 문제에 초점을 둔 분석을 설명했다. 분명히 이러한 분석은 수학 수업의 본질을 이해하는 데 중요하다. 수학교육의 형평성에 대한 연구가 확대되어 수학 교수 및 학습의 추가적인 측면을 고려했다. 예를 들면, 교실 장면에서 학생의 학습과 형평성을 이해하는 한 가지 접근방법은 학생의 정체성을 조사하는 것이다. Stinson(2013)과 Berry(2008)의 연구를 토대로 수학 교실 안에서 성공적인 학생들에게 초점을 맞출 수 있으며, 인종 및 인종 담론이 정체성 발달에 영향을 미치는 방식을 포함하여, 그들의 수학적 정체성이 학교 안에서 뿐만 아니라 더 큰 사회 안의 요인들에 의해 형성되는 방식을 이해하고자 한다. 또 이러한 인종에 대한 관심은 수업을 형성하는데 있어서 인종의 역할에 대한 조사를 포함할 수도 있다. 예를 들면 Jackson(2009)과 마찬가지로, 우리는 교사의 신념과 기대를 형성하는 데 인종 및 인종 담론의 역할을 조사할 수 있다. 교사는 왜 학생들이 다면체 과제에서 "어려운" 문제를 완성할 수 없거나 하려는 의지가 없다고 보았는가? 이러한 기대를 형성하는데 있어서 인종 및 더 큰 인종적 담론의 역할은 무엇인가? 그리고 학교의 낮은 성취가 어떻게 이러한 기대를 형성했는가? 더욱이 학교의 성취 수준은 권력과 기관의 문제와 상호작용할 수도 있다. 이 맥락에서 책무성을 감안할 때, 교사는 교육과정과 관련하여 어떤 수준의 감시를 경험했는가? 그 감시가 교육과정과 관련하여 그녀의 교수 습관 또는 통제감을 어떻게 형성했는가? 이것들은 이 맥락에서 작용하는 사회화 과정에 관해 우리가 대답하려고 노력할 수 있는 질문들 중 단지 몇 가지에 지나지 않는다.

자격 인증

수학교육은 사회화 기능에 추가로 자격 인증(credentialing)의 역할도 수행한다. 이 **핸드북**의 이전 판(RousseauAnderson & Tate, 2008)에서 우리는 미국 학교에서 학생과 교사 모두에 대해서 차별적인 자격 인증 기회를 탐구했다. 교육과정과 교사의 질에 대한 차별화된 접근을 포함하여 수학교육에서 불평등의 여러 "수준"을 검토한 결과, "여전히 분리되어 있고 여전히 불평등함: 미국 학교에서의 수학에 대한 민주적 접근(Still Separate, Still Unequal: Democratic Access to Mathematics in U.S. Schools)"이라는 제목의 장에서 우리는 수업 활동에 대한 차별적인 접근 및 교사의 질을 포함하여 수학교육에서 몇 가지 서로 다른 "수준"의 불평등을 조사했다. 특정한 수업활동에 대한 학생의 접근 및 교사의 준비 수준이 수학교육의 자격 인증 기능을 반영한다.

대학수학 예비과정은 학생들에 대한 자격 인증 기능을 제공하여, 어떤 학생들이 중등과정 이후 수학에서 성공할 수 있는 학업 준비가 되었는지를 나타낸다. 그 결과로 그러한 과정(그리고 그 과정이 제공하는 자격 증명)에 대한 접근을 조사하는 것은 형평성의 관점에서 아주 중요하다. 이 **핸드북**의 이전 판에서 우리는 백인 인구가 다수인 학교보다 주로 소수민족이 있는 학교가 대학 예비과정에 대한 접근을 제공할 가능성이 적음을 보여준 몇몇 연구를 검토했다. 이런 차별화된 접근은 몇 가지 서로 다른 수준의 수학 과정인 초기 대수 1 (8 학년), 고등학교의 대수 II 이상의 고급수학 과정, 그리고 대학 학점을 제공하는 고등학교의 AP과정[2]에 적용된다. 일반적으로 이런 연구들은 유색

[2] (역자 주) AP(Advanced Placement)과정은 미국에서 고등학생이 대학 진학 전에 대학 인정 학점을 취득할 수 있는 고급 학습 과정임.

인종 학생과 저소득층 학생의 비율이 높은 학교에서 학생이 대학에 진학할 궤도에 있다는 자격을 인증하는 역할을 하는 과정을 적게 제공한다는 것을 밝혀냈다(Rousseau-Anderson & Tate, 2008).

자격 인증의 차이를 다루는 한 가지 접근법은 낮은 수준의 과정에 대한 접근을 줄이고 더 많은 학생들이 더 높은 수준의 과정을 수강하도록 하는 것이다. 이 **핸드북**의 이전 판에서 간략히 설명한 바와 같이, 과거의 연구는 이러한 방식으로 교육과정을 제한하는 것이 공평한 기회를 창출하는 것의 일환이라고 제안했다(Tate & Rousseau, 2002). 그러나 이런 연구의 대부분은 규모가 큰 국가별 데이터나 소규모 학교 사례 연구를 활용하여 자격 인증 과정에 대한 서로 다른 수준의 접근을 제공하는 학교를 비교했다. 좀 더 제한된 교육과정의 목표가 보편적인 정책으로 적용되면 어떻게 될까?

Allensworth, Nomi, Montgomery, Lee(2009)는 시카고에서 의무적인 예비대학 교육과정의 실시 효과를 조사했다. 이 정책은 9학년 대수 I을 필수로 선정함으로써 낮은 수준의 보충 수학 과정을 효과적으로 제거한 것으로 나타났다. 이들의 연구 결과는 적어도 한 수준에서 이 정책이 대수 I에서 나타나는 자격 인증에 대한 기회 균등화에 성공했음을 나타낸다. 이 정책이 시행된 후에 교육과정 변경 이전의 대수 I 수강 신청에서 나타났던 인종간의 차이가 사라졌으며, 모든 학생 집단에서 낮은 성취 수준의 학생들이 대수 I 과목의 학점을 9학년 말까지 취득할 가능성이 더 높아졌다.

그러나 동시에 이 연구 결과는 단순히 제한된 교육과정을 의무화하는 것이 고급 수학에 대한 접근과 추가적인 자격 인증을 촉진시키는 목표를 달성하는데 효과적인 수단이 아닐 수도 있음을 시사했다. 9학년 대수 I에 대한 접근이 향상되었지만, 학생들이 상위 수준의 수학 과목에서 학점을 받거나 4년제 대학에 진학할 가능성이 더 높아지지는 않았다(Allensworth et al., 2009). Allensworth와 그녀의 동료들에 따르면,"지금까지의 연구에 의해 제언된 '모든 학생을 위한 대학 준비(College Prep for All)' 정책에서의 대부분의 혜택은 실현되지 않았다"(p. 383). 교육과정을 제한함으로써 수학에서 학생들의 자격 인증을 향상시키기 위한 노력은 제한적인 성공을 거두었다. 연구자들은 제한된 영향에 대한 몇 가지 잠재적인 이유를 제안했는데, 그들이 제기한 문제들 중 하나는 교사의 준비와 (내용이 아닌)수업의 질을 포함한다. 시카고에서 시행된 정책 초기에는 교사의 수업 질에 직접적으로 관여하지 않고 교사들에게 수업 내용에 대한 연수를 추가적으로 제공하는 것에 그쳤다.

더 높은 수학교육 자격 인증에 대한 접근의 문제를 위한 또 다른 접근법은 주에서 의무화하는 수학 졸업요건을 높이는 것이다. **위기에 빠진 나라**(A Nation at Risk) (National Commission on Excellence in Education, 1983) 보고서 공표 이후, 미국의 거의 모든 주에서 모든 고등학생에게 수학 및 과학 과목을 더 수강하도록 하겠다는 공약이 있었다. 이 목표를 달성하기 위해 주들은 고등학교 졸업요건(Course Graduation Requirement)을 높였다. CGR을 높이는 것은 중등교육 이후 교육을 위한 고등학교 졸업생의 지적 준비도를 향상시키는 것으로 생각되었다. 학교의 자격 인증 기능에 대해서 이 정책적 전략이 의도하거나 의도하지 않은 결과를 낳은 것에는 거의 관심을 기울이지 않았다. Plunk, Tate, Bierut,

Grucza(2014)는 44개 주에서 고등학교 학생들의 학교 중퇴율, 대학 입학율, 대학 학위 취득율에 대한 수학 및 과학 CGR을 높이는 정책의 영향을 조사했다. Census와 American Community Survey 데이터(n = 2,892,444) 사이의 로지스틱 회귀 분석을 이용하여, 이들은 주들이 더 높은 수학 및 과학 CGR을 요구함에 따라 졸업요건이 없었던 학생들의 중퇴율이 8.6%이었던 것에 비하여, 학생들이 수학과 과학 필수과목을 6개 이수하도록 요구되었을 때, 고등학교 중퇴율이 증가하여 11.41%에 달하는 것을 발견했다. 또한 연구 결과는 성별과 인종별로 다르며 일부 그룹의 중퇴율은 5%나 증가한 것으로 나타났다. 이들의 연구는 많은 학교가 더 어려운 의무 졸업기준을 위해 학생들을 지원할 준비가 되어 있지 않았다는 것을 시사한다. 또한, 더 높은 수학과 과학 졸업요건이 적용된 졸업생들에게서 대학 입학이나 대학 학위 취득이 전면적으로 증가하지는 않았으며, 흑인 여학생과 히스패닉 남녀 학생이 고등학교 졸업 후 대학에 입학할 가능성이 감소하였다. 그러나 높은 CGR은 대학에 입학한 히스패닉과 이민자가 아닌[2] 흑인 여성이 학위를 취득할 가능성은 증가하였다.

Plunk 등(2014)은 수학 및 과학 CGR의 증가에 기인한 고등학교 중퇴에 대한 부정적인 결과가 자격 인증 기능을 넘어서 확장된다고 주장했다. 예를 들면, Lochner와 Moretti(2001)는 전국 고등학교 중퇴율이 1% 감소하면 살인이 400건 감소하고 폭행이 8천건 줄어들 것이며, 20-60세 남성의 1%가 감소하면 범죄로 인한 희생자들과 사회 전체가 겪은 범죄로 인한 비용 절감을 만들어 미국 전체로는 연간 14억 달러를 절감할 수 있다고 추정했다. 이 비용의 절감에 대한 추정은 수학 및 CGR 효과가 고등학교 중퇴에 미치는 영향이 타당함을 강조한다. 추가적으로 Carnevale, Rose, Cheah (2011)는 고교 졸업장 취득이 40년 재직 기간의 평생 수입에 33%를 추가하는 것으로 추정했는데, 이것은 거의 연간 9,000달러가 된다. 고등학교를 졸업하지 않은 개인에게는 상당한 경제적 불이익이 있는 것이다. 따라서 학생 자격 인증은 개인 및 사회적 결과가 있기 때문에 중요하다.

또한 자격 인증의 중요성은 교사에게도 적용된다. 교사 양성과 자격 인증은 학생들의 학업 성취와 학습을 결정짓는 중요한 지표로 입증되었다. 그것은 또한 형평성과 민주적 접근에 관한 모든 조사의 핵심 요인들 중 하나이다. "미국에서 교사들은 가장 불공평하게 분포된 학교 자원이다"(Darling-Hammond, 2010, p. 40). 이 **핸드북**의 이전 버전에서 간략히 설명한 바와 같이 미국학교 교사의 질은 제공받는 학생에 따라 크게 달라진다. 유색인종 학생들과 저소득 배경의 학생들은 교사의 자격 인증 상태, 최종 학위 및 교수 경험 측면에서 덜 유능한 교사에게 배울 가능성이 더 크다(Rousseau-Anderson & Tate, 2008). 더욱이 교사의 질의 차이는 성취도의 차이와 관련이 있다. Darling-Hammond(2010)에 따르면, "빈곤 및 언어 배경과 같은 학생 특성을 통제한 상황에서, 경험이 적고 준비가 덜 되어있고 교사 자격증이 없는 교사의 비율이 학교, 학군, 심지어 주 차원에서도 학생의 학업성취에 유의미하게 부정적인 영향을 끼친다는 사실을 연구들이 발견했다"(p. 49). 그래서 교사 자격 인증의 문제는 미국 학교의 불평등의 본질을 이해하는 데 매우 중요하다. 교사 자격 인증과 관련된 문제를 보다 잘 이해하기 위해서 우리는 교사 부족, 교사 이직률 및 교사 양성의 대안적인 경로와 관련된 연구를 검토한다.

Ingersoll과 Perda(2009)에 따르면, "현재의 교육적 관점에서는 학교들이 특히 수학과 과학 등의 분야에서 자격을 갖춘 교사들을 채용할 능력이 없는 것이 불만족스러운 학업 성취도의 중요한 원인 중 하나라고 본다"(p. 1). 그들은 이 부족과 공통적으로 연관되는 주요 원인으로 교사의 퇴직과 새로운 교사의 불충분한 배출이라고 언급한다. 그러나, 교사 채용에 대한 국가 자료의 연구에서, 그들의 부족에 대한 인식은 정확했지만, 그 부족의 이면에 있는 이유는 일반 상식과 일치하지 않는다는 것을 발견했다. 이 연구에 포함된 학교의 교과목들 중에서 수학은 가장 심각한 교사 채용 및 모집 문제를 경험했다(Ingersoll & Perda, 2009). 연구 결과에 따르면 중등학교의 54%에서 수학교사 채용 공고가 있었고 ,그 중 41%에서 수학교사를 모집하는데 심각한 어려움을 겪었다. 달리 말하면, 전국 표본 집단에 있는 모든 중등학교의 22%에서 수학교사 자리를 자격 있는 교사로 채우는데 어려움을 겪었다. 또한 일반적인 생각과는 반대로, 연구자들은 이 부족의 이유가 은퇴와 보조를 맞추기 위한 새로운 교사의 양성이 불충분해서가 아니라는 것을 발견했다. 수학에서도 교사 양성 과정에서 배출된 새로운 교사의 수가 은퇴자수를 초과했다. 그 대신에 퇴직 전 이직으로 인해 부족이 생기는 것으로 보였다. 구체적으로, 새로운 교사 양성은 은퇴하기 전에 이직하는 교사의 수를 따라가지 못한다. "이직은 많은 학교들이 자격을 갖춘 수학, 과학 및 다른 과목 교사들을 교실에 배치할 때 가지는 문제의 이면에 있는 주요 요인이다"(Ingersoll & Merrill, 2013, p. 23).

더구나 이직은 주, 지역 또는 지역 내의 학교 간에 공평하게 분배되지 않는다. Ingersoll과 Merrill(2013)에 따르면, 2004~2005년에 이직한 공립학교 교사의 45%가 단지 공립학교의 25%에 해당하는 학교들에서 발생했다. 빈곤층과 소수 민족이 많은 도시 학교 그리고 농촌 학교에서 가장 높은 이직률이 나타났다. 다른 연구에서도 교사 이직 분포에 대한 유사한 결과가 발견되었다. 예를 들면 Frankenberg(2006)가 1,000명이 넘는 교사를 대상으로 한 연구에서 흑인 및 라틴계 학생의 비율이 가장 낮은 학교의 교사 61%는 향후 몇 년 이내에 교직을 떠날 가능성이 전혀 없다고 보고한 반면, 소수 민족의 비율이 높은 학교에서는 교사 중 절반 이하만이 3년 후에도 가르치고 있을 것이라고 예측했다. 유사하게 조지아 공립학교를 대상으로 한 연구에서 Freeman, Scafidi와 Sjoquist(2005)는 흑인 학생들의 비율이 높은 학교에서 교사의 이직(특히 백인 교사의 이직)이 훨씬 더 높은 것을 발견했다.

왜 소수민족의 비율이 높은 학교와 빈곤층의 비율이 높은 학교의 교사 이직률이 더 높은 것이 형평성에 대한 우려가 되는가? 부분적으로 교사 이직의 불균등한 분포는 교사 경력과의 관계 때문에 우려 사항이 된다. 교사 경력과 학업 성취 사이의 연관성을 고려할 때(Fetler, 1999), 소수민족의 비율이 높은 학교와 저소득층 학교에서는 학생들에게 제공되는 학습 기회가 다르다는 것을 시사한다. 그러나 추가 연구에서는 학업 성취에 대한 교사의 이직의 영향은 교사 경력 그 이상일 수 있으며 상황에 따라서도 다를 수 있다고 제언한다. 뉴욕시의 학생들에 대한 Ronfeldt, Loeb, Wyckoff(2013)의 연구에서 교사 이직이 학생들의 학업 성취에 미치는 부정적인 영향을 확인한다. 연구 결과에 따르면, 교사 이직의 부정적인 영향 중 일부는 교사 경력 분포의 변화로 설명되지만, 상당 부분은 여전히 설명할 수 없는 채로 남아 있다는 것을 시사한다. 비슷한 수준의 경력을 가진 교사가 학교를 떠난 교사들을 대체한 경우에도 학생 성취도는 낮았다. 또한 담당 교사가 이직하지 않은 학생들의 성취도가 이직률이 높은 해에 더 나빴으며 이 영향은 대부분 성적이 낮은 학교에서 나타났다. "연구결과는 교사 이직이 수학 및 영어 두 교과 모두에서 학생 성취에 유의미하게 부정적인 영향을 미친다는 것을 시사한다. 더욱이, 교사의 이직은 특히 저소득층 및 흑인 학생들의 인구가 많은 학교에서 학생들의 성취에 나쁜 영향을 끼친다"(Ronfeldt et al., 2013, p. 30). 그래서 교사 자격 인증과 관련한 형평성 고려 사항 중 하나는 교사 이직의 불균등한 분포를 포함한다.

교사 채용에 어려움을 겪는 학교와 지역에서 이직 및 그에 따른 교사 부족을 해결하기 위한 전략 중 하나는 교직의 대안적 경로를 제공하는 것이었다. 이러한 경로는 교직에 대한 초기 진입 요건을 완화하여 교사가 자격 요건을 모두 이수하기 전에 교직을 시작할 수 있게 한다(Clark et al., 2013; Darling-Hammond, Holtzman, Gatlin, & Heilig, 2005; Heilig & Jez, 2010). 이러한 대안 경로의 주요 사례 중 하나는 Teach for America(TFA)이다. 1990년에 설립된 Teach for America는 새로운 교사를 모집, 선발, 교육 및 지원하는 국가기구이다(Clark et al., 2013). 이 기구의 웹사이트(www.tcachforamerica.org)에 따르면, 이 기구는 국가의 도시 학군을 포함하여 48개의 현장에서 업무를 한다. 이 기구는 통상적으로 학부 과정에서 직접적으로 대상을 모집한다. Teach for America "단원"은 어떤 교사 양성 과정도 미리 이수할 필요가 없다. 이들은 정규 교직을 시작하기 전에 여름 동안 5주간의 교육 프로그램에 참여한다. 이들은 2년 동안 가르칠 것을 약속하고 그 2년 동안 면허 교부를 위한 추가 교육에 참여한다. Teach for America 단원의 수는 전체 미국 교사의 수에 비하여 턱없이 적지만, TFA 프로그램이 제공하는 교직에 대한 신속한 경로와 소수 민족 비율이 높으면서 저소득층인 지역에 집중하는 것은 TFA를 미국 학교에서 교사 자격 인증과 수학교육에 대한 민주적 접근에 대한 모든 토론에서 주목할 만한 단체로 만든다.

일부 연구는 TFA 단원이 자신들이 근무하고 있는 어려움이 많은 학교에서 수학 교수 및 학습에 긍정적인 영향을 줄 수 있다는 것을 시사한다. 미국 교육부의 교육 과학 연구소(Institute of Education Sciences)를 위해 작성된 최근의 보고서(Clark et al., 2013)에서는 TFA 단원과 전통적인 교사 양성 프로그램이나 다른 대체 인증 프로그램을 통해 교직에 진입한 교사들을 비교했다. 이 연구의 결과는 수학에서 TFA 교사가 비교 대상 교사보다 더 효과적이었다는 것을 시사한다. TFA 교사의 학생들은 통계적으로 유의미한 수준으로 연말 수학 평가에서 전통적인 방법으로 교사 자격증을 받은 교사의 학생들을 능가했으며, 또한 다른 대체 과정 교사의 학생들보다도 더 높은 점수를 받았다.

유사하게 Kane, Rockoff, Staiger(2008)는 뉴욕시 학교들에서, 자격증을 받지 않은 TFA 단원들과 전통적인 방법으로 교사 자격증을 취득한 교사와 비교했다. 이들도 TFA 단원의 교실에 있는 교직 경력 기간과 학생들의 이전 학업 성적을 통제했을 때, 전통적인 방법으로 인증된 교사의 학생들에 비해서 높은 점수를 받았다는 사실을 발견했다. 그러나 TFA 단원은 다른 경로를 통해 진입하는 교사들보다 유의미하게 낮은 존속율을 보였다. 모집단에서 전통적인 방법으로 자격증을 취득한 교사들의 5년 존속율은 약 50%였고, 이에 비해 TFA 단원의 존속율은 단지 18%였다.

일부 연구에서의 긍정적인 결과에도 불구하고, TFA 단원 및 다른 대안적인 방법으로 자격증을 취득한 교사들의 효과성과 관련한 상황은 완전히 간단하지 않다. 예를 들면 텍사스 휴스턴 지역에서의 종적연구에서, Darling-Hammond와 동료들(2005)은 TFA 단원의 효과성이 다양하다는 것을 발견했다. 경력을 비롯한 몇 가지 요인을 통제한 후에, 정규 교사 자격증 취득을 위한 요건을 이수한 TFA 단원은 정규 교사 자격증을 가진 다른 교사와 동등한 수준으로 업무를 수행했다. 그러나 그들의 연구 기간 동안 정규 교사 자격증을 취득한 TFA 단원의 수는 점점 줄어들었고, 전반적인 효과성이 변했다. "TFA 교사들은 자격이 부족한 교사와 비교했을 때 중립적이거나 긍정적인 효과가 있는 것으로 보였다. 평균적으로 더 우수한 자격을 갖춘 교사 집단과 비교할 때 TFA 교사는 부정적인 영향을 미치는 것으로 보였다"(p. 22). 유사하게, Darling-Hammond와 그녀의 동료들은 큰 규모의 잘 통제된 또 다른 종적 연구에서 비슷한 결과를 보았다고 언급했다. "비슷한 학생들을 가르치는 초기에는, 완전한 준비 없이 교직에 진입한 교사들이 완전히 준비된 초임 교사들보다 유의미하게 덜 효과적이었다"(p. 47). 그러나 TFA 단원을 포함하여 대안적인 방법으로 자격증을 취득한 교사들이 자격 과정을 완료했을 때는 효과성의 차이가 사라졌다.

그래서 TFA의 효과성에 관한 상황은 완전히 명확하지 않다. TFA와 관련된 연구 문헌에 대한 보다 포괄적인 검토를 제공하거나 결과의 차이를 조정하려는 시도는 이 장의 범위를 벗어난다. TFA에 대한 연구의 일부를 강조하고자 하는 우리의 목적은 교사 자격 인증의 환경이 복잡하고 상황에 따라 다르다는 것을 제시하기 위함이다. 기존 연구들에 기초하여 교사 자격 인증과 관련하여 최적의 시나리오는 교사는 수학 학위를 가지고 있고, 교실에서 장기 근무한 교사 자격증을 완전히 취득한 사람이 될 것이라는 주장이다(Darling-Hammond, 2010; Rousseau-Anderson & Tate, 2008). 그러나 이러한 우리가 생각하는 최상의 시나리오는 많은 도시 지역과 저소득 학교의 교사 집단을 반영하지는 않는다. Darling-Hammond 등(2005)은 TFA가 교사 자격증이 없는 교사를 많이 고용하는 지역에서 운영되고 있음을 언급한다. "우리의 분석은 준비되지 않은 교사들이 많고 이직률이 높은 상황에서 TFA가 긍정적인 기여를 할 수 있다는 것을 시사한다"(Darling-Hammond et al., 2005, p. 21). Darling-Hammond와 그녀의 동료들의 연구가 시사하듯이 TFA 단원은 2년 근무를 약속하기 때문에 실제로 일부 도시 지역의 기존 교사 집단보다 더 많은 안정성을 제공할 수 있다. 유사하게 Kane 등(2008)은 5년 동안의 TFA 단원의 이직율이 훨씬 높다는 것을 인정했지만, TFA 교사의 상대적인 효과성이 잠재적으로 이 이직율을 상쇄한다고 주장했다. 두 경우에 결론은 상황을 고려하여 교사 자격 인증을 이해하는 것이 중요하다는 것을 시사한다. TFA는 미국에서 운영되는 교사 자격증을 취득하는 대안 프로그램의 한 가지 예일 뿐이지만, 교사 채용 및 자격 인증과 관련된 다양한 요인을 생각하게 하는 사례로서 유익하다. 교사 부족, 교사 회전율, 그리고 특히 저소득층 학생과 유색 인종 학교에서의 이러한 교사 부족 문제를 해결하기 위해 사용되는 방안들은 수학교사의 질, 자격 인증 및 형평성과 관련한 복잡한 상황에 상호적으로 기여한다.

교실 장면 재조명: 수학교육과 자격 인증

자격 인증 과정(특히 교사 자격 인증)의 문제는 교실 장면에서 설명한 수업을 이해하는 것과도 관련이 있다. 그 수업 장면의 교사는 관찰 당시 3년째 가르치고 있었다. 그녀는 대안적인 자격증(alternative certification)을 소지했으며, 이것은 정규 교사직을 시작하기 전에 그녀가 교사 양성 과정을 이수하지 않았다는 사실을 의미한다. 관찰 당시 그녀는 정규 교사 자격증을 취득하는 과정에 있었다. 그러나 그녀는 수학 학위를 가지고 있지 않았고 일반 중등교사 양성 과정(수학에 국한되지 않음)을 이수하는 과정에 있었다.

더욱이 그녀의 자격 인증 수준이 그 학교 내에서 유일한 것은 아니었다. 그 학교의 9명의 수학교사 중 2명만이 3년 이상의 경력을 가지고 있었다. 9명의 교사 중 2명이 정규 교사직을 시작하기 전에 교사교육 프로그램을 이수했으며, 9명 중 3명만이 정규 교사 자격증을 가지고 있었다. 나머지 6명은 대체 인증 과정을 통해 교직을 시작했다(즉, 교사 양성 과정을 이수하기 전에 가르침). 게다가 6명 중 4명은 TFA 단원이었다. 교실 장면에 대한 우리의 관찰을 이해하기 위해서는 교사의 질과 교사 자격 수준의 이러한 요인에 대한 주의를 요구한다. 그러나 앞에서 언급했듯이, 이러한 맥락에서 교사 자격 인증과 관련된 상황은 복잡하다. 준비교육 부족 및 경력 부족으로 인한 교사의 자격 수준을 학교의 낮은 성취도에 대한 주요 요인으로 여기기 쉽다. 더욱이 다른 연구는 교수법을 바꾸고 학생의 학습을 향상시키기 위해서[3] 전문 공동체(professional community)에 참여하고 전문성 개발(professional development)를 구축할 수 있도록 교사를 위한 지속적인 기회의 중요성을 지적한다(Gamoran 외, 2003; Horn & Little, 2009). 예시된 학교의 교사들은 전문 공동체에 장기간 참여하는 것과 같은 유형의 혜택을 경험하지 못했다. 그러나 Darling-Hammond 등(2005)이 시사하듯이, TFA 단원 및 다른 대체 인증 프로그램의 교사들은 인증되지 않은 교사를 많이 고용하는 예시된 학교 같

[3] (역자 주) 'professional development'가 '교사 연수 프로그램'의 의미로 사용되는 경우도 있지만, 여기에서는 교사 연수를 포함한 다양한 전문성 개발 기회를 포괄하기 위해 '전문성 개발'로 번역함.

은 도시 지역의 일반 교사 집단보다 실제로 더 효과적일 수 있고 장기적으로 근속할 수 있다.

유사하게 학생 자격 인증과 관련된 상황도 똑같이 복잡하다. 이 학교의 8학년 학생의 약 40%가 대수 I을 이수하며 나머지 학생들은 9학년에 이수한다. 그러나 Allensworth 등(2009)의 시카고에서의 개혁에 대한 연구의 결과와 같이, 이러한 조기 대수 수강은 유의미한 수의 학생들이 수학에서 더 높은 수준의 자격을 획득하도록 하지는 못했다. 예시에 나온 학교의 12학년 학생 중 AP미적분 과목을 수강하는 학생은 5% 미만이다. 즉 학교 교육과정에는 보충 수학 과정이 포함되지 않았지만 유의미한 수의 학생들이 상위 고급 과정을 이수하지 않았다. 교사 자격 인증과 마찬가지로 학생 자격 인증 과정도 완전히 간단하지 않다. 우리는 그림의 일부를 보고 있음에도 불구하고 전체 틀을 구성하는 다른 질문과 관련될 수 있는 중요한 부분을 놓치고 있다. 예를 들면, 사회화 과정이 학교에서 학생들을 상위 수준의 수학으로 "이끌지" 못하는 것과 어떻게 관련이 있을까? 그리고 이러한 학생 자격 인증 부족은 지속적인 불공평에 어떻게 기여하는가?

불공평을 유지하는 것과 사회의 역할: 지리 공간적 관점

앞의 절에서 검토한 연구들로부터 민주적 접근에 관련된 과정을 조명했지만, 우리는 사회의 역할과 수학교육의 시스템을 통한 불공평의 영구화에 주의를 기울이지 않으면 교실과 학교에서의 수학교육에 대한 우리의 이해는 불완전한 것이라고 주장한다. 최근 몇 년 동안 수학교육의 몇몇 학자들이 미국 학교와 관련하여 이러한 질문과 씨름해 왔다. 예를 들면, Tate(2008)는 수학교육에서 시스템이 불공평을 영구화하는 방식을 강조하면서 수학교사의 낮은 질의 세대 간 영향을 탐구해 왔다. 이와 유사하게 최근의 JRME 형평성 특집호에 대한 많은 기고문이 불공평의 유지에 있어서 수학교육의 역할에 관한 질문을 제기했다(Gutierrez, 2013; JRME Equity Special Issue Editorial Panel, 2013; Martin, 2013).

그러나 우리는 수학교육의 역할과 사회의 영향에 관한 이러한 질문을 검토하기 위해서 약간 다른 접근법을 사용한다. 이전 절과 교실 장면 논의에서 시사한 바와 같이 이러한 시스템의 작동은 (예, 교사 자격 인증과 관련하여) 종종 그 지역에서 형성되는 역학을 수반한다(예, 특정 학교 및 학군의 교사 부족). 그 결과로 우리는 다양한 유형의 상황을 고려한 접근 방식의 필요성을 주장한다. 형평성 및 학습 기회에 대한 연구에 대한 지리 공간적(geospatial) 관점은 계층적 맥락을 조사하는데 사용할 수 있는 틀을 제공한다.

> 지리 공간적 관점은 중요한 상황 변수로서 장소 및 공간에 초점을 맞추는 지리적 관점을 추가할 것을 요구한다. 지리 공간적 관점은 이웃, 지역 사회 및 지역의 맥락에서 연구를 구성함으로써 교육, 건강 및 기타 사회적 변수에 대한 우리의 이해를 증가시킨다. (Tate, Jones, Thorne-Wallington, & Hogrebe, 2012, p. 426)

그러한 관점은 접근과 기회의 문제에 대한 상황의 영향을 조사한다. 특히 지리 공간적 관점은 우리가 왜 공간과 위치가 수학의 이해와 성취의 예측변수인지 더 잘 이해하는 데 도움이 될 수 있다. 이 관점은 지역 수준에서 기회를 형성하는 더 큰 요인을 고려함으로써 거시적인 관점과 미시적인 관점을 연결한다. 국가, 지역 또는 주 전체 데이터 군을 사용하는 대규모 분석과 대조적으로 지리 공간적 관점은 동일한 주 또는 지역 내의 위치 및 공간 간의 차이를 인정한다.

이 접근법은 도시 공간에서 수학학습을 형성하는 요인들을 조사하는 데 사용되어 왔다. 예를 들면, Hogrebe와 Tate(2012)는 대수 I의 성적과 다양한 지역 수준 변수 사이의 관계를 조사하여 이러한 관계가 위치에 따라 달라지는지를 파악하고자 했다. 이들의 결과는 사실상 대수 I 점수와 몇 가지 변수(무료 및 감소된 급식비 부담 비율, 소수민족 비율, 학생 지도 발생 비율, 석사학위 비율 및 지방 세입 비율) 간의 관계가 주에서도 더 큰 대도시권에서 더 강하다는 것을 시사한다. 이러한 관계는 주 전체를 대상으로 하는 더 큰 분석에서는 불분명해졌다. 저자들에 따르면, 이 연구 결과는 "수학교육에서 형평성 운동에 대한 연구가 ... 지역 상황을 고려해야 한다는 것을 시사한다. 일부 변수는 주 전체에 대해서 조사할 때는 대수 I과 강하게 관련되어 있지 않은 것으로 보일 수 있지만 지역적으로 유의미한 관계가 존재했다"(p. 22). 그들은 수학교육의 형평성 연구에서 "장소가 중요하다"고 결론지었다.

명시적으로 지리 공간적 관점을 취하지 않은 수학교육 관련 다른 연구에서도, 이러한 차이에 영향을 줄 수 있는 기회와 장소를 고려하기 위해 전체적 차이 그 이상을 조사하고 있다. 예를 들어, Hill과 Lubienski(2007)는 캘리포니아 주에서 대규모 교사들을 연구했다. 교수를 위한 수학적 지식(mathematical knowledge of teaching)의 척도를 사용하여 그들은 교사의 교수를 위한 수학 지식과 학교 학생들 사이의 관계를 발견했다. "많은 수의 저소득층 및 소수 민족 학생들을 입학시키는 학교는 평균적으로 더 풍요로운 학교의 교사보다 교수를 위한 수학적 지식이 약간 적은 교사를 고용했다"(p. 764). 이후에 Hill과 Lubienski는 이러한 결과를 넘어 교사들이 종종 자신들이 학생으로 다니던 학교 인근 지역에서 가르친다는 이전 연구 결과를 강조한다(Loeb & Reininger, 2004). 그들은 이러한 현상이 만드는 순환을 언급한다. "수학 지식의 관점에서 교사를 적절히 준비시키지 못하는 학교는 이 학생들이 나중에 가르치기 위해 돌아올 때 그 결과로 고통을 겪을 수 있다"(p. 765). 이 시점에서 교사의 질의 형태로서의 불공평한 기회에 대한 일반적인 발견은 빈약한 내용 지식의 세대 간 재생산이라는 지역적 순환으로 바뀐다. 그 후에 Hill과 Lubienski는 이 지역의 대학들이 이 순환을 깨는 데 중요한 역할을 했다고 언급한다. "**특히 졸업생이 주로 소수 민족의 비율이 높고 빈곤한 학생의 비율이 높은 학교로 나가는 교육 기관에서** 교사를 위한 [수학 내용 및 교수방법론] 수업 활동의 양과 질을 강화함으로써 교사교육자는 지식이 풍부한 교사들의 분포에 대한 불균형을 줄일 수 있고, 이로 인해 교육 불공평을 상당히 줄일 수 있다"(p. 766, 강조 추가). 이런 식으로 불평등한 기회의 패턴을 형성하는 상황적인 요인에 초점을 맞추면 지역 차원에서 제안할 수 있는 유형의 방안이 생긴다.

교실 장면 재조명: Three Rivers와 지리 공간적 관점

수학교육에서 형평성을 이해하는데 있어서 어떻게 "장소가 중요한지"를 설명하기 위해서, 우리는 다시 우리의 오프닝 교실 장면으로 돌아간다. 여기에 설명된 학교는 우리가 "Three Rivers"라고 부를 지역사회에 영향을 주었다. Three Rivers는 미국의 큰 도시로 약 4만 명의 주민이 거주하는 지역이다. 이 지역사회는 3개의 고등학교에서 교육 서비스를 제공받는다. 2012-2013학년도에 이 학교들의 졸업률은 각각 58%, 41.6%, 84.1%였다. 세 학교 중 한 곳만 주 전체 졸업률인 87.2%에 근접했다. 이렇게 상대적으로 낮은 졸업률은 중등교육 이후의 학업적인 성취에 반영된다. 미국 인구조사국에 따르면 대부분의 Three Rivers 지역에서는 25세 이상 거주자의 45%가 고등학교 졸업장을 소지하고 있으며, 거주자의 7.1%만이 학사학위 또는 석사/전문학위를 보유하고 있다. 교육 분포의 다른 한 쪽을 보면, 미취학 어린이 중 1/3미만이 유치원 전의 유아원(pre-school)에 다닌다.

더욱이 Three Rivers 학교들의 어려움은 상대적으로 낮은 졸업율에만 있는 것은 아니다. 주에서 시행되는 학생 성적 책임 제도에서는 주 전체 하위 5% 이하의 성취도를 가진 학교는 정리 대상이 된다. 2012-2013학년도에 83개 학교가 하위 5%에 있는 것으로 확인되었다. 그 83개 학교 중에서 12개 학교가 Three Rivers 지역에 위치해 있었다. 따라서 Three Rivers는 주 인구의 약 0.6%에 해당하지만, 그 학교들은 가장 성적이 낮은 집단의 14%이상을 차지한다. 사실상 Three Rivers에 위치한 18개 학교 중 12개 학교가 주 전체 학교의 하위 5%에 있었다.

그러나 교육성과에 더하여, 지리 공간적 관점은 수학교육 연구에서 전통적으로 고려되지 않는 이웃 및 지역 요인을 고려한다. 예를 들면, 수년간 Three Rivers 지역은 지역 사회의 많은 사람들에게 일자리를 제공하는 대형 공장의 손실로 어려움을 겪어 왔다. 현재 지역 사회의 실업률은 17%이다. 40,000명이 넘는 이 지역 사회의 어린이 10명 중 6명이 미연방 제도가 정의한 빈곤 수준 (Waters, 2012)내에 살고 있다. 또한 이 지역은 지난 10년간 비우량 주택담보대출 및 압류의 건수가 주에서 가장 높았다. 높은 압류율로 빈 집이 상당수 생겨 재산 가치는 크게 떨어졌다(Moore, 2013). 이 지역의 총계 집값은 2005년 6억 6700만 달러에서 2010년에는 3억 3천 2백만 달러로 떨어졌다(Waters, 2012).

경제적 요인 외에도 지역 사회와 학교를 이해하는 데 관련된 몇 가지 건강 관련 지표가 있다. 미국 농무부(www.ers.usda.gov)에 따르면, 이 지역사회의 몇 곳은 식료품점이나 슈퍼마켓에 대한 접근성 부족을 반영하는 "식량 사막(food desert)"으로 간주된다. 또한 이 지역사회는 그 부근에서 가장 높은 10대 임신 비율, 저체중아 출생 및 영아 사망률을 보인다(Warren, 2011; Waters, 2012). 이러한 비학교 기반 요인은 인지 및 학업 성과에 중요한 영향을 미친다(Tate et al., 2012).

우리는 한 가지 점을 명확히 밝히고자 한다. 이러한 상황을 기술하는 목적은 이러한 요소들이 결정론적 방식으로 작용한다는 것을 제시하는 것이 아니다(즉, 지역 사회의 조건으로 인하여 형평성 달성의 임무가 불가능하다는 것을 제시하는 것이 아니다). 오히려 이 사례와 지리 공간적 상황을 설명하는 것의 목표는,교실(또는 심지어 학교)만을 관심의 장소로 초점을 맞출 때, 수학 교수 및 학습에 대한 우리의 이해가 심각하게 제한된다는 것을 제시하는 것이다. 이 초점은 잠재적으로 환경에서 교수와 학습을 형성하는 요소에 대한 우리의 이해를 제한한다(예, 교사의 질과 경력, 많은 학생들이 전학해 오는 주변 학교의 성취 수준, 학교의 학생 성적 책임 제도와 관련된 교육과정의 부담 등). 그러나 교수 및 학습에 영향을 주는 요소에 대한 우리의 이해를 제한하는 것 외에도 공간적으로 고려되지 않은 분석은 우리의 개입에 대한 결정의 질을 제한한다.

우리가 이 장의 다른 부분에서 주장한 바와 같이, 어느 시점에서는 분석을 넘어서 전통적으로 열악한 조건의 학생들을 위한 보다 공평한 기회를 설계해야 한다(Tate & Rousseau, 2007). 주장하건데 이 설계 단계에서는 지리 공간적 관점이 가장 중요한 역할을 담당할 것이다. 우리는 학교와 관련하여 앞에서 설명한 분석이 형평과 접근을 이해하는데 잠재적으로 중요하지 않다고 말하는 것이 아니다. 교실 상호작용의 성격을 이해하는 것이 장소에서의 학습 기회에 대한 이해를 제공한다. 사회화 과정을 조사하고 자격 인증 기능을 검토하는 것이 매우 중요하다. 그러나 환경에서 교수 및 학습을 개선할 수 있는 실행 가능한 설계는 지리적 위치에 주의를 기울여야 한다.

예를 들어, 상대적으로 낮은 유아원 취학률을 감안할 때, 이 맥락에서 형평성을 향상시키는 접근법은 잠재적으로 조기 유아교육에 중점을 두게 될 것이다(Tate et al., 2012). 교사 감소 수준이 높고 TFA 단원의 비율이 높다는 점을 감안할 때, 교사 유지에 초점을 둔 전략은 그 상황에 관심을 가질 때 적절하게 된다. 또 다른 목표는 저소득 지역에서 학생들에게 영향을 줄 수 있는 여름방학 기간 동안의 학습 손실의 영향을 완화하려는 노력에 집중하는 것이다. 학교에서 영양가 있는 고품질 식품에 대한 접근 확보와 같은 건강 관련 문제는 상황을 고려한 개입의 잠재적 구성 요소이다. 고등학교 졸업률과 중등교육 이후 학교 수료율이 낮은 상황에서, 부모와 후견인이 자녀를 학업적으로 더 잘 지원할 수 있도록 돕는 부모교육 프로그램은 우선적으로 고려할 만한 개입이다. 유사하게 지역 사회에서 중등교육과정 이후, 학업 성취가 낮은 것은 이 지역 사회에 거주하는 교사들의 수가 적은 것에 반영된다. 이는 학교와 주변 지역을 연결하고 지역 사회의 사람들을 위한 교사교육 기회를 증가시킬 필요성을 시사한다. 보다 전통적인 개입 외에도 지리 공간적 관점에 위치하는 디자인 접근법은 지역 사회 상황을 고려할 것이다. 단순히 이를 연구의 배경으로 삼기 위해서가 아니라 개입을 위한 설계에서 필수적인 사항으로 고려해야 한다. 이러한 관점은 사회가 수학교육에 영향을 주는 방식뿐만 아니라 수학교육이 불평등에 기여하는 방식을 고려한다. 이 접근법은 낮은 수학 성취도와 교육 성취의 세대 간 순환을 중단시킬 가능성이 있다.

결론

이 장의 시작 부분에서 언급했듯이, 앞의 교실 장면은 도시 지역의 학교에 대한 지속적인 관찰을 기반으로 했다. 관찰 이후 이 학교의 수학교사 9명 중 2명(예시에 설명된 교사 포함)이 사임했다. 두 교사는 학기 중간에 학교를 떠났다. 학교는 한 명의 교사를 3년의 경력을 가진 자격증 있는 교사로 교체했다. 다른 교사는 1년차 Teach for America 단원으로 대체되었다. 이들 대체 교사가 부임하기 전에 거의 한 달동안 두 교실의 학생들에게는 교사 자격증이 없는 대체 교사가 있었다.

이 교실 장면에 대한 후기를 공유하는 이유는, 특히 도시 학교에서 미국의 수학교육의 복잡하고 다양한 어려움에 대한 예시라고 생각하기 때문이다. 이것은 또한 예시에서 설명한 것과 같이, 학교에서의 수학 교수 및 학습을 이해하기 위해 우리가 연구자로서 다룰 수 있어야 하는 복잡성을 반영한다. 형평성과 관련된 선행 연구 검토에서 우리는 수학교육에 시사점을 주는 더 많은 기회와 관련된 몇 가지 변수인 전문성 개발(연수), 수업 시간, 교육과정, 교육과정 자료의 질 등을 설명했다(Rousseau-Anderson, 2007, Tate & Rousseau, 2007). 이러한 요소를 고려한 예시 학교의 조사가 접근과 학습 기회에 관한 그림의 복잡성을 드러낸다. 한편으로 이 학교는 지역 사회의 다른 학교보다 더 많은 수학 수업 시간을 제공한다. 학교에서 사용하는 교육과정 자료는 (우리가 생각하기에) 높은 수준이며 국가 규준에 부합하도록 선정되었다. 수학교사는 학사년도 동안 특히 수학 내용 및 교수법에 대해 약 60시간의 연수를 받는다. 상당 수의 8학년 학생들이 대수 I를 수강하고 통과한다(학교 수준의 수학 성취도는 지역 사회의 인근 학교보다 높다). 반면 (특히 수학에서) 교사 이직율은 높다. 전반적으로 수학교사는 상대적으로 경험이 적고 교사 자격증이 거의 없다. 가장 상위 수준의 수학 과목을 이수하고 대학에 입학하는 학생들은 거의 없으며 수학에서 학교 수준의 성취도는 주 평균보다 훨씬 낮다. 더욱이 예시에서 보인 교실은 그 학교의 다른 수학교사의 교실에서 관찰 된 몇 가지 패턴을 반영했다(예, 과제의 제한된 인지적 요구, 수업의 절차적 초점, 제한된 학생 담론, 협력 학습의 비효율적이거나 제한된 사용 등). 따라서 우리는 이 환경에서의 수학 교수와 학습에 대해 어떤 의미를 가질 수 있는가? 이 환경에서의 민주적 접근은 수학교육에서의 더 큰 연구 결과들과 어떤 관련이 있는가? 이러한 점들이 부분적으로 우리가 이 장에서 개괄한 틀에 이르게 한 문제들이다.

사례에서 나타난 문제를 이해하고 효과적으로 해결하기 위해서는 수학교육의 패러다임의 경계를 훨씬 확장해야 한다. 특히 우리는 교육 사회학에서 비롯된 수학교육 사회학을 주장한다. 사실상 사회학의 하위 분야로서 교육 사회학의 성장과 발전은 수학교육 사회학에 대한 필요성과 병행될 가능성이 있다. Hallinan(2000)은 교육 사회학의 발전을 사회학 분야의 한 분야로 묘사하면서 사회학에서 이용 가능한 것 이상의 이론적 틀을 개발할 필요성이 대두되었음을 지적했다. 일반적인 사회학적 이론은 학교의 독특한 환경과 학생들을 설명하지 못했고 "학교 과정에서의 교육기관 사이 및 교육기관 내부의 편차의 원인과 결과”(p. 3)를 설명하지 못했다. 교육 분야의 사회학자들은 학교에서 발생하는 사회적 과정을 설명하고 학교를 다른 사회 제도와 구분할 수 있는 이론이 필요했다(Hallinan, 2000). Hallinan에 따르면 교육 사회학은 학교에 대한 이론적 아이디어를 얻기 위해서 다른 분야에 의지했다. 같은 방식으로 최근의 문헌에 대한 우리의 검토로부터 수학교육자, 특히 민주적인 접근 문제에 초점을 둔 연구자들이 수학교육에 대한 사회적, 제도적 영향을 이해하기 위해 유사한 방향 전환을 해야 할 필요성을 본 것이 분명하다.

교육 사회학의 발달과 수학교육 사회학의 발전 사이의 또 다른 유사성은 여러 단계의 분석을 동시에 수행할 필요성에서 찾을 수 있다. 다른 사회 제도와는 다른 교육기관의 운영을 고려한 이론 외에도 교육 사회학자들은 미시적 수준과 거시적 수준의 분석이 필요하다는 점을 지적했다. 예를 들어, Cohen(2000)은 교육 기회의 평등에 관한 연구가 미시적이거나 거시적인 면으로 치우치게 되면 사회 및 교육기관 수준 또는 교실 수준에서 불평등을 초래한다고 주장했다. 그녀는 다음과 같이 주장했다.

> 사회적 또는 지역 수준에서만의 교육 기회 평등에 대한 연구는 교실과 학교 내에서의 학생들의 경험을 소홀히 할 것이다. 이러한 경험은 교육의 성공 또는 실패에 가장 밀접한 요인이다... 유사하게, 교실 수준에서만 평등한 기회라는 개념으로 연구하면 더 큰 사회와 학교 조직의 불평등 관계와 관련하여 교실의 사회적 위치에 대한 큰 그림을 간과할 수 있다. 게다가 사회 수준의 불평등은 복잡한 방식으로 교실 수준의 불평등에 침투한다. (p. 265)

여러 면에서, 개별적 및 상황적 분석을 통합할 필요성은 수학교육 연구자가 직면한 것과 동일한 어려움이다. 이 책의 이전 판에서 우리는 그 당시 교실 수준에서 수행된 연구를 조사했다(Rousseau-Anderson & Tate, 2008). 우리는 교실 기반 연구에서 두 가지 주요 주제를 지적했다. (1) 학생들은 무언의 규범과 권력 구조의 결과로 교실에서 무심코 소외될 수 있다. (2) 참여의 형태를 만드는 요인들은 교실 내의 조건에만 국한되어 있는 것은 아니다. 다른 영향들이 작용한다(예, 사회 경제적 지위, 문화, 언어, 모둠구성 관행 등). 이러한 발견은 접근에 대한 연구가 수학 교실에만 국한될 수 없고 보다 광범위한 요소를 고려해야 함을 시사했다. 같은 장에서 우리는 또한 학교, 지역 등에서 차별적인 기회의 패턴을 수반하는 구조적 수준의 측면에서 연구를 검토했다. 그 당시 우리는 여러 수준의 분석을 사용해서, 거시적 수준의 힘이 교실 내에서 미시적 수준에서 일어나는 방식을 더 잘 이해하고자 하는 연구의 필요성에 주목했다.

최근 수학교육 문헌에서 발생한다고 우리가 보아 왔던 것은 이런 상호작용을 고려한 연구로의 전환이다. 이것은 수학교육의 “사회정치적 전환”(Gutierrez, 2013)에 설명되어 있다. 이것은 학생의 정체성의 발달(Berry, 2008; Nasir & de Royston, 2013; Stinson, 2013)과 교실 내의 수업 관행(Jackson, 2009)

에 더 큰 담론과 구조가 미치는 영향을 추적하는 최근 연구의 일부에서도 볼 수 있다.

그러나 이런 명백한 변화에도 불구하고 우리는 여전히 교육 사회학이 사회학의 하위 분야로 하는 것과 동일한 역할을 수행할 수 있는 수학교육 사회학을 필요로 한다고 주장한다. 특히 수학교육 사회학은 수학교육에서 형평성을 형성하는 특정 조건을 고려한 이론 모델을 개발하고 적용함으로써 기존 사회 정치적 변화에 따라 확장될 것이다. 이 모델은 수학교육의 형평성이 다른 분야와 어떻게 다르게 작용할 수 있는지를 고려하는 동시에 교육 사회학의 연구를 참여시킬 것이다. 또한 거시 및 미시적 요소에 대한 관심은 우리에게 수학교육에서 형평성에 대한 지리 공간적 관점을 고려하도록 알려준다. 우리는 이 지리 공간적 관점이 전통적으로 열악한 조건의 학생들의 교육에서 거시적 수준과 미시적 수준의 상호작용을 더욱 완전하게 이해할 수 있는 한 가지 방법을 제공한다고 주장한다. 상황의 중요성에 대한 이 초점은 최근 연구에 대한 우리의 검토에서 반복되는 주제이다. 진정한 지리 공간적 관점은 교육적 성취 및 달성과 관련 있는 지역 차원의 여러 요소를 고려할 것이다. 이러한 요인들은 고용 및 기타 경제 지표, 취학 전 교육, 산전 관리, 보건 진료에 대한 접근, 중등교육 이후 기회 및 달성 등을 포함하지만, 여기에만 국한되지는 않는다. 이러한 요인들은 전통적인 수학교육 학문의 범위를 훨씬 뛰어 넘는다. 그러나 지역 수준에서의 민주적 접근의 성격을 이해하고 성공할 가능성이 있는 개입을 설계하기 위해서는 이러한 요소들에 대한 관심이 필요하다.

브라질의 Mcsquita, Rcstivo, D'Ambrosio(2011)의 연구에서 지리 공간적 관점의 중요성에 대한 한 가지 예를 볼 수 있다. 저자들에 따르면, 이 연구는 상파울로에서 "아스팔트 어린이"의 "살아있는 수학적 경험에 대한 사회학적 이해"를 추구했다. 그들의 접근 방식은 상파울루의 도시 환경의 지리적, 역사적, 사회적, 문화적, 정책적 역동성과 연구에 참여한 아동의 특수한 조건을 고려한 것이다. 그렇게 함으로서, 그들은 이 집단의 수학적 경험과 관련된 "다중적이고, 체계적이고, 복잡한 상호 의존성"을 도출했다.

이 연구는 특정 지리 공간 위치에서 수학 및 수학교육을 형성하는 여러 요소를 고려한 사회학 관점을 사용한 예이다. 따라서 우리가 하는 연구 유형에 대한 통찰력은 수학교육에 중요하다. 그러나 Mesquita 등(2011)의 연구에서는 학교가 아닌 환경에서 아이들의 수학 지식과 경험에 초점을 두었다는 것에 주목해야 한다. 특히 그들은 "학교 지식 만들기와 학교에서 사용되는 지식 만들기 사이의 연계성 부족"(p. 118)에 유의해야 하는데, 학문적 환경이 아스팔트 어린이의 수학 지식을 만성적으로 누락시키는 결과를 낳았다고 결론지었다. 우리가 요구하는 연구 유형은 위치, 역사, 경제, 정책 및 문화의 역할에 대한 유사한 분석을 사용하여 아동을 위한 기회를 제공할 것이다. 그러나 우리는 학교교육을 통해서 배울 수 있는 공평한 기회를 창출하는 방법을 보다 잘 이해하기 위해 학교 내부와 주위에 기반을 둔 연구를 병행하는 것의 필요성을 주장한다.

수학교육의 형평성과 민주적 접근에 관한 연구는 최근 몇 년 동안 수학과 심리학에 대한 엄격한 초점에서 벗어나는 "변화"를 이루었다. 우리는 전통적인 패러다임의 경계를 뛰어넘는 이 움직임이 불평등의 본질과 미국의 수학교육에서 접근성을 이해하는 방향으로 나아가는 긍정적인 단계라고 제안한다. 그러나 Three Rivers와 같은 장소에서 다음 (긴급한) 단계에 대한 설계가 필요하며, 이 설계는 주변에서 형평성과 접근에 영향을 주는 모든 요인을 고려하고 그 지역에서 개입할 수 있는 모든 존재들을 관여시키는 지리 공간적 관점을 수반한다. 우리는 Three Rivers와 같은 장소의 지역적 요인이 더 이상 수학교육 및 성취와 관련하여 예측치가 없을 때, 형평성 및 민주적 접근과 관련하여 어느 정도 성공을 달성했음을 알게 될 것이다.

1. 우리는 사회학과 수학교육을 통합하는데 존재하는 다른 접근법으로 인지하는 그리고 그러한 접근법이 우리가 사용하는 틀과 상당히 다르다는 것을 인지하면서, 수학교육 사회학의 관점을 설명하는데 명확하지 않은 논문 a를 사용한다.
2. "이주하지 않은"이라는 단어는 자신이 입학한 고등학교가 있는 주에서 태어난 학생들을 의미한다.

참고문헌

Allensworth, E., Nomi, T., Montgomery, N., & Lee, V. (2009). College preparatory curriculum for all: Academic consequences of requiring Algebra and English I for ninth graders in Chicago. *Educational Evaluation and Policy Analysis, 31*, 367–391.

Berry, R. (2008). Access to upper level mathematics: The students of successful African American middle school boys. *Journal for Research in Mathematics Education, 39*, 464–488.

Carnevale, A. P., Rose, S. J., & Cheah, B. (2011). *The college payoff: Education, occupations, lifetime earnings*. Washington, DC: Georgetown University Center on Education and the Workforce.

Clark, M., Chiang, H., Silva, T., McConnell, S., Sonnenfeld, K., Erbe, A., & Puma, M. (2013). *The effectiveness of secondary math teachers from Teach for America and the Teaching Fellows programs* (NCEE 2013–4015). Washington, DC: National Center for Education Evaluation and Regional Assistance, Institute of Education Sciences, U.S. Department of Education.

Cohen, E. (2000). Equitable classrooms in a changing society. In M. Hallinan (Ed.), *Handbook of the Sociology of Education* (pp. 265–283). New York: Kluwer.

D'Ambrosio, B., Frankenstein, M., Gutierrez, R., Kastberg, S., Martin, D., Moschkovich, J., Taylor, E., & Barnes, D. (2013). Introduction to the JRME Equity Special Issue. *Journal for Research in Mathematics Education, 44*(1), 5–10.

Darling-Hammond, L. (2010). *The flat world and education: How our commitment to equity will determine our future*. New York: Teachers College Press.

Darling-Hammond, L., Holtzman, D., Gatlin, S. J., & Heilig, J. V. (2005). Does teacher preparation matter? Evidence about teacher certification, Teach for America, and teacher effectiveness. *Education Policy Analysis Archives, 13*(42), 1–51.

Dowling, P. (1998). *The sociology of mathematics education: Mathematical myths/pedagogical texts* London: Routledge.

Fetler, M. (1999). High school staffing characteristics and mathematics test results. *Education Policy Analysis Archives, 79*(9), 1–22.

Frankenberg, E. (2006). The segregation of American teachers. Cambridge, MA: The Civil Rights Project at Harvard University.

Freeman, C., Scafidi, B., & Sjoquist, D. (2005). Racial segregation in Georgia public schools, 1994–2001: Trends, causes, and impact on teacher quality. In J. Boger & G. Orfield (Eds.), *School resegregation: Must the South turn back?* (pp. 143–163). Chapel Hill, NC: University of North Carolina Press.

Gamoran, A., Anderson, C., Quiroz, P., Secada, W., Williams, T., & Ashmann, S. (2003). *Transforming teaching in math and science: How schools and districts can support change.* New York: Teachers College Press.

Gutierrez, R. (2013). The sociopolitical turn in mathematics education. *Journal for Research in Mathematics Education, 44*(1), 37–68.

Gutierrez, R., & Dixon-Roman, E. (2011). Beyond gap gazing: How can thinking about education comprehensively help us (re)envision mathematics education? In B. Atweh, M. Graven, W. Secada, & P. Valero (Eds.), *Mapping equity and quality in mathematics education* (pp. 21–34). London: Springer.

Hallinan, M. (2000). Introduction: Sociology of education at the threshold of the twenty-first century. In M. Hallinan (Ed.), *Handbook of the sociology of education* (pp. 1–12). New York: Kluwer.

Heilig, J.V., & Jez, S.J. (2010). *Teach for America: A review of the evidence.* Boulder, CA & Tempe, AZ: Education and the Public Interest Center & Education Policy Research Unit.

Hill, H., & Lubienski, S. (2007). Teachers' mathematics knowledge for teaching and school context: A study of California teachers. *Educational Policy, 21*(5), 747–768.

Hogrebe, M., & Tate, W. (2012). Place, poverty, and algebra: A statewide comparative spatial analysis of variable relationships. *Journal of Mathematics Education at Teachers College, 3,* 12–24.

Horn, I., & Little, J. (2009). Attending to problems of practice: Routines and resources for professional learning in teachers' workplace interactions. *American Educational Research Journal, 47,* 181–217.

Ingersoll, R., & Merrill, L. (2013). *Seven trends: The transformation of the teaching force.* Philadelphia, PA: Consortium for Policy Research in Education.

Ingersoll, R., & Perda, D. (2009). *The mathematics and science teacher shortage: Fact and myth.* Philadelphia, PA: Consortium for Policy Research in Education.

Jackson, K. (2009). The social construction of youth and mathematics: The case of a fifth-grade classroom. In D. Martin (Ed.), *Mathematics teaching, learning, and liberation in the lives of Black children* (pp. 175–198). New York: Routledge.

JRME Equity Special Issue Editorial Panel. (2013). Addressing racism. *Journal for Research in Mathematics Education, 44,* 23–36.

Kane, T., Rockoff, J., & Staiger, D. (2008). What does certification tell us about teacher effectiveness? Evidence from New York City. *Economics of Education Review, 27,* 615–631.

Leonard, J., & Martin, D. (Eds.). (2013). *The brilliance of Black children in mathematics: Beyond the numbers and toward new discourse.* Charlotte, NC: Information Age.

Lochner, L., & Moretti, E. (2001). *The effect of education on crime: Evidence from prison inmates, arrests, and self-reports* (No. w8605). Cambridge, MA: National Bureau of Economic Research.

Loeb, S., & Reininger, M. (2004). *Public policy and teacher labor markets: What we know and why it matters.* East Lansing: Education Policy Center at Michigan State University.

Lubienski, S. (2007). Research, reform, and equity in U.S. mathematics education In N. Nasir & P. Cobb (Eds.), *Improving access to mathematics: Diversity and equity in the classroom* (pp. 10–23). New York: Teachers College Press.

Martin, D. (2006). Mathematics learning and participation as racialized forms of experience: African American parents speak on the struggle for mathematics literacy. *Mathematical Thinking and Learning, 8*(3), 197–229.

Martin, D. (2009a). Liberating the production of knowledge about African American children and mathematics. In D. Martin (Ed.), *Mathematics teaching, learning, and liberation in the lives of Black children* (pp. 3–35). New York: Routledge.

Martin, D. (2009b). Researching race in mathematics education. *Teachers College Record, 111*(2),

Martin, D. (2011). What does quality mean in the context of White institutional space? In B. Atweh, M. Graven, W. Secada, & P. Valero (Eds.), *Mapping equity and quality in mathematics education* (pp. 437–450). London: Springer.

Martin, D. (2013). Race, racial projects, and mathematics education. *Journal for Research in Mathematics Education, 44*(1), 316–333.

Mesquita, M., Restivo, S., & D'Ambrosio, U. (2011). *Asphalt children and city streets: A life, a city, and a case study of history, culture, and ethnomathematics in São Paulo.* Boston, MA: Sense Publishers.

Milner, H. (2012). But what is urban education? *Urban Education, 47*, 556–561.

Milner, H., & Lomotey, K. (Eds.)(2014). *Handbook of urban education.* New York: Routledge.

Moore, L. (2013, April 6). [Three Rivers] homeowners suffer greatest property value losses in reappraisal. *The Commercial Appeal.*

Nasir, N., & Cobb, P. (Eds.). (2007). *Improving access to mathematics: Diversity and equity in the classroom.* New York: Teachers College Press.

Nasir, N., & de Royston, M. (2013). Power, identity, and mathematical practices outside and inside school. *Journal for Research in Mathematics Education, 44*(1), 264–287.

Nasir, N., Hand, V., & Taylor, E. (2008). Culture and mathematics in school: Boundaries between "cultural" and "domain" knowledge in the mathematics classroom and beyond. *Review of Research in Education, 32*, 187–240.

Nasir, N., & Shah, N. (2011). On defense: African American males making sense of racialized narratives in mathematics education. *Journal of African American Males in Education, 2*(1), 24–45.

National Commission on Excellence in Education. (1983). *A nation at risk: The imperative for educational reform.* Washington, DC: United States Department of Education.

National Council of Teachers of Mathematics Research Committee. (2005). Equity in school mathematics education: How can research contribute? *Journal for Research in Mathematics Education, 36*(2), 92–100.

Plunk, A., Tate, W., Bierut, L., & Grucza, R. (2014). Intended and unintended effects of state-mandated high school science and mathematics course graduation requirements on educational attainment. *Educational Researcher, 43*(5), 230–241.

Restivo, S. (2007). Theory of mind, social science, and mathematical practice. In B. van Kerkhove & J. P. van Bendegem (Eds.), *Perspectives on mathematical practices: Bringing together philosophy of mathematics, sociology of mathematics, and mathematics education* (pp. 83–106). Dordrecht: Springer.

Restivo, S., & Bauchspies, W. (2006). The will to mathematics: Minds, morals, and numbers. *Foundations of Science, 11*, 197–215.

Ronfeldt, M., Loeb, S., & Wyckoff, J. (2013). How teacher turnover harms student achievement. *American Educational Research Journal, 50*(1), 4–36.

Rousseau-Anderson, C. (2007). Examining school mathematics through the lenses of learning and equity. In G. Martin & M. Strutchens (Eds.), *The learning of mathematics: 2007 yearbook* (pp. 97–113). Reston, VA: National Council of Teachers of Mathematics.

Rousseau-Anderson, C., & Tate, W. (2008). Still separate, still unequal: Democratic access to mathematics in U.S. schools. In L. English (Ed.), *Handbook of international research in mathematics education* (2nd ed., pp. 299–318). New York: Routledge.

Small, M. L. (2014, March 17). No two ghettos are alike. *The Chronicle Review.* Retrieved from http://m.chronicle.com/article/No-Two-Ghettos-Are-Alike/145301 (August 1, 2014).

Stein, M. K., Smith, M., Henningsen, M., & Silver, E. (2009). *Implementing standards-based mathematics instruction: A casebook for professional development* (2nd ed.). New York: Teachers College Press.

Stinson, D. (2006). African American male adolescents, schooling (and mathematics): Deficiency, refection, and achievement. *Review of Educational Research, 76*(4), 477–506.

Stinson, D. (2013). Negotiating the "white male myth": African American male students and success in school mathematics. *Journal for Research in Mathematics Education, 44*(1), 69–99.

Stinson, D., & Bullock, E. (2012). Critical postmodern theory in mathematics education research: A praxis of uncertainty. *Educational Studies in Mathematics, 80*, 41–55.

Tate, W. (2008). The political economy of teacher quality in school mathematics: African American males, opportunity structures, politics and method. *American Behavioral Scientist, 51*(7), 953–971.

Tate, W., Jones, B., Thorne-Wallington, E., & Hogrebe, M. (2012). Science and the city: Thinking geo-spatially about opportunity to learn. *Urban Education, 47*, 399–433.

Tate, W., & Rousseau, C. (2002). Access and opportunity: The political and social context of mathematics education. In L. English (Ed.), *Handbook of international research in mathematics education* (pp. 271–299). Mahwah, NJ: Lawrence Erlbaum Associates.

Tate, W., & Rousseau, C. (2007). Engineering change in mathematics education: Research, policy, and practice. In F. Lester (Ed.), *Second handbook of research on mathematics teaching and learning* (Vol. 2, pp. 1209–1246). Greenwich, CT: Information Age Publishing.

Valero, P. (2007). A socio-political look at equity in the school organization of mathematics education *ZDM: The International Journal on Mathematics Education, 39*, 225–233.

Varelas, M., Martin, D., & Kane, J. (2012). Content knowledge and identity construction: A framework to strengthen African American students' mathematics and science learning in urban elementary schools. *Human Development, 55*, 319–339.

Walshaw, M. (2013). Post-structuralism and ethical practical action: Issues of power and identity. *Journal for Research in Mathematics Education, 44*(1), 100–118.

Warren, B. (2011, September 2). County's infant mortality rate stirs plea. *The Commercial Appeal.*

Waters, D. (2012, December 2). [Three Rivers] community becomes lab for do or die experiment. *The Commercial Appeal.*

Yackel, E., & Cobb, P. (1996). Sociomathematical norms, argumentation, and autonomy in mathematics. *Journal for Research in Mathematics Education, 27*(4), 458–477.

학교 안과 밖에서의 수학학습: 연속성을 지향하는가 불연속성을 지향하는가? 16

Guida de Abreu
Oxford Brookes University, Oxford, UK

Sarah Crafter
Institute of Education, London, UK

서론

세계화 및 전례 없이 커진 이민 수준은 서구 사회 내에서 다문화 환경에 초점을 맞추는 것을 포함하여 학교 안과 밖의 수학학습 연구가 확대되어진 것에 부분적으로 관련이 있다. 이 새로운 초점은 종종 가정-학교 수학에 대한 연구의 범위에 들어간다(예, Andrews & Yee, 2006; Civil & Andrade, 2002; Civil & Menendez, 2011; Hughes & Pollard, 2006). 많은 서구 국가에서 이민은 학교 인구의 민족적, 문화적 구성을 현저히 변화시키고 있다. 학교 내의 이러한 다양성은 동질적인 단일 문화 그룹의 요구에 부응하기 위해 개발된 교육 시스템에 큰 도전이 되고 있다(Abreu & Elbers, 2005; Cole, 1998). 학교 안의 수학에서 서로 다른 문화적, 민족적, 사회적, 경제적, 언어적 집단 출신의 학생들의 경험과 성취에 관한 의문이 두드러지게 되었고, 따라서 이에 대한 논의의 필요성이 대두되었다(Abreu, 2014; Civil, 2008; Gorgorio, Abreu, Cesar, & Valero, 2005).

이 장에서는 학교 안과 밖에서의 수학적 관행(mathematical practice)에 대한 연구를 재검토한다. 학교 안과 밖의 수학적 관행의 문화적 성격에 대한 연구로부터 이러한 관행에 참여한 사람들의 경험을 이해하려는 현재의 연구에 이르기까지 연구의 진화를 추적한다. 관행에 대한 초점(예, 활동, 구성 방법, 이해 방법 및 구체적인 목적)은, 처음에는 학교 안의 수학과 학교 밖의 수학의 차이점을 발견하는 데 기여했으며, 이후에는 서로 다른 환경에서 학교 수학 관행의 다양성에 대한 통찰을 제공했다. 예를 들면, 학교 환경에서의 학교 수학은 가정 환경에서의 학교 수학과 다른 관행이다. 또는 이민 학생의 경우, 현지 국가의 학교 수학은 고국에서의 학교 수학과 다른 관행이다. 관행에 대한 참여자로서 학생, 교사, 학부모 등에 초점을 맞추면 그들이 서로 다른 수학적 관행들을 경험하고 그 관행들 사이에서 타협하는 방식에 대한 통찰을 얻게 된다. 우리의 주요 관심은 이러한 과정이 학교의 수학학습을 이해하는 데 미치는 영향을 조사하는 데 있다. 무엇이 학교 안과 학교 밖의 환경 사이에서 수학적 관행을 연속적으로 또는 불연속적으로 경험하게 하는가?

이 검토는 (비교) 문화 심리학의 발전이 수학적 인식, 학습 및 관행의 문화적 본질에 대한 우리의 이해에 어떻게 기여했는지에 대한 역사적 배경으로 시작된다. 그 후에 문화적 중재정신적 및 육체적 문화적 도구의 역할) 및 사회적 중재(제도, 사회적 상호작용 및 다른 유형의 사회적 과정들의 역할)의 과정을 고려하는 사회문화적으로 중재되는 과정으로 수학학습을 탐구하는 연구를 검토한다. 마지막으로 여러 사회적 및 문화적 관행에 대한 참여자로서의 사람에 초점을 두며 다문화 환경(심리적 차원에서 문화적 및 사회적 관행의 재건에서 개인의 역할)에 대한 최근 연구를 다룬다.

이 장의 구조는 수학교육의 문화 심리학에서의 움직임을 반영한다. 특정한 문화적 및 사회적 집단의 수학에 대한 이해에서부터 사회 문화적 관행에 대한 참여자로서의 사람에 대한 이해에 이르기까지, 이 움직임은 또한 문화가 심리적 발달에 끼치는 영향을 조사한 것에 대한 서로 다른 관점을 반영한다(Abreu, 2014). 이 분야의 초기 연구는 일상 생활에서의 수학을 조사했으며(Carraher, Schlicmann, Carraher, 1988; Rogoff & Lave, 1984) 집단과 공동체에서 공유된 문화적 관행에 초점을 두었다. 이 연구들은 수학적 지식의 서로 다른 체계(예, 학교 안과 밖에서 사용되는 측정 체계), 문제를 풀기 위해서 사용되는 전략 및 수학적 관행을 규제하는 사회적 규범과 같은 학교 안 수학과 학교 밖의 수학 사이의 근본적인 차이를 보여준다. "문화적 불연속성(cultural discontinuity)"은 학교 안과 학교 밖 수학학습 및 사용의 차이 및 불일치를 설명하기 위한 설명적 개념으로 등장했다.

최근의 연구는 문화적 차원과 사회적 차원 모두에서 수학적 관행의 "불연속성"을 인정한다. 그러나 불연속성은 분석의 중심이 아니고, "출발점"(dc Haan & Elbers, 2008) 또는 사람이 관행들 사이에서 전환을 경험하는 방식의 파열점이다(Abreu, Crafter, Gorgorio, & Prat, 2013). 이 관점은 문화의 역동적인 측면, 즉, 한 사람이 가정-학교 수학과 그것이 지식, 의미 및 정체성의 구축에 미치는 영향에 대한 경험과 같은 여러 수학적 관행에 대한 참여 및 실행을 경험하는 방식을 조사한다(Abreu, 2014; Anderson & Gold, 2006; Cobb & Hodge, 2002; Chronaki, 2005; Gorgorio & Abreu, 2009; Nasir & Cobb, 2002). 이것은 무엇이 가정 및 학교 수학과 같은 서로 다른 수학적 관행에 걸쳐서 연속성과 불연속성을 경험하는 데 기여하는지를 탐구하기 위한 보완적인 분석을 제공한다.

학교 안과 밖에서 수학의 문화적 성격에 대한 견해

학교 안과 밖의 관행에서 수학학습의 본질에 대한 통찰은, 초기에는 데이터 주도적이었고, 민족학적 유형의 설명에 기반을 두고 있었으며, 서로 다른 학문 분야들과 연계되어 있었다. 예를 들면, 사회 문화적 입장에서 문제에 접근한 두 분야는 민족수학교육(D'Ambrosio, 1985)과 발달 심리학

(Nunes, Schliemann, & Carraher, 1993)이다. [표 16.1]에서 볼 수 있듯이, 이 관점을 따르는 연구는 학교 밖의 수학학습을 분석할 때 보완적인 관점을 제공했다.

[표 16.1] 학교 밖 수학에 대한 두 관점

	민족수학교육 (D'Ambrosio, 1985)	발달 심리학 (Nunes et al., 1993)
분석의 수준	사회발생학적 수준: 여러 사회문화적 집단에서 수학의 역사학적 및 인류학적 분석.	개체발생적 수준: 특정한 사회문화적 맥락에서 수학을 학습하고 사용하는 것에 수반되는 개인의 심리적 과정 분석.
분석의 초점	사회정치적 질서와 개인의 학습 사이의 관계: 사회 집단이 특정한 형태의 수학의 속성으로 보는 가치가 수학의 전파와 유용을 중재하는 방법.	문화와 인식 사이의 관계: 특정한 문화적 도구가 어떻게 수학적 인식을 중재하는 방법.

예전에 명백히 구분되었던 이 초점들은 연구자들이 수학적 관행의 미시적 맥락과 거시적 맥락의 교차점을 볼 수 있는 방법을 모색함에 따라 이제 어느 정도 중복되고 있다. 따라서, 예를 들어 학습자가 기초적인 산술적[1] 합(예, 더하기와 빼기)에 대한 이해를 어떻게 발전시키는가와 같은 개체 발생 차원에서의 심리학적 분석도, 어떤 유형의 전략과 자원이 사회적으로 가치가 부여되고 교육 환경에서 촉진되는지(예, 수직선을 사용하여 합을 구하는 것)와 같은 사회 발생 차원의 이해를 필요로 한다.

문화 심리학 및 수학적 인식

수학적 사고와 문화의 관계를 이해하려는 노력은 인지 발달의 보편성을 시험하는 것에 대한 서양 과학의 관심과 다른 사회에서의 서구식 학교교육 스타일의 확장에 기인한다(Cole, Gay, & Glick, 1968). 후자는 초등 교과과정의 핵심 과목 중 하나로서 수학을 포함했다. Cole(1977, 1995)은 비교 문화 연구에서 그의 첫 번째 과제가 "왜 라이베리아 아이들이 수학학습에서 그렇게 많은 어려움을 겪는지 알아내는 것"이라고 말했다(Cole, 1995, p. 23). 그는 또한 그의 "대학원 교육은 미국 수학학습 이론의 전통을 따랐으며 그 당시에는 아마도 보편적인 학습 법칙 발견을 위한 기초를 제공하기 위해서 대수와 확률 이론을 사용했다"고 말했다. 이것은 약 40년 전의 일이었는데, 그가 고백하기로는 그는 "수학을 가르치는 것에 대해서 거의 알지 못했고 라이베리아에 대해서는 더욱 아는 것이 없었다"(Cole, 1995, p. 24). Cole과 그의 동료들은 곧 자신들의 지식과 방법에 회

[1] (역자 주) "arithmetic"은 맥락에 따라, '산수', '연산', '계산', '산술' 등의 뜻으로 사용된다. 이 장에서는 역자의 주관적 견해를 최소화하고자 대부분의 경우에 '산술' 또는 '산술적'으로 통일하여 사용함.

의적이 되었다. 참여자들로 하여금 대상을 분류하도록 요구한 분류 연구의 과정에서, 라이베리아 사람들은 과제가 그들에게 부여된 방식에 따라 서로 다른 분류를 사용하는 경향이 있다는 것을 알게 되었다.

Cole의 관찰 방법은 그가 미국에서 수학한 심리학 교육에 기반을 두고 이후 다른 문화적 맥락에 적용된 것인데, 이는 연구 절차의 부적절함을 드러냈다. 그러나 Rogoff와 Lave(1984)가 주의를 주었듯이, 이것이 문화적 집단 간의 차이가 단지 시험 또는 과제에서의 연구 절차의 부적절함이나 연구자와 참여자 사이의 의사소통의 어려움 측면에서 설명될 수 있다는 결론으로 비약하도록 허용하지는 않는다. 이러한 설명들은 수행의 차이를 "표시(display)"(Shweder, 1990)의 차이로 축소하고 이상적인 시험 환경에서는 차이가 없어질 것이라는 것을 전제로 한다. Cole과 그의 동료들은 이러한 차이점이 관행에 대한 중재자로 사용되는 도구와 연관될 수 있다는 것을 확인했다. 놀랍게도 차이점은 사용 가능한 도구뿐만 아니라 도구 자체의 보다 복잡한 구성과도 연관이 되어 있었다. 손 한 뼘과 발 길이는 미국과 라이베리아의 크펠레족에서 모두 사용되는 도구였다. Cole과 그의 동료들이 손 뼘과 다리 길이로 길이를 추정해야 하는 작업에서 미국인과 크펠레족을 모두 테스트했을 때, 두 집단이 두 도구 모두에 익숙함에도 불구하고 미국인들이 과제를 더 잘 수행했다. 추가 분석에 따르면 두 집단 모두 이 길이 측정에 익숙했지만 크펠레족은 한 체계에서 서로 다른 척도들을 연관시키지 않기 때문에 이 과제를 완수하는 데 큰 어려움을 가졌다. 대조적으로, 미국인들은 척도들 사이에서 변환할 수 있게 하는 인치, 피트 및 야드와 같은 잘 연관된 체계들에 익숙했다. 이런 유형의 관찰은 산출에 대한 연구를 과정에 대한 연구로 전환해야 할 필요성을 보여주었다. 이러한 전환이 비교 문화 심리학(cross-cultural psychology)에서 문화 심리학(cultural psychology)으로의 이동의 핵심에 있다(Cole, 1995).

문화 심리학의 주요 지지자들(Stiegler, Shweder, & Herdt, 1990 참조)이 공유하는 기본적인 주장은 그러한 관점의 채택이 인간 심리적 기능의 다양성을 설명 할 수 있는 가능성을 제공한다는 것이다. 물론 집단들과 개인들 간의 차이를 이해하는 것은 심리학의 핵심이었지만 주류 접근방법은 마음의 보편성과 능력, 속성, 형질 등의 존재 또는 부재에서 그 차이의 출처를 찾는다. 문화 심리학은 사회 문화적으로 특정적인 경험에서 다양성의 원천을 찾는다. 문화 심리학 접근방법의 지지자들은 다양성을 이해하는 것은 개인, 사회 및 문화 간의 상호작용에 주의를 기울일 것을 요구한다는 견해를 공유한다.

이러한 식견들이 학교 밖에서의 수학학습에 대한 심리학적 접근에서 새로운 시대의 시작이 되었다. 새로운 이론적 및 방법론적 기초는 1980년대에 브라질의 Nunes와 그녀의 동료들에 의해 수행된 일련의 "길거리 수학" 연구와 같은 새로운 연구 과정의 출현을 가져왔다(Carraher 등, 1988; Nunes 등 1993). "일상생활의 인지", "상황적인 인지" 및 "학교 안과 밖에서의 수학학습"에 대한 연구가

1980년대에 번창했고 영향력 있는 연구가 발표되었다(예를 들면, Lave, 1988; Rogoff & Lave, 1984; Saxe, 1991 참조). 이 분야에서 연구하는 심리학자들에 대한 주요 영향은 Vygotsky(1978)의 문화 중재의 관점이다. 이 관점은 특정한 사회적 관행에서 수학적 행동과 사고를 중재하는데 있어서의 도구나 인공물의 역할을 이해하는데 적용되었다(Resnick, Pontecorvo, & Saljo, 1997).

학교 안과 밖의 맥락에서 수학학습에 대한 문화적 영향에 대한 조사에는 두 가지 구별되는 단계가 있다. 첫 번째 단계에서, 학자들은 다른 나라로 여행하여 외국인들의 수학적 사고와 학습을 조사했다. 항상 명시되지는 않았지만 이 여행은 종종 정치적인 동기에서 시작되었다. 두 번째 단계는 연구자들이 귀국하는 것을 수반했다. 이것도 해외에서 얻은 교훈이 자국 내 다양한 집단의 학습에 도움이 될 수 있다는 것을 깨달은 연구자 자신으로부터 온, 정치적인 동기가 부여된 측면이 있었다.

비 서구 문화에서의 학교 밖 수학 연구

학교 밖 수학에 대한 선구자적인 연구의 일부는 비 서구 문화에서 수행되었다(Brenner, 1983; Gay & Cole, 1967; Lave, 1977; Pettito & Ginsburg, 1982; Saxe, 1982; Saxe & Posner, 1983). 이러한 연구는 이제 문화적 차이가 심층적 인지의 차이와 반드시 관련이 있는 것은 아니라는 심리학자들의 깨달음을 고려하여 큰 이정표로 여겨질 수 있다. 그들은 또한 심리학자들이 자신들의 연구 방법론을 재고하도록 설득했다. 연구자들은, 개인이 다른 환경으로 이동하는데 학교 지식을 참고하는지 여부를 조사하기 위해 과제를 만들어 내는 대신, 학교 밖의 상황에서 민속학적 관찰을 수행했다. 이 연구들에서는 몇몇 전통적인 비교 문화적 개념과 함께 학교 밖 수학에 대한 연구의 새로운 시대를 나타내는 도제식 교육, 다른 산술 체계 및 전략과 같은 새로운 요인들의 출현을 볼 수 있다. 또한 예기치 않은 발견이 학교 안과 학교 밖에서의 수학적 사고와 학습을 설명하는 데 사용된 주요 요인들에 대한 견해에 어떻게 영향을 주었는지를 확인할 수 있다. 영향을 받은 핵심 요인들 중에는 전이의 관점과 구체적인 이분법 대 추상적인 이분법(즉, 수학적 인지와 학습에 대한 보편적이고 문화의 영향이 없는 관점과 연관된 아이디어)이 있다(Nunes, 1992b).

비 서구 문화권에서의 학교 밖의 관행은 학교 관련 기술(skills)의 전이에 관한 실증적 시험에 적합한 환경을 제공했다. 이러한 환경에서 연구자들은 학교에 대한 노출이 전혀 없는 사람들부터 고급 수준까지 학교에 대한 노출 정도가 서로 다른 사람을 쉽게 찾을 수 있었다. 이 상황은 또한 특정한 기술 및 전문직에 필요한 수학적 기술을 습득하는 것이 종종 도제식 교육에 포함된다는 것을 의미했다. 같은 집단 내에서 직업 기술 수준과 학교 교육 수준면에서 모두 다른 사람들을 찾을 수 있었다. 여러 연구자들이 이러한 자연적으로 발생하는 상황을 이용하여 학교교육이 인지 발달에 미치는 영향을 조사했다(Greenfield & Lave, 1982).

모범적인 예는 라이베리아의 몬로비아에 있는 재단사들에 대한 Jean Lave의 연구이다. 인류학자로서, 그녀는 몇 달 동안 일류 재단사와 견습생 재단사의 작업을 관찰했다. 그동안 그녀는 양복 바지의 허리 길이를 인치 단위로 계산하는 것과 같은 재단사가 사용하는 산술법을 가까이에서 관찰할 수 있었다. Lave는 이러한 지식을 이용하여 학교 교육과 양복 재단이 수학적 기술에 미치는 영향을 연구하는 전략을 개발했다. 그녀의 전략은 양복 재단이나 학교 교육의 관행에 익숙한 정도에 따라 다르게 수행되는 산술 과제를 고안하는 것으로 구성되었다. 또 그 후에 그녀는 두 측면에서 구별되는 재단사들에게 과제를 적용했다. (1) 전혀 없음 부터 10년까지의 학교 교육, (2) 몇 개월에서 25년까지의 재단 경험. Lave는 구체적인 효과를 관찰했다. 학교 교육은 학교 위주 업무 수행에 더 기여했고, 재단 경험은 재단 위주 업무 수행에 더 기여했다. 이러한 발견을 근거로 Lave는 "학교 교육이나 재단 기술 모두 통상적으로 적용되는 상황을 훨씬 넘어서 일반화되는 것은 아닌 것처럼 보인다"(Greenfield & Lave, 1982, 199)는 결론을 내렸다. 이 연구는 학교 교육이 관행을 가로질러 전이되고 일반화 할 수 있는 일반적인 인지 효과를 가지고 있다는 견해에 대한 도전의 출발점일 뿐이다(Lave, 1988).

민족학적인 접근방법을 따르는 연구는 인지 전이의 관점에 도전하고 수학적 인지 분석에 문화적 관행을 포함하는 것이 복잡하다는 것을 입증했다. Saxe(1982, 1991)는 27군데 신체 부위를 이용한 수세기 방법을 사용하는 파푸아 뉴기니(Papua New Guinea)의 원주민 집단인 오크사프민족(Oksapmin)을 연구함으로써 문화적 관행이 인지에 미치는 영향을 보여주었다. Saxe의 분석에 따르면 학교 교육 및 통화와 같은 서양식 관행의 도입은 수학적 인지에 영향을 미쳤다. 예를 들면, 그는 상업 활동 참여가 거의 없는 사람들은 신체 부위를 사용한 전통적인 수세기 방법을 계속 사용하는 반면, 경제 교류에 적극적으로 참여한 사람들은 신체 부위와 수치 표현을 결합한 혼합된 수세기 법을 사용하는 것을 발견했다.

그가 20년 후 다시 오크사프민족을 관찰한 연구는(Saxe & Esmonde, 2005) 문화적 관행, 즉 경제적 교류의 변화가 새로운 형태의 수학적 인지와 관련이 있음을 보여주는 초기 결과를 뒷받침한다. fu 개념의 의미에 대한 변화가 한 예인데, 이 단어는 "많은 양의 완전한 것"을 의미하는 집약적인 수량사로 사용되던 것으로부터 "한 수치적인 값의 두 배"로 사용되는 것으로 바뀌었다. Saxe의 연구는 조직된 문화적 관행에 참여하는 것과 수학적 인지의 발전 사이의 상호관계를 보여주는 것에서 독특하다. 학습자들이 자신들의 일상 생활인 학교 밖의 관행과 다른 학교 관행에 노출될 때 Saxe의 관찰이 어느 정도 복제될 수 있다고 가정 할 수 있다. 그러나 표준화 된 측정법에 기반한 가장 일반적인 방법론적 접근방법에서는 "개인이 현지 조건에 대해 창조하는 보이지 않는 인지 적응"을 만들어 낼 가능성이 매우 높다(Saxe, 2012, p. 235).

서구 사회의 맥락에서 일상적인 수학

비 서구 문화에 대해 얻은 식견은 연구자 자신의 문화에서 학교 밖의 연구를 고무시키는 결과를 낳았다(Andrews & Yee, 2006; Baker, Street, & Tomlin, 2006; Carraher, Carraher, & Schliemann, 1982; Lave, 1988; Masinglia, 1994; Murtaugh, 1985; Scribner, 1984; Winter, Salway, Yee, & Hughes, 2004). 예를 들면, 미국에서 실시한 Lave의 성인 수학 프로젝트에 대한 연구에서는 학교 시험 성적(평균 59% 정답률)과 슈퍼마켓에서의 계산 성적 (98%) 사이의 뚜렷한 대조를 보였다. Lave(1988)에 따르면, 핵심 쟁점은 "일상"의 해석이다. 그녀는 "과학적 사고와는 대조적으로 그 정의에서 나오는 부정적 어감을 갖는 '일상'이라는 표현이 무겁게 느껴지는"(p. 14) 기능주의적 관점(functionalist view) 과 "일상적 세계는 단지 매일, 매주, 매월 활동의 순환에서 사람들이 하는 것"(p. 15)이라는 실천 이론적 관점(practice theory view)을 구별했다. Lave의 관점에서는 "학교"는 일상 환경의 한 유형이며, 다른 모든 환경과 마찬가지로 수학적 과제의 성공과 실패는 단지 인지 전략의 측면에서보다 사람들, 그들의 활동 및 상황 간의 관계에 대한 측면에서 가장 잘 이해할 수 있다.

Arcavi(2002)의 "일상"이라는 개념에 대한 조사에서는 "누구를 위한 일상인가?"(p. 13)라는 질문을 했다. 그는 "일상"은 수학이 이루어지는 상황과 실행에 달려 있다고 제안했다. 때로는 상황 때문에 활동이 수학적으로 인식되지 않을 수도 있다. 그는 또한 학문적 수학 환경에서 "일상"과 "현실적인" 수학화(예, 문제해결)를 찾아봄으로써도 "일상성"의 맥락을 이어갈 수 있다고 제안한다.

수학적 사고와 학습의 문화적 중재

서로 다른 관행에서의 서로 다른 도구들

수학적 과제에서의 성과가 학교 안과 밖의 상황과 같은 관행의 맥락과 관련이 있다는 것을 규명한 후에, 연구는 계속해서 여러 가지 수행 결과와 연관되는 인지적 및 사회적 과정을 탐구했다. 예를 들어, Terezinha Nunes와 그녀의 동료들(Carrahcr 외, 1982; Nunes, 1992a, 1992b; Nunes & Bryant, 1996)은 브라질의 길거리 아이들이 사용하는 수학을 조사하면서 다음과 같이 설명한 과정에 대해 다시 생각했다. "어떻게 동일한 아동들이 명백하게 유사한 문제에 대해 말로 할 때와 쓰면서 할 때에 따라 다른 성적을 내는가?" "구두"와 "서면" 산술에 대한 그들의 신중한 조사는 두 가지 형태의 주요 차이점을 밝혀냈다. 구두 산술은 (i) 숫자의 상대적 값을 유지한다, (ii) 우리가 말하는 순서, 큰 숫자부터 작은 숫자로 가는 순서로 진행된다, (iii) 서로 다른 값을 다루고 조정하는 것과 같이 서로 다른 유형의 조작을 허용한다, (iv) 상황의 의미를 유지한다. 서면 산술은 (i) 숫자의 상대적인 값을 필요할 때까지 생각하지 않는다, (ii) 대개 우리가 말하는 순서의 반대 순서를 따른다, (iii) 주어진 숫자는 문제해결에서 엄격하게 고수된다, (iv) 상황의 의미를 생각하지 않는다. Nunes의 분석을 통해, 서면 및 구두 계산 모두에서 나타나는 흔한 오류는 생각의 기능뿐만 아니라 본질적으로 표현 체계의 특정 조직-사람의 수학적 행동을 중재하는 도구에도 연관된다는 사실이 강조되었다. 문화적 관행은 사람이 수행 할 수 있는 수학적 연산을 확장하기도 하고 제한도 하는 도구를 제공한다(Nunes, 1992b; Nunes & Bryant, 1996).

인도에서 진행 중인 Bose와 Subramaniam(2011)의 연구는 이 접근방법이 서로 다른 관행에서 동일한 사람들의 서로 다른 수행을 이해하는 데 여전히 매우 중요하다는 것을 보여준다. 그들의 연구에서 그들은 뭄바이의 넓은 저소득층 지역에 위치한 학교에서 중간 성적 등급의 학생들의 일상적인 수학 지식과 경제 활동 참여의 성격과 범위를 탐구하고 특징짓는다. 그들의 연구 결과는 학생들이 많은 자릿수의 숫자가 포함된 통화에 대한 산술 연산을 하는 것을 포함하여 "일상 수학에서" 통화 취급에 대한 견실한 지식을 습득했다는 것을 보여준다(Bose & Subramaniam, 2011). 그러나 브라질에서 수행된 연구(예, Nunes 등, 1993)와 유사하게, 구두 전략을 다루는 학생들의 능력은 서면 방법을 사용할 때보다 나았다. 이러한 연구 결과는 공식적인 학교 시험 같은 시험에 직면하더라도, 일상의 의미를 숫자에 대입하여 이치에 맞게 하려고 한 노점상에 대해 수행된 레바논에서의 연구 결과와도 일맥상통한다(Jurdak & Sharhin, 1999).

Subramaniam과 Bose(2012)의 또 다른 발견은 일상적인 가정 기반 활동에서 측정할 때 사용되는 방법과 단위가 다양하다는 것이다. 대조적으로, 그들은 "현대 인도의 수학 교과서에서 이 다양성은 발견되지 않고 단지 표준 단위들을 자 또는 저울과 같은 표준 측정 도구를 사용하여 가르친다"(p. 1982)라고 보고한다. 그들은 "탈 수학화(demathematization)"의 개념으로 왜 학교 밖 상황에서의 비공식적인 관행에서 사용되는 수학이 학교 교육과정에 포함되지 않는지를 설명 할 수 있다고 제안한다. 두 가지 예 (즉, 통화와 측정) 모두에서 일상의 맥락이 학생들을 다양한 문화적 도구에 노출시킨다는 것은 명백하다. 저자들은 그들의 연구에서 학생들이 일상과 학교 수학 사이의 전환을 경험하는 방법에 대한 조사가 여전히 탐구되어야 함을 인정한다. 그러나 그들의 견해로는 현재의 교과서에서의 측정에 대한 제한적인 관점이 학생들이 학교에서 배우는 것과 학교 밖에서의 측정에 대한 풍부한 경험 사이의 연계성을 알기 어렵게 만들 수 있다.

이러한 증거는 경험적 자료의 분석과 Vygotsky의 심리학적 기능의 문화적 중재라는 관점 사이의 연결을 허용한다. 이 관점 내에서 연구의 중심적 초점은 특정 사회 관행에서 사용된 도구 또는 인공물이 무엇인지, 그리고 수학적 행위와 사고를 중재하는 그들의 역할을 이해하는 데 있었다. 정신적 도구와 같은 표상 체계들은 물리적 환경에서 연산하는 데 사용되는 도구와 일부 속성을 공유하는 것으로 볼 수 있다. 예를 들어, 운송수단으로 자전거를 이용하는 것은 자동차를 이용하는 것과는 다른 방식으로 그 행위를 형성한다. 유사하게, 수학적 문제를 푸는 수단으로 구두 산술을 사용하는 것은 서면 방법을 사용하는 것과는 다른 방식으로 그 행위를 형성한다.

문화적 도구의 독특한 사용

앞에서 언급한 이론적 진보의 대부분은 노상 판매, 농사 및 목공과 같은 전통적인 학교 밖의 관행 안에서 수행된 연구에서 비롯되었다. 또한 이러한 연구에서는 전체 공동체에 적용되는 패턴을 설명하는 경향이 있었다. 이것은 개별적 다양성이 어떻게 나타날 수 있는지 설명할 필요가 여전히 있음을 의미한다. Abreu는 그녀의 사탕수수 농부 연구를 재고찰 하면서 이 문제를 탐구했다. 1995년과 1998년 사이에 그녀는 브라질 북동부의 사탕수수 농부들의 수학의 사용과 이해에 대한 조사를 했다(Abreu, 1998b, 1999). 이 연구에 참여한 그녀의 동기는 왜 농부들이 현대 기술을 적용하는데 어려움을 겪는지에 대한 이해를 얻는 것이었다. 이론적으로 또 방법론적으로, Abreu의 연구는 소위 일상 인지 접근법(Rogoff & Lave, 1984)과 사회 문화적 도구의 내재화로서의 수학학습에 대한 Vygotski의 관점에 바탕을 두었다.

Abreu(1998b, 1999)는 민속학적 접근법을 사용하여 농부들이 사용하는, 학교 수학과 다른 특유의 수학을 기술했다. 예를 들면 그들은 특정한 길이 및 넓이 척도, 넓이 계산 공식, 그리고 덧셈 및 곱셈 구조를 가지는 합계를 구하기 위한 다양한 구두 전략을 가지고 있었다. 또한 농부들이 사용하는 전략에 대한 인터뷰 결과에서 특정 도구를 사용한 경험이 그들의 인지를 중재하는 방식을 밝혀냈다. 농부들 간에 도구 사용의 유사점에 집중함으로써 도구의 독특한 사용을 보여주는 증거는 간과되었고 그 이면의 메커니즘은 탐구되지 않았다. 이 분석은 개인 수준의 발전을 다루지 않았다. 그럼에도 불구하고, 이러한 후자 유형의 분석은 유사한 문화적 관행 내에서 개인 간의 다양성의 근원을 명확하게 밝혀낼 수 있다.

데이터를 회고적으로 살펴보면, 농부들이 문화적 지식을 재구성하는 두 가지 구별되는 패턴을 볼 수 있다. 예를 들어, 사각형 또는 삼각형 모양의 토지 면적을 계산하는 절차를 재검토하면 하나 이상의 패턴을 볼 수 있다. 가장 보편적인 패턴으로, 농부들은 전통적인 관례를 사용했다. 예를 들면, 삼각형 토지의 면적은 마주보는 두 변의 평균에 나머지 변의 길이의 1/2을 곱하여 구했다{면적=[(a+b)/2]×(c/2)}. 이 패턴을 따르는 사람들의 경우에는 개인적 지식이 전통적인 문화 지식을 반영한 것처럼 보이는데 이는 심리적 차원에서의 그 사회 관례의 재구성에 대한 진정한 Vygotski식 설명이다. 덜 흔한 패턴은 보다 복잡한 과정을 나타내는 것처럼 보인다. 예를 들면, 농부들 중 한 명은 전통적 절차를 따르는 대신에 삼각형의 변들 중 하나에 작은 변 길이의 1/2을 곱했다{면적=[b×(a/2)]}. 왜 "마주보는 변들"의 평균을 구하지 않았는지 물었을 때 그는 그렇게 할 수 없다고 말하면서, 가장 큰 변은 사각형의 대각선과 동등한 것으로 볼 수 있고 그래서 그 변을 공식에 사용하면 삼각형의 면적을 과대 측정하게 될 것이기 때문에 무시했다고 설명했다(Abreu, 1998b). 이 패턴에서 독특함이 나타난다. 개인적인 지식은 문화적 지식에 기초를 두었지만 그 복제가 아니다. 삼각형의 대각선에 대한 언급 또한 그 독특한 해법이 농업 관행에서 얻은 지식과 학교 관행에서 얻은 지식을 결합한 혼합 형태일 수 있다는 것을 시사한다. 이 패턴은 Saxe가 수행한 새로운 관행에 노출이 인지에 미치는 영향에 대한 관찰과 일치한다.

관행들 사이의 이동에서 도구의 사용

어떤 사람이 한 관행에서 배우는 것이 항상 다른 관행으로 이동되는 것은 아니라는 증거는 자동적 인지 과정의 측면에서의 전이에 대한 전통적인 설명에 의문을 제기하는 것을 가능하게 한다. 그러나 사람들이 관행 사이를 오간다는 것과 지식의 사용 사이에 중복이 관찰되는 경우가 있는 것도 사실이다. 몇몇 연구자들은 연구에 발달 수준을 사용하여 이러한 이동을 설명하는 것이 중요하다고 주장했다(Abreu, 1998a; Saxe, 1991; Van Oers, 1998). Saxe(1991)는 브라질 사탕 판매인들(6세에서 15세 사이의 소년들)의 조사에서 발달 문제를 다루었다. 그의 연구는 구조화된 인터뷰를 통해 사탕 판매에서 사용하는 특정 수학이 설명되고 제시되는 민속학적 관찰을 포함했다. 한 사례로 어린이들이 소매 판매를 위한 사탕 가격을 어떻게 결정하는지 조사했다. Saxe는 더 어린 아이들은 다른 사람들(도매 점원, 부모 또는 또래)에 의지할 확률이 높았으며, 나이가 더 많은 아이들은 계산을 직접 수행한다는 것을 관찰했다. 계산을 한 아이들 중 대부분은 관행과 연관된 전략을 사용하는 것을 관찰했다. 그러나 일부 아이들은 학교와 연관된 전략을 사용했는데 이 전략은 사실은 관행과 학교 기반의 수학의 사용을 모두 포함한다는 것도 관찰했다. Saxe의 발달적 접근 방법은 학교 밖과 안의 수학적 관행 사이의 이동을 개념화 할 수 있는 방법에 대한 두 가지 새로운 식견을 제공했다. 첫 번째는 이러한 이동(transition)을 지식의 점진적인 사용과 특별한 형태를 통해서 시간이 가면서 형성되는 구성적 발달 과정으로 간주하는 것이다. 두 번째는 이러한 이동을 사회적으로 지원되는 과정으로 간주하는 것이다.

Saxe의 통찰은 많은 이민자 학교 학생들의 경우처럼 서로 다른 학교 수학 관행 사이의 이동 과정에 있는 학습자를 이해하는 데 적용될 수 있다. 이동 과정의 사회 발달적 성격은 카탈로니아에 있는 중등학교의 이민자 학생인 펠리페에 대한 사례 연구 분석에서 관찰된다(Abreu 외, 2013). 칠레에서 펠리페는 수학을 좋아했으며 그 과목을 잘하는 우수한 학생으로 여겨졌다. 이것은 그가 학교 수학 평가에서 실패한 순간까지 카탈로니아에서 자신에 대해 계속 가지고 있었던 자아상이었다. 이 단계에서 펠리페는 다른 많은 이민자 학생들처럼 수학 연산과 전략이 그가 칠레에서 경험했던 것과 같지 않다는 것을 발견하고 놀랐다. 인터뷰 당시 펠리페는 그에게 일어난 일에 대해 이해하려고 노력하면서 시간(발달 과정)과 중요한 사람들(사회적으로 지원되는 과정)의 중요성에 관해 이야기했다.

되돌아보면, 펠리페는 두 가지 방식으로 시간의 중요성을 강조했다. 첫째는 무엇이 일어나고 있는지, 그리고 그것이 그의 학교 생활에 어떤 영향을 주었는지 알게 되는데 걸린 시간이다. 그의 수학 성적으로는 대학 진학이 불가능해 보였다. 둘째는 초기 단계에서 그가 차이점을 인식하고 문제를 다루도록 도움을 주기 위해서 부모와 교사가 할 수 있었던 역할이다.

수학적 관행들 사이의 이동을 경험하는 사람들을 위한 문화적 도구의 사용에 대한 초점은 다음과 같다. (i) 참여자가 서로 다른 수학적 관행에 참여하는 것은 수학적 인식에 대한 시사점(예를 들면, 새로운 혼합된 전략의 개발)을 갖는다. (ii) 이러한 관행은 사회적으로 조직되고, 한 사람이 수학 지식을 사용하는 방식에 중요한 사람들이 영향을 준다. (iii) 수학적 인지에서의 이동은 구성적 발달 과정으로서 발생한다. (iv) 학교 수학은 맥락에 따라 구별되는 여러 세부적인 "학교 수학적" 관행으로 더 잘 개념화된다는 것을 보여준다. 마지막 초점은 학교 밖 수학에 관한 연구의 식견을 통해 현재의 세계화되고 다문화적인 사회에서 (예를 들면, 학습자들이 학교에서의 학교 수학과 가정에서의 학교 수학 사이의 이동 및 고국의 학교 수학과 현지 국가의 학교 수학 사이의 이동과 같이 서로 다른 학교 수학 사이의 이동을 경험하는 것이 흔한) 수학학습을 이해할 수 있게 한다.

수학학습의 사회적 중재

앞에서 설명한 바와 같이 학교 밖 수학에 관한 연구는 비교 문화 심리학에서 비롯되었으며, 이러한 연구가 사회의 영향이 초기에 탐구되는 방식을 형성한 것처럼 보인다. 첫째, 서로 다른 문화권에서 다양한 학교 밖 관행에 대해 수행된 연구는 수학적 도구의 사용과 사회 문화 및 제도적 맥락 사이의 연계성을 시사했다. 둘째, 생각하는 데 사용되는 도구들은 문화적이라는 관점은, 부모-자녀, 교사-학생, 또는 전문인-견습생과 같이, 지식이 더 많은 사람과 지식이 적은 사람 사이의 비대칭적인 사회적 상호작용에 대한 관심을 만들었다. 우리는 먼저 이 두 가지 초점에 대한 몇 가지 주요 연구를 검토한 다음 거시 사회적 수준에 대한 변화의 영향을 탐구하겠다.

사회 기관의 중재 역할

도구를 사용하는 것이 관행의 맥락과 관련이 있다고 제안한 학교 밖 수학에 관한 일련의 연구에서, 연구자들은 이러한 아이디어를 공식적인 제도적 맥락에 적용할 수 있는지 탐구했다. 문화적 측면에 관한 연구는 활동(예, 양복 재단, 학교 교육, 판매)과 관련된 맥락에 따른 인지를 다루었으며 사회적 측면에 관한 연구는 이러한 활동이 이루어지는 사회 제도와 관련된 문제를 다루었다. 이러한 연구들의 예는 Saljo와 Wyndhamn(1993)과 Schubauer-Ixoni(1990)이다. 두 연구 모두 수학 교실 안과 수학 교실 밖의 학업 성취를 비교함으로써 학교 안의 서로 다른 상황에서 그 아이디어의 적용 가능성을 조사했다. Saljo와 Wyndhamn의 연구에서 스웨덴 학생들은 우편 요금 문제를 해결할 때, 과제가 제시된 상황에 따라 서로 다른 전략을 사용하는 것으로 나타났다. 수학 수업의 맥락에서 학생들 중 57%가 어떤 유형의 계산을 시도했다. 그러나 사회 수업에서는 29%만이 계산을 했다. 이 상황에서는 대부분의 학생들이 우편요금표를 읽어 가면서 답을 찾았다. Schubauer-Leoni와 동료들은(Schubauer-Leoni, 1990; Schubauer-Leoni & Perret-Clermont, 1997)은 8~9세의 스위스 어린이들이 시험보는 상황에 따라 덧셈 문제를 푸는데 다른 방법들을 사용하는 것을 발견했다. 교실 밖에서 시험을 보았을 때에 34명 중 3명의 학생만이 전통적인 산술 표기법을 사용한 반면 교실에서 시험 보았을 때는 39명 중 17명의 학생이 그 산술 표기법을 사용했다. 사용 가능한 문화적 인공물이 비슷했기 때문에, 문제풀이방법의 차이점은 "다수의 장르"와 관련이 있다고 가정 할 수도 있다(Minick, Stone, & Forman, 1993). 수학은 언어와 마찬가지로 과제가 해석되는 방식의 함수로 여러 가지 용도를 제공했다. 아동에게 활동이 제시되었던 교육기관의 장소는 과제의 해석을 위한 다양한 틀을 제공하고 그들에게 도구의 선택을 허용했다. 이러한 발견들은 공동체 및 서로 다른 관행들 간에 걸친 수학 지식의 사용에 있어서의 연속성과 불연속성에 대한 이해에 또 다른 차원을 더한다. 그 발견들은 교육 기관의 두서없는 관행(Walkerdine, 1988)이 수학 지식의 사용을 규정하고 결과적으로 개발 패턴을 규정한다는 것을 시사한다.

사회적 상호작용의 중재 역할

학습에서 사회적 상호작용의 영향이 사회 문화 이론의 주요 연구 노선들 중 하나이지만, 수학학습의 실증적 연구의 대부분은 통제된 실험 상황이나 교실에서 수행되었다(Cobb, 1995; Forman, Larreamendy-Jocrns, Stein, & Brown, 1998; Schubauer-Leoni & Perret-Clermont, 1997). 따라서 학교 밖의 관행에서의 수학적 지식의 전달과 사용에 특정적인 사회적 상호작용에 대한 분석은 드물다(Hyde, Else-Quest, Alibali, Knuth, & Romberg, 2006; Saxe, 1996; Vandermaas-Peeler, Nelson, Bumpass, & Sassine, 2009).

Saxe, Guberman, Gearhart(1987)는 뉴욕 브룩클린에 거주하는 백인 가정의 수 관행을 연구함으로써 학교 밖 수학에서의 사회적 상호작용에 대한 상세한 분석을 소개했다. 그들은 2.5세에서 4세까지의 어린 자녀를 둔 노동자 계층과 중산층의 가족들을 표본 추출했다. 이전의 연구는 이 나이의 아동들이 어느 정도 기본적인 수학 지식을 구성한다는 것을 밝혀냈지만, 이 아동들이 지식을 습득하는 데에 영향을 준 문화 적응 과정은 다루어지지 않았다. Saxe와 동료들의 연구는 그 아동들의 어머니와의 심층 인터뷰를 통해서 가정에서의 초기 수 관행에 대한 사회적 구조화를 밝혀냈다. 이러한 관행들은 연령과 계층 차이를 고려하여 조직되었다. 예를 들면, 어린 아동들은 덜 복잡한 활동을 하는 경향이 있는 반면, 더 나이가 많은 아동은 좀 더 복잡한 활동을 했다. 또한 비디오로 녹화된 어머니-자녀의 상호작용에 대한 분석은 이 과정의 변증법적 성격을 밝혔다. “어머니들은 자녀의 이해와 과제 관련 성취에 따라 목표에 관련된 지시를 조정하고 있었고 아동들은 어머니의 과제 조직 노력에 따라 자신들의 목표 지향적인 활동을 조정하고 있었다(Saxe, 1996, p. 292)”.

학교 밖에서의 아동의 수학적 인지 발달에 기여하는 관행의 구조화에 가족이 영향을 준다는 것은 Guberman(1996)의 브라질 가정연구에서도 나타났다. 브라질의 노동 계급 가정 출신의 어린이들은 종종 상업적 매매를 한다. 이를 고려하여 Guberman은 4~14세 브라질 아동의 부모를 관찰하고 인터뷰했다. 그는 학부모가 구매 과제에서 자녀에게 부여된 책임의 정도를 조정함으로써 자녀의 수학학습을 어떻게 구성했는지를 탐구했다. 그의 연구 결과는 산술적 복잡성이 증가하는 것에 따라 구매 과제에 대해 4가지 수준의 참여가 있음을 밝혔다. 예를 들면, 수준 1에서 아이는 구매에 필요한 정확한 금액을 받는다. 수준 2에서 아이는 정확한 금액이 주어지지 않고 잔돈을 받도록 지시 받는다. 수준 3에서 아이는 잔돈을 확인하도록 요구 받는다. 수준 4에서 아이는 구매 비용을 계산하도록 기대된다. Guberman은 “부모와의 직접적인 언어적 상호작용과는 거리가 먼 활동에서도 아이들의 학습은 종종 부모에 의해 조정된다”고 결론지었다(p. 1621).

Saxe와 Guberman이 연구한 수학 역량의 유형은 종종 **비공식 수학**(informal mathematics)으로 불려왔다. 게다가, 몇몇 저자는 “이 비공식 수학의 대부분은 성인에 의한 지도가 없을 때 발전할 수 있다. 사실 많은 성인들은 그들의 어린 자녀들이나 학생들이 이 분야에서 얼마나 많이 알고 있는지를 알고 놀랐다”고 주장한다(Ginsburg, Choi, Lopez, Netley, Chao-Yuan, 1997, p. 165). 그러나 Saxe와 Gubernun의 연구 결과는 공식적인 교육의 부재를 아동의 수학적 개념 발달을 지원하는 사회적으로 조직된 활동의 부족과 혼동해서는 안 된다고 제안한다. 사실상, 어른들은 자신의 학교 밖 활동에서 수학의 사용을 수학적이라고 정의하지 않는 것과 같이 아이들의 관행을 수학적이라고 정의하지 않는다(O’Toole & Abreu, 2005 참조). 그러나 체계적인 연구에서는, 지역 관행에서의 새로운 세대를 구조화하고 지원하는 데 성인과 더 우수한 또래가 중재 역할을 한다는 것이 나타난다.

가정에서의 수학학습과 관련된 부모-자녀 상호작용을 탐구하는 기초 연구의 필요성은 문헌에 언급되어 있다. 예를 들면, Hyde 외(2006)는 “부모는 미국 아동의 수학 능력을 향상시키기 위한 대체로 미개발된 자원(untapped resource)”(p. 136)이라고 주장한다. 가정 수학 관행과 관련 연구에서 사회 문화적 접근방법의 중요성은 주로 백인 어머니들에게 적용되었는데 소수민족 부모들은 다를 수 있기 때문에 저자들은 이것을 한계로 인정한다. 그러나 그들의 주요 연구 결과는 실제로 다른 문화 집단을 대상으로 한 연구의 결과를 반영한다. 즉, 어머니가 자녀와 상호작용하는 방식은 수학적 지식과 자신감에 영향을 받는다. 우리의 연구에서 수학학습에 대한 사회 문화적 접근을 보다 잘 반영하는 개념인 수학적 정체성의 일부로서 자신감을 언급하기도 했다(예, Abreu, 1995; Crafter & Abreu, 2010). 실제로 Newton과 Abreu(2014)의 최근 연구는 어떻게 정체성의 개념이 부모가 자녀와 상호작용하는 방식에 대한 새로운 식견을 제공할 수 있는지를 예로 보여준다. 대화형 자기 접근법을 사용한 Newton의 분석에서는, 부모의 수학적 정체성은 "자기"(부모)와 "타인"(자녀)의 위치를 정하는 형태에서 부모-자녀의 상호작용 동안의 수학적 활동에 영향을 미치는 것으로 나타났다. 그의 연구에 의하면, 수학적 활동을 결정하는 데 부모의 수학적 정체성보다 부모가 자녀의 수학적 정체성을 어떻게 인식했는지가 더 중요했다. 이것은 부모의 관행이 수학에 대한 아이들의 느낌과 감정, 아이들이 인식하는 수학에서의 역량, 수학적 활동에 대한 아이들의 태도를 반영한 방식에서 나타났다.

거시 사회적 변화의 영향

지금의 사회에서는 증가하는 문화적 변화의 수준, 새로운 의사소통 기술, 그리고 전례 없는 수준의 여행 및 이주로 인해 성인과 어린이 모두 변화와 공존하는 관행에 자주 노출될 가능성이 크다. 수학학습에 대한 사회문화적 접근방법, 특히 Vygotsky와 도제 모델의 초기 해석에 기초한 접근방법은 학습에 대한 사회 변화의 영향에 대한 제한된 설명을 제공하는 것으로 인식된다(Forman, Minick, & Stone, 1993; Goodnow, 1990). Vygotsky의 접근방법에 따른 상호작용에 관한 연구는 "완벽하게 조정된 한 쌍에 대한 묘사"(Litowitz, 1993, p. 187)를 제공한다는 것과 더 넓은 사회 구조의 영향에 대한 고려가 부족한 것으로 인해 비판받았다(Stone, 1993). 우리는 개별 참여자에 대한 거시 문화의 변화의 영향을 설명하기 위해 사탕수수 농부를 대상으로 한 Abreu(1998b)의 연구를 재검토한다. 농업 공동체에서의 Abreu의 현장 연구 당시, 농부들은 이러한 외부 요구 중 하나에 직면하고 있었다. 거시적 수준의 브라질 경제의 변화로 정부는 사탕수수 대금에 새로운 기준을 부과하게 되었다.

변화의 첫 번째 영향은 대부분의 농부들이 가지고 있지 않은 수학 지식의 유형이 필요하다는 것이었다. 전통적인 수학(Abreu, 1999)은 농민들이 돈을 벌었는지 아니면 손해를 보았는지를 비교할 때와 같은 상황에서는 새로운 시스템에 대해 어느 정도 이해를 할 수 있게 했지만, 다양한 변수를 포함한 표를 읽고 해석해야 할 때나 백분율, 소수, 양수 및 음수와 같은 개념을 이해하도록 요구될 때는 제한적이었다. 두 번째 유형의 영향은 농부의 정체성에 있었다. 변화는 농부들이 통제의 상실을 경험하게 했고 그것은 불확실성을 가져왔고 그들의 입지를 위협했다. 농부들은 자신들의 입지를 지킬 수 있는지, 계약을 성사시킬 수 있는지, 은행에서 돈을 빌릴 수 있는지, 그리고 아마도 더 중요한 것으로 그 사업 분야에서 생존할 수 있는지에 대해 확신하지 못했다. 세 번째 영향은 시간이 지남에 따라 기술 혁신 및 현대 기관(예, 학교, 은행)에 노출되면서, 일부 형태의 지식이 다른 것보다 강력하고 어떤 것은 다른 것보다 더 많이 수용된다는 등, 농부의 인식이 높아졌다는 것이다. 거시적 사회 구조의 변화는 개인에게 수학적 지식 그 자체와 그 지식이 정체성에 영향을 주는 방식과 관련 될 수 있는 다양한 유형에 영향을 미칠 수 있다.

농부들로부터 얻은 연구결과는 학교 수학교육 과정의 변화가 학부모에게 미치는 영향을 조사하는 데 적용될 수 있다. 영국에서 실시된 우리의 연구 결과에 따르면 국가 수리력 전략(National Numeracy Strategy) 도입은 가정과 학교 수학 간의 관계에 중대한 영향을 미쳤다. 오늘날 초등학교에서 아이들이 배우고 있는 수학은 부모의 학교 수학과 다르다. 부모를 대상으로 한 몇몇 연구에서, 이러한 변화는 새로운 수학 지식을 이해하기 위한 방식(예, 새로운 전략의 이해, 수직선에 대한 이해), 자신의 정체성(부모가 자녀를 어떻게 도울 수 있는지 느끼는 측면에서), 자녀(종종 학교와 다른 부모의 지식에 저항하는)와의 관계에 영향을 미쳤다는 것을 밝혔다. 부모를 위한 워크샵을 운영하는 등의 교육과정 변화에 적응할 수 있도록 부모를 도우려는 학교의 시도에도 불구하고 많은 부모들이 여전히 어려움을 겪고 있는 것이 분명했다(예, Crafter, 2012; McMullen & Abreu, 2011; Newton & Abreu, 2012). 이는 자녀의 학교 수학에 대한 학부모 참여의 영향에 대한 이해에 차이가 있기 때문에 더 많은 연구가 필요한 영역이다.

사회 변화의 영향의 또 다른 중요한 예는 단일 문화 교실에서 효과가 있었을 수도 있지만 다문화 교실에서는 반드시 효과가 있는 것은 아닌 또래 협력학습과 같은 관행에 대한 조사다. 이에 대해 Elbers과 de Haan(2005)는 사례 연구를 수행했다. 이들은 네덜란드 초등학교의 다문화 수학 교실에서 학생들의 단어 의미 형성 과정을 조사했다. 이들이 연구한 학교는 주로 모로코와 터키 소수 민족 출신 학생이 80%를 차지했으며 교사들은 또래 협력학습을 촉진하는 교수법을 따랐다. Elbers와 de Haan은 소수의 학생들이 특정 네덜란드 단어와 표현에 익숙하지 않은 데서 비롯된 수학적 과제에서 겪는 언어 문제를 학생들이 다루는 방식을 기록하고 조사했다. 초기에는 네덜란드 단어의 문화적 의미를 명확히 하는 것이 학생들이 언어 문제를 극복하는 데 중요하다고 예상했지만, 그들의 분석은 다른 것을 시사했다. 이들의 연구는 소수 민족 학생들이 다음과 같다는 것을 보여주었다. (1) 교사가 진행하는 교실 수업에서 단어 의미에 대한 설명을 요구하지 않는다. (2) 모둠별 학습에서 단어 의미와 관련된 문제를 드러내지만, 단어 의미에 대한 대화는 협력하고 있는 활동으로 제한된다. 의미를 명확히 하는 것은 더 많은 문화적 단어들을 이해할 수 있는 네덜란드 학생들과의 모둠에서도 수학 담화의 일부였다. 네덜란드 학생들은 설명을 할 때, 친숙하지 않은 단어의 의미를 많은 문화적 용어를 사용하여 설명하지 않고, 소수민족 학생들이 그 과제를 해결하는 데 필요한 최소한의 정보만 주었다. 이러한 발견은 교육적 관행이 학생들의 문화적 의미에 대한 이해를 당연하게 여긴다는 것을 시사한다. Elbers와 de Haan이 조사한 교실에서의 협력학습은 네덜란드 학생들이 문화적, 언어적 배경이 다른 또래 학생을 돕는 역할을 하도록 요구했다. 이것은 그들에게 익숙하지 않은 상호작용 형태에 적응해야 한다는 완전히 새로운 도전이다. 수학교육과정의 문화적 의미에 대한 이해를 보다 잘 지원하는 새로운 형태의 상호작용과 교실 의사소통에 대한 개발과 장려 방안을 다루는 후속 연구가 필요하다(Abreu & Elbers, 2005; Elbers & de Haan, 2005).

문화적 및 사회적 중재로부터 여러 수학적 관행의 참여자로서의 개인까지

앞에서 약술한 연구에서 얻은 식견들은 모든 학습자에게 적용되는 수학학습에 대한 사회 문화적 접근방법 개발에 기여했다. 이 식견들은 학교 문화와 다른 가정 문화로부터의 아이들의 학습을 탐구하기 위한 새로운 렌즈를 제공했다. 어린이와 청소년(예, 브라질 거리 어린이)이 학교 밖 수학에서 역량을 발달시켰다는 증거는 학교 수학에서 왜 실패했는지에 대한 설명을 필요로 했다. 비슷하게 이민자 및 소수 민족 집단을 연구하는 연구자들은 가정과 학교의 수학(예, 미국의 Marta Civil의 연구, Civil, 2008 참조) 간의 관계를 조사하기 시작했다. 초기에 이러한 연구의 바탕이 된 가정 수학의 관점은 비공식적인 직업 활동(예, 거리판매, 농사, 양재)에 대한 탐구를 기반으로 했다.

시간이 지남에 따라 가정 수학의 관점은 게임, 요리 및 제빵과 같은 암묵적(자발적)인 수 관행과 수세기, 돈 사용 및 가정에서의 학교 수학과 같은 보다 명시적인 수 관행을 모두 포함하는, 더 광범위한 "일상" 관행을 포함하도록 진화했다. 가정에서의 이러한 다양한 유형의 수 관행을 구분하는 것은 학교 수학학습에 대한 학교 밖 수학의 영향을 이해하는 데 매우 중요하다고 인식되어 왔다(Crafter & Abreu, 2011; LeFevre et al., 2009; Vandermaas-Peeler 등, 2009). 이것은 가정의 수 관행에 대한 관점이 모든 아동의 수학적 학습을 이해하는 데 핵심이고 관련이 있는 것으로 인식되기 시작하고 있다는 신호이다. 그러나 우리는 가정-학교 수학에 대한 이해는 수 관행에 대한 설명 이상의 것을 필요로 한다고 주장할 것이다. 주요 행위자(아동, 부모 및 교사)가 이러한 관행에 참여하고 경험하는 방식에 대한 분명한 설명이 필요하다.

아동의 가정 수학에 대한 참여

브라질과 포르투갈의 학생들을 대상으로 한 Abreu의 연구(Abreu, 1995; Abreu, Bishop, & Pompeu, 1997)에서, 학생들이 학교 밖의 수학적 관행에 어떻게 참여했는지에 대해 새로운 시각을 제시했다. 가정 관행으로의 문화화에서 나타나는 공통적인 패턴 대신, 이질성의 증거가 나타난 것이다. 그의 연구에서 가족의 일상 생활과 관련된 구매 활동(예, 빵, 과일이나 야채 사오기)은 아이들 사이에 흔히 볼 수 있는 관행이었다. 유사한 관행을 하고 있는 아동들과의 인터뷰에서 아동들이 담당하고 있는 것의 차이를 밝혔다. (i) 일부 아동은 구매만 했고, 어른이 경제적 교환에 책임을 졌다 (즉, 아이들은 판매자의 계산과 잔돈을 전적으로 받아들였고 부모들이 그 책임을 졌다.). (ii) 일부 아동은 부모 또는 다른 어른과 책임을 공유했다. 그리고 (iii) 일부 아동은 자신이 모든 경제적 판단을 한다고 설명했다. 아이들이 이러한 상황을 경험한 방식은 가정 관행에서 수학을 사용하는 정도에 영향을 미치는 것으로 보였다.

언뜻 보기에 이러한 형태의 참여는 발달적으로 볼 수 있다. 실제로 Gubcrman(1996)의 참여 수준과 유사한 점을 볼 수 있다. 그러나 심층적인 비교 사례 연구에서, 다양성은 부모가 자녀의 발달 수준 이외의 요인을 포함하는 학교 밖에서의 관행에 자녀가 참여하는 것을 돕는 방식과 관련 될 수 있다는 것을 시사했다. 예를 들면, 아이들의 설명은 모든 가정이 전통적인 가정 수학의 사용에 아이들을 참여시킨 것은 아니라는 것을 시사한다.

참여의 다양성이 여러 지식의 숙달 정도의 차이를 만든다는 것은 공통적으로 이해되는 것으로 보인다. 그러나 사람들이 주변의 사회 세상에 대한 이해를 얻는 방법은 다른 사회적 과정을 포함한다. 어린이와 젊은 사람들은 공존하는 수학적 관행 및 그에 관련된 사회적 정체성의 가치에 대한 이해를 발전시키며 이것이 그들이 관행에 참여하는 방식에서 적극적인 주체가 되게 한다(Abreu & Cline, 2003). Tajfel(1978)에 따르면 수학적 관행은 두 가지 중요한 과정을 초래한다. 첫째, 수학적 관행은 사회적 범주화의 과정, 즉 "개인에게 의미가 있는 방식으로 사람을 그룹화하는 관점에서의 사회적 환경의 순서 정하기"를 야기한다(Tajfel, 1978, p. 61). 둘째, 사회적 비교는 사회의 가치 체계 내에서의 순서를 평가하려는 인간의 경향에서 나타난다. 이러한 과정은 개인의 사회적 정체성을 개발하는 데 기여한다. 즉, 특정 관행을 가진 공동체의 구성원 자격이 자신의 정체성과 입장을 이해하는 데 영향을 미친다.

Abreu와 동료들의 연구 결과에 따르면, 아이들은 자기가 속해있는 공동체의 일부 관행을 수학 사용을 수반하는 것과 수반하지 않는 것으로 범주화하는 방식을 개발했다. 예를 들면, 브라질의 농업 공동체(Abreu, 1995)에서는 아이들이 사탕수수 농장에서 일하는 것보다 사무실에서 일하는 것을 수학을 사용하는 관행으로 분류하는 경향이 높았다. 영국(Abreu & Cline, 2003)에서는 택시 운전을 수학을 필요로 하는 관행으로 분류한 아이들은 거의 없지만 쇼핑은 수학을 필요로 하는 관행으로 보았다. 또한 아이들은 학교 수학 성적을 주어진 사회적 정체성과 연관시켰다. 예를 들면, 학교에서 성적이 좋았거나 나빴을 것으로 보이는 사람을 선택해야 하는 과제의 경우, 아이들은 사무직(사무원)을 학교수학을 잘 했을 것 같은 성인으로 더 많이 선택했다. 반대로 아이들은 예상컨대 가장 나쁜 성적을 보인 사람들로 생산직과 또 다른 사회적 지위가 낮은 직업을 선택했다.

우리는 이러한 사회 심리학적 과정이 수학학습 과정을 정체성 개발 과정과 교차하는 것으로 설명하는 데 핵심이라고 주장한다. 가정 수학이 학교 수학과 구별되는 문화 연구(Abreu, 1995)와 이민자 및 소수 민족 학생을 대상으로 한 연구에서, 어린이와 청소년은 가정과 학교 관행의 차이점을 인식하게 된다는 것이 밝혀졌다(Abreu, Bishop, Presmeg, 2002a; Abreu & Elbers, 2005). 또한 그러한 연구들 중 일부에서는, 학생들이 이러한 차이점에 대해 가정의 문화적 정체성을 학교 수학학습과 교차하는 것으로 인식하는 방식과 관련지어 이야기하였다. Gorgorio, Planas와 Vilclla(2002)는 카탈로니아의 수학 교실에서 쫓겨난 듯한 느낌을 표현한 15세 인도 소녀 시이마의 사례를 보고하면서 이러한 교차를 명확하게 설명했다. 소녀는 "선생님, 나는 이 수업에 맞지 않습니다... 나는 소년들과 같은 수학을 하지만, 똑같은 일을 하지 않을 것입니다... 나는 정비공이 되고 싶지 않습니다. 제발, 여자애들을 위한 수학을 할 수 있을까요?"(p. 44)라고 말했다. 시이마의 입장은 성 정체성, 문화적 정체성, 수학적 학습자로서 정체성의 교차점에서 구성되었다.

Crafter와 Abreu(2010)도 영국의 다민족 수학 교실의 학생들을 대상으로 한 연구에서 유사한 발달 과정의 증거를 발견했다. 그들은 아버지와 교사의 수학적 관행의 차이가 문화적 정체성과 관련이 있다는 인식을 가지게 된 나이지리아인 가족의 10살짜리 딸인 모니파의 사례를 조사했다. 모니파는 다음과 같이 설명했다. "때때로 그들은 같은 것을 다르게 설명합니다.... 왜냐하면 아빠는 나이지리아에서 배웠고, 나이지리아에서 가르쳤기 때문에 그것을 다르게 했을 것입니다. 그리고 둘함 선생님은 영국에서 살았습니다. 그래서 그들은 서로 다른 방법으로 설명합니다." 교사가 아버지의 방법이 적절하지 않다는 것을 설득하려고 했던 일을 자세히 이야기 하면서, 모니파는 이렇게 말했다. "나는 아주 간절하지는 않았지만 아빠의 방법을 더 잘 이해하고 있기 때문에 나는 아빠의 편을 들었습니다. 그러나 그녀는 학교에서 나의 선생님입니다. 그래서 … ." 모니파의 입장에서 그녀가 대처하는 가장 좋은 방법이란 상황에 따라 각각의 수학 관행을 사용하는 것이었다. 그러나 그녀가 설명했듯이, 학교와 가정의 관행은 종종 그녀가 "두 사람"인 것처럼 느끼게 만들었다. "나는 동시에 두 사람인 것 같고 그저 힘들뿐입니다." 시이마와 모니파와 같은 사례 연구는, 일부 학생들은 학교 수학학습에서 문화적 정체성의 중요성에 대한 인식을 불연속성으로 발전시킨다는 것을 보여준다. 이 연구들에서는 또한, 불연속성에 대처하기 위해 학생들은 정체성과 관련하여 가정과 학교의 수학적 관행의 차이가 미치는 영향을 교합하도록 복잡한 정체성 확립에 부담을 가졌다고 제시한다.

부모의 자녀 학교수학에 대한 참여

이전에 기술된 것과 같은 관찰은 아이들이 가정과 학교의 수학 사이의 관계를 어떻게 경험하는지 조사하는 연구에 학부모를 포함하도록 동기를 부여했다. 부모는 가정 관행에 대한 지식의 문화적 체계를 재구성 할 때 아이들 사이의 다양성에 핵심적인 역할을 담당했을 가능성이 높다. 또한 아이들이 수학적 학습자로서 자신의 정체성을 개발하는 방식에 있어서 (때때로 의도하지 않은) 일부 역할을 담당했을 가능성이 높다. 그러나 부모들의 영향이 작용하는 역학은 불분명했다. 공존하는 수학적 관행에 대한 그들 자신의 가치 평가가 결정적 요인이었을까? 아니면 아이들과의 상호작용(그리고 아마도 협상)에서 영향력이 형성되었을까(즉, 공동 구축)? 이러한 문제들을 탐구하기 위해, 브라질 학생들에게 적용된 된 연구 전략(Abreu, 1995)은 부모의 관점을 포함하도록 확대되었다. 새로운 연구는 영국의 다민족 초등학교에서 수행되었다(Abreu & Cline, 1998; Abreu, Cline, & Shamsi, 2002b; Abreu & Cline, 2005; O'Toole & Abreu, 2005).

초기 연구를 위해서 영국에 거주하는 방글라데시(Abreu & Cline, 1998)와 파키스탄 가정의 아동이 대다수인 학교들이 선택되었다(Abreu 등, 2002b; Abreu & Cline, 2005). 이 다민족 학교들에서 아이들의 학업 성취 패턴은 브라질의 학교와 비슷한 점이 있었다. 방글라데시와 파키스탄 출신의 어린이들은 평균적으로 영국 학교들에서 학업 성취가 낮았다(OFSTED, 1999). 그럼에도 불구하고 브라질에서처럼, 모든 개별 학년 집단 내에서, 같은 출신의 학생들 성적에 차이가 있었는데, 이 차이는 학업 성취가 높은 학생과 낮은 학생 모두에서 나타났다. 또한 학생들의 가정과 학교수학의 차이점은 부모가 고국에서 학교를 다님으로써 다른 문화와 다른 학교 시스템을 경험했기 때문인 것 같았다. 따라서 원래의 질문을 따르는 것이 가능했다. "[학교수학에서] 성공한 아이들은 부모의 관점을 도입함으로써, 실패한 아이들이 형성하는 것과 다른 가정 지식과의 관계를 형성하는가?(Abreu, 1995, p. 124)" 즉, 아이들이 다른 관계를 수립한다면 부모가 어떤 역할을 수행하는가? 그렇다면 그 역할은 무엇을 포함하는가?

가정에서 수학을 하는 아이들을 돕는 부모의 활동에 대한 설명은 학교수학과 관련이 있었다. 또 그들의 설명에서, 아이와 부모 모두 학교와 가정에서 수학이 다루어지는 방식의 차이점을 명확히 했다는 것이 나타났다(Abreu & Cline, 2005; Abreu 등, 2002b). 부모들의 설명에 따르면 가정과 학교수학의 차이점은 다음과 같은 측면에서 경험할 수 있었다.

» 학교수학의 내용과 계산에 사용된 전략 (예, 뺄셈과 나눗셈 알고리즘의 차이).
» 교수법 및 교수에 사용된 도구 (예, 구구단을 배우는 방법, 계산기 사용).
» 수학을 배우고 수학을 하는데 자신감을 갖게 해준 언어.

연구에서 언어와 관련된 차이점을 제외한 두 차이점이 백인 영국인과 아시아계 영국인 부모 그룹에게 적용되었다. 그 차이점들은 다른 학교 시스템(이민 부모)에 대한 부모의 경험이나 영국에서의 교육과정의 변화와 연관이 있는 것으로 보인다. 이것은 두 민족 집단 모두에서 부모(친척)가 학교에서의 자녀를 제대로 지원하려면 자신의 수학적 관행과 아동이 경험하고 있는 수학적 관행 사이에서의 이동에 필요한 과정을 파악해야 한다는 것을 의미했다(Abreu 등, 2002b).

같은 민족 집단 내의 차이점은 분석의 초점을 (i) 아동이 그 차이를 다루는 방식에 대한 부모의 입장의 영향과 (ii) 가정과 학교수학의 차이에 대한 표현, 경험, 그리고 절충에 관하여 부모와 자녀로부터 얻은 정보의 비교에 두었을 때 나타났다(Abreu & Cline, 2005). 부모가 자녀에 대한 지원을 구조화하는 방법은 부모가 어떤 형태의 지식을 더 가치 있는 것으로 생각하는지에 대한 그들의 입장에 의해 영향을 받을 가능성이 있다는 증거가 있다. 예를 들어, 부모들은 수학을 할 때 사용하는 언어에 관해서, 또는 구구단을 암기하는 것의 중요성에 관한여 입장을 가졌다.

아동과 부모의 경험 사이의 상호작용 패턴에 대한 Abreu와 동료들의 조사(2002b)는 동일 집단 내 다양성의 발생에 대해 추가적인 식견을 제공했다. 비교 사례 연구 분석은 상호작용 패턴과 아동 성적 간의 몇 가지 가능한 연관성을 강조했다. 모두 2 학년이고 같은 수학 수업에 있는 파키스탄 출신의 두 아동의 비교에서 성취도가 낮은 아동의 경우, 자녀가 선호하는 방식과 부모가 학교 수학학습에서 자녀를 도우려는 방식 사이에 불연속성이 있다는 것이 나타났다. 한 학생의 부모는 집에서 수학을 가르치는 방식과 학교에서 배우는 방식 사이의 차이가 있음을 알지 못했다. 그 학생은, 자신의 어머니보다 교사가 지식이 더 많다고 믿으며 자신이 영어를 더 좋아한다고 설명했다. 그러나 집에서 그의 부모는 우르두어로 가르치고 있었고 학교에서의 언어 변화로 인해 어려움을 겪을 수 있다는 인식을 전혀 보이지 않았다. 이것은 부모가 초등학교수학을 하는데 사용하는 표현들이 여전히 그들 자신의 학교 교육과 관련되어 있다는 사례이다. 학교와의 의사소통에 대한 어려움이 그들의 표현법을 강화시켰을 수 있다. 대조적으로 성취도가 높은 학생의 경우, 방법, 언어 및 정체성에서의 차이가 절충되는 방식에 연속성이 있었다. 이 경우 부모(특히 어머니)는 자녀가 어떻게 변화를 겪을 수 있는지에 대한 이론이 담겨져 있는 가정과 학교 학습에 대한 표현들을 개발했다. 이 학생에게는 어머니와 교사의 수학의 차이에서 가정의 관행이 "열등한 지위"를 가졌음을 의미하지 않았다. 성취도가 낮은 학생처럼 그도 영어를 선호했다. 그러나 이 경우 어머니는 자녀가 두 언어 사이의 간극을 메우도록 도울 준비가 되어 있었다.

성취도가 낮은 학생과 높은 학생의 기본적인 차이는 부모가 자신이 수학을 하는 방법과 자녀가 학교에서 배우는 방법에 차이가 있다는 인식에서 나타났다. 또한, 성취도가 높은 학생의 부모는 자녀가 선호하는 방법에 대한 더 많은 인식을 보여주었다. 어머니는 자녀로부터 배운 다음 자녀의 요구와 선호하는 방식에 맞게 전략을 조정하는 세심한 상호작용을 통해 성공을 거두었다. 그러나 백인 영국 부모를 대상으로 한 사례 연구는 그 차이를 인식하고 있는 것이 자녀를 돕기에 충분하지 못하다는 것을 보여주었다. 이 경우 어머니는 자신의 방법과 아동의 방법의 차이에 대한 정확한 느낌을 가졌지만 그것을 부담으로 여기고 있었다. 따라서 성공에 도움이 되는 상호작용은 차이에 대한 인식, 유연한 조정 및 전문적인 수학적 지식을 필요로 했다. 요약하면, 부모의 관점을 포함한 것이 사회, 문화 그리고 개인 사이의 교차점을 밝혀냈다. 그것은 부모가 단지 자녀들을 위해 자신의 수학적 배경을 재창조한 것이 아니라는 것을 보여주었다. 그들은 의도적으로 그들의 문화에서 이용 가능한 것으로부터 자녀들에게 전달하기에 적절한 일부 형태의 지식을 선택하고 다른 형태를 제외하거나 사용하지 않았다. 마지막으로, 일부 부모의 행동은 아동의 적극적인 역할을 고려한 것 같았다.

이 영역은 부모가 자녀의 수학학습에 대해 어떻게 이해하는지에 대한 식견을 제공하기 위해 문화 모델 및 자원의 개념을 사용하여 더 연구되었다(Crafter, 2012). 문화 모델은 우리의 경험을 이해하는 데 도움이 되는 패턴과 의미이다. 새로운 경험에 직면했을 때 부모는 기존 문화 모델에 의존해서 그 경험을 이해해야 한다. 이러한 이해를 하는 과정에서 부모는 어떤 자원에 의존하는가? 28명의 부모와의 인터뷰에서, 가정-학교수학에 대한 이해를 돕기 위해 사용된 자원의 유형은 부모가 무엇에 초점을 두느냐에 따른다는 것이 드러났다. 예를 들어, 아동의 성취를 이해하려고 할 때 부모는 교사, 시험 결과 및 자신이 정한 아동 발달 모델을 보고 기존 문화 모델에 새로운 정보를 통합할 것이다(Crafter, 2012). 가정-학교수학에 대한 이해를 넓히기 위해 자원을 사용하는 것은 불안정했다. 부모는 종종 교사가 자녀의 학업 성취도에 대해 제공한 내용을 오해했고, 시험 결과가 학부모에게 보고되는 방식은 부모가 이해하기 힘들었으며, 아동 발달에 대한 부모의 이해(따라서 특정 연령대에서 아동이 수행할 수 있는 것에 대한 기대치)는 학교의 이해와 항상 일치하지는 않았다. 수학 숙제를 완수하기 위한 자원으로 자녀를 사용하는 것은 수학을 이해하지 못하거나 일반적으로 숙제를 하기 싫어하는 아동의 부모에게는 더 문제가 될 수 있다.

문화적으로 다양한 가정에서 무엇이 수학으로 간주되는지에 대한 문제도 어느 정도 주의를 요한다. 예를 들어, 어떤 부모는 자녀가 인식하거나 인식하지 못하거나, 수학학습과 관련 있는 활동을 분명하게 수행하는 데 능숙하다. 어떤 부모는 요리와 같은 활동에서 분명히 수학이 사용된다는 것을 알지만 이 활동을 계산을 수반하는 활동으로 만드는 방법을 알지 못한다. 마찬가지로 부모가 수학을 하고 있음을 인식하지 못하지만 가정 활동에 수학이 내포되어 있을 수 있다(Crafter & Abreu, 2013). 또 Vandcrmaas- Peeler 등(2009)은 여러 유형의 부모의 가정 산술법을 구분하는 것이 아동들의 수학적 발달을 이해하는 데 중요하다고 주장한다. 그들은 쇼핑이나 요리와 같은 일상적인 활동에서 돈이나 숫자의 사용과 가치를 설명하는 **사회 문화적 산술 교환**(socio-cultural numeracy exchanges)과 수세기, 수량이나 크기 비교와 같은 **수학적 교환**을 구별한다(p. 67, 진한글씨는 강조).

요약하면, 다양한 유형의 부모 산술 관행을 구분할 필요성이 이제 더 널리 받아들여지고 있으며, 자녀의 학교수학학습에 대한 부모의 영향을 이해할 수 있는 잠재적 방법으로 지지되고 있다(예, IxFevre, et al., 2009). 사회 문화 연구는 지식 구축과 정체성 간의 복잡한 관계를 고려하여 이러한 관행을 탐구하는 복잡한 방법을 제시한다.

결론

결론적으로 우리는 학습자가 학교 안과 밖의 수학학습 사이의 관계를 경험하는 방식에 대한 설명들이 이러한 관행들에서의 연속성 또는 불연속성을 강조하는 정도에 대해 되돌아보고자 한다. 이 관계에 대한 간단한 설명은 없다. 우리의 생각을 정교화하기 위해 지금까지 관련 연구에서 나타난 단계들을 확인했다.

1970년대부터 학교 밖 수학에 관한 연구는 문화의 영향에 관한 Vygotsky 이론의 연구와 같은 방향을 따라 왔다. Minick 등(1993)에 따르면, 1970년대 후반과 1980년대 초의 Vygotsky 연구는 이론적 틀의 타당성을 조사했다. 이는 일차원적이었고 인지와 인지 도구 간의 관계에 관한 논의에 초점을 맞추었다. 이것은 수 세기 체계와 같은 수학적 도구의 문화적 성격과 그 도구들이 인지 도구로 어떻게 전용되고 사용되었는지 탐구하는 학교 밖 수학에 대한 초기 연구에 반영된다. 이 초기 연구에 중점을 둔 것은 학교 밖 수학과 학교 안 수학의 차이였다. 한 관행에서의 역량이 다른 관행에서의 성과를 예측하지 못했기 때문에 관행들 사이에 불연속이 있다는 것은 분명되었다. 이것은 양방향으로 적용된다. 학교 밖 수학에 능숙하면서 학교에서 어려움을 겪을 수 있다. 같은 맥락에서 어떤 사람이 학교수학에 유능하고 학교 밖 수학을 잘 수행하지 못할 수도 있다(예, Nunes, et al., 1993 참조).

이 시기 이후 1980년대와 90년대에는 사회적 중재 과정에 주의를 기울이기 위해서 그 이론적 틀이 확대되었다. 사회 제도와 사회적 상호작용에 대한 관심은 학교 밖 수학에 대한 연구가 문화 간 비교에서 서구 사회 내의 사회적 관행으로 바뀌었을 때 명백해졌다. 이 시점에서 학교 밖 수학과 학교 안 수학을 대조하는 것은 또 다른 전환을 맞이했다. 사회적 상호작용에서 제도와 참여자 모두 관행 간의 연속성과 불연속성에 부분적으로 영향을 미쳤음이 분명해졌다. 학교수학 지식으로 간주되는 것과 학습 과정에 대한 사회적 표현들은 연속성과 불연속성에 영향을 준다고 볼 수 있다. 따라서 특정한 형태의 학교 밖의 수학이 학교에서 나쁘게 평가되는 표현은 불연속에 기여할 수 있다. 이는 또한 시간이 지나면서 학교수학 관행의 표현에도 적용된다. 예를 들어, 사회 변화의 맥락에서 부모의 학교수학은 "구식"으로 표현 될 수 있기 때문이다. 사회적 관점에서 볼 때, 수학 관행에 참여하는 것은 사회적 및 문화적 정체성의 이해와 구축의 과정이 된다(Abreu, 1995; Abreu & Cline, 2003; Crafter & Abreu, 2010). 연속성과 불연속성의 문제는 수학 개념, 도구, 이해 및 정체성 문제를 연결하는 문제와 정체성의 문제 모두가 된다. 또, 학교 밖 수학과 학교 안 수학을 연결하는 것은 자기 자신과 중요한 사람들의 정체성에 대한 입장 간의 대화와 타협을 수반한다. 이러한 식견들은 여러 수학적 관행에 대한 참여자로서 개인에 초점을 맞춘 연구 분야에서 세번째 전환에 기여했다. 이 관점에서는 불연속성이 출발점이다. 이러한 연구는 참여의 궤적을 탐구하고, 시간에 지남에 따라 관행에서 발생하는 불연속과 다른 관행들 사이에서 발생하는 불연속을 경험하는 과정, 그리고 변화를 가능하게 하고 연속성을 돕는 과정을 이해하고자 한다.

교육 정책에 관해서는 지난 십년간 변화가 거의 없었다. 다문화 학교에서의 수학학습뿐 아니라 학교 밖의 맥락에서 수행된 연구에 따르면, 가정의 배경이 학교 배경과 현저하게 다른 상황에서 아이들은 그 틈을 메우고 경계를 건너는데 도움이 되는 접근 방법으로부터 도움을 얻을 수 있다(Abreu, et al., 2002a). 이것은 여전히 영국에서 교육과정 개혁이 이루어지는 방식과 거리가 멀다. 영국의 수리력 기준은 학업 성취를 보장하기 위해 부모와 지역 사회가 자녀의 수학교육에 참여할 필요성을 강조한다(Abreu & Cline, 2005; Brown, Askew, Baker, Denvir, & Millet, 1998). 그러나 부모의 참여가 학생들이 가정과 학교의 산술을 융합하도록 돕는다고 인식되지 않는다(Abreu & Cline, 2005). 대신에 부모가 학교 산술을 돕기를 기대되지만, 가정 산술 관행에 대한 관심은 기울이지 않는 단일화된 측면으로 그려진다. 이러한 정책은 학교수학을 오늘날 사회에서 아동의 성공을 위해 적절한 것으로 보는 교사와 부모의 입장들과 같은 선상에 있지만, 발달 과정에 있는 아동의 실제 경험을 고려하지 못할 수도 있다(Abreu & Cline, 2005).

이민자 아동의 발달에 관한 연구는 성공적 경로가 고국 문화와 현지 문화에서 역량을 창조적으로 획득하도록 촉진하는 다중 문화적(transcultural) 정체성과 관련이 있음을 시사한다(Suarez-Orozco & Suarez-Orozco, 2001). 앞의 절에서 보고 된 사례 연구들로부터, 수학교육은 아동이 독특한 수학적 관행을 자신의 다중 문화적 정체성의 일부로서 볼 수 있게 하는 교실 관행을 수립하는 방법을 이해하는 것과는 거리가 멀다는 것을 시사한다. 교사, 부모 그리고 교육과정 개발자는 학생이 학교 안과 밖의 수학 관행 사이의 이동을 경험하는 방식에 미치는 영향을 조사하면서 이들이 사용하는 표현들의 사회적, 문화적 기초를 이해할 필요가 있다.

참고문헌

Abreu, G. de (1995). Understanding how children experience the relationship between home and school mathematics. *Mind, Culture and Activity: An International Journal, 2*(2), 119–142.

Abreu, G. de (1998a). The mathematics learning in sociocultural contexts: The mediating role of social valorisation. *Learning and Instruction, 8*(6), 567–572.

Abreu, G. de (1998b). Reflecting on mathematics in and out of school from a cultural psychology perspective. In A.O.A.K. Newstead (Ed.), *PME—The International group for the psychology of mathematics education* (Vol. 1, pp. 115–130). Stellenbosh, South Africa: PME.

Abreu, G. de (1999). Learning mathematics in and outside school: Two views on situated learning. In J. Bliss, R. Saljo, & P. Light (Eds.), *Learning sites: Social and technological resources for learning* (pp. 17–31). Oxford: Elsevier Science.

Abreu, G. de (2014). Cultural diversity in mathematics education. In *Encyclopedia of mathematics education* (pp. 125–129). Dordrecht, The Netherlands: Springer.

Abreu, G. de, Bishop, A., & Pompeu, G. (1997). What children and teachers count as mathematics. In T. Nunes & P. Bryant (Eds.), *Learning and teaching mathematics: An international perspective* (pp. 233–264). Hove, UK: Psychology Press.

Abreu, G. de, Bishop, A., & Presmeg, N. (2002a). *Transitions between contexts of mathematical practices.* Dordrecht, The Netherlands: Kluwer.

Abreu, G. de, & Cline, T. (1998). Studying social representations of mathematics learning in multiethnic primary schools: Work in progress. *Papers on Social Representations, 7*(1–2), 1–20.

Abreu, G. de, & Cline, T. (2003). Schooled mathematics and cultural knowledge. *Pedagogy, Culture and Society, 11*(1), 11–30.

Abreu, G. de, & Cline, T. (2005). Parents' representations of their children's mathematics learning in multiethnic primary schools. *British Educational Research Journal, 31*(6), 697–722.

Abreu, G. de, Cline, T., & Shamsi, T. (2002b). Exploring ways parents participate in their children's school mathematical learning: Case studies in a multi-ethnic primary school. In G. de Abreu, A. Bishop, & N. Presmeg (Eds.), *Transitions between contexts of mathematical practices* (pp. 123–147). Dordrecht, The Netherlands: Kluwer.

Abreu, G. de, Crafter, S., Gorgorió, N., & Prat, M. (2013, February). Understanding immigrant students' transitions as mathematical learners from a dialogical self perspective. CERME 8. Antalya, Turkey. Retrieved from http://cerme8.metu.edu.tr/wgpapers/WG10/WG10_de_Abreu.pdf

Abreu, G. de, & Elbers, E. (2005). Introduction: The social mediation of learning in multiethnic schools. *European Journal of Psychology of Education, 20*(1), 3–11.

Anderson, D.D., & Gold, E. (2006). Home to school: Numeracy practices and mathematical identities. *Mathematical Thinking and Learning, 8*(3), 261–286.

Andrews, J., & Yee, W.C. (2006). Children's 'funds of knowledge' and their real life activities: Two minority ethnic children learning in out of school contexts in the UK. *Educational Review, 58(4)*, 435–449.

Arcavi, A. (2002). The everyday and the academic in mathematics. *Journal for Research in Mathematics Education, 11*, 12–29.

Baker, D.A., Street, B.V., & Tomlin, A. (2006). Navigating schooled numeracies: Explanations for low achievement in mathematics of UK children from low SES background. *Mathematical Thinking and Learning, 8(3)*, 287–307.

Bose, A., & Subramaniam, K. (2011). Exploring school children's out of school mathematics. In *Proceedings of the 35th Conference of the International Group for the Psychology of Mathematics Education* (Vol. 2, pp. 177–184).

Brenner, M. (1983). *The practice of arithmetic in Liberian schools.* Paper presented at the American Anthropological Association, Chicago.

Brown, M., Askew, M., Baker, D., Denvir, H., & Millet, A. (1998). Is the national numeracy strategy research-based? *British Journal of Educational Studies, 46*(4), 362–385.

Carraher, T., Carraher, D., & Schliemann, A. (1982). Na vida, dez; na escola, zero. Os contextos culturais da aprendizagem da matematica. *Cadernos de Pesquisa, 42*, 76–86.

Carraher, T.N., Schliemann, A.D., & Carraher, D.W. (1988). Mathematical concepts in everyday life. In G. Saxe & R.M. Gearhart (Eds.), *Children's mathematics: New directions in child development* (pp. 71–88). San Francisco: Jossey Bass.

Chronaki, A. (2005). Learning about "learning identities" in the school arithmetic practice: The experience of two minority gypsy girls in the Greek context of education. *European Journal of Psychology of Education, 20*(1), 61–74.

Civil, M. (2008, July). *Mathematics teaching and learning of immigrant students: A survey of recent research.* Manuscript prepared for the 11th International Congress of Mathematics Education (ICME) Survey Team 5: Mathematics Education in Multicultural and Multilingual Environments, Monterrey, Mexico.

Civil, M., & Andrade, R. (2002). Transitions between home and school mathematics: rays of hope amidst the passing clouds. In G. de Abreu, A. Bishop, & N. Presmeg (Eds.), *Transitions between contexts of mathematical practice* (pp. 149–169). Dordrecht, The Netherlands: Kluwer.

Civil, M., & Menéndez, J.M. (2011). Impressions of Mexican immigrant families on their early experiences with school mathematics in Arizona. In R. Kitchen & M. Civil (Eds.), *Transnational and borderland studies in mathematics education* (pp. 47–68). New York: Routledge.

Cobb, P. (1995). Mathematical learning and small group interaction: four case studies. In P. Cobb & H. Bauersfeld (Eds.), *The emergence of mathematical meaning* (pp. 25–129). Hillsdale, NJ: Lawrence Erlbaum Associates.

Cobb, P., & Hodge, L.L. (2002). A relational perspective on issues of cultural diversity and equity as they play out in the mathematics classroom. *Mathematical Thinking and Learning* (Special Issue, "Diversity, Equity and Mathematical Learning"), *4* (2–3), 249–284.

Cole, M. (1977). An ethnographic psychology of cognition. In P.N. Johnson-Laird & P.C. Wason (Eds.), *Thinking* (pp. 468–482). Cambridge: Cambridge University Press.

Cole, M. (1995). Culture and cognitive development: From cross-cultural research to creating systems of cultural mediation. *Culture & Psychology, 1*, 25–54.

Cole, M. (1998). Can cultural psychology help us to think about diversity? *Mind, Culture and Activity, 5*(4), 291–304.

Cole, M., Gay, J., & Glick, J. (1968). Some experimental studies of Kpelle quantitative behaviour. *Psychonomic Monograph, 2*(10).

Crafter, S. (2012). Making sense of homework: Parental resources for understanding mathematical learning in multicultural settings. In E. Hjörne, G. van der Aalsvoort, & G. de Abreu (Eds.), *Learning, social interaction and diversity—Exploring identities in school practices* (pp. 53–68). Sense Publications.

Crafter, S., & Abreu, G. de (2010). Constructing identities in multicultural learning contexts. *Mind, Culture and Activity, 7*(2):102–118.

Crafter, S., & Abreu, G. de (2011). *Teachers' discussions about parental use of implicit and explicit mathematics in the home.* Seventh Conference of the European Society for Research in Mathematics Education (9–11 February, Rzeszow, Poland). Working Group 10.

Crafter, S., & Abreu, G. de (2013). Exploring parents' cultural models of mathematical knowledge in multiethnic primary schools. In G. Marsico, K. Komatsu, & A. Iannaccone (Eds.), *Crossing boundaries: Intercontextual dynamics between family and school* (pp. 209–228). Charlotte, NC: Information Age Publication.

D'Ambrosio, U. (1985). *Socio-cultural basis for mathematics education.* Campinas, Brasil: Unicamp.

de Haan, M., & Elbers, E. (2008). Diversity in the construction of modes of collaboration in multiethnic classrooms. In B. van Oers, W. Wardekker, E. Elbers, & R. van der Veer (Eds.) *The transformation of learning: advances in cultural-historical activity* (pp. 219–241). Cambridge: Cambridge University Press.

Elbers, E., & de Haan, M. (2005). The construction of word meaning in a multicultural classroom. Mediational tools in peer collaboration during mathematics lessons. *European Journal of Psychology of Education, 20*(1), 45–59.

Forman, E., Larreamendy-Joerns, J., Stein, M. K., & A. Brown. (1998). "You're going to want to find out which and prove it": Collective argumentation in a mathematics classroom. *Learning and Instruction, 8*(6), 527–548.

Forman, E.A., Minick, N., & Stone, C.A. (Eds.). (1993). *Contexts for learning.* Oxford: Oxford University Press.

Gay, J., & Cole, M. (1967). *The new mathematics and an old culture: a study of learning among the Kpelle of Liberia.* New York: Holt, Rinehart, & Winston.

Ginsburg, H.P., Choi, Y.E., Lopez, L.S., Netley, R., & Chao-Yuan, C. (1997). Happy birthday to you: Early mathematical thinking of Asian, South American, and U.S. children. In T. Nunes & P. Bryant (Eds.), *Learning and teaching mathematics* (pp. 163–207). Hove, UK: Psychology Press.

Goodnow, J. J. (1990). The socialization of cognition: What's involved? In J.W. Stiegler, R.A. Shweder, & G. Herdt (Eds.), *Cultural psychology* (pp. 259–286). Cambridge: Cambridge University Press.

Gorgorió, N., & Abreu, G. de (2009). Social representations as mediators of practice in mathematics classrooms with immigrant students. *Educational Studies in Mathematics, 72*(1), 61–76.

Gorgorió, N., Abreu, G. de, César, M., & Valero, P. (2005). *Issues and challenges of researching mathematics education in multicultural settings.* Paper presented at the CERME 4 — The Fourth Conference of the European Society for Research in Mathematics Education, Sant Feliu de Guixols, Spain.

Gorgorió, N., Planas, N., & Vilella, X. (2002). Immigrant children learning mathematics in mainstream schools. In G. de Abreu, A. Bishop, & N. Presmeg (Eds.), *Transitions between contexts of mathematical practice* (pp. 23–52). Dordrecht, The Netherlands: Kluwer.

Greenfield, P., & Lave, J. (1982). Cognitive aspects of informal education. In D.A. Wagner & H.W. Stevenson (Eds.), *Cultural perspectives on child development.* San Francisco: Freeman.

Guberman, S.R. (1996). The development of everyday mathematics in Brazilian children with limited formal education. *Child Development, 67*, 1609–1623.

Hughes, M., & Pollard, A. (2006). Home-school knowledge exchange in context. *Educational Review, 58*(4), 385–395.

Hyde, J.S., Else-Quest, N.M., Alibali, M.W., Knuth, E., & Romberg, T. (2006). Mathematics in the home: Homework practices and mother—child interactions doing mathematics. *Journal of Mathematical Behavior, 25*(2), 136–152.

Jurkak, M., & Sharhin, I. (1999). An ethnographic study of the computational strategies of a group of young street vendors in Beirut. *Educational Studies in Mathematics, 40,* 155–172.

Lave, J. (1977). Cognitive consequences of traditional apprenticeship training in West Africa. *Anthropology and Education Quarterly, 8*(3), 177–180.

Lave, J. (1988). *Cognition in practice.* Cambridge: Cambridge University Press.

LeFevre, J.A., Skwarchuk, S.L., Smith-Chant, B.L., Fast, L., Kamawar, D., & Bisanz, J. (2009). Home numeracy experiences and children's math performance in the early school years. *Canadian Journal of Behavioural Science, 41*(2), 55-66.

Litowitz, B.E. (1993). Deconstruction in the Zone of Proximal Development. In E. Froman, N. Minick, & C.A. Stone (Eds.), *Contexts for learning* (pp. 184–185). Oxford: Oxford University Press.

Masinglia, J.O. (1994). Mathematics practice in carpet laying. *Anthropology & Education Quarterly, 25,* 430–461.

McMullen, R., & Abreu, G. de (2011). Mothers' experiences of their children's school mathematics at home: The impact of being a mother-teacher. *Research in Mathematics Education,13*(1), 59–74.

Minick, N., Stone, C.A., & Forman, E.A. (1993). Integration of individual, social, and institutional processes in accounts of children's learning and development. In E.A. Forman, N. Minick, & C.A. Stone (Eds.), *Contexts for learning* (pp. 3–16). Oxford: Oxford University Press.

Murtaugh, M. (1985). The practice of arithmetic by American grocery shoppers. *Anthropology and Education Quarterly, 16*(3), 186–192.

Nasir, N.S., & Cobb, P. (2002). Diversity, equity, and mathematical learning. *Mathematical Thinking and Learning, 4*(2 & 3), 91–102.

Newton, R., & Abreu, G. de (2012). Parents as mathematical facilitators: analyzing goals in parent-child mathematical activity. In F.J. Diez-Palomar and C. Kanes (Eds.), *Family and the community in and out of the classroom: Ways to improve mathematics achievement.* Barcelona: Universitat Autonoma de Barcelona, Servei de Publicacions.

Nunes, T. (1992a). Cognitive invariants and cultural variation in mathematical concepts. *International Journal of Behavioral Development, 15*(4), 433–453.

Nunes, T. (1992b). Ethnomathematics and everyday cognition. In D.A. Grouws (Ed.), *Handbook of research on mathematics teaching and learning* (pp. 557–574). New York: Macmillan.

Nunes, T., & Bryant, P. (1996). *Children doing mathematics.* Oxford: Blackwell.

Nunes, T., Schliemann, A., & Carraher, D. (1993). *Street mathematics and school mathematics.* Cambridge: Cambridge University Press.

OFSTED. (1999). *Raising the attainment of minority ethnic pupils.* School and LEA responses: Office of Her Majesty's Chief Inspector of Schools.

O'Toole, S., & Abreu, G. de (2005). Parents' past experiences as a mediational tool for understanding their child's current mathematical learning. *European Journal of Psychology of Education, 20*(1), 75–89.

Pettito, A.L., & Ginsburg, H.P. (1982). Mental arithmetic in Africa and America: Strategies, principles, and explanations. *International Journal of Psychology, 17,* 81–102.

Resnick, L.B., Pontecorvo, C., & Säljö, R. (1997). Discourse, tools and reasoning. In L.B. Resnick, C. Pontecorvo, R. Säljö, & B. Burge (Eds.), *Discourse, tools and reasoning: Essays on situated cognition* (pp. 1–20). New York: Springer and NATO Scientific Affairs Division.

Rogoff, B., & Lave, J. (Eds.). (1984). *Everyday cognition: Its development in social context.* Cambridge, MA: Harvard University Press.

Säljö, R., & Wyndhamn, J. (1993). Solving everyday problems in the formal setting. An empirical study of the school as context for thought. In S. Chaiklin & J. Lave (Eds.), *Understanding practice: Perspectives on activity and context* (pp. 327–342). Cambridge: Cambridge University Press.

Saxe, G. B. (1982). Culture and the development of numerical cognition: Studies among the Oksapmin of Papua New Guinea. In C.G. Brainerd (Ed.), *Children's logical and mathematical cognition* (pp. 157–176). New York: Springer Verlag.

Saxe, G. B. (1991). *Culture and cognitive development: studies in mathematical understanding.* Hillsdale, NJ: Lawrence Erlbaum Associates.

Saxe, G. B. (1996). Studying cognitive development in sociocultural context: The development of a practice based approach. In R. Jessor, A. Colby, & R. Shweder (Eds.), *Ethnography and human development* (pp. 275–303). Chicago: The University of Chicago Press.

Saxe, G. B. (2012). Approaches to reduction in treatments of culture-cognition relations: Affordances and limitations. Commentary on Gauvain and Munroe. *Human Development, 55*, 233–242.

Saxe, G. B., & Esmonde, I. (2005). Studying cognition in flux: A historical treatment of Fu in the shifting structure of Oksapmin Mathematics. *Mind, Culture & Activity, 12*(3–4), 171–225.

Saxe, G. B., Guberman, S. R., & Gearhart, M. (1987). Social processes in early number development. *Monographs of the Society for Research in Child Development, 52*(2), 1–137.

Saxe, G. B., & Posner, J. (1983). The development of numerical cognition: Cross-cultural perspectives. In H. P. Ginsburg (Ed.), *The development of mathematical thinking* (pp. 291–317). London: Academic Press.

Schubauer-Leoni, M. L. (1990). Ecritures additivies en classe ou en dehors de la classe: Une affaire de contexte. *Resonances, 6*, 16–18.

Schubauer-Leoni, M.-L., & Perret-Clermont, A.-N. (1997). Social interactions and mathematics learning. In T. Nunes & P. Bryant (Eds.), *Learning and teaching mathematics: An international perspective* (pp. 265–283). Hove, UK: Psychology Press.

Scribner, S. (1984). Cognitive studies of work. *The Quarterly Newsletter of the Laboratory of Human Cognition, 6* (Special Issue), 1–50). San Diego: University of California.

Shweder, R. A. (1990). Cultural psychology—What is it? In J. W. Stiegler, R. A. Shweder, & G. Herdt (Eds.), *Cultural psychology* (pp. 1–43). Cambridge: Cambridge University Press.

Stiegler, J. W., Shweder, R. A., & Herdt, G. (Eds.) (1990). *Cultural psychology*. Cambridge: Cambridge University Press.

Stone, C. A. (1993). What is missing in the metaphor of scaffolding? In E. A. Forman, N. Minick, & C. A. Stone (Eds.), *Contexts for learning: Sociocultural dynamics in children's development* (pp. 169–183). Oxford: Oxford University Press.

Suárez-Orozco, C., & Suárez-Orozco, M. M. (2001). *Children of immigration*. Cambridge, MA: Harvard University Press.

Subramaniam, K., & Bose, A. (2012). Measurement units and modes: The Indian context. *Proceedings of the 12th International Congress on Mathematical Education (ICME-12)* (Vol. 1983).

Tajfel, H. (1978). Social categorisation, social identity and social comparison. In H. Tajfel (Ed.), *Differentiation between social groups: Studies in social psychology of intergroup relations* (pp. 61–76). London: Academic Press.

Vandermaas-Peeler, M., Nelson, J., Bumpass, C., & Sassine, B. (2009). Numeracy-related exchanges in joint storybook reading and play. *International Journal of Early Years Education, 17*(1), 67–84.

Van Oers, B. (1998). From context to contextualising. *Learning and Instruction, 8*(6), 473–488.

Vygotsky, L. (1978). *Mind in society: The development of higher psychological processes*. Cambridge, MA: Harvard University Press.

Walkerdine, V. (1988). *The mastery of reason*. London: Routledge.

Winter, J., Salway, L., Yee, W.C., & Hughes, M. (2004). Linking home and school mathematics: The home school knowledge exchange project. *Research in Mathematics Education, 6(1)*, 59–75.

수학학습에서 복잡계에 대한 관점 17

Brent Davis
University of Calgary, Canada

Elaine Simmt
University of Alberta, Canada

지난 20년 동안 새로운 연구 주제를 위한 소스로서 그리고 복잡한 학습 체계와 중첩되고 얽히는 것에 주의를 기울이게 되면서(Davis & Simmt, 2003), 계층구조 기반에서 네트워크 사고로 옮겨가는 과정에서(Burton, 1999), 복잡계(complex system)에 대한 관심이 수학교육 공동체의 연구자와 실무자 모두에게서 나타났다. 이 글에서 우리는 복잡성에 대한 개요를 제공하고 이 분야에서의 존재와 영향에 대해 지적하려 한다.

복잡성(complexity)이란 무엇인가?

복잡계 연구에 관한 문헌 검토에서 가장 빈번히 나타나는 문장은 연구자들 사이에 **복잡한**(complex)과 **복잡성**(complexity) 같은 핵심 용어에 대한 통일된 정의가 없다는 것이다. 복잡성 연구에 대한 설명은 하나로 모든 것을 설명하려는 시작보다는 "전체가 부분의 합보다 클 수 있다"는 아리스토텔레스의 관찰 방법으로 시작하는 경향이 있다. 즉, 복잡성 연구자들은 스스로를 드러내지 않는 현상에 관심이 있고 실제로 해석 과학의 환원적인 조사방법으로 그 현상들을 분해해보았다.

이것은 복잡계 연구자가 부분이나 전체를 다루는 법칙에 관심이 없다는 말은 아니다. 부분적으로는 이런 복잡한 현상이 시간이 지남에 따라 변하기 때문에 일부 현상은 구성 요소와 규칙의 관점에서 예측하기도 하고 설명할 수 없는 특성과 능력을 나타내기도 한다. 복잡계 연구자들은 Newton보다는 Darwin에 더 의존하는 원리들을 택해서, 부분과 시스템의 전체 행동이 어떻게 상호작용할 수 있는지와 이런 시스템이 그 환경 안에서 다른 현상과 어떻게 관계를 맺고 서로 소통하는지를 관찰한다. 이러한 강조가 명확하게 "새로운" 것은 아니다. 사실 복잡계 연구 출현에서 첫 번째 주요한 발전은 간단한 원인-결과의 역학 관계로 이해할 수 없는 현상들이 있다는 것을 인식하는 것이었다.

서구 세계에서는 1800년대에 Darwin과 그의 동시대인들을 통해 그런 현상이 있다는 인식이 공식적으로 발표되었다. 하지만 다른 학문 분야에까지 그런 생각이 들기까지는 한 세기가 더 걸렸다.

이런 느린 전개로 복잡성 연구는 20세기 중반에 물리와 정보 과학에서만 눈에 띄는 운동으로 되었고, 사회 과학이나 인문학 분야에서는 최근 수십 년 동안에 발전하였다. 훨씬 적은(하지만 눈에 띄게 가속화되는) 정도로 복잡계 연구는 유전학, 신경학적 과정, 주관적 이해, 대인 관계 역학, 문화 진화 및 글로벌 생태계와 같은 수준의 현상들에 관심을 가진 교육자들에게도 받아들여졌다.

우리의 논지는 복잡계 연구는 그 자체로 그 연구의 예시가 된다는 것이다. 이것은 유사함에도 불구하고 다양한 요소들이 일관되면서 각각의 구성 요소의 합으로 평가될 수 없는 구별되는 요소로 합쳐지면서 나타나는 현상이다. **복잡한 적응 시스템**(물리학), **비선형 동적 시스템**(수학), **소산 구조**(화학), **자기 생성 시스템**(생물학), **유기체**(건강 관리), **조직된 복잡한 시스템**(정보 과학), **사회적 시스템**(사회학), 그리고 **단순한 시스템**(사이버네틱스) 같은 다양한 분야에서 일어났던 복잡계에 대한 다양한 용어로 인해 내부 다양성의 의미가 모아질 수도 있다(Mitchell, 2009). 이런 제목과 관심의 범위는 약도 되면서 동시에 독이 되기도 한다. 긍정적인 면에서는 복잡성에 대한 논의 안에서 다루어지는 현상과 다양한 관심에 대한 폭넓은 의미를 제공한다. 부정적 측면에서 본다면, 이것은 복잡성에 대해 쉽게 이해할 수 있는 통일된 설명이 없는 이유가 연구자들이 자신의 특정 연구 관심사에 대한 정의를 구조화하는 경향이 있기 때문이라고 지적할 수 있다.

다양한 정의에 대한 이런 경향을 애도하는 대신에 우리는 이 장을 구성하기 위해 이런 경향들을 사용하려 한다. 이 글은 단순한 합의가 없다 사실을 받아들여서 "복잡성(complexity)이란 무엇인가"라는 질문에 대한 다양한 답변을 중심으로 구성된다. 이 과정에서 우리는 수학교육 연구에서 논의된 복잡성 담론의 방식들 중에 몇 가지와 어떻게 복잡성에 대한 특정 해석이 특정 연구자의 관심에 매여 있는지 그리고 이런 주제나 해석에 관여하는 것이 수학교육의 프로젝트에서 왜 문제인 것인지를 기술하고 설명한다. 특히 이 장은 복잡성에 대해 다음의 네 가지 관점을 중심으로 내용을 발전시킨다.

» 역사적 담론으로서의 복잡성 – 즉, 복잡성은 그것이 설명하는 것의 실체, 자기 조직화, 갑자기 출현하고 진화하는 일관성이다.

» 학문적 담론으로서의 복잡성 – 즉, 복잡성은 디지털방식으로 가능하고 모델링 기반의 수학 분야이다.

» 이론적 담론으로서의 복잡성 – 즉, 복잡성은 학습 시스템에 대한 연구이다.

» 실용적 담론으로서의 복잡성 – 즉, 복잡성은 갑작스럽게 출현할 가능성을 만들어 내는 수단이다.

우리는 이런 조직적인 전략을 단순히 토론과 연구 기여의 초점을 분류하는 수단으로만 사용하는 것이 아니라, 복잡성 담론의 비압축성을 알리는 데에도 사용할 수 있다. 대부분의 학문 분야와 마찬가지로 엄격한 증거와 수학적 모델 능력이 필요하다고 주장하는 사람들이 있기 때문에, 지지자들 사이에서도 논쟁이 벌어지기도 하고, 또 다른 사람들은 다른 영역(특히 물리학)의 복잡성 연구에서 나온 표준을 교육 분야에 특화된 현상에 강요할 수는 없다고 주장하기도 한다.

역사적 담론으로서의 복잡성

수학교육 연구자들 사이에 나타난 복잡계 연구에 대한 다양한 태도를 알고 있으면 내용을 이해하기가 쉽다. 그러기 위해서 우리는 복잡론자 사이에서 자기 구성적이고 자기 유지적인 현상이 많이 존재하며 복잡성 자체가 그 중 하나라는 영역을 정의하는 것에서 시작하려고 하고 서로 다른 감수성의 진화에 대한 간략한 역사적 설명을 제공하려 한다.

복잡성 연구를 역사적 담론으로 이야기할 때 우리는 현상으로서의 연구가 그것 자체의 역사의 구체화라고 제안한다. 즉 복잡성 연구는 학계, 사회 및 그 이상의 인간 세계의 거대한 생태계와 함께 지속적으로 발생하고 계속되는 현상이다. 이것은 시간, 공간, 담론의 영역에서 이론가들 사이의 상호작용으로부터 생겨났다. 이것은 그 자체의 역사로부터 정의되어지고 정의하는 시스템이지만 그것의 진화를 위한 가능성을 가능하게도 하고 제한하기도 하는 환경과 함께 한다(Maturana & Varela, 1992). 더 정확하게 말하자면, 그것이 존재하는 매개체와 관련하여 자기 스스로 조절하고 구성하고 출현하는 일관성 등이 그것을 설명하는 예시가 된다.

이 점은 그 영역의 출현과 진화에 대한 간략한 요약을 통해 설명될 수 있을 것이다. 역사가들이 지적하듯이 이러한 시작은 일련의 임의적인 선택을 동반하는데, 복합주의자들 사이에서 가장 공통적인 것은 20세기 중반에 그러한 역사가 시작되었다는 것이다(Waldrop, 1992; Mitchell, 2009를 참고하라). 이런 생각은 그 시점이 간학문적 논의가 약간의 탄력을 얻기 시작한 때라는 사실에서도 잘 정당화된다. 그와 동시에 이것은 그 운동의 방향을 정하는 통찰력과 해석하는 도구가 이미 다른 학문 분야에서도 많이 개발되었다는 사실을 모호하게 만들 수도 있다. 예를 들어, 이미 언급했듯이 진화론은 복잡성 담론의 핵심이다. 이것과 비교 가능한 중요성은 "단순한" 비선형 시스템에서 발생할 수 있는 무한 복잡 문제(complication)에 대한 Poincare의 연구와 같은 수학의 발전이었다. 1세기보다 더 이전에 개발된 그의 "정성 역학(qualitative dynamics)"은 역동적인 시스템에 대한 수학 이론의 중심이 되었다.

20세기 중반 비슷한 종류의 무질서한 현상들에 관심이 있었던 여러 학문 분야에 걸쳐서 연구자들 간의 공유된 깨달음의 순간 이전에도 많은 다른 기여의 순간들을 확인할 수 있다. 지지자들이 **복잡성 이론**(complexity theory)이라고 부른 연구는 초기 운동에서는 주로 설명에 초점을 맞추었다. 이 시기는 사람들이 복잡성 1.0(Complexity 1.0)이라고 부르기도 하는데, 이 시기 복잡성 연구의 주요 성과는 고전적인 해석 과학의 도구들에 대한 생각을 포기하지 않으면 돌이킬 수 없고 갑작스럽게 출현하는 것으로 생각되는 현상의 범주를 교차 학문적으로 인식한 것이다. 이런 운동이 생겨나는 것은 이런 다양한 현상을 묘사하는 이미지와 은유의 새로운 세트가 있어서였다. 유클리드 기하학과 고전 물리학에 기반을 둔 역학을 기초로 한 이미지는 점차적으로 프랙탈 기하학(예를 들어, 단위 독립, 예기치 않은 세부 사항)이나 생물학의 구조 역학(예를 들어, 생태계 조직, 역동적인 상호의존성)에서 가져온 것들로 대체되었다. 이 시기에 주요한 시각적 은유는 중첩된 시스템(그림 17.1a 참조)이었다. 이것은 시스템이 더 이상 단순화시킬 수 없고(즉, 이것들은 출현 단계에서 연구되어져야만 함) 유사한 복잡계로 구성된다는 중요한 통찰력을 반영한다.

점점 더 많은 현상들이 복잡하게 나타나는 것으로 인식되고 더 많은 연구 분야가 복잡성 연구 프로젝트에 참여하게 되자, 연구의 초점은 복잡한 역동성에 대한 설명을 넘어서서 비슷한 근원, 구조, 결과에 대한 분석으로 정교화되기 시작하였다. 이런 "복잡성 2.0" 단계는 대략 1980년에서 2000년 사이의 기간이었고 이 때부터 "복잡성 이론"에서 "복잡성 과학"이라고 부르는 변화가 이 분야에서 나타났다. 이 시기는 복잡하거나 복잡하지 않은 개체의 비교에서 "살아있는 시스템"이라는 개념이 우세를 차지하여 개발과 성장의 주기 내에서 재귀적 프로세스라는 개념을 많이 사용하게 되는 것이 특징이었다(이 당시의 주요한 시각적 은유는 그림 17.2b 참조). 이 시기는 민감한 생태환경에 영향을 주지 않고 가설을 시험하는 방법을 제공한 수학적 모델링이 발전하여 복잡성 연구에 있어 폭발적인 성장의 시기가 되었다. 그리고 실제로 물리학, 의학, 화학 및 경제 분야에서 노벨상을 받은 사람들이 입증한 것처럼 이제 복잡성의 시대에 들어서게 되었다. 1980년대의 노벨상 수상자들은 복잡성 이론의 관점에서 소급하여 해석될 수는 있지만 이 운동과 명백히 일치하는 사람은 거의 없었다. 하지만 2000년대가 되어서는 모든 노벨상 수상자들은 분명하고 명백하게 복잡론자였다.

[그림 17.1] 운동의 세 가지 단계내의 주요한 강조점과 관련된 복잡성 연구의 세 가지 중요한 시각적 은유–(a) 중첩된 시스템, (b) 얽힌 역학, (c) 분산된 네트워크

세기의 전환기에 복잡성 연구의 강조점은 확실히 더 실용적이 되어갔다. 설명과 해석에 대한 계속되는 관심을 상세히 설명하면서 현재 연구에서 가장 강력하게 설명하는 요소는 복잡한 현상이 지속적으로 출현하고 있다는 것이다. 이것은 단순히 그 현상을 확인하고 무엇이 그것들을 만들어 가는지 더 잘 이해하는 것일 뿐만 아니라 그들을 존재하게 하고 발전시키려 돕고 그 존재를 유지하려고 의도적으로 노력한다. 예상하는 것처럼 토론의 초점은 화용론과 관련한 이런 우려를 반영하도록 바뀌어 갔고 이제는 단위가 필요 없는 연결 네트워크(그림 17.1c참조) 문제나 이러한 네트워크가 학습 시스템을 사용하는 방식에 대해 주로 얘기하게 되었다. 이런 수작업은 대부분 이론적이었기 때문에 **복잡성 이론**이나 **복잡성 과학**보다는 **복잡성 연구**(간단히 복잡성)로 해당 분야를 일컫는 경향이 있었고 임시적인 연구에 강조점이 반영되었다.

중첩되고 서로 얽히고 네트워크 학습 시스템과 결합된 개념과 화용론으로의 변화로 인해 복잡성/체계 연구는 수학교육자에게는 큰 도움이 될 수 있게 되었다. 이 분야의 선도적인 저널들의 내용을 재검토하면서 수학교육 분야는 광범위한 관심사를 포괄하였고 지난 몇 십년 전에 유행했던 심리적, 인식론적 초점을 넓게 설명하면서 발전해왔다. 연구자들은 현재 여러 수준의 조직(예를 들어, 개인 학습자, 교실, 학교, 학군, 학문적 지식, 사회), 서로 설명하는 역학 관계(예를 들어, 교사와 학습자 사이, 지식과 행동 사이), 복잡한 연관성(예를 들어, 사람들간, 아이디어 간) 등에 관심을 보였다. 수학교육 연구는 이런 다양한 관심을 넘어서 분명히 실용적인 사업이면서 사회의 유지와 진화를 지원하고 개인의 건강과 가능성을 지원하는 임무를 맡고 있다. "복잡성 3.0"이 이것을 가능하게 하였다.

이 절의 주요 쟁점을 다시 강조하자면 복잡한 시스템은 그것 자체의 역사를 구현한다. 그렇다고 해서 이 순간의 즉각적인 사고방식이 이전의 강조점을 대체하지는 않는다. 이전의 내용들은 정교하다. 때때로 여러 사고방식에는 긴장감이 존재하지만, 설명, 분석, 화용론이라는 세 가지 초점은 모두 현재의 복잡성 연구에서 잘 나타나 있다. 이 장의 나머지 세 절에서 이 점이 더 명백해질 것이다.

학문적 담론으로서의 복잡성

복잡성 연구는 많은 영역에 걸쳐 있는데, 수학교육과 관련된 목적으로 본다면 수학 연구의 범주에 있는 운동 부분에 집중하는 것이 좋을 것 같다. 실제로 중첩되고 갑자기 나타나고 네트워크적인 성격을 가진, 즉 복잡한 수학 그 자체가 중첩되면서도 동시에 복잡성 연구에서 중첩된 것으로 여겨진다면 약간 안심하게 될 것이다. 사회적 조건, 문화적 도구 및 수학 내용이 교육과정과 교수법의 진화에 있어 상호작용하는 방식과 관련된 영역인 수학교육에서 학문적 담론으로 복잡성을 탐구함으로써, 이 절은 이 부분을 발전시키려고 노력하겠다(Ernest, 2011 참고).

수학에서는 복잡성의 출현에 대한 두 가지 설명이 도움이 된다. 첫 번째는 뉴턴시대로부터 현재에 이르기까지 복잡한 역동적인 시스템에 대한 수학적 연구를 추적하는 것이다. 두 번째는 수학의 새로운 영역과 복잡성의 정의 요소, 즉 네트워크 이론의 출현을 설명하는 것이다. 이 두 가지를 함께 보면 수학에서 복잡성의 진화를 설명하면서 복잡계에 대한 중요한 통찰력을 제공한다.

신속하면서도 값싸게 계산하는 능력이 출현하기 이전, 시스템 모델링은 미분 선형 방정식을 통해 연구될 수 있는 동역학에 주로 초점을 맞추었다. 이론적 관점에서 비선형 동적 시스템을 연구한 사람들 사이에서는 Poincare가 주목할 만하다. 하지만 Poincare가 혼란스럽고 역동적인 시스템의 수많은 특징을 이해했다는 것은 지금은 명백하지만, 그 시대에는 그의 통찰력이 정성적이고 사색적이며 대부분 증명되지 않은 것으로 간주되었었다(Bell, 1937). 20세기 후반에 디지털 기술의 계산 능력은 수치적으로 작업할 수 있는 가능성을 열어 주었고, 이 때부터 역동적인 시스템에 대한 연구가 활발해지기 시작했다. 계산 능력은 비선형 동적 시스템 모델링의 부활을 가져와서 "실험수학[1)]"(Borwein & Devlin, 2008)과 수치 해석을 수행할 가능성을 열게 되었다.

중요한 것은 디지털 계산은 대용량의 자료를 계산하고 그 기능을 수십만 번씩 반복하는 수단을 제공했을 뿐만 아니라 수치 데이터를 시각적 표현으로 변환하는 수단도 제공하여 새로운 통찰력의 시대가 가능하게 하였고 결국은 새로운 형태의 수학을 가능하게 만들었다. 이 작업은 응용수학에서 명백히 나타나고 계산 과학과 머신 러닝의 중심이 된다(Mitchell, 2009). 20세기 중반에는 프랙탈 차원, 카오스, 위상공간, 끌개(attractors), 초기 조건에 대한 민감도 등의 개념을 포함해 이전에는 관찰되지 않았거나 만들어지지 않았던 비선형 동적 시스템의 특징에 대한 많은 통찰력을 가져왔다. 더 최근인 18세기에는 Euler가 소개한 그래프 이론이 네트워크 시스템 연구에서 정교하게 다루어졌다. 특히 분산 네트워크 구조가 복잡성 시스템의 인증이라는 사실이 자연 과학과 인문 과학의 다양한 분야에서 큰 관심을 불러 일으켰다. 그래프에 대한 분석법과 컴퓨터가 시스템을 모델링할 때 만들어지는 어포던스에서 나타나는 가능성들의 차이로 인해 그래프 이론과 네트워크 이론 사이의 시간차는 크게 나타났다. 비슷한 이야기는 반복적이고 비선형 동적 시스템의 모델링에서도 나타난다.

여기서 가장 핵심은 디지털 시대의 부상과 함께 수학 지식이 급격히 증가한 것이 아니라는 점을 강조하는 것이 중요하다. 이것은 수학이 어떻게 수행되었는지에 대한 분명하고 갑작스러운 정교화이다. 수학의 역사에 대한 이런 분석은 사회적, 문화적 상호작용에 영향을 주고받으면서(Ernest, 1994; Cohen & Stewart, 1995) 수학이라는 학문이 시간이 지남에 따라 진화한다는 사실을 강조한다(Bell, 1937; Fauvel & Grey, 1987). 현대 수학은 수학의 역사에 깊이 빠지면서 그로부터 벗어나고 동시에 일정하게 변화하는 상태에 있다. 단순한 공리에 기초한 수학 시스템조차도 기대치 않은 "거시적" 결과를 이끌어 내기도 하는데, Foote(2007)는 역사적인 시작점을 뛰어넘는 의미나 응용에 대해 밝혀내었다. 즉, 수학은 복잡한 시스템이다. 비슷한 의미에서 학교수학은 실행, 목적, 함축, 결과가 초기의 초점과 의도를 넘어서는 복잡계로 주장될 수 있다.

이 문제에 대하여 학교수학이 빈번하게 받는 비판은 교육과정이 현재의 상황과 잘 맞지 않는다는 것이다. 대부분의 경우 학교수학의 내용은 최근 몇 세기 동안 거의 바뀌지 않았고, 16세기와 17세기 산업 사회의 급격한 지식에 대한 요구를 해결하기 위해 공공기금으로 된 의무교육이 대륙을 거쳐 뻗어나갔던 유럽의 욕구를 여전히 반영하고 있다. 그 당시에는 단지 소수의 학생만이 오늘날 고등학교와 비슷한 곳으로 갔다. 거기의 교육과정은 (특별한 엔지니어 집단같이) 공무원이 되고자 시험에 도전하려는 엘리트 학생의 욕구를 충족시키도록 맞추어져 있었다. 수학사 연구자인 Archibald(2007)는 19세기에 개발된 교육과정이 오늘날 고등학교수학에도 살아남아서, 현대의 고등학교가 19세기 유럽의 수학 엘리트보다 더 많고 넓은 범위로 엘리트를 양산해낸다고 지적했다. 수학적으로 소양을 갖춘 시민의 필요성과 함께 상황과 민감성은 변해왔다. 하지만 우리가 사는 세계는 정보의 접근성, 정보를 나누는 속도, 정보 처리 수단 등의 어포던스가 있다. Lesh(2010)가 적은 것처럼, "기술 기반 **정보의 시대**에 완전히 참여하도록 학생들을 준비시키는 수학교육과정에 포함될 중요한 주제로서"(p. 563) 복잡성이 나타났다.

복잡계에 대한 연구는 새로운 것이 **아니라,** 학교수학이 전통적인 강조점에서 변화한다는 것에 중요한 자격을 얻는 것이 필요하다. 사실 Descartes, Newton 및 많은 동시대인들은 현대 학교의 출현 당시 복잡한 현상에 대해 잘 알고 있었다. 하지만 많은 비선형 미분 방정식이 연구가 시작되었을 때에는 다루기가 힘들었기 때문에 그 방정식들은 주로 선형 근사값들로 대체되었다(Stewart, 1989). 강사들과 교재는 비선형 내용을 빼 놓았고 결과적으로 이 시기의 학생들은 지나치게 단순화되고 선형화된 자연 현상만 공부하였다. 다르게 말하면 공립학교에서는 복잡하지 않은 수학이 이상적이라서가 아니라 손으로 직접 계산할 수 있었기 때문에 유행한 것이었다. 결국 이런 강조는 시계추 현실에 대한 탄력적인 세계관과 연결된다. Kaput(1992)은 지난 반세기 동안의 강력한 계산 기술 발전은 우주의 끊임없는 비선형성에 대해 감사할 만큼 발전하였다고 주장했다. 즉, 계산의 힘으로 디지털 기술은 새로운 계산의 전망을 열었을 뿐만 아니라, 가능한 중요한 것과 표현 가능한 것들을 다시 정의하는 데 기여하였고, 인식론적 변화도 촉발시켰다. 많은 수학교육 연구자들이 이러한 통찰력을 가지게 되었다(참고할 자료는 English, 2011; Moreno-Armella, Hegedus, & Kaput, 2008; Hoyles & Noss, 2008).

학교교육을 위한 가능성을 지닌 수학 분야에서 복잡계에 대한 연구는 깊은 역사적 뿌리와 풍부한 응용을 가지고 있다. 따라서 복잡성은 수학적 탐구의 중요한 분야를 의미하고 동적 모델링, 시스템 사고, 네트워크 분석, 프랙탈 기하 등을 포함한 세부 주제와 초기 조건, 끌개 유역(attractor basins), 단위, 네트워크 안정성, 순차적 오류 등에 대한 민감성과 함께 수학 연구의 중요한 분야로 나타났다. 교육과정에서 가능한 주제로 수학교육 분야에서 개발된 주제는 수학 모델링, 데이터 모델링, 공학 및 다른 STEM 영역에서 응용을 위한 다양한 시스템 기반 접근법이 있다. 세 가지 구체적인 예를 들자면, 특히 청소년 학습자에게 적합하지만 모든 수준 학습자에게 제공하는 유틸리티를 가진 강력한 프로그래밍 언어, 데이터 관리 및 관련 모델링 전략, 수학적 모델링이 있다.

이런 부분에서 주목할 만한 Seymour Papert(예, 1980)의 연구는 특히 1970년대 후반에 로고 프로그래밍 언어를 개발한 것이다. 이 언어는 어린 초보자와 고급 전문가가 모두 사용할 수 있게 설계되었다. 이것은 모바일 로봇, 즉 "로고 거북"을 이용해서 결국은 컴퓨터 화면에 나타난 시뮬레이션 거북으로 사용자가 문제를 해결하도록 하는 것이다. 복잡성 연구를 위해 명시적으로 의도된 것은 아니지만, 로고는 재귀적 프로그래밍(C 2.0 인스턴스)에 로고를 빌려주어 프랙탈과 같은 이미지를 생성하고 더 복잡한 특정 주제에 대해 문을 열기 위한 동적 응용 프로그램을 탐색하는 데 사용되었다.

여러 개발자는 복잡한 시스템 및 기타 응용 프로그램을 탐색하기 위해 명시적인 로고 기반 플랫폼을 제공했다. 이런 점에서 주목할 것이 스타 로고(StarLogo, 리드 디자이너, Mitchell Resnick, http://education.mit.edu/starlogo)와 넷 로고(NetLogo, 리드 디자이너, Uri Wilensky, http://ccl.northwestern,edu/netlogo/)이다. 두 플랫폼은 모두 1990년대에 개발되었고 여러 개의 상호작용하는 거북이의 위치를 제시하여 Papert의 오리지널 로고 프로그램을 확장했다. 이 기능은 복잡한 현상의 범위를 시뮬레이션 하는데 유용한 응용프로그램을 사용한다. 스타 로고와 넷 로고는 이미 프로그래밍 된 친숙한 현상(예를 들어, 무리지어 다니는 조류, 교통체증, 병의 확산, 인구 이동)에 대한 시뮬레이션과 경제, 생물학, 물리학, 화학, 신경학, 심리학 같이 다양한 영역에서 친숙하지 않은 응용프로그램들에 대해 광범위한 온라인 라이브러리를 포함한다. 동시에 이 플랫폼들은 오리지널 로고(예를 들어 스위치, 슬라이더, 선택기, 입력 및 기타 인터페이스 요소를 활용함)와 구별되도록 프로그래밍의 단순성을 유지해서 어린 학생들도 이용할 수 있도록 하였다. 다른 비주얼 프로그래밍 언어들은 특별히 학생들에게 적절하도록 개발되기도 하였다(예를 들어, Scratch, http://scratch.mit.edu와 ToonTalk, www.toontalk.com 참고).

지난 수십 년 동안 이런 것들과 다른 다중 거북 프로그램을 다룬 수백 개의 에세이와 연구보고서(예를 들어 참고할 페이지는 http://ccl.northwestern.edu/netlogo/refernces.shtml)가 출판되었다. 학교수학의 잠재적인 혁신에 대해서는 잘 개발된 자원들 외에도 광범위한 논의가 있었다. 복잡성의 주제에 부합하는 교육과정 내용을 선택하고 개발하기 위한 상당히 실질적인 기반도 존재했다. 당연히 대부분의 학교 교실에서 계산과 이미지 기술에 대한 준비가 되어 있었고, 일부(예를 들어 Jacobson & Wilensky, 2006)는 네트워크화된 협업 시뮬레이션(STEM교육에서 Kaput 연구센터를 참조, www.kaputcenter.umassd.edu)을 포함해 컴퓨터 기반 모델링과 시뮬레이션 언어 같은 그런 주제를 포함하자고도 주장했다. 이런 맥락에서 복잡성은 재귀 기능, 프랙탈 기하 및 반복, 거미줄(cobwebbing), 상평형 그림(phase diagram) 같은 수학적인 도구로 복잡한 현상을 모델링하는 그런 새로운 주제에 대해 (특히 중등과 직업교육에서) 디지털로 가능한 모델링 기반 수학 분야로 이해된다.

선형성에서 복잡성으로의 민감성 변화는 정교한 모델링에 필요한 계산 역량의 발전보다 더 중요하게 보였다. 이것은 국제 응용 수학모델링 교사 공동체(International Communit of Teachers of Mathematics Modeling Applications)(ICTMA, Lesh, Galbraith, Haines, & Hurford, 2010 참고)를 포함해 모델링에 관심 있는 수학교육자들 사이에서 점점 중요한 초점이 되었다. 이를 위해 현재의 정보 기술이 제공하는 데이터의 집적도에 힘입은 것처럼, 데이터 관리와 관련된 모델링 전략이 특별한 (관련성 높은) 주제로 떠올랐다. 예를 들어, English(2006, 2008)는 진화하는 세계에서 중요한 유용성을 가진 방식으로 어린이의 수학 사고를 개발하려는 관점에서 초기 저학년의 데이터 모델링과 중학교급의 엔지니어링 교육을 조사했다. Lesh와 Doerr(2003) 및 Lesh의 동료들(2010)은 복잡성에 대한 강조가 문제해결 상황의 본질뿐만 아니라 수학적으로 해석되는 "사물"의 본질에 관한 사고와 이 때 필요한 수학적 사고의 본질 변화도 수반한다는 점을 지적하면서 수학적 문제해결에 대한 모델링 중심 접근법을 개발한 것에 대한 유사한 근거를 다루었다. 교육과정 강조가 이렇게 변화하면서 실제로 사람의 삶에서 수학의 역할도 변형될 수 있다고 주장되어왔다. Lesh(2010)가 지적했듯이 "전통적인 K-14 수학교육과정 전체가 단일하면서 해결할 수 있고 차별화된 기능을 공부하기 위한 단계별 과정으로 특징지을 수 있지만, 학교 밖 세계는 단일 행위자-단일 결과 식으로 되는 상황은 거의 없다"(p.564). 이런 생각을 확장하면서 Lesh는 복잡성과 데이터 관리에 대한 의문점과 주제들이 디지털 기술을 통해 K-14 교육 환경에서 보다 쉽게 접근할 수 있고, 현재의 도구들로 전통적인 교육과정의 강조를 보완하는 방법으로 어린 학습자들이 이해할 수 있는 몇 가지 핵심 원리를 제시할 수 있게 되었다.

그러나 연구의 기반이 넓어지고 논쟁의 여지가 있음에도 불구하고 학교수학에 대한 현재의 프로그램들은 이런 변화에 대한 권고에 크게 주의를 기울이지 않았다. 아마도 많은 수학교육 연구자들이 학교수학에 복잡성 연구를 통합하는 수단으로 (방금 언급한 데이터 관리 예제 같은) 익숙한 주제들에 집중한 것도 이러한 이유 때문일 것이다. 가능한 통합 사이트에 대한 논의와 연구를 제안한 사람들은 콘텐츠의 복잡성을 옹호하는 경향이 있었지만 계산에는 의존하지 않는 형식으로 모든 학년 수준과 여러 콘텐츠 영역에 걸쳐 의견을 제시했다.

학교수학에서 가능한 내용에 대한 토론은 수학학습의 대상, 방법, 위치, 시기 등이 분리되지 않고 실현되도록 짜 맞추어진, 학습자가 참여하게 될 복잡성 정보와 가능한 기술적 방법에 대한 논의였다. 이런 복잡성 정보가 있는 떠오르는 교육 이슈들은 다음 절에서 다루어진다.

이론적 담론으로서의 복잡성

이 장의 도입 부분에 언급했듯이 **복잡성**은 연구자의 특수한 관심사로 정의되는 경향이 있다. 예를 들어, 생물학자들은 살아있는 시스템의 관점에서 복잡성을 이야기하는 경향이 있고, 물리학자는 비선형 동적 시스템의 관점에서, 정보 과학자는 진화하는 네트워크의 측면에서 복잡성을 이야기하는 경향이 있다. 그래서 교육 연구자들 사이에서도 복잡계는 우리가 배우는 것이라는 하나의 정의가 특별히 공유되어진다는 것이 놀랄만한 일은 아니다. 실제로 수학교육 연구 분야에서 복잡계 연구의 가장 잘 발달된 측면은 학습 이론에 대한 연구자들의 이해와 기여에 관한 것일 것이다.

이런 의미에서 여전히 들리는 "새로운 패러다임"과 "떠오르는 세계관"과 같은 말들은 (명백한 운동이 아니라면) 복잡성의 핵심 원칙이 깊은 역사를 가지지 않고서는 이 분야에서 복잡성 사고를 표현하기에는 아마 적절하지 않을 것이다. 특히 수십 년 동안 널리 퍼진 여러 가지 학습 이론은 복잡주의자의 감수성과 쉽게 일치한다. 예를 들어, 수학학습에 관한 최근의 연구가운데 공동 참여, 불가능한 얽힘, 분산된 구조, 적응력 있는 역학, 자기 결정, 비선형 전개와 같은 개념에 깊이 관여하지 않은 연구를 찾기란 어려울 것이다. 하지만 복잡성에 호의적인 감수성의 명백한 증거는 개별학습을 묘사하거나(예를 들어, Lesh & Doerr, 2003; van Oers, 2010; Proulx, 2013; Bowers & Nickerson, 2001), 수학 이해의 결과물(Cobb, 1999; Font, Godino, & Gallardo, 2013), 개인의 앎의 구조(예를 들어, ACT-R Theory:Anderson & Labiere, 1998; Implicit Learning Theory: Reber, 1993), 학습 도구(Hershkowitz & Schwarz, 1999), 축적한 지식 생산물(Cobb & Bauersfeld, 1995; Burton, 1999; Davis & Simmt, 2006; Martin & Towers, 2011), 교사의 역동적인 수학 지식(Davis, 2011; Davis & Renert, 2014), 수학 지식 자체의 개방형 특성(Foote, 2007; Hegedus & Moreno-Armella, 2011) 등을 묘사할 때 종종 사용되는 **출현**(emergence)의 개념일 것이다.

특히, 출현의 담론은 반드시 복잡성 연구에 뿌리를 두고 있는 것은 아니다. 이 담론의 다양한 출처는 심리학, 사회학, 철학을 포함하고(Sawyer, 2002a, 2002b), **출현**의 용도는 종종 정의되지 않은 채 남아 있다. 상대적으로 소수의 연구자가 명시적으로 복잡계를 학습자에게 비교한다(예를 들어, Wilensky & Resmick, 1999; Stroup & Wilensky, 2000; Davis & Simmt, 2003; Lesh & Doerr, 2003; Kilgore, 1999). 그러나 **출현** 개념의 빈번한 사용은 지식, 지식 생산, 지식 생산 시스템에 대한 적응적이고, 돌이킬 수 없고, 풀리지 않으며, 아직은 일관성 있는 본질에 대한 중요하고 폭넓은 인식을 보여준다.

이 분야에서 학습에 대한 좀 더 유명한 몇몇 이론을 복잡성에 기초해서 읽기 이전에 지금부터는 간단히 **학습자**라고 부를 복잡한 (학습) 형태/현상/실체의 핵심 측면에 대해 명시하는 것이 좋을 것 같다. 간단히 말해, 학습자는 다음의 내용을 인식할 수 있는 일관성을 갖는다.

» 여러 에이전트/시스템(예를 들어, 뉴런, 인스턴스생성, 스키마, 사람, 소셜 클러스터, 하위문화, 종)의 상호 연계된 작용에서 세계와 공동으로 발생하는

» 일반적으로 몸체나 구체화된 의미로 인식되고 특징지어지는(예를 들어, 사람, 지식의 몸체, 사회적 코퍼스, 신체의 정치적 성격)

» 구성 에이전트/시스템에서 관찰되지 않는 특징과 역량을 나타내는

» 일정 기간 동안 스스로를 유지하는 최대성/효과성(즉 내부와 외부간의 일치)보다 적합성/충분

성(하위 에이전트와 환경 간의 적합성)의 의미에서 더 잘 설명되는 방식으로 내부와 외부의 역학에 대해 동시에 반응하여 발전한다.

명확히 하면, 여기서의 주장은 수학교육 분야에서 탁월한 학습 이론이 복잡계 사고를 이끌고 있다는 것이 **아니다**. 실제로 이것의 역이 더 나을 것이다. 복잡계 연구는 수십 년 동안 한 영역으로서 수학교육 연구의 중심이 된 여러 현상과 역학에 관한 연구를 중심으로 이루어졌다. 그렇기 때문에 복잡성 연구는 학습에 대해 연구자가 기여할 것 같은 영역과 그들이 그릴 수 있는 것보다 더 적은 영역의 의미에서 해석되어야 한다. 이런 세부 사항은 위에서 언급한 강조점이 복잡성 연구가 발생하기 오래 전에 여러 학습 이론가들에 의해서 한 방향이나 또는 다른 방향으로 제안되었다는 점을 부각시킬 수 있다. 예를 들어, 1700년에 Kant는 개념, 시나리오 또는 일련의 사건 또는 관계를 수집하는 데 사용할 수 있는 표현의 구조화된 클러스터로 개념을 설명했는데, 이것은 Piaget(1953)가 설명한 **스키마**라는 개념으로 어린이가 육체적, 사회적 환경과 상호작용할 때 만들어지고 감각운동, 상징적, 운영 객체와 통합할 때 만들어지는 정신적인 틀에 해당한다.

복잡성 담론이 제공하는 것은 새로운 설명이 아니고 복잡하게 나타나는 형태의 다양성에 대한 연구에서 파생된 해석적 장치이다. 즉 복잡계 연구는 공통적인 근거(예를 들어, 이전에 강조한 점들)와 중요한 차이를 동시에 강조함에 따라(Davis, Dumara, & Luce-Kapler, 2008) 학습의 다양한 이론을 생산적인 대화로 이끌어내는 틀을 제시한다. 복잡성의 의미에서 그런 차이들은 학습 이론가들이 여러 가지 다른 수준에서 학습을 연구하고 있기 때문에 발생한다. 복잡계 연구의 핵심 교리는 한 수준의 활동에 적당한 행동이나 법칙은 다른 수준에서는 적용되지 않을 수 있다는 것이다(Laborde, Perrin-Glorian & Sierpinska, 2005 참조). 다르게 표현하면 현상은 각자의 수준에서 연구되어져야만 한다(Cohen & Stewart, 1995).

학습 이론 사이의 다양성에 관한 몇 가지 세부적인 내용을 얘기하기 이전에 복잡계 사고가 학습과 학습자 연구에 더 기여한다는 것을 알리는 것도 의미 있는 일이 될 것이다. 이러한 적응 현상의 넓은 범위에 대해 우려하면서도 복잡성 연구자들은 특정 현상이 실제로 복잡한지 아닌지를 구별하는데 사용할 수 있는 몇 가지 실험적인 도구들을 개발시켜 왔다. 예를 들어, 내부 구조의 측면에서 복잡한 유닛으로 구성된 에이전트는 분권화된 네트워크에서 스스로를 구성한다(Watts, 2003 참고). 또한 사람들은 복잡한 활동이 나타날 때 어디에나 존재하는 권력법의 분산을 기대할 수 있다(예를 들어, 사회 시스템에서는 다수의 낮은 지위의 사람들과 소수의 높은 지위의 사람들이 있는 경향이 있고, 활발한 교실에서는 매우 많은 간단한 설명이 있고 매우 적은 확장된 설명이 있을 수 있고, 언어에서는 적은 수의 단어가 매우 높은 빈도로 사용되지만 대부분은 매우 적게 사용될 수도 있다, Buchanan, 2002). 복잡계의 또 다른 특징은 내부의 일관성을 조정하고 상황에 맞게 외부 적합성을 유지하기 위해 함께 작동하는 다중 피드백 루프가 존재한다는 것이다(Pirie & Kieren, 1994).

이런 성질은 영역과 영역 간의 상호 연결을 그리려는 노력들이 분산된 네트워크 구조와 권력법의 분산[2)]을 동시에 나타내기 때문에 인간 지식의 광범위한 예시로 설명될 수 있다. 동일한 것이 수학에서도 "자기조화(스스로 만들고 유지하는) 시스템으로 나타나고"(Sfard, 2008, p.129), "살아있고 숨 쉬고 변화하는 유기체"(Burger & Starbird, 2005, p. xi)로서 영역의 특징을 점점 더 가지게 되어 사실로 나타났다. 좀 더 신랄하게, Foote(2007)는 수학이 인간의 검증가능성의 한계에 접근하는 적응력 있는 복잡계라고 주장해왔다. 이런 특징들은 학교에서 목표로 하는 다소 정적이고, 확실하며, 선형화된 수학 묘사와는 거리가 있다.

마찬가지로 복합주의자들의 감수성과 조화를 이룰 수 있는 학습 이론은 20세기 대부분의 교육 연구를 장악했던 원인-결과 연구(예를 들어, 행동주의, 인지주의)와는 거리가 멀다. 오늘날 수학교육 문헌들에도 수십, 아마도 수백의 학습 이론이 나타난다. 일부 연구자들은 이런 관점의 발전을 현장의 파탄이라고 보기도 한다. 사실 지난 십년간 교육의 상당 부분은 다른 틀 사이를 구분하는 것, 예를 들어, 급진적 구성주의와 사회적 구성주의의 차이, 활동 이론과 활동 네트워크 이론의 차이, 체화된 인지(embodied cognition)와 발현주의(enactivism)의 차이 등을 구분하는 것에 초점이 맞추어져 있었다. 하지만 대조적으로 복잡성 관점에서 볼 때는 서로를 보완하고 정교하게 표현하는 방법에 초점을 맞추는 것이 더 유용할 것이다. 이런 목적에서 사람들에게 유용한 전략은 분석의 단위를 비교하는 것이다. 다르게 말하자면 유용한 질문은 "누가/무엇을 각 이론 내에서 학습자로 가정하는가? 라고 묻는 것이다.

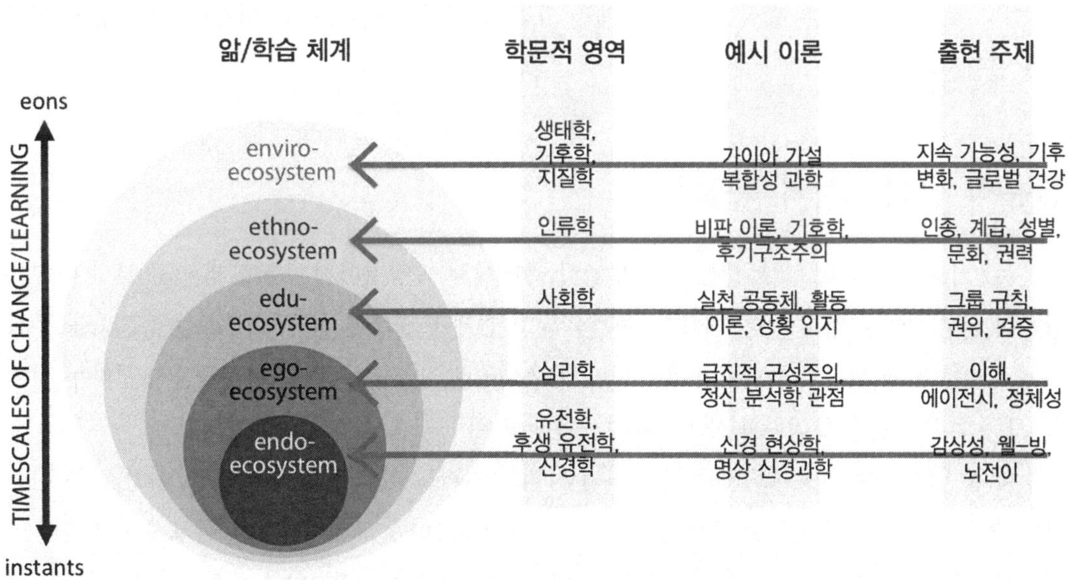

[그림 17.2] 수학교육자에게 관심 있는 중첩된 복잡한 시스템 일부

[그림 17.2]는 수학교육자가 관심을 가지는 학습자와 학습 현상이 상호 연관된 시스템으로 이해될 때, 현장에서 제기될 수 있는 많은 문제들을 해결하기 위해 다양한 이론이 필요하게 된다는 결론을 내려는 목적으로 그려졌다(Lemke, 2000). 단 하나의 관점으로는 이것을 할 수 없다. "예시 이론" 칼럼에 있는 각각의 항목은 현재의 수학교육 문헌들에 잘 나타나 있으며, 각각은 주로 하나의 특정 앎/학습 시스템과 관련이 있고, 각각은 특정 연구 방법론적 전통("학문적 영역")과 연결되고, 각각은 특정 관심사("떠오르는 이슈들")에 끌리는 경향이 있다. 좀 더 간결한 용어로는 각각은 복잡계의 이론이다. 그들의 공통 기반(예, 이전에 강조해서 말했던 세부 사항들)은 개별 강조점만큼이나 중요하다.

이런 단계별로 구체화된 복잡성은 그들이 동시에 고려되는 순간 나타나는 축적된 내부 이론의 복잡성과 함께 수학교육 프로젝트에 필수적이다. 정교하고 효과적인 수학교육학은 수학을 표현하는 데 있어 학습과 앎의 복잡한 역학에 대한 정교한 통찰력을 요구한다.

그렇다면 복잡성에 관심 있는 교육학자들을 움직이게 하려면 종종 복잡계가 (예를 들어, 인식하고 행동하고 참여하고 발전하는 등을) 알고 (적응하고, 진화하고, 자기일관성을 유지하는 등을) 배우는 것에 관한 것이라는 개념과 결합해야 한다. 이런 해석은 심리학적, 개인적, 사회적, 제도적, 인식론적, 문화적, 생태적 시스템을 포함해서 교육학자들 사이에 관심 있는 많은 시스템들에도 쓰인다. 이것을 서로서로 해석하는 데 다른 모든 것들을 연구하지 않고서 한 현상만 연구하는 것은 불가능하다. 다시 말하지만 이런 감수성은 수년 동안 다양한 학습 이론의 형태로 나타났다. 여러 이론 가운데 급진적 구성주의, 사회문화적 학습 이론, 발현 이론, 비판 이론은 모두 복잡성 이론의 의미에서 읽힐 수 있다. 즉, 이 이론들은 모두 은유, 시스템적 고려, 진화하는 역학, 출현 가능성, 자기 유지 성질 등을 언급한다.

실용적 담화로서의 복잡성

종종 "하드"와 "소프트" 복잡성 사이의 긴장 측면에서 특징지어지는 복잡계 연구 분야 내에는 여전히 진행 중인 논쟁이 있다. 하드는 잘 정의되고 쉽게 모델화된 현상, 소프트는 정량화를 무시하는 흐릿한 경계 현상과 모델링을 통해서만 대략적으로 접근할 수 있는 현상들을 다룬다는 것이다. 보통 이런 구분은 물리학과 사회과학의 구분과도 비슷하다.

수학 분야와 교육 현장에도 걸쳐있는 이런 방식은 아마도 놀랍지 않을 테지만, 이와 같은 긴장감이 수학교육 연구 내에도 잘 드러난다(예를 들면, Hurford, 2010). 그럼에도 불구하고 수학교실의 명백하게 복잡한 공간에 대한 실용적인 의미에 대해, "좀 더 소프트한" 질문을 하는 현장 내에서 활발하고 생산적인 공동체가 있다. 이런 노력은 공교육의 역사를 통해 수학의 본질에 대한 믿음이 가르침에서 주입되었다는 사실로 인해 대부분 시작되었다. 지구를 측정하는 것을 보여주기 위해 직각자와 컴퍼스를 사용하는 마스터와 견습생부터, 함수를 이해시키려고 학생들에게 강의하는 교수, 시뮬레이션에 대해 학생들이 탐구하도록 촉진시키는 교사에게 이르기까지 교육학적 설정들은 수학의 본질이 가르쳐지고 배워졌다는 신념에 영향을 받았다.

다른 말로 수학교육 그 자체는 교사, 수학, 학생의 상호작용에서 비롯되는 복잡한 현상이며 그 자체가 복잡한 학습 시스템이다. 지난 세기 동안 수학과 과학에서 두드러진 담론으로서 등장한 복잡성으로 인해 "지능적인" 교실을 해석하고 활성화할 수 있는 새로운 은유 렌즈가 생겼다. 이런 종류의 전환에 중심이 된 것은 주로 개인의 내적 이해에 중심을 둔 학습 이론에서 집단적 이해를 도모하는 이론으로의 전환 때문이다(Towers, Martin, & Heater, 2013). Kilgore(1999)가 지적한 것처럼, 집단에 대한 지배적인 공유된 의미나 정체성은 집단적 사회 행동과 가장 밀접하게 관련되어 있다. "Milbrath(1989)가 '우리가 배우는 방식'이라고 부르는 과정으로 사람들은 집단적으로 사회 문제에 대한 해결책을 개발한다"(Kilgore, p.196). 다시 말해 일반적인 교육과 특히 수학교육에서는 집단 행동을 장려하고 집단적 가능성을 이끌어내는 경험을 학습자에게 만드는 것이 중요해졌다.

전통적으로 학교수학에서는 그룹이 이해하거나 지식을 창출하는 것이 중요했지만 개별 학습이 주요 초점으로 대부분의 역할을 담당해왔다(예를 들어, Cobb & Bauersfeld, 1995; Lerman, 2000; Sfard, 2008). 이런 경향은 개인이 자율성과 책임을 지닌 주요한 에이전트로 간주되는 사회에서 놀라운 일이 아니었다. 복잡성 연구자들은 이런 초점에 이의를 제기하지 않았다. 하지만 그들은 종종 공교육에서 독립적으로 구성된 개인과 다양한 집단적 초점의 분기점을 문제화했고 수준 간의 상호 영향력에 주의하는 감수성을 지지했다. Kilgore(1999)가 주장하였듯이, "사회 운동에서 학습을 이해하는 것은 그 그룹을 학습자나 지식의 생성자로 이해하는 개념뿐만 아니라 다른 그룹과 충돌할 일이 있을 때 그 그룹의 비전이 사회 정의를 행동하게 하는, 더 큰 사회, 경제, 정치적 분야에서 의미를 만들어 행동하게 하는 비전의 중심성을 이해하는 것도 요구된다"(p. 191). 다르게 말하면, 이슈 중심으로 모인 사람들은 그것이 개인이나 집단이 아닌 행동이나 상호작용이 나타나는 결과를 중심으로 집단행동/학습을 보여 준다.

그래서 수학이 고정된 사실의 집합보다는 복잡하고 역동적인 현상으로 구성되었을 때 가르치고 배우는 모습은 어떨까? 개인이 학습의 중심이 아닌 거대한 학습 시스템에 둘러싸인 복잡한 학습자로 보일 때 가르치고 배우는 모습은 또 어떨까? 수학 그 자체가 분산된 네트워크이고 활동의 중심 대다수가 실험적인 방법을 사용하고 데이터 세트를 운영하고 잠재적인 관계의 시각화를 만들기 위한 테크놀로지에 완전히 종속되어 있다면 가르치고 배우는 모습이 어떨까? 다시 말하자면 현대 수학의 복잡성이 어떤 종류의 교수법, 교육과정, 교실을 만들어낼까?

이런 문제들을 해결하기 위한 노력은 이미 진행 중이다. 예를 들어, 학문적 담론으로서 복잡성에 관한 절에서 이미 언급했듯이, 모델링을 사용하거나(Lesh & Doer, 2003), 협동적이고 집단적인 자료 수집과 분석을 사용하거나(Jacobson & Wilensky, 2006), 복잡한 현상 연구를 사용한(English, 2008) 혁신적인 교실과 연구 프로젝트들이 있다. 이런 모든 것들은 학생들이 따라해야 하는 수학을 통제하는 것에서 수학적 사고가 번성할 수 있는 공동의 경험과 다른 것들을 육성하기 위한 공간을 조성하는 쪽으로 중심을 변화하게 하는 예시로 이해될 수 있다. 전통적인 교육과정을 재조정하면 집단 학습자가 등장할 수 있는 공간이 만들어진다. 대화형(interactive) 교실은 집단 학습 시스템에 출현할 가능성이 있다. 하지만 Davis와 Simmt(2003)가 개발한 것처럼 그 교실들은 통제(예를 들어, 교사나 교과서에 수학적 권위가 독점되어 있지 않음), 다양성(예를 들어, 학생들 간의 다양성은 특별한 작업과 사고를 위해 집단이 사용할 수 있는 자산이 되기도 함), 중복성(예를 들어, 교사는 학생들이 서로 상호작용할 수 있도록 공동 장소로서 역할을 할 수 있는 경험을 제공해야 함), 상호연관성(예를 들어, 아이디어는 그룹 공유를 통해 상호작용하기 위한 수단이 필요함)이라는 이슈를 제기하고 집단으로 활용할 수 있게 만들 필요가 있다.

집단 수학학습자로서 기능하는 교실의 많은 예시가 있지만 대부분의 연구 보고서는 그런 것을 명시적으로 제시하지 않는다. Davis와 Simmt(2003)나 Martin과 Towers(2011)의 연구는 예외적으로 우리에게 개별적인 의미 제작자가 아니라 학습자들의 집단 활동에서 나오는 지식을 고려하라고 요청했다. 학습이 수학적인 것에 관한 것이고 다른 특별한 것들은 덜 배우는 그런 탐구 수업에서 집단 학습자가 나오고 새로운 수학도 나온다. 가르치는 것은 결과적으로 "이해를 파헤치는 것에 참여하는 복잡한 활동"(Martin & Towers, 2011, p. 425)인 것이다. 집단 학습자가 수학 교실에 나오는 상황에서는 개별 지식은 공공에게 보여 지고, 아이디어가 생겨나고, 공유된 프로젝트가 생겨나고, 출현하는 학습자를 만드는 과제와 집단에 귀속된 결과물을 만들어내는 집단행동이 있다.

예를 들어, 카풋 연구 센터의 일부 연구에서 입증된 것처럼 네트워크는 새로운 교수법으로 탐구되었다. 2003년 Roschelle, Vahey, Tatar, Kaput, Hegedus는 강의실 내에서 네트워크를 만들기 위해 손으로 조작하는 컴퓨터 기술을 사용하는 것을 연구했다. 그들은 네트워크화된 수학 수업의 5가지 핵심 고려 사항을 설명했다. 네트워크 범위와 일반성(예, 교실 밖에서 네트워크를 확장하고 회원과 비회원을 포함하여 내부로만 제한), 네트워크 위상(예, 허브, 스포크, 다중 허브, 캐스케이드), 익명성과 그룹 표시(즉, 학생이 익명 또는 추적될 수 있는 기능), 네트워크 기능의 유형(예, 정보 분배, 정보 차별화, 정보 제공, 정보 수집, 정보 집계 등), 표상 융합(예, 기능이 언제 어떻게 전달되고 표현되는지) 등의 5가지이다.

정보와 통신 기술이 어디에나 존재하는 빨리 연결되고 신속하고 유연한 모바일은 복잡한 주입 환경에서 수학교육의 잠재적인 형태를 생각하기에 좋은 곳이다. 현재 인기 있는 수학 "수업"의 2가지 현상인 비디오 수업과 거대한 온라인 강좌는 이런 맥락에서 나왔다.

전자의 경우 인터넷은 수많은 교육 비디오의 저장소이다. 비록 많은 것들이 화장실 변기를 고치기 위해 윈소어(Windsor) 매듭을 묶는 것부터 시작해서 스스로 하는 DIY 프로젝트에 관련된 것이지만, 많은 수의 비디오가 명확하게 학교 주제나 내용과 관련되어 있다. 실제로 유투브는 내용의 대부분이 학교와 관련된 교육 채널을 보유하고 있다. 현재의 정보와 통신 기술의 장점 중 하나는 인터넷에 접속하면 학교수학에서 다루는 거의 모든 주제에 대한 설명이 있는 튜토리얼을 찾을 수 있고, 학생들은 (예를 들어, 수백만 명에게 히트를 친 칸 아카데미처럼) 이것들을 사용한다. 하지만 아이러니가 없는 것은 아니지만, 연결성과 협업을 지원하는 엄청난 힘에도 불구하고 지금까지 인터넷의 수학 교수법에 대한 영향은 지금까지의 새로운 가능성을 제시하는 것보다는 수세기 전의 오래된 감수성을 더 끌어 모으는 것으로 나타났다. 수학은 "하는 방법" 형태인 절차적으로 제시되는 경향이 있고 연습은 의미보다는 자동적인 것에 더 중심을 두는 것 같다. 개인은 다른 개인들과 함께 그리고 (블로그 같은 경우에는) 그들로부터 상호작용하면서 배울 수도 있을 것이다. 하지만 집단성이나 집단 학습자들을 야기한 게시된 비디오의 디자인에 특별한 것은 없다. 즉각적인 비디오의 독창적인 혁신은 "거꾸로 교실(flipped classroom)"로 나타났다. 이것은 모든 학생들이 자신의 시간에 맞게 공부할 수 있도록 좀 더 인간의 경험을 제공하게 되었고(Khan, 2011, 3월), 현대 교육에서의 개별화 중심에 도전하기보다는 더욱더 활성화하도록 하였다.

이런 상황은 거대 온라인 강좌(MOOC)의 제공과 또 다른 현대 정보 및 통신 기술이 제공하는 교수 전략과도 대조될 수도 있다. 교육적인 "공간"으로서 MOOC는 여러 종류의 집단적 상황에 가능성을 부여한다. 이것은 집단 학습 시스템이 출현할 수 있는 기반이 될 수 있다. MOOC는 일대 다(교사 한 명과 많은 학생)인 상황이지만, 이웃과의 상호작용이 계속 일어나는 무한의 광경(토폴로지)으로 구성되고 개인 및 하위 그룹 학습자의 믿을 수 없을 만큼의 다양성(거대한 것이 이것을 보장한다)이 존재한다. 하지만 여기에도 언어 그룹, 배경 경험 등을 통해서 적절한 동일성(중복성)이 있다. 우리는 MOOC에서 언어 그룹, 주제 관심사, 조사 형식, 일하는 매너 등에 의한 하위 시스템의 출현(Nixon et al., 2013)을 알 수 있고, MOOC가 유지되고 진화하는 것은 이러한 하위 시스템에서 비롯된 것이다.

MOOC 현상을 해석하기 위한 복잡성 원칙을 그려보면 집단 출현에 일부 중요한 요소가 나온다. 예를 들어, 일대 다 형식에서는 개개인으로부터 풍부한 에너지가 있는 국지적인 자료가 있는데, 현상의 제어는 실제로 분산되어 있다. 교사가 조절하는 것은 초기의 정보 분배뿐이다. 모든 MOOC 과정 수업을 개별 학습자에게 전통 학교에서 하는 방법과 비슷한 방법으로 듣도록 강요할 수는 없다. 현상의 제어는 개인과 개인 그룹이 서로 상호작용하고 공동 작업할 수 있는 인프라를 통해 분산되는 것이다.

하지만 MOOC가 전통적인 학교교육과 쉽게 조화를 이루는 학습의 비전과 가정에 뿌리를 두고 있기 때문에 MOOC가 복잡한 공동 활동의 출현을 위한 장소가 될 수 있다고 제안하는 것은 지나치게 낙관적인 것일 수 있다. McLuhan(1964/2013)이 지적했듯이, 새로운 미디어는 오래된 것을 내용으로 사용한다. 새로운 기술도 항상 처음에는 이전 세대의 방식을 사용한다. 따라서 MOOC도

처음에는 고전적인 접근법, 즉 강의를 관리하는 초능률적인 수단처럼 보였다. 하지만 MOOC는 학습 플랫폼과 어포던스 때문에 다른 비디오나 교과서보다 더욱 잠재력을 가지고 있다. 이것은 학습자가 모여서 집단적으로 아이디어, 기술, 활동을 탐색하는 환경을 가능하게 한다. MOOC가 웹 기반 강의 비디오와 다른 점은 이런 가능성을 둘러싼 것이다. 이런 주제별 특별 비디오 클립들은 교사가 그의 교실을 바꿀 기회를 제공하지만, 그 결과는 학습자가 수학을 집단적으로 공부할 기회가 만들어지지 않는다면 새로운 가능성을 열기보다는 확립된 감수성을 증폭시킬 수도 있을 것 같다. MOOC 강의에서 제공하는 핵심 차이점은 전달을 위한 작은 변화가 아니라 많은 수의 상호 소통하는 참가자들과 함께 발생하는 가능성에 있다.

최근 또 다른 대규모 온라인 접근 방식이 교육을 위한 가능성으로 제시되고 있다. 대규모 멀티플레이어 온라인 게임에 대한 관심이 증가함에 따라 MIT 교육 아케이드는 특별히 수학과 과학 학습[3)]을 촉진하기 위한 게임을 만들었다. 이 게임은 현재는 파일럿 단계에서 사용 가능하지만 앞으로 집단 학습을 위한 환경이 될 잠재력을 가졌다. 이 게임의 설계, 멀티 플레이어, 다양한 목적을 위한 집단행동은 모두 복잡한 출현의 가능성을 제공한다.

명확하게 말하면, 여기에서의 제안은 수학교육자들이 MOOC 같은 구조를 고려해야 한다는 것은 아니다. 그것보다는 복잡성이 실용적 담론으로 받아들여진다면 전통적인 교실 구조에서 좀 더 생산적인 참여를 제안하는 것 이상의 의미를 가질 것이라는 게 요점이다. 이것은 이런 구조의 많은 기본 원칙에 도전한다.

맺음말

James Carse(1987)의 유명한 「**유한과 무한 게임**」(Finite and Infinite Games)이라는 책에서는 참여를 위한 두 가지 종류의 규칙을 구분했다. 유한 게임에서 규칙은 플레이를 제한하고 가능성의 경계를 정하는 고정된 **경계**(boundaries)이다. 무한 게임에서의 규칙은 복잡성의 언어로는 출현하는 가능성이라 할 수 있는 플레이를 움직이는 변하는 **지평**(horizons)에 좀 더 가깝다. Carse의 유한 게임의 예에는 운동 참여(예, 대부분의 스포츠), 교육 참여(예, 토론), 문화 간 참여(예, 전쟁) 등이다. 여기에 그가 학교교육도 포함시켰다는 것은 그리 놀랍지 않다. 무한 게임의 경우에는 단지 하나의 예시인 삶을 제시하였다. 우리는 예를 들어, 수학 같은 것을 포함하는 다른 걸 제시할 수 있을 것이다.

대조적으로 유한 게임은 명확한 시작과 끝이 있고 목표는 이기는 것이다. 반면에 무한 게임은 언제 시작되고 언제 끝날 지가 명확하지 않다. 또한 무한 게임의 목적은 승리하는 것이 아니라 게임에 머무는 것이다. 이것을 위해서 만약에 무한 게임이 끝날 것처럼 보이는 경우 플레이어는 게임을 계속하기 위해서 규칙을 바꾸어야 한다. (이것이 우리가 수학을 무한 게임에 포함시킨 이유이다. 역사가 보여주듯이 참여의 규칙은 수학의 영역이 발전함에 따라 변화되어왔다.)

두 게임의 유형 모두 복잡한 출현의 사례로 사용될 수 있다. 차이점은 하나는 규칙이 불변한다는 것이고 다른 하나는 규칙과 시스템이 모두 출현하는 것이라는 점이다. 복잡성 연구자들이 구분하는 것은 유한 게임은 컴퓨터 모델링, 통제된 실행 등을 통해서 "하드(hard) 복잡성"을 연구한 사람들에게 관심의 대상이 되는 일종의 현상들과 유사하고, 무한 게임은 실제로 그런 모델은 충분하지 않지만 모델이 될 수 있는 현상에 관심 있는 사람들을 더 사로잡는 것이다. 예를 들어, 인구가 출현하고 확산하는 것에 대한 아이디어의 시뮬레이션을 보는 것이 하나의 일이고 지식이 실제로 생성되는 교실에서 교사가 되는 것은 또 다른 일이다. 모델은 지각을 가능하게 하는 유용한 장치이긴 하지만 실제 현상을 대체할 수는 없다.

복잡론자인 Cohen과 Stewart(1995)는 두 단어 simplicity와 complexity을 교차해서 simplexity와 complicity라는 용어를 만들어냄으로써 다소 다른 방식으로 비슷한 점을 만들었다. 그들에게 단편성(simplexity)은 "규칙 체계가 단순한 특징들을 생성할 수 있는 과정으로 단편성은 직접적인 규칙의 결과로서 대규모 단순성의 출현"(p. 411)을 의미한다. 그들이 설명한 예시 가운데 뉴턴의 법칙과 공식 수학이 있는데, 이것들의 "특성은 직접적이고 피할 수 없는 규칙의 결과들이다"(p. 412). 다른 사례로 들 수 있는 것은 Carse가 유한 게임으로 확인한 것이 있다.

복잡론자들 사이에서 주요 이슈는 Cohen과 Stewart가 지적한 것처럼 단편성(유한 게임)이 단순히 모델로 여겨질 뿐만 아니라 그것들이 실제와 같은 방식으로 되었다고 오해되어왔다는 것이다. 이처럼 뿌리박힌 습관을 방해하려는 노력의 일환으로 Cohen과 Stewart는 복합성(complicity)의 개념을 "완전히 다른 규칙이 비슷한 특징을 생산하고 동일한 대규모 구조 패턴을 나타내는"(p. 414) 현상의 범위로 제안했다. 즉, 복합성은 단편성과 구조적으로 유사해서 이전의 모델링하는 것에서 후자와 같은 복합성의 개념을 따르게 할 수 있다.

하지만 중요한 차이가 있다. 영역에 대한 지도를 착각하는 것에 대한 오래된 경고로부터 Cohen과 Stewart는 "단편성은 단지 가능한 고정된 공간을 탐색하는 것이다... 복합성이 그것을 확장 시킨다"(p. 417)라고 요약했다. 이것은 수학교육 분야에서는 점점 더 많은 목소리가 들려오는 부분이다. Laborde, Perrin-Glorian, Sierpinska(2005)가 한 비판을 생각해 보자. 예를 들면 다음과 같다.

> 진부함을 넘어서기 위해서는 심리적 인지적 관점을 버리고, 그 시간의 교실 상황이 중요하지만 역동적인 시스템으로 볼 필요가 있다. 교실에서 수학적 논쟁이 일어나기 위해서는 학생들이 그들의 수학 공부를 교사에게 평가받기 위해서 고립되어 개별적인 학교 공부로 언어화하고, 그러고 나서 곧 잊어버리는 것이 아니라, 일반적인 지식을 만드는 집단 프로젝트의 단순한 단계로 여겨야만 한다. 교실은 지식 체계를 만들기 위한 하나의 시스템으로 작동해야 하고 이것은 "기록 보존"이나 기억의 필요성을 암시한다. (p. vi)

이런 사고 방식은 사람들이 기술이 가능성을 연결하고 증폭하는 가능성을 가진다고 생각하도록 만들었다. 복잡성 연구를 하는 수학교육자로서 우리는 유한 게임에서 단편성을 유지하기보다는 무한 게임에서 우리의 복합성이라는 개념으로 생각하도록 하는 그런 초대장을 읽도록 도울 수 밖에 없다.

결론적으로 우리는 수학교육 연구자들이 복잡성을 오랜 관행을 이해하는 수단으로 받아들이는 것이 적절한지 또는 적당한지에 대한 질문으로 끝맺는다. 복잡성은 많은 다른 이론 중의 하나로 받아들여질 것이다. 하지만, 그것은 담론을 바꾸는 잠재적인 게임일 것이다.

1. Borwein & Devlin(2008)을 참고.
   http://mathworld.wolfram.com/ExperimentalMathematics.html을 참고.
2. 많은 예시들이 비주얼 복잡성 웹사이트 www.visualcomlexity.com에 제공되어 있다. 지식 영역에 대한 이론적 매핑은 국제 시스템 연구소(International Institutute for General System Studies)에서 작성하였으며 다음 www.iigss.net/files/gPICT.pdf에서 볼 수 있다.
3. The Radix Endeavor, http://education.mit.edy/projects/radix-endeavor를 참고.

참고문헌

Anderson, J. R., & Lebiere, C. (1998). Learning. In J. R. Anderson & C. Lebiere (Eds.), *The atomic components of thought* (pp. 101–142). Mahwah, NJ: Lawrence Erlbaum Associates.

Archibald, T. (2007, April). *History of changing the culture: From the French revolution to the 21st century.* Paper presented at Changing the Culture, Simon Fraser University, Vancouver, Canada. Abstract retrieved from www.pims.math.ca/educational/changing-culture/2007

Bell, E.T. (1937). *Men of mathematics: The lives and achievements of the great mathematicians from Zeno to Poincaré.* New York: Simon & Schuster.

Borwein, J., & Devlin, K. (2008). *The computer as crucible: an introduction to experimental mathematics.* Natick, MA: A. K. Peters.

Bowers, J. & Nickerson, S. (2001). Identifying cyclic patterns of interaction to study individual and collective learning. *Mathematical Thinking and Learning*, *3*(1), 1–28, doi:10.1207/S15327833MTL0301_01

Buchanan, M. (2002). *Ubiquity: Why catastrophes happen.* New York: Broadway Books.

Burger, E. B., & Starbird, M. (2005). *The heart of mathematics: An invitation to effective thinking* (2nd ed.). Emeryville, CA: Key College Publishing.

Burton, L. (Ed.). (1999). *Learning mathematics: From hierarchies to networks.* London: Falmer.

Carse, J. (1987). *Finite and infinite games.* New York: Simon & Schuster.

Cobb, P. (1999). Individual and collective mathematical development: the case of statistical data analysis. *Mathematics Thinking and Learning, 1*(1), 5–43.

Cobb, P., & Bauersfeld, H. (Eds.). (1995). *Emergence of mathematics meaning: Interaction in classroom cultures.* Hillsdale, NJ: Lawrence Erlbaum Associates.

Cohen, J. S., & Stewart, I. (1995). *Collapse of chaos: Discovering simplicity in a complex world.* London: Penguin.

Davis, B. (2011). Mathematics teachers' subtle, complex disciplinary knowledge. *Science, 332*, 1506–1507.

Davis, B. & Renert, M. (2014). *The math teachers know: Profound understanding of emergent mathematics.* New York: Routledge.

Davis, B., & Simmt, E. (2003). Understanding learning systems: Mathematics education and complexity science. *Journal for Research in Mathematics Education, 34*(2) 137–167.

Davis, B., & Simmt, E. (2006). Mathematics-for-teaching: An ongoing investigation of the mathematics that teachers (need to) know. *Educational Studies in Mathematics, 61*(3) 293–319.

Davis, B., Sumara, D., & Luce-Kapler, R. (2008). *Engaging minds: Changing teaching in complex times.* New York: Routledge.

English, L. D. (2006). Mathematical modeling in the primary school: Children's construction of a consumer guide. *Educational Studies in Mathematics, 62*(3). 303–329.

English, L. D., (2008). Introducing complex systems into the mathematics curriculum. *Teaching Children Mathematics, 15*(1), 38–47.

English, L. D. (2011). Complex learning through cognitively demanding tasks. *Mathematics Enthusiast, 8*(3). 483–506.

Ernest, P. (1994). *Social constructivism and the psychology of mathematics education.* London: Falmer.

Ernest, P. (2011). *The unit of analysis in mathematics education: Bridging the political-technical divide.* Paper presented at the Mathematics Education and Contemporary Theory. Manchester Metropolitan University, July 17–19, 2011.

Fauvel, J. & Grey, J. (1987). *The history of mathematics: S reader.* London: Macmillan Education with The Open University.

Font, V., Godino, J. D., & Gallardo, J. (2013). The emergence of objects from mathematical practices. *Educational Studies in Mathematics, 82*(1), 97–124.

Foote, R. (2007). Mathematics and complex systems. <A3+7>*Science*</A3+7>, <A3+7>*318*</A3+7>, 410–412.

Hegedus, S. J., & Moreno-Armella, L. (2011). The emergence of mathematical structures. *Educational Studies in Mathematics, 77*(2–3), 369–388.

Hershkowitz, R., & Schwarz, B. (1999). The emergent perspective in rich learning environments: some roles of tools and activities in the construction of sociomathematical norms. *Educational Studies in Mathematics, 39*(1–3), 149–166.

Hoyles, C., & Noss, R. (2008). Next steps in implementing Kaput's research programme. *Educational Studies in Mathematics, 68*(2), 85–94.

Hurford, A. (2010). Complexity theories and theories of learning: literature reviews and syntheses. In B. Sriraman & L. D. English (Eds.), *Theories of mathematics education: Seeking new frontiers* (pp. 567–590). New York: Springer.

Jacobson, M., & Wilensky, U. (2006). Complex systems in education: Scientific and educational importance and research challenges for the learning sciences. *Journal of the Learning Sciences, 15*(1), 11–34.

Kaput, J. J. (1992). Technology and mathematics education. In D. A. Grouws (Ed.), *Handbooks on mathematics teaching and learning* (pp. 515–556). New York: Macmillan.

Khan, S. (2011, March). *Let's use video to reinvent education.* TED2011. Retrieved from www.ted.com/talks/salman_khan_let_s_use_video_to_reinvent_education

Kilgore, D. (1999). Understanding learning in social movements: A theory of collective learning. *International Journal of Lifelong Education, 18*(3), 191–202. doi: 10.1080/026013799293784

Laborde, C., Perrin-Glorian, M., & Sierpinska, A. (Eds.) (2005). *Beyond the apparent banality of the mathematics classroom.* New York: Springer.

Lemke, J.L. (2000). Across the scales of time: Artifacts, activities, and meanings in ecosocial systems. *Mind, Culture, and Activity, 7*(4), 273–290.

Lerman, S. (2000). The social turn in mathematics education. In J. Boaler (Ed.), *Multiple perspectives on mathematics education* (pp. 19–44). Westport, CT: Ablex.

Lesh, R. (2010). The importance of complex systems in K–12 mathematics education. In Sriraman, B. &

English, L. D. (Eds.), *Theories of mathematics education: seeking new frontiers* (pp. 563–566). Berlin: Springer.

Lesh, R., & Doerr, H. (Eds.) (2003). *Beyond constructivism: Models and modeling perspectives on mathematics problem solving learning and teaching*. Mahwah, NJ: Lawrence Erlbaum Associates.

Lesh, R., Galbraith, P. L., Haines, C. R., & Hurford, A. (Eds.). (2010). *Modeling students' mathematical modeling competencies*. New York: Springer.

Martin, L. C., & Towers, J. (2011). Improvisational understanding in the mathematics classroom. In R. K. Sawyer (Ed.), *Structure and improvisation in creative teaching* (pp. 252–278). New York: Cambridge University Press.

Maturana, H., & Varela, F. (1992). *The tree of knowledge: The biological roots of human understanding*. Boston: Shambhala Publications.

McLuhan, M. (1964/2013). Understanding media: The extensions of man. Berkeley, CA: Gingko Press.

Milbrath, L. W. (1989). *Envisioning a sustainable society: Learning our way out*. Albany, NY: State University of New York Press.

Mitchell, M. (2009). *Complexity: A guided tour*. Oxford, UK: Oxford University Press.

Moreno-Armella, L., Hegedus, S. J., & Kaput, J. J. (2008). From static to dynamic mathematics: Historical and representational perspectives. *Educational Studies in Mathematics, 68*(2), 99–111.

Nixon, L., Kendle, M., Bowdoin, D., Bailey, A., Wressell, L., Alshammari, M., Agra, E., & Donaldon, J., (2013). *Massively open: How massive open online courses changed the world*. CreateSpace Independent Publishing Platform.

Papert, S. (1980). *Mindstorms: children, computers, and powerful ideas*. New York: Basic Books.

Piaget, J. (1953). *The origin of intelligence in the child*. London: Routledge and Kegan Paul.

Pirie, S., & Kieren, T. (1994). Growth in mathematical understanding: How can we characterise it and how can we represent it? *Educational Studies in Mathematics, 26*(2), 165–190.

Proulx, J. (2013). Mental mathematics, emergence of strategies, and the enactivist theory of cognition. *Educational Studies in Mathematics*. doi:10.1007/s10649-013-9480-8

Reber, A. S. (1993). *Oxford Psychology Series: No. 19. Implicit learning and tacit knowledge: An essay on the cognitive unconscious*. Oxford, UK: Oxford University Press; New York: Clarendon Press.

Roschelle, J., Vahey, P., Tatar, D., Kaput, J., & Hegedus, S. J. (2003). Five key considerations for networking in a handheld-based mathematics classroom. In N. A. Pateman, B. J. Dougherty, & J. T. Zilliox (Eds.), *Proceedings of the 2003 Joint Meeting of PME and PMENA* (Vol. 4, pp. 71–78). Honolulu: University of Hawaii.

Sawyer, R. K. (2002a). Emergence in psychology: Lessons from the history of non-reductionist science. *Human Development, 45*, 2–28.

Sawyer, R. K. (2002b). Emergence in sociology: Contemporary philosophy of mind and some implications for sociological theory. *American Journal of Sociology, 107*(3), 551–585.

Sfard, A. (2008). *Thinking as communicating: Human development, the growth of discourses, and mathematizing*. New York: Cambridge University Press.

Stewart, I. (1989). *Does God play dice?* Cambridge, MA: Blackwell.

Stroup, W. M., & Wilensky, U. (2000). Assessing learning as emergent phenomena: moving constructivist statistics beyond the bell curve. In A. E. Kelly & R. A. Lesh (Eds.), *Handbook of Research in Mathematics and Science Education* (pp. 877–911). Mahwah, NJ: Lawrence Erlbaum Associates.

Towers, J., Martin, L., & Heater, B. (2013). Teaching and learning mathematics in the collective. *Journal of Mathematical Behavior, 32*, 424–433.

van Oers, B. (2010). Emergent mathematical thinking in the context of play. *Educational Studies in Mathematics, 74*(1–3), 23–37.

Waldrop, M. M. (1992). *Complexity: The emerging science on the edge of order and chaos*. New York: Simon & Schuster.

Watts, Duncan (2003). *Six degrees: The science of a connected age*. New York: W.W. Norton & Company.

Wilensky, U., & Resnick, M. (1999). Thinking in levels: A dynamic systems approach to making sense of the world. *Journal of Science Education and Technology, 8*(1), 3–19.

제 4 부

연구 방법론에서 발전

교수 활동을 위한 수학적 의미 연구[1), 2)] 18

Patrick W. Thompson
Arizona State University

교수 활동을 위한 수학 지식(이하, MKT) 연구는 교사들이 알고 있는 수학, 그들의 수업, 그리고 학생들의 학습간의 관계를 규명하기 위한 목적을 갖고 있다. 그러한 목적은 이들 간의 관계를 찾아, 교사가 그러한 지식을 습득할 수 있게 한다면, 교수 활동을 더 잘하게 되고, 학생들의 학습을 더 잘 지원해 준다는 것을 전제로 한다. MKT 연구들의 이러한 개념화는 우리가 다음의 질문들을 할 때까지는 꽤 그럴듯하다. "교사가 무엇인가를 **안다**는 것은 무엇을 의미하는가? 어떻게 교사가 어떤 것을 아는 것이 학생들이 그것을 아는 것을 도울 수 있는가?" 이러한 질문에 대한 답변을 하기 위해 본 연구에서는 우리가 교사의 MKT를 측정할 때 평가한다고 가정하는 것과 그것을 측정하는 필요성에 대해 명확하게 하는 것의 중요성에 대해 기술할 것이다.

지식은 무엇이며 왜 우리에게 중요한가?

"지식"의 역사적인 쓰임새에 대해 분석한 Mason과 Spence(1999)는 **지식**(knowledge)보다는 **앎**(knowing)이 교수·학습에 대해 생각할 때 더 유용하다고 하였다. **지식**이란 정당화된 참된 믿음인 사실을 함축하는 반면에, **앎**이란 인식주체의 활동을 함축한다. Mason과 Spence는 우리가 교사들의 앎이 아닌 지식에 대해 생각할 때, 인식주체와 그들이 알고 있는 것을 분리하게 되며, 이는 우리가 교사 자신이 사고하고, 판단하고, 행동하면서 알게 되는 것을 간과하는 결과를 초래한다고 주장하였다. Mason과 Spence는 대신에 교사의 **앎의 행위**(acts of knowing)에 대해 고민할 것을 권고하였고, 이는 우리가 교사의 행동과 판단의 원천에 대해 연구해야 하는 이유이다. Mason과 Spence는 **앎의 행위**를 크게 다음의 두 종류로 구분하였다. 한 종류는 **무엇에 대해 아는 것**(knowing about) [어떤 대상을 아는 것(knowing-that), 어떻게 하는지 아는 것(knowing-how), 왜 그런지 아는 것(knowing-why)], 다른 한 종류는 **무엇을 할지 아는 것**(knowing-to), 즉 "적재적소에 활성화되는 지식"(Mason & Spence, 1999, p. 135)이다.

Mason과 Spence의 지식과 앎에 대한 관점은 피아제의 지식의 개념을 정당화된 참된 믿음으로 해석하는 것에 반대한 Glasersfeld의 해석과 일맥상통한다. 그는 피아제의 지식을 역동적, 적응적, 유기체의 신경계의 조직화된 기능의 의미를 함축하는 것으로 이해해야 하며, 그 유기체의 경험을 통해서만 발생한다고 하였다(Glasersfeld, 1978, 1981, 1985). 다른 말로 "지식"과 "앎"은 피아제의 발생학적 인식론에서는 동일한 개념이다. 나중에 다시 설명하겠지만, Mason과 Spence의 knowing-to 개념은 인식 주체의 행동, 심상, 다른 의미들로 조직화된 의미(meaning)인 피아제의 스킴(scheme) 개념을 끌어들임으로써 더욱 발전적으로 설명 될 수 있다. 따라서, 개인이 특정한 맥락에서 특정한 방법으로 행동하는 것은, 맥락에 대한 개인의 이해를 기반으로 한 행동이 그 맥락을 동화(assimilate)한 개인의 스킴에 포함되어 있기 때문이다. 이런 점에서, 나 역시 피아제의 행동(action)은 "어떠한 요구(need)에 반응하는 모든 움직임, 모든 사고, 모든 감정"(Piaget, 1968, p. 6)으로 포괄적인 의미를 갖는다고 생각한다. 따라서, 피아제가 스킴을 말했을 때는, 그 내용이 매우 미묘하고 여러 구조 층을 수반할 수 있는 정신적이고 정서적인 행동의 조직체를 생각하며 말했다고 할 수 있다.

Hill과 Ball의 Learning Mathematics for Teaching(LMT) 프로젝트는 그들의 LMT 검사도구에 의해 측정된 K-8학년 교사들의 교수 활동을 위한 수학 지식과 MQI 검사도구에 의해 측정된 수업의 수학적인 질(Mathematical Quality of Instruction, MQI)간의 상관관계가 있음을 보였다(Charalambous & Hill, 2012; Hill, 2011; Hill, Blunk, Charalambous, Lewis, Phelps, Sleep, & Ball, 2008; Hill & Charalambous, 2012). 동시에 Schilling, Blunk, Hill(2007)은 그들이 LMT 검사 도구를 개발하는데 있어, 교사들의 지식 특히 교사들의 내용과 학생에 대한 지식(Knowledge of Content and Students, KCS) 영역은 선언적임을 암묵적으로 전제하였다고 하였다.

> 우리가 이 영역(KCS)의 문항을 개발하기 시작했을 때, 우리는 교사들의 학생에 대한 지식은 그들의 수학 지식과 추론 능력과 구분된다고 가정하였다. 우리는 그러한 지식을 "선언적" 혹은 학생들의 학습에 대한 교사들의 사실적인 지식(factual knowledge)이라고 생각했다. 하지만, 우리는 (문항)타당도 연구들을 통해, 이 "지식"이 학생에 대한 수학 추론과 지식 뿐만 아니라 교사 자신들의 수학 경로 이 두 가지 요소들을 모두 포함할 수 있다는 것을 알게 되었다. (Schilling, et al., 2007, p. 121)

이 장에서 내가 기술할 교사의 MKT 연구를 위한 접근 방법은 교사의 (선언적인) 수학적 지식에서 교사의 수학적 의미로 연구자의 관심을 전환할 때 MKT에 대한 우리의 이해가 더 발전될 수 있다는 Schilling 외의 주장을 기반으로 한다. 이러한 전환은 지식을 인식 주체와 분리하여 정당화된 참된 신념으로 바라보는 주류 철학에서 의미(meaning)와 지식은 넓게는 동의어이며, 모두 인식주체의 스킴을 기반으로 한다는 피아제의 관점으로의 변화를 의미한다. 이러한 관점의 변화는 우리가, 예를 들어, 방정식에 대해 교사가 아는 것이 무엇인지 묻기 보다는 방정식이 교사에게 의미하는 것이 무엇인지에 대해 묻도록 한다. 다음의 교사1과 교사2의 대수식에 대한 의미를 비교해보자.

교사1은 등호를 포함한 모든 수학 명제(mathematical statement)를 방정식이라고 생각한다. 대수식을 보며 교사1은 "방정식이 균형을 이룰 수 있도록(balanced) 양변에 동일한 행동을 한다"고 생각하고, 방정식의 해는 "x = (수)"와 같은 표현을 마지막 단계에서 산출하는 수이고, 그러한 마지막 단계에 도달하기 위한 목표를 갖고 있다. 또한 교사1은 방정식과 항등식 그리고 방정식과 함수식을 구분하는 것을 어려워했다. 반면에 교사2는 대수식을 "어떠한 변수들에 대해 이 명제가 참인가?"라는 질문과 함께 등식에 대한 명제라고 생각한다. 교사2는 그 질문을 대답하기 위한 목표를 갖고 방정식을 해결하기 위해 다른 형태의 등식으로 만든다. 교사2는 명제를 참이 되도록 만드는 변수를 찾기 위해 "단계(steps)"를 조금 더 해결 가능한 형태로 바뀔 수 있도록 동등함이 보존되는 변형(equivalence-preserving transformation)을 한 변 혹은 양변에 적용하는 것으로 생각한다[3]. 교사2는 방정식과 함수식, 방정식과 항등식을 구분하는 것을 어려워하지 않는다. 교사2에게, 함수식은 두 양의 관계를 나타내는 명제이다. 항등식은 등식의 정의역의 모든 값들에 대해 항상 참인 방정식이다. 교사2는 (면담 과정에서)등호를 포함한 모든 명제들을 "방정식"이라고 부를 수 있다는 것을 알게 되지만, 그러기 위해서는 방정식의 일반적인 의미가 해들의 집합이며 따라서 함수식은 순서쌍들의 집합으로 정의되어야 함을 알게 된다. 한편 그러한 개념들이 그녀의 학생들에게 너무 일반적 일 것이라고 생각하였다. 두 교사 모두 주어진 방정식 문제를 해결하기 위해 유사한 수준의 절차적인 지식과 정답률을 보였다. 그러나, 두 교사가 (방정식에 대해 갖고 있는) 상이한 의미는 그들의 학생들에게 방정식과 방정식 풀이에 대해 무엇을 가르칠 지에 대한 서로 다른 가능성을 제공한다.

교사에게 가장 중요한 수학 지식은 그가 갖고 있는 수학 의미이다. 교사의 수학 의미는 그들이 가르칠 수학에 대한 심상과 학생들이 가졌으면 하는 심상들로 구성되어 있다. 교사의 수학 의미는 그들의 교수학적 판단과 행동을 안내한다(Thompson, 2013). Dewey(1910)는 사고와 의미의 연관성에 대해 다음과 같이 설명하였다. "사고가 개념을 활용하고 확장한다는 것은, 단순히 말해서 추측과 판단을 통해 우리가 의미를 사용하며, 이러한 사용이 그 개념을 교정하고 확장시킨다는 것을 의미한다"(Dewey, 1910, p. 125). Dewey는 또한 핵심적인 개념(central constructs)에 대해 모호하게 이해하는 것은 다음의 위험이 있음을 경고하였다.

> 모호함은 상이한 의미들 간의 무의식적인 혼합으로 위장될 수 있으며, 하나의 의미가 다른 의미로 대체되도록 조장하며, 실패를 어떠한 정확한 의미도 갖지 못하도록 은폐한다. (Dewey, 1910, p. 130)

지식에 대한 모호한 개념은 연구자가 지식을 측정하고자 할 때 특히 문제가 된다. 많은 심리학자들이 지능 검사지가 측정하고자 하는 것으로 정의된 지능(intelligence)을 정의하기 위해 조작적 정의(operational definition)를 사용하는 것과 동일하게, 우리는 지식을 정의하고 유형화하는 불편한 위치에 놓이게 된다. 조작적 정의 방법을 창안한 Bridgman은 그 개념을 정의하기 위해 개념 측정 검사를 하는 것에 대해 강력하게 비판하였다. "의심할 여지없이, 여기서 제안하는 절차를 적용할 수 있지만 그런 방식을 통해 연구자가 만족할 만한 결과가 도출되지는 않을 것이다."(Bridgman, 1955, Chapter 1, Kindle Locations, 507-508). 교수 활동을 위한 수학 지식 연구에서 지식이란 단어는 설명 없이는 어떠한 해석도 가능한 무정의 용어(primitive term)가 되었다.

나는 교사들이 무엇을 아는 지에 대해 논의하기 위해 다른 사람들이 지식을 어떻게 생각하고 그들이 생각하는 방법이 그들이 알고 있는 것과 어떠한 연결이 되는지에 대해 설명하지 않을 것이다. 그러기 위해서는 수학 교수 활동을 향상하는 것을 목적으로 하는 본 원고의 목적과는 거리가 먼 지식 대 신념(Thompson, 1992), 구성주의 대 현실주의(Glasersfeld, 1992; Howe & Berv, 2000; Phillips, 2000; Suchting, 1992)와 같은 철학적인 논쟁의 늪에 빠지게 된다. 대신에, 여기서 나는 다른 곳(Thompson, 2013)에서 주장해 왔던 것처럼, 교사의 수학 지식 보다는 교사의 수학 의미에 주목하는 것이 교사들의 교수학적 판단과 행동의 중요한 원천임을 밝혀 교사 전문성 개발 프로그램을 설계하는데 유용한 자료를 제공할 것이다.

이 장에서 나는 두 가지 제안을 한다. 첫 번째는 Mason과 Spence가 knowing-to에 주목한 것과 같이 교사의 수학 의미에 주목하는 것이 수학 지식에 주목하는 것 보다 그들의 수업을 이해하고 향상하는데 더 생산적이라는 것이다. 적절하게 정의된 의미에 주목하며 우리는 교사가 학생들에게 생산적인 의미를 개발할 수 있는 수업을 만들 수 있도록 도울 수 있다. 두 번째로 제안하는 것은 교사들이 갖고 있는 수학 의미를 이해하기 위한 방법에 관한 것이다. 그러기 위해서는 의미론과 더불어 교사의 수학 의미에 대한 유용한 모델을 만들기 위해 규모 있는 연구 전략이 필요하다. 여기서 모델은 교사가 자신의 학생이 일관성 있는 수학 의미를 구성할 수 있도록 도울 수 있는 수학 교사 전문성 신장 프로그램을 개발하는데 지표가 될 수 있는 것을 말한다.

마지막으로, 구체적인 사례를 통해 지식과 의미를 구분하고자 한다. 1미터 막대 세 개를 한 줄로 연결한 한 아동에게 네 번째 1미터 막대가 주어졌다고 하자. "전체 길이에 얼마를 더했니?"라고 묻자, "1미터요"라고 했다. 이 아동은 자신이 1미터를 더했다는 것을 **안다**. 하지만, 그것이 **의미하는 것**이 무엇인가? "1미터"라고 부르는 막대 하나를 더했다는 의미인가? 아니면, 센티미터들로 구성되고, 밀리미터로 구성되고, 그래서 (등등) 으로 구성된 그러한 미터 막대 하나를 의미하는 것인가? 인간이 의미하는 것을 이해하는 것은 그들이 참이라고 믿는 것이 무엇인지를 이해하는 것 보다 그들의 사고에 대해 더 많은 것을 통찰할 수 있도록 해준다.

교사들의 의미 탐구 예시

의미에 대한 개념, 교수 활동을 위한 수학적 의미, 그리고 그것을 어떻게 측정할 수 있는지에 대해 논의하기 위해 두 가지 예시를 제시하고자 한다. 이 두 가지 예시는 모두 수학 전문성 신장 프로그램에서 사용하기 위해 설계된 43개의 진단 문항인 Mathematical Meanings for Teaching Secondary Mathematics (MMTsm)의 일부이다[4), 5)].

예시 1: "over"의 의미

우리는 영어를 하는 사람(English Speakers)이 종종 평균속도를 "거리 over[1] 시간"으로 말하고 이를 d/t와 같은 기호로 나타낸다는 것을 알아차렸다. 하지만, 그렇게 말하는 사람에게 "over"가 무엇을 의미하는 지는 우리에게 명확하지 않았다. 기호의 공간적인 나열을 말하는 것인가? 혹은 무언가가 움직였고 조금의 시간이 동시에 경과되었다고 생각하는가?

우리는 교사가 "over"를 공간적인 배열의 의미로 보는 것과 두 가지 사건이 발생하였거나 혹은 동시에 발생한다는 것을 구분 혹은 혼란스러워 하는지 보기 위해 문항(그림 18.1)을 개발하였다. 이러한 의미의 차이는 교사가 자신의 평균 변화율 수업에서 학생들이 이해하고자 하는 것이 무엇인지를 알 수 있도록 한다. 만약 교사들이 기호의 공간적 배열만을 전달할 의도를 가진다면, 학생들에게 적혀진 기호에 대한 것에만 주목하여 변화하는 변수나 맥락 안에서의 몫의 의미에 대해서 무엇을 이해해야 하는지에 대해서는 발언하지 않을 것이다.

[그림 18.1] Part A의 목적은 일반적으로 해석하면 "during"의 의미를 갖는 "over"에 대해 교사가 어떠한 의미를 갖는지를 확인하는 것이었다. Part B의 목적은 "over"를 기호적으로 어떻게 표현하는지를 보기 위해서였다. 명제가 질량의 변화에 대한 것이기 때문에, 그것에 대한 기호적 표현은 경과된 시간에 대한 질량의 변화를 반영해야 한다. 또한 함수 f가 순간 단위로 배양균의 질량을 나타내고, 경과된 시간을 "Δx"로 나타내기 때문에, 질량에 대한 표현방법은 x_0가 특정한 순간이라 할 때, $f(x+\Delta x)-f(x)=4$ 혹은 $f(x_0+\Delta x)-f(x_0)=4$가 될 수 있다.

[그림 18.2]는 Parts A와 B에 대한 교사의 응답이다. Part A에서는 교사가 "over"를 "during"이라고 하였으나, "over"가 비(ratio)라고도 생각할 수 있다고 하였다. 이 교사의 Part B에 대한 답변은 더 많은 것을 보여주는데, "over"가 기호의 공간적인 배열의 의미를 갖는다. 이는 다음과 같은 두 개의 추가적인 문제점을 드러낸다. (1) 교사는 "$f(x)$"를 "x"가 나타나지 않는 표현으로 정의하였고, (2) 교사는 문제에서 "함수 f가 어느 한 순간에서의 배양균의 질량을 나타낸다."로 적혀있지

[1] (역자 주) 영어로 over가 갖는 의미에 주목하기 위해 "over"를 "~분의" 혹은"~에 대한"이 아닌 over 그대로 사용함.

만 "$f(x)$"를 변화율로 사용하였다[6].

> 한 대학의 과학 교재에는 시간에 따른 박테리아 배양균의 질량을 나타내는 함수 f에 대해 다음과 같이 제시하고 있다.
> 시간 $\triangle x$에 대한(over) 배양균의 질량 변화는 4 그램(grams)이다.
> Part A. 위의 문장에서 "over"의 의미는 무엇인가?
> Part B. 위의 문장을 기호로 나타내시오.

[그림 18.1] 교사들의 "over"에 대한 의미를 조사하기 위한 문항. © 2014 Arizona Board of Regents. Used with permission

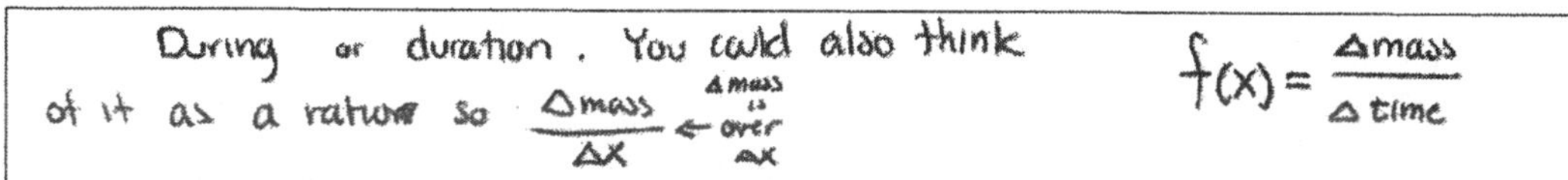

One Teacher's Part A response　　This teacher's Part B response

[그림 18.2] 그림 18.1에 대한 한 교사의 응답

우리는 2013년 여름 96명의 미국 중서부와 남서부의 고등학교 수학교사들에게 수합한 응답에서 알아낸 다양한 의미의 범위를 포착하기 위해 채점기준(scoring rubric)을 제작하였다. [표 18.1]과 [표 18.2]는 Parts A와 B에 대한 응답 수준의 차이를 보여준다. [그림 18.1]의 Part A에서 "during"과 상응하는 답변에 가장 높은 점수를 주었고, "$f(x+\triangle x)-f(x)=4$" 혹은 "$t_2-t_1=\triangle x$ 인 $m_{t_2}-m_{t_1}=4$"와 같은 답변을 Part B의 최고 수준의 답변으로 간주하였다. 의미에 초점을 둔 기준을 개발하기 위한 방법은 이후 논의하겠지만, 여기서 사용한 이 문항은 교사와 학생의 의미에 주목한 선행연구와 교사들과의 일상적인 교류를 통해 개발이 가능했지만, [표 18.1]의 채점기준은 그 문항에 대한 교사들의 응답만을 분석해서 만들어진 것임을 강조한다. 응답 수준을 구분할 때, 우리는 "교사의 응답을 학생이라면 어떻게 해석할까? 교사에게 자신이 한 것을 표현해 보라고 한다면 학생들의 일관성 있는 의미 발달에 얼마나 생산적일까?"와 같은 질문을 계속 하였다.

교사들의 생각을 이해하기 위해 그들의 의미에 주목하는 것이 얼마나 유용한 정보를 제공하는지 보여주기 위해 [표 18.2]을 채점한 결과를 [표 18.1]과 같이 정리하였다. [표 18.3]은 Part A에 대한 교사의 응답을 요약한 것이다: 61%의 응답이 A3 혹은 A2를 받았지만(교사들이 "over"를 일정 시간 동안 무엇인가가 발생하였다와 같이 말하였다), 32%는 A1을 받았다(경과된 시간에 대한 양의 변화를 말하는 문장에서 "over"가 나누기 혹은 비라고 구체적으로 언급하였다). [표 18.3]은 교사들의 학부 전공에 따라 응답을 나누어 본 것이다. "Math"는 수학으로 이학사를 받은 사람들을 말하고, "Math Ed"는 중·고등 수학교육으로 이학사 혹은 문학사를 받은 교사들이며, "Others"는 그 외 학부 전공을 일컫는다.

[표 18.3]에 나타난 바와 같이, 59%의 수학 전공자, 53%의 수학교육 전공자, 그리고 73%의 타 전공자들이 A3 혹은 A2를 받았다.

[표 18.1] 그림 18.1의 Part A를 평가하기 위한 채점기준. © 2014 Arizona Board of Regents. Used with permission

A3:	"During"이라고 말하거나 경과한 시간에 대한 배양균의 질량이라고 함.
A2:	다음 중 하나: ▸ "During"이라 하였지만 Δx와는 다른 기호를 사용하여 경과된 시간을 표현함. ▸ "Over"를 시간에 대한 양으로 생각함.
A1:	그 외 무슨 말을 하든지, "over"를 나눗셈으로 생각함.
A0:	다음 중 하나: ▸ "모릅니다"라고 적음. ▸ 채점자가 교사의 응답을 이해할 수 없음. ▸ 교사의 응답이 A1에서 A3 어디에도 해당되지 않음.

[표 18.2] 그림 18.1의 Part B를 평가하기 위한 채점기준. © 2014 Arizona Board of Regents. Used with permission

B4:	시간에 따른 상이한 순간에서 배양균의 질량의 차이를 4라고 표현함. 질량을 나타내기 위해 $f(x)$를 사용하지 않고 "m" 혹은 "y"와 같은 변수를 사용했거나, 경과된 시간을 표현하기 x외의 변수를 사용했다면, 그 문자가 정의되어야 한다.
B3:	다음 중 하나: $\Delta m = 4$ 혹은 $\Delta y = 4$와 같은 문장을 적음. 질량의 차이가 4라는 것을 표현하기 위해, m 혹은 y외의 문자를 사용하여 질량을 나타냈고, 변수가 질량을 나타낸다고 말했다. 게다가, 시간 차(time interval)를 나타내지 않았다.
B2:	$\Delta m = 4$와 $\Delta m/\Delta x = 4$의 결합된 표현을 표함하고 있다.
B1:	질량의 변화를 시간의 변화로 나눈 몫은 4(단위가 있거나 혹은 없음)이거나, 혹은 대수적으로 동치인 문장들을 적음.
B0b:	나눗셈의 의미를 담고 있지만, B1에는 해당되지 않음.
B0a:	다음 중 하나: "모릅니다"라고 적음. 채점자가 교사의 응답을 이해할 수 없음. 교사의 응답이 B0b에서 B3 어디에도 해당되지 않음.

[표 18.4]는 문제에서 제시한 문장에 대한 교사들의 기호적 표현을 분류해 놓은 것이다. 3%의 응답이 B4, 5%의 응답이 B3, 60%의 응답이 B1 혹은 B0b이며, 26%가 B0a이다. B1과 B0b 수준의 응답들이 나눗셈의 몫 혹은 그와 동일한 표현(예, $\Delta m = 4\Delta x$)을 담고 있다. [그림 18.3]은 B0a 응답들의 4가지 예를 보여주는데, 처음 두 개의 응답은 수학 전공자들에 의해 작성된 것이고, 두 번째 두 개의 응답은 수학교육 전공자들의 것이다.

[표 18.3] 그림 18.1, Part A($n = 96$)에 대한 고등학교 수학교사들의 응답

A-Level	*Math*	*MathEd*	*Other*	*Total*
A3	11	15	16	42
A2	5	4	8	17
A1	9	14	8	31
A0	1	3	1	5
No Ans	1	0	0	1
Total	27	36	33	96

[표 18.3]은 대부분의 교사들이 "over"의 의미에 대해 높은 수준의 응답을 제시하였다는 것을 보여주지만, 주어진 문장을 기호로 표현해야 하는 문제에서는 [표 18.4]와 같이 나눗셈의 몫 혹은 완전히 부적절한 답을 하는 등 낮은 수준의 답변을 제공하였다는 것을 보여준다. [표 18.5]는 Part A와 B에 대한 교사의 응답들 간의 관계를 나타낸다. 즉, Part A에서 낮은 수준(A0 혹은 A1)으로 답변한 100%의 교사가 Part B에서도 모두 낮은 수준(B0a, B0b, B1, B2)으로 답변하였다. 나아가, Part A의 점수가 높은 (A2 혹은 A3) 59 중 51명의 교사들(86%)이 Part B에서 낮은 점수(B0a, B0b, B1, B2)를 받았다. 이는 곧 "시간의 변화에 대한 질량의 변화"라는 구절이, 어느 정도의 시간이 경과됨에 따라 어느 정도의 배양균의 질량이 변화한다는 의미와는 다르게, 교사들의 다양한 의미를 촉발했다는 것을 알 수 있다.

이 문항이 우리에게 주는 시사점은 두 가지이다. 첫 번째는 수학적 모델링-언어로 표현된 상황을 이해하는 것과 그들의 이해를 기호로 표현하는 것-과 관련되어 있다. 두 번째는 교사들이 경솔하게 분수에 대해 학생들에게 무엇을 전달할 수 있을지에 대한 것이다[7].

모델링. 이 문항에서 주어진 교재의 문장은 통상적으로 시간이 변화하는 동안 질량이 변화하는 것으로 읽힌다. 대다수의 교사들이 그 문장을 비와 결부시켰다는 것은 교사들이 그 문장을 문장 안에 포함된 양들(질량의 차이와 시간의 차이)과 그들 간의 관계(동시 발생)로 이해하지 않았다는 것을 보여준다. 이는 교사들이 변화율 개념을 가르치거나 변화율이 수반된 상황을 모델링할 때, 어떠한 변화율이 포함된 양들 혹은 그 관계에 대한 교사들의 의미가 뒤죽박죽이 될 수 있다는 것을 보여준다. 다른 말로 하자면, "over"를 기호들의 공간적인 배열로 생각하는 것은 "more는 더하기를 의미하고, less는 빼기를 의미하고, of는 곱하기를 의미" 하는 것으로 생각하는 것과 같고, 이러한 의미들은 아동들이 산술 문장제 문제를 해결할 때 그들의 사고를 뒤죽박죽으로 만들게 된다.

분수에 대해 교사가 학생들에게 전달하는 것. 교사는 학생들이 "a/b"를 어떻게 해석하는지에 주목해야 한다. 학생들이 "a/b"를 슬래시 마크(slash mark)로 구분된 두 수라는 의미에 동화하는지 혹은 a의 값, b의 값, 그리고 그들 간의 상대적인 크기를 관계 짓는 스킴에 동화하는지 주의를 기울여야 한다. 두 번째 의미는 "a/b가 숫자 m이라는 것은 a가 b보다 m배 만큼 더 크다는 것"으로 표현될 수 있다[8]. "a/b"에 대한 이러한 의미는 나눗셈의 몫으로서의 의미이며, 선행연구에서 측정으로서의 비(ratio-as-measure)와 밀접하게 관련된다(Lobato & Thanheiser, 2000; Simon & Blume, 1994). "a/b"를 "a over b"로 읽고 "over"가 공간 배열을 의미한다고 생각하는 교사들은 학생들이 몫으로서의 "a/b"의 의미를 개발하는지에 관심을 갖지 않을 것으로 보인다. Cameron Byerley가 이 주장의 가능성(viability)을 연구하고 있다.

[표 18.4] 그림 18.1, Part B($n=96$)에 대한 고등학교 수학교사들의 응답

B-Level	*Math*	*MathEd*	*Other*	*Total*
B4	0	2	1	3
B3	1	2	2	5
B2	2	0	0	2
B1	10	13	11	34
B0b	7	11	6	24
B0a	5	8	12	25
No Ans	2	0	1	3
Total	27	36	33	96

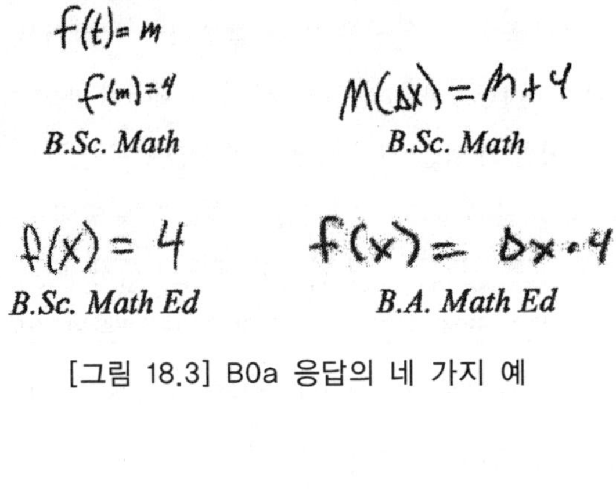

[그림 18.3] B0a 응답의 네 가지 예

[표 18.5] 그림 18.1($n = 96$)의 Part A와 Part B에 대한 교사들의 응답들 간의 관계

	B4	*B3*	*B2*	*B1*	*B0b*	*B0a*	*No Ans*	*Total*
A3	2	4	2	12	4	17	1	42
A2	1	1	0	4	3	7	1	17
A1	0	0	0	17	14	0	0	31
A0	0	0	0	1	3	1	0	5
No Ans	0	0	0	0	0	0	1	1
Total	3	5	2	34	24	25	3	96

예시 2: 교사의 기울기에 대한 의미를 조사하기 위한 문항

우리는 교사들이 기울기 개념을 "rise over run[2]" 혹은 "y의 변화량 나누기 x의 변화량"로 표현된 단순 계산으로 가르치는 경우를 종종 보았다. 또한, 그래프에 그려진 삼각형의 속성으로 가르치는 경우도 자주 보았다. 이러한 의미들은 학생들에게 비생산적이다. 그러한 의미들은 "기울기가 무엇이냐?"라는 질문에만 답변한다. 학생들은 기울기 개념이 두 양의 변화에 대한 상대적인 크기라는 개념과 밀접하게 관련되어 있고, 이는 일정한 변화율(constant rate of change) 개념과도 밀접하게 연결된다는 것을 이해해야 한다. 학생들은 또한 그래프의 기울기가 축의 눈금의 간격과 독립적이고 그래프가 만들어진 좌표계와 독립적이라는 것을 이해하는 것이 중요하다[9].

이를 염두에 두고, 우리는 [그림 18.4]와 같이 변화의 상대적인 크기와 축의 간격과 관련하여 교사의 기울기 의미를 탐구하기 위한 문항을 개발하였다. Part A는 좌표축의 수치가 주어지지 않은 채 m**의 값**을 구하도록 하고 있다. x와 y의 변화의 양을 나타내는 선분을 보고 Δx 단위로 측정된 Δy로 $\Delta y/\Delta x$의 몫(quotient)을 이해한다면, m의 값을 단순하게 Δx를 단위로 Δy를 물리적으로 측정하여 추정할 수 있다. y의 변화는 x의 변화의 2.5배임으로, $m = 2.5$ 이다[10].

Part B는 교사들이 그림에서 선의 기울기를 수평 선분과 수직 선분의 변화의 상대적인 크기로 생각하지 않고 삼각형의 성질 **그 자체로만** 보는지를 확인하기 위해 만들었다. 그래프가 x와 y 값들 간의 관계를 표현한 것이라는 것을 기억한다면, y축이 2배로 커져도 수직 선분이 나타내는 y의 변화가 변하지 않기 때문에 m의 값은 동일하게 유지된다. 학생들과 교사들과의 면담을 통해 우리는 기울기의 의미를 삼각형의 속성으로 생각하는 사람은 (삼각형이 커지는 것을 상상하며) 기울기가 두 배로 늘어나거나, (삼각형은 동일하지만 y축이 재축적 된다고 상상하며) 반으로 줄어든다고 생각할

[2] (역자 주) 미국의 학교에서 기울기를 설명하기 위한 전략으로 교사들이 실제 사용하는 용어로 우리나라에서 이를 대체하여 사용되는 용어가 없기 때문에 용어 그대로 실음.

것이라고 확신하게 되었다.

Part A. 변화하는 두 양 P와 Q가 있다. P의 단위는 y이고 Q의 단위는 x이다. y와 x는 $y = mx + b$의 관계를 갖고 있다. 그들 간의 관계를 나타내는 그래프는 아래와 같고, x와 y의 간격은 같다. m의 값은 무엇인가?

Part B. y축의 0과 1사이의 거리를 2배로 늘린다면, m의 값은 무엇이 될까?

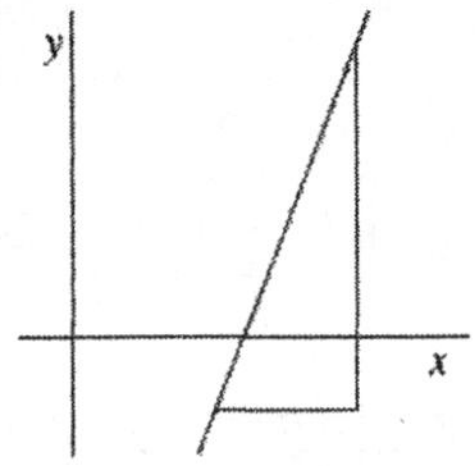

[그림 18.4] 교사의 기울기 의미를 탐구하기 위한 문항. © 2014 Arizona Board of Regents. Used with permission

[표 18.6]은 앞의 사례에서 언급한 96명의 고등학교 교사들의 응답을 나타낸다. 가로줄은 Part A 응답을 나타낸다. Close Num은 2와 3 사이의 값을 제시한 응답을 말하고, Far Num은 2 보다 작거나 3 보다 큰 값을 제시한 경우이며, Diff Quot은 "$\Delta y / \Delta x$" 혹은 "(y_1) / (x_1)"와 같이 응답한 경우를 말한다. Other는 "y/x", "P/Q", "$m = (y - b) / x$"와 같이 그 외의 다른 응답들을 포함한다. 세로줄은 Part B에 대한 응답을 나타낸다.

[표 18.6] 그림 18.4($n = 96$) Part A와 Part B에 대한 교사들의 응답

		Part B Response					
		Same	*Double*	*Half*	*Other*	*No Ans*	*Total*
Part A Response	*Close Num*	2	30	15	3	0	50
	Far Num	1	4	2	1	0	8
	Diff Quot	4	10	6	1	1	22
	Other	6	3	0	1	3	13
	No Ans	0	0	0	0	3	3
	Total	13	47	23	6	7	96

[표 18.6]은 52%의 교사들이 2.5에 근사한 수치 값을 제시했다는 것 보여주는데, 이들 중 대부분의 교사들은 Δx를 단위로 Δy를 측정하였다. 한편, Part A에서 근사 값을 제시했던 이들 중 90%(45/50)의 교사들이 Part B에서는 "double" 혹은 "half"라고 대답하였다. 이는 교사들이 기울기

가 상대적인 크기를 나타낸다는 것을 알고 있어도, 그 길이들이 나타내는 것이 무엇인지 보다는 삼각형의 변의 길이를 비교했다는 것을 알 수 있다. 근사한(close) 값의 범위를 벗어난 값을 제시한 교사들은 선의 "기울어짐(slantiness)"을 지표로 한 것으로 보인다. 이러한 교사들의 응답은 그들이 이 답을 구하기 위해 한 선분의 길이를 기준으로 다른 선분의 길이를 측정했다는 것을 보여줄 수 있는 근거를 제시하지 않았다. 또한 Part A에 기호적인 답변(*Difference Quotient* 혹은 *Other*)을 제시한 교사들이 Part B에서 "same"에 가장 많이 속해 있었다. 이는 그들이 기호적인 공식에 주목하여, 그래프를 해석하는 방법 혹은 유무와 무관하게 m값이 동일할 것이라고 생각했다고 본다. 따라서 [표 18.6]은 96명 중 많은 교사들이 기울기를 그래프에 그려진 삼각형의 속성(두 변의 상대적인 크기) 혹은 계산 공식과 결부지어 생각한다는 것을 알 수 있었다.

교사들의 수학적 의미

앞서 제시한 두 가지 문항은 다음의 특징을 갖고 있다. 이 문항들은 교사들이 수학 교수 활동에서 반복적으로 일어날 수 있는 수학적인 문장 상황을 해석하거나 수학 개념을 어떻게 설정하는지를 알아내어, 그들이 갖고 있는 수학적 의미가 줄 수 있는 시사점을 도출해 내기 위해 설계되었다. 이러한 설계 전략은 피아제의 **스킴으로의 동화**(assimilation to a scheme)를 토대로 의미 이론을 기반으로 한다. 이 절에서는 동화의 개념과 동화와 수학을 가르치기 위한 교사들의 수학적 의미를 측정하는 것과의 관련성에 대해 설명하겠다.

동화는 흔히 흡수감(a sense of absorption)과 결부된다. A가 B의 일부가 될 때, 물체 A는 물체 B에 동화된다. 동화의 의미를 설명하기 위한 피아제의 유명한 말을 참고하면, "양배추를 먹은 토끼는 양배추가 되지 않는다. 양배추가 토끼가 된 것이다-그것이 동화이다. 심리학적으로도 동일하다. 자극이 무엇이든 간에, 이는 내부적 구조에 통합된다"(Bringuier, 1980, p. 42). 이는 즉 인간이 경험자(experiencer)와는 분리된 관찰자(observer)에 의해 관찰된 자극이 아닌, 동화에 의해 활성화된 구조를 경험한다는 것이다. 이러한 차이를 설명하기 위해, 예컨대, 깊은 생각에 잠긴 한 사람이 시카고 거리의 한 모퉁이를 돌아 자신이 저녁식사를 했던 엠파이어 스테이트 빌딩을 회상하며 우리가 윌리스 타워라고 부르는 건물을 쳐다보며 (그 사람은) 엠파이어 스테이트 빌딩을 보았다. 비록 엠파이어 스테이트 빌딩은 여기서 1286피트나 떨어져 있었지만, 이 사람은 **엠파이어 스테이트 빌딩을 동화**한 것이다. 자신이 있는 곳이 뉴욕이 아닌 시카고라는 것을 깨달으며 자신의 생각을 수정했지만, 엠파이어 스테이트 빌딩을 보았다는 것이 그의 경험이었다[11].

피아제의 이론에서 동화를 이해할 수 있는 또 다른 방법은 어떤 상황을 맞닥뜨렸을 때 사람에게 떠오르는 의미를 생각하는 것이다. 어떠한 상황을 흡수한다는 것은 그 상황에 개인이 의미를 부여하는 것이다.

> 스킴에 어떠한 물체를 동화하는 것은 이 물체에 하나 혹은 여러 의미를 부여하는 것이고, 어떠한 사실을 입증하기 위한 단순한 질문일지라도, 이러한 의미를 부여하는 것이 추론의 거의 완전한 체계이다. 요약하면, 동화는 추론을 동반한 연합을 말한다.(Montangero & Maurice-Naville, 1997, p. 72)에 인용됨. (Johnckheere, Mandelbrot, & Piaget, 1958, p. 59)

"추론의 거의 완전한 체계"라는 Johnckheere 외의 주장은 암시적인 성질을 갖는 의미(implicative nature of meanings)를 이야기하기 위함이다. 어떠한 상황에서 인간이 갖는 의미는 즉각적으로 떠오르는 생각과 더불어 그 **다음**(next)에 떠오를 생각까지 준비되어 있는 것을 말한다. 의미의 암시성이 피아제의 스킴의 핵심이다(Piaget & Garcia, 1991). Harel(2008, 2013)의 이해 방식(ways of understanding)과 사고 방식(ways of thinking)을 기반으로, Thompson, Carlson, Byerley, Hatfield(2014)는 다양한 형태의 이해를 구분하기 위한 체계에서 암시적인 성질의 의미를 규명하였다(표 18.7).

[표 18.7] 이해, 의미, 사고방식에 대한 Thompson과 Harel의 정의(Thompson 외, 2014)

Definition	*Construct*
(찰나의) 이해	동화에 의한 인지 상태
(찰나의) 의미	이해한 찰나에 존재하는 암시적 공간
(안정적인) 이해	스킴에 동화한 결과로서의 인지 상태
(안정적인) 의미	스킴에 동화한 결과로서의 암시적 공간. 스킴은 의미이며, 이는 앞서 Harel이 이해 방식이라고 불렀다.
사고방식	구체적인 의미에 대한 습관적인 예상 혹은 추론 방식

Understanding in the moment는 사람이 그것을 이해한 그 찰나에 무언가 말하여진, 적힌, 행한 것을 이해한 것을 말한다. 모든 이해는 찰나의 이해(understandings-in-the-moment)이다. 어떤 이해는 자신이 갖고 있는 스킴의 기능적인 조절(functional accommodations)을 통해 그 순간에 힘들게 얻게 되는 상태라고 볼 수 있다(Steffe, 1991). 이러한 이해는 개인이 주의를 딴 데로 돌리는 순간 쉽게 사라질 수 있으며, 개인이 어떠한 개념을 처음으로 이해했을 때에 전형적으로 발생한다. 그 **이해의 의미**(meaning of an understanding)는 개인의 현재 이해가 제안하는 행동, 조작, 스킴을 동원하는 암시적 공간이다[12]. 이해는 스킴에 동화한 결과일 때 **안정적**(stable)이다. 안정적인 스킴은 그 스킴에 개인이 무엇을 동화하든 이로부터 암시적 공간을 구성한다[13]. 그러한 스킴은 개인이 그 찰나에 구성하는 이해에 대한 의미이다. 한편으로 스킴은 Harel의 "이해 방식"에서 "방식"을 제공한다(Harel, 2013). 마지막으로, Thompson 외(2014)는 "사고 방식"에 대해 한 개인이 구체적인 의미를 활용하기

위한 패턴이나 특정한 개념에 대해 추론할 때 사용하기 위해 개발된 사고 방식이라고 설명하였다.

앞서 제시한 사례들은 교사들의 의미 양상에 대한 통찰력을 얻기 위해 고안되었다. 첫 번째 사례는 동시 발생하는 두 가지 사건에 대한 언어적이고 수학적인 기술에서 드러나는 교사들의 "over"의 의미를 조사하였다. 두 번째는 그들의 기울기 의미를 조사하였다. 이 중 어느 사례에서도 우리는 교사들의 의미를 알아냈다고 말하지 못한다. 우리가 기껏해야 말할 수 있는 것은 그들의 의미에 대한 통찰력을 얻었다는 것이다. 의미는 스킴이기 때문에("이해의 암시"), 다른 의미와의 경계와 연결은 종종 미묘하고 맥락에 민감하다. 그래서 교사 전문성 신장 프로그램 개발을 위해 교사 의미를 진단하기 위해서는 서로 관련된 수학 개념들의 모음 중 더 넓은 스킴 혹은 제한된 의미를 명확하게 보여줄 수 있는 문항들의 집합을 필요로 한다. 이 문제에 대해서 다음 절에서 다룬다.

교사들의 교수 활동을 위한 수학적 의미의 평가

교사들의 교수 활동을 위한 수학적 의미를 평가하기 위해 문항 개발자들은 그들이 평가하고자 하는 의미에 대한 이론적인 배경이 있어야 한다. 이들은 또한 수학적 개념에 대해 학생들의 학습에 생산적이고 덜 생산적인 의미를 구성하는 것이 무엇인지 말할 수 있어야 하며, 하나의 의미가 다른 의미에 비해 왜 더 생산적인지 그 이유를 설명할 수 있어야 한다. 생산적인 의미는 학생들의 미래 학습을 대비하는 **예비 지식**(propaedeutic)이고, 학생들이 이미 갖고 있는 의미에 일관성을 제공한다.

또한, 측정되어야 할 의미(meanings-to-be-assessed)의 이론적 배경은 학생들이 그러한 의미를 갖고 있을 때 문제가 된다는 것을 보인 선행 연구들을 기반으로 해야 한다. 예컨대, 학생들의 분수 이해를 연구한 선행 연구에서는 "a/b"의 의미를 "a out of b"로 생각하는 것은 학생들의 후속 수학학습에 매우 해롭다고 하였다(Carpenter, Coburn, Rey, & Wilson, 1976; Norton & Wilkins, 2009; Thompson & Saldanha, 2003; Torbeyns, Schneider, Xin, & Siegler, 2014; Vinner, Hershkowitz, & Bruckheimer, 1981). 비생산적인 의미를 지닌 교사들은 학생들에게 무의식적으로 이를 전달할 수 있다(Izsak, 2012; Thompson, 2013). 따라서 교사들의 비생산적인 의미와 생산적인 의미를 보여줄 수 있는 문항을 개발하는 것은 필수적이다. 다음은 변동(variation)와 공변(covariation) 개념에 대한 맥락에서 문항 개발 과정에 대한 사례를 제시한다.

연속 변동과 공변

실수의 연결된 부분집합에서 변수들의 값이 연속적으로 변한다는 생각이 학생들에게 생산적이라는 것은 이미 알려졌다(Castillo-Carsow, 2010; Confrey, 1994; Confrey & Smith, 1995; Thompson, 1994a). 변수들의 값이 연속적으로 변한다는 개념은 함수, 그래프, 관계를 이해하는데 핵심적인 요소인 공변적 사고의 기반이 된다(Carlson, Jacobs, Coe, Larsen, & Hsu, 2002; Thompson, 1994b).

연속 변동과 공변에 대한 교사들의 의미를 평가하기 위해, 우리는 우리가 생각하는 "연속 변동의 이해"와 "연속 공변의 이해" 그리고 이와 관련하여 교사들의 생각이 어떻게 다를 수 있는지를 정확하게 밝혀야 한다. [표 18.8]과 [표 18.9]는 학생들의 변수, 함수, 변화율의 이해에 대한 선행 연구의 정점이다(Carlson, et al., 2002; Castillo-Garsow, 2010; Confrey, 1992; Confrey & Smith, 1995; Saldanha & Thompson, 1998; Thompson & Thompson, 1996; Thompson, 1994a, 2011; Thompson & Thompson, 1994).

[표 18.8] MMTsm에서 연속적인 변동의 의미

연속 변동의 의미	
수준	설명
매끄러운 연속 변동 (Smooth Continuous Variation)	변수 값의 변동을 변수의 규모(magnitude)가 아주 조금씩 증가하는 동시에 증가분 안에서도 변수 값이 매끄럽게 변한다는 것을 동시에 예상하는 것으로 생각한다.
덩어리 연속 변동 (Chunky Continuous Variation)	변수 규모의 변동을 고정된 크기의 간격만큼 증가하는 것으로 생각한다. 예를 들어, 변수 값이 0에서 1, 1에서 2, 2에서 3 등으로 변하는 것으로 생각한다. 0과 1, 1과 2, 2와 3의 값의 사이에 있는 값들은 덩어리의 부분으로서 따라오지만, 0, 1, 2, 3을 값들로 고려하는 것과는 다르다. 덩어리 연속 변동은 단지 자연수 양 만큼 증가하는 것을 말하지 않는다. 변수 값이 0에서 0.25, 0.25에서 0.5, 0.5에서 0.75 등등(이 안에 포함된 간격들은 따라옴)으로 변한다고 생각하는 것은 0에서 1, 1에서 2 등등으로 늘어나는 덩어리 연속 변동으로 생각하는 것과 같다.
이산 변동 (Discrete Variation)	변수를 구체적인 값을 취하는 것으로 생각한다. 개인은 변수 값이 a_1, a_2, ⇌, a_n 값들을 취해서 a에서 b로 변하는 것으로 생각하지만, a_i 와 a_{i+1} 사이의 어떠한 값을 취하는 변수는 상상하지 못한다.
변동 없음 (No Variation)	변수를 고정된 값으로 생각한다. 상이한 고정된 값일 수 있지만, 이는 단지 다른 시나리오를 상상하기 위해서일 것이다.
문자로서의 변수 (Variable as Letter)	변수는 문자이다. 변동과 아무런 관련이 없다.

[표 18.9] MMTsm에서 연속적인 공변의 의미

연속 공변의 의미	
수준	설명
매끄러운 연속 공변 (Smooth Continuous Covariation, 이하 SCC)	변수들이 매끄럽고 연속적으로 변하며 한 변수 값의 변화를 다른 변수 값의 변화와 관련지어 생각한다.
덩어리 연속 공변 (Chunky Continous Covariation, 이하 CCC)	한 변수 값에서 덩어리 연속 변동을 다른 변수 값에서의 덩어리 연속 변동과 관련지어 생각한다.
값들의 조정 (Coordination of Values, 이하 CV)	이산적인 순서쌍$(x, f(x))$의 모음을 만드는 것을 상상하며 한 변수에서의 값을 다른 변수의 값과 조정한다.
값들의 전조정 (Precoordination of Values, PCV)	두 변수의 값들이 동시에 발생하지 않지만 (한 변수가 변하고 나서 두 번째 변수가 변하고 다시 첫 번째 변수가 변하고, 등등) 함께 변한다는 것은 상상한다.
조정 없는 변동 (Variation but No Coordination, VNC)	개인에게 두 변수가 함께 변한다는 심상이 존재하지 않는다. 개인은 값들의 조정 없이 하나 혹은 다른 변수의 변동에 주목한다.

[표 18.8]은 변수 값이 변하는 것을 생각하는 개인의 다양한 수준을 보여준다. 가장 높은 두 수준의 사고는 연속 구간을 만드는 변동의 의미에 대한 것이다. 두 수준 간의 구분은 가장 높은 수준으로 생각하는 사람은 어떠한 변동도 정교화 될 수 있다는 재귀적인 예상을 한다(Thompson, 2011, p. 47). 두 번째 수준("덩어리")에서는 끝과 끝을 연결하여 자를 놓는 것과 같이 변동이 각각의 증가 안에서도 일어날 수 있다는 심상을 수반하지 않고 고정된 증가의 구간에서만 생각한다. 세 개의 하 수준은 대체하는 행동(act of replacement)으로서 변동을 생각한다. 즉, 무엇인가가 문자로 대체 가능한 것으로 변수 값을 생각한다.

[표 18.9]는 연속 변동의 의미(표 18.8)를 공변의 의미에 적용한 것이다. [표 18.9]는 실제로 연구된 적은 없지만 개인이 서로 다른 변동을 갖는 두 변수를 생각하는 가능성으로 확장될 수 있다.

[그림 18.5]는 교사들의 공변 의미를 평가하기 위해 개발한 여러 문항들 중 네 번째 버전이다. 우리가 예상한 가장 높은 수준은 다음이다. 공이 통통 튀는 것을 상상해 보자. 그 공이 움직이는 총 거리의 작은 변화와 방향의 변위의 작은 변화를 조정한다면, 두 변화는 양의 방향은 다르지만 항상 같은 규모라는 것을 깨달을 것이다. 따라서, 방향의 변화 없이 공의 변위가 변하는 그래프의 기울기는 **어떠한**(any) 구간 분의 ±1일 것이다.

우리는 공의 속도와 경과 시간을 고려하지 않기 위해 의도적으로 [그림 18.5]와 같은 문항을 설계하였다. 우리의 의도는 교사들이 공변에서 두 양을 모두 개념화 할 수 밖에 없는 상황을 만드는 것이었다. 한 가지 이유는 문항 개발 초기 단계에서 실행한 교사 면담에서 선행연구에서처럼 교사들이 시간을 양으로 개념화하지 않고도 시간에서 발생하는 사건을 상상할 수 있다고 확신할 수 있었기 때문이다.

[표 18.10]은 MMTsm 2012 여름 버전에 참여한 미국 중서부 지역의 111명의 고등학교 수학교사들의 응답을 요약한 것이다. 교사의 응답은 변동을 조금이라도 기술한 응답($n = 17$)과 변동을 조금도 기술하지 않은 응답($n = 94$) 이 두 개의 그룹으로 나누어졌다. 10개의 응답(9 %)만이 변위와 총 거리가 공변한다고 하였다.

[그림 18.5]의 문항은 두 가지 이유에서 채점하기 상당히 어려웠다. 첫 번째 이유는 교사들이 종종 비문과 모호한 언어를 사용하였기 때문이고, 두 번째 이유는, 놀랍게도, 대부분의 교사들이 그래프에 포함된 양들과는 아무런 관련 없는 것들에 대해서 설명하였기 때문이다. 대신에, 많은 교사들이 그래프를 주어진 그대로 받아들이고 상황을 설명하기 위해 그래프의 성질을 이용하려고 하였다(그림 18.6). 다른 교사들은 공이 위 아래로 움직일 때 그래프에 무슨 일이 벌어지는 지를 설명하려고 했다(그림 18.7). 또 다른 교사들은 그래프를 포괄적인 주제로 설명하였다(그림 18.8). 마지막으로, 많은 교사들은 [그림 18.5]에 대한 응답으로 시간을 언급하였다.

이러한 비공변적인 응답들로 인해 우리는 이론적 프레임워에 "주제적 사고" (표 18.10의 카테고리 5와 7), "모양 사고" (표 18.10의 카테고리 6), "무응답"의 세 가지 카테고리들을 추가하였다. 우리는 표면적으로 공변에 대한 것이지만 공변과는 아무런 상관없는 응답에서 교사들이 보여준 사고 방식을 포착하기 위해서 이러한 카테고리들을 추가하였다. 또한 그들의 설명에 시간이 포함되지 않아야 한다는 것이 분명하게 전달될 수 있도록 문항을 수정하였다.

지면에서 20피트 떨어진 널빤지에 10피트 길이의 고무줄로 공이 매달려있다. 공을 아래로 힘껏 당겼고, 위 아래로 자유롭게 움직이도록 두었다. 다음 그래프는 당겨진 후의 공의 총 이동 거리(total distance traveled)에 따른 공의 변위(displacement from its resting point)를 나타낸다.

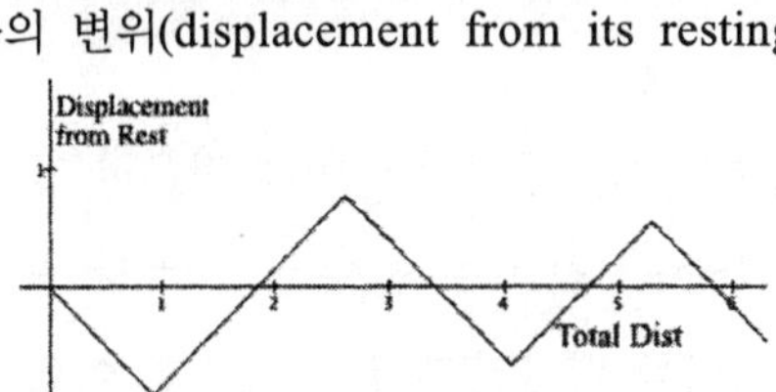

공의 변위와 총 이동 거리의 관계를 나타낸 그래프가 매끄러운 곡선 대신 직선들로 이루어진 이유는 무엇인가?

[그림 18.5] 공변 추론을 측정하기 위한 문항의 4번째 버전. © 2014 Arizona Board of Regents. Used with permission

[표 18.10] 그림 18.5에 대한 2012 여름 고등학교 수학교사들의 응답 ($n = 111$)

응답	횟수
1. 거리와 변위가 공변함.	10
2. 거리와 변위를 조정함.	3
3. 총 이동거리가 변하고, 변위를 언급하였지만, 공변에 대한 언급은 없었음.	3
4. 변위가 변하고, 총 이동거리를 언급하였지만, 공변에 대한 언급은 없음.	1
5. 그래프를 설명하기 위해 물리적인 상황을 잘못 사용함.	22
6. 공의 움직임을 묘사하기 위해 그래프를 사용함.	29
7. 거리를 측정하는 것은 선형 그래프를 시사함.	16
8. 그 외	27

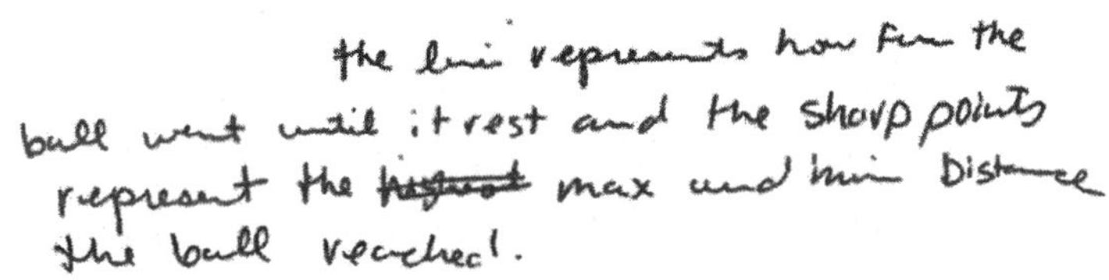

이 선은 공이 멈출 때 얼마나 많은 거리를 이동하였는지를 나타낸다.
그리고 뾰쪽한 점들은 공이 도달한 극대와 극소를 나타낸다.

[그림 18.6] 그림 18.5의 그래프의 성질을 기반으로 공의 움직임을 설명한 응답의 예

공이 단순히 아래로 밀어내려지고
위로 되돌아오고 아래와 위, 아래와 위, 아래로 움직인다.

[그림 18.7] 그림 18.5의 그래프를 설명하기 위해 물리적인 상황을 사용한 응답의 예

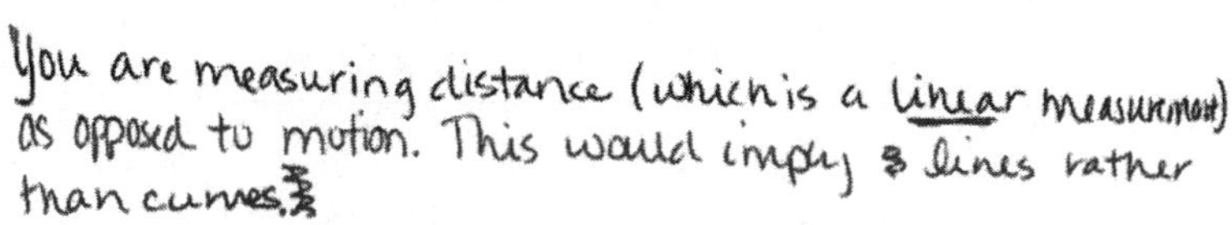

너는 움직임 보다는 선형 측정인 거리를 측정하는 것이다.
이는 곡선 보다는 선을 의미한다.

[그림 18.8] 거리는 선형 측정(linear measurement)이라는 주제(theme)에 따라 그림 18.5의 그래프를 설명한 응답의 예

이 문항에 대한 4번째 버전의 채점기준을 제작하기 어려워 객관식 문제로 변형하였고, 문제에서의 각 항목을 [그림 18.5]에 대한 교사 응답을 통해 우리가 포착한 교사들의 사고가 반영되도록 하였다. 자연스럽지는 않지만 가장 합리적인 설명으로 보여 매끄러운 연속 공변(항목 d)과 관련 있는 응답을 선택하는 교사들이 늘어날 것으로 예상하였다. 우리는 대부분의 교사들이 옵션 d를 그

들이 선택해야 하는 정답으로 인식할 가능성이 높다고 생각했다.

항목 a는 주제적 사고(TT)를 반영한다. 항목 b는 덩어리 공변적 사고(CCC)를 반영한다. 항목 c는 변수들 간의 조정(CV)를 나타낸다. 항목 e는 문제 상황을 그래프의 성질을 사용하는 모양 사고(ST)를 반영한다. 항목별 설명이 상당히 길었기 때문에, 전조정(precoordination) 사고방식을 반영하는 항목은 넣을 수 없었다. 교사들이 모양 사고 혹은 학생의 모양 사고의 부적절함을 깨달을 수 있는 두 번째 기회를 제공하기 위해 Part B를 넣었는데, 이에 대한 자료는 아직 없다.

[표 18.11]은 Part B가 포함되지 않은 MMTsm의 2013 여름 버전에 참여한 96명의 고등학교 수학교사들의 응답을 나타낸다. 매끄럽고 덩어리 연속 공변에 상응하는 응답률이 높을 것이라는 우리의 예상은 옳았지만 67%의 응답이 d와는 달랐기 때문에, 이 객관식 문항이 교사들에게 우리가 생각하는 가장 옳은 답을 "전달"("give away")할 것이라는 염려는 하지 않아도 되었다. 또한, [표 18.11]은 어떠한 교사도 항목 e(모양 사고)를 선택하지 않았다는 것을 알 수 있다. 이는 우리가 Part B를 추가하게 된 동기였다. 우리는 2014년 여름 200명의 고등학교 수학교사들로부터 Part B에 대한 데이터를 수집하고 있다. 우리는 교사 면담과 학부 4학년 수학 전공자들에게 실행한 예비실험을 통해 모양 사고로 생각하는 경향이 있는 교사들이 Part B를 해결할 때 모양 사고를 사용할 것이라는 것을 알게 되었다.

지면에서 20피트 떨어진 널빤지에 10피트 길이의 고무줄로 공이 매달려있다. 공을 아래로 힘껏 당겼고, 위 아래로 자유롭게 움직이도록 두었다.

좌측의 그래프는 공을 잡아 당긴 후, 경과한 시간(elapsed time)에 대한 공의 변위(displacement from its resting point)를 나타낸다. 우측의 그래프는 공이 잡아 당겨진 후, 총 이동 거리(total distance traveled)에 대한 공의 변위(displacement from its resting point)를 나타낸다.

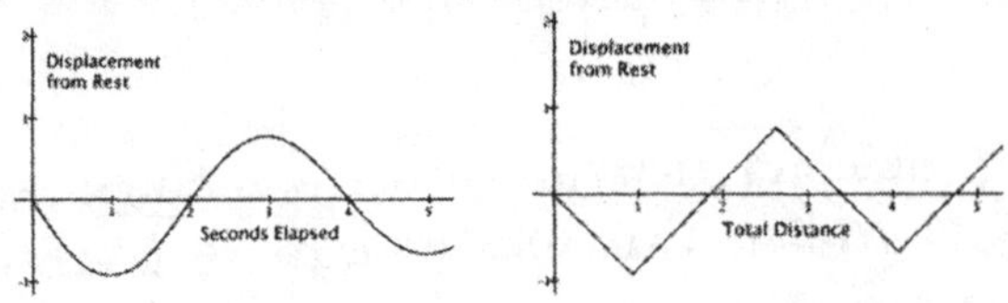

Part A. 공의 변위와 총 이동 거리를 나타낸 그래프는 왜 직선인가?
가장 옳다고 생각되는 답을 하나 고르시오.

a. 길이 측정(linear measurement)인 이동 거리는 직선으로 나타내져야 한다.
b. 변위에서의 하나의 변화는 총 이동 거리에서의 하나의 변화와 대응한다.
c. 어느 방향으로든 공의 변위는 총 이동 거리의 변화와 관련 있다.
d. 한 방향에서의 변위의 작은 변화는 총 이동 거리의 변화와 같은 규모이다.
e. 그래프는 공의 움직임을 나타낸다. 그래프는 공이 직선 형태로 이동한다는 것을 보여주는 선분으로 구성된다.

Part B. 학생이 말하길, "우측의 그래프는 공의 속도가 1과 2.5초에서 일정하다는 것을 보여준다." 이 학생의 말은 사실인가? 설명하여라.

[그림 18.9] 그림 18.5 버전 10 문항. © 2014 Arizona Board of Regents. Used with permission

[표 18.11] 2013년 여름 96명의 고등학교 수학교사들의 그림 18.9(그림 18.5의 5번째 버전)에 대한 응답

응답	*Math*	*MathEd*	*Other*	*Total*
d (SCC)	7	12	11	30
b (CCC)	9	12	8	29
c (CV)	5	7	4	16
a (TT)	4	4	8	16
I Don't Know	0	1	0	1
No Ans	1	0	2	3
No Time	1	0	0	1
Total	27	36	33	96

앞서 언급하였듯이, 교사들이 갖고 있는 의미의 경계와 연결성을 이해하기 위해 하나의 문항에 대한 교사의 응답은 부족하며, 상이한 상황들에서 의미의 여러 측면을 담는 다양한 문항들이 필요하다. 마지막 사례는 문항에서 직접적으로 변동과 공변에 대해 묻지 않는 변동 문항(그림 18.10)이다. 이 문항은 대수를 공부하는 전 세계의 많은 학생들이 경험하는 Chazan(1993)에서 언급한 외관상 모순(seeming contradiction)을 보여준다. $3x + 7 = 12$와 같은 방정식에서 "x"는 하나의 수를 말하는데 우리는 왜 변수라고 부르는가?

Bryant 교사의 일차 방정식 수업에서 Darren이란 학생이 교사에게 다음과 같이 질문하였다. "선생님, $3x + 7 = 12$에서 x의 값은 하나인데, x를 왜 변수라고 하나요? 하나의 수를 나타내는 문자는 상수라고 하지 않으셨나요?" 어떻게 대답하겠는가?

[그림 18.10] 방정식에서 교사의 변동에 대한 개념을 이해하기 위한 문항. © 2014 Arizona Board of Regents. Used with permission

이 문항이 제기하는 난제는 많은 교사들과 교과서에서 방정식을 말하는 방식의 산물이다. 이로 인해 학생들은 방정식이 어떠한 특별한 형태(한 변에는 공식, 다른 한 변에는 숫자)를 갖는다고 생각하고, 등호의 한 변에는 문자, 다른 한 변에는 숫자가 남을 때까지의 구체적인 활동이 촉발된다. 따라서, 학생들은 방정식에서 자신이 시작한 문자가 방정식 풀이 활동이 끝나고 나온 숫자를 의미한다고 배우게 된다. 방정식에서 변수를 방정식 풀이의 해로만 생각하는 것은 학생들이 관련 의미를 구성하는데 매우 안 좋은 영향을 미친다. 예를 들어, $y = mx + b$에서 x와 y는 변수(즉, 이 값들이 변한다는 것을 상상할 수 있음)로 m과 b는 상수(즉, 이들 값이 서로 다를 수 있지만, x와 y 값들이 변해도 m과 b는

고정된 값이라는 것을 상상할 수 있음.)로 구분할 수 있어야 한다. 또한, 방정식에서의 변수가 해를 나타낸다는 것은 방정식을 그래프로 해결하는 방법과 일관되지 않은 의미이다. $3x + 7 = 12$에서의 해가 x의 하나 뿐인 값이라면, 우리가 그리는 어떠한 그래프도 점(5/3, 12)만 있을 것이다. 이후 학생들은 $y = mx + b$에서 m과 x가 모두 변수이고, 이 둘로 인해 선들의 교차구역이 겉넓이가 되는 경우까지 생각해야 한다. 그래서, [그림 18.10]에서 우리는 "방정식에서, x는 방정식의 해를 나타낸다." 와 같은 개념을 학생들에게 심어줄 수 있는 교사의 의미가 어느 정도인지를 알아보고자 하였다.

[표 18.12]는 Darren의 질문에 대한 교사들의 응답을 채점하기 위한 채점기준이다. 4수준 응답은 방정식이 아닌 상황에서와 같이 x의 값이 변할 수 있다는 것이다. 3수준 응답은 x가 상이한 값들을 가질 수 있지만, 그 값들은 x로 대체된다[14]. 2수준 응답은 변수의 의미를 두 개의 범주로 구분한다 - 함수에서의 변수의 의미와 방정식에서의 의미이다. 1수준 응답은 방정식에서의 문자는 해를 나타내는 것이라는 Darren의 해석에 동의한 것이다.

[표 18.12] 그림 18.10의 Darren의 질문에 대한 교사들의 응답 채점기준. © 2014 Arizona Board of Regents. Used with permission

4수준	교사의 응답에 변하는 값 혹은 점점 커지는 규모로 x 값이 변한다는 의미와 방정식의 해가 $3x + 7 = 12$를 참으로 만드는 x의 값이라는 의미를 담고 있다.
3수준	교사의 응답에 x값을 대체한다는 의미("x는 어떠한 수도 가능하다." 혹은 "많은 수들이 x가 될 수 있다."과 같은 표현을 포함)와 $3x + 7 = 12$가 참이 되게 하는 수 혹은 수들을 찾는다는 의미를 내포한다.
2수준	x가 한 번 이상 사용될 수 있다는 의미를 내포한다. 예를 들어, x가 방정식에 있을 때, 이는 단지 해를 의미하지만, $y = 3x + 7$와 같을 때, x는 변할 수 있다 (혹은, 어떠한 수도 될 수 있다.)
1수준	1수준 응답은 (우리가 그 문제를 해결할 때까지) x는 하나의 값을 나타낸다는 의미를 담고 있다. 이 수준의 응답들은 x가 변하지 않거나 기껏해야 등호의 오른편에 있는 값들에 의해 변한다는 생각들을 담고 있다.
0수준	다음 중 하나: · 채점자가 교사의 응답을 해석할 수 없음. · 교사가 "모르겠어요." 혹은 그와 동등한 답변을 함. · 교사가 질문에 비논리적인 답변을 함. · 변수는 단지 문자라는 답변 외에는 위의 어떠한 상위 수준에도 상응하는 답변을 제시하지 않음. · 교사의 답변이 1수준 ~ 4수준 어디에도 해당되지 않음.

[표 18.13] 그림 18.10에 대한 2013 여름 고등학교 수학교사들의 응답 ($n = 96$)

	Math	*MathEd*	*Other*	*Total*
4수준	1	1	2	4
3수준	2	3	3	8
2수준	4	9	8	21
1수준	18	20	17	55
0수준	1	3	3	7
무응답	1	0	0	1
합계	27	36	33	96

[표 18.13]은 표18.12의 채점기준을 이용하여 2013 여름 96명의 고등학교 수학교사들의 응답을 채점한 것이다. 교사들의 응답 수준과 전공과의 독립성을 보여주기 위해 그들의 학부 전공을 포함시켰다. 13%의 교사들만이 높은 수준의 응답을 하였고, 22%의 교사들은 x가 방정식에 있는 것인지 함수에 포함되어 있는 것인지에 따라 x의 의미가 다르다고 한 반면에 57%의 교사들은 x가 방정식 $3x + 7 = 12$의 상수라는 Darren의 말에 동의하였다. 1수준에서는 "네, x는 $3x + 7 = 12$에서 단 하나의 수를 나타냅니다. 다만 $3x + 7 = 14$ 에서는 다른 값을 나타낼 것입니다."와 같은 응답이 있었다.

[표 18.14]는 위 아래로 튀어 오르는 공 문항과 Darren의 질문 문항에 대한 교사 응답 관계를 조사한 것이다. 두 문항 중 어떠한 문항에 대한 응답도 다른 한 문항의 응답에 대한 반응을 예측하지 못하였다. 우리는 이를 다음의 두 가지에 대한 산물로 본다. (1) [그림 18.9] 문항을 객관식으로 만들게 되면서, 교사들의 공변적 사고를 과대평가하였고, (2) 많은 교사들에게 [그림 18.10] 문항은 변동 개념이 변수 개념과 분리된 "방정식" 스킴을 작동시켰다. 어떠한 경우에도, 우리는 이들의 전문성 신장 프로그램 책임자들에게 교사들이 함수와 방정식 주제를 통틀어 일관된 변동과 공변의 의미를 갖도록 할 것을 권고하였다.

[표 18.14] 그림 18.9와 그림 18.10 문항들의 응답 간의 관계 ($n = 96$)

		Bouncing Ball					
		d(SCC)	*b(CCV)*	*c(CV)*	*a(TT)*	*Other*	*Total*
	4수준	1	0	2	0	1	4
	3수준	5	2	1	0	0	8
	2수준	9	6	3	3	0	21
x varies	*1수준*	11	21	9	11	3	55
	0수준	3	1	0	2	1	7
	무응답	0	0	1	0	0	1
	합계	29	28	16	16	5	96

문항의 초점

교사들의 "over"(그림 18.1)와 공변 추론(그림 18.9), 변동(그림 18.10)에 대한 의미를 측정한 연구 결과를 통해 우리는 의미를 평가하는데 있어서의 다음의 문제점을 제시하고자 한다. 첫째, 하나의 문항에 대한 교사들의 응답으로부터 그들의 의미를 파악할 수 없다. 예컨대, 하나의 문항을 해석하기 위해 교사들은 종종 많은 의미를 활성화시킨다. 구체적으로, "over" 문항에서(그림 18.1), 많은 교사들은 그들의 응답에 함수와 비의 의미를 결합시켰다. 튀어 오르는 공 문항(그림 18.9)에서는 우리가 공변에 주목하여 설계하기는 했지만. 교사들은 그들의 그래프 스킴들을 활성화하여 두 개의 그래프를 보았다. 또한, 그 문항은 공이 고무줄에서 위아래로 튀는 것을 묘사하는데 교사들은 확실히 그 공의 움직임을 기이하게 보았다. 또한 교사들은 공이 속도와 시간에 따라 움직인다는 것과 같이 문제와 관련이 적은 것으로 밝혀진 양들을 포함하여, 다양한 양에 대해 생각하였다. "$x\ varies$" 문항(그림 18.10)에서는, 방정식에 대해 논의하는 맥락에서 변수와 상수에 대해 물었는데, 그들의 방정식 의미와 더불어 "상수"와 "변수"에 대한 의미까지 활성화되었다[15].

따라서, 연구자는 채점기준을 고안할 때 기준의 초점을 수립해야 한다. "over" 문항에서 우리는 모든 교사들이 응답에 함수를 표기하거나 변화율을 언급하지 않았기 때문에 이와 관련한 문제점은 무시하였다. 또한, 문항들 대부분에서의 초점이 교사가 옳은 계산을 하였는가와는 관련이 적었기 때문에 교사의 계산 실수는 무시하였다. 연구자가 문항을 개발하고 채점할 때 어디에 초점을 두느냐에 따라 그 문항에 대한 교사의 어떠한 응답에 주의를 기울일지가 결정된다. 이는 또한 그들의 응답이 아무리 흥미로워도 초점이 아닌 응답은 기꺼이 무시할 수 있는 것을 의미한다.

수학을 가르치기 위한 교사들의 수학적 의미를 측정하는데 있어서의 방법론적 이슈

MMTsm 문항을 개발하기 위한 전체적인 방법은 Force Concept Inventory, 즉 FCI를 만들기 위한 Hestenes와 동료들(Hestenes, Wells, & Swackhamer, 1992; Savinainen & Scott, 2002)과 Precalculus Concept Assessment, 즉 PCA를 만들기 위한 Carlson과 동료들(Carlson, Oehrtman, & Engelke, 2010)의 다음의 방법과 유사하다. (1) 문항 초안을 만들고, 그 문항들로 (예비와 현직)교사들을 면담하는 것이다. 문항 개발의 여러 단계에서 수학자 4명과 수학교육자 6명으로 이루어진 패널이 문항 초안을 검토하였다. 면담에서, 우리는 교사들이 우리가 의도한대로 문항을 해석하는지를 보았다. 또한, 면담을 통해 문항이 우리가 원하는 응답들을 끌어내는지를 확인하였다(예, 우리는 교사들이 우리가 틀에 박힌 문제에 대한 답을 구하는 것을 원한다고 생각하지 않기를 바랐다.) (2) 문항을 수정한다. 수정한 부분이 많다면 면담을 다시 한다. (3) 문항들을 대규모의 교사 표본에 실행한다. (4) 사용할 수 없는 문항들을 버린다. (5) 교사들의 모호한 응답들 중 모호함을 해결하는 것이 중요하다고 생각되면 이에 관해 면담을 실시한다. (6) 교사들이 매력적으로 생각할 여지가 있는 객관식 문항을 만드는 것에 대해 경계하며 교사들의 응답을 기준으로 나머지 문항들을 수정한다. (7) 검토한 문항들을 대규모 교사 표본에게 실행한다. (8) 채점기준과 개방형 문항을 채점하기 위한 연수 자료를 개발한다. 필요하다고 생각하는 경우에만 문항을 수정한다.

앞서 제시한 방법이 FCI와 PCA 개발과 유사하지만, 교사들의 수행보다는 의미를 평가하는데 주목하는 것은 새로운 문제점을 야기하였다. 이 장에서는 우리가 교사들의 교수를 위한 수학적 의미를 측정하기 위한 시도를 하기 위해 방법적으로 우리가 주의한 것들에 대해 공유하겠다. 크게 다음의 세 가지 주제로 나눌 수 있다. (1)문항 설계, (2)채점을 위한 기준, (3)자료 집계. 이 세 가지 주제에 대해 설명하겠지만, 이들을 프레임하기 위한 일반적인 의견들도 제시할 것이다. 수학 의미를 평가하기 위한 문항을 설계하기 위해 설계 실험(design experiment) 방법(Brown, 1992; Cobb, Confrey, diSessa, Lehrer, & Schauble, 2003)을 사용하는 것과 마찬가지로 접근한다면 도움이 될 것이다. 설계 실험과 이 절에서 설명할 방법 간의 차이는 후자가 전자와 다르게 설계-평가-재설계의 순환 주기에서 같은 구조를 갖는 소순환주기가 있을 것이고, 설계와 정교화 과정에서 설계와 이론 간의 더 많은 변증법적 밀접함(intimate dialectic)을 가지게 된다는 점이다.

문항 설계

의미의 가장 중요한 특징은 개인의 해석에 의해 발동된다는 것이다. 따라서 교사의 수학 의미를 측정하기 위한 문항은 무엇인가에 대한 교사의 해석을 통해 교사의 생각을 이해할 수 있도록 설계되어야 한다. 이상적으로 교사들은 문항을 이해하는데 떠오르는 의미가 문항 출제자들이 교사들에게 의도한 답변이라는 것을 알게 될 것이다. 또한, 문항은 연구자가 한 두 개의 상대적으로 작은 개수의 문항들을 투자할 만큼 중요하게 생각하는 의미에 초점을 두고 있어야 한다. 마지막으로, 연구자가 평가하는 의미의 집합은 평가 그 자체를 위해 일관되어야 한다. 즉, 평가에 참여하는 교사들에게 책임이 있는 초등학교, 중학교, 고등학교 교육과정의 개념적인 뼈대가 되는 의미의 집합이 되어야 한다. 이 세 가지 사항들이 문항 설계에 뒷받침이 된다.

학생들에게 긍정적이거나 부정적으로 영향을 주는 의미에서 시작

교사와 학생의 수학 이해와 사고에 대한 연구와 이들과의 일상적인 교류를 통해 알게 되는 그들의 사고방식은 종종 문항 개발의 영감이 된다. 보통 정답을 강조하는 학생과 교사의 성과에 대한 연구는 도움이 되지 않는다. 학생들의 생산적이고 비생산적인 의미와 사고방식의 **원천**이 되는 연구가 더 유용하다. 예를 들어, APOS(행동(Action), 과정(Process), 대상 스킴(Object Scheme))(Arnon, et al., 2014; Dubinsky & McDonald, 2001)이론은 함수의 정의역을 그들의 심상에 사상하는 것으로서의 함수 개념에 대한 학생들의 어려움을 설명한다. 함수가 집합 A의 값에 집합 B의 값을 사상한다는 개념은 A의 **모든** 원소에서 고려되고, 함수의 모든 값은 B의 원소이다. 집합에서 집합으로서의 사상에 대한 개념과 관련하여 교사들의 생각을 이해하기 위해 [그림 18.11]과 같은 문항을 물어볼 수 있다[16].

Part (a)는 $f([0.5, 1.5])$라는 표현이 무엇을 **의미하는**(does) 것이 아닌 무엇을 **의미할 수**(might) 있는지를 묻는다. 이 문항은 교사들이 이러한 표기를 보지 못했더라도 그 표현에 대한 의미를 만들어 보도록 한다. 이 문항의 목적은 교사들이 하나의 수 대신 수의 구간이 함수의 입력 값이 되었을 때 어떠한 의미를 가질 수 있는지에 대해 교사들이 생각할 수 있는지가 될 수 있다. Part (b)는 Part(a)에서 교사들이 제시한 의미를 구체적으로 표현할 기회를 제공한다. 이는 교사들이 분명하게 표현하지 못했지만 집합의 사상에 대한 직관적인 스킴을 가졌거나 $f([0.5, 1.5])$의 의미에 대한 그들의 언어 표현이 행동과 조작으로 구성된 스킴을 기반으로 하지 않는다는 것을 보여줄 수 있다.

오른쪽 그래프는 함수 h를 나타낸다. $[0.5, 1.5]$ 이란 표기는 0.5와 1.5 사이의 모든 실수를 나타낸다.

(a) $f([0.5, 1.5])$가 의미할 수 있는 것은 무엇인가?
(b) 당신의 의미에 따르면, $f([0.5, 1.5])$는 무엇인가?

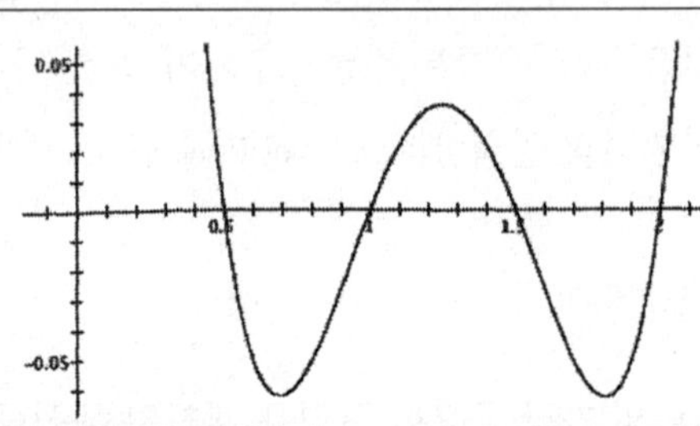

[그림 18.11] 함수 사상에 대한 교사의 의미를 조사하기 위한 잠재적 문항

의미의 암시적 성질 구축

의미의 암시적 성질을 구축하기 위해, 교사들에게 답변을 요청한 후에는 그러한 답변이 암시하는 것이 무엇인지를 알기 위해 질문을 덧붙인다. 이러한 전략들의 사례는 이 장 앞부분에 나온다.

학생들의 사고에서 자주 발생하고 그래서 교사들이 예상해야 하는 상충되는 의미들 간의 문제 제기

중요한 수학 개념들에 대한 학생들의 이해에 대한 연구는 교사들의 의미를 조사하기 위한 문항 개발에 좋은 자원이 된다. 예를 들어, 학생들이 함수의 변화율을 나타낸 속도-시간 그래프를 거리-시간 그래프로 착각한다는 것은 이미 널리 알려져 있다(Monk, 1992; Monk & Nemirovsky, 1994; Oehrtman,

Carlason, & Thompson, 2008). 이는 학생들이 축의 이름에 주의를 기울이지 않기 때문이라고 일반적으로 알려져 있다. 우리는 그래프의 좌표축 각각에 "g/hr" 과 "hr"라고 명확하게 명시하고, 경과한 시간에 따른 박테리아 배양균의 질량의 변화율을 나타내는 그래프 문항을 MMTsm의 일부로 포함하였다. "어떠한 시간 구간에서 배양균의 질량이 증가하는가?"를 묻고, 검사지의 다음 페이지에 한 점이 강조된 동일한 그래프를 제시하며 그 점에 대해 설명하라고 하였다. 그 다음 첫 번째 파트에서 그들이 제시한 답을 수정하고 싶은지 물어보았다. 첫 번째 파트에서 그래프가 나타내는 것이 변화율이 아닌 배양균의 질량이라고 했던 몇 명의 교사들은, 두 번째 파트에서 한 점에 대해 정확하게 해석하고, Part A에 대한 답변을 수정하였다. 이 교사들은 좌표축의 이름에 주의를 기울이지 않았었고, 이에 주목하게 되자 그들의 답변을 수정하게 된 것이다. 그래프를 질량에 대한 것으로 해석하고 한 점을 변화율로 해석한 교사들은 Part A의 답변을 그대로 두었다. 이 교사들에게는 자신들이 처음에 해석했던 그래프 방식이 안정적이었던 것이다. 이를 두고, 우리는 이러한 교사들에게 그래프는 양에 대한 것이라고 해석하였다. 이는 내가 앞서 언급했던 공간 사고로 그래프를 생각하는 것과 일치한다. 이 중 어떠한 가설도 후속 면담 없이 확증할 수 없지만, 이러한 해석을 하는 교사들의 사고를 동요(perturbation)하는 것은 틀림없이 어렵다.

기호적인 답변을 최소한으로 요구

교사들은 그 자체로는 그들에게 의미가 있지만 부분적인 의미들로부터 파생되지 않은 상징적 표현을 자연스럽게 사용한다. 교사들이 그들의 의미를 어떻게 기호적으로 표현하는지 보는 것이 중요하거나 그들이 표현하는 의미를 볼 수 있는 다른 방법이 있을 때에만 기호적인 답변을 요구한다.

문항의 초점을 초기에 결정

의미는 스킴이기 때문에 하나의 문항은 그 문항에 답변하는 개인의 여러 의미를 작동한다. 576쪽의 **초점**(focus)에 대한 논의를 참고하기 바란다.

초기에 그리고 자주 문항 예비 실험을 실시

자원이 허락하는 한 가능한 많은 문항에 대한 면담을 실시하는 것이 필수적이다. 물론, 우리는 모두 한정된 자원에서 활동하기 때문에 전략적으로 면담할 문항을 판단해야 한다. 업무 관계가 수립된 수학자들과 문항들을 공유하는 것 역시 유용하다. 그 문항을 사용하는 이유와 교사들의 답변에서 보기를 희망하는 것이 무엇인지 함께 공유하는 것이 중요하다.

응답 채점과 문항 정교화

채점기준을 개발하고 문항을 정교화하기 위한 방법은 UC 버클리의 평가 및 연구 센터(BEAR)의 Wilson과 Draney(Kennedy & Wilson, 2007; Wilson & Sloane, 2000)에게 영감을 받았다. 그들의 방법은 학생들의 학습 진행 과정을 평가하기 위한 학습 발달 관점에서 문항 개발시 개념 구성 지도와 진행 변수 개발에 초점을 두고 있다. BEAR 평가는 학생들의 상호 연결된 개념과 사고 방식의 학습 진행 과정을 오랜 시간에 걸쳐 추적하기 위해 수차례 실시된다.

그러나 MMTsm 문항들은 평가하는 의미의 발달을 위한 모델을 제시하지 않는다. 교사들은 이러한 개념을 처음 배우는 학습자가 아니다. 오히려, 그들은 학생들과 마찬가지로 비생산적인 의미를 개발한 경우가 많았고, 수년 간 그들은 아직 자신들이 이해 할 준비가 되지 않은 수학 수업에 대처하는 방법을 배우기 위해 보냈다. 즉, 그들은 의미의 기반 없이 수업을 만족시킬 수 있는 방법을 개발해왔다. 더욱이, 경력 교사들은 시간이 지나면서 그들이 이미 갖고 있는 의미를 덮는 교육과정 의미를 개발한다. 따라서 어떠한 개념을 학습하는 과정을 나타내기 위한 발달 수준을 이용하여 교사의 의미를 측정하는 연구는 드물다. 대신 우리는 **생산적인**(productive) 의미 수준을 반영하는 채점기준을 개발하였다. 여기서 "생산적인"이란 것은 교사가 자신이 갖고 있는 의미를 학생들에게 전달했을 때 그 의미가 학생들의 미래 수학학습에 얼마나 유용할지를 기준으로 판단한다. 생산적인 의미의 수준은 교사들이 낮은 수준에서 높은 수준으로 도달하는 발달 과정을 나타내지는 않지만, 측정된 수학 개념을 가르치는 것과 관련된 교사들의 응답의 수준을 나타낸다. 또한 우리는 교사 전문성 신장 프로그램에 참여하는 교사들이 앞으로 몇 차례 동일한 문항들에 답변할 때에 더 높은 응답 수준에 도달하기를 기대한다.

자유반응문항 각각은 필히 채점기준을 갖고 있어야 한다. 채점기준 없이는 검사 도구를 사용할 수 없을 것이다. 앞서 말했듯이, 채점기준을 만들기 위한 방법은 Wilson와 Draney의 연구를 기반으로 하였는데, 이는 면담과 소규모 사전 검사 과정을 거친 문항 채점에서부터 대규모의 응답을 채점하는 것까지 다음의 5단계로 되어있다.

1단계: 근거 이론. 첫 번째 단계에서는 Strauss와 Corbin(1988)에서 강조하였듯이 열린 태도로 교사들의 응답을 접하는데, 여기서 "열림"은 이론적인 것이다. 문항에 내재한 의미 이론을 사용하여 교사들의 응답을 어떻게 이해할 수 있을지에 주의를 기울인다. 이 단계에서 우리는 때때로 문항에 큰 변화를 주었고 교사들의 응답을 채점하지 않고 추가 개발을 필요로 하는 문항 모음에 두거나, 문항을 아예 폐기하였다. 몇 몇 문항으로 우리는 그 문항의 의미 이론을 수정하면 교사들의 응답을 이해할 수 있다는 것을 발견하였다. 다른 경우에는 추후 검사에서 사용하도록 문항을 조금 수정하였지만, 이 문항에 대한 교사들의 응답은 그대로 분석을 진행하였다.

2단계: 응답 분류. 어떠한 문항이 교사들의 의미와 사고방식을 이해하는데 통찰을 주는 교사들의 응답을 도출했다면, 생산적인 의미 수준으로 그 응답들을 분류한다. 이 경우, "의미"는 교사들이 그러한 답변을 적은 이유를 설명할 수 있는 **연구자가** 부여하는 의미와 사고방식이다. 우리 팀은 문항에 대한 교사들의 일부 응답을 개별적으로 분석하고 각자 분석한 내용을 보고하며 논의하는 과정이 유익했다고 생각한다. 모든 응답에 대한 평점표의 전체적인 일관성은 개별 응답에 대한 오랜 논의를 통해 이루어졌다. 교사들의 답변들 중 의미 관점에서 분류할 수 없는 경우도 종종 발생할 것이다. 그러나 그러한 답변을 교사가 수업 중 학생들에게 했을 때 학생들이 구성할 수 있는 의미 관점에서 본다면 교사들의 그러한 응답을 구분할 수 있을지도 모른다.

3단계: 응답을 분류하기 위한 기준 코드화. 이 세 번째 단계에서 문항에 대한 채점기준과 유사한 형태를 갖게 된다. 채점자가 어떠한 응답도 특정한 수준으로 분류할 수 있도록 기준의 설명을 명확하게 하는 것이 중요하다. 때때로 교사들의 응답은 두 개의 수준에 모두 분류될 수 있다. 이 경우, 더 높은 수준으로 분류해야 하는지 혹은 더 낮은 수준으로 분류해야 하는지 채점기준에 제시가 되어 있어야 한다. [그림 18.2]의 응답 ("over"의 의미)이 그 한 예이다. 한 명의 교사가 "over"는 "during"과 비의 의미를 갖는다고 하였다. 우리는 이와 같은 경우 더 낮은 수준으로 분류하겠다고 명확하게 제시하였다.

4단계: 채점자간의 소규모 시도. 채점기준이 어느 정도 안정된 상태에 도달했을 때 그 기준은 "Stress Testing"을 할 수 있는 준비가 된다. 교사들의 응답에서 무작위로 소규모 표본을 선정하고(우리의 경우 10개를 표본으로 함), **채점기준을 갖고** 팀 구성원 여러 명이 개별적으로 채점을 하도록 한다. 채점 불일치에 대한 팀원 간의 논의에 의해 채점기준은 논의 중 종종 수정된다. 기준에 대해 합의가 이루어졌을 때, 이제 채점자간 합의된 검사를 할 수 있다.

5단계: 모든 응답에 대한 채점자간 합의와 채점. 효율성을 고려하여 우리는 모든 응답에 대한 채점과 채점자간 합의된 채점을 통합하였다. MMTsm의 각 문항을 채점하기 위한 응답은 모두 112개였다. 두 명의 팀원이 각각 66개의 응답을 채점하였는데, 이 중 20개는 서로 공통되었고 나머지 46개는 서로 다른 응답이었다[17]. 채점자는 개별적으로 채점한 후에 스프레드시트에 각자의 점수를 입력하였다. 공통된 응답들에 대한 점수의 차이는 팀에서 논의하였다. 이들 중 몇몇의 차이는 불가피한 실수로 받아들였고, 이때 채점기준은 그대로 두었다. 다른 차이는 채점기준의 문제점을 암시하였고, 기준을 수정하면서, 그 차이는 제거되었다. 채점기준안의 수준에 대한 설명이 변경된다면, 이에 해당되는 채점자는 수정된 기준을 갖고 그들이 채점했던 응답을 다시 검토하였다. 여기서 제시한 채점기준을 개발하기 위한 방법은 명백히 반영적 추상화(Piaget, 2001) 과정이다. 1단계에서 5단계로 이동하는 과정은 교사들의 문항 응답에 대한 팀 구성원들의 생각을 점진적으로 주제화하는 과정이다. 따라서 채점기준은 그 자체로 기준 설계자들이 교사들의 답변을 이해하기 위한 그들의 행동을 지속적으로 반성하여 얻어낸 스킴이 된다.

자료 집계

처음부터 MMTsm의 목적은 교사들의 교수 활동을 위한 수학적 의미를 신장시킬 수 있는 영역과 생산적인 의미를 갖고 있는 영역이 무엇인지 측정할 수 있는 문항을 개발하여 교사들과 그들의 전문성 신장 프로그램 교육자들에게 유용한 정보를 제공하는 것이었다. 따라서 본 연구에서의 자료 집계 문제는 교사들의 수학 교수를 향상하고 전문성 신장 프로그램 개발자들이 실증적인 데이터 기반 수업을 설계하는데 도움을 주기 위해 연구 결과를 어떻게 보고해야 하는지에 대한 문제이다. 각 문항은 교사의 의미에 대해 풍부한 정보를 제공하지만, 분석 결과는 문항별로 보고 될 수 없다. 우리는 서로 연관된 문항들의 집합에서 나타난 하나의 혼합된 의미가 다른 혼합된 의미와는 교사의 교수 활동과 전문성 신장에 완전히 다른 시사점을 제공할 수 있다는 것을 알게 되었다.

내가 지금 이 글을 쓰고 있는 이 시점에도 우리는 자료 집계 문제에 직면해 있어 지금 당장은 이에 대한 해법을 제시할 수 없다. 우리는 우리가 수집하고 채점한 데이터가 학생들의 학습 진전 과정을 추적하기 위해 설계한 BEAR 검사 시스템의 변형된 형태로 처리될 수 있기를 희망한다. 그러나 나는 MMTsm 문항 응답에서 나타난 생산적인 수학 의미 수준들 간의 어떤 구조를 찾는 것이 말이 되는지 조차 명확하지 않다. 채점기준에서 낮은 수준은 교사들이 갖고 있는 수학적 의미에 대한 낮은 수준이라고 보다는 그들이 학생들에게 전달할 수 있는 비생산적인 의미인 경향이 있다.

우리는 현재 MMTsm에서 개발한 문항을 사용하는 교사 전문성 신장 프로젝트들을 위해 이에 참여하는 교사 개인에 대한 매우 간략한 프로파일을 제공할 것이다. 즉, MMTsm 문항 항목 중 몇몇 모음에 대해 그 문항들이 측정하는 개념을 교수하기 위한 수학 의미에 대해 상이한 범위 내 점수들이 의미하는 것이 무엇인지 약술한 것과 함께 척도화 된 수준의 점수를 제시할 것이다. 우리는 이것이 교사들에게 자신들이 고민해 보아야 할 무엇인가가 있다는 것을 알게 해주는 것 외의 특별한 의미가 있을 거라고 착각하지 않는다. 그러나 우리는 이 정보가 교사 전문성 신장 프로젝트 진행자들에게 많은 도움이 될 것을 기대한다. 본 연구자의 프로젝트 팀원들은 MMTsm, 문항 설계, 교사들의 응답을 채점하기 위한 기준을 사용하는 것에 대한 18시간 연수에 참여하였다. 연수와 더불어 채점기준을 이해하기 위한 참고 자료들은 우리가 예측하는 다른 수준의 교사 응답이 학생의 학습에 갖게 되는 시사점에 대해 아주 상세하게 다룰 수 있다. 우리는 MMTsm의 이러한 측면이 MMtsm이 갖는 최고의 잠재적인 영향력이라고 생각한다 - 전문성 신장 프로젝트의 진행자들에게 그들이 영향을 주고자 하는 수학 의미와 그러한 의미를 다루는 것이 중요한 이유에 대해 권고한다.

일년 여간 지속된 두 개의 대규모 프로젝트가 고등 수학을 가르치기 위한 교사들의 수학적 의미 신장에 영향을 미치는지를 조사하기 위해 MMTsm을 사용하고 있다. 그 프로젝트들을 통해 우리는 다음의 두 가지 질문에 답할 수 있을 것이다. (1) MMTsm 점수의 향상이 더 양질의 일관성있는 의미를 반영한다고 확실할 수 있는가? (2) 일년 동안 교사의 점수가 내려가는 것도 가능한가? 그렇다면 왜 그런가? 두 질문 모두 질적 연구방법을 필요로 하는데, 우리는 이를 통해 우리가 생각하는 MMTsm에 대한 교사들의 응답이 제시하는 것과 삼각 검증할 수 있는 분석 결과를 야기할 수 있길 희망한다.

수학적 의미 평가와 교실 수업의 연결

나는 Thompson(2013)에서 가르침은 대화의 한 형태이고 대화의 성공 정도는 참여자들이 서로의 의미에 의식적으로 주목하는 것에 의존한다고 설명하였다. 여기서 그 논의를 반복할 수는 없다. 하지만, 한 가지는 다시 한 번 언급할 만하다. 교사는 학생들이 자신들의 선생님이 행하거나 이해하기를 원하는 것을 이해하기 위해 노력한다는 점에서 학생에게 의미를 전달하고, 그 과정에서 의미를 구성한다. 이는 교사가 자신이 갖고 있는 의미의 지각 여부와 일관성 여부에 관계없이 발생한다. 교사는 자신의 수업을 통해 학생들이 평생 갖고 있을 가치가 있는 의미를 구성할 수 있도록 해야 한다. 교사는 자신의 수업을 통해 학생들이 일관성 있는 수학 의미를 만들 수 있도록 지원해야 하며, 그러한 의미는 학생들의 후속 학습에 기초가 되어야 한다. 수학 교수 활동을 위한 교사들의 수학적 의미에 주목하는 것은 이러한 목표를 성취하는데 도움을 줄 것이다. 양질의 일관성 있는 의미를 갖는 것은 고품질 수업의 필수적인 측면이지만 그 중 하나일 뿐이다. 교사가 학생들에게 생산적인 수학적 의미를 전달하는데 다른 요소들도 작용한다.

» 교사가 의미를 갖고 있다. 교사가 이를 의식하고 있는가? 교사가 이를 학생들에게 전달하기 위해 노력하는가?

» 교사는 학생들이 현재 갖고 있는 의미를 자신이 바라는 의미로 변형하기 위한 기회를 제공하기

위해 활동과 문제에 대해 생각하는가?

» 교사는 자신이 말한 것으로부터 학생들이 구성한 의미에 관심을 갖고 학생들에게 그러한 관심을 전달하는가? 학생들의 의미에 주목하기 위해 노력하며 자신의 수업을 그에 맞게 조정하는가?

결론

이 장에서 나는 교사들의 수학 교수 활동을 위한 수학적 의미에 집중하는 것이 교사들의 수업 향상과 관련해 중요하고 잠재적으로 생산적이며, 나아가 학생들의 수학학습 향상에 필수적이라는 것을 원리와 사례를 통해 보여주었다. 또한 수학 교수 활동을 위한 교사들의 수학적 의미에 초점을 둔 문항을 설계하기 위한 방법을 제시하였다. 이 장에서는 연구와 평가 각각에 대한 결과를 서로를 위해 사용하기 보다는 이 둘을 밀접하게 연결할 수 있는 방법에 대해 논의하고자 한다.

연구의 맥락과 자원이 되는 평가

MMTsm을 개발하며, 우리는 종종 선행 연구가 교사들의 응답을 해석하거나 문항을 설계하는데 부적절하다는 것을 발견하였다. 예를 들어, 교사의 함수 의미를 조사하기 위한 문항을 설계하는데 있어, 우리는 선행연구에서 조사된 것 보다 교사들이 함수 표기법에 대해 갖는 의미가 훨씬 복잡하다는 것을 알게 되었다(Musgrave & Thompson, in press; Yoon, Hatfield, & Thompson, in press). 이는 함수 표기법이 교사들의 의미에서 우리가 주목해야 하는 하나의 영역이 되었다는 것을 보여주며, 나아가 역동적인 상황을 모델링하기 위한 도구로 함수를 사용하기 위해 학생과 교사에게 필요한 개념적 조건들에 대한 이해를 확장시켜 주었다. 우리는 이러한 발전이 학생과 교사의 함수를 이해하기 위한 연구에 새로운 방향성을 제시할 것으로 예상한다.

또한, 교사들의 의미를 측정하기 위한 문항을 개발하는데 주목하는 것은 선행 연구에서 그동안 밝혀낸 교사와 학생의 사고에 대한 문제점들에 대해 다루어야 할 것이기 때문에, 선행 연구의 빈틈을 드러낼 것이다. 이러한 일이 발생했을 때, 연구자는 검사 도구 설계를 위한 전반적인 스킴 안에서 이 문제를 다루는 동시에, 자신 혹은 다른 연구자들의 향후 연구의 방향성을 제시할 수 있을 것이다. 마지막으로, 우리는 현재 MMTsm 국내외 비교 연구를 위해 제안서를 계획하고 있다. 이는 국가들 간의 말 달리기 시합을 위해서가 아니다. 이를 통해 우리는 교사들의 교수 활동을 위한 수학적 의미의 차이가 국가들 간의 수학교육 성취도 차이를 부분적으로 설명해 줄 수 있는지를 조사하고자 한다.

평가의 자원이 되는 연구

학생과 교사의 수학 사고에 대한 연구는 종종 평가에서 다룰 내용 영역을 결정하고 그 안에 포함될 문항을 결정하는데 영감을 준다. 그러나 향후 특히 질적 연구를 기반으로 하는 평가에 도움을 주기 위해 수학적 사고 연구에 영향을 미칠 수 있는 또 다른 중요한 방법은 다음과 같다. 연구자는 학생 혹은 교사의 수학적 사고에 대한 질적 연구를 하며, 개인의 관점에서는 왜 합리적인지를 설명해 줄 수 있는 개인의 이해, 의미, 사고방식들을 가리키는 개인의 사고의 미묘한 차이에 주목하게 된다. 만약 연구자들이 이미 널리 목격된 현상을 설명할 수 있는 가능성으로서 앞서 제시한 방법들을 보급하는 것을 생각한다면, 그들은 평가의 초점을 찾기 시작한 것이다. 나아가 면담 외의 상황에서도 주어질 수 있도록 과제를 미세하게 조정하고, 응답들이 연구자의 초점에 따라 채점될 수 있다면, 그들은 검사 문항 초안을 갖게 된다.

공통 측정을 위한 노력

이 장을 집필하면서, MMTsm과 나는 교사들의 교수를 위한 수학 의미에 초점을 둔 예로써 어떤 문항들을 넣어야 할지 고민하였다. 우리는 실제 MMTsm을 넣는 것을 주저했었는데, 이는 단순히 우리가 제작한 문항과 채점기준을 이를 지원한 국립 과학 재단에 분할 상환해야 한다면, 각 문항과 그에 상응하는 채점기준의 가격이, 평균 35,000 달러가 넘기 때문이다. 이 문항들을 만드는 것은 쉽지 않다. 우리 연구에서 폐기된 문항을 사용했어도, 이 장의 목적을 달성했을 것이다. 우리는 세 가지 이유에서 내가 이 장에서 실제 문항들을 사용하고 이들에 대한 데이터를 넣어야 한다고 판단했다. 첫 번째 이유는 분석 결과를 공유한 대부분의 사람들이 우리의 연구에 대해 진심으로 놀랐기 때문이다- 그들은 대체로 문제가 없을 것이라고 생각한 수학적 의미에 대해 교사들이 어려워 할 것이라고 생각하지 못했다. 그동안 간과된 문제의 깊이를 수학교육 공동체가 알게 하는 것이 중요하다고 생각했다. 두 번째 이유는 다른 연구자들이 그들의 연구에서 여기서 제시한 문항들 혹은 MMTsm 검사 도구 전체를 사용할 것으로 권장하기 위해서다. 연구 결과가 비교 가능하기 위한 유일한 방법은 공통 측정을 사용하는 것이고, 공통 측정을 사용하는 것은 측정된 공통 개념의 발전을 지원한다. 실제 문항들과 데이터를 넣은 세 번째 이유는 이들이 폐기된 문항들 보다 더 낫고, 우리를 통해 다른 연구자들이 영감을 받고 더 좋은 문항을 개발할 수 있도록 가장 좋은 문항을 공유하고 싶었기 때문이다.

➲ NOTE

1. 이 장에서 보고한 연구는 국립 과학 재단(NSF) Grant No. MSP-1050595에 지원을 받아 수행되었다. 본고에서 제시한 어떠한 권고와 결론도 NSF의 공식적인 의견을 반영하지 않는다.
2. 본고 초안에 사료 깊은 의견과 제안을 해준 John Mason, David Kirshner, Lyn English, Mark Wilson, Karen Draney, Cameron Byerley에 감사한다.
3. 이는 또한 교사가 "동등함이 보존되는 변형"에 대한 의미가 풍부하다는 것을 보여준다.
4. MMTsm의 구성원은 Stacy Musgrave, Ioanna Mamona, Cameron Byerley, Neil Hatfield, Hyunkyon Yoon, Surani Joshua, Ben Whitmire, Mark Wilson, Karen Draney, Perman Gochyyev, Diah Wihardini, Dong Hoon Lee, JinHo Kim이다.
5. MMTsm은 변동과 공변, 함수(정의, 표기, 모델링), 기준 프레임, 규모, 비례, 변화율, 구조의 영역에 대한 교사들의 수학 의미를 평가한다.
6. 방법론에 대한 일반적인 문제점은 이후 논의할 것이다. 한 가지 이슈는 "초점"에 대한 것이다. 교사들의 응답은 그들의 사고에 대해 종종 문항이 의도한 것 외의 상당히 많은 것을 알려준다. 특정한 문항에 대한 교사들의 응답들 중 무시할 것을 결정하는 것은 그들의 응답에서 무엇을 찾아야 하는 것인지를 결정하는 것만큼 중요하다.
7. 내가 "전달하다(Convey)"를 사용하는 방법은 "전송하다(Transmit)"와 다르다. 교사가 학생에게 전달하는 의미는 교사가 의미했던 것이 무엇인지를 이해하려고 시도하는 과정에서 학생이 구성하는 의미를 말한다.
8. 이는 정확하게 일본 교육국(2008)에서 출간한 5학년 수학 교과서에 제시된 나눗셈의 의미이다.
9. 그래프 $y=3x+2$는 극 좌표계 또는 log-log 좌표계에 그려도 기울기가 일정하게 3이다.
10. 물리적인 측정이 가능하도록 실제 문항에서 그래프는 훨씬 컸다.
11. 이 예는 Les Steffe를 통해 알게 된 것임을 밝힌다.
12. 의미가 구조를 지니기 때문에 집합(set) 대신에 공간(space)이라는 용어를 사용한다. 행동은 이후 행동의 조건을 만들어가며 다른 행동을 암시한다. 개인의 의미 공간은 그 개인의 현실에서 구조를 구성하는 행동, 심상, 스킴 간의 상호 연결된 구조로부터 발생한다.
13. 피아제의 **스킴**(scheme) 정의 중 하나는 "[스킴이] 내부적인 요소들이 상호 암시하는 [행동과 조작]의 총체로 이루어졌다."(Piaget, 1952, p. 405)
14. 이 장의 한 검토자는 우리가 [표 18.12]에 보인 수준 3이 최고 수준으로 고려되어야 한다고 하였다. 나는 그 의견에 정중하게 반대한다. 4수준에서와 같이 묘사한 방정식에서의 변수에 대한 의미를 갖는 학생들과 교사들이 함수, 그래프, 방정식, 방정식의 해들 간의 더 높은 일관성을 보였다. 사실상 그들은 방정식의 해의 집합 S를 D가 함수의 정의역이고 c가 함수의 심상인 $S=\{x\in D|f(x)=c\}$라는 것을 볼 것이다. 그 명제가 참이기 위한 D에서의 x의 값들을 생각하기 위해 여기서 연속 변동의 의미가 묘사한 D에서의 모든 x의 값들을 가능성으로

상상할 수 있다.

15. 예컨대, 몇몇의 교사들은 "x"가 문자이기 때문에 변수이고 구체적인 숫자로 표현되는 수만 상수라고 하였다.

16. 이 문항은 MMTsm 평가 문항의 일부가 아니다.

17. $2x + 20 = 112$의 해는 46이다.

참고문헌

Arnon, I., Cottril, J., Dubinsky, E., Oktac, A., Fuentes, S.R., Trigueros, M., & Weller, K. (2014). *APOS Theory: A framework for research and curriculum development in mathematics education*. New York: Springer.

Bridgman, P.W. (1955). *Reflections of a physicist* (Kindle ed.). Retrieved from Amazon.com.

Bringuier, J.C. (1980). *Conversations with Jean Piaget*. Chicago: University of Chicago Press.

Brown, A.L. (1992). Design experiments: Theoretical and methodological challenges in creating complex interventions in classroom settings. *Journal of the Learning Sciences, 2*, 141–178. Retrieved from www.jstor.org/stable/1466837. doi:10.2307/1466837

Carlson, M.P., Jacobs, S., Coe, E., Larsen, S., & Hsu, E. (2002). Applying covariational reasoning while modeling dynamic events: A framework and a study. *Journal for Research in Mathematics Education, 33*, 352–378.

Carlson, M.P., Oehrtman, M.C., & Engelke, N. (2010). The precalculus concept assessment (PCA) instrument: A tool for assessing students' reasoning patterns and understandings. *Cognition and Instruction, 28*, 113–145.

Carpenter, T.P., Coburn, T.G., Reys, R.E., & Wilson, J.W. (1976). Notes from National Assessment: Addition and multiplication with fractions. *The Arithmetic Teacher, 23*, 137–142. Retrieved from www.jstor.org/stable/41191386. doi:10.2307/41191386

Castillo-Garsow, C.C. (2010). *Teaching the Verhulst model: A teaching experiment in covariational reasoning and exponential growth*. Ph.D. dissertation, Arizona State University, Tempe, AZ. Retrieved from http://pat-thompson.net/PDFversions/Theses/2010CastilloGarsow.pdf.

Charalambous, C.Y., & Hill, H.C. (2012). Teacher knowledge, curriculum materials, and quality of instruction: Unpacking a complex relationship. *Journal of Curriculum Studies, 44*, 443–466.

Chazan, D. (1993). F(x)=G(x)?: An approach to modeling with algebra. *For the Learning of Mathematics, 13*, 22–26.

Cobb, P., Confrey, J., diSessa, A., Lehrer, R., & Schauble, L. (2003). Design experiments in educational research. *Educational Researcher, 32*, 9–13.

Confrey, J. (1992). Using computers to promote students' inventions on the function concept. In S. Malcom, L. Roberts, & K. Sheingold (Eds.), *This year in school science 1991* (pp. 141–174). Washington, DC: AAAS.

Confrey, J. (1994). Splitting, similarity, and rate of change: A new approach to multiplication and exponential functions. In G. Harel & J. Confrey (Eds.), *The development of multiplicative reasoning in the learning of mathematics* (pp. 293–330). Albany: State University of New York Press.

Confrey, J., & Smith, E. (1995). Splitting, covariation and their role in the development of exponential function. *Journal for Research in Mathematics Education, 26*, 66–86.

Dewey, J. (1910). *How we think*. Boston: D. C. Heath.

Dubinsky, E., & McDonald, M.A. (2001). APOS: A constructivist theory of learning in undergrad mathematics education research. *New ICME Studies Series, 7*, 275–282.

Glasersfeld, E. v. (1978). Radical constructivism and Piaget's concept of knowledge. In F.B. Murray (Ed.), *Impact of Piagetian Theory* (pp. 109–122). Baltimore, MD: University Park Press.

Glasersfeld, E. v. (1981). The concepts of adaptation and viability in a radical constructivist theory of knowledge. In I. Sigel & R.M. Golinkoff (Eds.), *Piagetian Theory and Research: New Directions and Research* (pp. 87–95). Hillsdale, NJ: Lawrence Erlbaum Associates.

Glasersfeld, E. v. (1985). Reconstructing the concept of knowledge. *Archives de Psychologie, 53*, 91–101.

Glasersfeld, E. v. (1992). Constructivism reconstructed: A reply to Suchting. *Science & Education, 1*, 379–384.

Harel, G. (2008). What is mathematics? A pedagogical answer to a philosophical question. In R. B. Gold & R. Simons (Eds.), *Current issues in the philosophy of mathematics from the perspective of mathematicians* (pp. 265–290). Washington, DC: Mathematical Association of America.

Harel, G. (2013). Intellectual need. In K. Leatham (Ed.), *Vital directions for research in mathematics education* (pp. 119–151). New York: Springer.

Hestenes, D., Wells, M., & Swackhamer, G. (1992). Force concept inventory. *The Physics Teacher, 30*, 141–158.

Hill, H.C. (2011). Measuring the mathematical quality of instruction. *Journal of Mathematics Teacher Education, 14*, 25–47.

Hill, H.C., Blunk, M.L., Charalambous, C.Y., Lewis, J.M., Phelps, G.C., Sleep, L., et al. (2008). Mathematical knowledge for teaching and the mathematical quality of instruction: An exploratory study. *Cognition and Instruction, 26*, 430–511.

Hill, H.C., & Charalambous, C.Y. (2012). Teacher knowledge, curriculum materials, and quality of instruction: Lessons learned and open issues. *Journal of Curriculum Studies, 44*, 559–576. doi:10.1080/00220272.2012.716978

Howe, K.R., & Berv, J. (2000). Constructing constructivism, epistemological and pedagogical. In D. C. Phillips (Ed.), *Constructivism in education: Opinions and second opinions on controversial issues*, Yearbook of the National Society for the Study of Education (pp. 19–40). Chicago: University of Chicago Press.

Izsák, A. (2012). Measuring mathematical knowledge for teaching fractions with drawn quantities. *Journal for Research in Mathematics Education, 43*, 391–427.

Japan Ministry of Education. (2008). *Japanese Mathematics Curriculum in the Course of Study* (A. Takahashi, T. Watanabe, & Y. Makoto, Trans.). Madison, WI: Global Education Resources.

Johnckheere, A., Mandelbrot, B.B., & Piaget, J. (1958). *La lecture de l'expérience [Observation and decoding of reality]*. Paris: P.U.F.

Kennedy, K.A., & Wilson, M.R. (2007). Using progress variables to map intellectual development. In R.W. Lissitz (Ed.), *Assessing and modeling cognitive development in schools: Intellectual growth and standard setting*. Maple Grove, MN: JAM Press.

Lobato, J., & Thanheiser, E. (2000). Using technology to promote and examine students' construction of ratio-as-measure. In *Proceedings of the 22nd annual meeting of the North American chapter of the International Group for the Psychology of Mathematics Education* (Vol. 2, pp. 371–377). Tucson, AZ: PME-NA.

Mason, J., & Spence, M. (1999). Beyond mere knowledge of mathematics: The importance of knowing-to act in the moment. *Educational Studies in Mathematics, 38*, 135–161. doi:10.1023/A:1003622804002

Monk, G.S. (1992). Students' understanding of a function given by a physical model. In G. Harel & E. Dubinsky (Eds.), *The concept of function: Aspects of epistemology and pedagogy* (pp. 175–194). Washington, DC: Mathematical Association of America.

Monk, S., & Nemirovsky, R. (1994). The case of Dan: Student construction of a functional situation through visual attributes. In E. Dubinsky, A.H. Schoenfeld, & J.J. Kaput (Eds.), *Research in Collegiate Mathematics Education, 1*, Issues in Mathematics Education (pp. 139–168). Providence, RI: American Mathematical Society.

Montangero, J., & Maurice-Naville, D. (1997). *Piaget or the advance of knowledge*. (A. Curnu-Wells, Trans.) Mahwah, NJ: Lawrence Erlbaum Associates.

Musgrave, S., & Thompson, P.W. (in press). Function notation as idiom. In P. Liljedahl & C.C. Nicol (Eds.), *Proceedings of the 38th Meeting of the International Group for the Psychology of Mathematics Education*. Vancouver, BC: PME.

Norton, A.H., & Wilkins, J.L.M. (2009). A quantitative analysis of children's splitting operations and fraction schemes. *Journal of Mathematical Behavior, 28*(2), 150–161.

Oehrtman, M.C., Carlson, M.P., & Thompson, P.W. (2008). Foundational reasoning abilities that promote coherence in students' understandings of function. In M.P. Carlson & C. Rasmussen (Eds.), *MAA Notes. Making the connection: Research and practice in undergraduate mathematics* (pp. 27–42). Washington, DC: Mathematical Association of America.

Phillips, D. C. (2000). An opinionated account of the constructivist landscape. In D. C. Phillips (Ed.), *Yearbook of the National Society for the Study of Education. Constructivism in education: Opinions and second opinions on controversial issues* (pp. 1–16). Chicago: University of Chicago Press.

Piaget, J. (1952). *The origins of intelligence in children.* New York: W.W. Norton.

Piaget, J. (1968). *Six psychological studies.* New York: Vintage Books.

Piaget, J. (2001). *Studies in reflecting abstraction.* (R.L. Campbell, Trans.) New York: Psychology Press.

Piaget, J., & Garcia, R. (1991). *Toward a logic of meanings.* Hillsdale, NJ: Lawrence Erlbaum Associates.

Piaget, J., & Garcia, R. (1991). *Toward a logic of meanings.* Hillsdale, NJ: Lawrence Erlbaum Associates.

Saldanha, L.A., & Thompson, P.W. (1998). Re-thinking co-variation from a quantitative perspective: Simultaneous continuous variation. In S.B. Berenson & W.N. Coulombe (Eds.), *Proceedings of the Annual Meeting of the Psychology of Mathematics Education—North America,* (Vol. 1, pp. 298–304). Raleigh, NC: North Carolina State University. Retrieved from http://pat-thompson.net/PDFversions/1998SimulConVar.pdf.

Savinainen, A., & Scott, P. (2002). The force concept inventory: a tool for monitoring student learning. *Physics Education, 37,* 45–52. doi:10.1088/0031-9120/37/1/306

Schilling, S.G., Blunk, M., & Hill, H.C. (2007). Test validation and the MKT measures: Generalizations and conclusions. *Measurement, 5,* 118–128. doi:10.1080/15366360701487146

Simon, M.A., & Blume, G.W. (1994). Mathematical modeling as a component of understanding ratio-as-measure: A study of prospective elementary teachers. *Journal of Mathematical Behavior, 13,* 183–197. doi:10.1016/0732-3123(94)90022-1

Steffe, L.P. (1991). The learning paradox. In L.P. Steffe (Ed.), *Epistemological foundations of mathematical experience* (pp. 26–44). New York: Springer-Verlag.

Strauss, A.L., & Corbin, J. (1998). Basics of qualitative research: Techniques and procedures for developing grounded theory (2nd ed.). Thousand Oaks, CA: Sage Publications.

Suchting, W.A. (1992). Constructivism deconstructed. *Science & Education, 1,* 223–254.

Thompson, A.G. (1992). Teachers' beliefs and conceptions: A synthesis of research. In D.A. Grouws (Ed.), *Handbook of research on mathematics teaching and learning* (pp. 127–146). New York: Macmillan.

Thompson, A.G., & Thompson, P.W. (1996). Talking about rates conceptually, Part II: Mathematical knowledge for teaching. *Journal for Research in Mathematics Education, 27,* 2–24.

Thompson, P.W. (1994a). The development of the concept of speed and its relationship to concepts of rate. In G. Harel & J. Confrey (Eds.), *The development of multiplicative reasoning in the learning of mathematics* (pp. 179–234). Albany: State University of New York Press.

Thompson, P.W. (1994b). Students, functions, and the undergraduate mathematics curriculum. In E. Dubinsky, A.H. Schoenfeld, & J.J. Kaput (Eds.), *Research in collegiate mathematics education: Vol. 1. Issues in Mathematics Education* (pp. 21–44). Providence, RI: American Mathematical Society.

Thompson, P.W. (2011). Quantitative reasoning and mathematical modeling. In L.L. Hatfield, S. Chamberlain, & S. Belbase (Eds.), *WISDOMe Monographs. New perspectives and directions for collaborative research in mathematics education* (pp. 33–57). Laramie: University of Wyoming.

Thompson, P.W. (2013). In the absence of meaning. In K. Leatham (Ed.), *Vital directions for research in mathematics education* (pp. 57–93). New York: Springer.

Thompson, P.W., Carlson, M.P., Byerley, C., & Hatfield, N. (2014). Schemes for thinking with magnitudes: A hypothesis about foundational reasoning abilities in algebra. In L.P. Steffe, L.L. Hatfield, & K.C. Moore (Eds.), *WISDOMe Monographs: Vol. 4. Epistemic algebra students: Emerging models of students' algebraic knowing* (pp. 1–24). Laramie: University of Wyoming.

Thompson, P.W., & Saldanha, L.A. (2003). Fractions and multiplicative reasoning. In J. Kilpatrick, G. Martin, & D. Schifter (Eds.), *Research companion to the Principles and Standards for School Mathematics* (pp. 95–114). Reston, VA: National Council of Teachers of Mathematics.

Thompson, P.W., & Thompson, A.G. (1994). Talking about rates conceptually, Part I: A teacher's struggle. *Journal for Research in Mathematics Education, 25*, 279–303.

Torbeyns, J., Schneider, M., Xin, Z., & Siegler, R.S. (2014). Bridging the gap: Fraction understanding is central to mathematics achievement in students from three different continents. *Learning and Instruction, 37*(1), 5–13. doi:10.1016/j.learninstruc.2014.03.002

Vinner, S., Hershkowitz, R., & Bruckheimer, M. (1981). Some cognitive factors as causes of mistakes in the addition of fractions. *Journal for Research in Mathematics Education, 12*, 70–76.

Wilson, M.R., & Sloane, K. (2000). From principles to practice: An embedded assessment system. *Applied Measurement in Education, 13*, 181–208.

Yoon, H., Hatfield, N., & Thompson, P.W. (in press). Teachers' meanings for function notation. In P. Liljedahl & C.C. Nicol (Eds.), *Proceedings of the 38th Meeting of the International Group for the Psychology of Mathematics Education*. Vancouver, BC: PME.

수학교육 연구에서 측정 과제 19

Rosemary Callingham
University of Tasmania

수학교육 연구는 심리학 분야에서 시작되어 지난 50여년 이상 다양한 분야로 발전해 왔다. 동시에 후속 세대를 위한 수학교육이 실패하고 있다는 국제 사회의 우려도 커지고 있다. 많은 서방 국가에서는 소수의 학생들만 높은 수준의 수학을 공부하고 있다. 더 많은 사람들이 수학을 교육하는 것을 직업으로 택하도록 하는(교사의 책무성 증가를 제한하는) 교육 시스템의 구조적 변화와 교육과정 개선, 더 나은 교육에 대한 요청들이 있다. Schoenfeld(2008, p. 513)는 수학교육은 두 가지 측면에서 어려움에 직면해 있다고 주장하였다. 수학교육 분야 내부적으로는 새로운 이론과 방법론이 확장되고 채택됨에 따라, 연구 수행을 위해서 최상의 기준을 개발 및 부과하는 것이 필수적이다. 올바르고 신뢰할 수 있는 정보에 대한 외부 요구를 충족시키기 위해, 사용된 연구방법들은 "주장에 대한 확실한 근거를 제공할 수 있는 증거들을 수집해야 한다." 이러한 요구들은 엄격하고, 방법론적으로 타당한 연구의 설계와 정책 입안자, 교육과정 및 교재 개발자, 교사, 학부모 및 학생을 포함한 관련 당사자들의 매우 다양한 기대치를 충족시킬 수 있는 정보를 제공하는 수학교육 연구에 중요한 과제를 야기한다.

이러한 문제의 핵심은 측정(measurement) 개념에 있다. 예를 들어, 우리는 선택한 방법론과는 무관하게 수학 성취도, 수학에 대한 신념 및 태도, 우수 수업 사례, 교육과정 자료와 같이 의도한 구인에 대한 자료를 진실되게 수집하고 있을까?(또는 우리는 실제로는 다른 기본적인 특성이나 특징을 다루는 것이 아닐까?) 이것과 관련된 문제는 연구팀의 관점 또는 신념이 교육 활동, 연구 설계, 분석에 있어서 특정 접근법에 특권을 주는 방법에 대한 우려이다. 이러한 문제는 연구 문제, 연구 설계, 자료 수집 및 분석에 영향을 끼치며, 연구 자체의 핵심에 영향을 주기 때문에 수집된 데이터의 다양한 해석을 넘어서는 근본적인 방식으로 연구 결과를 왜곡할 가능성이 있다. 수학적 구인(mathematical constructs)의 측정에 대한 이러한 문제는 연구가 질적인지, 양적인지, 규모가 대규모인지 소규모인지, 연구비 지원이 있는지 없는지, 의무적인 연구인지 아닌지에 관계없이 존재한다.

이 시점에서 "측정하다(measure)"의 의미에 대해 고려할 필요가 있다. 몇몇 온라인 및 사전에서는 동사로서 이 단어의 두 가지 명확한 의미가 제시되어 있는데, 표준 단위로 어떤 형태의 도구를 사용하여 무언가의 **양**을 결정한다와 정해진 기준으로 평가함으로써 어떤 것의 **질**을 확인한다고 되어 있다. 따라서 측정은 연구의 양적, 질적 접근 방법을 모두 아우른다. 비록 두 가지 패러다임 사이에 차이가 없는 것을 아니지만, 수학교육에 대한 지식 기반의 향상이라는 동일한 목적을 달성하기 위하여 서로 다른 접근법을 사용하는 것으로 본질적으로는 동일한 노력이라고 볼 수 있다.

그러나 질적/양적 구분은 여전히 일부 연구자의 마음속에 존재하고, 특히, 수학교육 연구 수요자의 관점에 존재하는 것이다. 두 진형의 연구자들은 종종 좋은 연구에 대한 일반적인 규준에 따르지 않았기 때문에 연구비를 지원받지 못했거나 논문이 출판되지 못했다고 생각할 수 있다. 실용주의자들은 두 가지 방법론의 장점을 모두 다룰 수 있다고 주장하면서 "혼합 방식"의 접근법을 채택할 수도 있다. 그러나 그러한 견해는 특정한 상황에 대한 고려와 선행 연구의 검토에서 비롯된 연구 문제가 그러한 방법에 대한 결정 요인이 되어야 한다는 요점을 놓친 것일 수 있다. 연구의 목표 구인이 명확하게 정의되지 않고 연구가 깊이 있게 개념화되지 않는 한, 어떤 접근법을 취할지는 중요하지 않다. 그러한 상황에서 양 또는 질에 대한 측정치는 신뢰할 수 없을 것이며, 궁극적으로는 그 연구를 신뢰할 수 없을 것이다.

이 시점에서 **수학교육 연구**가 의미하는 바를 고려하는 것이 의미가 있을 것이다. Niss(1999)는 그것을 "모든 교육 수준에서 수학 교수 학습에 실제로 또는 잠재적으로 포함되어 있는 현상과 과정을 인식하고, 특성을 파악하고, 이해하는 것을 목표로 하는 과학적이고 전문적인 연구 및 개발 분야"(p. 5)로 정의하였다. Mason(2002)은 **학문적 노티싱**(disciplined noticing)이라는 용어를 사용했다. 이 용어는 오직 수학과 관련이 있는데, 비록 일반적으로 더 방대한 분야의 교육 연구와 연결되어 있지만, 그것은 특정 영역에 대한 것이다(Seldon, 2002). 이것은 개인, 교실, 시스템, 또는 국가에 대한 연구를 포함한다. 폭 넓은 범위의 이론과 관점을 포괄할 수 있는 광범위한 영역으로, 필요에 따라 심리학 및 사회 과학을 활용한다.

그러나 이러한 광범위한 연구의 폭이 중요한 도전 과제를 제기한다. 어떤 사람들은 수학교육 연구가 1마일 너비이지만 깊이는 1인치라고 생각할 수 있다. 다른 사람들은 그것이 수학의 실제 및 교수-학습으로부터 분리된 상아탑 안에 있다고 생각할 수도 있다. 그러한 견해는 특히 잘 기록된 "수학 전쟁"(예, Klein, 2007, Schoenfeld, 2004)처럼 수학자와 수학교육자 간의 내부적 분쟁에 의해 악화되었다. **교육**이라는 용어 자체는 수학교육 연구에 대한 인식에 영향을 줄 수 있다. 교육 연구의 가치와 성격은 오랫동안 주목 받아 왔다. 예를 들어, Burkhardt와 Schoenfeld(2003)가 말하기로 "교육 연구는 매우 영향력이 있지도, 유용하지도, 연구비 지원이 많지도 않다"(p. 3), 그리고 교육 연구는 의미 있는 방법으로 연구와 실제가 보다 가까워질 수 있도록 중요한 재정비가 필요하다고 주장했다. 그들의 제안들 중에는 연구방법 및 도구에 대한 더 확고한 일관성과 표준화가 수반된 "논리적으로 견고한 이론적 기반"(p. 10)에 대한 요구가 있었다. 수학교육의 현재 상황을 감안할 때, 이 분야는 여전히 다루어야 할 영역이 많다.

Schoenfeld(2008, p. 487)는 수학교육 연구의 질적 판단을 위한 몇 가지 기준을 제안했다.

» Descriptive power(기술력)
» Explanatory power(설명력)
» Scope(범위)
» Predictive power(예측력)
» Rigor and specificity(엄격함 및 특수성)
» Falsifiability(반증가능성)
» Replicability, generality, and trustworthiness(복제가능성, 일반화, 신뢰도)
» Multiple sources of evidence (triangulation) (증거의 다양한 출처, 삼각검증)

이러한 기준은 발표된 연구가 집계될 수 있는 틀을 제공하며, 그 연구의 질 또는 가치를 결정하는 데 도움이 될 수 있다. 이러한 기준은 연구에 대한 특정 접근 방식을 선호하지 않으며 질적 및 양적 접근법을 모두 허용하고 "효과" 또는 "최고의 관행"과 같은 공통된 가치 판단을 피한다.

이 장의 구조는 다음과 같다. 먼저, 토론을 위한 몇 가지 맥락을 제공하기 위하여 수학교육 연구 전통을 간략히 검토한다. 그 후 다양한 연구 접근법에 의해 특화된 지식의 형태와 연구자들의 견해와 신념을 살펴볼 것이며, 그 다음에는 그러한 이슈가 측정되고 측정 가능한 것에 미치는 영향에 대한 검토를 할 것이다. 마지막으로 Schoenfeld(2008)의 기준을 양질의 수학교육 연구에 대한 사례 연구로서 3개의 연구에 적용해 볼 것이다.

수학교육 연구 전통

수학 교수와 학습(수학교육)에 대한 초기 연구는 주로 심리학 분야에서 비롯되었으며 그 분야와 관련된 연구방법과 접근법을 사용하였다. 예를 들어, Richard Skemp(1971)의 연구는 선구적이었고, PME(Psychology of Mathematics Education) 조직의 설립으로 이어졌다. 그의 연구들은 가설을 바탕으로 한 소규모 연구였고, 실험 또는 준실험 설계를 사용했다. 네트워크와 관련하여 Skemp(1971, pp. 47-50)가 설명한 Bell의 연구를 검토해보자. 여기서 가설은 이해를 통한 학습이 보다 큰 전이성으로 이어진다는 것이다. 간단히 말해 한붓그리기(traversability of networks)에 대한 오일러의 규칙을 원리에 대한 설명을 통해 학습한 11세 그룹의 학생들(12 명)은 새로운 네트워크와 관련된 내용에서 다른 두 그룹과 비교해 월등히 뛰어났다. 두 그룹 중 하나는 규칙만을 가르쳤고, 또 다른 그룹(세 번째 그룹)은 규칙을 전혀 가르치지 않았다. 흥미로운 점은 규칙을 가르친 두 그룹의 학생들이 첫 번째 네트워크 문제 영역에서는 동일한 성과를 보였다는 점이다. 더 복잡한 네트워크를 포함하는 새로운 상황에서, 이해를 통해 학습한 그룹이 월등히 뛰어났다. 이 연구는 초기 수학교육 연구를 대표한다. 사실 그러한 연구들은 서구의 심리학 전통을 바탕으로 한 실험 스타일의 연구였다.

스위스의 심리학자인 Jean Piaget의 연구는 교육 연구자들의 아동의 인지 발달에 대한 사고 방식을 바꾸었다. 그의 발달 단계에 대한 개념은 대부분이 수학적 개념에 기반을 두어 신중하게 설계된 과제를 완료한 아이들과의 일대일 임상 인터뷰에 기반을 두었다(예, Piaget, 1941/1952, Piaget & Inhelder, 1947/1956). 그는 아동의 이해력이 발달함에 따라 고정된 순서를 통해 아동이 발달한다고 주장하며, 위계 구조를 개발하기 위하여 질문에 대한 아동의 응답의 질을 고려했다. 비록 오늘날 피아제의 방법 중 일부는 의문이 제기되고 인지 발달에 대한 고정 단계 접근법은 보다 복잡한 이론으로 대체되어 왔지만, 그의 연구는 교육 연구 분야에 큰 영향을 끼쳤다.

비슷한 방식으로 심리학 배경에서 왔지만 다른 전통 안에서 Krutetskii(1976)의 연구는 "여러 세대의 연구자들에게 영향을 주었다"(Mason & Johnston-Wilder, 2004, p. 119). 피아제와 마찬가지로 그는 기술된 임상 인터뷰 기술을 사용했는데, Presmeg(2014)은 이것을 "질적 연구 방법론의 선구자"(p. 9)로 기술했다. Krutetskii는 수학 영재로 판명된 학생들이 사용하는 문제해결에 대한 접근법이나 통찰력을 설명하였고, 수학 문제를 정확하고 "우아하게" 해결한 개인을 묘사하기 위해 **수학적 기질**(a mathematical cast of mind)이라는 용어를 사용하기 시작했다. 그는 수학 영재들이 무엇을 알고 있는지 뿐만 아니라 문제를 해결하기 위하여 그러한 지식을 어떻게 사용하는지에도 관심이 있었다.

대조적으로, 수학 성취 또는 수행을 다루는 연구는 종종 심리측정 전통에 기반을 둔다. 수학에 대한 필기시험은 1830년 이래로 사용되어 왔으며, 20세기 초반부터는 공개 시험이 일반적이었다. 이런 접근법이 공평하다는 믿음에서 이 유형을 지지하는 연구들은 표준화(시험은 모든 학생들에게 동일한 조건 하에서 실시된다)를 위한 추진력이 되었다. 종종 미국 심리학 협회(American Psychological Association) 또는 이와 유사한 조직에 의해 주도된 이 논리적 실증주의 연구의 전통은 일반적으로 통계적으로 정의된 타당성과 신뢰성을 강조한다(Cherryholmes, 1988). 이러한 활동으로부터 생성된 데이터는 연구자들이 수학적 성취에 영향을 주는 사회 경제적 지위와 같은 요인들을 설정하고 토착적 지위, 관할 구역, 또는 성별과 같은 여러 그룹의 성취도를 비교하는 데 사용되었다. 특히 국내 또는 국제 조사를 통해 수학적 성취를 측정하는 활동이 수학교육 연구로 항상 인정받는 것은 아니지만, 그 결과는 널리 사용되고 많은 경우 공개되며 종종 정책 개발의 기초로 사용된다.

수학교육 연구는 사회 과학 연구와 더불어, 더 광범위하게 다른 전통을 이끌기 시작했다. 연구자가 행동을 묘사하고 설명하는 것을 목표로 하는 해석 연구(interpretive studies)는 현재는 흔하다. 수학 또는 다른 과목에 대한 학습은 교육 기관 및 학교에서 성문화된 사회적 관행의 일부로 간주된다(Eisenhart, 1988). Bishop(1985)은 "사회적 구성" 프레임을 갖는 것으로써 교실 상호작용에 초점을 맞춘 연구를 언급했다. 포스트모던적 접근법은 사회 제도 내의 권력 문제를 고려한다(Goldin, 2003). 많은 다른 것들도 설명될 수 있다.

핵심은 현재 수학교육 연구자가 사용할 수 있는 광범위한 이론, 방법, 프레임워 및 기법이 있다는 것이다. 이러한 다양한 접근 방식은 다양한 철학적 관점에서 비롯되었으며(Bredo, 2012), 다양한 인식론적 전통에 기반을 둔다(Kelly, 2012). 교육 연구 공동체 자체는 나뉘어져 있고, 공통이 되는 기반을 찾을 수가 없다. 어떤 특정 연구의 질을 테스트하기 위하여 합의된 기준을 찾기가 어렵다는 것은 이미 입증되었다. 때로는 경쟁적인 요구로 인해 일부 연구자(특히 현장에서 경험이 없는 사람들이)는 연구 방법에 대한 합리적인 근거를 개발하기 보다는 일부 데이터를 수집한 후에 이론적인 접근 방식을 "낚시하는"상황도 만들어졌다. 수학교육 연구자들은 그러한 문제로부터 자유롭지 못하다.

수학교육 분야는 광범위하게 보다 더 사회학적인 특징을 취함에 따라, 연구 전통에 있어서 문화적 차이가 나타나게 되었다. 예를 들어, Sririman과 Törner(2008)는 유럽 내에서 수학교육 연구 전통 간의 불일치를 기술했다. 그들은 이것이 "수학 교수법"(mathematics didactics)에 대한 다양한 접근 방식 때문에 발생한다고 제안하였다. Tsatsaroni, Lerman, Xu(2003)는 21세기 초반에 수학교육에 사용된 이론들을 자세히 살펴보았다. 대부분의 연구는 명시적 이론을 사용했고 또한 경험주의를 지향했지만, 이론의 본질은 시간이 지남에 따라 변한다는 것을 발견했다. 심리학 및 수학적 연구를 향한 성향이 줄어든 반면, 다양한 사회문화적 이론에 기반한 연구는 증가하였다. 보다 최근 것으로 이론보다는 방법론을 분석한 Ross와 Onwuegbuzie(2014)에 의하면, 2006년에서 2010년 사이에 혼합연구 설계를 사용하여 Journal for Research in Mathematics Education에 출판된 논문의 수가 증가하였고, 혼합연구 설계에서 사용된 정량적 접근은 복잡성 척도에서 하위 수준에 있었다. 출판된 논문에 대한 이러한 메타 분석은 광범위한 이론으로 뒷받침되는 질적 연구 설계를 보다 더 사용하는 추세를 나타내는 것으로 보인다.

Lerman(2010)은 이론의 확산과 그에 따른 방법론은 피할 수 없으며, "그러한 이론이 어떻게 사용되는지에 대해 우려할 필요가 있다"(p. 107)고 경고했다. 예를 들어, "직접 교수"(잘 짜여지고 구조화된 교수 과정을 사용하여 교실에서의 모든 대화를 제어하는 교사의 관행)가 종종 학생들이 수학에 대한 자신의 이해를 스스로 구성하도록 하는 활동을 제공하는 "개혁" 접근법으로 불리는 교수법보다 더 효과적임을 나타내는 상당한 수의 연구 결과가 있다(예, Becker, 1992; Wilson, Andrew, & Below, 2006). 직접 교수 접근법에 반대하는 사람들은 이 접근법을 통해 가르친 학생들은 수학적 절차만을 사용하게 되고, 깊이 연결된 수학 지식을 개발하지 못한다고 주장한다(예, Boaler, 2002; Brown, Askew, Hodgen, Rhodes, & Wiliam, 2003). 이 두 견해는 수학 교수와 학습에 대해 근본적으로 다른 철학에 기반을 두고 있다(Ewing, 2011). 그러한 견해가 어떻게 다른지 이해하거나 인지하지 못하면 연구 결과를 잘못 해석할 수 있으며 연구의 한계를 인식하지 못할 수도 있다. 이러한 고려 사항은 연구자가 지식의 한 가지 형태에만 특권을 주는 것에 대해 질문을 제기한다. 다음 절에서는 이 개념을 보다 명확하게 다루겠다.

(수학교육) 지식의 특화된 유형

연구자들의 수학(그것의 교수와 학습)에 대한 이해는 필연적으로 그들의 연구의 본질과 범위에 영향을 미친다. 또한, 정치적 현실 밖에 존재하는 연구는 거의 없기 때문에 연구비 지원이 특정 접근법과 관련될 수도 있다. 이러한 요인들은 의식적으로 또는 무의식적으로 특정 연구 프로젝트의 설계 및 수행에 영향을 줄 수 있다. 이 절에서는 그러한 영향의 효과와 결과적으로 연구자들이 겪게 될 어려움에 대해서 자세히 살펴보겠다.

어떤 연구의 주제에 대해서 완벽하게 객관적이기는 어렵고, 아마도 불가능할 것이다. 특정 연구에 참여하기로 결정하는 행위 자체가 개인의 관심, 배경 및 성향의 결과이며 훈련과 지역적 맥락에 의해 영향을 받는다. 맥락은 교육 환경 내에서 수행되는 모든 연구에서 중요한 역할을 한다. 맥락은 두 가지 방법으로 연구에 영향을 줄 수 있다. 첫 번째는 연구가 수행되는 실질적인 사회적 맥락이다. 두 번째는 연구 수행에 영향을 미치는 연구자 맥락이다. 명확하게 하기 위해 첫 번째를 "환경적"(environmental) 맥락이라고 하고 두 번째를 "도구적"(instrumental) 맥락이라고 하겠다.

환경적 맥락은 본질적으로 모든 연구의 일반화 가능성을 저해할 수 있다. 심지어 동일한 학교 내에서도 어떤 두 개의 교육적 상황/맥락이 동일하지 않다. 실제로 Lietz(2009)는 국제 학생 평가 프로그램(Programme for International Student Assessment), PISA(www. oecd.org/pisa) 데이터를 통해 호주, 캐나다 및 영국을 포함한 많은 서구 국가에서 학생 성취도 차이의 약 20%는 학교 간에 발견되었고, 약 80%가 학교 내 학생 간의 차이로 기인한 것이라고 보고하였다. 즉 학교 내 차이가 학교 간 차이보다 더 컸다. 예외적으로 핀란드는 학교 간에 5%의 차이가 발생했고, 이와 대조적으로 독일은 학교 간에 52%의 차이가 발생했다. 이러한 결과는 참여 학교 내에서의 환경적 맥락(교육 시스템의 조직, 교수 접근 방식, 교육적 가치)이 학생의 성취도에 영향을 미친다는 것을 나타낸다. 이 점은 문화 전반에 걸친, 특히, 동아시아와 서양 국가 간의 환경적 맥락을 탐구하는 수많은 비교 연구의 주제였다. 예를 들어, 한국, 상하이, 홍콩 출신의 동아시아 학생들은 수학 시험에서 높은 점수를 받는 경향이 있으며, 문화적 가치(Leung, 2005a; Li, 2004), 교사 지식(Leung, 2005b; Ma, 1999), 학교 교육 기대(Wardlaw, 2006), 언어(Callingham, 2013)를 포함한 많은 요인들이 학생들의 성취도에 영향을 미칠 가능성이 있는 것으로 확인되었다. 국제적 수준, 국가적 수준, 지역적 수준의 모든 수준에서 맥락적인 영향이 있으며 분석 단위를 선택하는 수학교육 연구자들은 이러한 잠재적 영향들을 염두에 두어야 한다. 여러 요인과 국가, 지역, 학교 간에 그리고 그들 내에서 광범위한 차이는 환경적 맥락이 일반화 가능성과 반복(복제) 가능성을 위협할 가능성이 있음을 나타낸다. 그러나 수학교육 연구자들은 여전히 연구를 엄격하게 수행할 책임이 있다. 다양한 환경적 맥락이 인식되고 인정되어야 하며, 연구의 결과는 환경적 맥락의 영향에 비추어 해석되어야 한다. 그러한 어려움은 일반화 가능성의 주장에 약간의 한계를 만들기는 하지만 반드시 어떤 한 연구의 타당성을 부정하는 것은 아니다.

"일터 수학"(workplace mathematics) 또는 "일상 수학"(everyday mathematics)으로 특징지어질 수 있는 분야를 예로 들어 보자. Carraher, Carraher, Schliemann(1985)은 브라질 젊은이들의 계산 기술에 관한 연구를 수행했고, 이는 여러 가지 면에서 그 분야에서 중요한 연구였다. 그들은 연구자가 고객으로 가장하여 젊은 사람들에게 물건을 구입하는 참여자 관찰을 포함하여 연구 대상자들이 거리의 물건 판매 상황에서 비공식적으로 해결하였던 것을 토대로 수학 문제해결을 시도하게 하는 공식적인 임상 인터뷰(공식적 검사)를 접목한 연구 접근법을 사용하였다. 그들은 참여한 젊은이들이 비형식인 상황인 시장이라는 맥락에서 그리고 문장제 문제를 구두로 제시하는 상황에서 문제를 풀 때, 이런 맥락에 내재된 동일한 수학을 이런 맥락없이 풀 때 보다 더 잘 해결한다는 것을 발견하였다. Clements(2004, p. 186)는 이 연구가 "특히 '문화'에 몰입해 있는 사람들의 독특한 계산 기술에 대한… 수많은 후속 연구의 선구자"라고 지적하였다. 이런 유형의 연구들은 여전히 수행되고 있다.

이 분야가 발전함에 따라 보다 비판적인 태도가 취해졌다. 예를 들어, Mary Harris(1997)는 여성이 주류인 섬유 분야에서 수학의 복잡성을 지적했고, 만약 섬유 직종에 종사하는 여성들의 수학적 능력이 공식적으로 인정된다면, 여성들은 잠재적으로 더 나은 직장을 얻을 수 있을 것이라고 제안했다. Hoyles와 그녀의 동료들(Hoyles, Noss, Kent, & Bakker, 2010)은 도구의 유용한 사용과 도구 사용의 보장에 대한 연구의 협력적인 측면들을 강조하면서 직업교육 개선을 위하여 테크놀로지 기반 도구를 개발하는 **경계 객체**(boundary objects)의 개념을 사용하였다. 후자의 두 연구에서는 풍부한 설명을 제공하기 위하여 주로 질적 접근법이 사용되었다. 그 연구들은 자체가 그들의 연구 맥락에 한정되어 있었다.

문화적 수학(cultural mathematics)은 다른 방법으로도 발전하였다. Bishop(1988)은 수학이 문화적 현상이지만 그럼에도 불구하고 공통된 맥락이 있다는 것을 주장하기 위해서 많은 다양한 연구들을 모았다. 계산과 수 체계(예, Owens, 2001에서 인용된 Lean의 연구)를 포함해서 수학에 대한 많은 문화적 연구가 있었다. "민속수학(ethnomathematics)"(D'Ambrosio, 1985)의 분야는 특정 사회의 필요에 따라 다양한 문화가 다양한 수학을 발전시킨 방식과 관련이 있다. 그것은 수학을 통한 권한 강화와 학교 수학의 유럽 중심적 성격에 대한 비판을 포함한 다양한 방면에 초점을 두고 있다(예, Powell & Frankenstein, 1997).

여기에서 요점은 수학교육의 문화적 측면이 다양한 분야라는 것이 아니라, 오히려 그것이 여러 가지 다른 연구를 포괄하는 상부(umbrella)라는 점이며, 그 중 어떤 것도 그 상황적 특성 때문에 진정으로 복제 가능하거나 일반화할 수 없다는 것이다(Lave, 1988). 점묘화 그림의 한 점처럼, 모든 수학교육 문화적 연구는 시간과 공간에 묶여 제한된 정보를 전달한다. 그러나 그 분야의 연구들을 종합하면 역사적으로 그리고 현재 세계에서 수학의 위치에 대한 풍부하고, 예리한 그림이 드러난다. 수학교육 연구자들은 그들의 연구가 보다 넓은 분야에서 어디에 적용되는지, 그리고 그것의 환경적 맥락 안에서 어떻게 그 분야에 기여하는지에 대해 염두에 둘 필요가 있다.

앞선 논의 내용은 연구가 이루어지는 환경적 맥락과 관련이 있었다. 연구자 자신의 환경에 대한 영향력은 연구팀이나 개인이 연구에 가져올 수 있는 개인적인 편견을 통해 프로젝트 자체의 수행에 대한 결정에 미묘한 영향을 미칠 수 있다. Shulman(1987)은 교육의 목표, 목적 및 가치는 모든 교사의 지식 기반의 일부이므로, 교육 연구자의 지식 기반의 일부라고 지적하였다. 연구자들은 자신의 환경에서 자신을 분리할 수 없다(할 수 있는 최선의 방법은 이전 경험, 선행 연구에 대한 이해 및 개인적 취향의 영향을 인정하는 것이다). 흥미롭게도 질적 접근법을 사용하는 연구자들은 그러한 문제를 명시적으로 다룰 수 있다. 그러나 양적 연구가 설계될 때 그러한 사항은 좀처럼 고려되지 않는다. 이러한 종류의 영향이 내가 **도구적** 맥락이라고 언급한 것이다.

바이어스(bias)의 개념을 논의 할 때 편견이나 불공정을 언급하는 것이 아니라는 점을 강조해야 한다. 오히려 그것은 배경, 교육, 문화 및 개인 경험으로부터 나오는 특정 연구 접근법의 선택이나 특정 이론에 대한 성향이다. 연구 질문, 사용된 도구, 선택한 샘플, 수집된 데이터 등은 모두 개인 연구자의 검증되지 않은 내적 태도, 신념 및 성향에 종종 영향을 받을 수 있다. 연구자들은 자신의 사고를 심도 깊게 점검해야 하고, 심지어 환경적 맥락을 고려할 때에도 동일한 문제를 해결하거나, 동일한 결과를 해석하는 방법이 다양하게 있을 수 있다는 것을 인정해야 한다. 예를 들어, 수학에서 PCK(pedagogical content knowledge; 교수학적 내용 지식)의 본질을 조사하는 여러 가지 접근법을 고려해 보자. Shulman(1987)이 처음으로 PCK를 다음과 같이 정의하였다.

> PCK는 학습자의 다양한 관심과 능력에 따라 어떻게 주제, 문제, 또는 이슈를 조직하고, 표현하고, 적용하는지 그리고 그것들을 교수 활동에서 어떻게 제시할지에 대한 이해 속으로 내용과 교육학의 혼합이다.

교수학적 내용 지식은 내용 전문가의 이해와 교육자의 이해를 가장 잘 구별할 수 있는 범주이다. (p. 8)

Shulman이 PCK를 처음 설명한 이래로 수학적 맥락에서 PCK를 확인 및 측정하는데 상당한 관심이 있었다. 미국에서 Ball이 이끄는 연구팀은 단순히 수학 문제를 해결하는 것을 넘어서서 교사들이 알고 이해할 필요가 있는 수학을 고려함으로써 교수를 위한 지식에 대한 개념을 탐구했다(Ball, Thames, & Phelps, 2008). 그들은 수학 지식(내용 지식)과 PCK를 모두 포함하는 교수를 위한 지식 모델을 개발했으며, 두 범주 각각은 몇 개의 하위 영역으로 구성되었다. 이를 바탕으로 그들은 초등학교 교사들의 수학 교수를 위한 지식을 측정할 수 있는 도구를 개발하였다. 검사 도구의 초기 시행에 대한 자료 분석을 통해서 세 가지 요인이 제시되었다(수와 연산에 대한 지식과 패턴, 함수, 대수에 대한 지식을 다루는 두 가지 내용 지식 요인, **학생과 내용에 대한 지식**(Hill, Schilling, & Ball, 2004)이라고 불리는 학생 요인). 수학 내용의 선택은 지역 교육과정에서 중요한 영역에 국한되어 있다. 이와 대조적으로, 호주에서 Callingham와 Watson(2011)은 교육과정의 새로운 구성 요소이자 교사에게 문제시 되는 것으로 알려진 통계에 중점을 두기로 결정하였다. 그들은 교사들에게 통계적 질문에 대한 학생들의 정답과 오답을 예상하도록 요구했고, 학생들의 지식을 발전시키기 위해 그들이 무엇을 할 것인지를 제시하도록 요구했다. 내용 지식도 존재했지만, 이 측정의 주안점은 교사 자신의 통계적 이해를 바탕으로 학생들의 지식에 대해서 아는 데 있었다. PCK 측정에 대한 세 번째 접근은 독일에서 고등학교 교사의 PCK의 3가지 측면(교사가 다양한 해결 방법을 인식하고 있는지 요구하는 과제 측면, 학생들이 흔히 저지르는 실수와 오개념을 다루는 학생 측면, 가르치는 것에 대한 표상 및 접근법의 범위를 다루는 교수 측면)을 제안한 Baumert와 그의 동료들(Baumert et al., 2010)에 의해 수행되었다.

교사의 PCK를 확인하고 측정하기 위한 이들 세 가지 양적 연구들은 연구자의 이해, 경험 및 맥락에 따라 다른 관점을 취했다. 미국의 연구(Ball et al., 2008)는 산술 연산과 패턴 및 관계 영역에서 교사의 수학적 지식에 중점을 두었다. 이는 학생에 대한 교사의 지식 또한 핵심 수학 개념의 중요성에 대한 믿음을 반영하며 내용과 관련되어 있었다. 대조적으로, 호주의 통계에 기반한 연구(Callingham & Watson, 2011)는 학생의 어려움 및 학생의 이해 발달에 대한 교사의 지식에 초점을 두었다. 학생들에게 초점을 맞추기로 한 결정에 내재된 것은 교사 자신의 통계 지식을 확신할 수 없고, 교사에게 직접적으로 통계 문제를 해결하도록 요구하는 것이 위협적일 수 있다는 인식 때문이었다. 유럽의 연구(Baumert et al., 2010)는 교육 과제의 선정, 다양한 해결 방법, 특정 교수 전통에 대한 특권과 같은 측면을 고려하였다. 겹치는 부분이 있다는 것이 분명하지만, 개발된 각각의 측정 기준은 연구자의 배경과 전통에 의해 영향을 받는 것으로 나타났고, 다른 도구적 맥락으로 이어졌다.

Baumert 외(2010)는 교사의 배경과 경험이 PCK의 발달에 영향을 미칠 것이라고 추측했다. 심지어 동일 국가 내에서도 다양한 교육 기관에서 교육을 받은 교사들은 그들의 교육에 있어서 강조하는 점이 매우 다르다는 것을 경험할 수 있다. Chick(2011)은 교수와 연구 활동 모두에서 수학에서 PCK의 어떤 측면을 다룰지를 결정할 때 겪었던 어려움에 대해 다음과 같이 설명했다.

> 우리 교육자들처럼 칭송받는 사람들은(demigod) 사람들을 계몽하는 길로 인도할 힘이 있다고 생각한다. 우리의 PCK에 기반하여 PCK의 어떤 측면을 강조할지 선택한다. 우리가 원하는 모든 것을 할 수는 없지만(우리는 전능하지 않다), 우리의 전문성은 무엇을 포함해야 하는지에 대한 선택의 토대가 된다. 우리는 우리가 최선을 다하고 있다는 자기 주장적 전지함(a self-asserted omniscience)을 보여준다. (p. 1)

분명한 것은 특정 연구가 질적이든, 양적이든 관계없이 맥락에 자유롭지 않다는 것이다. 수학적 지식, 이해, 신념, 태도 또는 기술의 어떤 측면들은 필연적으로 다른 것에 비해 특권을 얻게 될 것이다. 어떤 연구자에게 있어서 중요한 점은 이러한 차이를 인정하고 받아들이는 것이다. 이러한 측면이 인정되지 않는 한, 기술력 또는 설명력을 제공하는 연구의 가치가 왜곡될 수 있다. 이러한 고려 사항들은 다원주의와 국지화의 포스트모던 딜레마로 향한다. Walshaw(2004)는 다음과 같이 언급했다.

> 복잡한 사회의 중요한 구성 요소로서 수학교육은 끊임없이 창의적인 해결 방법과 새로운 탐색, 해석, 설명 방법을 모색하는 진화하는 자기 비판적 프로젝트이다. (p. 2)

수학교육 연구자들은 새로운 접근법, 이론 및 테크닉을 계속해서 수용하면서 선행 연구를 무시하지 않도록 주의해야 한다. 즉 그들은 그 분야와 자신의 환경 내에서 유산과 전통을 인식하고 인정해야 하며, 그에 맞춰 그들의 연구체계를 수립해야 한다.

앞의 두 절에서는 수학교육 연구의 복잡함을 강조하였다. 다양한 방법론적 선택으로 이어지는 수많은 가능한 이론들이 있을 뿐만 아니라, 이러한 이론들은 도구적 맥락에 영향을 미치는 자신의 관점을 수용하는 연구자에 의해 다양한 환경적 맥락에서도 적용될 수 있다. 이런 복잡성을 고려할 때, 이 분야는 수학교육에 대한 하나의 통합된 이론을 향해 나아가고 있는 것(실제로 이 목표가 타당하다면)은 아닌 것 같다(Sririman & English, 2010). 수학교육 연구자는 연구의 이론적 토대와 연구를 뒷받침하는 철학의 고유한 강점과 한계에 대해 명확히 하는 연구팀의 전문적인 판단과 지식에 의존해야 한다. 중요한 메시지는 이론을 갖는 것이 연구를 구축하는 근거와 플랫폼을 제공하는데 필수적이라는 것이다. Lerman(2010)은 1996년부터 2001년까지 보고된 수학교육 연구의 약 10%가 어떤 유형의 이론도 사용하지 않았다고 보고하였다. 가르치는 것과 마찬가지로 연구 기간 동안 발생하는 결정과 선택에 대한 확고한 근거를 갖지 못하는 것은 유사(quicksand)에서 걷는 것과 같다(어떤 순간에 운이 없는 연구자는 경쟁적인 자료 해석의 늪으로 가라앉을 수 있다). 때때로 연구하는 학생들이 이질적인 정보의 무질서한 수집에 대해 이해하려고 노력하면서, 엉성하게 개념화된 연구로부터 논문을 쓰려고 애쓰는 것을 볼 수 있다. 이론적 관점이 명확해지면 연구자는 연구 설계를 정당화하고, 수집해야 할 관련 데이터에 집중할 수 있다. 연구 질문에 답하기 위해 필요한 정보가 무엇인지에 대한 고려는 필연적으로 측정 기준 및 측정에 대한 논의로 이어진다. 연구의 이러한 측면이 다음 절에서 다루어지겠다.

수학교육에서 측정 기준 및 측정

수학교육 연구에서는 측정(질 또는 양에 대한)의 본질에 대한 이슈가 거의 인식되지 않거나 논의되지 않는 것으로 보인다. 그러나 이러한 문제는 Schoenfeld(2008)가 언급한 기준을 충족하기 위해서는 근본적인 것이다. Cobb, Confrey, diSessa, Lehrer, Schauble(2003, p. 12)은 설계 실험(design experiments)의 맥락에서 "모든 측정(심지어 관찰도)은 그것 자체가 구인(constructs)이 아니라 관심 있는 구인에 대한 지표"라고 지적하였다. 그들은 다음과 같이 계속해서 주장하였다.

> 측정 기준은 발견되는 게 아니라 만들어지며, 측정 기준의 개발에 대한 결정이 가장 중요하다. 만약 구인 타당도에 대한 문제가 성공적으로 해결되지 않는다면, 완벽한 디자인이라고 할지라도 관심 있는 현상에 대한 유용한 정보를 제공하지 못할 것이다. 실행 가능하고, 정확하고 신뢰할 수 있는 점수를 산출하는 측정 기준이 관심 있는 현상을 적절히 포착할 수도 또는 포착하지 못할 수도 있다. (p. 12)

여기서 몇 가지 중요한 점이 있다. 측정 기준이 단순히 발견되기를 기다리는 것이 아니라 연구의 초점에 대한 지표를 파악하기 위해 의도적으로 제작된다는 점은 중요하다. 어떤 연구도 진공 상태에서 존재하지 않는다. 표면적으로 비구조화된 또는 자연적인 자료 수집을 주장하지만, 연구자가 관심을 가질만한 기본 구조가 있어야 하고, 그렇지 않으면 연구 자체가 의심스러워질 수 있다. 일부 측정 기준의 개발은 신봉하는 이론과 관찰된 현상 사이의 간극을 줄여준다.

예를 들어, 내 연구 방법 강좌를 수강하는 학생들에게 식사 장소에 가서 사람들을 관찰하도록 하는 과제를 내주었다. 나는 어떤 지시 사항도 학생들에게 주지 않았다. 학생들이 과제를 제출했을 때, 그들은 모두 서로 다른 측면(음식의 유형, 대화의 발생, 공간의 사용)에 초점을 두었다. 그리고 어떤 준거 기준이 없어서 그러한 관찰은 별로 쓸모가 없었다. 심지어 준거 기준이 이후에 제공되는 경우에도 자료가 너무 분산되어 있어서 새로운 관심의 초점에 대해 합리적으로 추론하는데 사용되지 않았다. 여기서 간단하고 신속하게 만들어진 요점은, 일반적으로 문헌에 보고된 선행 연구에 기초한 어떤 틀이나 이론을 갖는 것이 목표 행동의 측정을 구성하는 데 필수적이라는 것이다.

측정 기준이 구성되면 구인 타당도는 중요하다. 타당도에 대한 개념은 질적 자료와 관련하여 도전을 받았지만, Messick(1991)은 측정 기준으로 사용되는 "점수"에 대한 아이디어를 포함하는 전체론적인 견해를 주장하였다.

> 테스트, 설문, 관찰, 또는 다른 평가 장치(작업 샘플, 포트폴리오 또는 현실적인 문제 시뮬레이션과 같은)에서 관찰된 일관성 또는 수행 규칙성에 대한 코딩 또는 요약. 이것은 양적 요약뿐 아니라 질적 요약도 포함한다. (p. 1)

데이터가 수집되는 형태와 관계없이, 그 구인 자체가 연구에 기여한다면, 유용하고 해석 가능한 정보를 전달해야한다. 구인에 대한 고려는 내용을 넘어서서 가치와 유용성과 같은 문제도 고려해야 한다. 타당성을 확보하는 것은 항상 논쟁의 대상이며, 새로운 증거가 제시될 때 구인의 타당성이 더 좋은 또는 더 나쁜 방향으로 변화할 수 있음을 인식해야 한다.

측정 기준이 구성될 수 있는 다양한 방법에 대한 예로서 PCK의 복잡한 구조를 다루는 연구물로 돌아가겠다. 이전 절에서 논의되었던 세 연구(Ball et al., 2008; Baumert et al., 2010; Callingham & Watson, 2011)는 먼저 구인에 대한 구성 요소를 정의한 다음 그러한 구성 요소를 다루는 문항을 작성하였다. 차이점에도 불구하고 각 연구의 초점은 학생들의 이해를 발달시키는데 필요한 교사의 적절한 수학적 이해에 있었다. 반면 Rowland, Huckstep, Thwaites(2005)와 Chick, Baker, Pham, Cheng(2006)의 두 연구는 교사가 가르칠 때 사용하는 행동을 파악하기 위해 질적인 접근 방식을 취했다. 그들의 초점은 가르치는 과정에 있었다. Rowland 외(2005)는 교사교육 과정의 마지막 단계에 있는 초등 예비교사의 24개 수업 비디오를 사용하였다. 그들은 귀납적인 접근법을 사용하여 자료 분석 중 만들어진 18개의 코드를 보다 큰 주제로 유목화하여 "지식의 사중주"(knowledge quartet)를 발견하였다. **토대**(foundation), **변환**(transformation), **연결**(connection), **우발**(contingency)로 일컬어지는 그 범주들은 교사가 교수 과정에서 무엇을 하는지를 파악하는데 초점을 두고 있으며, 그러한 범주들은 교사의 교수 관행에 대해 예비교사와 함께 논의하기 위한 틀로 사용되었다. Chick과 그녀의 동료들은 수학을 가르치는 것에 대한 측면들을 고려하기 위해 인터뷰, 설문조사 및 수업 관찰을 종합적으로 사용하였고, 수학의 특정 측면과 관련하여 PCK를 조사하기 위한 프레임워크를 개발하였다(Chick, Pham, & Baker, 2006). 그들은 교사 지식의 세 가지 측면을 설명하였는데, 그것들은 내용 맥락에서의 교수학적 지식, 교수학적 맥락에서 내용 지식, 그리고 교육학과 내용 사이의 공생 관계를 포함하는 "분명한 PCK" 범주였다.

여기서 관심을 끄는 점은 비록 PCK를 고려하는 두 가지 접근 방식이(양적, 질적) 다르지만, 그들 모두 의도된 목적을 위해 믿을만하고 타당한 자료를 제공했다는 것이다. 세 가지 양적 연구는 교사가 얼마나 많은 PCK를 가지고 있는지를 파악하고, 궁극적으로 교사의 PCK에 대한 측정은 학생들의 학습에 영향을 미치는 요인을 식별하기 위한 하나의 변수로 사용하는 것을 목표로 했다.

대조적으로, 두 가지 질적 연구는 교수 활동을 자세히 살펴보는 것과 예비교사와 현직교사의 논의를 위한 토대로 자료를 사용하는 것을 목표로 했다. 모든 연구는 PCK 구조의 중심에 있는 수학적 지식과 교육학 간의 관계에 중점을 두었다. 그러나 특히 주목할 점은 문헌에서 밝혀진 동일한 분야의 선행 연구에 근거했을 때, 연구의 목적과 연구 문제의 본질이 사용된 연구 방법론을 이끌어 냈다는 것이다. 이 다섯 가지 연구는 목표 구인에 대한 양적 또는 질적 측정 기준을 개발하고 조사를 위한 틀을 만드는데 확고한 이론적 근거를 갖는 것이 중요하다는 것을 보여준다.

PCK 연구는 또한 연구의 유용성과 Messick(1991)이 "결과 타당도"(consequential validity)라고 언급한 것에 주목한다. 앞에서 설명한 다양한 유형의 PCK 연구들은 서로 다른 의도를 갖는다. 세 가지 양적 연구는 궁극적으로 교사의 지식과 학생들의 결과(성취) 사이의 연결고리를 탐색하는 것을 목표로 하였지만, 두 가지 질적 연구의 목적은 교사들과 수학 교수 활동의 본질에 대한 대화의 장을 여는 것이었다. 각 연구에서 수집된 자료의 특성과 사용은 적절했으며, 어떤 유해한 결과도 제공되지 않았다. 그러나 불행히도 연구 결과는 종종 예상치 못한 결과로 영향력은 있지만 연구자가 아닌 사람들에 의해서 때때로 부주의하게 사용된다. 예를 들어 NAEP(National Assessment of Education Progress) (예, National Center for Educational Statistics, 2014)와 같은 대규모 국가 또는 국제 평가 프로그램의 자료 사용에 대한 결과를 고려해 보자. 고부담 시험(high-stakes testing)에 대한 강조의 결과로 학교에서 제공되는 커리큘럼이 축소되고, 이것이 나중에 학생들의 성취에 영향을 미친다는 증거가 증가하고 있다(예, Berliner, 2011). 성과에 열성적인 집중이 교육의 질을 향상시키기 보다는 더 광범위하게 교육에 해가 된다. 미국의 NAEP와 같은 연구 프로그램 및 다른 많은 국가에서 그에 상응하는 프로그램은 학교나 개인 수준에서 가치 있는 증거를 제공할 수 있는 데이터보다는 시스템에 대한 일련의 스냅샷을 제공하기 위한 것이다. 그 자료는 그들의 연구 설계의 한계를 넘어서 사용되고 있으며 결과 타당도가 약하다.

앞서 인용한 Cobb 외(2003)의 논평으로 돌아가면, 측정 기준을 구성하는 것이 모든 연구의 핵심적인 측면이다. 적절하게 사용된 양질의 측정 기준은 연구의 초점에 대한 엄격한 증거를 제공한다. Rasch 측정(Bond & Fox, 2007)은 질적 추론 틀 내에서 엄격한 측정 기준 개발을 위한 하나의 접근법을 제공한다. 질문(테스트 문항, 계층적으로 코딩된 인터뷰 또는 관찰, Likert 척도 설문조사)과 사람(교사, 학생) 간의 상호작용을 통해 문항과 사람간의 관계를 탐색하고, 기술하고, 설명하는데 사용할 수 있는 등간순위결합척도(interval-level ordered conjoint scale)를 만드는 것이 가능하다. 이 모델에 의해 생성된 측정치는 그룹을 비교하고, 상호작용을 고려하거나, 결과를 예측하기 위한 타당한 기준이 된다. 수학교육 연구에서 Rasch 측정법의 사용을 다루는 **수학교육 연구 저널**(Mathematics Education Research Journal)의 특별호 사설에서 편집인은 다음과 같이 썼다.

> 첫째, 우리는 모든 연구가 강력한 개념적 근거를 가져야 하며 엄격한 기술에 의해 뒷받침되어야 한다고 굳게 믿는다. 연구를 개념화하는 것은 다른 사람들의 아이디어에 대한 깊이 있는 고려와 각 연구자가 연구 과정에 가져 오는 가치와 신념의 집합 내에서 그러한 아이디어에 대한 해석을 요구한다(질적 프레임워크). 둘째, 우리는 연구 접근 방법이 방어 가능하고 엄격해야 하며, 양적 기법이 그러한 접근 방식에 대한 타당한 기반을 제공할 수 있다고 믿는다. 그러나 중요한 주의 사항이 있다. **측정은 목적을 위한 수단이지 그것 자체가 목적이 아니며, 적절하게 사용되어야 한다.** (Callingham & Bond, 2006, p. 7)

이 주의 사항은 중요한 내용이다. 그것은 수학교육 연구가 주장에 대한 확실한 근거를 제공할 필요가 있다는 Schoenfeld(2008)의 요청과 관련이 있고, 더 나아가 그것은 결과 타당도의 개념을 포함해서 어떻게 정보가 사용되는지 역시 영향력을 갖는다는 것이다. 예를 들어 다양한 형태를 취할 수 있는 수학에 대한 태도를 측정하기 위한 도구를 개발하는 연구 활동은 타당하지만(Aiken 1970), 그 도구는 기술력(예, Leder, 1985), 설명력(예, Ma & Kishor, 1997), 예측력(예, Neale, 1969)을 갖는 측정 기준을 도출해야 한다. 궁극적으로 그것은 영향력 있는 측정 기준에 귀속되는 의미이다.

의미(meaning)의 개념은 철학적인 것이다. Mundey(1986)는 "의미 없는 명제의 특징은 진리치(truth-value)가 어떤 척도 또는 좌표계가 사용되었는가에 달려있지만, 반면 의미 있는 명제는 특정 한계 내에서 표현법의 선택과 무관하게 진리치를 갖는다"(p. 392) 라고 주장하였다. 이와 같은 의견은 수학교육에서 구인이 무엇이든 간에 구인을 측정하기 위한 방법을 개발하는데 시사하는 바가 있다. 이상적인 완벽한 구인이 존재하지 않을 수도 있지만, 그 이상적인 것은 구인을 측정하는데 사용될 수 있는 설문조사, 테스트, 관찰 또는 인터뷰 일정 개발의 토대가 되어야 한다. 그러나 연구자 패널의 피상적인 검토와는 별개로 너무 자주 이상적인 것과 검사 도구가 측정하고자 하는 구성 요소와의 관계가 조사되지는 않는다(Fisher, 2004).

Fisher(2004)는 다음과 같이 주장하였다.

> 통합된 질적-양적 수학을 포함한 연구 방법들은 사회 과학에서 현재 널리 사용되는 방법에 비해 두 가지 중요한 이점이 있다. 첫 번째는 수학적으로 명백한 표현임을 알 수 있는 엄격한 기준이 존재하고, 따라서 잠정적으로 수량화가 이루어진다. 두 번째는 가치 교환을 위한 공통 언어로서 보편적이고 통일된 메트릭스를 창조하고, 유지하기 위한 토대이다. (p. 441)

이러한 조건들(수량화의 성과와 보편적인 측정 척도의 확립)은 수학교육 연구를 위한 Schoenfeld(2008) 기준의 하나인 반증가능성에 열려 있다. 연구는 그것의 의미 내에서 명백해지나, 의문시 될 수 있다. 이러한 의문점이 그 분야를 진보시킨다.

그러나 Fisher(2004)의 접근법과 실증주의 패러다임 사이에는 미묘한 차이가 있다. Fisher는 이상적인 것을 제안하며, 측정으로부터 얻은 자료를 이상적인 것에 적합시키는 것을 목표로 했다.

대조적으로, 일반적인 실증주의적 접근법은 하나의 모델을 측정으로부터 얻어진 데이터에 적용시키려고 시도한다. 후자의 접근법에서 기본 가정은 측정값이 구인이라는 것이다. 연구의 명확성과 투명성이 확실하게 확립되어 있지 않으면 혼란의 가능성은 많아지고, 반증가능성의 역량은 감소한다. Fisher는 숫자들을 생성하기 위해 사용된 도구가 이상적인 모델에 부합할 때, 그 숫자들이 전달하는 의미의 정확성 때문에 숫자의 사용을 주장하고 있다.

그러한 액면 그대로의 요구 사항은 질적인 방법론에 이의를 제기하는 것처럼 보인다. 그러나 종종 질적 연구자들은 행동, 코멘트 또는 코드의 빈도수를 사용하여 논쟁을 한다. 그러나 질적 연구가 시사하는 것처럼, 조사가 진정으로 질에 관한 것이라면 일련의 기준에 따라 행동이나 관찰을 매치시킬 수 있어야 한다. 기준 세트(a set of standards)를 정의하는 것은 구인이 매치되어야 하는 이상적인 것을 시사하고, 그것은 Fisher가 권장하는 활동과 동일하다. Rasch 측정과 같은 테크닉을 사용해서 파악된 질의 수준을 실제 측정 척도로 변환할 수 있다. 그것은 질적인 접근을 손상시키지 않으면서 수치로 코드화 할 수 있는 판단을 위한 기초를 제공하는 근원적으로 이상적인 구조이다.

Long, Wendt, Dunne(2011)의 연구는 그러한 이원적 접근법에 대한 예시이다. 그들은 중학교에서 수학적 이해를 발달시키는데 있어서 중요한 단계 중 하나인 곱셈 사고의 숙달에 대해서 논의하였다(Siemon, 2013; Siemon, Bleckly, & Neal, 2012). 비, 비율, 그리고 퍼센트를 포함한 곱셈 사고의 이론화된 영역을 다루기 위하여 Trends in International Mathematics and Science Study(TIMSS)(International Association for the Evaluation of Educational Achievement, 2007)로부터 문항들이 선정되었는데, 문항들은 공개된 TIMSS 자료를 토대로 광범위한 난이도를 이루도록 하였다. 이 문항들은 7학년에서 9학년에 해당하는 330명의 남아프리카 학생들에게 시행되었다. 또한 상, 중, 하 수준의 학생 그룹과 인터뷰가 진행되었는데, 예를 들어, 상 수준인 학생들은 비교적 쉬운 문항에 응답하도록 하였고, 하 수준인 학생은 더 어려운 문항에 응답하도록 인터뷰 문항을 선택하였다. 그들은 이런 식으로 다양한 수준에 있는 학생들의 사고의 본질을 확인할 수 있었다.

시험 문항에 대한 초기 Rasch 분석으로부터 문항의 계층 구조가 파악되었는데, 문항은 먼저 척도(양적 자료에 대한 질적 해석)에 대한 적절한 절단점(cut points)을 파악함으로써 그룹화 하였다. 이러한 초기 문항에 대한 그룹화는 공통된 주제 및 인지적 요구 측면에서 조사되었다. 인터뷰는 역량 수준 및 항목의 난이도와 관련된 특정 유형의 오류를 식별할 수 있게 해주었다. 이 모든 정보를 결합함으로써 연구자들은 학생들이 더 높은 역량을 발휘할 때 보여주는 사고의 패턴을 식별할 수 있었다. 더 중요한 것은, 특정 개인의 요구에 대한 세밀한 파악이 교사들로 하여금 더 효과적으로 가르치는 것을 목표로 삼게 하는 것을 가능하게 해주었다. 양적 정확성과 질적인 해석의 결합은 어떤 접근법도 고립되어 사용될 수 없다는 통찰력을 제공했다.

그럼에도 불구하고, 타당한 증거를 제공하지만 이 접근법을 따르지 않는 많은 연구들이 있다. 어떤 진단 도구도 이상적인 것에 부합하는 반응을 추구하지는 않는다. 이를테면, 학생들의 오개념 파악을 목표로 하는 연구들은 이상적인 모델에 맞지 않을 것이다. 일례를 들면, Stacey와 Steinle(2006)은 소수점에 대한 오개념을 파악하기 위한 연구를 수행하였다. 그들은 학생들에게 소수 쌍을 비교하도록 하는 문헌을 기반으로 신중하게 설계된 진단 테스트를 사용했다. 그들의 목표는 응답 패턴을 파악하고 학교 교육을 통해서 학생들의 응답 패턴이 어떻게 변화하는지 보는 것이었다. 이 접근법은 학생들이 더 많이 배우면서 핵심 구조에 대한 이해의 양을 증가시키는 것을 보여주는 측정 학습과는 달리, 학생들의 반응이 다른 범주로 이동하는 "매핑" 학습으로 가장 잘 특징지어진다. Rasch 모델은 이 유형의 활동에는 적합하지 않지만 Stacey와 Steinle에 의해 사용된 연구 설계가 앞서 설명한 모델을 따른다는 점에 유의해야 한다. 그들은 선행 연구를 기반으로 한 강력한 개념적 프레임워크를 개발하고 적절한 테스트를 설계하고 수행한 후 학생들의 사고 패턴을 파악하기 위하여 양적(범주 백분율 등) 및 질적(전형적 오류 기술) 분석을 조합하여 결과를 분석하였다.

진단을 위해 개발된 도구에는 문제가 없지만, 학생들의 수학 성취에 대한 정보를 제공할 수 없으며, 그러한 목적으로 사용되어서는 안 된다. 이와 유사하게 많은 교차 문화 연구는 비슷한 점과 차이점을 확인하는 것을 목표로 하며, 그것이 진단 활동이기도 하다. 이와 같은 연구는 상황에 대해 판단을 내리기보다는 그 지역에 대한 정보를 보여준다. 사용된 측정 기준은 범주적이고 서술적이지만, 질 또는 양의 향상을 고려하기 위한 후속 도구 개발의 기초가 될 수 있다.

타당한 측정은 수학교육에서 우수한 연구의 기초가 된다. 구인을 확인하고 정의하는 것은 구체성과 정확성을 제공하며 연구의 범위를 알려준다. 사용된 측정 기준은 기술력, 진단력, 설명력, 또는 예측력에 대한 기대치를 충족시켜야 한다. 기본 구인을 명확히 하는 것은 연구의 투명성을 제공하여, 연구를 복제 가능성, 일반성 및 신뢰성 측면에서 판단할 수 있게 해준다. 타당한 측정 기술을 사용하는 것은 반증가능성을 대비할 수 있으며, 목표 구인에 대한 명확한 논의로부터 자료를 수집하는 여러 가지 방법의 개발을 더 용이하게 한다. 타당한 측정을 통해 Schoenfeld(2008)의 기준을 모두 충족할 수 있다.

이전 절에서는 측정을 양질의 결과에 대한 근거로서 고려하는 특정 관점으로부터 수학교육 연구의 영역을 설명하려고 시도했다. 다음 절에서는 Schoenfeld의 기준에 따라 프로젝트를 검토하고, 측정 기준에 초점을 맞춘 세 가지 사례 연구를 제시하겠다.

수학교육 사례 연구

이 절에서는 수학교육 연구에 대한 양상을 보여주기 위하여 세 가지 사례 연구를 사용한다. 그 중 첫 번째는 경제 협력 개발기구(OECD)의 후원 하에 여러 국가에서 운영되는 PISA이다. 두 번째는 다양한 나라에서 학습자들의 수학학습 방법에 대해 검토하는 국제적 상위 연구인 학습자 관점 연구(www.lps.iccr.edu.au/)이다. 마지막 연구인 StatSmart(Callingham & Watson, 2007)는 국가 기관이 자금을 지원하는 많은 중소 규모 연구의 전형적인 연구 사례이다. 각각의 경우에 공개 가능한 자료만이 정보의 출처로 사용되었다. 이 자료에는 보고서, 웹사이트 및 발행된 서적과 논문이 포함되었다. 세 가지 연구는 정보의 이용 가능성 및 목적과 방법론이 뚜렷하게 다르기 때문에 선택되었다. PISA는 대규모 연구를 수행하기 위해 양적 접근법을 사용하였고, 학습자 관점 연구는 다양한 상황에서 적용되는 질적 접근법을 사용하였으며, StatSmart 프로젝트는 종단적 연구에서 혼합연구 접근법을 사용하였다.

사례 연구 1: PISA

PISA는 정부에 그들의 교육 시스템의 결과에 대한 평가 정보를 제공하는 것을 목표로 한다. PISA 조사는 2003년, 2006년, 2009년, 2012년 등 3년 주기로 진행되며, 읽기, 과학 및 (특별 관심인) 수학의 3가지 측면에서 이루어진다. Trends in Mathematics and Science Study(http://timssandpirls.bc.edu)와 같은 다른 국제 조사와 달리 PISA는 수학과 교과과정을 하나의 기준으로 사용하지 않는다. 대신에 그 검사는 15세 학생들이 사회 전체의 참여자로서 졸업 후 생활의 요구를 충족시킬 수 있는 준비를 갖추고 있는지를 평가한다. 상황에 대한 정보를 제공하고 결과의 해석을 돕기 위해 배경 설문지 또한 사용된다. 조사는 15세의 학생 표본으로 3년 주기로 실시되며, 각 조사에서 하나의 특정 영역(읽기, 과학 또는 수학)이 중점적으로 다루어지지만, 나머지 두 영역에 대한 연계 자료를 제공하기 위하여 그 영역에 대한 검사 또한 실시된다. 검사 결과는 Rasch 측정을 사용하여 조정되므로, 시간에 따라 결과를 직접적으로 비교할 수 있어 정부에 진행 과정을 모니터링 할 수 있는 기회를 제공한다.

PISA는 확고한 이론적 틀을 가지고 있다. 그것의 초점은 다음과 같이 정의된 수학적 소양이다.

> 수학을 인식하고, 이해하고, 참여하는 능력 및 건설적이고 사려 깊고 반성적인 시민으로서의 개인의 생활, 동료와 지인과의 사회 생활, 직장 생활, 개인의 현재와 미래의 사생활에 필요한 수학의 역할에 대해서 근거가 충분한 판단을 내리는 능력. (OECD, 2003, p. 10)

이 정의를 뒷받침하는 것은 **수학화**(mathematization)의 개념(de Lange, 1987)으로, 유럽의 수학교육 전통에서 나타난 개념이다(Jablonka Sc Gellert, 2007). 수학화는 상황에 내재된 수학을 인식하고 그러한 수학을 사용하여 실제(실세계의 의미) 문제를 해결하는 것을 포함한다. PISA에서, 시험 형식의 제약 조건이 수학화하는 능력을 완전히 평가하는 것을 허용하지 않는다(수학화 과정의 요소를 파악하고, 그러한 요소를 다루는 문항을 개발함으로써 절충안이 만들어졌다(OECD, 2003)). 시간이 지남에 따라 PISA의 이면에 있는 이론도 발전했다. 가장 최근 평가인 2012년 평가에서는 참여국들의 관심에 따라 금융 소양 및 문제해결 또한 고려되었다. 프로젝트가 반복될 때마다 이론적 틀이 재고되고, 특정 조사에 사용된 이론적 틀의 구체적인 요소들을 다루기 위한 문항들이 개발되었다.

PISA에 대한 비판들이 있었다. 가장 최근에 Heinz-Dieter Meyer(2014)는 PISA 데이터의 사용에 주로 초점을 맞춰 PISA의 디렉터에게 공개서한을 보냈다. Meyer는 다른 측면들 중에서도 국제 순위의 개발, 순위를 높이기 위한 단기 정책 수정, "물리적, 도덕적, 시민적, 예술적 발달"과 같은 속성 보다는 좁고 측정 가능한 영역에 대한 초점에 대해 비판을 했다. 다른 비판들은 기술적(technical) 특성에 관한 것이었다(Goldstein, 2004; Kreiner & Christensen, 2014). 이러한 기술적 비판은 모델 적합도 및 문항 바이어스(DIF)와 같은 문제를 포함하여 척도화를 위해 사용된 Rasch 모델의 특성에 초점을 맞추었다. 사회적 및 기술적 영역 모두에서 이러한 모든 문제는 순위가 주된 관심사가 될 때 중요해진다. 그러나 순위는 PISA의 의도가 아니었지만, 정치적, 사회적 및 경제적 환경이 이 의제를 이끌어 냈다는 점은 주목할 가치가 있다.

Schoenfeld(2008)의 기준에서, PISA는 참가국들에 의해 합의된 틀을 바탕으로 명확하게 정의된 범위를 가지고 있다. PISA 연구는 방법론과 결과 보고에 있어서 엄격하고 구체적이다. 예를 들어, 표본 추출 틀의 위반이 고려 및 보고되며, 분석 수행 과정을 상세하게 설명하는 기술 보고서를 제공한다. 교사뿐 아니라 학생을 대상으로 상세한 맥락 설문조사 및 특별한 주제에 대한 조사를 포함한 다양한 자료 수집은 기술력 및 설명력을 제공하는데 도움이 된다. PISA에 대한 비판은 왜곡 가능성에 대해 보여주었지만, 심지어 방법론이 반복 가능성과 일반성을 제공한다고 해도 어느 정도 신뢰성에 이의를 제기할 수 있다. PISA 역시 예측력이 약할 수도 있지만, 그 목적은 미래 발달을 예측하거나 순위 시스템을 제공하는 것이 아니라 시스템 및 정부에 성과에 대한 스냅샷을 제공하는 것임을 기억해야 한다.

사례 연구 2: 학습자 관점 연구

학습자 관점 연구(www.lps.iccr.edu.au)는 "우수한 가르침을 받는 8학년 수학 교실"에서 참여 패턴을 조사하는 것을 목표로 한다. 호주, 일본, 노르웨이, 이스라엘, 영국 및 미국과 같은 다양한 국가에서 현재 16개의 국제 팀이 이 연구에 참여하고 있다. 체계적인 접근법을 사용하여, 6가지 일반적인 연구 질문에 답하기 위하여 일련의 수업이 비디오로 녹화되어 분석된다.

1. 각국에서 학습하는 교실 내에서, 학생 관행의 일관성에 대한 증거가 있는가? 그리고 어느 정도로 그러한 관행이 문화적으로 특수한가?
2. 선행 연구에서 문화적 특수성 및 국가적 특성으로 파악된 교사 관행과 관련된 선행 및 결과적 조건과 행동(특히 학습자 행동)은 무엇인가?
3. 개별 교사는 일련의 수업을 가르치는 과정에서 어느 정도로 다양한 교육 방법을 사용하는가?
4. 지역 교육 커뮤니티에 의해서 우수한 수업으로 여겨지는 교실에서 발생하는 학습자(그리고 교사) 관행에 있어서 어느 정도로 유사점과 차이점이 발견될 수 있는가?
5. 어느 정도로 교사와 학습자 관행이 상호 협조적인 관계인가?
6. 가치 있는 사회적, 수학적 의미에 대한 학생들의 구성과 관련된 교사 및 학습자 관행은 어느 정도까지 구체적으로 문서화되는가?

(Learners' Perspective Study, n.d.)

보다 구체적인 연구 질문이 지역 팀에 의해서 제기될 수도 있다. 초점은 지역 기준에 의해 수학을 잘 가르치는 것으로 간주된 교사들이 가르치는 수학 교실에서 실제로 어떤 일이 일어나는지에 관한 것이다. 결과는 일련의 서적(Clarke, Keitel, & Shimizu, 2006; Clarke, Emanuelsson, Jablonka, & Mok, 2006; Kaur, Anthony, Ohtani, & Clarke, 2013; Shimizu, Kaur, Huang, & Clarke, 2010) 및 다른 출판물을 통해 널리 보급되었다.

각각의 수업 장면에 대해서 여러 가지 자료가 수집되었다. 이러한 자료는 세 대의 카메라를 사용하는 교실 비디오 자료(하나는 교사, 하나는 한 쌍의 목표 학생, 하나는 전체 학급에 초점), 필드 노트, 교사 및 학생들과의 비디오 시뮬레이션 회상 인터뷰, 교사 설문조사, 학생 활동지 샘플, 교사 자료를 포함한다. 그 자료들은 프로젝트에서 개발한 틀을 사용하여 공동으로 분석되었다.

PISA와 달리, 이 연구는 전문적인 학습과 교사교육에 영향을 미치기는 하지만, 정부나 교육 시스템에 초점을 맞추지는 않는다. 그만큼 그것은 높은 관심을 끌기에는 덜 매력적이다. 이 연구는 한 관행이 다른 관행보다 나은지에 대한 판단 없이 관행의 비교를 가능하게 하는 방식으로 문화적 배경 안에서 교실 담화에 대한 유용하고 상세한 정보를 제공한다. 지역 문화는 이런 유형의 자료가 어떻게 해석되는지에 영향을 줄 수 있다.

Clarke(2013)은 다음과 같이 언급하였다.

> 증거 기반 교육 옹호에 대한 요구는 그러한 증거가 생성되는 분석 도구의 문화적 특수성을 인정해야 한다. 그러한 연구로 인해 발생하는 옹호는 또한 문화적으로 표현되고 제한될 것이다. (p. 32)

학습자 관점 연구와 같은 연구의 가치는 익숙한 관행이 최선의 또는 유일한 교육 방법으로 간주되는 위험이 있는 상황에서 문화적 차이를 지적하는 데 있다. 그것은 우리에게 수학교육 연구자로서의 우리 자신의 편견을 조사하도록 상기시켜준다.

학습자 관점 연구는 다양한 문화권에서 동일한 방식으로 수집되고, 공동으로 분석된 여러 자료로부터 발생하는 가치 있는 기술력을 가지고 있다. 그 범위는 교사 관행과 학생 담화 및 교사와 학생 사이의 교실 상호작용의 복잡성을 아우르며 폭이 넓다. 신뢰도는 협력적 노력에서 비롯된다(특정한 문화적 렌즈를 부과하려는 시도는 없지만, 자료 수집 및 분석은 반복 가능성을 추구한다). 이 연구의 설계는 엄격하고, 광범위하지만 특정한 초점을 가지고 있다. 비록 결과가 Schoenfeld(2008) 기준의 측면을 다룬다는 추측을 불러일으킬지라도, 예측력과 설명력을 제공하는 척하지 않는다. 이 연구의 반증 가능성은 낮다. 교차 문화적, 기술 연구로서 세부적인 내용에 항상 의문을 제기할 수는 있지만, 일반적인 관점에서 연구에 이의를 제기하는 것은 어렵다. 학습자 관점 연구는 연구(노력)에 대한 높은 기준을 충족시키는 질적 연구의 좋은 사례이다.

사례 연구 3: StatSmart

세 번째 사례 연구는 지역 차원에서 연구비를 지원하는 전형적인 연구이다. StatSmart는 3년 동안 호주에서 수행된 연구로, 교사를 위한 전문 학습 프로그램이 학생들의 학습 성과에 미치는 영향에 대한 종단 자료를 수집하는 것을 목표로 하고 있다. 교사의 자신감이 부족한 것으로 알려진 수학교육과정의 영역 중 하나인 통계가 목표였다. 이 연구는 복잡한 설계(Callingham & Watson, 2007)를 사용하여 프로젝트의 첫 해에 학생들로부터 통계 단원을 학습하기 전과 후의 두 번에 걸쳐 자료를 수집하였다. 전형적으로 이 검사는 약 6개월 간격으로 진행되었다. 모든 학생들에게 사후 검사 1년 후, 후속 종단 검사가 실시되었다. 교사 또한 프로파일링 도구(Watson, 2001)에 동의하였고, 개개인의 교사가 그들의 학급에 있는 학생들과 연결될 수 있도록 주의를 기울였다. 대부분의 교사들은 이것을 프로젝트의 3년 동안 적어도 두세 번을 실시하였다. 또한 교사와의 인터뷰 및 연구의 일환으로 제공된 전문 학습 세션을 통해 자료가 수집되었다. 전체 자료는 호주의 3개 주에 있는 모든 유형의 학교를 대표하는 15개 학교의 34명의 교사와 5-10학년 학생 중 약 1,000명의 학생들로부터 수집되었다. 학생들과 교사들은 시간에 따라 추적되었다. 연구를 지원한 Australian Research Council 및 프로젝트 파트너에 대한 보고서 외에도 연구 결과는 간행물 및 컨퍼런스 프레젠테이션을 통해 널리 알려졌다.

StatSmart 연구의 범위는 전 세계의 많은 국가 자금 지원 연구와 유사했다. 비록 그 연구의 범위가 제한되어 있었지만, 그것은 통계에 초점을 맞추어 학생과 교사의 이해를 모두 다루었다. 교사 표본의 특성 때문에 일반화가 제한되었다. 무작위로 교사를 모집하는 것은 불가능했으며, 참여한 사람들은 통계를 가르치는데 많은 경험과 관심이 있었다. 그러나 학생 자료는 교사와 학교의 배경 자료와 함께 설명력을 제공했으며, 초기 검사의 결과는 사후 검사의 결과를 예측하였다. 비록 이 결과가 명확하지는 않지만, 교사가 학생들에게 영향을 미친다는 증거도 있었다. 전반적인 연구 설계는 엄격했다. 이 연구는 제한된 기술력을 제공했지만, Rasch 측정에 기반을 둔 양적 접근법은 반증가능성에 열려 있었다. 비록 추가적인 관찰 자료에 의해 결과가 개선될 수 있지만, 3년 동안 수집된 다양한 출처로부터의 자료는 삼각검증을 제공하였다. 소규모 연구팀에 연구비가 지원되는 전형적인 소규모 연구인 StatSmart는 Schoenfeld(2008)의 기준 중 많은 부분을 충족시킬 수 있었다.

3가지 사례 연구 모두 Schoenfeld 기준의 일부 측면을 충족시켰으며, 어느 누구도 이들 모두를 충족시키지는 못할 것이다. 특히 주목할 점은 세 가지 사례 연구 모두 강력하게 표현된 이론적 틀과 명확한 의도를 가지고 있다는 것이다. 사용된 방법론은 연구의 목적에서 비롯된 연구 질문에 가장 잘 대답하기 위해 선택되었다.

그러한 연구의 유용성에 대해 질문을 할 수도 있다. 두 개의 보다 더 학문적인 연구(학습자 관점 연구 및 StatSmart)는 전문적 학습에 대한 정책 결정자의 의사 결정에 영향을 미칠 수 있는 가능성이 있지만, 그러한 가능성이 실현되지 못할 수도 있다. 그러나 PISA는 영향력을 갖는다(Heinz-Dieter Meyer's 공개서한의 핵심 이슈처럼 때때로 부적절한 방식으로). 자료의 현명한 사용을 통해 일부 국가들이 PISA에 의해 측정된 수학교육 결과를 개선할 수 있었다는 것에는 의심의 여지가 없다. 정책 입안자와 다른 사람들에 의한 자료의 사용은 연구자들의 범위를 크게 벗어난다.

만약 수학교육 연구가 그에 걸맞은 영향력을 갖는다면, 연구자들은 학계 밖에서 자신의 연구 결과를 직접적으로 마케팅 하는 것에 대해 더 잘 알아야 한다. 사례 연구들에서 제시한 바와 같이, 수학교육 연구는 제기된 어떤 주장도 뒷받침하는 타당한 연구 방법을 사용함으로써, 내부적으로 높은 기준을 충족시킬 수 있다. 교육 분야의 비연구자에게 이러한 질을 요구하는 것은 앞으로 수학교육의 큰 도전 과제 중 하나이다.

참고문헌

Aiken, L. R., Jr. (1970). Attitudes toward mathematics. *Review of Educational Research, 40*(4), 551–596.

Ball, D. L., Thames, M. H., & Phelps, G. (2008). Content knowledge for teaching: What makes it so special? *Journal of Teacher Education, 59*(5), 389–407.

Baumert, J., Kunter, M., Blum, W., Brunner, M., Voss, T., Jordan, A., Klusmann, U., Krauss, S., Neubrand, M., & Tsai, Y-M. (2010). Teachers' mathematical knowledge, cognitive activation in the classroom, and student progress. *American Educational Research Journal, 47*(1), 133–180.

Becker, W.C. (1992). Direct instruction: A twenty year review. In R.P. West, & L.A. Hamerlynck (Eds.). *Designs for excellence in education: The legacy of B.F. Skinner* (pp. 71–112). Longmont, CO: Sopris West.

Berliner, D. (2011). Rational responses to high stakes testing: the case of curriculum narrowing and the harm that follows. *Cambridge Journal of Education, 41*:3, 287–302. doi:10.1080/0305764X.2011.607151

Bishop, A.J. (1985). The social construction of meaning—a significant development for mathematics education. *For the Learning of Mathematics, 5*(1), 24–28.

Bishop, A.J. (1988). *Mathematical enculturation: A cultural perspective on mathematics education.* Dordrecht: Kluwer.

Boaler, J. (2002). *Experiencing school mathematics: Traditional and reform approaches to teaching and their impact on student learning.* Mahwah, NJ: Lawrence Erlbaum Associates.

Bond, T.G., & Fox, C.M. (2007). *Applying the Rasch model: Fundamental measurement in the human sciences* (2nd ed.). Mahwah, NJ: Lawrence Erlbaum Associates.

Bredo, E. (2012). Philosophies of educational research. In J.L. Green, G. Camilli, & P.B. Elmore (Eds.) *Handbook of complementary methods in education research.* New York: Routledge.

Brown, M., Askew, M., Hodgen, J., Rhodes, V., & Wiliam, D. (2003). Individual and cohort progression in learning numeracy ages 5–11: Results from the Leverhulme 5-year longitudinal study. *Proceedings of the International Conference on Mathematics and Science Learning* (pp. 81–109). Taiwan, Taipei.

Burkhardt, H., & Schoenfeld, A. H. (2003) Improving educational research: Toward a more useful, more influential, and better-funded enterprise. *Educational Researcher, 32*(9), 3–14.

Callingham, R. (2013). Chinese students and mathematical problem solving. In S. Phillipson, H. Stoeger, & A. Ziegler (Eds.) *Exceptionality in East Asia. Explorations in the actiotope model of giftedness* (pp. 86–99). Abingdon, Oxon: Routledge.

Callingham, R., & Bond, T.G. (2006). Research in mathematics education: Insights from Rasch measurement. *Mathematics Education Research Journal, 18*(2), 1–10.

Callingham, R., & Watson J.M. (2007, December). *Overcoming research design issues using Rasch measurement: The StatSmart project.* Paper presented at the Australian Association for Research in Education International Educational Research Conference 2007, Fremantle, Australia. Retrieved from www.aare.edu.au/07pap/cal07042.pdf.

Callingham, R., & Watson, J.M. (2011). Measuring levels of statistical pedagogical content knowledge. In C. Batanero, G. Burrill, & C. Reading (Eds.) *Teaching statistics in school mathematics—Challenges for teaching and teacher education: A joint ICMI/IASE study* (pp. 283–293). Dordrecht, The Netherlands: Springer.

Carraher, T.N., Carraher, D.W., & Schliemann, A.D. (1985). Mathematics in the streets and schools. *British Journal of Psychology 3*, 21–29.

Cherryholmes, C. H. (1988). Construct validity and discourses of research. *American Journal of Education, 96*(3), 421–457.

Chick, H.L. (2011). God-like educators in a fallen world. In J. Wright (Ed.) *Proceedings of the annual conference of the Australian Association for Research in Education.* Retrieved from www.aare.edu.au/publications-database.php/6143/god-like-educators-in-a-fallen-world.

Chick, H.L., Baker, M., Pham, T., & Cheng, H. (2006). Aspects of teachers' pedagogical content knowledge for decimals. In J. Novotná, H. Moraová, M. Krátká, & N. Stehliková (Eds.) *Proceedings of the 30th Conference of the International Group for the Psychology of Mathematics Education* (Vol. 2, pp. 297–304). Prague: PME.

Chick, H. L., Pham, T., & Baker, M. (2006). Probing teachers' pedagogical content knowledge: Lessons from the case of the subtraction algorithm. In P. Grootenboer, R. Zevenbergen, & M. Chinnappan (eds.), *Identities, cultures and learning spaces. Proceedings of the 29th annual conference of Mathematics Education Research Group of Australasia* (pp. 139–146). Sydney: MERGA.

Clarke, D.J. (2013). Contingent conceptions of accomplished practice: The cultural specificity of discourse in and about the mathematics classroom. *ZDM: The International Journal in Mathematics Education 45*(1), 21–33.

Clarke, D. J., Emanuelsson, J., Jablonka, E., & Mok, I.A.C. (2006). *Making connections: Comparing mathematics classrooms around the world.* Rotterdam, The Netherlands: Sense Publishers.
Clarke, D. J., Keitel, C., & Shimizu, Y. (2006). *Mathematics classrooms in twelve countries: The insider's perspective.* Rotterdam, The Netherlands: Sense Publishers.
Clements, M.A. (Ken) (2004). Perspective on "Mathematics in the streets and schools." In T.P. Carpenter, J.A. Dossy, & J.L. Koehler (eds.) *Classics in mathematics education research.* Reston, VA: National Council of Teachers of Mathematics.
Cobb, P., Confrey, J., diSessa, A., Lehrer, R., & Schauble, L. (2003). Design experiments in educational research. *Educational Researcher, 32*(1), 9–13.
D'Ambrosio, B. (1985). Ethnomathematics and its place in the history and pedagogy of mathematics. *For the Learning of Mathematics, 5*, 44–8.
de Lange, J. (1987). *Mathematics, insight and meaning.* Utrecht, The Netherlands: Utrecht University.
Eisenhart, M.A. (1988). The ethnographic research tradition and mathematics education research. *Journal for Research in Mathematics Education, 19*(2), 99–114.
Ewing, B., (2011). Direct instruction in mathematics: Issues for schools with high indigenous enrolments: A literature review. *Australian Journal of Teacher Education, 36*(5), 63–91.
Fisher, W.P., Jr. (2004). Meaning and method in the social sciences. *Human Studies: A Journal for Philosophy and the Social Sciences, 27*(4), 429–54.
Goldin, G.A. (2003). Developing complex understandings: On the relation of mathematics education research to mathematics. *Educational Studies in Mathematics*, 54, 171–202.
Goldstein, H. (2004). International comparisons of student attainment: Some issues arising from the PISA study. *Assessment in Education, 11*, 319–330.
Harris, M. (1997). *Common threads: Women, mathematics and work.* London, UK: Trentham Books.
Hill, H. C., Schilling, S. G., & Ball, D. L. (2004). Developing measures of teachers' mathematics for teaching. *Elementary School Journal, 105*, 11–30.
Hoyles, C., Noss. R., Kent, P. & Bakker, A. (2010). *Improving mathematics at work: The need for techno-mathematical literacies.* Abingdon, Oxon: Routledge.
International Association for the Evaluation of Educational Achievement. (2007). *TIMSS 2003. Mathematics items.* Chestnut Hill, MA: Boston College.
Jablonka, E. & Gellert, U. (2007). Mathematisation—demathematisation. In E. Jablonka & U. Gellert (Eds.) *Mathematisation and demathematisation. Social, philosophical and educational ramifications.* Rotterdam, The Netherlands: Sense Publishers.
Kaur, B., Anthony, G., Ohtani, M., & Clarke D.J. (2013). *Student voice in mathematics classrooms around the world.* Rotterdam, The Netherlands: Sense Publishers.
Kelly, G.J. (2012). Epistemology and educational research. In J.L. Green, G. Camilli, & P.B. Elmore (Eds.) *Handbook of complementary methods in education research.* New York: Routledge.
Klein, D. (2007). A quarter century of US 'math wars' and political partisanship. *BSHM Bulletin: Journal of the British Society for the History of Mathematics, 22*(1), 22–33.
Kreiner, S., & Christensen, K.B. (2014). Analyses of model fit and robustness. A new look at the PISA scaling model underlying ranking of countries according to reading literacy. *Psychometrika, 79*(2), 210–231.
Krutetskii, V.A. (1976). *The psychology of mathematical abilities in schoolchildren.* Chicago: University of Chicago Press.
Lave, J. (1988). *Cognition in practice: Mind, mathematics and culture in everyday life.* Cambridge, UK: Cambridge University Press.
Learners' Perspective Study (n.d.). *About the study.* Retrieved from www.lps.iccr.edu.au/index.php/about-the-project
Leder, G. (1985). Measurement of attitude to mathematics. *For the Learning of Mathematics, 5*(3), 18–21.
Lerman, S. (2010). Theories of mathematics education: Is plurality a problem? In Sririman, B. & English, L. (Eds.) *Theories of mathematics education. Seeking new frontiers.* Heidelberg: Springer.
Leung, K.S.F. (2005a, August). *In the books there are golden houses: Mathematics assessment in East Asia.* Plenary address to the ICMI 3rd East Asian Regional Conference on Mathematics Education, Shanghai.
Leung, K.S.F. (2005b). Some characteristics of East Asian classrooms based on data from the 1999

TIMSS video study. *Educational Studies in Mathematics*, 60, 199–215.

Li, J. (2004). A Chinese cultural model of learning. In L. Fan, N-Y, Wong, J. Cai, & S. Li (Eds.) *How Chinese learn mathematics: Perspectives from insiders* (pp. 124–156). Singapore: World Scientific Publishing.

Lietz, P. (2009). *Variance in performance between students within schools and between schools.* Melbourne, VIC: Australian Council for Educational Research. Retrieved from www.ican.sa.edu.au/files/links/ACER_DECS_variance_report.pdf.

Long, C., Wendt, H., & Dunne, T. (2011). Applying Rasch measurement in mathematics education research: steps towards a triangulated investigation into proficiency in the multiplicative conceptual field. *Educational Research and Evaluation: An International Journal on Theory and Practice, 17*(5), 387–407.

Ma, L. (1999). *Knowing and teaching elementary mathematics: Teachers' understanding of fundamental mathematics in China and the United States.* Mahwah, NJ: Lawrence Erlbaum Associates.

Ma, X. & Kishor, N. (1997). Assessing the relationship between attitude toward mathematics and achievement in mathematics: A meta-analysis. *Journal for Research in Mathematics Education, 28*(1), 26–47.

Mason, J. (2002). *Researching your own practice: The discipline of noticing.* London: Routledge Falmer.

Mason, J. & Johnston-Wilder, S. (2004). *Fundamental constructs in mathematics education.* London: Routledge.

Messick, S. (1991). Validity of test interpretation and use. In M.C. Alkin, (Ed.), *Encyclopedia of Educational Research* (6th ed.), New York: Macmillan. Retrieved from http://files.eric.ed.gov/fulltext/ED395031.pdf.

Meyer, H-D. (2014) *Open letter to Andreas Schleicher, OECD, Paris.* Retrieved from www.ilsole24ore.com/pdf2010/Editrice/ILSOLE24ORE/ILSOLE24ORE/Online/_Oggetti_Correlati/Documenti/Notizie/2014/05/invalsi-pisa.pdf?uuid=AB212FIB.

Mundey, B. (1986). On the general theory of meaningful representation. *Synthese*, 67, 391–437.

National Center for Education Statistics. (2014). *The condition of education: Mathematics performance.* Washington, DC: National Center for Education Statistics, Institute of Education Sciences, US Department of Education. Retrieved from http://nces.ed.gov/programs/coe/indicator_cnc.asp.

Neale, D. (1969). The role of attitudes in learning mathematics. *The Arithmetic Teacher, 16*(8), 631–641.

Niss, M. (1999). Aspects of the nature and state of research in mathematics education. *Educational Studies in Mathematics, 40*, 1–24.

Organisation for Economic Cooperation and Development (OECD). (2003). *The PISA 2003 assessment framework.* Paris: OECD. Retrieved from www.oecd.org/education/school/programmeforinternationalstudentassessmentpisa/33692793.pdf.

Owens, K. (2001). The work of Glendon Lean on the counting systems of Papua New Guinea and Oceania. *Mathematics Education Research Journal, 13*(1), 47–71.

Piaget, J. (1941/1952). *The child's conception of number.* London: Routledge & Kegan Paul. (Original work published 1941.)

Piaget, J. & Inhelder, B. (1947/1956). *The child's conception of space.* London: Routledge. (Original work published 1947.)

Powell, A., & Frankenstein, M. (1997). *Ethnomathematics: Challenging Eurocentrism in mathematics education.* Albany: State University of New York Press.

Presmeg, N. (2014). A dance of instruction with construction in mathematics education. In U Kortenkamp, B. Brandt, C. Benz, G. Krummheuer, S. Ladel, & R. Vogel. (Eds.) *Early mathematics learning. Selected papers of the POEM conference 2012* (pp. 9–17). New York: Springer. Retrieved from www.springer.com/gp/book/9781461446774.

Ross, A., & Onwuegbuzie, A.J. (2014). Complexity of quantitative analyses used in mixed research articles published in a flagship mathematics education journal. *International Journal of Multiple Research Approaches, 8*(1), 80–90.

Rowland, T., Huckstep, P., & Thwaites, A. (2005). Elementary teachers' mathematics subject knowledge: The knowledge quartet and the case of Naomi. *Journal of Mathematics Teacher Education, 8*, 255–281.

Schoenfeld, A.H. (2004). The math wars. *Educational Policy 18*(1), 253–286.

Schoenfeld, A.H. (2008). Research methods in (mathematics) education. In L.D. English (Ed.), *Hand-*

book of international research in mathematics education (2nd ed.). New York: Routledge.
Seldon, A. (2002). *Two research traditions separated by a common subject: Mathematics and mathematics education*. Cookeville, TN: Tennessee Technological University. Retrieved from https://www.tntech.edu/files/math/reports/TR_2002_2.pdf.
Shimizu, Y., Kaur, B., Huang, R., & Clarke, D.J. (2010). *Mathematical tasks in classrooms around the world*. Rotterdam, The Netherlands: Sense Publishers.
Shulman, L. S. (1987). Knowledge and teaching: Foundations of the new reform. *Harvard Educational Review, 57*, 1–22.
Siemon, D. (2013). Launching mathematical futures: The key role of multiplicative thinking. In S. Hernert, J. Tillyer & T. Spencer. (Eds.) *Mathematics: Launching Futures*, Proceedings of the 24th Biennial Conference of the Australian Association of Mathematics Teachers (pp. 36–52). Adelaide, Australia: AAMT.
Siemon, D., Bleckly, J. & Neal, D. (2012). Working with the big ideas in number and the Australian Curriculum Mathematics. In W. Atweh, M. Goos, R Jorgensen, & D. Siemon (Eds.) *Engaging the Australian Curriculum Mathematics—Perspectives from the field* (pp. 19–46). Mathematical Education Research Group of Australasia. Retrieved from www.merga.net.au/sites/default/files/editor/books/1/Chapter%202%20Siemon.pdf.
Skemp, R. (1971). *The psychology of learning mathematics*. Harmondsworth, UK: Penguin Books.
Sririman, B., & English, L. D. (2010). Surveying theories and philosophies of mathematics education. In B. Sririman, & L. D. English (Eds.), *Theories of mathematics education. Seeking new frontiers*. Heidelberg: Springer.
Sririman, B., & Törner, G. (2008). Political union/mathematics educational disunion. In L.D. English (Ed.), *Handbook of international research in mathematics education* (2nd ed.). New York: Routledge.
Stacey, K., & Steinle, V. (2006). A case of the inapplicability of the Rasch model: Mapping conceptual learning. *Mathematics Education Research Journal 18*(2), 77–92.
Tsatsaroni, A., Lerman, S., & Xu, G. (2003). *A sociological description of changes in the intellectual field of mathematics education research: Implications for the identities of academics*. Paper presented at the annual meeting of the American Educational Research Association, Chicago. ERIC# ED482512.
Walshaw, M. (2004) Introduction: Postmodernism meets mathematics education. In M. Walshaw (Ed.) *Mathematics education within the postmodern*. Charlotte, NC: Information Age Publishing.
Wardlaw, C. (2006, September). *Mathematics in HK/China. Improving on being first in PISA*. Address to the 50th Anniversary Meeting of the Australian Mathematical Society, Sydney.
Watson, J. M. (2001). Profiling teachers' competence and confidence to teach particular mathematics topics: The case of chance and data. *Journal of Mathematics Teacher Education, 4*, 305–337.
Wilson, L., Andrew, C., & Below, J. (2006). A comparison of teacher/pupil interaction within mathematics lessons in St Petersberg, Russia and North-East of England. *British Educational Research Journal, 32*(3), 411–441.

디자인 연구 분석과 비평 20

Paul Cobb
Vanderbilt University

Kara Jackson
University of Washington

Charlotte Dunlap
Vanderbilt University

이 장에서는 디자인 연구(design research) 방법론의 전형적인 특성을 기술하고, 특정 수학 영역에서 학생들의 학습이나 교사들의 더욱 정교한 수업 관행 개발의 조사를 위하여 디자인 연구를 수행하는데 있어 수반되는 것이 무엇인지에 대해서 설명하고자 한다. 또한, 디자인 연구의 몇 가지 일반적인 제한 사항들을 논의함으로써 향후 이러한 유형의 연구에서 주목할 부분을 알아보고자 한다.

디자인 연구는 참여자들의 특정 형태의 관행 개발을 "감독하는 것(engineering)"이 수반되며, 그러한 관행의 개발과 설계된 지원 수단을 포함하여 그것이 발생하게 된 맥락을 체계적으로 연구한다(Schoenfeld, 2006). 그러므로 연구 성향에 있어서 디자인 연구는 실용적이고 동시에 이론적이다(Design-Based Research Collaborative, 2003). 실용적인 측면에서, 그것은 학습을 지원하기 위한 디자인을 조사하고 개선하는 것을 포함한다. 이론적인 측면에서는 학습 과정과 그 학습을 지원하는 방법에 대한 추측을 개발하고, 시험하고, 수정하는 것을 포함한다(Gravemeijer, 1994b). 그때 도출된 이론은 디자인의 근거가 된다.

디자인 연구는 유형과 범위를 변화시켜 다양한 범주의 환경에서 수행될 수 있다. 그 범주의 한쪽 끝인, **일대일 디자인 연구**(one-on-one design studies)에서는 연구자가 특정 수학 영역에서 학습 과정을 연구하기 위하여 소수의 학생들 각각과 함께 일련의 개별 수업 세션을 수행한다(예, Cobb & Steffe, 1983; Simon et al., 2010). 그 범주의 다른 쪽 끝인, **조직적 디자인 연구**(organizational design studies)에서는 연구팀이 교사, 학교 관리자 및 기타 이해 관계자와 협력하여 수학교육의 개선을 위하여 학교 및 학군의 역량 발달을 조사하고 지원한다(예, Cobb & Jackson, 2012; Fishman, Marx, Blumenfeld, & Krajcik, 2004). 이 장에서는 다음과 같은 두 가지의 일반적인 디자인 연구 유형에 대해서 중점적으로 살펴보겠다.

» 특정 수학 영역에서 학생들의 학습 과정을 조사하기 위하여 연구팀이 수학교사(연구팀의 구성원일 수 있음)와 협력하여 수업에 대한 책임을 맡는 **교실 디자인 연구**(classroom design studies) (예, Lamberg & Middleton, 2009; Lehrer & Kim, 2009; Simpson, Hoyles, & Noss, 2006; Stephan & Akyuz, 2012).
» 연구팀이 현장 수학교사 집단과 협력하여 더욱 정교한 교수 관행의 개발을 지원하는 **전문성 개발 디자인 연구**(professional development design studies) (예, Cobb, Zhao, & Dean, 2009; Lesh & Kelly, 1997; Zawojewski, Chamberlin, Hjalmarson, & Lewis, 2008).

일반적으로 연구 문제에 다음과 같은 두 가지 특성이 있을 때 그러한 두 가지 유형의 디자인 연구를 수행하는 것이 적절하다. 첫째, 연구의 목표가 어떻게 학생들이 특정 형태의 수학적 관행을 개발하는지, 또는 어떻게 교사들이 특정 형태의 교수 관행을 개발하는지에 대해 이해하는 것이다. 그러나 그러한 개발은 현장에서 거의 일어나지 않으므로 관찰 조사를 실시하여 연구를 하는 것이 불가능하지는 않더라도 어렵다. 그러므로 그에 대한 연구를 수행하기 위해서는 의도된 개발을 목표로 하는 디자인 연구와 같은 중재적 방법론이 적절하다. 둘째, 현재 주요 관행의 개발을 지원하는 과정에 대한 연구는 불충분하며, 실행 가능한 교수 디자인 또는 전문성 개발 디자인을 형식화(공식화) 할 수 없다. 따라서 디자인과 분석의 반복적인 사이클 과정에서 디자인이 개선되는 디자인 연구와 같은 자립적인(bootstrapping) 방법론이 적절하다.

학생 및 교사들의 학습을 조사하는 것을 포함한 모든 유형의 디자인 연구는 다섯 가지 구분되는 특징이 있다. 이러한 특징 중 일부는 다른 방법론과 공유되지만, 그러한 특징들이 통합되었을 때, 그들은 디자인 연구를 다른 접근법과 차별화시킨다. 첫 번째 구분되는 특징은 디자인 연구는 이상적으로 학생들 또는 교사들의 학습을 지원하려고 시도할 때 실무자들에게 발생하는 문제의 유형들을 다루므로, 교육 실행의 질 향상에 직접적으로 기여한다.

두 번째 특징은 방법론의 고도화된 중재적 특성이다. 디자인 연구 수행의 목적은 학생들 또는 교사들의 발달을 연구하기 위하여 상대적으로 새로운 형태의 학생 또는 교사 관행의 개발을 지원함으로써 교육 개선의 가능성을 조사하는 것이다. 따라서 연구 과정에서 벌어진 교수 또는 전문성 개발의 유형은 일박적으로 전형적인 교수 또는 교사교육 관행과는 상당히 다르다. 연구 중인 학습의 형태를 설계하는 과정은 자연주의적 조사와 비교하여 연구팀에게 상당한 통제력을 제공하며, 핵심 관행의 개발에 필요한 지원의 형태를 확인할 수 있는 기회를 제공한다.

세 번째 특징은 디자인 연구는 실용주의적 방향성뿐만 아니라 확고한 이론적 방향성도 갖는다는 것이다. 디자인 연구를 수행할 때의 일차적인 목적은 학습 과정 및 그 학습을 지원하는 수단에 대한 입증된 가설로 이루어진 이론을 개발하는 것이다. 이 이론들은 범위가 그다지 크지는 않으며, 학생들이 교실에서 특정한 유형의 수학적 추론을 개발하는 것 또는 전문성 개발 맥락에서 교사들이 특정한 형태의 교수 관행을 개발하는데 초점을 맞추고 있다.

네 번째 특징은 디자인 연구는 학생들 또는 교사들의 학습 과정 및 그 학습을 지원하는 수단에 대한 가설을 검증하는 것을 포함하고, 만약 필요하다면, 가설을 수정하거나 파기한다. 가설을 검증하고 수정하는 과정과 참가자들의 학습을 지원하기 위한 관련 디자인을 개선하는 과정은 디자인과 분석의 반복적인 사이클을 포함한다. 디자인 연구의 어느 시점에서든, 서서히 전개되는 교수 디자인 또는 전문성 개발 디자인은 참여 학생들 또는 교사들의 학습 과정 및 그것을 지원하는 수단에 대한 그 당시의 가설을 반영한다. 참가자들의 활동 및 그들의 학습에 이루어진 지원에 대한 지속적인 분석은 기본적인 가설을 검증하고, 개선하고, 수정할 수 있는 기회를 제공하며, 그러한 개선은 결과적으로 디자인의 수정에 영향을 미친다.

다섯 번째 구분되는 특징은 이론에 대한 고려의 결과로 디자인 연구가 일반화를 목표로 한다는 것이다. 비록 디자인 연구가 제한된 수의 환경에서 수행되지만, 그 의도는 단순히 특정 그룹의 학생 또는 교사의 학습을 지원하는 과정을 조사하는 것은 아니다. 대신, 연구팀은 연구를 준비할 때 만들어진 초기 디자인과 그것이 현상에 대한 광범위한 사례의 예로서 지원하기 위해 의도된 학습 과정에 대한 틀을 만들어 이론적 분석을 가능하게 한다.

다음 절에서는 먼저 학습 과학과 수학교육에서 디자인 연구의 선례들을 명확히 파악하기 위해 디자인 연구 방법론에 대한 간략한 역사적 개요를 제시한다. 그 후에 교실 디자인 연구와 전문성 개발 디자인 연구에 대해 논의하겠다. 각 유형의 연구에 대해, 먼저 핵심 연구 도구, 연구팀이 참가자의 활동을 지속적으로 해석하기 위해 사용하는 해석적 프레임워크 및 학습을 위해 이루어진 지원에 대해 살펴보겠다. 그 다음에는 각 연구의 준비 단계, 학습을 지원하기 위한 실험 단계, 연구 과정에서 생성된 자료의 회고적 분석 수행 단계에 대해서 논의하겠다. 마지막으로, 각 유형의 디자인 연구의 공통적인 한계점에 대한 논의를 통해 비판적 시각으로 이러한 유형의 후속 연구에서 개선할 부분을 제시하겠다.

역사적인 개관

앞서 언급한 디자인 연구를 규정하는 다섯 가지 특징들은 이론과 실제 사이에 밀접한 관계가 있음을 암시한다. 교수 설계가 학습 및 교수 이론의 개발을 위한 맥락으로 사용되는 방법론은, 특히, 구소련에서 오랜 역사를 가지고 있다(Menchinskaya, 1969). 그러나 **디자인 연구**라는 용어는 비교적 최근에 학습 과학에서 출현했으며 Ann Brown(1992)과 Alan Collins(1992)와 가장 밀접하게 관련되어 있다. Brown과 Collins는 교실과 같은 복잡한 환경에서 발생하는 학습을 조사하는 디자인 연구를 제안하면서, 비교적 인위적인 실험실 환경에서 변수를 통제하는 것을 포함한 전통적인 인지심리 연구의 한계점을 극복하려고 노력했다. 그들은 방법론이 고도로 중재적이며, 이론적이고 실용적인 의도가 있음을 강조하기 위해 항공 공학과 같은 디자인 과학과의 유사점을 개발하였다. 그들이 설명했듯이, 항공 공학자는 이론적 가설을 구체화한 모델을 만들고, 특정 조건에서 그 모델이 어떻게 작동하는지 조사하고, 모델에 내재된 가설을 검증하고, 수정하기 위해 자료를 생성한다. 마찬가지로, 디자인 연구를 수행하는 연구자들은 계획한 학습 과정을 지원하기 위한 초기 디자인을 만들고, 그 디자인이 실제로 어떻게 수행되는지 조사하고, 그 디자인에 내재된 이론적 가설을 검증하고, 수정하기 위해 자료를 생성한다.

비록 학습 과학과 수학교육에서의 디자인 연구가 양립 가능하지만, 그 역사는 다르다. 인지과학으로부터의 학습 과학의 출현은 우선 사항에 대한 비교적 급진적인 변화를 시사했다(DeCorte, Greer, & Verschaffel, 1996). 이와는 대조적으로 수학교육에서의 디자인 연구의 개발은 더욱 점진적으로 이루어졌고, 구성주의 교수 실험과 네덜란드의 프로이덴탈 연구소(Freudenthal Institute)에서 개발한 현실주의 수학교육(Realistic Mathematics Education)에 대한 두 가지 선행 연구 계통에 기반을 두고 있다.

Steffe와 그의 동료들은 1970년대 후반과 1980년대 초반에 구성주의 교수 실험 방법론을 개발했고, 그것은 소련에서 이루어진 초기 연구로부터 도출되었다(Cobb & Steffe, 1983; Steffe, 1983; Steffe & Kieren, 1994; Steffe & Thompson, 2000). Steffe에 의해 제안된 교수 실험의 목적은 연구자가 개별 학생들이 그들의 수학학습 방법을 재구성하는 **과정**(process)을 조사할 수 있도록 하는 것이다. 이를 위해, 연구자는 일반적으로 학생들과 일대일로 상호작용을 하고, 종종 학생들의 수학적 활동에 대한 반성을 격려하기 위한 목적으로 이론적으로 동기가 부여된 과제를 제시하고, 후속 질문을 제공함으로써 학생들의 학습을 촉진시키려 한다. 일반적으로 구성주의 교수 실험의 주요 산물은 참여 학생들의 학습을 설명하는 이론적 구인들로 구성된 개념적 모델들로 구성된다. 그러한 구인들은 다른 학생들의 학습을 설명할 때 유용하다는 것이 입증되었고, 따라서 교사들의 의사결정에 영향을 미칠 수 있다(Thompson & Saldanha, 2000). 비록 이러한 방법론적 접근에서 연구자는 교사의 역할을 수행하지만, 가장 중요한 것은 교수 설계의 개발보다는 학생들의 수학적 추론을 해석하는 것이다.

이후 구성주의 교수 실험 방법론을 교실 환경에 적용시키려는 시도는 일련의 교수 활동을 생성하는 것을 포함하였다. 그러나 이러한 교실 실험의 주된 초점은 교수 디자인의 개선보다는 설명적 구인의 개발에 있었다(Cobb, Yackel, & Wood, 1995). 예를 들어, 일련의 분석에 대한 목적은 학생들의 수학적 학습을 교실이라는 사회적 맥락 안에 위치시키는 해석적 프레임워크를 개발하는 것이었다(Cobb & Yackel, 1998). 돌이켜 보면, 이것의 한계는 교수 활동의 개발에 영향을 미칠 수 있는 구체적이고, 경험적으로 근거가 있는 디자인 발견법(design heuristics)의 부재라는 것이 분명해졌다.

수학교육에서 디자인 연구에 대한 두 번째 계통인 현실주의 수학교육(Realistic Mathematics Education, RME)은 설명적 이론 구인 개발보다는 주로 교수 활동의 디자인에 초점을 맞춤으로써 구성주의 교수 실험을 보완했다(cf. Gravemeijer, 1994b; Streefland, 1991; Treffers, 1987). 광범위한 수학적 영역 안에서 교수 활동을 개발하고, 시도하고, 수정하려는 RME 연구자들의 노력은 수학을 인간의 활동으로 간주한 Freudenthal(1973)의 개념으로부터 발생하였고, 그의 수학에 대한 교수학적 현상학에 영향을 받았다. RME 연구자들이 제안한 수학교육에서의 교수 디자인을 위한 발견법은 특정 교수 활동에 대한 디자인의 과정을 반성하고 개선하는 것으로 설명되었다(Gravemeijer, 1994a; Treffers, 1987).

디자인 연구에 대한 짧은 역사적 설명에서, 그 방법론이 초기에는 학생들의 학습을 지원하고 조사하는 데 초점을 두었고, 후에는 교사들의 학습을 조사하기 위해 확장되었다는 것이 명백하다. 또한 이 역사적 개요는 학생들 또는 교사들의 학습을 조사하고 지원하기 위한 디자인 연구를 수행할 때 두 가지 유형의 개념적 도구가 필수적임을 보여준다. 그것들은 디자인 연구가 수행되는 복잡한 환경에서 참여자들의 활동을 이해하기 위한 해석적 프레임워크와 특정 디자인의 개발을 안내할 수 있는 일련의 디자인 발견 또는 원리이다.

교실 디자인 연구

해석적 프레임워크

연구팀은 교실 디자인 연구를 수행함에 있어 학생들의 수학 활동과 교실 학습 환경에 대해 지속적인 해석을 해야 한다. 그러한 해석은 수학학습 과정 및 잠재적으로 학생의 학습을 위해 중요한 지원인 교실 학습 환경의 측면에 대한 추측과 가정을 반드시 포함한다. 예를 들어, 일부 연구자들에게 수학학습은 학생들이 과제를 해결하고 수업 시간에 선생님의 질문에 응답할 때 발생하는 개인적인 인지적 재구성의 과정이라고 가정된다(Clements & Sarama, 2004; Saldanha & Thompson, 2007). 그러한 연구자들에게 있어, 교실 학습 환경의 측면은 학생들의 추론에 대한 내적 재구성을 촉진함으로써 학생들의 학습 과정에 영향을 미친다. 학습에 대한 이러한 관점을 채택한 연구자들은 물리적, 상징적, 컴퓨터 기반 도구를 포함한 수학적 과제 및 교사의 질문을 학생들의 학습을 위한 핵심 지원으로 중요시하는 경향이 있다. 이와는 대조적으로 다른 연구자들은, 학생들의 수학학습은 교사와 학생들이 공동으로 구성하는 교실 수학 관행과 관련되어 있다고 가정한다(Doorman, Drijvers, Gravemeijer, Boon, & Reed, 2013; Kwon, Ju, Kim, Park, & Park, 2013; Lehrer, Kim, & Jones, 2011; Stephan & Akyuz, 2012). 그 연구자들에게 있어, 교실 학습 환경의 측면은 학생들의 학습 과정뿐 아니라 그들이 개발한 수학적 추론의 형태를 포함한 결과물에도 영향을 미친다. 학습에 대한 후자의 관점을 취하는 연구자들은 일반적으로 학생들의 학습을 위한 잠재적인 지원책으로 교실 과제 및 도구 사용 가능성, 교실 규범의 성격과 교실 담화의 질에 초점을 둔다.

수학학습에 대한 연구팀의 추측과 가정은 진행 중인 디자인과 교수학적 결정에 영향을 주기 때문에 중요하다. 예를 들어, Stephan과 Akyuz(2012)는 정수와 마이너스 부호의 의미에 대한 7학년 학생들의 이해 발달을 지원하기 위한 교실 디자인 연구를 수행하였다. 이러한 개념들은 전형적으로 초등학교와 중학교 커리큘럼에 포함되지만, 자주 그러한 개념의 의미가 상실될 수 있는 절차 학습으로 축소되기 때문에 학생들에게 어느 정도는 문제가 되는 것으로 꾸준히 입증되어 왔다(Byrnes, 1992). 참여 학생의 학습을 지원하기 위한 Stephan과 Akyuz(2012)의 디자인에서는 그러한 문제를 해결하기 위한 도구로서 금전 거래와 수직선의 사용에 초점을 맞춘 문제 시나리오를 포함하였다. 그들은 개별 학생들의 수학적 추론을 집단적 교실 수학 관행에 참여하는 행위로 취급하는 새로운 해석적 관점을 도출하였다. 이러한 관점을 운용하는 것은 개별 학생 면담 외에도 교실 비디오 자료의 전략적 수집 및 분석을 포함하였다. 교실 수학 관행의 변화를 기록하는 것은 교실 담론을 개인의 수학적 추론의 지표뿐 아니라 수업 내에서 공유된 것을 나타내는 신호로서 분석하는 것을 포함한다.

또 다른 예로서, Kwon과 그녀의 동료들(2013)은 8학년 학생들이 기하적 패턴에 대한 추론을 어떻게 정당화했는지에 대한 발달을 추적할 때 Toulmin(1958)의 논증 체계를 중요한 프레임워크로 사용하였다. 이 프레임워크를 사용하여 연구자들은 디자인의 핵심인 교실 학습 환경의 다양한 구성 요소의 디자인에 영향을 미치는 교실 사건을 해석했다. 그 구성 요소에는 학생들의 추론에 대한 명백한 정당성을 요구하는 과제, 학급 활동의 구성, 학생들의 보다 복잡하고 정교한 형식의 논증 개발에 도움이 되는 교사의 담론적 행동이 포함되었다. 또한, Kwon과 그의 동료들은 학생들의 점점 더 정교해진 수학적 논증을 그들의 학습을 위해 디자인된 지원과 관련짓기 위하여 연구 기간 동안 생성된 자료에 대한 회고적 분석을 실시할 때 그 프레임워크를 사용했다.

우리의 견해로는, 학생들의 학습 지원에 대한 디자인의 방향을 결정하는데 있어서 이론의 역할을 고려할 때, 교실 디자인 연구를 수행하는 연구자들은 그들의 해석적 관점에 내재된 이론적 관련성을 명확히 하는 것이 필수적이다. 학생들의 수학 활동과 교실 학습 환경을 해석할 때 사용된 핵심 구인을 명확히 함으로써, 연구팀은 그러한 구인에 대한 공개 토론과 조사가 이루어질 수 있게 한다. 다양한 관점에서 실시된 교실 디자인 연구는 중대한 기여를 할 수 있다. 그러나 우리는 또한 아동과 성인이 발달시키는 수학적 추론의 형태는 학습 환경에 의해서(특히, 학습 중 그들이 참여하는 집단적 관행에 의해) 구성될 수 있음을 보여준 Brown(1992)과 Collins(1992)의 선구적인 연구 이후로 수년 동안 상당한 양의 증거가 축적되었음에 주목해야 한다(Doorman et al., 2013; Hall, 2001; Hoyles, Noss, & Pozzi, 2001; Kwon et al., 2013).

교실 디자인 연구 준비하기

학생들의 수학학습을 위한 목표 명시하기

우리가 지적했듯이, 교실 디자인 연구는 일반 상황에서 거의 발생하지 않는 특정 영역의 추론 형태(domain-specific forms of reasoning)에 대한 학생들의 발달과 관련된 가설을 검증하고, 수정하는데 유용하다. 그러므로 학생들의 학습 목표를 구성하는 수학적 추론의 유형을 규정할 때, 수학적 아이디어를 조직하는 핵심을 파악함으로써 고려중인 그 수학 영역이 전형적으로 어떻게 교육과정에 제시되어 있는지에 대해 의문을 제기하는 것이 중요하다. 분명, 중심이 되는 수학 영역에서 학생들의 수학학습에 대한 가능성을 조사한 선행 연구들이 이와 관련이 있다. 많은 수의 교실 디자인 연구가 초기 수(early number)와 같은 초등 영역에 중점을 둔 반면, 중등학교 및 대학교 수준 영역에 대한 관련 연구 기반은 매우 약하다.

학생의 학습 목표에 대한 수립은 학생들의 수학학습에 대한 규준을 자세히 설명한 국가 또는 주(state)의 정책 문서에 의해 영향을 받을 수 있지만, 일반적으로 디자인 연구를 위해 제안된 목표는 관련 규준에 대한 중요한 재개념화를 포함한다. 예를 들어, 정수 영역에서 7학년 학생들의 학습을 조사한 Stephan과 Akyuz(2012)의 디자인 연구에서 설정한 학습 목표는 어떻게 학생들이 정수에 대한 양적 추론에 이르게 되는지를 강조함으로써 현행 주 규준에서 벗어났다.

정책 권고 사항을 고려하는 것 외에도, 학습 목표에 대한 기술은 전문가의 교과 관행에 대한 분석으로부터 도출될 수 있다. 예를 들어, Lehrer, Schauble, Strom, Pligge(2001)는 초등학교 교실에서 실시된 일련의 교실 디자인 연구에 대해 논하였는데, 그 연구에서는 학생들이 다양한 형태의 물질에 대한 부피, 무게, 밀도를 탐구할 수 있도록 닮음과 비율을 포함한 수학적 모델의 개발을 지원하였다. 그들은 수학적 모델링을 도입하고 물질의 물리적 특성을 동시적이 아닌 순차적으로 조사하기로 한 결정이 수학적 도구와 과학적 맥락에 대한 "전형적인 형태의 통합"(p. 43)(종종 전자에 대한 학생들의 개념적 추론의 힘을 과소평가하고 후자를 절차 사용을 위한 비현실적인 맥락으로 축소시키는)에 대한 응답이라고 설명하였다. 결과적으로 그들이 수행한 디자인 연구는 학교 과학에서는 거의 보이지 않지만, 과학자들이 수행하는 작업의 핵심(물질의 특성 차이를 추론하고 모델화하는 도구로서 수학의 사용)관행에 대한 학생의 발달을 지원하기 위한 것이었다. 또 다른 예로, Cheeseman, McDonough, Ferguson(2012)은 질량 측정을 위한 공식 단위의 유연한 사용을 1학년 학생들이 이해하지 못한다는 주장에 도전하였다. 그들의 디자인 연구에서 학생들은 구체적이고 비교적 경험적인 측정 루틴에서부터 도구와 단위에 대한 보다 형식적인 사용에 이르기까지의 순서로 교수 활동을 경험하였고, 그 결과 전형적으로 고학년 수준의 학생들이 학습하는 질량과 측정에 대한 학습을 하였다. 두 가지 사례 모두에서, 전체적인 교수 디자인 활동이 중점을 둔 학습 목표는 교과 관행(disciplinary practice)을 고려했다.

교육의 시작점 기록하기

분명한 학습 목표를 명시하는 것 외에도, 학생들의 발달과 그것을 지원하는 방법에 대한 추측 만들기를 시도하기 전에 교육의 기반이 되는 학생들의 현재 추론의 양상을 확인하는 것도 중요하다. 인터뷰 및 관찰 연구와 같은 선행 연구는 학생들의 초기 추론을 보여주는데 유용할 수 있다. 그러나 디자인 연구를 준비할 때, 특히 관련 영역에서 선행 연구가 거의 이루어지지 않았거나, 제안된 학습 목표가 전형적인 교수 활동에서 다루어지는 것과 현저하게 다른 경우, 종종 추가적인 평가 방식을 만들 필요가 있다. 그러한 평가는 일반적으로 일대일 인터뷰 형식을 취하지만 과제를 통해 추론하려 할 때는 학생 관찰을 포함할 수도 있다. 또한 연구의 전반적인 의도에 일치하는 과제의 개발을 안내할 만큼 연구 기반이 충분히 튼튼하다면 지필 평가가 사용될 수도 있다. 예를 들어, Stephan과 Akyuz(2012)는 교육의 시작점을 확인하고 연구 기간 동안 참여하는 학생들의 추론 발달을 추적하는 방법으로 교실 관찰을 보완하기 위해 인터뷰와 지필 평가를 모두 사용하였다.

계획된 학습 궤도 그리기

교실 디자인 연구를 준비하는 다음 단계는 계획되거나 가설적인 학습 궤도를 명시화하여 초기 디자인을 개발하는 것인데, 이는 학생들의 추론에 있어서 중요한 발달과 그러한 발달을 뒷받침하는 구체적인 방법에 대한 검증 가능한 추측으로 구성된다(Simon, 1995). 이와 관련하여 초기 디자인의 개발에 영향을 미치는 디자인 발견법 또는 원칙을 명확히 하는 것이 중요하다. 예를 들어, Stephan과 Akyuz(2012)가 학생들의 학습을 위해 구상한 궤도는 RME에 의해 영향을 받았고, 그들은 일련의 교육 과제를 해결하기 위해 점점 더 정교화 된 기호적 도구들을 사용함으로써 어떻게 정수에 대한 학생들의 추론이 발달하는지에 대한 명시적인 추측을 포함하였다. 이와 비슷하게, Wawro, Rasmussen, Zandieh, Larson(2013)은 선형 대수학에서 대학생의 학습을 지원하기 위한 초기 디자인을 만들 때 RME를 사용하였다. Lehrer 외(2001)의 초기 추측은 가능한 유형의 과제 및 기호적 도구와 함께 부피와 닮음에 대한 학생들의 추론 발달에 있어서 가능한 기준점들을 포함하였다. 그들의 교육 과제에 대한 설계는 과학적 현상에 대한 수학적 모델이 현실의 다양한 측면을 보여주거나 숨기는(또는 왜곡하는), 유추라는 발견법에 의해 영향을 받았다(Hesse, 1965 참조). 그들이 검증하고 개선한 교육 순서는 학생들이 부피, 무게 및 밀도 사이의 관계에 대한 모델을 공식화하고, 비판하고, 수정하는 것을 지원하기 위해 그러한 "모델과 실세계 사이의 불일치 또는 오차(residual)" (Lehrer et al., 2001, p. 52)를 이용했다.

특정 유형의 과제와 물리적 또는 기호적 도구의 잠재력을 평가할 때의 의도는 만약 그들이 교실에서 사용되는 경우 발생할 수 있는 학생의 학습 기회를 예측하는데 있다. 따라서 우리는 교실 규범과 담론의 본질을 고려하여 교실에서 과제와 도구가 실제로 어떻게 수행될 수 있는지를 계획하는 것이 필수적이라고 본다(Gravemeijer & Cobb, 2006). 그러한 지원 수단에 대한 관심은 적절한 지원이 교실에서 이루어지지 않는 한 계획된 발달도 일어나지 않을 것이라는 점을 강조함으로써 계획된 학습 궤도를 인지 및 발달 심리학에서 전형적으로 사용되는 발달 궤도의 개념과 구분한다. 이러한 의미에서 조사되고 있는 학습의 형태가 디자인 연구의 과정에서 "설계된다".

우리의 경험에서, 계획된 학습 궤도를 설명하는데 유용한 선행 연구는 적어도 계획된 연구의 목표와 부분적으로 양립할 수 있는 학습 목표에 초점을 맞추고 있으며, 학생들의 학습 과정, 교육 환경 및 학습을 위한 지원에 대한 기록을 포함한다. 많은 영역에서 그러한 선행 연구의 수가 제한적이기 때문에 학생들의 학습과 그것을 지원하는 수단에 대한 초기 추측은 종종 잠정적이며 진지하게 수정될 수 있다. 그럼에도 불구하고 연구팀은 교실에서 실험을 시작하면서 자료 기반 방식으로 초기 디자인을 개선할 수 있는 위치에 있기 때문에 계획된 학습 궤도를 세우는 과정이 가치가 있다.

이론적 맥락에 연구 배치하기

교실 디자인 연구를 수행할 때 가장 중요한 목표는 다른 환경에서 학생들의 학습을 지원하려고 시도할 때, 유용한 지침을 제공할 수 있는 "겸손한 이론"(humble theory)을 만드는 것이다(Cobb, Confrey, diSessa, Lehrer, & Schauble, 2003). 따라서 디자인 연구를 준비할 때 그것을 현상의 더 광범위한 부류의 전형적인 사례로 간주하여 그 연구를 더 넓은 이론적 맥락에 배치하는 것이 중요하다. 예를 들어, Stephan과 Akyuz(2012) 및 Lehrer 외(2001) 둘 다 **특정 영역의 교수 이론**(domain-specific instructional theory)을 개발하고자 하였다. Stephan과 Akyuz(2012)는 그들의 연구를 중학생들의 정수에 대한 추론 발달을 뒷받침하는 사례로 삼았고, Lehrer 외(2001)는 그들의 연구를 특정 수학, 과학 영역에서 초등학생들의 학습을 뒷받침하는 사례로 표현하였다.

물론 이러한 사례들이 가능성들을 샅샅이 다루는 것은 아니다. 일련의 디자인 연구는, 예를 들어, 디자인의 대안에 대한 생성, 선택 및 평가를 알아내는데 유용한 초기 해석적 프레임워크를 수정하고 개선하기 위한 맥락으로 작용할 수 있다. 이러한 방식으로 개발된 프레임워크의 예는 메타표상 능력 이론(theory of meta-representational competenc, diSessa, 1992, 2002, 2004), 양적 추론 이론 (Smith & Thompson, 2007; Thompson, 1994, 1996), 행위자 지향 추상화 이론(theory of actor-oriented abstraction, Cobb, Stephan, McClain, & Gravemeijer, 2001) 및 교실이라는 사회적 맥락에서 학생들의 수학학습에 대한 새로운 관점을 포함한다. 그러한 각각의 경우에 프레임워크는 교실 사건을 이해하기 위해 그것을 사용하는 동안 맞닥뜨리는 문제에 대응하여 수정되었다. 때문에, 결과적으로 프레임워크는 학습을 지원하기 위해 실험하는 관행과 떨어져 있지 않고, 대신 그것에 기반을 둔다. 그러한 프레임워크는 교수 디자인을 위한 지침의 원천 및 교실의 복잡한 환경에서 일어나고 있는 것을 이해하기 위한 도구로 기능을 할 수 있다(diSessa & Cobb, 2004).

학습 지원을 위한 실험하기

어떤 유형의 디자인 연구를 수행할 때의 목표는 계획된 학습 궤도가 작동하는지 보여주는 것은 아니다. 비록 연구팀이 반드시 그렇게 할지라도, 일차적인 목표는 그것이 작동하는지에 대한 여부를 평가하는 것이 아니다. 대신, 학습을 지원하기 위해 실험할 때의 목적은 연구 준비 단계에서 개발된 계획된 궤도를 개선하는 것이다. 개선은 학생들의 앞으로의 학습 과정과 그것을 지원하는 구체적인 방법에 대한 추측을 시험하고 수정함으로써 이루어진다.

자료 수집

연구 과정에서 생성되어야 하는 자료의 유형에 대한 결정은 디자인 연구의 이론적 의도에 달려 있다. 자료는 연구팀이 추후에 회고적 분석을 수행할 때, 연구 조사 하에 있는 학습 환경이 전형적인 사례가 되는, 보다 광범위한 이론적 문제들을 다루는 것을 가능하게 해야 한다. 최소한 연구팀은 수업 시간에 학생들의 학습 과정과 학생들의 학습을 위해 제정된 지원을 포함한 변화하는 교실 학습 환경 모두를 기록할 수 있는 자료를 수집해야 한다. 따라서 앞서 언급했듯이 Stephan과 Akyuz(2001)는 사전 및 사후 인터뷰를 실시했으며 개별 학생들의 정수에 대한 추론의 변화를 평가하기 위해 지필 평가도 사용하였다. 또한 모든 수업 시간을 비디오 녹화하였고, 모든 학생들의 학습 활동지를 복사하여 연구 과정에서 확립된 교실 수학 관행을 기록할 수 있었다. 그러한 자료를 분석함으로써 연구팀은 연속적인 관행에 대한 학생들의 참여가 어떻게 정수에 대한 학생들의 추론 발달을 지원하고 제한하는지를 조사할 수 있었다.

교실 디자인 연구는 전형적으로 새로운 학습 목표를 목표로 하기 때문에 기존의 도구는 종종 적절하지 않다. 따라서 연구팀은 일반적으로 학생들의 발달 중인 추론과 교실 학습 환경의 주요 측면을 기록하는 방법을 고안해야 한다. 그러므로 교실 디자인 연구 과정에서 수집된 자료는 대부분 정성적이다. 예를 들어, Lehrer 외(2001)의 연구 목적 중 하나는 어떻게 학생들이 밀도에 대해 정량적으로 추론할 수 있는지를 조사하는 것이었다. 다양한 물질의 밀도를 찾고 비교하는 절차를 수행하는 데 있어서 학생들의 숙련도에 대한 지필 평가를 개발하는 것은 비교적 간단했을 것이다. 그러나 디자인된 교실 학습 환경과 관련하여 밀도에 대한 학생들의 추론이 어떻게 발달했는지를 기록하는 것에 대한 문제는 연구팀이 참여 학생과 일대일 사전 및 사후 인터뷰를 수행 및 녹화하고, 모든 수업 시간을 비디오 녹화하며, 연구 수행 동안 학생들이 산출한 모든 결과물에 대한 복사를 요구했다.

디자인 및 분석의 반복적 사이클

디자인 연구의 반복적 특성이 그 방법론의 핵심적인 측면이다. 각 사이클은 수업을 디자인하고, 교실 수업에서 그것을 시행하고, 후속 수업에 대한 계획을 세우기 위하여 교실에서 일어난 일을 분석하는 것을 포함한다. 연속적인 디자인 및 분석 사이클을 시행하는 종합적인 목표는 준비 단계 동안 형성된 계획된 학습 궤도를 검증하고 개선하는 것이다. 이 검증 및 수정 과정의 일환으로 각각의 수업 시간 후에 연구팀원들이 교실 사건에 대한 그들의 해석을 공유하고 토론하는 보고 회의를 갖는 것이 필수적이다. 연구팀이 합의에 도달하면, 수업 과제를 디자인하고(또는 기존의 디자인을 수정) 다른 지원 수단(예, 교실 규범 재조정)을 고려하여 후속 수업을 준비할 수 있다.

또한 추측의 검증 및 수정에 대한 진행 과정을 검토하기 위하여 정기적으로 더 긴 연구팀 회의를 갖는 것도 유용하다. 그러한 회의의 목적은 지금까지의 수정을 고려한 전체 학습을 위한 수정된 학습 궤도를 개략적으로 설명하는 것이다. 우리의 견해로는, 지협적 판단(예, 특정 수업에서 사용되는 특정 과제와 교사가 학생을 압박할 수 있는 수학적 문제)과 장기적인 학습 목표 및 전반적인 학습 궤도 사이에 반영적인 관계가 있음을 보장하는 것이 디자인 연구의 기본 원리가 되어야 한다(Simon, 1995).

회고적 분석 수행하기

디자인 연구의 마지막 단계는 교실에서 실험하면서 생성된 전체 자료 세트에 의존하여 회고적 분석 수행을 포함한다. 연구가 수행되는 동안 진행되는 분석은 일반적으로 참여 학생들의 학습을 지원하는 즉각적인 실용적 목표와 직접적으로 관련이 있다. 대조적으로, 회고적 분석은 그러한 학습과 수단이 보다 포괄적인 현상에 대한 전형적인 사례로서 그것이 광범위한 이론적 맥락에서 뒷받침되도록 하려고 탐색한다. 설명의 편의를 위해, 우리는 교실 디자인 연구의 주요한 이론적 목표 중 하나를 특정 영역의 교수 이론을 개발하는 것이라고 가정하겠다.

Kelly(2004)는 방법론이 연구 문제를 자료에, 자료는 분석에, 분석은 최종 주장(claims와 assertions)에 연결하는 뚜렷한 논쟁적인 기본 원리에 의해 뒷받침된다는 것을 관찰하였다. 그는 무작위로 시행하는 현장 시험과 같은 성숙한 방법론의 논쟁적인 기본 원리는 특정 연구의 세부 사항과는 별도로 기술될 수 있다고 언급하며, 계속해서 디자인 연구를 위해 합의된 기본 원리가 없음을 이야기하였다. 결과적으로 "디자인 연구는 주장에 대한 근거의 기초가 부족하다"(p. 119). 이것은 분명히 방법론의 심각한 약점이다. 그러므로 우리는 교실 디자인 연구를 위한 논쟁적인 기본 원리를 제안하고, 다음 단락에서 교실 디자인 연구에 특정된 신뢰성에 관한 문제에 대해 논의하겠다.

논쟁적인 기본 원리

제안된 논쟁적인 기본 원리의 첫 번째 단계는 학생들이 기록된 형태의 수학적 추론을 개발하지 않았지만 디자인 연구에 참여했음을 보여주는 것이다. 학생 추론의 발달을 평가하기 위해 건전한 절차가 사용되었다고 가정할 때, 교실 디자인 연구는 전형적인 수학교육의 맥락에서는 거의 나타나지 않는 새로운 형태의 추론에 대한 학생 발달을 조사하는 것을 목표로 하기 때문에 논증에 있어서 이 단계는 보통 간단하다. 따라서 연구팀은 선행 인터뷰와 관찰 연구를 통해 기록된 형태의 추론이 비교적 드물다는 것을 보여줄 수 있다. Brown(1992)이 분명히 밝혔듯이, 연구팀이 연구를 준비할 때 학생들이 개발할 추론의 형태를 예측했기 때문에 학생들의 학습이 Hawthorne 효과에 기인한다는 주장은 실현 가능하지 않다.

제안된 논쟁적인 기본 원리의 두 번째, 더 까다로운 단계는 다른 환경에서 반복될 수 있는 조사된 학습 과정의 측면들을 자세히 기술함으로써 그 결과가 잠재적으로 일반화될 수 있음을 보여주는 것이다. 반복 가능성에 대한 이러한 고려는 하나의 디자인이 다른 교실에서 정확하게 동일한 방식으로 구현되어야 함을 의미하지는 않는다. 대신 그 의도는 디자인의 필수적인 측면과 우발적인 측면을 차별화하여 진행 중인 환경에 대한 맞춤식 디자인을 해야 한다는 것을 알려주는 것이다. 전체 자료에 대한 회고적 분석을 수행할 때 주요 관심사는 어떻게 각각의 연속적인 추론의 형태가 이전의 추론의 형태에 대한 재구성으로서 나타나는지 기록하고, 그러한 연속적인 추론의 형태에 대한 학생들의 발달을 지원하는 교실 학습 환경의 여러 측면들을 알아보는 것이다. 그 결과 특정 영역의 교수 이론은 Brown(1992)이 학생들의 추론에서의 연속적인 발달과 디자인된 지원을 포함한 교실 학습 환경의 관련 측면 사이의 결합으로 특징지은 것을 해석함으로써, 어떻게 학생들의 학습이 디자인되었는지를 설명한다. 만약 교육 과제와 도구를 넘어서는 가능한 지원에 대한 광범위한 견해를 가진다면, 그리고 만약 학생들의 수학학습이 교실 학습 환경과 관련하여 존재하는 것처럼 다루는 해석적 프레임워크를 사용한다면, 연구팀은 그러한 유형의 확고한 이론을 구축할 가능성이 더 크다.

디자인 연구 교실에서 학생들의 학습이 어떻게 지원되었는지를 설명할 때, 우리가 개략적으로 설명한 회고적 분석은 교실 학습 환경의 필수적인 측면을 우발적인 것 및 다른 환경에서 연구하는 연구자에 의해서 변화될 수 있는 것들과 차별화한다는 점에 유의해야 한다. 예를 들어, Stephan과 Akyuz(2012)가 사용한 일련의 교수 과제는 순자산(net worth)의 개념을 양수 및 음수의 추론을 위한 기초 맥락으로 채택했다. 그들의 회고적 분석은 이 과제 맥락이 학생들이 정수에 대해 양적으로 추론하게 하는데 직접적으로 도움이 되었고, 필수적이라는 것을 보여주었다. 그들의 분석은 또한 학생들의 특정 상징적 도구(예, 수직선)의 사용, 특정 이슈에 대한 교사의 압박(예, "누가 더 가치가 있습니까?") 및 수의 차이와 변화를 나타내는 학생들의 특정 제스처의 사용이 필수적인 반면, 과제에서 사용된 특정한 수의 조합은 우발적이고, 다른 사람들에 의해 변화될 수 있음을 보여주었다.

디자인 연구 결과에 대한 일반화 가능성은 대표적인 샘플 및 다수의 사례를 통해 관찰된 규칙성을 포착하여 Maxwell(2004)이 **인과관계 설명에 대한 규칙적인 유형**으로 불렀던 것을 토대로 하는 것이 아님이 분명하다. 그 대신에, 그것은 "인과관계를 근본적으로 특정 사건과 상황에 관련된 실제 인과적 메커니즘 및 프로세스와 관련이 있는 것으로 보는 단일 사례에 대한 **프로세스 지향적 설명**에 기초한다"(Maxwell, 2004, p. 4). 이와 관련하여 Maxwell은 Shadish, Cook, Campbell(2002)의 연구를 토대로 프로세스 지향적 설명이 "인과 관계가 유지되는 메커니즘 및 조건"(p. 4)과 관련이 있음을 명확히 하였다. 특정 영역의 교수 이론에서, 메커니즘은 학습 환경의 특정 측면이 학생들의 추론에 있어서 특정 발달을 지원하는 과정이며, 그 조건들은 학습 궤도의 특정 지점에서 학생들의 추론이다.

요약하면, 우리가 개괄한 논쟁적인 기본 원리는 다음을 포함한다.

» 학생들이 특정한 형태의 수학적 추론을 개발하지는 않았지만 디자인 연구에 참여했음을 보여주기
» 각각의 연속된 추론 형태가 어떻게 이전 추론 형식의 재구성으로써 나타나게 되었는지 기록하기
» 그러한 연속적인 추론의 출현을 뒷받침하는데 우발적이라기보다는 필수적인 교실 학습 환경의 특정 측면을 식별하기

이 논쟁적인 기본 원리를 제시할 때, 우리는 단일 연구 과정에서 견고한 교수 이론이 개발될 수 있는 것처럼 말했다. 그러나 이것은 항상 그런 것은 아니며, 특히 연구팀이 초기 디자인 추측을 구축할 때 토대가 될 수 있는 연구 기반이 약한 경우에는 더욱 그렇다. 대신, 한 연구의 결과가 후속 연구를 위한 초기 디자인에 영향을 주는 일련의 연구를 수행할 필요가 있다(Gravemeijer & Cobb, 2006). 예를 들어, Stephan과 Akyuz(2012)와 Lehrer 등(2001)이 개발한 특정 영역의 교수 이론은 일련의 연구를 수행하는 동안 개선되었다. 단일 연구가 충분하다고 여겨지더라도, 우리는 다양한 환경에서 다양한 참가자들과 후속 실험을 수행하는 것이 유용하다고 믿는다. 그러한 시도는 반드시 전면적인 디자인 연구일 필요는 없고, 기존의 디자인을 새로운 환경에 적합하도록 만드는 데 중점을 둘 필요가 있다.

신뢰성

신뢰성은 참여 학생들의 추론에서의 연속적인 발달과 그러한 발달을 뒷받침하는 교실 학습 환경 측면 모두에 대한 주장과 그 주장의 합리성과 정당성에 관한 것이다. 분명히 질적 자료 분석의

기본 원칙에 대한 논의는 이 장의 범위를 벗어난다. 그러나 우리는 교실 디자인 연구의 과정에서 생성된 대규모 종단 자료를 분석하는 것이 어려울 수 있음을 인정해야 한다. 그럼에도 불구하고 특정 추론에 대한 증거를 비롯하여 분석 과정의 모든 단계를 기록하는 동시에 전체 자료를 체계적으로 분석하는 것이 필수적이다. 그런 후 필요한 경우, 다양한 분석 수준을 통해 원 자료(예, 강의실 수업의 비디오 녹화 및 오디오 녹음된 학생 인터뷰)로 역추적을 하여 최종 주장 및 논점을 정당화할 수 있다. 이는 분석에 대한 경험적 근거를 제공하는 연구팀의 자료 분석 과정에 대한 기록이다. 이러한 과정의 기록은 다른 연구자들이 일반적인 주장을 설명하기 위해 표본 에피소드를 사용하는 체계적인 분석과 근거 없는 주장을 뒷받침하기 위해 소수의 비정형적인 에피소드를 사용하는 신뢰할 수 없는 분석을 구분할 수 있게 해준다. 회고적 분석의 신뢰성을 높이는 추가 기준은 연구의 성공에 이해관계가 없는 다른 연구자들에 의해 어느 정도로 비판을 받았는지 그리고 어느 정도로 학생과 교사의 장기적인 참여로부터 유도되었는지를 포함한다(Taylor & Bogdan, 1984). 후자의 기준은 일반적으로 교실 디자인 연구의 경우 충족되며, 그것은 그 연구 방법론의 강점이 되는 것으로 여겨진다.

전문성 개발 디자인 연구

앞서 언급했듯이, 교실 디자인 연구는 다음과 같은 내용을 포함한 특정 영역의 교수 이론의 개발을 위해서 종종 실시된다.

» 특정 수학 영역에서 학생들이 학습 목표에 도달하게 하는 검증된 학습 과정
» 그러한 학습 과정을 지원하는 입증된 수단

마찬가지로 전문성 개발 디자인 연구를 수행할 때의 주요 목표는 다음과 같이 구성된 관행에 초점을 둔 전문성 개발 이론(practice-specific professional development theory)을 개발하는 것이다.

» 수학교사들의 특정한 형태의 교수 관행의 개발로 끝나게 되는 검증된 학습 과정
» 그러한 학습 과정을 지원하는 입증된 수단

실용주의적으로, 전문성 개발 디자인 연구는 교사들의 교수 관행에 대한 특정 측면을 개선하는 데 도움을 주는 것을 포함한다. Ball과 Cohen(1999)에 이어, 우리는 교사의 전문성 개발이 "그 직업에 대한 중요한 활동"에 중점을 두어야 하고, "질문, 조사, 분석 및 비판을 강조"(p. 13)해야 한다는 점을 받아들였다. 이론적으로 전문성 개발 디자인 연구는 교사들이 점점 더 정교한 교수 관행을 개발하는 과정과 그 개발을 지원하는 방법에 대한 추측을 개발하고, 검증하고, 수정하는 것을 포

함한다. 이와 관련하여, Grossman, Compton 외(2009)는 "복잡한 영역에서 관행은 특정 환경에서 다른 사람들과 특별한 활동을 수행하기 위해 기술, 관계 및 정체성의 조정을 포함한다"(p. 2059)는 것을 관찰하였다. 결과적으로, 교사들의 학습에 대한 추측은 직접적으로 관찰할 수 있는 교수의 측면(예, 학생들에게 질문하기)에 국한되지 않고 특정 유형의 지식(예, 특정 영역에서 학생들의 수학적 추론에 대한 지식)과 특별한 교수 관행에서 보이는 신념(예, 특정 집단 학생들의 수학적 능력에 관한 신념)의 발달에 초점을 맞출 수 있다(Bannan-Ritland, 2008 참조).

명확히 하게 위하여, 우리는 **전문성 개발**(PD)이라는 용어를 교사들의 학습을 지원하기 위해 의도적으로 디자인된 활동을 지칭하기 위해 사용하겠다. 따라서 PD는 여러 학교의 교사들 또는 연구팀의 구성원인 연구자나 조력자가 이끄는 단일 학교의 교사들을 위한 풀아웃 세션과 연구팀의 일원인 연구자 또는 코치가 개별 교사들의 교실에서 함께 협력하는 일대일 지원을 포함한다.

현재까지 수행된 PD 디자인 연구의 수는 교실 디자인 연구에 비해 상대적으로 적다. 그러나 PD 디자인 연구의 기본 원칙 중 상당수가 교실 디자인 연구의 기본 원칙과 유사하다. 그러므로 우리는 주로 기본 원칙을 크게 수정해야 하는 경우와 PD 디자인 연구를 수행할 때 다루어져야 할 추가적인 문제에 초점을 맞출 것이다.

해석적 프레임워크

PD 디자인 연구를 수행할 때 연구팀이 사용하는 해석적 프레임워크는 교사들의 학습 과정과 학습을 지원하는데 있어서 우발적이 아닌 필수적인 PD 학습 환경의 측면들에 대한 추정 및 가정을 설명한다. 그러한 프레임워크는 교실 디자인 연구를 수행할 때 일반적으로 발생하지 않는 두 가지 문제를 다루어야 한다. 참여자들의 활동을 학교 환경과 관련하여 고려하기와 두 가지 환경에서 그들의 활동 간의 관계에 대해 설명하기이다.

학교 환경과 관련하여 교사들의 활동 고려하기

교실 디자인 연구와 PD 디자인 연구의 중요한 차이점은 참여자들을 그들의 학교의 요구 및 기대로부터 차단하는 것이 어느 정도로 가능한지에 관한 것이다. 교실 디자인 연구에서 연구자들은 일반적으로 연구 환경 출입 자격에 대한 협상을 진행할 때 최대한 연구 교실을 격리시킨다. 대조적으로, PD 디자인 연구를 위한 장소를 개발할 때 참여 교사가 근무하는 학교 환경을 재협상하는 것이 보통은 불가능하다. 교사가 그들의 교실에서 하는 일에 대한 전문성 개발은 교사가 가르치는 학교 환경에 의해 영향을 받는다는 점을 감안한다면, 우리는 이것을 장점으로 본다(예, Bryk, Sebring, Allensworth, Luppesco, & Easton, 2010; Cobb, McClain, Lamberg & Dean, 2003; Coburn, 2003; Grossman, O'Keefe, Kantor, & Delgado, 2013). 학교 환경의 주요 측면에는 교사가 접근할 수 있고, 사용할 것으로 예상되는 교육 자료 및 관련 자료(예, 페이싱 가이드 및 교육과정 프레임워크), 교사가 책임을 지는 사람들 및 교사들을 책임지는 사람들(예, 학교장의 수학교육에 대한 기대), 교사가 자신의 교수 활동을 향상시키기 위해 의지할 수 있는 공식적이고 비공식적인 지원(예,학교 및 지역구 PD, 교육에 관한 조언을 구할 수 있는 동료)을 포함한다.

교실 디자인 연구와 PD 디자인 연구의 그러한 차이점에 비추어볼 때, 연구팀이 PD 연구를 수행할 때 사용하는 해석적 프레임워크가 참여하는 교사들의 활동을 그들이 근무하는 환경의 주요 측면과 관련하여 파악하는 것이 중요하다(Zawojewski et al., 2008). 예를 들어, Cobb, McClain 외(2003)가 중학교에서 통계 자료 분석을 가르치는데 중점을 둔 PD 디자인 연구에서 사용한 프레임워크는 주로 Wenger(1998)의 실천 공동체(communities of practice)에 대한 이론적 분석으로부터 도출되었다. 이 접근법은 중학교 수학 교수-학습과 관련이 있는 공동체 구성원(예, 학교 지도자, 지역 수학 지도자)의 관행을 문서화하고 주변 조우자, 연결자, 주변 객체라는 면에서 공동체 간의 연관성을 분석하는 것을 포함한다. 교사들이 근무하는 학교 환경에 대한 이러한 관심은 PD 세션과 교실에서 교사들의 활동을 설명할 때보다 더 큰 설명력을 야기한다. 그 결과 연구팀은 PD 디자인을 조정할 수 있다.

PD 학습 환경과 관련하여 교사들의 활동 고려하기

연구팀이 사용하는 해석적 프레임워크가 교사들이 참여하는 세션에서 설정된 사회적 규범, 그들이 참여하는 PD 활동, 사용하는 도구, 세션 동안 구성된 용어 및 담론을 포함한 PD 학습 환경과 관련하여 교사의 활동을 고려하는 것이 중요하다. 연구팀의 디자인 노력은 PD 학습 환경의 그러한 측면에 초점을 두어야 하며, 상당한 양의 증거가 참여하는 교사가 개발하는 관행 및 관련 추론의 형태에 영향을 미친다는 것을 보여준다(예, Horn, 2005; Kazemi & Franke, 2004; Putnam & Borko, 2000; Sherin & Han, 2004). 따라서 교사들의 학습 및 PD 학습 환경에 대한 연구팀의 가정은 진행 중인 디자인의 결정에 영향을 미치기 때문에 중요하다.

교실 환경에서 교사들의 활동 간의 관련성에 대해 설명하기

교실 디자인 연구에서 연구팀은 일반적으로 단일 환경인 교실에서 학생들의 학습을 지원하는데 중점을 둔다. 이와는 대조적으로, PD 디자인 연구의 목적은 교실 환경에서 교사들의 활동에 대한 재구성을 지원한다는 명백한 목표를 가지고 또 다른 환경인 PD 세션에서의 활동에 교사를 참여시키는 것이다. 결과적으로, 교사들의 학습을 지원하기 위한 디자인은 필수적으로 두 가지 환경에서 교사들의 활동 사이의 관련성에 대한 추정과 가정을 포함한다(Cobb, Zhao, et al., 2009; Kazemi & Hubbard, 2008). Kazemi와 Hubbard(2008) 및 Cobb, Zhao 외(2009)가 관찰한 바와 같이, PD는 전통적으로 PD 세션과 교사의 교실 간의 관계가 일방향이라는 가정을 반영한다. PD 세션에서 교사의 활동은 그들이 그들의 교실에서 수행하는 것에 영향을 미친다고 가정하는 것이다. 그러나 관행 기반 PD의 모델은 교사가 실천 중인 관행이 교사의 학습을 위한 중요한 자원으로서 역할을 수행한다는 것을 제안함으로써 그러한 가정에 도전한다(Cobb, Zhao, et al., 2009; Kazemi & Hubbard, 2008).

두 가지 환경에서 교사들의 활동 사이의 관계에 대한 연구팀의 가정은 교사들의 활동에 대한 디자인 및 해석 모두에 영향을 미친다. 따라서 PD 디자인 연구를 수행하는 연구자들이 그러한 관계를 어떻게 개념화하는지에 대해 명시하는 것은 중요하다. 예를 들어, 통계 자료 분석에 초점을 맞춘 PD 디자인 실험에서 Cobb, Zhao 외(2009)는 참여하는 교사들이 PD 세션에서 학생의 활동을 쉽게 분석했지만, 그러한 활동이 실제 수업과 관련이 있는 것으로 보지 않는다는 것을 발견했다. 그 후 연구팀은 교사들이 학생 활동을 "미래 수업 계획을 위한 자료"(p. 188)로 간주할 것이라고 가정한 반면, 교사들은 그것을 단지 교실에서 "회고적 평가"를 위해 사용했다는 것이 밝혀졌다. 이러한 결과는 각각의 환경에서 결과물이 어떻게 사용되었는지, 그리고 서로에게 어떤 영향을 주었는지에 대해 고려하기 위해 연구팀이 그들의 해석적 프레임워크를 수정하도록 이끌었다. 그 다음에 그들은 그러한 관계를 고려하여 교사들의 학습을 지원하기 위해 그들의 디자인을 조정하였다.

PD 디자인 연구 준비하기

반복을 피하기 위해 교실 디자인 연구에 대한 논의를 참고로 삼아 우리의 논의를 PD 디자인 연구의 특정한 이슈로 제한하겠다.

교사들의 학습을 위한 목표 명시하기

교실 디자인 연구와 마찬가지로, PD 디자인 연구는 현장에서 거의 발생하지 않는 교육 관행에 대한 교사의 전문성 개발에 대한 추측을 검증하고, 수정하는데 유용하다. 또한 교사들의 핵심 관행에 대한 개발과 관련 지식 및 신념에 대한 지원을 위해 현재 실행 가능한 디자인이 존재하지 않는 경우에 유용하다. 초기 디자인 수립의 방향성을 알리기 위하여 PD 디자인 연구의 목표를 구성하는 교육 관행의 형태가 가능한 한 자세하게 명시되어야 한다. 우리의 관점에서는, 목표로 삼은 관행의 형태가 학생들의 학습 기회의 측면에서 정당화될 수 있다는 것이 중요하다. 교사들의 학습을 위한 목표를 기술하는 첫 번째 단계는 학생들의 수학학습에 대한 목표를 명확히 하는 것이라는 것을 의미한다(예, 절차적 유창성뿐만 아니라 개념 이해의 개발, 해결 방법을 설명 및 정당화, 여러 표상 간의 연결성 만들기). 두 번째 단계는 학생들의 수학학습 목표의 달성을 지원하는 교육 관행을 파악하기 위해 수학교육에 대한 현행 연구를 사용하는 것이다. 예를 들어, 현행 연구들은 학생들의 절차적 유창성뿐만 아니라 개념적 이해를 개발시키려면, 교사들이 주기적으로 인지적으로 요구되는 과제를 제시하고, 엄격하게 유지하는 것이 중요하다고(Henningsen & Stein, 1997) 제안했고, 교육 현안들을 진행시키기 위해서 학생의 사고를 끌어내고 그것을 기반으로 하는 것이 중요하며(Franke, Kazemi, & Battey, 2007), 중요한 수학적 아이디어와 관련하여 학생들이 서로의 해결책을 이해하도록 강조하는 학급 전체 토론을 조직하는 것이 중요하다고 제안한다(Stein, Engle, Smith, & Hughes, 2008). 이러한 연구 결과는 교사들의 학습 목표에 대한 구체적인 설명을 제공할 수 있다.

수업의 시작점 기록하기

명백한 학습 목표를 명시하는 것 외에도, 목표로 하는 교사들의 관행 개발 및 그러한 개발을 지원하는 수단에 대한 추측을 만드는 것을 시도하기 전에 교사들의 현재 관행에 대한 측면들과 PD가 개발할 수 있는 관련 지식의 형태를 파악하는 것이 중요하다. 기록하기 위한 수업의 시작점을 결정하는 것은 연구의 목표에 달려 있다. 예를 들어, 참여 교사들의 교수를 위한 수학적 지식(Hill, Schilling, & Ball, 2004) 또는 전통적으로 교육 취약 학생 집단의 수학적 능력에 대한 그들의 개념을 기록하는 것이 중요할 수 있다(Jackson & Gibbons, 2014). 일반적으로 시작점을 기록하는 것은 교실 관찰, 평가(예를 들면, 교수를 위한 수학적 지식) 및 면담을 포함한다. 또한 (비록 이례적이지만) 참여 교사들이 근무하는 학교 환경은 참여 교사들의 교실 관행에 대한 PD의 영향을 중재할 것이므로 참여 교사들의 학교 환경을 기록하는 것이 중요하다.

계획된 학습 궤도 그리기

실험을 준비하는 다음 단계는 교사들의 교실 관행, 지식, 신념에 있어서 중대한 발달과 그러한 발달을 뒷받침하는 지원 수단에 대한 검증 가능한 추측을 만들어냄으로써 계획된 학습 궤도를 기술하는 것이다. 그러한 것을 통해, 교사들이 근무하는 학교 환경을 고려할 때, PD 세션에서 그들의 학습이 어떻게 그들의 교실 관행에서의 변화와 관련이 있는지를 생각하는 것이 중요하다. 교사 학습과 전문성 개발에 대한 현재의 문헌은 수학교사들의 특정 형태의 관행 개발에 대한 실제 궤도를 보고한 몇 가지 분석만을 포함한다(Franke, Carpenter, Levi, & Fennema, 2001; Kazemi & Franke, 2004; van Es & Sherin, 2008). 그러나 교사 학습과 전문성 개발에 관한 문헌은 잠재적으로 교사들의 학습을 지원하는 생산적인 수단을 제안하는데 유용하다. 예를 들어, 교실 수업에 영향을 미치는 현직교사 PD가 다음과 같은 특성을 공유한다는 증거가 있다. 시간이 지나도 일관되며, 함께 일하는 동료교사 집단을 포함하고, 교육의 핵심적인 문제에 초점을 맞추며, 교사가 그들의 수업에서 사용하는 교육 자료들을 중심으로 조직되어 있다(Darling-Hammond, Wei, Andree, Richardson, & Orphanos, 2009; Garet, Porter, Desimone, Birman, & Yoon, 2001; Kazemi & Franke, 2004; Little, 2003).

우리의 관점에서 볼 때, 관행 기반의 예비교사교육에 대한 최근의 연구 결과는(예, Ball, Sleep,

Boerst, & Bass, 2009; Lampert, Beasley, Ghousseini, Kazemi, & Franke, 2010; Lampert et al., 2013; McDonald, Kazemi, & Kavanagh, 2013), 특히 현직교사들의 학습 지원에 대한 디자인 및 실행을 알아내는 것과 관련이 있으며, 현직교사 PD의 맥락에서 후속 조사를 할 가치가 있다. 전문가들이 복잡한 형태의 관행을 개발하는 방법을 이론적으로 분석한 그러한 연구 분야는 교사들에게 목표로 하는 교수 관행(예, 교육 의제를 달성하기 위해 학생 사고 유도 및 구축)을 중심으로 조직된 교수법에 대한 조사 및 관행 모두에 참여할 기회를 주는 것이 중요함을 제안하였다(Grossman, Compton, et al., 2009; Grossman, Hammerness, & McDonald, 2009). 교수법에 대한 조사는 학생 활동과 수업 비디오 사례와 같은 수업 관행에 대한 표현들을 분석하고 비평하는 것을 포함한다(Borko, Jacobs, Eiteljorg, & Pittman, 2009; Kazemi & Franke, 2004; Sherin & Han, 2004). 교수법의 실행은 점차적으로 복잡해지는 일련의 순서로 관행의 측면들을 계획하고, 리허설하며 실행하는 것을 포함한다(예, 학생의 역할을 하는 다른 교사들을 가르치고, 소집단 학생들을 가르치고, 한 학급을 가르치기). 교사들이 더 뛰어난 다른 사람들과 목표한 관행에 가까운 활동에 공동으로 참여하는 기회는 교육의 실행에 있어서 매우 중요하다(Bruner, 1996; Forman, 2003; Lave & Wenger, 1991).

잠재적으로 생산적인 유형의 PD 활동을 나타내는 것 외에도 교사 학습 및 전문성 개발에 대한 현재의 문헌은 교사 학습 기회 측면에서 정당화될 수 있는 활동의 실행을 주도하는 촉진자의 관행에 대해 알려줄 수 있다. 우리가 언급한 예비교사교육에 있어서 최근의 발전은 PD 세션과 그들의 교실에서 교사들의 활동 사이의 관계에 대한 양방향 견해를 반영하기 때문에, 특히 현직교사교육에 대한 가능성을 보여준다. 그러나 교사들의 특정 형태의 관행 개발 과정에 대한 연구가 상대적으로 미약하기 때문에 초기 디자인에 대한 추측은 거의 확실히 일시적이며, 따라서 충분히 수정 가능하다.

이론적 맥락 안에 연구 배치하기

PD 디자인 연구의 목적은 다른 환경에서 교사들의 학습을 지원하려고 시도할 때 다른 사람들에게 지침을 제공하는 데 유용한 지식을 생산하는 것이다. 따라서 교실 디자인 연구의 경우와 마찬가지로, PD 디자인 연구를 보다 광범위한 현상의 패러다임적 사례로(예를 들어, 교사들의 특정 관행 개발(예, 학생 사고에 대한 유도 및 반응하기), 지식(예, 특정 수학적 영역 안에서 학생들의 추론), 그리고/또는 신념(특정 집단 학생들의 수학적 능력에 관해)) 명확하게 틀을 잡는 것이 중요하다.

학습을 지원하기 위해 실험하기

참여 교사들의 학습을 지원하기 위해 실험을 할 때의 목표는 장래의 학습 과정과 그것을 뒷받침하는 구체적인 수단에 대한 추측을 검증하고, 수정함으로써 계획된 궤도를 개선하는 것이다.

자료 수집

수집된 자료는 연구팀이 회고적 분석을 수행할 때 조사 중인 광범위한 이론적 문제를 다룰 수 있도록 해야 한다. 연구자는 최소한 다음을 기록하기 위해 자료를 수집해야 한다.

» 교사들의 결과적 관행, 지식 그리고/또는 신념에 대한 PD의 영향을 중재할 수 있는 학교 맥락 관련 측면
» 참여 교사들의 학습을 위해 실행된 지원을 포함하여 PD 학습 환경 관련 측면
» PD 세션에서 교사들의 학습 과정
» 교사들의 교실 관행에 있어서의 발전

자료는 교사들이 학습하는 과정 및 그것을 지원하는 수단에 대한 설명에 초점을 둔다는 점에서 주로 질적일 수 있다. 그러나 연구의 이론적 의도에 부합하고 교사들의 진행 중인 학습에 대한 연구팀의 이해에 기여하는 경우 교수를 위한 교사들의 수학적 지식 평가(Hill, Ball, & Schilling, 2008)와 같은 검증된 양적 도구를 포함하는 것이 합리적이다(Lesh & Kelly, 1997).

디자인과 분석의 주기

PD 디자인 연구에서 주기(cycles)는 PD 세션 및 발생한 것에 대한 (진행 중인) 초기 분석을 수행하고, 향후 세션을 계획하기 위한 회의 후에 실시되는 연구자들의 보고 회의로 구성된다. 주기는 PD 세션의 빈도에 따라 달라지며, 일반적으로 교실 디자인 연구에서의 일일 주기보다 덜 빈번하다. 보고 회의에서 PD 세션 및 교실 수업에서 교사들의 활동에 대한 설명을 전개해 나갈 때, 교사들이 근무하는 학교 환경을 고려하는 것이 중요하다.

회고적 분석 수행하기

교실 디자인 연구의 경우와 마찬가지로 PD 디자인 연구가 수행되는 동안 행해지는 분석은 참여 교사들의 학습을 지원하는 즉각적인 실용적인 목표에 기여하는 반면, 회고적 분석은 교사들의 학습 및 그것이 더 포괄적인 현상의 패러다임으로서 뒷받침되는 방법을 다룬다. 회고적 분석에 대해 논의할 때, 우리는 연구의 주요 목표 중 하나가 관행에 초점을 둔 PD 이론을 개발하는 것이라고 가정한다.

논쟁적인 기본 원리

PD 디자인 연구를 위해 우리가 제안하는 논쟁적인 기본 원리는 교실 디자인 연구와 유사하다.

이 둘의 주요한 차이점은 각 환경에서의 교사들의 활동에 대한 변화를 설명하는 것과 학교 맥락의 중재적 역할에 대한 필요성을 고려해야 한다는 점이다. 비록 PD 디자인 연구를 위한 논쟁적인 기본 원리의 핵심이 신뢰성이지만, 교실 디자인 연구를 논의할 때 다룬 이슈가 PD 디자인 연구에도 동일하게 적용되므로 그것을 명시적으로 논의하지는 않겠다.

교실 디자인 연구와 마찬가지로, 제안된 논쟁적 기본 원리의 첫 번째 단계는 교사들이 기록된 형태의 교수 관행을 개발하지는 않았지만, 디자인 연구에 참여했음을 보여주는 것이다. PD 디자인 연구는 일반적으로 현장에서 거의 발생하지 않고 실행 가능한 디자인이 현재 존재하지 않는 교수 관행의 행태에 대한 교사들의 개발을 조사하기 때문에 이것은 보통 간단하다.

논쟁적인 기본 원리의 두 번째 단계는 결과가 잠정적으로 일반화될 수 있음을 보여주는 것이다. 이는 조사된 학습 과정의 다양한 측면과 단순히 우발적이라기보다 필수적으로 학습 과정을 지원하는 수단에 대해 상세하게 설명함으로써, 또 어떻게 교사들이 근무하는 학교 환경이 그들의 교실 관행에 대한 PD의 영향을 중재하는지를 보고함으로써 달성될 수 있다. 교실 디자인 연구와 마찬가지로, 이것은 하나의 디자인이 절대적으로 충실하게 반복되어야 한다는 것을 의미하지는 않는다. 대신에, 그 목적은 다른 사람들에게 PD 디자인 및 학교 환경의 필수적인 측면을 알려주어 다른 사람들이 그들이 근무하는 환경에 맞게 그 디자인을 조정할 수 있게 하는 것이다. 교사들의 점점 더 정교한 형태의 교수 관행을 개발하는 방법에 대해 기록하고, 교사들의 그러한 관행 개발을 지원하는 PD 학습 환경의 다양한 측면에 대해 파악하고, 교사들이 근무하는 학교 환경의 중재적인 역할을 명확히 하기 위해 전체 자료에 대한 분석이 수반된다.

결과적으로 관행 기반의 전문성 개발 이론은 교사들의 관행에 있어서의 연속적인 발달과 PD 학습 환경 및 학교 환경의 관련 측면 사이의 관계를 구체적으로 명시함으로써 어떻게 교사들의 학습이 디자인되었는지를 설명한다. 교사들이 근무하는 학교 환경에 대해 폭넓게 이해하고, 교사들의 학습을 PD 학습 환경 및 학교 환경에 위치하는 것으로 다루는 해석적 프레임워크를 사용하는 경우, 연구팀이 그러한 유형의 확고한 이론을 구축할 가능성은 더 커진다.

교실 디자인 연구와 마찬가지로, PD 디자인 연구 결과에 대한 일반화 가능성은 교사들이 기록된 형태의 관행이 개발된 조건과 메커니즘이 보고된 과정 지향적인 설명에 기반한다. 관행에 초점을 둔 전문성 개발 이론의 경우, 메커니즘은 PD 학습 환경의 특정 측면이 교사들의 관행에 대한 지속적인 재조직을 지원하는 과정이다. 이 조건들은 입증된 학습 궤도와 학교 환경의 특정 측면의 특정 시점에서 교사들의 관행이다.

요약하면, PD 디자인 연구를 위한 논쟁적인 기본 원리는 다음을 포함한다.

» 참가자가 특정 형태의 관행을 개발하지는 않겠지만, 디자인 연구에 참여했음을 보여주기

» 그러한 연속적 형태의 관행의 출현을 뒷받침하는데 있어서 우발적이라기보다 필수적인 PD 학습 환경의 특정 측면을 파악하기
» 학교 환경의 특정 측면이 PD 세션에서 교사들의 학습이 교사들의 교실 관행에 미치는 영향을 어떻게 중재하는지 명확히 하기

PD 디자인 연구를 위한 초기 디자인에 대한 추측을 수립할 때, 연구팀이 구축할 수 있는 연구 기반이 약하다면, 단일 연구의 과정에서 확고한 관행에 초점을 둔 PD 이론이 개발될 가능성은 낮다. 따라서 교실 디자인 연구의 경우와 마찬가지로, 한 연구의 결과가 다음 연구를 위한 초기 PD 디자인에 정보를 제공할 수 있는 일련의 연구를 실시할 필요가 있을 것이다.

추가적인 의견으로, 우리가 교사들의 학습을 조사하고 지원하는 것에 대해 언급했던 것의 대부분이 수학 코치, 학교 지도자, 전문성 개발 촉진자를 포함한 학교 및 지역 교육 개선 노력에 관여하는 다른 역할 그룹 구성원들의 학습에 관한 조사로 일반화될 수 있다. 그러한 연구의 목표는 다음과 같은 내용으로 구성된 관행에 초점을 둔 전문성 개발 이론을 개발하는 것이다:

» 목표 역할 그룹의 특정 형태의(코칭, 학교 리더십 또는 촉진) 관행 개발로 끝나는 검증된 학습 과정
» 그러한 학습 과정을 지원하는 입증된 수단

우리가 볼 때, 코치, 학교 지도자 및 전문성 개발 촉진자들의 학습을 지원하는 연구가 거의 없기 때문에 교사 학습 문헌으로부터 추론하는 것은 합리적이다.

현행 디자인 연구의 제한점

지금까지 우리는 디자인 연구의 잠재적인 기여도에 초점을 맞추었다. 또한 그러한 연구의 일반적인 한계를 고려하여 비판적인 자세를 취하는 것도 중요하다. 교실 디자인 연구를 논의할 때, 우리는 더 일반적으로 디자인 연구 방법론에 적용되는 중요한 현재의 한계점(명백하고 합의된 논쟁적인 기본 원리의 부재)을 강조하였다. 우리가 지적했듯이, 그러한 한계점은 디자인 연구가 특정 교실 및 전문성 개발 디자인 연구의 보고서와 그러한 연구의 제안서에 대한 질을 판단하는 데 사용될 수 있는 명시적으로 코드화된 기준을 갖춘 성숙한 방법론이 되기 위해 다루어져야 할 심각한 약점이다.

두 가지 유형의 설계 연구의 두 번째 주요 한계점은 일반적으로 형평성 이슈에 대한 관심이 제한된다는 점이다. 학생과 교사들의 학습 및 디자인된 학습 환경의 복잡성으로 인해 디자인 연구 과정에서 발생하는 모든 것을 완전하게 명시화하는 것이 불가능하다는 것을 인정하는 것은 중요

하다(Cobb, Confrey, et al., 2003). 그러므로 현상에 대한 광범위한 범주의 전형적인 사례로서 디자인 연구를 구상할 때 선택들이 수반되어야 한다. 그럼에도 불구하고 학생들의 학습 기회에 있어서 형평성에 중점을 둔 교실 디자인 연구 및 전문성 개발 디자인 연구가 거의 실시되지 않았다는 점이 눈에 띈다. 이와 관련하여, Enyedy와 Mukhopadhyay(2007)가 실시한 교실 디자인은 드물게 예외적이다. 그들은 학생들이 도시 지역에 대한 학교 밖의 지식으로부터 점점 더 정교해지는 통계적 논증을 만드는 것을 지원하려고 시도하였다. Enyedy와 Mukhopadhyay는 학생들의 지엽적인 지식을 존중하는 것과 논증에 대한 학문적 규범을 수립하는 것 사이에 내재된 긴장이 있음을 관찰했다고 보고하였다.

명시적으로 형평성 문제에 주의를 기울이지 못하는 것은 모든 학생들의 학습을 효과적으로 지원하는 디자인이 형평성 문제를 명시적으로 수행하지 않고도 개발될 수 있다는 가정 및 생산적이라고 판단되는 교수 관행의 디자인과 형태가 반드시 공정하다는 가정을 반영한다. 우리의 견해로는 이 두 가지 가정이 모두 의심스럽다. 우리가 볼 때, 교실 디자인 연구에서 형평성에 관한 문제에 주의를 기울이는 것은 학생들의 학습 기회의 분배와 아마도 그들의 수학적 정체성 발달을 기록하는 것을 수반한다(Cobb, Gresalfi, & Hodge, 2009). 전문성 개발 연구의 경우, 참여하는 교사들을 위한 의도된 교수 관행을 명시화하는 것을 수반하며, 그러한 관행은 다양한 학생 집단의 학습을 지원하거나, 최소한 그러한 잠재력을 가지고 있음을 보여주는 개념적 분석을 뒷받침하는 증거를 포함한다.

세 번째 주요 약점은 교실 및 PD 디자인 연구를 수행하는 연구자들이 연구 준비의 단계에서 연구 규모에 대한 디자인에 있어서의 빈번한 실패로 인하여, 연구 커뮤니티를 넘어선 연구 결과에 대한 잠재적인 실용적 성과와 관련성을 제한하는 것이다. 그러한 연구를 수행하는 연구자들은 교사들이 디자인을 효과적으로 시행하기 위해 개발해야 할 지식과 기술을 거의 고려하지 않기 때문에, 그런 약점은 많은 교실 디자인 연구에서 특히 명백하다. 이러한 유형의 연구를 수행하는 연구자들은 일반적으로 교사들이 근무하는 학교 환경으로부터 교사들을 격리시킬 수 없기 때문에, 비록 극단적이지는 않지만, 그러한 약점은 많은 PD 디자인 연구에서도 명백하다. 그러나 연구팀의 구성원들은 종종 참여 교사들의 학습을 지원하기 위한 본인들의 이례적인 전문성을 고려하지 않은 채 소수의 학교에서 핵심 지원자로서 머무른다. 디자인 연구 방법론의 강점 중 하나는 연구자가 학생 또는 교사의 학습에서 무엇이 가능한지를 탐색할 수 있다는 것이다. 결과적으로 전형적인 교육의 형태와 교실 및 PD 디자인 연구의 초점이 되는 부분 사이에는 상당한 단절이 존재한다. 그러나 연구자들이 디자인을 고안할 때, 단순히 자신들뿐만 아니라 학생들 또는 교사들의 학습을 지원하기 위한 다른 사람들의 능력을 고려하지 않는다면, 디자인 연구 과정에서 개발되고 정교화된 디자인이 대대적으로 교실 교수-학습의 개선에 기여할 가능성은 크게 감소할 것이다.

이 한계를 피하기 위한 한 가지 접근법은 학생들 또는 교사들의 학습과 관련해서 이론적으로 흥미로운 문제로 간주되는 것에 대한 연구자들의 평가에 관해 학교 관계자들이 확인한 관행의 문제점들에 적어도 많은 비중을 두는 것이다(Bannan-Ritland, 2008 참고). 이 접근법에서 연구자들은 실무자의 염려를 출발점으로 삼아 연구가 실용적이고 이론적으로 중요하도록 그러한 이슈들을 어떻게 구성할지를 협의한다. 예를 들어, 학생들의 동기 부여에 대한 교사들의 관심으로부터 시작하는 연구는 학생들의 수학에 대한 흥미 함양 또는 생산적인 수학적 정체성의 개발에 대한 지원의 측면에서 핵심적인 이슈를 재구성할 수 있다. 이와 유사한 경우로, 디자인 연구 방법론은 더 일반적으로 교육 개선에 영향을 미칠 가능성이 높은 방식으로 학생들 또는 교사들의 학습에서 무엇이 가능한지를 탐구함으로써 최대한의 가능성에 접근한다.

우리가 파악한 네 번째 한계는 교실 디자인 연구에 국한되며 연구에서 교사의 교수 관행에 대한 관심 부족에 관한 우려이다. 교실 디자인 연구를 수행하는 대부분의 연구자들은 연구 교사가 참여하는 학생 학습을 지원하는데 있어서 중심적인 역할을 한다는 것을 쉽게 인정할 것이다. 그러나 그러한 교사들의 교수 관행이 명시적인 분석의 초점이 되는 경우는 드물다. 그러한 교사들은 전형적으로 비교적 정교한 관행을 수행하고 있기 때문에 이는 유감스러운 일이다. 따라서 그들의 관행 분석은 탐구 지향적인 수학교육의 핵심 측면을 기술하는데 기여할 수 있다. 이것은 일반적으로 교사 전문성 개발, 특히 전문성 개발 디자인 연구에서 목표로 삼아야 하는 교사들의 학습을 위한 목표를 명확히 하는 데 도움이 될 것이다. Kwon 외(2013)의 수학적 논증 개발에 대한 조사는 연구 교사의 담론적 움직임을 참여 학생들의 학습을 위한 핵심적인 설계된 지원으로 구성했기 때문에 드문 예외이다. 연구 교사의 관행에 대한 그러한 관심은 교실 디자인 연구 동안 개발된 일련의 지도 방법의 실행을 지원하기 위한 노력을 다른 맥락에서 설명할 수 있다.

마지막 한계점은 PD 디자인 연구에 한정된다. 지금까지 수행된 그러한 유형의 연구의 대부분은 PD 세션에서 교사들의 참여에 초점을 맞추고 있다. 우리의 견해로는 교사들의 교실 수업에 대한 사전, 사후 관찰을 수행함으로써 최소한 참여 교사들의 수업 관행에 대한 질에 있어서의 변화를 기록하는 것 또한 중요하다고 본다. 게다가 PD 디자인 연구를 수행하는 연구자들은 참여하는 교사들이 근무하는 환경을 기록하려고 거의 시도하지 않는다. 결과적으로, 교사 집단은 사실상 제도적 공백 상태에 놓여 있다. 따라서 연구 결과의 일반화 가능성이 위태롭게 되어 다른 연구자들이 PD 디자인을 자신이 근무하는 학교 환경에 적용하는 것이 불가능하지는 않더라도 어렵게 된다. 전문성 개발 디자인 연구에 대한 기록물을 검토할 때, 그러한 연구들을 보고하기 위한 명확한 기준이 수립되어야 한다는 것이 명백해졌다. 우리가 검토한 연구 결과물 중 상당 부분이 PD 설계, 교사들의 학습과 그들의 학습을 지원하는 특정 지원 수단에 대한 추측, 교사들의 전문성 개발 활동 참여와 그들의 교실 관행 간의 관계, 그리고 교사들의 의도된 형태의 교수 관행 개발을 중재하는 학교 환경의 측면을 뒷받침하는 디자인 원리에 대한 정보를 제공하지 못했다. 적절하게 기록된, 주의 깊게 계획되고 실행된 PD 디자인 연구는 관행에 초점을 둔 전문성 개발 이론의 개발 및 정교화에 결정적인 기여를 할 수 있기 때문에 시급히 필요하다. 출판된 연구 결과물에 그러한 필수 정보가 포함되지 않는다면, 연구팀들이 선행 연구로부터 배우고 그 연구를 기반으로 하는 것이 어렵다. 이는 결국 이 분야에서 교사들이 생산적인 형태의 관행을 개발하도록 지원할 수 있는 방법과 관련해서 견고한 이론을 개발할 가능성을 제한한다.

참고문헌

Ball, D. L., & Cohen, D. K. (1999). Developing practice, developing practitioners: Toward a practice-based theory of professional education. In G. Sykes & L. Darling-Hammond (Eds.), *Teaching as the learning profession: Handbook of policy and practice* (pp. 3–32). San Francisco: Jossey Bass.

Ball, D. L., Sleep, L., Boerst, T., & Bass, H. (2009). Combining the development of practice and the practice of development in teacher education. *Elementary School Journal, 109*(5), 458–474.

Bannan-Ritland, B. (2008). Teacher design research: An emerging paradigm for teachers' professional development. In A. E. Kelly, R. Lesh & J. Y. Baek (Eds.), *Handbook of design research methods in education: Innovations in science, technology, engineering and mathematics learning and teaching* (pp. 246–262). New York: Routledge.

Borko, H., Jacobs, J., Eiteljorg, E., & Pittman, M. E. (2009). Video as a tool for fostering productive discussions in mathematics professional development. *Teaching and Teacher Education, 24*, 417–436.

Brown, A. L. (1992). Design experiments: Theoretical and methodological challenges in creating complex interventions in classroom settings. *Journal of the Learning Sciences, 2*, 141–178.

Bruner, J. (1996). *The culture of education*. Cambridge, MA: Harvard University Press.

Bryk, A. S., Sebring, P. B., Allensworth, E., Luppesco, S., & Easton, J. Q. (2010). *Organizing schools for improvement: Lessons from Chicago*. Chicago: University of Chicago Press.

Byrnes, J. P. (1992). The conceptual basis of procedural learning. *Cognitive Development, 7*(2), 235–257.

Cheeseman, J., McDonough, A., & Ferguson, S. (2012). The effects of creating rich learning environments for children to measure mass. In J. Dindyal, L. P. Cheng & S. F. Ng (Eds.), *Mathematics education: Expanding horizons (Proceedings of the 35th annual conference of the Mathematics Education Research Group of Australasia)*. Singapore: MERGA.

Clements, D. H., & Sarama, J. (2004). Learning trajectories in mathematics education. *Mathematical Thinking and Learning, 6*, 81–89.

Cobb, P., Confrey, J., diSessa, A., Lehrer, R., & Schauble, L. (2003). Design experiments in educational research. *Educational Researcher, 32*(1), 9–13.

Cobb, P., Gresalfi, M., & Hodge, L. L. (2009). An interpretive scheme for analyzing the identities that students develop in mathematics classrooms. *Journal for Research in Mathematics Education, 40*, 40–68.

Cobb, P., & Jackson, K. (2012). Analyzing educational policies: A learning design perspective. *The Journal of the Learning Sciences, 21*(4), 487–521.

Cobb, P., McClain, K., Lamberg, T., & Dean, C. (2003). Situating teachers' instructional practices in the institutional setting of the school and district. *Educational Researcher, 32*(6), 13–24.

Cobb, P., & Steffe, L. (1983). The constructivist researcher as teacher and model builder. *Journal for Research in Mathematics Education, 14*, 83–94.

Cobb, P., Stephan, M., McClain, K., & Gravemeijer, K. (2001). Participating in classroom mathematical practices. *The Journal of the Learning Sciences, 10*(1–2), 113–163.

Cobb, P., & Yackel, E. (1998). A constructivist perspective on the culture of the mathematics classroom.

In F. Seeger, J. Voigt & U. Waschescio (Eds.), *The culture of the mathematics classroom: Analysis and changes* (pp. 158–190). New York: Cambridge University Press.

Cobb, P., Yackel, E., & Wood, T. (1995). The classroom teaching experiment. In P. Cobb & H. Bauersfeld (Eds.), *Emergence of mathematical meaning: Interaction in classroom cultures* (pp. 17–24). Hillsdale, NJ: Lawrence Erlbaum Associates.

Cobb, P., Zhao, Q., & Dean, C. (2009). Conducting design experiments to support teachers' learning: A reflection from the field. *Journal of the Learning Sciences, 18*, 165–199.

Coburn, C.E. (2003). Rethinking scale: Moving beyond numbers to deep and lasting change. *Educational Researcher, 32*(6), 3–12.

Collins, A. (1992). Toward a design science of education. In T. Scanon & T. O'Shey (Eds.), *New directions in educational technology* (pp. 15–22). New York: Springer.

Darling-Hammond, L., Wei, R.C., Andree, A., Richardson, N., & Orphanos, S. (2009). *Professional learning in the learning profession: A status report on teacher development in the United States and abroad.* Dallas, TX: National Staff Development Council.

DeCorte, E., Greer, B., & Verschaffel, L. (1996). Mathematics learning and teaching. In D. Berliner & R. Calfee (Eds.), *Handbook of educational psychology* (pp. 491–549). New York: Macmillan.

Design-Based Research Collaborative. (2003). Design-based research: An emerging paradigm for educational inquiry. *Educational Researcher, 32*(1), 5–8.

diSessa, A.A. (1992). Images of learning. In E. d. Corte, M.C. Linn, H. Mandl & L. Verschaffel (Eds.), *Computer-based learning environments and problem solving* (pp. 19–40). Berlin: Springer.

diSessa, A.A. (2002). Students' criteria for representational adequacy. In K. Gravemeijer, R. Lehrer, B. v. Oers & L. Verschaffel (Eds.), *Symbolizing, modeling and tool use in mathematics education* (pp. 105–129). Dortrecht: Kluwer.

diSessa, A.A. (2004). Metarepresentation: Native competence and targets for instruction. *Cognition and Instruction, 22*(3), 293–331.

diSessa, A.A., & Cobb, P. (2004). Ontological innovation and the role of theory in design experiments. *Journal of the Learning Sciences, 13*, 77–103.

Doorman, M., Drijvers, P., Gravemeijer, K., Boon, P., & Reed, H. (2013). Design research in mathematics education: The case of an ict-rich learning arrangement for the concept of function. In T. Plomp & N. Nieveen (Eds.), *Educational design research—Part B: Illustrative cases* (pp. 425–446). Enschede, The Netherlands: SLO.

Enyedy, N., & Mukhopadhyay, S. (2007). They don't show nothing I didn't know: Emergent tensions between culturally relevant pedagogy and mathematics pedagogy. *Journal of the Learning Sciences, 16*, 139–174.

Fishman, B., Marx, R.W., Blumenfeld, P., & Krajcik, J.S. (2004). Creating a framework for research on systemic technology innovations. *Journal of the Learning Sciences, 13*, 43–76.

Forman, E.A. (2003). A sociocultural approach to mathematics reform: Speaking, inscribing, and doing mathematics within communities of practice. In J. Kilpatrick, W.G. Martin, & D. Schifter (Eds.), *A research companion to principles and standards for school mathematics* (pp. 333–352). Reston, VA: National Council of Teachers of Mathematics.

Franke, M.L., Carpenter, T.P., Levi, L., & Fennema, E. (2001). Capturing teachers' generative change: A follow-up study of professional development in mathematics. *American Educational Research Journal, 38*(3), 653–689.

Franke, M.L., Kazemi, E., & Battey, D. (2007). Mathematics teaching and classroom practice. In F.K. Lester (Ed.), *Second handbook of research on mathematics teaching and learning* (pp. 225–256). Greenwich, CT: Information Age Publishers.

Freudenthal, H. (1973). *Mathematics as an educational task.* Dordrecht, The Netherlands: Reidel.

Garet, M., S., Porter, A.C., Desimone, L., Birman, B.F., & Yoon, K.S. (2001). What makes professional development effective? Results from a national sample of teachers. *American Educational Research Journal, 38*, 915–945.

Gravemeijer, K. (1994a). *Developing realistic mathematics education.* Utrecht, The Netherlands: CD-ß Press.

Gravemeijer, K. (1994b). Educational development and developmental research. *Journal for Research in Mathematics Education, 25*, 443–471.

Gravemeijer, K., & Cobb, P. (2006). Design research from the learning design perspective. In J. v. d. Akker, K. Gravemeijer, S. McKenney, & N. Nieveen (Eds.), *Educational design research* (pp. 17–51). London: Routledge.

Grossman, P., Compton, C., Igra, D., Ronfeldt, M., Shahan, E., & Williamson, P.W. (2009). Teaching practice: A cross-professional perspective. *Teachers College Record, 111*(9), 2055–2100.

Grossman, P., Hammerness, K., & McDonald, M. (2009). Redefining teaching, re-imagining teacher education. *Teachers and teaching: Theory and practice, 15*(2), 273–289.

Grossman, P., O'Keefe, J., Kantor, T., & Delgado, P.C. (2013, April). *Seeking coherence: Organizational capacity for professional development targeting core practices in English language arts.* Paper presented at the annual meeting of the American Educational Research Association, San Francisco, CA.

Hall, R. (2001). Schedules of practical work for the analysis of case studies of learning and development. *Journal of the Learning Sciences, 10*, 203–222.

Henningsen, M., & Stein, M.K. (1997). Mathematical tasks and student cognition: Classroom-based factors that support and inhibit high-level mathematical thinking and reasoning. *Journal for Research in Mathematics Education, 28*(5), 524–549.

Hesse, M.B. (1965). *Forces and fields: A study of action at a distance in the history of physics.* Totowa, NJ: Littlefield, Adams. & Co.

Hill, H.C., Ball, D.L., & Schilling, S.G. (2008). Unpacking pedagogical content knowledge: Conceptualizing and measuring teachers' topic-specific knowledge of students. *Journal for Research in Mathematics Education, 39*(4), 372–400.

Hill, H.C., Schilling, S.G., & Ball, D.L. (2004). Developing measures of teachers' mathematics knowledge for teaching. *The Elementary School Journal, 105*(1), 11–30.

Horn, I.S. (2005). Learning on the job: A situated account of teacher learning in high school mathematics departments. *Cognition and Instruction, 23*, 207–236.

Hoyles, C., Noss, R., & Pozzi, S. (2001). Proportional reasoning in nursing practice. *Journal for Research in Mathematics Education, 32*(1), 4–27.

Jackson, K., & Gibbons, L. (2014, April). *Accounting for how practitioners frame a common problem of practice—students' struggle in mathematics.* Paper presented at the National Council of Teachers of Mathematics Research Conference, New Orleans, LA.

Kazemi, E., & Franke, M.L. (2004). Teacher learning in mathematics: Using student work to promote collective inquiry. *Journal of Mathematics Teacher Education, 7*, 203–235.

Kazemi, E., & Hubbard, A. (2008). New directions for the design and study of professional development: Attending to the coevolution of teachers' participation across contexts. *Journal of Teacher Education, 59*, 428–441.

Kelly, A.E. (2004). Design research in education: Yes, but is it methodological? *Journal of the Learning Sciences, 13*, 115–128.

Kwon, O.N., Ju, M-K., Kim, R.Y., Park, J.H., & Park, J.S. (2013). Design research as an inquiry into students' argumentation and justification: Focusing on the design of intervention. In T. Plomp & N. Nieveen (Eds.), *Educational design research—Part B: Illustrative cases.* Enschede, The Netherlands: SLO.

Lamberg, T., & Middleton, J.A. (2009). Design research perspectives on transitioning from individual microgenetic interviews to a whole-class teaching experiment. *Educational Researcher, 38*(4), 233–245.

Lampert, M., Beasley, H., Ghousseini, H., Kazemi, E., & Franke, M.L. (2010). Using designed instructional activities to enable novices to manage ambitious mathematics teaching. In M.K. Stein & L. Kucan (Eds.), *Instructional explanations in the disciplines* (pp. 129–141). New York: Springer.

Lampert, M., Franke, M.L., Kazemi, E., Ghousseini, H., Chan Turrou, A., Beasley, H., . . . Crowe, K. (2013). Keeping it complex: Using rehearsals to support novice teacher learning of ambitious teaching. *Journal of Teacher Education, 64*(3), 226–243.

Lave, J., & Wenger, E. (1991). *Situated learning: Legitimate peripheral participation.* London: Cambridge University Press.

Lehrer, R., & Kim, M.J. (2009). Structuring variability by negotiating its measure. *Mathematics Education Research Journal, 21*(2), 116–133.

Lehrer, R., Kim, M.J., & Jones, S. (2011). Developing conceptions of statistics by designing measures of distribution. *ZDM: The International Journal on Mathematics Education, 43*, 723–736.

Lehrer, R., Schauble, L., Strom, D., & Pligge, M. (2001). Similarity of form and substance: Modeling material kind. In S.M. Carver & D. Klahr (Eds.), *Cognition and Instruction: Twenty-five years of progress* (pp. 39–74). Mahwah, NJ: Lawrence Erlbaum Associates.

Lesh, R., & Kelly, A.E. (1997). Teachers' evolving conceptions of one-to-one tutoring: A three-tiered teaching experiment. *Journal for Research in Mathematics Education, 28*(4), 398–430.

Little, J.W. (2003). Inside teacher community: Representations of classroom practice. *Teachers College Record, 105*, 913–945.

Lobato, J. (2003). How design experiments can inform a rethinking of transfer and vice versa. *Educational Researcher, 32*(1), 17–20.

Lobato, J. (2012). The actor-oriented transfer perspective and its contributions to educational research and practice. *Educational Psychologist, 47*(3), 232–247.

Maxwell, J.A. (2004). Causal explanation, qualitative research, and scientific inquiry in education. *Educational Researcher, 33*(2), 3–11.

McDonald, M., Kazemi, E., & Kavanagh, S.S. (2013). Core practices and pedagogies of teacher education: A call for a common language and collective activity. *Journal of Teacher Education, 64*(5), 378–386.

Menchinskaya, N.A. (1969). Fifty years of Soviet instructional psychology. In J. Kilpatrick & I. Wirzup (Eds.), *Soviet studies in the psychology of learning and teaching mathematics* (Vol. 1, pp. 5–27). Stanford, CA: School Mathematics Study Group.

Putnam, R.T., & Borko, H. (2000). What do new views of knowledge and thinking have to say about research on teacher learning? *Educational Researcher, 29*(1), 4–15.

Saldanha, L., & Thompson, P. (2007). Exploring connections between sampling distributions and statistical inference: An analysis of students' engagement and thinking in the context of instruction involving repeated sampling. *International Electronic Journal of Mathematics Education, 2*, 270–297.

Schoenfeld, A.H. (2006). Design experiments. In P.B. Ellmore, G. Camilli, & J. Green (Eds.), *Complementary methods for research in education.* Washington, DC: American Educational Research Association.

Shadish, W.R., Cook, T.D., & Campbell, D.T. (2002). *Experimental and quasi-experimental designs for generalized causal inference.* Boston: Houghton Mifflin.

Sherin, M.G., & Han, S.Y. (2004). Teacher learning in the context of video club. *Teaching and Teacher Education, 20*, 163–183.

Simon, M.A. (1995). Reconstructing mathematics pedagogy from a constructivist perspective. *Journal for Research in Mathematics Education, 26*, 114–145.

Simon, M.A., Saldanha, L., McClintock, E., Karagoz Akar, G., Watanabe, T., & Ozgur Zembat, I. (2010). A developing approach to studying students' learning through their mathematical activity. *Cognition and Instruction, 28*, 70–112.

Simpson, G., Hoyles, C., & Noss, R. (2006). Exploring the mathematics of motion through construction and collaboration. *Journal of Computer Assisted Learning, 22*(2), 114–136.

Smith, J.P., & Thompson, P.W. (2007). Quantitative reasoning and the development of algebraic reasoning. In J.J. Kaput, D.W. Carraher, & M.L. Blanton (Eds.), *Algebra in the early grades* (pp. 95–132). Mahwah, NJ: Lawrence Erlbaum Associates.

Steffe, L. (1983). The teaching experiment methodology in a constructivist research program. In M. Zweng, T. Green, J. Kilpatrick, H. Pollak, & M. Suydam (Eds.), *Proceedings of the Fourth International Congress on Mathematical Education* (pp. 469–471). Boston: Birhauser.

Steffe, L., & Kieren, T.E. (1994). Radical constructivism and mathematics education. *Journal for Research in Mathematics Education, 25*, 711–733.

Steffe, L., & Thompson, P.W. (2000). Teaching experiment methodology: Underlying principles and essential elements. In A.E. Kelly & R. Lesh (Eds.), *Handbook of research design in mathematics and science education* (pp. 267–307). Mahwah, NJ: Lawrence Erlbaum Associates.

Stein, M.K., Engle, R.A., Smith, M.S., & Hughes, E.K. (2008). Orchestrating productive mathematical discussions: Five practices for helping teachers move beyond show and tell. *Mathematical Thinking and Learning, 10*(4), 313–340.

Stephan, M., & Akyuz, D. (2012). A proposed instructional theory for integer addition and subtraction. *Journal for Research in Mathematics Education, 43*, 428–464.

Streefland, L. (1991). *Fractions in realistic mathematics education. A paradigm of developmental research.*

Dordrecht, The Netherlands: Kluwer.

Taylor, S. J., & Bogdan, R. (1984). *Introduction to qualitative research methods: The search for meanings* (2nd ed.). New York: John Wiley & Sons.

Thompson, P. W. (1994). Images of rate and operational understanding of the Fundamental Theorem of Calculus. *Educational Studies in Mathematics, 26*, 229–274.

Thompson, P. W. (1996). Imagery and the development of mathematical reasoning. In L. P. Steffe, P. Nesher, P. Cobb, G. Goldin, & B. Greer (Eds.), *Theories of mathematical learning* (pp. 267–283). Hillsdale, NJ: Lawrence Erlbaum Associates.

Thompson, P. W., & Saldanha, L. A. (2000). Epistemological analyses of mathematical ideas: A research methodology. In M. Fernandez (Ed.), *Proceedings of the Twenty-Second Annual Meeting of the North American Chapter of the International Group for the Psychology of Mathematics Education* (Vol. 2, pp. 403–407). Columbus, OH: ERIC Clearinghouse for Science, Mathematics, and Environmental Education.

Toulmin, S. E. (1958). *The uses of argument*. Cambridge: Cambridge University Press.

Treffers, A. (1987). *Three dimensions: A model of goal and theory description in mathematics instruction—The Wiskobas Project*. Dordrecht, The Netherlands: Reidel.

van Es, E. A., & Sherin, M. G. (2008). Mathematics teachers' "learning to notice" in the context of a video club. *Teaching and Teacher Education, 24*, 244–276.

Wawro, M., Rasmussen, C., Zandieh, M., & Larson, C. (2013). Design research within undergraduate mathematics education: An example from introductory linear algebra. In T. Plomp & N. Nieveen (Eds.), *Educational design research—Part B: Illustrative cases* (pp. 905–925). Enschede, The Netherlands: SLO.

Wenger, E. (1998). *Communities of practice: Learning, meaning, and identity*. New York: Cambridge University Press.

Zawojewski, J., Chamberlin, M., Hjalmarson, M. A., & Lewis, C. (2008). Developing design studies in mathematics education professional development: Studying teachers' interpretive systems. In A. E. Kelly, R. Lesh, & J. Y. Baek (Eds.), *Handbook of design research methods in education: Innovations in science, technology, engineering and mathematics learning and teaching* (pp. 219–245). New York: Routledge.

이론과 실제의 결합: 교수 방법 및 교사교육 방법에 대한 영향 21

Annalisa Cusi
University of Torino

Nicolina A. Malara
University of Modena and Reggio Emilia

서론

지난 수십 년 동안 수학교육(ME)에서 이론의 역할이 크게 증대되어 Artigue(2011)는 "ME에서의 이론적 폭발"에 대해 이야기하였고, 수학교육 이론에 관한 다양한 연구들을 비교하고 반성하기 위해서, 그리고 학자들을 위한 공동의 토대를 구성하기 위해서 설문조사 결과와 서적들이 출판되었다(Lerman, 2006; Cobb, 2007; Simon, 2009; Sriraman & English, 2010).

Niss(2007)는 이론이 제공하는 이점을 강조하였다. 그것은 특정 현상에 대한 설명이나 예측을 제공하고, 특별한 목표를 달성하기 위해 특정한 수행에서 행동과 행위를 안내하고 돕는다. 그러나 가장 중요한 것은 연구 질문에 답하기 위해 현상과 방법들을 볼 수 있는 구조화된 렌즈 세트를 제공한다는 것이다. Silver와 Herbst(2007)는 초기에 ME 연구는 실제에서 파생된 문제에 대응하기 위해 수행되었지만, 시간이 지나면서 이론은 그 자체의 특성을 띄게 되었고, ME 연구에서 중심이 되었다고 강조하였다. 그들은 또한 이론이 실제와 관련이 없다고 인식하는 교사들과 실무자들 사이에 널리 퍼진 이론에 대한 편견을 역설하였다. 이러한 사실은 Roesken(2011)과 Boaler(2008)에 의해서도 강조되어 왔는데, 그들은 소수의 연구자만이 수학에 대한 경험에 있어서 어린이와 성인들에게 진정한 차이를 만드는 무언가를 겨우 발견한다고 주장하였다. Sowder(2007)는 많은 교사들이 "학생 학습에 대한 이론을 믿지 않는" 이유가 연구자들이 종종 "학생 학습에 대한 이론을 구축하고, 테스트하는 교실 연구를 교사들과 협력하지" 않기 때문이라고 보고 있다(p. 214).

연구 분야에 있어서, 경우에 따라서 ME는 교사의 가장 시급한 요구와 관련이 없고, 교사의 현실과 그들의 환경적 제약을 고려하지 않은 채 순수 과학적 고찰의 수준에서 받아들여지는 경향이 있다. Kieran, Krainer, Shaughnessy(2013)는 ME 연구에서 교사가 너무 자주 "수용자"로 간주되기 때문에 연구와 실제 사이의 뚜렷한 격차가 만들어진다고 주장하였다.

1980년대 이후 Kilpatrick(1981), Freudenthal(1983)과 같은 몇몇 저명한 학자들은 이러한 분리를 정확히 지적하였다. Wittmann(2001) 역시 다른 연구자들의 말을 인용하여 실제를 향한 연구 방향의 재전환을 지지한다고 주장하였다. 다른 학자들은 교사들 사이에서 연구 결과에 대한 소통이 증대되어야 함을 강조하였다(Bishop, 1998; Lester &Wiliam, 2002; Boaler, 2008). 특히, Boaler(2008)는 만약 연구자들이 연구의 계획 단계에서 교사들을 참여시킬 수 있는 근거가 무엇인지 그리고 그들이 파악할 수 있는 문제가 무엇인지를 고려한다면, 실제에 대한 연구의 영향력이 더 강력할 것이라고 보았다.

여전히 다른 학자들은 교사교육 프로그램 분야에서 교실 활동과 관련된 이론적인 질문에 대해 연구자와 교사들의 상호작용으로부터 발생하는 교사들의 혜택을 강조한다(Jaworski, 2008; Kieran 외, 2013; White, Jaworski, Agudelo-Valderrama, & Gooya, 2013).

그러한 연구 및 다른 연구(예를 들어, Mason, 1990)들과 함께, 우리는 이론이 연구와 실제 사이의 간극을 줄이는데 근본적인 중재자의 역할을 할 수 있다고 확신하며, 적절한 연구 프로젝트와 교사교육 프로그램이 현장에 있는 교사를 적극적으로 참여시키고, 동시에 교사 자신의 관행을 분석하기 위한 지표와 도구를 이끌어 내기 위해 이론에 접근하도록 교사들에게 동기를 부여하는 것을 목표로 고안된다면, 그러한 두 극 사이에서 생산적인 상호관계가 조성될 수 있음을 확신하였다.

이전 연구(Malara & Zan, 2008)에서, 연구/실제의 격차를 최소화하는 가능한 방법은 의사 결정자로서의 교사에 대한 인식과 함께, 교사와 연구자가 문답형식으로 참여하는 교사교육 프로그램에 초점을 맞추어야 함을 제안하였다. 특히, 이론과의 접촉이 어떻게 교사의 의사 결정 과정을 변화시키는지, 또 실제와의 접촉이 어떻게 연구자, 의사 결정 과정, 그리고 최종적으로는 이론을 변화시키는지를 강조하며, 이론과 실제 사이를 중재함에 있어서 교사와 연구자들이 그러한 프로그램 내에서 근본적인 역할을 수행하는 것이 강조되어 왔다.

그러한 이유로, 이 장에서는 교수를 위한 교사의 지식과 교사 교육의 실제 모두를 재구조화하는 데 있어서 이론의 역할을 강조한 수학 교사교육에 대한 연구를 살펴보며, 이론과 실제의 관계에 대해 논의하겠다.[1] 구체적으로, 우리는 두 가지 주요 주제에 대해 논의할 것이다. (1) 연구와 교사교육을 위해 의사 결정자로서의 교사의 인식에 대한 함의, (2) 우리의 경험에서 얻은 결과와 이러한 결과에 의해 제공된 새로운 연구 관점에 초점을 맞춘 교사교육 프로그램에서 교사들의 관행 반성을 위한 렌즈로서 이론의 사용.

의사 결정자로서의 교사: 교사교육과 교사 연구를 위한 함의

이전 연구(Malara & Zan, 2008)에서는 문제해결 및 문제 제기 활동으로써 교수 활동에 대한 비전이 제시되었으며, 교수 과정의 복잡성은 모든 교사가 교실에서 발생하는 문제에 대한 해결책을 찾는 것뿐만 아니라 무엇보다 그것들을 인지해야 함을 의미한다고 강조하였다. 이러한 비전의 주요한 함의 중 하나가 수학을 가르치는 데 있어서 교사는 "올바른" 말 또는 행동을 통해 지식을 전달하는 것 이상의 것을 해야만 한다는 것이다. 교사는 학생들이 수학적 이해를 구축할 수 있는 환경을 조성할 뿐만 아니라 학생들의 개념적 구조 및 그러한 구조를 변화시키는데 도움이 될 수 있는 교수 전략에 대한 가설을 세우는 것에 대한 책임도 가지고 있다. 따라서 몇몇 미국 학자들(Carpenter, 1988 참조)의 의견에 따라, 우리는 의사 결정권자로서의 교사의 역할에 초점을 둔다. 이 표현을 통해 우리는 수학에 대한 사회적, 구성주의적, 진화적인 비전을 갖고 자신의 역할을 인식하며, 우발적인 행동에 직면하여 갑작스러운 의사 결정을 내릴 때 자신의 행동을 의식적으로 관찰하고 통제할 수 있는 신중한 전문가로 교사를 의미한다. 우리의 교육 프로그램에서는 교사를 보다 민감하고 효과적인 의사 결정자로 만드는 것을 목표로 교사들과 함께 그리고 교사들을 위해 노력한다.

지난 수십 년 동안, 연구자들은 "수학교육 연구에서의 사회적 전환"에 대한 언급을 강조한 Lerman(2000)처럼, 교사와 학생들이 처해 있는 상황에서 교사와 학생 변인에 대한 고려의 필요성을 강조하였다. 이 새로운 관점은 처음에는 비정형적인 과제를 통해 사회적 환경에서 학생들의 학습에 대한 연구를, 더 최근에는 교사들의 학습과 변화, 전문성 신장, 그리고 정체성에 대한 연구를 이끌었다. 이러한 진화에 맞춰, 우리는 두 번째 측면에 초점을 맞출 것이다.

Shulman의 연구(1986)를 시작으로, 많은 연구자들은 교사의 관행에 필요한 지식의 다양한 구성요소를 고려하였다(Cochran-Smith & Lytle, 1999; Sowder, 2007; Ball, Thames, & Phelps, 2008). 최근에, Barwell(2013)은 수업 활동 동안 학생들의 사고 과정을 특징짓는 역학관계에 대한 교사들의 지식에 초점을 맞추는 것이 중요하다고 보고하였다. 게다가, Schoenfeld(2013)는 교사의 지식, 자원, 목표, 신념 및 지향성과 그들의 순간의 의사결정 사이의 상호작용에 대한 연구의 중요성을 강조하였다. 이러한 입장은 교사의 지식, 신념 및 감정 사이의 상호관계에서 조사(investigation)의 중대한 역할에 대해 논의한 연구(Malara & Zan, 2008; Thames & Van Zoest, 2013; Sowder, 2007; Roesken, 2011)들과 일치한다. 왜냐하면, 그것은 교사들이 자신이 신봉하는 신념과 관행으로부터 나오는 신념 사이의 불일치를 인식할 수 있게 하기 때문이다.

다음과 같은 두 가지 테마가 교사에 대한 그리고 교사들과 함께하는 연구의 가장 적절한 방향으로 고려된다. (1) 어떻게 교사들이 그들의 경험으로부터 배우는지 이해하기, (2) 교사의 지식, 신념 및 실천을 변화시키기(Goos, 2013).

이러한 주제와 관련하여, 우리는 학생들의 학습에 대한 구체적인 교사의 행동에 대한 효과 분석을 목적으로 하는 연구 개발의 필요성을 강조한 Thames와 Van Zoest(2013)의 의견에 동의한다. 사실, 우리는 이러한 종류의 연구가 Goos(2013)가 "교사 변화에 대한 기회가 될 수 있는 교사들의 사고, 행동 및 전문적인 환경 사이의 생산적인 긴장"(p. 521)이라고 부른 것을 야기할 수 있음을 확신한다. 우리는 시간에 따라 발생하고 교사의 패러다임의 변화를 암시할 수 있는 "교사의 의식적인 전문적 진화"라는 의미에서 **교사 변화**(teacher change)라는 용어를 사용한다.[2] 개발 프로그램에 참여한 교사들을 연구한 Chapman과 Heater(2010)는 교사들이 희망하는 변화의 수준이 종종 다르기 때문에 전통적인 교사가 비전통적인 탐구 지향적 교사가 되기 위해 요구되는 변화는 간단하지 않다고 진술하였다.

효과적인 교사 변화와 관련된 미심쩍은 질문들은 교사의 변화에 대한 저항을 설명하는 Simon(2013)에 의해서도 논의되었으며, 그는 어떤 경험이든 교사 관행의 기초를 이루는 복잡한 구조에 깊게 영향을 미치는 것이 매우 어렵다는 것과 교사가 하는 일과 일어나는 모든 것을 해석하는 그들의 방식("교사의 주요한 동화(assimilatory)구조")에 엄격하게 영향을 주는 것도 아주 어렵다는 것을 인정하였다. 그러므로 그는 교사 변화를 위한 효과적인 기회를 증진하는데 있어서 연구자가 수행하는 역할의 중요성을 인정하였다.

우리는 교사의 변화를 촉진시키기 위해서 개별 교사들을 깊이 있게 연구하고 그들의 교수 과정에 대한 상세한 분석을 제공하고, 이 분석을 교사들과 공유하며 결과에 대한 반성을 돕는 것이 필요하다고 확신한다(Malara & Zan, 2008; Cusi & Malara, 2012, 2013). 다음 절에서는 효과적인 변화를 위한 교사의 반성과 인식의 역할에 대해 논의하겠다.

교사들의 인식 개발을 위한 이론의 역할: 교사교육 프로그램을 중심으로

1990년대 이후, 수학을 가르치는 것에 대한 연구는 교사들이 그들 자신의 관행에 대해 반성할 필요가 있다고 주장한다(Mason, 1998, 2002; Jaworski, 1998). Jaworski는 Schön을 언급하며, 반성으로부터 초래된 관행의 유형을 정의하기 위하여 **반성적 관행**(reflective practice)이라는 용어를 소개하였다. "교수 활동에서 반성적 관행의 본질은 교수 접근법과 과정을 명시적으로 만들어서 그들이 비판적 조사의 대상이 될 수 있게 하는 것이다"(1998, p. 7). 반성적 관행을 통해 교사들은 그들이 **무엇**을 하고 있는지 그리고 **왜** 그런지 인식하게 된다. 그러므로 인식은 반성 과정의 산물이다.

Mason(1990, 1998, 2002)은 교수 활동에서 인식의 역할을 강조하였다. 그는 "물질적 세계에서 행동과 구성하는 것의 파워"로 정의되는 (1) **행동 중 인식**(awareness-in-action)과 (2) 행동 중 인식에 대한 인식인 **교육 중 인식**(awareness-in-discipline)과 (3) 교육 프로젝트 전체에 대한 인식을 나타내는 **사려 중 인식**(awareness-in-counsel)을 구분한다.

Mason(1998, 2008)에 따르면, 학생들의 행동 중 인식(에 대한 분명한 인식의 개발을 촉진하는 것은 교사들이 "단순히 개입하는 다양한 방법의 실제를 인식하는 것이 아니라, 개입의 유형 및 시기 사이에 선택을 결정하거나 안내하는 미묘한 예민함의 실제"(2008, p. 49)를 인식하게 되는 것을 요구한다. 따라서 교사교육자들은 교사들의 관심을 그들의 미래 선택을 안내하고 영향을 줄 수 있는 구인, 이론, 관행으로 향하게 하며, 교사들에게 있어서 관심에 대한 적절한 변화를 촉진시켜야 한다.

Jaworski(2004)는 교사들의 관행에 대한 그들의 비판적인 반성의 가치뿐만 아니라, 연구 공동체 내에서 교사들 간의 그리고 교사와 연구자들 간의 그러한 반성에 대한 공유의 가치를 강조하였다. 그녀는 이 대화적 모델이 교사들이 그들 자신의 관행에 대한 연구를 하게 하여, 결과적으로 교수 과정 동안 직면하게 되는 여러 가지 측면에 대한 비판적 사고력과 발전된 인식을 개발하기 때문에 교사 전문성 개발과 특히 관련이 있다고 강조하였다.

Boaler(2008)는 "교사들이 그들 스스로 연구로부터 정기적으로 배울 필요가 있다고 생각하는 문화"(p. 100)를 구축하는 것이 필요하다고 주장한다. 왜냐하면 이런 방식으로, 교사들은 연구 결과가 그들의 교수 활동에 도움이 될 것이라고 생각하도록 장려할 수 있기 때문이다. 그러므로 그녀는 "교직을 자신의 연구를 수행하는 것이 되도록 바꾸는 것"(p. 101)을 포함하는 급진적인 변화의 필요성을 강조한다. Lerman(2013)도 교사들을 연구 프로젝트의 적극적인 파트너로 만들어, 그들을 자신들의 관행 분석에 포함시킬 필요가 있음을 강조하였다.

우리는 이러한 입장에 동의하며, 적절한 연구 프로젝트와 교사교육 프로그램은 현장에 있는 교사들을 적극적으로 참여시키는 것을 목표로 세워야 하고, 동시에 그들이 그들 자신의 관행을 분석하기 위한 유용한 도구를 유도해내기 위해 이론에 접근하도록 동기를 부여하는 것을 목표로 삼아야 한다고 생각한다. 지난 10년 동안, 실제 교사들의 참여와 연구자들과의 활발한 협력을 도모하는 것을 목표로 다양한 교사교육 프로그램이 계획되어 왔다. 그러한 경우, 교사교육 과정은 연구 입문 프로그램의 전형적인 특징을 갖는다(Jaworski, 2006; Cusi & Malara, 2011; Mellone, 2011; Potari, 2013). 그러한 프로젝트의 대부분에서 교사들은 "교사-연구자"(teacher-researchers)의 역할을 수행한다. 이 용어는 다양한 의미로 사용되어왔지만, 우리가 볼 때 교사-연구자의 두드러지는 특징은 연구자들과의 효과적인 장기적 대화의 결과로, 이론과의 자율적 관계를 획득하는 것이다.

최근 연구에서 Jaworski(2012)는 연구 프로젝트에서 협력을 하며 탐구 기반 관행을 수행하도록 동기를 부여받은 교사들의 역할을 나타내기 위해서, 대학 연구자들[3]과 협력할 시간을 주기 위해서,

그리고 진지하게 반성적으로 개발하는 관행에 참여시키기 위해 **탐구자로서 교사**(teacher-as-inquirer)라는 용어를 사용하였다. Goodchild(2008)가 수행한 연구 또한 이러한 관점에서 고려될 수 있다. Goodchild는 "탐구 공동체에서 개발 연구는 윤리적 측면에서 '좋은' 연구" 라고 주장한다. 왜냐하면 그것은 "교사, 학생, 대학 연구자들이 그들의 전문적 관행에 대한 통제를 시작할 수 있는 권한을 주고, 그들의 학교에서 스스로 발전할 수 있게 하기 때문이다" (2008, pp. 214-215).

Potari(2013)는 교사들을 대상으로 이론을 기반으로 한 교수 활동과 연구 활동 사이에 가교 구성의 촉진을 목표로 하는 강좌를 운영하였다. 그 강좌에서 교사들은 다음과 같은 활동을 수행하였다. "연구 목표, 사용된 과제 및 주요 결과를 중심으로 연구 논문을 읽고 발표하기, 그들이 어떠한 방식으로 연구 결과를 그들의 수업에서 활용할지에 대해 생각해보기, 수학적 사례와 과제를 설계하고 연구를 기반으로 하여 그들의 선택을 정당화하기, 연구에 의해 제공된 분석적 모델을 사용하여 수학적 과제, 교실 담화 및 학생 활동 분석하기, 학생들의 수학적 이해에 초점을 둔 연구 결과를 기반으로 다른 교사들과 협력하여 교실 개입을 설계하고, 실행하고, 평가하기"(Potari, 2013, p. 512).

우리가 다음 절에서 설명할 것처럼, 우리의 접근 방식은 교사들이 수업 과정을 인식하고 해석하는데 있어 더 민감해지도록 도울 수 있는 새로운 유용한 도구를 습득하도록 하기 위해 이론에 대한 연구를 선택하는 것과 일치한다.

교사 관행의 반성을 위한 렌즈로서 이론: 교사들과 함께, 교사들을 위한 방법론

Aral Project[4)]의 영역에서 수행된 선행 연구(Malara, 2003; Malara & Zan, 2008; Cusi & Malara, 2008, 2012; Cusi, Malara, & Navarra, 2011)에서, 우리는 교사들과 함께한, 교사들을 위한 연구에서의 방법론을 소개해 왔다. 여기에 제시한 것과 동일하게, 우리 연구는 교사들이 교실에서 수행해야만 하는 역할에 대한 교사의 인식 발달과 수학적인 집합적 구성을 특징짓는 역학 관계 및 개입 변수들을 촉진시키기 위해서 사회적 구성주의 교실 과정에 대한 관찰과 비판적 반성 연구가 필수 조건이라는 가설에 기반한다(Malara, 2003). 탐구 공동체를 구성한다는 관점에서, 교사들은 그들의 수업에서 실험해 본 활동에 따라 그룹으로 조직되었다. 각 그룹은 교사들과 자주 대면했고 이메일을 주고받은 연구자-멘토에 의해서 조율되었고, 정기적으로 프로젝트 리더가 진행하는 워크 세션 및 연구에 참여한 모든 교사와 연구자들이 참여하는 공동 미팅이 이루어졌다.

우리의 목표는 교사들이 다음과 같은 것들을 하게 만드는 것이다. (a) 수업 과정의 복잡성을 해석하고 그들의 역할에 대한 효과성에 대해 반성하는 것과 관련하여 향상된 능력을 습득하게 한다.

(b) 미시적 의사 결정의 효과에 대한 인식을 개발하게 한다. (c) 그들의 행동과 의사소통 스타일을 보다 잘 제어할 수 있게 한다. (d) 수업 활동 개발 동안 비판적 반성적 연구가 학생들의 행동 및 학습에 미치는 영향을 관찰하게 한다.

그러한 목표를 달성하기 위해, 우리는 수업 과정 및 관련 반성 활동의 오디오 녹음[5)] 트랜스크립트의 비판적 분석에 대한 복잡한 활동에 교사들을 포함시켰다. 이 활동은 학생들의 지식 구성과 학생들이 그러한 지식을 구성하도록 안내하는 교사의 행동 사이의 상호관계를 조명하는데 목적이 있다. 그 분석은 우리가 **다중 코멘트 녹취록**(Multi-commented Transcripts[MT])이라고 부르는 것을 개발함으로써 수행되었다.

MT의 개발은 실험자인 교사가 그들의 수업에 대한 코멘트와 반성과 함께 수업에 대한 녹취록을 멘토-연구자에게 보낼 때 시작된다. 그 후에, 멘토-연구자들은 자신의 코멘트를 적어 작성자들, 유사한 활동에 포함된 다른 교사들, 때때로 다른 연구자들에게 보낸다. 종종 작성자들은 코멘트에 대해 자신들의 의견을 언급하거나, 새로운 것을 삽입하며 이 사이클에서 추가적인 개입을 한다.

이 방법론의 주된 특징은 MT 및 코멘트로부터 발생하는 풍부한 반성의 기초가 되는 "동시에 소리내기" 교환이다. MT는 교사의 가르치는 행동에 대한 전반적인 프레임을 개략적으로 설명하기 때문에, 그것은 교수 방식이 포함된 이론에 대한 참고 사항과 일치하는지를 강조하는데 도움이 될 수 있다. 이런 식으로 MT는 교사와 연구자에게 유용한 도구가 되어 그들의 개입을 향상시키는데 도움을 줄 수 있는 새로운 요소를 제공한다. 게다가 MT는 다양한 교사들과 주기적으로 공유된 반성 활동에 대한 비교를 통해 교사들의 행동에서 특징적인 요소에 대한 식별과 그들의 효과에 대한 반성을 촉진시킨다.

MT 방법론을 통해 교사들과 함께 개발한 비판적 분석은 이론적 연구에 의해 제공된 뒷받침에도 불구하고, 수업 과정을 비판적으로 통제하는 것에 있어서 일부 교사들의 무능력함을 인식할 수 있게 하였다(예를 들어, Cusi et al., 2011을 참고, 교실에서 교사들의 행동 및 그들의 행동에 기반한 사후 반성에서 메타인지적 그리고 비메타인지적 교사에 대한 범주화). 그러한 이유로, 교사들과 함께한 연구에서 우리의 목표는 교사들의 행동에 대한 반성에서 그들의 관심이 학생들의 행동에 초점이 맞추어져 있는 것에서 교사의 태도와 행동으로, 그리고 그것이 학생들에게 미치는 영향으로 이동시키는 것이다 (Malara & Navarra, 2011).

그러한 관심의 변화를 촉진하기 위해, 우리는 최근에 교사들과 함께 하는 연구에 대한 우리의 방법론을 수정하였다. 그 방법론의 기초가 되는 가설은 교사들이 특정 지표를 참고하여 그들의 관행에 대한 일반적인 반성 활동을 수행한다면, 교사들의 교육 중 의식(awareness-in-discipline)의 발달이 촉진될 수 있다는 것이다. 그러한 지표들은 교사들에게 수업 과정의 분석에서 해석적 열쇠라고 할 수 있는 "이론적 렌즈"를 제공한다.

우리가 다음 내용에서 분명히 할 것이지만, 이 접근법은 학습 연구의 두드러진 특징(Marton & Morris, 2002)과 "교사들이 수학교사로서 자주적 발전을 위해 확고한 기반을 형성할 수 있는 수학 교수에 대한 탐구 자세를 함양하도록"(p. 512) 지원하는 동일한 목표를 공유하는 Potari(2013)가 제시한 접근법과 일치한다.

우리의 현재 교사교육 과정은 교실 행동과 관련된 이론적 측면과 교수학적 실행 사이의 끊임없는 변증법적 방식으로 특징지어진다. 이 새로운 방법론을 자세히 설명하기 전에 우리는 교사들의 관행 분석을 위해 그들과 공유했던 이론적 구조를 제시하겠다.

교사의 행동 분석을 위한 이론적 구조

사고를 위한 도구로서 대수를 가르치는 건설적인 교수법을 발달시키는 것을 목적으로 한 선행 연구에서(Cusi & Malara, 2009, 2013), 우리는 수업 활동 중 교사의 행동을 연구하기 위한 수단으로 간주되는 이론적 구조를 개발하였다. 이 이론적 구조를 통한 분석에서는, 특정 수학적 내용(우리의 경우, 대수적 언어를 통한 증명의 구성)이 고려된다.

사실상, 우리의 연구에서 변함없는 목표는 문헌에서 "위험하게" 분리되어 있는 것처럼 보이는 두 개의 극(가르치는 내용과 교사의 행동)을 결합하는 것이다(Hard, 2010[6]; Roesken, 2011[7]).

$M-{}_{AE}AB$(Model of Aware and Effective Attitudes and Behaviors의 약자)로 불릴 이 구조는 대수적 언어를 통한 추론 구성 과정에서 학생들을 효과적으로 안내할 수 있는 교사의 특징과 행동을 명시한다(Cusi & Malara, 2009, 2013; Cusi, 2008 참조).

$M-{}_{AE}AB$ 구조는 본질적으로 두 개의 3요소로 구성된 이론적 틀 안에서 고안되었다. 첫 번째 3요소는 교수/학습 과정에서 수학적 내용의 개발 및 사고의 구성에서 대수적 언어의 역할과 관련이 있다. 두 번째 3요소는 교수/학습 과정의 사회적 차원과 수업 활동 중 교사의 역할과 관련이 있다.

첫 번째 3요소는 대수적 언어를 통한 학생들의 추론 발달과 관련된 다음의 3가지 측면을 고려한다. (a) 다양한 개념적 프레임을 활성화시키는 것의 중요성 및 문제를 해결하는 동안 구성된 다양한 대수적 표현들을 정확하게 해석하기 위하여 하나의 프레임으로부터 또 다른 프레임으로 바꾸는 것의 중요성을 강조한 Arzarello, Bazzini, Chiappini(2001)[8]에 의해 도입된 **개념적 프레임**(conceptual frames)에 대한 아이디어, (b) 변환 과정을 통한 추론의 구성에서 예측 사고의 역할에 초점을 둔 Boero(2001)에 의해 개발된 **예측 사고**(anticipating thought)의 개념, (c) 수학학습을 위한 핵심적인 측면을 다양한 표현 양식에 대한 조정에서 파악한 Duval(2006)에 의해 분석된 **표상 양식**

(representation register)의 개념.

연구(Cusi, 2009)를 통해 우리는 증명을 구성하기 위하여 대수적 언어를 효과적으로 사용하는 것이 다음과 같은 세 가지 주요 핵심 요소의 적용과 결합을 필요로 한다는 것을 보여줄 수 있었다. (a) 다양한 개념적 프레임 간의 적절한 활성화와 조정, (b) 적절한 예측 사고의 활성화, (c) 대수적 표현 양식과 언어적 표현 양식 간의 조정.

우리는 학생들의 그러한 역량에 대한 발달이 수업 중 교사들의 행동 방식과 교사들이 메타 측면과 반성 활동에 쏟는 시간에 밀접하게 관련되어 있다고 확신하기 때문에 우리의 이론적 프레임의 두 번째 3요소는 교수/학습 과정에 포함된 방법론적 측면과 사회 구성주의적 역학 관계와 관련이 되어 있다. 따라서 동일한 수준에서 간주되어야 하는 세 가지 주요 구성 요소를 살펴보겠다.

이 3요소의 첫 번째 구성 요소는 Vygotskyan 내용이다. 영감의 원천은 아동의 인지 발달에서 성인 행동에 대한 아동 모방이 수행하는 핵심적인 역할에 대한 Vygotsky의 강조점(1978)이었다. Vygotsky는 교사 또는 더 높은 수준의 동료들과 함께 상호작용을 통해 학생들의 내적 학습 과정에 대한 활성화를 촉진하는 것을 목표로 하는 교육의 중요성을 강조하였는데, 이는 그러한 상호작용이 학생들의 인지 발달이 더 높은 수준으로 도달할 수 있도록 하기 때문이다. 대수적 언어를 통한 추론 구성 활동과 관련하여, 우리는 학생들이 학습 활동의 의미를 진정으로 의식하도록 돕는 방법으로 수학적 감각이 실행되고 발달되는 맥락(Schoenfeld (1992)에서 옹호된 맥락과 같이)에 학생들이 몰두하게 하는 것이 필요하다고 확신한다. 그러한 이유로 두 번째 구성 요소는 사회적 맥락에서 실현된 활동과 그러한 활동의 의미에 대한 진정한 의식의 발달 간의 상호관계에 관한 Leont'ev의 연구(1978)이다. 특히, Leont'ev는 학생들에 의해 동화된 지식은 학생들이 이전에 의식적인 지식 관련성으로 교육을 받은 경우에만 진정으로 교육시킬 수 있다고 강조하였다.

Vygotsky와 Leont'ev의 학습 과정과 학습에 대한 의미 구성 과정에서 상호작용의 중요성에 대한 아이디어는 수업 활동 계획을 위한 중요한 참고 자료가 된다.

게다가 아동들이 잠재적 발달 수준에서 실제적 인지 발달 수준으로 전환하도록 격려하는 성인 역할의 중요성에 대한 Vygotsky의 강조는 우리가 교사들의 행동에 대한 첫 번째 아이디어를 정의하도록 이끌었다. 이 아이디어는 인지 도제 이론(theory of cognitive apprenticeship)과 일치하며(Collins, Brown, & Newman, 1989), 이는 세 번째 구성 요소이다.

이 이론을 통해, Collins 외(1989)는 전문직에서의 도제 제도로부터 영감을 얻어 교육 모델을 제안하였다. 그들은 문제해결, 독해, 쓰기와 같은 특정 과목의 교수 활동에 유용한 참고가 될 수 있는 도제 제도의 핵심 측면을 강조하였다. 특히, 그들은 전통적인 "전달식" 가르침을 받는 학생들과 달리, 견습생들은 그들이 깨닫는 것과 동시에 과정을 "볼" 수 있다는 사실에 중점을 두었다. 그러나 (전통적인 도제 제도의 목적인) 육체노동 활동은 직접적으로 관찰되는 반면, 사고 과정은 대부분

눈에 보이지 않기 때문에 문제해결, 독해, 쓰기 활동은 직접적으로 관찰되지 않는다.

인지 도제 이론은 "사고를 가시화" 하려 한다. Collins 외(1989)는 학습 맥락을 구성하고 평가하기 위해 여러 개의 의미 있는 특징으로 결부된 4가지 차원(내용, 방법, 순서, 사회학)을 발견하였다. 우리는 특히, 교수/학습 과정에 대한 우리의 분석에서 주요 참고로 여겨지는 두 가지 차원인 방법과 사회학에 초점을 맞추겠다.

Collins 외(1989)에 따르면, **방법**(method)은 학생들에게 맥락에서 전문가적 전략을 관찰하고, 참여하고, 발명하거나 발견할 수 있는 기회를 주기 위해 고안되어야 하는 교육 방법을 가리킨다. 그 중 모델링, 코칭, 스캐폴딩, 페이딩(fading)은 관찰과 안내된 실습 과정을 통해 학생들의 현실에 기반을 둔 능력의 개발을 촉진하는 데 중요한 역할을 한다. **모델링**(modeling)은 학생들이 과제를 수행하는데 요구되는 과정에 대한 개념적 모델을 구축할 수 있도록 하기 위하여 전문가에게 자신의 내적 과정(즉 발견적 교수법 및 활성화된 통제 과정)을 표면화하여 과제를 수행하는 것을 요구한다. **코칭**(coaching)은 학생들이 과제에 직면해 있을 때, 학생들의 수행 향상에 초점을 둔 자극, 지원, 피드백 및 가능한 새로운 과제를 제공하기 위한 학생들에 대한 전문가의 관찰이다. **스캐폴딩**(Scaffolding)은 교사가 과제를 수행하는 학생들에게 제공하는 지원과 학생이 그 과제를 자율적으로 완료할 수 있도록 지원을 점진적으로 제거하는 것을 의미한다. Collins 외(1989)는 그러한 스캐폴딩의 두 번째 중요한 측면을 대상화하기 위해 **페이딩**이라는 용어를 소개했다.

명료화(articulation)와 **반성**으로 불리는 방법은 학생들이 전문가의 접근 방식을 관찰하는데 초점을 맞추고, 자신의 전략을 의식적으로 통제하는 방법을 배우도록 하는 것을 목표로 하는 활동으로 특징지어진다. 명료화에는 학생들이 그들의 지식, 추론 또는 문제해결 과정을 명확하게 표현하도록 하는 것을 목표로 하는 방법들이 포함되어 있다. 반성은 학생들이 자신의 문제해결 과정을 전문가, 다른 학생, 그리고 심지어 전문 지식에 대한 내적 인지 모델과 비교하도록 만드는 것을 목표로 하는 방법들을 포함한다.

사회학적 차원은 학습 환경의 사회적 측면을 나타낸다. 인지 도제에서 견습생들은 전문가의 관행에 초점을 맞추고 정의된 문화 내에서, 문제에 대한 적용의 맥락에서 능력을 개발하는 법을 배운다.

우리는 인지 도제 패러다임이 사고의 도구로서 대수적 언어의 효과적인 사용을 촉진하는 것을 목표로 하는 교수/학습 과정의 계획, 실행, 및 공동 분석에서 교사와 연구자 모두에게 유용한 참고자료가 될 수 있다고 생각한다. 우리는 통사적 수준, 해석적 수준, (전문가가 자동으로 설정할 수 있는)예측 사고의 활성화 수준 사이에서 초보자가 그들의 의미를 습득하고, 이해하도록 상호작용과 조정의 전략이 "가시화" 되어야 한다고 믿는다. 따라서 우리의 연구가 기초로 하는 가설은 학생들이 대수적 언어를 통해 효과적으로 증명에 대처하기 위해 필요한 역량과 의식을 점진적으로 구축할 수 있도록 하는 인지 도제 과정을 통해서 수업 상호작용 동안 학생들은 교사의 태도와 행동을 습득해야 한다는 것이다. 이 방법으로 (그들이 수행한 행동에 대한 메타-반성 덕분에)학생들은 교사의 전략을 내면화하고 수업에서 실현된 활동에 대한 진정한 의식을 발달시킬 수 있다.

문제해결 활동에 효과적으로 접근하기 위해 구체적이고 적절한 전략에 대한 학생들의 동화를 촉진시키기 위하여, Vygotskyan[9] 언어로 학생들의 "모방"의 과정을 활성화시킬 수 있는 교사의 아이디어는, 우리를 교사가 수업 중에 취할 수 있는 가능한 역할들 중 하나인(특히 우리 연구가 중점을 둔 활동과 관련하여 의미 있는) 모델의 역할에 초점을 맞추도록 이끌었다. 이 아이디어는 또한 Lerman(2000)이 제안한 것과 맥을 같이 한다. "교사는 우리가 수학적 정체성이라고 부르는 것의 일부 측면과 관련하여 일부 학생들에게 '마스터'의 역할을 수행할 수 있다"(p. 33).

수업 활동 중 수학교사의 역할에 대한 Mason(2008)의 해석 또한 이 아디이어와 일치한다. Mason은 진정한 정신 발달의 실현을 위해서는 교사가 학생들과 소통한다고 생각하는 것과 학생이 실제로 이해하는 것 사이의 광범위한 불일치 문제를 과소평가하지 않는 것이 중요하다고 강조하였다. Mason에 따르면, 이 문제는 만약 교사가 수업에서 "의식 교육하기"라는 지속적인 목표를 가지고, 처음에는 반복되는 특정 프롬프트를 사용하고, 그 후 덜 직접적인 프롬프트를 사용하거나, 심지어 교사가 학생들에게 프롬프트를 명확하게 상기시키지 않을 때에도, 학생들이 그러한 프롬프트를 내면화하는 것을 도와 그들이 특정 상황에서 그러한 자극을 자율적으로 참조할 수 있도록 돕는 것을 목표로 하는 메타 질문을 사용한다면 해결될 수 있다.

$M-{}_{AE}AB$ 구조에 의해 강조된 특성은 "사고를 가시화하기"를 주된 목적으로 하고, 동시에 학생들 및 의식의 발달을 위한 교사의 행동에 대한 영향 범위를 인지하는 교사의 특성이다. 그러한 특성은 15-16세 학생들이 수행한 소집단 활동과 대수적 언어를 통한 증명 구성 활동을 소개하는데 목표를 둔 교수 실험 동안 교사들에 의해 수행된 집단 토론에 대한 분석 덕분에 확인되었다. 이 분석을 통해 학생들의 명백한 의식과 달성된 역량의 관점에서, 우리의 실험에 참여한 교사들의 다양한 접근 방식에 대한 효과를 보여줄 수 있었다. 교사의 다양한 접근 방식을 비교함으로써 부적절한 교사의 선택이 학생들의 필수적인 역량의 습득과 의식의 발달을 방해한다는 것을 분명히 알 수 있었다. 동시에 그것은 대수적 사고의 효과적인 발달을 위한 핵심 역량의 구축을 촉진하는 교사의 특성을 파악하게 하였다(Cusi, 2008; Cusi & Malara, 2009).

그러한 특성의 첫 번째 그룹은 교사가 효과적인 접근 방식을 제안하는 "단순한 전문가"가 아니라 목표, 전략의 의미, 결과의 해석과 함께 숨겨진 사고를 가시화하려는 주요 목표를 갖는 문제에 직면한 학습자로서 입장을 취하기 위해 수행해야 하는 역할과 관련이 있다. 모델링과 코칭의 범주에 포함될 수 있는 역할은 다음과 같다. (a) 수행 중인 연구에서 수업의 구성 요소 그리고 연구 중인 문제에 대한 연구 태도를 자극하는 **조사 주체**, (b) 국소적으로 활성화되도록 채택된 전략과 지식을 자신의 학생들과 (전달하기 보다는)공유하는 **실제적/전략적 안내자**, (c) 대수적 언어를 통해 사고 과정의 발달을 위한 핵심 역량의 구성을 유발하는 **해석적 과정의 활성자 및 예측 사고의 활성자**.

두 번째 그룹은 학생들이 다양한 수준에서 중요한 측면을 명확히 하고, 실제 활동 및 학습 과정 자체의 의미를 알 수 있도록 도와주기 위해 교사가 기준점이 되었을 때 하는 역할에 대한 것이다. 명료화와 반성의 범주에 포함될 수 있는 그러한 역할은 다음과 같다. (a) 통사론과 의미론적 수준 사이에서 조화된 균형을 유지하는데 있어서, 그 두 수준에서 구축된 대수적 표현의 **의미를 조절하는 안내자**, (b) 학생들이 수업 활동 중 수행한 효과적인 접근법에 대해 반성하게 하고, 그들의 영감으로부터 효과적인 실제적/전략적 모델을 식별하도록 돕는 **반성적 안내자**, (c) 활성화된 과정에 대한 전반적 감각의 통제를 자아내는 것을 목적으로 하는 **반성적 태도의 활성자 및 메타-인지적 활동의 활성자**(Cusi & Malara, 2013 참조, 거기에서는 그러한 두 가지 역할 집단이 이론적 구성 요소에 대한 두 개의 3요소를 기반으로 하는 연결성을 보여주며 제시되었음).

교사들의 새로운 인식의 개발을 목표로 하는 교사교육의 경로

이제 우리는 교사들과 함께한 연구에 대한 우리의 방법론 내에 포함된 활동들-공유된 비판적 반성(MT 방법론을 통해서)에 전념하는 예비활동-을 상세히 설명하겠다. 그것들은 연구/반성의 순간과 행동/반성의 순간으로 특징지어진다.

연구/반성의 순간은 두 단계로 나뉜다. (1) 연구 논문에 대한 **이론적 연구**, (2) **다른 사람들의 관행에 대한 분석**, 즉, 이전 실험 동안 수행된 학급 토론의 발췌에 대한 분석 활동. 이것은 이전에 소개된 이론적 구조의 활용이 어떻게 우리가 교사의 행동과 관련하여 문제시되거나 효과적인 측면을 강조할 수 있는지를 보여주는 것을 목적으로 한다.

이론적 연구(단계1)는 3개의 수준이 있는데, 지식 분야에 대한 이해, 개입 과정에 대한 연구, 교사의 행동에 대한 모델링(특히, $M-{}_{AE}AB$ 구조의 소개)이다.

다른 사람들의 관행에 대한 분석 활동 동안(단계 2), 교사들은 대수적 언어를 통한 증명 구성에 대한 전체 토론 내용에 대한 발췌를 분석하도록 요구되며, 식별된 렌즈를 통해 각각의 특성에 대한 파악을 시도하면서, 교사의 접근 방법 및 학생들의 개입에 초점을 맞춘다. (a) 교사가 $M-{}_{AE}AB$ 구조와 조화롭게 역할을 수행하는 순간, (b) 교사의 접근 방식이 $M-{}_{AE}AB$ 구조를 통해 특징지어질 수 있는 것과 거리를 두는 순간, (c) 집단 토론 중 학생들이 보여준 역량 및 의식과 관련하여 교사가 학생들에게 미치는 긍정적 및/또는 부정적 영향.

교사들은 행동/반성의 순간을 구성하는 두 개의 더욱 밀접한 단계에 포함된다. (단계3) **계획/실행의 단계**, 즉 그들의 수업에서 제시될 활동의 설계. 이는 도입된 이론적 구조(계획)를 참조하여 채택될 방법론 계획하기와 그 후에 수업에서 활동 수행(실행). (단계4) **자기 자신의 관행에 대한 분석 단계**, 즉 단계3 동안 계획된 활동의 분석. 이는 특정한 이론적 렌즈를 참조하여 수업 과정에 대한 관찰에 의해 발생된 반성을 통해 개발되어야 한다.

계획/실행의 단계 (단계3)에서 교사들은 학생들이 규칙성을 확인하고, 수치적인 탐구로부터 추측을 구성하고, 그 추측을 증명하도록 요구하는 몇 가지 증명 문제에 대해 연구를 해야 한다. 수업 전에, 교사들은 또한 다음을 수행해야 한다. (a) 학생들이 만들어낼 수 있는 가능한 추측 및 특히, 증명 단계에서 학생들이 직면할 수 있는 주된 어려움을 고려하여 학생들에게 제시될 문제에 대한 선험적 분석. (b) 증명 문제에 직면할 때, $M-{}_{AE}AB$ 구조와 조화를 이루는 활동을 목표로 하여 채택될 방법론의 계획. 수업 후에, **자기 자신의 관행에 대한 분석의 단계** (단계4)에서 교사는 단계2 동안 개발한 것과 유사한 그들이 수행한 활동에 대한 녹취록의 귀납적 분석을 제시해야 한다.

단계2와 단계4 동안 개발된 것은 Sowder(2007)가 (Richert's, 1991 연구를 인용하며) 가르치는 것에 대한 "딜레마, 교환, 불확실성을 나타내는 교실 사건에 대한 사례 연구의 역할에 대해 관찰한 것과 일치한다. 그들은 그러한 행동이 일어나는 불확실한 맥락에서 존재하는 것으로 교사의 행동을 포착한다… [그들은] 교수 활동을 그 활동을 유발하고 설명하는 인식 및 감정과 연결시키기 위한 가능성을 제공한다. 그들은 암묵적인 것을 명백하게 하는 수단을 제공한다"(Richert, 1991, p. 117).

위에서 언급한 양상에 따라 연구/반성과 행동/반성에 대한 예비 단계의 향상 덕분에, 교사들과 함께한 우리의 연구에 대한 방법론이 다음 구조(그림 21.1에 도식화된)로 개략적으로 설명될 수 있다. (1) 이론적 연구, (2) 다른 사람들의 관행에 대한 분석, (3) 수업 계획/실행, (4) 자신의 관행에 대한 분석, (5) MT를 통해 비판적으로 공유된 반성.

우리의 접근 방식은 Thames와 Van Zoest(2013)에 따르면, "교사들로 하여금 그들의 학습과 가르침을 위해 그들의 수학적 이해를 더욱 요구하고, 그것을 확장하며 재논의하도록 이끌 수 있는"(p. 589), 계획-실행-반성의 순환적인 경로와 일치한다. 그러나 우리의 사례에서 계획-실행-반성의 단계가 이론적 연구와 분석이 필수적인 역할을 하는 더 넓은 경로의 일부라는 것에 주목해야 한다. 그러므로 교사들과 함께한 우리의 연구와 Potari(2013)가 채택한 방법론(연구 논문 읽기 및 분석, 연구 결과를 바탕으로 수학 과제 설계, 연구에 의해 제공된 분석적 모델을 사용하여 수학적 과제 및 교실 활동 분석 단계로 특징지어진) 간의 관련성을 다시 인지해야 한다.

만약 우리가 Sowder(2007)가 주장하는 바를(Borko & Putnam, 1995를 인용하며) 고려한다면, 교사들이 이론적 렌즈를 통해 자신의 관행을 분석하게 하는 것은 그들이 연구 결과를 맥락과 관련짓게 할 수 있고, 결국 새로운 이론적 지식을 맥락과 관련짓게 할 수 있음을 관찰할 수 있다. 실제로, Sowder에 따르면, “위험에 대한 감수 및 반성을 지원하고 장려하는 환경에서 교과 내용 및 교육학에 대한 지식을 구성하기 위한 기회”(Sowder, 2007, p. 11)를 제공하는 접근법은 변화를 촉진하고, 교사들이 그들이 변화의 대상이자 동시에 행위자임을 인식하게 할 수 있다.

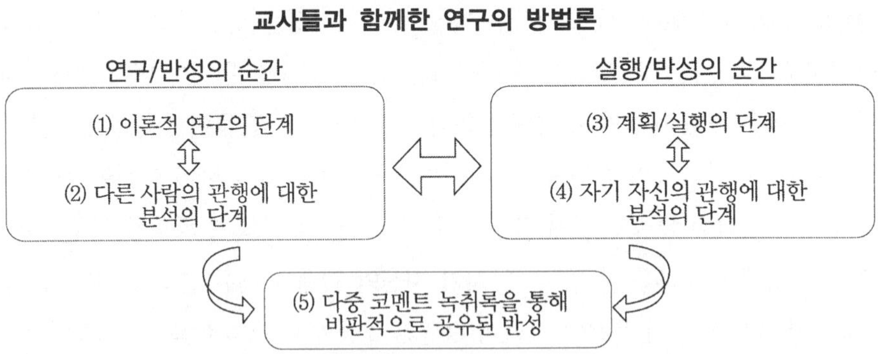

[그림 21.1] 교사들과 함께한 연구의 방법론

다음 절에서는 교사교육 경로의 단계4에서 한 명의 교사 사례를 제시하겠다. 우리는 그 사례가 다음과 같은 두 가지, (a) 교사들이 자신의 행동을 상세히 분석할 수 있도록 이론적 렌즈 지원, (b) 그러한 유형의 활동에서 교사들이 직면할 수 있는 어려움을 보여주므로 선택하였다.

“자기 자신의 관행 분석”에 대한 예시 및 교사들과 함께 그리고 교사들을 위한 새로운 연구 방법론에 대한 몇 가지 메타-이론적 고려 사항

우리가 제시하고 있는 예시는 $M-{}_{AE}AB$ 구조의 전형적인 특징에 부합하는 행동을 하기 위해서 그리고 수업 중 자신의 접근 방식을 비판적으로 분석하기 위해서 수행되어야 하는 역할을 제대로 이해하고 있는 한 명의 교사(T)를 포함한다. 그러나 그녀는 분석 과정에서 그 구조 자체를 사용하는데 있어 몇 가지 장애를 드러내 보였다.

다음 논의는 아래의 문제에 직면한 교사T의 학급의 학생 집단이 수행한 전략의 분석에 관한 것이다. “하나의 자연수를 생각해 보자. 이 수와 그것과 연속한 두 수 사이의 합을 계산하여라. 당신은 무엇을 관찰할 수 있는가? 당신이 주장한 것을 입증할 수 있는가?”[10]

논의 내용에 대한 발췌 부분이 [표 21.1][11]의 첫 번째 열에 나타나 있다. 두 번째 열에는 단계4

동안 발생된 사후 분석에서 T가 제안한 코멘트가 포함되어 있고, 그것은 $M-{}_{AE}AB$ 구조에 의해 제공된 이론적 렌즈와 관련되어 있다(각각의 주석은 관련 개입 옆에 삽입되었다). 동일한 이론적 렌즈를 참조하여 개발된 우리의 코멘트는 세 번째 열에 포함되어 있다. 우리는 그녀의 개입에 대한 T의 해석과 우리의 해석 사이의 유사점 또는 차이점을 파악하기 위하여 후속 단계에서 그것들을 제시하였다. 우리의 코멘트는 단계5 후에 T와 공유되었다. T가 우리에게 그녀의 분석을 보낼 때, 그녀가 제시한 자발적인 반성이 표 하단에 나타나 있다.

세 번째 열에서 우리의 코멘트가 강조한 것과 같이, T의 접근법은 그녀가 실제로 $M-{}_{AE}AB$ 구조에 의해 강조된 전형적인 특징을 내면화했음을 보여주었다. 이 논의의 발췌 부분이 시작될 때까지, 수업의 목적인 형식화와 조작활동에 초점을 두어 T는 스스로가 사고와 해석적 과정을 예측하는 활성자로서의 입장을 취하였다. 동시에, 그녀는 활동에 대한 메타-차원적인 시각을 잃지 않고, 자기 자신을 반성적 안내자로 생각하여 학생들이 채택한 접근법에 대한 의미를 명확히 하는 것을 목표로 하는 질문을 제시하였다.

이러한 관찰을 통해 우리는 그러한 특정 활동이 제시되었을 때, (우리의 교사교육 경로에 대한 사전 활동 덕분에) 활성화되는 행동과 태도에 대해 T가 발달시킨 인식 수준을 이해할 수 있었다.

그녀가 제시한 흥미로운 반성에도 불구하고, T는 그녀의 접근 방식을 설명하고 객관화하기 위해 $M-{}_{AE}AB$ 구조에 대한 이론적 용어를 사용하지는 않았다. 예를 들어, 그녀는 자신의 개입이 자신을 "예측 사고의 활성자"로 표현하려는 시도를 드러내는 것 대신에, $M-{}_{AE}AB$의 아이디어를 상기하면서 "추론의 모델" 이라는 용어를 사용하였다. 마찬가지로 그녀는 그녀의 개입이 "반성을 실행하기" 라는 목표를 갖고 있다고 보았으나, "반성적 태도의 활성자"라는 개념을 통해 그녀의 역할을 객관화하지 않았다. 그녀가 실제적인 관점에서 올바른 반성을 제시한다고 해도, 그녀는 그러한 이론적 용어를 통해 그녀의 행동을 분석하는 데 필요한 자신감을 아직 발달시키지 못하였다. 사실상, T는 자신의 관행을 "기술" 할 수 있지만, 일반적인 용어를 언급하지는 않았다. 그녀는 $M-{}_{AE}AB$ 구조의 전형적인 특성을 인지할 수 있지만, 구체적인 예를 통해 그들을 언급하는 방법을 택했으며, 그것들을 분명히 하지는 않았다.

[표 21.1] "자기 자신의 관행에 대한 분석" 예시

<table>
<tr><th>논의 발췌물</th><th>$M-{}_{AE}AB$의 구조와 관련된 T의 역할에 대한 그녀의 해석</th><th>$M-{}_{AE}AB$의 구조와 관련된 T의 역할에 대한 우리의 해석</th></tr>
<tr><td colspan="3">논의의 첫 번째 단락에서, 수업은 다음과 같은 추측에 동의한다. 합은 항상 3의 배수이다(그 추측이 학생F에 의해서 제안되었다). 또 다른 학생(L)은 그것이 단순히 3의 배수가 아니라, 3과 초기 숫자의 연속 수 사이의 곱이라고 말하였다. 그 후에 교사(T)는 그러한 추측을 증명하는 것에 대한 논의를 시작하였다.</td></tr>
<tr><td>T 46: 3의 배수가 되어야 하는 합으로부터 시작합시다. 만약 여러분이 나에게 이러한 추측을 제시했다면, 시작점이 무엇인가요? 목적은 무엇인가요?

F8: 저는 먼저 몇 가지 예를 살펴보았고, 추측을 만들었고, 일반화를 시작했어요.</td><td>나 스스로를 추론의 모델로서 입장을 취하도록 시도한다.</td><td>목표에 대한 초점: T는 스스로가 예측 사고의 활성자로서의 입장을 취한다.</td></tr>
<tr><td>T 47: 무엇을 얻으려고 노력했나요?

F9: 모든 예에서 변하지 않는 규칙이요.</td><td></td><td>T는 스스로가 예측 사고의 활성자로서의 입장을 취한다.</td></tr>
<tr><td>T 48: 항상 타당한 규칙.. 그러나 내가 무엇을 읽어야 할까요? 내가 어디로 가길 원하나요?.. 어디로 가기 위해..여러분은 3의 배수를 원하고, 그래서 무엇을 원하나요?

F11: 저는 3n을 원해요.</td><td>학생의 재현을 보여줌으로써, 강한 개입 상황</td><td>수행된 효과적인 전략을 강조하고 설명하기 위한 시도와 함께 목표에 대한 초점
(그녀는 반성적 안내자의 입장을 취한다)</td></tr>
<tr><td>T 50: 내가 3과 무언가를 곱하기를 원하기 때문에 3n. 그리고 L, L이 제안한 것에 따르면 L은 마지막에 무엇을 갖길 원하나요? 그 혼합하는 것이 무엇이 되어야 할까요?

L8: 그것은 $nx+1$이 되어야 해요.</td><td>심도 깊은 분석을 요구해야 하는 상황과 관련해서 의미가 있지 않은 개입. 확실히 기술적인 용어가 아닌 용어-"혼합"의 사용 시도 자체가 도움이 되지 않으며 추가적인 혼란을 야기한다(심지어 내가 그 용어를 사용한 것이 처음이 아니었다).</td><td>수행된 효과적인 전략을 강조하고 설명하기 위한 시도와 함께 목표에 대한 초점 (그녀는 반성적 안내자의 입장을 취한다).</td></tr>
<tr><td colspan="3">오랜 논의 후에 그 학습은 다음과 같은 초기 식을 제안하였다: n+(n+1)+(n+1+1). T는 학생들이 정해진 목표의 도달과 함께, 적절한 연산 법칙(결합, 교환, 분법 법칙)을 적용하여 어떻게 그러한 식이 변형될 수 있는지를 생각하게 하였다. 그 학생들은 정확하게 그 초기 식을 3n+3으로 변형할 것을 제안하였다.</td></tr>
</table>

<table>
<tr>
<td>T 93: 그래서 F, 우리는 지금 3n+3을 얻었어요.

F29: 저는 이것보다 더 이상 할 수는 없어요. 실제로 저에게는 최종 숫자가 항상 3의 배수라고 말하는 것이 충분해요. 충분해요.

T 94: 왜 그러죠?

F31: 왜냐하면 3n은 3의 배수이고, 만약 우리가 3에 3n을 더하면 우리는 3의 배수를 얻어요.

T 95: 그러나 우리는 우리가 원하는 것에는 도달하지 못했어요. 우리는 목표를 정하였지만, 그 전에서 멈추었어요. 3에 무언가를 곱하는 이유가 있나요?</td>
<td>이 개입은 (문제의 연역적 분석에서) 까다로운 것으로 여겨지는 정당화 단계를 자극하기 위한 포괄적인 반성(global reflection)을 활성시키는데 목표를 두었다. 사실상, F31에서 표현된 결론과는 대조적으로-비록 예상된 식이 되지 않았음에도 불구하고, 그 논지가 입증됨에 따라- 개입 T95는 그녀 스스로를 하나의 모델로써 위치시키며 추가적인 반성을 유발시키는 것에 목표를 두었다.</td>
<td>T는 스스로가 해석적 과정의 활성자로서 입장을 취한다.

T는 반성적 태도의 활성자로서 입장을 취한다.</td>
</tr>
<tr>
<td colspan="3">T의 사후 반성:
이전 실험과 관련하여, 수업에서 나의 개입에 대한 분석이 더 어려웠고 복잡했다. 비록 내 기억이 단순한 논의의 기록에 의해 제공된 너무 제한적인 비전을 통합하는데 도움을 주었지만, 자기 비판과/또는 비평 회피의 필요가 내가 객관적인 분석을 하지 못하도록 하였다. 내가 말한 것은 내가 쓰려고 하는 것에 대한 변명은 아니다. 그와는 반대로, 그것은 수업 논의에서 나의 진행 방법을 좀 더 객관적으로 분석할 수 있게 도울 수 있는, 외부의 관점, 관찰안, 나의 보완점에 대한 요구를 나타낸다.</td>
</tr>
</table>

주석: T는 그녀가 이전에 직면했던 다른 사람들의 관행에 대한 분석의 활동(단계2)을 언급한다.

우리는 이 문제가 “다른 사람들의 관행에 대한 분석”(단계2) 단계에서 발생하지 않는다는 점을 강조해야 한다. 그 때, T는 $M-{}_{AE}AB$ 구조의 용어를 직접 언급할 수 있었다. T의 사후 반성이 보여준 것처럼(“자기 비판 및/또는 비판자들을 피하려는 욕구가 내가 객관적인 분석을 하지 않게 만들었다”), 우리가 실행된 과정에 대한 객관화를 놓친 것은 타인에 대한 관찰 경험에서 자기 자신의 관찰 경험까지의 과정에서 겪는 어려움에 기인한다고 생각한다. 그녀 자신의 관행을 분석한 T의 방법과 관련하여(공유된 이론적 렌즈를 언급하며), 그녀는 “전환기에 있는 교사”(teacher in transition)로 묘사될 수 있다. 그러나 동시에, Vygotskyan 용어를 사용하여, T는 그녀가 근접발달영역 내에 있음을 인식한다는 것을 보여주었다.

우리는 교사교육 경로 및 중요한 문제에 대해 반성하기 위하여 몇 가지 고려 사항을 상기할 수 있다. 그녀가 “학급 논의 동안 진행한 방법”에 대해 객관적인 분석을 수행하는데 도움이 될 수 있는 그녀의 시각에 대한 보완적인 시각인 “외부적 관점”에 대한 T의 요청은 이 전환 단계를 극복하려면, 지속적인 비교를 통해 실행된 과정을 명시적으로 만드는 일에서 교사를 안내하는 하나 또는 그 이상의 외부 관찰자의 개입이 필요하다는 것을 보여주었다. 따라서 그러한 종류의 경로는 교사와 연구자 간의 대화적 관계의 조성을 요구하는데, 그 안에서 (개발 연구의 패러다임에 따라) 미시적 상황의 분석은 교사 자신의 관행에 대한 실질적 인식을 개발하는 것을 목표로 수행된다. 그러한 인식은 이론적 구조의 사용 덕분에 달성된 객관화를 통해 얻을 수 있으며, 그러므로 그것은 분석의 도구뿐만 아니라 교사들과 의사소통하고 반성의 과정을 모델링하기 위한 역할도 수행할 수 있다.

이러한 이유로 우리는 교사들과 연구자들 사이의 대화식 비교의 필요성과 가치를 강조해야 한다. 그것은 **반성에 대한 모델링**을 목표로 하는 스캐폴딩 과정에서 관찰을 위한 이론적 렌즈를 통해서 교사들이 그들의 행동에 대해서 기술하고 논의하는 것을 도우며, 연구자들은 자기 자신의 관행에 대한 이론적 분석의 복잡함에서 교사들을 안내할 수 있다. 연구자들의 개입은 수업에서의 행동 및 자신의 관행에 대한 반성(사후적) 능력에 대한 수련에서 교육 중 인식을 발생시키기 위해 교사들에게 필요한 관심의 전환을 유도하는 것을 목표로 삼아야 한다. 그러한 것 덕분에, 교사들은 자율적으로 통제하는 방법을 배우며, 점차적으로 자동적으로 분석을 수행할 수 있고, 그들의 행동의 특성을 인식할 수 있다.

Mason(2008)이 교사가 제공한 자극을 내면화한 학생에게 어떤 일이 일어났는지를 설명할 때 말한 것처럼, 이 과정은 연구자의 자극에 대한 교사의 내면화를 촉진시켜, 반성 활동이 "자신들 내에서"(in themselves)의 과정에서 "자신들을 위한"(for themselves) 과정으로 이동하게 한다.

최종 성찰

이 장은 교사의 관행과 관련된 이론의 공인된 타당성에 대한 몇 가지 성찰로부터 시작하여, 교사교육 프로그램에서 연구와 실제의 통합이라는 주제에 중점을 두었다. Potari(2013)는 이 주제와 관련된 몇 가지 기본적인 질문을 강조하였다. 그 질문들 중 다음과 같은 질문이 있다. "연구자 공동체에서 개발된 이론적 도구뿐만 아니라 방법론적 도구와 결과가 교사들에게 의미 있을 수 있는가? 그러한 통합에서 어떤 종류의 갈등과 모순이 생겨날 것 같은가?"(p. 2)

의사 결정자로서 교사에 대한 우리의 비전과 연구자와 교사교육자로서의 우리의 경험은 우리에게 그러한 연구 문제를 다루는 방법에 대해서 제안했다. 이론적으로 타당한 연구가 교사들에게 직접적이고 효과적인 영향을 미치려면, 몇 가지 기본적인 가정이 충족되어야 한다. (1) 교사들은 그 연구를 "흡수할" 수 있어야 하고, 자신의 전문성과 "의사 결정" 과정에서 그것의 영향을 알게 되어야 한다. (2) 연구 자체는 실무자들도 쉽게 접근할 수 있는 형태로 전달되어야 한다. (3) 장기적인 학습의 관점에서 교사들과 연구자들 사이의 지식, 교환 및 의사소통을 증진하여 통합된 연구 결과가 실제에 그리고 실제를 위해 사용되는 구조 및 용어가 될 수 있도록 제도적 결정이 고취되어야 한다. 그러므로 그러한 아이디어와 함께, 교사와의 협력을 통한 우리의 연구를 특징짓는 방법론은 교사가 더 효과적인 의사 결정자가 될 수 있게 교사의 "이론적 인식"(즉, 전문가적 경험에서 이론의 유용성에 대한 인식) 발달을 촉진시키는 방법으로 생각된다.

우리가 제시한 접근 방법은 연구자들 간의 공동 행동 및 반성 활동을 통해 달성된 교육 프로젝트의 영역에서 교사들의 발달 중인 관행의 향상을 이끄는 이론적 연구의 진화와 일치한다. 이론적 연구에 대한 접근에 있어서, 연구자들이 교사들에게 제공하는 지원을 통해 습득된 이론적 참고 자료는 교사가 자신의 관행에 대한 분석을 구성하고 발판을 마련하여 자기 인식에 대한 점진적인 발달 및 새로운 정체성의 성장에 도움을 준다.

$M-{}_{AE}AB$ 이론적 구조는-처음에는 교수/학습 과정을 분석함에 있어서 연구자들을 위한 도구로 구상된 연구 결과물- 우리의 방법론의 진화 덕분에, 이제는 교사교육 관행을 위한 도구가 되었다. 우리가 제시한 예는 그러한 구조가 학생들이 수학적 의미를 의식적이고 효과적으로 구성하도록 안내하는데 있어서 교사들의 태도와 행동을 파악하기 위하여 교사들에 의해서(처음에는 "다른 사람의 관행에 대한 분석"에서, 그리고 "자기 자신의 관행에 대한 분석"에서도) 어떻게 사용될 수 있는지를 보여주었다. 그러한 논의는 이 예의 첫 번째 의의에 초점을 맞추게 한다. 연구자와 교사 간의 대화적 비교(dialogic comparison)의 진화가 이론과 실제 사이의 간극을 줄일 수 있다.[12] 그런 이유로 우리의 접근법은 바람직한 훈련 과정의 의미 있는 모델로 간주될 수 있다. 왜냐하면, 그것은 Goodchild (2008)에 따르면, 교사, 학생, 그리고 연구자 자신 모두를 위한 연구 및 관행에 긍정적인 영향을 미칠 수 있는 연구의 한 예시이기 때문이다.

그러나 우리의 예시는 또한 교사들이 다른 사람들의 관행에 대한 분석과 자기 자신의 관행에 대한 분석 사이의 차이를 극복하는데 어려움을 겪고 있음을 보여주었다. 교사들이 보여주는 이론에 대한 진정한 이해에도 불구하고, 이론적 렌즈로의 동화는 아마도 그것이 요구하는 정서적 거리와 그들이 그들 스스로를 직면하는데 있어서의 어려움 때문에 느리고, 어려운 것처럼 보였다. 이렇듯 어려운 동화는 Simon(2013)의 "교사의 주요 동화 구조"에 대한 아이디어를 통해 설명될 수 있다. Simon은 실제로 교사가 인식하는 것과 그러한 인식으로 만들어진 감각을 결정하는 구조가 단일 유형의 교사 전문성 개발 경험에 의해 직접적으로 영향을 받지는 않을 것이라고 강조하였다. 그는 "도전 과제는 교사들의 그러한 경험에 대한 지속적인 동화 측면에서 추적 관찰되는 교사교육 및 전문성 개발에 대한 포괄적인 접근 방식을 개발하는 것이다"(Simon, 2013, p. 581)라고 하였다.

이러한 고려를 통해 Simon이 "변화에 대한 교사들의 저항" 이라고 부르는 것을 극복하며, 우리가 수행하는 연구의 유형이 진정으로 실제에 영향을 미칠 수 있는 방법들로 관심을 돌릴 수 있다.

우리의 미래 연구는 가능하면, 미래 교사들이 다른 사람의 관행에 대한 분석 및 자신의 관행에 대한 분석 사이의 간극을 최소화할 수 있는 민감성을 개발시키는 것을 목적으로 예비교사교육에서 적절한 교육 활동을 계획하는데 초점을 맞출 것이다.

진정으로 실제에 영향을 미칠 수 있는 연구를 개발하는 것에 대한 질문에 또 다른 가능한 대답은 장기적으로 그러한 교육 활동을 개발하는 것이다. 그러나 장기적인 개발은 모든 수준(지역, 국가 및 국제)에서 연구 세계와 교육 기관의 세계 사이의 예리한 대화를 포함하는 사회 교육적 정치 계획을 필요로 한다. 또한 그러한 방법론의 진정한 순환을 허용하기 위해서는 교사교육자에 대한 교육도 포함될 것이다. 그러한 측면과 관련하여, 최근에는 교사 전문성 개발을 촉진하기 위해서 교사들을 위한 제도적 맥락과 교사들이 장려하는 관행의 영향에 관심이 쏟아지고 있다(Krainer, 2011; Arzarello et al., 2014).

이 복잡한 과정이 요구하는 오랜 시간을 고려할 때, 고려되어야 하는 근본적이고-여전히 열린-측면은 어떻게 교사의 변화 및 그러한 변화의 안정성을 시험할지에 대한 것이다. 비록 많은 연구들이 교사의 변화를 설명하는 다양한 방법을 제시했지만(예를 들어, Sowder, 2007 참조), Koellner 외(2007)가 대부분의 전문성 개발 프로그램은 "그것의 실행과 영향에 대한 연구 자료와 관련하여 여전히 초기 단계에 있다"(p. 300)라고 언급하며 입증한 것처럼 교사 변화를 어떻게 평가할지에 대한 문제는 여전히 열려있다. 게다가 때로는 교사들의 변화가 관찰될 수 있다고 하더라도, 장기간의 제도적 교사교육 경로의 부재와 이 복잡한 진화를 분석할 수 있는 효과적인 도구의 부족 때문에 새롭고 안정적인 교사 정체성의 구조를 강조하기는 어렵다.

또 다른 최종적 성찰은 교사교육이 학생 학습에 미치는 영향을 측정하는 방식과 관련하여 이루어질 수 있다. 연계된 실험을 통해 탐구 공동체 내에서 개발되어야 하는 교사의 성장과 학생들의 수학적 성장 사이의 상호관계에 대한 분석적 연구가 요구된다. 그러한 종류의 연구는 복잡하지만 바람직하다.

1. 우리가 참조하게 될 교사 관행의 개념은 Simon과 Tzur(1999)에 의한 열려있고 복잡한 것이다. "교사들의 관행은, 교사가 가르치는 데 기여하는 모든 것(계획하기, 평가하기, 학생들과 상호작용 하기) 뿐만 아니라 교사가 그들이 하고 있는 것에 대해 생각하고, 알고 있고, 믿는 모든 것이다. 또한 교사의 직관력, 기술, 가치관 및 그들이 하는 일에 대한 감정도 관행의 일부이다. 따라서 우리는 교사의 관행은 전체로부터 분리된 부분(즉, 신념이나 질문이나 수학적 지식의 방법 만 보면서)을 보고는 이해할 수 없는 집합체라고 본다"(pp. 253-254).
2. Roesken(2011)은 "교사 변화", "전문성 개발", "전문성 신장", "교사 개발"과 같은 용어들이 현장 교사들에게 도움을 제공하기 위한 영역을 설명하기 위해서 국제적인 논의에서 동시에 사용되지만 일관되게 사용되지는 않는다고 강조하였다(p. 7). 그녀는 우리가 언급한 그러한 개념들 간의 차이

점과 상호 연관성에 대한 심층 분석을 위해 세밀한 연구를 진행하였다.

3. 이 장과 Goodchild(2008)에서 대학 연구자들은 교사들이 연구자이기도 하기 때문에, 교수자로 부른다.
4. ArAl 프로젝트(Malara & Navarra, 2003)는 교사의 전문성 개발뿐만 아니라 산술 및 대수 교육의 개선에 기여하는 광범위한 연계 프로젝트이다. 그것은 저학년에서부터 산술에 대한 관계적 관점 및 추론을 위한 도구로서 생각되는 대수에 대한 언어적, 사회-구성적 접근을 촉진한다. 그것은 서로 얽힌 두 가지의 교육적 방향을 통해 진행되었다. 첫째는 수업 활동의 계획과 실행, 그리고 학생들의 학습에 대한 분석에 전념하는 것이다. 둘째는 실행된 교수 과정에 대한 개별적이고 공유된 반성적 관행을 통해 교사의 전문성 쇄신을 목표로 하는 것이다.
5. Malara와 Zan(2008)에서도 강조된 바와 같이, 교사교육에서 수업 과정에 대한 비디오를 사용하는 것은 교사들이 전체 수업에 대한 참여 및 비언어적 언어의 사용과 발생 정도를 분석하는데 도움이 될 수 있기 때문에 중요하다고 생각한다. 그러나 우리는 동영상의 역동적 특성 때문에 비디오가 수업 과정에 대한 분석적 연구를 가능하게 하지 못한다고 믿는다. 게다가, Coles(2013)에 의해 관찰된 바와 같이, 비디오 분석 과정에서 교사들은 종종 그들의 관찰 목적을 벗어나서 그들의 행동에 대한 이유를 해석하는 대신에 판단을 내린다. 기록물 덕분에 상호작용 과정이 확고해지며, 다양한 미시적 상황과 사용된 특정 표현을 분석하고 그들을 연결하고 포괄적으로 조정할 수 있다.
6. Harel(2010)은 "수학적 내용에 대한 관심이 현재 많은 프레임워크와 수학교육 연구에서는 지엽적이다. 종종 그러한 연구에 대한 보고서를 읽으면서, 역사, 생물학 또는 물리학과 같은 다른 학문 주제를 언급해도 보고서가 손상되지 않는다는 인상을 받게 된다. 만약 이 문제가 계속된다면, 수학교육 연구는 그 정체성을 잃을 가능성이 있다"(p. 343)고 강조하였다.
7. Roesken(2011)은 Ball(2000)에 의해 제기된 문제는 간과되어서는 안 되며, 인지적 영역(예, 지식) 또는 교사의 행동에 초점을 맞추려는 우리의 경향은 "교사교육에 있어서, 특히, 교사들이 사용 가능한 내용 지식을 습득하도록 돕기 위한 우리의 노력에 있어서, 분열의 새로운 형태"(p. 246)라고 언급하였다.
8. Arzarello 외(2001)는 개념 프레임을 하나의 문제를 해결하는 동안 추론하고, 공식을 다루며, 결과를 예측하는 방법을 제시하는 개념의 체계적인 집합(수학적 대상, 성질, 사용되는 알고리즘, 추론 전략 등)으로 정의하였다.
9. 이 용어의 의미를 더 강조하기 위해, 우리는 Vygotsky의 말을 인용한다. "아이들은 자신의 능력의 한계를 훨씬 뛰어 넘는 다양한 행동을 모방할 수 있다. 모방을 이용하여, 아이들은 집단 활동이나 어른들의 지도하에 훨씬 더 많은 것을 할 수 있다"(1978, p. 88).
10. 일단 필요한 추측이 수립되면(즉, 합은 항상 3의 배수이며, 특히, 3개의 연속 수), 학생은 n+n+1+n+2식을 생성하기 위해 "연속 수" 프레임을 활성화해야 한다. 이후, 식 3n+3이 올바른 구조적 변환에 의해 만들어지면, 그 식을 새로운 식인 3(n+1)으로 인수분해 할 필요성을 인식하기 위해서는 "배수" 프레임(그리고 그에 따른 정확한 예측 사고)이 활성화 되어야 하고, 이는 "배수" 프레임과 "연속 수" 프레임 간의 적절한 조정을 통해 더 강조될 수 있다.
11. 교사는 자신의 중재활동(T로 표시)과 학생들의 중재활동(모든 학생들은 다른 문자로 표현되었음)들을 분리하여 순서대로 열거하기로 결정하였다.

12. 이것은 이론과 실제 모두에서 교사와 연구자 간의 대화적 교류의 긍정적인 효과를 강조한 Malara 와 Zan(2008)에서 논의된 내용과 일치한다.

참고문헌

Artigue, M. (2011). Review of Bharath Sriraman & Lyn English, "Theories of mathematics education—seeking new frontiers." *Research in Mathematics Education, 13*(3), 311–316.

Arzarello, F., Bazzini, L., & Chiappini, G. (2001). A model for analyzing algebraic thinking. In R. Sutherland, T. Rojano, A. Bell, & R. Lins (Eds.), *Perspectives on school algebra* (pp.61–81). Dortrecht: Kluwer Academic Publishers.

Arzarello, F., Robutti, O., Sabena, C., Cusi, A., Garuti, R., Malara, N. A., & Martignone, F. (2014). Meta-didactical transposition: a theoretical model for teacher education programs. In A. Clark-Wilson, O. Robutti, & N. Sinclair (Eds.), *The mathematics teacher in the digital era: Vol. 2. An international perspective on technology focused professional development* (pp. 347–372). Dordrecht: Springer.

Ball, D. (2000). Bridging practices. Intertwining content and pedagogy in teaching and learning to teach. *Journal of Teacher Education, 5*(3), 241–247.

Ball, D. L., Thames, M. H., & Phelps, G. (2008). Content knowledge for teaching: What makes it special? *Journal of Teacher Education, 59*(5), 389–407.

Barwell, R. (2013), Discursive psychology as an alternative perspective on mathematics teacher knowledge. *ZDM: The International Journal of Mathematics Education*, 45, 595–606.

Bishop, A. J. (1998). Research and practioners. In J. Kilpatrick & A. Sierpinska (Eds.), *Mathematics education as a research domain: A search for identity* (pp. 33–45). Dordrecht: Kluwer Academic Publishers.

Boaler, J. (2008). Bridging the gap between research and practice: International examples of success. In M. Menghini, F. Furinghetti, L. Giacardi, & F. Arzarello (Eds.), *The first century of the international commission on mathematical instruction* (1908–2008) (pp. 91–112). Roma: Instituto della Enciclopedia Italiana.

Boero, P. (2001). Transformation and anticipation as key processes in algebraic problem solving. In R. Sutherland, T. Rojano, A. Bell, & R. Lins (Eds.), *Perspectives on school algebra* (pp. 99–119). Dordrecht: Kluwer Academic Publishers.

Borko, H., & Putnam, R. (1995). Expanding a teachers' knowledge base: A cognitive psychological perspective on professional development. In T. Guskey & M. Huberman (Eds.), *Professional development in education: New paradigms and practices* (pp. 35–65). New York: Teachers College Press.

Carpenter, T. (1988). Teaching as problem solving. In R. Charles & E. Silver (Eds.), *The teaching and assessing of mathematical problem solving* (pp. 187–202). Hillsdale, NJ: Lawrence Erlbaum Associates.

Chapman, O., & Heater, B. (2010). Understanding change through a high school mathematics teacher's journey to inquiry-based teaching. *Journal of Mathematics Teacher Education, 13*, 445–458.

Cobb, P. (2007). Putting philosophy to work: Coping with multiple theoretical perspectives. In F. K. Lester, Jr. (Ed.), *Second handbook of research on mathematics teaching and learning: A project of the National Council of Teachers of Mathematics* (pp. 3–38). Charlotte, NC: Information Age.

Cochran-Smith, M., & Lytle, S. (1999). Relationship of knowledge and practice. Teacher learning in communities. In A. Iran-Nejad & P. D. Pearson (Eds.), *Review of Research in Education* (Vol. 24, pp. 249–305). Washington, DC: American Educational Research Association.

Coles, A. (2013). Using video for professional development: the role of the discussion facilitator. *Journal of Mathematics Teacher Education, 16*, 165–184.

Collins, A., Brown, J. S., & Newman, S. E. (1989). Cognitive apprenticeship: Teaching the craft of reading, writing, and mathematics. In L. B. Resnik (Ed.), *Knowing, learning and instruction* (pp. 453–494). Hillsdale, NJ: Lawrence Erlbaum Associates.

Cusi, A. (2008). An approach to proof in elementary number theory focused on representation and interpretation aspects: The teacher's role. In B. Czarnocha (Ed.), *Handbook of mathematics teaching research* (pp. 107–122). Rzeszów: Rzeszów University Press.

Cusi, A. (2009). Interrelation between anticipating thought and interpretative aspects in the use of algebraic language for the construction of proofs. In V. Durand-Guerrier, S. Soury-Lavergne, & F. Arzarello (Eds.), *Proceedings of 6th CERME Conference* (pp. 469–478). Lyon: Service des publications, INRP.

Cusi, A., & Malara, N. A. (2008). Approaching early algebra: Teachers educational process and classroom experiences. *Quadrante, 16*(1), 57–80.

Cusi, A., & Malara, N. A. (2009). The role of the teacher in developing proof activities by means of algebraic language. In M. Tzekaki, M. Kaldrimidou, & H. Sakonidis (Eds.), *Proceedings of the 33rd Conference of the International Group for the Psychology of Mathematics Education* (Vol. 2, pp. 361–368). Thessaloniki, Greece.

Cusi, A., & Malara, N. A. (2011). Analysis of the teacher's role in an approach to algebra as a tool for thinking: problems pointed out during laboratorial activities with perspective teachers. In M. Pytlak, T. Rowland, & E. Swoboda (Eds.), *Proceedings of the 7th Congress of the European Society for Research in Mathematics Education* (pp. 2619–2629). Rzeszow, Poland.

Cusi, A., & Malara, N. A. (2012). Educational processes in early algebra to promote a linguistic approach: behavior and emerging awareness in teachers. In L. Coulange, J.P. Drouhard, J.L. Dorier, & A. Robert (Eds.), *Recherches en didactique des mathématiques, Numéro spécial hors-série, Enseignement de l'algèbre élémentaire: bilan et perspectives* (pp. 299–319). Grenoble: La Pensée Sauvage.

Cusi, A., & Malara, N. A. (2013). A theoretical construct to analyze the teacher's role during introductory activities to algebraic modelling. In B. Ubuz, C. Haser, & M. A. Mariotti (Eds.), *Proceedings of the 8th Congress of the European Society for Research in Mathematics Education* (pp. 3015–3024). Antalya, Turkey.

Cusi, A., Malara, N. A., & Navarra, G. (2011). Early algebra: Theoretical issues and educational strategies for bringing the teachers to promote a linguistic and metacognitive approach to it. In J. Cai & E. Knuth (Eds.), *Early algebraization: Cognitive, curricular, and instructional perspectives* (pp. 483–510). Berlin-Heidelberg: Springer.

Duval, R. (2006). A cognitive analysis of problems of comprehension in a learning of mathematics. *Educational Studies in Mathematics, 61*, 103–131.

Freudenthal, H. (1983). Major problems of mathematics education. In M. Zweng, T. Green, J. Kilpatrick, H. Pollack, & M. Suydam (Eds.), *Proceedings of the Fourth International Congress on Mathematical Education* (pp. 1–7). Boston: Birkhäuser.

Goodchild, S. (2008). A quest for 'good' research: The mathematics teacher educator as practitioner researcher in a community of inquiry. In B. Jaworski & T. Wood (Eds.), *International handbook of mathematics teachers education: Volume 4. Mathematics teacher educator as a developing professional* (pp. 201–220). Rotterdam: Sense Publishers.

Goos, M. (2013). Sociocultural perspectives in research on and with mathematics teachers: a zone theory approach. *ZDM: The International Journal of Mathematics Education*, 45, 521–533.

Harel, G. (2010). Commentary on 'On the theoretical, conceptual, and philosophical foundations for research in mathematics education'. In B. Sriraman & L. English (Eds.), *Theories of mathematics education: Seeking new frontiers* (pp. 87–95). Berlin/Heidelberg: Springer Science.

Jaworski, B. (1998). Mathematics teacher research: Process, practice and the development of teaching. *Journal of Mathematics Teacher Education, 1*, 3–31.

Jaworski, B. (2004). Grappling with complexity: Co-learning in inquiry communities in mathematics teaching development. In M. J. Hoines & A. B. Fuglestad (Eds.), *Proceedings of the 28th Conference of the International Group for the Psychology of Mathematics Education* (Vol. 1n pp. 17–36). Bergen, Norway.

Jaworski, B. (2006). Theory and practice in mathematics teaching development: Critical inquiry as a mode of learning in teaching. *Journal of Mathematics Teacher, 9*, 187–211.

Jaworski, B. (2008), Development of mathematics teachers educators and its relation to teaching development. In B. Jaworski & T. Wood (Eds.), *International handbook of mathematics teachers education:*

Volume 4. Mathematics teacher educator as a developing professional (pp. 335–361). Rotterdam: Sense Publishers.

Jaworski, B. (2012). Mathematics teaching development as a human practice: Identifying and drawing the threads. *ZDM. The International Journal on Mathematics Education, 44*, 613–625.

Kieran, C., Krainer, K., & Shaughnessy, J. M. (2013). Linking research to practice: Teachers as key stakeholders in mathematics education research. In M. A. Clements, A. Bishop, C. Keitel-Kreidt, J. Kilpatrick, & F.K.S. Leung (Eds.), *Third international handbook of mathematics education* (pp. 361–392). New York: Springer Science & Business.

Kilpatrick, J. (1981). The reasonable ineffectiveness of research in mathematics education. *For the Learning of Mathematics, 2*(2), 22–29.

Koellner, K., Jacobs, J., Borko, H., Schneider, C., Pittman, M.E., Eiteljorg, E., Bunning, K., & Frykholm, J. (2007). The problem-solving cycle: A model to support the development of teachers' professional knowledge. *Mathematical Thinking and Learning, 9*(3), 273–303.

Krainer, K. (2011). Teachers as stakeholders in mathematics education research. In B. Ubuz (Ed.), *Proceedings of the 35th Conference of the International Group for the Psychology of Mathematics Education* (Vol. 1, pp. 47–62). Ankara, Turkey.

Leont'ev, A. N. (1978). *Activity, consciousness and personality*. Englewood Cliffs, NJ: Prentice Hall.

Lerman, S. (2000). The social turn in mathematics education research. In J. Boaler (Ed.), *Multiple perspectives on mathematics teaching and learning* (pp. 19–44). Westport, CT: Ablex Publishing.

Lerman, S. (2006). Theories of mathematics education: Is plurality a problem? *ZDM: The International Journal of mathematics Education, 38*, 8–13.

Lerman, S. (2013). Theories in practices: Mathematics teaching and mathematics teachers education. *ZDM: The International Journal of Mathematics Education, 45*, 623–631.

Lester, F., & Wiliam, D. (2002). On the purpose of mathematics education research: Making productive contributions to policy and practice. In L. English (Ed.), *Handbook of international research in mathematics education* (pp. 489–506). Mahwah, NJ: Lawrence Erlbaum Associates.

Malara, N. A. (2003). Dialectics between theory and practice: Theoretical issues and aspects of practice from an early algebra project. In N. A. Pateman, B. J. Dougherty, & J. T. Zilliox (Eds.), *Proceedings of the 27th Conference of the International Group for the Psychology of Mathematics Education* (Vol.1, pp. 33–48). Honolulu.

Malara, N.A., & Navarra, G. (2003). *ArAl Project: Arithmetic pathways towards pre-algebraic thinking*. Bologna: Pitagora.

Malara, N. A., & Navarra, G. (2011). Multicommented transcripts methodology as an educational tool for teachers involved in early algebra. In M. Pytlak, E. Swoboda, & T. Rowland (Eds.), *Proceedings of the 7th Congress of the European Society for Research in Mathematics Education* (pp. 2737–2745). Rzezsow (Poland).

Malara, N.A., & Zan, R. (2008). The complex interplay between theory and practice: reflections and examples. In L. English (Ed.), *Handbook of international research in mathematics education* (2nd ed., pp. 539–564). New York: Routledge.

Marton, F., & Morris, P. (2002). *What matters? Discovering critical conditions of classroom learning*. Goteborg: Acta Universitatis Gothoburgensins.

Mason, J. (1990). Reflection on dialogue between theory and practice, reconciled by awareness. In F. Seeger & H. Steinbring (Eds.), *The dialogue between theory and practice in mathematics education: Overcoming the broadcast metaphor. Proceedings of the Fourth Conference on Systematic Cooperation Between Theory and Practice in Mathematics Education*. Matherialen und Studien, band 38 (pp. 177–192). Bielefeld: Institut für Didaktik der Mathematik.

Mason, J. (1998). Enabling teachers to be real teachers: Necessary levels of awareness and structure of attention. *Journal of Mathematics Teacher Education, 1*, 243–267.

Mason, J. (2002). *Researching your own practice: The discipline of noticing*. London: Falmer Press.

Mason, J. (2008). Being mathematical with and in front of learners. In B. Jaworski & T. Wood (Eds.), *International handbook of mathematics teachers education: Volume 4. Mathematics teacher educator as a developing professional* (p. 31–55). Rotterdam: Sense Publishers.

Mellone, M. (2011). The influence of theoretical tools on teachers' orientation to notice and classroom practice: A case study. *Journal of Mathematics Teacher Education, 14*, 269–284.

Niss, M. (2007). Reflections on the state and trends in research on mathematics teaching and learning. From here to utopia. In F. K. Lester, Jr. (Ed.), *Second handbook of research on mathematics teaching and learning: A project of the National Council of Teachers of Mathematics* (pp. 1293–1312). Charlotte, NC: Information Age Publishing.

Potari, D. (2013). The relationship of theory and practice in mathematics teacher professional development: An activity theory perspective. *ZDM: The International Journal of Mathematics Education, 45*, 507–519.

Richert, A. E. (1991). Using teacher cases or reflection and enhanced understanding. In A. Lieberman & L. Miller (Eds.), *Staff development for education in the '90s: New demands, new realities, new perspectives* (pp. 113–132). New York: Teachers College Press.

Roesken, B. (2011). *Hidden dimension in the professional development of mathematics teachers.* Rotterdam: Sense Publishers.

Schoenfeld, A.H. (1992). Learning to think mathematically: Problem solving, metacognition, and sense-making in mathematics. In D. Grouws (Ed.), *Handbook for research on mathematics teaching and learning* (pp. 334–370). New York: Macmillan.

Schoenfeld, A. H. (2013). Classroom observations in theory and practice. *ZDM: The International Journal of Mathematics Education, 45*, 607–621.

Shulman, L. S. (1986). Those who understand: Knowledge growth in teaching. *Educational Researcher,* 15, 4–14.

Silver, E. A., & Herbst, P.G. (2007). Theory in Mathematics Education Scholarship. In F. K. Lester, Jr. (Ed.), *Second Handbook of Research on Mathematics Teaching and Learning: A project of the National Council of Teachers of Mathematics* (pp. 39–67). Charlotte, NC: Information Age Publishing.

Simon, M. (2009). Amidst multiple theories of learning in mathematics education. *Journal for Research in Mathematics Education, 40*(5), 477–490.

Simon, M. (2013). Promoting fundamental change in mathematics teaching: A theoretical, methodological, and empirical approach to the problem. *ZDM: The International Journal of Mathematics Education, 45*, 573–582.

Simon, M., & Tzur, R. (1999). Explicating the teacher's perspective from the researchers' perspective: generating accounts of mathematics teachers' practice. *Journal for Research in Mathematics Education, 30*, 252–264.

Sowder, J. T. (2007). The mathematical education and development of teachers. In F. K. Lester, Jr. (Ed.), *Second handbook of research on mathematics teaching and learning: A project of the National Council of Teachers of Mathematics* (pp. 157–223). Charlotte, NC: Information Age Publishing.

Sriraman, B., & English, L. (2010). *Series advances in mathematics education. Theories of mathematics education—Seeking new frontiers.* Berlin/Heidelberg: Springer Science.

Thames, M., & Van Zoest, L. (2013). Building coherence in research on mathematics teacher characteristics by developing practice-based approaches. *ZDM: The International Journal of mathematics Education, 45*, 583–594.

Vygotsky, L. S. (1978). *Mind in society: The development of higher mental processes.* Cambridge MA: Harvard University Press.

White, A. L., Jaworski, B., Agudelo-Valderrama, C., & Gooya, Z. (2013). Teachers learning from teachers. In M. A. Clements, A. Bishop, C. Keitel-Kreidt, J. Kilpatrick, & F.K.S. Leung (Eds.), *Third international handbook of mathematics education* (pp. 393–430). New York: Springer Science & Business.

Wittmann, E.C. (2001). Developing mathematics education in a systematic process. *Educational Studies in mathematics, 48*, 1–20.

교수 관행과 연구 관행 사이의 대화식 상호작용을 통한 지식 창출 22

Kenneth Ruthven
University of Cambridge, UK

Simon Goodchild
University of Agder, Norway

서론

이 장은 연구와 교수의 상호작용이 수학 교수에 대한 그리고 수학 교수를 위한 지식의 개발을 도모하는데 어떻게 도움이 되는지에 초점을 둔다. 기관과 개인이 두 가지 관행에 모두 참여하고 두 가지 역할을 모두 수행할 수 있다는 가능성을 인식하여, 편리한 용어를 사용하여 간단히 말한다면, 이 장은 **연구**(researching)와 **교수**(teaching), **연구자**(researcher)와 **교사**(teacher)에 대해 다룬다. 또한, 이전 문장에서 알 수 있듯이, 이 장에서는 **관행**(practice)을 사회적 관행의 의미로 사용하기로 하고, 어떤 문헌들이 **교육 실천가**(practitioner)와 **실천**(practice)으로 말하자면, 보다 직접적인 용어인 **교사**(teacher)와 **교수**(teaching)를 사용한다. 수학 교수를 위해 공유되는 지식 기반이 교수 관행 내에서 만들어진 기술 지식과 연구 관행에서 만들어진 학술 지식 모두에 기초해야 한다는 것은 수학교육자들 사이에 널리 받아들여지는 견해이다. 이 장의 구체적인 초점은 이러한 관행들 사이의 시너지 효과와 그 관행들 사이의 지식의 변환에 있다.

교수 내에서의 지식 창출과 변환

교수 내에서 지식 창출: 기술 지식의 중요성

기술 지식(craft knowledge)은 교사가 일상적인 교실 수업에서 사용하는 전문 지식, 일반적으로 교사가 명시하지 않는 행동 지향적인 지식을 말하며, 실제로 교사는 기술 지식을 분명하게 표현하기 어렵거나 자신이 그러한 지식을 사용한다는 것을 인식하지 못할 수도 있다.

> **기술 지식**은 교사가 하는 일에서 발생하는 지식을 말하고, 그 후에 교사가 하는 일에 영향을 미친다. 그래서 이 지식은 이러한 직접적인 방식으로 관행에 연계되지 않는 다른 지식 형태와 구별되어야 한다. 따라서 기술 지식은 교사가 자신들의 이상적인 교수 관행의 바탕이 되는 사고를 설명할 때 의존하는 종류의 지식이 아니고 이론에서부터 도출된 지식도 아니다. 전문 기술 지식(professional craft knowledge)은 이론에 의해 당연히 (그리고 종종) 영향을 받을 수 있지만 그러한 지식 형태보다 훨씬 실용적인 성격을 가진다. 전문 기술 지식은 교사가 자신의 직업에 관한 일을 수행하기 위해 하는 반성과 실제적인 문제해결의 과정을 통해 개발하는 지식이다. (Cooper & McIntyre, 1996, p. 76)

그렇다면, 교수 내에 지식 창출의 과정이 있다. 교수의 과정에서 실험과 문제해결을 통해서, 그리고 다시 교수하고 그에 대해 반성하는 것을 통해서 기술 지식이 개발되고 직업 내에서 공유된다. 이것은 또한 지식 변환 과정을 포함할 수 있다. 교수 내에서 학술 지식(scholarly knowledge)을 맥락화하고 활성화함으로써 기술 지식의 발전에 기여할 수 있다.

> 인지적 관점에서 볼 때, 전문 지식은 전문적 행위의 산물로 개발되고, 단지 이론 지식의 축적을 통해서가 아니라 실제적인 상황의 요구와 제약에 따라 이론적 지식을 통합, 조정 및 재구성하는 것을 수반하는 일과 업무 수행을 통해 확립된다. (Bromme & Tillema, 1995, p. 262)

더욱이, 지식 변환은 기술 지식을 이끌어 내고 그것을 체계화함으로써 그 반대 방향으로 진행될 수 있다. 따라서 연구를 통해 분명하게 표현된 기술 지식은 학술 지식의 추가적인 발전에 기여할 수 있다.

다음의 두 절에서는 2개의 프로젝트를 통해 교사의 기술 지식과 연구자의 학술 지식 사이의 지식 변환을 설명한다. 이들 프로젝트는, 이 분야에서 중요하고 선구적인 기여로 인정받고 있고 매우 심도 있게 수행되었기 때문에 선택되었다. 이 프로젝트들이 초등학교 수준에서 수학의 교수에 대한 관심을 공유하지만, 두 번째 프로젝트는 단지 교육학적 입장뿐만 아니라 지식 변환의 형태에서 첫 번째 프로젝트와 좋은 대조를 제공할 수 있다. 그래서 첫 번째 프로젝트는 기술 지식을 학술 지식으로 이끌고 체계화하는 접근방법을 보여 주지만, 두 번째 프로젝트는 반대로 학술 지식을 기술 지식으로서 맥락화하고 활성화하는 접근방법을 보여준다.

기술 지식을 도출하고 체계화하는 것: 전문가 직접 교수의 예

Leinhardt와 그녀의 동료들(1988a, 1989; Leinhardt, Putnam, Stein, & Baxter, 1991)은 전문 지식의 분석에 초점을 둔 인지 과학 연구의 한 분야에 기초한 개념들과 방법들을 사용하여 교사들의 기술 지식을 도출하고 체계화할 수 있는 가능성을 보여준 연구 프로그램을 수행했다. 수업은 교실에서 수업하는 교사들을 관찰하고 그들의 생각에 대해 인터뷰함으로써 분석되었다. 교사는 학생 성취도의 높은 증가와 높은 수준의 최종 성취도를 일관되게 만들어 내는 경우 "전문가"로 인정되었다. 초보 교사들과 비교했을 때, 이런 전문가 교사들의 교수와 그 바탕이 되는 인지는 다음과 같은 측면에서 특징이 나타났다.

> 전문가 교사들은 많은 복잡한 인지적 기술을 사용하여 여러 작은 수업 장면들로 구성된 훌륭한 수업을 만들어 낸다. 이러한 작은 부분들은 교사들이 널리 사용하는 **루틴**(routine)이라고 하는 사회적으로 잘 짜여진 일련의 작은 행동들에 의존한다. 전문가 교사들은 또한 자신의 개인적인 교수 경력 전체 동안 업데이트되고 수정된 풍부한 레퍼토리의 수업용 대본(instructional script)을 가지고 있다. 교사들은 유연하고 정확하며 깐깐한 계획자들이다. 즉, 그들은 그들이 계획할 필요가 있는 것은 계획하지만 그들이 이미 알고 있고 자동적으로 하는 것들은 계획하지 않는다. 효율성 면에서나 자신의 활동을 위해 머릿속으로 개요를 작성하는 측면에서 전문가는 초보자보다 더 잘 계획한다. … 그러한 보다 더 포괄적인 계획으로부터, … 그들은 수업을 위한 의제(agenda)를 선택한다. … 의제는 수업 장면들을 설정하고 조정할 뿐만 아니라 고려중인 수학 내용을 설명하기 위한 전략을 세우는 데 사용한다. 뒤따르는 설명은 학생들이 수학의 특정 내용을 이해하도록 하기 위해서 교사가 가지는 목표와 행동의 체계로부터 개발된다. (Leinhardt et al., 1991, p. 88)

여기에서 분석한 바와 같이, 우수한 교사의 전문 지식은 여러 층으로 되어 있다. 가장 쉽게 분명히 표현되는 것은 수업 의제의 사전 구성, 수업 내의 상호작용적인 수행과 적용, 그리고 사후 검토에 수반되는 신중한 분석의 과정들이다. 가장 흔히 무시되는 것은 대부분 행동과 상호작용의 반사적인 측면인데, 그것을 통해서 교실 활동의 안정성과 예측 가능성이 만들어지는 교실 루틴이 그 전형적인 예다. Leinhardt는 "우리 문화, 특히 교육자들에 의해, 자발성, 유연성 및 반응성이 매우 가치 있게 평가되기 때문에 [루틴]의 중요성이 종종 간과된다"고 말한다(1988a, p. 49). 마찬가지로 신중한 주의를 요하고 지속적으로 연습해야 하는 교수의 측면들과 달리 루틴은 전문가 교사들에게는 너무 반사적이 되었기 때문에 덜 인식된다고 추측할 수 있다.

이러한 연구들은 교사의 교육학적 지식과 추론을 "대본", "의제" 및 "설명"이라는 구성요소의 측면에서 분석한다. 특정 교과 주제에 대한 교사의 대본은 목표, 과제 및 행동들이 대략적으로 정돈된 레퍼토리로 간주되고, 시간이 지남에 따라 지속적으로 개발되고 정제된다. 그것은 일련의 행동과 논의, 적절한 표현과 설명, 예상되는 학생의 어려움에 대한 표시를 포함한다. 대본의 가장 중요한 특징은 교과목과 교육학에 대한 지식을 행동과 목표에 대한 생각과 조율하고, 따라서 효율적이고 일관성있는 수업 계획과 개발을 뒷받침하도록 조직하는 구조로서 작용하는 방식이다. 그러한 대본은 수업 "의제" 즉, 수업 목표들, 그러한 목표들을 달성할 수 있는 행동들, 수업에서 행동들의 순서에 관한 기대, 그리고 수업 내에서의 중요한 의사결정들을 포함하는 정신적 계획의 설정을 지원하는 지식의 매트릭스를 제공한다. Leinhardt에 의해 연구된 전문가 교사들의 의제는 보다 발전된 교수법적인 논리와 더 부드러운 흐름을 보여 주었고, 학생들의 행동과 추론을 더 많이 고려하고 이에 대한 더 많은 증거를 찾았다. 모든 대본의 핵심 요소는 각각의 새로운 내용에 대한 "설명"이다. 몇 가지 요소는 전문가 교사의 설명의 효과에 기여하는데, 이는 선수 내용과 기능에 대한 예상, 새로운 내용에 대한 동기부여, 사용 조건에 대한 설명, 원리에 따른 새로운 내용의 정당화, 설명의 서로 다른 요소들의 융합, 그리고 설명의 완성 등을 포함한다.

예기치 않은 발견은 전문가 교사들이 학생들의 생각에 주목한 방법에 관한 것이었다.

> [교사들이] 모델을 만들었지만 우리가 예상했던 것과는 다른 방식이었다. 교사들은 학습에서 어려움을 초래할 수 있는 내용을 알려주도록 그들을 위한 표시를 만들고, 그 다음 그런 표시나 과거에 잘된 점에 유념하여 그 내용에 대한 수업을 조정하는 것 같았다. 그들은 특정 학생의 정신적 표상을 진단하기보다는 자신의 수업과 그 순환을 진단하는 것처럼 보였다. 수업의 주요 목표는 대본에 따라 진행되고, 특이한 학생 요구에 대처하기 위해서 수업 중에 약간의 조정만 하는 것으로 보였다. (Leinhardt, 1988a, pp. 51-52)

사실 이것은 일부 수학교육자들에 의해 의문이 제기된 교수 관행의 모델에 대한 가치를 이끌어낸 하나의 고려 사항이었다. "적어도 두 가지 면(학생들이 배우도록 요구되는 수학과 개별 학생에 대한 관심)에서 이 모델은 부족하다."(Fennema & Frankc, 1992, p. 159). 이 두 가지 면은 연관되어 있다. "교사들이 학생들의 지식에 관심을 기울이지 않고도 단기간의 계산 측면의 목표를 달성할 수는 있겠지만, 이해와 문제해결에서의 학생 성장을 지원하기 위해서는 학생들의 생각을 이해할 필요가 있다."(Carpenter, Fennema, Peterson, Chiang, & Loef, 1989, p. 502).

Leinhardt는 다른 형태의 교수를 연구할 필요가 있다는 것을 인정했다.

> 우리의 전문가 교사들이 주요 개념과 절차를 배우기 위한 학생들의 노력에 적극적으로 반응하고 지원하는 것으로 나타났지만, 그들 수업의 내용, 방법 및 방향은 주로 교사에게 있다. 그러나 인지 기반 학습 이론에서는, 학생들이 자신의 학습 방법과 방향을 결정하는 데 있어 역할을 하는 것이 교육적으로 좋고 인지적으로 필요하다고 제안한다. … [후속] 연구의 주요 특징은 본질적으로 교사들이 미리 계획한 설명과 학생들의 적극적인 역할로 교실 대화 중에 구성된 설명사이의 차이에 관한 것이 될 것이다. (Leinhardt et al., 1991, p. 111)

그러나 교사들이 그러한 인지 기반 학습 이론과 견줄만한 교육적 모델을 개발하지 않았다면 그러한 연구를 수행하는 것은 문제가 있다. 단순히 이미 확립된 교육학적 시스템 내의 전문가 교사를 연구하는 것에 내재된 주요 제한점은 해당 시스템에 얽매인다는 것이다. 새로운 형태의 교육학의 발전은 어떤 형태의 개입을 필요로 한다.

학술 지식을 맥락화하고 활성화하는 것: 인지적으로 안내되는 수업의 예

인지적으로 안내되는 수업(Cognitively Guided Instruction; CGI) (Carpenter et al., 1989; Peterson Fennema, Carpenter, 1991; Fenncma, Carpenter, Frankc, Levi, Jacobs, & Empson, 1996)에 대한 연구들은 어떻게 새로운 형

태의 교육학이 학술 지식을 맥락화하고 활성화하는 것을 통해서 개발될 수 있는지에 대한 문제를 다루었다. 그 핵심 가설은 다음과 같다.

> 연구는, 교사들이 이용할 수 있다면, 그들의 학생들에 대한 지식과 수업 계획에 영향을 미칠 수 있는 아동의 사고와 문제해결에 대해 상세한 지식을 제공한다. (Carpenter et al., 1989, p. 502)

이 인용구는 연구를 고려할 때 "아동들의 사고"에 대한 "지식"의 여러 의미를 구별하는 것이 중요하다는 것을 시사한다. 첫째, 특정 아동의 사고에 대한 정보와는 달리, 아동의 사고에 대한 지배적인 모델들 사이에는 중요한 차이가 있다. 게다가 연구자들이 채택한 특정 모델과는 달리, 일반적인 모델들 사이에는 더 많은 차이가 있다. 이 프로젝트에서 주로 사용되는 학술 지식은 산술 문장제 문제와 학생들이 사용한 해결 전략을 분류하고 특정한 유형의 문제에 따라 특정한 유형의 해결 전략을 다르게 사용하는 측면에서 학생들의 사고 흐름을 기술한 인지 모델(이전 연구에서 Carpenter와 그의 동료에 의해 개발된)이었다.

또 다른 연구는 경력 교사들이 이미 가지고 있는 지식에서 어떤 부분이 그러한 문제를 분석하기 위해서 이용될 수 있는지 조사했다(Carpenter, Fennema, Peterson, & Carey, 1988). 교사들에게 주어진 수식에 해당하는 문장제 문제를 만드는 것, 문장제 문제의 상대적인 어려움을 평가하는 것, 그리고-특정한 학생들이 문제를 해결하는 것을 본 후에-학생들이 다른 문제들을 어떻게 해결할 것인지를 예측하는 것 등의 교수법과 관련된 과제가 제시되었다. 대부분의 교사들은 그러한 과제, 특히 그들이 가르친 학년 수준에서 일반적으로 나오는 문제 유형과 관련된 과제에서 상대적으로 성공적인 것으로 입증되었다. 많은 교사들이 그러한 판단을 내린 근거를 분명하게 밝히는 것을 어려워했지만, 분명히 그들은 관련 지식을 개발했다. 더욱이, 이런 기술 지식이 취한 형태는 그들의 교수 상황을 반영한 것으로 보인다. 교사들은 문제 안에서 단서가 되는 단어를 찾거나 관련된 행위를 시각화하여 예상되는 계산을 유추하도록 학생들을 돕는 경향이 있는 것으로 보인다.

대조적으로, CGI 프로그램은 덜 구조화된 문제해결을 중심으로 수업 활동을 조직하고 학생들 스스로 고안한 해결 전략에 초점을 두는 교육학적 전략을 개발하는 것이 학생 학습에 유익할 것이라는 가설을 기반으로 했다. 결과적으로, CGI와 관련된 전문성 개발 프로그램은 문제와 전략 유형을 개념화하고 그것을 문제 난이도와 학생의 성과를 단련시키기 위한 보다 강력한 수단으로 교사들이 Carpenter와 동료가 개발한 특정 연구 기반 모델을 익히게 하는 것을 목표로 했다. 개별 아동들이 문제를 해결하는 비디오 영상은 모델 내의 주요 차이점을 강조하고 특정 아동의 수학적 사고를 특징 짓기 위해 그 모델의 사용을 명확히 설명하는 것을 목표로 하는 토론을 활발하게 하였다. 또, 교사들은 학생들에게 동일한 문제들을 제시하고 워크숍에서의 더 많은 토론을 위해서 그 해결 방법들을 기록하면서 그 모델을 사용해 보도록 권장되었다.

또한, 교사들은 그 모델이 교수에서 어떻게 활용될 수 있는지 숙고하도록 요청되었다. 이 프로그램은 교실에서 모델을 어떻게 사용해야 하며, 또한 어떻게 사용할 수 있는지에 대해 정보에 입각한 결정을 하는 데 가장 좋은 위치에 있는 것이 교사라는 것을 강조했지만, 연구자들은 이러한 문제에 대한 교사들의 생각에 미치는 자신들의 영향을 인정한다.

> 우리는 교사가 수업에서 한 것에 우리가 직접적으로 영향을 미치지 않았다고 생각하지 않는다. 우리가 보여주고 그들과 토론한 수학적 내용은 거의 전적으로 문장제 문제 기반이었다. 비디오 영상은 아동에게 문장제 문제를 풀도록 요청하고, 아동이 문제를 푸는 동안 기다린 후, "어떻게 그 답을 얻었니?", "네가 한 것을 나에게 보여줄 수 있니?"와 같은 질문을 한 개별 면담자들에 대한 것이었다. 교사들은 아동들에게 문장제 문제를 풀게하고 문제가 어떻게 해결되었는지 확인하도록 권유받았다. 그러나 우리는 교사를 위해서 교수법이나 교육과정을 직접적으로 처방해주지는 않았다. (Fennema et al., 1996, pp. 408-409)

위 인용문의 첫 문장에서 "영향"과 마지막 문장에서 "처방"사이의 구분은 연구자들이 교사와의 관계에서 오갔던 경계의 복잡함과 모호함을 시사한다. 이 접근방법이 인식한 것은, 개별 학생들과의 연구 인터뷰에서 사용되었던 질문 유형이 학급 전체 학생들에 의해 교육과정이 더 오랜 기간 동안 탐구되는 교실 수업의 기능적 구성 요소가 되기 위해서는 수정이 필요할 것이라는 것이다. 동일하게 교사들은 그들의 기술 지식의 이미 확립된 측면을 조정하고 계획, 구성 및 발문에 대한 새로운 접근방법을 창출할 수 있도록 그것을 개발하여, 인지 모델의 사용을 수업 계획, 교실 구성 및 상호적인 발문과 같은 그들의 관행 측면들에 통합해야 한다.

실제로 교사가 인지 모델을 사용하고 그에 따라 그들의 기술 지식을 조정하는 이러한 지식 변환의 과정이 교사들로 하여금 연구자가 예상하지 못한 방식으로 모델을 사용하도록 유도할 수 있었다. 한 후속 연구는 이미 자신의 교실에서 학습을 위한 강력한 사회적 환경을 조성한 뛰어난 교사에 관해 보고했다. 그녀는 그 환경을 관리할 때 그녀의 목표를 위해서 인지 모델을 맥락화하고 활성화할 수 있었고, 학생들을 위해 설정한 과제를 강화했으며, 학생들의 반응에 대한 자신의 이해를 더 분명히 할 수 있었다. 그러나 연구자들은 그녀의 접근 방법의 몇 가지 특징에 놀랐다.

> J 교사는 학생 사고에 대한 지식을 우리가 예상했던 방식으로 사용하지 않았다. ... 이러한 문제들은, 학생들이 그 문제들을 해결하는 방법을 학습하면서 이동하는 상당히 잘 정의된 수준들에 따라 결정되는 난이도의 위계에 따라 구성되었기 때문에, 우리는 교사들이 ... 그 지식을 정도의 차이는 있어도 학생들이 ... 알고 있는 것을 평가한 다음 학생들에게 더 어려운 문제를 체계적으로 선택하기 위한 틀로 사용할 것으로 예상했다. ... 문제 유형과 해결 전략의 위계 구조는 매일 또는 장기적인 교수법적 결정하는데 체계적으로 사용될 수 있었다. J 교사는 우리가 예상했던 대로 하지 않았다. 때때로 그녀는 위계 구조의 요소들을 사용했지만 ... 우리는 그녀가 문제를 선택한 체계적인 방법을 찾아낼 수 없었다.

> ... 대신 그녀는 문제 유형에 대한 지식을 사용하여 그녀의 수업 교육과정의 범위와 학생들에 대한 기대치를 대폭 확대했다. 그녀는 학기 첫 주에 거의 모든 문제 유형을 사용했고, 그녀의 반 학생들은 자신이 선택한 해결 전략을 사용하여 모든 유형의 문제를 해결할 수 있는 많은 기회를 가졌다. (Fennema et al., 1993, p. 578)

그래서 CGI는, 교사들이 자신들의 직업적 일에서 학술 지식을 맥락화하고 활성화하여 그들의 기술 지식에 상응하는 조정과 발전을 야기한, 충분히 연구된 프로그램의 예를 제공한다.

지식 창출과 변환의 대화식 순환

대화식 순환을 수립하는 것: 학술 및 기술 지식의 구축과 변환의 결합

이 예들은 지식 창출의 대화식 순환을 가리킨다(Ruthven, 2002). 순환의 한 단계에서 (CGI 프로그램에 의해 예시됨), 학술 지식은 교수 내에서 (재)맥락화되고 활성화되어 기술 지식의 (재)구성을 자극한다. 보완 단계(Leinhardt 프로그램에 의해 예시됨)에서 기술 지식은 연구를 통해 만들어지고 체계화되어 학술 지식의 (재)구성을 자극한다. 두 단계 모두에서 변환은 지식의 여과와 재형성을 수반한다. 학술 지식의 특정 파생물만 기술 지식에 생산적으로 통합될 수 있다는 것이 증명되고, 마찬가지로 기술 지식의 일부 파생물만이 학술 지식으로 유익하게 전용될 수 있다는 것이 증명된다.

Huberman(1993)은 연구자(또는 연구)와 교사 (또는 교수) 간의 "지속적인 상호작용"의 이점과 이러한 협력 과정에서 발생하는 당연한 것으로 받아들이는 견해의 분열이 어떻게 재고를 자극하는지를 지적했다.

> 그들이 공통의 의미를 정의하고 서로와의 사회적 역동성을 이해하는 것에 대한 초기의 불편함을 넘어서면, 각자는 상대방이 제시하는 정보와 추론에 놀라거나 성가시거나 심지어 흔들리게 된다. 두 지식체는 서로 다른 근거에도 불구하고 모두 "타당"하며 모두 중요성과 명성을 위해 경쟁하고 있다. 연구자와 [교사]가 그들 자신에 머물러 있었으면 아마도 인지 변화의 경우가 훨씬 적었을 것이다. (Huberman, 1993, p. 50)

그렇다면 그러한 지속적인 상호작용은 분명히 교사의 전문성 개발에 중요한 공헌을 할 수 있다. 이러한 상호작용은, 연구로부터의 학술 지식을 교수 학습 과정에 제공하는 통찰과 그 과정의 질을 향상시키는데 있어 제공하는 지원의 측면에서 교사들이 자신의 수업에서 시험해보는 방식과 같은 전문성 개발에 대한 접근방법을 촉구했다. 그러나 교수는 "매우 구체적인 문제의 해결을 위한 ... 매우 효과적인 발견적 교수법의 모음"(Leinhardt, 1988b, p. 146)을 필요로 하기 때문에 앞에서 약술한 대화형 지식 창출 순환의 필수 구성 요소는 연구에 참여한 교사들이 적절한 기술 지식을 개발하는 것이다. 이 기술 지식을 끌어내고 체계화하는 것은, 교수 과정을 분석하고 작용 원리와 기능을 분명히 표현하고 서로 다른 조건들에 대한 조정을 이해하기 위한 보다 분명한 틀을 제공함으로써, 다른 교사의 코칭이 효과적으로 수행될 수 있게 하는 잠재력을 가진다.

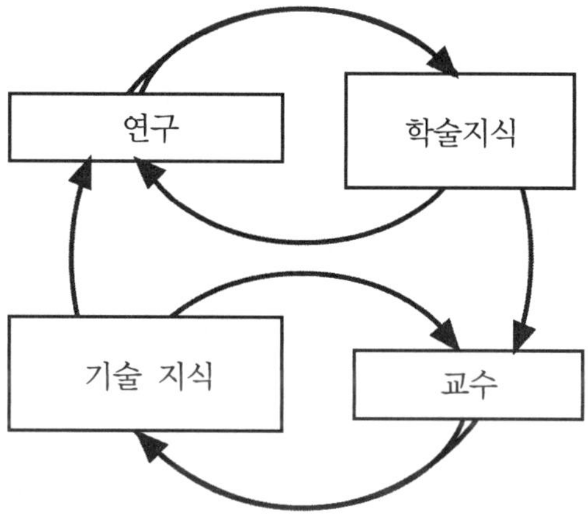

[그림 22.1] 지식 창출의 대화식 순환 수립 (Ruthven, 2002)

교사가 이용할 수 있는 자원과 전략은 교수에 대한 접근 방법뿐만 아니라 교수에 대한 교사들의 생각을 형성한다. 지식 창출과 변환의 대화식 순환을 시작하고 유지하는 것은, 일종의 교수학적 장치를 개발하고 그 장치의 사용을 중재하는 활동 방식과 담론 형태를 개발하고자 하는 것에 의해 도움을 받을 수 있다. 예를 들면 앞의 CGI 사례에서, 핵심 결과물은 문제 유형과 해결 전략의 연결, 학생들의 추론을 조사하는 데 사용되는 상호작용 패턴 및 발문 형태에 대한 목록이다. 마찬가지로 이전의 전문가 직접 교수의 사례에서, 연구 분석은 특정 주제에 대한 모범적인 "대본", "의제" 및 "설명" 측면에서 교수학적 체계와 그 구성 요소의 명시적 모델을 제공했다. 이러한 유형의 장치를 구조화하는 것은 새로운 지식의 보다 넓은 확산과 적용에 중요한 토대를 제공할 수 있다(Ruthven, 2005). 첫째, 그러한 장치는 관련된 교수학적 체계를 나타내는 상징적인 기능을 가진다. 둘째, 물론 그 장치는 교수학적 체계에 따라 활동을 구조화하고 조정하는 수단을 제공하는 실용적인 기능을 가진다. 셋째, 이 장치와 그에 관련된 담론은 교수학적 체계의 핵심 아이디어를 확고히 하는 인식론적 기능을 가진다. 마지막으로, 그러한 장치와 그에 관련된 담론이 명시적인 유연성을 포함하는 한 (그리고 그렇게 하는 것처럼 보이는 한), 그것은 세심한 해석과 부분적인 재구성을 돕는 발견적인 기능을 가진다.

대화식 순환 모델(Ruthven, 2002)에 대한 초기의 발표 이후, 특정 형태의 구조화 장치를 실현하고 더 개발하는 방법에 대해 두 가지 제안이 제기되었다. 이 장의 다음 두 절에서는 그 내용을 탐구한다.

대화식 순환을 개발하는 것: 실질적인 학습 환경의 설계 및 분석

Wittmann은 구조화 장치의 한 유형인 **실질적인 학습 환경**의 중요성을 언급했고 다음과 같이 정의했다.

> 아래의 성질을 가진 교수/학습 단위:
> (1) 특정한 수준에서의 수학 교수의 주요 목적, 내용 및 원리를 나타낸다.
> (2) 그 수준 이상의 중요한 수학적 내용, 과정 및 절차와 관련이 있으며, 수학적 활동의 풍부한 자료이다.
> (3) 유연하고 교실의 특수한 조건에 적용될 수 있다.
> (4) 수학 교수의 수학적, 심리학적, 교육학적 측면을 통합하고, 따라서 경험적 연구를 위한 풍부한 토대를 제공한다.
>
> (Wittmann, 2001, p. 2)

Wittmann의 대화식 순환 모델(그림 22.2)의 적용은 그러한 환경을 지식 창출, 사용 및 변환 과정의 중심에 위치하게 한다. 그는 이러한 환경이 "공통적인 기준점으로, 집합적인 기억에서의 매듭으로, 그리고 행동을 위한 자극으로서"(2001, p. 4) 연구자와 교사 모두에게 중요한 역할을 할 수 있다고 주장한다.

사실상 Wittmann은 수학교육을, 그가 실질적인 학습 환경이라고 언급하는 교수/학습 단위들이 연구 관행과 교수 관행 사이의 경계를 가로지르는 구체물 역할을 하는 "설계(디자인) 과학"으로 재구성 할 것을 제안한다. 이는 이어서 디자인 연구에서 기술 지식의 역할에 대한 질문을 제기한다. 최근 연구에서 디자인 연구 프로젝트 안에서의 연구자-교사 상호작용을 조사했다(Ormcl, Pareja-Roblin, McKenney, Voogt, & Pieters, 2012). 이 조사에서는 교사와 연구자가 설계에 관해 긴밀히 함께 일하는 "협력적(collaborative)" 접근 방법과 연구자와 교사 역할의 보다 전통적인 구분이 지속되는 "협동적(cooperative)" 접근 방법을 구별한다. 그러나 아마도 가장 중요한 발견은 이러한 상호작용이 디자인 연구에서 거의 조사되지 않았다는 것이다.

> 특히 소규모 프로젝트에서, [교사와 연구자] 간의 상호작용은 협동적이기보다는 더 협력적이다. 함께 설계할 때 둘 모두 자신의 전문지식으로 기여하고 결과에 대한 책임을 공유한다. 대조적으로, 대규모 프로젝트 연구에서는 상호작용이 보다 협동적이며 (연구자는 연구 과제에 책임이 있고, 교사는 교수 과제에 대해 책임이 있음) 협력적이거나 공유되는 책임이 적다고 제시한다. 그러나 종종 상호작용에 대한 세부적인 내용은 거의 제공되지 않는다는 점에 유의해야 한다. (Ormel et al., 2012, pp. 975-976)

유사하게 이러한 디자인 연구에서 언급된 지식의 출처를 분석해보면, 아마도 가장 중요한 발견은 교수 기술 지식이 간과되거나 인정받지 못함의 정도이다.

> 이 검토에서 사용된 대부분의 디자인 연구 프로젝트들은 교수법적 해결방안의 설계에 정보를 제공하기 위해서 문헌 또는 프로젝트 데이터를 사용한다. 절반이 안 되는 연구에서 교수법적 해결 방안의 설계에 정보를 제공하는 실천적인 지식을 논의한다. 이것은 실천적인 지식이 이러한 프로젝트에서 반드시 중요한 역할을 하지는 않는다는 것을 암시하지만, 아마도 이 관점을 중요시하지 않는 학술지에 그들의 논문을 더 매력적으로 보이게 하려는 시도로 실천적 지식에 대한 논의가 전략적으로 생략되었을 수도 있다. (Ormel et al., 2012, p. 981)

그렇다면, 실질적인 학습 환경을 중심으로 하는 대화식 순환을 구성하기 위해서 Wittmann의 제안을 추구하는 것은 그 사용을 뒷받침하는 기술 지식의 개발과 도출에 더 많은 주의를 기울이는 디자인 연구에 대한 접근방법을 필요로 한다.

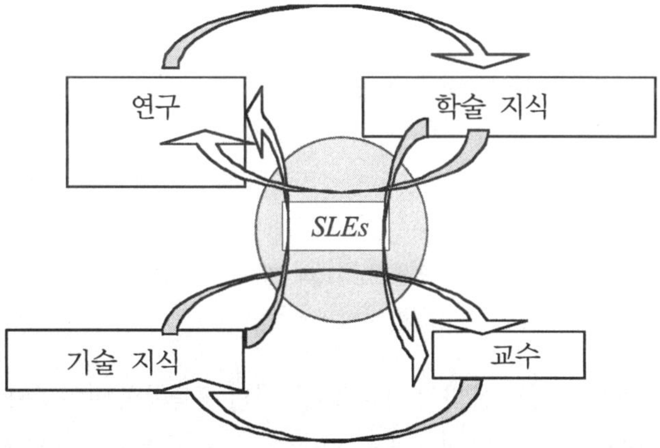

[그림 22.2] 대화식 순환의 중심에 있는 실질적 학습 환경 (Wittmann, 2001)

대화식 순환을 개발하는 것: 수업 내용의 협력적 비디오 분석

대화식 순환 모델의 또 다른 발전은 Henningy와 Deaney(2009)의 교수 관행의 멀티미디어 표현 개발에 있어서의 협력적 비디오 분석에 대한 접근 방법에서 찾을 수 있다. 이 분석은, 교사의 "실천적 이론"(기술 지식의 명백한 구성 요소)과 사회 문화적 이론(학술 지식의 한 유형) 간의 대화식 상호작용을 통해 발전된 "중간 수준(intermediate)" 이론의 관점에서 이러한 교수관행 표현을 개발하도록 작용했다.

> 이 연구는 명확한 전략과 구조 원리를 이해하고 개발하는 데 중점을 두었다 (확산의 목표를 가짐). ... 우리는 또한 특히 교사 중재에 중점을 둔 이론 구축에 관심이 있었다. [이것은] 사회 문화 이론의 주요 구인에 교사를 노출시켜 자신의 언어를 사용하여 적절한 개념을 선택, 사용, 적용할 수 있게 하고 핵심 아이디어와 그 이후에 공유되는 분석 관점에 대한 조정의 측면에서 모든 참여자의 초기 조정을 지원하는 것을 수반했다. (Hennessy & Deaney, 2009, p. 1769)

연구에 참여하는 교사(그리고 그들과 관련된 자료)가 가르치는 수업 내용의 비디오 영상은 면밀히 단계화된 분석과 종합의 과정을 거쳤다. 녹화된 수업 활동과 상호작용에 대해 시간 기록이 적힌 요약문(중요한 발언은 글자 그대로 필사됨)이 각 수업 장면 영상과 함께 제작되었다. 참여한 모든 교사와 연구자들은 이러한 영상과 요약문을 사용하여 그 수업 내용에 친숙해지고, 자신의 느낌, 중요한 장면 및 토의하고 싶은 점들을 기록하면서 그 수업에 대해 반성했다.

이렇게 준비한 참여자들은 함께 모여 각 수업 영상을 다시 보았다.

> 비디오 검토 회의는 교사의 자기 성찰을 위한 강력한 촉매제로 사용되었고, 또 입증되었다. 수업 계획과 다양한 유형의 자료에 대한 폭넓은 토론은 ... "기술 지식이 학술 지식에 적용되는 지식과 마찬가지로 정당하게 존중받는 형태의 검토가 가능한 중요한 공간을 창출하도록 의도되어졌다."(Ruthven, 2002, p. 589) (Hennessy & Deaney, 2009, p. 1766)

특히 수학의 사례에서 이 방법론의 강점이 나타났다.

> 두 명의 교사들은 다양한 어려움에 직면했다. ... 그래서 기록하는 데 많은 시간을 할애하지 못했다. 대조적으로, 비디오 검토 과정은 회의 중 토론과 질문을 위한 다양한 점들에 관심을 이끌어 우리의 이해가 부족한 부분을 채우고 많은 교사 행동과 개입에 대한 근본적인 이유를 설명했다. (Hennessy & Deaney, 2009, p. 1777)

또한 잠정적인 코딩 체계는 사회 문화적 이론으로부터의 교육학적 아이디어에 의해 정보를 얻은 연구자들에 의해 시작되었다. 이 체계는 연구자들이 소개한 사회 문화적 개념들과 수업 영상속의 교사와 비디오를 관찰하는 다른 교사가 자발적으로 사용한 아이디어들 사이의 대화를 촉진함으로써 수업 내용을 분석하는 과정에서 정교해졌다. 각 수업을 그 자체로 검토한 후에는 모든 수업 내용에서 기록된 교수 관행들에 걸쳐 나타난 패턴을 표시하기 위해 코딩 체계를 정교화하는 것에 주의를 기울였다. 최종 코딩 체계는 수업 내용의 멀티미디어 표현의 내용과 구조에 대한 결정에 정보를 주었는데, 이는 각(개별) 사례와 수업 전반에 걸친 관련된(여러) 사례 연구를 위해 개발된 이론적 틀을 포함했다.[1)]

비디오 영상의 사용은 교수 관행을 보여주는 수단으로 점점 더 실행 가능하고 대중적이 되고 있다. Hennessy와 Deaney의 접근 방법은 이것을 (교수 관행의 다른 관련 기록과 함께) 대화식 순환의 핵심에 위치시킨다. 중요하게, 이러한 기록들이 사용되는 방식은 단순히 그 관행에 대한 반성을 촉구하는 것 이상의 의미를 가진다. 이 접근 방법은 체계적인 방식으로 관행을 뒷받침하는 기술 지식을 도출하면서도 학술 지식의 내용을 가져 와서 이러한 관행의 분석을 하도록 추구한다. 궁극적으로 이 두 자원에 의존하고 두 자원을 연결하여 새로운 개념틀을 개발하는 것을 목표로 한다.

학습 연구 및 탐구 공동체

학습 연구 및 탐구 공동체: 집단 설계를 통한 지식의 성장

지금까지 조사한 연구와 교수 사이의 대화에 관한 모든 예들에서 교사와 연구자 간의 전통적인 역할 구분이 유지되어 왔다. 이제 우리는 이러한 역할 정의와 구분에 도전하는 대안들을 검토하고 대화식 순환과의 관계를 조사한다.

수업 연구(Lesson Study)는 일본에서 수십 년 동안 존재해 왔던 기술 지식의 공유와 개발을 촉진하기 위해 설계된 전문성 개발 방식이다(Fernandez, 2002; Lewis, Perry, Murata, 2006; Stigler & Hiebert, 1999; Watanabe, 2002). Stigler와 Hiebert(1999, p. 111)는 일본에서의 수학 교수의 발전이 수업 연구("개선 과정의 핵심")에 기인한 것으로 본다. 그들은 수학 성취에 관한 국제 연구들에서 일본 학생들의 우수한 성적에 수업 연구가 상당한 기여를 했다고 주장한다.

수업 연구는 전형적으로 교사 그룹이 모여서 함께 수업을 설계하는 것을 수반하며, 그 후 교사들 중 한 명이 그 수업 계획을 실행하고 그룹의 다른 교사들은 관찰하고 메모를 한다. 수업 후에 교사들이 만나서 무엇이 일어났는지에 대해 토론하고 그 수업 계획을 수정한다. 수정된 수업 계획은 통상적으로 그룹의 다른 교사가 실행한다. 원래의 일본 모델에서는 교사 그룹의 논의, 경험 및 학습을 보다 광범위한 학술 지식과 연계시키는 공식적 구조 원리가 없는 것으로 나타난다. 그러나 일상적으로, 교사 그룹은 보다 폭넓게 이용될 가능성이 있는 그들의 활동에 대해 보고서를 작성한다. 이러한 전문성 개발 모델에서, 교사의 기술 지식에서 배우고 그것을 확장할 수 있는 가능성은 분명히 드러난다. 일본 이외의 지역에서의 수업 연구의 수행은 종종 조력자로서의 연구자 또는 교사교육자를 포함한다. 그러한 경우에서 기술 지식과 학술 지식 간의 성공적인 연결이 발생할 수 있다(Murata, Bofferding, Pother, Taylor, & Wischnia, 2012).

수업 연구 모델을 개발하려는 시도는 교사의 기술 지식을 학술 지식과 연결하기 위한 체계적인 구조 원리를 포함하며 지식과 교수 관행 두 가지 모두의 개발을 목표로 한다. 우리는 그러한 시도의 두 가지 모델을 비교한다. 특정 과목 내용의 학습, 특히 학습자와 과목 내용 사이의 관계를 출발점으로 삼는 "학습 연구(Learning Study)"와 문화적 관행에 대한 참여의 형태로서 교수와 학습에 보다 명시적으로 초점을 맞추는 "탐구 공동체"의 개발. 여기서 우리는 각 접근방법에 대해 하나씩, 두 개의 대규모 발달적 연구 프로젝트에 초점을 맞춘다. 이 연구 프로젝트들은 몇 년에 걸쳐 확장된 연구자와 많은 교사들의 팀들로 구성된다. 하나는 2000-2003년 홍콩에서의 학습 연구를 기반으로 한 프로젝트이고(Lo, Pong, & Chik, 2005), 다른 하나는 노르웨이에서 2004-2007년 동안 탐구 공동체를 개발하기 위해서 시작된 프로젝트이다(Jaworski, Fuglestad, Bjuland, Breiteig, Goodchild, & Grevholm, 2007). 우리는 또한 이러한 발달적 접근방법에 초점을 둔 박사학위 논문 및 교육 과정을 포함하는 소규모 연구에서 나온 보고서에도 주목한다(예, Potari, 2013; van Bommel, 2012). 우리는 각 접근방법의 기본 원리를 설명하고, 그 다음 두 방법들의 유사성과 차이점에 집중하고, 마지막으로 보고되어진 결과와 새롭게 형성된 지식의 일부를 간략하게 설명한다.

학습 연구

학습 연구((Learning Study)는 수업 연구와 설계 실험을 결합하기 위해서 시작한다. 수업 연구로부터의 구체적인 출발은 학습 이론의 소개이다. 학습 연구의 창안자들은 **변형 이론**(Variation Theory)이라고 불리는 이론적 틀 안에서 교수와 학습에 접근한다. 이 틀에서는 한 개념을 다른 개념과 구별하는 "중요한 특징"을 통해서 개념을 알게 된다고 주장한다. 개념들 사이의 중요한 특징의 변형에 주목함으로써 개념을 인식하고 이해하게 된다. 교사의 역할은 학습자가 특징들과 개념을 이해할 수 있도록 개념의 중요한 특징들이 일정하게 유지되거나 변형되는 학습 공간을 만드는 것이다.

> 변형은 학생들의 학습을 위한 중요한 특징일 뿐만 아니라, 의도하는 학습이 이루어지게 되는 방식과 관련하여 매우 중요한 특징이다. 학생들이 학습하는 것의 차이는 대체로 학생들이 학습할 수 있는 것에 대한 함수이다. 학생들이 학습할 수 있는 것은 감지할 수 것으로 구성된 학습 공간이다. (Marton, Runesson, & Tsui, 2004, p. 38)

학습 연구는 "학습 목표"에 초점을 맞추는 것으로 시작한다. 즉, 학습자가 전용하도록 의도된 새로운 지식, 능력 또는 신념이다(Marton & Lo, 2007). 학습목표는 "중요한 특징들(아이디어, 특성, 그리고 "대상"을 고유하게 표시하는 특징)"로 추출된다. 학생들의 사전 지식을 파악하기 위해 수업 전에 테스트 (사전검사)한다. 교사들은 중요한 특징들을 체계적으로 제시하고 변화시킬 수 있는 "학습 공간"을 만드는 수업을 (협력적으로) 준비함으로써, 학생들에게 그들의 사전 지식에 부합하는 학습 목표를 배우기 위한 경험을 제공한다. 수업 후에 사후검사가 이루어지며 그 결과는 수업에 대한 반성과 이후 실행에 정보를 주는데 사용된다.

탐구 공동체

탐구 공동체 조성을 도모하는 교수 발달 연구(Teaching Development Research)는 수업 연구, 학습 연구, 실행 연구, 디자인 연구 및 교육 실천가 연구의 접근 방법과 경험에 의지한다는 것을 표방한다 (Goodchild, Fuglestad, & Jaworski, 2013; Jaworski, 2004). 탐구 공동체 접근방법은 먼저 수업과 학생 활동의 설계에 협력할 교사와 연구자/교사교육자의 공동체를 구축하는 것으로 시작된다. 교수와 학습에서 교사들의 협력적 행동은 아이디어 공유를 촉진하고, 새로운 도전에 대처하기 위한 지원을 제공하며, 반성, 토론 및 학습을 위한 기회를 열어준다. 탐구는 학생과 교사가 학습과 교수의 어려움에 마주해 극복할 수 있게 학습 및 관행에 대한 접근 방법으로서 제시된다. 학습 연구 및 다른 형태의 교육 실천가 연구와 마찬가지로, 교수 설계 및 계획, 실행, 수업 관찰, 반성, 보고, 그리고 이후 수업 계획에 대한 피드백의 단계들을 통해서 진행하는 순환적 접근방법이 예상된다.

학습 연구와 탐구 공동체의 비교 및 대조

같은 선행 사례인 수업 연구와 디자인 연구에 대한 표방을 감안할 때, 학습 연구와 탐구 공동체의 접근방법이 공유하는 공통적인 근거가 있다는 것은 놀라운 것이 아니다. 두 접근방법 모두에서 교사 그룹들은 연구자/교사교육자와 협력하여 수업 활동을 설계한다. 두 접근방법 모두에서 연구자/교사교육자는 설계 활동에 적극적으로 참여하지만, 설계는 본질적으로 교사가 개발하고 자신의 수업에서 실행한다. 두 접근방법 모두 세 가지 수준(수학을 학습하는 학생, 수학 교수 및 학습에 대한 학습을 하는 교사, 그리고 그 발달 과정들에 대한 이론과 학습을 테스트하는 연구자)에서 학습 또는 발달에 주의를 기울인다. 두 접근방법 모두 기술 지식과 학술 지식의 상호작용 및 교류에 관심을 갖는다. 그러나 중요한 차이도 있다.

학습 연구는 학습목표, 학습목표와 학습자 간의 관계에 초점을 둔다. 학습의 관점은 학습자의 학습목표에 대한 경험을 구조화하고 의도하는 이해를 만들도록 학습자를 안내하는 학습 공간을 제공하는 데 주의를 기울이는 본질적으로 구성주의적인 현상학(Marton, 1981)에 기반을 둔다. 학습 연구와 변형 이론은 교사가 의도한 학습목표, 실행된 수업에서 일어난 학습목표, 그리고 학생들이 경험한 살아있는 학습 목표 사이의 차이를 인식한다. 한 학습 연구는 10-12 주 동안 지속될 수 있으며 일련의 학습 연구 이벤트로 구성할 수 있다(각각 학습 목표 분석으로 시작되고, 학생들의 사전 지식을 노출시키기 위한 사전 시험, 수업 설계, 실행, 전용된 지식을 드러내기 위한 사후 시험, 및 반성-수정 설계를 거치는 과정의 반복을 포함). 한 학습 연구 이벤트에 포함된 각 소그룹의 교사들과 그들의 수업은 별개의 데이터 자료를 형성한다. 예를 들면, Lo, Pong, Chik(2005)이 보고한 3년 프로젝트는 4개의 교과목에서 29개의 개별 학습 연구들(중국어(10 차시), 영어(1 차시), 일반 사회(4 차시), 수학(14 차시))로 구성되었다. 각각의 학습 연구 이벤트는 개별 사례 연구의 대상이 된다. 단 2 개의 초등학교(1학년~ 6학년)에서 30명 이상의 교사가 참여했다. 이 프로젝트가 초등 수준에 초점을 두었지만 중등 수준에서 수행된 다른 학습 연구들에서도 그 개입에 대한 긍정적인 결과가 보고되었다(Marton & Pang, 2006). 주요 구별되는 특징은 연구자/교사교육자가 학습 이론(변형 이론)을 설명하고 교사가 이 이론을 수업 설계에 적용할 수 있도록 안내한 것이다.

학습 연구들은 교사의 기술 지식을 명시적으로 개발하는 것으로 시작된다. 그 연구들은 연구자들에 의해 분명히 표현되고 설명되고 학습 설계의 기초로서 교사들에게 제시되는 선험적인-그리고 이것은 의문이 없는 것으로 가정된다-학습 이론 위에 구축된다. 변형 이론을 규칙적으로 포함하고 있는 학습 연구의 경우, 활동을 구성하는 교수학적 장치는 학습 목표와 그 중요한 특징들로 구성된다. 이것들은 교사의 공동 계획 및 실행 활동 내에서 상징적, 실용주의적, 인식론적, 경험적인 기능들을 제공한다. 학습 연구 순환은 특정 내용의 교수 개발에 초점을 둔다. 그럼에도 불구하고 사전 시험 및 계획 단계와 이후의 사후 시험에서 학생들의 사전 지식에 초점을 맞추는 것은 개념 발달에 대한 학술 지식을 탐구하고 정교하게 할 수 있는 기회를 열어 준다. 그렇지만 검토된 문헌들에서 그러한 정교화가 학습 연구로 인한 결과라는 것은 분명하지 않다.

대조적으로, 탐구 공동체는 사회 문화 이론, 특히 Wenger의 실천 공동체 이론(community of practice theory) 안에서 구성된다. 학습은 실천 공동체 참여를 통한 정체성 형성으로 이론화된다.

교육기관 환경에서 수학에 참여하는 교사와 학생들의 활동은 관행으로 볼 수 있다. 교수 자체는 교사가 참여하는 관행으로 볼 수 있다. 유사하게, 대학 관례에서 교육가의 참여 또는 교사와 함께 일하는 교육가의 참여도 관행으로 간주 될 수 있다. Wenger(1998, p. 173 ff.)에 따르면, 실천 공동체에 속하거나 실천 공동체 안에서 정체성을 갖는 것은 참여, 예상 및 조정을 수반한다. 그래서 수학학습과 교수의 관행에서, 참가자는 동료와 함께 그들의 관행에 참여하고, 예상하여 그 관행에서 자신의 역할을 해석하며, 자신을 수립된 규범과 가치관에 맞춘다(Goodchild et al., 2013, p. 395).

Jaworski와 동료들(2007)은 그들의 탐구 공동체 프로젝트, 수학학습 공동체(Learning Communities in Mathematics)를 보고했는데, 이 프로젝트는 초등(1학년 ~ 7학년)에서 고등 학년(11학년 ~ 13학년)까지 8개 학교로부터 각각 3명 이상의 교사들로 구성된 팀들과 함께 약 12명의 대학 연구자/교사교육자 팀을 포함했다. 이 프로젝트는 교사 및 대학 참가자들이 모두 연구자로서 참여하여 전문성 및 관행 개발에 관여하는 공동 학습의 원리에 기초하여 수립되었다. 대학 참가자들은 더 큰 권위나 전문성을 추정하는 언어를 사용하지 않고 그들의 역할들(교육가는 워크숍을 계획하고, 교사는 수업을 계획하는 것을 담당)을 구별하기 위해 연구자 또는 교사교육자가 아닌 **교육가**(didactician)로 자신을 지칭했다. 프로젝트 내의 모든 교사들과 교육가들은 일반적으로 매 학기마다 3 차례 워크샵을 가졌다. 워크숍은 교육가의 (학술 지식에 대한) 기초 발표와 교사의 자신들의 학교 기반 활동(및 기술 지식)의 보고를 포함했다. 소그룹에서, 교육가는 토론을 위한 출발점과 과제 및 수업 계획의 설계를 제공하고, 그것은 이후에 학교 팀 내에서 정교화되어 실행되며 이후 워크숍에서 다시 보고되었다. 교육가들은 종종 학교 기반 팀의 계획에 참여하고 교사의 설계가 수업에서 실행되는 것을 관찰하고 기록했다. 이 프로젝트는 각각 1년 동안의 프로젝트 활동에 해당하는 공동체 구축, (교수 및 학습에서의) 탐구, 그리고 (지속가능성을 위한) 목표 설정의 3단계로 진행하도록 설계되었다(Bjuland & Jaworski, 2009). 교사들은 워크샵 활동에 강한 영향을 미쳤다. 예를 들면, 교사들은 첫 해 이후 교육과정의 구체적인 진술과 밀접하게 부합하지 않는 과제와 문제를 사용하는 탐구 접근방법을 개발하기보다는, 구체적인 교육과정 내용에 보다 직접적으로 초점을 둔 탐구 기반 수업활동을 준비하기 위해 학년별 그룹과의 많은 워크숍 시간을 갖도록 의견을 냈다. 프로젝트 내의 이벤트들은 (비디오 또는 오디오) 녹화되었고, 누적된 영상과 기록 자료는 이후에 사례 연구를 구성하는데 사용되었다(예, Goodchild et al., 2013; Jaworski, Goodchild, Eriksen, & Daland, 2011).

수학학습 공동체(LCM)는 이론과 교수 개발의 교차하는 순환을 구상하고 실행한 발달적 연구 방법론 내에서 구성되었다. Gravemeijer(1994)에 의한 발달적 연구의 설명은 수학학습 공동체의 맥락에서 설명되었다(그림 22.3). 한 연구 순환은 일반적 이론과 지협적 이론 사이의 상호작용으로 묘사된다. LCM에서는 이것이 각각 실천 공동체 이론 (CPT)과 탐구이다. 연구 순환은 발달 순환, 즉 탐구 기반 교수의 실행 이후의 관찰 및 해석으로부터 정보를 얻는다. "탐구 과제"는 LCM의 교수학적 장치의 상징적, 실용적, 인식론적, 경험적 기능을 제공한다. 과제에 대한 초기 아이디어는 교육가에 의해 제안된 후 교사가 자신의 수업에 적용시키고 정교화했다. 교차하는 순환 과정들의 실현은 Wenger가 설명하는 CPT에서의 조정에 대한 지협적 탐구 이론의 도입을 통해 "비판적 조정"(Bjuland & Jaworski, 2009)의 개념에 대한 개발에서 나타난다. 이론은 과제 설계를 통해서 발달적 순환을 안내한다(Jaworski et al., 2011). 개발활동에 대한 반성은 이론에 대한 비판적 반성으로 이어진다(Goodchild, 2014).

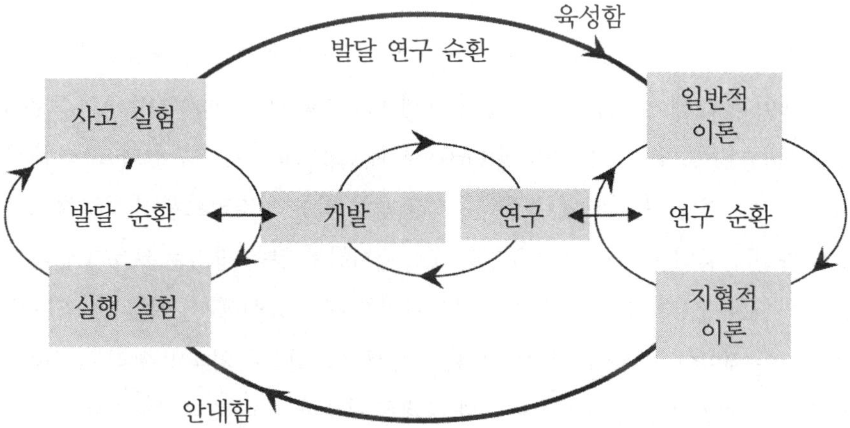

[그림 22.3] 발달적 연구 순환 (Goodchild, 2014)

학습 연구는 학습과 교수에 대한 생산적 접근으로서 변형 이론을 명시적으로 제시한다. 대조적으로, 수학학습 공동체의 예에서 교육가는 효과적인 교수 및 학습을 위한 해결책을 의도적으로 제공하지 않는데, 교수 학습은 교수학적 해결책들이나 구성장치를 충분히 제공하기에는 너무 복잡하다고 인식되기 때문이다(Jaworski, 2006). 그럼에도 불구하고 탐구 공동체에는 학습 연구의 변형 이론과 마찬가지로 각 수준의 활동(수업과제 수행, 그러한 과제의 설계, 그리고 수학교수 및 학습 개발에서의 협력)에 정보를 제공하는 탐구의 원리가 있다.

두 가지 접근 방법은 기술 지식과 학술 지식 사이의 아이디어 흐름에서도 서로 다르게 보인다. 학습 연구는 연구자를 학습 이론의 전문가로 위치시키고, 교사는 이론을 실천으로 옮기는 수업을 설계하게 된다. 이 방식은 학술에서 관행으로 이르는 흐름을 선호하는 것처럼 보인다. 그러나 탐구공동체에서는 교사의 지식과 전문성 및 그들의 연구자로서의 역할이 강조된다-교사교육자/연구자가 자신을 교육가로 언급할 정도이다. 교사와 교육가 간의 토론에서 아이디어의 자유로운 교류의 기회가 있지만, 탐구 공동체는 자신의 자원을 활용하고 교육가의 지시보다는 제안으로 자신의 관행을 연구하기 위한 교사의 주체와 권한을 강조한다. 따라서 그 관계는 교사의 관행에서 학술로의 지식 흐름을 선호하는 것으로 나타난다. 이러한 차이가 또한 두 가지 접근방법에서 보고된 결과에 반영된 것으로 보인다.

학습 연구로부터의 보고들은 사전 및 사후 시험의 결과 분석에 의해 뒷받침되며, 개선된 성과에서 상당한 일관성을 보여준다(Lo, et al., 2005). 수업 연구와 학습 연구를 대조하는 비교 연구도 후자를 선호하는 것으로 보고된다(Pang & Marton, 2003). 그러나 이 비교 연구의 디자인은 그룹을 일치시키거나 처치를 엄밀하게 통제하려는 시도가 거의 없다는 점에서 의문의 여지가 있다. 탐구 공동체 발달 연구 보고서에는 약간 미묘한 차이가 있다. "관행"에 초점을 두는 것은 수업 없이 교사가 일상 관행과 일치를 이루도록 하는 많은 제약에 주의를 기울이기 때문에 혁신적인 시도에 대해 저항한다. 수학학습 공동체 프로젝트의 보고서는 학생들의 성적 향상에 관한 확실한 증거를 제공하지 않는다. 또한, 더욱이 교수 관행의 변화에 대한 체계적 관찰에 기반한 증거가 거의 보고되지 않는다. 탐구공동체의 보고서는 설명적인 경향이 있으며 질적 데이터의 해석, 수업에 대한 보고(Jaworski, et al., 2011), 그룹 토론에서의 교사(Goodchild, et al., 2013) 및 포커스 그룹 인터뷰(Bjuland & Jaworski, 2009)에 기반한다. 그러한 증거의 부재는 발달 연구의 방법론과 탐구 공동체 내에서 구성된 공동 학습의 원리로부터 직접적으로 나타난다. 자신의 수업에 대한 교사의 지식과 자신을 전문가로 제시하는 것을 꺼리는 교육가에 대해 가정한다. 목표는 모든 참가자가 연구자 역할을 하지만 교사만이 자신의 교실에서 전문가의 역할을 하는 협력적인 탐구를 만드는 것이다. 더욱이, 연구의 사회 문화적이고 자연주의적인 뿌리는 실험적 연구를 통해 분명해질 수 있는 원인과 결과 사이의 단순한 관계를 거부한다. 따라서 프로젝트 참여의 결과는 교사가 자신의 관행이 바뀌었다고 보고하는 것(Jorgensen & Goodchild, 2009), 자신의 관행을 설명하는 데 더 큰 자신감이나 언어를 개발했다고 보고하는 것에 근거한다(Jorgensen & Goodchild, 2009). 개발과 수업들로 만들어진 기록물로부터 자연적으로 발생하는 자료의 해석은 교수와 학술에 대한 반성을 위한 증거를 제공한다.

결론

이 장에서는 연구의 관행 내에서의 학술 지식 창출과 교수의 관행 내에서의 기술 지식 창출을 결합하는 것이 교수를 위한 보다 강력하고 체계적인 지식 기반을 구축하는 데 어떻게 기여할 수 있는지 설명하고자 했다. 특히, 한 방향에서 교수 내에서 학술적 지식을 맥락화하고 활성화하며, 다른 방향에서 연구를 통해 기술 지식을 끌어내고 체계화하는 것이 지식 변환을 지원한다. 이것은 연구와 교수의 관행 내에서 지식 창출이 조율될 수 있는 대화식 순환을 정의하는데 도움을 주며, 특히 경계를 가로지르는 교수학적 장치의 설계가 이 노력의 중심에 놓일 때 그러하다. 협력적 학습 연구와 탐구 공동체를 통한 보다 급진적인 접근 방법은 전통적인 접근 방법의 특징인 교사와 연구자의 역할 구분에 도전하려고 한다. 그러나 이러한 대안적인 접근 방법은, 연구의 역할과 교수의 역할 사이의 균형과 관계를 어떻게 정하느냐에 따라 대화식 순환 내에서 지식 창출과 변환의 특정 측면에 특권을 부여하는 경향이 있다.

➲ NOTE

1. 수학 사례 연구는 "Looking at mathematics teaching and learning with projection technology" (http://tmedia.eciuc.cam.ac.uk/T-Media-Mathematics/Maths%20Program%20Filcs/indcx.html)에서 이용 가능하다. 교차 대상 사례 연구는 "Collaborative case studies of teaching and learning with 'interactive' technologies in the secondary classroom" (http://t-media. educ.cam.ac.uk/T-Media-Across-Subjects/Program%20Files/index.html)에서 이용 가능하다.

참고문헌

Bjuland, R., & Jaworski, B. (2009). Teachers' perspectives on collaboration with didacticians to create an inquiry community. *Research in Mathematics Education, 11*, 21–38.

Bromme, R., & Tillema, H. (1995). Fusing experience and theory: The structure of professional knowledge. *Learning and Instruction, 5*, 261–267.

Carpenter, T. P., Fennema, E., Peterson, P. L., & Carey, D. A. (1988). Teachers' pedagogical content knowledge of students' problem solving in elementary arithmetic. *Journal for Research in Mathematics Education, 19*, 385–401.

Carpenter, T. P., Fennema, E., Peterson, P. L., Chiang, C.-P., & Loef, M. (1989). Using knowledge of children's mathematics thinking in classroom teaching: An experimental study. *American Educational Research Journal, 26*, 499–531.

Cooper, P., & McIntyre, D. (1996). *Effective teaching and learning: Teachers' and students' perspectives.* Buckingham: Open University Press.

Fennema, E., Carpenter, T. P., Franke, M. L., Levi, L., Jacobs, V. R., & Empson, S. B. (1996). A longitudinal study of learning to use children's thinking in mathematics instruction. *Journal for Research in Mathematics Education, 27*, 403–434.

Fennema, E., & Franke, M. L. (1992). Teachers' knowledge and its impact. In D. Grouws (Ed.), *Handbook of research on mathematics teaching and learning* (pp. 147–164). New York, NY: Macmillan.

Fennema, E., Franke, M. L., Carpenter, T. P., & Carey, D. A. (1993). Using children's mathematical knowledge in instruction. *American Educational Research Journal, 30*, 555–583.

Fernandez, C. (2002). Learning from Japanese approaches to professional development: The case of lesson study. *Journal of Teacher Education, 53*, 393–405.

Goodchild, S. (2014). Mathematics teaching development: Learning from research projects in Southern Norway. *ZDM: The International Journal of Mathematics Education, 46*, 305–316.

Goodchild, S., Fuglestad, A.B., & Jaworski, B. (2013). Critical alignment in inquiry-based practice in developing mathematics teaching. *Educational Studies in Mathematics, 84*, 393–412.

Gravemeijer, K. (1994). Educational development and developmental research in mathematics education. *Journal for Research in Mathematics Education, 25*, 443–471.

Hennessy, S., & Deaney, R. (2009). "Intermediate theory" building: Integrating multiple teacher and researcher perspectives through in-depth video analysis of pedagogic strategies. *Teachers College Record, 111*, 1753–1795.

Huberman, M. (1993). Changing minds: The dissemination of research and its effects on practice and theory. In C. Day, J. Calderhead, & P. Denicolo (Eds.), *Research on teacher thinking: Understanding professional development* (pp. 34–52). London: Falmer.

Jaworski, B. (2004). Grappling with complexity: Co-learning in inquiry communities in mathematics teaching development. In M. Johnsen Høines & A.B. Fuglestad (Eds.) *Proceedings of the 28th Conference of the International Group for the Psychology of Mathematics Education* (Vol. 1, pp. 17–36). Bergen: Bergen University College.

Jaworski, B. (2006). Theory and practice in mathematics teaching development: Critical inquiry as a mode of learning in teaching. *Journal of Mathematics Teacher Education, 9*, 187–211.

Jaworski, B., Fuglestad, A.B., Bjuland, R., Breiteig, T., Goodchild, S., & Grevholm, B. (Eds.) (2007). *Learning communities in mathematics.* Bergen, Norway: Caspar Forlag.

Jaworski, B., Goodchild, S., Eriksen, S., & Daland, E. (2011). Mediating mathematics teaching development and pupils' mathematical learning: The life cycle of a task. In O. Zaslavsky & P. Sullivan (Eds.) *Constructing knowledge for teaching secondary mathematics: Tasks to enhance prospective and practicing teacher learning* (pp. 143–160). London: Springer.

Jørgensen, K.O., & Goodchild, S. (2009). Utvikling av unge elevers relasjonelle forståelse i matematikk (Developing young pupils' relational understanding in mathematics). In J. Fauskanger, & R. Mosvold (Eds.) *Å regne i alle fag* (To calculate in all subjects) (pp. 100–115). Oslo: Universitetsforlaget.

Leinhardt, G. (1988a). Expertise in instructional lessons: An example from fractions. In D. A Grouws & T. Cooney (Eds.) *Effective mathematics teaching* (pp. 47–66). Reston, VA: NCTM/LEA.

Leinhardt, G. (1988b). Situated knowledge and expertise in teaching. In J. Calderhead (Ed.) *Teachers' professional learning* (pp. 146–168). London: Falmer.

Leinhardt, G. (1989). Math lessons: A contrast of novice and expert competence. *Journal for Research in Mathematics Education, 20*, 52–75.

Leinhardt, G., Putnam, T., Stein, M. K., & Baxter, J. (1991). Where subject knowledge matters. *Advances in Research in Teaching, 2*, 87–113.

Lewis, C., Perry, R., & Murata, A. (2006). How should research contribute to instructional improvement? The case of lesson study. *Educational Researcher, 35*(3) 3–14.

Lo, M.L., Pong, W.Y., & Chik, P.P.M. (Eds.) (2005). *For each and everyone: Catering for individual differences through learning studies.* Hong Kong: Hong Kong University Press.

Marton, F. (1981). Phenomenography—describing conceptions of the world around us. *Instructional Science, 10*, 177–200.

Marton, F., & Lo, M.L. (2007). Learning from "The Learning Study." *Journal of Research in Teacher Education, 1*, 31–46.

Marton, F., & Pang, M.F. (2006). On some necessary conditions of learning. *The Journal of the Learning Sciences, 15*, 193–220.

Marton, F., Runesson, U., & Tsui, A.B.M. (2004). The space of learning. In F. Marton, & A.B.M. Tsui (Eds.) *Classroom discourse and the space of learning* (pp. 3–40). Mahwah, NJ: Lawrence Erlbaum Associates.

Murata, A., Bofferding, L., Pother, B.E., Taylor, M.W., & Wischnia, S. (2012). Making connections among student learning, content, and teaching: Teacher talk paths in elementary mathematics lesson study. *Journal for Research in Mathematics Education, 43*, 616–650.

Ormel, B., Pareja-Roblin, N., McKenney, S., Voogt, J., & Pieters, J. (2012). Research-practice interactions as reported in recent design studies: still promising, still hazy. *Educational Technology Research and Development, 60*, 967–986.

Pang, M.F., & Marton, F. (2003). Beyond "lesson study": Comparing two ways of facilitating the grasp of some economic concepts. *Instructional Science, 31*, 175–194.

Peterson, P. L., Fennema, E., & Carpenter, T. P. (1991). Teachers' knowledge of students' mathematics problem-solving knowledge. *Advances in Research on Teaching, 2*, 49–86.
Potari, D. (2013). The relationship of theory and practice in mathematics teacher professional development: an activity theory perspective. *ZDM: The International Journal of Mathematics Education, 45*, 507–519.
Ruthven, K. (2002). Linking researching with teaching: towards synergy of scholarly and craft knowledge. In L. English (Ed.), *Handbook of international research in mathematics education* (pp. 581–598). Mahwah, NJ: Lawrence Erlbaum Associates.
Ruthven, K. (2005). Improving the development and warranting of good practice in teaching. *Cambridge Journal of Education, 35*, 407–426.
Stigler, J.W., & Hiebert, J. (1999). *The teaching gap: Best ideas from the world's teachers for improving education in the classroom.* New York: The Free Press.
van Bommel, J. (2012). *Improving teaching, improving learning, improving as a teacher: Mathematical knowledge for teaching as an object of learning.* Doctoral dissertation, Karlstad University, Sweden.
Watanabe, T. (2002). Learning from Japanese lesson study. *Educational Leadership, 59*, 36–39.
Wenger, E. (1998). *Communities of practice.* Cambridge: Cambridge University Press.
Wittmann, E.C. (2001). Developing mathematics education in a systematic process. *Educational Studies in Mathematics, 48*, 1–20.

제 5 부

첨단 공학기술의 영향

미래를 위한 기초: 수학학습을 위한 다중 모드 공학기술의 잠재성 23

Stephen J. Hegedus
Southern Connecticut State University, United States

David Tall
University of Warwick, UK

개관

현재 우리는 특정 공학기술들이 일상생활에서 점점 더 보편화되고 있는 디지털 시대의 새로운 단계로 접어들고 있다. 이런 공학기술들은 학생들에게 몰입감이 높은 경험을 제공하고 다양한 유형의 상호작용을 가능하게 함으로써 참여도를 높인다. 또한 공학기술을 통해 사용자들은 서로 연결되어 업무와 즐겨 찾는 미디어를 공유하고, 핫 스팟 클라우드 환경을 자유롭게 돌아다니면서 이러한 항목들에 언제든 접근할 수 있다. 그러나 어디서나 접근할 수 있고 사용가능한 공학기술들을 교실에서 어떻게 수학적으로 의미있는 방식으로 사용할 수 있고 사용할 것인지는 분명하지 않다. 변화 주체로서 공학기술의 실현되지 않은 약속에 대한 Cuban(2001)의 경고는 오늘날에도 여전히 유효하며, 최근 미국의 국가보고서에서는 특히, 도시지역의 수학교실에서 인종간 학생들의 큰 성취도 격차와 함께 공학기술이 모든 사람들의 접근성을 향상시키지는 못했음을 보여준다.

십년 전만해도 현재 우리가 언급하고 있는 대부분의 공학기술들은 일반교실에서 이용할 수 없었다. 그러나 현재는 가장 가난한 학교에서조차 컴퓨터와 네트워크를 활용하고 있다(미국 교육부, 2007)는 것을 여러 나라의 연구를 통해 알 수 있다. 다만 이런 공학기술들이 목적에 맞게 의미있게 사용되는 경우는 드물다(Bretscher, 근간). 그래서 일부 연구자들은 공학기술을 활용하여 양질의 전문성을 어떻게 개발할 것인가를 현재의 핵심 쟁점으로 보았는데, 이 문제는 다른 나라에서도 제기되었다. 본 연구는 미국 국립과학재단의 후원을 받아 이뤄진 다양한 학습맥락에서 다중 모드 사이의 상호작용과 연결성을 포함하는 공학기술 활용의 잠재적 장점을 탐구한 최근 연구를 기반으로 한다. 이런 공학기술들의 예에는 무엇이 있는지를 개관한 후, 분석틀(Tall, 2013)을 이용해서 이런 환경에서 학생들이 어떻게 추론하고 수학을 학습하는지를 설명하고, 이런 공학기술들이 미래의 수학교육에 어떤 잠재적인 영향을 가지고 있는지를 논의하고자 한다.

문헌고찰과 배경

다중 모드 공학기술들은 대안적인 입력방법이나 결합된 입/출력 방법을 제공한다. 대안적인 입력방법의 일반적인 형식은 언어 입력(예, 음성인식), 터치(예, 동작기반 상호작용), 몸동작 등이다. 특히, 몸동작은 멀티터치 공학기술(예, 태블릿 PC, 대화형 화이트보드, 애플의 iPad)의 발전과 함께 최근에 급속히 진화하였다. 결합된 입/출력 장치에는 시각적 모드를 힘 피드백 루프[1](force feedback loop)와 통합하여 사용자가 물체를 느끼거나 환경과의 상호작용의 결과를 느낄 수 있도록 해 주는 촉각 장치를 포함한다.

새로운 상호작용 방식의 결과로 처음 LOGO가 도입되었을 때 명령어 입력을 통해 기하학적 그림들을 구체화했던 것처럼, 수학적으로 사고하는 새로운 방법들을 키보드 입력과 통합함으로써 교과서의 정적인 그림을 뛰어넘을 수 있게 되었다. 현재는 성공적인 선행연구와 더불어 수학교실에서 이용할 수 있는 다중 모드 공학기술들의 가격이 떨어지면서 학생들에게 자연스런 방식과 신체 경험을 이용해서 의미를 구성할 수 있는 다양한 방법을 제공할 수 있는 가능성이 증대되고 있다.

다중 모드 상호작용은 교육 분야 특히, 조기교육과 발달심리학 분야에서 활용이 증가하면서 컴퓨터 시각/시각화, 심리학, 인공지능을 포함하는 다양한 연구와 응용 분야에서 발전되었다. Jaimes와 Sebe(2007)는 얼굴 인식, 얼굴 표정 분석, 목소리 감정, 몸짓 인식, 인간 동작 분석, 음성 인식, 안구 추적 등의 방법을 포함하여 이러한 분야에 대한 설문조사를 제공한다. 이들은 다중 모드 상호작용이 지각적이고 세심하며 동적인 인터페이스를 통해 한 가지 이상의 모드 또는 의사소통 채널(예를 들면, 음성, 제스처, 글)로 입력되는 것에 대해 반응하는 환경이 될 수 있는 방법을 개략적으로 설명한다. Dauthenhan(2000)은 자폐아동 재활을 위한 교육 및 학습 도구로서 다중 모드의 대화형 학습 환경을 개발했으며, 일반적으로 특수교육에서 이들을 사용하는 것은 잠재적인 중요성을 가진다.

멀티터치 환경도 진화하고 있다. Thompson Avant와 Heller(2011)는 신체적인 학습 장애를 가진 학생들에게 TouchMath-수학적 대상에 점을 표시하여 이용하는 다중 감각 프로그램-를 이용했을 때의 효과를 조사하였다. 이들은 중다기초선설계(multiple baseline design)[2]와 중다간헐기초선설계(multiple probe

[1] (역자 주) 피드백 제어에 있어서 결과를 자동적으로 재투입하는 회로를 일컫는 용어로 이런 회로를 갖춘 시스템을 피드백 시스템(feedback system)이라고 한다(컴퓨터인터넷IT용어대사전).

[2] (역자 주) 여러 개의 기초선을 측정하여 순차적으로 처치를 적용하고 그 이외의 조건을 동일하게 함으로써 목표행동의 변화가 오직 처치에 의해 변화한 것임을 입증하는 연구방법. AB설계는 행동의 변화가 처치개입의 영향인지 확실하게 입증하기 어렵고, ABAB설계(반전설계)는 효과가 입증된 처치를 연구를 위하여 철회한다는 비윤리성의 문제가 생기므로, 이러한 약점을 해소하기 위하여 중다기초선설계 방법이 제안되었다. 중다기초선설계는 처치를 제거할 필요가 없고, 설계 자체가 프로그램의 효율성을 측정해주며, 설계의 개념을 이해하고 실행하기가 용이하다는 장점이 있다. 그러나 다수의 기초선을 동시에 측정해야 하는데, 동시에 측정할 수 있는 기초선을 여러 개 찾기 어려울 수 있고 현실적으로 동시에 측정하기 어려울 수 있다는 단점이 있다. 또한, 기초선 기간이 길어짐에 따라 피험자를 지치게 하여 타당하지 않은 결과가 나타날 수 있게 된다. 이러한 문제점을 극복하기 위하여 중다간헐기초선설계(multiple probe design) 또는 지연된 중다기초선설계(delayed multiple baseline design) 등이 개발되었다(한국교육평가학회, 2004).

design)[3]를 활용하여 모든 학생들이 덧셈 문제에 대한 정답 비율의 측면에서 기준에 도달했다는 것을 발견하였다.

최근 수학교육에서는 멀티터치 기술의 수학적 가능성을 탐색하고 있다(Ladel & Kortenkamp, 2011; Jackiw, 2013; Sinclair & Sedaghat Jou, 2013). 이는 손가락이 수 세기에서 중요한 역할을 하기 때문에 부분적으로는 수감각을 발전시키는 데 도움이 될 수 있다는 점과 더불어 멀티터치 기술이 아이들에게 다중 모드 피드백을 제공해 주기 때문이다.

다수의 연구가 특별한 도움을 필요로 하는 신체적인 장애를 가진 학생들에 대한 특수교육에 초점을 맞추고 있다는 것은 놀랄 일은 아니다. 다중 모드 접근법은 학생들이 탐구하고 학습하는데 다양한 감각을 활용하도록 한다. 우리는 이런 접근법이 모든 학생들에게 도움이 될 것이라고 믿는다. 특히, 공학기술이 다양한 형태의 상호작용을 통해서 복잡한 수학적 아이디어에 접근할 수 있는 기회를 증가시켜 줄 수 있다면 더욱 그렇다.

이미 십년 전에 Chris Dede(2000)는 다중 모드 공학기술의 잠재적인 가능성을 예견했었다. 그럼에도 불구하고 일반 교실에 이를 활용하기 어려웠던 이유는 비용문제 때문이었다. 그러나 오늘날에는 사용가능한 다중 모드 장치들 특히, 시각과 청각 및 촉각이 통합된 멀티터치 장치들이 시장에 넘쳐나면서, 학교에서도 이를 사용하고 있어서 비용은 큰 문제가 되지 않는다. 오히려 공학기술의 변화 속도가 지나치게 빨라서 이런 변화를 적절한 시기에 교육과정에 통합하는 것이 어렵다는 것이 더 큰 문제이다. 게다가 공학도구가 제공하는 환경과 기회의 측면에서, 교사들이 자신의 교수법을 다시 생각할 수 있도록 효과적으로 전문성을 개발하는 것이 필요하다.

우리의 감각기관을 이용하는 것과 더불어 동작을 통해서 우리 몸 전체를 활용하는 것은 우리 주변의 세상을 수학화하는 또 다른 방법이다. 수학교육 분야의 몇몇 연구에서는 동작 감지기와 상호작용 공학기술을 활용하는 것은 그래프와 함수 같은 더 복잡한 수학적 표상과 학생들의 신체 구현의 매개체로서 중요한 도구가 될 수 있음을 알게 됐다(Brady, 2013; Nemirovsky, Kelton, & Rhodehamel, 2013; Nemirovsky & Borba, 2003; Radford, Demers, Guzman, & Cerulli, 2003; Radford, Edwards, & Arzarello, 2009; Radford, Miranda, & Guzman, 2008; Rasmussen, Nemirovsky, Olszewski, Dost, & Johnson, 2004).

이 연구들은 신체 구현이 Bruner(1966)가 주장한 활동적, 영상적, 상징적 조작의 세 가지 연속적인 표상과 같은 좀 더 미묘한 수학적 아이디어를 이해하는 기초를 어떻게 제공해 줄 수 있는지를 보여준다. 보다 최근의 연구(예를 들면, Tomasello, 1999)는 인간이 다른 사람들의 행동을 모방할 뿐만 아니라 다른 사람의 의도를 감지하고 공유하고 도구, 인공물, 언어를 사용하여 보다 정교한 수준의 사고를 지속적으

[3] (역자 주) 중다기초선설계의 변형으로 중재를 시작하기 전에 기초선 수준에 큰 변화가 없었음을 확인할 수 있을 정도로만 간헐적으로 자료를 수집한다. 중다기초선설계와 비교했을 때 불필요한 기초선 측정을 막아주고, 빈번하게 나타나는 부적절한 행동을 막아주며 지속적인 기초선 측정에 대한 현실적인 대안이라고 할 수 있다. 다만, 기초선이 안정적일 때만 사용해야 한다.

로 구축함으로써 인간이 다른 영장류의 능력을 어떻게 확장하는지를 보여주었다. Tomasello의 연구를 수학교육에 적용(Hegedus & Moreno-Armella, 2011)하면 수학을 21세기에 맞게 표상적으로 다시 기술하는 것의 예로, 동적이고 상호작용적인 공학 도구를 활용하는 것을 생각할 수 있다. 이렇게 수학을 표상적으로 다시 기술하는 것은 더 많은 학생들에게 수학적으로 사고하는 근본적인 방법을 경험할 수 있는 가능성을 열어준다. 물론 학습자가 맞닥뜨리게 될 이후의 상황에서는 이와는 다른 새로운 사고방식을 필요로 할 수 있다는 점은 감안해야 한다.

이와 관련해서 핵심적인 질문은 어떻게 이러한 활동적 구체화가 정교한 맥락에서 개발되는 미묘한 수학적 아이디어와 관련되는가이다. 이런 활동적 구체화가 이후에 발전된 의미의 구체적인 형태를 제공해 주는가, 아니면 이후의 학습을 저해할 수 있는 측면도 가지고 있는가? 이와 관련해서는 개별 학습자가 수학을 정교화하면서 거치게 되는 연속적인 단계에서 수학적 사고가 구체적으로 어떻게 발전되는가를 연구할 수 있는 이론적인 틀이 필요하다.

수학교육에서의 공학의 발전과 관련된 핵심적인 사항은 역동적 상호작용적 표상의 활용이 주로 소프트웨어를 활용하는 형식이며 교실의 무선 네트워크를 통해 연결이 된다는 점이다. 이러한 영역의 발달에 대하여 간략히 알아보도록 한다.

역동적 상호작용 수학

Geometer's Sketchpad나 Cabri-Geometre와 같은 역동적 상호작용 수학 환경은 수학적 대상을 구성하고 이와 상호작용할 수 있는 도구를 제공한다. 상호작용은 이런 수학적 대상에 대해 실행할 수 있는 표상을 통해서 이뤄진다. 이런 상호작용을 통해서 수학적 대상에 내재하는 수학적 구조를 경험할 수 있다(Hegedus & Moreno-Armella, 2011). 마우스를 움직여 대상을 선택하고 드래그 하여도 사용자가 정의한 수학적 관계는 보존된다. 이런 환경에서 학생들은 대상을 선택하고 드래그 하면서 화면에서 수학적 대상이 역동적으로 다시 그려지면서 업데이트되는 정보를 통해 수학적 대상에 대해 추측하고 이를 일반화할 수 있다(Drijvers, Kieran, & Mariotti, 2009). 이를 통해 사용자는 수학적 구조가 같은 대상에 대해 전체 매개변수 공간을 탐구하고 효율적으로 이를 점검할 수 있다.

이러한 환경은 사용자가 잘 개발된 교육과정 활동과 함께 수학적 규칙을 따르는 대상을 선택, 구성 또는 조작할 수 있도록 지능적 도구를 제공하여 추측을 점검하도록 함으로써 공간 감각과 수학적 추론을 개발하는 것을 목표로 한다(Mariotti, 2003). 가장 큰 특징은 구성된 수학적 대상이 역동적으로 재배열되도록 구성하고 조작할 수 있다는 점이다. 경험적 연구를 통해서 이러한 특징이 학생들의 성취도 향상(Battista, 1997; Hollebrands, 2002), 미학적 동기 부여를 통한 학생 참여 유도(Sinclair, 2001, 2002a, 2002b), 수학적 추측을 일반화하는 학생의 능력 향상(Mariotti, 2000) 및 학생의 이론적 주장의 개발로 어떻게 이어질 수 있는 지를 설명한다. 기하학적으로 작도된 대상의 일부를 가리키고 선택하고 잡아끌고 드래그하는 작업은 도형을 이해하거나 도형의 구체적인 성질을 발견하려고 시도하거나 정리를 증명하려는 사용자와 대상을 중재한다(Falcade, Laborde, & Mariotti, 2007). 이를 상징적 중재라고 하는데, 이는 사회적 구성을 통해서 의미가 생성되는 기호 체계와 인공물의 사용을 통한 중재에 해당한다(Hassan, 1992; Vygotsky, 1980).

이러한 환경은 또한 초등학년(Battista, 1997; Sinclair & Crespo, 2006; Sinclair & Moss, 2012)에서 해석학(Cuoco & Goldenberg, 1997), 삼각법(Shaffer, 1995), 미적분학(Gorini, 1997), 물리학(Olive, 1997), 복소해석학(Jackiw, 2003), 비유클리드기하학(Dwyer & Pfiefer, 1999; Hegedus & Moreno-Armella 2011), 자료분석(Flowers, 2002), 선형대수학(Gol Tabaghi & Sinclair, 2013)을 포함하는 고급 응용에 이르기까지 실제를 모델링(Jackiw & Sinclair, 2007)할 수 있도록 다양한 주제에 응용되어왔다.

역동적 상호작용 환경은 종종 풍부한 표상을 제공함으로써 수학적 아이디어에 대한 다양한 관점을 만들어낸다. 시뮬레이션은 함수적 관계(Falcade et al., 2007; Yerulshalmy & Naftaliev, 2011), 복잡계(Stroup, 2005), 비율 및 변형(Hegedus & Roschelle, 2013) 등의 주제를 탐구하는 데 이용된다. 이러한 환경의 여건(affordances)은 표상의 토대를 구축함으로써 학생들이 수학적 대상을 표현하고 시각화하며 계산하고 상호작용할 수 있는 새로운 방법을 제공한다(Kaput, Hegedus, & Lesh, 2007). 실제로 이런 주제들 중 상당수가 현재 중·고등학교나 대학수학교육에서 도입되고 있지만, 이런 사실이 동적 표상의 활용을 극대화하기 위해 초등학교 수준에서 다중 모드 공학기술을 활용하는 것이 가지는 잠재력을 약화시키지는 않는다. 여기서 핵심적 아이디어는 이런 공학기술이 실행 가능한 표상을 통해 핵심적인 수학적 구조를 표상적으로 재기술한다는 점이다. 이런 표상들은 수학적 속성을 터치나 힘에 대한 피드백과 같은 모드와 연결할 수 있다. 우리는 교육과정을 기술된 대로 다양한 수준에서 도입하자는 것이 아니라 이런 공학이 잠재적으로 확립할 수 있는 새로운 표상체계로 변화하자는 것이다. 함수의 그래프를 정적인 그림으로 보고 순서쌍을 통해 이산적으로 다루거나 표 형식으로 나타낼 수 있다. 또는 조작을 통해 역동적으로 부드럽고 유동적으로 검사할 수 있는 연속적인 대상으로 재기술할 수도 있다. 예를 들면, 일차함수와 이차함수를 느낄 때의 차이점을 생각해보자. 일차함수성과 이차함수성을 어떻게 감지할 수 있는가? 좀 더 구체적으로 학생은 이차함수나 원과 같은 휘어진 그래프를 확대하면 국소적으로 직선처럼 보이는지를 확인하기 위해서 손가락을 이용해서 태블릿의 그래프를 확대(zoom in)할 수 있다. 그래프의 기울기 변화를 추적하는 것은 미분, 적분, 미분방정식의 기호화 과정, 다차원 벡터미적분의 다양한 측면과 해석학의 형식적 구조와 연결되는 구체적인 의미를 제공한다. 이 장에서 우리는 다중 모드 공학기술은 모든 학교급에서 역할을 할 수 있다고 가정한다. 이러한 공학기술을 학생들이 활용하는 것은 초등학교에서 대학교 강의실에 이르기까지 모든 수준의 발달에 있어서 중요한 역할을 한다.

교실과의 연결

(일반적으로 네트워크로 연결된 교실활동과 평가를 의미하는) 교실과의 연결은 가장 널리 알려진 ClassTalk(Abrahamson, 1998, 2000)과 같은 교실 응답 시스템을 십년 이상 활용한 것에 뿌리를 두고 있다. 교실 응답 시스템은 질문에 대한 학생들의 반응을 수집하고 집계하여 히스토그램과 같은 방법으로 나타낼 수 있게 해준다. 이를 통해서 다양한 영역(Burnstein & Lederman, 2001; Crouch & Mazur, 2001; Dufresne, Gerace, Leonard, Mestre, & Wenk, 1996; Hake, 1998; Piazza, 2002)과 수준(Hartline, 1997)의 대규모 학급에서 새로운 수준의 상호작용을 가능케 한다. Roschelle, Abrahamson, Penuel(2003)은 다양한 영역과 수준에서 현저하게 일관된 긍정적인 영향을 보여준다. 교실 응답 시스템을 뛰어넘는 몇 가지 새로운 여건들은 (1)여러 가지 유형의 장치를 사용하여 교사와 학생, 학생간 다중 표상을 쌍방향적이고 유연하게 전달해 주는 능력에서 볼 수 있는 것과 같이 함수와 같은 수학적 대상에 대한 다중 표상의 이동성의 증가와 (2)교사가 일련의 전체 학급의 수업기여도를 한꺼번에 계획하고 조직하고 분석하는 능력과 학생들이 동료들의 일에 대한 기여도를 사회적 맥락에서 이해하고 추론하고 일반화하는 능력 등이다. 이런 여건들은 교실 의사소통의 하부구조를 변화(Roschelle, Knudsen, & Hegedus, 2010)시켜 수학적으로 의미있는 참여를 증가시키고 생성활동의 기회와 조사공간을 제공(Stroup, Ares & Hurford, 2005)하며 개인활동과 공동 활동을 구별할 수 있게 함으로써 사회적 네트워크의 일반적인 여건을 확장(Dalton & Hegedus, 2013)시킨다. 교실의 협력적 성격으로 인해 이런 모든 사실들은 더 나은 참여와 학습으로 이어질 수 있다. 이러한 연구들은 기본적으로 중등학교에서 실시되었지만 대부분의 교실 활동이 소집단이나 학습코너로 이뤄지는 초등학교에도 충분한 잠재력이 있다고 우리는 믿는다. 이런 각각의 예에서 교실의 변화를 이끄는 주된 요인은 공학이 아니라 활동 설계와 향상된 담화를 통한 학습을 구조화하는 공학이 통합되었다는 점이다. 이 점에 대해서는 후에 다시 논의하겠다.

요약하면, 다양한 학교 교실에 이뤄지거나 이뤄질 수학교육의 디지털 공학기술은 많은 발전을 이루었다. 상호작용이 가능한 수학 소프트웨어, 네트워크화된 교실의 연결성, 다중 모드 상호작용 등과 결합되어 공학기술이 강화된 교육과정은 현재의 연구와 점증하는 사회에서의 다중 모드 공학기술의 접근성을 바탕으로 학습에 영향을 미치고 미래의 수학 담화를 풍성하게 할 수 있는 잠재력을 가지고 있다. 그러나 이런 주장은 교사들의 전문성 개발의 부족과 Cuban이 경고한 교실에서 공학기술이 미처 수행하지 못한 역할(Cuban, 2001) 등에 의해서 수정될 필요가 있다. 이 문제는 결론부에서 다시 언급하겠다.

이제 이런 공학기술이 수학학습에 어떤 플랫폼을 제공할 수 있는지에 조사할 분석틀을 제공하기 전에 이런 요인들이 다른 방식(다중 모드 경험에 초점을 맞춘)으로 결합되어 응용된 사례에 대해 기술하고자 한다.

공학기술로 강화된 학습 환경에서의 새로운 수학적 활동

우리는 수학학습과 관련된 교육공학기술 상의 모든 진보를 다루려고 하지 않았다. 왜냐하면 수학활동 중심의 접근 방식과 공학기술 중심의 접근 방식 중 발달이라는 측면에서 가장 유망하다고 생각되는 우리의 입장을 선호하기 때문이다. 공학기술은 수업이나 학습을 교수학적으로 지원하거나 계산을 돕기 위한 단순 보조물(Moreno-Armella & Hegedus, 2009)이 아니라 학생과 교사간의 학습의 규율을 변형시키는 장치이다. 예를 들면, 우리는 컴퓨터 보조 수업이나 온라인 평가 장치가 지난 십년간 교육공학이나 컴퓨터공학 분야에서의 주요 발전과 깊은 관련이 있다고 생각하지는 않았다(더 자세한 내용은 Hegedus & Roschelle, 2012 참조). 우리는 학생들이 생물학적이고 사회적인 자아의 여러 측면과 관련된 수학의 아름다움과 복잡성을 쉽게 경험할 수 있게 해 주는 다중 모드 공학기술에 주로 초점을 맞춘다.

이 장에서 소개되는 몇 가지 예들은 미국 국립과학재단의 지원을 받은 Kaput 센터에서 개발된 것들이다. 그 외 다른 예들은 현재의 공학기술 여건을 기반으로 한 대표적인 예들이다. 우리는 다양한 모드, 상호작용이 가능한 풍부한 소프트웨어 및 교실 네트워크를 활용하여 탐구한 여러 환경에 초점을 맞추고자 한다. 이런 환경들에는 (1) 3D 시각 형상과 표면이 조화를 이룬 힘-피드백과 (2) 수학적 대상, 성질, 개념 탐구를 위한 멀티터치 공학기술을 포함한다. 이런 활동들은 가능한 학습 기회의 유형을 보여주는 본보기가 된다. 우리는 미래에 생성될 수 있는 수학적으로 의미 있는 방법으로 그러한 기술적 여건을 이용할 수 있다.

힘 피드백 공학기술

Sensable의 PHANTOM Omni(www.sensable.com/haptic-phantom-omni.htm)-이하 Omni-는 6가지 방법(x, y, z, 가로축 회전, 세로축 회전, 수직축 회전)으로 입력이 가능하고 3가지 방법(x, y, z)으로 출력이 가능한 촉각 장치이다. Omni는 [그림 23.1]과 같이 2개의 버튼이 있는 스타일러스[4]와 같은 장치를 이용하여 조작할 수 있다. Omni는 x, y, z의 세 축의 힘 피드백을 제공한다. 주로 연구에서 이용되며 치과학 및 의학 분야에서 상당한 입지를 가지고 있지만 수학교육 분야에서의 활용도 증가추세이다(Hegedus & Moreno-Armella, 2011). Omni 환경에서는 [그림 23.2]와 같은 동적이고 시각-촉각의 장면을 구현하기 위해 2D와 3D의 대상 모델과 촉각 시뮬레이션(예를 들면, 자력, 마찰)을 활용한다. 장면 내에서 이뤄지는 사용자와 모델간의 상호작용은 사용자가 스타일러스를 움직이거나 스타일러스의 버튼을 눌러서 촉각 장치를

[4] (역자 주) 텍스트를 작성하거나 선을 그리는 데 사용되는 컴퓨터 입력장치. 전자감응식 태블릿 PC에 부착되어 캐드캠시스템(CAD/CAM)과 같은 그래픽 분야의 워크스테이션에서 처음 사용되었으며, 뒤에 애플컴퓨터의 뉴턴(Newton)과 3Com의 팜파일럿(PalmPilot)과 같은 포켓용 컴퓨터나 PDA에서 텍스트 또는 단순한 그림을 작성하기 위한 장치로서 제공되었다. 오늘날에는 손으로 작성한 입력 내용을 받아들이는 대부분의 포켓용 컴퓨터들에서 데이터 작성에 사용되는 도구를 가리키는 용어로 사용되며 흔히 펜 또는 PDA펜이라고도 한다. [네이버 지식백과]

물리적으로 활용하면 컴퓨터 스크린 상에 촉각 포인터를 통해서 그래픽으로 표시된다. 예를 들면, 사용자는 화면상의 정육면체를 움직이거나 회전하기 위해 Omni를 사용할 수 있다. 사용자가 정육면체의 표면에 촉각 포인터를 움직여 버튼을 누르면 촉각 스타일러스의 값에 동기화되어 버튼을 놓을 때까지 정육면체가 회전하면서 위치가 변화된다.

[그림 23.1] PHANTOM Omni의 촉감각 장치를 조작하는 학생

[그림 23.2] 다중 모드 환경에서의 학생의 시각

멀티터치 공학기술

Kaput 센터는 KCP Technologies와 협력을 통해 iPad에서 Geometer's Sketchpad 소프트웨어(이하 Sketchpad)의 viewer 프로그램인 Sketchpad Explorer(이하 Explorer)를 활용할 수 있는 일련의 활동을 개발하였다. 이 응용프로그램은 Apple Store에서 구입할 수 있다[5]. 활동들은 Sketchpad를 이용해서 만든 후 e-mail이나 다른 파일 공유 형태로 iPad로 옮겼다. iPad의 경우, 현재 이 버전에서 사용할 수 있는 저작도구가 없기 때문에 모든 활동은 학생과 교사가 사용할 수 있도록 미리 구성하였다. 점과 같은 기하학적 대상과 프리킹(빠르게 스크롤하기)을 통한 반복 계수기나 이미지의 대칭과 같은 일련의 작업을 수행하도록 구성된 버튼 등을 포함하고 있는 미리 구성된 활동에서 학생들은 대상과 직접 상호작용한다.

Apple iPad와 같은 멀티터치/멀티입력 장치를 이용하는 학습자는 과제 이해를 위해 보고 느끼는 기본적인 방법을 포함하여 다양한 입/출력 방법을 활용할 수 있다. iPad는 [그림 23.3]과 같이 수학적 대상을 직접 만지고 조작할 수 있다. [그림 23.4]와 같이 대상을 가리키고 선택하기 위해 마우스를 단일 입력 장치로 활용하는 컴퓨터에서는 불가능한 다양한 입력 방법을 iPad에서는 하나의 수학적 대상에 제공한다. [그림 23.3]에서 거울의 역할을 하는 선분의 두 끝점을 동시에 선택해서 조작할 수 있는데, 이는 정적인 세계에서의 대칭축에 대한 사람들의 생각을 바꿀 수 있다. [그림 23.4]에서는 두 손가락을 이용하거나 두 사람이 동시에 두 점을 사용해야 하는데 이는 사람들의 수학적 경험을 바꿀 수 있다.

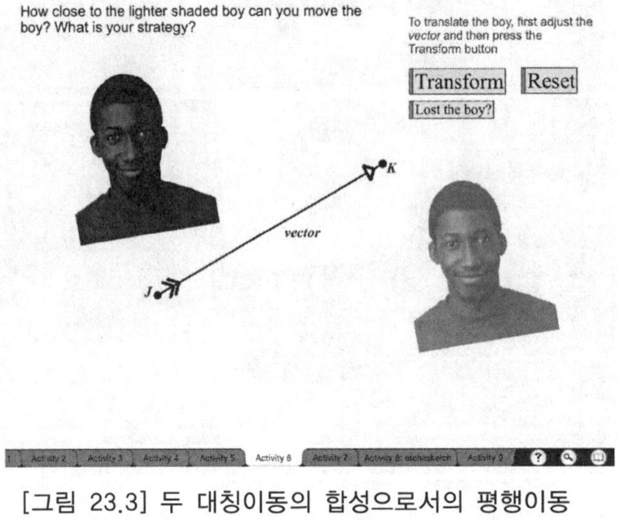

[그림 23.3] 두 대칭이동의 합성으로서의 평행이동

[5] (역자 주) 현재는 Apple Store에서 구입할 수 없다.

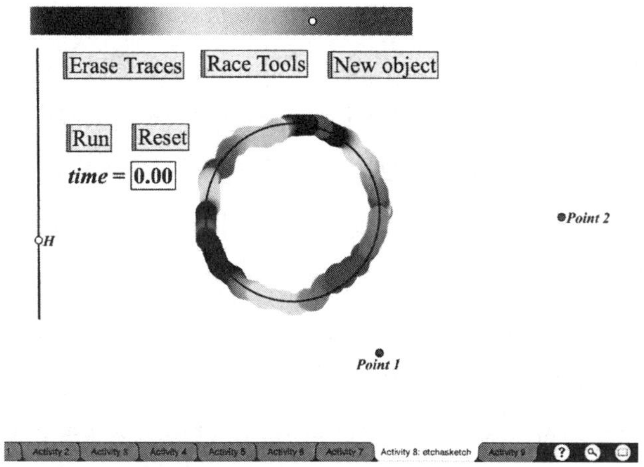

[그림 23.4] Etchasketch-원을 얻기 위해 두 점을 동시에 움직이기

이제 우리는 다중 모드 접근법을 통한 미래의 수학학습에 활용될 새로운 플랫폼으로서 이런 공학기술을 학생들이 어떻게 활용하고 경험할 것인지를 설명할 수 있는 틀을 제시하고자 한다.

틀: 학생들이 수학을 학습하는 방법

다중 모드 공학기술의 활용과 수학적 사고의 발달에 대한 이론적 틀을 구성하기 위해서는 다양한 지각 및 조작 유형을 활용해서 개인이 특정 발달단계에서 무엇을 학습하고 무엇을 학습하지 못하는가를 고려함과 동시에 장기간에 걸쳐 각 개인이 개발하는 좀 더 세련된 추론(reason)의 유형을 고려할 필요가 있다. 수학은 완전히 일관성 있는 지식체계라는 견해와는 달리 연속적인 수학구조는 어떤 맥락에서는 이해 가능하지만 다른 맥락에서는 문제가 될 수 있는 새로운 의미를 포함한다(Tall, 2013).

예를 들면, 세기와 수의 초기 단계에서는 대상을 물리적으로 조작하고 분류하면서 세기라는 복잡한 행동을 학습한다. 대상을 어떤 방식으로 늘어놓든 개수는 변하지 않는다는 것을 아이가 깨닫고 나면, 여섯 개의 대상은 4개에 2개를 더한 것, 또는 2개에 4개를 더한 것이라든가, 두 개짜리 세 묶음, 또는 세 개짜리 두 묶음이라는 아이디어에 초점을 맞출 수 있게 된다. 이러한 대상의 다양한 배열에 대한 인식은 덧셈이나 곱셈의 순서가 최종 결과에는 영향을 미치지 않는다는 좀 더 일반적인 생각으로 이어질 수 있다. 이것은 다시 Tall(2013)이 세기의 조작에서 수 개념으로의 구체화된 압축(embodied compression)이라고 언급한 것과 같이 물리적 지각 및 조작과 정신적 지각 및 조작을 정신적으로 연결시켜준다.

이런 전체적인 개념화 없이 세기에 초점을 맞추게 되면 7+2(한 손으로 2만큼 계속세기)와 2+7(두 손의 손가락을 모두 이용해서 7만큼 계속세기)이 같은지 불분명하다. Tall(2013)은 범자연수 계산의 성질을 구성하기 위해 세기 절차에 초점을 맞추는 것을 상징적 압축(symbolic compression)이라고 하였다.

구체화(embodiment)라는 용어는 문헌별로 매우 다른 의미로 사용된다. 예를 들면, Dienes(1960)는 Dienes 블록과 같이 범자연수 계산의 성질을 표현하기 위한 물리적인 자료를 설명하기 위해서 이 용어를 사용한 반면, Lakoff와 Núñez(2000)는 모든 인간 사고는 언어를 이용해서 은유적으로 표현할 수 있는 감각-운동적 조작에 기초하고 있다는 주장을 하기 위해 더 광의의 의미로 이 용어를 사용하였다.

구체화는 어떤 경우에는 간단하고 도움이 되는 반면 다른 경우에는 복잡하고 문제가 되기도 한다. 예를 들면, Dienes 블록은 덧셈에서의 자릿값을 간단하게 구체화한 것이다. 기본 단위는 작은 정육면체이다. 작은 정육면체 10개를 하나로 붙여서 만든 긴 막대 하나는 십진법에서 10을 나타낸다. 단위 정육면체 10개를 결합해서 긴 막대 하나를 만든 것 같이, 두 개의 긴 막대와 단위 정육면체 3개는 기호로 23이라고 나타낼 수 있다. 그러나 같은 구체화라고 해도 10을 곱하는 것을 단위 정육면체 10개를 긴 막대 하나로 대체하고 10개의 긴 막대를 100을 나타내는 10×10의 판(flat)으로 대체하는 곱셈에 적용되면 새로운 특징이 추가된다. 따라서 Dienes 블록은 곱셈에 활용하기에는 적절성이 떨어진다.

이 경우 새로운 구체화가 의미라는 측면에서는 더 적절한 맥락을 제공해 줄 수 있다. 예를 들면, 범자연수 곱셈과 소수와 10의 곱셈은 기호에 대한 물리적 조작으로 구체화될 수 있다. 간단한 방법은 [그림 23.5]와 같이 한 장의 종이에 3개의 0을 쓰고, 끝에 숫자 하나가 적힌 종이 띠들로 이 수들을 덮는 것이다. 27을 10이 2이고 1이 7(또는 1이 27)인 것으로 나타내려면 7이 써진 종이 띠를 일의 자리에 놓고, 2가 써진 종이 띠를 7이 써진 종이 위 십의 자리에 위치시키면 된다. 여기에 10을 곱하는 것은 두 개의 종이 띠를 왼쪽으로 한 자리씩 옮겨서 100이 2, 10이 7 또는 10이 27 또는 1이 270인 것으로 구체화할 수 있다(Tall, 2013, pp. 135-137).

이 새로운 구체화는 기호 자체를 옮기는 새로운 물리적 조작이 포함되어 있다. 이 조작을 통해 숫자를 움직이는 것을 마음속으로 볼 수 있는 좀 더 세련된 방법을 머릿속으로 떠올릴 수 있게 된다. 따라서 좀 더 세련된 구체화가 기호적 조작의 의미 이해를 돕는다. 또한 여러 자리 수 곱셈의 기초로서 기호조작에 대한 융통성있는 의미를 제공해준다. 예를 들면, 10을 곱하면 숫자들을 왼쪽으로 한 자리씩 옮기고, 10을 나누면 숫자들을 오른쪽으로 한 자리씩 옮긴다. 27을 10으로 나누면 숫자들을 소수점 너머로 옮겨서 1이 2이고 $\frac{1}{10}$이 7이므로 2.7이 된다는 것을 알 수 있다(Tall, 2013, pp. 135-138).

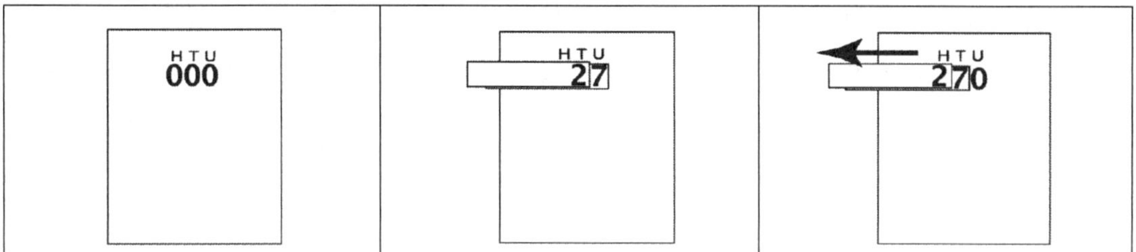

(1) 백의 자리, 십의 자리, 일의 자리가 표시된 밀판

(2) 십의 자리에 2를 놓아 20, 일의 자리에 7을 놓아 7, 전체 27이 됨을 보임.

(3) 왼쪽으로 한 칸을 움직여 10이 27이 되어 270을 나타냄.

[그림 23.5] 10의 곱을 나타내기 위해 수를 왼쪽으로 옮기기

구체화의 정교성 수준의 연속적인 발달은 새로운 맥락을 접할 때와 같이 넓은 패턴을 따른다. 새로운 구체화는 새로운 상황의 특정 측면에는 도움이 되지만 다른 측면에서는 문제를 야기하기도 한다. 범자연수에서 분수로, 부호가 없는 수(자연수)에서 부호가 있는 수(정수)로, 분수에서 무한소수로, 산술에서 대수로의 이행과 같이 이전 경험이 새로운 내용의 학습을 방해하는 교육과정의 연속된 단계에서 이런 일이 발생한다. 각각의 단계에서, 하나의 맥락(예를 들면, 곱셈은 항상 결과가 커지고 뺄셈은 결과가 작아지는 것 등등)에서 도움이 됐던 성질들이 나중에는 문제가 된다.

새로운 멀티미디어 공학기술의 발달은 패러다임을 변화시킨다. 다중 모드 환경은 학습자가 예측 가능한 방식으로 동작하는 대상을 조작할 수 있는 방법을 제공한다. 이를 통해서 학습자는 더 세련된 방식으로 활용하기 위해 알고리즘을 개발하기 전에 직관적이고 구체적인 방법으로 통찰을 얻을 수 있는 기회를 제공한다. 그러나 어떤 구체화는 한 단계에서는 도움이 되지만 새로운 맥락에서는 문제가 된다. 따라서 한 단계에서의 학습이 이후 학습에 어떤 영향을 미치는가는 장기 과제로 남겨둔다. 이것은 기본적인 수학적 아이디어를 이해하는 개별 아동의 발달뿐만 아니라 그들의 집단적인 이해를 위한 결정적인 요인으로서 공학기술을 활용한 사회적 상호작용과도 관련된다.

아동의 다중 모드 공학기술 사용법에의 적용

예시 활동 1: 힘 피드백

이 활동에서 우리는 학생들이 조작할 두 개의 대상인 평면과 3차원 도형(예를 들면, 원뿔, 정육면체, 사각뿔)을 제공하였다. 먼저 학생은 Omni를 이용해서 화면에 제시된 대상들을 선택하고 드래그하며 [그림 23.6]과 같이 장치에 달린 손잡이를 비틀어서 대상의 방향을 바꿀 수 있다. 일단 평면이 3차원 도형을 절단하도록 움직인 후에는 장치의 손잡이가 지속적으로 힘을 통해 피드백을 제공하면서 [그림 23.6]

과 같이 붉은 벌레가 도형의 표면과 교차면을 따라서 움직이도록 조정하는 도구가 된다. 반복 설계를 통해서 우리는 자력을 이용하는 것이 사용자가 도형의 어떤 부분에 붉은 벌레가 위치하고 있는지에 초점을 맞출 수 있게 해주는 유용한 설계 원리였음을 알게 되었다. 이런 경험은 붉은 벌레를 도형 표면에 고정시킨다. 꼭짓점이나 모서리와 같은 특정 불연속점을 이동할 때 장치에서는 연속적인 힘의 갑작스러운 변화가 느껴진다. 특히, 사용자 역시 교차면에 붙잡히거나 빨려 들어간 느낌을 느끼게 된다. 내비게이션 또한 사용자가 실제로 Omni 손잡이를 움직이면 화면상의 3차원 시각적 도형을 느낄 수 있도록 장치의 3D 모션에 의해 구동된다. 이런 설계 원리와 벌레의 활용은 아이들이 화면의 평평한 시야와 자신들의 신체 움직임을 조정하는데 매우 중요했음이 밝혀졌다. 두 가지를 조정하는 경험을 통해서 아이들은 자신의 신체적인 움직임과 화면상의 시각적 도형에 대한 느낌에 대해 말하는 것이 가능해졌다. 이전 버전에서는 이것이 문제였었다. 다음 절에서 제시하겠지만, 붉은 벌레의 활용은 재미있고 아이들의 참여를 유도했을 뿐만 아니라 아이들이 자신의 경험에 대해서 말할 수 있는 유용한 참조점이 되었다. 나중에 설명하겠지만, 아이들의 담화는 벌레에 대해 말하는 것(즉, 벌레가 움직인 결과)에서 도형의 구체적인 수학적 성질에 초점을 맞추는 것으로 옮겨갔다. 일단 아이가 두 상황 사이의 관계를 감지하게 되면 구체화된 것의 세부사항에서 내재된 수학적 관계에 대한 추론으로 나아갈 수 있게 되었다.

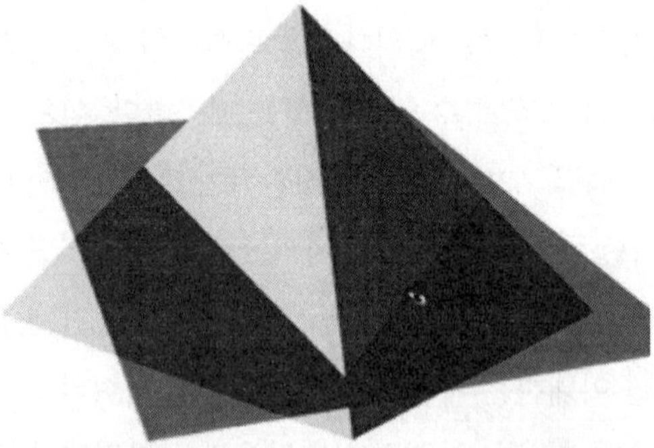

[그림 23.6] 밑면이 정사각형인 사각뿔과 평면의 교차

이 활동을 변형시킨 것 중 하나는 평면에 밑면이 정사각형인 사각뿔을 이용한 것이다. 우리는 학생들이 이런 수학적 구성을 어떻게 이해하는지를 우리의 분석틀을 이용해서 설명하기 위해서 이 설정으로 구성된 활동을 탐구한 4명의 10살짜리 아동들의 사례를 활용하였다. 우리의 목표는 학생들이 수학적 구성을 이해하기 위해서 어떤 유형의 담화를 하는지를 조사하는 것이었다.

아이들에게 이 환경을 소개한지 몇 분 만에 아이들은 탐구에 몰두했다. 처음에 아이들은 구성 요소의 수학적 관찰, 은유 및 행동에 관한 진술들을 섞어 말하면서 지각에 초점을 맞추었다. 다음은 아이들이 처음 관찰한 것들이다.

존: 삼각형인 것 같아.

사라: 그럴 수 있지.

존: 정사각형일 수도 있지.

사라: 벽 같은지 봐봐.

피터: 무거울 것 같다.

사라: 무거워?

사라: 벌레가 그걸 빨아먹는 것 같아.

시각적 양식과 촉각적 양식의 상호작용을 계속 탐구함에 따라 아이들이 처음에 시각을 통해 지각한 것들이 Omni 장치에서 제공한 물리적 정보로 인해 도전을 받았다는 것이 분명해졌다.

사라: 삼각형 같아.

피터: [교차면을 계속 추적하면서 벌레를 교차면으로 옮겼다 다시 되돌렸다를 반복하면서] 여기 올라오면 삼각형이야, [앞쪽으로 향한 모서리와 교차면의 한 부분이 만드는 모양을 언급하면서] 왜냐하면 그게 다니까. 그런데 여기를 돌아보면 [벌레를 파란색 도형 아래로 옮기면서] 사각형처럼 느껴져.

아이들 몇 명이 자신들의 상호작용(추론)의 효과와 평면이 사각뿔의 일부분을 어떻게 절단하는지의 관점에서 평면이 어떻게 지각되는지를 해석하려고 시도하였다. 더불어 대상과 그들의 성질들(조작)에 좀 더 초점을 맞추기 시작하였다.

메간: 내 생각에 정사각형이 만들어지는 곳에서 도형을 자르는 것 같아[몸짓을 하며]. 왜냐하면 정사각형이 이렇게 가고 [두 손으로 정사각형 모양을 만들면서] 이것은 이렇게 가니까. 내 생각에는 [두 손으로 정사각형의 한 쪽 귀퉁이를 가리키며] 이것이 이렇게 가면서 도형을 절단하는 거야. 왜냐하면 -[화면을 가리키며] 위쪽이 아니라 아래쪽을 남기잖아. [화면이 꺼진다.] 왜 이러지? [화면이 다시 켜진다.] 아, 그냥- 삼각형이 만들어지려면 도형의 옆을 절단해야 해[몸짓을 하며]. 그런데 도형의 중간을 절단하잖아. 그래서 정사각형 모양의 밑면처럼 이것도 정사각형이 돼.

아이들은 자신들이 만든 도형을 회전하고 이를 느끼면서 도형의 변을 세어서 이런 갈등을 해결한다. 아이들은 교차면에 집착하면서 계속해서 꼭짓점이나 각을 중심으로 도형을 움직이며 장치에서 전해지는 피드백을 느꼈다. 아이들은 장치에서 전해지는 감각을 느끼면서 이 활동이 어떻게 확장될 수 있는지와 이를 통해 교차면이 어떻게 변하는지에 대해 이해하기 위해 계속해서 탐구를 해 나간다. 이런 모습은 면담자가 요청한 것이 아니다.

사라: 제 생각에는 오각형을 얻을 수도 있을 것 같아요.

면담자: 미안. 뭐라고? 못 들었어.

사라: 교차면을 정사각형의 다른 변 쪽[사각뿔의 밑면]으로 내리면 삼각형이 되잖아요. 그래서 오각형도 될 것 같아요.

피터: 그럴 수 있어.

면담자: 이 평면을 이용해서 어떻게 할 수 있는지 보여줄래. [학생이 사라에게 장치를 건낸다.]

사라: [절단면을 평면에 맞춘다.] [피터는 그림을 그린다.] 이렇게요.

면담자: 좋아.

사라: [벌레를 절단면을 따라 움직이면서 변의 개수를 센다.] 이 변이 있으니까 이렇게 가야해요. 그러면 이 변, 이 변이 생겨서. 그리고 이 변도.

면담자: 오각형이 되려면 변을 몇 개 느껴야 하니?

사라: 다섯 개요.

이 사례는 다른 다면체에 대한 비슷한 탐구에서도 일종의 상징적 압축으로 이끌 수 있는 구체화된 압축의 예이다. 아이들은 이 활동에 포함된 대상에 초점을 맞추어 접촉평면의 기울기를 조절하면서 자유롭게 절단면을 조작한다. 여러 증거자료를 볼 때, 절단면이 만드는 도형이 무엇인지를 추론하면서 (즉, 평면을 사각뿔의 밑면으로 움직이면서) 아이들에게는 도형의 면이 중요했지만 이 단계에서 면의 개수를 세지는 못했다.

이 단계에서 어린 학생들은 n개의 면을 가진 다면체와 평면의 교차면은 기껏해야 n각형이 된다는 생각을 표현하지 못한다. 그러나 고등학생과 대학생을 대상으로 한 비슷한 활동에서는 이와 유사한 추론을 통해 이 사실을 발견하였다. 이는 미래에는 이런 활동구성과 다중 모드 공학기술이 다양한 연령과 필요를 가진 학생들에게 학습을 위한 환경을 제공해 줄 수 있음을 시사한다. 이 예와 다음의 예는 개방형 활동과 반구조화된 활동에서 학생들에게 제공되는 학습 기회에 대해 설명한다.

예시 활동 2: 수학 변수에 대응하는 다양한 입력

이 활동에서는 [그림 23.7]과 같이 한 학생이 수평으로 움직이는 점 1을 조정하고 다른 학생이 수직으로 움직이는 점 2를 조정할 수도 있고, 한 학생이 두 점을 동시에 조정할 수도 있다. 이 활동의 목표는 학생들이 고정된 원 주위의 색칠된 얼룩을 따라 그리는 것이다. 세 번째 학생 또는 세 번째 손가락으로는 얼룩의 색깔을 조정할 수 있다. 이를 통해서 원 주위에 무지개 색(색깔스펙트럼을 지정해서) 얼룩을 만들 수도 있고 얼룩의 크기(H를 지정해서)를 조절할 수도 있다.

이 활동은 멀티터치가 가능한 공학환경의 여건이 수학적으로 의미있는 방법으로 어떻게 활용할 수 있는지를 보여주는 예로서, 우리는 이를 공학기술의 수학적 여건이라고 설명할 수 있다. 이것이 어떤 의미인지 간단한 예를 제시하고자 한다. 영화를 보기 위해서 iPad를 활용한다고 생각해 보자. 두 손가락을 모으는 동작을 통해 화면을 작게(또는 반대로 손가락을 움직여서 화면을 크게 할 수도 있다) 만들 수 있다. 이것은 상호작용의 한 가지 방법이면서 운영체제와 하드웨어의 여건이다. 사용자는 이런 여건 하에서 특정한 방식으로 장치를 조작할 수 있다. 이제 사용자가 두 손가락을 이용한 비슷한 몸짓으로(운영체제가 이런 상호작용을 가능하게 했으므로) 기하학적 도형을 조작해서 도형을 크게 만들었다고 생각해 보자. 여기에서 공학기술의 여건은 수학적 작용을 가능케 한다. 한편으로는 학생들 손가락 끝에 수학을 담아 생물학적 작용이 수학화된 것이다. 데스크톱 컴퓨터와는 달리 이 활동에서 사용자는 점 1과 점 2의 슬라이더를 조절해서 2가지를 동시에 입력할 수 있다. 점 1은 눈에는 보이지 않지만 가로의 선분을 따라서 움직이도록 제한되어 있고, 점 2는 가로의 선분에 수직인 세로의 선분을 따라서 움직인다. 이 활동에서 우리는 전통적인 상호작용 도구를 이용해서 2개의 입력 함수를 매개변수로 표시했다. 2개의 슬라이더는 하나의 출력 값을 만들어내도록 결합되어 있기 때문에 두 개의 입력 값이 하나의 시각적 출력물(얼룩)을 산출하고 학생들은 고정된 원을 따라 그려야 한다. 이러 입력 방법은 한 사람이 두 손가락을 이용해서 입력할 수도 있고 두 사람이 각각 하나의 손가락으로 입력할 수도 있다. 후자의 경우, 원하는 결과물을 얻기 위해서는 두 사람이 서로 상대방을 배려해야 하기 때문에 협력적 문제해결을 이끌어 낸다는 것을 알 수 있었다. 협력적 문제해결에서의 이런 담론의 조정을 통해 입력값(사회적/개인적)과 출력값(전산적/시각적)의 관계에 대한 수학적 논증을 확립할 수 있다.

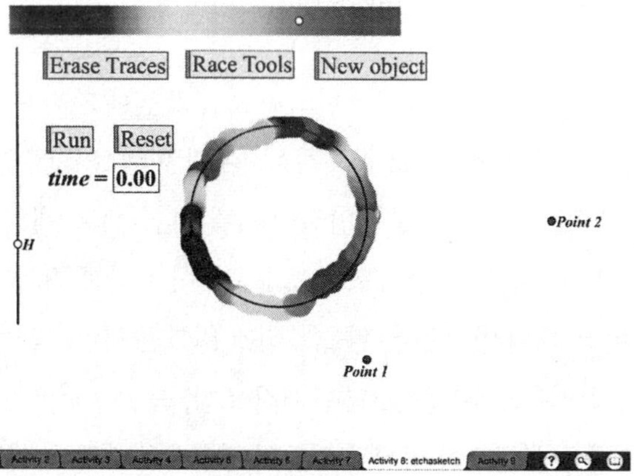

[그림 23.7] 두 점을 이용해서 원 작도하기

우리 연구에서 초등학교와 대학교 학생들은 두 개의 점을 각각 분리해서 움직이려고 서둘러 시도하였다. 점 1을 움직인 후에 점 2를 움직이거나 그 반대로 두 개의 점을 각각 분리해서 손가락을 움직여서 첫 결과로 네 개의 선분으로 둘러싸여진 정사각형이 만들어졌다. 우리 연구에서는 많은 학생들이 개인적으로 또는 협력해서 이런 시도를 했다. 이런 첫 시도는 학습 환경에서 제공된 기본적인 대상에 대한 작용을 통해 얻어지는 정보를 바탕으로 지각하려고 한다는 것을 보여준다. 시각적 피드백을 통해 학생들은 원을 따라 그리는 과제를 완수하지 못하고 있음을 깨닫고 자신들이 입력한 것이 어떤 효과를 가지는지와 자신들의 터치로 조절되는 상호작용적 요소의 특성에 더 초점을 맞춘다. 한 예에서 두 학생이 다음과 같이 표현했다.

롭: 점 1을 왼쪽과 오른쪽…으로 움직여야 해.

셀리: 점 2는 위 아래로. 그렇지만 내 생각에는 속도를 달리해야 해.

새로운 수학적 대상(얼룩의 출력 지점)을 만들어 내는데 필요한 필수적인 요인과 그들의 잠재적인 역할에 대한 이런 첫 추론을 생각할 때, 이것은 학생들이 자신의 입력 조작, 특히, 이 활동에 내재된 수학적 변이의 모델로서 자신들의 입력 속도의 효과에 대해 초점을 맞추는 일종의 구체화된 압축이라고 할 수 있다. 예를 들면, 이 모둠의 한 학생이 말하기를,

자레드: 내 생각에 어떤 지점에서는 좀 더 빨리 어떤 지점에서는 좀 더 느리게 움직일 필요가 있어.

마침내 이 모둠의 두 학생은 두 가지 입력 값을 조정하는 것에 대해 추론한다.

롭: 점 1은 y축 … 점 2는 x축 같아.

셀리: 아마 … 한 사람이 올라가고 내려가는 … 움직임을 조정해서 원을 따라가도록 하고 … 다른 사람이 원의 상단과 하단을 조정할 수 있어.

이런 반응과 변화하는 입/출력 값의 성질을 조합하면 조금씩 원에 가까운 결과를 얻을 수 있다. 출력 값의 측면에서 입력 값의 구조를 비형식적으로 공식화하지만 이런 조정에 있어서 필수적인 다음의 성질들이 확립된 이 시점에서 초보단계의 상징적 압축이 이뤄진다. (1) 두 개의 입력 값이 하나의 출력 값을 만든다, (2) 두 개의 입력 값이 특정한 방식으로 함께 움직이며 함께 변화될 필요가 있다, (3) 터치를 통한 움직임으로 제공되는 두 개의 입력 값은 원을 그리기 위한 움직임이라는 측면에서 변화될 필요가 있다. 그러나 이러한 움직임이 사인 운동(함수)의 단계적 조합, 즉 $x^2 \times y^2 = (\sin t)^2 = (\cos t)^2 = 1$을 어떻게 설명할 수 있는지 정의하는데 필요한 형식적 기호의 명확성은 여전히 부족하다.

최근 우리가 마련한 예시 활동을 통해서 우리는 학생들이 구성한 것을 공유하고 비교, 추론, 연역이

라는 측면에서 수학적으로 풍성한 논의가 이뤄질 수 있도록 학생들의 기여도를 매개변수화 할 수 있는 새로운 디자인 공간을 탐구했다. 무선 연결을 통해 학생들은 자신이 조사한 것들을 전자적으로 교사와 공유할 수 있으며, 교사는 프로젝터에 연결된 장치를 통해 이를 보여줌으로써 공적인 토론 공간을 제공한다. 또한 비교를 위해 원의 지름이나 모양을 변화시켜 활동을 개인 또는 모둠 수준으로 재구성함으로써 전체 학급 토론을 통해 작용과 공식화된 절차를 대비시킬 수 있다.

논의 및 전망

학생들이 모둠으로 활동했기 때문에 우리는 학생들의 개별적 또는 사회적 발언과 행동을 면밀히 살펴보았다. 특히, 수학적 대상 또는 개념의 성질-몇 가지 예를 들자면, 입체도형과 평면의 교차점, 도형의 분류, 멀티터치를 통해 기하학적 변형이나 변형의 조합을 이해하기-을 이해하는데 있어서 비학술적인 언어의 역할에 대해 살펴보았다. 또 어떤 유형의 비학술적인 진술은 모둠 학생들의 수학적 의미 이해에 도움이 되며, 어떤 학술적인 용어들은 수학적으로 정확하지 않은 방식(예를 들면, 도형에 대한 이전 지식을 옳지 않은 방식으로 활용하기)으로 이용될 수 있다는 다른 연구(Güçle, Hegedus, Robidoux, & Jackiw, 2013)들도 살펴보았다. 때로 학생들은 한 가지 모드(자신이 보는 것)와 다른 모드(자신이 느끼는 것)가 상충되는 것을 경험하기도 한다.

구체화된 압축을 이용해서, 아이들은 대상 및 환경과의 다양한 상호작용의 결과에 초점을 맞춘다. 또 아이들이 화면상의 도형에 내재된 수학적 구조와 촉각 장치의 보이지 않은 힘을 잠재적으로 볼 수 있게 동적으로 반응해주는 환경에서 때로는 활동을 이끌고 때로는 이끌리는 공동 작업(Moreno-Armella, & Hegedus, 2009)에 참여하게 된다. 이런 공동 작업은 사례 1에서는 학생들이 시각-촉각 논의를 통해서 교차면이 오각형이 된다는 것을 깨닫고 합리화하면서 시작되었고 사례 2에서는 출력된 얼룩이 원이 되기 위해서는 어떤 점에서는 속도를 달리해서 손가락을 움직일 필요가 있다는 자레드의 말에서 시작되었다. '~통해 본다'는 것은 내재된 구조에 관한 잠재적인 통찰력, 지각 또는 은유라고 생각할 수 있다. 여기에서 내재된 구조는 원의 매개변수를 이용한 형식적인 정의라고 할 수 있다.

시각적 경험을 촉각적 경험으로부터 분석하는 것은 매우 어렵지만 아이들이 지각한 것은 이와 관련이 있다는 것을 알게 되었다. 정말 어려운 것은 학생들이 상징적 압축으로 이행할 수 있도록 일련의 교육과정 활동을 포함하는 학습 환경을 개발하는 것이다. 제대로 초점을 맞추지 못하면 학생들은 단순히 구체화에 초점을 맞출 것이며 이는 이후 학습에 장애가 될 수 있다.

이는 Logo, 동적 기하 소프트웨어나 스프레드시트를 포함하여 수학교육에서 잘 알려진 많은 공학기술에 지속적으로 적용된다. 이런 공학기술의 활용을 통해 상징적 압축과 이해(더 나아가 적용)로 이행하려는 목표는 더 많은 학생들이 경험하도록 하는 것에는 부합하지만 두 가지 모두를 달성할 수는 없다. 수학적 사고의 관행은 잠재적으로 변하고 있다. 왜냐하면 이런 다중 모드 공학기술이 교실에서 이뤄지는 인지활동과 의사소통활동을 변형시키는 역할을 함으로써 수학적 담론의 본질을 진화시키기 때문이다. 이런 공학기술들은 다중 모드 공학기술의 중재 효과를 통해서 생물학적 자아(즉 우리의 손가락 끝으로 사고하는 것)의 인지적 확장 또는 우리의 자연스런 생물학적 감각과 추상화라는 수학적 사고를 좀 더 가까이 끌어당기는 인지적 확장이라고 생각할 수 있다. Rotman(2000)은 다음과 같이 주장하였다.

> 수학적 관행의 이런 변형은 우리가 수학을 어떻게 개념화하는지, 무엇을 수학적 대상으로 상상하는지, 수학적으로 조사하고 특정한 주장, 성질, 수학적 대상의 특징이 참이라고 받아들이도록 설득하기 위해 무엇을 해야 하는지에 혁명적인 영향을 미친다. 따라서 무엇이 수학적으로 의미있고 의미가 없는지, "정리"를 구성하는 것은 무엇인지를 규정하는 규칙과 규약이 말하자면 상전벽해와 같은 변화를 겪게 된다. (p. 68-69)

여기서 중요한 것은 이런 공학기술이 수학적 표상의 하부구조를 변화시킬 뿐만 아니라 미래에 이런 공학기술의 활용을 통해 발생하는 새로운 유형의 수학적 담화라는 형식으로 교실에서 이뤄지는 의사소통의 하부구조 역시 강화할 수 있다.

우리는 촉각 환경을 통해서 수학적 대상 또는 기능적 관계를 연결하는데 필요한 여건을 탐구하였다. 예를 들면, 아이가 촉각 장치를 이용해서 수학적 변수인 입력 값을 자유롭게 변화시키면 입력 값에 대한 종속 변수인 물리적 피드백을 받을 수 있다. 여기서 공학기술 환경은 설명했던 시나리오와는 수학적으로 다른 방식으로 공동 작용한다. [그림 23.8]에 제시된 활동에서, 아이는 삼각형의 세 꼭짓점 A, B, C와 삼각형이 작도된 평행선의 변환위치를 조정할 수 있는 점 D를 선택하여 드래그할 수 있다. 반면 Omni 장치는 삼각형 ABC의 넓이에 비례해서 저항(힘 피드백)을 제공하도록 프로그램 되었다. 따라서 특정 꼭짓점들(예를 들면 C)을 움직이면 저항 값이 일정하지만 다른 꼭짓점을 선택할 경우 삼각형의 밑변이나 높이가 달라져서 저항 값도 변하게 된다.

예비연구에서, 아이들은 출력 값인 '느낌'과 수학적 표상을 발생시키는 수학적 변인을 입력 값으로 생각하였다. 우리 연구에서 아이들은 이런 관계를 넓이=밑변×높이×$\frac{1}{2}$로 설명하지는 않았지만, 밑변과 높이의 변화가 넓이의 변화와 관련되어 있다는 일종의 구체화된 압축의 형태로 설명하였다. 이것은 또한 상징적 압축의 시작점이기도 하다. 그러나 이런 경험으로부터 어떻게 위와 같은 기호식이 만들어지는가를 깨닫고 이해하기 위해서는 더 많은 활동이 필요하다.

Explorer와 같은 멀티터치 환경은 수학적으로 의미있는 입력 값과 출력 값을 포함하는 간단하게 구성된 활동에서 어린 학습자가 상호작용할 수 있게 해준다. 이런 경험 유형은 아이들이 구성된 활동을 탐구하기 위해서 다양한 모드를 활용할 수 있게 해 주며, 상호작용 기반 설계원리를 바탕으로 자신들의 행동(지각을 개발하기 위해), 대상에 대한 조작, 반복적 반응에 초점을 맞추게 된다. 이후 작용을 안내하는 다중 모드의 반복과 그들의 출력 값의 공동 작용은 학생들이 조사하고 있는 수학적 성질과 구조를 이해할 수 있도록 조작에 초점을 맞출 수 있는 학습 환경을 조성한다. Tall(2013)은 "수학적 아이디어가 장기간에 걸쳐서 단순화"되기를 원한다. 다중모드 학습 환경은 이런 기회를 제공한다. 단순화의 개념은 수학적인 동시에 개인적이다. 수학자와 교사가 정신적 실체로서 조작 가능한 새로운 개념을 형식화함으로써 수학적 구조를 이해할 수 있다는 측면에서 수학적이다. 또 학습자가 압축된 실체를 다양한 방식으로 이해할 수 있다는 측면에서 개인적이다. 이런 융통성있는 사고는 모든 수준에서 장려할 수 있다. 예를 들면, 이 장에서 설명했던 대표적인 예시를 기반으로 해서 학생들은 이등변 삼각형을 만들거나 2차원 삼각형을 분류하는 다른 방법을 찾아내기 위해 멀티터치/입력 활동에 참여할 수 있다. 밑변의 두 꼭짓점 A 또는 B에 대해 이런 활동을 적용함으로써 등각 도형이나 등변 도형을 만드는데 필요한 단계에 초점을 맞추는 방법을 설정하며 상징적 압축을 개발한다. 또 잘 구성된 스케치를 활용하면 수학적 특성을 보존하는 많은 상위개체-하위개체의 관계를 멀티터치 접근법을 통해 발견할 수 있다. 꼭짓점에 어떤 조건도 부여되지 않은 자유로운 삼각형의 꼭짓점 하나를 움직이며 다른 꼭짓점에 어떤 영향을 미치는지, 두 꼭짓점을 동시에 움직이면 대응변에 어떤 영향을 미치는지, 이런 작용하에서도 삼각형의 특성 중 불변인 것은 무엇인지 등이다.

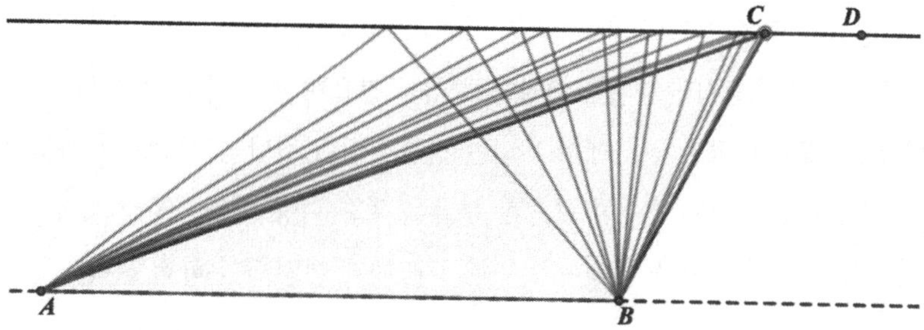

[그림 23.8] 동적인 삼각형

게다가, 서로 연계된 환경에서 이런 장치는 학생들이 개별적으로 또는 협력해서 비교를 통해 수학적 개념이나 속성에 대한 이해를 위한 작업공간과 절차를 위한 작업공간을 조정하는데 필요한 단계들을 외면화하면서 상징적 압축의 과정을 개발할 수 있도록 돕는 잠재력을 가지고 있다. 공적인 작업공간은 각 학생들이 일련의 구성-예를 들면, 비슷한 삼각형들-을 변화시켜서 집합적으로 배열해 놓거나 아이들이 다른 사람이나 전체 학급이 작도한 도형들과 자신이 작도한 도형들이 어떻게 상호작용하는지를 알고 서로 연계된 특정한 도형들을 작도하는 집합적인 작업공간이다.

우리는 최근의 다중 모드 공학기술이 도형의 수학적 성질의 기초, 분산과 공분산에 초점을 맞춘 함수 관계와 구성을 학생들이 경험할 수 있도록 하는 학습 환경을 어떻게 구성할 수 있는지를 소개하려고 했다. 다양한 모드 특히, 시각과 촉각을 조합함으로써 이 목표는 달성되었고 미래에는 더 정교화될 것이다. 기본적인 목적은 "실생활의 구체화에 초점을 맞추어 초기 학습자가 이해하고 상징적 조작에 구체적인 의미를 부여하도록" 내재된 수학적 구조를 경험할 수 있게 하는 것이다(Tall, 2013, p. 173).

수학적 사고의 장기적인 발달은 다중 모드 공학기술을 신중하게 사용하고 의미있는 구현을 통해 지속될 수 있다고 제안하는 바이다. 신중하게 활용해야 하는 이유는 앞에서 강조한 것처럼 상충되는 모드를 경험한 학생들에게 혼란을 야기할 수 있는 가능성 때문이며, 이런 구현을 통해서는 형식적인 상징적 압축이 성취되지 않을 가능성이 있기 때문이다. 여기에서 우리가 개괄적으로 설명하는 기회 공간은 수학적인 아이디어와 개념에 접근할 수 있게 할 뿐만 아니라 보다 일반적인 상징적 사고로 발전할 수 있도록 일관된 수학적 경험을 조성할 수 있는 방식으로 탐색될 필요가 있다. 그러나 모든 학습자에게 이것이 가능하지는 않을 수도 있다. 이런 공학기술의 여건을 의미있는 방식으로 통합하는 더 많은 교육과정이 개발되는 미래에는 이를 비판적으로 다룰 필요가 있다. 우리는 여기서 신체적 경험이 수학적 속성과 대응되거나 다양한 접촉(입력)이 수학적 조작(예, 변형)과 대응되도록 사전에 프로그램된 경우 이를 수행하는 방법을 입증하려고 노력했다. 이런 두 가지 접근법은 모두 시간이 많이 소요되며 연구 환경에서 구축되고 점검되어야 한다. 대안은 활동에 포함된 수학에 대한 피드백이 필요하지 않은 에듀테인먼트의 형식을 띠는 것이다.

향후 연구에서는 어떤 학생집단을 연구대상으로 하고 있으며 연구의 의의가 실제로 무엇인지를 다룰 필요가 있다. 여기에서 보고한 연구에서 우리는 전통적인 모집단을 대상으로 하였으나, 특별한 교육적 요구를 가진 학생들과 같이 특수한 학습자 부류를 위한 다중 모드 공학기술에 대해서도 연구할 필요가 있다. 향후에는 이런 전략을 실행하기 위해 교사에게 어떤 교수학적 전략과 준비가 필요한 지에 대해 연구할 필요가 있다.

학교에서 공학기술을 효율적으로 구현하는 것과 관련된 장기적인 주요 문제 중 하나는 새로운 도구의 활용법과 그것의 교수학적 함의를 이해하기 위한 교사의 전문성 개발이다. 경력이 얼마나 되었는가에 따라 교사는 이런 공학기술이 학습 환경을 어떻게 강화시키는지 나아가 수학을 어떻게 재기술할 것인지의 관점에서 교실의 본질을 어떻게 변형시키는지를 재고해야만 한다. 나중에도 교사가 교직에 있다면 내용을 어떻게 생각하고 이런 새로운 공학기술을 활용해서 이들을 어떻게 효과적으로 도입할 것인지에 대한 사고방식을 변화시켜야만 할 수도 있다. Hennessy, Ruthven과 Brindley(2005)는 영국에서 정보통신기술(ICT)의 활용에 대해 보고함으로써 Cuban의 메시지를 활용하였다. 이들은 자신들의 연구에 참여했던 교사들은 자신들의 관행이 변화되고 있다는 것은 인정하지만 공학기술 기반 교육과정 설계나 학교에서의 이런 교육과정의 실행에 적극적으로 참여하고 있지 않다고 보고한다. Hennessey와 동료는 부서 정책 및 계획 수준에서 ICT의 성공적인 통합을 위한 5가지 구체적인 목표를 제안한다. (a) 교사들에게 "ICT의 활용과 관련된 비판적 반성, 아이디어 공유와 연구와 관련된 장기간의 상호작용 기회(p. 187), (b) 국가 교육과정에 맞춰 ICT를 업무 구조에 통합하고 이를 중요하고 적절하게 사용하여 학습목표 달성 돕기, (c) 교사와 학생의 공학기술 능숙도를 고려해서 능숙도 향상시키기, (d) 특정 학습 목표 달성을 위해 ICT 여건을 체계적으로 평가하기, (e) ICT 기반 활동과 다른 학습 활동의 상호보완 및 균형 맞추기. 조직의 변화 과정은 공학기술 기반 수업을 성공적으로 수행하기 위한 전략을 만들어내는데 매우 중요하다고 이들은 주장하며, 조직 수준에서 "계획에 대한 공동 소유권"을 가지는 것이 학생들의 학습에 의미있는 영향을 미치도록 학교의 수업 관행에 공학기술을 구현하는 필수 사항이라고 강조한다. 우리 연구와 향후 개발 및 실행을 위해 제안된 주장들은 미래의 수학교실에서 광범위한 영향을 미칠 수 있는 이런 목표들을 다룰 필요가 있다.

결론적으로 이 글에서의 초점은 수학의 기초와 다중 모드 공학기술의 최신 진보가 공학기술의 여건을 수학적으로 의미있는 방식으로 변형시킴으로써 어떻게 수학학습을 촉진할 수 있는가에 있다. 이것은 잠재적으로 교육과정 설계에 영향을 미치며 나아가 미래에 우리가 어떻게 가르치고 우리 학생들은 어떻게 학습하는 가에 영향을 미친다.

➲ NOTE

1. 이 연구는 REC-0835395에 의거하여 국립과학재단(National Science Foundation)이 지원한 연구 결과에 기초하고 있다. 이 자료에 표현된 모든 의견, 결과 및 결론 또는 권고사항은 저자의 것이며, 반드시 기관의 견해를 반영하는 것은 아니다.

참고문헌

Abrahamson, A. L. (1998). *An overview of teaching and learning research with classroom communication systems.* Paper presented at the Samos International Conference on the Teaching of Mathematics, Village of Pythagorion. Samos, Greece.

Abrahamson, A. L. (2000). *A brief history of ClassTalk.* Paper presented at the Teachers Teaching with Technology International Conference. Dallas, TX.

Battista, M. T. (1997). *Shape makers: Developing geometric reasoning with the Geometer's Sketchpad.* Berkeley, CA: Key Curriculum Press.

Brady, C. E (2013). *Perpectives in motion.* Unpublished doctoral dissertation, University of Massachusetts, Dartmouth.

Bretscher, N. (in press). Exploring the quantitative and qualitative gap between expectations and implantation: A survey of English mathematics teachers' use of ICT. In A. Clark-Wilson, O. Robutti, & N. Sinclair (Eds.). *The mathematics teacher in the digital age.* Dordrecht, The Netherlands: Springer.

Bruner, J. S. (1966). *Toward a theory of instruction.* Cambridge, MA: Harvard University Press.

Burnstein, R., & Lederman, L. M. (2001). Using wireless keypads in lecture classes. *Physics Teacher, 39*(8), 8–11.

Crouch, C. H., & Mazur, E. (2001). Peer instruction: Ten years of experience and results. *The Physics Teacher, 69*(9), 970–977.

Cuban, L. (2001). *Oversold and underused: Computers in the classroom.* Cambridge, MA: Harvard University Press.

Cuoco, A., & Goldenberg, P. (1997). Dynamic geometry as a bridge from Euclidean Geometry to analysis. In J. R. King & D. Schattschneider (Eds.), *Geometry turned on!: Dynamic software in learning, teaching and research* (pp. 69–70). Washington, DC: Mathematical Association of America.

Dalton, S., & Hegedus, S. (2013). Learning and motivation in high school classrooms. In S. Hegedus & J. Roschelle (Eds.), *Democratizing access to important mathematics through dynamic representations: Contributions and visions from the SimCalc Research Program.* Berlin: Springer.

Dautenhahn, K. (2000). Design issues on interactive environments for children with autism. In *Proceedings of the 3rd International Conference on Disability, Virtual Reality and Associated Technologies, ICDVRAT* (pp. 153–161). Alghero, Sardinia, Italy.

Dede, C. (2000). Emerging influences of information technology on school curriculum. *Journal of Curriculum Studies, 32*(2), 281–303.

Dienes, Z. P. (1960). *Building up mathematics.* London: Hutchinson.

Drijvers, P., Kieran, C., & Mariotti, M-A. (2009). Integrating technology into mathematics education: Theoretical perspectives. In C. Hoyles & J-B. Lagrange (Eds.), *Mathematics education and technology—rethinking the terrain* (pp. 89–132). New York: Springer.

Dufresne, R. J., Gerace, W. J., Leonard, W. J., Mestre, J. P., & Wenk, L. (1996). Classtalk: A classroom communication system for active learning. *Journal for Computing in Higher Education, 7*(2), 3–47.

Dwyer, M. C., & Pfeifer, R. E. (1999). Exploring hyperbolic geometry with The Geometer's Sketchpad. *Mathematics Teacher, 92*(7), 632–637.

Falcade, R., Laborde, C., & Mariotti, M. A. (2007). Approaching functions: Cabri tools as instruments of semiotic mediation. *Educational Studies in Mathematics, 66*(3), 317–333.

Flowers, L. A. (2002). Developing purposes in college: Differences between freshman and seniors. *College Student Journal, 36*, 478–484.

Gol Tabaghi, S. & Sinclair, N. (2013). Using dynamic geometry software to explore eigenvectors: The emergence of dynamic-synthetic-geometric thinking. *Technology, Knowledge and Learning 18*(3), 149–164.

Gorini, C. A. (1997). Dynamic visualization in calculus. In J. R. King & D. Schattschneider (Eds.), *Geometry turned on!: Dynamic software in learning, teaching and research* (pp. 89–94). Washington, DC: The Mathematical Association of America.

Güçler, B., Hegedus, S., Robidoux, R., & Jackiw, N. (2013). Investigating the mathematical discourse of young learners involved in multi-modal mathematical investigations: The case of haptic technologies.

In D. Martinovic, V. Freiman, & Z. Karadag (Eds.), *Visual mathematics cyberlearning* (pp. 97–118). New York: Springer.
Hake, R.R. (1998). Interactive-engagement vs. traditional methods: A six-thousand-student survey of mechanics test data for introductory physics courses. *American Journal of Physics, 66*, 64–74.
Hartline, F. (1997). *Analysis of 1st semester of Classtalk use at MacIntosh elementary school*. Yorktown, VA: Better Education.
Hassan, R. (1992). Speech genre, semiotic mediation and the development of higher mental functions. *Language Sciences, 14*(4), 489–528.
Hegedus, S. J., & Roschelle, J. (2012). Highly adaptive, interactive instruction: Insights for the networked classroom. In C. Dede & J. Richards (Eds.), *Digital teaching platforms* (pp. 103–115). New York: Teachers College Press.
Hegedus, S. J., & Roschelle, J. (2013). (Eds.). *Democratizing access to important mathematics through dynamic representations: Contributions and visions from the SimCalc Research Program*. Berlin: Springer.
Hegedus, S. J., & Moreno-Armella, L. (2011). The emergence of mathematical structures. *Educational Studies in Mathematics, 77*(2–3), 369–388.
Hennessy, S., Ruthven, K., & Brindley, S.(2005). Teacher perspectives on integrating ICT into subject teaching: commitments, constrains, caution, and change. *Journal of Curriculum Studies, 37*(2), 155–192.
Hollebrands, K. (2002). The role of a dynamic software program for geometry in high school students' understandings of geometric transformations. In D. Mewborn, P. Sztajn, D.Y. White, H.G. Wiegel, R.L. Bryant, & K. Nooney (Eds.), *Proceedings of the 24th Annual Meeting of the North American Chapter of the International Group for the Psychology of Mathematics Education* (Vol. 2, pp. 695–705). Columbus, OH: ERIC Clearinghouse on Science, Mathematics and Environmental Education.
Jackiw, N. (2003). Visualizing complex functions with the Geometer's Sketchpad. In T. Triandafillidis & K. Hatzikiriakou (Eds.), *Proceedings of the 6th International Conference on Technology in Mathematics Teaching* (pp. 291–299). Volos, Greece: University of Thessaly.
Jackiw, N. (2013). Touch & multitouch in dynamic geometry: Sketchpad Explorer and "digital" mathematics. *Proceedings of ICTMT12* (pp. 149–155), Bari, Italy.
Jackiw, N., & Sinclair, N. (2007). Dynamic geometry activity design for elementary school mathematics. In C. Hoyles, J.-B. Lagrange, L.H. Sun, & N. Sinclair (Eds.), *Proceedings of the Seventeenth ICMI Study Conference "Technology Revisited"* (pp. 236–245). Paris, France: Hanoi Institute of Technology and Didirem University.
Jaimes, A., & Sebe, N. (2007). Multimodal human computer interaction: A survey. *Computer Vision and Image Understanding, 108*(1–2), 116–134.
Kaput, J., Hegedus, S., & Lesh, R. (2007). Technology becoming infrastructural in mathematics education. In R. Lesh, E. Hamilton, & J. Kaput (Eds.), *Foundations for the future in mathematics and science* (pp. 172–192). Mahwah, NJ: Lawrence Erlbaum Associates.
Laborde, C. (2000). Dynamic geometry environments as a source of rich learning contexts for the complex activity of proving. *Educational Studies in Mathematics (Special edition on proof in dynamic geometry environments), 44*(1–3), 151–161.
Laborde, C. (2001). Integration of technology in the design of geometry tasks with Cabri-Geometre. *International Journal of Computers for Mathematical Learning, 6*, 283–317.
Ladel, S., & Kortenkamp, U. (2011). Implementation of a multitouch-environment supporting finger symbol sets. In M. Pytlak, T. Rowland, & E. Swoboda (Eds.), *Proceedings of the seventh Congress of the European Society for Research in Maths Education* (pp. 1792–1801). University of Rzeszów, Poland.
Lakoff, G., & Nuñez, R.E. (2000). *Where mathematics comes from: How the embodied mind brings mathematics into being*. New York: Basic Books.
Mariotti, M.A. (2000). Introduction to proof: The mediation of a dynamic software environment. *Educational Studies in Mathematics, 44*(1–2), 25–53.
Mariotti, M.A. (2003). The influence of technological advances on students' mathematics learning. In L.D. English (Ed.), *Handbook of international research in mathematics education* (pp. 695–723). Mahwah, NJ: Lawrence Erlbaum Associates.

Moreno-Armella, L., & Hegedus, S. (2009). Co-action with digital technologies. *ZDM: The International Journal on Mathematics Education, Special Issue: Transforming Mathematics Education through the Use of Dynamic Mathematics Technologies, 41*(4), 505–519.

Nemirovsky, R., & Borba, M. (2003). Perceptuo-motor activity and imagination in mathematics learning. In N. Pateman, B. Dougherty, & J. Zilliox (Eds.), *Proceedings of the 27th International Conference for the Psychology of Mathematics* (Vol. 1, pp. 105–136). Honolulu, Hawai'i: Program Committee.

Nemirovsky, R., Kelton, M. L., & Rhodehamel, B. (2013). Playing mathematical instruments: Emerging perceptuomotor integration with an interactive mathematics exhibit. *Journal for Research in Mathematics Education, 44*(2), 372–415.

Noss, R., & Hoyles, C. (1996). *Windows on mathematical meanings: Learning cultures and computers.* Dordrecht, The Netherlands: Kluwer Academic Publishers.

Olive, J. (1997). Creating airfoils from circles: The Jouowski transformation. In J.R. King & D. Schattschneider (Eds.), *Geometry turned on!: Dynamic software in learning, teaching and research* (pp. 169–177). Washington, DC: Mathematical Association of America.

Piazza, S. (2002). *Peer instruction using an electronic response system in large lecture classes.* Presented at the Pennsylvania State University, Center for Educational Technology Services "Teaching with Technology" Series: Departments of Kinesiology, Mechanical Engineering, and Orthopedics and Rehabilitation.

Radford, L., Demers, S., Guzmán, J., & Cerulli, M. (2003). Calculators, graphs, gestures and the production of meaning. In N.A. Pateman, B.J. Dougherty, & J.T. Zilliox (Eds.), *Proceedings of the 27th conference of the International Group for the Psychology of Mathematics Education* (Vol. 4, pp. 55–62). Honolulu, HI: University of Hawaii.

Radford, L., Edwards, L., & Arzarello, F. (2009). Introduction: Beyond words. *Educational Studies in Mathematics, 70*(2), 91–95.

Radford, L., Miranda, I., & Guzmán, J. (2008). *Relative motion, graphs and the heteroglossic transformation of meanings: A semiotic analysis.* Paper presented at the proceedings of the 32nd conference of the International Group for the Psychology of Mathematics Education, Morelia, México.

Rasmussen, C., Nemirovsky, R., Olszewski, J., Dost, K., & Johnson, J.L. (2004). On forms of knowing: The role of bodily activity and tools in mathematical learning. *Educational Studies in Mathematics, 57*(3), 313–316.

Roschelle, J., Abrahamson, A. L., & Penuel, W. (2003). *Catalyst: Toward scientific studies of the pedagogical integration of learning theory and classroom networks.* Menlo Park, CA: SRI International.

Roschelle, J., Knudsen, J., & Hegedus, S. (2010). From new technological infrastructures to curricular activity systems: Advanced designs for teaching and learning. In M.J. Jacobsen & P. Reimann (Eds.), *Designs for learning environments of the future* (pp. 233–262). New York: Springer.

Rotman, B. (2000). *Mathematics as sign.* Palo Alto, CA: Stanford University Press.

Shaffer, D.W. (1995). *Exploring trigonometry with the Geometer's Sketchpad.* Berkeley, CA: Key Curriculum Press.

Sinclair, N. (2001). The aesthetic is relevant. *For the Learning of Mathematics, 21*(1), 25–33.

Sinclair, N. (2002a). Re-constructing a painting with geometric eyes. *For the Learning of Mathematics, 22*(3), 19–23.

Sinclair, N. (2002b). The kissing triangles: The aesthetics of mathematical discovery. *International Journal of Computers for Mathematical Learning, 7*(1), 45–63.

Sinclair, N., Arzarello, F., Trigueros Gaisman, M., & Lozano, M. D. (2009). Implementing digital technologies at a national scale. In C. Hoyles & J. Lagrange (Eds.), *Digital technologies and mathematics teaching and learning: Rethinking the terrain.* Berlin: Springer.

Sinclair, N., & Crespo, S. (2006). Learning mathematics with dynamic computer environments. *Teaching Children Mathematics, 12*(9), 436–444.

Sinclair, N., & Moss, J. (2012). The more it changes, the more it becomes the same: The development of the routine of shape identification in dynamic geometry environments. *International Journal of Education Research, 51&52*, 28–44.

Sinclair, N., & Sedaghat Jou, M. (2013). *Finger counting and adding with TouchCounts.* Presented at CERME 8. Early Mathematics Working Group. Antalya, Turkey.

Stroup, W. (2005). Learning the basics with calculus. *Journal of Computers in Mathematics and Science Teaching, 24*(2), 179–196.

Stroup, W.M., Ares, N.M., & Hurford, A. (2005). A dialectic analysis of generativity: Issues of network supported design in mathematics and science. *Journal of Mathematical Thinking and Learning, 7*(3), 181–206.

Tall, D.O. (2013). *How humans learn to think mathematically: Exploring the three worlds of mathematics.* New York: Cambridge University Press.

Thompson Avant, M.J., & Heller, K.W. (2011). Examining the effectiveness of TouchMath with students with physical disabilities. *Remedial and Special Education, 32*(4), 309–321.

Tomasello, M. (1999). *The Cultural Evolution of Human Cognition.* Cambridge, MA: Harvard University Press.

U.S. Department of Education. (2007). *The nation's report card mathematics 2007: National assessment of educational progress at grades 4 and 8.* Washington, DC.

Vahey, P., Tatar, D., & Roschelle, J. (2007). Using handhelds to link private cognition and public interaction. *Educational Technology, 47(3)*, 13–16.

Vygotsky, L. (1980). *Mind in society: The development of the higher psychological processes.* Cambridge, MA: Harvard University Press.

Yerushalmy, M., & Naftaliev, E. (2011). Design of interactive diagrams structured upon generic animations. *Technology, Knowledge and Learning, 16*(3), 221–246.

통계 소프트웨어와 수학교육: 학습을 위한 어포던스 24

Jane Watson과 Noleine Fitzallen
University of Tasmania

교육을 위해 설계된 소프트웨어 애플리케이션은 더 정교화되어 손으로 해결했을 때에 비해 과제를 더 쉽고 빠르게 해결한다는 점에서 교실에서 활용되는 도구 이상의 잠재력을 갖게 되었다. 공학의 발전과 소프트웨어 애플리케이션에 내재된 기능의 복잡성 때문에, 컴퓨터로**부터의** 학습 잠재력은 컴퓨터와 **함께하는** 학습 잠재력으로 바뀌었다. 이러한 차이는 학생들이 그래핑 소프트웨어 패키지에 방정식을 입력하고 이와 대응되는 그래프를 관찰하면서 대수적 함수의 성격을 학습한 사례를 제공한 Goldenberg(1991)에 의해 알려졌다. 몰입과 상호작용이 가능한 소프트웨어 인터페이스의 사용은 학생 중심의 많은 애플리케이션에 활용되고 있다. 즉, 학생들은 의미 있는 맥락 안에서 아이디어와 개념을 구성하기 위해 애플리케이션에 내장된 기능을 이용하여 학습에 참여할 수 있다(Janassen & Land, 2000; Murray, Blessing, & Ainsworth, 2003). 이를 위해 학생들은 학습 과정에서 능동적인 참여자여야 하지만, 이러한 참여는 지원없이는 일어날 수 없다(Land, Hannafin, & Oliver, 2012). 때로는 소프트웨어 애플리케이션 그 자체가 필요한 지원을 제공한다. 애플리케이션에 내재된 특징, 역량, 유연성이 어느 정도의 그리고 어떠한 방식으로 지원을 제공할지 결정한다. 이러한 소프트웨어 애플리케이션의 특징이 학생들의 배움을 비계하고 지원하는 어포던스이며, 이러한 학습을 위한 어포던스가 이 장의 초점이다. 학생들이 소프트웨어를 통해서 더 쉽게 학습할 수 있는 것은 무엇인가? 이 장의 목표는 소프트웨어 애플리케이션이 무엇을 할 수 있다고 제시한 것을 넘어서 학습을 위한 어포던스가 무엇이며, 교사가 학생들의 학습을 설계하고 평가하는데 있어서 제공하는 어포던스가 무엇인지에 대해 알아보는 것이다.

어포던스

Gibson(1977)에 의해 정립된 어포던스 이론은 많은 분야에 알려지고 적용되고 있다(예, Jones, 2003; Webb, 2005). Gibson은 어포던스를 어떤 대상의 잠재적 사용자가 그 유용성을 지각하는 것으로 정의하였는데, 이 장에서의 잠재적 사용자는 학습자 혹은 교사가 될 수 있고, 어떤 대상은 둘 중 누군가에 의해 그 유용성이 인지된 소프트웨어의 한 측면이라고 볼 수 있다. 생태심리학적 관점에서 Gibson에게 어포던스는 유기체(이 경우 소프트웨어 사용자)가 환경(이 경우 소프트웨어 그 자체)에 적응하는 것과 밀접하게 관련된다. 즉 어포던스는 소프트웨어가 사용자를 위해 무엇을 **할** 수 있는지의 의미로 고려될 수 있다. 사용자가 소프트웨어가 할 수 있는 것이 무엇인지 학습이 일어나기 **전에** 알아야 한다는 전제하에, 이 장에서는 그 어포던스를 **학습**하는 것에 초점을 둘 것이다. 이런 이유로 두 개의 문헌이 이 장의 토대가 된다. 하나는 공학의 어포던스에 기반한다(예, Bower, 2008). Gibson의 정의에 의하면, Bower는 "교육[공학] 환경 안에서 특정한 학습 행위의 실행 여부와 실행되는 방법과 관련된 교육 자료의 특징"과 같은 교육적 어포던스와 "학습자의 사회적 상호작용과 관련된 사회 맥락적 촉진을 제공하는 온라인 학습 환경의 측면(p. 6)"의 사회적 어포던스에 관심이 있었다. 이 장에서는 사회적 어포던스에 대해서도 다루겠지만, 교육적 어포던스에 더 주목하고자 한다. 공학과 관련하여 일반적으로, Bower는 이 장에서 강조하는 소프트웨어 유형에 적용될 수 있는 10개를 포함하여 총 11개의 e-learning 공학 어포던스를 규명하였다. 이러한 어포던스들은 사용자가 이러한 소프트웨어의 특징들이 유용하다고 인식할 수 있는 것으로 해석될 수 있다. 입력/출력 형태, 크기 조정 가능성, 접근성, 전후로 브라우징 할 수 있는 능력, 특정한 부분을 하이라이트 할 수 있는 능력, 도구를 결합할 수 있는 능력, 기능들의 직관성, 인터페이스의 외관, 다양한 플랫폼에서 사용될 수 있는 기능, 신뢰도를 포함한다. 동기와 비동기식 협업과 공개 여부와 관련된 접근 통제 어포던스는 온라인 애플리케이션에 해당되며 독립형 소프트웨어 애플리케이션에는 적용되지 않는다.

두 번째 문헌은 교실에서 실제로 다루어지는 수학과 학생들의 수학학습을 위해 교사가 사용하는 과제, 문제, 시범 설명(demonstration), 도구와 더 밀접하게 관련된다. Chick(2007)은 또한 Gibson(1977)의 어포던스 정의를 사용하여 교사들의 교수학적 내용 지식과 연결하였는데, 이는 교사들이 교실에서 사용할 수 있는 과제 혹은 도구로서 "대상(objects)"에 내재한 잠재적인 어포던스를 기회로 인식하게 하기 위해서다. Chick은 자신이 조사한 어포던스의 유형과 범위의 예를 제시하는데 사용한 대상을 다루기 위해 **예**(example)라는 단어를 소개하였다. 그녀에게 예의 중요성과 잠재적 어포던스는 학습이 발생하는 범위 안에 있다. Chick의 예는 공학 활용에 제한적이지 않지만, 그녀가 제시한 예와 유사한 예가 이 장에서 제시한 소프트웨어 예에 포함되는 것처럼, 그녀가 제시한 몇몇의 과제, 시범 설명, 활동은 공학 활용에 내재되어 있다고 생각할 수 있다.

수학학습을 위한 (잠재적 그리고 실제적) 어포던스에 대한 Chick(2007)의 구체적인 우려와 학습 행위 일반을 돕기 위한 공학의 어포던스에 대한 Bower(2008)의 초점이 제시한 토대를 기반으로, 이 장에서는 ThinkerPlots 소프트웨어(Konold & Miller, 2011)를 사용하여 수학교육과정 중 주로 통계 부분에서의 학습과 학습 행위를 살펴보겠다. 이 두 가지 관점의 병합은 공학 중심 수학교육과정을 설계하는데 있어 어포던스의 조작적인 정의를 고안하려고 시도한 Brown, Stillman, Herbert(2004)에 자세히 소개되었다. 그들은 또한 어떤 대상의 유용성을 판단할 때 어포던스와 함께 "제약(constraints)"도 고려해야 한다는 Kennewell(2001)의 주장을 인정할 필요가 있다고 하였다. Kennewell(2001)은 "어떠한 행동 방침의 구조와 안내를 제시하는 속성들 간의 조건과 관계(p. 106)"로 제약을 정의하였다. 그는 또한 공학이 특정한 학습 경험에 무엇을 제공하는지 생각할 때는 제약을 어포던스의 반의어가 아닌 보완하는 것으로 생각해야 하며 "행위가 발생하기 위해 똑같이 중요하다(p. 106)"고 주장하였다. Brown과 그녀의 동료들은 구체적으로 어포던스는 긍정적이고 제약은 부정적인 것인지, 혹은 제약은 사용자에게 주어진 상황에 존재하는 어포던스를 구체적으로 설명하기 위한 한 방법인지, 그리고 어떤 대상이 사용자가 구체적인 방법으로 사고하고 행동하도록 제약하여 사용자가 특정한 방법으로 행동을 하게끔 하는지에 대한 질문들을 하였다. 이 장에서는 제약과 어포던스로서 그 제약의 잠재력에 대해 논의를 발전시켰다.

배경

학습을 위한 소프트웨어 어포던스는 통계 맥락에서 고려되었다. 통계와 결부된 내용은 20세기 마지막 10년부터 선진국의 수학교육과정에서 높은 이목을 끌어왔다(예, Australian Education Council, 1991; Ministry of Education, 1992; National Council of Teachers of Mathematics, 1989). 이들 교육과정은 두 가지 목적을 제시하고 있다. 한 가지는 학교에서의 타 교과 혹은 이후 고등 교육과정에서 학생들이 통계를 진지하게 탐구할 수 있도록 대비시키는 것이다. 두 번째는 개인적으로 통계적인 연구 활동을 하지 않지만, 더 넓은 사회에서의 보도된 기사 혹은 주장들을 분석할 수 있는 능력이 있는 통계적으로 문해한 시민을 양성하는 것이다. 이 두 개의 목적 모두 통계적으로 사고하고 추론하는 것을 기반으로 한다. 이 둘을 위한 추론은 그들이 학교에 재학 중에 통계적 탐구 단계를 경험하는 것이 중심이다(Watson, 2006; Watson & Fitzallen, 2010). 시간이 흐를수록 학생들은 자료 기반 질문을 하고, 이를 대답하기 위한 자료를 수집하고, 시간적인 형태로 그 자료를 표현하고, 자료를 요약된 형태로 줄이고, 그들이 수집한 실증적인 자료에 입각하여 주어진 질문에 자신 있게 대답한다. 그들은 또한 표본으로부터 모집단에 대한 추론을 할 때 이 둘의 중요한 관계에 대해 학습할 것이다(Manor, Ben-Zvi, & Aridor, 2014; Saldanha & McAllister, 2014; Watson & Chance, 2012). 불확실성을 인지하며 결정을 해야 한다는 것과 확실성의 수준을 판단할 때 직관을 개발해야 한다는 것이 학생들에게는 도전적이다(Ainely & Pratt, 2014). 재학 중 통계적 탐구 활동이 수반하는 과정을 경험하는 것은 통계적 문해력을 기르기 위한 추론 유형의 배경을 제공한다. 시민들이 통계적 주장을 맞닥뜨리는 사회에서 그들은 사용되는 통계 용어를 알고 이해할 수 있어야 하며, 나아가 그것이 적용된 맥락에서 그 의미를 이해할 수 있어야 하는데, 그러면 적절한 정당화없이 제기된 주장에 의문을 갖고 적절하게 만들어진 주장에 대해서는 확신을 가질 수 있다(Watson, 2006).

Weissglass와 Cummings(1991)은 컴퓨터 그래픽을 통한 시각화가 학생들이 대수적 함수를 학습하는데 도움을 줄 수 있다는 20년 전의 연구(Goldenberg, 1991)를 공유하였다. Hands-On Statistics (Weissglass, Theis, & Finzer, 1986) 패키지는 동전 뒤집기, 복권 추첨, 표본 평균, 평균 비교를 포함하여 구체적인 과제를 수행하기 위한 프로그램 시리즈의 예를 제시했다. 당시에는 교실에서의 수업을 보완하기 위해 컴퓨터 랩에서 모둠별 학생들에 의해 활용될 수 있었다. 저자들은 '학생들에게 이점(어포던스)'은 학생들이 실험을 할 때 자유롭게 매개변수를 선택하여 조절할 수 있다는 것, 개념에 대한 시각적 표현을 경험하는 것, 자신들의 의지대로 실험을 반복하는 것, 다른 표본 크기에 대해 결과를 시각화하는 것과 실험을 통해 즉각적인 피드백을 경험하는 것이라고 주장하며 구성주의 관점을 초기에 인식하고 있었다. 이는 표현을 수정할 수 있는 능력을 갖고 일반적인 그래핑을 하는 것, 특정한 영역을 하이라이트 하는 것, 축척에 집중하는 것, 학습 경험을 묘사하기 위한 적절한 언어 사용의 중요성을 인지하는 것과 연결하여 Goldenberg에 의해 보완되었다. 이러한 노력들은 후속 학습에서 학생들에게 동일한 어포던스를 지원하는 DataScope 패키지(Konold & Miller, 1994)의 발달로 연결되었다.

통계 학습 어포던스에 대한 논의의 초점이 되는 소프트웨어는 TinkerPlots: 역동적인 데이터 탐구(Konold & Miller, 2011)이다. 처음에는 중학교 학생들을 위해 개발되었지만 이제는 고등 교육과정(예, Day, 2013; delMas, Garfield, & Zieffler, 2014; Frischemeier, 2014)과 공업(예, Hoyles, Bakker, Kent, & Noss, 2007)에까지 더 폭넓게 사용되고 있다. 또한 이 소프트웨어의 초기 버전은 이 핸드북의 이전 편집본의 소프트웨어 관련 장(Konold & Lehrer, 2008)의 초점이었다. Konold와 Lehrer가 자세히 설명하였지만 학생들과 교사들을 위해 소프트웨어가 **제공하는** 어포던스를 아는 것에서 소프트웨어의 어포던스를 학습하는 것으로 관점을 이동하기 위한 분위기를 조성하기 위해 TinkerPlots 개발에 대한 요약은 필수적이다. DataScope(Konold & Miller, 1994)란 초기 패키지에서 TinkerPlots(Konold & Miller, 2005) 초기 버전을 개발한 이유에 대해, Konold(2007)는 이 장에서 제시하는 어포던스에 직접적으로 기여하는 두 가지 측면을 제시하였다. 한 가지는 학생들의 선행 통계 지식이 전제되어 있는 고등 그래핑 소프트웨어의 약화된 버전을 만드는 것을 의식적으로 피했다는 것이다. 그래핑 패키지를 열기 전에 특정한 데이터 집합을 나타내는 그래프가 무엇인지 이미 아는 것은 소프트웨어가 엄밀히 명령을 "하기" 위한 도구이지 학생들의 다양한 표현을 시도하는 "학습"을 위한 도구는 아니라는 것이다. 또 다른 특징은 TinkerPlots을 오늘날 교육과정의 발달적인 관점에 맞는 구성주의 소프트웨어로 고려하는 것이다. 학생들에게 정의와 절차는 전달하는 것에 대한 것이 아니고 그들이 이면에 있는 이야기에 대해 알기 위해 나타내고, 요약하며, 비교하고, 데이터 집합을 판단하는 적절한 방법들을 발견하도록 하기 위해 그들을 안내하는 것에 대한 것이다. 구성주의 관점을 반영한다는 것은 학생들이 무의미한 표현을 생산할 수 있다는 것, 그들이 보지 못한 이야기를 깨달을 수 있다는 것, 플롯을 삭제하고, 전에는 보지 못했던 플롯이더라도 가용한 플롯을 새롭게 만드는 것을 의미한다(Harradine & Konold, 2006). 학생들은 이를 통해 손으로 했다면 한참 걸렸을 다양한 표현들을 탐구해가는 것에 빠르게 익숙해진다(예, Ireland & Watson, 2009).

Tinkerplots이 제공하는 것

학습을 위한 TinkerPlots의 어포던스를 고려하기 위해 이 프로그램의 구조에 대한 간략한 설명이 필요하다. 프로그램(그림 24.1)을 열었을 때 화면 창의 우측 상단의 코너에 5개의 "대상"이 나타나는 것이 기본 구조이다. 첫 번째 두 대상은 카드(Cards)와 테이블(Table)이며 이는 통계적 탐구를 위한 데이터를 포함한다. 다음 두 개의 대상은 플롯(Plot)과 샘플러(Sampler)이며 탐구 활동이 일어나는 주요한 환경을 제공한다. 마지막 대상인 텍스트(Text)는 탐구 결과를 보고하기 위해 텍스트를 입력할 수 있는 상자를 제공한다. TinkerPlots은 Biehler, Ben-Zvi, Bakker, Makar(2013)와 Konold, Lehrer(2008)에 설명된 대로 더 많은 도구와 특색을 갖고 있다. 플롯은 TinkerPlots의 초석이다. 흥미로운 패턴이나 그룹별 차이를 조사하는 것이 가능하도록 데이터를 조직하는데 활용되는 그래픽 표현을 생성하는데 사용된다. 그래픽 표현은 클릭-드래그-드롭 아이콘을 사용하여 Plot안에서 만들어지고 조정된다. 변화는 빠르고 유연하며, 애니메이션으로 보여진다. 다양한 도표를 만들기 위해서는 플롯 하단의 드롭-다운 메뉴를 사용하여 데이터 아이콘을 바꾸거나 Plot 창이 활성화되었을 때 TinkerPlots 인터페이스의 창 위에 추가된 메뉴의 도구를 선택하면 가능하다(그림 24.2). 독립형 대상이지만, 플롯은 샘플러의 출력과 함께 사용될 수 있다.

[그림 24.1] TinkerPlots의 5가지 기본 대상

샘플러는 확률 과정을 모델하고 데이터를 생성하는데 사용할 수 있는 시뮬레이터이다. 또한 대규모 유한모집단이 샘플러에 있을 때 임의로 표본을 선별할 수 있도록 해준다. 샘플러를 통한 출력물은 테이블 혹은 플롯에 나타날 수 있다. 예컨대, 샘플러는 동전 앞면이 두 번 생성되는 확률을 묻는 질문을 탐구하기 위해 두 개의 동전을 던지는 상황을 시뮬레이트하고, 테이블의 데이터를 수

집하고, 플롯의 테이블 데이터를 분석하는데 사용될 수 있다. 샘플러 안에서 사용할 수 있는 다양한 도구들은 대상 아래 혹은 대상의 드롭다운 메뉴에서 도구 막대를 통해 선택할 수 있다. 도구는 믹서(Mixer)와 스피너(Spinner)를 포함한다(그림 24.3). 믹서는 뽑는 시행을 하기 전에 대체될 공이 위로 올라오도록 공의 움직임을 보여준다. 스피너에는 하나의 구역에 멈출 수 있는 돌아가는 포인터가 있다. 샘플러는 독립적인 도구 혹은 선택된 다양한 도구들을 결합하여 사용할 수 있다. TinkerPlots에 대한 이를 포함한 다른 특징들은 이 소프트웨어의 어포던스를 설명하기 위한 부분에서 더 자세히 설명되어있다. 참고로 TinkerPlots을 사용하기 위한 기본적인 설명을 담은 영상 혹은 다른 영상들은 웹(www.srri.umass.edu/tinkerplots/overview)에서 찾아볼 수 있다.

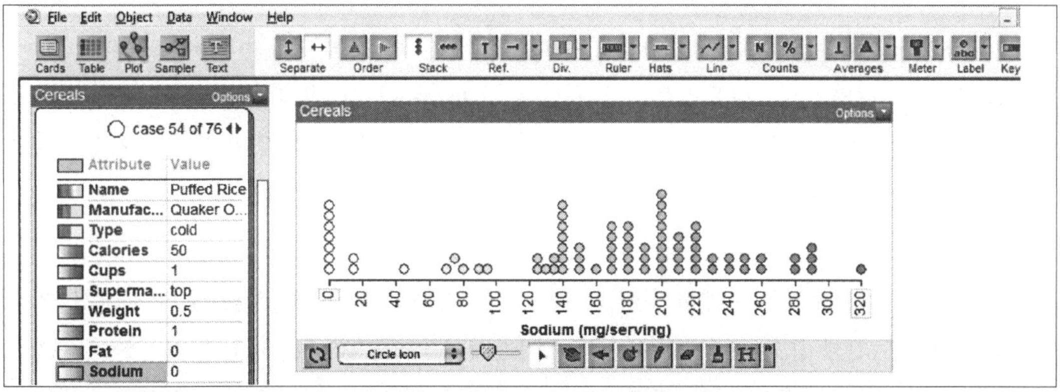

[그림 24.2] 도구 막대가 있는 전형적인 플롯과 이에 대한 카드

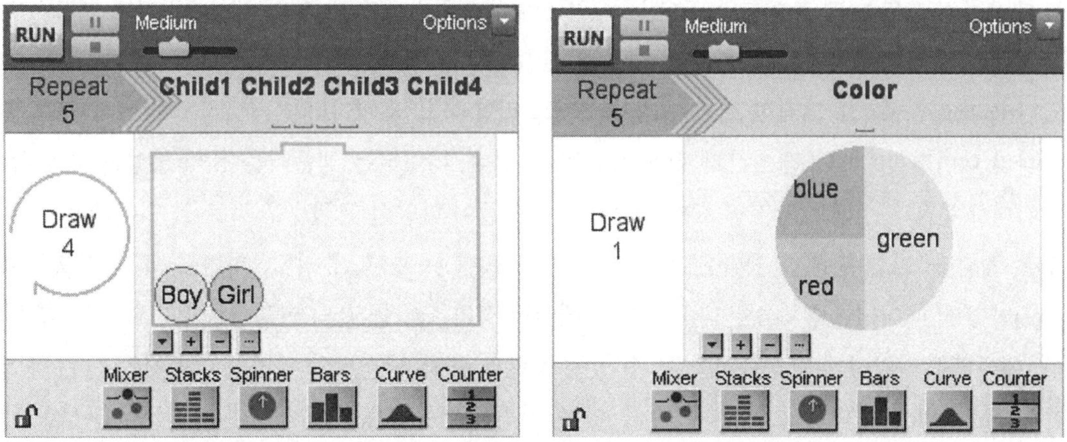

[그림 24.3] 믹서(왼쪽)과 스피너(오른쪽)을 사용한 전형적인 샘플러

TinkerPlots의 잠재적인 어포던스

TinkerPlots의 잠재적인 어포던스를 설명하기 위해 소프트웨어 환경에서 Bower(2008)가 정의한 어포던스를 고려할 필요가 있다. 이를 위해서는 Bower가 제시한 넓은 의미의 어포던스 중 TinkerPlots와 관련된 어포던스에 대해 살펴보는 것이 중요하다. 2007년 Fitzallen은 Enabling Aspects of Software(Fitzallen & Brown, 2006)를 통해 자신이 요약한 TinkerPlots의 성질을 이용하여 이 프로그램을 평가하였다. 6가지 Enabling Aspects는 다음 세 가지 문헌의 프레임웍을 결합시켜 개발되었다. Principles for Analysing Visual Representations(Kidman & Nason, 2000), Guidelines for Evaluating Software(Goyne, McDonough, & Padgett, 2000), Model of Learning in EDA Graphing Environments(Fitzallen, 2006). 어포던스 개념을 유념하고 개발한 것은 아니지만, TinkerPlots에 직접적인 초점을 맞추어 개발된 Fitzallen과 Brown의 Enabling Aspects of Software는 Bower의 공학 어포던스와 일치한다. TinkerPlots의 잠재적인 어포던스를 강조한 Fitzallen(2007)의 평가는 데이터를 그래프로 보여주었던 TinkerPlots의 원판을 기반으로 하였다. 가장 최근판은 샘플러를 넣어서 그 기능을 확장하였다. Fitzallen과 Brown의 프레임웍은 활용도가 폭넓어 TinkerPlots 최근판의 잠재적 어포던스를 설명하는데 적절하다.

TinkerPlots 인터페이스는 이해하기 쉽고, 쉽게 사용 가능하다(Enabling Aspect 1, Fitzallen, 2007). 아이콘 기반 메뉴를 갖고 있고 추가적인 특징들에 다가가기 위해 드롭다운 메뉴를 사용한다. 드롭과 드래그 기능은 카드, 테이블, 플롯, 샘플러를 소프트웨어 인터페이스에 추가하기 위해 사용된다. 이러한 기능은 학생들이 단계별로 화면에 시각적 표현을 도입할 수 있다는 잠재력이 있다. 이는 특히 샘플러를 만들 때 유용하다. 단계별로 화면에 샘플러의 상이한 요소들을 추가하며 샘플러의 잠재적인 능력을 경험한다. 또한, 동시에 다양한 형태로 데이터를 ThinkerPlots에 나타나게 할 수 있다(Enabling Aspect 2). 그래픽 표현은 데이터 카드 집합과 표에 데이터를 저장하고 기록하게 할 뿐 아니라 데이터를 디스플레이하기 위해 사용될 수 있다. 데이터는 샘플러를 통해 생성될 수 있다. 데이터를 통해 구성된 시각적인 표현 수단은 학습자들이 다양한 표현들을 서로 쉽게 비교할 수 있도록 해준다. 이를 통해 학생들은 데이터, 그래픽 표현들, 평균, 중앙값, 최빈값, 모자 플롯(Hat plot)과 같이 데이터를 분석하는데 사용되는 데이터 정리 도구들 간의 연결성을 유지할 수 있게 된다. 데이터를 다양하게 디스플레이 할 수 있는 능력과 함께, 텍스트와 디지털 이미지와 같은 정보들이 TinkerPlots 인터페이스에 추가될 수 있다. 이러한 기능을 통해 학생들은 자신들이 구성한 시각적 표현들을 묘사하고 분석하기 위해 사용하는 일상 언어를 텍스트 상자에 입력하며 수학적 표현과 일상 언어 간의 번역 활동이 용이할 수 있게 된다.

TinkerPlots은 매우 유연하여 학생들이 자신들에게 의미 있는 표현을 만들도록 해준다. 이미 주어진 그래프 유형에 국한되지 않고 하나의 데이터 집합에서 다양한 그래픽 표현들을 만들 수 있다. 이는 학생들이 데이터를 정리하고 재조직할 때 TinkerPlots이 제공하는 확장메모리에 의존할 수 있도록 해준다(Enabling Aspect 4). 게다가 샘플러는 개념을 추상화하는 다양한 진입로가 되는 상호적인 환경을 제공한다(Enabling Aspect 5). 샘플러를 만드는 능력은 꾸준히 대상에 복잡성과 기능이 증강되도록 할 수 있게 한다. 플롯 대상의 그래픽 표현으로 생성된 데이터를 나타내고 연속적인 측정을 갖는 두 점의 거리를 측정하는 자(Ruler)와 같은 도구 분석 도구를 사용하는 역량은 학생들이 다양한 진입로를 통해 통계를 탐구 과정에 입문할 수 있도록 해준다. 플롯과 샘플러를 통해 만들어진 시각적 표현은 해석적이고 표현적인 학습 활동을 하는데 사용할 수 있다(Enabling Aspect 6). Fitzallen과 Brown(2006)의 6가지 Enabling Aspect에 대한 연구들은 어포던스의 사례 부분에 설명된다.

TinkerPlots의 어포던스

학생들의 수학학습을 신장시키는 역량 관점에서 그래핑 소프트웨어 패키지의 어포던스가 설명될 수 있다(Chick, 2007). 이러한 역량은 소프트웨어 패키지의 특징과 학생들이 그러한 특징에 상호 접근하는 방식에 달려있다. 교사들이 자신들의 수업에 소프트웨어 패키지를 활용하고 학생들의 핵심 개념과 아이디어의 개발을 조정할 수 있도록 하는 것이 이러한 상호작용을 돕는 것이다. 소프트웨어 패키지만으로는 학생들이 특정한 방식으로 사고하고 추론하는 역량을 기르기 어렵다. 배움은 더 큰 학습 프로그램 안에서 교사가 적절한 맥락과 탐구 과정을 수반하는 자원을 갖고 도전과 비계의 능숙한 결합을 통해 일어난다. 따라서 그래핑 소프트웨어 패키지는(이 경우 TinkerPlots) 교사가 학습(이 경우, 통계와 확률) 기회를 제공하는 방향으로 교사에 의해 활용될 때 잠재적 어포던스를 가질 수 있다. 소프트웨어를 사용하는 방법에 대한 학습은 시작이 될 수 있거나 학습이 일어나는 과정에서 발생할 수 있지만 그것이 목표가 되어서는 안 된다. 다양한 색상의 플롯 혹은 확률 시뮬레이션이 작동하는 것을 보는 것이 흥미로울 수 있지만 이들로부터 개인이 전에는 알지 못했던 문제의 맥락, 질문, 잠재적인 정답을 이해하는 것이 목표가 되어야 한다. TinkerPlots의 어포던스를 알리는데 있어 상이한 배경을 설정하고, 질문을 설명하고, TinkerPlots이 기여하고 지원하는 학습을 설명하는 것이 필요하다. 다음 4개의 섹션에서는 학생들의 통계 학습, 교사의 통계 교수를 위한 교수학적 내용 지식 강화, 학생들의 이해 평가, (부산물로서) 수학교육과정의 다른 내용 영역 지원을 위한 TinkerPlots의 어포던스 사례를 제시한다. 마지막 섹션에서는 Kennewell(2001)의 관점에 비추어 TinkerPlots의 제한점과 어포던스를 강화할 수 있는 방법을 제안한다.

어포던스 사례들

실용적인 TinkerPlots 환경에서의 학습 경험 어포던스는 내용과 학생들의 연령대에 따라 달라진다. Chink(2007)은 어포던스의 사례를 제시하며 TinkerPlots과 이 안에서 일어나는 학습과의 관계를 설명하기 위해 구체적인 통계 학습의 사례를 제시하였다. TinkerPlots이 제공하는 어포던스의 사례는 다음의 네 가지 환경에서 고려된다. 가장 많은 예는 소프트웨어의 주요한 목적인 "학생의 통계 학습"을 반영한다. 이는 일반적으로 교사의 도움 없이는 생기기 어렵다. 두 번째 절은 "통계를 교수하기 위한 교사들의 학습"에 관한 예를 보고한다. 교수와 관련된 것은 평가인데, 세 번째 어포던스 사례는 "이해를 평가하기"이다. 또한 통계와 직접적으로 관련 없는 TinkerPlots 사용의 파생효과를 다룰 것이다. 그 다음에는 "기타 수학학습"의 어포던스 사례를 다룰 것이다. 그 다음 절의 "제약"들에서는 TinkerPlots의 구조적인 한계에 대한 어포던스와 이러한 한계가 학습에 생산적인 혹은 부정적인 효과를 줄 수 있을 것인지에 대해 논의하겠다.

학생들의 통계 학습

Paparistodemou와 Meletiou-Mavrotheris(2008)는 Cyprus의 3학년 학생들이 영양, 건강, 안전이라는 주제에 대해 학교에서 수집한 자료를 기반으로 논쟁하는 과정을 통해 학습하는 다양한 사례를 제시하였는데, 이는 모두 학생들이 TinkerPlots을 갖고 만든 다양한 시각적인 표현 방식들을 기반으로 한다. TinkerPlots을 통해 학생들은 자신들이 처음부터 이야기하고자 했던 이야기를 하며(Fitzallen & Watson, 2010을 참고) 자신들의 주장을 발전시키고 (때론) 일반화하기 위해(Ben-Zvi & Aridor, 2014; Fitzallen & Watson, 2011에 의해 관찰됨) 도움을 주는 비정형화된 표현 방식을 만들었다.

Watson과 English(2013a)는 실험에 참여한 4학년 학생들이 자신들의 학급 구성원 중 한 명의 팔 길이를 각자 측정하여 수집한 데이터에 대해 설명하는 사례를 제시하며 개방형 플롯 만들기가 제공하는 TinkerPlots 어포던스에 대해 설명하였다. 몇몇 학생들은 값을 나타내는 플롯(value plots)을 선택했고 다른 학생들은 도수 플롯(frequency plots)을 사용했다. [그림 24.4] 상단의 값 플롯과 하단의 점을 쌓은 플롯(stacked dot plot)을 보면 알 수 있듯이 꽤 다양한 해석이 나왔다. 값 플롯에서의 최빈값은 동일한 값을 나타내는 막대가 가장 많은 것을 세는 것을 통해 알 수 있고, 점을 쌓은 플롯에서는 가장 높게 쌓아진 것이 최빈값이 된다(그림 24.4 참고).

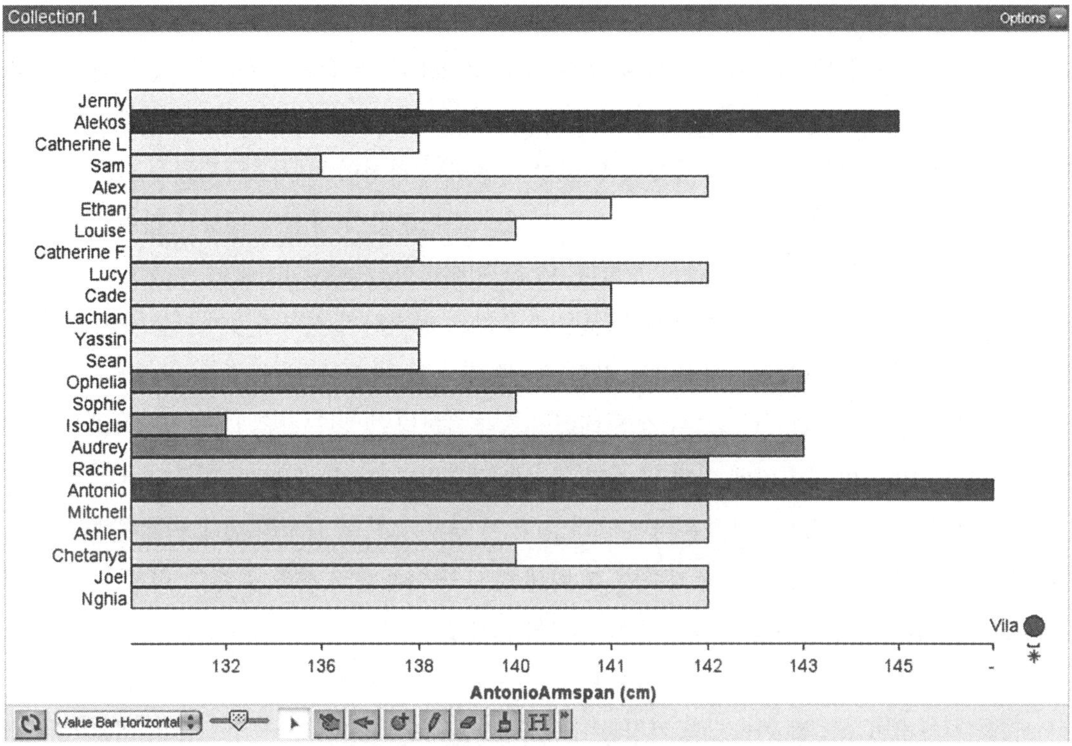

이 그래프는 대부분의 사람들이 Antonio의 팔 길이를 142cm로 생각했다는 것을 보여준다.

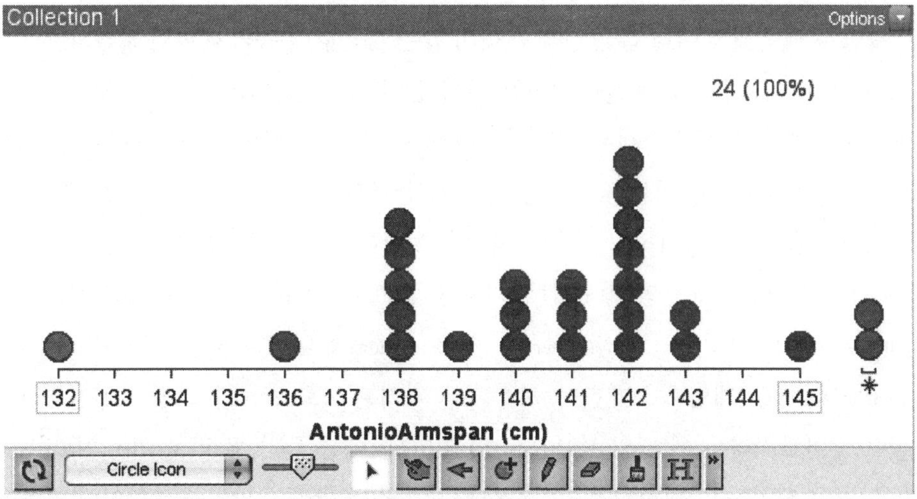

나는 대부분의 사람들이 Antonio의 팔 기이가 141cm 보다 짧겠다고 생각했다는 것을 알게 되었다. 이는 아마 Antonio가 뒤로 갈수록 지쳤거나 사람들이 줄자를 잡는 방법 때문일 것이다. 이것이 내 그래프가 보여주는 것이다.

[그림 24.4] 4학년 학생들이 플롯을 만드는 과정에서 보여준 창의성

시각화는 학생들이 주로 절차적으로 수행한 계산의 수치적인 결과로 생각하는 평균값과 최빈값의 속성을 공부하는데 어포던스가 될 수 있다. Yilmaz(2013)는 6학년 학생들의 평균값과 최빈값에 대한 오개념을 해결하는데 사용된 TinkerPlots의 어포던스를 강조하며 사례 연구를 제시하였다. 이 연구에서 한 학생은 처음에 플롯에 두 값을 사용하여 자신이 "이해한" 평균을 나타내고 세 번째, 네 번째 값이 플롯에 추가되면서 혼란을 경험하고 평균값이 자신이 예상한 값이 아니라는 것을 알게 되는 과정을 통해 지식을 구성한다. 이 과정에서 학생들은 자신들이 새롭게 이해한 내용이 맞는지 확인하기 위해 새로운 값들을 플롯에 추가로 입력하기 시작하였기 때문에 반영적 사고를 사용하게 된다. 최빈값을 이해하는 상황에서도 동일한 과정이 나타났다. 마지막에 그녀는 "내가 만약 현재의 평균값보다 더 큰 값의 데이터를 추가한다면, 평균값은 더 커질 것이다"와 같이 평균값과 최빈값의 움직임에 대해 몇 가지 원리를 말하였다. TinkerPlots의 어포던스는 물론 교사가 소프트웨어를 어떻게 사용하는지에 달려있다. 이 경우 교사는 학생의 현재 이해를 보여주는 플롯을 설정하고 새로운 값들을 추가하여 그 학생 자신의 이해를 도전하게 하고, 학생 스스로 새로운 값들을 추가하며 반성적 성찰을 통해 자신의 이해를 공고히 할 수 있도록 돕는다. 소프트웨어에서 평균값과 최빈값 도구를 통해 학생들은 절차적인 지식에 의존하여 진부한 계산에 집중하기보다는 시각적인 요소를 기반으로 자신들의 직관을 사용하게 된다.

Yilmaz(2013)의 연구를 확장하여 Hudson(2012)은 데이터 값과 평균값의 차이점을 시각적으로 보여주기 위해 TinkerPlots의 룰러 기능을 소개한다. 평균값을 데이터의 균형점이라고 생각하면, 평균값과 평균값 좌측의 데이터 값들 간의 거리의 합은 평균값 우측의 데이터 값들과 평균값 간의 거리의 합과 같다. 이는 [그림 24.5]에 나타난 바와 같이 평균의 양쪽에서 음과 양의 차이를 인식하며 Plot의 왼쪽 하단 구석에 "Sum of Diff of 7 cases = 0"라고 적힌 것을 보면 알 수 있다. 또한, Hudson(2012)은 데이터 값을 이동하고 이 값의 크기가 커지고 작아질 때 평균은 어떻게 되는지를 관찰할 수 있는 "Drag Value Tool" 사용의 이점을 설명한다. 이러한 활동들이 수업에 적용될 수 있다면, 도입에서부터 학생들의 평균값에 의미를 공고히 할 수 있다. Bakker, Derry, 그리고 Konold(2006)는 6학년 학생들의 중심(center)과 변이(variation)에 대한 추론을 이해하기 위해 도식 추론(diagrammatic reasoning) 개념을 소개한다. 도식 추론 과정은 도표 만들기, 그것으로 실험하기, 생성된 도표들을 돌아보기라는 세 개의 부분으로 되어 있다. 예를 들어, Bakker 외는 "무리(clump)"를 논의하고, 도표를 생성하고, 비형식적으로 중심과 변이를 설명하는 활동을 포함하여 처음 두 부분에서 TinkerPlots의 역할이 중요하다는 것을 발견하였다. 이는 소그룹 논의 혹은 전체 논의에서 학생들이 심사숙고할 수 있도록 해준다. TinkerPlots 어포던스의 사례는 교사와 학생들의 논의 과정에서도 드러난다. 소프트웨어에 작성한 초기 플롯에 "더 큰 무리," "더 퍼진," "더 큰 값들"과 같은 단어와 구절들이 나타나고, 플롯에 변화가 있을 때, 예를 들어, "평균값이 멀리 떨어져 있다면 그

값이 얼마나 더 큰지를 나타낸다"와 같이 더 정교화된 언어 사용이 가능해진다.

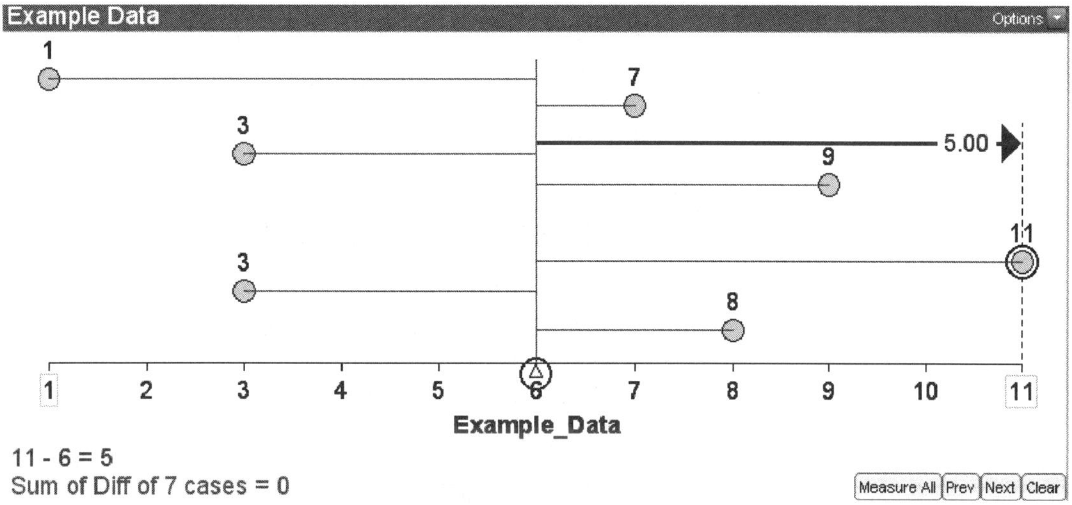

[그림 24.5] 데이터 값과 평균값의 차의 합이 0이라는 것을 보이기 위해 TinkerPlots에서 Ruler의 사용

TinkerPlots 어포던스의 탐구적 성질은 학생들이 변이 측도(통계)를 발견한 사례를 소개한 Lehrer, Kim, Schauble(2007)에 잘 설명되어 있다. 플롯 옵션의 유연성은 학생들이 데이터 값들의 분포의 특징(산포도)을 측정할 수 있는 방법들을 생각할 수 있도록 한다. 대안적인 방법으로, 반복되는 값들을 세어 반복되는 값들의 수가 많을수록 더 작은 변이를 의미한다는 것을 알거나, 모든 값들과 그 값들의 평균값 혹은 중간 값의 (부호 없이) 거리를 구한 후 평균을 구했을 때 값이 더 작을수록 작은 변이를 의미하는 것을 알 수 있다. 비록 기본적인 플롯으로 시작하지만, 학생들은 중심 변이(산포도)를 묘사하기 위한 수단으로 "중심들(middles)"에 집중하기 위해 TinkerPlots의 다른 측면인 모자 플롯을 이용할 수 있다. 이 맥락에서 TinkerPlots은 학생들이 자신들이 발견한 통계를 반성, 창안, 검토, 수정할 수 있도록 한다.

TinkerPlots의 더 세련된 어포던스는 학생들이 개발하고 설명한 비형식적인 이론들을 검토할 수 있도록 해주는 기능이다. Konold, Harradine, Kazak(2007)은 데이터를 만들기 위한 "공장"으로 샘플러를 사용하여 이 어포던스를 설명한다. 처음에 학생들은 자신들이 만들고자 하는 대상들의 특징이 되는 속성을 설명하기 어려워한다. 샘플러, 플롯, 그리고 TinkerPlots의 다른 측면들을 결합하여, "생산 라인"에서 변이의 현실적인 성질을 고려하기 위해 시험대가 만들어진다. 샘플러를 수정할 수 있고 이론에 대한 후속 검토가 수행될 수 있다. 즉각적인 피드백과 더 큰 표본 크기의 가용성이 이 소프트웨어의 장점이다. 반복측정 혹은 반복적인 생산 과정에 기반한 12-14세 학생들의 변이 이해 발달에 대한 TinkerPlots 어포던스는 Konold와 Harradine(2014)에 의해 알려졌다.

두 개의 상이한 도구를 갖는 하나의 대상에 대한 반복적인 선형 측정 혹은 학생들이 제조한 Play-Doh “소세지”의 무게를 재어 얻은 데이터 집합을 기반으로, 초점은 데이터 집합에서 “시그널”(중심)과 “소음”(변이)를 식별하고 이러한 능력을 데이터 집합의 차이를 설명하기 위해 사용하는 것이다. 절차적으로 정의되지 않은 개념을 시그널과 소음으로 시각화하는 것은 이후 개념 신장에 직관적인 기반이 된다. Konold와 Hurradine은 Konold 외(2007)에서 사용한 샘플러를 수정하여 학생들이 고정된 중심(시그널)을 갖는 분포에서 변이(소음)를 시뮬레이션할 수 있는 기회를 주었다. 이는 학생들이 실제 상황에서 발생하기 쉬운 체계적인 변이의 결여에 대해 궁금증을 유발하도록 해준다.

통계적 샘플링에 대해 학습하는 것으로 돌아와서 TinkerPlots에서 샘플러의 주요한 이점 중 하나는 반복적이고 빠른 속도로 다수의 확률 시뮬레이션을 시행할 수 있는 기능이다. Kazak과 Konold(2010)는 중학교 학생들이 이러한 기능을 사용하여 표본 크기에 대한 개념과 표본 크기가 증가함에 따라 이론적 모델로서 임의 시행의 분포에 대해 접근하는 법에 대해 학습할 수 있다는 어포던스를 확인한다. 유사하게 Ireland와 Watson(2009)은 샘플러를 사용하여 동전과 주사위 던지기 시행을 점점 더 큰 표본 크기에 시행하여 6학년 학생들이 경험적 확률과 이론적 확률간의 관계를 이해할 수 있도록 하였다. 샘플러는 이 두 가지 개념 -경험적이고 이론적인-과 시뮬레이션 생성 과정을 통해 공정성(fairness)과 동등하게 일어날 수 있는 결과(equally likely outcomes)에 대한 개념을 이해하고 적용하는데 중요한 연결고리이다. Stack과 Watson(2013)은 우연한 맥락에서 샘플러에 놓여질 수 있는 대규모 유한 모집단으로 전환하여 오스트리아의 재소자 데이터 집단에서 표본 크기 10 혹은 30을 추출하였다. 표본의 최빈값과 같은 통계 수치를 비교하며 학생들은 더 큰 표본 크기에서는 최빈값의 변이가 감소한다는 것을 관찰할 수 있었고 전체 모집단에 대한 값을 관찰하였다. 세 가지 맥락 모두에서 학습 목표를 성취하기 위해 샘플러는 더 큰 표본 혹은 더 많은 표본을 수집할 수 있는 기회를 제공하였다.

고등/대학 교육에서는 Garfield, delMas, Zieffler(2012)가 통계적 모델자와 사고자를 기르기 위해 추정에 대한 시뮬레이션 접근법을 사용하여 (수업의) 도입 과정을 개발하였다. 이 과정은 “학생들이 구체적인 맥락에 대해 모델을 만들고, 그 모델로부터 반복적으로 데이터를 시연하고, 특정한 통계 계산 결과를 통계적으로 추정하는(p. 883)” 것을 필요로 한다. 이 과정은 t검정과 p값과 같은 형식적인 통계 검정에 대한 절차적인 접근에 기반한 고등교육에서의 전통적인 통계 수업과는 다르다. Garfield 외(2012)는 이러한 전통적인 접근 방식이 과정 중 발생하는 의미와 결과의 중요성을 이해하는데 일반적으로 성공적이지 않았다고 한다. 그들은 수업에 참여한 학생들이 TinkerPlots의 샘플러를 사용하여 그들이 조사한 문제의 맥락을 모델화하도록 하고, 샘플러가 모델의 여러 시도를 생성하여 수치적인 데이터 요약 결과를 수집하고, 그러한 결과의 분포에 대한 플롯을 만들고, 맥락에서 제시한 초기 질문에 대한 답을 한다. 이는 수학을 가르칠 때 학생들이 "조리법을 따르는 것(follow a recipe)" 보다 수학적 사고를 "진정으로 요리"할 수 있도록 해야 한다는 Schoenfeld(1998)의 비유를 따라서, 저자들은 전통적인 통계 수업에 참여한 학생들보다 그들의 수업에 참여한 학생들의 추정에 대한 이해가 향상되었다는 증거를 제시하였다. 모의실험 기반 모델링과 TinkerPlots이 그 수업의 기반이었다는 점에서 TinkerPlots의 어포던스가 통계적 추정에 대한 학습 향상과 관련 있다고 볼 수 있다. 학습에 대한 TinkerPlots의 어포던스는 그 수업에 참여한 학생들과의 면담 결과를 분석한 delMas 외(2014)에도 제시되어있다.

> 흥미롭게 관찰된 사실은 TinkerPlots 소프트웨어가 학생들의 사고와 추론을 조력하였다는 것이다. 문제를 어떻게 해결할 수 있을지에 대해 물었을 때, 학생들은 TinkerPlots에 모델을 어떻게 만들고 TinkerPlots의 언어를 사용하여 문제를 추론하고 사고하는 것으로 보인다. (pp. 417-418)

Ben-Zvi와 Aridor(2014)는 두 명의 8학년 학생들이 샘플러와 플롯 기능을 사용한 모델링 활동을 통해 불확실성에 대해 추론할 수 있도록 도움을 주었다고 하였다. 이 활동은 학생들이 새총에서 쏘아진 장난감 새의 움직임을 표현하기 위한 데이터 기반 모델을 만드는 것이다. 장난감 에뮤(emu)로 실험을 설계하고 실행한 후에, 학생들은 TinkerPlots에 예측한 새의 움직임을 모델링하였다. 학생들은 샘플러를 통해 데이터를 생성하고 데이터를 표현하였다. 이 활동은 데이터에서 추정을 하기 위해 여러 번의 데이터 수집과 그래핑을 지원한다. 한 학생은 TinkerPlots에 그래프를 그리며 서로 다른 힘이 가해졌을 때 새의 움직임은 선형이 아니라는 추론을 하도록 하였다. 그는 또한 더 많은 데이터 수집을 통해 얻어낸 수학 공식이 초기 실험에서 관찰한 장난감 새의 움직임을 이해하는데 도움을 줄 것이라고 하였다. 비록 한 쌍의 학생들에 대해서만 분석 결과를 보고한 연구이지만, 이는 분석적 도구로서의 TinkerPlots의 어포던스 사례를 제시한다.

6학년 학생들을 연구한 두 개의 추가 문헌이 분석적 도구로서의 TinkerPlots 어포던스의 사례를 제시한다. 한 연구에서는 임의의 토끼 뜀 분포를 모델링하기 위해 학생들이 TinkerPlots의 샘플러를 사용하였는데, 사건을 모델링할 때 데이터를 반복할 수 있는 TinkerPlots의 기능이 분포에 대해 추론할 수 있도록 도움을 주었다고 보고한다(Kazak, Fujita, & Wegerif, 2014). 또한, 학생들이 여러 색상의 칩들이 있는 두 개의 가방에서 각각 하나의 색상 칩을 선택할 수 있는 네 개의 게임을 모델링하기 위해 TinkerPlots을 사용한 연구에서도 어포던스를 제시하였다(Kazak, Wegerif, & Fujita, 2014). 수집한 데이터의 여러 번의 반복을 통해 그들의 추측과 설명을 점검하고 수정하기 위해 시뮬레이션을 하는 과정에서 학생들은 그들의 초기 직관적인 생각과 반하는 혼란이 오고, 이는 확률적 사고를 지원한다는 것을 보였다. 학생들 자신이 그들의 학습 과정에서 보게된 TinkerPlots 어포던스로 돌아와서, Burgess(2014)는 뉴질랜드의 5학년에서 8학년 학생들이 조사 연구를 실행하는데 도움을 주는 그래프를 만드는데 시간을 아낄 수 있다는 점에서 호의적으로 응답한 것으로 보고하였다. 상대적으로 작은 데이터 집합에 대해 물리적인 카드 활동을 하며 데이터를 처리해 온 학생들은 대규모 데이터 집합에 대한 소프트웨어의 어포던스를 빠르게 알게 된다. "작은 카드들을 찾는 것은 한참 걸리지만, TinkerPlots을 사용한다면, 쉽게, 그렇게 쉽게 처리해 볼 수 있다!" 학생들이 특별히 좋아했던 특징들은 그들의 연구 보고서에도 기술되어 있었는데, 쌓기, 순서대로 나열하기, 횟수 혹은 퍼센트를 제공하기, 분할선을 움직이기, 대응하는 데이터를 보기 위해 플롯에 있는 점을 클릭하기, 플롯 옆에 텍스트 상자가 있는 것을 포함한다. Burgess는 연구에 참여한 학생들의 성과물에 드러난 대로 "조사한 것에 대해 주목하고 분석할 수 있는 양상"에 집중할 수 있는 시간을 준다는 것을 TinkerPlots의 주요한 어포던스라고 하였다.

"통계 탐구에서 센스메이킹(sense-making) 도구"로서의 어포던스 때문에 6학년 학생들과 TinkerPlots을 사용한 Allmond와 Maker(2014)에서도 유사한 연구 결과가 제시되었다. 센스메이킹은 문제에 대해 가설을 만들고 해법을 제안하고 진전 과정을 점검하고 탐구 과정을 통해 연구를 수정하는 것을 포함한다(Browning & Smith, 2015의 결과물이기도 함). Allmond와 Maker의 목표는 중학교 학생들이 분포를 비교하고 결론을 정당화하기 위해 모자 플롯을 어떻게 사용하는지 조사하는 것이다. 학생들은 TinkerPlots 사용의 장점에 대해 1)분석에 주목할 수 있도록 계산에 대한 부담 감소, 2)정확하고 효율적으로 조작할 수 있는 기능, 그리고 3)유연성의 세 가지 공통적인 주제를 제시하였다. 이러한 예들 중에, 그들은 모자 플롯이 데이터가 어디에서 기울어지는지 식별할 수 있도록 해주고, 플롯 기능은 손으로 그래프를 그릴 때 생성될 수 있는 실수들을 피할 수 있도록 해주고, TinkerPlots이 "상이한 그래프를 만들어서 점 플롯을 히스토그램, 모자 플롯, 박스 플롯과 같은 형식으로 바꾸어 필요한 근거를 세우는데(Lucy)" 도움을 준다고 하였다. 학생들이 인지한 TinkerPlots의 어포던스들은 다른 연구들에서 규명한 어포던스를 뒷받침한다(예, Browning & Smith, 2015).

통계를 가르치기 위한 교사 학습

교사들의 통계 학습을 위한 TinkerPlots 어포던스로 방향을 돌려 Hall(2008)은 캐나다와 국제 학생들의 데이터를 활용하는 캐나다 학교 교육 프로그램에서 사용하는 Census라는 통계 프로그램을 도입하기 위한 원동력으로써 TinkerPlots의 사용에 대해 보고한다. 세 시간 워크숍에 제한되었지만, Hall은 워크숍에 참여한 교사들이 TinkerPlots에 대해 학교 웹 사이트에서 Census를 보완할 수 있는 재미있고 사용자 친화적인 도구로 긍정적으로 평가하였다고 공유하였다. 교사들 중 절반이 "TinkerPlots" 혹은 "모든(모든 자료)"를 워크숍에서 가장 유용했다고 하였다. 그는 또한 플롯 초기에 입력된 알파벳 순서의 범주형 속성을 갖는 값들을 사용자가 바꾸고 싶은 순서로 바꿀 수 있도록 드래그 할 수 있는 TinkerPlots의 상세한 어포던스를 보고하였다. Hall(2008)처럼, Monteiro, Asseker, Carvalho, Campos(2010)는 성인들과 TinkerPlots을 사용하였다. 그들은 브라질의 수학교육과정을 가르치는데 필요한 데이터 처리 개념을 소개하기 위해 예비교사들과 작업을 하였다. 이 환경에서 TinkerPlots의 어포던스는 예비교사들이 두 개의 데이터에서 차이를 규명하는데 사용하기 위한 적절한 접근에 주목하여 상이한 (때론 비정형화된) 표현들을 탐구할 수 있는 것이다.

Hall(2008)과 유사하게, Meletiou-Mavrotheris, Paparistodemou, Stylianou(2009)는 현직교사들에게 싸이플러스의 수학교육과정과 관련된 TinkerPlots을 소개한 결과를 보고하였다. 그러나 그들은 3주에 걸쳐 15시간 동안 교사들과 작업하였고, 통계를 가르치는데 어포던스와 함께 이에 대한 교사들의 이해에 대해서도 연구하였다. 평균과 관련하여 12개의 유럽 국가들에게 얻은 데이터 표를 기반으로 질문에 답하고 싸이프러스와 다른 국가들을 비교하기 위해 교사들이 처음에는 TinkerPlots 없이 작업하였다. 이 방식에서 교사들은 옳은 계산을 많이 제시하였지만 아무도 표의 데이터를 기반으로 시각적 표현을 만들지 않았다. 동일한 데이터와 질문을 TinkerPlots에 제시했을 때, 교사들은 전체적인 분포를 고려하기 위해 시각적이고 수치적인 전략을 결합하고 가설을 만들며 경향을 파악하고 비교를 통해 결론을 도출하기 위해 이례적인 표현들을 사용하며 다양하고 상이한 전략들을 사용하였다. 이러한 결과는 그들이 교실에서 이 소프트웨어를 어떻게 사용할 수 있고 그들이 했던 동일한 탐구 유형들을 어떻게하면 수행할 수 있을지에 대한 모둠별 논의로 이어졌다. 따라서 TinkerPlots은 지필 활동을 넘어선 교사들의 이해와 그들의 교실에서 중재(intervention)를 설계할 수 있는 플랫폼을 제공하는 어포던스가 된다. 다음은 학생들이 데이터를 분석하기 위해 TinkerPlots을 사용했을 때 나타날 수 있는 잠재적 어포던스이다. Madden(2014)은 예비 중등교사들과 작업을 하기 위해 유사한 경험들을 보고하였다.

TinkerPlots의 여러 측면들에 대해 교사들에게 소개하기 위해서 Rubin과 Hammerman(2006)은 데이터 분포에 대해 교사들 자신의 생각을 표현할 수 있는 방법으로 “통(bins)”과 “디바이더(dividers)”의 어포던스를 설명하였다. [그림 24.6] 상단은 하단의 그림처럼 연속적인 측도보다는 8개의 통에 나누어 데이터를 분포한 것이다. 교사들은 한 축에 수치 데이터가 점 플롯으로 초기에 제공되었을 때, 그 범위의 중간점을 사용하여 데이터를 두 개의 통으로 나누었다. [그림 24.6]의 상단에 있는 통들은 오른쪽으로 아이콘을 드래그하여 만들 수 있다. 더 많은 드래그는 연속분포를 보여준다. 통을 사용한 교사들이 대체로 전체적인 분포보다는 데이터의 특정한 영역에 대해 논의하였다. 전체적인 분포(그림 24.6 하단)에서 디바이더를 사용하는 것은 전체적인 데이터 집합에 대해 정당화를 하는데 도움을 주었다. 그러나 통을 사용하는 것이 학생들의 초기 접근법에 가깝고 교사들은 몇몇 맥락에서는 통을 이용한 접근법이 결론을 도출하기 위한 유용한 단계가 될 수 있다는 것을 깨달았다.

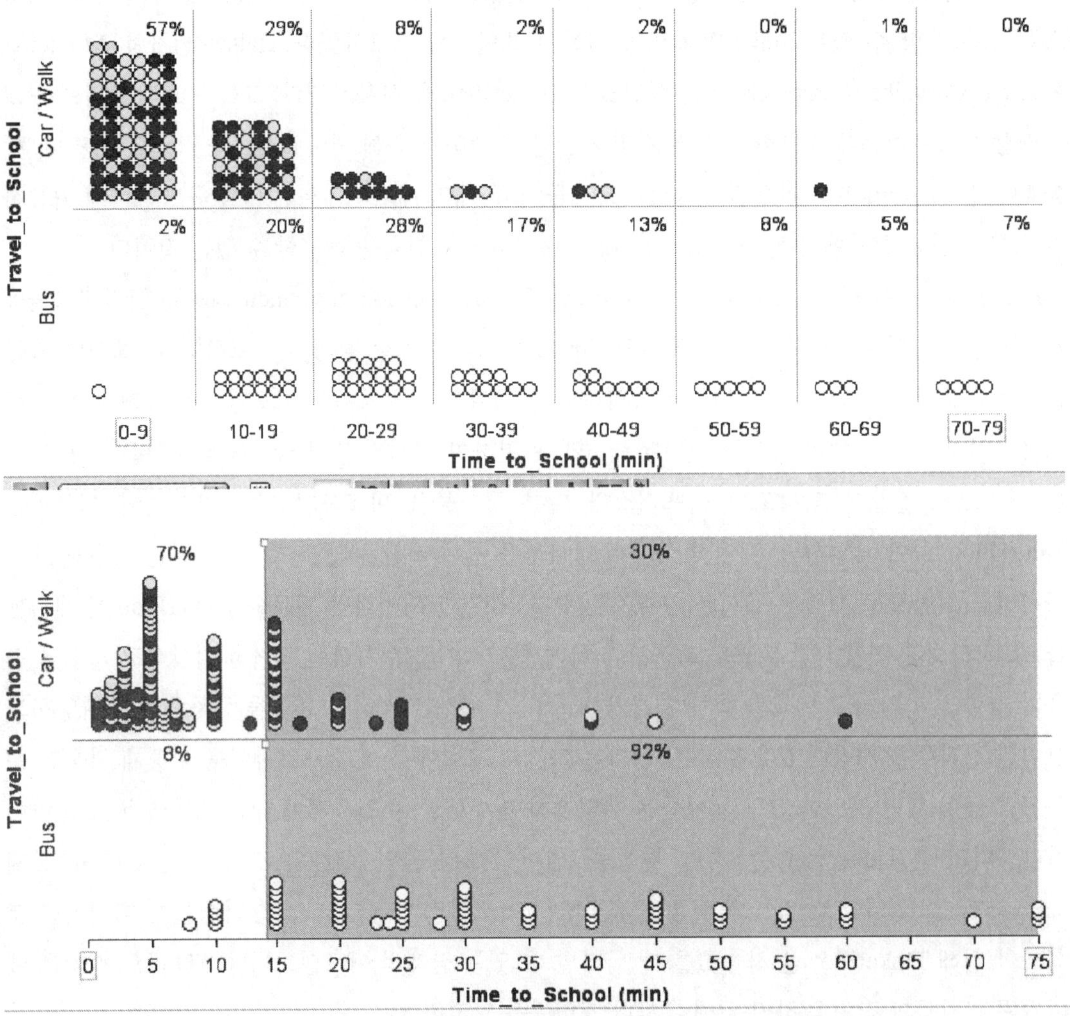

[그림 24.6] 통(상단)과 디바이더(하단)를 사용한 데이터 집합의 디스플레이

예비 초등교사들을 위한 통계 수업에서 TinkerPlots은 이 학생들의 표준편차에 대한 이해를 신장시키기 위해 사용되었다(Browning, Goss, & Smith, 2014). 이 수업의 목적은 절차적인 과정을 통해 얻은 변산도(variability)의 측정에 대한 학생들의 사고를 시험하는 것이었다. 학생들은 절대평균편차(mean absolute deviation)와 나아가 표준편차를 탐구하는 일련의 과제를 해결하였다. 그들이 선택한 표현 방식을 사용하여 데이터 집합을 나타내야하는 퀴즈 문제에 대한 응답으로 표준편차를 규명하기 위해 12명 중 7명의 학생들이 모자 플롯, 디바이더와 선 혹은 정사각형을 사용하였다. 수업이 끝난 후에 실행한 면담에서 예비교사들은 그들의 퀴즈 문항에 대한 답변에 대해 말하였다. 그들은 데이터의 흩어진 정도에 대해 생각하기 위해 모자 플롯과 디바이더를 사용한 방법을 설명하

며 정당화하였다. 한 학생은 디바이더가 다음과 같은 이유로 도움이 되었다고 하였다.

> 군집(clump)이 있다는 것을 확신할 수 있도록 평균의 특정 범위 내에 있던 점들의 퍼센트가 도움을 주었다. 그러나 디바이더는 또한 그 범위 밖에 있는 점들의 퍼센트를 보여주어 평균으로도 꽤 큰 편차가 있다는 것도 정당화할 수 있도록 하였다.

연구자들은 TinkerPlots의 시각적 어포던스가 예비교사들이 절차적 지식으로는 가능하지 않은 표준 편차에 대한 개념적 이해를 개발하도록 하였다고 주장하였다. 나아가, Madden(2014)은 예비교사들이 표준편차의 계산적이고 시각적인 측면을 조화시키는 것을 어려워했다고 하였다. 그녀의 연구는 TinkerPlots의 역동적인 성질(예, 표본과 재표본 기능, 통계적 상황을 그래프로 모델할 수 있는 기능)이 통계 추론 능력을 신장시키는데 도움을 주었다고 하였다.

이해의 평가

Fitzallen(2012, 2013)은 공변에 대한 이해를 신장시키기 위해 6주 동안 12명의 5, 6학년 학생들을 대상으로 실행한 연구에 대해 보고하였다. 학생들은 다음의 두 가지 목적을 갖고 학습 계열의 진전을 보였다. 데이터 관련 질문에 답할 때 이용할 수 있도록 충분한 그래프 유형을 갖추기 위해 TinkerPlots의 특징에 대해 배우는 것과 공변에 대한 이해와 그래픽 표현방법이 공변을 디스플레이하는 방법에 대해 개발하는 것이다. 학습 순서는 단일변량 데이터와 작은 데이터 집합($n = 12$)으로 쌓인 점 플롯을 만들고 해석하는 것에서부터 이변량 데이터, 더 큰 데이터 집합, 다양한 그래프 유형(산점도, 막대 그래프, 쌓인 점 플롯, 분리된 쌓인 점 플롯)을 만들고 해석하는 것으로 진행하였다. 마지막에 학생들은 개별로 컴퓨터에서 TinkerPlots의 활동지로 만들어진 평가 프로토콜을 통해 면담이 진행되었다. 면담에서 학생들은 그래프를 만들고 해석하는 활동을 하였다. 한 문제는 그들의 공변 이해 수준을 판단하기 위해 두 속성간의 관계를 보여주는 그래프를 만들도록 하였다. 모든 학생들은 이변량 데이터를 보여주는 산점도에 나타난 관계를 구분하고 설명할 수 있었다. 구체적으로 특이치(outlier)의 식별을 포함하여 그들의 결론과 일치하는 그래프들의 데이터 무리와 그들의 결론에 맞지 않는 그래프의 다른 영역을 구분할 수 있었다. 이 연구에서 TinkerPlots는 학생들이 지필검사가 아닌 소프트웨어와의 실제적인 상호작용을 통해 일어난 학습을 나타낼 수 있는 기회를 제공하였다.

이해를 평가하는 TinkerPlots 어포던스는 받아쓰기 시험에 참여한 두 그룹의 학생들 데이터를 비교하고 이 중 어느 그룹이 더 잘 한 것인지 결정하는 능력을 조사한 한 프로젝트에 의해 더욱 입증되었다. 이 경우, 중학교 학생들을 면담하기 위해 두 가지 시험 방식(지필 기반 혹은 TinkerPlots 활용)

이 사용되었고, 각각의 방식에는 상이한 학생들이 참여하였다(Watson & Donne, 2009). 이 연구에서 우리가 주목해야 하는 것은 각 방식에 참여한 학생들이 얼마나 잘 비교하는지가 아니고, 각 방식이 학생들의 이해를 평가하기 위해 어떠한 어포던스를 제공하는지이다. 학생들에게 상이한 학급 간의 시험점수를 네 쌍의 그래프로 비교하도록 하고, 어느 학급이 더 잘하였는지 결정하도록 하였다. TinkerPlots을 사용한 학생들은 소프트웨어를 소개받았고 면담외의 다른 맥락에서도 몇 개의 수업을 받았다. [그림 24.7]은 두 개의 세팅에 대한 그룹 비교(Comparing Groups) 프로토콜에서 학생들이 만든 첫 번째 (낮은 수준) 비교를 보여준다.

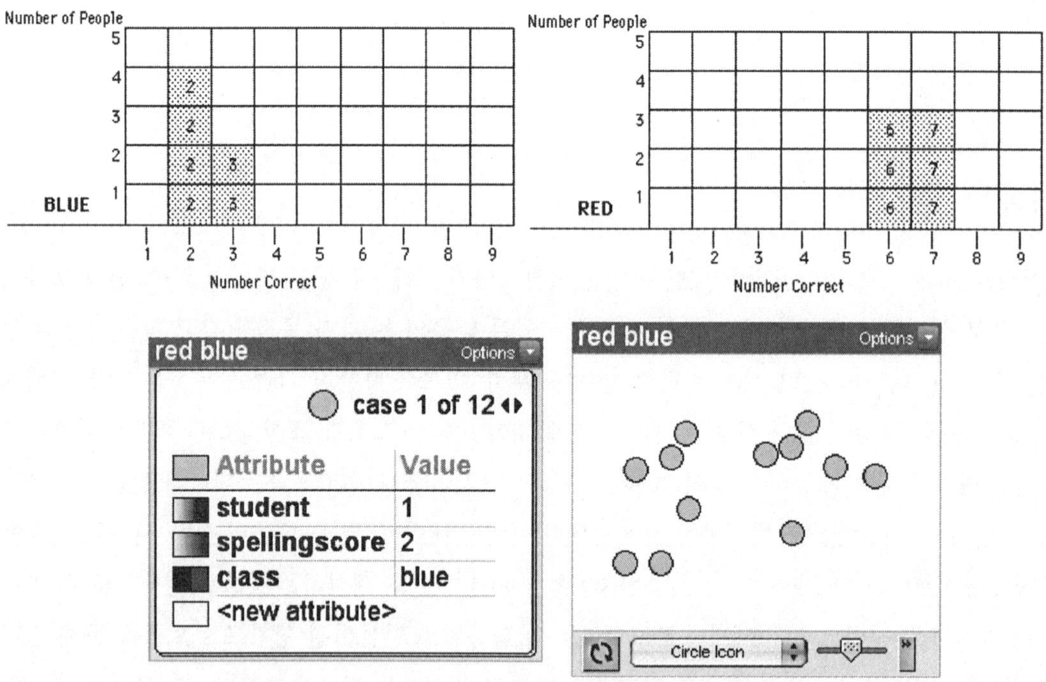

12명의 두 학급(빨강 학급과 파랑 학급) 학생들의 받아쓰기 점수

속성 설명

학생: 학생들은 1부터 12까지 번호가 매겨진다.

받아쓰기점수: 받아쓰기 시험에서 총점은 9점이다.

학급: 각 학생의 학급 - 빨강 혹은 파랑

질문

빨강 혹은 파랑 학급 중 받아쓰기 시험에서 더 잘한 학급은 어디인가?

[그림 24.7] TinkerPlots없이 그리고 TinkerPlots을 갖고 두 그룹을 비교하는 프로토콜

지필 기반 면담에 참여한 학생들은 그래프를 관찰 밖에 할 수 없었지만 TinkerPlots을 사용한 학생들은 동일한 질문에 답하기 위해 그 소프트웨어를 조작할 수 있었다. 통계에 대한 그들의 이해(즉, 학습)를 표현하기 위해 TinkerPlots이 학생들에게 제공하는 어포던스는 무엇이고 소프트웨어가 아닌 환경과 비교하여 어포던스들을 어떻게 비교하는가?에 대해 질문하였다.

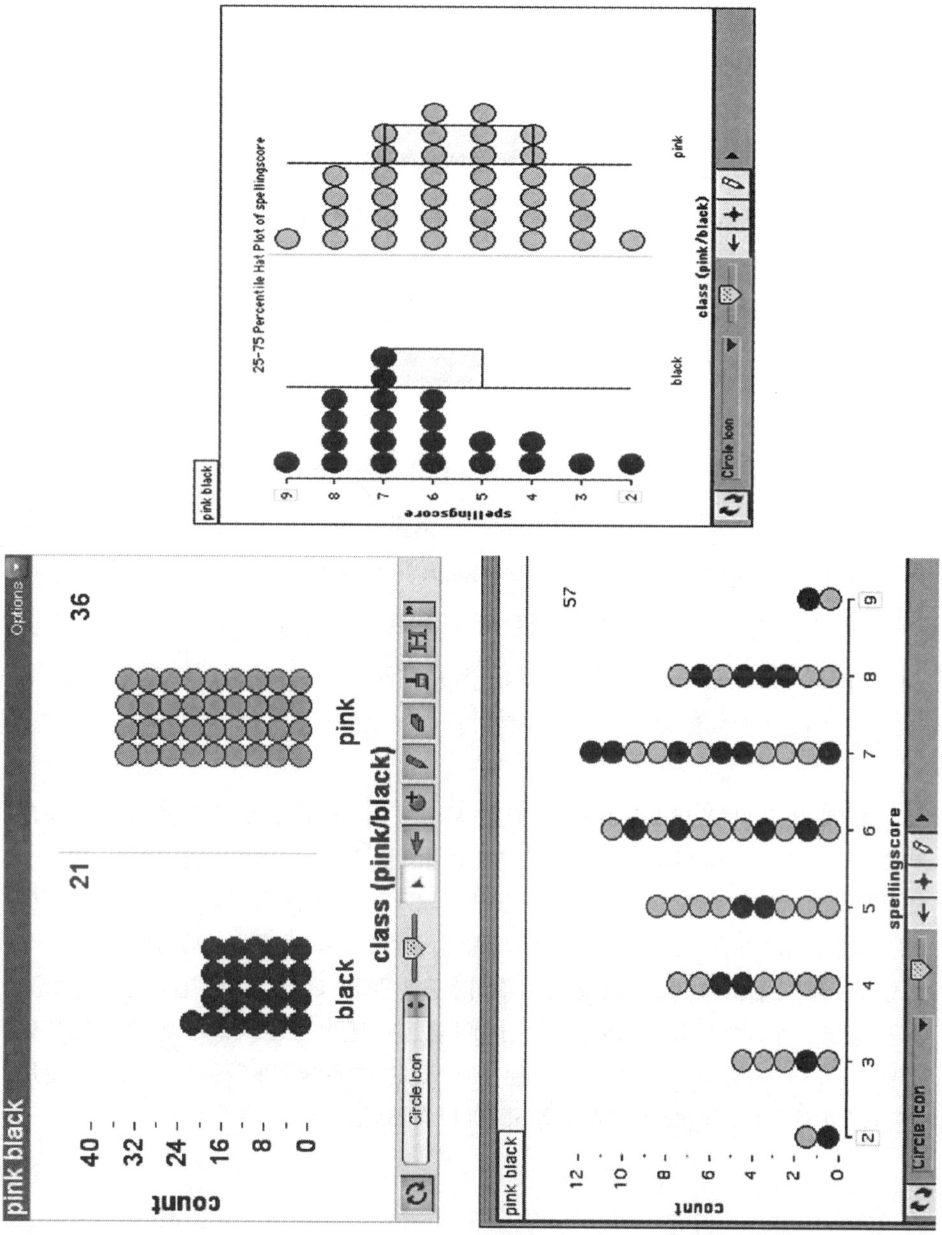

[그림 24.8] 그룹 비교 프로토콜의 마지막 부분을 위해 한 학생이 창안한 플롯들

TinkerPlots에서 그룹 비교 프로토콜은 학생들이 두 학급의 시험 점수 차이를 비교하기 위해 다양한 플롯을 만들 수 있도록 하였다. 동일한 크기의 집단을 비교할 때, 중학교 학생들은 평균값을 계산하기보다는 합계를 비교하는 경향이 있었다. 이는 지필 프로토콜을 보는 학생들의 응답에서 나타났다. TinkerPlots을 사용하는 학생들은 이러한 방법을 따르지 않고 두 학급의 관계를 시각적으로 관찰할 수 있는 플롯을 창안하였다. 크기가 가장 작은 학급들에 대해서는(그림 24.7), 몇몇 학생들이 개별 데이터 카드 각각을 클릭하며 어느 학급이 더 잘했는지 결정하였다. 크기가 더 작은 학급에서 높은 점수를 받은 학생들이 더 많은 비중을 차지하는 학급들 간의 차이를 비교해야 하는 상황이 가장 어려운 프로토콜이었는데, 여러 표현 방식들 중에서 선택할 수 있었다. 한편, 지필평가에 참여한 많은 학생들은 계속해서 합계를 사용하였고 "더 나은"으로 잘못된 학급을 선택하였다. 비록 TinkerPlots에 참여한 모든 학생들이 옳은 답을 제시하지 않았지만, 적어도 합계를 사용하여 비교하지는 않았다. [그림 24.8]의 플롯은 TinkerPlots에 제시한 두 학생들의 전략(왼쪽과 오른쪽)이다.

TinkerPlots이 제공하는 주요한 어포던스는 다양한 표현을 자유롭게 사용하여 자신들이 이해한 내용을 표현하는 유연성이다(Fitzallen & Watson, 2010, 2011을 참고). (능숙한 사용자는 되어야 할 만한) 데이터를 축에 따라 전체적으로 분리하기보다 통을 사용하여 구분하는 것은 학생들이 소프트웨어의 이러한 기능을 사용하여 질문에 답하기 위해 충분한 정보가 있다고 느낄 때 쯤이면 데이터를 분리하는 것을 멈출 수 있다는 것을 보여준다. [그림 24.9]의 상단의 플롯은 4개의 통을 사용하여 4개의 학급 비교 문제 중 가장 쉬운 문제를 해결한 것을 보여주는 반면에, 하단의 플롯은 가장 어려운 문제에 대한 유사한 통의 사용을 보여준다. 여기서 흥미로운 것은 이 학생이 하단 플롯을 설명하기 위해 직관적인 비례 추론을 사용하기 시작했다는 것이다.

> 이 [검정]학급의 대부분이 이 위에 [5-9]에 있고 여기 4만 여기[0-4]있어서 [검정]학급이 더 잘 한 것 같아요... 분홍 학급이 여기 25가 이 위에 있고 여기 17도 있어서 [분홍 학급과 검정 학급의 5-9를 비교하며] 검정보다 5, 6, 7, 8, 9를 가진 것이 더 많기 때문이 분홍 학급이 더 잘한 것일 수도 있어요. 그러나 여기[0-4]에서 이[분홍]학급보다 사람이 더 적기 때문에 검은색이 여기 이 아래에 더 적게 있어요. 두 학급에 사람 수가 동일해진다고 하여 동등한 것들이 더 많아질지는 결코 알 수 없어요. 검정 학급이 여기 사람이 더 적고 [분홍 학급의] 11이 틀렸기 때문에, 1, 2, 3, 4에서 [검정 학급] 이건 오직 4가 여기[0-4]에 있고 여기[5-9]에는 17이 있지만 [분홍 학급의 5-9]여기는 25가 있는데 분홍 학급의 사람 수가 더 많기 때문에, 검정 학급이 더 잘했어요.

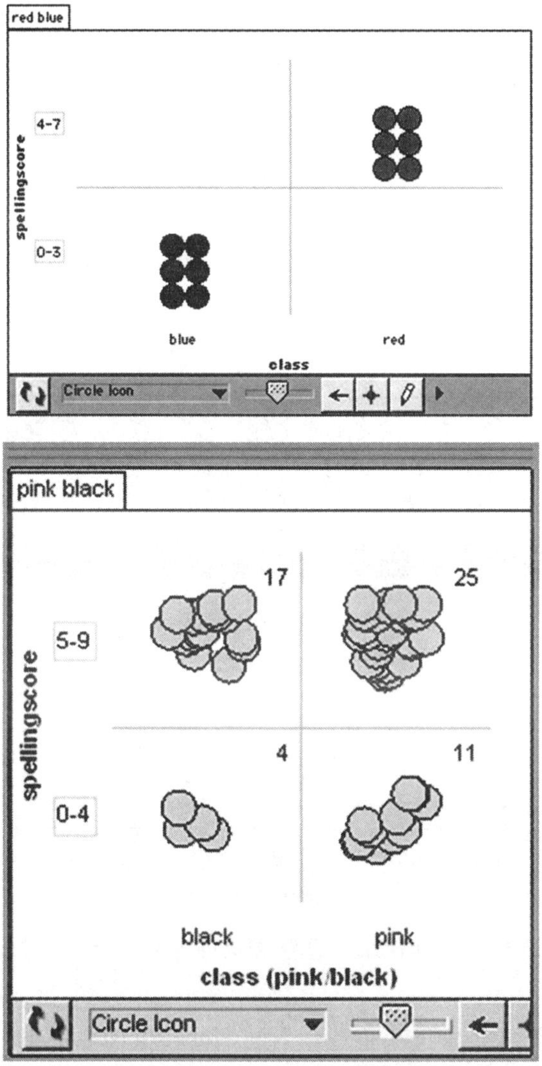

[그림 24.9] 비교 문제를 해결하기 위한 학생들의 통(bins)의 사용

TinkerPlots의 유연성에 대한 어포던스의 또 다른 예는 세 가지 방식으로 데이터를 사용할 수 있다는 것이다. 학생들은 "스택"에서 하나하나 데이터 카드들을 클릭할 수 있고(그림 24.7 참고), 순서대로 작성된 모든 경우들의 테이블을 아래로 드래그 할 수 있거나(그림 24.7에 제시되지 않음), 플롯에서 아무 아이콘이나 선택하여 이에 결부된 데이터 카드가 스택의 가장 위에 나타나게 할 수 있다. 종이버전 프로토콜에 답변한 학생들은 주어진 한 가지 방법으로만 데이터를 생각할 수 있었다. TinkerPlots을 사용한 모든 학생들이 예전 수업에서 경험한 종이 표현에 익숙할 것이라는 가정이 합리적이지만, 많은 학생들은 다른 유형의 플롯을 선택하였다. 두 환경 모두에서 학생들을 관찰하고 상호작용하는 교사들은 학생들이 단지 전통적인 그래프 방식을 아는 것보다 TinkerPlots에서

그래프를 만드는 목적에 대한 창의적인 이해에 대해 학습하며 더 많은 것을 알 수 있다. 몇몇의 지필평가 형식의 면담에 참여한 학생들이 옳은 답을 선택하였듯이, TinkerPlots로 면담한 모든 학생들이 두 학급간의 적절한 선택을 했다는 것은 아니다. 요점은 TinkerPlots을 통해 학생들이 경험하는 어려움을 이해할 수 있는 가능성이 크다는 것이다.

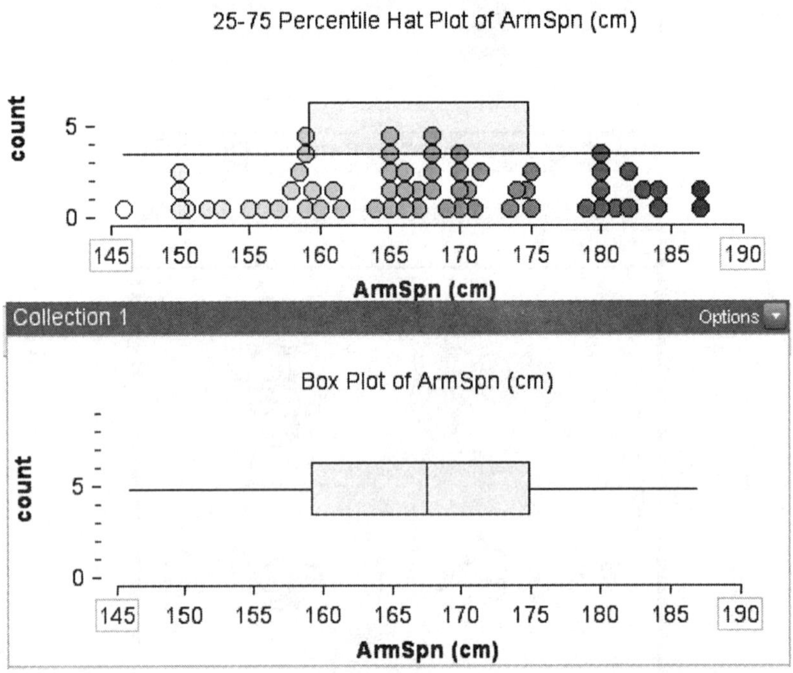

[그림 24.10] 데이터 있는 모자 플롯과 데이터 없는 박스 플롯

Allmond와 Maker(2014)에서 발견된 평가를 위한 TinkerPlots의 추가 어포던스는 두 데이터 집합을 비교할 때 변이를 설명하기 위해 모자 플롯에서 박스 플롯으로 변형하는데서 나타난다. 모자 플롯은 TinkerPlot에만 있고 박스 플롯은 모든 중등 통계 교육과정에 공통적으로 등장한다. [그림 24.10]의 두 플롯이 보여주듯, 모자에 최빈값이 없다는 것을 제외하면 모자 플롯은 박스 플롯과 시각적으로 동일한 정보를 제시한다. (그림처럼) 모자 플롯은 보통 상응하는 데이터와 함께 제시되고 더 일반적인 박스 플롯은 (TinkerPlots에서는 가능하지만) 데이터를 함께 보이도록 하지 않는다. 학생들은 먼저 쌓인 점 플롯을 탐구하고, 모자 플롯을 추가하고, 제시된 데이터와 함께 박스 플롯을 만들고, 마지막으로 데이터 없이 박스 플롯을 관찰하며 두 데이터 집단 간의 비교를 통해 변이에 대해 논의하는 경험을 한다. 평가 과제를 해결할 때 학생들은 일반적으로 이 소프트웨어를 사용하여 상대적인 용이함과 함께 차이에 대해 질적인 설명에서 양적인 설명으로 진척한다. 이는 "가장 기본적인" 박스 플롯을 처음부터 소개받은 상급 학생들에게는 대체로 볼 수 없는 이해이다(예, Bakker,

Biehler, & Konold, 2005). 이러한 예들에서 볼 수 있듯이, 학습 어포던스는 종종 평가 어포던스로 전환된다. 이는 특히 TinkerPlots 자체가 학습에 대한 평가를 수행하기 위한 환경으로 사용되었을 때 일어난다.

다른 수학 학습

교육과정내 (통계 외) 다른 영역에서 TinkerPlots의 어포던스를 찾기는 어렵지 않다. 비례 추론과 관련된 한 사례로 Watson과 English(2013b)은 초등학교 4학년 학생들의 Chance 시행 사례를 소개하였다. 학생들에게 기댓값(expectation)과 변이(variation) 개념을 소개하기 위해서 동전을 10번 던졌을 때 얼마나 많은 앞면을 얻을 것으로 예상하는지에 대한 논의를 하였다. 앞면이 나올 확률이 1/2이기 때문에, 앞면은 5번 나온다는 것에 동의하였다. 그러나 몇몇 학생들은 변이 개념을 인지하고 있다는 것을 보이며 정확히 5번은 아니고, 4번 혹은 6번이 나올 수 있다고 하였다. 놀랍게도 한 학급에서 앞면 3개에서부터 9개까지 꽤 많은 변이가 나타났다. 이전의 예에서 말한 바와 같이, 여기서의 명백한 TinkerPlots 어포던스는 학생들이 표본크기를 늘려 동전던지기 시행의 횟수를 늘려 표본 크기가 늘어남에 따라 반복되는 결과값들의 변이를 비교하는 것이다. 학생들이 플롯에서 높이가 점점 가까워진다는 것을 관찰함에 따라, 표본 크기의 효과에 대해 배우고 플롯에서 높이가 점점 그들의 기댓값이 1/2에 가까워짐에 따라 언어적으로 “변이가 적어진다”라고 표현할 수 있다. 그러나 앞면과 뒷면이 나오는 횟수의 절대적인 차이를 비교하면, 표본 크기가 증가함에 따라 그 수가 일반적으로 증가한다. 이는 [그림 24.11]에 나타나있다.

앞면이 나오는 횟수가 동전을 던진 횟수의 반과 얼마나 가까운지 보이기 위해 동일한 표본 크기에 대한 반복적인 시행을 하며 “앞면이 나오는 횟수”를 화면에 표시하며 그들이 발견한 것을 요약하려고 하였다. 손으로 혹은 TinkerPlots을 사용하여 두 개의 상이한 표본 크기에 대해 이러한 행동을 하며 플롯을 비교하는 것은 [그림 24.12]에 나타난 것처럼 플롯의 척도가 다르기 때문에 변이의 차이를 보여주지 않는다. 그러나 시각적 효과 때문에 변이가 동일한 것으로 보인다. 이 상황에서 TinkerPlots 어포던스는 인지적 혼동을 만들어 하단에 있는 플롯의 변이는 줄어들어야 하는데 변이의 범위가 12인 반면에 상단 플롯의 변이의 범위는 5라는 것을 보여준다. 이후 교사는 플롯들이 유사하게 보이는 이유와 이것이 플롯의 척도와 무슨 관련이 있는지에 대한 질문을 할 수 있다.

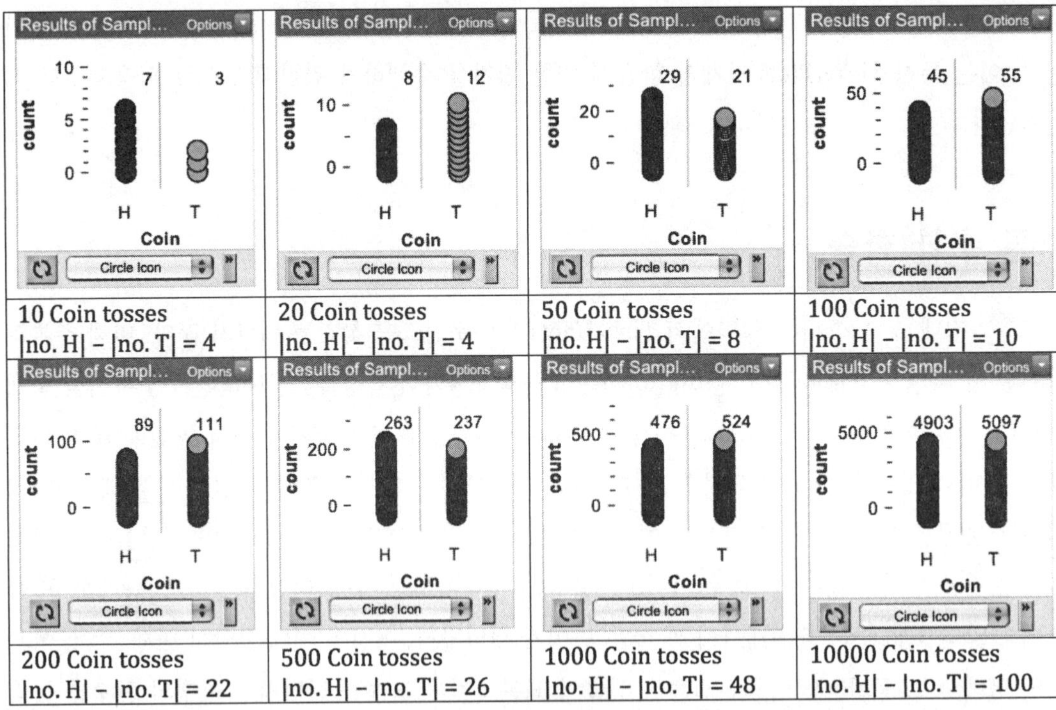

[그림 24.11] 동전 던지기의 시행 횟수를 증가하며, 앞면(H)과 뒷면(T)의 높이를 관찰하고 앞면과 뒷면이 각각 발생한 수의 차이를 모의 실험한 결과

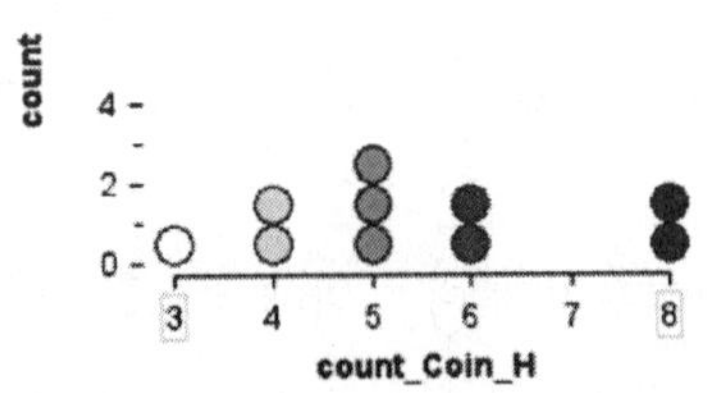

동전 10번 던지기 10번 반복 시행에 대한 앞면의 횟수 (앞면의 기댓값은 5이다.)

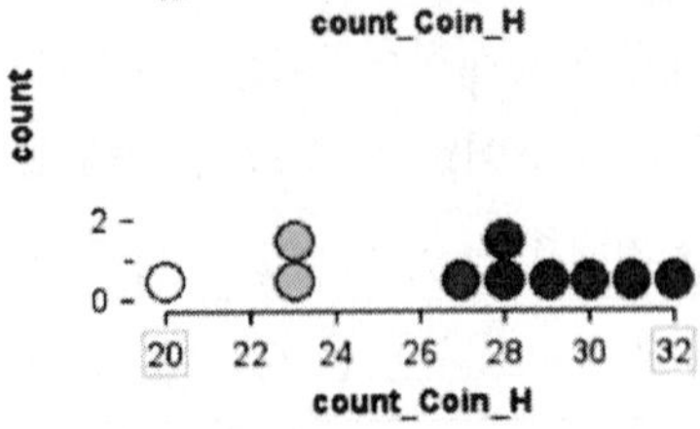

동전 50번 던지기 10번 반복 시행에 대한 앞면의 횟수 (앞면의 기댓값은 25이다.)

[그림 24.12] 상이한 동전 던지기 횟수의 반복적인 시행에 대한 상이한 측도

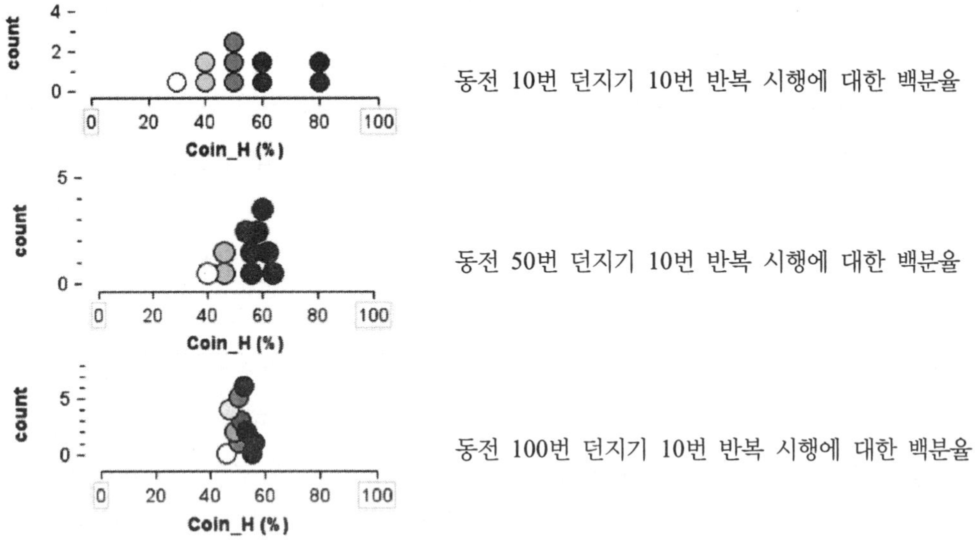

[그림 24.13] 동전 던지기 횟수의 크기가 따른 표본 10개의 변이를 구분하기 위한 백분율을 동일한 척도로 표시하기

전체에서의 일부분을 나타내는 수학에서의 백분율이 [그림 24.12]의 딜레마를 해결하는데 중요하다. 10번 또는 50번 던지기와 같은 상이한 표본 크기 전체에 걸친 비교는 가능하다. 백분율은 같은 척도에 앞면이 나오는 횟수가 이 경우 기댓값이 되는 전체의 반에 얼마나 가까운지 보여준다. 이는 백분율을 사용하여 같은 척도내 플롯들이 표본 크기가 증가함에 따라 변이가 줄어든다는 것을 명확하게 보여주는 [그림 24.13]에 나타나있다. Rubin과 Hammerman(2006)은 또한 몇몇의 중학교 학생들에게 생소한 개념이라는 것을 인지하며 백분율의 형태로 비례를 사용하여 TinkerPlots의 통 플롯에 나타난 상이한 표본 크기를 "동등한" 표본으로 만드는 어포던스를 강조하였다. 대체로 두 개의 그래프를 비교할 때 학생들이 백분율을 사용하고 척도를 인식해야 할 필요성에 대한 학생들의 이해 혹은 오해에 주목하는 것에 대해 두 개의 어포던스가 나타난다. 이러한 문제들에 대한 해결책은 소프트웨어 사용 자체에 내재하고 있지는 않지만, TinkerPlots이 제공하는 피드백은 교사들이 프로그램(그림 24.13)안에서 단서를 찾거나 지필환경에서 수행하여 교정을 위한 시발점이 되어야 한다. 이러한 관찰은 6학년 학생들을 대상으로 연구한 Ireland와 Watson(2009)의 연구에서도 나타났다.

제약

Kennewell(2001)은 학생들이 해야 할 활동과 일어나야 할 학습에 대한 구조와 안내를 제공한다는 것을 TinkerPlots의 제약으로 보았다. TinkerPlots과 같은 소프트웨어가 교실에서 사용될 때, 소프트웨어의 어포던스라고 고려되는 측면들을 지원하거나 저해하는지 생각해 볼 필요가 있다. 나아가, 어포던스가 학습을 저해할 가능성에 대해서도 생각해 보아야 한다.

TinkerPlots에 플롯을 만드는 것에 대한 한 가지 제약은 한 축에 수치적인 속성이 부여되었을 때, 프로그램이 자동적으로 서열화 된 척도를 통 혹은 연속 척도로 제공한다는 것이다. 이 구조는 학생들이 데이터 값들을 서열화 된 형태로 보도록 강요한다. 손으로 학급원의 팔 길이 측정 기록을 손으로 만든 도표에 정확하게 제시한 [그림 24.14]의 경우를 보면, 이 학생은 도수를 보이기 위해 값들을 순서대로 나열할 필요성을 느끼지 못한다. 비록 학생의 도표에 제시된 순서대로 TinkerPlots에 데이터 값들을 입력할 수 있지만, 도수를 유지한 플롯은 서열화를 조장하고 분포와 특이치를 보여준다. 이 구조적인 제약은 그 학생이 그러한 플롯에 대해 어떻게 생각하며 그러한 경험을 학습의 한 기회로 강화하는 교사의 교수학적 내용 지식에 따라 어포던스가 될 수 있다. Hall(2008)이 관찰한 이와 관련한 또 다른 제약은 초기 범주형 변수들의 항목을 축에 알파벳 순서로 제시한다는 것이다. 그러나 그녀는 TinkerPlots의 드래그와 드롭 기능을 사용하여 이 경우 사용자가 원하는 방식으로 그 상황에 맞는 순서로 변경할 수 있다고 하였다.

소프트웨어 안에서 플롯을 만드는 것과 관련하여 TinkerPlots의 또 다른 구조적인 제약은 만들 수 있는 플롯 유형의 범위이다. 아이콘(그림 24.14 참고), 값 막대, 값 원, 직사각형 혹은 원 표현들의 혼합을 포함한 플롯 유형들의 범위는 선택의 자유와 각 유형이 의미 있게 나타낼 수 있는 것이 무엇인지 인지할 필요성을 제시한다. [그림 24.15]의 좌측은 혼합된 표현들이다. 파이 차트는 팔의 폭의 길이의 증가를 보이기 위해 흰색에서부터 매우 어두운 색으로 음영 처리되는 반면에, 히스토그램은 꽤 큰 구간을 기반으로 한다. [그림 24.15]의 우측은 값 아이콘들을 보여주기 위해 통을 사용한 2차원 표현들이다. 통들은 측정을 위한 범주형 데이터 (이름들) 혹은 구간을 표현한 결과이다. 어포던스 측면에서 이러한 표현 유형들은 상단의 두 개의 플롯과 같은 이해를 보여줄 수 있는 기회는 적을 것이고, 하단의 두 플롯과 같은 이해를 보여주는 기회가 더 많을 것이다.

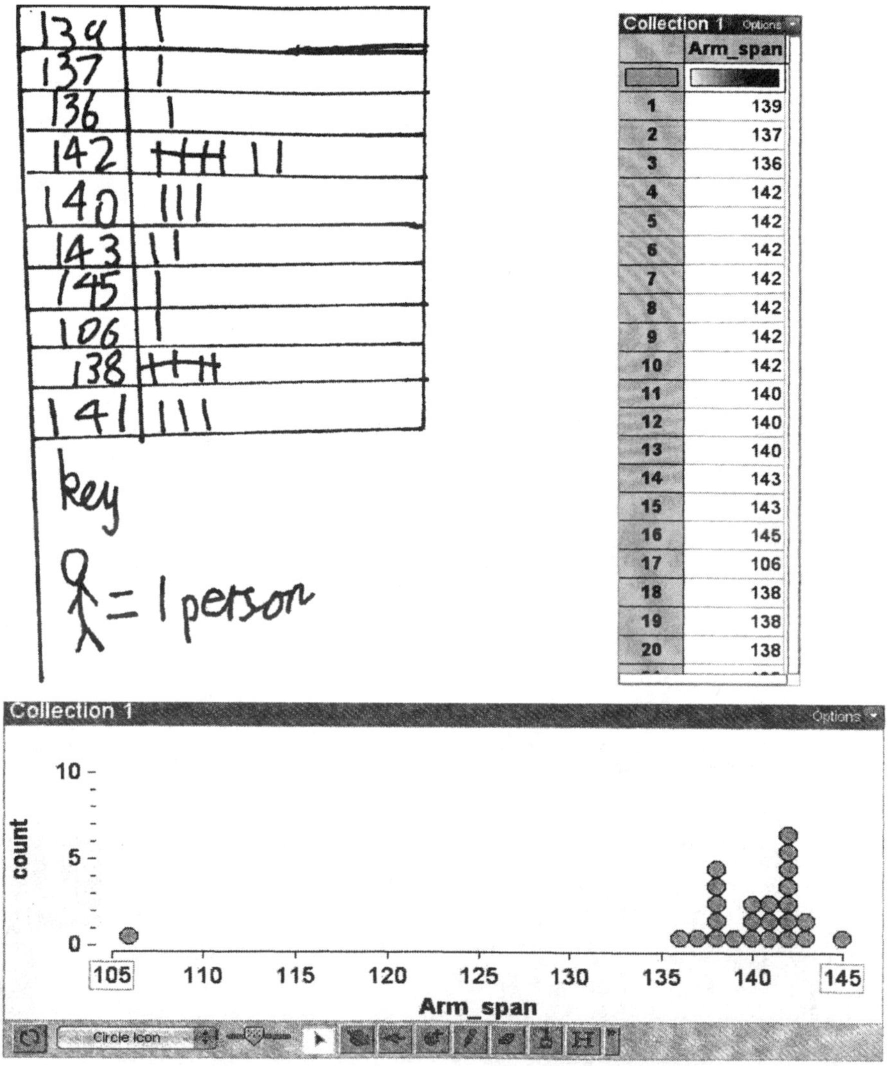

[그림 24.14] TinkerPlots의 제약은 수치적인 데이터를 서열화하도록 강요한다는 것이다

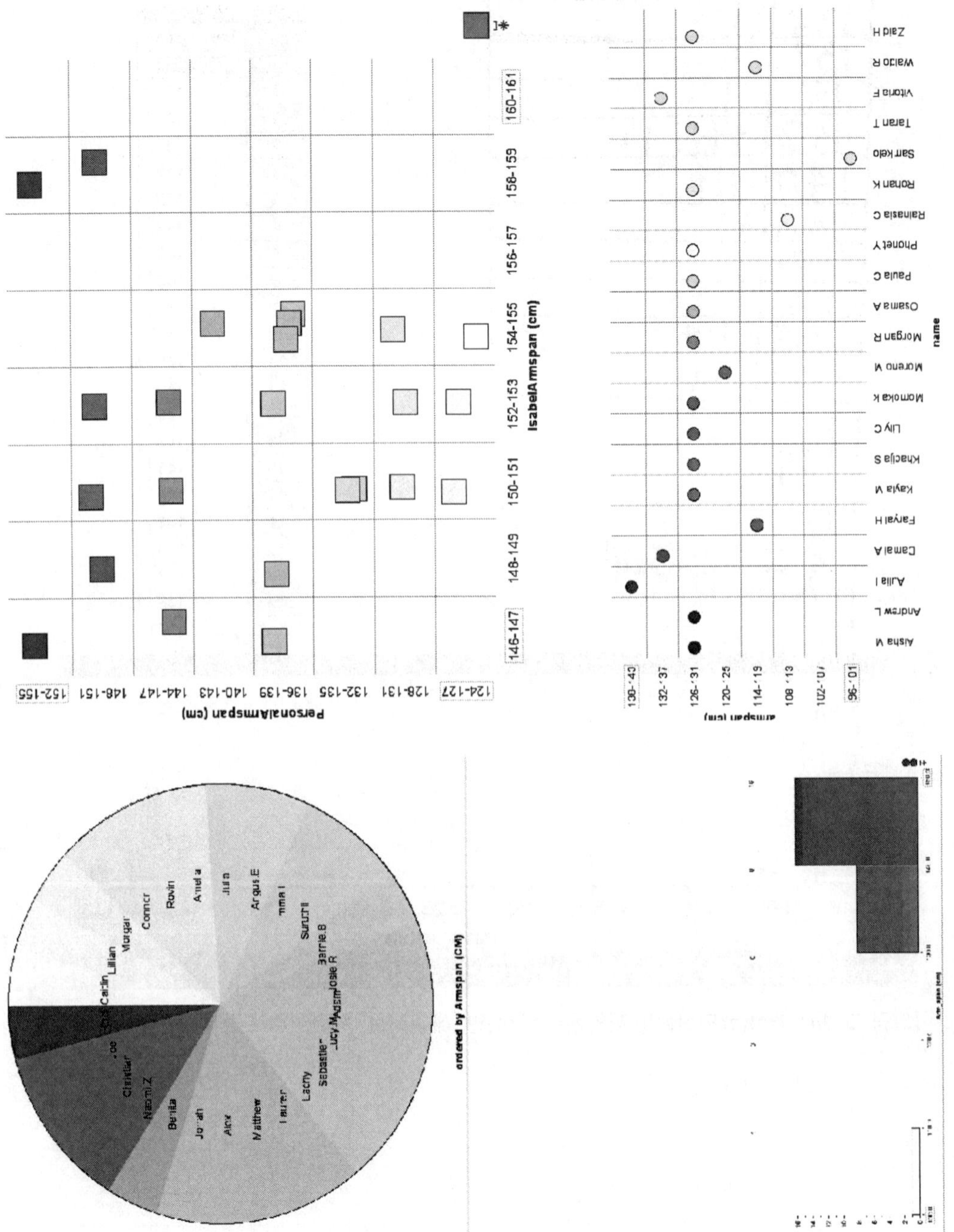

[그림 24.15] 양팔을 폈을 때의 폭의 길이 측정치를 보여주는 네 개의 플롯

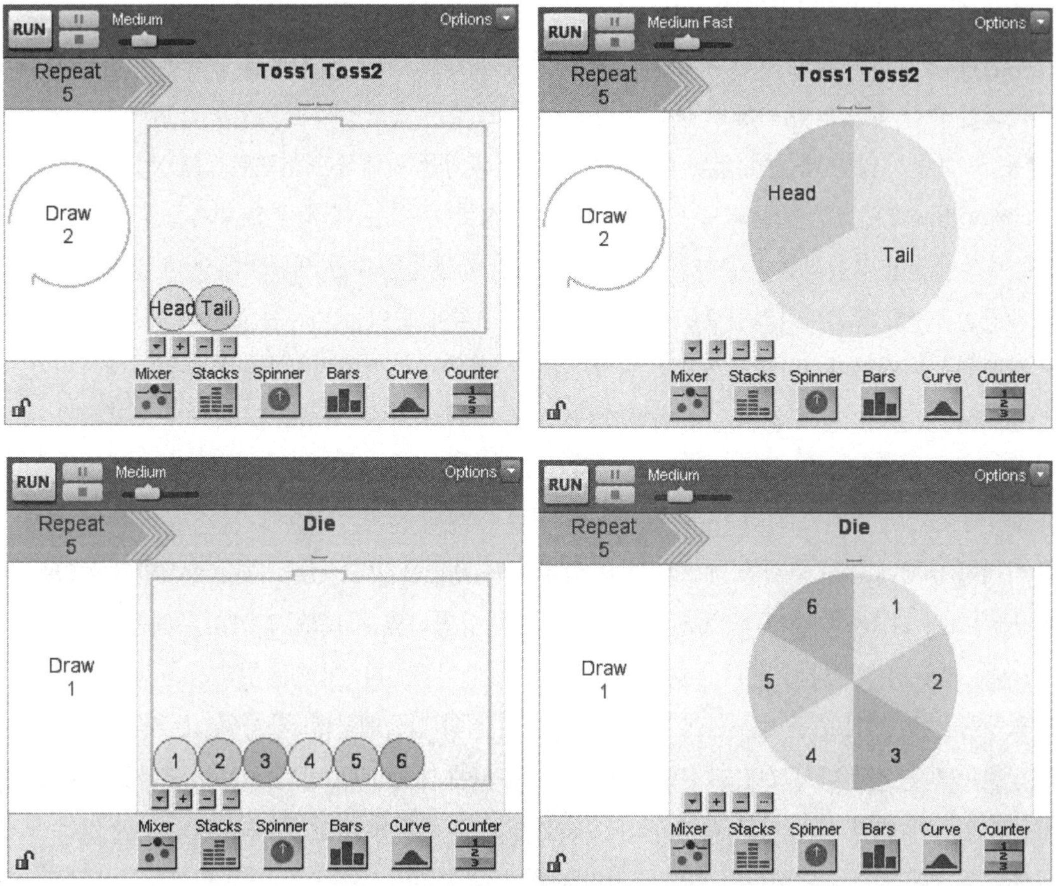

[그림 24.16] 믹서(좌측) 혹은 스피너(우측)로 동전 두 번 던지기 혹은 주사위 한 번 던지기를 위한 샘플러

샘플러 기능의 제약이 되는 것은 학생들이 일반적인 확률 모델들을 알아야 한다는 것이다. [그림 24.16]의 상단은 하나의 동전을 두 번 던지는 것을 모델링하기 위한 두 개의 샘플러이다. 하단에는 하나의 주사위를 한 번 던지는 것을 모델링하기 위한 두 개의 샘플러이다. 좌측 두 개의 샘플러는 믹서의 성분들을 보여주며(예, 동전의 앞면), 한 개의 성분이 상단에 올라오기 전까지 안에서 좌우 위아래 움직인다. 이 요소는 다른 임의 추출이 일어나기 전에 즉각적으로 대체된다. 우측의 두 확률은 스피너로 모델링되었다. 우측 상단의 샘플러에서 동전 앞면과 뒷면이 동일하게 선택될 가능성은 더 이상 같지 않은 반면에 우측 하단의 샘플러에서는 주사위를 던질 때 각각의 경우에 선택될 가능성은 같다. 이러한 경우에 스피너는 한 구역에서 멈추기 전에 회전하는 것으로 보인다. 두 개의 다른 스피너는 학생들에게 두 개의 상이한 제약을 제공한다. 따라서 교사들은 샘플러의 어떠한 제약이 학생들의 의미 있는 학습을 지원하며 학생들이 자신들만의 도구를 선택하여 그 사용 방

식에 대해 학급의 다른 구성원들에게 설명하도록 하는데 있어 어포던스가 있는지에 대해 알고 있어야 한다. 샘플러의 속도 또한 제약이다. 몇몇 학생들에게 반복적인 시행을 증강하기 위해 샘플러의 속도를 중간 혹은 느린 속도로 운영할 필요가 있다. 빠른 속도에서는 믹서와 스피너에서 어떠한 "활동"도 보이지 않기 때문에, 몇몇 학생들은 이러한 과정을 이해하는 어포던스를 상실할 수 있다.

TinkerPlots의 구조는 샘플러로 모델링 과정을 완성할 수 있는 여러 방식(제약)들을 제공한다. 학생들에게 특정한 샘플러를 사용하도록 한 경우, 몇몇 학생들은 다른 샘플러에서 더 많은 어포던스를 제공받을지도 모른다. [그림 24.16]의 좌측 상단 구석에 보이는 믹서는 하나의 동전을 두 번 던진 시행을 모델링한다. 두 개의 동전을 한 번 던지는 경우는 어떠한가? 이러한 경우도 샘플러가 모델링 할 수 있는가? 결과 값들은 동일한가? 정답은 "예" 이지만, 학생들은 이러한 고차원적인 이해를 하지 못할 수 있다. [그림 24.17]에서 보여주듯, 샘플러는 바로 오른쪽 옆에 두 번째 믹서를 만들어서 각각의 믹서가 하나의 동전을 한 번씩 던질 때 무슨 일이 일어나는지 보여주어, 학생들의 이러한 문제에 대한 추측을 테스트할 수 있는 기능(제약)을 갖고 있다. 그림에서 왼편에 있는 샘플러는 [그림 24.16]과 같은데 "동전1 동전2"로 다시 명명하였다. [그림 24.18]은 샘플러 1을 다섯 번 (왼쪽), 샘플러 2를 다섯 번 (오른쪽) 시행한 것에 대한 결과이다. 이러한 결과들은 동일하지 않지만 학생들은 두 개의 샘플러를 반복적으로 시행하여 결과 값들이 서로 가까워지는지를 볼 수 있는 더 많은 기회를 갖는다. [그림 24.19]는 각 모델(샘플러)에 대한 1000번의 시행의 결과를 나타낸다. 동전 모델링에 대한 서로 다른 제약 조건은 동전을 던진 결과에 대한 두 조건이 동일한 기본 모델에서 동등하다는 것을 이해하기 위한 근거가 된다.

통계 질문이 더욱 복잡해 짐에 따라 TinkerPlots 모델링 제약은 더 다양해지고 학생들과 교사들에게 딜레마가 된다. Stack과 Watson(2013)은 두 명의 교사들이 5주로 구성된 10학년 수학 수업에서 비형식적인 통계 추정을 하기 위한 도입 수업으로 재표본화를 사용하는 과정에서 나타난 한계를 극복한 사례를 제시한다(Watson, 20014; Watson & Chance, 2012 참고). 이 연구에서 교사들은 더 어린 학생들과 덜 도전적인 환경에서 TinkerPlots을 사용해 왔지만, 샘플러를 사용해 본 경험은 없거나 재표본화 조사를 수행한 적이 없다. 또한 수업에 참여한 학생들은 TinkerPlots을 한 번도 사용한 경험이 없었다. 비록 교사들이 원리를 이해하고 있었지만, 이와 관련하여 학생들의 질문에 대답하기 위한 어포던스와 제약에 대한 교수학적 내용 지식과 소프트웨어에 대한 기술적인 지식을 높은 수준으로 개발할 기회가 없었다. 따라서 TinkerPlots을 활용하여 야심찬 목표를 성취하기 위해 학생들이 제약적인 상황에서 어떠한 대안적인 경로를 따르는지 숙지할 필요가 있었다.

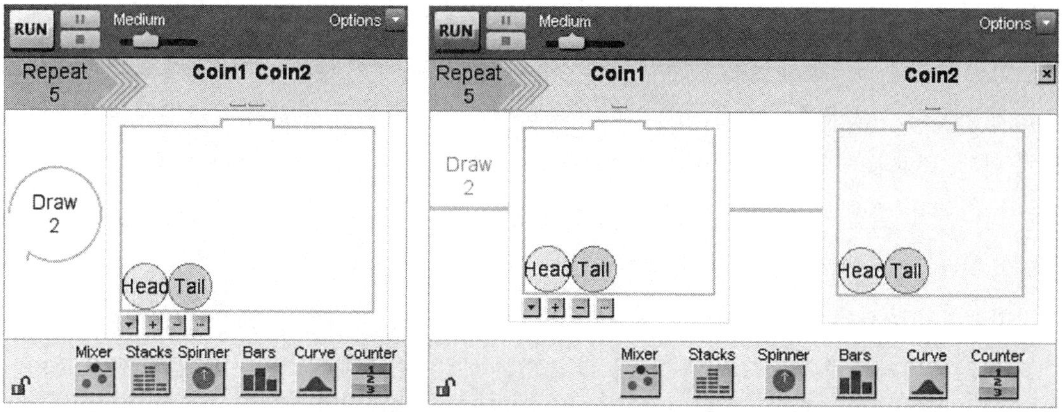

[그림 24.17] 두 개의 동전을 한 번 던지는 상황을 믹서를 통해 모델링한 샘플러

Results of Sampler 1

	Join	Coin1	Coin2
1	Head,Tail	Head	Tail
2	Head,Head	Head	Head
3	Tail,Head	Tail	Head
4	Head,Tail	Head	Tail
5	Head,Tail	Head	Tail

Results of Sampler 2

	Join	Coin1	Coin2
1	Head,Tail	Head	Tail
2	Head,Head	Head	Head
3	Head,Tail	Head	Tail
4	Head,Head	Head	Head
5	Head,Tail	Head	Tail

[그림 24.18] 그림 24.17의 샘플러를 사용한 결과

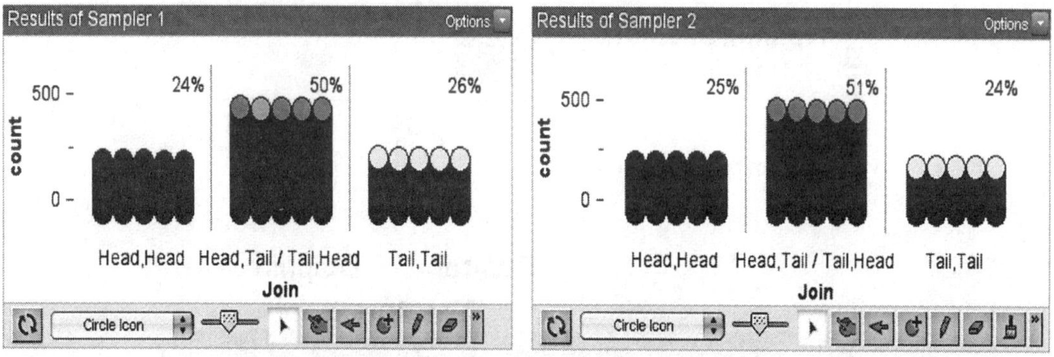

[그림 24.19] 그림 24.17의 샘플러를 사용하여 두 개의 동전 던지기를 1000번 시행한 결과

교사의 도움을 필요로 하기는 했지만 시간이 지남에 따라 대부분의 학생들은 TinkerPlots의 제약적인 환경 안에서도 더욱 숙달될 수 있었다. 학생들은 초반에는 기술적이거나 제약에 대한 문제

들을 해결하기 위한 대화를 주로 하였지만 점점 데이터의 의미에 대한 대화로 전환하였다. 그렇게 하면서 교사들은 학생들의 사고에 대한 더 큰 통찰력을 얻었고 학생들도 논의에 더 활발히 참여할 수 있게 되었다. 마무리 탐구는 실험데이터가 우발적인 것인지 혹은 원인이 있는 결과인지를 결정하기 위해 데이터의 임의 재분배에 대한 다단계 과정을 사용한다. 많은 학생들은 배우지 않고 조사를 착수할 수 있었고 그들이 무엇을 하였고 찾았는지를 설명하는 보고서를 작성하였다. 그러나 몇몇의 학생들의 언어는 세련되지 못했다.

비형식적인 추정에 대한 과제들 중 하나는 4주간 매일 4시간씩 수영을 하기 위해 캐리비언으로 간 30명의 가볍거나 중간 정도의 우울증을 갖고 있는 사람들에 대한 실험 데이터를 기반으로 하는데, 이 중 절반은 돌고래와 수영을 하고 나머지 반은 그렇지 않았다(Rossman, 2008). [그림 24.20]는 우울증이 개선된 환자들과 개선되지 못한 환자들의 데이터를 나타내고 학생들은 그 치료가 성공적이었다고 주장하는 것이 합리적인지 판단해야 했다. [그림 24.17], [그림 24.18], [그림 24.19]의 활동들에서 보인 방법으로 샘플러를 사용하여 TinkerPlots의 구조(제약들)내에서 경험을 해 본 학생들은 실험의 결과를 실험군과 대조군으로 임의로 재할당한 두 개의 믹서 샘플러의 제약 내에서 작업을 할 수 있었다. 이를 여러 번 반복한 결과 학생들은 그러한 결과들이 치료보다는 우연에 의해 발생할 수 있는 확률이 얼마나 높은지 예측할 수 있었다. 이와 같이 복잡한 TinkerPlots 경험의 구체적인 성질은 10학년 학생들에게 이론적 통계 (예, 카이 제곱 검정)로는 어려운 추정 과정에 대한 이해를 도와 어포던스와 제약의 균형의 전형적인 사례가 된다.

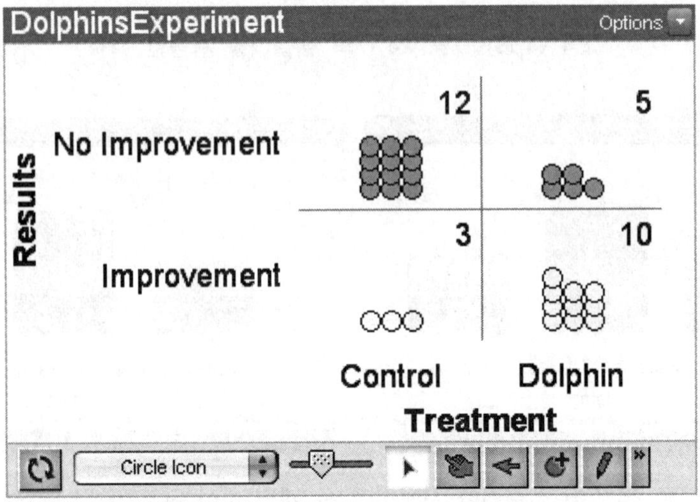

[그림 24.20] 돌고래와 수영하기 실험에 대한 결과

TinkerPlots의 개방적이고 유연한 제약들은 학생들이 방해받지 않고 TinkerPlots에서 만들고 바꾸며 조정하고 반복적으로 조작할 수 있는 힘을 준다. 이러한 기능들이 탐구적인 데이터 분석(Tukey, 1977)과 능동적인 그래핑 전략(Ainley & Pratt, 2014; Ben-Zvi & Aridor, 2014)을 사용할 수 있는 기회를 열어주지만, 몇몇 학생들에게 TinkerPlots은 그 문을 너무 크게 열지도 모른다. 이러한 결과는 고등 통계 교육 학생들(Noll, Gebresenbet, & Glover, 2012), 예비교사들(Podworney & Biehler, 2014), 9학년 학생들(Saldanha & McAllister, 2014)이 샘플러와 플롯 기능을 사용하여 TinkerPlots에 모의실험을 구성하거나 데이터를 모델링하는 상황에서 나타났다. 이러한 연구들은 몇몇 학생들이 통계적 모델을 구성하는 방법을 상상하는 것과 재추출 과정을 추적하는 것을 어려워한다고 보고한다. 이러한 문제들은 학생들이 TinkerPlots이 제공하는 자유에 대한 어포던스를 이용하기 위해 필요한 통계적 추론 경험과 배경이 없기 때문에 발생할 수 있다. Stack과 Watson(2013)처럼 이 연구자들은 학생들이 통계적 모델이 지도하에 구성되었을 때에 통계적 추론에 대한 자신감이 생기고 활발하게 참여할 수 있다고 보고하였다.

Podworney와 Biehler(2014)는 그들이 시뮬레이션한 모든 부분들에 대한 다이어그램을 그리고 언어적으로 설명하도록 하는 시뮬레이션 스킴(scheme)을 활용하여 예비교사들을 지원하였다. 이 교사들은 시뮬레이션을 진행하기 전에 계획 도구 혹은 시뮬레이션 이후 문서화와 성찰을 위한 도구로 이 시뮬레이션 스킴을 사용할 수 있었다. 시뮬레이션 스킴의 사용 여부와 상관없이 이는 학생들이 시뮬레이션 과정에서 각 단계의 목적, 단계별 무엇을 학습하고, 다른 단계들에 어떠한 정보를 주는지 식별하는데 도움을 준다. Saldanha와 McAllister(2014)는 또한 학생들이 재추출 과정에 의해 생성된 과정과 대상 그리고 그들이 생산된 그래픽 분포에 어떻게 기여하는지를 찾도록 하는 활동들로부터 이익을 얻을 것이라고 제안한다. 그들은 이것이 학생들이 재추출 과정과 그것의 생산물에 대한 강건한 정신적인 심상을 확립하고 유지할 수 있도록 지원할 것이라고 주장한다. TinkerPlots의 다양한 제약들 때문에 교사들은 학생들의 이해 발달을 지원하거나 저해하는 잠재적인 요소에 대해 인식하고 있어야 한다. 다시 말하지만 교사의 교수학적 내용 지식은 이 소프트웨어의 어포던스와 제약들을 아는 것에서부터 시작한다. 이는 그들이 설정한 학습 목표와 결과물을 기반으로 학생들의 학습을 언제 그리고 어떻게 비계해야 하는지 결정할 수 있도록 해 줄 것이다.

결론

TinkerPlots에 대해 이 장에서 보고한 어포던스의 예는 학생 혹은 교사가 TinkerPlots을 사용할 때 발생하는 **학습**에 대해 분명히 보여준다. TinkerPlots이 맥락과 다른 교수학적 촉진제와 독립되어 학습 경험을 제공한다고 주장할 의도는 없다. TinkerPlots의 어포던스를 가장 많이 얻기 위해서는 절차적인 지도, 비계, 도발적인 질문, 반성적인 질문, 확장할 수 있는 활동을 포함한 설계가 필요하다. 여기서 보여준 것은 전 세계의 연구가 소프트웨어가 무엇을 할 수 있는지 보여주는 것을 넘어서 소프트웨어 패키지 개발에 기반인 통계적 원리와 관련하여 일어난 학습에 대한 근거이다. **제약**이란 단어가 함축하고 있는 여러 상충되는 의미는 **실행**이 **학습**으로 연결되는데 수반되는 복잡성을 설명한다. 학습 어포던스의 질을 판단하기 위해 TinkerPlots이 제공하는 구조와 사용법은 고려되어져야 한다. 이 장에서는 소프트웨어와 수학교육의 주안점으로 TinkerPlots과 통계를 다루었다. 이는 학생들이 TinkerPlots을 용이하게 접근할 수 있고 이해할 수 있어 이 장에서 설명한 다양한 어포던스를 제공할 수 있는 유일한 소프트웨어이기 때문이다. 수학교육의 다른 영역에서도 소프트웨어 활용이 존재하지만, 의미 있는 통계 학습을 위해 대규모 데이터를 다루어야 할 중요한 필요성은 TinkerPlots의 어포던스와 제약에 주의를 기울일 것을 필요로 한다.

참고문헌

Ainley, J., & Pratt, D. (2014). Expressions of uncertainty when variation is partially determined. In K. Makar, B. deSousa, & R. Gould (Eds.), *Sustainability in statistics education. Proceedings of the 9th International Conference on the Teaching of Statistics.* Flagstaff, AZ, July 13–18. Voorburg, The Netherlands: International Statistical Institute. Retrieved from http://iase-web.org/icots/9/proceedings/pdfs/ICOTS9_9A1_AINLEY.pdf.

Allmond, S., & Makar, K. (2014). From hat plots to box plots in TinkerPlots : Supporting students to write conclusions which account for variability in data. In K. Makar, B. deSousa, & R. Gould (Eds.), *Sustainability in statistics education. Proceedings of the 9th International Conference on the Teaching of Statistics.* Flagstaff, AZ, July 13–18. Voorburg, The Netherlands: International Statistical Institute. Retrieved from http://iase-web.org/icots/9/proceedings/pdfs/ICOTS9_2E1_ALLMOND.pdf.

Australian Education Council. (1991). *A national statement on mathematics for Australian schools.* Melbourne: Author.

Bakker, A., Biehler, R., & Konold, C. (2005). Should young students learn about box plots? In G. Burrill & M. Camden (Eds.), *Curricular development in statistics education. International Association for Statistical Education (IASE) Roundtable, Lund, Sweden, 2004* (pp. 163–173). Voorburg, The Netherlands: International Statistical Institute.

Bakker, A., Derry, J., & Konold, C. (2006). Using technology to support diagrammatic reasoning about center and variation. In A. Rossman & B. Chance (Eds.), *Working cooperatively in statistics education. Proceedings of the 7th International Conference on the Teaching of Statistics.* Salvador, Bahai, Brazil, July 2–7. Voorburg, The Netherlands: International Association for Statistical Education and the International Statistical Institute. Retrieved from http://iase-web.org/documents/papers/icots7/2D4_BAKK.pdf.

Ben-Zvi, D. (2006). Scaffolding students' informal inference and argumentation. In A. Rossman & B. Chance (Eds.), *Working cooperatively in statistics education. Proceedings of the 7th International Conference on the Teaching of Statistics.* Salvador, Bahai, Brazil, July 2–7. Voorburg, The Netherlands: International Association for Statistical Education and the International Statistical Institute. Retrieved from http://iase-web.org/documents/papers/icots7/2D1_BENZ.pdf.

Ben-Zvi, D., & Aridor, K. (2014). Students' emergent roles in developing their reasoning about uncertainty and modeling. In K. Makar, B. deSousa, & R. Gould (Eds.), *Sustainability in statistics education. Proceedings of the 9th International Conference on the Teaching of Statistics.* Flagstaff, AZ, July 13–18. Voorburg, The Netherlands: International Statistical Institute. Retrieved from http://iase-web.org/icots/9/proceedings/pdfs/ICOTS9_9A3_ARIDOR.pdf.

Ben-Zvi, D., Gil, E., & Apel, N. (2007). What is hidden beyond the data? Helping young students to reason and argue about some wider universe. In D. Pratt & J. Ainley (Eds.), *Reasoning about informal inferential statistical reasoning: A collection of current research studies. Proceedings of the Fifth International Research Forum on Statistical Reasoning, Thinking, and Literacy* (SRTL-5). August 11–17. Warwick, UK: University of Warwick.

Biehler, R., Ben-Zvi, D., Bakker, A., & Makar, K. (2013). Technology for enhancing statistical reasoning at the school level. In M.A. Clement, A.J. Bishop, C. Keitel, J. Kilpatrick, & A.Y.L. Leung (Eds.), *Third international handbook on mathematics education* (pp. 643–689). New York: Springer.

Bower, M. (2008). Affordance analysis—matching learning tasks with learning technologies. *Educational Media International, 45*(1), 3–15.

Brown, J., Stillman, G., & Herbert, S. (2004). Can the notion of affordances be of use in the design of a technology enriched mathematics curriculum? In I. Putt, R. Faragher, & M. McLean (Eds.), *Mathematics education for the third millennium: Towards 2010. Proceedings of the 27th Annual Conference of the Mathematics Education Research Group of Australasia* (Vol. 1, pp. 119–124). Sydney, NSW: MERGA.

Browning, C., Goss, J., & Smith, D.O. (2014). Statistical knowledge for teaching: Elementary preservice teachers. In K. Makar, B. deSousa, & R. Gould (Eds.), *Sustainability in statistics education. Proceedings of the 9th International Conference on the Teaching of Statistics.* Flagstaff, AZ, July 13–18. Voorburg, The Netherlands: International Statistical Institute. Retrieved from http://iase-web.org/icots/9/proceedings/pdfs/ICOTS9_2F2_BROWNING.pdf.

Browning, C., & Smith, D.O. (2015). Utilizing technology to engage statistical inquiry in light of the standards for mathematical practice. In D. Polly (Ed.), *Cases of technology integration in mathematics education* (pp. 205–226). Hershey, PA: IGI Global.

Burgess, T. (2014). Student perspectives on being introduced to using *TinkerPlots* for investigations. In K. Makar, B. deSousa, & R. Gould (Eds.), *Sustainability in statistics education. Proceedings of the 9th International Conference on the Teaching of Statistics.* Flagstaff, AZ, July 13–18. Voorburg, The Netherlands: International Statistical Institute. Retrieved from http://iase-web.org/icots/9/proceedings/pdfs/ICOTS9_2B3_BURGESS.pdf.

Chick, H.L. (2007). Teaching and learning by example. In J. Watson & K. Beswick (Eds.), *Essential research, essential practice. Proceedings of the 30th annual conference of the Mathematics Education Research Group of Australasia* (Vol. 1, pp. 3–21). Adelaide, SA: MERGA.

Day, L. (2013). Using statistics to explore cross-curricular and social issues opportunities. *The Australian Mathematics Teacher, 69*(4), 3–7.

delMas, R., Garfield, J., & Zieffler, A. (2014). Using *TinkerPlots* to develop tertiary students' statistical thinking in a modeling-based introductory statistics class. In T. Wassong, D. Frischemeier, P.R. Fischer, R. Hochmuth, & P. Bender (Eds.), *Using tools for learning mathematics and statistics* (pp. 405–420). Heidelberg: Springer Spektrum.

Fitzallen, N. (2006). A model of students' statistical thinking and reasoning about graphs in an ICT environment. In P. Grootenboer, R. Zevenbergen, & M. Chinnappan (Eds.), *Identities, cultures and learning spaces. Proceedings of 29th annual conference of the Mathematics Education Research Group of Australasia* (pp. 203–210). Sydney: MERGA.

Fitzallen, N. (2007). Evaluating data analysis software: The case of *TinkerPlots. Australian Primary Mathematics Classroom, 12*(1), 23–28.

Fitzallen, N. (2012). Interpreting graphs: Students developing an understanding of covariation. In J. Dindyal, L.P. Cheng, & S.F. Ng (Eds.), *Mathematics education: Expanding horizons. Proceedings of the 35th annual conference of the Mathematics Education Research Group of Australasia* (pp. 290–297). Sydney: MERGA.

Fitzallen, N. (2013). Characterising students' interaction with *TinkerPlots. Technology Innovations in Statistics Education, 7*(1), Article 2. Retrieved from www.escholarship.org/uc/item/1074n1dp#.

Fitzallen, N., & Brown, N. (2006). Evaluating data-analysis software: Exploring opportunities for developing statistical thinking and reasoning. In N. Armstrong & C. Sherwood (Eds.), *IT's up here for thinking. Proceedings of the Australian Computers in Education Conference* (CD-ROM). October 2–4. Lesmurdie, WA: Australian Council for Computers in Education.

Fitzallen, N., & Watson, J. (2010). Developing statistical reasoning facilitated by *TinkerPlots.* In C. Reading (Ed.), *Data and context in statistics education: Towards an evidence-based society. Proceedings of the 8th International Conference on the Teaching of Statistics.* Ljubljana, Slovenia, July 11–16. Voorburg, The Netherlands: International Statistical Institute. Retrieved from www.stat.auckland.ac.nz/~iase/publications/icots8/ICOTS8_8A4_FITZALLEN.pdf.

Fitzallen, N., & Watson, J. (2011). Graph creation and interpretation: Putting skills and context together. *Traditions and [new] practices. Proceedings of the joint conference of the Mathematics Education Research Group of Australasia and the Australian Association of Mathematics Teachers* (pp. 203–209). Sydney: MERGA.

Fitzallen, N., & Watson, J. (2014). Extending the curriculum with *TinkerPlots*: Opportunities for early development of informal inference. In K. Makar, B. deSousa, & R. Gould (Eds.), *Sustainability in statistics education. Proceedings of the 9th International Conference on the Teaching of Statistics.* Flagstaff, AZ, July 13–18. Voorburg, The Netherlands: International Statistical Institute. Retrieved from http://iase-web.org/icots/9/proceedings/pdfs/ICOTS9_8D3_FITZALLEN.pdf.

Frischemeier, D. (2014). Comparing groups by using *TinkerPlots* as part of a data analysis task—Tertiary students' strategies and difficulties. In K. Makar, B. deSousa, & R. Gould (Eds.), *Sustainability in statistics education. Proceedings of the 9th International Conference on the Teaching of Statistics.* Flagstaff, AZ, July 13–18. Voorburg, The Netherlands: International Statistical Institute. Retrieved from http://iase-Web.org/icots/9/proceedings/pdfs/ICOTS9_8J3_FRISCHEMEIER.pdf.

Garfield, J., delMas, R., & Zieffler, A. (2012). Developing statistical modelers and thinkers in an introductory, tertiary-level statistics course. *ZDM: The International Journal on Mathematics Education, 44*, 883–898.

Gibson, J. J. (1977). The theory of affordances. In R. Shaw & J. Bransford (Eds.), *Perceiving, acting, and knowing: Toward an ecological psychology* (pp. 67–82). Hillsdale, NJ: Lawrence Erlbaum Associates.

Goldenberg, E. P. (1991). The difference between graphing software and educational graphing software. In W. Zimmerman & S. Cunningham (Eds.), *Visualization in teaching and learning mathematics* (pp. 77–86). Washington, DC: Mathematical Association of America.

Goyne, J. S., McDonough, S. K., & Padgett, D. D. (2000). Guidelines for evaluating educational software. *The Clearing House, 73*(6), 345–348.

Hall, J. (2008, July). Using Census at School and *TinkerPlots* to support Ontario elementary teachers' statistics teaching and learning. In J. Garfield & M. G. Ottaviani (Chairs), *Topic 6: Building collaboration between mathematics and statistics educators in teacher education*, Joint ICME/IASE Study: Teaching statistics in school mathematics. Challenges for teaching and teacher education, Monterrey, Mexico. Retrieved from www.ugr.es/~icmi/iase_study/Files/Topic6.htm.

Harradine, A., & Konold, C. (2006). How representational medium affects the data displays students make. In A. Rossman & B. Chance (Eds.), *Working cooperatively in statistics education. Proceedings of the 7th International Conference on the Teaching of Statistics* (CD-ROM). Salvador, Bahai, Brazil, July 2–7. Voorburg, The Netherlands: International Statistical Institute and the International Statistical Institute.

Hoyles, C., Bakker, A., Kent, P., & Noss, R. (2007). Attributing meanings to representations of data: The case of statistical process control. *Mathematical Thinking and Learning, 9*, 331–360.

Hudson, R. A. (2012). Finding balance at the elusive mean. *Mathematics Teaching in the Middle School, 18*, 301–306.

Ireland, S., & Watson, J. (2009). Building an understanding of the connection between experimental and theoretical aspects of probability. *International Electronic Journal of Mathematics Education, 4*, 339–370.

Jonassen, D. H., & Land, S. M. (Eds.). (2000). *Theoretical foundations of learning environments.* Mahwah, NJ: Lawrence Erlbaum Associates.

Jones, K. S. (2003). What is an affordance? *Ecological Psychology, 15*(2), 107–114.

Kazak, S., Fujita, T., & Wegerif, R. (2014). Year 6 students' reasoning about random 'bunny hops' through the use of *TinkerPlots* and peer-to-peer dialogic interactions. In K. Makar, B. deSousa, & R. Gould (Eds.), *Sustainability in statistics education. Proceedings of the 9th International Conference on the Teaching of Statistics.* Flagstaff, AZ, July 13–18. Voorburg, The Netherlands: International Statistical Institute. Retrieved from http://iase-web.org/icots/9/proceedings/pdfs/ICOTS9_9F1_KAZAK.pdf.

Kazak, S., & Konold, C. (2010). Development of ideas in data and chance through the use of tools provided by computer-based technology. In C. Reading (Ed.), *Data and context in statistics education: Towards an evidence-based society. Proceedings of the 8th International Conference on the Teaching of Statistics.* Ljubljana, Slovenia, July 11–16. Voorburg, The Netherlands: International Statistical Institute. Retrieved from http://iase-web.org/documents/papers/icots8/ICOTS8_8D2_KAZAK.pdf.

Kazak, S., Wegerif, R., & Fujita, T. (2014). Supporting students' probabilistic reasoning through the use of technology and dialogic talk. In S. Pope (Ed.), *Proceedings of the 8th British Congress of Mathematics Education* (pp. 215–222). Nottingham, UK: British Society for Research into Learning Mathematics.

Kennewell, S. (2001). Using affordances and constraints to evaluate the use of information and communications technology in teaching and learning. *Journal of Information Technology for Teacher Education, 10*(1–2), 101–116.

Kidman, G. C., & Nason, R. (2000). When a visual representation is not worth a thousand words. *Technology in Mathematics Education Conference* (CD-ROM). December 11–14. Auckland: University of Auckland and Auckland University of Technology.

Konold, C. (2007). Designing a data analysis tool for learners. In M. C. Lovett & P. Shah (Eds.), *Thinking with data* (pp. 267–291). New York: Lawrence Erlbaum Associates.

Konold, C., & Harradine, A. (2014). Contexts for highlighting signal and noise. In T. Wassong, D. Frischemeier, P. R. Fischer, R. Hochmuth, & P. Bender (Eds.), *Using tools for learning mathematics and statistics* (pp. 237–250). Heidelberg: Springer Spektrum.

Konold, C., Harradine, A., & Kazak, S. (2007). Understanding distributions by modeling them. *International Journal of Computers for Mathematical Learning, 12*(3), 217–230.

Konold, C., & Lehrer, R. (2008). Technology and mathematics education: An essay in honor of Jim Kaput. In L. D. English (Ed.), *Handbook of International Research in Mathematics Education* (2nd ed., pp. 49–72). New York: Routledge.

Konold, C., & Miller, C. (1994). DataScope. (Computer software). Santa Barbara, CA: Intellimation Library for the Macintosh.

Konold, C., & Miller, C. D. (2005). Tinkerplots: Dynamic data exploration. (Computer software). Emeryville, CA: Key Curriculum Press.

Konold, C. & Miller, C. D. (2011). *TinkerPlots*: Dynamic data exploration. (Computer software, Version 2.0). Emeryville, CA: Key Curriculum Press.

Land, S. M., Hannafin, M. J., & Oliver, K. (2012). Student-centred learning environments: Foundations, assumptions and design. In D. Jonassen & S. Land (Eds.), *Theoretical foundations of learning environments* (2nd Ed., pp. 3–26). Hoboken, NJ: Taylor & Francis.

Lehrer, R., Kim, M. J., & Schauble, L. (2007). Supporting the development of conceptions of statistics by engaging students in measuring and modeling variability. *International Journal of Computers for Mathematical Learning, 12*(3), 195–216.

Madden, S. (2014). Designing technology-rich learning environments for secondary teachers to explore and prepare to teach statistics. In K. Makar, B. deSousa, & R. Gould (Eds.), *Sustainability in statistics education. Proceedings of the 9th International Conference on the Teaching of Statistics.* Flagstaff, AZ, July 13–18. Voorburg, The Netherlands: International Statistical Institute. Retrieved from http://iase-web.org/icots/9/proceedings/pdfs/ICOTS9_9E2_MADDEN.pdf.

Manor, H., Ben-Zvi, D., & Aridor, K. (2014). Students' reasoning about uncertainty while making informal statistical inferences in an "integrated pedagogic approach." In K. Makar, B. deSousa, & R. Gould (Eds.), *Sustainability in statistics education. Proceedings of the 9th International Conference on the Teaching of Statistics.* Flagstaff, AZ, July 13–18. Voorburg, The Netherlands: International Statistical Institute. Retrieved from http://iase-web.org/icots/9/proceedings/pdfs/ICOTS9_8C2_MANOR.pdf.

Meletiou-Mavrotheris, M., Paparistodemou, E., & Stylianou, D. (2009). Enhancing statistics instruction in elementary schools: Integrating technology in professional development. *The Montana Mathematics Enthusiast, 6*(1–2), 57–78.

Ministry of Education. (1992). *Mathematics in the New Zealand curriculum.* Wellington, NZ: Author.

Monteiro, C., Asseker, A., Carvalho, L., & Campos, T. (2010). Student teachers developing their knowledge about data handling using *TinkerPlots*. In C. Reading (Ed.), *Data and context in statistics education: Towards an evidence-based society. Proceedings of the 8th International Conference on the Teaching of Statistics.* Ljubljana, Slovenia, July 11–16. Voorburg, The Netherlands: International Statistical Institute. Retrieved from http://iase-web.org/documents/papers/icots8/ICOTS8_3B1_MONTEIRO.pdf.

Murray, T., Blessing, S., & Ainsworth, S. (Eds.) (2003). *Authoring tools for advanced technology learning environments: Toward cost-effective adaptive, interactive and intelligent educational software.* Dordrecht, The Netherlands: Kluwer Academic Publishers.

National Council of Teachers of Mathematics. (1989). *Curriculum and evaluation standards for school mathematics.* Reston, VA: Author.

Noll, J., Gebresenbet, M., & Glover, E.D. (2012). A modeling and simulation approach to informal inference: Success and challenges. In D. Ben-Zvi & K. Makar (Eds.), *Teaching and learning statistics. Proceedings of the 12th International Congress on Mathematical Education, Topic Study Group 12* (pp. 141–150). Seoul, Korea, July 8–15.

Monteiro, C., Asseker, A., Carvalho, L., & Campos, T. (2010). Student teachers developing their knowledge about data handling using *TinkerPlots*. In C. Reading (Ed.), *Data and context in statistics education: Towards an evidence-based society. Proceedings of the 8th International Conference on the Teaching of Statistics.* Ljubljana, Slovenia, July 11–16. Voorburg, The Netherlands: International Statistical Institute. Retrieved from http://iase-web.org/documents/papers/icots8/ICOTS8_3B1_MONTEIRO.pdf.

Murray, T., Blessing, S., & Ainsworth, S. (Eds.) (2003). *Authoring tools for advanced technology learning environments: Toward cost-effective adaptive, interactive and intelligent educational software.* Dordrecht, The Netherlands: Kluwer Academic Publishers.

National Council of Teachers of Mathematics. (1989). *Curriculum and evaluation standards for school mathematics.* Reston, VA: Author.

Noll, J., Gebresenbet, M., & Glover, E.D. (2012). A modeling and simulation approach to informal inference: Success and challenges. In D. Ben-Zvi & K. Makar (Eds.), *Teaching and learning statistics. Proceedings of the 12th International Congress on Mathematical Education, Topic Study Group 12* (pp. 141–150). Seoul, Korea, July 8–15.

Paparistodemou, E., & Meletiou-Mavrotheris, M. (2008). Developing young students' informal inference skills in data analysis. *Statistics Education Research Journal, 7*(2), 83–106. Retrieved from www.stat.auckland.ac.nz/~iase/serj/SERJ7(2)_Paparistodemou.pdf.

Podworny, S., & Biehler, R. (2014). A learning trajectory on hypothesis testing with *TinkerPlots*—Design and exploratory evaluation. In K. Makar, B. deSousa, & R. Gould (Eds.), *Sustainability in statistics education. Proceedings of the 9th International Conference on the Teaching of Statistics.* Flagstaff, AZ, July 13–18. Voorburg, The Netherlands: International Statistical Institute. Retrieved from http://iase-web.org/icots/9/proceedings/pdfs/ICOTS9_9A2_PODWORNY.pdf.

Rossman, A.J. (2008). Reasoning about informal statistical inference: One statistician's view. *Statistics Education Research Journal, 7*(2), 5–19. Retrieved from www.stat.auckland.ac.nz/serj.

Rubin, A., & Hammerman, J.K. (2006). Understanding data through new software representations. In G.F. Burrill (Ed.), *Thinking and reasoning with data and chance* (pp. 241–256). Reston, VA: National Council of Teachers of Mathematics.

Saldanha, L., & McAllister, M. (2014). Using re-sampling and sampling variability in an applied context as a basis for making statistical inferences with confidence. In K. Makar, B. deSousa, & R. Gould (Eds.), *Sustainability in statistics education. Proceedings of the 9th International Conference on the Teaching of Statistics.* Flagstaff, AZ, July 13–18. Voorburg, The Netherlands: International Statistical Institute. Retrieved from http://iase-web.org/icots/9/proceedings/pdfs/ICOTS9_6C2_SALDANHA.pdf.

Schoenfeld, A. H. (1998). Making mathematics and making pasta: From cookbook procedures to really cooking. In J. G. Greeno & S. V. Goldman (Eds.), *Thinking practices in mathematics and science learning* (pp. 299–320). Mahwah, NJ: Lawrence Erlbaum Associates.

Stack, S., & Watson, J. (2013). Randomness, sample size, imagination and metacognition: Making judgments about differences in data sets. *Australian Mathematics Teacher, 69*(4), 23–30.

Tukey, J. W. (1977). *Exploratory data analysis.* Reading, MA: Addison-Wesley Publishing Company.

Watson, J. M. (2006). *Statistical literacy at school: Growth and goals.* Mahwah, NJ: Lawrence Erlbaum Associates.

Watson, J. M. (2014). *TinkerPlots* as an interactive tool for learning about resampling. In T. Wassong, D. Frischemeier, P. R. Fischer, R. Hochmuth, & P. Bender (Eds.), *Using tools for learning mathematics and statistics* (pp. 421–436). Heidelberg: Springer Spektrum.

Watson, J. M., & Chance, B. (2012). Building intuitions about statistical inference based on resampling. *Australian Senior Mathematics Journal, 26*(1), 6–18.

Watson, J. M., & Donne, J. (2009). *TinkerPlots* as a research tool to explore student understanding. *Technology Innovations in Statistics Education, 3*(1), 1–35.

Watson, J. M., & English, L. D. (2013a). Data and measurement in year 4 of the Australian Curriculum: Mathematics. In S. Herbert, J. Tillyer, & T. Spencer (Eds.), *Mathematics: Launching futures. Proceedings of the 24th biennial conference of the Australian Association of Mathematics Teachers* (pp. 157–165). July 10–13. Adelaide: AAMT.

Watson, J. M., & English, L. D. (2013b). The power of percent. *Australian Primary Mathematics Classroom, 18*(4), 14–18.

Watson, J. M., & Fitzallen, N. (2010). *Development of graph understanding in the mathematics curriculum. Report for the NSW Department of Education and Training.* Sydney: State of New South Wales through the Department of Education and Training. Retrieved from www.curriculumsupport.education.nsw.gov.au/primary/mathematics/assets/pdf/dev_graph_undstdmaths.pdf.

Webb, M. E. (2005). Affordances of ICT in science learning: Implications for an integrated pedagogy. *International Journal of Science Education, 27*(6), 705–735.

Weissglass, J., & Cummings, D. (1991). Dynamic visual experiments with random phenomena. In W. Zimmerman & S. Cunningham (Eds.), *Visualization in teaching and learning mathematics* (pp. 215–223). Washington, DC: Mathematical Association of America.

Weissglass, J., Theis, N., & Finzer, W. (1986). *Hands-on statistics: Explorations with a microcomputer.* Belmont, CA: Wordsworth.

Yilmaz, Z. (2013). Usage of *TinkerPlots* to address and remediate 6th grade students' misconceptions about mean and median. *Anthropologist, 16*(1–2), 21–29.

수학적 관행에서의 디지털 공학기술의 활용: 전통적 접근법과 새로운 접근법의 조화 25

Luis Moreno-Armella and Manuel Santos-Trigo
Cinvestav-IPN, Mexico

도입

사회를 변화시키는 힘을 가진 디지털 공학기술의 보급은 2010년대에 살고 있는 우리에게 교육 체계에 대한 새로운 도전 과제로 가득 찬 새 시대로 접어들었음을 상기시킨다. 나라마다 경제 발전 수준이 다르기는 하지만 이 말은 전 세계의 모든 나라에 적용된다. 디지털 공학기술의 중요성과 가용성의 증대는 사람들에게 새로운 사회 참여의 공간을 모색하고 결국에는 그들 자신의 정체성을 재정의하는 창을 열어 주었다. 멕시코에는 대략 9900만 대의 휴대폰이 보급되었는데 이것은 100명당 86대의 휴대폰을 가지고 있음을 의미한다. 멕시코시티에서 지하철 여행을 해보면 사람들이 휴대폰(기본 휴대폰과 심지어 스마트폰도)으로 메시지를 보내고 게임을 하면서 스스로 고립되어 가는 것을 쉽게 관찰할 수 있다. 사람들이 다른 장소에 존재할 수 있도록 휴대폰이 중재하기 때문에 이런 고립은 분명해진다. 정체성은 사회적 공간에서의 존재와 관련이 있지만 이제 사회적 공간은 가상현실의 영역까지 영구히 확대되었다. 휴대폰은 이렇게 확장된 사회의 하부구조에 들어가고 참여하는 열쇠이다. Friedman(2007)은 공학기술 자원을 사용하면서 더 많은 사람들이 사회적 관심사를 해결하고 논의하는데 이전 어느 때보다 더 직접적으로 관여하고 협력할 수 있음을 설명하고 주장하면서 평탄화(flatness)의 개념을 사용한다. 그는 이렇게 적었다. “세계의 평탄화가 의미하는 것은 현재와 같은 번영, 혁신, 협업의 놀라운 시대에 기업, 지역사회, 개인에 의해 지구상의 모든 지식 센터를 하나의 글로벌 네트워크로 함께 연결하고 있다는 것이다”(p. 8). 디지털 공학기술은 인간관계와 인간의 인지 능력을 변형시켰으며 지금도 변형시키고 있다. Friedman의 책에는 이러한 사실에 대한 충분한 증거가 제시되어 있다. 오늘날 인지 공학기술의 사용(Pea, 1985)은 인간 인식의 증폭기로 볼 수 있다. 예를 들면, CAS가 가능한 계산기를 사용하면 주어진 다항식의 근을 구하는 문제를 해결할 수 있다. 물론 계산기 없이도 문제를 해결할 수 있지만 이를 활용하는 것이 더 빠르고 편리하다. 확대경처럼, 인지 공학기술은 우리가 이미 가지고 있는 능력을 증진시킨다. 공학기술을 활용하여 과제를 나타내고 탐구하면서 사람들은 대개 이런 인지적 여건을 개발한다. 하지만 멀리 보면 이것이 적절한 역할은 아니다. 트로이 목마처럼, 인지 공학기술은 우리의 마음속에서 은밀히 일을 하고 시간이 흐르면 우리 인지 자원의 일부가 된다. 글쓰기와 관련된 공학기술이 바로 이런 예이다. Donald(2001, p. 302)가 설명했듯, 문해 능력은 뇌의 기능적 구조를 변화시키고 문해 능력을 갖춘 사람들의 인지적 작업 수행에 깊은 영향을 미친다. Donald에 따르면, 문해적 어휘의 복잡한 신경 구성요소는 우리 사고의 기능적 조직을 재연결하기 위해 수년간의 교육을 받아야 한다. 마찬가지로 10진법 체계(Kaput & Schorr, 2008, p. 212)도 처음으로 계산에 대한 접근을 확대했고 결국에는 근대사회로의 길을 닦았다. 오늘날 우리는 공학기술이 없는 세상은 상상할 수도 없다. 공학기술은 우리 사회 기반 시설의 일부가 되었다-명백히 단순한 증폭기 그 이상이다. 즉, 공학기술은 모든 사람들이 개인적 사회적 활동을 유지하기 위해 배우고 사용하는 필수 도구가 되었다. Donald(2001)가 쓴 것처럼, 공학기술은 개인 뇌의 기능적인 조직을 재편한 동시에 우리 문화와 공존하게 되었다. 공학기술이 사회에서 보편성을 띠게 되면 공학기술은 눈에 보이지 않게 된다. 사람들이 공학기술의 효과에 점점 더 익숙해지면서 공학기술은 사회와 뒤섞이기 때문이다.

따라서 공학기술은 사회에서 자연스럽고 투명한 존재가 되어 마침내 인간 생태계의 진정한 일부가 된다.

과학적 공학기술상의 발전을 우리의 현실, 더 중요하게는 우리의 교육 현실로 옮겨 놓는데 필요한 중요한 능력을 개발할 필요가 있다. 과학적 지식을 학교에서 가르치는 지식으로 번역하는 것을 안내하고 이해하는데 필요한 포괄적인 체계가 바로 교수학적 변환론(Chevallard, 1985)이다. 간단히 말하면, 교수학적 변환은 지식을 재구성하여 교육 자료로 활용할 수 있는 길을 제공한다.

교수학적 변환은 한편으로는 사회적 기대, 다른 한편으로는 교육 체계가 학습자에게 전달하고 제공해 주어야 하는 것 사이에서 긴장을 조성한다. 학교 문화가 학생과 교사의 가치에 중대한 흔적을 늘 남긴다는 것을 인식하는 것은 중요하다. Artigue가 적절히 표현했듯, “이러한 [문화] 가치는 역사적으로 공학기술이 열악한 환경에서 확립되었고, 공학기술의 발전과 연계된 수학적 관행의 발전을 서서히 감당하게 되었다”(p. 245). 하지만, 짚고 가야할 사실이 하나 있다. 인식과정의 매개물은 인식론적으로 중립적이지 않기 때문에 디지털 미디어를 통해 생산된 새로운 지식은 지필환경에서 발생한 지식과 다르다. 즉, 지식의 본질은 인식과정을 중재하는 인공물과 불가피하게 연결되어 있다(Moreno-Armella & Hegedus, 2009, p. 501). 이와 관련해서는 이 장의 뒷부분에서 광범위하게 논의할 기회가 있을 것이다.

과거와 미래 사이에 존재하는 자연스런 긴장을 인식하는 것도 중요하지만, 신중하게 과거를 들여다보고 혁신적으로 미래를 들여다본다는 것을 인식하다면 이런 긴장도 해결할 수 있다.

오늘날 우리의 학생들은 점점 더 디지털 원주민이 되어가고 있다-교사인 우리는 디지털 이민자들이다(Prensky, 2010). 비록 우리가 디지털 공학기술의 원주민이 아니라고 해도 과거의 공학기술에 새로운 공학기술을 받아들여야만 한다.

이 맥락에서, 학생들이 강력한 수학적 아이디어를 경험할 수 있도록 학교 문화의 관행, 인지적 인식론적 가정을 점진적이지만 영구적으로 재편해야만 한다. 교실은 교육 과정의 중추신경계이다. 하지만 교육 체계와 교실은 열린 체계이며 결과적으로 사회적 문화적 환경으로부터 다차원적인 영향을 받는다.

오늘날 우리는 경험을 표현하고 의사소통하는, 특히 우리가 얻은 지식을 의사소통하는 새로운 방법들을 가지고 있다. 예를 들면, 의사소통 공학기술은 연구 공동체간 직접적인 상호작용뿐 아니라 경험과 결과를 나누는 것도 가능하게 한다.

Bottino, Artigue, Noss(2009)는 공학기술이 강화된 학습의 목표와 틀을 짜는 방법을 여러 유럽 연구팀이 함께 논의하는 공동프로젝트를 제안한다. 하지만 이 모든 것들이 지식에만 관련된 것은 아니다. 그것은 주로 학습에 관한 것이다. Schmidt와 Cohen(2013)이 지적했듯, 2025년이 되면 컴퓨터는 2013년보다 64배 빨라질 것이다. 이것은 개인이 자신의 문제해결 방법을 포함하여 자신의 사고방법을 재조직하도록 돕는 계산력의 엄청난 증가이다. 그러나 우리는 이런 사실이 일반적으로 사회와 교육에, 특히 다음 10년간의 사회와 교육에 어떤 시사점을 주는지 예견할 수 없다.

수학은 우리 문화와 삶의 한 부분이다. 그것은 모든 디지털 인공물, 전화기, 컴퓨터, eBook 등에 녹아 있다. 따라서 이런 질문을 할 수 밖에 없다. 디지털 인공물의 사용이 점점 더 증가하는 오늘날 사회에서 수학의 새로운 역할이 무엇인가? 학생들이 이해를 개발하고 추론하는 활동을 강화하기 위해서 스마트폰을 포함하는 사용가능한 공학기술을 어떻게 활용할 것인가? 따라서, 우리는 교사들이 가능한 범위 내에서 디지털 인공물을 사용하기 위해 어떤 전략을 써야할 지를 이해해야만 한다. 예를 들면, 그들은 정보전달 공학기술이나 수학적 행동 공학기술(Dick & Hollebrands, 2011)을 사용할 수 있다. 정보전달 공학기술을 활용해서 교사는 교실에서 수학적 아이디어를 제시하고 의사소통할 수 있다. 정보전달 공학기술(예를 들면, Microsoft PowerPoint, LCD projectors) 자체가 수학에만 국한된 것은 아니지만 수학적 아이디어의 측면에서 다른 사람의 생각을 논의하도록 교실을 통합한다는 측면에서 중요하다. 수학적 행동 공학기술(Dick & Hollebrands, 2011)은 탐구, 추측하기, 논쟁과 일반적인 수학적 사고 방법을 활성화하고 증진시키기 위해 사용된다.

수학적 과제에 대한 집중

지난 10년 동안 우리는 디지털 공학기술의 활용이 교사와 학생들에게 수학적 지식을 이해하고 개발하는 새로운 방법을 얼마나 제공하는지를 분석하고 논의하기 위한 여러 가지 국가 수준의 연구 프로젝트에 지속적으로 참여해왔다(Moreno-Armella & Santos-Trigo, 2008). 그 프로젝트들이 진행되는 동안 우리는 여러 가지 디지털 도구의 활용, 교육과정 개혁, 실제 학습 장면에서 수학적 과제를 설계하고 실행하는 방법을 향상시키는 문제해결 활동에 교사들이 얼마나 참여하는지와 관련된 주제를 다루어왔다(Santos-Trigo & Camacho-Machin, 2009). 우리는 세미나와 워크숍을 통해 공공기관의 교사들과 직접적으로 작업하는 방법을 활용하였다. 그곳에서 교사들은 핸드북과 연구저널에 게재된 것과 같이 디지털 공학기술의 활용에 관한 국제적인 발전과 이를 실제 교수 관행의 틀로 만드는 방법을 확인하고 토론할 기회를 갖는다. 사실 학습자가 도구의 여건을 통해 과제를 생각하고 접근할 때 나타나는 추론 방법을 설명하기 위해 이 장에서 사용한 몇 가지 과제는 이런 프로젝트에서 나온 것들이다. 즉, 과제는 학습자의 수학적 지식 구성을 촉진할 뿐 아니라 디지털 공학기술의 활용과 관련된 학생들의 추론 방법을 기록하는 데에도 중요한 역할을 한다.

교육이 교사의 영구적이고 지속가능한 변혁을 필요로 한다는 것은 자명한 사실이다. 인구 1억 1200만의 멕시코에는 3480만 명의 학생과 약 180만 명의 교사가 있다. 이 가운데 15세에서 18세 사이의 학생 인구가 12.5%인데, 이 연령대의 학생들이 앞으로 몇 년 안에 빠르게 증가할 것으로 예상된다. 이 연령대의 학생들을 위해 286,000명의 교사와 328,000명의 대학 교사들이 있다. 대학 수준에는 320만 명의 학생들이 있으며 세계 학생 인구의 9.1%를 차지한다. 이 업데이트된 수치는 교육부(SEP)에서 나온 것으로, 교사들이 일하고 직업적 삶을 발전시킬 환경이 되는 사회적 현실의 일면을 보여준다. 지역 전통과 세계적 변형 또는 국가적 국제적 혁신 사이의 긴장은 영구적이다. 우리는 교육 연구자로서 우리가 중요하다고 생각하는 아이디어들을 변형하여 교사들의 영구적인 전문성 개발을 따라 이를 확산시켜야 할 필요가 있다. 교사들은 우리의 가장 가까운 동료이다.

인공물을 안내하고 안내받기

학생이 처음으로 바이올린을 접하는 모습을 상상해보자. 첫 시간 후에 학생은 어깨, 목, 손에 통증을 느끼면서 집으로 돌아온다. 아마도 바이올린은 음정이 맞지 않겠지만, 어떤 면에서 바이올린은 자신을 정복하려는 학생들의 노력에 약간의 저항을 보인다. 이러한 초기의 장애물와 단점은 바이올린 연주자가 될 학생에게 인공물이 부과하는 제약의 일부이다. 학생의 학습이 바이올린의 구조에 의해 안내되고 있다고 말할 수 있다. 이제 15년 후 같은 학생이 명석하고 전문적인 바이올린 연주자로서 음악회의 한 중간에 있는 모습을 상상해보자. 손, 목, 어깨는 더 이상 아프지 않다. 음악은 그녀의 연주와 함께 부드럽게 흐르고 이제 바이올린은 보이지 않는다. 이것은 바이올린 연주자가 수년 전 그 모든 초기의 단점을 극복했다는 것을 의미한다. 이제 음악가인 그녀가 음악과 예술적인 감각을 표현하기 위해 바이올린을 안내한다. 이것은 마치 바이올린 연주자가 자신이 가진 기능의 유기적 부분인 바이올린에 의해 매개된 현실을 왜곡할 수 있었다는 것이다. 인공물과 활동은 서로에게 영향을 주고 서로를 통해 흐르며 심지어 더한 것도 한다. 음악, 바이올린, 예술가는 같은 시공간을 차지한다. 따라서 주체의 활동은 인공물의 사용을 통해 이뤄지며, 그것은 또한 주체의 행동에 영향을 미친다.

음악을 하는 학생이 모든 저항을 극복하고 바이올린을 내면화하는 길고 양방향적인 과정은 문화적 매체 내에서 발생한다. 음악가는 자신의 노력에 의미를 부여하는 부수적인 미학적 가치와 동기를 문화 내에서 찾을 수 있다.

이 짧은 이야기는 자신의 과업을 달성하는데 이용하길 원하는 인공물과 사람간의 관계의 본질을 묘사하려는 것이다. 이 이야기에는 상당한 정도의 복잡성-기술적, 문화적, 인지적으로-이 내재되어 있다. 이후에 디지털 공학기술의 매개를 통한 수학의 교수학습에 대해 고찰할 때 이런 복잡성의 중요성에 대해 살펴볼 것이다.

우리의 대학원 프로그램에 참여하는 교사들과 함께 작업하는 것을 예를 들면, 컴퓨터에 설치된 Geogebra와 같은 디지털 공학기술을 교사들이 어떻게 다루는지에 대해 우리가 알 수 있는 매우 값진 기회가 되었다. 교사들은 교실로 돌아가면 이런 공학기술을 사용해야 하기 때문에 동기부여가 된다. 학교뿐만 아니라 지하철에서도 휴대폰을 볼 수 있는 것처럼 이런 인공물을 유창하게 다루어야 한다는 사회적인 압력이 있으며 더불어 전문적인 노력도 필요하다.

금세기의 첫 10년 동안 CAS와 동적 기하 소프트웨어(DGS)의 존재를 문제화하려는 진지한 노력들이 있어 왔다. 계산기, 컴퓨터, 스마트폰 등 물질적 인공물에 설치된 것뿐만 아니라, CAS나 DGS는 기호학적인 인공물이기도 하다. 왜냐하면 예를 들어, 수학적 대상의 여러 가지 상징적 등록기를 조정하려고 할 때 CAS나 DGS가 이런 기호학적인 과제를 매개하기 때문이다. 예를 들면, 둘레가 일정한 직사각형들의 넓이 변화를 분석할 때, 이산적인 접근법(표), 점의 자취가 만들어낸 그래프 또는 대수모델 등을 활용할 수 있다.

교사는 수학적 지식의 매개체로서 이런 인공물을 의미있게 활용하기 위해서 인공물의 작용과 구문규칙을 이해해야만 한다. 이를 위해서는 연주할 멜로디 즉, 교사에게는 수학적 과제가 필요하다. 과제를 해결하기 위해 자신의 지적 자원과 상징적 인공물을 의미있게 통합하는 방법을 이해하려는 교사들에게 과제는 그 자체로 장려책이 된다. Verillon과 Rabardel(1995)은 과제를 해결하기 위해 자신의 인지적 자원에 인공물을 성공적으로 통합했다면 인공물은 도구가 되었다고 설명한다. 예를 들어, 두 큰 수의 곱을 계산할 때 우리의 인지적 활동은 수를 나타내기 위해 우리가 활용하는 위치기수법에 의해 매개된다. 우리가 흔히 하는 것이기 때문에 위치기수법의 활용은 매우 자연스럽다. 십진위치기수법은 문화적 인공물 그 이상이다. 십진위치기수법은 우리가 수를 다룰 때 추론의 도구가 되었다. 7진법으로 써진 수를 계산하는 상황과 비교해보면 대비가 된다. 이 경우는 문제를 해결하고 수를 생각하기 위해서는 7진법과 관련된 도구가 필요한데, 대부분의 사람들에게 7진법은 도구로 변형시키지 못한 문화적 인공물이다.

또 다른 예를 보자. 건축가가 건물을 디자인하기 위해 특정한 소프트웨어를 사용하기 시작한다. 소프트웨어가 시각적 이미지를 자유롭게 변화시킬 수 있게 해주기 때문에 건축가는 새로운 계획, 새로운 디자인을 상상할 수 있다. 건축가는 점점 이 소프트웨어를 통해서 사고하기 시작한다. 언젠가 소프트웨어는 건축가의 사고의 일부가 되고 어느 순간 앞의 바이올린과 마찬가지로 소프트웨어도 사라지게 될 것이다. 이제 소프트웨어는 디자인 과제를 해결하는 동안 건축가의 사고의 일부가 된다. 이제 소프트웨어는 도구가 되었고 디자인 활동들은 도구에 의한 활동들이다.

존재의 상징적 모드

의자 그림은 의자의 표상이지만 실제 의자는 아니다. 왜냐하면 그림 위에 앉을 수는 없기 때문이다. 르네 마그리트의 유명한 그림인 ‘The Treachery of Images(이미지의 배반)’가 생각난다. 파이프 그림이 있고 그 아래에 ‘이것은 파이프가 아니다’라는 말이 있다. 마그리트가 파이프 대신에 삼각형을 그렸다고 상상해보자. 이것은 삼각형이 아니다. 캔버스에 표현된 진짜 파이프로 마그리트가 담배를 피울 수 있다는 것을 알고 있으므로 우리는 이렇게 물을 수 있다. 그가 진짜 삼각형을 전면에 내세울 수 있을까? 대답은 분명히 아니오이다. 하지만, 우리가 삼각형의 표상을 가지고 있다면 캔버스에 나타난 그 “다른 것”은 무엇인가? 물론 그것은 마그리트의 파이프처럼 구체적인, 물질적인 것이 아니다.

우리는 다른 답을 찾아야 한다. 글쓰기는 아이디어를 구체화하는 실체적 차원의 객관성을 부여할 수 있는 힘을 가지고 있다. 이것이 수학적 표기체계인 상징적 표상에서 일어나는 일이다. 하지만 수학에서 그것이 어떻게 일어나는가? 예를 들어, 주기성(낮-밤-다시 낮)에 관한 경험을 바탕으로 이 현상의 다양성을 다루고자 개념적 실체인 주기함수를 만든다. 초기 단계에서 수학적 개념은 인간의 지각이나 둥근 대상을 만드는 것과 같은 활동으로부터 아이디어가 도출된다. 후에 우리의 원래 지각이나 경험을 담은 상징적 표상은 다른 개념들과 연계되고 종국에는 수학적 개념을 추가적으로 정교화하는 첫 번째 단계가 된다. 이것은 우리가 사전에서 찾아볼 수 있는 것과 유사하다. 어떤 사람이 단어의 의미를 알기 위해서 사전을 뒤지면 사전에서는 다른 단어들을 이용해서 설명을 제공한다. 단어가 고립되어 있으면 제대로 살 수 없다. 단어는 네트워크 내에서 살 필요가 있다. 수학 개념도 마찬가지이다. 예를 들어, 학생들은 개념의 의미와 그 응용에 대해 살펴보기 위해 쉽게 온라인 자원을 검색할 수 있고, 나아가 이런 개념에 대한 친구들의 의견이나 이해를 묻고 토론할 수도 있다.

교사들과 함께 우리는 이 예시를 사용했다. 우주의 원자 수는 10^{85} 개라고 알려져 있다. 그렇다면 10^{400} 은 어떤 의미는 가지는가? 지시하는 것이 없는 수들도 있는데 분명 이들도 여전히 수이다. 예를 들면, 이들은 산술연산의 결과물이다. 이 문제는 간단해보이지만 교사들에게 흥미로운 인식론적 토론의 기회를 제공한다. 지시물은 물질세계에서 발견될 뿐 아니라 물질세계를 확장하는 인간 행동의 세계에서도 발견된다.

지금까지, 우리는 교사들과 함께 탐구한 개념적 경로를 묘사하려고 노력해왔다. 학교에서 학생들이 수학의 일부분을 학습하려고 할 때 그 앞에 도사리고 있는 개념적 어려움에 대해 교사들이 함께 반성하고 논의하도록 교사들을 초대하는 것이 중요하다는 것을 상기해왔다.

수학적 실체는 인간의 활동으로부터 상징적 수단에 의해 구체화된 문화적 대상이라고 말하는 것은 교육을 생각하는 사람이라면 좀 더 자세히 살펴볼 필요가 있다. 1972년 ICME에서 기조연설을 한 René Thom은 이렇게 말했다. “수학교육이 직면한 진짜 문제는 엄밀성의 문제가 아니라 수학적 대상의 존재 문제와 의미 개발의 문제이다”(Thom, 1972, p. 202).

삼각형의 각 변의 길이는 다른 두 변 길이의 합보다 짧다는 것을 증명해야 했던 기하학 수업 시간을 기억할 것이다. 한 학생이 끈을 가지고 칠판에 나와서 두 변의 길이의 합을 끈을 이용해서 측정한 후 이 길이가 세 번째 변의 길이보다 길다는 것을 증명했다. 앞에서 우리는 직선은 팽팽한 끈과 같다고 논의했었다. 정리를 증명하기 위해서 학생들이 참여했던 논의(지구-태양-달의 삼각형에 대한 논의를 포함하는)를 통해 교사는 수학적 대상은 개념적 실체이기 때문에 상징적 표상을 통해서만 경험할 수 있다는 것을 학생들이 이해하는 것이 얼마나 어려운지를 알게 되었다(Duval, 2006). 게다가 한 가지 표상으로는 수학적 실체의 모든 특징을 보여줄 수 없다. 이런 의미에서 수학적 실체는 항상 구성의 과정에 있다. 수학문제를 다루는 동안 학생들이 자주 이해하기 어렵다는 느낌을 가지게 하는 것은 수학적 실체의 구체적인 참조대상이 부족하기 때문이다. 그러나 우리가 다루어야 하는 것은 추상화와 일반성의 수준이다. 학생들은 뚜렷한 존재감을 가지고 있는 어떤 것을 다루고 있다는 것을 느낄 필요가 있다(Lakoff & Nuňez, 2000). 실제로 개념을 학습할 때 학생이 그 개념의 다양한 상징적 표상을 풍부하게 경험할 기회를 가지면 개념 학습의 과정이 촉진된다는 증거가 있다.

이런 문제와 더불어 다른 민감한 문제를 해결하기 위해서 우리는 디지털 미디어에 눈을 돌리게 된다.

장면과 사례: 기하학과 미적분학

과거와 미래를 바라보고 있는 두 얼굴의 야누스와 같이, 교육은 전통과 혁신을 추구한다. 오늘의 교육과정은 전통적으로 수학은 종이와 연필만 있으면 된다고 생각해 왔던 방식에 깊이 뿌리박고 있다는 것을 잊어서는 안 되며, 마찬가지로 교사가 자신의 수업 관행에 통합할 수 있는 디지털 자료나 자원의 중요성을 잊어서는 안 된다. 디지털 공학기술이 학교 수학에 완전히 통합되지 않더라도 전통적인 체계에 내재되어 있는 수학적 사고방식을 점진적으로 잠식하고 변형시킬 것이다. 멕시코에서 모든 초등학교에 온라인 자료를 제공하겠다는 정부의 제안은 학생이 다양한 관점에서 수학적 아이디어를 탐구할 수 있도록 교과서를 상호작용 자료로 변형시키는 방법을 논의하는데 중요해졌다.

전통과 혁신 사이의 긴장이라는 딜레마를 다루기 위해 우리는 수학적 실체의 디지털 표상을 탐구한다. 그렇게 하는 것이 숨겨져 있거나 불투명한 이런 수학적 실체의 성질을 드러나게 할 것이다. 오늘날 교육의 요구사항에 더 잘 부합하는 과도기적 사고방식을 개발하는 것이 우리의 목표이다. 예를 들어, 수직이등분선과 같이 초등교육에서 나타나는 간단한 수학적 대상은 역동적으로 탐구함으로써 재 개념화된다(다음 절의 과제 참조). 실제로 수직이등분선의 개념은 고등학교 수준에서 모든 원추곡선을 만들고 탐구하는데 필수적이다(Moreno-Armella & Hegedus, 2009; Santos-Trigo & Ortega-Moreno, 2013). 이 시점에서 이런 성찰은 교실에서 교사와 함께 이루어지는 것이 중요하다. 교사들의 의식적인 노력 없이 교육을 변화시키는 것을 불가능하다. 이것은 전략적인 것이다.

이제 교사들의 수학적인 사고 방법과 관련해서 앞에서 언급한 몇 가지 장면과 사례를 제시하고자 한다.

수직이등분선의 재 개념화

교사는 당연히 수직이등분선이라는 기하학적인 대상을 묘사할 수 있다. 그렇다면 교사는 이것을 이해하였는가? 교사는 수직이등분선을 의미있게 활용하였는가? 우리는 이 질문들을 탐구하고자 한다. 우리 연구에서, 이해란 수직이등분선과 같은 문화적 인공물(Trouche, 2004)이 다른 인지적 도구들과 통합되어 도구가 되는 그 순간을 뜻한다. 하지만 이 정의는 다소 제한적이어서 우리는 교실에서 교사가 도구를 인식하고 과제를 해결하기 위해서 이를 활용할 수 있는 순간을 찾았다. 이 방법은 디지털 환경 내에서의 능동적인 탐구의 가능성과 일맥상통한다. 우리는 탐구를 위해 아래의 과제를 제시하였다. [그림 25.1]과 같이 선분 AB와 그 수직이등분선을 생각해보자.

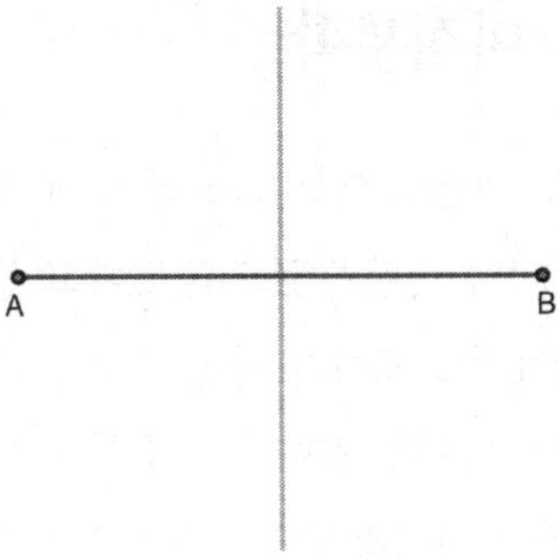

[그림 25.1] 수직이등분선

이 시점에서 우리의 아이디어는 원추곡선을 탐구하기 위한 조직원리로 수직이등분선을 이용하려는 것이다. 우리는 수직이등분선 위의 점 C를 세 번째 꼭짓점으로 해서 삼각형을 작도한 후, 교사들에게 점 C가 선분 AB의 수직이등분선 위에서 움직일 때 변 BC의 수직이등분선과 각CAB의 이등분선의 교점 D의 자취를 탐구해보도록 하였다(그림 25.2 참조). 교사들은 원추곡선처럼 보이는 자취를 얻었다. 문제는 이 자취가 원추곡선인가이다.

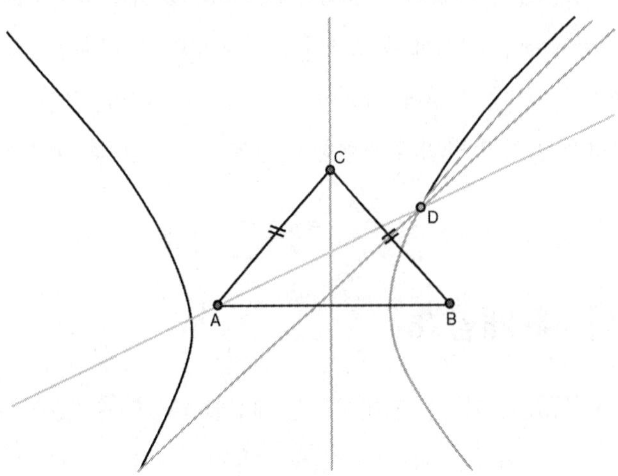

[그림 25.2] 원추곡선

이 그림은 다음에 일어날 것에 비춰보면 합당하지 않다. 순간 교사들은 의아해했다. 예상치 못한 질문이었기 때문이다. 교사들은 전통적인 분석식을 이용해서 원추곡선을 연구했다. 그런데 좌표축은 어디에 있나? 잠시 후 교사 Victor는 자취위의 5개의 점을 통과하는 원추곡선으로 자취를 덮어볼 수 있다는 것을 깨달았다. Geogebra에서는 5개의 점을 지나는 원추곡선을 그리는 명령어가 있으며 교사들은 이것을 자주 사용했었다. 이 아이디어를 따라서, 교사들은 중간 토론 후에 자신들이 기초적인 것(5개의 점을 지나는 원추곡선)을 사용했었기 때문에 추측을 반증하는 것이 정당하다는 것을 이해했다. 교사들은 그림에 포함된 꼭짓점과 선분을 끌고 회전해서 결과를 반증하는 원추곡선을 찾았다. 여기서 중요한 점은 교사들이 기본 구조는 보존한 채로 그림을 끌고 회전했다는 사실이다.

우리는 반례를 이용해서 해답을 찾는 문제로 시작하는 것이 더 생산적이라고 생각했다. 우리는 끌기가 탐구를 위한 중재자라는 것을 배웠다.

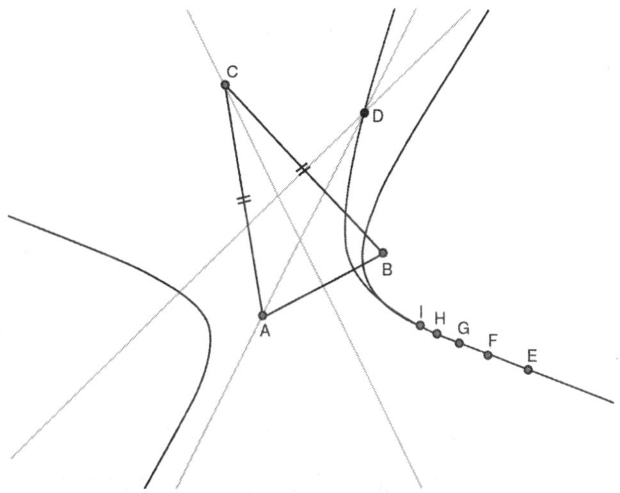

[그림 25.3] 다른 반례

Laura는 교사로서 "만일 무언가가 참이라면 끌기를 한다고 해서 거짓이 될 수는 없다."라고 말했다. 구조를 볼 수 있는 창이 열린 것이다. 다음 시간에 Alvaro는 [그림 25.3]과 같이 작도를 해 왔다.

그가 원추곡선을 작도하기 위해 선택한 5개의 점은 E, F, G, H, I였다. 그는 자취를 따라 점 I를 움직이고 다른 원추곡선을 관찰하면서 작도한 것을 가지고 놀기 시작했다.

디지털 매체에서의 기본적인 인공물로서 다섯 점을 이용한 작도를 도입하는 것은 (i) 두 점이 하나의 직선을 결정한다. (iii) 세 점이 하나의 원을 결정한다는 것과 유사성을 확립하는 것이다. 그런 후 우리는 이 매체 안에 수학이 내재되어 있다는 사실에 대해 논의하였다.

포물선의 발견

교사들은 반례를 이용해서 문제를 해결하는 경험에 대해 매우 열광적이었다. 다음에는 이전의 사례를 변형해서 시도해 보기로 했다. 우리는 각 CAB의 이등분선 대신 [그림 25.4]와 같이 선분 CB의 수직이등분선과 점 C를 지나는 직선 b의 수선과의 교점으로 활동해 볼 것을 제안했다.

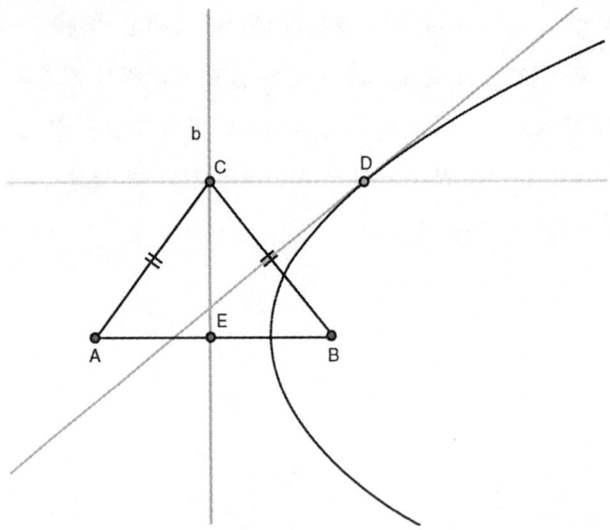

[그림 25.4] 점 C가 직선 b에서 움직일 때 점 D의 자취

이번 자취는 포물선이고 직선 b는 준선이다. 점 B는 초점이다. 교사들은 준선과 초점으로부터 같은 거리에 있는 점의 자취가 포물선이라는 것을 이미 알고 있었다. 교사들은 b가 준선이고 B가 초점임을 확인하였다. 그러나 자취가 포물선인지를 확인하려면 교사들이 [그림 25.5]와 같이 그래프를 왼쪽으로 직각만큼 회전해야 한다는 사실을 우리는 예상하지 못했다.

교사들은 포물선의 정의와 관련 없는 점과 선분을 숨겼다. [그림 25.4]의 자취가 포물선이라는 것이 분명한데 왜 교사들은 이 그래프를 회전해야 하는지 우리는 이해할 수 없었다. 우리에게는 분명했지만 교사들에게는 그렇지 않았던 것이다. 포물선의 정의는 항상 [그림 25.5]와 같은 그래프와 함께 제시되므로, 우리가 슬레이트에 그릴 때처럼 원추곡선의 그래프 표상은 우리 몸을 반영한다는 사실 때문에 관성이 만들어진다. 모양을 인식하려고 할 때 수평감각과 수직감각이 드러난다. 이 사례는 지식의 구체화를 분명하게 보여준다(Moreno-Armella & Hegedus, 2009).

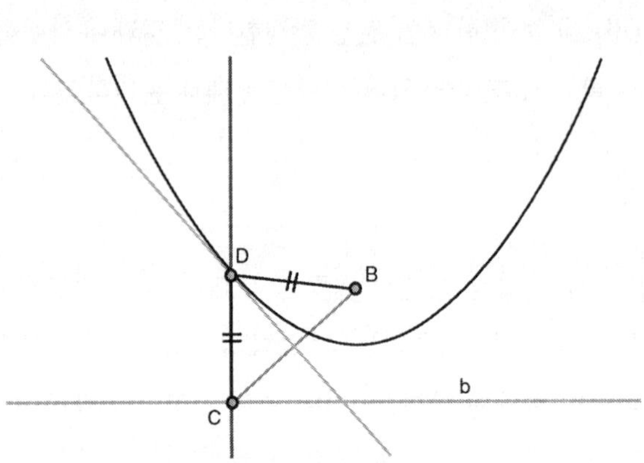

[그림 25.5] 자취 확인하기

따라서 삼각형이나 원과 같은 간단한 수학적 실체는 디지털로 표현될 수 있고 더 복잡한 실체를 확인하고 탐구하기 위한 발판이나 출발점이 된다. 다음의 사례도 마찬가지이다.

숨겨진 원추곡선 찾기

점 C를 중심으로 원을 그려라. 원 위에 점 E를 잡고 점 C와 점 E를 직선으로 이어라. 그리고 직선 CE 위의 한 점 F를 골라 선분 FG를 그려라. 선분 FG의 수직이등분선을 취해라. 이 수직이등분선은 직선 CE와 점 H에서 만난다(그림 25.6).

우리는 다음과 같이 물었다. 점 E가 원주를 따라 움직일 때 점 H의 자취는 무엇이 되는가? [그림 25.7]을 보면 그 자취가 쌍곡선처럼 보인다.

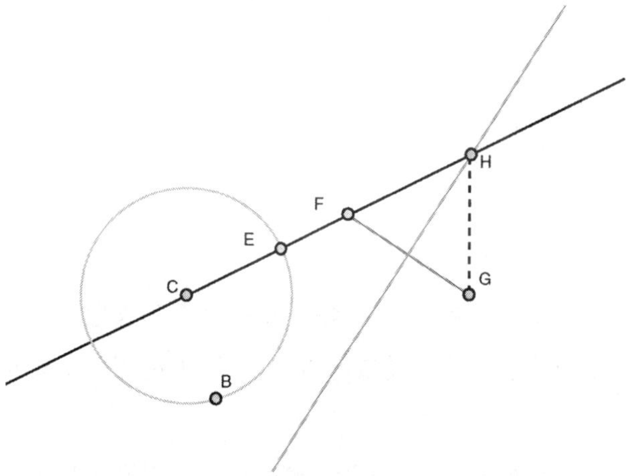

[그림 25.6] 움직이는 삼각형과 수직이등분선

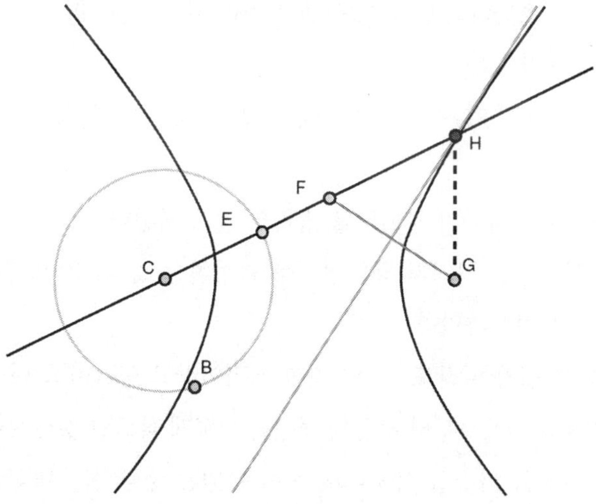

[그림 25.7] 점 E가 원 위에서 움직일 때 점 H의 자취는 무엇인가?

점 H의 자취를 그리는 것은 환경의 기본적인 여건(affordance)이다. 이 맥락에서는 지정하고 선택하면 된다. 교사들은 동적기하환경에서 제공하는 답을 보고 매료되었다. 확실히 자취는 쌍곡선처럼 보였다. 그러나 정말 쌍곡선인가? 교사들은 어떻게 할지 몰랐다. 실행계획을 고안할 수 없었다. 우리가 제안을 하자 교사들은 관련된 거리를 측정한 후 선분 HF와 선분 HG가 합동이라는 것을 찾아냈다. 그러나 H가 선분 FG의 수직이등분선이기 때문에 당연히 그럴 수밖에 없음을 Manuel이 찾아냈다. 교사들이 선분 HG를 작도하자 사실이 더 명확해졌다. 그리고 다음과 같이 정리하는데 30분이 걸렸다.

점 H의 위치와 관계없이 다음이 성립한다.

d(C, H)-d(H, G) = d(C, F)이다.

왜냐하면 d(H, F)=d(H, G)이기 때문이다. 따라서 이 자취는 쌍곡선이다.

점을 드래그하고 자취가 부드럽게 변하는 것을 관찰하는 능력이 올바른 결론에 도달하는데 결정적인 역할을 했다. 이 경우에 동점은 점 F이다. 이를 바탕으로 교사들은 점 C와 점 G가 쌍곡선의 두 초점이라고 제안했다. 의심의 여지가 없었다. 움직여 보는 것이 사진 1000장의 가치가 있다.

점 F를 고정한 채 점 G를 움직이면 다른 자취를 얻을 수 있음을 알 수 있다. 교사들이 점 G를 원으로부터 멀리 떨어진 곳에서 움직이는 것을 관찰한 후 우리는 점 G가 원에 더 가까워진다면 어떻게 되는 지를 묻기로 했다.

교사들은 한동안 침묵을 지키다가 갑자기 쌍곡선이 타원 모양으로 변하는 것을 발견하였다.

교사들은 점 G가 원에 가까워지자 자취가 갑자기 타원으로 변하자 놀라워했다. 교사들은 동적기하환경에서 한동안 자료를 조작하다가 d(C, H)-d(H, G)가 d(C, F)와 항상 같은 상수임을 증명했다. 이제 변형된 그림은 타원처럼 보였다.

차가 아니라 합이었다. 선분 FG의 수직이등분선 위의 점 H의 위치에 관계없이 d(C, H)+d(H, G)=d(C, E)인 상수이다.

이 사실로부터 교사들은 이 자취가 타원임을 명확히 알게 되었다.

마침내, 교사들은 자취가 쌍곡선인지 타원인지를 결정하는 '열쇠'의 역할을 하는 것이 직선 CE 위의 점 F의 위치라는 것을 인식하였다.

지금이 점 E와 점 F를 확인하여 작도를 단순화할 시점이라고 생각하고, 우리는 교사들에게 [그림 25.9]와 같이 원 안의 임의의 점 C로부터 타원의 접선을 어떻게 작도할 것인지를 알아보라고 하였다.

기본적인 동적 해석 기하학 과정을 마무리하는 이 논의는 생략하고 대신 다른 그룹에서 논의했던 몇 가지 미적분학 예들을 공유하고자 한다. 미적분학의 예를 제시하기 전에 교사들을 지도한 경험을 토대로 몇 가지를 반성해보는 것이 중요하다고 생각한다.

반성

[그림 25.8]과 [그림 25.9]의 점 F는 결정적인 역할을 하는 hot-point(결정점)이다(Moreno-Armella & Hegedus, 2009). 왜냐하면 이 작도에서 다른 모든 점들을 고정하면 점 F에 의해서 자취가 어떤 원추곡선이 될지가 결정되기 때문이다. 여기서 핵심적인 사실은 모든 작도에서 동적기하환경은 이런 점을 제공한다는 사실이다. 이 아이디어를 강조하면 교사들은 컴퓨터 화면에 나타난 것이 단순히 동적인 그림이 아니라 기하학적 구조라는 것을 인식한다. 구조는 화면상의 특정한 표현 뒤에 숨겨져 있기 때문에 대상을 움직임으로써 구조가 드러난다. 교사 중 한 명인 Laura는 움직임을 통해서 구조가 드러난다는 아이디어는 위장을 하고 있는 대상과 비슷하다고 말했다. 나방이 나무에 움직이지 않고 앉아있으면 나방이 움직이지 않는 한 새가 나방을 보지 못한다. 구조를 인식하는 것은 매우 복잡한 인지 과정이기 때문에 비슷한 점은 여기까지다. 디지털을 통해 사람들이 보는 실행가능한 표상은 개념적 실체이다(Moreno-Armella & Hegedus, 2009). 이 시점에서 우리는 수학적 실체의 본질에 대한 논의로 돌아가는 것이 적절한지에 대해 고민했다. 학습자가 도형을 드래그하고 선분의 길이를 변화시킬 수 있는 동적 환경에서 활동하는 것은 학습자가 동일한 구성내의 대상들의 움직임을 탐구할 수 있는 기회를 제공한다는 것을 알 수 있었다.

앞에서 제시한 모든 예에서 기본적인 기하학적 구조는 수직이등분선이었다. 이 구조는 우리가 제시한 활동에서 원추곡선을 탐구하기 위한 조직 원리이다.

작용은 사용자에게도 환경에게도 배타적으로 속하지 않는다. 사용자와 환경은 작용자이면서 반응자이다. 예를 들면, 화면에 있는 삼각형을 드래그하면 우리가 손으로 도형을 잡고 이것을 변형시킬 수 있는 것처럼 느껴진다. 작용의 관점에서 보면 사용자와 환경은 시공간적으로 공존한다. 따라서 우리가 말하고자 하는 것은 사용자와 인공물의 공동작용이 아닌 사용자와 환경의 공동작용이다. 공동작용은 인공물이 인지적 도구로 내면화되는 더 넓은 과정이다. 사회적 공간으로서 교실에는 작용자들이 많이 있다. 따라서 다른 참가자가 공학기술을 어떻게 활용하는지를 관찰한 후 관찰한 내용을 자신의 후속 전략에 통합할 수 있다. 결국 참가자들이 처음 자신들의 작용과는 근본적으로 다른 방식으로 환경에 작용하고 반응할 수 있다. 우리는 다른 사람으로부터, 다른 사람을 통해, 다른 사람과 함께 배운다. 따라서 전통적인 사용자-공학기술-과제의 삼각형은 공동작용을 사회적 구조에 포함시키는 것으로 수정되어야 한다. 문화는 공학기술을 학습하는 과정과 분리될 수 없고 공학기술은 문화로부터 분리될 수 없다.

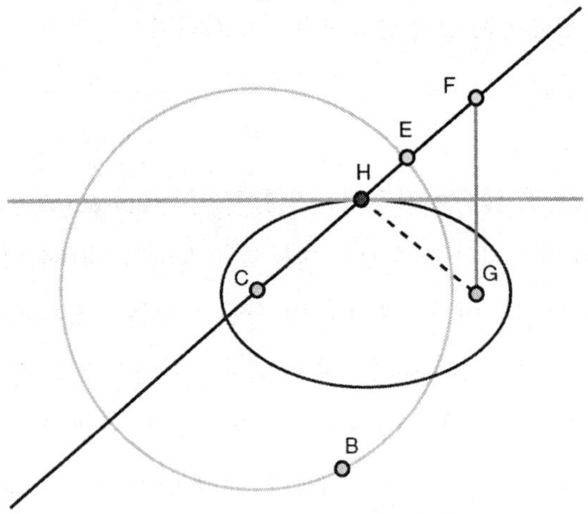

[그림 25.8] 점 C와 점 G를 초점으로 하는 타원

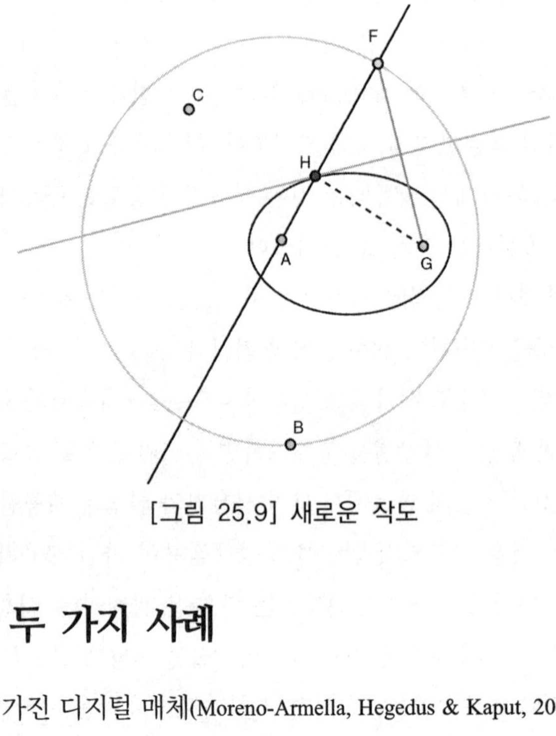

[그림 25.9] 새로운 작도

미적분학에서의 두 가지 사례

실행 가능한 표상을 가진 디지털 매체(Moreno-Armella, Hegedus & Kaput, 2008, p. 105)는 변화와 누적의 수학을 변형시켰다. 모든 작용이 인간의 상상에서 이뤄지는 지필환경에서 삼각형을 회전하거나 확장하는 기하학적 변형을 적용하는 것과 실행 가능한 환경에서 기하학적 변형을 하고 이를 화면에서 지각하는 것 사이에는 인지적으로 큰 차이가 있다. 따라서 변분, 변화, 집적은 더 이상 미적분학의 지필 버전에 국한되지 않는다. 그럼에도 불구하고 지필 전통은 무시하거나 제쳐둘 수는 없다. 디지털 표상이라는 측면에서 미적분학의 표상을 재 기술할 필요가 있다. 사실, 많은 수학적 실체들

을 디지털 환경에서 재 기술하고 번역해서 탐구할 수 있다. 교사들과 함께 한 연구에서 우리는 교사들과 논의하고 탐구할 수학을 좀 더 깊이 탐구하기 위해서 항상 디지털 표상을 활용하려고 하였다. 다음 쪽에서는 교실에서 심도깊은 논의의 대상이 되어왔던 기초 미적분학의 두 가지 예를 소개하고자 한다.

넓이 근사

Pierre de Fermat(1601-1665)는 매우 독창적인 방법으로 '$y = x^p, p \neq 1$'인 포물선의 넓이를 계산하는 문제를 해결했다. Fermat는 먼저 [0, 1]의 구간을 종점이 z^n(단, $n = 1, 2, 3 \cdots$, z는 $0 < z < 1$)의 형태인 부분구간의 무한 수열로 세분화했다. 즉, Fermat는 [그림 25.10]에 제시된 것과 같이 등비수열을 이용해서 구간을 무한히 세분화하는 방법을 이용했다.

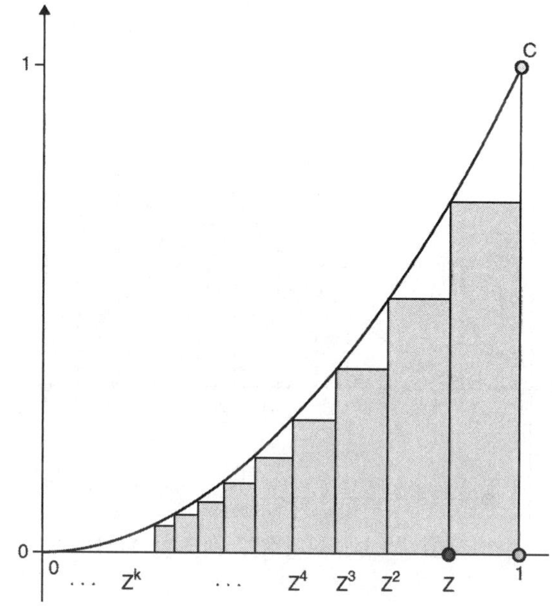

[그림 25.10] 무한 세분

직사각형들의 넓이의 합을 나타내는 닫힌 식을 찾기 위해서는 상당한 작업이 필요한데 Fermat는 이를 해냈다. 이후에 Fermat는 오차를 줄이기 위해 직사각형들 위에 있는 흰 삼각형들을 채우기로 했다. 이 시점에서 우리는 계산을 하지 않기 위해 이야기를 멈추고 교사들에게 자신들이 디지털 환경에서 경험한 것들을 고려해서 Fermat의 결과를 어떻게 설명할 수 있을지를 물어보았다. 교사들은 슬라이더(slider)를 활용해 본 경험이 있었다. 교실에서 교사들이 함께 감성적인 논의를 한 후에 답이 나왔다(Vizgin, 2001). 다음 그림을 보자.

[그림 25.11]에는 고정값 $Z < 1$과 6개의 직사각형, 직사각형의 개수를 조절하기 위한 슬라이더가 포함되어 있다. [그림 25.12]에도 6개의 직사각형이 제시되어 있지만 Z값은 1에 더 가깝다. 근사의 과정은 직사각형의 개수(원리상 직사각형의 개수는 무한개이다)뿐만 아니라 Z값이 얼마나 1에 가까운지에 따라 달라진다는 것을 알 수 있다. Z값이 1에 가까우면 더 많은 직사각형이 필요하다.

교사는 맥락적인 제약에도 불구하고 근사 과정의 이면에 있는 기본적인 아이디어를 이해할 수 있어야 한다. 이런 종류의 특별한 맥락을 추상화의 영역이라고 부른다. 문제의 맥락 아래에는 숨겨진 일반적인 뭔가가 있다(Moreno-Armella & Sriraman, 2010, pp. 224-225).

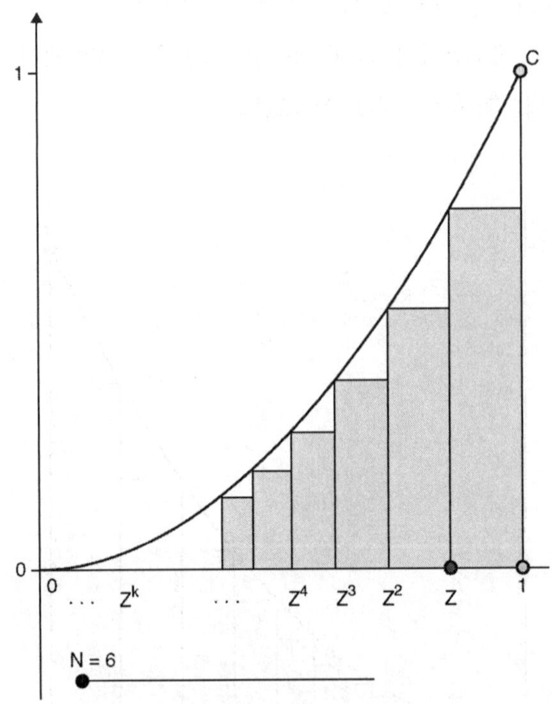

[그림 25.11] 직사각형 개수의 증가

이런 동적기하환경은 사용자가 자신의 수학적 아이디어를 표현할 수 있게 해주는 여건, 즉 보물(교사들이 쓴 단어이다)로 가득 차 있다는 것을 교사들은 분명히 알게 되었다. 중립적인 인공물과 중립적인 환경은 존재하지 않는다. 각 인공물은 개인이든 집단이든 사용자의 작용을 촉진하고 모두가 변화되는 과정에 속한 사용자에 의해 촉진된다. 인지적 주체로서 사용자는 최종적으로 인공물을 자신의 인지적 자원에 통합한다. 우리가 두 수를 더할 때 하는 것이 바로 이것이다. 몇 년간의 학교 교육을 통해 인지적 도구로 통합된 십진기수체계는 더 이상 우리 눈에는 보이지 않는다.

교사들이 알게 된 보물들 중 수학적 사고에 중요한 것이 슬라이더와 드래깅이다. 이 두 가지는 연속적, 이산적 변화를 다루고 통제하기 위한 도구가 되었다.

우리의 목표 중 하나가 교사들의 개념 및 계산상의 유창성을 개발하도록 돕는 것이었다. 문제해결 활동에서 개념의 의미와 그 응용을 표현하고 탐구하도록 하는 수단이 바로 도구가 제공하는 여건이다. 교사들이 동적인 디지털 환경을 중재할 수 있다면 이것이 가능하다고 믿는다.

정적인 매체를 통해 원래 개발된 수학적 아이디어와 디지털 매체로 재구성한 것을 혼합하면 교실의 새로운 수학 문화로 창을 열 수 있는 가능성을 가지고 있다는 것을 인식하는 것이 중요하다.

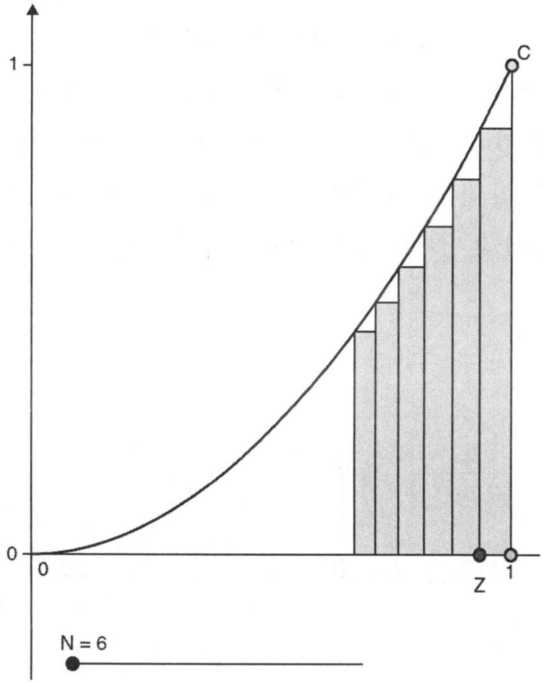

[그림 25.12] 더 나은 근사치 얻기

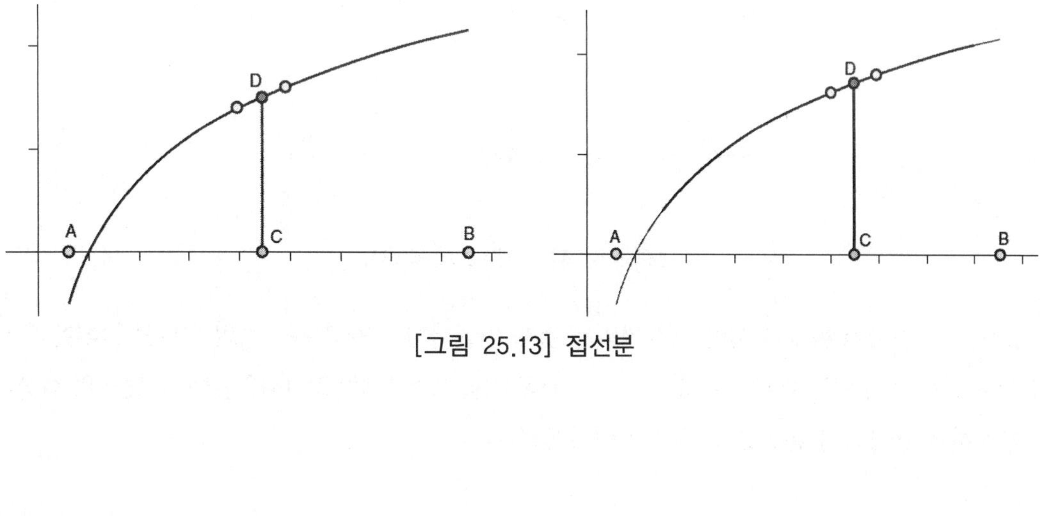

[그림 25.13] 접선분

시각화한 도함수

도함수에 대한 올바른 시각을 개발하는데 장애가 되는 것 중 하나는 도함수를 수로 생각할 수 없다는 점이다. 도함수를 그래프의 한 점에서 작도한 접선의 기울기로 도입을 하고나면 대부분의 경우 접선은 함수의 최댓값이나 최솟값을 구하는데 이용된다. 도함수를 구하고 0이 되게 만들고 …와 같이 마치 주문을 외듯이 기계적인 절차를 따라서 구할 수 있다. 그러나 도함수를 찾고 이것이 함수 전체에 대해 무엇을 말해주는지를 이해하는 것과 관련해서는 어떤 조치도 취하지 않는다. 앞에서 말한 것처럼 이것이 관성효과로 학교문화의 일부분이다.

이 문제를 논의하기 위해 함수의 그래프와 그래프 위의 한 점에서 작도한 접선으로부터 시작하고자 한다. [그림 25.13]과 같이 접점 주변의 접선의 일부분인 선분을 잡았다. 우리가 도입하고자 하는 아이디어는 접점 주변의 접선의 일부분인 짧은 선분으로 함수의 그래프를 만드는 것이다. 선분의 자취남기기를 활성화한 후 선분을 드래그해서 [그림 25.13]의 오른쪽 그림을 얻었다.

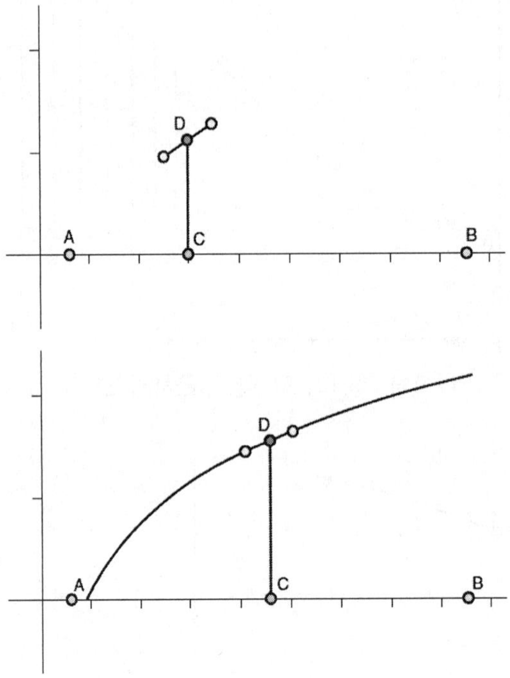

[그림 25.14] 그래프 복원하기

접선은 한 점에서 함수의 최적 근사치라는 것을 언급하면서 가깝다는 것의 의미를 논의하기 시작했다. 잠시 후 우리는 교사들에게 함수의 그래프는 숨긴 채 [그림 25.14]와 같이 그래프의 접선분을 제시한 상황에 대해 논의해 볼 것을 제안하였다.

그런 후 우리는 선분의 자취남기기를 활성화한 후 선분을 드래그해서 전체 곡선을 다시 복구할 수 있다는 것을 보여주었다. 교사들 중 일부는 놀랐고 그 중 한 사람은 "접선은 무엇을 알고 있나요?"라고 물었다. 그러자 다른 교사는 "아무것도 알 필요가 없어요. 곡선은 지워진 것이 아니라 숨겨진 거니까."라고 답했다. 어떤 의미에서 선분을 드래그하는 것은 숨겨진 곡선을 드러내는 방법이다. 우리는 이런 논의가 매우 가치롭다고 생각했다. 뭔가 심도깊은 논의를 할 수 있는 분위기가 교실에서 느껴졌다. 우리는 미적분학의 기본정리에 대해 기본적인 이해를 할 수 있는 적기라고 생각했다. 그래서 이미 교사들과 논의하고 있던 아이디어 중 일부를 확장했다. 함수가 있으면 접선을 알 수 있다. 역으로 만약 접선을 알고 있다면 원래의 함수를 복원할 수 있다.

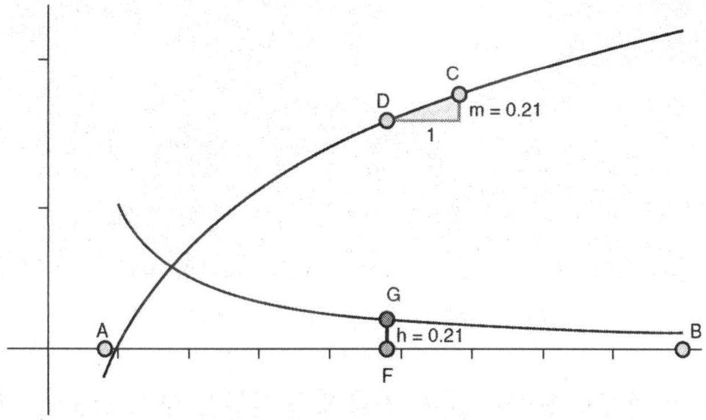

[그림 25.15] 도함수 그래프로 나타내기

[그림 25.15]는 우리가 이 논의를 어떻게 생생하게 보여주려고 했는지를 보여준다.

이제 함수가 하나 있으면 사실상 2개의 함수, 즉 처음에 제시된 함수와 원래 함수의 움직임을 보여주는 도함수를 가진 것이라는 점을 강조하고자 한다. 이런 과제에서 우리는 교사들이 좀 더 익숙한 조작적 유창성을 넘어서 개념적 유창성을 강조하고자 하였다.

앞에서 제시한 장면과 사례에서 분명히 드러난 것처럼 우리의 수학적 직관은 작용과 움직임에 매우 특수한 방식으로 의존하며, 디지털 환경은 우리 교사들에게 훌륭한 서비스를 제공해주었다. 디지털 환경은 움직임과 작용에 대한 은유적 사고를 건전한 인지적 도구로 변형하는데 도움이 되었다.

모의실험과 모델링: 다른 사례

디지털 공학기술의 활용은 과제의 동적인 모델을 구성하거나 실제적인 맥락과 관련된 상황을 구성하는데도 중요한 역할을 한다. 예를 들면, [그림 25.16]은 통행 가능한 최대높이가 표시된 지하도로 진입하는 트럭을 보여준다. 다리는 내리막의 바닥 부분에 위치하고 있다. 트럭이 지하도를 무사히 통과할 수 있는지를 알기 위해서는 어떤 자료와 조건을 알아야 하는가? 도로의 경사는 다리 아래를 통과하는 트럭의 높이에 어떤 영향을 미치는가?(이와 비슷한 과제가 NCTM, 2009와 Santos-Trigo & Barrera-Mora, 2011에 제시되어 있다.)

[그림 25.16] 지하도로 진입하는 트럭

고등학교 교사들이 이 과제로 활동하였다. 처음에 교사들은 문제 진술을 이해하고 트럭의 치수, 바퀴의 위치, 다리의 높이 등에 대한 질문을 논의하는데 상당한 시간을 투자했다. 이 단계에서의 목표는 수학적 대상(직선, 사선, 각, 직사각형, 원 등)의 측면에서 문제에 대한 이차원 표상을 생각하는 것이었다. [그림 25.17]은 도로와 다리, 도로의 경사각을 단순화해서 나타낸 것이다.

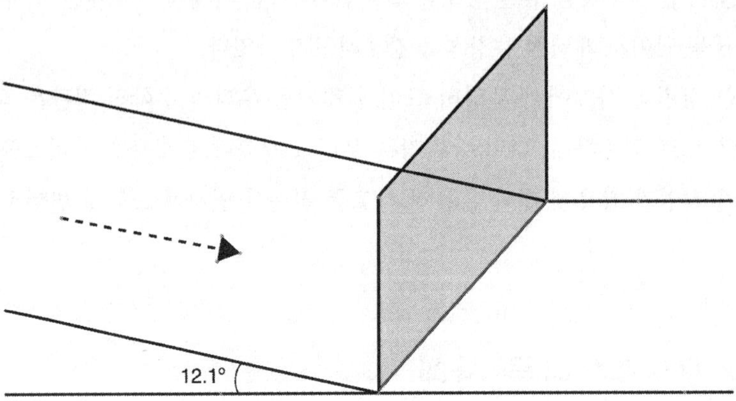

[그림 25.17] 도로, 다리와 도로 경사면의 각도

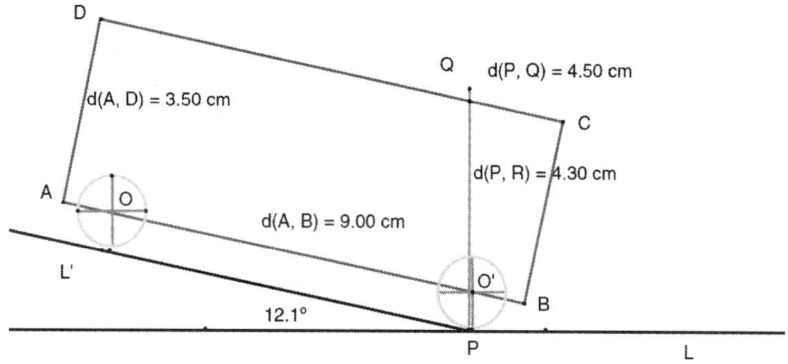

[그림 25.18] 소프트웨어를 활용해서 구성한 과제 모델

상황에 대한 동적인 모델을 구성하는 과정에서 교사들은 수학적 대상의 측면에서 과제에 내재된 정보를 나타내기 위해 몇 가지 고려할 사항과 가정에 의존하였다. 예를 들면, 도로는 서로 만나는 두 직선 L과 L'로, 바퀴는 원으로, 트럭은 직사각형으로, 다리의 높이는 선분으로 나타냈다. 또, 바퀴의 위치가 모두 도로 경사면에 있을 때 또는 수평인 위치에 있을 때(뒤쪽 바퀴가 다리를 건넌 후), 변 AB와 DC는 직선 L'에 평행이고 뒤쪽 바퀴가 다리를 건넌 후에는 직선 L(도로; 그림 25.19 참조)과 평행이다. 더불어 트럭 바퀴에 하중 이동을 유발하는 트럭의 기울어진 효과는 트럭의 높이를 변화시키지 않은 것으로 가정하였다.

[그림 25.19]의 모델에서 점 M은 이동점 또는 회전중심점이고 점 Q는 고정점으로 점 P(다리의 높이)와의 거리는 4.5cm이다. 직선 L을 따라 점 M이 움직이면 트럭의 높이는 점 P(다리의 시작점)에서 점 R까지의 거리로 측정되며, 점 P를 지나는 직선 L의 수선과 직사각형의 윗변(그림 26.19의 선분 DC)의 교점은 점 M의 위치에 따라 변한다. 이런 조건에서 교사들은 [그림 25.19]와 같이 트럭의 높이가 최댓값이 되는 점 M의 위치가 있다는 것을 시각화하였다. 점 M의 어떤 점에서 트럭의 높이가 다리를 통과하는 높이보다 값이 커지기 때문에 4.5m 높이의 트럭은 다리를 지나갈 수 없다. 바꿔 말하면, 트럭이 통과하기 위해서 다리의 높이는 4.61m보다 높아야 한다.

교사들은 도구를 활용하기 위해서 트럭의 위치와 그 높이 사이의 관계를 기호로 나타낼 필요가 없다는 사실을 논의하였다. 트럭의 앞쪽 위치(점 M)와 그 높이(점 S)를 관련짓는 것만으로 충분했으며 나중에는 점 M이 직선 L(도로)을 따라서 움직일 때 점 S의 자취가 높이의 변화를 나타내는 그래프를 만들어냈다. 점 M을 직선 L을 따라서 움직임으로써 [그림 25.20]과 같이 점의 위치와 그에 따른 트럭의 높이 값을 포함하는 표를 만들 수 있었다.

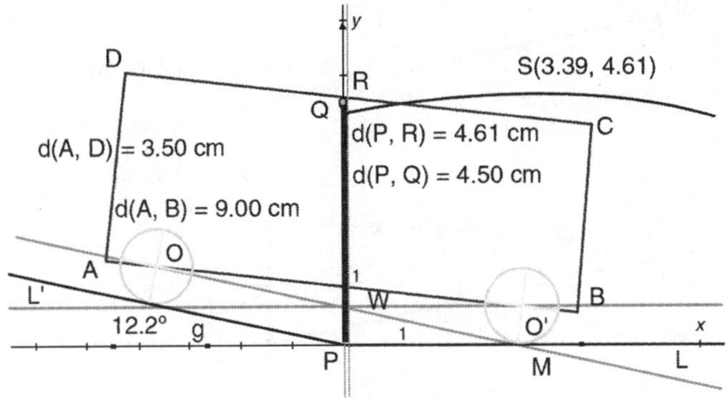

[그림 25.19] 점 M이 직선 L을 따라 움직일 때 선분 PR의 변화에 대한 그래프 표상

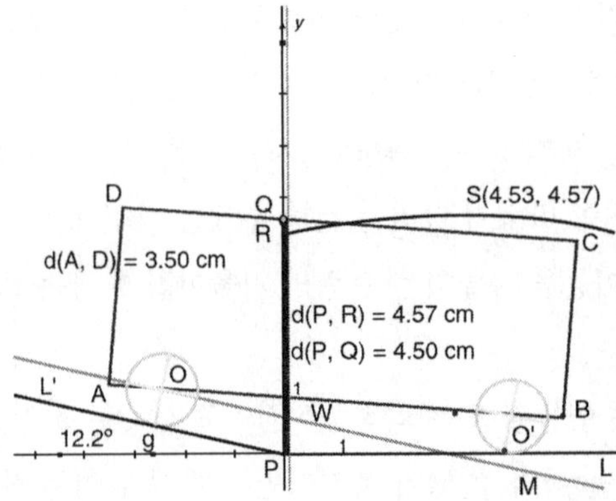

1	0.24	4.33
2	0.34	4.35
3	0.45	4.36
4	0.47	4.37
5	0.71	4.41
6	0.97	4.44
7	1.13	4.47
8	1.63	4.52
9	1.95	4.55
10	2.21	4.57
11	2.47	4.58
12	2.68	4.59
13	2.92	4.60
14	3.24	4.61
15	3.68	4.60
16	3.74	4.60
17	4.03	4.59
18	4.53	4.57

[그림 25.20] 문제의 세 가지 표상: 트럭의 위치, 높이 변화를 보여주는 표, 그래프 표상

마치며

1996년에 세계 체스 챔피언인 Garry Kasparov가 IBM 슈퍼컴퓨터 Deep Blue와 게임을 하였다. TIME에 기고한 글에서 Kasparov는 테이블 건너편에서 새로운 종류의 지능을 느끼고 심지어 냄새도 맡을 수 있었다고 적었다.

약 17년 후에 Kasparov의 이야기가 업데이트된 듯하다. 이 새로운 종류의 지능이 우리의 작용과 행동을 만들어낸다. 우리 공동체가 사고에 대한 사고라는 도전을 직면하게 한 열정은 변화되어 왔다. 오늘날 디지털 공학기술의 존재로 인해 우리의 지능을 '제한적인 생물학적 막'(Donald, 1991, p. 359)으로 제한할 수 없다는 것이 분명해지면서 이런 문제가 전면으로 부각되었다.

이 중대한 단계를 시작한 기억의 외부화는 상징적인 공학기술로 발전하였다. 그렇지만 소설 페이지에서 지능을 느낄 수 있다고 해도 그것은 인간의 지능이었다.

Kasparov의 느낌은 출처가 달랐다. 사회는 이미(또는 어쩌면 조만간에) 눈에 보이고 컴퓨터와 보이지 않은 컴퓨터의 존재로 포화상태가 되었다. 그들 모두가 체스를 하는 것은 아니지만 그 중 일부는 태평양을 건너는 거대한 비행기의 비행을 통제할 수 있다. 또 다른 일부는 우리가 찾는 식당의 위치를 알려주거나 정적인 상징적 공학기술만으로는 인간이 계산할 수 없는 복잡한 수학적 모델을 계산해준다.

디지털 공학기술의 힘이 광범위하게 느껴진다면 형식적인 교육 수준에서 디지털 공학기술이 중대한 영향을 미치지 않을 거라고 기대할 이유는 없다. 교육자들은 이 루비콘강을 건너서 실행 가능한 상징적 표상이 사회적으로 분산된 지능의 잠재적 발달 영역을 훨씬 더 구체화시키는데 핵심적임을 이해해야한다. 지능은 네트워크 현상이며 우리는 Kasparov가 테이블 너머로 엿보았던 것과 같은 모든 종류의 지능을 포함하는 이런 움직임을 전 세계적으로 고르게 인식해야 한다.

학교는 어떤가? 오래된 습관은 잘 사라지지 않는다. 단순히 습관의 문제가 아니라 문화를 변형하는 문제이다. 디지털 환경과 같은 표현 매체를 공유할 수 있는 가능성을 가진 새로운 교실은 우리가 열린 수학 토론을 조직하고 끊임없이 변화하는 사회적 공간 내에서 지속적인 반성을 촉진한다. 이런 공간에서 수학적 실체의 의미는 이들을 직접적으로 조작하는 경험과 함께 발전한다.

앞에서 설명했던 것과 같이 수학적 실체는 기호학적인 표상을 통해서 간접적으로만 경험할 수 있다(Duval, 2006). 결론적으로 수학적 실체를 경험할 수 있는 유일한 방법은 예를 들면, 단어, 기호, 식, 그림을 이용하는 것이다. 그러나 어떤 표상도 표상된 실체를 완벽하게 나타낼 수는 없다. 그럼에도 불구하고 수학적인 표상은 수학적 실체가 어떻게 경험되는지에 결정적인 영향을 미치므로 수학적 표상을 가지고 활동할 때 우리는 이상적인 수학적 현실에서 일하는 느낌을 갖게 된다. 그러나 이것은 표면 아래에 숨어 있는 환상일 뿐이다. 수학적 현실은 비록 그것이 가상적인 것이라고 해도 인간의 현실이다. 인간은 자신의 경험세계를 상징적으로 확장할 수 있는 힘을 가지고 있음을 잊지 말아야 한다.

우리의 전문적 관심사에 더 가까운 것은 지하도에 진입하는 트럭과 관련된 동적 모델을 구성하는 것이 목표였던 디자인 활동을 교사들이 분석하고 논의할 때 경험했던 것과 같이 동적기하환경에서 활동하면서 경험했던 존재의 양식이다. 이런 모든 활동에서 우리는 수학적 실체의 동적 표상을 탐구하고 실험하면서 마치 물질적 대상인 것처럼 만질 수 있었다(Santos-Trigo & Reyes-Rodriguez, 2011), 사실, 동적 표상의 실행가능성 때문에 학습자는 구조적인 특성은 보존하면서 이런 표상들을 지속적으로 수정할 수 있게 된다. 이는 학교의 전통적인 수학의 정적 표상과는 완전히 다르다. 실행가능한 표상으로 인해 활성화되는 지능은 디지털 인공물을 활용한 인간의 활동을 교실이라는 사회적 공간으로 확장한다. 이런 과정의 최종 결과물은 교실에서 공유되는 지능에 도구를 장착해주는 것이다. 교사가 가상현실이라는 디지털 실체와 상호작용하는 새로운 방법을 숙달하고 구체화하는 데는 긴 시간이 필요하다. 인식론적으로 중립적인 인공물은 없다. 결과적으로 디지털 맥락에서 수학적으로 사고한다는 것의 의미를 무엇으로 받아들여야 할지에 대해서는 혼란이 있다. 이런 관점에서 내면화된 인공물인 도구는 행동을 위한 틀이다. 도구가 있으면 학습자는 수학적 검증의 새로운 풍광을 탐구할 수 있다. 사실, 동적 디지털 환경에서 구체화된 '변화하는 정리'의 개념이 전면에 대두된다. 이것이 우리가 생각하는 방법이다. 정적인 실체를 실행 가능한 표상으로 변형하는 것을 재고하는 것은 디지털 생태 환경에서 새로운 수학적 실체에 대한 창을 여는 것이다. 연구자로서 우리를 움직이게 하는 것은 대상 그 자체에 대한 탐색이 아니라 새로운 사고 방법에 대한 탐색이다.

디지털 구현을 통해 변화의 수학이 학생들의 개념적 이해와 계산상의 능숙성 개발에 큰 도움이 되길 기대한다.

참고문헌

Artigue, M. (2002). Learning mathematics in a case environment: The genesis of a reflection about instrumentation and the dialectics between technical and conceptual work. *International Journal of Computers for Mathematical Learning, 7*, 245–274, 2002.

Bottino, R. M., Artigue, M., & Noss, R. (2009). Building European collaboration in technology-enhanced learning in mathematics. In N. Balacheff, S. Ludvigsen, T. de Jong, A. Lazonder, & S. Barnes (Eds.), *Technology-enhanced learning: principles and products.* (pp. 73–87). Dordrecht: Springer Netherlands.

Chevallard, Y. (1985). *La transposition didactique—Du savoir savant au savoir enseigne.* Grenoble : La Pensee sauvage.

Dick, T. P. & Hollebrands, K. F. (2011). *Focus in high school mathematics: Technology to support reasoning and sense making.* Reston, VA: National Council of Teachers of Mathematics.

Donald, M. (1991). *Origins of the modern mind: Three stages in the evolution of culture and cognition.* Cambridge, MA: Harvard University Press.

Donald, M. (2001). *A mind so rare.* New York: Norton.

Duval, R. (2006). A cognitive analysis of problem of comprehension in a learning of mathematics. *Educational Studies in Mathematics, 61*, 103–131.

Friedman, T. L. (2007). *The world is flat. A brief history of the twenty-first century* (updated and expanded edition.) New York: Picador/Farrar, Straus and Giroux.

Kaput, J., & Schorr, R. (2008). Changing representational infrastructures changes most everything. The case of SimCalc, Algebra, and Calculus. In G. W. Blume & M. K. Heid (Eds.), *Research on technology and the teaching and learning of mathematics: Vol. 2. Cases and perspectives* (pp. 211–253). Charlotte, NC: Information Age Publishing.

Lakoff, G., & Nuñez, R. E. (2000). *Where mathematics comes form. How the embodied mind brings mathematics into being.* New York: Basic Books.

Moreno-Armella, L., & Hegedus, S. (2009). *Co-action with digital technologies. ZDM: The International Journal of Math Education, 41*, 505–519.

Moreno-Armella, L., Hegedus, S., & Kaput, J. (2008). From static to dynamic mathematics: Historical and representational perspectives. *Educational Studies in Mathematics, 68*(2), 99–112.

Moreno-Armella, L., & Santos-Trigo, M. (2008). Democratic access and use of powerful mathematics in an emerging country. In L. English (Ed.), *Handbook of International Research in Mathematics Education* (2nd ed., pp. 319–351). Routledge, Taylor & Francis.

Moreno-Armella, L., & Sriraman, B. (2010). Symbols and mediation in mathematics education. In B. Sriraman & L. English (Eds.), *Theories of Mathematics Education* (pp. 224–225). Heidelberg: Springer-Verlag.

National Council of Teachers of Mathematics (NCTM). (2009). *Focus in high school mathematics reasoning and sense making*. Reston, VA: Author.

Pea, R. D. (1985). Beyond amplification: Using the computer to reorganize mental functioning. *Educational Psychologist*, 20(4), 167–182.

Prensky, M. (2010). *Teaching digital natives*. Thousand Oaks, CA: Corwin/Sage.

Santos-Trigo, M., & Barrera-Mora, F. (2011). High school teachers' problem solving activities to review and extend their mathematical and didactical knowledge, *PRIMUS, 21*(8), 699–718.

Santos-Trigo, M., & Camacho-Machin, M. (2009). Towards the construction of a framework to deal with routine problems to foster mathematical inquiry. *PRIMUS, 19*(3), 260–279.

Santos-Trigo, M., & Ortega-Moreno, F. (2013). Digit technology, dynamic representations, and mathematical reasoning: extending problem solving frameworks. *International Journal of Learning Technology*, 8:2, pp.186–200.

Santos-Trigo, M., & Reyes-Rodríguez, A. (2011). Teachers' use of computational tools to construct and explore dynamic mathematical models, *International Journal of Mathematical Education in Science and Technology, 42*(3), 313–336.

Schmidt, E. & Cohen, J. (2013). *The new digital area. Reshaping the future of people, nations and business* (eBook edition). New York: Random House and Google.

Thom, R. (1972). Modern mathematics: Does it exist? In A. G. Howson (Ed.), *Developments in mathematics education*. Cambridge: Cambridge University Press.

Trouche, L. (2004). Managing the complexity of human/machine interactions in computerized learning environments: Guiding students' command process through instrumental orchestrations. *International Journal of Computers for Mathematical Learning, 9*, 281–307.

Verillon, P., & Rabardel, P. (1995). Cognition and artifacts: A contribution to the study of thought in relation to instrumented activity. *European Journal of Psychology of Education, 10*(1), 77–101.

Vizgin, V. (2001). On the emotional assumptions without which one could not effectively investigate the laws of nature. *The American Mathematical Monthly, 108*(3): 264–270.

수학교실의 컴퓨터 환경: 연구–디자인 관점 26

Rina Hershkowitz
The Wiezmann Institute for Science

Michal Tabach
Tel–Aviv University

Tommy Dreyfus
Tel–Aviv University

서론

교육과정 개발은 일련의 일관된 학습 상황과 그에 맞는 학습 자료를 개발하는 과정으로, 이를 실행했을 때 학습자의 지식에 의도된 변화를 낳는 잠재력을 가지고 있다.

특히, 컴퓨터 도구의 잠재력을 활용하는 것이 핵심인 환경에서의 수학학습을 목표로 하는 교육과정 개발 활동이라면 상황은 더욱 복잡하다. "수학에서 컴퓨터 기반 학습환경"이라는 제목의 장에서 Balacheff와 Kaput(1996)은 공학기술의 힘이 기본적으로 왜 인식론적인지를 설명하면서, "공학기술이 일상적인 행위에 미치는 영향은 20년~30년 전에 했던 기대를 충족하는 정도인 반면에, 인식론적인 영향은 우리가 예상했던 것보다 훨씬 깊다"라고 덧붙였다(p. 469).

어떤 교육과정 개발 프로젝트라도 기본적으로 그 사회 고유의 사회문화적 맥락 내에 있다. 그럼에도 불구하고 서로 다른 교육과정 개발 프로젝트 간에는 많은 공통점도 존재한다. CompuMath 프로젝트는 중학교 수준의 컴퓨터 학습환경을 위한 대규모 수학과 교육과정 개발, 실행, 연구 프로젝트였다. 이 글에서는 교육과정 개발이 포괄적일 뿐만 아니라 이론적으로도 그리고 실제적으로도 일관성 있는 활동임을 살펴보기 위한 창으로 이 프로젝트를 활용하고자 한다. 특히, 이 프로젝트의 핵심적인 요소였던 연구 과정에 초점을 맞춰 살펴볼 것이다.

이스라엘에서 진행된 이 프로젝트는 국가수준의 의무 교수요목 때문에 제한을 받기는 했지만, 중학교 학생들이 컴퓨터 도구의 체계적인 활용을 통해 의미 있는 수학에 참여하는 학습환경을 설계하고 만드는 것이 주요 목적이었다. 여기서 **의미 있는 수학**이란 학생들의 주된 관심사가 이미 만들어진 알고리즘이 아닌 수학적 과정에 있음을 의미한다. 체계적으로 활용된 문제 상황은 학생들에게 문제 조사와 문제해결 활동을 위한 자연스런 환경을 제공하며, 이를 통해 교사나 교과서에서 제공하는 틀에 박힌 절차로 구성된 환경에서 벗어날 수 있다. 특히, 귀납적 탐구는 수치적, 기하학적, 구조적 패턴을 일반화하여 추측과 가설을 만들고 이러한 가설을 설명하고 정당화하고 증명하는 것으로 생각하였다. 이런 과정은 '탐구 실험실'로 활용될 수 있는 공학 환경에서는 그 효과가 증폭될 가능성이 있다(Lagrange, Artigue, Laborde, & Trouche, 2003; Pea, 1985).

CompuMath 프로젝트는 이론적 틀과 이와 관련된 문화적 인공물(컴퓨터 도구 등)을 고려했을 뿐만 아니라 연구에서 얻은 교훈과 이전 프로젝트 및 같은 프로젝트의 전 단계를 개발하면서 얻은 교훈까지 고려한 교육과정 개발 프로젝트의 예이다. 수학과 수학학습에 대한 사회 문화적 관점과 일관되게 이 프로젝트 초창기에는 팀 리더들이 학생들에게 개별적으로, 모둠으로, 전체 학급 공동체-탐구 교실(Artigue and Blomhøj, 2013)-로 조사와 논쟁을 장려하는 교육과정 개발 경험을 쌓았다. 그러나 우리[1]는 공학기술로 가득한 환경에서 이 경험을 어떻게 활용할지 알지 못했고 단지 컴퓨터 도구의 잠재력만을 가정하고 있을 뿐이었다. 즉, 우리는 공학기술 도구를 체계적으로 통합하여 그 잠재력을 일관되게 활용하는 경험이 부족했다. 설계자로서 우리에게 필요한 종합적 지식을 그때까지는 획득하지 못했었다. 따라서 컴퓨터 도구에 대한 친숙함과 활용 경험을 바탕으로 우리는 개방형의 다목적 공학기술 도구(그래픽 도구, 스프레드시트, 동적 기하 소프트웨어, 컴퓨터 대수 체계)의 사용을 통합하여 수학학습에서 이들의 잠재력을 활용하기로 하였다. 컴퓨터 도구의 선택 기준에 대한 논의는 Hershkowitz 등(2002)에서 찾아볼 수 있다.

이 프로젝트의 개발 팀은 이론, 연구 및 개발과 실행의 실제와 관련된 여러 문제들을 해결해야만 했다. 실제는 이론과 연구에 의해 구체화되고 그 반대도 마찬가지이다. 따라서 개발 팀은 생존하고 발전하기를 열망하는 세포와 같은 기능을 하였는데, 세포의 삶은 대부분 미지의 외부 환경과의 상호작용을 통해 결정된다. 이런 상호작용을 통해서 교육과정 개발 활동은 지속적으로 그 구성요소들을 재정의하였다.

다른 많은 연구자들(e.g., Perret-Clermont, 1993; Yackel & Cobb, 1996)처럼, 우리도 교실에서 이루어지는 교수·학습의 과정을 설명하고 해석하는 인지 이론, 방법론, 도구들의 단점을 체감했다. 따라서 우리는 활동이론(activity theory, Engestrom, 1987; Kuutti, 1996)을 이론적 틀로 채택하여, 학생들이 서로 다른 맥락에서 문제 상황을 탐구하는 동안 지식의 구성을 분석하였다. 설계-연구-재설계 사이클의 교육과정 개발 활동에서 연구는 핵심적인 구성요소가 되었다.

교육과정 개발 프로젝트는 다음의 세 가지 단계를 포함하는 포괄적인 과정이었다.

ⅰ. 실제 교육과정 개발과 연구 활동이 시작되기 전 여러 가지를 고려하는 **설계 전** 단계

ii. 개별 활동의 첫 설계와 몇 개 교실에서의 실행과 더불어 교수-학습 관행(관찰, 자료 수집, 분석)에 대한 교실연구가 이뤄지는 **초기 설계–연구–재설계** 단계
iii. 교육과정을 완성하기 위한 일관된 일련의 재설계된 활동의 구안 및 실행과 더불어 교육과정의 목표와 "정신"을 대규모로 보급하는 **확장** 단계

각 단계에 대한 세부사항은 이전 **핸드북** 판본에 포함된 이전 원고에서 찾아볼 수 있다. 현재의 장은 그 후속 결과물이다. 이 **핸드북**의 초판본에 포함된 Hershkowitz와 동료들(2002)의 장에서는 컴퓨터 학습환경에서 실행되는 전체적이고 장기적인 연구 집약형 교육과정 개발 및 구현을 위한 패러다임의 하나로 CompuMath 프로젝트의 단계들을 설명하고 분석하고 있다. 더불어 프로젝트의 특징으로 컴퓨터 도구의 사용과 설계-연구-재설계 사이클을 특별히 언급하면서 설명하였다. 함수, 기하학, 대수학, 통계학에서의 교육과정 개발의 대표적인 과정을 묘사하고 있는데, 교육과정 개발에서의 주요 이슈, 개방형 컴퓨터 도구의 서로 다른 활용방법, 연구와 설계의 상호작용에 초점을 맞추고 있다.

핸드북(Tabach, Hershkowitz, Arcavi, & Dreyfus, 2008) 2판에 실린 이 장에서는 CompuMath 교육과정 내에서 기초대수에 관한 교수-학습으로부터 발전된 이 프로젝트의 한 가지 구성요소를 설명하고, 학생들이 언제나 컴퓨터 도구를 활용할 수 있는 컴퓨터 집약적 환경이라는 패러다임을 활용한다. 더불어 이 패러다임의 새로운 특성, 설계과정, 교수-학습 실험, 동반 연구 및 설계와의 상호작용에 대해 논의한다.

이 장의 목표는 CompuMath 프로젝트의 연구 구성요소를 강조하고, 우리와 다른 사람들의 연구에 지속적으로 영향을 미치기 때문에, 프로젝트의 장기적인 효과에 대해서도 논의하고자 한다. 세 가지 연속적인 연구에 대해 설명할 것이다. 첫 번째 절은 별개의 활동의 개발에서 연구의 역할을 다룬다. 두 번째 절은 기하학이나 대수학 같은 전체 과목 또는 이런 과목에서의 특정 주제에 대한 특정 접근법의 개발에 수반되는 연구를 다룬다. 세 번째 절은 공학기술 학습환경에서 지식이 어떻게 구성되며 이런 지식이 교실에서 어떻게 발전하고 변화하는지를 조사한다.

별개의 활동 개발과 관련된 연구

프로젝트를 시작할 때, 우리는 탐구 교실에서 개방형 공학기술 도구의 이점을 통합할 수 있는 활동을 어떻게 설계하는지에 대한 경험을 습득할 필요가 있었다. 따라서 각 주제에 대한 수학활동을 설계하고 실험 교실에서 그 영향을 조사하는 것을 먼저 시도하였다. 이미 획득한 통찰력을 바탕으로 지속적으로 추가 설계를 하기 위해서 각 주제의 활동은 다른 주제와 서로 연계하기보다는 분리시켰다. 이러한 활동은 "핵심 요점"으로 교육과정 전반에 흩어져 있다. 그 개발은 국가수준의 의무 교수요목에서 규정하고 있는 내용을 프로젝트 팀에서 생각하는 의미, 탐구, 논쟁에 대한 새로운 기준에 부합하는 실험 활동으로 번역하고 이를 교실에서 실행하는데 있어서의 딜레마로 특징지어졌다. 이후에 이런 활동들은 다음 개발 및 연구 사이클에서 연간 과정을 구성하는 뼈대가 되었다.

별개의(isolated) 활동에 관한 실행과 연구는 다음과 같은 몇 가지를 목표로 하였다. 교실에서 활동의 실행가능성에 대해 배우는 것, 효과적인 활동 구조를 평가하는 것, 그런 환경에서 교사가 조정하는 과정에 대해 배우는 것, 활동 중에 나타나는 학습 과정을 공부하는 것, 발생된 도구화 과정에 대해 배우는 것이다.

우리는 한편으로는 이전의 설계 경험에 기초한 여러 단계로 구성된 활동을 설계하였고 다른 한편으로는 수학학습에서의 공학기술 도구의 잠재력을 극대화하려는 목표를 바탕으로 활동을 설계하였다. 또한 관련 연구와 설계 관련 논문들을 참고하였다(예를 들어, Kaput, 1992; Balacheff & Kaput, 1996; Pea, 1985).

별개의 활동은 교사와 학생, 개별학생 또는 모둠과 컴퓨터 도구간의 상호작용이 가능할 뿐만 아니라 모둠 활동을 통해 학생들끼리 상호작용할 수 있도록 구조화하였다. 우리의 교수학적 규준에는 다음이 포함된다.

» 학생 활동은 (종종) 문제 상황을 중심으로 조직하였다.
» 문제 상황에서의 탐구활동의 대부분은 협력적 모둠 활동을 통해 이뤄졌다. 컴퓨터 도구를 활용할 수 있으며, 언제 어떻게 활용할 것인지는 학생들이 결정한다.
» 학생들은 자신들이 경험했던 단계를 재구성하고 비교하고 비평하는 모둠 보고서나 개별 보고서를 작성한다.
» 교사는 개별 학생 또는 모둠의 촉진자, 모델 제공자, 학생의 발표나 비평에 대한 토론 조정자(종합)의 여러 역할을 번갈아가면서 맡게 된다. 이런 종합의 과정을 통해서 학생들은 공개 포럼에서 개별 활동이나 협력 활동의 결과를 보고하고, 평가하고, 비평할 수 있는 기회를 갖는다.

이 절에서는 함수에 대한 대표적 사례로 별개의 활동을 설계하는 과정에서 연구와 개발의 상호작용에 대해 설명하고자 한다. 이 별개의 탐구 활동에서 학생들은 주어진 문제 상황에서 가설을 설정하고 이를 점검하기 위해서 다중표현 소프트웨어를 활용하여 대수식, 그래프 그리기, 표 작성하기 등 한 가지 설명에서 다른 설명으로 옮겨가면서 문제 상황을 탐구하였다. 이 과정에서 어떤 표현을 활용할 것인지, 서로 다른 표현들을 언제, 어떻게 연결 지을 것인지, 어떤 매체를 활용할 것인지 등을 결정하도록 학생들을 격려하였다.

Overseas 활동에 대한 연구

이 연구의 대표적인 사례는 9학년 학생들을 위한 함수 과정에 해당하는 Overseas 활동(Hershkowitz & Schwarz, 1999)에 동반된 연구이다. 이 활동은 활동 구조에서의 단계, 가설을 설정하는 학생들의 능력, 가설 설정 과정의 질(quality)에 대한 학생의 인식, 서로 다른 활동 단계에서 서로 다른 반성 과정의 본질, 활동에서의 교사의 조정 역할 등을 조사하기 위해서 의도적으로 설계되었다. 결과적으로, 가설 설정과 문제해결 단계에서 컴퓨터 도구의 역할을 연구하였다.

Overseas 활동의 구조는 다음의 네 단계로 구성된다.

0단계 - 학생들에게 숙제로 [그림 26.1]과 같은 과제를 제시하였다.

화물 회사인 "Overseas Inc."는 컨테이너를 이용해서 바다를 통해 국가 간 화물을 실어 나른다. 컨테이너는 나무로 만들어진 큰 상자로 바닥은 정사각형이며 부피는 $2.25m^3$이다. 컨테이너의 위쪽은 열려있다.

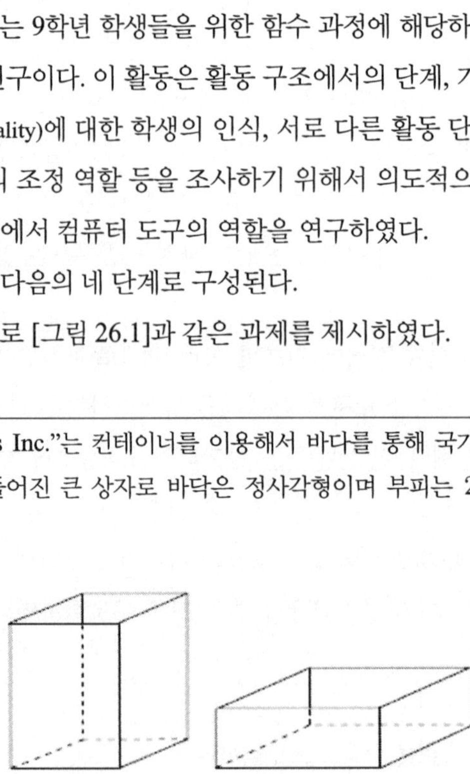

- 컨테이너의 예를 2개 제시하라.
- 종이로 2개의 적당한 모델을 만들어라(컨테이너 1m = 종이 5cm).
- 2개의 컨테이너를 만드는데 필요한 나무의 넓이를 각각 구하여라.

[그림 26.1] 숙제 과제(0단계)

1단계 - (0단계의 과제에서 구성한) 8개의 종이 모델과 그래핑 계산기를 활용해서 학생들은 4명씩 모둠을 구성하여 다음 [그림 26.2]의 활동지를 해결하였다.

나무 가격이 비싸기 때문에 회사에서는 가능한 적은 양의 나무를 써서 만들 수 있는 이상적인 컨테이너를 설계하려고 한다.

- "이상적인 컨테이너"의 치수에 대해 가설을 설정하고 설명하여라.
- 이 회사에서 "이상적인 컨테이너"의 치수를 구할 수 있도록 도와줄 수 있는가? 너의 방법을 설명하여라.

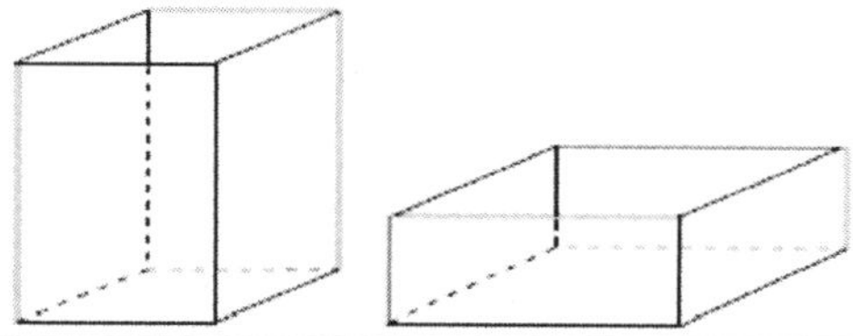

[그림 26.2] Overseas 활동의 1단계

2단계 - 각 모둠은 자신들의 아이디어와 문제해결 과정의 단계를 담은 보고서를 작성한다.

3단계 - 교사가 주도하는 전체 반성으로 활동을 마무리 짓는다.

이 활동의 여러 단계들을 기록하고 며칠 동안 이를 분석하였다. 0단계에서 학생들은 집에서 종이 모델을 가져왔다. 1, 2, 3단계는 2대의 비디오카메라를 이용해서 녹화하였다. 한 대는 특정 모둠이나 학생들 전체를, 나머지 한 대는 교사를 중심으로 녹화하였다. 현장노트를 작성하기 위해서 3명의 관찰자가 활동 내내 함께 하였다. 추가로 2단계의 모둠 보고서를 수합하여 분석하였다.

다음에는 주요 단계를 좀 더 깊이 논의하고자 한다.

1단계

이 단계를 개발한 개발자들이 제시한 목표는 학생들이 가설을 세우고 이상적인 컨테이너의 치수를 찾도록 하는 것이었다. 어떤 모둠은 가설설정에 주된 관심을 보인 반면에, 그래핑 계산기의 도움으로 서둘러 문제를 "해결"하려고 하는 모둠도 있었다. 관찰 모둠에 포함된 네 명의 학생들(Miri, Liat, Osnat, Hanna)은 가설을 만들고 이를 검토하는데 적극적으로 참여하였다. 약 40분 동안의 활동을 통해 학생들은 적당한 가설이 무엇인지에 대해 합의하려고 하였다. 그런 후에야 학생들은 대수식을 사용하여 그래핑 계산기로 그래프를 그릴 수 있었다. 그런 후 학생들은 그래프를 "살펴본" 후 곧바로 최솟값을 읽어냈다. 학생들에게 그래핑 계산기를 활용한 해결과정은 자신들의 가설이 효과적인지를 점검하는 한 가지 방법일 뿐이었다. 학생들은 그래핑 계산기의 도움을 받아 자신들이 집에서 가져 온 모델들의 겉넓이를 계산하기 시작했다. 그런 후 모델들의 크기와 모양을 바탕으로 가설설정을 시작하였다. Osnat이 첫 번째 가설(H1)을 설정한 후 두 개의 모델을 바탕으로 직관적으로 이를 정당화하였다. **컨테이너의 높이에 4를 곱하기 때문에 높이가 최소일 때 겉넓이가 최소가 된다.** 이때부터 네 명의 학생들은 자신들이 가져온 2개 이상의 모델에 맞아 들어가는 가설을 만들어냈다. Hanna는 두 번째 가설(H2)을 제안하였다. **높이가 낮을수록 겉넓이는 커진다.** Hanna는 서로 다른 모델 2개의 겉넓이를 이용해서 가설을 정당화하였다. H2는 두 개의 모델에는 들어맞지만 나머지에는 맞지 않았기 때문에 여학생들은 갈등 상황에 빠졌다. 다른 컨테이너 모델들의 치수를 좀 더 계산한 후에 학생들은 부분적으로 새로운 가설인 H3을 제시하였다. 네 명의 학생이 참여한 논쟁 과정에서 두 가지의 부분적인 가설(H2와 H3)이 대립되었고, 수치 계산을 증거로 활용했으며, 모델들을 조작해서 비교하였다. Hanna는 H2와 H3은 서로 모순이 되기 때문에 표를 작성하자고 주장하였다. Liat는 H4를 제안하여 H2와 H3을 관련지으려고 하였다. **$\frac{1}{2}$과 1 사이의 선분일 것이고, 상수가 아니므로 여기에서는 더 작아질 것 같아.** [허공에 포물선 모양을 그리면서] **이렇게 될 것 같다.** Hanna가 H4를 완성하였다. **아마도 포물선 같은 것이겠지.** 여학생들이 값의 순서대로 표를 만드는 동안 이런 변증법적 과정이 계속되었다. 몇 가지 부분적인 가설을 계속 제안한 후에 학생들은 표에 제시된 자료를 이용해서 H4를 살펴보고 함수의 움직임을 해석하였다. 네 명의 학생이 모두 이에 동의하였다.

이 예에서 가설설정이 논쟁과정에 내재되어 있다는 것을 알 수 있다. 우리가 기술한 논쟁과정은 가설을 제안하고 이를 반박하거나 가설들을 서로 관련짓는 것으로 구성되었다는 측면에서 변증법적인 과정이었다. 일련의 행동에 따라 본질이 변하는 다음의 주장을 바탕으로 가설이 만들어졌다. 모델을 시각적으로 고찰한 것을 바탕으로 한 직관적인 주장으로부터 자료를 바탕으로 한 주장, 자료와 상충되는 주장, 상충되는 가설들을 바탕으로 한 주장을 거쳐서, 광범위한 자료를 포괄하면서 부분적 가설을 통합하는 논리적인 고려를 바탕으로 한 주장 등이다. 모든 학생들이 납득했을 때 비로소 학생들은 최종 가설에 동의하였다. 그런 후 학생들은 올바른 식을 썼고, 그래프를 그리고 신속하게 수치로 된 답을 얻기 위해서 그래핑 계산기를 활용하였다. 0단계에서 학생들의 동기는 열린 컨테이너의 수치들 사이의 관계를 탐구하는 것이었던 반면, 1단계에서 학생들의 동기는 최선의 가설을 찾는 것이었다. 이상적인 컨테이너의 실제 치수를 구하는 것은 그 자체로 중요하기보다는 학생들의 선택을 확인하는 역할을 했다.

2단계

모둠 보고서에는 일반적으로 1단계에서 자신들의 활동을 기술한다. 보고서에 담아야 할 요건이 있기 때문에 학생들은 이전 행동으로부터 시간적으로나 자신들의 관점으로부터 떨어져서 자신의 문제해결 과정에 대해 반성하게 한다. 이런 반성 행동에서 학생들은 중요하지 않은 부분은 삭제하고 도움이 되지 않는 부분은 건너뛰는 등(Hershkowitz & Schwarz, 1999, p. 84) 실제 문제해결 과정을 **정**

제하는 과정을 구성하였다.

3단계

3단계에서 교사는 전체 학급 토론을 시작하는데, 이 과정에서 모둠 활동을 보고하고 평가하며 결과를 종합하기 위해 동의하거나 반박이 이루어진다. 따라서 일련의 의사소통 행위가 공개적으로 이뤄지며 1단계와 2단계에서의 모둠 활동으로부터 학습이 가능해졌다. 교사는 먼저 한 모둠에게 자신들의 가설을 발표하게 하였다. 이 발표에 대해 다른 모둠이 반응하면서 무엇이 좋은 가설을 만드는지를 포함하는 토론으로 확대되었다. 그런 후 교사는 학생들에게 개별적으로 또는 모둠별로 가설을 점검하고 문제를 해결하도록 하였다. 교사의 질문과 관련된 토론의 초점 중 하나는 1단계에서 학생들이 언제 그리고 어떻게 그래핑 계산기를 활용했는가 하는 것이다.

별개의 활동에 대한 통찰

위에서 설명했던 Overseas 활동에서 관찰한 것처럼, CompuMath 팀은 개발한 별개의 활동들 각각을 관찰하고 기록하고 분석하였다. 기하학(Hadas, Hershkowitz, & Schwarz, 2000), 통계학(Ben-Zvi & Arcavi, 2001), 기초대수학(Tabach, Arcavi, & Hershkowitz, 2008; Tabach, Hershkowitz, & Arcavi, 2008)을 포함하는 CompuMath 프로젝트의 다른 주제에의 활동에도 마찬가지로 설계-연구-재설계 사이클이 적용되었다.

관찰에 대한 분석을 통해 팀에서 이끌어낸 결론은 관찰한 활동의 개선뿐만 아니라 후속 활동을 설계하는 기초가 되었다. 이런 방식으로 팀은 컴퓨터 도구의 힘과 문제해결 과정에서의 탐구를 통해 학습 기회를 개발하는 것과 관련된 경험을 쌓았다. 이와 동시에 교실 관행의 변화에 주목하였다. 이런 탐구를 통해 우리는 컴퓨터 학습환경에서의 분리된 활동의 설계와 구현에 관한 몇 가지 결론을 이끌어 낼 수 있었다.

1. 크고 다양한 수학적 자료를 다루는 공학기술 도구의 힘은 풍부한 문제 상황을 가능하게 한다. 예를 들면, Overseas 활동에서 학생들은 함수의 극소값을 구하였는데, 이것은 유리함수와 이차함수의 합성으로 그래픽 도구가 없었다면 9학년 학생들이 해결할 수 없는 과제 유형이다 (Yerushalmy & Chazan, 2002).
2. 문제를 해결하기 **전에** 학생들에게 가능한 해답에 대한 가설을 만들도록 하는 것이 중요한 교수학적 기법이다. 학생들은 실제 해답 구하는 것을 미루고 가설설정을 귀중한 활동으로 받아들일 수 있었다.

3. 문제해결을 진전시키기 위해서 학생들은 다양한 표현들을 활용할 기회를 가지고 이를 활용한다. 학생들의 행동을 통해서 컴퓨터 학습환경이 제공하는 풍성한 문제 상황에서 탐구는 자연스러운 과정임을 알 수 있다.
4. 학생들에게 모둠별 탐구를 하고 이를 보고하도록 하는 것은 유익하다. 왜냐하면 모둠에서의 사회적 상호작용이 수학적인 주장을 뒷받침할 수 있기 때문이다. 학생들은 다른 모둠의 제안을 완성하고 반대하고 비판하면서 모둠간의 합의를 향해 나아간다.
5. Overseas 활동에서 했던 것과 마찬가지로 학년도 내내 다른 별개의 활동에서도 학생들에게 자신들의 탐구 과정에 대한 모둠 보고서를 작성하도록 함으로써 반성을 시작할 수 있다 (Friedlander & Tabach, 2001).
6. 전체 학급과 함께하는 교사 주도의 종합 활동은 여러 가지 이유에서 유용하다. 학생들에게는 자신들의 활동을 보고하고 서로를 비판할 수 있는 학급 토론에 참여하는 것을 연습할 수 있는 기회를 제공한다. 교사는 학생들의 보고서를 활용해서 비판을 제기하고 평가할 수 있으며 학생들이 경험한 주요 과정을 종합할 수도 있다. 따라서 이런 활동은 반성할 수 있는 또 다른 기회를 제공한다. 마지막으로 중요한 것은 이런 종합 활동을 통해서 교사는 수치로 된 답을 구하기 전에 가설을 설정하는 것과 같이, 교사가 전달하고자 하는 사회-수학적 규범뿐만 아니라 학생들이 획득하길 기대하는 공통지식을 정의할 수 있다(Tabach, Hershkowitz, & Dreyfus, 2013). 예를 들면, Overseas 활동에서 교사는 학생들에게 활동의 목표가 결과를 제시하는 것이 아니라 자신들이 경험한 과정을 반성하는 것, 특히 가능한 해답에 대해 어떻게 가설을 세웠는지를 반성하는 것임을 분명히 했다.

결과적으로 교실 연구는 이전의 교육과정 개발 사이클에서 우리가 경험하지 못했던 분야에 대한 많은 정보를 제공해 주었다. 우리는 컴퓨터 학습환경에서 풍성한 문제 상황(1차, 2차 방정식이 아닌 다른 함수를 포함하는)과 확장된 다단계 활동과 탐구가 가능하다는 것을 알게 되었으며 이런 활동을 어떻게 설계하는지도 배웠다. 또한 각 단계에서 서로 다른 반성의 기회를 가질 수 있게 학생들을 다르게 행동하도록 유도하는 교사의 역할에 대해서도 알게 되었다. 이런 모델 활동은 나중에 후속 교육과정 개발 과정의 모델이 되었다(이런 비슷한 경험에 대해서는 Heid, Sheets, & Matras, 1990 참고).

“오래된” 수학 주제의 지도에 있어서 새로운 딜레마

교육과정의 설계와 개발은 당면한 각각의 수학적 주제에 대한 구체적인 접근방법을 선택하고 이런 접근방법을 실행하기 위한 일관된 일련의 활동을 만들 필요성을 제기한다. 이 절에서 우리는 다른 연구들이 컴퓨터 학습환경의 잠재력을 고려한 이런 접근방법에 대한 결정과 개발을 어떻게 뒷받침해 왔는지를 보여주고자 한다. 이 연구 패러다임의 예로서 우리는 세 가지 연구를 간략히 설명하고자 한다.

일차방정식의 예

한 팀으로서 우리는 일차방정식을 지도하는 두 가지 접근법인 함수적 접근법과 좀 더 정적인 대수적 접근법 사이에서 갈등하였다. 한편, 학생들이 많은 함수에 대한 그래프를 그릴 수 있고 그래프를 “따라감”으로써 교점을 확인할 수 있는 공학기술적 현실에서는 “방정식” 개념에 추가적인 의미를 부여할 수 있다. 이런 학습환경에서 학습자는 변화하는 두 현상($f(x)=g(x)$)의 교점으로서 또는 변화하는 현상이 주어진 값($f(x)=c$)과 같다는 것으로 방정식을 기술할 수 있다. 다른 한편으로, 고전적인 접근법에서 방정식은 정적인 상황을 나타내며, 모르는 수(미지수)를 구해야 하는 것으로 생각했다. 두 가지 접근법 모두 학생들이 미래의 수학학습을 하는데 중요하다.

기호 표현을 활용하여 서로 다른 유형의 방정식을 해결하는 유용한 알고리즘을 포함하고 있는 고전적 접근법에 비해 방정식 해결을 위한 함수적 접근법은 다른 장점을 지닌다. 예를 들면, Yerushalmy(2009)는 다음과 같이 주장한다.

> 그래핑 계산기나 함수 그래프 소프트웨어와 같은 공학기술은 함수의 상징적 표현과 상징적 조작을 수치와 그래프 표현과 연결시킴으로써 학생들에게 대수적 아이디어를 탐구할 수 있는 기회를 제공한다. 대수에 대한 함수 기반 접근법의 핵심은 방정식을 보는 특정한 방법인 두 함수를 비교하는 하나의 유형으로서의 방정식의 정의를 조기에 도입하여 학교 대수학에 대한 학생들의 이해를 구성하는데 있어서 가장 중요한 자료로 이 정의를 활용하는 것이다. (pp. 56-57)

이 주장은 서로 다른 접근법들을 결합할 수 있는지에 대해 의문을 제기한다. CompuMath 프로젝트에서 우리는 일차방정식을 해결하는 두 가지 방법을 결합하였고 이 접근법의 인지적 영향을 탐구하였다. 여기에서 우리는 이 주제와 관련된 방정식에 대한 8학년 학생들의 인식 개발(Stein, 2002)이라는 연구를 하나 제시하고자 한다. 이 연구에서는 두 명의 학생 Gila와 Noam이 다섯 가지의 활동과 세 가지 검사를 치른 학년도 내내 그들을 추적하였다. 제시된 활동에서 학생들의 작업을 녹화하고 전사하여 분석하였다. 전체 학급 내에서 두 학생의 활동을 살펴보기 위해 3가지 검사에 대한 전체 학급의 자료를 모두 수집하였다. 이 과정은 7학년 학생들의 기초 대수학 과정과 자연스런 연계가 되도록 함수적 접근법으로 시작해서 2개월 동안 진행되도록 설계되었다. 그런 후 일차방정식 해결을 위한 알고리즘을 공부하였다. 마지막으로 두 가지 접근법을 결합하였다.

Gila는 변화하는 현상들 사이의 비교로서 함수적 맥락에서 방정식의 개념을 처음으로 접했는데, 이는 수업의 지도 주제 및 설계와도 일치한다. 수업이 진행되면서 Gila는 추가적인 수학적 상황 없이도 함수적 접근법으로 방정식을 다룰 수 있게 되었다. 이런 능력 덕분에 Gila는 일차방정식과 직접적인 유추를 통해 비선형적인 비교도 할 수 있게 되었다. 등식의 양변에 같은 것을 더하는 전통적인 접근법을 통해서 방정식을 간단히 하고 해결하는 것을 학습하면서, Gila는 기호로 된 방정식과 그 해답을 그래프 표현과 관련짓는 것이 어렵다는 것을 알게 되었다. 이 시점에서 Gila의 활동을 보면 기호로 된 방정식에서 변화하는 두 현상을 비교하지 못한다는 것이 분명했다. 그러나 과정이 끝나갈 때쯤, Gila는 그래프를 그리는 방법을 배웠고 교점의 의미를 그래프가 "같은 시간과 장소에서 만나는 점"이라고 설명했다. 이를 바탕으로 우리는 Gila의 함수적 접근법과 전통적인 접근법에 대한 아이디어를 관련짓는데 상황이 도움이 되었다는 결론을 내릴 수 있었다. 또, Gila는 더 이상 추가적인 수학적 상황의 지원이 필요하지 않은 듯했다. 우리는 Gila가 방정식을 변화하는 두 현상간의 비교이면서 동시에 대수적인 방정식 또는 부등식으로 인식한다는 것과 방정식을 해결하기 위해서 다양한 표현과 도구를 활용할 수 있다는 것을 알게 되었다.

Noam 역시 방정식의 개념을 처음 접한 것은 함수적 맥락이었으며, 방정식을 변화하는 현상간의 비교라고 인식하였다. Noam은 양변에 적용하여 방정식을 해결하는 알고리즘을 처음부터 알고 있었기 때문에 방정식을 해결해야 할 때마다 이 알고리즘을 활용하였다. Noam이 전통적인 접근법에서 방정식을 "개방된 문장"이라고 생각하였기 때문에 이 알고리즘을 쓰기 시작한 것으로 생각된다. 그녀는 주어진 방정식에 대한 (수학적인) 상황을 만들 수 있었다. 수업에서 방정식의 양변을 처리하는 알고리즘을 배우는 동안, Noam은 방정식을 그래프 표현과 연결하는 것을 어려워했다. 일시적으로 방정식이 두 현상 간의 비교라는 것을 이해하지 못했다. 그러나 학습이 좀 더 진행되자, 상황 제공 여부와 관계없이, Noam은 두 가지 접근법 모두에서 방정식을 인식할 수 있었다.

학년도가 끝날 무렵 대부분의 학생들이 방정식을 해결하기 위해서 두 가지 접근법을 유창하고 융통성 있게 활용할 수 있다는 것을 알 수 있었다.

함수에 대한 다중 표현 접근법

함수 수업 개발과 관련된 딜레마는 전체 코스 동안 교실에서 활용할 하나의 문제 상황에 다중 표현을 활용할 것인지, 활용한다면 어느 정도나 활용할 것인가의 문제였다. 다중 표현의 사용을 표준으로 통합하려는 우리의 접근법은 문헌들(e.g., Kaput, 1992; Schwarz & Dreyfus, 1995)에 의해 뒷받침되었으며, CompuMath 프로젝트 내에서는 Dolev-Cohen(1996)의 연구에 의해 강화되었다.

Dolev-Cohen(1996)은 학년에 따른 함수 과정을 학습한 9학년 학생들의 활동을 문서화하고 분석했다. 그 중 하나의 사례 연구를 소개하고자 한다. 이 사례 연구는 컴퓨터 기반 환경에서 한 문제를 해결하는 동안 9학년 학생 3명이 하나의 표현에서 다른 표현으로 언제 어떻게 옮겨가게 되는지를 분명하게 살펴보기 위해서 진행되었다.

Ⅲ. 공원에 서식하는 독수리의 개체 수는 방정식 $f(x)=5x(20-x)$(x는 1년 중 시기를 나타냄)에 따라 변화되었다.
a) 공원의 독수리 서식 환경은 양호하다고 생각하는가?
b) 독수리 개체 수의 증가율은 사자 개체 수의 증가율보다 높은가 낮은가?
c) 너의 결론은 첫 10년의 기간 동안 유효한가?
d) 첫 10년 기간 동안 독수리의 개체 수와 얼룩말의 개체 수를 비교하여라.
e) 일정표 상으로 독수리와 얼룩말의 미래의 개체 수는 어떻게 되는가?
f) 세 동물(독수리, 얼룩말, 사자)의 개체 수가 같아지는 때가 있는가?

[그림 26.3] Ⅲ부의 동물원 문제 상황

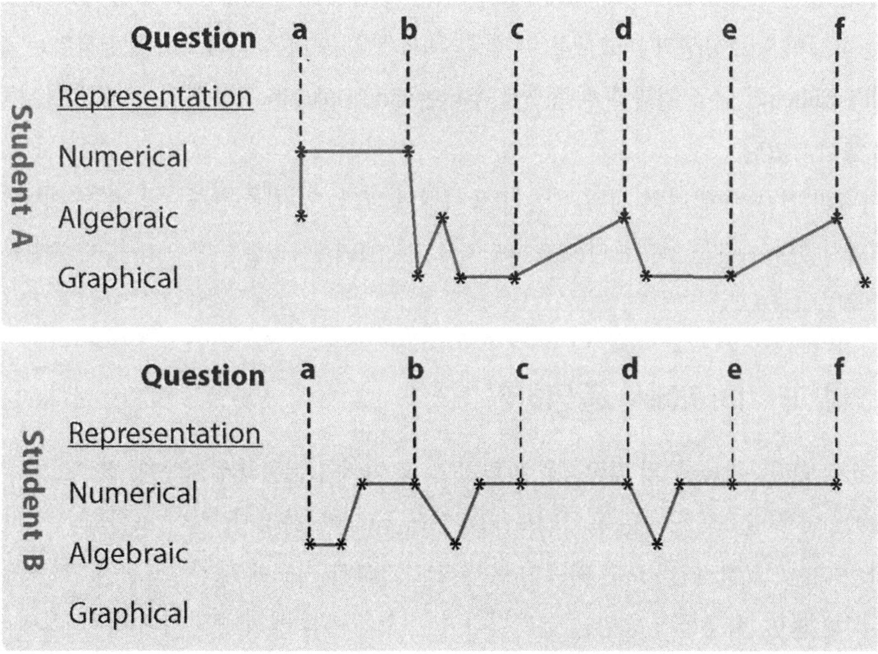

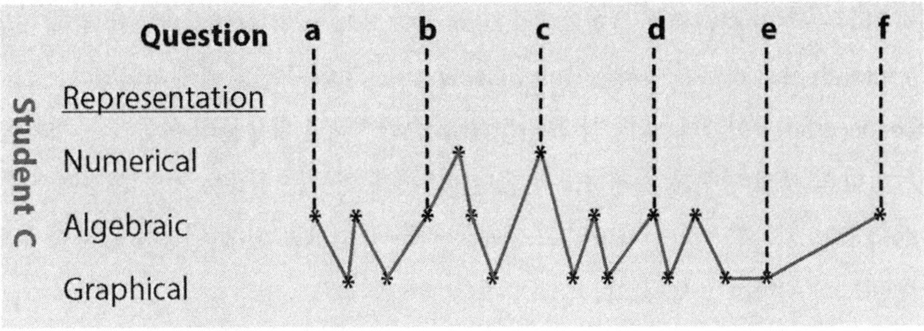

[그림 26.4] 각 학생이 사용한 표현 및 표현의 변화 도표(Dolev-Cohen, 1996)

학생들에게는 공원에 서식하는 얼룩말, 사자, 독수리의 개체 수를 생각해보도록 하였다. 얼룩말의 개체 수인 $g(x)=400-20x$는 그래프로 나타내었으며, 사자의 개체 수인 $h(x)=60x$는 말로 설명하였다. 여기서는 [그림 26.3]에 제시된 활동 중 일부분에 초점을 맞추고자 한다.

[그림 26.4]는 Ⅲ부에서 각 학생의 활동을 그래프로 나타낸 것이다. 그래프를 통해서 다음을 알 수 있다. (a) 학생 A와 B는 대부분 두 가지 표현을 활용한 반면, 학생 C는 세 가지 표현을 모두 활용했다. (b) 학생 A와 B는 각 과제에 대한 답을 할 때 주로 한 가지 표현을 활용한 반면, 학생 C는 한 문제에 대한 답을 할 때도 여러 가지 표현을 활용했다. 즉, 학생 C는 세 가지 표현을 빈번하게 오가며 활용했다. 일반적으로, Dolev-Cohen(1996)은 하나의 과제에서 다양한 표현을 융통성 있게 활용할 수 있는 학생이 동료학생과 비교했을 때 함수 문제 상황을 더 성공적으로 해결한다는 것을 밝혀냈다. Dolev-Cohen의 연구 결과를 바탕으로 우리는 CompuMath 교육과정 전체를 설계하는데 다중 표현을 통합하였다.

참고: 하나의 질문 내에 여러 개의 점들이 표시되어 있다. 이 점들은 주어진 질문 내에서 학생이 표현을 변화시켰다는 것을 보여준다(예를 들면, 학생 C는 질문 c에서 표현을 4번 변화시켰다: 수치에서 그래프, 대수, 다시 그래프 표현으로).

증명의 역할과 기하학에서 증명하기

수학자에게 증명은 진술문의 **타당성**을 확립하고 그 의미를 **분명하게** 하는데 결정적인 역할을 한다(Rota, 1997). 의무 교육과정에는 유클리드 기하학의 삼각형, 사각형, 원이 포함되어 있다. 유클리드 기하학에 대한 "고전적인" 교수 자료와 유클리드 기하학 지도에 대한 "고전적" 전략에 관한 연구들을 분석해 보면, 학생들이 증명을 어려워하며, 수학적 활동에서 증명의 수학적, 실제적 중요성이 잘 드러나지 않아 학생들이 수학적 증명의 필요성을 느끼지 못한다고 지적한다. 따라서 학생들이 증명의 이런 측면들을 인식할 수 있도록 교실 활동을 구성하는 것이 중요하다(Zaslavsky,

Nickerson, Stylianides, Kidron, & Winicki-Landman, 2012).

Hanna(1990)와 Hersh(1993)에 이어 우리는 학교에서 가르치는 기하학 증명은 현상 자체로부터 파생되는 일련의 이유를 제공함으로써 학생들에게 그 정리(theorem)가 **왜** 참인지를 설명해야 한다고 믿는다. 수학 교실에 동적 기하 환경이 도입됨으로써 상대적으로 빠르고 쉽게 확신을 얻을 수 있기 때문에, 교육과정에서 증명의 위치에 대한 딜레마가 제기된다. 기하학적 대상에 대한 끌기 작업을 통해 학생들은 추측한 속성이 불변인 대상 전체를 파악할 수 있으므로 추측의 진실성을 확신할 수 있다(de Villiers, 1998). 따라서 이런 환경을 설계하고 환경 내에서 가르치는 것 역시 추측한 속성이 **왜** 참인지를 설명할 필요성을 제기하고 만드는 역할을 해야 한다.

Dreyfus와 Hadas(1996)는 경험적인 조사가 예측할 수 없는 놀라운 상황을 낳는 활동을 통해 학생들이 증명의 역할을 이해하도록 할 수 있다고 주장한다. 이런 종류의 활동은 학생들이 놀라운 결과를 설명하기 위해서, 때로는 어떤 것이 옳은 결과인지를 확신하기 위해서, 증명이 필요하다는 것을 경험할 수 있게 해준다.

CompuMath 프로젝트 내의 다양한 종류의 활동이 이런 연구-설계 방식의 "정신(spirit)"으로 개발되었다.

a. 불변하는 기하학적 특징으로서 발견하게 되는 기하학적 사실이 **놀랄만한** 포괄적인 탐구 활동. 이런 놀라움은 **왜**라는 질문과 이 질문에 대한 답으로서 증명을 야기한다(Dreyfus & Hadas, 1996).
b. 학생들이 주어진 조건을 만족하는 도형을 작도하는 **불확실한 조건**하에서의 기하학적 작도 (Hadas & Hershkowitz, 1998).
c. 기하학적 현상의 동적 변화를 그래픽과 수치로 실시간으로 나타내기 위해 동적 기하 소프트웨어의 측정 및 그래픽 옵션을 활용하는 활동들. 이런 맥락에서 한 가지 표현에서 제기된 질문과 가설은 다른 표현으로 답할 수 있으며, 이런 방식으로 조사 활동 자체가 풍성해진다(Arcavi & Hadas, 2000).
d. 자신이 제기한 추측에 대한 어떤 예도 찾을 수 없는 활동들. 이런 불확실한 상황은 딜레마를 발생시킨다. 계속해서 경험적인 탐색을 해야 하는가 아니면 불가능을 이해하려고 시도해야 하는가? Hadas와 Hershkowitz(1998)는 학생들의 행동에 대한 실험과 인지적 분석에 기초한 주의 깊은 설계를 통해 학생들이 증명의 필요성을 느낄 수 있는 상황을 구성할 수 있다고 주장하였다.

요약하면, 실증적인 경험만을 기초로 한 학생의 확신에 대처하고 연역적 설명의 필요성을 조성하기 위해 우리는 놀라움과 불확실성을 야기할 수 있는 혁신적인 활동들을 개발하였다. 유클리드 기하학에서의 증명하기에 대한 이런 접근법에 대한 좀 더 상세한 설명은 이 **핸드북**의 초판에 실려 있다(Hershkowitz et al., 2002, pp. 672-678).

교실에서의 학습 과정

프로젝트의 후반부 단계에서 발생하는 자연스런 질문은 학생들이 무엇을 어떻게 학습하고 통합했는가와 학생들에게 남아있는 수학적 개념과 전략은 무엇인가 하는 것이다. 이런 질문에 답하기 위해서 우리는 교실에서 학생들이 구성하길 기대했던 수학적 지식에 대한 설명을 좀 더 정교화하고 이런 지식을 구성하는 과정을 분석해야 했다. 우리는 추상화의 개념이 이 목적에 유용하다는 것을 알게 되었다. 우리는 이 교육과정 프로젝트의 틀 내에서 추상화가 무엇을 의미하는지 뿐만 아니라, 프로젝트에 참여한 교실에서 추상화 과정이 경험적으로 어떻게 나타나는지도 고려해왔다. 따라서 추상화에 대한 우리의 접근법은 실험 자료의 분석과 이론적 틀 구축의 필요성이라는 두 가지로부터 대두된 것이다.

이런 목적으로 이론적인 방법론적 틀인 맥락에서의 추상화(Abstraction in Context, AiC)가 개발되었다. 이 절에서는 이 틀을 바탕으로 정당화를 위한 도구로 대수를 학습한 2명의 기초대수 학생의 학습을 분석하고자 한다.

맥락에서의 추상화에 대한 이론적 기초

Piaget 이후 몇몇 수학교육자들은 구체에서 추상으로 학생들의 초점이 옮겨지는 과정이나 기제에 대한 설명을 제안하였다(이에 대한 간략한 검토는 Dreyfus, 1991 참조). 이들 대부분에게 추상화는 일련의 수학적 대상(또는 과정)으로부터 진행되며 대상 자체보다는 이런 대상의 일부 구별되는 속성과 관계에 초점을 맞추는 것으로 구성된다. 따라서 이런 추상화의 과정은 대상의 일부 특징과 관계와 더불어 대상을 무시하는 탈맥락화(decontexualization)의 과정이다. 추상화는 선형적이며 대상에서 유목이나 구조로 진행되어 더 높은 수준에서의 대상으로 간주된다.

추상화에 대한 이런 고전적 관점은 비판을 불러일으켰다. 예를 들면, van Oers(1998)는 개념화의 맥락으로 **활동 이론**의 관점을 활용하였다. "맥락을 의미의 구성으로 생각하는 가정에서 시작하면, '탈맥락화'라는 개념은 의미 있는 추상적 사고로의 발달과정에 대한 어떤 설명도 제공하지 않는 빈약한 개념이라는 것이 분명해진다"(1998, p. 135). 문제해결자의 개인적 역사, 사회적 상호작용, 도구의 활용과 같은 맥락적 요인에 의존하는 것은 추상화의 과정에서 맥락의 중요성을 인식한 이론가들의 견해를 따른 것이다.

Davydov(1972/1990)는 탈맥락화에 대한 언급 없이 추상화를 설명하는 한 가지 방법을 제안하였다. Davydov의 이론은 추상화에 대한 인지주의자와 사회-문화적 관점간의 두 번째 주요 차이점을 만든다. Davydov(1972/1990)는 추상과 구체 사이의 변증법적 관련성을 설명하는 인식론적 이론을 개발하였다. 추상화는 초기의 간단하고 덜 개발된 첫 번째 형식으로부터 시작되는데, 이 형식은 내적이나 외적으로 일관될 필요는 없다. 추상화는 초기 단계인 분석으로부터 종합으로 나아가고 발전하며, 일관되고 정교한 최종 형태로 끝난다. 따라서 구체에서 추상이 아니라 덜 개발된 추상의 형식에서 새로운 구체적인 특징이 강조되는 개발된 추상 형식으로 나아간다.

AiC 틀과 RBC+C 모델

이 절의 시작 부분에서 제기된 질문에 답하려면 우리는 관련된 교실에서의 경험을 바탕으로 추상화에 대한 조작적인 정의를 할 필요가 있다. 우리는 Davydov의 접근법을 채택하여 다음과 같은 조작적인 정의로 바꾸었다.

추상화는 이전에 구성되었던 수학을 새로운 수학적 구조로 수직적으로 재구조화하는 활동이다.

활동이라는 용어는 활동 이론에서 차용한 것으로 맥락을 충분히 고려할 필요가 있다는 것을 의미한다. **이전에 구성되었던 수학**이라는 말은 이전 추상화 과정의 결과물을 말하는 것으로 현재 추상화 활동에서 이용할 수 있다. **새로운 수학적 구조**라는 말은 현재 활동에서 나타나는 지식 구성과 관련이 있다. **새로운 구조로의 재구조화**라는 말은 고도로 이론적이고 경험적인 사고를 필요로 하는 미지의 수학적 관계의 확립을 의미한다. 마지막으로 **수직적**이라는 말은 네덜란드의 현실적주의 수학교육(RME)의 문화로부터 차용한 것으로, RME에서 연구자들이 말하는 수직적 수학화(de Lange, 1996; Treffers & Goffree, 1985)는 "수학적 요소들이 흔히 원래의 요소들보다 더 추상적이거나 더 형식적인 형태로 다른 수학적 요소들로 결합되고, 구조화되고, 조직화되고, 개발되는 등의 활동"(Hershkowitz, Parzysz, & van Dormolen, 1996, p.177)을 말한다. RME는 수직적 수학화의 통합적인 역할을 강조하는 접근법이다. 이러한 통합은 추상화의 과정에서 새로운 연결성을 확립함으로써 이루어지는데, **수직적**이라는 용어를 통해서 나타내고자 하는 것이 바로 이점이다. 추상화에 대한 우리의 정의에서 **새롭다**는 단어는 중요하다. 이것은 추상화의 결과로 학습자가 이전에 도달할 수 없었던 어떤 것을 개념화하는 활동에 참여하게 된다는 것을 나타낸다.

추상화의 과정을 경험적으로 조사하기 위해서는 추상화라는 정신적 활동을 관찰할 수 있는 방법을 고안할 필요가 있었다. 활동은 행동으로 구성되고 행동은 흔히 관찰가능하기 때문에 우리는 지식을 이용하거나 구성하는 정신적 활동을 일컬어 **인식적 행동**(epistemic actions) (Pontecorvo & Girardet,

1993)이라고 부르기로 하였다. 인식적 행동은 추상화의 특징이므로 일련의 특정한 인식적 행동을 다음에 소개하고자 한다. 인식적 행동은 적절한 환경에서 종종 드러난다. 예를 들면, 사회적 상호작용이 풍성한 환경은 인식적 행동을 관찰하기에 좋은 틀이 된다.

추상화에 대한 우리의 정의는 추상화를 실험적으로 연구하기 위한 조작적 모델을 확립하는 이론적 지침이 되었다. 이 정의는 변증법적인 상향식 접근법의 결과물로서, 추상화에 대한 연구자들의 이론적 관점과 추상의 증거물로 연구자가 판정한 학생의 행동에 대한 실험적 관찰 두 가지 모두를 지속적으로 고려한 결과물이다. 이와 같이 이론적 원리와 경험적 자료 모두를 지속적으로 고려하는 것은 매우 비선형적이다.

Hershkowitz, Schwarz, Dreyfus(2001)는 세 가지 인식적 행동을 하나의 모델의 구성요소로 정의하고 기술하였다. 이 모델에서 지식 구성의 과정은 관찰 및 식별이 가능한 3가지 인식적 행동으로 표현된다. 인식하기(Recognizing), 구축하기(Building-with), 구성하기(Constructing). **인식하기**는 이전의 특정 지식 구성이 현재 다루고 있는 문제와 관련된다는 것을 학습자가 인식할 때 발생한다. **구축하기**는 국소화된 목표를 달성하기 위해서 전략을 실현하거나 정당화하거나 문제의 해답을 구하는 것과 같은 인식된 구성의 조합으로 이루어지는 행동이다. 이 모델에서 수학적 추상화의 중심적인 인식적 행동이 바로 **구성하기**이다. 구성하기는 새로운 구성을 만들기 위해 수직적 수학화를 통해 이전 구성을 조합하고 통합하는 것으로 이뤄지며, 학습자에 의해 새로운 구성이 처음으로 표현되는 것을 말한다. 따라서 학습자가 자유롭고 융통성 있게 이용할 수 있는 구성을 지칭하는 것이 아니다. 이것은 구성의 **강화**(consolidation)의 일부분이다.

행동 인식하기와 행동 구축하기는 흔히 행동 구성하기에 포함된다. 게다가 행동 구성하기는 때로 더 복잡하거나 총체적인 행동 구성하기에 포함된다. 따라서 이 모델은 **맥락에서 추상화의 내포된 인식적 행동 모델** 또는 간단히 **RBC+C 모델**이라고 한다. 두 번째 C는 강화를 의미한다.

한 가지 예제

X	$X+2$
$X+6$	$X+8$

[그림 26.5] Seals 활동

이 이론과 연구의 예로 우리는 기초대수학 강좌를 시작하는 7학년 학생들을 2명씩 짝지어 실시한 연구를 제시하고자 한다(Dreyfus, Hershkowitz, & Schwarz, 2001).

연구는 스프레드시트를 활용한 학습환경에서 실행되었다. 과제는 [그림 26.5]에 제시된 것과 같은 숫자 배열을 바탕으로 하였는데, 학생들은 일반적인 진술문을 정당화하는 도구로 대수법칙을 활용해 본 적이 없었으며, $a(c+d)=ac+ad$와 같이 간단한 분배법칙은 접하고 활용해 본 적이 있지만, $(a+b)(c+d)=ac+ad+bc+bd$와 같이 확장된 분배법칙은 활용해 본 적이 없었다. 학생들에게 스프레드시트에서 변수 X(그림 26.5 참조)를 사용하여 배열을 위한 공식을 만들고, X를 수로 치환하고, 이 배열이 가지는 성질을 가능한 많이 찾아보게 하였다. 그런 후 학생들에게 각각의 성질에 대해 이것이 항상 성립하는지를 묻고 자신의 주장을 정당화하도록 하였다. 2명씩 짝지은 대부분의 학생들은 많은 성질을 찾아냈다. 그런 후에는 몇 가지 성질에 초점을 맞추었는데 그 중 가장 복잡한 것이 **대각선 곱의 성질**(diagonal product property, DPP)로 배열의 대각선끼리의 곱의 차는 12가 된다. 스프레드시트를 활용해서 많은 학생들이 X에 대입하는 모든 수가 DPP를 만족한다는 사실을 알고 놀라워했다. 일반적인 진술을 정당화하기 위해서 학생들은 대수법칙을 활용해야만 하도록 활동이 디자인되었다. 모두는 아니지만 대부분의 학생들이 등식 $(x+2)(x+6)-x(x+8)=12$의 구성요소를 성공적으로 만들어냈으며, 이를 해결하기 위해서 학생들은(비록 그 법칙이 형식적인 의미로 표현되지는 않았지만) 확대된 분배법칙이 필요하게 되었다. 따라서 연구를 위한 과제 설계의 기본은 두 가지 수학적 원리였다: 정당화의 도구로서 대수법칙의 활용과 확장된 분배법칙의 발견. 학생들은 이 두 가지 모두를 모르고 있었다. 설계자의 관점에서 볼 때, 이 두 가지는 의도된 새로운 구성이었으며, 과제는 C_1(정당화 도구로서의 대수법칙)과 C_2(확대된 분배법칙)로 표시되는 이런 두 가지 구성을 만들어 내도록 설계되었다.

Dreyfus와 동료들(2001)은 2명씩 짝지은 2개 팀의 활동을 비디오로 녹화하고 전사하고 미시적 수준에서 분석하였다. 여기에서는 그 중 한 팀의 활동에서 발췌한 다음의 녹취록을 이용해서 분석한 내용을 설명하고자 한다. 이 학생들은 간단한 분배법칙으로 시작한다.

Ha	113	그러니까, 봐봐, X 더하기 8, X, 그럼 8X 더하기 XX야.
Ne	114	또?
Ha	115	잠깐, X 곱하기 X 더하기 8, 맞지? 이건 XX야, X처럼 X 두 번, 그러니까 XX야.
Ne	116	그래.
Ha	117	그리고 X 곱하기 8은 8X.
...		
Ha	121	그래서 분배법칙을 해.
Ne	122	아, 그래.
...		
Ha	133	그리고 이거[(x+2)(x+6)을 가리키며]...
Ne	134	여기서는 분배법칙을 하는 것이 불가능해. 잠깐, 할 수도 있어...
Ha	135	이건 6X야.
Ne	136	이건 6X 곱하기 X와 6X 곱하기 2.
Ha	137	잠깐, 먼저, 아니야...

Ne	138	응.
Ha	139	아니야. 왜냐하면 이건 X 더하기 6이지 6X가 아니야. 이건 달라. 잠깐. 먼저...X를 하고; 그런 다음 XX 더하기 2X이고 여기는 6X 더하기 24야. 그래서...
...		
Ha	152	아, 이건 XX 더하기 8X, 그런데 어떻게 이것[(x+2)(x+6)을 가리키며]도 XX 더하기 8X가 될 수 있는지 모르겠어. 그렇게 되어야 하는데.

우리는 학생들의 담화를 세 가지 인식적 행동의 측면에서 분석하였다: 113-121에서, 학생들은 기본적인 대수적 요소들(예를 들면, 115)을 인식하고 제시된 맥락(113, 121)에서 간단한 분배법칙을 구축(예를 들면, 117)하였다. 133-134에서, 학생들은 알려지지 않은 상황과 직면하지만 설계상 간단한 분배법칙임을 확신한다. 그들은 새로운 결과(139)를 얻기 위해 간단한 분배법칙(137, 139)을 포함한 대수적인 요소들을 인식(135)하고 구축(136)한다. 이것이 처음으로 확대된 분배법칙을 활용하고 설명한 것이었기 때문에 133-139에 이르는 과정은 C_2에 이르는 구성 행동이라고 생각할 수 있다. 발췌문을 보면 이런 구성 행동은 일련의 R(인식하기)와 B(구축하기)의 집합과 그들 간의 연결성으로 구성되며 하나의 전체가 된다. 이런 측면에서 우리는 R과 B 행동이 구성 행동에 포함된다고 말한다. 발췌문에서 볼 수 있는 것과 같이, C_2를 유도하는 구성 행동은 정당화를 위한 도구로 대수학의 활용이라는 C_2를 유도하는 구성 행동에 포함된다.

새로운 구성은 처음에는 다소 허술하지만 다시 경험하게 되면서 점차 강화된다고 생각된다. 강화란 학생들이 이후 활동에서 구성의 인식과 구축이 좀 더 쉽고 융통성있게 이뤄진다는 것을 의미한다. 따라서 우리는 추상화의 기원을 추적하는 것이 다음의 세 단계를 거친다고 가정한다.

1. 새로운 구성의 필요성
2. 이전의 구성의 인식과 구축을 포함하는 새로운 추상적인 실체로서의 새 구성의 출현
3. 이후 활동에서 구성의 인식과 구축을 더 수월하게 하도록 촉진하는 새로운 구성의 강화

여기에서 기술한 것이 $RBC_{+}C$ 모델이 작동하는 일반적인 기제를 요약한 것이다. 모델의 핵심은 새로운 추상의 구성이라는 모델의 두 번째 단계와 관련된다.

다시 말하지만 이것은 대표적인 예로서 상호작용을 통해 학생들이 새로운 지식을 어떻게 구성하는지를 보여준다. 이런 지식 구성은 잘 설계된 학습환경에서의 풍성한 활동을 통한 학습의 특징이다. 이 모델을 통해 우리는 모둠 활동에서의 학생들의 지식 구성에 대해 연구할 수 있었다. AiC와 관련된 연구는 CompuMath 프로젝트와 연계된 팀뿐만 아니라 다른 연구자들에 의해서 프로젝트 내에서 또 프로젝트를 뛰어넘어 추가적으로 이뤄졌다.

논의

이 절에서 우리는 앞에서 예시했던 일련의 연구들을 좀 더 전체적인 관점에서 설명하고자 한다.

"별개의 활동의 개발과 관련된 연구"라는 제목의 절에서 언급한 것처럼, 초기의 설계-연구-재설계 단계는 Overseas 활동 및 그와 관련된 연구의 예에서처럼 연구를 통해 별개의 활동을 개발하는 과정으로 특징지어진다. 이 과정은 연구와 설계가 서로에게 영향을 미치는 변증법적인 과정이다. "별개의 활동" 절에서 제시한 것처럼, Overseas 활동에 대한 연구를 통해 가설 설정하기가 수치, 기호, 그래픽 표현간의 연결이 이뤄지는 컴퓨터 학습환경과 관련되어 있다는 통찰을 얻을 수 있었다. 마찬가지로 다른 별개의 활동에 관한 연구에서도 비슷한 통찰을 얻을 수 있었다. 이를 요약하면, 설계과정에서는 내용, 탐구 가능한 살아있는 과목으로서의 수학에 대한 견해, 의도된 수학적 사고 과정(일반화하기, 가설설정하기, 반성하기, 정당화하기), 컴퓨터 도구의 잠재성, 학생과 교사간의 학습에 대한 책임의 재분배를 포함하는 교실 조직 등이 고려된다.

별개의 활동에 관한 연구를 통해서 우리는 많은 주제들에 대해 다양한 접근법이 활용될 수 있음을 알 수 있었는데, 이는 좀 더 대규모의 교육과정 연구가 필요하다는 것을 의미한다. 바꿔 말하면, 별개의 활동에 대해 연구가 교육과정에 대한 연구로 전환되기 위해서는 특정 주제에 대해 어떤 특정한 접근법을 택할 것인지를 결정해야만 했다. 이는 1차방정식, 기하학에서의 증명, 함수에 대한 다중표현 환경에 대한 연구했던 " '고전적인' 수학 주제 지도를 위한 새로운 딜레마"라는 절에서 예시했었다. Stein(2002)의 연구 결과를 통해 연구 팀은 방정식에 대한 두 가지 접근법인 함수적 접근법과 대수적 접근법을 결합함으로써 학습에 도움이 되도록 하였다. 이를 통해 학생들은 방정식이 무엇이고 다른 공학기술 환경에서 이를 어떻게 해결할 수 있는지에 대해서 유연하게 이해하게 되었다. 이것은 학생들이 아직 학습하지 않았던 비선형 방정식의 학습에서도 마찬가지였다(Friedlander & Stein, 2001). 기하학적 증명에 대한 연구를 통해 유사한 교육과정에 대한 통찰을 얻을 수 있었다. 증명하기에서는 공학기술 환경과 지필 환경을 결합함으로써 학습에 도움을 줄 수 있었다. 이런 연구들을 통해 우리는 **하나의 주제에 대한 다양한 접근법들을 결합하는 것이 학습에 도움이 된다**는 원칙을 이끌어낼 수 있었다.

마찬가지로, 다른 주제들을 다룬 다른 연구에서는 다음과 같은 다른 원칙을 이끌어낼 수 있다.

컴퓨터 환경에서 표현의 활용

Kaput(1992)은 다른 환경에서 정적이었던 표현 체계가 동적 소프트웨어 환경에서는 역동적으로 변한다는 사실을 지적하였다. 결과적으로 기호 표현 체계와 수치나 그래픽 표현과 같은 다른 표현

체계 간의 간격이 무의미해진다. 이에 더해서 앞에서 논의했던 연구의 결과들을 통해서 우리는 후속 활동을 설계하는데 있어서 다중 표현을 활용해야 하며, 이를 통해서 문제해결을 위해 학생들 스스로 자신의 표현을 선택할 수 있도록 하였다. 이는 [그림 26.3]과 같이 하나의 상황에 대한 정보를 다양한 표현으로 제공하거나 같은 현상에 대해 다양한 표현을 제공한 후 학생들에게 활동을 시작하도록 함으로써 가능했으며, 그런 후에 학생들에게 현상에 관해 질문하였다(예, Friedlander & Tabach, 2001; Tabach & Friedlander, 2012). 질문에는 문제해결을 위해 특정 표현의 활용을 안내하는 정보를 담지 않도록 주의하였다. 또, 학생들이 표현과 관련된 이런 문제에 집중하도록 하기 위해서 문제해결 과정에서 서로 다른 표현을 활용하는 것에 대해 찬성과 반대를 구체적으로 표현하도록 하는 반성적 질문을 추가하였다. Geogebra와 같은 소프트웨어 패키지가 개발됨으로써 표현들을 서로 연결짓는 것은 훨씬 쉬워졌지만, 지도 원리는 변하지 않았다는 것을 알 필요가 있다.

일반화와 설명

우리는 학생들에게 수 패턴, 시각적 패턴, 그래픽 패턴을 일반화하도록 하였다. 이를 위해 먼저 현상에 대한 특수한 여러 가지 사례를 제공한 후 추가적인 사례를 만들어보도록 하였으며, 그런 후 일반성을 나타내기 위한 한 가지 이상의 표현을 활용하여 현상을 좀 더 일반적인 방식으로 표현해 보게 하였다. 그런 후 학생들에게 자신들이 일반화한 것을 설명하도록 하였다. 일반화한 것들 중에는 옳은 것도 있고 틀린 것도 있어서 학생들에게 가능하면 컴퓨터 도구를 활용하여 이를 정당화하게 하였다(Tabach, Hershkowitz, & Schwarz, 2006; Tabach & Friedlander, 2012). 따라서 학생들에게 일반화하고 이를 설명하도록 요구하는 원칙은 그 활동의 설계에서 가장 두드러진 특징이다.

왜(Why)라는 질문하기

특히, 기하학에서 동적인 컴퓨터 소프트웨어의 활용에 대한 비판 중 하나는 학생들이 소프트웨어의 끌기(dragging)를 활용하여 무수히 많은 사례를 볼 수 있기 때문에 더 이상 증명의 필요성을 경험하지 못한다는 것이다. 실제로 컴퓨터의 이런 능력은 교육과정 설계자인 우리에게도 문제가 되었다. 학습자에게 당황스런 현상을 제공하는 의도된 과제 설계는 "새로운 딜레마"라는 절에서 우리가 설명한 것처럼, 컴퓨터 시대의 증명의 필요성을 유지하는 핵심적인 답이 될 수 있다(Hadas et al., 2000; Dreyfus & Hadas, 1996; Prusak, Hershkowitz, & Schwarz, 2012).

자율적인 학습자가 되도록 학생들 격려하기

CompuMath 프로젝트의 통계학과 관련된 주제에서 학생들은 자신들만의 소규모 프로젝트를 실행하였다(Ben-Zvi & Arcavi, 2001; Hershkowitz et al., 2002). 이런 경험을 통해 프로젝트 팀은 학습자들의 자율성을 강화하는 아이디어를 다른 수학 주제로 확장해보자는 용기를 얻었다. 이 절의 초반부에서 우리는 학생들이 선호하는 표현을 자유롭게 선택할 수 있도록 하였다고 보고한 바 있다. 이것이 학습에서 학생들의 자율성을 좀 더 확장하는 시작 단계의 역할을 하였다(예를 들면, Tabach, Hershkowitz, Arcavi and Dreyfus, 2008; Tabach et al., 2013 참고).

앞서 논의한 원칙에 따라 교육과정 단원을 설계하고 실행한 후, CompuMath 프로젝트에서 학생들이 어떤 개념적이고 구조적인 수학 지식을 어떻게 학습했는지를 깊이 탐구할 필요가 있었는데, 이에 대한 응답으로 AiC과 RBC+C 모델이 등장하였다.("교실에서의 학습의 과정"이라는 제목의 절 참고). AiC와 관련된 우리의 "연구 과정"을 되돌아보면, 우리는 실험실 환경에서 면담자를 통해 개별 학습자나 2명씩 짝지어진 팀들의 지식 구성을 조사한 후 연구에 참여한 교실의 2~4명 정도의 학생들을 초점집단으로 조사하는 것으로 이행하였다. 첫 번째 단계는 AiC 틀과 RBC+C 모델을 개발하는데 활용되었고(Hershkowitz et al., 2001; Dreyfus et al., 2001), 두 번째 단계에서는 교실의 소집단 활동에서 학생들의 추상화 과정을 분석하기 위해서 RBC+C모델을 적용하였다(Dreyfus et al., 2015; Hershkowitz, Hadas, Dreyfus, & Schwarz, 2007; Tabach et al., 2006; Schwarz et al., 2009).

공학기술 환경 내에서 이루어지는 학습의 과정과 결과를 좀 더 잘 이해하려고 시도하는 과정에서 AiC의 틀이 만들어졌다. 우리 생각에 공학기술 도구는 추상화의 과정에서 중요한 역할을 담당한다(Kidron & Dreyfus, 2010; Tabach et al., 2006; Weiss & Dreyfus, 2009). 학생들은 공학기술 도구로 인해 새로운 지식을 구성해야 할 필요성을 더 느낄 수 있다. 이 모델에 따르면 새로운 지식을 구성할 필요가 있다고 학생들이 느끼는 것이 추상화 과정의 첫 단계이다. 게다가 추상화하는 동안 학생의 행동을 명시적으로 미시적 수준에서 문서화하는 공학기술 도구의 능력은 연구자들의 관찰 및 분석 도구를 정교화함으로써 학생들의 추상화 과정을 좀 더 정교한 방식으로 추적할 수 있게 해 준다. 이런 연구의 미시적 특성은 교육과정의 미시적 설계를 탐구하고 개선하는 도구를 제공한다.

"학습 과정" 절의 끝부분에서 언급한 것처럼, 공학기술 환경과 비공학기술 환경에서의 학습 과정과 관련된 AiC 연구는 이스라엘뿐만 아니라 다른 나라에서도 지속되고 있다. 최근에는 교실에서의 지식의 구성과 확산에 관한 연구가 진행되고 있다. 이런 목적으로 전체 학급 공동체와 소집단과 같은 교실의 서로 다른 사회적 상황 내에서 또 상황 간에 지식이 어떻게 확산되는지를 연구(Hershkowitz, Tabach, Rasmussen, & Dreyfus, 2014; Tabach, Hershkowitz, Rasmussen, & Dreyfus, 2014)하기 위해서 우리는 AiC와 RBC+C 틀을 집단 활동 문서화(Documenting Collective Activity(DCA), Rasmussen & Stephan, 2008)라는 또 다른 이론적 방법과 조합하였다. 이 연구의 주요 결과는 소집단과 전체 학급 공동체간의 지식의 확산에서 학생이 지식 중개인의 역할을 담당한다는 것이다.

요약하면, CompuMath 프로젝트와 관련된 우리의 연구는 인식에 초점을 맞추어서 시작되었지만 프로젝트가 진행되면서 교실 관행의 더 많은 측면들, 사회-수학적 규범(Hershkowitz & Schwarz, 1999), CompuMath 프로젝트에 참가한 9학년 교실과 그렇지 않은 9학년 교실 간의 비교(Schwarz & Hershkowitz, 1999), 도구화 과정(Tabach, Hershkowitz, Arcavi, & Dreyfus, 2008) 등이 통합되었다. 이 장은 운영상의 요구가 어떻게 그것을 촉발시킨 요구를 넘어서는 범위와 가치를 지닌 연구로 이어지는지 보여주는 사례라고 생각된다. 이런 연구로부터 새로운 교육적 활동이 시작된다.

감사의 말

CompuMath 프로젝트의 여정 및 동반 연구에 직간접적으로 참여한 동료들에게 감사하는 바이다. 이 연구들 중 일부와 본 장의 작성은 이스라엘 과학재단의 지원번호 1057/12에 의해 부분적으로 지원되었다.

➲ NOTE

1. 이 장에서 '우리'는 상황에 따라 조금씩 다르게 해석할 필요가 있다. 어떤 때는 저자를 지칭하며 어떤 경우에는 CompuMath 프로젝트의 팀 리더들을 지칭하기도 한다. 또 때로는 다양하게 조합된 팀 구성원들을 언급하기도 한다. 이 장의 끝에 있는 '감사의 말'도 참고하기 바란다.

참고문헌

Arcavi, A., & Hadas, N. (2000). Computer mediated learning: An example of an approach. *International Journal of Computers for Mathematical Learning, 5*, 25–45.

Artigue, M., & Blomhøj, M. (2013). Conceptualizing inquiry-based education in mathematics. *ZDM—The International Journal on Mathematics Education, 45*, 797–810.

Balacheff, N., & Kaput, J. (1996). Computer-based learning environments in mathematics. In A. J. Bishop, K. Clements, C. Keitel, J. Kilpatrick, & C. Laborde (Eds.), *International handbook of mathematics education* (pp. 469–501). Dordrecht, The Netherlands: Kluwer Academic Publishers.

Ben-Zvi, D., & Arcavi, A. (2001). Junior high school students' construction of global views of data and data representations. *Educational Studies in Mathematics, 45*, 35–65.

Davydov, V. V. (1972/1990). *Soviet studies in mathematics education: Vol. 2. Types of generalization in instruction: Logical and psychological problems in the structuring of school curricula* (J. Kilpatrick, Ed., & J. Teller, Trans.). Reston, VA: National Council of Teachers of Mathematics. (Original work published in 1972).

de Lange, J. (1996). Using and applying mathematics in education. In A. J. Bishop, K. Clements, C. Keitel, J. Kilpatrick, & C. Laborde (Eds.), *International handbook of mathematics education* (pp. 49–97). Dordrecht, The Netherlands: Kluwer Academic Publishers.

de Villiers, M. (1998). An alternative approach to proof in dynamic geometry. In R. Lehrer & D. Chazan (Eds.), *Designing learning environment for developing understanding of geometry and space* (pp. 369–393). Hillsdale, NJ: Lawrence Erlbaum Associates.

Dolev-Cohen, O. (1996). *The passage between representations as an action of characterizing student's learning in an interactive computer based environment.* Unpublished MA thesis, The Hebrew University, Jerusalem. [In Hebrew]

Dreyfus, T. (1991). Advanced mathematical thinking processes. In D. Tall (Ed.), *Advanced mathematical thinking* (pp. 25–41). Dordrecht, The Netherlands: Kluwer, Mathematics Education Library.

Dreyfus, T., & Hadas, N. (1996). Proof as answer to the question why. *ZDM—The International Journal on Mathematics Education, 28,* 1–5.

Dreyfus, T., Hershkowitz, R., & Schwarz, B. (2001). Abstraction in Context II: The case of peer interaction. *Cognitive Science Quarterly, 1,* 307–368.

Dreyfus, T., Hershkowitz, R., & Schwarz, B. (2015). The nested epistemic actions model for abstraction in context—Theory as methodological tool and methodological tool as theory. In A. Bikner-Ahsbahs, C. Knipping, & N. Presmeg (Eds.), *Approaches to qualitative research in mathematics education: Examples of methodology and methods.* Dordrecht: Springer, Advances.

Engeström, Y. (1987). *Learning by expanding. An activity-theoretical approach to developmental research.* Helsinki: University of Helsinki.

Friedlander, A., & Stein, H. (2001). Students' choice of tools in solving equations in a technological learning environment. In M. van den Heuvel-Panhuizen (Ed.), *Proceedings of the 25th International Conference for the Psychology of Mathematics Education* (Vol. 2, pp. 441–448). Utrecht, The Netherlands: PME.

Friedlander, A., & Tabach. M. (2001). Promoting multiple representations in algebra. In A.A. Cuoco & F.R. Curcio (Eds.), *The roles of representation in school mathematics* (pp. 173–185). Reston, VA: National Council of Teachers of Mathematics, 63rd Yearbook.

Hadas, N., & Hershkowitz, R. (1998). Proof in geometry as an explanatory and convincing tool. In A. Olivier & K. Newstead (Eds.), *Proceedings of the 22st PME Conference* (Vol. 3, pp. 25–32). Stellenbosch, South Africa: PME.

Hadas, N., Hershkowitz, R., & Schwarz, B.B. (2000). The role of contradiction and uncertainty in promoting the need to prove in dynamic geometry environments. *Educational Studies in Mathematics, 44,* 127–150.

Hanna, G. (1990). Some pedagogical aspects of proof. *Interchange, 21,* 6–13.

Heid, M.K., Sheets, C., & Matras, M.N. (1990). Computer—enhanced algebra: New roles and challenges for teachers and students. In T.J. Cooney & C.R. Hirsh, *Teaching and learning mathematics in the 1990s* (pp. 194–204). Reston, VA: National Council of Teachers of Mathematics, 52nd Yearbook.

Hersh, R. (1993). Proving is convinsing and explaining. *Educational Studies in Mathematics, 24,* 389–399.

Hershkowitz, R., Dreyfus, T., Ben-Zvi, D., Friedlander, A., Hadas, N., Resnick, N., Tabach, M., & Schwarz, B.B. (2002). Mathematics curriculum development for computerized environments: A designer-researcher-learner-activity. In L.D. English (Ed.), *Handbook of international research in mathematics education* (pp. 657–694). Mahwah, NJ: Lawrence Erlbaum Associates.

Hershkowitz, R., Hadas, N., Dreyfus, T., & Schwarz, B.B. (2007). Processes of abstraction, from the diversity of individuals' constructing of knowledge to a group's "shared knowledge." *Mathematics Education Research Journal, 19,* 41–68.

Hershkowitz, R., Parzysz, B., & van Dormolen, J. (1996). Shape and space. In A.J. Bishop, K. Clements, C. Keitel, J. Kilpatrick & C. Laborde (Eds.), *International handbook of mathematics education* (pp. 161–204). Dordrecht, The Netherlands: Kluwer Academic Publishers.

Hershkowitz, R., & Schwarz, B.B. (1999). Reflective processes in a technology-based mathematics classroom. *Cognition and Instruction, 17,* 65–91.

Hershkowitz, R., Schwarz, B.B., & Dreyfus, T. (2001). Abstraction in context: Epistemic actions. *Journal for Research in Mathematics Education, 32,* 195–222.

Hershkowitz, R., Tabach, M., Rasmussen, C., & Dreyfus, T. (2014). Knowledge shifts in a probability classroom—A case study coordinating two methodologies. *ZDM—The International Journal on Mathematics Education, 46,* 363–387.

Kaput, J. (1992). Technology and mathematics education. In D.A. Grouws (Ed.), *Handbook of research on mathematics teaching and learning* (pp. 515–556). Reston, VA: National Council of Teachers of Mathematics.

Kidron, I., & Dreyfus, T. (2010). Interacting parallel constructions of knowledge in a CAS context. *International Journal of Computers for Mathematical Learning, 15,* 129–149.

Kuutti, K. (1996). Activity theory as a potential framework for human-computer interaction research. In B.A. Nardi (Ed.), *Context and consciousness* (pp. 17–44). Cambridge, MA: MIT Press.

Lagrange, J.B., Artigue, M., Laborde, C., & Trouche, L. (2003). Technology and mathematics education: A multidimensional study of the evolution of research and innovation. In A. Bishop, M.A. Clements, C. Keitel, J. Kilpatrick, & F.K.S. Leung (Eds.), *Second international handbook of mathematics education* (pp. 237–269). Dordrecht, The Netherlands: Kluwer Academic Publishers.

Pea, R.D. (1985). Beyond amplification: Using the computer to reorganize mental functioning. *Educational Psychologist, 20*, 167–182.

Perret-Clermont, A.-N. (1993). What is it that develops? *Cognition and Instruction, 11*, 197–205.

Pontecorvo, C., & Girardet, H. (1993). Arguing and reasoning in understanding historical topics. *Cognition and Instruction, 11*, 365–395.

Prusak, N., Hershkowitz, R., & Schwarz, B.B. (2012). From visual reasoning to logical necessity through argumentative design. *Educational Studies in Mathematics, 79*, 19–40. doi:10.1007/s10649-011-9335-0

Rasmussen, C., & Stephan, M. (2008). A methodology for documenting collective activity. In A.E. Kelly, R.A. Lesh, & J.Y. Baek (Eds.), *Handbook of innovative design research in science, technology, engineering, mathematics (STEM) education* (pp. 195–215). New York: Taylor & Francis.

Rota, G.-C. (1997). *Indiscrete thoughts* (pp. 131–135). Boston, MA: Birkhäuser.

Schwarz, B. B., & Dreyfus, T. (1995). New actions upon old objects: A new ontological perspective on functions. *Educational Studies in Mathematics, 29*, 259–291.

Schwarz, B.B., Dreyfus, T., & Hershkowitz, R. (2009). The nested epistemic actions model for abstraction in context. In B.B. Schwarz, T. Dreyfus & R. Hershkowitz (Eds.), *Transformation of knowledge through classroom interaction* (pp. 11–41). London, UK: Routledge.

Schwarz, B.B., & Hershkowitz, R. (1999). Prototypes: Brakes or levers in learning the function concept? The role of computer tools. *Journal for Research in Mathematics Education, 30*, 362–389.

Stein, H. (2002). *Changes in the equation concept and its solution methods in a technological learning environment.* Unpublished MA thesis, the Weizmann Institute of Science, Rehovot. [In Hebrew]

Tabach, M., Arcavi, A., & Hershkowitz, R. (2008). Transitions among different symbolic generalizations by algebra beginners in a computer intensive environment. *Educational Studies in Mathematics, 69*, 53–71.

Tabach, M., & Friedlander, A. (2012). Five considerations in task design—The case of improving grades. *Investigations in Mathematics Learning, 4*, 32–49.

Tabach, M., Hershkowitz, R., & Arcavi, A. (2008). Learning beginning algebra with spreadsheets in a computer intensive environment. *Journal of Mathematical Behavior, 27*, 48–63.

Tabach, M., Hershkowitz, R., Arcavi, A., & Dreyfus, T. (2008). Computerized environments in mathematics classrooms: A research-design view. In L.D. English, M.B. Bussi, G.A. Jones, R.A. Lesh, B. Shriraman, & D. Tirosh (Eds.), *Handbook of international research in mathematics education* (2nd ed., pp. 784–805). New York: Routledge.

Tabach, M., Hershkowitz, R., & Dreyfus, T. (2013). Learning beginning algebra in a computer intensive environment: Design, difficulties, and reality. *ZDM—The International Journal on Mathematics Education, 45*, 377–391. doi:10.1007/s11858-012-0458-2

Tabach, M., Hershkowitz, R., Rasmussen, C., & Dreyfus, T. (2014). Knowledge shifts in the classroom—A case study. *Journal of Mathematics Behavior, 33*, 192–208. doi:10.1016/j.jmathb.2013.12.001

Tabach, M., Hershkowitz, R., & Schwarz, B.B. (2006). Constructing and consolidating of algebraic knowledge within dyadic processes: A case study. *Educational Studies in Mathematics, 63*, 235–258.

Treffers, A., & Goffree, F. (1985). Rational analysis of realistic mathematics education—The Wiskobas program. In L. Streefland (Ed.), *Proceedings of the 9th International Conference for the Psychology of Mathematics Education* (Vol. 2. pp. 97–121). Utrecht, The Netherlands: OW&OC.

van Oers, B. (1998). The fallacy of de-contextualization. *Mind, Culture, and Activity, 5*, 143–153.

Weiss, D., & Dreyfus, T. (2009). Model based construction of fraction comparison. In M. Tzekaki, M. Kaldrimidou & H. Sakonidis (Eds.), *Proceedings of the 33rd Conference of the International Group for the Psychology of Mathematics Education* (Vol. 1, p. 489). Thessaloniki, Greece: PME.

Yackel, E., & Cobb, P. (1996). Socio-mathematical norms, argumentation, and autonomy in mathematics. *Journal for Research in Mathematics Education*, *27*, 458–477.

Yerushalmy, M., (2009). Technology-based algebra learning. Epistemological discontinuities and curricular implications. In B. B. Schwarz, T. Dreyfus & R. Hershkowitz (Eds.), *Transformation of knowledge through classroom interaction* (pp. 60–69). London, UK: Routledge.

Yerushalmy, M., & Chazan, D. (2002). Flux in school algebra: Curricular change, graphing technology, and research in students learning and teacher knowledge. In L. D. English (Ed.), *Handbook of international research in mathematics education* (pp. 725–756). Mahwah, NJ: Lawrence Erlbaum Associates.

Zaslavsky, O., Nickerson, S., Stylianides, A., Kidron, I., & Winicki-Landman, G. (2012). The need for proof and proving: Mathematical and pedagogical perspectives. In G. Hanna & M. de Villiers (Eds.), *Proof and proving in mathematics education—the 19th ICMI study* (pp. 215–230). New York: Springer, New ICMI Study series, Vol. 15.

수학교수 학습에서의/을 위한 e-교과서: 교수 학습 변화의 잠재력을 가진 교육공학 27

Birgit Pepin
ESoE, Technische Universiteit Eindhoven, The Netherlands

Ghislaine Gueudet
CREAD, University of Brest, France

Michal Yerushalmy
Department of Mathematics Education, University of Haifa, Israel

Luc Trouche
French Institute of Education, École Normale Supérieure de Lyon, France

Daniel I. Chazan
Center for Mathematics Education, University of Maryland, United States

서론

단절의 시대: 변화하는 우리 사회를 위한 지침(1992)에서, 경영학 교수인 피터 드러커(Peter Drucker)는 세계 경제 도처의 산업을 변화시키고 있고 앞으로도 변화시킬 공학기술에 대처하는 방법을 제시한다. 많은 근로자들에게 있어서 오늘날 직장 생활의 특징은 지속적으로 기술 변화에 적응해야 할 필요가 있다는 것이다. 그러한 변화는 일터에 제한되지 않는다. 공학기술은 미디어와의 상호작용을 변화시키고 있다. 그리고 이는 책과도 관련된다. 이 장은 공학기술이 교육의 과정을 변화시키고 새로운 교육 역동성을 야기하는 한 가지 방법에 초점을 두고 있다. 특히, 우리는 e-교과서라는 공학기술이 한 가지 장르의 책, 즉 (수학)교과서에 영향을 미칠 수 있는 방법을 조사한다.

본 장의 e-교과서에 대한 관심은 수학교육에서의 공학기술에 대한 연구를 하는 많은 사람들의 관심과는 약간 다르다. 여러 해 동안 수학교육에서 공학기술은 교실에서의 학생 활동을 지원하는데 초점을 두어 왔다. 저자 중 두 명이 이 핸드북의 이전 판에서 교육과정 발전과 공학기술, 그리고 교수와 학습에 대한 다양한 도구와 접근 방법의 영향에 대해 쓰기는 했으나(Yerushalmy & Chazan, 2002, 2008), 본 장에서는, 디지털 자료 특히 e-교과서가 현재의 교육 실행을 잠재적으로 바꾸면서 여건을 조성할 수 있는 학습과 교수, 전문성 발달의 과정에 대한 심도 있는 진보에 대하여 탐색한다. 우리는 교수와 학습에서 이러한 잠재적 변화가 일어나려면 새로운 연구의 관점이 요구된다는 것을 제안한다(Gueudet, Pepin, & Trouche, 2012). 더 나아가, 우리는 공학과 공학 도구의 설계 단계에서 교사의 참여, 특별히 교사에 의해 설계되고 사용되는 e-교과서에 대한 연구 관점을 새롭게 하기 위한 흥미 있는 기회, 더 나아가 시급한 필요가 있다고 제안한다. 이 장에서는 e-교과서에 대한 연구와 개발 연구를 종합하고 e-교과서의 설계 및 사용과 관련된 중요한 발전을 분석하고자 한다.

동시에, e-교과서에 대한 우리의 초점은 수학교육에서 공학의 이름으로 종종 행해지는 것과는 다소 다르다. 이러한 초점은 일반적으로 수학교육에서 교과서의 역할에 대한 좀 더 흥미를 가지는 것과 맥을 같이한다. 유럽과 아시아에서 열린 교과서 학술대회(예, 수학교과서에 대한 국제학술대회, 극동중국사범대학, 상하이, 2011; 수학교과서 연구 및 개발에 대한 국제학술대회, 사우스햄프톤대, 2014년 7월)와 최근 옥스퍼드에서 열린 수학교육에서 과제 설계에 대한 22회 ICMI 학회(프로시딩을 참고: Margolinas, 2013) 등은 수학교육에서 교과서 연구에 새롭게 관심을 가지고 있음을 보여주는 증거이다. 최근 연구들(예, ZDM **특별호** 45[5])은 새로운 이슈를 소개하면서, 학생과 교사를 위한 도구로서 뿐만 아니라 정책과 실행 사이의 접점으로서(Pepin, Gueudet, & Trouche, 2013a), 교과서에 대한 새로운 역할을 제시한다(예, Yerushalmy, 2013).

교과서는 일반적으로 교실에서 학생과 교사에게 주요 교육과정 자원이다. 그리고 많은 저자들은 교과서는 교육 기회를 제공하는 주요한 원천이며 중요한 자료라고 주장한다(Haggartu & Pepin, 2002, Schmidt, 2012). 그 연구 문헌에 비추어 보면, 교과서가 수학교사의 수업 준비와 교육적 수행을 위한 필수 요소임은 분명하다(예, Gueudet, Pepin, & Trouche, 2013a). 아마도 중요한 것은 교과서가 교사의 학습과 전문성 신장을 위한 도구이며 수단으로 여겨진다는 점이다(Brown 2009; Collopy, 2003). 동시에, 수학 교과서는 국가수준의 교육과정 문서에 제시된 관점, 즉 학생들이 학습하기에 적절한 것이 무엇이며 어떻게 학습하도록 국가가 바라는지에 대한 관점을 반영하고 있다고 할 수 있다(Schmidt, McKnight, Valverde, Houang, & Wiley, 1997; Valverde, Bianchi, Wolfe, Schmidt, & Houang, 2002). 요약하자면, 많은 연구가 전통적인 교과서를 분석하고 수학 교실에서 그것들을 어떻게 사용하고 있는지에 대한 것이었다(Fan, 2013). ICMI Study 22의 논의 자료에서는 "대부분의 교사는 과제에 대한 유일한 또는 주된 원천으로 교과서 또는 온라인 자료들을 사용한다"(Margolinas, 2013, p. 11)고 주장한다.

교과서/e-교과서, 워크시트와 같은 디지털 자료와 기타 자료들이 학생과 교사가 활동하는 상황의 중요한 부분이라는 주장은 일리 있다. 이러한 문서의 중요성을 인식하여 Third International Mathematics and Science Study(TIMSS)의 기본 틀에는 50여 개국의 수학교육 및 달성정도에 대한 평가의 일환으로 수학 교육과정 및 교과서에 대한 대규모 국가 간 분석을 포함하였다. 교과서가 얼마나 설득력을 가지는가와 같은 교과서의 질에 대한 우려가 제기되었다. 교과서 내용과 그것이 어떻게 사용되는지에 따라서 학생들의 학습 기회와 차후 성취에 중요한 영향을 미치는 것으로 나타났다(Robitaille & Travers, 1992). 또한, 교과서는 일반적으로 교실에서 어떤 내용을 어떻게 가르칠 것인가를 결정하는 주된 자원 중 하나라고 생각된다(Valverde et al., 2002). 교사는 일상적으로 무엇을 어떻게 가르칠지, 학생들에게 어떤 과제와 연습문제를 제공할지를 결정할 때, 주로 교과서에 많이 의존하게 된다. 따라서 e-교과서를 질적 측면에서 분석하는 것이 합리적인 것처럼 보인다.

전통적인 교과서든 디지털 교과서든 내용과 구조 모두 교과서의 설계에 의해 영향을 받는 것이 분명하다. 본 장에서는 디지털 수단을 활용하여 교과서를 어떻게 개발하고 사용할 지에 초점을 맞추어 교과서 설계에 대해 탐색하고자 한다. 그리고 이렇게 개발된 교과서가 교사, 교과서 저자, 학습자에게 제공하는 인터페이스가 전통적인 교과서와 비교했을 때 어떻게 다를 수 있는지를 조사하고자 한다. e-교과서를 가지고 보여 줄 수 있는 인터페이스 변화의 구체적인 예는 다음과 같다.

» 교사들간의 상호작용: 필요한 도구가 e-교과서에서 제공된다면 디지털 수단은 교사들이 보다 쉽게 수업을 함께 준비할 수 있는 기회를 제공함으로써 협력 작업의 기회를 더 많이 제공하게 된다.

» 교사와 교과서 저자간의 상호작용: 교사가 책의 내용을 변경할 수 있다면(예, 주제 영역의 배열, 주제 영역내의 학습 경로, 또는 **제공된** 과제와 특정 과제에 사용되는 디지털 '도구') 이러한 변경은 교과서 집필진에 의해서 승인이 된 후 교과서에 포함됨으로써 교사는 교과서의 준저자가 되어 교과서 내용을 변화시킬 수 있는 권위를 가지게 된다.

» 교사와 학습자 간의 상호작용: e-교과서는 예를 들면, 과제에 대한 피드백 제공과 같이 교실의 안이나 밖에서 교사와 학생이 더 쉽게 의사소통할 수 있는 인터페이스를 제공할 수 있다.

요즘 교과서는 디지털 자료를 이용해서 보완하는 경우가 많다(예, 교사가 수업 중에 학생들에게 영상으로 보여줄 수 있는 파일; 특정 소프트웨어를 활용하는 연습문제 등). ICMI Study 22에서는 다음과 같은 질문을 제기하였다.

> 팟캐스트, 트위터, 다른 소셜 미디어의 활용과 같은 새로운 디지털 형식은 교과서 설계에 어떤 영향을 미칠 수 있으며 어떤 영향을 미쳐야 하는가? 교사가 과제의 순서를 다양하게 선택할 수 있다면 새로운 디지털 형식은 교과서 설계와 자료의 일관성(원래의 디지털 설계이든 프린트 자료로 변형된 것이든)에 어떤 시사점을 제공해야 하는가? (Margolinas, 2013, p. 19)

이 복잡한 질문에는 디지털 수단의 발달로부터 기인하는 다음과 같은 여러 가지 측면을 포함한다. 디지털 수단은 교사가 사용하는 교과서의 구조에 대한 새로운 기회를 제공하며, 새로운 설계와 추가적인 발전을 위한 새로운 가능성을 열어준다. 이 문제를 다루기 위해서 먼저 e-교과서를 정의하는 것으로부터 시작하려고 한다. 이를 위해 의무교육에서 교과서의 역할은 무엇인지를 먼저 규명할 것이다. 이를 바탕으로 교사/학생과 교과서와의 상호작용을 e-교과서가 어떻게 변화시킬 수 있는지를 조사하고자 한다. 이 절에서는 교수-학습에서 e-교과서를 어떻게 활용할 수 있는지 주기적으로 "사례(window)"를 제공할 것이다. 마지막으로, e-교과서의 존재가 교과서 연구에서 연구자들이 사용해 온 "질"과 "일관성" 같은 구인의 재개념화를 어떻게 요구하는지 설명할 것이다. e-교과서는 수학교육 연구에서 현존하는 구인에 도전하고 있다고 할 수 있을 것이다.

e-교과서: 정의에 대하여

e-교과서 연구에서 e-교과서가 무엇인지를 정의하기 위해서는 그 본질을 규명할 수 있어야 한다. 그러나 지금까지 e-교과서에 대한 정의나 개념은 분명하지 않다. "완벽한" 정의를 제시할 수는 없겠지만 e-교과서가 무엇인지를 정의하려는 노력을 해 보고자 한다. 예를 들어, 교과서가 책이라고 주장할 수 있는 반면에 e-교과서에 대해서는 그런 주장을 할 수 없다. 이에 대해서는 일반적인 고려사항과 우리 연구에서의 예를 통해 이후에 논의할 것이다. e-교과서의 본질을 보다 깊이 있게 이해하기 위해서는 e-교과서의 잠재적 특징과 구조뿐만 아니라 설계 방식 역시 조사해야 한다. 특히, 설계 면에서 종이 교과서와 e-교과서는 어떤 차이점과 유사점을 가지는지를 조사할 필요가 있다.

의무교육의 유물로서의 교과서

책은 수학적 의사소통을 위한 중요한 도구였다. 유클리드의 원론과 같은 문서(texts)는 공부의 기초(Herbst, 2002)가 되며 수학적 관행에 대해 의사소통하는 교육 문서(Netz, 1999)일뿐만 아니라 알려진 수학적 지식의 개론서였다. 좀 더 최근에, Bourbaki가 저술한 문서 역시 이런 비슷한 역할을 하려는 의도가 있었다(Guedj, 1985). Bourbaki 학파의 프랑스 수학자 Cartier는 다음과 같이 썼다. "수학자는 그 책의 문명화에 속한다."(Cartier & Chemla, 2000, p. 166, 우리 번역).

교과서 즉 새로운 종류의 수학 문서는 형식적인 의무교육의 도래와 지식을 민주화하기 위한 노력과 함께 존재하게 되었다(Schubring, 1987). 이러한 새로운 종류의 수학 문서는 수학(예, 유클리드의 원론과 같은 보충 문서)과 저자들이 일반적인 학교 지식으로 적합하다고 간주한 가치를 교사와 학생에게 동시에 의사소통하도록 명시적으로 설계되었다. 이제 교과서는 일반적으로 풀이 사례, 연습 또는 질문, 그림 등과 같은 설명을 포함한다(Love & Pimm, 1996). 일부 시간과 장소에서는 교과서라는 이런 전문화된 문서는 권위자라고 여겨지는 사람들에 의해 집필되었으며(Kidwell, Ackerberg-Hastings, & Roberts, 2008), 현재는 중앙 교육의 권위자들이 집필하거나 이런 권위자들이 설정해 놓은 가이드라인에 부합하도록 개인이나 팀(수학교사, 교육자, 감독관)이 집필한다.

다른 종류의 수학 문서와 학교에서 사용할 수학 문서를 구분하는 것은 복잡한 과제이다(Proust, 2012). 수학 문서들이 학교교육에서 행하는 역할은 물론 중요하다. 교과서는 학생들이 무엇을 어떤 순서(Westbury, 1990)로 학습해야 하는지, 학생들이 어떻게 학습하도록 하는 것(Chazan & Yerushalmy, 2014)에 대해 교사들에게 의사소통하려는 것이다. 문서를 출판하는 새로운 전자 수단은 마치 그것이 다른 책의 출판을 변화시켰듯이 교과서 산업을 변화시킬 잠재력을 가지고 있다. 교과서를 종이책으로 출판하기 위해서는 한 번에 다 집필한 후에 생산된다. 이런 방식으로 만들어진 교과서는 최종 산출물로 고정되어 있으므로 교사가 이를 활용하면서 확장(쪽 여백에 메모를 하는 것을 제외하고는)할 수 없다. e-book으로 출판된 책은 지속적으로 편집할 수 있을 뿐만 아니라 많은 사람들이 지속적으로 보완할 수 있다. 책이 이런 방법으로 편집되듯이, 이런 출판 방식의 변화는 교과서 저자나 교육과정 개발자, 교사, 학생 사이의 관계를 재정립한다. 특히, 교실에서 문서가 갖는 권위의 본질이 변화된다. 우리가 e-교과서에 대한 논의에서 탐구하고자 하는 것이 바로 이런 가능성이다.

e-교과서의 설계

전용 하드웨어, 태블릿 PC 또는 소프트웨어 형태이든 관계없이 디지털 책은 우리가 "책"이라고 불렀던 대상에 도전해왔다. 분명히, 21세기 독자는 점차 디지털 형태의 자료를 더 많이 읽게 될 것이고 그것이 유용하고 매력적임을 알게 될 것이다. 독자들의 공동체가 늘어나면서 디지털 책은 이미 도서문화를 변화시키고 있다. 교과서 출판 산업이 이러한 글로벌한 변화를 따라서 디지털 교과서를 제공하기까지는 그렇게 오래 걸리지 않았다. 교과서 출판사는 처음에는 고등 교육 독자들을 대상으로 하였으나 최근에는 교과서의 저자이며 사용자인 학교와 학교 교사를 대상으로 하고 있다.

1세대 디지털 교과서는 "새 가죽부대에 담긴 오래된 술"(Gould, 2011)로 생각할 수 있다. 디지털 문서의 검색 및 탐색을 통해서만 제한된 상호작용을 지원하는 등 종이 책의 고정된 내용을 디지털화 한 버전이었다. 2세대 디지털 교과서는 대상 그 자체에 주목할 만한 변화를 주어, 내용에 대한 상호작용, 개인화, 변화에 대한 새로운 기회를 열어주고 있다. 점차 많은 학교 교과서가 이제 교실 지원 블로그(http://classroom-aid.com/educational-apps)와 같은 웹에서 찾아 볼 수 있는 지속적으로 업그레이드된 디지털 자료를 통해 보완된다. 교과서 출판사는 책의 무게와 비용, 자료의 질과 매력, 다양한 프레젠테이션 방식, 개인화의 기회와 같은 디지털 대상의 제공할 여건들을 다양하게 변화시키고 있다. 출판사는 교사들이 제공하는 강의에 맞게 디지털 교과서를 개인화할 수 있는 기회를 제공하며, 학교 교사들이 기존의 책의 내용을 선택하여 개인화할 수 있는 유연성과 저렴한 동적 변화를 강조하며, 나아가 각 학생들이 교과서를 개인화할 수 있도록 한다. 따라서 대상의 변화는 또한 **설계**, **교사의 역할**, **저자**에 관한 본질적인 변화와 관련된다.

다른 유형의 e-교과서

각 e-교과서를 정의하려고 노력하며, 우리는 세 가지 유형/모델의 e-교과서를 소개하고 각 유형에 대응하는 예를 제시하고자 한다. 각각의 예에서는 복잡한 설계를 통해 e-교과서의 핵심적인 차원과 교사나 학생의 사용에 대한 구체적인 특성들을 설명한다.

1. **통합 e-교과서**는 디지털 버전의 (전통적인) 교과서에 다른 학습 대상을 연결해 놓은 "추가" 유형 모델이다(그림 27.1 참고). 디지털 교과서는 관념적으로 딱딱한 종이 교과서와 유사하다. 즉, 전통적으로 집필된 교과서여서 많은 사용자가 종이 교과서의 디지털 버전으로 사용할 가능성이 있다. 그러한 의미로, 권위, 일관성, 질의 규준은 변하지 않는다. 하지만 통합 e-교과서는 사용자(교사 또는 개발자)가 전통적으로 교과서의 일부분으로 여기지 않았던 다른 학습 대상을 연결하거나 추가하도록 허용한다. 이 교과서는 교육 시스템(학교, 주, 개발자)에 의해서 가상 학습 환경-학습 관리, 코스 관리, (교사에 의한) 활동 추가나 수정을 위한 저작 도구 등-의 핵심으로 사용된다.

2. **진화하거나 "살아있는" e-교과서**는 (예, 교사나 IT전문가와 같은) 핵심 공동체가 다른 실행 멤버/교사가 새로운 내용을 투입함으로써 지속적으로 발전하는 디지털 교과서를 집필할 수 있도록 하는 누적되고/발달하는 모델을 말한다(사례1과 그림 27.2 참고). Sésamath 시스템이 바로 저자 공동체가 자원을 만들어내는 프로젝트의 한 예이다. 자원을 만들어내는데 기여하지 않은 교사가 이 교과서를 사용하는 것은 통합 모델에서의 교과서 사용과는 다르다. 왜냐하면 진화하는/"살아있는" e-교과서는 "살아있는" 자원의 상호작용을 강조하기 때문이다(그리고, 우리는 다음 절에서 그것을 보일 것이다).

3. **대화형 e-교과서**는 (단지 상호작용하는 교과서로 기능하도록 집필된) 연결하거나 결합할 수 있는 일련의 학습 대상-과제와 상호작용이 가능한 도표와 도구-를 기반으로 하는 "도구 키트" 모델이다. 시각 수학(VisualMath)의 예(예시 2참고)가 이 유형의 교과서의 예이다. "전통"적인 방식으로 집필되므로 외부 권위라는 전통적인 관점을 보여준다. 하지만 다른 모델과 달리, 이 교과서는 (a) 교과서의 핵심적인 부분인 과제가 (추가 기능 도구라기보다는) 상호작용을 기반으로 하며, (b)수학적 대상과 조작에 따라 객체 지향적인 운영(다른 방법으로 예술품을 둘러보는 박물관의 방문자처럼)을 가능하게 함으로써 다양한 순서로 학습할 수 있는 수학적 기회를 제공하도록 설계되었다.

첫 번째 예(그림 27.1)는 (전통적인) 교과서의 디지털 버전에 다른 학습 대상에 연결한 "추가" 유형 모델이다. 수학과 과학 성취도 부분에서 선두적인 국가 중 하나인 한국은 학교 수학과 과학의 e-교과서 영역에서 선두적인 혁신자가 되었다. 한국 출판사는 교과서가 학습을 촉진하는 다른 유형의 미디어와 함께 하지만 여전히 중심적인 학습 자원의 역할을 하는 통합적 관점을 견지한다.

다른 교육 시스템에서도 새로운 교과서와 유사한 관점을 채택하고 있다(Taizan, Bhang, Kurokami, & Kwon, 2012). 이스라엘 교육 시스템에서의 교과서는 다음의 세 가지 방식 중 하나여야만 한다. 디지털화된 교과서, 외부 링크와 다중표상 자료가 풍성한 디지털화된 교과서, 온라인상에서 저작, 학습, 관리가 가능한 도구를 포함하며 디지털 환경에서 작동하도록 설계된 교과서이다.

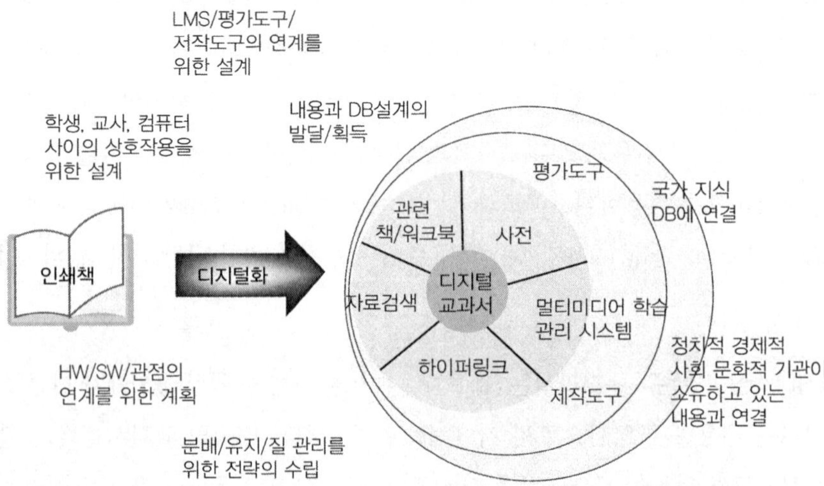

[그림 27.1] 통합 디지털 교과서 (출처: 한국교육학술정보원(KERIS), 2007)

따라서 디지털 교과서의 일부가 인쇄된 교과서처럼 기능할 수 있는 반면, 전통적인 교과서에서는 할 수 없었던 학생의 활동의 평가와 학습과정의 조직과 같은 기능을 통합한다.

두 번째 예는 프랑스에서(사례 1 참고) 개발된 Sésamath e-교과서이다. 이 예는 다른 실행자들의 투입을 통해 지속적으로 발전될 수 있도록 핵심 집단/공동체(교사들, IT 전문가들)가 개발한 혼합형 교과서로 시스템 접근 모델의 예이다. e-교과서는 Sésamath의 경우처럼 전적으로 교사들에 의해 설계될 수 있다. 이 경우 교사들은 e-교과서의 개별 저자로서 관여했다. 그러나 상업적 출판사들과 “전문적” 집필자들(예, “전문 교사들”, 감독자들, 교사교육자들)이 집필한 경우에도 교사들이 e-교과서를 수동적으로 활용하기보다는 그 책을 개인화하여 사용할 것을 기대한다(사례 2 참고).

사례 1- Sésamath e-교과서, 공동으로 설계된 살아있는 자원 체계

프랑스 수학교사들(이들 중 대부분은 중등학교에서 6-9학년을 가르친다)의 온라인 단체인 Sésamath는 2001년에 시작됐으며, "모두를 위한 수학"(그림 27.2)을 목적으로 한다고 웹 사이트에(www.sesamath.net/) 정리되어 있다. 이 단체는 개인 웹 사이트를 공유했던 20명에 가까운 교사들의 모임으로 시작했으며, 이후에 Mathenpoche(주머니 속 수학을 의미한다.)라고 불리는 "반복 연습" 소프트웨어 프로그램을 설계했다. Mathenpoche는 많은 교사들과 학생들에 의해 사용되면서 매우 빠른 속도로 큰 성공을 거뒀다. 공동 작업의 조직, 일련의 유연한 자원과 도구의 제공, 구조와 개발 방식에 대한 질문(예를 들면 연구자들 간의 토론을 통해)을 위한 가능성과 기회는 Sésamath를 프랑스 교육지형에서 주요 참조점이 되게 하였다(Trouche, Drijvers, Gueudet, & Sacristan, 2013).

2005년 이후, Sésamath는 6-10학년을 위한 교과서를 설계해왔으며 현재는 프랑스에서 가장 인기 있는 교과서 중 하나가 되었다. 이 교과서는 300,000부가 팔렸으며, 경쟁이 치열한 프랑스 교과서 시장에서 20%의 점유율을 차지하고 있다(Vieillard-Baron, 2009). 그 이유는 다음의 네 가지 요소들로 설명할 수 있다.

1. 대규모의 사람들이 포함된 교과서 설계 방식(Sabra & Trouche, 2011)이다. 수많은 교사들(각 교과서별로 거의 100명에 가까운)이 협력적이고 반복적인 방법으로 교실 내에서 "내용 집필자"나 "교수학적 시나리오의 설계자", "검수자" 또는 "실험자"로서 교과서 설계에 기여했다(한 명의 교사가 여러 역할을 하거나 상황에 따라 역할을 바꿀 수 있다.).

이 과정에서 나온 교과서는 다수의 교사들의 희망과 필요성에 부합할 것으로 예상된다.

2. Sésamath 교과서는 단순한 교과서가 아니라 단원 내의 고전적 구조, 온라인 부록들, 애니메이션화된 수정사항을 포함함으로써 교수 활동을 위한 자원의 혼합 시스템을 구성한다. 그들의 발전과정을 따라가다 보면 이런 체계적인 측면을 이해하는데 도움이 된다.
   - Sésamath 교과서의 첫 번째 모델은 별개의 온라인 애니메이션, Mathenpoche 연습문제 모음 등이 동반된(예, 실제적 자원 시스템, 그림 27.1 참고) 온라인과 (pdf파일뿐만 아니라 교사들이 수정하는 것이 허락되는 odt형식에서도) 인쇄된 자료로 둘 다 이용 가능한 **단행본**이었다.
   - 두 번째 모델은 교사가 필요에 따라 조직할 수 있으며, 애니메이션과 각 장에서 통합된 추가적인 연습문제들을 포함하는 **유연하고 역동적인 디지털 교과서**였다.
   - 세 번째 모델은 유연하고 역동적인 디지털 교과서였을 뿐만 아니라 교과서를 지역 사회(학교, 교사 팀)의 필요와 프로젝트에 맞추기 위한 실험실의 역할을 하였다. LaboMEP(Mathenpoche를 위한 실험을 의미한다.)이라고 이름붙인 이 실험실은 교사들이 개발하고 그들의 수업을 공유하게

할 뿐만 아니라 연구자들과 Sésamath의 공동 작업을 통해 개발된 응용 프로그램인 Pepite를 사용하여 학생들의 결과에 따라 교수법을 달리 할 수도 있다.

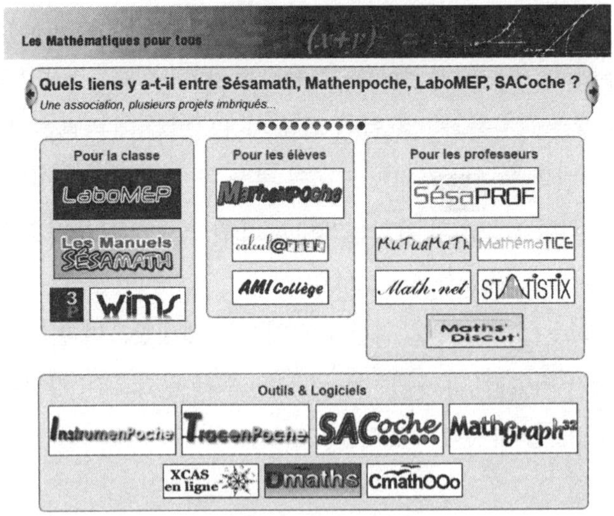

[그림 27.2] Sésamath 웹 사이트의 제1면

3. Sésamath는 무료 소프트웨어 세계에 적절한 경제적인 모델이 되었다(Vieillard-Baron, 2009): 교과서를 포함한 모든 Sésamath 자료들은 자유롭게 무료로 다운로드할 수 있다. 인쇄된 종이 버전은 프랑스에서 다른 수학 교과서들의 절반 가격에 살 수 있다. 이 책의 판매로 Sésamath는 7명의 교사를 고용할 수 있게 되었는데, 이들은 협회의 기술적 인프라를 구성하고 있다(모든 저자는 무보수로 일을 한다.).
4. Sésamath 자료들은 협회 그 자체가 생동적인 것과 마찬가지로 **생동적**이다(Gueudet & Trouche, 2009b). 일단 교과서가 만들어지면 사용자들의 공동체(논의 그룹, 토론회 등에서)내에서 지속적으로 논의되며, 정기적으로 조정되고 "재설계된다". 예를 들어, 6학년 Sésamath 교과서는 2013년에 대폭 개정되었으며, 현재는 이전 보다 개방형 문제들 및 더 많은 복합적인 과제들이 포함되어 있다.

우리는 독립적이지만 개념적으로 연결된 일련의 학습 대상을 기반으로 하는 대화형 전자교과서의 설계를 보여주는 세 번째 예를 제공하고자 한다. 이 학습 대상은 특정 내용을 다루고 서로 다른 교수학적 아이디어를 반영하는 학습 궤적을 생성하기 위해 연결 및 결합될 수 있다(사례 2 참고).

사례 2-VisualMath 설계 과정과 구조

VisualMath는 학교 수학이 무엇이며 어떻게 가르치고 배울 수 있는지에 대한 전통적인 생각에 도전하기 위해 설계되었다(이 핸드북 제1판과 제2판(Yerushalmy & Chazan, 2002, 2008)의 몇 장에서 근거와 배경에 대한 보다 자세한 내용을 찾아볼 수 있다). 대수학 e-교과서에 기반을 둔 VisualMath의 함수는 25년 이상에 걸친 기하학, 대수학, 미적분학 교육과정 개발 프로젝트의 일부이다. 이것은 "함수 개념에 기초를 둔 전체 학교-대수학 과정에서 무엇을 어떻게 가르치고 배울지에 대한 방법들을 지원한다. 과제 및 상호작용은 그래프, 스케치, 수, 그리고 기호에 의해 대표되며, 쌍방향으로 다루어지는 비교적 적은 수의 수학적 대상(함수)과 (함수와 관련된) 연산 전반에 걸쳐 구성되었다. 이 교육과정의 객체 지향적 연결 지음은 일관성 있는 대수학교육과정의 구성을 하도록 요구한다.

1. VisualMath라는 용어는 수학적 표현, 특히, 시각화에 대한 프로그램의 강조를 의미한다. 이 점에 있어서 그 프로그램은 학생들이 시각적 피드백에 의해 지원되는 아이디어들에 따라 활동하는 방법뿐만 아니라 중요한 아이디어의 근원이 된다(Chazan & Yerushalmy, 2003). 교사들이 그들의 수업 중 아이디어를 전하기 위해 서로 다른 자료들을 사용하는 방식으로 수학적 탐구를 안내하고, 더욱 활동적인 역할을 하도록 요구될 때, 교육과정 계획을 대표하며 모든 학생들에 대한 선형 증가를 추정하는 양장본으로 된 책이 지도에 가장 효과적이지는 않을 것이다. 따라서 e-교과서의 학습 단위들은 진행과 배열의 다양성을 지원하기 위해 설계되었다. VisulMath의 개발을 통해 인쇄된 교과서와 디지털 자료의 다양한 형식이 개발되고 연구되었다.

종이 교과서는 첫 번째 개발의 일부였다(1992-2002). 디지털 대화형 다중 표상 도구들은 교과서 연구의 일부로 설계되었으며, 이는 교사들에게 필수적으로 필요한 자료라기보다는 주로 심화학습을 위해 사용되었다. 과제들은 문제를 이해하도록 하고, 주어진 조건, 제약, 관계, 그리고 목표를 분석하는 데 더 많은 시간을 요구하는 것들이다. 비록 문제해결은 항상 적절한 도구들의 사용에 의해 도움 받을 수 있더라도, 그것은 실행 가능한 논의를 구성하고 다른 사람의 추론에 대해 적절한 비평을 하면서 전략적으로 수행되어야 한다. 설명을 하는 대신에 구체적 조작에 의한 탐구를 하는 것으로 대체될 수 있고, 이어서 교사 주도적 전체 집단의 논의를 할 수 있다.

2. VisualMath e-교과서는 VisualMath 대수학 책 인쇄본에 기반을 두고, Web.1 학습 환경으로 새롭게 설계되었다(Yerushalmy, Katriel, Shternberg(2004)에 의한 개발은 2013년 Yerushalmy 보다 상세히 열거되었다). 이것의 설계는 탐색 도구를 발전시켰던 팀들과 VisualMath 과제의 개발자로서 참여했던 교사 사용자들 집단의 협력이었다. VisualMath 대수학 디지털 교과서는 일차 함수와 이차 함수라는 두 가지 목표(함수) 그리고 목표에 대한 6가지 활동(상징, 수정, 변형, 분석, 결합, 비교)을 위한 공간을 제공한다.

이 디자인은 "박물관 설정"에서 이미지를 빌려왔으며, Kress와 van Leeuwen(1996)이 선형교과서와 비선형 교과서를 설명하기 위해 만들었던 구분과 일치한다. 그것은 두 개의 전시실을 위한 공간을 제공한다(단위). 일차 함수와 이차 함수이고, 전시실에 들어가면 그 여행은 (실제에 대한) 함수의 가장 중요한 수학적 활동에 따라 다양한 갤러리(단위)들로 이끈다. 두 함수의 수정, 변형, 조작, 비교. 각

갤러리는 다루고자하는 수학적 개념의 본질을 나타내는 중요한 부분으로 이루어져 있다. "작품"은 방문자들이 서로 다른 방법으로 개념을 학습하게 이끌면서 몇몇 공간들에 자리 잡고 있다. (문제해결을 위한) 쌍방향 과제들, (갤러리의 한정된 영역 내에서 구체적 조작의 탐색의) 특수 목적 도구들, (기술을 향상시키기 위한) 쌍방향 연습문제의 생성, 종합 프로젝트 등이 있다. "작품"에 대한 이차함수는 단일 과정에서 다루기에는 너무 방대하기 때문에 선택과 배열에 대한 결정은 교사에 의해 이루어져야 한다. 주된 설계 노력은 쌍방향 도식을 제공하는 데 투자했다. 쌍방향 도식은 (도구와 대조적으로) 미리 구성된 예를 중심으로 만들어진 비교적 작고 간단한 소프트웨어 응용 프로그램(애플릿)이다. 쌍방향 도식은 고정적 도식과 도구의 특유의 특징들을 결합시킨다.

3. 최근 대수학 VisualMath e-교과서는 자료에 대한 새로운 교사들의 참여를 지원하기 위해 재설계 되고 있다. 그것은 Web.2 환경으로 기능하기 위해서 그리고 사용자들이 과정을 만들고, e-교과서의 개별 버전을 설계하며, 배열을 다시 설계할 뿐만 아니라 저술된 소재를 다시 고쳐 쓸 수 있는 새로운 편집 옵션의 구성을 포함시키기 위해 개발되었다.

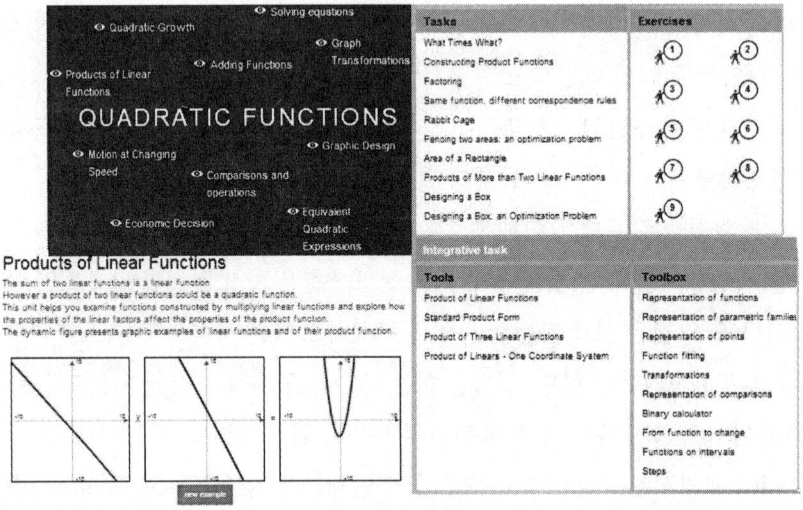

[그림 27.3] VisualMath e-교과서의 그래프 변형 단위: 도구 상자와 탐색의 주요 부분, 그리고 활동 도구, 과제, 연습문제를 위한 세 가지 작업 공간(왼쪽)을 제공한다.

우리는 여기에서 e-교과서의 공통적인 특징은 그들이 전통적인 교과서의 수학적 내용을 아우르는 디지털 네트워크를 구성하는 것뿐만 아니라 특히 수학적 내용의 학습을 지원하는 다양한 추가적 도구들을 포함했다는 것을 제시한다. e-교과서는 집필자, 출판사, 혹은 국가 정책에 따라 매우 다른 구조를 가질 수 있다. 그럼에도 불구하고 많은 e-교과서들은 교사에 의한 각색과 교사 공동 작업, 그리고 학생들을 위한 개별 계획에 대한 가능성을 제공하는 것처럼 보인다. 따라서 우리는 e-교과서를 다음과 같이 정의할 수 있다고 주장한다. **e-교과서는 디지털 자원의 구성이 조직화되며, 지도에 전념하고, 초기에 집필자들의 서로 다른 유형에 따라 설계되지만 교사에 따른 재설계가 열려있으며, 개별적이고 공동으로 발달할 수 있도록 열려 있다.**

소개된 세 가지 모델과 예들은 이러한 공통적 특징들과 있을 수 있는 차이점들을 분명히 보여준다. Sésamath와 VisualMath는 쌍방향으로 다양한 과제들을 경험하고 표현을 선택하면서 학생들이 어떻게 수학을 배우는지에 대한 관점을 공유한다.두 e-교과서는 디지털 자원에 대한 서로 다른 유형을 보여준다. 그들의 구조는 비선형적이며, 특정 맥락과 교수 목표에 따라 교사들에 의해 조정되고 변형이 가능하다. 흥미롭게도 Sésamath e-교과서는 오로지 교사들에 의해 설계되었다. 적어도 초기 단계에서는 수학교육 연구 결과를 포함하지 않았다(Gueudet et al., 2013a). 그러나 그것은 교사 사용자들의 발언에 따라 끊임없이 수정되어 왔다. VisualMath는 장기 연구와 발전 프로젝트의 맥락에서 전문가들에 의해 설계되었다. 최근의 디자인된 버전에서 교사들은 과제들을 재배열하거나 재작성하고, 새로운 과제와 유동성 있는 자원들을 추가함으로써 텍스트를 개별화할 수 있게 하였다. 제공된 원래의 소재들 내에서 방향을 선택하고 주어진 소재들로부터 "개인의 책"을 만들거나 과제들과 유동성 있는 자원들을 추가하고 빼는 것과 같은 사용 패턴을 연구하는 것이 중요할 것이다. Sésamath에서 이루어지고 있는 것처럼 추가된 변화와 개인화가 교실 내에서 오로지 교사만을 위한 것인지 혹은 교사들이 그들의 작업을 온라인 커뮤니티에서 공유하려고 시도할 것인지를 관찰하는 것 또한 중요하다.

우리는 디지털 형식으로부터 발전시킨 점진적 진화를 조사하고 나아가 e-교과서의 특징과 설계뿐만 아니라 학생이나 교사들에 의한 사용하는 측면을 검토하기 위해 이후의 절에서 이들 예들을 보다 많이 제시할 것이다.

학생과 교사의 e-교과서 사용

대부분의 집필자들은 수학 교과서가 교사와 학습자 양쪽 모두에 초점을 맞추어야 한다는 데 동의한다(Love & Pimm, 1996). 이 이분법에 도전한 Rezat(2006)는 교과서 사용과 관련된 네 가지 삼각관계를 제안한다. 즉, 학생-교과서-수학적 지식, 학생-교사-교과서, 교사-교과서-수학적 지식(교수학적), 학생-교사-수학적 지식(교과서에 의해 표현되고 교사에 의해 중재되는)등 이다. Choppin과 동료들(2014)에 따른 수학에서 디지털 프로그램 분석을 위한 최근 유형 분류 체계는 자원, 학습, 교수 활동의 혼성 관계에 부합하는 세 가지 주제를 제시한다. 즉, 학생과 프로그램의 상호작용, 교육과정 사용과 조정, 그리고 평가이다. 이 절에서 우리는 두 가지 예를 통하여 볼 수 있는 보편적인 이슈에 접근한다. 첫 번째는 학생-교과서-지식에 초점을 두며, 두 번째는 특히, 몇몇의 연구 결과에 의한 디지털 쌍방향 교과서와 관련된 학생-교사-교과서의 관계이다.

e-교과서와 학생과 교과서 사이의 관계의 변화

확실히 교과서가 주로 교사에 의해 중재되고 사용되는 인공적 산물로서 가장 일반적으로 개념화된 반면, 몇몇 최근 연구들은 학생-교과서-수학적 지식 관계를 분석한다. 수학에 대한 참여는 e-교과서에서 학습 경험을 설계할 때 중요한 요소이다. 이는 한 절에서 다루기에는 너무 커다란 이슈이기 때문에 우리는 e-교과서에서 학생들의 문제해결에 대한 참여의 한 양상을 선택한다. 즉, 쌍방향 시각자료에 대한 학습이다. 질적 관찰을 통해 Rezat(2013)는 학생들이 시각적 유사성 가운데서의 세 가지 활용 스키마들을 밝힘으로써 수행할 과제를 어떻게 선택하는지 설명한다. 도식은 수학 교과서의 핵심적인 시각적 요소이며, 점점 더 교과서 개선에 있어 중심 주제가 되고 있다(Love & Pimm, 1996). Yerushalmy(2005)의 수학적 텍스트에서 도식을 사용하여 학생들의 참여를 수반하는 연구가 정보를 나타내는 도식이 의미 있는 해석에 암묵적으로 참여하도록 할 것이라는 것을 강조하는 연구를 살펴보았다. 학생들의 문제해결에 대한 연구에서는 도식이 학생들의 아이디어를 의미 있게 시각적이고 구체적으로 만듦으로써 구조화하는 것을 지원할 수 있으며, 도식은 문제의 핵심적 측면과 학생들의 이해 과정에 대한 참여에 초점을 맞추게 될 것이라고 제안한다(Murata, 2008). 또한, 도식에 대한 참여는 또한 학생들의 해결법에서 주어진 도식의 수정이나 새로운 도식의 구성이 문제해결에서 성공과 관련된다는 것을 발견했던 Bremigan(2005)에 의해 연구되어 왔다. Naftaliev와 Yerushalmy(2013)는 설계 구조와 쌍방향 도식의 행동 유도성을 연구했으며 e-교과서에서 학생들의 문제해결 경험을 분석했다. 아래의 사례 3은 이 예를 제시한다.

사례 3-VisualMath e-교과서의 쌍방향 과제에 대한 학생들의 참여

13-14세의 대수학을 배우는 학생들인 Yaniv, Lior, Daniel의 일차 함수 모델링 단위에 대해 익숙하지 않은 과제를 해결하는 과정을 관찰하였다. 그 과제는 동영상으로 된 움직임에 대해 수학적 모델인 일차 그래프의 속성을 이해하는 것을 목표로 한다. 도식은 두 가지 일곱 대의 자동차에 의한 움직임의 표현으로 구성되어 있다. 모의실험과 핫링크된 위치-시간 그래프이다. 그래프와 모의실험은 부분적으로만 연결된다. 움직임은 모의실험과 그래프에서 동시에 발생하지만 색은 동일하지는 않다. 따라서 판별과정에서 모의실험과 그래프를 연결시키기 위해서는 그것들로부터 데이터를 추출할 것이 요구된다.

학생들은 동영상을 활성화시키고 관련된 동영상의 점들뿐만 아니라 자동차들의 움직임을 그들이"점"이라고 불렀던 것을 그래프에서 관찰하는 것으로 활동을 시작했다. 그들은 전체 레이스를 몇회 운행하였고, 두 가지 동영상으로 된 표현이 불일치한다는 것을 밝혔다. 6개의 점들 중의 한 "자동차"는 움직이지 않지만, 그래프에서의 일곱 개의 모든 점들은 움직인다. 그들은 동영상을 멈추고 주어진 고정적 요소들을 보면서 움직임에 대해 다시 이야기하려고 시도했으며, 그 움직이지 않는 상태를 설명하는 변하지 않는 함수 그래프를 밝혔다.

[그림 27.4] 1차 함수 모델링 단위에 대한 학생 활동

Yaniv: (점을 지시하며) 시간이 흐르질 않아.

Lior: 시간은 일정해-움직이지 않아.

Yaniv: 점에 대해 시간이 흘렀지만 점은 그것을 사용하지 않아. 왜냐하면 그것은 속도를 갖지 않기 때문이야.

Lior: 아니야. 시간은 움직여. 점이 그 시간 동안 움직이지 않는 거야... 모든 점들에 대해... 시간은 흐르는 중이지만 그것은 (방향을 따라 한 점을 가리키며) 그 시간 동안 전혀 움직이지 않아.

Daniel: 어쩌면, 그것은 움직이지 않아. 시간은 항상 변하지만 공통적인 시작 지점이 있고 그리고 나면 시간이 시작돼. 그런데 그것이 단지 움직이지 않기 때문에 시간이 멈춘다고 말하는 것은 말이 안 돼.

Lior: 아! 알겠어. 왜냐하면... 잠시만... 이 차원에서, 시간에 대한 차원을 통제하는 것은 불가능해.

Daniel: 그것은 x축이고 여기서 시간은 항상 움직이며 가만히 정지해 있을 수 없기 때문에 너는 통제할 수 없어. y축에서만 (위치를) 변화시킬 수 있어.

논의 중 학생들은 그래프를 시간의 흐름에 따른 과정에 대한 표현으로 다루기 시작했다. 그들은 정적 상태의 그래프를 논의하였으며, 그것을 해석하기 시작했다. 그들은 독립적 변수로서의 시간에 대한 결론에 도달하였다. 시간은 항상 변화하며 멈춰질 수 없다. 또한 시간의 흐름을 통제할 수 없다. 그들이 수행했던 작업은 가설을 만들고 결론에 도달하는 정신적인 것이었다.

다음으로 그들은 가설을 입증하고 움직이지 않는 점들에 적절한 그래프를 선택하기 위해 동영상을 활성화시켰다. 그들이 올바른 결론에 도달했으며 그 상황을 이해한 것처럼 보였을지라도 여전히 고정적인 점과 일치하는 그래프와 같은 일정한 직선 함수를 확인했을 때 놀랐다. 그들은 비록 고정된 점에 관해 그들이 도달하게 된 이상한 결론이라도 올바르게 설명하려고 계속했으며, 움직임과 거리-시간 그래프들 사이의 관계를 탐색하는 것을 지속했다. 움직임을 실행하는 것보다 상상하는 것에 의해 그들은 지식의 중심이 되는 부분인 변화율과 방향 운동의 두 가지를 배웠다.

학생들이 동영상으로 인해 더욱 참여하고, 실험하며 다양한 답을 시도하는 것이 기대되는 사이에 입증된 문제해결 과정에서 주목할 만한 발견은 궁극적으로 해결책으로 이끄는 논리적 논쟁(가설 제기, 추측과 반박을 통해 결론 이끌어내기)의 전체 사이클을 아우르는 흔치 않은 주목할만한 광범위한 정신 활동이다. 우리는 쌍방향 과제들이 독자들에게 주어진 예들 및 특히, 도식들을 조정하기 위한 명쾌한 선택 사항들을 제공함으로써 매력적으로 읽기를 제안한다는 것을 제시한다(Naftaliev & Yerushalmy, 2013). 비록 복잡한 도전에 대한 문제해결 과정의 특성은 단일 요소에 기인할 수는 없지만, 우리는 쌍방향 학습 과정에서 쌍방향 과제들로 설계된 경계의 주요 역할을 이끌어낼 수 있었다. 유동성 있는 학습 자원들이 종종 설명에 기초한 매력적인 비디오 클립과 동영상에 의해 자율권이 주어지는 반면, 우리는 중요한 미세 조정은 다음을 포함한 e-교과서 과제들의 설계에서 고려되어야 한다는 것을 알아냈다. 즉, 1) (위의 예에서 모순된 동영상처럼) 인지적 부담보다는 인지적 도움을 주는 필수적인 예들의 레파토리를 제시하는 잘 계획된 상호적 예, 2) 흥미로운"견해들"을 얻는 데에 도움을 주는 표현들 사이의 부분적 통제 및 부분적 연결들뿐만 아니라 실험과 분석 단계 사이의 균형이다. 보다 일반적으로 학생들의 대수학에 대한 상호 학습은 우리가 장기 연구 프로젝트 동안 연구했던 쌍방향적 텍스트의 과제들을 읽고 해결하는 동안 일어났다. 쌍방향 과제들은 학생들의 행동을 되돌아보는 다중 결합된 표현을 적용한 실험을 제안했다. 우리는 이러한 과제들이 쌍방향 도식으로 설계된 경계 내에서 텍스트에 대한 개인화의 과정과 주요 수학적 아이디어들의 발전으로 이끈다는 근거를 갖고 있다. 도식의 설계는 학생의 지식 발달 과정을 구성하고 관리하도록 했지만, 학생들은 과제를 통제하고 과제에 대한 주어진 표현을 만들어냈으며 새로운 의문점들을 제기했다.

문제해결에 도전하는 것을 넘어 e-교과서가 도움을 주기 위해 주로 설계된 다른 쌍방향 시나리오들은 생생한 설명과 사례 4에서 설명된 것처럼 훈련을 위한 연습문제들이다. 생생한 설명은 예를 제시하고 제한된 사용자 통제를 제공하기 위해 설계되었다. 예를 들어, 주어진 그림을 드래그 하거나 비디오나 시뮬레이션을 실행시키는 것은 교사의 설명이나 학생들이 자신만의 새로운 용어에 대한 초기의 탐색에 자주 사용되는 요소이다. 생생한 설명은 (대상의) 특성이 구체적인 예를 제시하며, 비슷한 교실이나 관련된 예를 구성하기 위해 달라질 수 있다는 것에 대한 학습자의 인식에 따라 달라질 수 있다. 수학 교과서에서 예의 광범위한 사용은 학습자와 아이디어 사이에 의사소통과 중재의 수단으로 작용한다. 만일 예시가 잘 선택된다면 예시들 사이의 차이는 학생들이 필수적인 특징과 불필요한 특징을 구별할 수 있게 하는 방법이다(Goldenberg & Mason, 2008; Watson & Shipman, 2008). 전산화된 환경의 독특한 특징 중 하나는 관련된 여러 예들을 조직적으로 만들어 낼 수 있다는 가능성이 있다는 것이다. 그에 반하여 연습문제에 대한 설계상의 가정은 학생들이 비록 반드시 완전하지 않더라도 올바른 개념 이미지와 개념 정의를 구성한 이후에 수행되었다는 것이다(Tall & Vinner, 1981). 이 학습 단계에서 기술의 강점은 훈련을 위해 임의에 준하여 조건 내에서 임의로 생성되는 방대한 연습문제의 양과 전통적으로 암기 연습문제를 제공하는 영역에서조차 이해와 더불어 역량 훈련에 도움을 주기 위해 설계될 수 있는 다양한 유형의 피드백을 포함한다. 자연 발생 및 예시와 이해를 포함한 훈련에 대한 분석은 쌍방향 e-교과서에 끼워 넣어질 수 있는 최근 평가 시스템 설계 영역의 두 가지 중심 주제이다. 그러나 이것은 이 장의 영역을 넘어선다.

e-교과서와 교사와 교과서 사이의 관계의 변화

이전 절에서 우리는 e-교과서가 학생들의 활동을 바꿀 수 있는 방법을 논의했다. 이제 우리는 교실 안팎에서 교사의 역할과 학생-교사 상호작용에 대한 잠재적인 변화를 생각해볼 것이다.

우리는 문헌적 접근에 대한 이론적 견해를 고수한다(Gueudet & Trouche, 2009a). 이것은 우리가 교사와 그들이 교수 활동에서/교수 활동을 위해 사용하는 자원 사이의 상호작용에 초점을 맞춘다는 것을 의미한다. Pepin과 Gueudet(2013)로부터 배우고 우리가 쓰기 위해 만들어진 범주를 수정하면서 우리는 교사 e-자료를 아래의 방법으로 범주화했다.

» e-텍스트 자원: 예, e-교과서, 온라인 교사교육과정 지침, 웹 사이트, 온라인 학생 활동지
» e-기반 "자료"자원: 예, 전자 칠판, 컴퓨터 소프트웨어, 애플릿
» e-기반 활동과 교환: 예, 동료, 학생, 그리고 부모와의 편지 교환; 학생 활동을 (온라인 숙제처럼) 컴퓨터로 제출하기

Adler(2000)에 따르면 자원은 교사의 활동을 **재자원화**할 수 있는 어떤 것이다. 교사들은 자원을 조사하고, 몇몇 자원들은 간직하고 나머지는 폐기하며, 그것들을 수정하고, 연결지으며, 교실에 설치한다. 또한, 이 문서 작업을 수행하는 동안 그들은 체계화된 자원 시스템을 개발한다(Gueudet & Trouche, 2009a).

e-교과서로부터 발생한 변화를 이해하는 것은 교사의 자원 시스템에서 e-교과서에 대한 교사의 통합과 적용이 어떻게 이 시스템과 교사의 활동 및 전문성 개발에 대한 영향을 바꾸는지를 이해하는 것을 의미한다.

사례 4- Vera의 Sésamath e-교과서 사용

Vera는 중학교에서 수학을 가르친다. 그녀는 그녀의 모든 학급에서 교과서들 중에 Sésamath e-교과서를 사용한다(사례 1). 그녀는 교실에서 비디오 프로젝터로 수업 내용, 역동적 기하 소프트웨어를 이용한 동영상, 그리고 쌍방향 연습문제를 포함한 e-교과서의 일부분을 보여준다.

[그림 27.5] 교실에서 쌍방향 연습문제 해결하기

Vera는 또한 LaboMEP(예시 1과 예시5)에 학생들이 교실에서 할 수 있지만, 주로 숙제로 마무리하는 연습문제 부분을 계획한다. 그녀는 개인별로 접근하기도 하며, 그들의 활동에 대한 집단적 요약으로 접근하기도 한다. 또한, 선택된 학생들을 위한 보충 활동을 계획하기 위해 그것을 사용한다.

그녀의 6학년 학생들은 공통 교과서로 Sésamath 종이 교과서를 가지고 있다. 그러나 이 학급을 위해 Vera는 Sésamath 교과서의 교육과정 계획을 따르지 않는다(Sésamath 교과서는 공식적인 국가 교육과정에서 직접적으로 변환되었다). 그녀는 그녀만의 교과서 Helice(영어 번역: helix)를 갖고 있고, 이것의 나선형 진행을 따르며 따라서 특정 주제들의 재탐색을 통해 학생들의 이해를 심화시킨다(Gueudet et al., 2013b).

교사의 자원 체계에서 e-교과서는 다른 자원들과 결합된다. 즉, 교실에서 영상과 연결된 자원들(교실 내 컴퓨터와 비디오 프로젝터, 스크린, 때때로 전자 칠판, Dynamic Geometry 소프트웨어)과 학생들에게 나누어진 활동지와 연결된 자원들(인쇄되어 학생들에게 건네지는 교사 컴퓨터에서의 파일들)이다. 다른 자원들은 교실 밖 활동과 연결된다. 학생들을 위해 계획될 수 있는 특정 시간들과 가상 학습 환경으로, 교사의 자원 체계에서 이러한 변화들을 고려하는 것은 교사의 활동에서 변화를 입증하며, 더 큰 변화 가능성을 제시한다(이는 추가적인 연구를 요구한다).

주요 성질에 대한 요약과 더불어 학생 활동지를 설계하는 것과 교실에서 "부족함"을 채우는 것은 분명히 공통적인 실행이다. 이는 교사가 교과서의 doc나 odt 파일에 접근한다면 도움을 받을 수 있다. 이와 유사하게 e-교과서의 사용에 의해 또한 발전될 수 있으며, 교사와 학생 모두를 위해 보여주기 용이한 공유 자료를 구성하는 영상 장치의 사용은 빈번한 일이다. 전체 학급에 의해 또한 그리고 교사에 의해 운영되는 연습문제의 집단적 해결은 e-교과서에서는 필요로 하지 않는다. 그러나 학생들은 쌍방향 연습문제가 보여질 때 더욱 동기부여 되는 것처럼 보인다(그림 27.5를 보라). 교실 밖 활동에 관해 e-교과서는 예를 들면, 개별 학생들의 필요를 충족하는 차별화와 활동 점검의 기회를 제시할 수 있다. e-교과서와 연결된 특정 프로그램과 더불어 숙제는 교실 밖에서 교사에 의해 검토될 수 있으며(그림 27.6 참고. LaboMEP에 의한 각각의 학생들을 위해 제공된 요약), 또한, 결과와 형성 평가는 개별 학생들에게 통보된다.

1 - Exposants 0 et 1	Aucune réponse	dim 17 août	21 h 58	4 min 00 s
1 - Exposants 0 et 1	9/10	mer 1 oct	15 h 44	56 min 48 s
2 - Exposants négatifs (maîtrise de la notat	3/10	mer 1 oct	16 h 51	23 min 52 s
2 - Exposants négatifs (maîtrise de la notat	6/10	mer 1 oct	17 h 18	55 min 48 s
2 - Exposants négatifs (maîtrise de la notat	7/10	mer 1 oct	21 h 18	12 min 30 s
3 - Signes et puissances	7/10	mer 1 oct	21 h 33	16 min 54 s
4 - Puissance de 1 ou -1 (application)	7/10	mer 1 oct	21 h 51	2 min 47 s
5 - Produit de puissances	3/5	mer 1 oct	21 h 54	14 min 00 s
5 - Produit de puissances	0/5	mer 1 oct	22 h 11	11 s
5 - Produit de puissances	0/5	mer 1 oct	22 h 13	10 s
6 - Produit de puissances négatives	7/10	mer 1 oct	22 h 14	10 min 42 s
7 - Quotient de puissances	8/10	mer 1 oct	22 h 28	10 min 47 s
8 - Puissance de puissances	9/10	mer 1 oct	22 h 41	13 min 17 s
9 - Puissance de produit	5/5	mer 1 oct	22 h 57	16 min 37 s
10 - Puissance de quotient	Aucune réponse	mer 1 oct	23 h 14	6 min 19 s
11 - Calculs	8/10	mer 1 oct	23 h 21	18 min 52 s
12 - Synthèse	8/10	jeu 9 oct	11 h 53	5 min 58 s

[그림 27.6] LaboMEP에서 학생의 작업을 보여줌

보충 활동은 차별화된 형태로 제공될 수 있으며, 서로 다른 숙제가 개별 학생들에게 제공될 수도 있다. 게다가 학생들은 쌍방향 연습문제를 다루는 것에 더욱 동기부여 되는 것 같으며, 적어도 이러한 종류의 디지털 자료의 상대적인 참신함에 대한 현재 맥락에서 관련된 숙제에 더욱 참여할 것이다. 개별 학생들의 요구를 고려하는 것이나 특정 학생 집단이 수학 교수의 질과 학생 관리/교사 업무를 위한 중요한 차원으로 고려될 수 있다. 우리는 여기서 이러한 기회들이 실제로 많은 교사들에 의해 사용된다고 주장할 수는 없지만, 이는 추가적인 연구를 요구한다. e-교과서는 분명히 이러한 점에서 흥미로운 가능성을 제시한다. 그럼에도 불구하고 우리가 연구했던 사례에서(Gueudet & Trouche, 2009a; Gueudet et al., 2013a), e-교과서의 사용은 차별화된 과제 공급과 연결된다는 것을 알게 되었다. 문서적 발생의 관점에서 우리는 이것이 지식의 발전으로 이해될 수 있다. e-교과서를 사용하는 것은 이질적인 학생들이 있는 학급에서 과제 관리에 대한 전문적 지식의 개발을 강화한다.

우리는 또한 교사 집단에(예, Sésamath) 의해 설계된 e-교과서의 경우에 사용자들/교사들은 내용에

대한 수정을 도입/제안할 수 있었으며, 이러한 방식으로 e-교과서의 설계 과정에 참여할 수 있었다. 분명 모든 사용자에 의한 제안들이 내용에 대한 Sésamath 집필자들에 의해 공유된 수정을 이끌어 내지는 못했다. 특히, 모든 제안이 유의미하지는 않을 뿐만 아니라 지속적인 수정은 집필자들에게 시간 소모가 크기 때문이다(Trgalovà & Jahn, 2013). e-교과서에 대한 다양한 잠재적인 의견제시와 의견 제시자들을 고려할 때, 어떻게 e-교과서의 질과 일관성이 검토되고 규정될 수 있을까? 우리는 다음 절에서 이것을 논의한다.

e-교과서의 연구 범주 변화: 교과서 질과 일관성에 대한 재개념화

이 장에서 우리는 e-교과서의 설계를 설명하였으며, e-교과서의 실제 의의를 발전시키고, e-교과서의 세 가지 서로 다른 유형/모델을 밝혔다. 우리는 또한 교사와 학생들의 사용을 설명했다. 우리는 e-교과서는 공동으로 설계될 수 있으며, 수정의 측면에서 사용자들에게 의해 그 내용이 공동으로 집필될 수 있다는 증거를 제시하였다. 이러한 개발들은 교과서가 학교에서 어떻게 활용되는가에 대한 주요한 발전을 시사하며, 교과서가 e-교과서가 될 때 교과서의 (a) 질과 (b) 일관성이 어떻게 변화하는가에 대한 의문을 제기한다. 만일 교사가 e-교과서 구성 요소를 변화시킬 수 있다면 수학적 질/일관성은 무엇을 의미하는가? 이러한 발전이 진지한 고민과 가능한 한 e-교과서에 관해서 질과 일관성의 개념에 대한 재개념화를 요구한다는 것은 분명하다.

질의 재개념화

교과서의 질

교과서의 질은 수많은 연구들의 주제였는데, 특히, 교육 현장과 교과과정에서 “규준과 책임 판단 사이의 중대한 연결”을 제공하는 필수적인 역할을 하기 때문이다(Confrey & Stohl, 2004). 평가 연구는 특정 교육과정이 누구를 위해 어떤 조건 아래에서 얼마나 효율적인지에 대한 정보를 제공할 수 있었다. 미국 국가연구위원회(National Research Council, 2004)에서 평가 연구 전반에 대해 조사했다. 위원회는 직접적으로 교육과정 자료를 평가하지 않았으며 또는 확실히 특정 프로그램들을 평가하지 않았으며, 교과서 평가를 위한 기준을 제공하지도 않았다. 그렇지만 평가 연구의 다음 네 가지 유형을 밝혔다. 즉, (1) 내용 분석 (교육과정 자료의 내용 조사: 예, 정확성, 범위의 깊이, 주제의 논리적 배열 등) (2) 비교 연구 (둘 혹은 그 이상의 교육과정 비교와 학생 학습에 대한 효과) (3) 사례 연구 (프로그램과 특정 교육과정의 교과과정 구성 요소가 교실에서 어떻게 작용하는지에 대한 문서화) (4) 통합 연구 (특정 교육과정에 걸친 몇 가지 평가 연구 요약) 이다. 이 작업은 교육과정 자료의 질의 중요성을 강조한다.

"질"의 개념 조사를 위한 더욱 명확한 연구와 관련하여 선정된 집필자들은 거시적 수준을 고려하였으며 보다 "전체적인"평가와 함께 질을 분석하였다. 예를 들어, Charalambous, Delaney, Hsu와 Mesa(2010)은 교과서는 "전체로서, 그리고 교육 체계에서 기술의 일부로서 조사되어야 한다"(p. 119)는 교과서에 대한 "횡적"분석을 제안하였다. 이 수준의 연구들은 일반적인 교과서의 특징에 집중하는 것을 포함한다(예, Schmidt et al., 1997; Stevenson & Bartsch, 1992).

다른 연구들은 미시적 수준을 고려하였다. 그들은 그들의 특정한 목표에 따라 교과서 질을 분석하였다(예, Oesterholm & Bergqvist, 2013). 이러한 연구에서는 종종 교과서를 "지식의 구성을 위한 환경"으로(Herbert, 1995, p. 3) 바라보면서 단일 수학적 개념을 조사한다(예, Li, 2000; Mesa, 2010). Charalambous 등(2010)은 이를 "종적 분석"이라고 부른다. 그들은 교과서에 의해 제공되는 학습 기회를 조사하기 위해 교과서를 분석하는(3개 나라의) 3단 체계를 개발하였다. 우리의 관점에서 학습 기회는 "지식 구성" 및 "이해를 바탕으로 하는 수학학습"과 매우 밀접하게 연결된다. 과거 수십 년간 학생의 개념적 이해와 관련된 학습 기회 및 수학적 사고와 추론 그리고 문제 해결의 측면에서 학생의 전문 지식 개발에 대한 수많은 우려와 논의가 있어왔다(예, National Research Council, 1989; Hiebert & Carpenter, 1992; Hiebert et al., 1997).

온라인 자원의 질

온라인 자원의 질을 평가하는 것은 복잡한 사안이다. 몇몇 연구 활동은 특히, 조사 가능성에 초점을 두고 수학과 과학의 온라인 자원의 질에 대한 사안을 고려했다. Intergeo 프로젝트(Kortenkamp et al., 2009)는 Dynamic Geometry를 사용한 자원에 관한 것이며, 이 연구는 다음과 같은 탐구 자원의 질을 연구하기 위한 아홉 가지 관점을 소개한다. 즉, 메타 데이터(집필자들의 이름, 주제, 날짜 등), 기술적 측면, 수학적 콘텐츠, 도구적 콘텐츠, 역동적 기하의 부가가치, 교수학적 구현(학습 목표, 각각 다른 유형의 학생들에 대한 적용 등), 교육학적 구현(교실에서의 조직, 각각 다른 부분들에 대한 운영 등), 교수 순서의 통합과 인체공학적 측면(각각 다른 텍스트와 링크 식별의 용이성, 등)이다. 게다가 사용자의 요구에 대해 자원이 갖는 타당성의 중요성을 고려하면서 Intergeo는 사용자 스스로에 의한 질의 평가를 설계하였다(Tralova, Jahn, & Soury-Lavergne, 2009). 이러한 평가는 사용자를 참여시키는 것에 의해 더 나은 자원의 설계로 이끌 수 있는 가능성이 있다. 과학교육에서는 이와 같은 연구와 다른 연구들에 기반하여 Bueno-Ravel 등(2009)은 탐구 기반 과학 학습과 교수를 위한 온라인 자원의 질 평가를 위해 일곱 가지 관점을 제안하였다. 즉, 과학적 측면, 비계 탐구 측면, 개인화의 가능성, 인체공학적, 미디어 선택, 자원 설계에서 사용자 참여의 가능성, 그리고 집단 활동을 위해 제공된 기회들이다.

전통적 교육과정 자원에서 온라인 자원으로의 이동에 따라 “자원 평가”의 개념은 “자원의 질” 개념으로 대체되었다(Pepin et al., 2013b 참고). 수학 교수와 학습을 위한 온라인 자원의 질에 대한 최근 연구(Trouche et al., 2013)는 특히, 사용자의 자원 사용 용이성의 중요함을 강조한다.

수학의 교수와 학습을 위한 온라인 자료의 질에 대한 최근의 연구(Trouche et al., 2013)는 특히 사용자에게 있어서 해당 자료 **예산을 책정하는 것**이 편리한지에 대한 중요성을 강조한다. 자료 설계에 사용자를 포함하는 것, 더 일반적으로 온라인 자료의 설계자와 사용자 사이의 의사소통 가능성은 질(質)의 중요한 차원이 될 수 있다. 이 차원은 연결성에 대한 이슈와 관련이 있는데(Hoyles et al., 2010), 그 이슈는 특히 가상 공동체를 창조할 가능성을 포함한다. 우리는 e-교과서 분야에서 질의 재개념화를 제안하기 위해 이 아이디어를 이끌어가려고 한다.

e-교과서의 질

e-교과서는 교과서와 온라인 자료의 특징을 결합한 것이라고 생각할 수 있다. 따라서 우리는 앞서 환기시킨 이 두 관점을 결합함으로써 e-교과서의 질을 연구하는 것을 제안한다.

연결성은 확실히 e-교과서 질의 중요한 차원이다. 사용자와 설계자뿐만 아니라 사용자와 사용자(교사와 학생들 모두)를 이어주는 가상 공동체를 창조할 가능성은 **거시적 수준에서의 연결성**이라고 간주할 수 있다. 더욱이, 이 거시적 수준에서, e-교과서의 연결성은 e-교과서가 실제로 웹 링크나 예시 플랫폼(예시 5에서 볼 수 있음)을 통해 다른 자료들과 소통할 수 있다는 것 또한 의미한다. 더 일반적으로, 이 연결성의 거시적 수준은 아래의 기준을 포함하는데 이 기준들은 e-교과서의 질을 평가하기 위해 우리가 크게 두 항목으로 그룹화한 것이다.

존재하는 연결들

» e-교과서를 통해 제공된 자료 사이의 연결들
» e-교과서 밖의 다른 자료들(예, 지오지브라)과의 연결들
» 학년간의 연결들
» 국가 교육과정와의 연결들

e-교과서를 통해 제공될 잠재적인 연결들

» (시너지 효과를 위한) e-교과서와 교사 자료 시스템 사이의 연결들
» 교사의 협동적인 업무의 관점에서의 연결들. 예로 들어, 학교나 전문적인 공동체에서 교사 자료 시스템을 연결하는 것(예시 5의 LaboMEP이 해당됨)

» 교사와 학생들 사이의 연결들
» "보다 큰" 교사의 요구/ 타당성(예, 수업 준비 도구로서의 e-교과서) 또는 학생(예, 시험을 위한 복습)과의 연결들
» 교과서를 사용하는 교사들과 교과서 저자들 사이의 연결들

더욱이, 연결성은 특정한 수학적 내용을 고려하는 **미시적 수준**에서도 간주될 수 있다. 이 수준에서 이는 e-교과서가 연결 재료의 다른 종류를 제공하고 다른 특징들 사이의 연결과 결합을 제공한다는 것을 뜻한다. 우리는 이 두 가지 수준에서의 연결성을 고려한다.

존재하는 연결들

» 다른 주제 분야 사이의 연결들
» 수학적 내용의 다른 측면의 융통적인 인식을 발달시키기 위한 다른 기호 표현들(텍스트, 수치, 정역학과 동역학) 사이의 연결들
» 기술의 융통적인 응용을 발달시키기 위해 동일한 과제를 이행하는 데 필요한 다른 소프트웨어 사이의 연결들

e-교과서를 통해 제공될 잠재적인 연결들

» 동일한 개념장의 다른 개념들을 연결하는 것(Vergnaud, 1996)
» 문제해결을 위한 다른 전략들을 연결하는 것
» 주어진 개념(예, 나선형 수열)을 적정화하는 다른 순간들을 연결하는 것

우리는 예시 5에서 Sésamath 교과서에서 채택한 연결들을 보여 줄 것이다.

사례 5 – Sésamath 교과서 연결성

Sésamath 교과서, 미시적 수준에서의 연결성

Sésamath e-교과서에서 각 연습 문제는 "보충자료"와 관련되어 있다. 이러한 보충자료는 예를 들면, 학생들과 해결 방법의 동적 표현인 상호작용적 도움에 의해 완성된 동적 기하학 구조를 포함한다. 따라서 우리는 Sésamath 교과서가 표현들 사이의 많은 가능한 연결들을 제공한다고 주장할 수 있다.

동시에, Sésamath 6학년 교과서를 분석한 이전의 연구(Gueudet et al., 2013b)에서 우리는 교과서 저자들이 초등학교 교육과정-이것이 중요한 놓친 연결이며 질을 평가하는 기준-에 익숙하지 않았기 때문에 초등에서 중등으로의 변천은 실제로 감안되지 않았음을 관찰해 왔다. 우리는 또한 공식 교육과정 등장에 부합하는 이 책의 조직이 수학적 주제들 사이의 연결들을 지지하지 않음을 주목해왔다.

LABOMEP안에서의 Sésamath 교과서, 거시적 수준에서의 연결성

Sésamath e-교과서는 넓은 가상적 학습 환경, LaboMEP(예시1에서 볼 수 있음)의 한 부분이다. LaboMEP에서 연결되면 교사는 e-교과서를 포함한 모든 Sésamath 자료(왼쪽 열), [표 27.7]에 접근한다. 교사는 수업과 연습 문제와 같은 e-교과서의 발췌문을 선택할 수 있고 그것들을 그녀/그가 설정한 개인적인 세션(중간 열)에 넣을 수 있다. 모든 그/그녀의 세션들은 그/그녀의 개인적인 공간(오른쪽 열)에 녹음이 되고 저장된다. 각 세션은 교과서와 온라인 연습 문제, 동적 기하 소프트웨어나 외부 웹 링크에서도 나오는 발췌물들을 포함할 수 있다. 따라서 Sésamath 교과서는 LaboMEP를 경유하여 매우 큰 잠재적인 자료들과 연결될 수 있다. 교사는 또한 그/그녀의 세션들을 다른 동료들과 공유할 수 있고 동료 모둠은 왼쪽 열에서 공용 자원으로 나타난 **공용 자원 레퍼토리**를 설계할 수 있다.

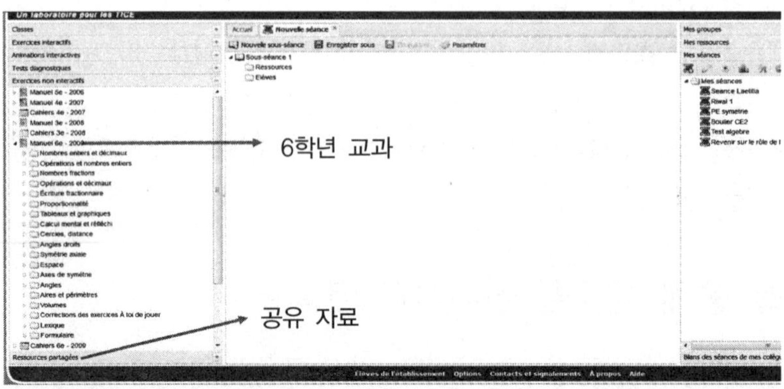

[그림 27.7] LaboMEP, 프로그래밍 세션을 위한 교사 환경

즉, 그녀/그 또한 Sésamath 멤버들과 의사소통할 수 있다. 하지만 학생들을 위해 교사가 프로그램한 세션을 거쳐 LaboMEP은 교사와 그/그녀의 학생들 사이의 의사소통 도구 중에서는 최고이다.

연결성은 여기에서 디지털 내용의 특징으로 간주된다. 그럼에도 불구하고, 특히 미시적 수준에서 이는 연결성의 새롭고 보다 일반적인 개념을 정의할 가능성을 제안한다. Hiebert 등(1997)은 "이해를 바탕으로 수학을 학습하는 것"은 "연결을 만드는 것"과 관련이 있다고 주장한다. "연결성"은 교육 특히 수학교육 분야에서 새로운 아이디어는 아니다. Hiebert와 Carpenter(1992)는 예를 들어, 수학적 이해를 발달시키려고 의도한다면, 수학에서 연결을 만드는 것은 매우 중요하다고 믿는다. 그들은 이해를 바탕으로 하는 이해를 위한 학습의 중요성을 강조한다. 그들의 주장에 의하면, 이해는 다음과 같이 정의될 수 있다.

> 정보가 표현되고 구조화되는 방식. 수학적 아이디어 및 사실은 정신적인 표현이 표현 체계의 일부일 때 이해된다. 이해의 수준은 연결의 수와 힘에 의해 결정된다. (Hiebert & Carpenter, 1992, p. 67)

이 디지털 방법은 e-교과서와 함께 표현의 체계를 제공하기 위해 사용된다. 그럼에도 불구하고, 이러한 가능성은 전통적인 교과서에서 또한 존재한다. 이러한 교과서는 학생들에 의해, 다채로운 수학적인 과제를 제공함으로써 연결의 발달을 조성할 수 있다. 참으로, 학생들이 "다채롭고 가치 있는 수학적 과제에 바탕을 둔 동적 수학적 활동에 참여할 빈번한 기회"를 갖고 있다는 것은 매우 중요하다(Henningsen & Stein, 1997, p. 525). 그리고 이 또한 학습자에 의해 만들어진 연결을 위한 이해의 중요한 요소에 해당한다(Hiebert et al., 1997). 따라서 우리는 미시적 수준에서 연결성의 이 아이디어가 "수학적 연결성"의 종류를 정의하기 위해 디지털 교과서를 넘어 확대될 수 있음을 제안한다. 이 때, "수학적 연결성"은 각 교과서의 질을 위한 중요한 특징이 될 수 있다. 그렇지만 이는 이 장의 보완하기 위하여 추가 연구들이 요구된다.

설계의 일관성과 사용의 일관성

우리의 이전의 고려사항과 비슷하게, 우리는 "일관성" 개념의 재고려와 개념화를 제안한다. 교과서의 일관성은 Gueudet et al.(2013a)에서 강조되었듯, 많은 다른 측면들을 포함할 수 있다. 이는 수학적 내용의 정확성, 국가 교육과정과의 일관성, 과정과 연습문제 사이의 표현과 같은 개념 배열의 정확성 등이다. Yerushalmy와 Chazan(2008)은 Tall(2002)에 의지하여 일관성이 연구 대상의 장에서 이를 어떻게 다루어지는지를 포함한다고 주장한다.

우리는 여기서 일관성을 평가하기 위해 고려할 수 있는 e-교과서의 세 가지 특정 차원을 강조하고 싶다.

1. **초기 설계의 일관성** : 적은 수나 팀의 전문가들 (예를 들면, 좌표 설계자는 많은 "안면이 있는" 동료들을 선택한다. 이는 Gueudet et al., 2013b에서 볼 수 있다)에 의해 종종 설계된 전통적 교과서와는 대조적으로, e-교과서는 공통적으로 큰 공동사업체(예를 들면, 교사들과 감독관과 교사교육자들이 함께 일하는 곳)에 의해 설계된다. 작은 전문가 팀의 경우에 이것들은 설계 과정의 일관성을 보장하기 위해 전형적으로 규칙적인 기반을 충족시킨다. 반면에, 큰 팀의 설계자들(Sésamath의 경우와 같은) 즉, 선택된 것이 아니라 자발적으로 하는 이들은 전체로서 충족시키는 것이 아니라 그 설계를 각 부속팀, 예를 들면, 주제 분야와 일치하는 분할에 구분된 과제로 나누었다. 이에 따라 "일관성을 보장하기 위한" 전략은 큰 설계 팀에게 e-교과서를 위해 매우 중요하다. 이 경우에, 일관성은 또한 "개별 저자들의 개인적 수학적 의도와 그들의 인식론적 입장이 잘 조직화 되었다"는 것을 의미한다(Gueudet et al., 2013a, p. 328). 교과서의 일관성을 평가하는 것은 그들의 조직과 생산을 평가하기 위해 설계 과정 중에 내용 선택을 형성하는 공유된 의도로서 이러한 의도와 입장을

확인하는 것을 요구한다.

2. **산출물의 일관성** (질과 매우 밀접하게 관련되어 있음) : Yerushalmy과 Chazan(2008)은 어떻게 기술적인 도구(예를 들면, 그래핑 도구, 기호 조작 처리자, 스프레드시트)가 대수 수업에서 사용되는 기능의 표현들을 향한 특정 방향을 기억하는지 보여준다. "단절"(Tall, 2002)의 개념을 사용하면서, Yerushalmy와 Chazan은 대수 교육과정이 이러한 기호 체계 사이의 단절에 대해 협상해야만 한다고 제안한다. 따라서 학생들이 기술적 도구를 사용하는 첫 공개는 교과서 전시회와 충돌될 수도 있고 교과서 전시회를 지지할 수도 있다. 전통적인 인쇄된 교육과정에서 사용된 것과 비교하면 이는 (주제를 배열하고 기술을 사용하는) "일관성"의 다른 관점이다. 예를 들면, 그래핑 도구들은 교과서 전시회와 갈등상태에 놓일 수도 있고 놓이지 않을 수도 있는 상황의 다른 관점에서 다른 활동 유도성을 제공할 수 있다. 이와 관련하여, 특정한 기술적 도구에 의해 지원받거나 이를 위해 고안된 e-교과서는 아마도 다른 표현들과 다른 관점 또는 개념들을 사용함으로써 특정 주제 분야에 대한 다른 관점과 관습을 결합하고 그 주제 분야에 대한 아이디어들을 다르게 배열한다. 그리고 기술을 통해 학습자에게 다른 아이디어들을 이해하기 쉽게 만들면서, 다른 일관성을 제공할 수 있다는 사실이 입증될 수 있다. 아마도 e-교과서 환경에서 소프트웨어의 그 통합된 설계와 전시회는 대단한 일관성을 주도할 가능성이 있다.
3. **사용에서의 일관성** : 학습에 대한 영향의 관점에서 일관성과 관련된 가장 중요한 이슈는 교사가 그들의 학생에게 교과서와 교육과정 자료에 따라 제안하는 것의 "일관성"이 될 것으로 예상된다(Pepin, 2012). 다양한 저자들이 강조했듯이 (예를 들면, Shield & Dole, 2013; Lloyd, 2009), 교과서와 다른 교육과정 자료들(예를 들면, 전문적인 발전 활동에 있는)을 분석하는 것은 단지 교사의 교수학적 실행의 발전에 제한된 지원만을 제공한다. 그리고 사용에서의 일관성은 교사들이 사실적으로 어떻게 그 자료들을 사용하는지에 의존한다. 많은 경우에서 "교사용 지도서"는 저자/설계 팀들이 어떻게 교과서 사용을 고려해야 하는지에 대해 가이드라인을 제공한다. 그리고 이러한 가이드라인은 설계자의 교수학적 의도와 연결된다.

우리는 사례 6에서 3가지 분야를 설명하고 예시로 들었다. **초기 설계의 일관성**은 책에 삽입되어 있거나 관련된 텍스트 즉, 저자의 입장과 그들의 교훈적인 목표를 제공하는 텍스트를 따라 연구될 것이다.

사례 6 – Sésamath 교과서의 일관성, 저자들의 교수적인 선택

6학년을 위한 Sésamath e-교과서는 고전적인 표로 시작한다. 여기서 고전적인 표는 텍스트 위의 버튼 열에 의해 보완되고 장의 번호로 분류되며 마우스가 그 버튼 위에 있으면 장의 제목이 보인다.

그리고 두 페이지는 제안된 활동의 성격의 관점에서 구조(표 27.8)의 선택을 제공한다. 다른 두 페이지는 각 페이지에 나와 있는 수와 관련된 보충자료를 제공한다. 다음 세 페이지는 학생들에게 교과서 사용을 위한 조언을 제공한다. 따라서 우리는 학생들이 교과서를 자주적으로 사용하는 것이 그 저자들의 목표 중 하나임을 주장한다.

이 장들은 초등학교에서 표현에 전념하는 두 단원인 정수와 관련된 N0와 기하학과 관련된 G0과 보다 정교한 문제들 예를 들면, 국가 교육과정에 의해 요구되는 "복잡한 과제들"을 제공하는 "통합장"을 제외하고는 국가 교육과정의 제목들(예를 들면, 분수, 대칭)과 일치한다. 또한 책의 "끝부분"에는 색인(어휘)도 있다. 학생들은 만약 그들이 모르는 표현이나 단어가 나왔을 때 색인을 찾아볼 수 있다. 이는 명백하게 수학적인 언어/표현을 익히는데 유용하다. 각 단원의 조직은 통합 단원을 제외하고는 고전적이다. 예를 들면, 도입활동, 과정, 직접적인 응용문제, 연습문제, 다중 선택(자가진단)과 수학적인 게임들이다. 협회의 기대에 의해 조정되기도 하는 그 저자들의 매우 중요한 선택은 도입활동과 (별한 색으로 표시되어 있는) 연습문제에 들어가 있는 정보와 의사소통 기술(ICT)의 중요한 사용이다.

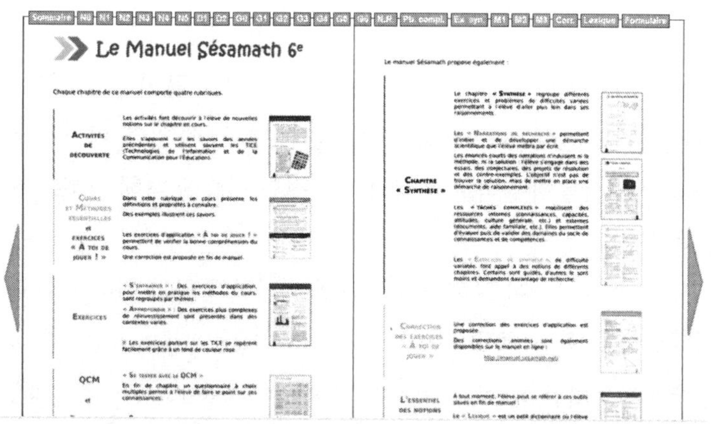

[그림 27.8] LaboMEP, Sésamath 6학년 e-교과서, 교과서 구조에 대한 설명

e-교과서는 또한 설계 과정을 연구하고 내용과 구조의 선택을 따름으로써 분석될 수 있다. 이는 Sabra와 Trouche(2001), Geuedet, Sabra, Pepin과 Trouche(신문)에서 찾아볼 수 있다. 그러나 이러한 연구는 특정 설계와 자료 수집 전략을 요구한다. e-교과서의 설계를 연구하는 한 가지 방법은 설계 기반 방법을 사용하는 것인데, 왜냐하면 e-텍스트는 상호적인 과정에 따라 지속적으로 변화하는 문서가 될 것이기 때문이다. 이에 더하여, 설계의 일관성은 (a) 책의 다른 부분과 다른 요소와도 공통적인 교훈적인 선택을 찾는 책의 콘텐츠 그리고 (b) 저자들 팀에 의해 남겨진 "e-흔적", 예를 들면, 설계 과정의 흔적들 및 "설계 계약"의 흔적들 그리고 설계자 팀이 e-교과서의 일관성을 보장하기 위해 무엇을 했는가를 분석함으로써 연구될 수 있다. 이러한 거시적 수준에서, 일관성을 평가하는 것

은 과제/텍스트의 모음집, 전형적으로 주어진 학년을 위한 모든 교과서를 고려하는 것을 요구한다. 과제 설계에 대한 22번째 ICMI 연구(Margolinas, 2013; Theme C)의 결과에 의지하여, 이러한 발행된 모음집의 일관성은 "모음집의 전체적인 철학…수학의 본성에 대한 믿음과 수학을 하고 배운다는 것이 의미하는 바는 다양하고 텍스트와 과제의 본성에서 분명해진다는 것"(p. 13)과 관련이 있다.

산출물의 일관성과 **사용에서의 일관성**은 매우 밀접하게 연결되어 있다. **생산의 일관성**의 관점에서의 분석이 e-교과서의 행동유도성, 예를 들면, 특정한 학습 경로 예를 들어, 하이퍼링크는 다른 하이퍼링크된 단어의 개념을 제안하는 것을 선호하는 것을 보여주는 반면에, e-교과서의 최종적인 사용은 또한 교사의 선택인 예를 들면, 책에서의 과제에 의존한다. 일관성은 명백하게도 이러한 두 가지 연결된 요소인 책의 행동유도성(예를 들면, 학습 경로/궤도)과 교사의 특정한 사용에 의존한다. 최근의 문학 연구(예를 들면, Cohen, Raudenbush, & Loewenberg Ball, 2003; Charalambous et al., 2010; Cai, Wang, & Ding, 2014)에서, **일관성**이란 용어는 가끔 **지도의 일관성**(예를 들면, Hiebert et al., 2003; Stigler & Hiebert, 1999)과 연결되는데 여기서 지도의 일관성은 일본 수업에서 보다 더 두드러지게 (예를 들면, 미국 교실 수업에서 보다) 많이 볼 수 있다.이는 사용에서의 일관성이라는 우리의 개념과 연결된다. 이에 더하여, 사용에서의 일관성을 생산 일관성과 연결시키는 것, 교육과정 자원/자료와 교과서의 일관성은 우리가 보았듯이 교육용 목적의 주제들을 배열하는 것과 관련이 있다. 예를 들면, 교육적인 이슈에 대해 궤적, 예를 들면, "교육과정 일관성"(Schmidt & Huang, 2012)을 배우는 것이 있다. 따라서 일관성에 대한 논의에서 우리는 보다 특히 주제를 배열하고 궤적과 교육적인 이슈에 대해 배우는 것에 대하여 e-교과서의 일관성에 주목한다.

최근 들어, Cai 등(2014)은 그들이 교육적인 일관성에 대한 중국과 미국 수학교사의 관점들을 조사하는 연구를 실행했다. 그들은 예를 들면, (수업에 앞서 계획한) "표면적인" 그리고 (수업에서 달성한) "실제" 사이의 일관성을 구별한다. (이는 e-교과서뿐만 아니라 전통적인 교과서에서도 적용된다.) 흥미롭게도, 수업 준비를 위해 교과서와 학생들의 사고를 연구하는 것은 수업 설계 단계에서 일관성을 달성하기 위해 중국 교사들에 의해 가장 많이 언급되는 접근들이다. 교실 이벤트를 만드는 것은 이 표면적인 일관성을 방해할지도 모르지만, 이는 여전히 실제 일관성 발전을 위한 한 부분이다. 이 연구는 교육적인 일관성의 두 가지 종류인 "미리 설계된" 그리고 "생겨난" / "상황에 따른"에 강조점을 두고 있다. 그리고 교사들은 실제 일관성을 위해서는 이 두 가지가 모두 필요하다고 말한다. 이러한 관점은 e-교과서에서 일관성에 대한 우리의 이해와 관련되어 있으며 교수적인 이슈와 연결되어 있다. 그리고 이는 "역동적이고 상호 구성적 및 상황적 관점"에 대한 일관성을 재개념화하는 것을 제안한다 (Cai et al., 2014, p. 25).

결론

이 장에서 우리는 e-교과서의 정의에 대해 연구했고 3가지 다른 모델 유형을 확인하고 묘사했으며 그것들의 설계와 사용을 분석했다. 이에 더하여, 우리는 이러한 새로운 기술적인 인공물들이 교육 연구자에 의해 사용되는 범주뿐만 아니라 학생과 교과서, 교사와 교과서 그리고 학생과 교사 사이의 전통적인 관계를 변화시킬 가능성이 있다고 주장해왔다. e-교과서의 행동유도성은 학생들과 교사 단체에게 새로운 가능성을 제공한다. 이는 학생/교사 단체의 차이점과 유사점 및 그들이 수학 학습의 다른 수준/단계에서 어떻게 행동 할 것인가에 대한 의문을 제공한다. 대학교 수준에서, 교사들 그리고 아마도 학생들은 그 주제 분야를 통해 그들 자신의 교수/학습 경로를 발전시키는 그 능력, 많은 나라에서는 가능성 을 갖고 있으며 그들은 e-교과서에 의해 제공되는 자료 수집 기회로부터 혜택을 받게 될 가능성이 있다. 이 상황은 아마도 초등학교 수준에서는 매우 다를 것이다. 왜냐하면 초등학교 연구자들은 가끔 수학에 대해 전문적이지 않고 예를 들면, 학생들을 위한 학습 경로/기회에 "수용한" 일관성을 제공하기 위해서 그들의 가르침이 정부의 지침과 일치한다는 것을 "확실시" 하기 위해 교과서에 보다 의존하는 가능성이 있기 때문이다. 우리는 e-교과서의 잠재적인 영향에 대한 이 첫 번째 한계점을 제안한다. 그들의 잠재력을 개발하는 것은 전문 지식의 특정 수준을 요구하고 전문 지식의 발전을 지원하기 위해 특정한 전문적인 발전 프로그램을 제공하는 것을 요구한다.

Friesen(2013)의 논문에서, 그는 그 교과서들, 즉 전통적인 교수법 및 교수적인 기능과 맥을 같이 하는 교과서들이 패러다임의 이동보다 지식의 축적을 나타내려고 하는 경향이 있음을 고려하기 위해 Kuhn(1962)에 의존한다. Friesen(2013)은 이렇게 묻는다. "교과서가 과거를 상기시키는 것을 넘어 교수법적으로 그리고 인식론적으로 무엇을 제공하는가?" (p. 498) 교과서는 그들이 제공한 과학적인 지식/개념의 생산 과정에 대한 접근을 제공하지 않는다. 그러나 학생들과 교사들은 집합적으로 또는 개인적으로, e-교과서 콘텐츠를 연구하고 정교화한다. 이는 명백히 학생과 교사 그리고 교과서 사이의 관계를 변화시킨다. 하지만 이것이 실제로 교수와 학습 과정들, 교육 제도에 크게 영향을 줄 수 있을까? Friesen (2013)은 교과서를 "진화하는 교육학의 형태"로 보고 교과서의 요소들은 "기술적인 혁명을 통해서보다는 큰 문화적 및 인식론적 발전과 보조를 맞추어 변한다"라고 여긴다(p. 498). e-교과서를 언급하면서 이는 e-교과서가 사용자를 변화시키는지 아니면 사용자의 의도/인식론적 믿음이 e-교과서를 변화시키는지에 대한 질문을 하게 만든다. 우리의 연구 결과와 일치하여, 우리는 사용자들과 책 사이의 어떠한 **상호작용**에서 일어난다고 생각할 수 있다 (Yerushalmy & Chazan, 2002, 2008; Gueudet et al., 2012에서 볼 수 있다). 따라서 우리의 표현은 "사용에서의 설계"이다(Pepin et al., 2013a).

이와 동시에 우리는 교과서 특성은 “필수적이고 고무적인 교수적인 기능을 제공한다”와 교과서는 e-교과서와 사용자 사이의 시너지를 강조하는 “진화하는 교육학의 형태”라는 Friesen(2013)의 의견에 동의한다. 이렇게 말함으로써, 우리가 e-교과서의 “오래된” 그리고 “새로운” 설계를 비교함으로써 e-교과서에 대한 이해를 돕는데 기여해왔다고 생각한다. 이는 이전의 설계와 비교하여 e-교과서의 새로운 설계를 탐구한 기간 동안은 그러하다. 이는 우리가 발전을 혁명보다 혁명의 단계로 보았다는 것을 의미한다. 우리는 아직 교수, 학습, 그리고 e-교과서 설계 공동체를 평가해온 조사 연구들의 충분한 예를 가지고 있지 못함을 고려한다. 따라서 전문용어를 포함한 새로운 아이디어와 개념들은 아직도 모호하다. 그러나 우리는 연구자들, 실행자들, 정책 수립자들을 위해 여기서 제안한 범주와 개념들의 재개념화를 제공하기 위해 노력해오고 있다. 정적인 질부터 동적인 질까지, 설계 및 실행부터 사용에서의 설계까지, 학생들을 위한 연결을 만드는 교사부터 교사들(교사/동료 교사/교장)을 위한 연결을 만들고/제공하는 e-교과서까지, 정적인 일관성부터 사용에서의 일관성까지, 개인적인 설계와 사용부터 단체 설계와 사용까지 이 모든 것은 변화하는 디지털 환경의 행동유도성과 (잠재적으로) 변화하는 실천과 사고방식 때문이다.

만약 교사들이 e-교과서의 발전에 보다 적극적으로 관여한다면, 그들은 e-교과서의 변화/발전을 위하여, 그리고 보다 일반적으로 그들의 교수 설계를 위하여 그들 자신의 범주를 발전시키고 계속 발전시킬 것이다. 이에 따라, 교수의 관점에서 새로운 패러다임이 새로운 책과 도구, 교육학적으로 혁신적인 아이디어의 발전/설계에 의해 수반되고 이를 필요로 한다고 말할 수 있다.

그러나 새로운 인공물의 존재는 충분치 않다. 기술은 항상 교육 분야에서 지나친 기대를 하게 만들었지만, 기술만으로는 여전히 교육에서 일관된 변화에 맞추어 생산해내지 못하고 있다. 하지만 새로운 패러다임의 발전의 결과인 대상 속에서 소재 변화가 일어난 다양한 예시가 존재한다. 이는 사진 앨범이 디지털 폴더, 즉 사진으로 하여금 완벽히 새로운 시각적, 사회적, 그리고 기호적인 역할을 하게 한 디지털 폴더로 변화했을 때 일어난 일이다. 음악이 디지털 포맷으로 변환된 후에, 텍스트로서의 음악은 수동적인 시장 상품에서 창조적이고 참여하는 과정으로 변화하였다. 현재 디지털 교과서의 유일한 주목할 만한 이점은 대상이 싸고 효율적이며 어디에서나 사용하기에 쉽다는 것이다. (예로 Sésamath 경험의 예를 보면 알 수 있는 것으로) 이 장에서 검토된 예들은 교사의 협동과 창조성을 위한 새로운 길을 열기 위해서 보다 실질적인 도전이 거의 다가오고 있음을 제시해 준다.

참고문헌

Adler, J. (2000). Conceptualising resources as a theme for teacher education. *Journal of Mathematics Teacher Education, 3*, 205–224.

Bremigan, E. G. (2005). An analysis of diagram modification and construction in students' solutions to applied calculus problems. *Journal for Research in Mathematics Education, 36*(3), 248–277.

Brown, M. (2009). The teacher-tool relationship: theorising the design and use of curriculum materials. In J. Remillard, G. Lloyd, & B. Herbel-Eisenmann (Eds.), *Mathematics teachers at work: connecting curriculum materials and classroom instruction* (pp. 17–36). New York: Routledge.

Bueno-Ravel, L., Ferrière, H., Forest, D., Gueudet, G., Laubé, S., Kuster, Y., & Sensevy, G. (2009). Technologies, resources, and inquiry-based science teaching. A literature review. *Deliverable 5.1, Mind the Gap FP7 project 217725* (p. 32). Retrieved from www.migaproject.eu.

Cai, J., Wang, T., & Ding, M. (2014). How do exemplary Chinese and US Mathematics teachers view instructional coherence? *Educational Studies in Mathematics, 85*, 265–280.

Cartier, P. , & Chemla, K. (2000). La création des noms mathématiques: l'exemple de Bourbaki. In D. Rousseau, & M. Morvan (Eds.), *La dénomination, le Temps des savoirs* (Vol. 1, pp. 153–170). Paris: IHES.

Charalambous, C. Y., Delaney, S., Hsu, H. Y., & Mesa, V. (2010). A comparative analysis of the addition and subtraction of fractions in textbooks from three countries. *Mathematical Thinking and Learning, 12*, 117–151.

Chazan, D., & Yerushalmy, M. (2003). On appreciating the cognitive complexity of school algebra: Research on algebra learning and directions of curricular change. In J. Kilpatrick, D. Schifter, & G. Martin (Eds.), *A Research Companion to the Principles and Standards for School Mathematics*. Reston, VA: National Council of Teachers of Mathematics.

Chazan, D., & Yerushalmy, M. (2014). The future of mathematics textbooks: ramifications of technological change. In M. Stochetti (Ed.), *Media and Education in the Digital Age: a critical introduction*. New York: Peter Lang.

Choppin, J., Carson, C., Borys, Z., Cerosaletti, C., & Gillis, R. (2014). A typology for analyzing digital curricula in mathematics education. *International Journal of Education in Mathematics, Science and Technology, 2*(1), 11–25.

Cohen, D. K., Raudenbush, S. W., & Loewenberg Ball, D. (2003). Resources, instruction and research. *Educational Evaluation and Policy Analysis, 25*(2), 119–142.

Collopy, R.M.B. (2003). Curriculum materials as a professional development tool: How a mathematics textbook affected two teachers' learning. *Elementary School Journal, 103*(3), 287–311.

Confrey, J., & Stohl, V. (Eds.) (2004). *On evaluating curricular effectiveness: Judging the quality of K-12 mathematics evaluations*. Washington, DC: National Academies Press.

Drucker, P. (1992). *The age of discontinuity: Guidelines to our changing society*. New York: Harper & Row.

Fan, L. (2013). Textbook research as scientific research: towards a common ground on issues and methods of research on mathematics textbooks. *ZDM—The International Journal on Mathematics Education, 45*(5), 765–777.

Fan, L., Zhu, Y., & Miao, Z. (2013). Textbook research in mathematics education: development status and directions. *ZDM—The International Journal on Mathematics Education, 45*(5), 633–646.

Friesen, N. (2013). The past and likely future of an educational form: A textbook case. *Educational researcher, 42*, 498–508.

Goldenberg, P., & Mason, J. (2008). Spreading light on and with example spaces. *Educational Studies in Mathematics, 69*(2) 183–194.

Gould, P. (2011). *Electronic mathematics textbooks: Old wine in new skins?* Paper presented at APEC-Tsukuba International Conference V (Tsukuba Session), Japan. Retrieved from www.criced.tsukuba.ac.jp/math/apec/apec2011/19-20/02_PeterGould-paper.pdf.

Guedj, D. (1985). Nicholas Bourbaki, collective mathematician an interview with Claude Chevalley. *The Mathematical Intelligencer, 7*(2), 18–22.

Gueudet, G., Pepin, B., & Trouche, L. (Eds.) (2012). *From text to 'lived' resources: Mathematics curriculum materials and teacher development*. New York: Springer.

Gueudet, G., Pepin, B., & Trouche, L. (2013a). Textbook design and digital resources. In C. Margolinas (Ed.), *Designing and using tasks for learning mathematics*, 22nd ICMI Study. Retrieved from http://hal.archives-ouvertes.fr/docs/00/83/74/88/PDF/ICMI_STudy_22_proceedings_2013-FINAL_V2.pdf.

Gueudet, G., Pepin, B., & Trouche, L. (2013b). Collective work with resources: an essential dimension for teacher documentation. *ZDM—The International Journal on Mathematics Education, 45*(7), 1003–1016.

Gueudet, G., Sabra, H., Pepin, B., & Trouche, L. (in press). Resources, task design and mathematics teachers' collective engagement: towards e-textbooks as shared living resources. *Journal of Mathematics Teacher Education.*

Gueudet, G., & Trouche, L. (2009a). Towards new documentation systems for mathematics teachers? *Educational Studies in Mathematics, 71*(3), *199*–218.

Gueudet, G., & Trouche, L. (2009b). Conception et usages de ressources pour et par les professeurs: Développement associatif et développement professionnel. *Dossiers De l'Ingénierie Educative, 65*, 78–82.

Haggarty, L., & Pepin, B. (2002). An investigation of mathematics textbooks and their use in English, French and German Classrooms: Who gets an opportunity to learn what? *British Educational Research Journal, 28*(4), 567–590.

Henningsen, M., & Stein, M. (1997). Mathematical tasks and student's cognition: Classroom-based factors that support and inhibit high-level mathematical thinking and reasoning. *Journal for Research in Mathematics Education, 28*, 524–94.9.

Herbst, P. (1995). *The construction of the real number system in textbooks: a contribution to the analysis of discoursive practices in mathematics.* Unpublished master's thesis, University of Georgia, Athens.

Herbst, P. (2002). Establishing a custom of proving in American school geometry: evolution of the two-column proof in the early twentieth century. *Educational Studies in Mathematics, 49*(3), 283–312.

Hiebert, J., & Carpenter, T. (1992). Learning and teaching with understanding. In D.A. Grouws (Ed.), *Handbook of research on mathematics teaching and learning* (pp. 65–97). New York: Macmillan.

Hiebert, J., Carpenter, T., Fennema, E., Fuson, K., Wearne, D., Human, P. , Murray, H., & Olivier, A. (1997). *Making sense: teaching and learning mathematics with understanding.* Portsmouth, NH: Heinemann.

Hiebert, J., Gallimore, R., Garnier, H., Giwin, K. B., Hollingsworth, H., Jacobs, J., & Stigler, J. (2003). *Teaching mathematics in seven countries: results from the TIMSS video study.* Washington, DC: U.S. Department of Education, National Center for Educational Statistics.

Hoyles, C., Kalas, I., Trouche, L., Hivon, L., Noss, R., & Wilensky, U. (2010). Connectivity and virtual networks for learning. In C. Hoyles, & J.-B. Lagrange, *Mathematics education and technology-rethinking the terrain* (pp. 439–462). New York: Springer.

Kidwell, P. A., Ackerberg-Hastings, A., & Roberts, D. L. (2008). *Tools of American mathematics teaching, 1800–2000.* Baltimore, MD: The Johns Hopkins University Press.

Korea Education and Research Information Service (KERIS). (2007). Concept map of digital textbook. Retrieved from https://en.wikipedia.org/wiki/File:Concept_of_dt.PNG.

Kortenkamp, U., Blessing, A. M., Dohrmann, C., Kreis, Y., Libbrecht, P., & Mercat, C. (2009). Interoperable interactive geometry for Europe: First technological and educational results and future challenges of the Intergeo project. In V. Durand-Guerrier, S. Soury-Lavergne, & F. Arzarello (Eds.), *Proceedings of the Sixth European Conference on Research on Mathematics Education* (pp. 1150–1160). Lyon: INRP. Retrieved from www.inrp.fr/editions/cerme6.

Kress, G., & van Leeuwen, T. (1996). *Reading images—The grammar of visual design.* London: Routledge.

Kuhn, T. (1962). *The structure of scientific revolutions.* Chicago, IL: University of Chicago Press.

Li, Y. (2000). A comparison of problems that follow selected content presentations in American and Chinese mathematics textbooks. *Journal for Research in Mathematics Education, 31*, 234–241.

Lloyd, G. M. (2009). School mathematics curriculum materials for teachers' learning: future elementary teachers' interactions with curriculum materials in a mathematics course in the United States. *ZDM—The International Journal on Mathematics Education, 41*, 763–775.

Love, E., & Pimm, D. (1996). This is so: a text on texts. In A. Bishop, K. Clements, C. Keitel, J. Kilpatrick, & C. Laborde (Eds.), *International handbook of mathematics education* (Vol. 1, pp. 371–409). New York: Springer.

Margolinas, C. (Ed.). (2013). *Task design in mathematics education.* Proceedings of ICMI Study 22. Oxford. Retrieved from http://hal.archives-ouvertes.fr/docs/00/83/74/88/PDF/ICMI_STudy_22_proceedings_2013-FINAL_V2.pdf.

Mesa, V. (2010). Strategies for controlling the work in mathematics textbooks for introductory calculus. *Research in Collegiate Mathematics Education, 16*, 235–265.

Murata, A. (2008). Mathematics teaching and learning as a mediating process: The case of tape diagrams. *Mathematical Thinking and Learning, 10*(4), 374–406.

Naftaliev, E., & Yerushalmy, M. (2013). Guiding explorations: Design principles and functions of interactive diagrams. *Computers in the Schools, 30*(1–2), 61–75.

National Research Council (1989). *Everybody counts: A report to the nation on the future of mathematics education.* Washington, DC: National Academy Press.

National Research Council. (2004). J. Confrey & V. Stohl (Eds.). *On evaluating curricular effectiveness: Judging the quality of K–12 mathematics evaluations.* Washington, DC: National Academy Press.

Netz, R. (1999). *The shaping of deduction in Greek mathematics: A study in cognitive history.* Cambridge: Cambridge University Press.

Oesterholm, M., & Bergqvist, E. (2013). What is so special about mathematical texts? Analyses of common claims in research literature and of properties of textbooks. *ZDM—The International Journal on Mathematics Education, 45*(5), 751–763.

Pepin, B. (2012). Working with teachers on curriculum materials to develop mathematical knowledge in/for teaching: Task analysis as 'catalytic tool' for feedback and teacher learning. In G. Gueudet, B. Pepin, & L. Trouche (Eds.) *From text to 'lived' resources: Mathematics curriculum material and teacher development* (pp. 123–142). New York: Springer.

Pepin, B., & Gueudet, G. (2013). Curricular resources and textbooks. In S. Lerman (Ed.), *Encyclopedia of mathematics education* (pp 132–135). New York: Springer.

Pepin, B., Gueudet, G., & Trouche, L. (2013a). Investigating textbooks as crucial interfaces between culture, policy and teacher curricular practice: two contrasted case studies in France and Norway. *ZDM—The International Journal on Mathematics Education, 45* (5), 685-698.

Pepin, B., Gueudet, G., & Trouche, L. (2013b). Re-sourcing teachers' work and interactions: a collective perspective on resources, their use and transformation. *ZDM—The International Journal on Mathematics Education, 45*(7), 929–944.

Proust, C. (2012). Masters' writings and students' writings: School material in Mesopotamia. In G. Gueudet, B. Pepin, & L. Trouche (Eds.) *From text to 'lived' resources: Mathematics curriculum material and teacher Development* (pp. 161–180). New York: Springer.

Rezat, S. (2006). A model of textbook use. In J. Novotná, H. Moraová, M. Krátká & N. a. Stehlíko vá (Eds.), *Proceedings of the 30th Conference of the International Group for the Psychology of Mathematics Education* (Vol. 4, pp. 409–416). Prague: Charles University, Faculty of Education.

Rezat, S. (2013). The textbook-in-use: Students' utilization schemes of mathematics textbooks related to self-regulated practicing. *ZDM—The International Journal on Mathematics Education, 45*(5), 659–670.

Robitaille, D., & Travers, K. (1992). International studies of achievement in mathematics. In D. Grouws (Ed.) *Handbook of research on mathematics education* (pp. 687–709). New York: Macmillan Publishing Company.

Sabra, H., & Trouche, L. (2011). Collective design of an online math textbook: when individual and collective documentation works meet. In M. Pytlak, T. Rowland, & E. Swoboda (Eds.), *Proceedings of the Seventh European Conference on Research on Mathematics Education* (pp. 2356–2366). February 9–13, Rzesów, Poland.

Schmidt, W. H. (2012). Measuring content through textbooks: The cumulative effect of middle-school tracking. In G. Gueudet, B. Pepin, & L. Trouche (Eds.) *From text to 'lived' resources: Mathematics curriculum material and teacher development* (pp. 143–160). New York: Springer.

Schmidt, W. H., & Huang, R. T. (2012). Curricular coherence and the Common Core State Standards for Mathematics. *Educational Researcher, 41*, 294–308.

Schmidt, W. H., McKnight, C. C., Valverde, G., Houang, R. T., & Wiley, D. E. (1997). *Many visions, many aims: A cross-national investigation of curricular intentions in school mathematics.* Dordrecht, The Netherlands: Kluwer.

Schubring, G. (1987). On the methodology of analysing historical textbooks: Lacroix as textbook author. *For the Learning of Mathematics, 7*(3), 41–51.

Shield, M., & Dole, S. (2013). Assessing the potential of mathematics textbooks to promote deep learning. *ZDM—The International Journal on Mathematics Education, 45*(5), 183–199.

Stevenson, H.W., & Bartsch, K. (1992). An analysis of Japanese and American textbooks in mathematics. In R. Leetsma, & H. Walberg (Eds.) *Japanese educational productivity* (pp. 103–133). Ann Arbor: Center for Japanese Studies, University of Michigan.

Stigler, J., & Hiebert, J. (1999). *The teaching gap*. New York: Free Press.

Taizan, Y., Bhang, S., Kurokami, H., & Kwon, S. (2012). A comparison of functions and the effect of digital textbook in Japan and Korea. *International Journal for Educational Media and Technology, 6*(1), 85–93.

Tall, D. (2002). Continuities and discontinuities in long-term learning schemas. In D. Tall & M. Thomas (Eds.), *Intelligence, learning and understanding—A tribute to Richard Skemp* (pp. 151–177). Flaxton, Australia: PostPressed.

Tall, D., & Vinner, S. (1981). Concept image and concept definition in mathematics with particular reference to limits and continuity. *Educational Studies in Mathematics, 12*(2), 151–169.

Trgalovà, J., & Jahn, A. P. (2013). Quality issue in the design and use of resources by mathematics teachers. *ZDM—The International Journal on Mathematics Education,45*(7), 973–986.

Trgalovà, J., Jahn, A. P. , & Soury-Lavergne, S. (2009). Quality process for dynamic geometry resources: The Intergeo project. In V. Durand-Guerrier, S. Soury-Lavergne, & F. Arzarello (Eds.), *Proceedings of the Sixth European Conference on Research on Mathematics Education* (pp. 1161–1170). Lyon: INRP. Retrieved from www.inrp. fr/editions/cerme6.

Trouche, L., Drijvers, P., Gueudet, G., & Sacristan, A. I. (2013). Technology-driven developments and policy implications for mathematics education. In A. J. Bishop, M. A. Clements, C. Keitel, J. Kilpatrick, & F.K.S. Leung (Eds.), *Third international handbook of mathematics education* (pp. 753–790). New York: Springer.

Valverde, G. A., Bianchi, L. J., Wolfe, R. G., Schmidt, W. H., & Houang, R. T. (2002). *According to the book—Using TIMSS to investigate the translation of policy into practice through the world of textbooks.* Dordrecht, The Netherlands: Kluwer Academic Publishers.

Vergnaud, G. (1996). The theory of conceptual fields. In L. P. Steffe, P. Nesher, P. Cobb, G.A. Goldin, & B. Greer (Eds.), *Theories of mathematical learning* (pp. 219–239). Mahwah, NJ: Lawrence Erlbaum Associates.

Vieillard-Baron, E. (2009). Sesamath, un modèle de mutualisation et de diffusion gratuite de ressources mathématiques. In *Séminaire international thématique ePrep*, Institut Henri Poincaré, Paris. Retrieved from www.eprep.org/seminaires/seminaire09/comm_sem09/ePrep09_Sesamath_descriptif.pdf.

Watson, A., & Shipman, S. (2008). Using learner-generated examples to introduce new concepts. *Educational Studies in Mathematics, 69*(2), 97–109.

Westbury, I. (1990). Textbooks, textbook publishers, and the quality of schooling. In D. Elliott & A. Woodward (Eds.), *Textbooks and schooling in the United States: 89th yearbook of the National Society for the Study of Education* (Part 1, pp. 1–22). Chicago: University of Chicago.

Yerushalmy, M. (2005). Function of interactive visual representations in interactive mathematical textbooks. *International Journal of Computers for Mathematical learning, 10*(3), 217–249.

Yerushalmy, M. (2013). Designing for inquiry in school mathematics. *Educational Designer, 2*(6). Retrieved from www.educationaldesigner.org/ed/volume2/issue6/article22/.

Yerushalmy, M., & Chazan, D. (2002). Flux in school algebra: Curricular change, graphing technology, and research on student learning and teacher knowledge. In L. English (Ed.) *Handbook of international research in mathematics education* (pp. 725–756). Hillsdale, NJ: Lawrence Erlbaum Associates.

Yerushalmy, M., & Chazan, D. (2008). Technology and curriculum design: The ordering of discontinuities in school algebra. In L. English (Ed.) *Handbook of international research in mathematics education* (2nd ed., pp. 806–837). London: Routledge.

Yerushalmy, M., Katriel, H., & Shternberg, B. (2004). VisualMath: Function. Interactive mathematics text. Ramat-Aviv: The Centre of Educational Technology. Retrieved from www.cet.ac.il/math/function/english.

초등 이전 교실에서의 디지털 공학기술 28

Annalisa Cusi
University of Torino

Nicolina A. Malara
University of Modena and Reggio Emilia

서론

Papert(1980)가 한 거북기하(Turtle Geometry)의 연구는 디지털 공학기술이 어린 학습자에게 어떻게 사용될 수 있는지에 대해 흥미를 유발하는 비전을 최초로 제시했다. 그 이후로 디지털 공학기술에 대한 연구는 중학교 및 고등학교 수준(Sarama & Clements, 2002; Hoyles, Noss, & Adamson, 2002)에서 집중적으로 연구되었다. Clements(2002)는 디지털 공학기술의 증가하는 다양성과 그 기초가 되는 다양한 중요한 교육학적 목표와 설계의 선택을 고려할 때, "컴퓨터가 수학성취에 미치는 영향은 단지 한 가지 효과만 있지는 않다"(p. 174)고 주장했는데, 몇 십 년 전에 그랬던 것처럼 지금도 사실이다. 그러나 많은 진보들은 가능한 많은 설계의 범위, 수학학습에 대한 인지적이고 정서적 차원에 미치는 잠재적 영향, 그리고 교사에 대한 다양한 요구를 더 명확하게 만들었다. 이 장의 목적은 K-2 수준에서 수학교육 및 학습에서 디지털 공학기술 사용에 관한 연구 문헌을 요약하는 것이다. 특히, 디지털 공학기술의 사용이 수학교육과 학습을 **어떻게** 변화시키는 지에 대한 우리의 이해에 기여하는 문헌에 초점을 두었다. 즉, 다양한 자원과 설계의 선택들이 교사와 학생들의 상호작용의 방식과 학생들이 수학적으로 표현하는 것에 어떻게 영향을 주는지에 대한 것이다. 여기서 언급하는 디지털 공학기술은 범용 컴퓨터 기반 소프트웨어 프로그램, 웹 기반 애플릿, 가상 조작 장치, 프로그래밍 언어, CD-ROM, 게임, 계산기, 터치스크린 응용 프로그램 및 액티브 화이트보드 등을 포함하는 다양한 도구들을 참조한다. 이 다양한 유형들 사이의 차이는 항상 분명하지는 않지만[1], 실제로 이 장의 목표 중 하나도 교육자가 그런 자료들을 평가하고 선택할 수 있도록 돕기 위해서 이 다양한 공학기술들을 구분하는 유용한 특징들을 제공하는 것이다.

우리는 연구자들이 디지털 공학기술의 사용법을 연구하는 방식을 구체화하는 주요 이론의 발달을 개괄하며 시작한다. 우리는 중학교 및 고등학교 학년을 대상으로 한 연구에서 비롯된 이러한 개발 중 일부에 대하여 더 어린 학년 연구에 정보를 제공하여 수십 년 된 통찰력과 공감대를 구축할 수 있기를 바란다. 그런 다음 초등학교 교육과정에서 처음 두 번째 내용 영역인 수감각과 기하학과 관련된 연구의 개요를 소개하고, 프로그래밍 언어를 사용하여 다루는 혼합된 내용 영역을 다룬다. 가능한, 디지털 공학기술의 특정 자원, 즉 수행할 수 있는 상호작용의 종류를 기술하려고 한다. 물론 의도된 자원들이 사용자에게 가능하다고 인식되지 않을 수도 있다는 것도 알아야 한다.[2] 또한 우리가 묘사하는 많은 도구들이 빠르게 사라지고 새로운 플랫폼에 이용가능하거나 새로운 해석에 의해 대체된다는 것을 알아야 한다. 그래서 특정한 예들 간에 관련성을 가지는 설계 원리들에 주의 집중하도록 할 것이다. 이 장의 마지막에서 우리는 문헌 조사로부터 도출되는 주제를 논의하고 미래의 연구 방향을 제안할 것이다.

역사적이고 이론적 관점

어린 학년에 디지털 공학기술을 사용하는 것은 전통적으로 이 연령대의 어린이들이 촉각적이고 구체적인 경험이 필요하다는 우려로 인해 등장했다. 실제로, K-2 교실은 오랫동안 구체적인 조작물의 사용을 강조해 왔으며 연구자와 교사 모두 그것들의 중요성을 인정했다(Sowell, 1989). 종이 및 연필을 사용하는 것이 일반적인 높은 학년에서 디지털 공학기술을 사용하는 것보다, 풍부한 자원을 보유한 교실에서 디지털 공학기술을 통합하는 것이 보다 쉽다. 실제로, 과거 십년 동안 많은 연구자들은 구체적 조작물에 대한 지식을 기반으로 하는 어린 시기의 학년에 "가상 조작 도구"(virtual manipulatives, VMs)를 사용하는 것이 타당하고 합리적이라고 주장했고, 이것은 또한 다양한 추가된 자원을 제공한다(Bolyard & Moyer-Packenham, 2012; Moyer-Packenham & Suh, 2012; Moyer-Packenham, Salkind, Bolyard, & Suh, 2013). 이러한 연구자들은 "구체적인" 조작 도구가 어린 아동에게 더 적합하다는 주장에 의문을 제기했으며, 오히려 물리적 조작물이 이 행동에 대한 반성과 수학적 행동 모두를 촉진하는 그들의 능력을 제한한다고 주장했다(Sarama & Clements, 2009). Sarama와 Clements는 물리적 물체들의 지식, 이 물체와 행동의 상징적인 표상, 이 물체들에 대한 행동을 연결하는 **통합된 구체적인** 지식의 개발을 지원할 수 있는 VM의 잠재력을 구체적으로 지적한다. 그들은 많은 양의 연구는 아니지만 연구에 의해 검증된 7가지의 가설화되고 상호연관된 행동유도성을 제공한다. 이 7가지는 수학적 아이디어와 행동을 의식이 있는 인식으로 이끄는 것과 완전하고 정확한 설명을 장려하고 촉진하고, 정신적으로 이루어지는 "물체에 대한 행동"을 지원하며, 저작물의 본성을 변화시키고, 수학적 개념을 기호화시키며, 피드백과 함께 구체적이고 기호적인 것을 연결시키고, 그리고 학생들의 행동을 기록하고 재생하기 등이다. 그래서 특정한 도구들의 설계와 평가에 접근하는 한 가지 방법은 교사와 학습자 모두에게 접근가능하면서 탐구하는 수학적 개념과 관련 있는 방식으로 이 행동유도성이 그 도구들 안에 존재하는지를 보는 것이다. 우리는 다음 장에서 다양한 VM들을 묘사하고 대조하는 방법으로서 이 행동유도성을 사용할 것이다.

다음 절에서 물론 이러한 행동유도성은 VM에만 국한된 것이 아니며, 디지털 공학기술 설계를 위한 매크로 수준의 매력적인 세트를 제공한다. 그러나 그들은 다른 디지털 공학기술들이 제공하는 상호작용의 형식들에 대해 거의 언급하지 않는다. Sedig와 Sumner(2006)는 "인간이 몸을 사용하여 외부 세계와 상호작용하는 방식에서 파생된 기본적이고 근본적인 은유에 기초한" 변환, 조작 및 탐색의 3가지 상호작용의 유형을 구별하는 기본 틀을 제안한다. 변환 상호작용은 학습자가 입력 작업을 실행하는 것이다. 예를 들어, 과정 기반 프로그래밍 언어, 텍스트 기반 메뉴 및 펜 기반 제스처를 통해 수행할 수 있다. **변환** 상호작용은 일반적으로 학습자들의 행동과 컴퓨터에 기반한 반응 사이의 분리라는 점에서 **이산적이다.** 예를 들어, 모양을 회전시키는 버튼 화면의 버튼을 클릭하는 것이 이산적 변환 상호작용의 예가 된다. 주요한 상호작용은 선택, 드래그 및 이동을 통해 화면에서 요소를 만지거나 처리하거나 파악하는 것을 포함한다. **조작적** 상호작용은 일반적으로 학습자들이 물체를 움직이기 위해 화면에 "손을 대어" 객체를 다룰 수 있다는 점에서 변환 상호작용보다 더 다루기 쉬운 것으로 여겨진다. 그들은 자주 **이산적**인 것과 대조적으로 **지속적**인데, 학습자가 도형의 꼭짓점을 드래그하여 회전시켜서 원인과 결과를 동시에 관찰할 수 있다는 것을 예시로 보여준다.[3] **탐색** 상호작용에는 화면을 계속 움직이거나 화면을 통해 이동하는 것이 포함된다. K-2학년에서 연구된 대부분의 디지털 공학기술은 주로 상호작용들을 조작하고 변환하는 것에 중점을 둔다. 이것은 상호작용의 탐구는 공간추론과 관련되기 때문에, 이러한 공학기술의 특성이 대부분은 수에 초점을 맞춘 특성으로 인해 발생할 수 있다. 이 세 가지 상호작용은 모두 **직접적** 또는 **간접적**인 "초점"일 수 있다. 이 구분은 학습자가 직접적으로 화면과 상호작용하는지 또는 중재적인 표현을 통해 화면과 상호작용하는지에 따라 달라진다. 학습자가 꼭짓점 중 하나를 드래그 하여 삼각형을 회전하면 상호작용은 직접적이지만, 삼각형을 회전시키기 위해 학습자가 다이얼을 끌면 이런 상호작용은 간접적이다.

Goodwin과 Highfield(2013)는 디지털 공학기술에 대한 다소 다른 특성을 제시한다. 이 공학기술은 그들의 제약과 중요한 교육학에 좀 더 초점을 맞춘다. 교수적이고 조작 가능하며 건설적이다. **교수적인**(instructive) 디지털 공학기술들은 절차적인 학습을 촉진시키는 경향이 있고, 부과된 표상과 함께 대표적인 상호작용과 평가적인 피드백에 의존한다. **조작할 수 있는**(manipulable) 디지털 공학기술들은 학생들에게 발견과 실험에 참여할 수 있도록 부과된 표상을 조절하는 것을 가능하게 한다. 이 범주와 Sedig와 Sumner의 상호작용 형태는 여러 가지 중첩되어 있지만, 전자는 후자가 취하지 않는 특별한 교육 목표를 가지고 있다. 마지막으로, **구성적인**(constructive) 디지털 공학기술은 사람들이 종종 자신의 표현을 만들어 내도록 하는 것을 활동의 목표로 하고, 따라서 수학적 모델링과 Noss와 Hoyles(1996)가 공학기술의 표현 용도라고 특징짓는 것을 장려할 수 있다. Goodwin과 Highfield는 유익한 공학기술이 절차적 학습, 조작 가능하고 구성적인 공학기술에 적절하고 개념 학습을 더 잘 지원한다고 주장하였다.

일부 디지털 공학기술은 (세 가지 특성 중) 하나의 특정한 범주에 보다 더 적합하지만, 많은 디지털 공학기술은 하나 이상의 범주에 속한다. 그러나 각각의 특성은 특정 주제 및 학년 수준에 맞는 구체적인 디지털 공학기술을 선택할 수 있는 다양한 디지털 공학기술의 제약 조건과 행동유도성을 비교하는 방법을 제시한다. 그러나 교육자는 또한 다양한 수준에서 광범위한 주제에 적절한 디지털 공학기술을 선택하는 것과 관련된 대규모 결정을 해야만 한다. 디지털 공학기술에서 하나의 범주를 장려하는 것과 상호작용(변환, 조작 및 탐색) 및 제약(교수적이고, 조작적이고, 구성적인)의 혼합 형태를 갖는 것 중 무엇이 더 선호될까? 이런 질문에 관한 연구는 거의 없지만, Goldenberg(2000)는 "지식이 풍부하고, 지능적이며, 수학적이고, 자신 있게 사용할 수 있고, 다른 문제를 해결하는 데 적절하게 적용하면 문제를 해결할 수 있는 몇 가지 훌륭한 도구면 학생들의 수학교육에 충분하다"(p. 7)는 "유창성 원리"를 주장했다. '좋은' 도구는 다양한 형태의 상호작용을 제공할 수 있으며, 심지어 다른 종류의 제약을 가능하게 한다. 좋은 도구가 일관성을 갖는 것은 교사와 학습자들이 중요한 행동유도성을 인식하게 하는 것을 더 쉽게 한다. 불행하게도, 특정한 "좋은" 공학기술의 장기간 사용 효과를 탐구하는 종단 연구는 현재 존재하지 않는다.

Sedig와 Sumner의 틀은 수학학습이 **어떻게** 일어나는지에 대해서는 거의 말하지 않았지만, 수학교육의 다른 이론들은 그 목적을 염두에 두고 제안되어 왔다. 이것은 **도구적인 근원** 접근법을 포함하는데 여기에는 주로 어떻게 컴퓨터 도구가 학습자를 위한 학습의 도구가 되고, 어떻게 그 도구가 수학을 하도록 하는지의 과정과 관련한 것이다(Artigue, 2002). 그것은 도구에 대한 경험 증가와 도구로 해결할 수 있는 문제를 통해 자원이 파급되는 방식에 영향을 미친다. 이 이론은 구체적으로 공학기술 기반의 상호작용을 연구하는 데만 사용되며, 이 영역 외부의 연구자들에 의해서는 사용되지 않는다. 초등학교에서의 아주 적은 몇 가지 연구가 이 이론을 바탕으로 하고 있다. 아마도 이 연령 수준에 있는 컴퓨터 도구들의 특성이 사용하기 쉽고 상당한 도구화 과정을 필요로 하지 않기 때문일 것이다. 그러나 도구적 통합의 확장된 개념(Trouche, 2004; Drijvers, 2012)과 문서화된 기원(Gueudet & Trouche, 2008)에 대한 확장된 개념은 둘 다 컴퓨터 기반 교실에서의 교사의 업무에 초점을 두고 있는데, 예를 들어, 유치원 교사들은 학교 수준에서 이질성과 독해력 부족을 관리하는 데 사용하는 구체적인 전략(오케스트레이션 유형이라고 함)을 보여주는데 이 개념들을 사용해왔다(Gueudet, Bueno-Ravel, & Poisard, 2013).

또 다른 중요한 이론적 접근법은 비고츠키의 연구 및 근원에 뿌리를 두고 있는 **기호학 중재**

(semiotic mediation, Bartolini Bussi & Mariotti, 2008)이다. 이 접근법은 (디지털을 포함하여) 도구들이 내면화 과정을 거쳐 학습자들에 의해 수학적 개념들로 변형되는 특별한 방식과 관련된다. 비록 도구 사용에 중점을 두고 디지털 공학기술을 연구하는 연구자들에 의해 개발되었음에도 불구하고, 이 이론은 또한 수학학습에 좀 더 일반적으로 관련되어 있다. 이 접근법의 연구자는 특정한 공학기술들을 가능하게 하는 구체적인 행동들(예, 드래그 및 추적)과 그것들로 인하여 야기될 수 있는 기호의 유형에 더 초점을 맞출 수 있다. 비고츠키의 근원과 유사하게, 행동 이론 또한 공학기술을 기반으로 한 교수와 학습에 연구 문맥에서 사용되어 왔다. 이를 바탕으로 Ladel과 Kortenkamp(2013)는 특히, 초등학교 수준에서, 터치스크린 테크닉을 염두에 두고 ACAT(automatic artifact-centric activity theory)를 제안했다. 다른 것들보다 이 접근법은 어떻게 도구들이 급진적으로 학습자들이 행동하고 사고하는 방식을 바꾸는지를 강조하기 때문에, 그 도구들이 단순하게 수학학습을 도운 후, 필요 없으면 버리는 지지대라는 관점으로부터 벗어나야 한다. 또한 Ladel과 Kortenkamp는 설계 과정에서 터치스크린 디지털 공학기술들을 사용한다.

또 다른 비고츠키에 의해 영감을 받은 틀은 공학기술 기반 학생 학습을 조사하는 데 사용된 Sfard의 의사소통 접근이다. 그것은 담론에서 변화를 가져오기 위한 의사소통의 학습으로 생각되었다(Sfard, 2008). 담론의 변화는 특정 단어와 몸짓을 다르게 사용한다는 것을 포함할 수 있다. 그 단어나 몸짓은 다른 시각적 매개체에 기반을 두거나 모양을 확인하거나 양을 묘사하기 위해 다른 "절차"를 만들 수 있다. 그들의 고도로 시각적이고 빈번하게 임시적인 본성 때문에, 디지털 공학기술들은 전적으로 빈번하게 특별한 시각적 매개체들을 제공하고 그래서 수학적 대상과 관계를 묘사하고 비교하는 다양한 방식을 가져온다. 그들은 또한 새로운 사고의 방법을 야기하는 데, 그것은 형식 수학(정적이고 알파벳과 숫자가 함께 있는 경향이 있는)에 대한 기존의 담론과 상충될 수 있는 새로운 사고방식으로 발전하게 된다. Sfard의 접근은 특히 교사가 디지털과 텍스트 기반의 관계를 전환하려고 할 때 일어날 수 있는 잠재적인 의사소통의 갈등에 주의를 집중하도록 돕는다(Sinclair & Yurita, 2008 참조).

디지털 공학기술의 사용에 대한 많은 연구는 또한 체화된 인지이론(embodied cognition)에 의해 알려졌다. Papert의 "신체동조(body syntonicity)"에 대한 개념은 신체가 수학적 의미에서 중요한 역할을 한다는 인식을 널리 알리기 위한 초기 전조로 볼 수 있다. 신체와 정신 사이의 관계에 대해서는 다양한 범위의 가정들이 있다. 이분법적 시각은 신체를 중요시하고 때때로 수학적 스키마와 개념 발전의 필수적인 비계로 보는 입장이고, 일원론적 시각은 신체를 앎을 행하는 그것 자신으로 보는 것이다. 하지만, 특정한 신체적 참여가 수학학습을 뒷받침한다는 데 점점 합의를 이끌어내고 있다. 연구는 특정 방법에 중점을 두었는데, 그 방법은 디지털 공학기술들이 학습자들이 수학적으로 관련 있는 방법으로 움직일 수 있도록 관련되는 신체 움직임을 공학기술들이 제공하는 일시적이고 정교한 행동으로 강조하는 방식이다(Nemirovsky, Kelton, & Rhodehamel, 2013, Robut, 2006; Sinclair, de Freitas, &

Ferrara, 2013). 정말로, 이전에 언급한 세 가지 기본 은유-변형하고, 조정하고, 탐색하는 것-는 신체가 수학적 개체와 상호작용하기 위해 말하기, 듣기, 만지기, 보기를 위한 방법들을 제공한다. 이런 다양한 종류의 상호작용은 초등학교 수준에서 특히, 중요한 것처럼 보이지만, 아이들은 의사소통에서 언어를 덜 사용한다. 우리는 새로운 터치스크린 공학기술의 논의에서 이 점으로 돌아가겠다.

최근에는, (텔레비전 또는 비디오와 같은) 매체로 배우는 것에 초점을 맞춘 연구들이 부모의 중재를 포함하는 공동참여를 제안한다. 여기서 공동참여는 공학기술만을 사용하는 것에서 발견되는 것보다 더 상위의 학습에 대한 강력한 추가적인 행동유도성을 제공할 수 있다(Moorthy et al., 2013; SteVens & Penuel, 2010). 이런 연구는 디지털 게임의 맥락으로 확장되었지만 공동참여에는 적합하지 않은 경우가 많았다. 왜냐하면 주의집중과 빠른 인지와 신체적인 반응의 측면에서 더 많은 요구가 있기 때문이다. 이런 연구는 만약, 교사 중재 부분이 설명된다면 수학교육 환경과 매우 관련성이 높을 것이다. 그것은 교사-학생(들) 대화를 공학기술에 기반한 활동으로 만들 수 있는 환경으로 설계할 수 있다는 이점을 가지고 있다고 제안한다. 학부모나 교사가 할 수 있는 역할이 거의 없는 수준별로 나누어 거의 직접교수를 하는 교육 환경과는 달리, 교사가 과제 제안이나 학생 행동에 대한 반응에 관여하는 것이 개방형 환경에서는 더 쉽게 가능해질 수 있다.

수 감각에 초점을 맞춘 디지털 공학기술들

이 절에서는 초기 수학학습의 기본적인 측면인 수 감각[4]에 대한 교수·학습을 지원하기 위해 고안된 디지털 공학기술과 관련된 연구를 알아본다. 이전에 언급한 것처럼, 다양한 범주의 디지털 공학기술들이 개발되고 연구되어 왔다. 데스크톱 컴퓨터 소프트웨어, 인터넷 기반 애플릿, 터치스크린 응용 프로그램 및 계산 도구와 같은 광범위한 디지털 공학기술이 개발 및 연구되어 왔다.[5] 몇몇 연구들은 “효율성”을 설명하는 반면, 다른 연구들은 설계 특징 또는 “유용성”의 특정한 측면들을 설명하는데, 그것들은 학생 학습을 뒷받침하는 가설을 제공한다. 우리는 VM을 포함한 연구들을 먼저 알아본다. 먼저 그것이 가지는 한계에 특별히 초점을 맞추고 다양한 물리적 조작물과 비교해 볼 것이다. 다음으로 우리는 물리적 조작물들을 가상으로 예시화하지 않고서도 수 감각의 다른 측면에 사용할 수 있는 다양한 디지털 도구들을 고려할 것이다. 마지막으로, 3가지의 새로운 터치스크린 애플리케이션을 소개하고, 아동의 수 감각 발달과 관련하여 아동이 가질 수 있는 고유한 잠재력에 대해 논의할 것이다.

물리적 조작물에서 가상적 조작물까지

(가상) 조작을 포함하는 풍부한 환경에서 학습한 어린이는 학업 성취도가 더 우수하고 더 높은 수준을 가지는 경향이 있다(Steen, Brookes, & Lyon, 2006 참조). 그러나 (물리적 또는 가상) 조작물은 단순히 존재하는 것으로 이런 차이를 만드는 것이 아니고, 이 조작물들을 어떻게 설계하고 사용하느냐에 관련된다(예, Goodwin & Highfield, 2013). 초기 몇 년 동안 VM의 풍부한 가용성에도 불구하고, 그 효과와 교실에서의 사용에 대한 연구는 거의 이루어지지 않았다. VM은 Sedig와 Sumner뿐만 아니라 Goodwin과 Highfield가 보는 측면에서도 대부분 조작 가능한 디지털 공학기술이다. 이것이 물리적인 조작물과 연결되는 것은 놀랄 일이 아니다. 대부분의 경우, 가상 조작 도구의 이점은 수학적으로 관련성이 높은 좀 더 정확하고 더 많은 피드백을 제공하고, (숫자, 기호, 행동과 같은) 더 많은 수학적 표현 방식을 요구하는 것으로, 물리적인 조작 도구의 이점을 더욱 증가시키는 것으로 보인다.

최근의 몇몇 연구는 교사가 VM의 사용을 조율할 수 있는 방법을 연구하는데 초점을 맞추고 있다.[6] 첫 번째 예로, 우리는 **파스칼계산기**로 알려진 수학적 기계의 가상 버전인 **e-파스칼계산기**를 생각해본다(Maschietto & Soury-Lavergne, 2013). 이 저자들이 보고한 연구에서, 이 VM은 학생들의 자릿값 학습을 촉진하기 위해, 많은 이탈리아의 초등학교 교실에서 사용되는 수학적 기계인 물리적 파스칼계산기와 광범위하게 상호작용한 후에 사용된다(Bartolini Bussi, 2011). 이런 과정은 수학 수업에서 물리적 및 가상적 조작물을 사용하면서 둘 **모두에서** "인공물의 조합"이라는 개념으로 이끈다.

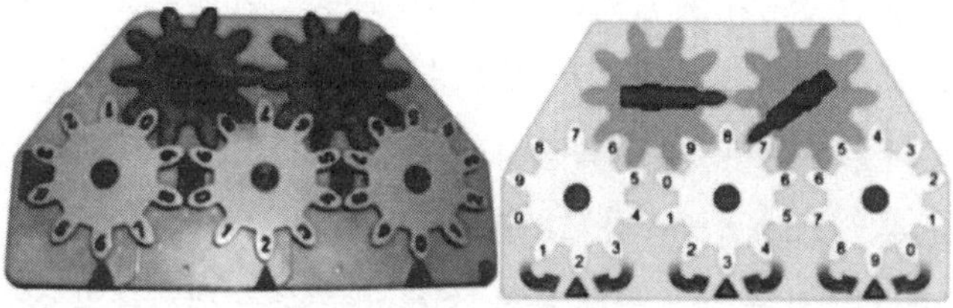

[그림 28.1] (a)물리적 파스칼계산기와 (b)e파스칼계산기

e-파스칼계산기는 물리적 조작물처럼 (심지어 색깔들까지) 주요 구성 요소를 가지고 있지만, 그것의 실행은 새로운 행동유도성을 만들어내기 위한 추가적인 설계의 결정들을 포함한다(그림 28.1 참고). 첫 번째로, 모든 과제들이 VM에서는 명백하게 만들어지는 반면, 물리적인 파스칼계산기는 어떤 지시사항이나 명령을 포함하지 않는다. 두 번째로, e-파스칼계산기의 버튼은 숨기거나 표시함으로써 의식적 인지에 수학적 아이디어와 행동을 유도 접목할 수 있다. 예를 들어, 1씩 세도록 하기 위해서 10초 버튼과 100초 버튼은 숨겨지거나 또는 회색으로 표시할 수 있다. 세 번째로, 톱니바퀴는 시계 방향 또는 반시계 방향 회전을 나타내는 화살표를 클릭하여 회전하며, 이것은 물리적 파스칼계산기의 직접 연속적인 것과는 다른 간접적인 상호작용을 제공한다. 저자들은 아이들이 톱니바퀴의

움직이는 수에 집중할 수 있도록 도와주는 관점에 대하여 결정의 합리적인 이유(예를 들면, "클릭하고 왼쪽 또는 오른쪽으로 드래그"하는 것과는 다른)를 설명한다. 이것은 Sarama와 Clements가 말하는 수학적 아이디어와 행동에서 의식적인 인지를 가져오는 것을 설명한다. 저자들은 e-파스칼계산기를 사용하는 것은 물리적인 대상물에 단지 암묵적으로 남겨져 있을지도 모르는 수학적 의식을 아이들에게 발달시키도록 돕는다는 이론적인 주장을 한다. 어떻게 이런 기계에서 아이들이 자릿값을 종이와 연필의 형태로 옮겨가서 표현하는 지에 관한 더 많은 연구들은 파스칼계산기과 e-파스칼계산기가 아이들의 사고의 모델과 은유로 어떻게 기능하는지에 대하여 더 잘 이해하기 위해서 필요하다.

VM의 두 번째의 예는 이미 많은 애플릿이 만들어진 십진블록이다. 우리는 연관성 있는 물리적 조작과 구별되는 이들 VM의 두 가지 구체적인 이점을 강조한다. 첫 번째는 10개의 열에서 1개의 열로 이동할 때 10을 표현하는 블록을 10개의 개별 단위 블록으로 자동 변환하는 것이다(Virtual Manipulatives 국립 도서관의 기본 블록 참조. [NLVMO collection, http://nlvm.usu.edu/enjnavjtopic_t_l.html]). Sarama와 Clements의 사물에 대한 정신적 행동에 대한 생각을 지지하면서, 이 대화형 상호작용은 학습자들에게 열의 위치가 어떻게 블록의 의미에 영향을 미치는지를 볼 수 있게 한다. 비록 그러한 설계 선택의 효과에 대한 경험적 증거가 보고된 바 없지만, Kortenkamp의 자릿값[7](Apple iPad 및 iPhone 용 앱)과 같은 다른 VM에서의 존재는 바람직한 점 몇 가지에 동의한다. 둘째, 이러한 VM의 대부분은 다른 영역에 있던 토큰, 블록 또는 칩의 숫자 값을 표시하고 업데이트함으로써 기호 피드백을 제공하고 학습자가 계산하고 계산할 필요성을 줄인다. 이것은 Sarama와 Clements(2009)에 의해 구체적으로 밝혀지지 않았던 중요한 행동지향성으로, 잠재적으로 중요한 것은 학습자와 교사 모두의 관심을 계산에서 다른 것으로 이동시키는 데 있는 것으로 보인다.

이 절에 포함된 또 다른 예는 수의 연속적이고 관계적인 표현을 강화하는 것을 목표로 하는 Numberbonds[8](또한 iPad용[9]으로 개발됨)이다. 그것의 목표는 수 사이의 지속적이고 관계적인 표상을 강화하는 것이다. 이런 종류의 표상을 통해 수를 소개하는 것은 객체들의 집합(기수성)의 **절대적인 표기**와 반대되는 그들 사이의 **관계**(서수성)를 강조한다. 이러한 접근법은 예를 들어, Gattegno(1970)가 개발한 수학과 교육과정에서 채택되었다. 게다가 일부 신경과학적 연구는 서수성에 대해 더 명백하게 초기에 강조하는 것은 초기 수 학습에 중요하다고 주장한다(Lyons & Beilock, 2011). Numberbonds에는 테트리스와 비슷한 설정이 있는데, 퀴즈네어 같은 막대가 설정된 길이로 한 영역에 있고, 플레이어는 오른쪽에 있는 막대를 빨리 선택해야 한다. 오른쪽에 표시된 항목은 낙하한 항목과 함께 표시되고 기본 길이를 설정하게 된다(그림 28.2 참조). 각 레벨에서 게임은 기준 길이를 완성하기 위해 총 10개까지 다른 막대 세트를 제공한다. 신경과학과 인지 심리학 분야의 연구는 수 감각이 약해 보이는 학생들에게 조작물의 이런 가상적인 적응, 즉 일부 "훈련"이 필요한 낙하 타이밍, 막대 색깔의 변화 가능성, 그리고 막대의 색깔을 수치로 대체하기 등을 통한 몇몇 장점을 강조하며 실행되었다(Butterworth, 2011; Butterworth & Laurillard, 2010). 그런 활동은 상징물과 구체물의 연결뿐만 아니라 피드백을 통하여 상징화에 대한 수학적 개념들을 뒷받침한다. 게다가, 그 학습 환경은 안내된 피드백을 제공하게 되는데 학생들은 교사의 도움에 의존하기보다 목표에 관하여 그들의 행동을 조정하도록 한다. 여러 가지 물리적 교구의 조작 가능성 대부분을 복제한 이전의 두 가지 예와는 달리, Numbonds는 퀴즈네어 막대로 가능한 활동 중 오직 한 가지만을 다룬다. 그것은 또한 퀴즈네어 막대에 의해 활성화 된 활동 중 오직 한 가지만을 다룬다. 그 피드백이 비록 매체를 가지고 공동 참여를 특징으로 하는 매개체 중 몇몇 중재를 제공할지라도, 이 도구는 더 많은 교수적인 설계를 가지고 있다.

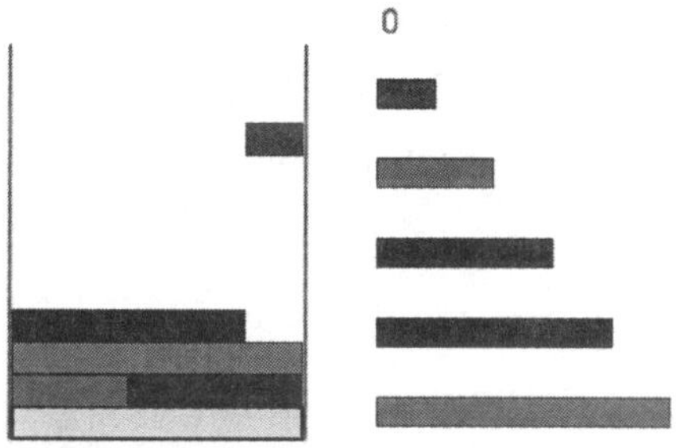

[그림 28.2] Numberbonds를 사용한 부분-전체 수 감각

마지막 예로서, 좀 더 일반적인 피드백 문제를 소개하기 위해 수직선의 일부 가능한 예시화에 대해 논의하겠다. ipad용 Motion Math-Fractions[10)]에 있는 수직선을 고려해 보자. 그것은 분수 측정에 초점을 맞춘 **교수용** 디지털 조작물이다. 이 환경 내에서 수직선은 (완전하게 탄력적인) 튀길 수 있는 공과 함께 나타나고 ipad의 중력 가속화에 의해 제어될 수 있다. 그 공이 선에 올바르게 위치하기 위해서는 분수를 필요로 한다. 올바른 배치에는 긍정적인 피드백이 제공되고, 틀린 배치에는 힌트가 제공된다. 이런 종류의 피드백 루프는 분수 예측 기술(Riconscente, 2013)을 향상시킬 수 있지만, 학습자가 새로운 수학적 의미를 조작하거나 표현할 수 있는 기회를 제공하지는 않는다. 이러한 가능성은 교육자의 중재를 통해서만 제공될 수 있다(예, Bartolini, Baccaglini-Frank, & Ramploud, 2014 참조). 5-8세 아동을 대상으로 한 연구에서, Goodwin(2009)은 조작 가능한 디지털 공학기술을 사용하는 것에 비하여 조작 가능한 디지털 공학기술로 분수를 배우도록 할 때 "가장 발달하고 진보된 표현"을 만든다는 것을 발견했다(Goodwin & Highfield, 2013, p. 208 참조). 더 나아가, 이러한 교수적 디지털 공학기술을 가지고 학습하는 아이들은 수학 개념이 내재된 토론이나 성찰하는 것보다 긍정적인 피드백을 받는데 더 중점을 둔다는 것을 알아내었다. 이는 매체 관련 논문과의 공동참여를 예측하게 하는 것이다.

수를 학습하기 위한 다른 디지털 도구들

이제 우리가 VM이라고 부르는 것이 아닌 수감각의 다른 측면에 초점을 맞춘 디지털 도구에 관한 연구를 알아보자. 우리는 블록 쌓기(Building Block)로 시작한다. 그것은 초등학교 이전용 수학 프로그램인데 다른 디지털 도구 세트를 포함하고 각각은 교육과정안의 구체적인 개념과 연관되어 있고, 가정된 학습 경로인 벤치마크를 충족하도록 설계되었다(Clements & Sarama, 2004). 예를 들어, 컴퓨터 활동 세트 중에 하나의 초기 수준은 **조작적**이라기보다는 **교수적**인데, 여러 가지를 서로 맞추거나 다양한 세기 기술을 가르치기 위하여 쿠기 굽기 시나리오를 사용한다. 더 높은 수준에서는 아이들이 더한다. 예를 들어, 캐릭터가 칩 두 개를 숨긴 다음 냅킨 아래에 다른 칩 하나를 더 숨기고 나서 아이에게 두 번째 쿠키의 칩 수를 동일하게 만들도록 요구할 수 있다. 이것은 결국 말하지 않고 덧셈을 하는 수준(Non-Verbal Addition level)에 이르도록 목표하는 것이다(Clements & Sarama, 2004, p. 183). 이런 과제는 또한 공학기술의 지원 없이 제안할 수 있지만, 만약 지원된다면 그 공학기술은 교사(또는 학생)가 숨기거나 더하는 아이템의 노출 시간을 제어할 수 있게 만든다. 더 나아가, 시스템은 많은 시간 동안 작업을 반복할 수 있으며, 학생에 따라 각각 주어진 입력에 따른 난이도를 조정할 수 있으며 매번 그 (속도와 정확성면에 있어서) 활동을 기록할 수 있다. 다양한 다른 소프트웨어 애플리케이션들은 NCTM(National Council of Teachers of Mathematics, NCTM)의 How Many Under the Shell?[11](조가비 안에 몇 개가 있는가?)을 포함해 이런 종류의 과제를 제안하기 위해 개발되었다. 비록 Clements와 Sarama가 특히 이 컴퓨터 기반 활동과 관련된 이점이나 효과에 대해 보고하지는 않았지만, 그들은 이 교육과정이 다른 교육과정과 비교하여 아이들의 수 감각 발달을 증가시키는 것으로 보인 것이다.

교실 중심의 소프트웨어 프로그램 외에도 몇 가지 치료 중재 자료가 설계되었다. 수에 어려움을 겪고 있는 어린 아이들을 위해[12], **적응적**이고 **교수적**인 소프트웨어 게임들이 연구되었는데, 예를 들면, The Number Race(Wilson, Revkin, Cohen, Cohen, Dehaene, 2006; Wilson & Dehaene, 2007), Grapho-Game Maths(Räsänen Salminen, Wilson, Aunio, & Dehaene, 2009), Numberbonds 및 Dots2Track13(Butterworth & Laurillard, 2010; Butterworth, 2011)이 수행되었다. Digital Interventions for Dyscalculia and Low Numeracy 프로젝트(Butterworth & Laurillard, 2010; http://low-numeracy.ning.com http://number-sense.co.uk 참고)에 의해 개발된 Dots2Track[13]은 단순한 종류의 상호작용에 기반을 두는데, 화면에는 한 세트의 점들(또는 다른 물체들)이 표시되고 아이들은 아라비아 숫자, 또는 글자에서 대응하는 수를 입력한다. 주어진 점들은 고정된 배열 상에 있다(예를 들어, 세 개의 점이 자극 영역의 상단 왼쪽부터 대각선 모양으로 하단 오른쪽이 있는 것 그림 28.3).

[그림 28.3] Dots2Track에 놓인 점과 화면

이 소프트웨어는 응답 시간을 등록하고 즉각적인 피드백을 제공한다. 예비 결과는 고무적인 것으로 보고되었다. 가까운 장래에, 저자들은 계산력 장애에 개입한 포괄적인 평가 결과의 일부로 신경 영상이 밝혀지게 될 것으로 기대한다. Number Race(수 경주)는 또 다른 적용 가능한 소프트웨어 프로그램인데, 그것은 복강 내 경골(Feigenson, Dehaene, & Spelke, 2004)에 있는 선천적인 근접 신경 시스템에 초점을 맞추어 설계되었다. 그 시스템은 해석적 및 기호적인 형태로 제시된 작은 크기(magnitudes)를 비교하는 과제를 제시하여 초기 산술작업을 도울 수 있을지도 모르는 부분이다. 예를 들어, 두 세트의 점들이 동시에 나타날 수 있다(어린이가 답을 할 때까지 화면에 남아있거나 아주 짧은 기간 후에 사라진다). 어린 아동은 더 큰 숫자를 가진 세트를 선택해야 한다(그림 28.4a). Wilson과 동료들은(Wilson, Dehaene, Pinel, Revkin, Cohen, & Cohen, 2006) 어떻게 세 가지 변수와 시간에 따른 학습자의 "지식 공간"을 진화시켰는지에 대한 다차원 모델을 그 소프트웨어가 만들었는지를 보였다. 5주 뒤에, 실험 집단은 대조 집단과 비교하여 수 감각이 매우 크게 향상되었다(Wilson & Dehaene, 2007).

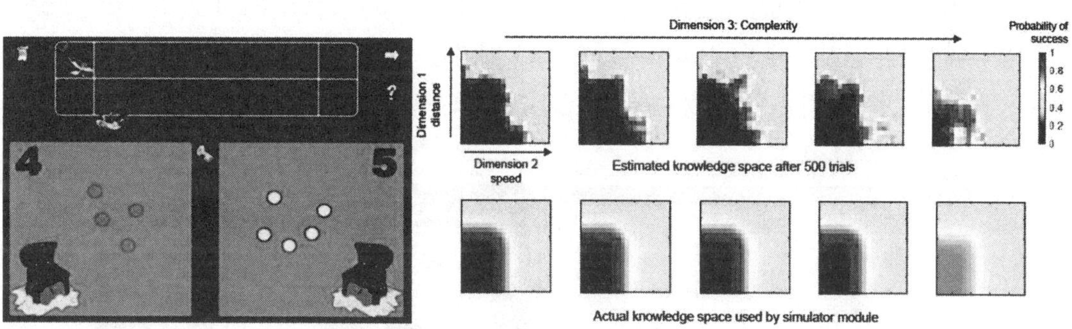

[그림 28.4] (a) Number Race의 스크린, 학생은 가장 큰 수의 세트를 선택했다
오른쪽은 (b) 학습자의 "지식 공간"의 진화에 대한 다차원적인 모델

멀티터치 공학기술의 잠재력

이 절 이전에 보인 예제는 데스크탑 및 랩톱 컴퓨터에서 사용할 수 있는 마우스 및 키보드 입력을 위해 설계되었다. 그 예제에서 주요 상호작용은 한 번에 소프트웨어를 사용하는 한 명의 학생과 함께 (타이핑보다) 클릭을 통해 사물을 분별하는 것이다. 대조적으로, 다음 세 가지 예는 수 감각 학습과

관련하여 다양한 멀티터치 공학기술의 잠재력을 활용하는 데 있어 모범적이다. 멀티터치 공학기술을 사용하면 손가락을 탭하거나 다양한 종류의 몸짓을 통해 직접적으로 화면을 터치하게 되어 상호작용은 더 즉각적이 된다. 나아가, 그 화면은 컴퓨터나 노트북보다 다양한 유형의 활동 구조를 만들어서 여러 사용자가 동시에 사용할 수 있다. 우리는 이 절을 이런 새로운 공학기술들을 설명하는데 할애할 것이다. 그것들의 (손가락들을 통한) 주요 상호작용 모드와 수 감각이 발전하는데 있어서 손가락의 중요성을 가리키는 신경과학적 문헌의 출현과 밀접한 관계가 있기 때문이다(예, Butterworth, 1999a, 1999b, 2005; Penner-Wilger et al., 2007; Gracia-Bafalluy, 2008; Andres, Seron, & Olivier, 2007; Sato, Cattaneo, Rizzolatti, & Gallese, 2007; Thompson, Abbott, Wheaton, Syngeniotis, & Puce, 2004). 멀티터치 공학기술을 통해 강력하게 중재될 수 있는 기본 구성 요소의 능력은 1) 직산 능력(subitizing) 2) 분석학적 형태에서 무수함과 화면에 놓여 있는 손가락들 사이의 일대일 대응/동시에 올라가는지/ 손가락들로 세고, 일반적으로 손가락 인식 3) 미세한 운동 능력 4) 부분-전체 개념이다. 여기에서 논의하는 예제는 새로운 버전으로 신속하게 대체될 수 있지만, 이 예제들은 새로운 응용 프로그램과도 관련될 수 있는 특정한 설계 결정에 대해 우리가 확인하도록 한다.

우리의 첫 번째 예는 Fingu[14]라고 불리는 **교수적이고 변환하는** 디지털 공학기술이다(Barendregt, Lindstrom, Rietz-Leppanen, Holgersson, & Ottosson, 2012). 이것은 iPad용 어플리케이션인데 떠다니는 물체의 고정된 배열로 자극이 주어진다(Figure 28.5a). 사용자는 해당 손가락의 개수를 화면에 동시에 표시해야한다. 각 터치는 지문을 생성하여 **대화를 위한** 시각적 피드백과 추가적인 예/아니오 피드백을 주는 (시각적 신호뿐만 아니라 청각 신호: 올바른 응답에는 행복한 애니메이션을, 잘못된 응답에서 슬픈 애니메이션을 주는) 것과 같이 **빠른 종결**을 제공한다(Figure 28.5b 참조). 게임은 시간제한이 있다. 7단계 각각에서 나타나는 개체의 수는 증가하는 반면, 응답 시간은 감소한다. 공동 참여를 위한 기회는 거의 없다.

(a) (b)

[그림 28.5] (b) 게임자가 대응하는 손가락의 개수만큼을 동시에 스크린에 올려놓을 때까지 (a) 다른 세트의 과일이 스크린에 나타난다

이 예제에서는 순차적인 입력보다는 동시적인 입력에 대한 필요성이 직산을 더 하도록 한다. (각각 그룹에서 배열은 변함이 없지만) 화면에 떠 있는 개체 그룹의 선택은 다른 환경들에서 전형적으로 제공되는 고정된 배열과 다른데, 그것은 해결자의 개체 추적 시스템을 보기 위하여 다른 유형의 자극을 제공한다(Fayol & Seron, 2005; van Herwegen, Ansari, Xu, & Karmiloff-Smith, 2008; Cantlon Safford & Brannon, 2010) 그 시스템은 직산 하는 능력을 돕는다(Piazza, 2010). 5-6세 학생들과 함께 한 탐구적인 미시 종단 예비연구에서, 연구자들은 (교사들의 안내 하에) 3주 동안 게임을 한 아이들이 높은 수준의 게임에서 상당히 낮은 점수를 얻었지만, 전체적으로 옳은 답의 비중은 증가했다는 것을 발견하였다(Barendregt et al., 2012). 연구자들은 서로 다른 학습 경로를 이해하는 데 도움이 될 수 있는 몇 가지 지표(모든 것을 세고, 가장 작은 것부터 세고, 가장 큰 것부터 세는 것, 손가락으로 5까지 세는 것, 손가락으로 5를 넘어 세는 것, 다른 손으로 손가락을 조작하는 것, 문제를 누르는 것)를 확인했다. 이것은 아이들의 수학적 능력 향상으로 이어질 수 있는 Fingu의 사례로 진행 중인 연구의 목표 중 하나로 주장된다(Barendregt et al., 2012, p. 4).

Ladel과 Kortenkamp(2011)는 **부분-전체 개념**[15](예를 들어, Resnick, Bill, Lesgold, & Leer, 1991에 의해서 제안된 것처럼)과 **손가락 상징 세트**의 관점에서 아동의 발달을 돕기 위해 개발된 개방형의 **조작가능하고 구성적인** 멀티터치 환경을 제시한다. 이것들은 5와 10에 대한 수를 구성하고 분해하는 것과 같은 유연한 계산 전략을 촉진시키는 것으로 생각된다(Brissiaud, 1992). 이 환경은 멀티터치 입력을 인식하는 컴퓨터에 연결된 테이블로 구성된다. 아이들은 동시에 (멀티터치와 멀티 유저를 통해) 토큰을 만들고 이동할 수 있다. 토큰은 또한 "함께 융합"될 수 있으며 예를 들어, 3과 5가 8을 만든다. 이 환경은 활동에 대해 기호적인 피드백 (3 + 5 = 8)을 부여한다. 또한, 상징적인 형태로 과제들을 제공하는 것이 가능해진다(예를 들어, "3+4=_" 또는 "3+_=7"). 이는 아이들에게 토큰과 함께 표현하도록 요구된다. Lade1과 Kortenkamp(2013)는 5세에서 7세 사이의 아이들을 위해 고안된 환경에서 가상 토큰들의 특정 숫자가 "한꺼번에" 테이블에 놓아져야 한다는 다른 종류의 과제에 대해 보고하고 있다. 그래서 순차적이고 기수적인 세기에서 전체적인 서수 세기로의 변화에 집중하게 된다.[16] 연구자들은 아이들이 시도한 과제를 해결하는 서로 다른 방법들을 설명하고, 그런 환경이 아이들이 수에 대한 사고를 객관화하는 데 얼마나 중요한지 강조하고, 아이들의 행동에 반응하고 해석하는 교사의 중요한 역할을 기록하는 것 등을 설명했다.

TouchCounts(Sinclair & Jackiw, 2011)는 다음과 같이 **조작 가능하고 구성 가능한** 상호작용이 관련된 두 개의 구성적 마이크로월드로 되어 있다. 즉, ("1, 2, 3, ...")과 ("1+2+3+ ... ")이다. 오디오 피드백은 영어, 이탈리아어 또는 프랑스어로 제공될 수 있다. "1, 2, 3, ..." 마이크로월드에서는 "중력을 지닌" 모드는 화면에 "선반"을 제공한다(그림 28.6a). 손가락이 화면에 놓이면 화면에 아라비아 숫자가 포함된 색칠된 원이 나타나고 그 숫자는 구두로 읽혀진다. 손가락으로 화면에서 번호가 매겨진 물체를 들어 올리면 그 물체가 드래그 되어 선반에 "올려지는데" 그렇지 않으면 그냥 떨어진다(그림 28.6b

참조). 손가락이 화면에 더 많이 놓이면, 이전의 접촉으로 도달한 마지막 번호에서부터 세기가 계속된다. 만약 아이들이 한 손가락을 사용하여 연속적인 접촉을 하거나, 다른 손가락들을 화면에 순서대로 놓으면, TouchCounts는 아이를 위해 “세기”를 끝낸다. 그래서 아이들의 수를 의미하는 단어들을 (순차적으로) 떠 올리도록 하고, 정교한 운동능력을 강화시킬 수 있을 것이다. 만약 여러 개의 손가락이 화면을 터치하면 같은 수의 번호가 매겨진 객체가 나타나지만 마지막 번호만 구두로 표시된다. 예를 들어, 이것은 둘씩 셀 수 있도록 할 수도 있다. “중력이 없는” 모드에서는 번호가 매겨진 물체가 떨어지지 않으므로, 화면에 다섯 개의 손가락을 (순차적으로 또는 동시에) 놓으면 [그림 28.6c]와 비슷한 화면이 나타난다.

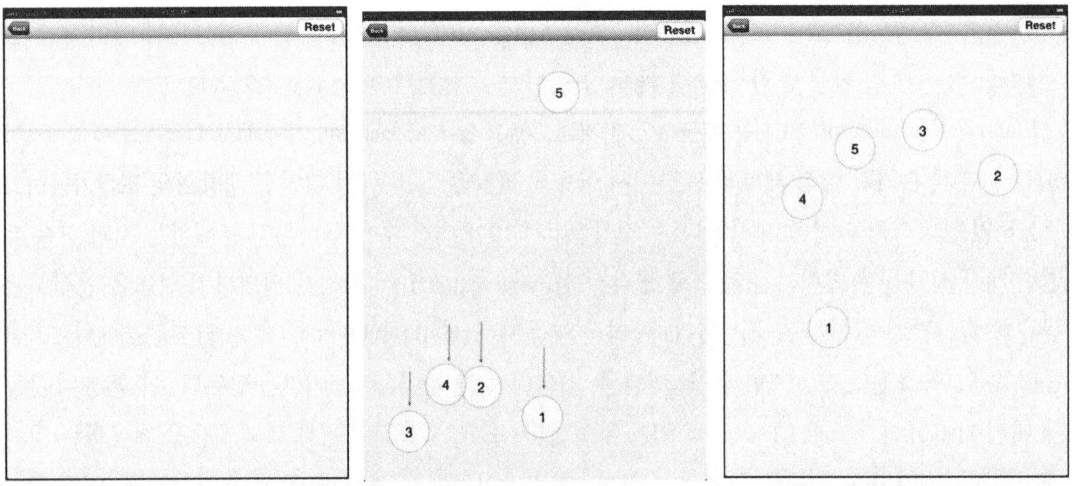

[그림 28.6] (a) 세기(초기 상태), (b) 선반 아래 네 번 탭, 선반 위 다섯 번째 탭을 한 후(화살표는 떨어지는 모양에 번호가 매겨지는 표시), (c) 화면에 동시에 배치된 다섯 손가락의 효과

이러한 유형의 상호작용에는 여러 가지 감각 구성 요소 기능들이 연관되는데, 직산이나 섬세한 움직임 스킬들(예, 적절한 열거를 만들어 동시에 손가락을 끌어 드래그하여 원을 일렬로 배치하기)과 같은 능력이 포함된다. 그러나 이 환경은 세기의 기초를 다지는데 도움이 되고, 서수적 세기에서 기수적 세기로 전환하는데 기반이 되도록 도와줄 것이다. 이런 환경은 몇 가지 이유에서 도움이 된다. 왜냐하면 손가락과 수의 크기 사이의 일대일 대응이나, 또는 수들과 화면의 연속적인 터치 동작들 사이의 일대일 대응 원리를 인식하는 것을 개발할 수 있도록 도울 수 있다(일대일 대응 원리). 그것은 세기를 할 때 일련의 수 단어를 암기하도록 도울 수 있다(고정된 순서 원리). 중력이 없는 모드에서 오디오 피드백을 통해 들려오는 마지막 단어는 화면에 있는 물체인 원의 총 수에 해당한다(서수적 원리). 마지막으로, 중력 모드에서 선 위에 있는 원들을 드래깅하면서 어떤 수를 표시하는 가능성은 수를 연산하는 데 필요한 그 수를 구체화하는 과정을 하도록 하는 것이다(Sfard, 2008).

"1 + 2 + 3 ..." 마이크로월드에서는 여러 손가락을 화면에 동시에 터치하면 무작위로 색을 표시한 똑같은 동그라미가 나타나는데, 그 원의 개수는 터치한 손가락의 수를 나타낸다(그림 28.7a, b). 이 경우는 "모으는" 행동(그림 28. 7c)을 통해서 기수적 수들을 함께 더할 수 있도록 한다. 이 행동은 기본적으로 "함께 그룹화" 하는 덧셈에 대한 기본적인 정신적 은유이다(Lakoff & Núñez, 2000). 이 행동은 덧셈에 대한 정식 교육 이전에 실행될 수 있다. 물론, 이런 연산에서 대칭성이 대한 감각만큼이나 (그래서 결국은 덧셈의 교환법칙을 알게 되는) 덧셈에 대한 은유적인 의미를 발달시키는 데 아이들을 도울 수 있다. 두 그룹을 함께 집어넣은 결과는 행동을 추적하기 위해서 더해지는 원의 색깔이 그대로 보존되도록 한 더 큰 그룹이다(그림 28.7d).

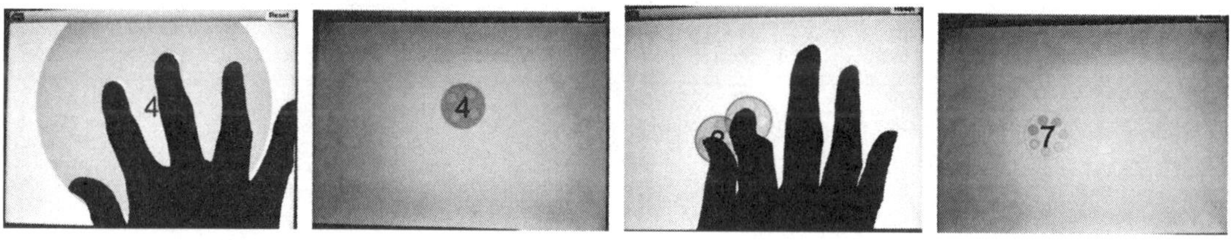

[그림 28.7] (a) 디지털 세기 모양 만들기, (b) 세는 모양 모으기, (c) 두 무리를 모으기, (d) 두 무리의 합

예비연구에 따르면, 특정 과제를 사용하면 5-6세 아동이 세는 과정에서 수를 생각하는 것에서 구체화된 대상으로 수를 생각하는 것으로 전환할 수 있음을 알 수 있다(Sinclair & Heyd-Metzuyanim, 2014). 나아가, 더 어린 아이들(3-4세 이전)과 함께 한 예비연구는 모든 손가락을 화면에 한 번에 올려놓는 과제는 "행위적 직산"(Sinclair, 2013)을 발달시키도록 돕는데 도움이 될 것이라고 강조했다. 이 연구들은 어떻게 풍부한 **조작적이고 구성적인** 환경이 또한 **교수적**일 수 있고, 그래서 절차와 관련 개념의 발달을 동시에 촉진하는지를 보여주였다. 새로운 터치스크린 및 터치스크린 환경에 대한 연구가 초기 단계였을 때, 우리는 수를 기반으로 한 개념과 능력의 발달을 촉진하는데 사용할 수 있는 멀티터치 공학기술의 기본 기능에 대하여 다음과 같은 요약을 할 수 있다.

다른 매우 새로운 디지털 테크놀로지 분야에서도 그러했듯이, 우리는 수 감각 또한 스스로 자신을 발전시키는 방식으로 변화를 볼 수 있기를 기대한다. 아이들이 알파벳과 숫자로만 상호작용하지 않고 터치, 사운드, 이미지를 통해서도 상호작용하면서 이런 개념들이 학습될 순서와 속도에 따라서 수 개념을 발달시키기를 기대한다. 어린 아이들의 학습을 지원하기 위한 행동유도성이 명백히 유도된다고는 하지만, 아직 수학 교실에서 보편적인 종이나 연필과 같은 매체를 포함해서, 아이들의 수 감각과 관련된 물리적인 과제들이 아이들과 상호작용하는 것에서 어떻게 터치스크린 장치가 영향을 끼치는지는 더 많은 연구가 필요하다.

[표 28.1] 수 기반 개념 및 능력의 발달을 촉진하기 위한 멀티터치 공학기술의 기본 특징 요약

개념과 능력	공학기술의 특징
직산(subtizing)	· 수의 크기를 아주 짧은 시간에 스크린에 나타낼 수 있음.
	· 즉각적인 피드백
	· 생각하는 물체가 여전히 나타나 있고, 물체가 임의적으로 화면에 위치하거나, (예를 들면, 주사위의 점처럼) 주어진 배열대로 위치해 있고, 물체를 전부 한꺼번에 옮기거나 하나씩 옮길 수 있음.
	· 터치하는 몸짓으로 입력하는 것이 가능함(예, "올가미/포획도구")
해석적인 형태에서 수의 크기와 손가락 수 사이의 일대일대응, 일반적인 손가락 인식에서 일대일 대응	· 손가락을 화면에 모두 터치하는 것으로 또는 (물체에 손가락을 대면서) 하나씩 터치하는 것으로 입력할 수 있음.
	· 사용자의 행위에 대한 정확한 시간
	· 가능한 조작과 가상의 손
미세 운동 능력	· 스크린의 다른 영역에 빠른 연속적인 입력을 감지하고 구별하기
	· 스크린의 접촉 영역을 연속적인 기록 만들기(흔적 표시)
	· 각각의 입력으로 다른 몸짓 기록하기(1개의 손가락으로 지우기, 두 손가락으로 지우기, 올가미로, 손가락 오므리기나 펴기, 확장하기...)
부분-전체 개념	· 두 개나 그 이상의 손가락을 주어진 시간 동안 (아주 짧은 시간 동안) 동시에 다른 입력으로 감지하기
	· 몸짓을 통해 가상 물체의 가능한 조작활동

기하학에 초점을 맞춘 디지털 공학기술

K-2 수준에서 기하학 학습의 목표는 모양과 위치와 관련하여 대상에 대한 더 나은 이해를 도출하고 기하학적인 성질(평행, 합동, 대칭) 및 행동(불변성, 동일성)에 주의를 기울이도록 하는 것이다. 비슷한 목표들이 더 높은 수준의 초등학교와 중학교 기하학에 존재하기 때문에, 디지털 공학기술을 사용해 초등 이후의 학년에 대해 실행한 몇몇 연구가 이 장과 관련이 있다.[17] 동적 기하 환경(Dynamic geometry environments, DGE)은 가장 광범위하게 연구된 기하학 공학기술이다. 연구자들은 추측을 촉진하는 것, 학습자들이 많은 종류의 예시와 상호작용하는 것, 학습자들이 광범위한 종류의 기하학 관련 주제에서 불변함에 주의를 기울이는 것 등을 어떻게 돕는지를 보여주였다(Baecag1ini-Frank & Mariotti, 2010; Laborde, Kynigos, Hollebrands, & Straäßer, 2006; Mariotti, 2006; Sinclair & Robutti, 2013). 이러한 발견의 많은 부분은 DGE에서 가능한 드래그와 관련이 있으며, 이는 직접적이고 계속적인 조작을 가

능하게 한다(이러한 형태의 상호작용은 현재 일부 웹 기반 앱과 어린 고객을 겨냥한 VM에서도 가능하다). 예를 들어, Battista(2007)는 드래그 도구로 만들어져 있는 사각형을 변형하는 데 사용하였다. 이 도구는 4학년, 5학년 학생들이 여러 가지 사각형의 불변하는 특징들에 주의를 기울이게 하고, 심지어 다른 것들(평행사변형)의 부분집합으로서 특정 사각형(직사각형)을 식별할 수 있도록 한다. 고등학교 수준에서, Hollebrands(2003)의 연구는 드래그의 사용으로 학생들이 화면상에 하나의 객체를 계속적으로 드래그하면 다른 연관된 객체의 위치가 변경되기 때문에 변형(뒤집기와 돌리기)의 기능적인 이해를 발달시킬 수 있음을 보여 주었다.

블록쌓기 교육과정의 예

앞서 언급한 블록쌓기 VM에 추가로, Sarama와 Clements(2002)는 Piece Puzzler라 불리는 기하학적인 **조작가능하고 구성적인** 디지털 공학기술을 설명한다. 이것은 아이들이 더 큰 크기의 복합 모양을 생성하거나 복제할 수 있도록 의도적으로 패턴 블록이나 탱그램 모양의 스크린 버전을 포함하도록 고안하였다. 저자들은 교육과정의 영향에 대한 연구 결과를 전체적으로 보고하고 있지만(Clements & Sarama, 2007), 가상 조작의 구체적인 사용에 대한 연구 결과는 없다. 그러나 여러 가지 이유로 그런 계획에 사용되는 원리에 관심을 가지게 한다. 그러한 하나의 기본 원리는 특정 작업을 수행할 때, 가상의 조작물은 그 과제와 함께 가정된 학습 경로의 관점에서 계획된 것이다. 이 연구의 경우, 저자들은 이 경로를 따라 7개의 단계를 제안했는데, 각 단계는 그 단계의 목표를 달성하기 위한 특정 과제를 부과하며, 마지막 단계는 어린 아이들이 복합 도형을 반복적으로 구성하여 평면을 덮도록 하는 것을 목표로 한다. 예를 들어, 수준 4(도형 만들기)의 목표는 아이들이 돌리기와 뒤집기를 통해 도형을 선택하고 조작하여 주어진 도형을 사용하여 주어진 영역을 완벽히 덮는 것이다. 주어진 영역은 곱셈과 관련이 있기 때문에 아이들은 그 영역뿐만 아니라 도형의 각(angles) 부분에서 주의를 기울여야만 한다.[18] 수준 6에서는 아이들이 모양을 사용하여 장난감 모양의 복합 물체를 만들 수 있다(예, 로켓 우주선). 그러고 나서 "다시하기"를 눌러서 반복할 수 있으며 결과적으로 반복적으로 복합 단위를 생성할 수 있다. 마지막 수준 7에서, 아이들은 테트로미노(tetrominoes)의 상위 단위들을 생성하고, 그것을 그 면(plane)을 덮는데 사용한다.

블록쌓기 프로그램의 사용에 대한 초기 보고서에서, Sarama와 Clements(2002)는 물리적인 패턴 블록 및 탱그램 모양과 달리, 그냥 집어 올리고 손으로 조각을 이동할 수 없기 때문에 "도구를 사용하는 것은 아이들에게 그들이 도형을 가지고 실행하는 행동을 명백하게 알도록 만든다"(p. 103)고 기록했다. 또한, Meyer, Niezgoda, Stanley(2005)가 NLVM 패턴블록의 연구에서 지적했듯이, 도형들은 특정 위치에 "재빨리 움직여지고" 고정된 상태로 있을 수 있기 때문에 아이들은 그들이 물리적 물체들로 작업하는 것보다 더 정확하게 조립되는 디자인을 만들 수 있다. 이 소프트웨어에 대한 설명은 아이들이 그것을 어떻게 사용하고, 그들이 그것을 사용하면서 무엇을 배우는 지 결정하는 데 있어 중요한 많은 설계의 선택에 대하여 말하지 않았다. Sarah와 C1ements(2002)는 예비 테스트를 통해 예기치 않은 결과가 소프트웨어 설계의 변경이나 학습 경로의 변경에 영향을 줄지 어떨지에 대한 질문이 생겼음을 알고 있다. Clements와 Sarama의 일반적인 Vygotskian 접근법을 따른다면, 만약 도구들이 어떻게 학습을 조정하는지를 알게 된다고 해도 이것은 놀랄만한 일이 아니다.

설계 측면에서, Cements와 Sarama는 소프트웨어로 회전하기(turning)를 어떻게 처리할 것인가에 대한 결정을 간략하게 논의한다. 그들은 4가지 가능성이 있는 선택지로 테스트했다(도구, 버튼, 연속적인 동작으로 직접적인 조작, 구별되는 단위로 직접적인 조작). 그들의 구별되고 직접적인 도구 인터페이스에 대한 최종적인 선택은 3-4세 아이들에게 이 인터페이스가 사용하고 배우기 쉽다는 것을 발견한 것에 자극받아서 이루어졌다. 그러나 설계자는 디폴트로 된 돌리는 각을 선택해야만 했다. 즉, 어린이의 돌리는 행동은 실제로 (패턴블록을 가지고는) "30도씩 회전하는" 행동을 한다(탱그램을 가지고는 15도씩 돌릴 수 있다). 이는 (회전의 중심은 항상 모양의 중간에 있다는 사실은 언급하지 않고도) 회전하는 예시 공간이 상당한 정도의 제약이 있는 것이다. 마찬가지로, 설계자가 결정한 뒤집기 도구는 대칭축은 수평이고 곧바로 밑부분을 뒤집어서 포갤 수 있는 모양으로 결정해야 했다.

의도된 학습 경로에 따르면, 뒤집기와 돌리기에 대한 제약은 그리 문제가 되지 않을 수도 있다. 그러나 그들은 더 이상 터치스크린 인터페이스에는 필요 없는 제약들이고, 아이들은 마우스라는 중재자 대신 자신의 손가락으로 물체를 조작할 수 있는 곳이다. 다음 절에서 우리는 선택된 회전 인터페이스가 연속적인 동작으로 직접적인 조작이 되는 학습 환경을 설명한다.

매우 유사한 수학 개념에 초점을 맞춘 예이지만, 인터페이스의 설계와 수행되는 과제가 모두 다른 예제가 Cabri Elem의 사용과 관련된 프로젝트에 있다. 그 프로그램은 초등학교 학습자들에게 적합한 마이크로월드를 설계하는 데 사용될 수 있는 다목적의 동적 기하 환경을 제공한다. "타일링(tiling)" 마이크로월드는 **조작이 가능**하고 **구성적인 것**으로 패턴을 기울여서 도형을 조합하는 것과 관련되어 있다. 아이들은 밀기, 돌리기 또는 뒤집기로 직접 8가지 모양을 조작할 수 있다. Laborde와 Marcheteau(2009)는 3학년 학생들과 함께 실시한 연구에서 짝과 함께 최소 2개의 다른 모양을 가진 도형을 만들도록 요구했다. 그러고 나서 아이들은 그 패턴을 다시 만들려고 하는 다른 짝에게 자신들의 패턴을 설명한다. 14쌍의 어린이들이 완벽한 타일을 만드는데 성공했지만, 단 3쌍만이 반복된 단위로 이 타일 만들기를 설명할 수 있었다. Clements와 Sarama의 Piece Puzzler의 성공과 Moyer 등(2005)과 Highfield와 Mulligan(2007)이 어린 아이들과 한 NLVM 패턴블록의 성공적인 효과를 감안하면, 사용자가 기존의 모양 세트를 다시 만들어낼 수 있는 "복제" 행동유도성은 단위의 반복이라는 관점에서 사고를 촉진하는 도구로 생각할 수 있다.

전체 교실에서의 동적 기하의 활용 예제

세 번째 예제로 우리는 K-2 수준에서 기하학의 다른 측면에 초점을 맞추고 교실에서 벽에 띄워서 보여주거나 대화형 화이트보드에 투영하는 DGE를 사용하여 전체가 상호작용하는 일련의 예시를 제공한다. 첫 번째 예는 Sinclair와 Moss(2012)의 연구로 유치원 아동(4~5세)과 관련되어 있다. 여기서 Sketchpad를 **구성적** 공학기술로, **대화하고**(conversing) **조작가능한**(manipulable) 기술로 사용하는 삼각형 식별에 관한 연구이다. 이 연구는 학습이 담론의 변화로 개념화된다는 Sfard의 의사소통 접근법을 사용했다. 이 연구에서 어린이들은 첫 번째 van Hiele 단계(의사소통의 관점에서, 모양들이 서로 꼭 맞으면 같은 도형으로 보는 우리 주변의 물리적 세계에 대한 담론)에서, 두 번째 단계(의사소통적 관점에서, 1수준 물건들을 대상(objects)으로 다루고 모양이 하나에서 다른 하나로 변형될 수 있으면 같은 것으로 보는 담론)로 상대적으로 빠르게 이동했다. 몇몇은 심지어 van Hiele의 세 번째 단계(의사소통의 관점에서, 모양을 언어적 묘사로 비교해서 같은 것으로 확인하는 것을 구체화된 것으로 보는 담론)까지 이동했다. 특히, 아이들은 처음에는 이등변삼각형을 삼각형으로 보고 이등변삼각형에 적절한 이름으로 **삼각형**이라는 단어를 사용하고 이등변삼각형으로 보이는 모양을 삼각형으로 생각한다. 이런 아이들에게 Sketchpad에서 선분 도구를 이용해 만든 꼭짓점이 아래로 향한 삼각형을 보여 주었을 때, 어린이들은 “거꾸로 된 삼각형”이라고 말했거나 혹은 자신들이 삼각형을 거꾸로 돌렸을 때는 그것을 삼각형으로 볼 수 있었다. 교사가 그 삼각형의 꼭짓점 중 하나를 화면에서 드래그 한 후부터 한 명의 어린이를 제외한 모든 어린이들이 삼각형을 이등변삼각형보다는 좀 더 큰 삼각형의 집합을 설명하는 일반 삼각형을 나타내는 이름으로 명명하기 시작했다. 아이들은 모양이 삼각형인 것에서 변형루틴을 사용해 만들어진 이등변이 아닌 삼각형들에 대하여, 그것들은 “쭉 잡아 늘린 것이기 때문에” 삼각형이라고 인식하였다. 몇몇 어린이들은 심지어 화면에서 그 삼각형을 정의적인 방법으로 설명하기 시작했다. “[모]든 삼각형은, 음, 서로 다른 모양일 수도 있지만, 모두 3개의 코너를 가지고 있어요”(Sinclair & Moss, 2012, p. 36). 아이들은 교사의 컴퓨터를 사용하여 자신만의 삼각형을 만드는 기회를 얻었으며 길고 뾰족한 것들과 위아래가 뒤집힌 것들을 포함해서 다양한 삼각형 모양들을 만들었다. 교사가 삼각형 대신 사각형으로 바꾸었을 때, 꼭짓점이 있는 정사각형에 대해서 다른 어린이들은 그 모양이 다이아몬드라고 생각하는 동안, 몇몇 아이들은 즉시 변형(transformation)이라는 담화를 사용했다. 이것은 아이들이 담화의 변형에 모두 성공하지는 못했다는 것을 보여주고, 주어진 짧은 개입(30분)을 고려하면 놀라운 것은 아니었다.

Sinclair와 Kaur(2011)의 연구에서는 더 확장된 개입이 있었는데 Sketchpad를 **조작적으로/조작가능한** 방법으로 사용하여 어린 학생(유치원과 1학년)에게 각(angle)의 개념을 소개하였다. 일반적으로 이 나이의 교육과정에는 공식적으로 각도가 포함되지 않지만, 연구자들은 측정기반의 방법(각도에 대해 배우고 180도처럼 상대적으로 큰 숫자를 사용하는 것)에 따르지 않고 시각적이며 역동적인 방법으로 각도를 소개하는 것이 가능하고 바람직하다고 생각했다. 이 연구의 목표는 회전으로서의 각도에 대한 은유 초점을 맞추는 것이 어린 아이들이 각도에 대한 이해를 발전시키고, 학생들이 만드는 일반적인 오류들, 예를 들면, 더 긴 팔의 각도가 더 짧은 팔의 각도보다 크다는 것을 가정하는 것 같은 (문헌에서 밝혀진 바와 같이) 오류를 설명하는 데 도움이 되는지를 결정하는 것이다. 그 중재의 초기 활동은 기준(benchmark) 각도 개발에 중점을 둔다. 이것은 아이들에게 $\frac{1}{4}$, $\frac{1}{2}$, $\frac{3}{4}$과 1의 시계 방향 및 반시계 방향 회전 옵션을 제공하여 수행된다. 이 버튼 중 하나를 누르면 화살표가 동적으로 변하고 지나간 각도의 자취가 나타난다(그림 28.8 참조). 교사는 각이라는 단어가 그 회전 동작과 연관될 수 있도록 더 작거나 또는 더 큰 각을 사용하여 제시된 목적지에 도착하게끔 아이들을 안내한다. 그 다음, 아이들은 주유소에 차를 가져 오는 과제를 받아서 [그림 28.8]에서 보이는 것처럼 그 그림을 이용하게 된다. "다이얼"이라고 표시된 각을 드래그하는 것으로 아이들은 차가 회전하는 양을 결정하는 것이다. 아이들이 차를 회전하려면 다이얼을 회전해서 조절하도록 요구하는데, 이것은 차가 위로 향해있지 않는다면, 각도 다이얼이 수직인 팔처럼 움직여야 해서 아이들에게 쉽지 않다. 따라서 자동차의 움직임을 분리해서 각도 다이얼의 움직임을 생각하는 것이 이 스케치 설계에 결정적으로 중요하다.

연구자들은 아이들이 화면에서 물체의 위치를 설명하기 위해 기준 각도를 사용하는 데 어려움이 없음을 발견했다. 더구나 아이들은 처음에는 각도 다이얼로 고생했지만, 결국 더 복잡하고 여러 단계의 이동을 해결할 수 있었을 뿐만 아니라 주유소에 차를 가지고 갈 수 있었다. 후속과제로 종이와 연필기반 과제에서 뿐만 아니라 컴퓨터 기반의 과제를 통하여 (다른 크기의 팔이나 다른 방향과 같은 혼동이 되게 하는 특징을 가지는) 각도를 비교하도록 했을 때, 어린이들은 팔의 길이보다는 회전의 각의 크기에 더 집중한다는 것을 보여 주었다. 더 나아가 삼각형과 관련한 활동에서 아이들은 변보다는 삼각형의 각의 크기와 개수에 집중하는 경향을 보였다. 이 소프트웨어의 역동적인 본성, 즉각적이고, 비평가적인 피드백은 아이들에게 회전하는 행동을 보게 하고 다른 크기의 회전에 따른 효과를 실험하는 것을 가능하게 한다. 그리고 교사의 질문과 상호작용은 그 아이들에게 각(angle)이라는 단어와 회전하는 행위를 연계하여 생각하도록 돕는다. 이 연구는 기하 교육과정에서 각을 효과적으로 일찍 도입할 수 있다는 주장을 뒷받침하는 초기의 증거를 제공하며, 이는 다른 주제도 어떤 방식으로 지도할 것인지에 대한 시사점을 준다.

마지막 예제는 반사 대칭(reflectional symmetry)을 포함한다. Ng와 Sinclair(2015)는 컴퓨터 기반 활동과 종이-연필에 기반한 활동을 모두 포함하는 세 개의 수업 개입에서 아이들에게 반사 대칭의 기하학적인 특성에 주의를 기울이도록 돕는 것을 목적으로 한 연구를 설명했다.

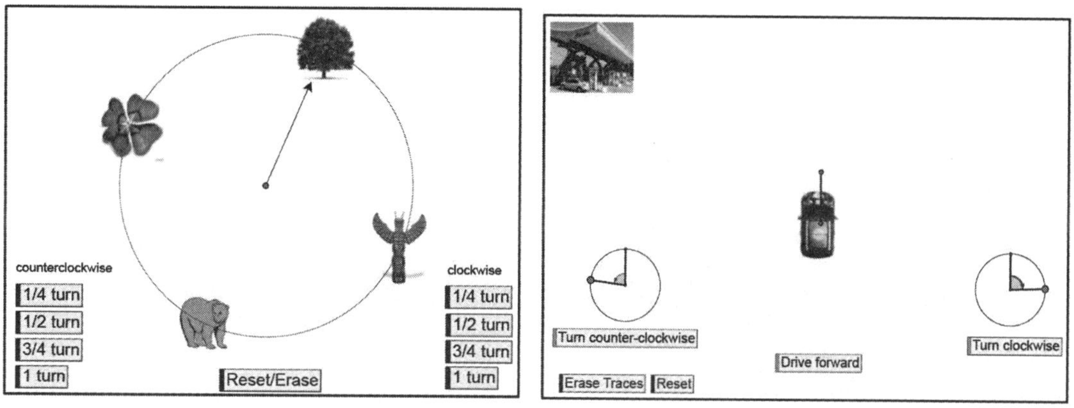

[그림 28.8] (a)기준이 되는 각도들에 초첨 맞추기 (b) 화면을 돌아다니는 데 회전하는 각 이용하기

첫 번째 수업에서, 아이들은 화면에 있는 정사각형 중 하나를 드래그하고 연결되어 있는 정사각형의 움직임 결과를 관찰함으로써 직접적이고 분리된 상호작용을 통해 **조작적인/조작가능한** "대칭 기계"를 탐구한다(그림 29.9a, b 참조). 정사각형의 분리된 동작은 그 사각형의 움직임과 이미지가 어떻게 관련되어 있는지에 대한 학생들의 관심을 이끌어 내기 위한 것이다. 초기 탐구활동 후에 아이들에게는 다양한 모양을 보여주고 그것들을 대칭 기계를 사용하여 만들 수 있는지 여부를 묻는다. 만약 만들 수 있다면, 학생들은 자기 점검 피드백을 제공하는 환경 하에서 그 모양을 다시 만들어 본다. 만들 수 없는 경우는 이유를 설명하도록 한다. 아이들은 수평 또는 기울어진 디자인뿐만 아니라 수직 대칭인 디자인(그림 29.9c 참조)을 재현하기 위해 대칭선을 사용하여 직접 연속적으로 드래그하면서 상호작용한다. 두 번째 수업에서는 아이들에게 대칭선의 한 쪽 면에만 정사각형들을 포함하는 깨진 대칭 기계를 보여주고, 다른 면은 대칭을 이루도록 고칠 것을 요구한다. 세 번째 수업에서 아이들은 연속 대칭 기계를 사용하는데, 이 대칭 기계는 대칭점과 마찬가지로 기록된 점들을 직접 연속적으로 드래그 할 수 있다. 아이들은 이 연속 대칭 기계를 사용하여 특정 모양(나비, 사각형, 집 등)을 만들도록 요구된다.

연구자들은 아이들이 대칭과 그 특성에 대해 사고하는 새롭고 체화된(embodied) 방법을 발전시켰다고 밝혔다. 더구나 아이들은 대칭적이라는 정적 속성보다는 모양과 이미지 사이의 대칭 관계에 중심을 두면서, 정적 대칭 개념에서 기능적, 역동적 개념으로 사고가 이동하였다.

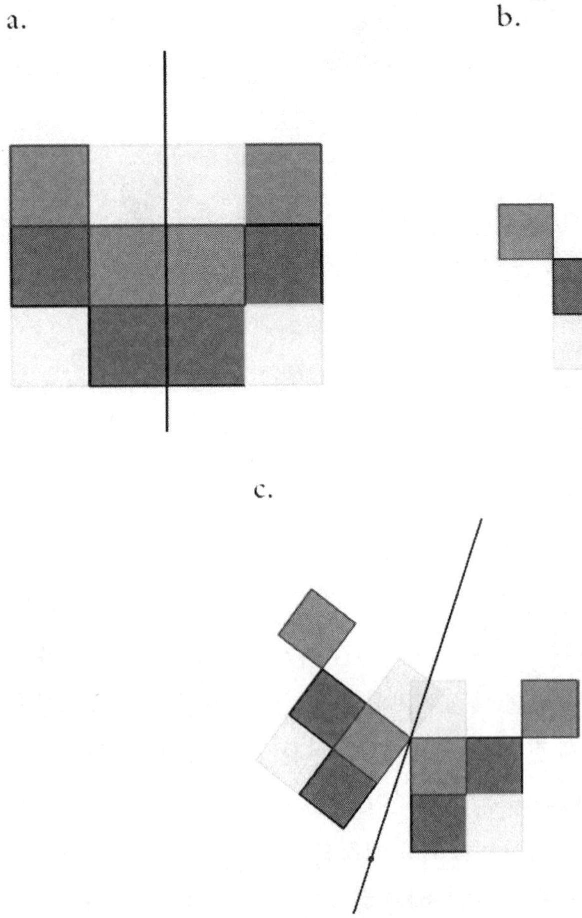

[그림 28.9] (a) 이산적 대칭 기계, (b) 대칭축으로부터 한 블록 드래그한 그림, (c) 대칭축을 중심으로 돌린 그림

이런 변화는 의미론적 중재의 과정에 의해 발생되었는데, 교사의 언어와 몸짓처럼, 끌기(dragging)와 추적(tracing)은 다음과 같은 반사적 대칭의 주요 특징에 대한 의사소통을 가능하게 하는 징표가 되었다. 즉, 대칭 도형의 한쪽 면이 다른 쪽과 같다는 방식, 대칭 도형의 한 구성 요소는 해당 이미지처럼 대칭선에서 같은 거리만큼 떨어진 방식, 원상의(pre-image) 구성요소와 그것의 상(image)이 대칭선으로부터 동일선상에 있어야 한다는 방식, 원상과 상은 겹쳐진다는 방식을 포함한 특징들이다.

프로그래밍을 통한 수학학습

프로그래밍은 이탈리아와 영국[19]과 같은 일부 국가에서 유아교육이나 초등교육을 위한 교육과정에 명시적으로 포함되어 있는 중요한 주제이다.[20] 그러나 LOGO 연구 이후에, 컴퓨터 프로그래밍을 통한 수학 교수와 학습에 대한 연구는 거의 출판되지 않았다. 현재 다양한 프로그램을 할 수 있는 장난감들(예, Bee-bot, Probot 및 Lego NXT)은 전 세계 교실에서 사용되고 있고, (특히 Bee-Bot의 경우) 많은 수의 활동이 여러 나라의 웹사이트에서 이용가능하다. 또한, 이런 장난감의 사용은 이탈리아 예비교사들의 대학과정 교과서나 오스트리아 현직교사들을 위한 특별 문서에도 제시되어 있다[21](Baccaglini-Frank, Ramp1oud, & Bartolini Bussi, 2012 참조). 그러나 Highfield와 Mulligan(2008)이 밝힌 바에 따르면, "어린 아이들이 이러한 공학기술에 몰입하는 것은 아직 충분히 연구되지 못했고, 수학교육에 주는 잠재적인 장점과 단점을 보다 검증할 필요가 있다"(p. 1)라고 말했다. Bee-Bot을 비롯한 다양한 형태의 공학기술로 "놀이하는" 동안 유치원 어린이들이 접할 수 있는 수학적 과정을 비교하는 목적의 한 연구에서, 연구자들은 "어린 학습자들이 수학적 과정을 어떻게 탐구하고, 이해하고, 또는 동화시키는지는 명확하지 않다"고 했고(Highfield & Mulligan, 2008, p. 6), 교사 보조와 안내는 무척 많이 필요하다고 보고했다. 비슷한 연구 결과가 Pekárová(2008)에 의하여 보고되었는데, "일부 어린아이들은 Bee-Bot의 행동 원칙에 대한 깊은 이해를 분명히 보여주었다"(p. 120)는 것을 밝혀 주었다. 이런 연구 결과들은 Bee-Bot을 사용하여 유치원과 초등학교 저학년에 대한 많은 개입 연구를 수행한 Modena and Reggio Emilia 대학(이탈리아)의 교육과 인문과학과(Education and Human Science) 대학원생들의 졸업논문에 보고된 것과 일치한다(예, Barto1ini Bussi & Baccaglini-Frank, 2015). 다른 연구들은 로보틱 장난감의 사용이 문제해결, 맵핑, 측정 활동들을 장려한다고 제안하였다(Highfield, 2010; Highfield, 2009; Highfield & Mulligan, 2009).

K-2 수준에서 프로그래밍 환경의 사용과 관련된 몇 안 되는 연구 중 하나는 GeoLogo 사용에 기반을 둔 마이크로월드를 개발한 Yelland(2002)의 연구이며, 이 프로그램은 어린이들(평균 나이 7년 4개월)의 길이 측정의 개념을 탐구하도록 장려하는 것이다. 마이크로월드는 아이들이 서로 다른 거북이로 각각 다른 길이로 걸음(step)을 움직일 수 있도록 한다. 아이들은 짝으로 활동하고 목적지까지 도달하기 위해 각 걸음의 길이를 걸음 수와 맞추는 방법을 결정해야만 했다. Yelland(2002)는 컴퓨터 기반의 환경이 "새롭고 역동적인 방법으로 어린이들이 수를 사용하고 수를 비교하도록 하여" 짝으로 있는 어린이들 사이의 상호작용을 보다 쉽게 하도록 한다는 것을 발견했다(p. 86). 그녀는 나아가 그 환경은 "공학기술적인 요소가 없이는 불가능했던 측정 단위들로 활동하는 것을 촉진한다"(p. 91)고 의견을 밝혔다. 이러한 연구 결과는 고학년 수준에서 수행된 연구와 일치한다(예를 들어, Clements & Battista, 1989 참조). 그것은 또한 이 나이의 아이들이 발걸음의 크기와 발걸음 수를 달리한다는 면에서 볼 때, 현재 교육과정이 가정하는 것보다 측정에 관한 더 많은 정교한 추론 능력이 있음을 시사한다(또한 Goodwin & Highfield, 2013; English & Mulligan, 2013 참조).

논의

새로운 디지털 미디어의 확산 속도는 수행할 수 있는 연구의 양을 훨씬 능가한다. 이것은 하드웨어와 소프트웨어의 계속 변화하는 발전 때문이기도 하고, 연구자가 가치 있게 여기는 연구 환경과 소프트웨어 설계 회사가 생산하는 환경 사이의 격차 때문이기도 하다. 우리가 분석한 여러 가지 예들은 개념 발달에 있어서 개념적이고 절차적인 측면을 모두를 지지하는 보다 개방적인 환경을 선호하는 연구자들에 의해 설계되었다. 그러나 그러한 소프트웨어 개발을 위한 자금은 부족할 수 있으며 지속적인 유지 보수를 위하여는 더 많은 자금이 부족할 수 있다. 소프트웨어는 교과서와 같지 않다. 새로운 운영 체제 및 하드웨어 행동지향성에 대해 지속적인 디버깅, 업그레이드 및 적용이 필요하다. 여기에서 논의된 많은 환경이 앞으로 곧 다가올 것으로 예상되지만, 우리의 분석은 더 넓은 관점에서 이해되어야 하며, 독자는 "게임" 또는 "인터페이스"에 관계없이 어떻게 그것들이 동일하게 유지될 것인지에 대해 인지해야 한다. 이를 위해, 우리는 K-2 학년에서 수학학습과 관련된 다양한 설계 결정 몇몇을 중점적으로 알아보았다.

손가락이 수 개념 발달에서 중요한 역할을 하고 멀티터치 기술로 직접 중재가 가능해졌기 때문에 멀티터치 장치는 어린이의 수 개념 발달에 특히 강력한 잠재력을 갖고 있는 것으로 보인다. VM을 비롯한 다른 컴퓨터 기반 프로그램도 효과적임이 입증되었다. 특히, 컴퓨터나 교사가 제공하는 피드백이 아이들의 수학적으로 관련된 행동의 측면들을 반영하도록 도울 수 있을 때 특히 그렇다. 우리는 이러한 VM 중 상당수가 곧 멀티터치 플랫폼에서도 사용 가능할 것으로 기대한다. 가능할 것 같은 상호작용의 종류와 관련하여 그들이 구현되는 구체적인 방법은 그 방법들의 효율성을 결정하는데 중요할 것이다. 기하학적 관점으로 볼 때, 연구의 상당 부분은 동적기하환경 내에 구축된 마이크로월드에 초점을 맞춘다. 어린 아이들이 특히 적절한 교사의 도움과 함께 다양한 형태로 계속 변화하는 모양을 보고 탐구할 수 있고 모양들 사이의 관계를 알 수 있다는 점은 K-2 수준 아이들에게 매우 적합해 보인다. 우리는 멀티터치 플랫폼을 위해 개발된 더 많은 독립형 마이크로월드를 기대하며, 이것은 여러 어린이들이 동시에 도형들과 상호작용하는 것, 아마도 여러 다각형을 함께 구성하는 활동 같은 것을 가능하게 하여, 서로 다른 활동 구조에 관한 흥미로운 연구 문제들을 만들어줄 것이다.

명백하게 K-2 교수 및 학습에 디지털 공학기술이 미치는 영향에 대한 더 많은 연구가 필요하다. 연구자들과 교사가 인터넷 애플릿과 터치스크린 앱 측면에서 선택할 수 있는 풍부한 디지털 도구가 존재하지만, 우리는 아이들의 교실에 있는 물리적 매개체의 사용뿐만 아니라 특정 설계 결정이 아이들의 학습에 어떻게 영향을 미칠 수 있는지에 대해서는 거의 알지 못한다. 상호작용의 분리된 흐름과 연속적인 흐름 사이의 선택, 학습의 정서적 차원을 설명하는 것, 다양한 유형의 피드백의 영향을 인정하는 것, 한계점을 알게 되는 것 등을 포함해서 우리가 생각하는 특정 주제와 앞으로 이 연구 분야에서 중요해질 것 같은 것에 주의를 기울여 볼 필요가 있다.

Clements와 Sarama의 이산적인 각(angle) 인터페이스와 NVLM의 이산적 수직선 애플릿과 같이 초기의 소프트웨어 프로그램은 더 많은 이산적인 모드의 상호작용을 선택했었다. 하지만, 역동적이고 터치스크린 공학기술이 제공하는 새로운 형식의 상호작용과 어떤 수학적 대상을 어린이들에게 노출해야만 하는지에 대한 우리의 가정(assumption)의 변화 때문에, 보다 지속적인 모델로 변화가 있을 것이다. 후자의 측면에서 생각해 보면, 선행 공학기술들이(퀴즈네어 막대, 십진 블록, 심지어는 이산적 수직선) 범자연수에 맞춰져 있었다면, 새로운 테크놀로지는 실수로 활동 가능하도록 해야 한다(Sinclair & Crespo, 2006). 이것은 VM에 대해서, 좀 더 일반적으로는 디지털 및 물리적 교실 자료들의 통합과 관련하여 흥미로운 도전이 된다. 우리는 외국에 살고 있는 것처럼, Mathland에서 초보자의 기본 어휘를 익히는 것에 대한 참여와 상호작용 형태를 제한하지 않는 식으로 Papert가 Mathland의 학습 환경을 발전시킨 것을 상기하게 된다.

전문 연구 저널의 보고서뿐만 아니라 우리가 읽은 많은 연구 결과는 아이들이 디지털 공학기술로 활동할 때 보다 적극적으로 참여하는 것처럼 보인다고 강조하였다. 이것이 보편적으로 사실은 아니지만, 높은 학년에서 디지털 공학기술 사용을 둘러싼 일화적인 증거 중 일부이다. 어린이들에게 너무 많은 "스크린 시간"이 줄 수 있는 부정적인 결과가 인지됨에도 불구하고(Pub1ie Health England, 2013 참조), 참여의 본질과 기능에 관한 연구가 더 계속되고 있다. 연구보고서에서 얻는 것으로는 그 즐거움이 단순한 환경 변화로부터 비롯되는지, 디지털 도구가 더 강력한 피드백 루프를 제공하는지, 호기심, 긍지 및 지적 참여가 일반적으로 자기주도적이고 심도 있는 수학학습과 연결되어 있는지는 항상 확실한 것은 아니다. 이것은 이론적이고 방법적인 도구를 필요로 하는데, 그 도구들이 학습의 인지적, 정의적, 미학적 차원으로 이분하지 않는 분석을 가능하게 한다.

디지털 테크놀로지의 장점 중 자주 언급되는 점 중 하나는 담임교사가 하기에 매우 어려운 즉각적이고 사용자 맞춤의 피드백을 제공할 수 있는 능력이다. 그러나 우리가 이 장 전체에 걸쳐 언급한 것처럼, 광범위한 종류의 피드백 형태가 있고, 각각은 아이들에게 인지적이고 정의적으로 매우 다르게 잠재적으로 기능할 수 있다. 어린 아이들이 이러한 다양한 형태의 피드백을 어떻게 처리하고 사용하는지 이해하기 위해서는 더 많은 연구가 필요하다.[22] 예를 들어, 교실에서 평가적이고 교정적인 교사의 피드백(yes/no 형태로)은 학생들의 학습에 부정적인 영향을 주고, 이러한 종류의 피드백을 가진 디지털 공학기술을 사용하고 발달시키는 것은 이런 부정적인 측면을 보완할 수 있는 강력한 대응책이 될 것이다. 동시에, (예를 들어, 힌트를 통해 응답하는) 더 많은 안내 형식의 피드백을 선택하는 연구나 교사에게는 아이들이 이런 피드백을 사용하는 방식과 그들이 피드백으로부터 무엇을 배우는지에 대해 알아보는 연구는 매우 유용할 것이다. 또한, 디지털 테크놀로지에 의해 제공된 사고의 외면화(Noss & Hoyles, 1996 가 "수학적 의미의 창"이라고도 지칭함)는 교사들에게 상당히 도움이 될 수 있다. 이것은 그들의 학생들과 학습하고 평가하는 과정에서 어떻게 교사들이 그 과정을 이해하고 적절하게 피드백을 사용할 수 있는지에 대하여 더 많은 연구가 필요하다는 것을 의미한다.

우리는 다양한 디지털 공학기술을 설명하기 위한 두 가지 다른 프레임 워크를 제공했는데, 둘 다 비교 능력을 제공하기는 하지만, 설계자, 연구자 및 교사 중 어느 누구도 특정한 제약들이 수학적 의미 발전에 영향을 끼치는 방식에 접근하는 것을 돕지는 못했다. (Clements와 Sarama의 이산적인 상호작용의 선택에서와 같이) 공학기술에 의해 정해지는 제약들도 있고 교수적인 목표의 결과로 정해지는 제약들도 있다. Ladel과 Kortenkamp(2011, 2013)와 Manches, O'Malley, Benford(2010)가 논의한대로, 제약들은 학습자의 상호작용을 제한하고 집중하기 위해 의도적으로 사용할 수 있다. 예를 들어, TouchCount의 제약은 번호가 지정된 대상을 화면에 배치한 후에는 이동할 수 없다는 것이다. 이 제약은 터치, 대상 및 숫자 간의 일대일 대응의 내면화를 위해 외부 사용자의 외부 동작을 제한하는 것을 목표로 한다. 디지털 공학기술의 잠재력과 그것들의 학생의 학습에 미치는 영향을 완전히 이해하려면, 이러한 제약 조건의 본질과 결과가 고려되어야 한다. 이것은 미래 연구에서 기획자, 연구자 및 교사들 사이에서 더 나은 의사소통의 필요로 한다. 더 나아가, 연구를 위한 방법론적 선택은 교사와 디지털 교수공학이 접목된 과제를 포함하여 수학학습에 영향을 미치는 기능을 하는 학습 환경 전체에 반영하는 방식이 필요하다. 끝으로, 우리는 교수실험(또는 교실 기반 중재) 방법을 선호하는 설득력 있는 Sty1ianides와 Stylianides(2013)의 주장을 찾았다. 그들의 교수실험은 연구 결과가 어떻게 그리고 왜 특정 상황에서 작동하는지를 설명하여 연구 결과의 적용가능성을 증가시킬 수 있을 것 같다.

➲ NOTE

1. 예를 들면, (Geometer's Sketchpad나 Cabri-Elem과 같은) 역동적기하환경은 가상 조작도구로서의 기능을 하거나 (애플 iPad에서 사용이 가능한 Sketchpad를 포함한) 상호작용적 화이트보드에서 사용이 가능한 마이크로월드를 조성하는데 사용될 수 있다.
2. Sedig와 Summer(2006)는 사용자들은 디지털 공학을 항상 디자이너들이 의도한 방식으로 사용하는 것은 아닐 수 있다는 사실을 강조하는 방법으로 "실제"와 "인지된" 행동유도성의 차이를 구분한다. 이는 다음 절에서 논의할 **도구적 근원** 이론의 핵심이 된다.
3. Sedig와 Summer(2006)는 이런 상호작용은 특별히 학습자가 미리 그들의 행동을 계획하지 않은 경우에 자주 그들에게 주는 인지적 부담을 완화하는 것처럼 보인다고 지적한다. 그런데 이는 개별적이고 대화적인 상호작용에서 더 그런 경향이 있다. 대화를 하는 사람에 대한 조작적 상호작용의 선택은 도구/과제/개념의 목적에 따라 다를 것이다.
4. 우리는 수 감각을 수학적 인지 연구 측면에서 정의하느냐와 수학교육의 연구의 측면에서 정의하느냐의 방식 사이의 몇 가지 주요한 차이가 있음을 알아야 한다(예를 들면, Berch, 2005를

참고). 우리는 여기에서 두 견해를 모두 참조할 것인데, 전자의 영역에서 좀 더 구체적인 의미는 후자의 영역에서의 제안한 좀 더 방대하고 더 복잡하고 다면적인 제안한 내포된 의미를 위한 필요한 디딤돌이 된다.

5. 어린 나이에 계산기 사용의 가치를 보여주는 상당한 연구들이 있다(Groves & Stacy, 1998). 그러나 교사나 연구자들에게는 이에 대한 열정이 덜한 것처럼 보이는데, 이는 아마도 부분적으로 계산기는 이 시기의 어린 아이들에게 현재 다른 디지털 공학이 하는 것과 같은 시각적 형태의 상호작용을 제공하지 않기 때문일 것이다.
6. 어린 학습자들에게 디지털 공학의 사용에 대한 연구는 공학 기반 교실 환경에서 교사의 역할에 새롭게 초점을 맞추는 것과 맥을 같이하는 것처럼 보인다. 이 초점은 연구에 의한 지원뿐만 아니라 높은 수준의 접근성과 제도적 지원이 있다는 사실의 인식에 의하여 촉발되었으나, 수학교실에서의 디지털 공학의 사용은 상대적으로 저조하다(Laborde, 2008 참고).
7. iTunes의 https://itunes.apple.com/us/app/place-value-chart/id568750442?mt=8에서 볼 수 있다.
8. 이 게임을 하기 위해서 https://number-sense.co.uk/numberbonds/에 방문하시오.
9. iTunes의 https://itunes.apple.com/us/app/number-bonds-by-thinkout/id4945213 39?mt=8에서 볼 수 있다.
10. www.appstore.com/motionmathhd의 Apple Store에서 구입할 수 있다.
11. iTunes의에서 이 게임을 하기 위해서 https://illuminations.nctm.org/Activity. aspx?id=3566/에 방문하시오.
12. 이 어린이들은 *dyscalculia*(Butterworth, 2005)에 의하여 영향을 받았다고 문헌에서 언급되었다.
13. 이 게임을 하기 위해서 https://number-sense.co.uk/dots2track/에 방문하시오.
14. iTunes의 https://itunes.apple.com/it/app/fingu/id449815506?mt=8에서 볼 수 있다.
15. 부분-전체 개념과 다소 유사한 것이 "변형 문제"의 제시에서 중국의 수학교육 전통에서 나타난다.
16. 사실, 기하 이외의 주제들과도 관련이 된다. 그러나 DGEs와 같은 역동적기하환경은 각 학년 수준에 걸쳐서 좀 더 잘 확장할 수 있도록 해 왔던 것처럼 보인다.
17. 사실, 기하 이외의 주제들과도 관련이 된다. 그러나 역동적기하환경(DGEs)과 같은 기하환경은 각 학년 수준에 걸쳐서 좀 더 잘 확장할 수 있도록 해 왔던 것처럼 보인다.
18. 좀 더 특별한 어린이의 패턴에 대하여 초점을 둔 연구에서, Moyer 등(2005)은 유치원 어린이들을 대상으로 Pattern Block VM의 사용에 대한 연구에서 구체적인 조작물을 사용할 때보다 VM을 사용할 때 그들이 만든 패턴이 더 창의적이고, 복잡하며, 더 풍성함을 밝혔다. 유사하게, Highfield와 Mulligan(2007)은 *Kidpix*라고 불리는 그리기 도구뿐만 아니라 Pattern Block VM을 사용한 유아들이 물리적 자료만을 사용하여 활동한 어린이들보다 더 많은 패턴을 만들어 내고, 좀 더 정확한 패턴을 만들고 좀 더 많은 변형을 만들어 내었다고 보고하고 있다. 저자들은 이 어린이들이 마우스를 사용하는데 어려움을 가지고 있음에 주의하여 이는 터치스

크린이 좀 더 이를 완화할 수 있는 하드웨어의 한계라고 지적한다. 그리고 *Kidpix*의 부가적인 제공은 때때로 더 산만하게 만든다고 지적한다.

19. 예를 들면, 이탈리아의 경우, 국가교육과정에서는 3학년까지 가능한 한 프로젝트의 계획 및 실현을 위한 취향을 개발하고 코딩 언어와 시각적 출력 사이 관계를 이해하기 위해 간단하고 다양한 프로그래밍 언어를 학생들에게 소개해야한다고 규정하고 있다. 영국의 국가교육과정에서는 11세 때까지 2개 이상의 프로그래밍 언어를 역량으로 개발할 것을 기대한다.

20. 우리는 특별히 어린 아이들을 위해 개발한 iPad를 위한 앱인 *Squeak*, *ToonTalk*, 그리고 Giorgi와 Baccaglini-Frank(2011)의 *Mak-Trace*와 같은 몇 가지 새로운 프로그래밍 언어를 강조한다.

21. http://elresoures.skola.edu.mt/wp-content/uploads/2010/06/doc_669_2468_beebotguideA4v2.pdf 를 보기 바란다.

22. 모든 어린이들이 이런 식으로 하지는 않는 것처럼 보인다. Goodwin과 Highfield(2013, p.214)를 참고하기 바란다.

참고문헌

Andres, M., Seron, X., & Oliver, E. (2007). Contribution of hand motor circuits to counting. *Journal of Cognitive Neuroscience, 19*, 563–576.

Artigue, M. (2002). Learning mathematics in a CAS environment: The genesis of a reflection about instrumentation and the dialectics between technical and conceptual work. *International Journal of Computers for Mathematical Learning, 7*(3), 245–274.

Baccaglini-Frank, A., & Mariotti, M. A. (2010) Generating conjectures in dynamic geometry: The maintaining dragging model. *International Journal of Computers for Mathematical Learning, 15*(3), 225–253.

Baccaglini-Frank, A., Ramploud, A., & Bartolini Bussi, M. G. (2012). *Informatica Zero: Un percorso formativo per insegnanti di scuola dell'infanzia e primaria*. Fano, Italy: EduTouch.

Bafalluy, M. G. & Noël, M. P. (2008). Does finger training increase young children's numerical performance? *Cortex, 44*(4), 368–375. Retrieved from www.sciencedirect.com/science/article/pii/S0010945207000780.

Barendregt, W., Lindstrom, B., Rietz-Leppanen, E., Holgersson, I., & Ottosson, T. (2012). Development and evaluation of Fingu: A mathematics iPad game using multitouch interaction. *IDC 2012* (pp. 1–4). June 12–15, Bremen, Germany.

Bartolini Bussi, M. G. (2011). Artefacts and utilization schemes in mathematics teacher education: place value in early childhood education. *Journal of Mathematics Teacher Education, 14*(2), 93–112.

Bartolini Bussi, M. G. & Baccaglini-Frank, A. (2015). Geometry in early years: sowing the seeds towards a mathematical definition of squares and rectangles. *ZDM—The International Journal on Mathematics Education*. doi:10.1007/s11858-014-0636-5

Bartolini, M. G., Baccaglini-Frank, A., & Ramploud, A. (2014). Intercultural dialogue and the geography and history of thought. *For the Learning of Mathematics, 34*(1), 31–33.

Bartolini Bussi, M.G., & Mariotti, M.A. (2008). Semiotic mediation in the mathematics classroom: Artifacts and signs after a Vygotskian perspective. In L. English, M. Bartolini Bussi, G. Jones, R. Lesh, & D. Tirosh (Eds.), *Handbook of international research in mathematics education* (2nd ed.). Mahwah, NJ: Lawrence Erlbaum Associates.

Battista, M.T. (2007). The development of geometric and spatial thinking. In F. Lester (Ed.), *Second handbook of research on mathematics teaching and learning* (pp. 843–908). Reston, VA: National Council of Teachers of Mathematics.

Berch, D.B. (2005). Making sense of number sense: Implications for children with mathematical disabilities. *Journal of Learning Disabilities, 38*(4), 333–339.

Bolyard, J., & Moyer-Packenham, P.S. (2012). Making sense of integer arithmetic: The effect of using virtual manipulatives on students' representational fluency. *Journal of Computers in Mathematics and Science Teaching, 31*(2), 93–113.

Brissiaud, R. (1992). A toll for number construction: Finger symbol sets. In J. Bidaud, C. Meljac & J.-P. Fischer (eds.). *Pathways to number. Children's Developing Numerical Abilities.* Mahwah, NJ: Lawrence Erlbaum Associates.

Butterworth, B. (1999a). *What counts—how every brain is hardwired for math.* New York: The Free Press.

Butterworth, B. (1999b). *The mathematical brain.* London: Macmillan.

Butterworth, B. (2005). The development of arithmetical abilities. *Journal of Child Psychology and Psychiatry, 46*, 3–18.

Butterworth, B. (2011). Dyscalculia: From brain to education. *Science, 332*, 1049–1053.

Butterworth, B., & Laurillard, D. (2010). Low numeracy and dyscaclulia: Identification and intervention. *ZDM—The International Journal on Mathematics Education, 42*, 527–539.

Cantlon, J., Safford, K., & Brannon, E. (2010). Spontaneous analog number representations in 3-year-old children. *Developmental Science, 13*, 289–297.

Clements, D. H. (2002). Computers in Early Childhood Mathematics. *Contemporary Issues in Early Childhood, 3*(2), 160–181.

Clements, D.H., & Battista, M.T. (1989). Learning of geometric concepts in a Logo environment. *Journal of Research in Mathematics Education, 20*, 450–467.

Clements, D. H., & Sarama, J. (2004). Building Blocks for early childhood mathematics. *Early Childhood Research Quarterly, 19*, 181–189.

Clements, D.H., & Sarama, J. (2007). Effects of a preschool mathematics curriculum: Summary research on the *building blocks* project. *Journal for Research in Mathematics Education, 38*, 136–163.

Drijvers, P. (2012). Teachers transforming resources into orchestrations. In Gueudet, G., Pepin, B., & Trouche, L. *From textbooks to 'lived' resources: Mathematics curriculum materials and teacher documentation* (pp. 265–281), New York: Springer.

English L. D., & Mulligan J. (2013). *Advances in Mathematics Education: Vol. 8. Reconceptualizing early mathematics learning.* New York: Springer.

Fayol, M., & Seron, X. (2005). About numerical representations: Insights from neuropsychological, experimental, and developmental studies. In J.I.D. Campbell (Ed.), *Handbook of mathematical cognition.* New York: Psychology Press.

Feigenson, L., Dehaene, S., & Spelke, E., (2004). Core systems of number. *Trends in Cognitive Science, 8*(7), 307–314.

Gattegno, C. (1970). *Gattegno mathematics textbook 1.* New York: Educational Solution Worldwide.

Giorgi, G., & Baccaglini-Frank, A. (2011). Mak-Trace. Free application downloadable from Apple iTunes: http://itunes.apple.com/it/app/maktrace/id467939313?m t=8.

Goldenberg, P. (2000). *Thinking (and talking) about technology in math classrooms.* Educational Development Center. Retrieved from www2.edc.org/mcc/pdf/iss_tech.pdf.

Goodwin, K. (2009). *Impact and affordances of interactive multimedia.* Unpublished PhD thesis. Macquarie University, Sydney.

Goodwin, K., & Highfield, K. (2013). A framework for examining technologies and early mathematics learning. In L.D. English and J.T. Mulligan (Eds.), *Reconceptualizing early mathematics learning (pp 205–226).* New York: Springer.

Gracia-Bafalluy, M., & Noel, M. (2008). Does finger training increase young children's numerical performance? *Cortex, 44*(4), 368–375.

Groves, S., & Stacey, K. (1998). Calculators in primary mathematics: Exploring number before teaching algorithms. *The Teaching and Learning of Algorithms in School Mathematics: 1998 Yearbook of the National Council of Teachers of Mathematics* (pp. 120–129, Reston, VA: National Council of Teachers of Mathematics.

Gueudet, G., Bueno-Ravel, L., & Poisard, C. (2013). Teaching mathematics with technology at the kindergarten level: Resources and orchestrations. In A. Clark-Wilson, O. Robutti, & N. Sinclair (Eds.), *The mathematics teacher in the digital era: An international perspective on technology focused professional development*. Dordrecht: Springer.

Gueudet, G., & Trouche, L. (2008). Towards new documentation systems for mathematics teachers? *Educational Studies in Mathematics, 71*(3), 199–218.

Highfield, K. (2009). Mapping, measurement and robotics. *Reflections, Journal of the Mathematical Association of New South Wales, 34*(1), 52–55.

Highfield, K. (2010). Robotic toys as a catalyst for mathematical problem solving. *Australian Primary Mathematics Classroom, 15*, 22–27.

Highfield, K., & Mulligan, J. (2007). The role of dynamic interactive technological tools in preschoolers' mathematical patterning. In J. Watson & K. Beswick (Eds.), *Proceedings of the 30th annual conference of the Mathematics Education Research Group of Australasia* (pp. 372–381). MERGA. Adelaide, Australia.

Highfield, K., & Mulligan, J. T. (2008). *Young children's engagement with technological tools: The impact on mathematics education*. Paper presented to the International Congress of Mathematical Education (ICME 11). Discussion Group 27: How is technology challenging us to re-think the fundamentals of mathematics education? Retrieved from http://dg.icme11.org/tsg/show/28.

Highfield, K., & Mulligan, J. T. (2009). Young children's embodied action in problem-solving tasks using robotic toys. In M. Tzekaki, M. Kaldrimidou, & H. Sakonidis (Eds.), *Proceedings of the 33rd conference of the International Group for the Psychology of Mathematics Education* (Vol. 2, pp. 273–280). Thessaloniki, Greece: PME.

Hollebrands, K. (2003). High school students' understandings of geometric transformations in the context of a technological environment. *Journal of Mathematical Behavior, 22*, 55–72.

Hoyles, C., Noss, R., & Adamson, R. (2002). Rethinking the microworld idea. *Journal of Educational Computing Research, 27*(1–2), 29–53.

Laborde, C. (2008). Technology as an instrument for teachers. In *Proceedings of the international commission for mathematics instruction centennial symposium*. Rome, Italy. Retrieved from www.unige.ch/math/EnsMath/ Rome2008/partWG4.html.

Laborde, C., Kynigos, C., Hollebrands, K., & Sträßer, R. (2006). Teaching and learning geometry with technology. In A. Gutiérrez & P. Boero (Eds.), *Handbook of research on the psychology of mathematics education: Past, present and future* (pp. 275–304). Rotterdam, The Netherlands: Sense Publishers.

Laborde, C., & Marcheteau, A. (2009). L'incontro tra reale e virtuale in Cabri Elem per attività matematiche nella scuola primaria, *La matematica e la sua didattica, 23*(1), 19–34.

Ladel, S., & Kortenkamp, U. (2011). Implementation of a multitouch-environment supporting finger symbol sets. In *Proceedings of the Seventh Congress of the European Society for Research in Mathematics Education*. Rzeszow, Poland: CERME.

Ladel, S., & Kortenkamp, U. (2013). An activity-theoretic approach to multi-touch tools in early maths learning. *The International Journal for Technology in Mathematics Education, 20*(1), 3–8.

Lakoff, G., & Núñez, R. (2000). *Where mathematics comes from: How the embodied mind brings mathematics into being*. New York: Basic Books.

Lyons, I., & Beilock, S. (2011). Numerical ordering ability mediates the relation between number-sense and arithmetic competence. *Cognition, 121*, 256–261.

Manches, A., O'Malley, C., & Benford, S. (2010). The role of physical representations in solving number problems: A comparison of young children's use of physical and virtual materials. *Computers & Education, 54*(3), 622–640.

Mariotti, M. A. (2006). Proof and proving in mathematics education. In A. Guttiérrez & P. Boero (Eds.), *Handbook of research on the psychology of mathematics education: Past, present and future* (pp. 173–204). Rotterdam, The Netherlands: Sense Publishing.

Maschietto, M., & Soury-Lavergne, S. (2013). The beginning of the adventure with pascaline and e-pascaline. In E. Faggiano & A. Montone (Eds.), *Proceedings of the 11th international conference on technology in mathematics teaching* (ICTMT 11; pp. 195–199). Bari: Università degli Studi di Bari.

Moorthy, S., Dominguez, X., Llorente, C., Pinkerton, L., Christiano, E., & Lesk, H. (2013). *Joint engagement with media that supports early science learning*. Paper presented at the Annual Meeting of the American Educational Research Association (AERA). San Francisco, CA.

Moyer, P., Niezgoda, D., & Stanley, J. (2005). Young children's use of virtual manipulatives and other forms of mathematical representations. In W. Masalski & P.C. Elliott (Eds.), *Technology-supported mathematics learning environments: 67th yearbook* (pp. 17–34). Reston, VA: National Council of Teachers of Mathematics.

Moyer-Packenham, P., Salkind, G.W., Bolyard, J., & Suh, J.M. (2013). Effective choices and practices: Knowledgeable and experienced teachers' uses of manipulatives to teach mathematics. *Online Journal of Education Research, 2*(2), 18–33. Retrieved from www.onlineresearchjournals.org/IJER/cont/2013/apr.htm.

Moyer-Packenham, P.S., & Suh, J.M. (2012). Learning mathematics with technology: The influence of virtual manipulatives on different achievement groups. *Journal of Computers in Mathematics and Science Teaching, 31*(1), 39–59.

Nemirovksy, R., Kelton, M. & Rhodehamel, B. (2013). Playing mathematical instruments: Emerging perceptuomotor integration with an interactive mathematics exhibit. *Journal for Research in Mathematics Education, 44*(2), 372–415.

Ng, O., & Sinclair, N. (2015). "They are getting married!" Towards a dynamic, functional understanding of symmetry in primary school. *ZDM—The International Journal on Mathematics Education*.

Noss, R., & Hoyles, C. (1996). *Windows on mathematical meanings*. Dordrecht, The Netherlands: Kluwer Academic Publishers.

Papert, S. (1980). *Mindstorms: Children, computers and powerful ideas*. New York: Basic Books.

Pekárová, J. (2008). Using a programmable toy at preschool age: Why and how? In *Proceedings of the international conference on simulation, modeling and programming for autonomous robots* (pp. 112–121). Heidelberg: Springer.

Penner-Wilger, M., Fast, L., LeFevre, J. A., Smith-Chant, B. L., Skwarchuk, S. L, Kamawar, D., & Bisanz, J. (2007). The foundations of numeracy: Subitizing, finger gnosia, and fine motor ability. In D.S. McNamara & J.G. Trafton (Eds.), *Proceedings of the 29th annual conference of the cognitive science society* (pp. 1385–1390). Austin, TX: Cognitive Science Society.

Piazza, M. (2010). Neurocognitive start-up tools for symbolic number representations. *Trends in Cognitive Sciences, 14*(12), 542–551.

Public Health England. (2013). *How healthy behaviour supports children's well-being*. PHE Publications gateway number: 2013146. Retrieved from www.gov.uk/government/publications/how-healthy-behaviour-supports-childrens-wellbeing.

Räsänen, P., Salminen, J., Wilson, A. J., Aunio, P., & Dehaene, S. (2009). Computer-assisted intervention for children with low numeracy skills. *Cognitive Development 24*(4), 450–472.

Riconscente, M. (2013). *Mobile learning game improves 5th graders' knowledge and attitudes*. Los Angeles: GameDesk Institute. Retrieved from www.gamedesk.org/projects/motion-math-in-class/.

Robutti, O. (2006). Motion, technology, gesture in interpreting graphs. *The International Journal for Technology In Mathematics Education, 13*(3), 117–126.

Resnick, L. B., Bill, V., Lesgold, S., & Leer, M. (1991). Thinking in arithmetic class. In B. Means, C. Chelemer, & M. S. Knapp (ed.). *Teaching advanced skills to at-risk students: Views from research and practice* (pp. 27–53). San Francisco: Jossey-Bass.

Sarama, J., & Clements, D. H. (2002). Building blocks for young children's mathematical development. *Journal of Educational Computing Research, 27*(1–2), 93–110.

Sarama, J., & Clements, D.H. (2009). "Concrete" computer manipulatives in mathematics education. *Child Development Perspectives, 3*(3), 145–150.

Sato, M., Cattaneo L., Rizzolatti, G., & Gallese, V. (2007). Numbers within our hands: Modulation of corticospinal excitability of hand muscles during numerical judgment. *Journal of Cognitive Neuroscience, 19*(4), 684–693.

Sedig, K., & Sumner, M. (2006). Characterizing interaction with visual mathematical representations. *International Journal of Computers for Mathematical Learning, 11*(1), 1–55.

Sfard, A. (2008). *Thinking as communicating: Human development, the growth of discourses, and mathematizing*. New York: Cambridge University Press.

Sinclair, N. (2013). TouchCounts: An embodied, digital approach to learning number. *Proceedings of the International Conference of Technology in Mathematics Teaching 11*. Bari, Italy: Università degli Studi di Bari.

Sinclair, N., & Crespo, S. (2006). Learning mathematics with dynamic computer environments. *Teaching Children Mathematics 12*(9), 436–444.

Sinclair, N., de Freitas, E., & Ferrara, F. (2013). Virtual encounters: The murky and furtive world of mathematical inventiveness. *ZDM—The International Journal on Mathematics Education, 45*(2), 239–252.

Sinclair, N., & Heyd-Metzayunim, E. (2014). Learning number with TouchCounts: The role of emotions and the body in mathematical communication. *Technology, Knowledge and Learning*.

Sinclair, N., & Jackiw, N. (2011). TouchCounts. Free application downloadable on the App Store, https://itunes.apple.com/ca/app/touchcounts/id897302197?mt=8.

Sinclair, N., & Kaur, H. (2011). Young children's understanding of reflection symmetry in a dynamic geometry environment. *Proceedings of the 35th conference of the international group for the psychology of mathematics education*. Ankara, Turkey: PME.

Sinclair, N. & Moss, J. (2012). The more it changes, the more it becomes the same: The development of the routine of shape identification in dynamic geometry environments. *International Journal of Education Research, 51&52*(3), 28–44.

Sinclair, N., & Robutti, O. (2013). Technology and the role of proof: The case of dynamic geometry. In A. J. Bishop, M. A. Clements, C. Keitel, & F. Leung (Eds.), *Third international handbook of mathematics education*. Dordrecht, The Netherlands: Kluwer Academic Publishers.

Sinclair, N., & Yurita, V. (2008). To be or to become: How dynamic geometry changes discourse. *Research in Mathematics Education, 10*(2), 135–150.

Sowell, E. J. (1989). Effects of manipulative materials in mathematics instruction. *Journal of Research in Mathematics Education, 20*(5), 498–505.

Steen, K., Brookes, D., & Lyon, T. (2006). The impact of virtual manipulatives on first grade geometry instruction and learning. *Journal of Computers in Mathematics and Science Teaching, 25*(4), 373–391.

Stevens, R., & Penuel, W. R. (2010, October). *Studying and fostering learning through joint media engagement.* Paper presented at the Principal Investigators Meeting of the National Science Foundation's Science of Learning Centers, Arlington, VA.

Stylianides, A. J., & Stylianides, G. J. (2013). Seeking research-grounded solutions to problems of practice: Classroom-based interventions in mathematics education. *ZDM—The International Journal on Mathematics Education, 45*(3), 333–340.

Sun, X. (2011). "Variation problems" and their roles in the topic of fraction division in Chinese mathematics textbook examples. *Educational Studies in Mathematics, 76*(1), 65–85.

Thompson J. C., Abbott, D. F., Wheaton, K. J., Syngeniotis, A., & Puce. A. (2004). Digit representation is more than just hand waving. *Cognitive Brain Research, 21*, 412–17.

Trouche, L. (2004). Managing complexity of human/machine interactions in computerized learning environments: Guiding students' command process through instrumental orchestrations. *International Journal of Computers for Mathematical Learning, 9*, 281–307.

Yelland, N. (2002). Creating microworlds for exploring mathematical understandings in the early years of school. *Journal of Educational Computing Research, 27*(1–2), 77–92.

van Herwegen, J., Ansari, D., Xu, F., & Karmiloff-Smith, A. (2008). Small and large number processing in infants and toddlers with Williams syndrome. *Developmental Science, 11*, 637–643.

Wilson, A., Revkin, S., Cohen, D., Cohen, L., & Dehaene, S. (2006). An open trial assessment of "The Number Race," an adaptive computer game for remediation of dyscalculia. *Behavioral and Brain Functions, 2*(20).

Wilson, A. J., Dehaene, S., Pinel, P., Revkin, S. K., Cohen, L., & Cohen, D. (2006). Principles underlying the design of "The Number Race," an adaptive computer game for remediation of dyscalculia. *Behavioral and Brain Functions, 2*(19). doi:10.1186/1744-9081-2-19

Wilson, A., & Dehaene, S. (2007). Number sense and developmental dyscalculia. In D. Coch, G. Dawson, & K. Fischer (Eds.), *Human behavior, learning, and the developing brain: Atypical development* (pp. 212–238). New York: Guilford Press.

총평

수학교육 연구: 전략적 관점 29

Hugh Burkhardt
Shell Centre, University of Nottingham and the University of California, Berkeley

도입

학계의 리더들이 이 핸드북을 통해서 수학교육학계의 방대한 연구를 통합하고 요약하였다. 이 장에서는 전략적 관점[1)], 즉 수학교육 연구를 다양한 공동체에 기여하고자 하는 집단적 노력의 일환으로서 살펴보고자 한다. 자신들이 개척한 다양한 업적을 바탕으로 전통적인 학문적 권리를 주장하는 학자들이 존중받아 마땅하지만, 이 장은 그들만을 위한 것이 아니다. 자신들의 연구가 여러 배움의 단계에 있는 학생들만을 위해 배타적으로 쓰이는 것이 아니라, 다른 이들에게도 도움이 될 것이라는 생각이 대부분의 교육 연구자들에게 좋은 동기부여가 될 것이다.

연구가 학급현장에 미치는 영향은 보통 인과관계가 불분명하고 긴 시간에 걸쳐 이루어진다 (Burkhardt & Schoenfeld, 2003). 이러한 제한적인 영향의 이유는 무엇인가? 이는 분명 연구 자체의 부적절함 때문은 아니다.

앞선 많은 장들이 이 질문에 대해서 살펴보았는데, 영향의 "규모"가 주요사안이 아니라, 논의의 부재 자체가 주요한 관심사였다. 두 가지의 예를 들어 보겠다. Cobb, Jackson, Dunlap(20장)는 연구 설계에 대한 장의 말미에서 다음과 같이 언급하였다.

> 세 번째 주요 약점은 교실 및 PD 디자인 연구를 수행하는 연구자들이 연구 준비의 단계에서 연구 규모에 대한 디자인에 있어서의 빈번한 실패로 인하여, 연구 커뮤니티를 넘어선 연구 결과에 대한 잠재적인 실용적 성과와 관련성을 제한하는 것이다. (p. 638)

이것은 "교수"에 대한 연구에서 "교사" 변수를 방치하고 있음을 암시한다. Charalambous와 Pitta-Pantazi(2장)는 이러한 현실을 전형적으로 보여주며, 학습에 미치는 교수의 영향에 대한 리뷰의 말미에, 다음과 같이 언급하였다.

> 이러한 점에서, 이 복잡한 관계를 이해하고 알아내는 데 노력을 쏟는 것은 연구자와 정책 수립자, 그리고 교사들 간의 생산적이고 효과적인 협력 관계를 맺어주는 하나의 장을 마련해 줄 것이다. 이러한 협력 관계는 수학교육계뿐 아니라 다른 학문에서도 요구되지만 언제 실천가능한지 모르는 문제이다. (p. 59)

이러한 관점에서, 연구의 역할은 "충족되지 않은 요구"가 어떻게 다른 사람들이 해낼 수 있는 것으로 남아있는가에 대한 통찰을 제공하는 것이다.

따라서, 이 장에서는 구체적으로 다음과 같은 질문을 제시한다. 연구공동체는 연구로부터 얻은 통찰을 정책과 수업의 실제에 미치는 영향으로 어떻게 잘 전환할 수 있는가?

연구와 개발의 수준

연구와 개발의 수준을 학습, 교수(teaching), 교사와 교사연수, 그리고 학교체계의 변화에 중점을 둔 네 가지의 단계로 구별하는 것이 유용하다. [표 29.1](Burkhardt, 2001, 2013)에 요약된 것과 같이 규모가 커져감에 따라 연구는 더 어려워진다. 각 단계는 이전의 단계들을 포함하고 있다. 성공적으로 양질의 대규모 향상을 이루기 위해서는 단계 간에 걸친 일관성이 필요하며, 그 자체로 시스템 수준의 도전이라 할 수 있다.

[표 29.1] 네 단계의 연구와 개발

	주요변수	전형적인 연구 및 개발의 중점
학습(L)	학생 과제	연구(R): 개념, 기술, 전략, 메타인지, 신념 개발(D): 학습 상황, 탐구, 자료 확충
교수(T)	수업 학생 과제	연구: 교수 방법과 전략 및 학생들의 학습의 성질 개발: 일부 교사들에게 받아들여질 수 있는 수업자료
전형적인 교사(RT)	교사 수업 학생 과제	연구: 실제적인 지원을 통한 전형적인 교사들의 수행. 교사 지식과 능력에 대한 기본 연구 개발: 대부분의 교사들에게 "적용 가능한" 수업자료
체계의 변화(SC)	체계 학교 교사 수업 학생 과제	연구: 체계의 변화 개발: 변화의 도구(수업 자료, 평가, 전문성 신장, 공동체 관계)

이 핸드북에서 다룬 대다수의 수학교육 연구는 학습과 교수 단계에 대한 것들이다. 이러한 수적

우세는 "진단"을 넘어서 보다 효과적인 "처치"의 개발에 방향을 둔 해결 중심의 연구에서 더욱 그렇다. 이는 당연한 일이기도 하고, 어떤 면에서는 옳은 일이다. 교실에서 일어나는 일은 학교체계에 관한 모든 것이다. City, Elmore, Fiarman, Teitel(2009)은 어떤 계획이라도 "수업의 영역"에서의 향상을 지원하는 것이어야만 성공적임을 강조했다. 그러나 연구 프로젝트를 면밀하게 실행하면서 교실에서 나타나는 많은 놀랍고 훌륭한 일들이, 교사들이 직접적으로 접근하기에는 용이하지 않을 수 있다. 모든 숙련된 활동에는 아주 광범위한 전문지식이 담겨져 있으며[2], 수학을 가르치는 것은 분명히 숙련된 활동이다. 하지만 교사 변수를 고려하여 위의 표에 있는 3단계의 연구로 확장하는 대신에, 많은 연구들이 양질의 교사연수 증가에 대한 요구로 논문을 끝맺는 경향이 있다. 이는 분명 바람직한 목표이기는 하나, 네 번째 단계인 체계수준의 연구 및 개발이 필요하다. 이 핸드북에 있는 연구들은 다양한 시각에서의 수학교육을 조명하지만, 이 장을 제외하고는 그 어떤 장도 [표 29.1]의 3단계 또는 4단계에 중점을 두지 않고 있다. 예를 들어 체계수준에서 전형적인 교사들의 연수 과정을 다양한 방식으로 지원하고 역동적인 변화를 가져오는 결과 등에 대한 연구가 미비하다. 이는 현재 연구공동체 전반에 걸친 노력의 불균형성에 대한 반성이다.

[표 29.1]의 각 단계마다 변인의 수와 그 변인 통제의 용이성에 따라 평가의 규준이 다르다는 점에 주목하자. 학습에 대한 연구는 특정한 현상에 대해 신뢰성을 갖고 보고할 수 있는 반면에, 체계에 대한 연구는 불가피하게 분산적으로 이루어진다. 그러나 보다 더 중요한 것에 집중할 필요가 있으며, 특히 체계수준의 변화 과정 동안 다양한 발달 단계 전반에 걸쳐 교실에서 교사와 학생들에게 어떤 일이 일어나고 있는지에 대해 집중하는 것이 중요하다.

연구공동체

이러한 종류의 핸드북들이 은연중에 암시하듯이, 저자는 연구란 공동체 사업이라는 시각을 취한다. 연구공동체 자체는 하나의 체계이다. 우리가 타인에게 미치는 영향은 우리의 연구가 그들의 논문에 인용되는 것을 보면 자명하다. 이는 때로는 인용된 논문의 내용에 대한 코멘트나 응답을 포함하기도 한다. 자신의 교실에서의 실행연구(action research)에 적극적인 교사들은 다른 사람들의 연구를 기반으로 하여 실행을 하고, 그들이 얻은 통찰을 널리 보고한다. 그러나 이러한 공동체적인 사업의 설계가 그들이 도움을 주고자 하는 공동체들에 얼마나 기여를 하였는가?

물론, 저자는 다소 모순적인 관점도 취하고 있다. 즉, 연구공동체의 작업패턴은 **설계되지** 않는다는 것이다. 대학의 교수나 대학원생이 대부분인 개인 연구자들은 다음에 무엇을 연구할지에 대한 자율적인 결정을 한다. 그러나 이러한 결정은 다양한 압력과 기회에 따라 좌우된다. 대학원생의 논문주제 선정은 대체로 그들의 지도교수로부터 영향을 받는다. 도전과 실현성 간의 적절한 균형을 가진 주제를 선정하는 것은 통찰과 경험을 요구한다. 이러한 영향은 계속 유지되는데, 새로이 박사학위를 취득한 사람들 중의 일부는 자신들의 박사학위논문의 연장선상에서 학문적 경력을 쌓아가고, 때로는 이것이 몇 년 동안 지속된다. 연구지원금을 통해 연구자들이 팀을 구성하여 더 많은 것들을 다룰 수 있는 기회를 갖기도 하지만, 그러한 연구는 연구의 제안서가 자금 후원 단체의 우선순위에 적합해야 한다는 댓가를 치루어야 한다. 끝으로, 어떤 형태의 연구가 다른 것보다 더 인기가 있는 식의 "유행"이 있다.

물론, 유행은 시간에 따라 변한다. 그렇지 않으면 유행이 아닐 것이다. 예를 들어, 수학교육 분야에서는 지난 30년에 걸쳐 단순한 질문에 대하여 통계적으로 신빙성 있는 해답을 찾아내는 양적연구에서 작은 표본을 심도있게 연구하는 질적인 연구로 그 비중이 바뀌어 왔다. Anne Brown (1992)이 처음으로 사용한 용어인 설계연구(Design Research)는 - 비록 이런 형식의 연구는 더 오래되었지만(예를 들어, Swan, 1980; Swan et al., 1984; Birks, 1987) - "실제로는 연구가 아닌" 것으로 간주되다가 후에 학문적 인정을 받게 되었다. 교육에서의 공학연구(Engineering research) (Burkhardt, 2006)는 실제 현장에서의 사용을 위한 향상된 결과물과 과정을 연구의 초석이 되는 통찰만큼 중요하게 여긴다. 이러한 연구가 교육 현장에 미치는 직접적인 영향에 우선순위를 두는 후원기관에 의해 잘 지원을 받고 있기는 하지만, 여전히 경계선상을 맴돌고 있다.

세 가지 다른 전통

연구와 학술업적에 대해 매우 다양한 시각이 교육공동체에 공존한다. 이는 각각 인문학, 과학, 공학을 반영하는 전통들이다(Burkhardt, 2001, 2006).

사회과학 전반에 걸쳐서 광범위하게 사용되는 인문학적 전통은, 풍부한 관찰, 분석 및 정제된 논평에 기반을 두고 있다. 논점에 대한 실증적 검증을 요구하지 않으나, 그 논점의 가능성과 글의 질적인 면에 강조점을 둔다. 이러한 우선순위로 인하여 이 방식은 정책결정자들에게 가장 많은 영향을 준다. 왜냐하면 이는 어느 정도, 적어도 누구나 참여할 수 있다는 암묵적 초청을 의미하기 때문이다. 이는 정치인들이 수락하기 좋아하는 초청이다. 정치인들에게 있어 유창한 언어구사는 상투적인 업무이고, 그 정치인들이나 일부 선거구 주민들에게 그들의 "상식적인"[3] 생각은 그럴듯해 보인다. 이 접근 방식의 중요한 약점은 실증적 검증이 결여되어 많은 그럴듯해 보이는 생각들이 교육의 실제에 잘 적용되지 않는 것으로 판명된다는 것이다. 예를 들어 미국에서 학생들이 통과하지 못한 학년을 반복하도록 하는 유급정책은 피상적으로 그럴듯해 보이고 "규준의 향상"에 대한 결의를 보이는 매력적인 정치적 정책이다.

다음은, 과학 전통이다. 이는 현상과 창조, 그리고 가설의 검증에 대한 연구를 하는 실증적 연구를 기반으로 하고 있다. 당연히, 이 핸드북의 다른 장들에서 나타나는 바와 같이, 이것은 과학교육, 특히[4] 수학교육 연구공동체에서 우세한 접근이다. 그러나 놀라운 것은, 대부분의 연구가 정책수립자, 또는 교육의 실제에 직접적으로 미치는 영향이 거의 없다는 것이다. 예를 들어, 유급 정책에 대한 결과는 소수의 학생들만이 재수강을 할 때 더 잘하고, 대다수의 유급된 학생들은 수학을 포기하거나 학교를 떠난다는 결과를 보이고 있다. 왜 이와 같은 많은 연구 결과가 심각하게 고려되지 않으며, 이에 대해 우리가 할 수 있는 것이 무엇인가? 이것이 바로 이 장의 주제이다.[5]

조사연구(survey work)는 예외적이다. Trends in Mathematics and Science Study(TIMSS), Programme for International Student Assessment(PISA), US National Assessment of Educational Progress(NAEP), 그리고 소규모의 조사연구는 유용한 진단적 정보를 제공할 수 있다. 정책수립자들은 종종 이것을 심각하게 받아들인다. 어쩌면, 너무 지나치게 심각하게 받아들인다고 할 수 있는데, 왜냐하면 조사연구의 결과물이 문제점에 대해 무엇을 해야할 지에 대한 신뢰성 있는 증거를 제공하고 있지는 않기 때문이다. 이 핸드북에서 Appelbaum와 Stathopoulou(13장)가 검토한 문화적 배경은 이러한 점에서 특히 중요하다. 예를 들어 Frederick Leung(2001, 2006)은 동아시아 국가들이 수학평가에서 보이는 우수한 성적에 있어 그들의 문화가 주요 역할을 담당하고 있다고 하였는데 이러한 문화는 "서양" 국가로 쉽게 전이되지 않는 것이다.[6]

끝으로, 다수의 연구자들이, 교육연구에서의 공학적 접근이 있다고 생각한다(Burkhardt, 2006). 공학적 접근의 우선 순위는 교육의 실제에 미치는 영향이다. 이 접근은 기존연구로부터의 통찰, 계획 능력, 향상된 결과와 과정을 창출하기 위한 연구방법 개발, 그리고 디자인 원리[7]에 대한 깊은 통찰을 이용한다. 이는 Cobb, Jackson, Dunlap(20장)이 서술했듯이, 설계연구의 차원을 넘어서, 의도와 결과가 부합될 때까지 반복적인 시도와 수정을 거치는 개발을 수행하는 것이다. 즉, 결과가 폭 넓게 이용가능하고 구체적인 교사와 학생 집단을 대상으로 잘 적용되는 연구이다.

이러한 차별성은 교육연구의 질이 판단의 기준이 되는 학문적 가치 체계 내에서의 다른 변형된 연구방식들과 연관되어 공생적으로 상호 유도를 하고 강화를 하며 존재한다. 다음 절에서 이 중요한 문제를 좀 더 자세히 살펴보고자 한다.

누구를 위한 연구인가?

이 절에서는 연구가 세 가지의 다른 공동체들, 즉, 연구공동체에서 큰 뜻을 품고 있는 구성원인 대학원생, 연구공동체 자체, 학생들에게 특별한 관심을 갖는 교육의 전체적 체계에 각기 어떻게 이바지하고 있는지를 살펴보겠다. 이것들은 **전략적 설계**(stragetic design)의 문제들이다(Burkhardt, 2009). 이바지하고자 하는 체계에 관한 설계의 양상을 다루는 이 개념을 설명하는데 있어서, 우수한 교육적 결과 및 과정은 구조와 기술적 설계에 달려 있는 반면에, 체계와 조화에 충분히 관심을 두지 않은 설계, 즉 부적절한 전략적 설계는 교육학적 시도의 실패를 초래함에 주목하고자 한다.

충분히 예견할 수 있었거나 예견되었음에도 불구하고 의도치 않은 결과를 양산하는 계획들의 사례가 많이 있다. 간단히 말하면, 이러한 계획들은 의도된 목적과 관련해 "이미 정해진 운명"을 가지고 있다. 친숙한 예를 들자면, 교사들이 새로운 도전들에 대처하도록 돕는 검증된 지원도 없이 고부담 테스트에 입각한 새로운 학습목적을 도입하는 것이다. 보다 일반적으로, 성공적인 계획을 위해서는 변화를 소화해낼 수 있는 속도에 발맞춘 압박과 지원 간에 공학적으로 잘 설계된 균형이 유지되어야 한다는 사실이 폭넓게 받아들여지지 않고 있다. 아마도 그 이유는 압박을 가하는 것은 상대적으로 저렴한 반면 장기적 안목의 연수나 체계의 개발을 지원하는 것은 비용이 많이 들기 때문일 것이다.

간혹, 계획한 사업이 원하는 목표 도달에 실패한 경우라 할지라도, 유익한 부수적 효과가 있었다. 예를 들어, 아무도 큰 규모의 영향을 기대하지 않았던 일부 교육과정 프로젝트는 참여자들과 프로젝트에 소중한 전문적 소양 함양의 기회를 제공했다. 종종, 이것들은 타인들이 이용을 하거나 더 개발시킬 수 있는 양질의 예시를 창출한다. 마찬가지로, 압박만 있고 지원은 없이 편협한 테스트들로 이루어진 부실한 평가를 통해 교수의 질을 향상시키려고 하는 시도에 대한 불만족은 무엇이 좋은 수학 수업인가에 대한 심도있는 연구(e.g., Schoenfeld, 2014)를 초래했고, 그러한 시도가 교사연수에 있어서의 형성평가적 지침 및 책무성과 관련된 종합평가를 위해 실제 수업에서 어떻게 평가되는지에 대한 연구를 유도했다.

대학원생들을 위하여

대학은 대학원생들을 연구자로 훈련시키는 것을 주요한 책임 중의 하나로 여긴다. 하지만 이것이 실제에서 의미하는 바, 즉 실제로 **대학원생**이라는 바로 그 용어가 의미하는 바는 나라마다 다르다. 어떤 국가에서는 대학원생은 학문적으로 대기상태에 있다. 다른 나라에서는 박사학위가 교육에서 평가와, 공립 또는 사립학교에서의 다양한 리더쉽이나 행정적인 역할을 포함하는 다양한 직업을 위한 기초자격으로 여겨지기도 한다. 이 용어가 의미하는 바가 어떤 종류의 지원이 제공되는지에 영향을 미친다. 예를 들어 지식의 전달과 연구 경험 사이의 균형이다. 이 연구에 관한 핸드북에서, 저자는 학계에 남기를 희망하는 연구자들의 지원에 중점을 두고 논의를 하려 한다.

비록 소수의 대학원들이 Kilpatrick과 Spangler(11장)가 제시한 특성을 가지고 있지만, 그 이야기는 저자가 잘 알고 있는 영어사용권 국가들에 있어서의 성공 사례이다. 대학원 교육에 대한 지속적인 수요가 있다. 또한 학생들이 석사 또는 박사학위 등의 정해진 코스를 통해, 대부분이 예정된 시간에 졸업을 한다. 실제로, 학생들의 졸업이 늦추어지는 경우 대학에 대한 성토로 이어지고 이는 중요한 문제가 된다. 박사학위는 학계나 다른 수준 높은 직업에 대한 접근성을 부여한다. 일류 대학들은 학위논문이나 연구논문들의 검토와 아울러 지도교수의 추천서와 명망을 통해 평가된 가장 우수한 사람들을 교수로 뽑는다. 학계에 남기를 원하지 않는 사람들은 대체로 교육계나 다른 영역에서 흥미있고 보수가 좋은 직업을 찾을 수 있다.

대학원 교육의 심화 발전을 위한 아이디어들이 있다. 예를 들어, 교실에서의 반성적인 교수관행을 도모하고 연구와 실제의 간극을 좁히는데 도움이 되도록 모든 교사 연수과정에 연구에 대한 훈련을 포함시켜야 하는가? 더 많은 교사들이 설계 연구와 공학적 연구 프로젝트의 적극적인 파트너가 되어야만 하는가? 이러한 접근 중의 하나로서, 이 핸드북에서 Ruthven과 Goodchild(22장)가 서술한 교사와 연구자간의 대화를 통한 상호작용이 교사연수로서 아주 훌륭한 것 같다. 그러나 다른 연구를 바탕으로 한 교수 모델들은 설계의 책임을 교사 파트너에게 부여하는데, 이는 Cobb, Jackson, Dunlap(20장)이 주목하였듯이, 대규모의 연구에서는 잘 이루어지지 않을 것이다. 그러나 이러한 아이디어들은 대학원 교육의 장이 건강하고 살아있음을 보여주는 또 다른 징표다.

다소의 우려도 있다. 예를 들어, "시장의 수요" 문제이다. 평균적으로 교수가 정년보장 직위를 25년간 가지고 있는 상태가 지속된다면, 단지 한두 명의 박사학위자만이 "세대교체"를 위해 필요한 현실이다. 이러한 현실에서 대학원 교육이 교수직 이외의 다른 전문직을 대비해 대학원생들을 준비시키는 일에 충분히 관심을 가지고 있는가? 사회과학 전반에 걸친 연구방법에 대한 광범위한 교육이 도움이 될 것인가?

연구공동체를 위하여

언뜻 보기에, 학자들이 공동체를 위한 일을 잘 하고 있는 것처럼 보인다. 세계적으로 수십만 명의 사람들이 교육적인 연구활동을 하고 있다. 미국만 하더라도 20,000여명의 사람들이 미국교육연구협회(AERA) 연례학회에 참여하기 위해 자료를 찾는데, 이 협회는 수학교육을 비롯한 다른 분야에 있어 특별한 관심을 가진 그룹들로 이루어진 단체이다. 참여하는 학자들의 연봉은, 현재의 모든 다른 재원을 합한 것보다도 더 많은 막대한 연구비가 투자됨을 보여주고 있다.

연구공동체에서의 과정은 순조롭게 진행된다. 논문이 쓰여지고 광범위하게 유통되고 철저한 심사과정을 가지고 있는 학술지에 출판된다. 중요한 결과는 이 핸드북과 같은 책에 함께 수록된다. 교수들은 임명되고, 정년을 보장 받고, 공동체를 만족시키는 방식으로 연구의 질을 강조한 심사기준에 따라 승진된다. 비슷한 기준에 따라 부여되는 연구지원금은 연구자들로 하여금 연구를 확장시키고, 지원금을 제공한 사람의 요구에 부합하는 더 많은 논문과 보고서를 산출해내도록 한다. 이 모든 것이 자부심의 발로가 된다. 그렇다면 염려되는 부분은 무엇인가?

학계는 또 다른 주요 업무사항도 있는데, 특히 교수(teaching)와 행정업무이다. 모든 영역의 학문적 연구의 전통에 있어 다양한 역할이 있으나, 교육분야에서 연구시간은 종종 교수와 행정과 같은 다른 좀 더 긴박한 요구들에 의해 밀려난다. 또한, 시간이나 재원과 같은 다른 압력들에 의해 연구 활동에 제약을 받기도 한다. 학술지 게재 활동은 매년 유지되어야 하고, 각기 주어진 연구시간내에 이루어져야한다.

대학 내외에서, "순수" 또는 "응용"의 연구분야와 비교할때, 교육분야에서 얼마나 소수의 사람들이 연구직으로 고용되었는지 주목할만하다. 이는 외부 연구지원비의 직접적인 규모를 보면 알 수 있다. 예를 들어, 교육학을 포함한 모든 사회과학[8)]을 총망라하는 영국의 경제사회 연구위원회(Economic and Social Research Council)는 전체 위원회 예산의 겨우 5% 정도만을 받고, 교육학은 이 중 일부만을 받는다. 이는 분명히 정책수립자의 시각이 교육의 상대적인 중요성을 반영하지 않고 있으며, 교육학 연구가 대중들의 시각과 학계의 조직에서 낮은 위치를 차지하고 있음을 반영한다. 잃어버린 기회가 있지는 않은가?

다른 분야로부터 배울 수 있는 점은 무엇인가? 부유한 국가들의 경우, "순수" 학문의 극단에 있는 물리학 영역에서는 주요한 도전을 처리하는데 필요한 연구력의 대부분을 차지하고 있는 많은 박사후 과정 연구원들이 연구지원 체계를 통해 지원을 받는다. 각 연구문제의 규모에 적합한 인적자원을 제공하기 위해 국제협회들도 구성되어 있다. 유럽핵입자물리연구소(CERN)에서 수행하는 대형강입자가속기(Large Hadron Collider) 연구의 두 주요 실험 집단에서는 각기 수 천명의 박사후 과정 과학자들이 상근직 또는 비상근직으로 일하고 있는데, 그 중 많은 사람들이 자신의 학문적 일생의 반 이상을 그 프로젝트 연구에 소요했다. 이는 극단적 예이고 많은 물리학자들이 이런 방식으로 연구하기를 원하는 것은 아니다. 대다수의 물리학자들은 작은 문제들에 대한 소규모의 연구를 수행하는 방식을 선호한다. 그러나 이것과 관련지어 언급하고자 하는 바는, 진정으로 중요한 큰 문제를 효과적으로 다루기 위해서는 막대한 집단적 노력이 필요하며, 연구공동체들은 오랜 기간에 걸쳐 그러한 도전을 충족하기 위해 이러한 방식으로 조직을 운영해왔다. 어떻게 이러한 규모의 연구지원이 가능했는가? 물리학자들의 매우 가시적인 과거의 업적들(예를 들어, 레이더, 운영분석 [operations research], 폭탄과 핵무기, 인터넷, 등)은 대중들이 물리학 연구가 장기적으로 도움이 된다는 신념을 가지게 했고, 그래서 존경과 충분한 지원을 받을 가치가 있다고 믿게 하였다.[9)]

우리 사회는 교육을 학생들의 학습 여부가 성공의 주요척도가 되는 "응용" 분야로 여긴다. 이와 비교되는 영역으로 공학(engineering)을 들 수 있다. 공학은 잘 수립된 연구를 바탕으로 한 "응용" 영역으로서 100여년의 체계적인 연구와 개발의 역사를 가지고 있고, 현재 확고한 이론적 바탕에 입각해 있는 학문이다. 공학 연구공동체에는 기관의 지원을 받는 대학의 상근직 연구원들이 있으며,

다른 이들은 산업체에서 일하고 있다. 이들은 함께 공학적 문제에 대한 통찰을 수집하고 물리학이나 다른 기초과학 연구에도 참여를 한다. 또한 종종 회사들과 협력하여 새로운 기기를 만들고 시험제작원형(prototype)을 개발하는데 도움을 준다. 이들은 후에 체계적으로 개발되며, 시험제작원형은 사용자들이 잘 작동할 수 있는 견고한 제품으로 전환된다. 이 예시와는 반대로, 교육분야에서는 연구를 기반으로 하는 산업체가 거의 전무하다. 어떤 연구집단이 자신들의 아이디어를 실제에서 잘 활용되는 견고한 제품으로 만들고자 한다면, 공학적 연구의 특성인 개발과 실험을 직접 수행해야만 한다. 저자는 연구에 기반을 둔 산업체 부족의 주요 요인이 교육학적 상품에 대한 진지하고 심도 있는 평가의 부족 때문이라고 생각한다. 단지 “무엇이 작동하는가”뿐만 아니라 “무엇이, 누구에게, 어떤 상황에서 나타나고, 이것을 어떻게 하면 보다 더 낫게 만들수 있는가”에 대한 심도있는 평가가 필요한 것이다.

의학은 아마도 교육학이 가장 많은 것을 배워야할 영역일 것이다. 한 세기 전에 의학은 대체로 주요한 지식의 원천이 경험 많은 의사들이었던 “기술 중심의” 영역이었다. 그 의사들은 자신들의 통찰을 글로 쓰거나 직접 만나 설명하는 것을 통해 나누었다. 해부학이나 생리학 등에 대해 많은 것이 알려져 있었지만, 연구는 “학문적”인 것으로 여겨졌고, 일반의사나 외과의사들이 실제로 하는 일에 미치는 직접적인 영향은 거의 없었다.[10] 그러나 미국의 Flexner(1910)보고서 이후, 상황이 점차적으로 전환되어갔다. 인체와 병리학은 주요한 미해결 문제를 지니고 있으며, 여전히 많은 기초적 의문들이 있었다. 그러나 체계적인 실증적 연구를 통해 산업체와 연계하여 결과 및 후속 제품의 개발과 치료과정에 대한 이론적 분석을 동시에 진행하면서, 이 영역에서 점진적 전환을 이루어냈다. 의료의 실제는 이제 상당히 이론을 기반으로 하고 있으며, 실증적인 연구와 개발은 주로 이론이 부족한 경우 치료를 정교화하기 위해 이루어지고 있다. 영국의 예를 들면, 국립보건임상연구소(National Institute for Health and Care Excellence: NICE)는 치료방법을 연구의 효과성과, 다소 논란의 여지가 있기는 하지만 가격대비성[11]에 대한 구체적 기준을 가지고 최적의 연구증거를 이용해 평가하고 있다. 국제적으로, Cochrane Collaboration은 중요영역에 걸쳐 많이 분산되어 있는 연구들의 결과를 정제하고 통합하는 일을 함께 하는 대규모의 연구자 집단이다. 비록 혁신이 거의 모든 영역에서 이루어져 왔지만[12], 교육학이 좀 더 연구를 기반으로 한 실행의 영역이 되고자 하기에, 우리에게 중요한 교훈을 주는 두 사례를 언급하고자 한다.

첫 사례는 Alexander Fleming에 의해 이루어진 페니실린의 발견이다. 이는 학계와 산업계의 협력이 필연적인 항생제에 대한 폭발적인 연구 및 개발, 그리고 우리가 잘 알고 있는 의료서비스에 지대한 영향을 미쳤다. 여기서 중요한 점은 연구에 관한 대중의 인식에 미치는 효과이다. 물리학에서의 큰 영향력이 있었던 발달들과 마찬가지로, 대중들이 그 가치를 알아보고 의학 연구에 대한 후속적인 지원을 보장하도록 했던 것이다.

두 번째 사례는 1952년 Crick과 Watson이 발견한 유전자 구조이다. 후에 이것이 "유전자 감식"과 같은 유용한 발명을 초래했지만, 본래 이 발견은 항생제와 견줄만큼 대규모로 의료서비스에 영향을 주지는 않았다. 그러나 협력적이고 경쟁적인 노력을 통해 이러한 잠재성이 개발되었다. 인간 유전체의 첫번째 배열을 찾기 위해 십년에 걸친 국제적 협력이 있었고 30억 달러의 비용이 소요되었다. 이십년 후에, 좀 더 정제되고 자동화된 과정을 통해 그 비용이 몇 천 달러로 감소되었으며, 개인의 유전자에 따른 맞춤형 치료의 전망을 제시했다. 이는 사회적 공익을 위하고, 신뢰성 있는 전망을 제시하는 대규모 협력은 수십 년 후까지도 큰 지원을 받을 수 있음을 시사하고 있다.

이러한 "개념 증명"의 사례들은 어떻게 연구공동체들이 존경을 받고, 더 나은 지원을 받을 수 있으며, 사회 내에서 더 영향력을 미칠 수 있도록 조직되고 운영될 수 있는지를 보여준다. 이 사례들은 사회에 미치는 매우 가시적인 영향이나 대중에게 인식된 잠재력을 통해 어떻게 주요한 지원을 유치할 수 있는지를 보여준다.[13] 다음으로 수학교육에서의 연구가 어떻게 이러한 방향으로 나갈 수 있는지에 대해 논하겠다.

학교의 학생들을 위하여

수학에 있어 많은 학생들이 여러 차원에 걸쳐 현저히 향상되어야 할 필요가 있다는 것에 대해 세계적으로 전반적인 동의가 있다. PISA, TIMSS 등에서 제시한 포괄적 목적, 미국수학교사협의회(National Council of Teachers of Mathematics [NCTM])의 규준, 최근의 미국의 공통핵심교육과정, 그리고 다른 나라들에서 제시한 더 간략한 지침서들 간에 많은 공통점이 있으며, 이는 최소한 수행목표에 있어서 국제적 수학교육 공동체 간에 걸쳐 광범위한 동의가 있음을 반영하고 있다. 또한 현 상황에 대한 불만족에 있어서도 마찬가지이다. 수학교육과정에 대한 국제적 검토를 위해 이를 요약하면서, 저자는 다음과 같이 기술했다.

> 세계적으로 수학교육의 성과란 무엇이냐에 대해 매우 유사한 목적의식을 가지고 있는 것 같다. 즉, 학생들은 광범위한 수학적 기술, 그의 바탕이 되는 개념들에 대한 깊은 이해, 수학과 일상에서 그리고 교실 밖의 상황에서 야기되는 문제를 해결하기 위하여 수학적 기술과 이해를 융통적이고 효과적으로 이용할 수 있는 능력을 지녀야만 한다. 학생들은 가능한 수학을 흥미있게 즐기면서 배우고 사용할 수 있어야만 한다. (Burkhardt, 2014, p. 14)

저자는 이러한 목표가 어떻게 달성될 수 있는지에 대해 상이한 우선순위와 신념을 가지고 있는 사람들에 대해서도 설명하였다. 그 결과는 저자가 요약한 광범위한 목표들을 좀 더 소규모화 하는 것이다. 기초 기술을 중시하는 사람들은 비정형적 문제들을 해결하는 것이 중요하기는 하지만 학생들이 “기술에 대한 확고한 기반”을 다질 때까지 기다려야만 한다고 믿는다. 실제로 대부분의 학생들이 이 단계에 도달하지 못한다. 그들은 어린이들이 (필연적으로) 단순한 수학을 이용하여 실생활 문제를 생각하는 능력을 “사소한 것”으로 폄하한다. 이와는 대조적으로 수학적 소양을 중시하는 사람들은 마지막 사안을 중요하다고 본다. 이들은 단지 비슷한 연습문제를 통해 재생산될 수 있는 고등수학에 대한 지식을 습득하는 것에 낮은 우선권을 둔다. 이는 중등학교에서 모든 수학을 처음 배웠던 대부분의 성인들이 취하는 입장이다.

그러나, 이 장의 촛점은 특정한 수행 목표를 논의하고자 하는 것이 아니다. 오히려, 논의의 촛점은 어떻게 연구가 학생들로 하여금 이러한 목표를 달성할 수 있도록 학교체계를 잘 도울 수 있는가이다. 소규모의 목표가 달성하기 더 쉬울 수 있다는 것이 사실이기는 하지만, 여기서 저자는 위에서 요약한 광범위하게 받아들여지는 목표에 대해 계속 논의하고자 한다. 이는 소규모로 일부 교실에서는 달성되어 왔지만, 세계적으로 대다수의 교실이 속한 그 어떤 학교체계에서도 달성하지 못했던 목표이다. 저자의 다른 논문에서는 왜 이렇게 되는지에 대해 분석을 하였다(Burkhardt, 2014). 이 논문에서는 학교체계가 이처럼 잘 알려진 도전을 해결할 수 있도록 하기 위한 연구공동체의 실제적이고 잠재적인 역할에 중점을 둔다.

이 핸드북에 요약된 것처럼, 수학교육 연구가 비교적 양호한 상태라면, 왜 정책수립자들이 개선을 추구할 때 최우선적으로 연구공동체에게 도움을 요청하지 않는가? 그것은 자문이 결여되었기 때문이 아니다. 자문을 제공한다 해도 그것은 정치인들 자신의 “시각”보다 더 큰 타당성을 갖지 않는 단순한 의견으로 치부된다. 앞서 논의한 잘 정립된 연구를 기반으로 한 응용 분야와는 매우 다르게 왜 이런 일이 벌어지는 것일까?

이 무기력의 배후에 있는 많은 요소 중 하나는, “전문가들” 간의 명백한 의견 대립이다(예를 들면, 기초 기술 대 문제해결; “발음 중심 교육법” 대 혼합 읽기법; 교육 공학 도구의 사용의 범위와 시기의 문제, 등). 이러한 대립은 종종 무엇을 강조하느냐와 전략적 설계의 차이에서 야기된다. 그러나 저자는 이것이 그 이상의 문제라고 생각한다. 내적 요구와 연구공동체에서의 제약이 필연적으로 충돌하는 학계의 가치체계가 더 심각하게 정책과 실제에 대한 영향력을 제한시킨다고 생각한다.

이론: 누구를 그리고 무엇을 위한 것인가?

저자는 교육 연구를 주도하기도 하고 저해하기도 하는 가치체계 내에서의 관계들에 대해 다소 심도있는 고찰을 하고자 한다. 이는 이론, 예시, 설계 등을 포함한, 연구의 분석적이고 창의적 측면 간의 관계들이다. 학계는 전통적으로 분석적 연구를 고수한다. 인문적 전통에서, 통찰은 질적 평가의 주요 기준 중 내적 및 외적 타당성과 독창성에 대해 비판적 논평의 형식으로 표현되어 왔다.

교수들의 창작물인 소설이나 희곡은 아무리 좋다하더라도 학문적으로는 "작은 변화"로 여겨져 왔다. 음악과에서 조차 연주나 작곡은 중점이 되는 음악이론과 음악사에서 약간 벗어나 있다. 학문적 공학 역시 연구와 교수에 있어서의 설계보다는 이론에 관한 것이었다. 하지만, 최근 수십 년 동안 이러한 양상이 바뀌기 시작했다. 화가나 음악가들이 교수로 임명되고, 독창적 설계에 있어 성취를 이룬 공학자들도 마찬가지였다. 비록 연구가 실제적인 영향에 의해서보다는 학술지 논문으로 더 많이 평가를 받고 있는 것이 현실이지만, 설계 연구(Brown, 1992)와 교육에서의 공학연구(Burkhardt, 2006)가 학문적 타당성을 인정받고 있다.

궁극적인 통찰 중심의 학문적 추구를 하는 과학은 어떠한가? 앞서 언급했듯이, 비록 교육학 전반에서는 아니라 할지라도, 과학적 전통이 수학교육 연구에서는 팽배하다. 과학은 이론 수립을 하는 것이다. 따라서 교육학과 긴밀하게 비교해보는 일은 의미가 있다. 첫째, 두 분야에서 최종적인 보상은 광범위한 현상을 간략히 설명하는 원대한 이론이다. 광범위하면 할수록 더 좋다. 뉴튼의 운동과 중력의 법칙은 이의 전형적인 예이다. 이는 매우 적은 또는 매우 큰 거리에서 모두 이해가 잘 되는 한계의 범위를 가지고, 태양계에서 롤러코스터에 이르기까지 광범위한 현상을 정확히 설명하고 예측하는 단순한 수학적 규칙의 거대한 위용이다. 비록 어떤 이론 물리학자들은 전생애를 뉴튼이 되려다 만 채로 보내기도 하지만, 대부분의 과학자들은 이런 방식으로 연구를 하지 않는다. 과학적 연구에 있어 압도적인 대다수의 이론 수립은 한결 더 수수하게 현상적이고 총체적인 방식으로 이루어진다. 건축으로 비유를 한다면, 사람들은 점차 확장해가는 이론의 수립에 있어 벽돌을 몇 장씩 추가하고, 가끔 그들이 매우 훌륭하거나 운이 좋다면, 새로운 부속건물을 짓기 시작할 것이다. 항상 전체 구조에 미치는 공헌도가 주요 판단기준이 되는데, 판단기준은 실험을 통한 이론적 예측에 대한 동의에 의거하여 이루어진다. 예를 들어, 비행기의 디자인은 뉴튼의 운동의 법칙과 같은 종합적 이론(global theory)과 금속에서 공기에 이르는 물질의 성질에 대한 국부적 현상학적 이론(local phenomenological theory)에 기반을 둔 방대한 양의 실험들을 통합한 결과에 의존한다. 예를 들어, 응력을 받을 때 금속이 얼마나 늘어나는지 뿐만이 아니라, 그것이 언제 파괴되는지에 대해 확실히 아는 것이 중요하다. 비행할 수 있는 사전제작원형을 컴퓨터 상에서 디자인할 수 있을 정도로 강력한 이론이 있다고 할지라도, 실험을 거쳐 풍부하고 상세한 피드백을 통해 세심하게 개발을 해 나가는 것이 항공공학의 필수적인 부분이다.

이러한 견지에서 교육학 이론은 무엇을 바탕으로 정립되어 있는가? David Kirshner(4장)는 연구자들이 교수 및 학습을 바라보는 방대하고 다양한 방식을 제시했다. 행동주의와 다양한 성격의 구성주의 등과 같은 주요 이론들이 있다. 그러나 과학적인 관점에서 보면 이것들은 사실이기는 하나 불완전하고 타당성의 경계가 잘 정립되지 않은, 이론이라기보다는 효과이다. 어떤 성과나 과정의 설계를 위해 이러한 이론들을 이용할 때, 지나치게 열정적인 옹호자들이 보다 광범위한 학습목표와 관련된 이론의 한계점을 무시하고 학생들의 교육에 해를 끼치는 경우가 종종 있다. 잘 알려진 예로 전적으로 행동주의자의 입장에서 설계된 수학교육과정을 들 수 있다. 또 다른 이론적 공헌은 특정한 현상에 대한 가치 있는 통찰을 제공한다는 것이다. 그러나 이러한 통찰들이 가끔 근본적인 것이 아닌 어감이나 용어만을 달리하여 중복되는 것이 보인다. 이는 비평으로서는 괜찮지만 일관성 있는 이론의 구축을 위해서는 도움이 되지 않는다.

교육에서 잘 수립된 현상학적인 이론들이 있다. 그러나 이러한 이론들 역시 포괄적 목표라는 더 큰 틀을 무시한채 지엽적인 성공만을 거두고 있는데, 이것이 지나치게 부풀려지는 경향이 있다. 예를 들어, 연습 자체만으로도 학생들로 하여금 산술이나 대수의 과정을 "숙달"하게 할 수 있다. 그러나 이러한 기술들의 유지를 위해서는 그것들이 왜 작동되는지에 대한 개념적 이해를 하거나 지속적인 심화연습을 필요로 한다. 그러나 인생은 너무도 짧고, 그러기에는 너무도 많은 서로 상이한 수학적 기술들이 있다. 그럼에도 불구하고 이 접근은 세계적으로 학교현장에서 여전히 광범위하게 이용되고 있다. 마찬가지로, 아동들로 하여금 단어를 소리로 분해하도록 하는 발음중심교수법(Phonic teaching)의 효과는 잘 정립되어져 있다. 그러나 발음이 지배적인 읽기 전략은 이해와 즐거움이라는 전반적인 목표를 위한 읽기를 지체시킬 수도 있다.

포괄적이거나 지엽적인 이러한 이론들을 보강하기 위해, 교수 학습에 대해 깊이 있고 흥미있는 통찰을 제공하는 많은 소규모의 실증적 연구들이 있다. 그러나 이들은 가능성을 넘어 보다 더 광범위한 타당성을 보장하지는 않는다. Alan Schoenfeld가 이전의 핸드북에서 다음과 같이 기술하였다.

> 매우 많은 양의 교육학 연구가 "주목을 받을만한 관점, 현상, 해석이 있으며" 그 궁극적인 가치는 모두 탐구적이고("우리가 실제의 이러한 측면에 관심을 가져야 한다"는 식으로) 보다 심도있는 연구를 위한 초석이 된다는 식이다. (Schoenfeld, 2002, Section 4, p. 470)

Schoenfeld는 연구의 결과물에 대한 이처럼 놀랍도록 겸손한 수준의 자신감에 대해 다음과 같은 세가지 차원의 효과성을 가지고 추적했다.

> 신뢰성: 주장이 얼마나 본질적인가?
> 일반성: 이 증거가 어느 정도 범위의 현상을 다루는가?
> 중요성: 우리가 얼마나 관심을 가져야 하는가?
>
> (Schoenfeld, 2002, Section 4, pp. 466-467)

주어진 시간과 노력의 한도 내에서, 세 가지 차원 간에는 상호보완적인 측면이 있다. 신뢰성에서 높은 점수를 얻은 연구들이 출판된다. 간혹 일반화를 위한 실증적 증거를 얻기에는 시간과 자원이 부족한 경우가 있다. 이럴 경우 잘 정립된 범위 내에서 각 주요 변인을 적절히 상황들 내에서 연구를 하는 것이 필요하다. 중요성의 문제는 종종 연구자의 시간과 자원의 제한에 맞게 연구의 규모를 더 이상 축소할 수 없게 한다.[14)]

비록 각기 유용한 통찰을 제공하겠지만, 중복된 이론들의 증가는 바람직하지 않다. 이론적 힘은 가급적 단순하게 표현되고, 구체적인 현상의 범위에서 필수적인 특성을 기술하는 소수의 이론으로부터 나온다. 교육에서 "축소"는 현상학적으로나 분석적인 비판에 있어 모두 경멸적인 용어로 취급된다. 그러나, 강력한 이론은 필연적으로 단순하다. 현상과 관련된 모든 필수적인 것을 유지하는데 있어 어려운 점은, 오직 그 필수적인 것만을 유지해야 하는 것, 즉 중요한 것을 쓸데없는 것과 함께 버리지 않아야 한다는 것이다. 그래서 뉴튼의 천체운동에 대한 분석은 각 행성을 하나의 질량으로 간주한다. 이는 천체운동 분석을 위한 목적에는 부합하지만, 가령 일기예보 목적을 위해서는 그렇지 못하다.[15)]

용어의 사용 또한 낭비적이다. Lyn English와 Julie Gainburg는 12장의 서두를 "문제해결"의 의미에 대한 다양성을 지적하는 것으로 시작했는데, 이는 수십 년 전에 Jeremy Kilpatrick(1981)이 언급했고, 지금도 여전히 사용되고 있는 용어이다. 저자들은 "전통적으로, 문제는 해결자가 정답에 어떻게 이르는지 알지 못하는 과제라고 정의되어져 왔다"(p. 401)라고 언급하고 있다. 그리고 나서 중요한 문제의 핵심 사안인 문제해결과 21세기의 세계적 요구의 관계를 논하기 이전에, 다른 방식으로 이루어져 온 "문제와 문제해결" 방식의 중복성과 사용방식에 대해 조사를 했다. 용어에 대한 전반적인 동의에 도달하는데 있어 그간 다소의 진전이 있어왔다. 1989년 NCTM의 규준에서 사용한 측정(evaluation)이라는 용어는 많은 의미를 가지고 있었다. 저자를 비롯한 다른 사람들은 정제된 용어의 사용을 주장하였다. 즉, 평가는 학생들의 활동과 관련된 용어, 감정(appraisal)은 교사들과 다른 전문가들의 수행에 관련된 용어, 그리고 다양한 프로젝트나 프로그램을 위한 측정(evaluation)이라는 용어들을 사용하도록 주장하였다. 그러나 평가라는 용어만 광범위하게 채택되었다.

용어와 이론의 남발은 설계자나 정책수립자들이 신뢰할만하고 일관적 구조를 정립하는 확고한 기반을 개발하는데 있어 도움이 되지 않는다. 비록 모든 학생, 교사, 교실이 각기 유일무이하지만, 수학교실에서 관찰되는 현상 간에는 많은 공통성이 있다. 심지어 매우 객관적인 관찰자조차도 이론과 용어가 어느 정도 통합이 되기를 바랄 것이다. 이는 공동체 전체의 노력을 통해서만 달성될 수 있다. 그러나 현재로서는 이를 위한 장치도 관심도 없어 보인다.

학문적 가치체계

어디서 이러한 유형의 연구가 시작되었는가? 앞서 저자는 교육학 연구공동체가 각기 다른 연구와 학문적 성취에 대한 시각을 갖는 전통들에 대해 생각해 볼 것을 제시하였다(대략적으로 인문학, 과학, 공학과 같은 연구전통). 그리고 대부분의 연구자들이 연구를 하는데 갖는 시간적, 자원적 제약에 대해 주목하였다. 이러한 제약은 무엇이 "좋은 연구인가"에 대한 가치가 다음과 같은 학계에서 선호하는 연구 우선순위로 나타나고 있음을 보이고 있다.

» 기존 연구의 반복이나 확장보다는 새로운 연구
» 신뢰할 수 있는 결과보다는 새로운 아이디어를 내는 연구
» 동의를 얻기보다는 분쟁을 조장하는 연구
» 일반성보다는 신뢰성을 추구하는 연구
» 연구팀의 구성원보다는 제 1 저자가 되는 연구
» 공동 연구보다는 개인적 연구
» 큰 프로그램보다는 작은 규모의 연구
» 결과물이나 과정보다 학술지 논문에 실리는 연구

이러한 우선순위는 정책과 현장의 실제를 향상시킬 수 있는 도구와 과정의 설계에 있어 필요한 신뢰성의 토대를 제공하기 위해 필요로 하는 우선순위와 정반대이다. 이러한 가치는 이미 존재하는 친숙한 개념을 다른 용어로 언급하며 재 연구를 하는 것을 조장하고, 이는 밀접하게 관련되어 있는 이론적 관점들의 중복을 유도한다. 이러한 우선순위는 기존의 이론을 강화하기보다는 새로운 관점을 제시하는 것이 더 보상받는 일임을 보여주고 있다.

이러한 교육학 연구에서의 관습은 소규모의 연구분야에 대해 우선순위를 두는 것을 끊임없이 조장한다. 다른 분야의 연구에서는 이런 방식이 절대적이지 않다. "개인적인 연구"는 보통 작은 문제나 증거에 대한 실험이 거의 없음을 의미한다. 진정한 공동연구팀에서 "제 1 저자"가 되는 것에 우선순위를 두는 것은 보통 부적절한 일이다. 만일 필수적인 공헌을 하지 않은 사람들이 있다면, 그들은 논문저자로 들어가서는 안 된다. 물리학의 경우, 다수의 논문저자가 있을 때, 연구팀 구성원의 이름을 알파벳순으로 적는 것이 관례이다. 공동연구에서 어떤 저자가 어떤 일을 했는지를 알아야 할 필요가 있으면 문의를 할 수 있다.

분쟁은 이론의 확립을 저해한다. 각기 다른 전통을 따르는 연구자들이 연구의 질을 판단하는데 있어 서로 동의하지 않는 경우가 종종 있다. 최근 큰 학교의 교육학과에서 연구의 질에 대한 공통 기준에 대한 합의를 구하려는 시도를 했다. 이를 위해 중진교수로 이루어진 평가단이 우수한 평판을 받은 여섯 개의 서로 다른 종류의 논문에 대해 질적인 순위를 각각 매겼다. 이들 간의 순위는 서로 일치하지 않았다. 심지어 어떤 사람들의 순위는 다른 사람들의 것과 역순이었다. 이 결과는 위

에서 언급하였듯이 가령, 상상력과 글쓰기의 질, 그리고 실증적 증거 간의 경우처럼, 서로 다른 우선순위를 반영하는 것이다.

교육학 연구 공동체가 교육의 실제에 미치는 총체적인 영향력이 제한적이라는 것이 그리 놀라운 일은 아니다. 실제로 미약한 데이터 기반과, 상위 수준의 학습 목표를 표방하는 미미한 현상학적 연구와 아울러, 전반적인 수준에서 상호 모순되는 시각들이 있음을 볼 때, 그 총체적 영향력은 부분적 연구들을 합한 것보다도 못하다. 다음 절에서, 어떻게 하면 연구공통체의 훌륭한 기술들이 새롭게 방향을 전환시킬 수 있고, 대규모의 총체적 노력이 보다 더 영향력 있도록 할 수 있는지에 대한 방안을 살펴보겠다.

고정관념에서 벗어나 다소 포부가 큰 행보를 보이는 연구들도 있다. 이는 우리가 무엇을 성취할 수 있는가를 보여준다. 포괄적 관점과 광범위한 학습목표의 틀 내에서 확고한 현상학과 우수한 공학을 발전시키기 위해 광범위하게 성취될 수 있는 것들의 예이다. 이러한 연구들은 다음에 이어지는 건설적인 내용들의 기반을 제공한다.

학생들에게 어떻게 더 나은 서비스를 제공할 수 있는가?

저자는 이제 수학교육 연구공동체가 교육현장의 실제에 미치는 영향을 증가시킬 수 있는 행보에 대한 개관을 제시하고자 한다. 이는 궁극적으로 교실에서 학생들의 학습 경험과, 그들이 성인이 되었을 때의 삶의 질을 향상시키는 것이다. 지난 40여년간 수학교육 분야에서의 연구의 결과를 통해, 우리는 이제 어떻게 하면 일반 교사들이 학생들에게 수학을 더 나은 방법으로 학습하도록 지도할 수 있는지를 알게 되었다고 믿는다. 그러나 이 절에 제시된 사안들이 갖추어지지 않는다면 현실화되지 않을 것이다.

10년 전에 Schoenfeld와 저자는(Burkhardt & Schoenfeld, 2003) 현장의 실제가 연구에 의해 공생적으로 정보를 얻고 향상될 수 있는 영역들을 묘사하는 여섯 가지 특성을 서술하였다.

1. 연구실 규모에서 발생한 아이디어를 취해 현장의 실제에 사용할 수 있는 견고한 기제
2. 설계자들이 의존할 수 있는 통찰과 시험제작원형(prototype)의 도구를 산출해 내는 엄격하고 일관적인 연구방법과 보고의 기준
3. 일시적 유행을 최소화하고 이론의 각 측면에서 신뢰성 있는 범주에 대한 확실한 시각을 갖는 합리적이고 안정적인 이론적 기반
4. 연구와 개발에 있어 중요성을 갖는 견실한 작업에 요구되는, 비교적 오랜 시간에 걸쳐 이루어지는 대규모 과제를 수행할 수 있는 적절한 규모의 연구팀

5. 실현가능한 기간 내에 연구와 실제를 지원하기 위한 지속적인 연구금 후원
6. 아이디어와 결과물에 대한 개인적 및 집단적 책임감. 즉, 이것들이 연구자들이 주장한 상황의 범주에 걸쳐 주장했던 방식으로 작동되는가 하는 것이다.

위에 기술한 일부 영역에서 교육연구는 제한적이기는 하나 다소의 진척을 이루었다. 여기서 보다 급진적으로 전진해나갈 수 있는 구체적인 방안을 살펴보고자 한다. 공통 주제는 협력이다. 즉, 연구자들이 노력할 가치가 있다고 파악한 주요 도전들의 규모에 맞게 프로그램들을 구성하는 교육연구자 공동체 구성, 그리고 디자인과 개발에 있어 신뢰성 있는 기반이 되는 이론을 수립하고 강화하는 것들이다. 수학교육은 교육계를 주도해 나갈 수 있는 좋은 위치에 있다.

교육분야 전반에 걸친 향상을 위한 기제에 대해 논의하고자 한다. 여기에서의 핵심은 정책과 실제를 인도할 수 있는 강력한 협동적 연구와 프로그램의 개발을 점진적으로 수립하는 것이다. 즉, "거대과학(Big Science)"을 통해 배운 "거대교육(Big Education)"의 실현이다.

인정받는 지식의 수립

모든 연구분야에는 논란이 되는 영역들이 있다. 보통 이는 최첨단 연구에 국한된다. 각 분야의 핵심은 참이라고 받아들여지는 결과의 집합이며, 각각은 타당성의 경계를 정의하도록 해주는 다양한 보조연구들로부터 축적된 증거에 기반을 두고 있다.

교육적 사안들은 관심의 대상이 되는 다양한 현상에 대한 동의의 결여, 중복되는 이론적 시각에 따른 복합성들로 인하여 복잡하다. 사회전반의 주요 관심사인 수행목표에 중점을 둠으로써 문제를 줄여나갈 수는 있겠지만 이것이 근본적인 해결은 아니다. 예를 들어, 이전 절의 인용문에서 요약한 목표는 보편적으로 수용되지 않는 내용들이다. 즉, "인정받는 지식 체계"는 잘 규정된 범주의 현상과 목표에 달려있다. 이를 위해 두 가지의 연관된 요소가 필요한데, 바로 중요한 것이 무엇인지에 대한 동의와 그 상황에서 중요한 사실들을 확인하는 것이다.

과학에서는 대체적으로 각 분야마다 일단 지식체계가 수립된 후에, 관심을 갖는 현상들에 대한 동의가 이루어진다. 수학교육에서는 수학적 능숙함(proficiency)이란 무엇인가에 대한 논란이 여전히 존재한다. 다양한 "규준"이 전적으로 받아들여지지 않고 있다. 실제로 최근 수십 년간에 걸쳐 많은 갈등이 있어왔는데, 이는 능숙함에 대해 서로 다른 견해가 있었기 때문이었다. 따라서 연구는 조건적이어야만 한다. 만일 수학적 이해가 문제해결, 추론, 모델링을 포함하는 것이라고 규정한다면, 이와 관련된 지식 체계를 수립하는 연구를 할 수 있을 것이다. 반대로, 능숙함을 이미 알고 있는 절차를 되풀이할 수 있는 것으로만 규정한다면, 이와 다른 지엽적인 지식체계가 적절하다. 마찬가지로, 연구단위와 관련된 문제들이 있다. 어떤 이는 교수 연구란 교사의 행보를 연구하는

것이라고 믿을 수 있고, 다른 이들은 교수 연구라는 것이 학생의 학습을 필연적으로 포함하는 연구라고 믿을 수도 있다. 그러나 중요한 사항들이 여전히 미해결된 채 남아있다. 즉, 지식체계를 구축하기 위해서는 반복과 체계적으로 타당성의 경계를 조사하는 것을 포함한 일관성 있는 연구 활동을 필요로 한다는 것과, 앞서 서술한 학문적 가치 체계가 이러한 활동을 장려하지 않고 있다는 것이다.

연구결과들은 가설설정 및 확인, 반복, 동료 전문가의 심사 등과 같은 친숙한 과정들을 통해 수립되는 연구공동체의 사회적 산물이다. 이러한 확고한 기반이 없이는, 주요 사안에 대한 연구 결과가 계속 의견에 머물게 될 것이다. 다소 실현 가능성이 있다고 해도, 여전히 의견일 뿐이다.

기후변화는 복잡한 현상의 영역을 다루는 연구의 좋은 예이다. 대기 중에 있는 이산화탄소의 온난화 효과와 같이 질문이 필요 없는 기본 사실들이 있고, 또한 기후에 영향을 주는 요소들을 복합적으로 결합시켜 테스트한 광범위한 모델들이 있다. 과학자들은 모든 것에 의문을 가지고, 반복적으로 실험하고, 다양한 방식으로 데이터를 재분석해 왔다. 대안적 설명들이 추구되고, 모델화 되며, 다시 데이터를 분석하기도 한다. 결국 공동체가 내린 결론은 인간이 지구 온난화를 초래했고, 확실히 중요한 것은 그 결과가 심각할 수 있다는 것이다. 이것이 연구공동체 사업이다.

수학교육에서 인정받는 결과는 가볍게 다루어지며, 우선순위가 아니다. 앞서 논의한 이유때문에, 학문적 가치 체계는 이를 장려하지도 않고 보상을 주지도 않는다. 추측컨대, 대부분의 학자들이 자신의 소소한 연구 업적 목록을 적어 내려갈 수 있을 것이다. 그러나 이것이 중요한 것이 아니다. 일관성 있고 검증된 증거에 기반을 둔 연구공동체의 합의만이 그 목록에 힘을 실을 수 있을 것이다.

[표 29.2] 효과적인 수학교수의 원리 (출처: NCETM, 2012)

교수는 다음과 같을 때 더 효과적이다:

- **학습자의 기존 지식에 기반을 두었을 때:**
  이는 형성평가 기술의 개발과 학습자 개개인의 요구에 부합되게 교수를 수정하는 것을 의미한다.

- **흔한 오개념과 의외의 사항들을 발견하고 논의할 때:**
  학습활동은 현재의 생각을 드러내고, 불일치와 의외의 경우에 대한 "긴장감"을 조성하고, 논의를 통하여 해결할 수 있는 기회를 제공한다.

- **고차적 질문을 이용할 때:**

- **테크놀로지를 포함한 여러 교수자료들을 창의적이고 적합하게 이용할 때:**
  정보 및 의사소통을 위한 테크놀로지(Information and Communications Technology [ICT])는 수학 활동에 참여하게 하는 새로운 방식을 제공한다. 이는 역동적이며 시각적이다. 관계가 보다 가시적이 된다. ICT는 행동에 대한 피드백을 제공하고 상호작용과 학습자의 자율성을 향상시킨다. 그 연계성을 통하여, ICT는 자료에 대한 접근 및 공유의 수단을 제공한다. 보다 더 강력하게는, 학습자들이 질문은 단순한 기억보다는 설명, 적용, 종합적 능력을 도모할 때 효과적이다.

- **전체 학급과 상호작용하는 교수, 개별 활동, 협동적 소집단 활동을 적절히 이용할 때:**
  협동적 그룹 활동은 학생들이 개별적으로 생각할 시간을 가진 이후에 더 효과적이다. 활동들은 논증이나 무비판적 수용보다는 비판적이고 건설적인 논의가 장려될 때 더 효과적이다.

- **"정답 구하기" 보다 추론이 장려될 때:**
  간혹, 학습자들은 무엇을 배웠는가보다 무엇을 "해냈는가"를 더 염려한다. 피상적으로 내용의 범위를 다루는 것보다는 그 깊이를 목적으로 하는 것이 좋다.

- **풍부하고 협동적인 과제를 이용할 때:**
  이용하는 과제는 접근성이 있고, 확장 가능해야만 하며, 의사결정을 장려하고, 논의를 도모하며, 창의성을 장려하고, "만일 이렇다면?" 또는 "만일 그렇지 않다면?"과 같은 질문들을 장려해야만 한다.

- **수학 내외의 주제간 및 실생활과의 연계성을 창출할 때:**
  학습자들은 간혹 학습한 것을 일반화하거나 다른 주제 혹은 상황에 적용시킬 때 어려움을 느낀다. 연계되지 않은 상태의 개념들을 관련지어야 한다. 효과적인 교사들은 이 생각들 간의 가교를 형성한다.

자신들의 생각을 교실 내에서, 또는 교실 간에 공유할 수 있는 수단이 된다.

- **어려움을 회피하거나 예방하는 것을 추구하기보다는 그에 대처를 할 때:**
  효과적인 교수는 학습자들에게 도전을 제공하고, 높은 기대를 갖는다. 이는 "순탄한 길"보다는 극복할 수 있는 현실적인 장애물을 제공한다. 자신감, 인내심, 학습은 반복적인 성공을 통해서가 아닌 어려움에 대해 고민하는 과정을 통해 성취되는 것이다.

- **의사소통 활동을 통해 수학적 언어를 개발할 때:**
  수학은 우리가 상황을 설명하고 모델을 수립하고, 논리적으로 생각하며, 논쟁을 수립 및 유지하고, 정확성을 가지고 생각을 교환할 수 있도록 해주는 언어이다. 학습자는 수학에 대해 말을 할 수 있을 때까지 수학을 알지 못한다. 따라서 효과적인 교수는 구두로 표현되거나 지필로 표현되는 수학적 용어를 발달시킴으로써 수학의 의사소통적 측면에 강조를 둔다.

- **무엇을 학습했는가와 아울러 어떻게 학습했는가를 인식할 때:**
  무엇이 학습되어져야 하는지가 늘 학습활동 전에 기술되어질 수는 없다. 그러나 학습활동 후에, 학습한 내용에 대해 가급적 명시적이고 기억에 남는 방법으로 고찰을 하는 것이 중요하다. 효과적인 교사들 역시 학습활동이 이루어진 방식에 대해 반성을 하여, 학생들이 스스로의 학습능력을 계발할 수 있도록 한다.

최근 영국의 국가수학교육우수센터(NCETM)는 연구자와 교사들이 함께 효과적인 교수의 디자인 원리를 수립하는 그룹을 구성하였다(NCETM, 2012). [표 29.2]는 NCETM이 제정한 원리들을 요약한 것이다. 이 목록이 유일무이하다거나 반드시 옳은 것은 아니나, 이 목록은 과학적 연구의 시각으로 볼 때, 다음과 같은 중요한 성질을 가지고 있다.

» 합리적으로 구체적이다. 이 경우 설계의 원리를 효과적으로 구현했다

» 각 명제가 검증될 수 있다.[16] 차후의 연구와 개발은 타당성의 범주를 수립할 수 있다.

이 방식의 교수는 세계 곳곳의 수학교실에서 대세인 설명(explanation), 예제 풀이(worked examples), 연습문제(practice exercises)로 이루어진 3X 모델에 따른 교수와는 질적으로 다르다. 그렇기 때문에, 교사들에게 위에서 언급한 방식으로 일을 할 수 있도록 채비를 시키고 권한을 주는 방대한 노력을 시작하는 동안, 타당성의 범주를 수립하고, 이를 정제하는 것이 사회적으로 중요하다.[17]

이러한 종류의 다른 노력들이 있어왔는데, 유럽의 조직인 Committee of Education of the European Mathematics Society는 광범위한 수학 공동체를 위한 "수학교육에서의 확고한 발견"(EMS, 2011-13)이라는 보고서 시리즈를 발간하면서 이 문제에 대해 도전해 왔다.

이론적 모델의 검증

이러한 제안에 대한 검증은 연구공동체 내에서 견고하고 일관적인 협력의 수립을 통해서만이 효과적으로 이루어질 수 있다. 즉, 학생, 교사, 학습주제 등과 같은 중요한 변인들을 잘 계획된 범위의 전반에 걸쳐 각 연구팀들이 구체적인 질문에 대해 연구하는 것이다. 많은 예들이 있지는 않지만, 하나의 사례를 들어보겠다. 지난 35년간에 걸쳐, Alan Bell, Malcolm Swan, Shell Centre 팀은 [표 29.2]에 있는 많은 원리들을[18] 구체화한 "진단적 교수"에 대한 일관된 연구시리즈를 수행했다. 초기에는 소규모의 연구들을 학생, 수학적 주제, 그리고 실험적 교수자료의 설계자들이라는 세 가지 핵심 변인들에 걸쳐 타당성을 살펴보았다(예를 들어, Swan, 1980; Birks, 1987; Bell, 1993). 차후에 Swan(2006)이 광범위한 참고자료들을 가지고 설명한 좀 더 포괄적인 연구시리즈에는 교사 변인도 포함되었다. 그 당시 기준이 되었던 직접교수와 비교해 보았을 때, 이 "진단적 교수(Diagnostic teaching)" 프로그램은 [그림 29.1]에 제시된 바와 같이, 학생들이 보다 향상된 장기적 학습 성취를 이룬다는 공통적 패턴을 보여주었다.

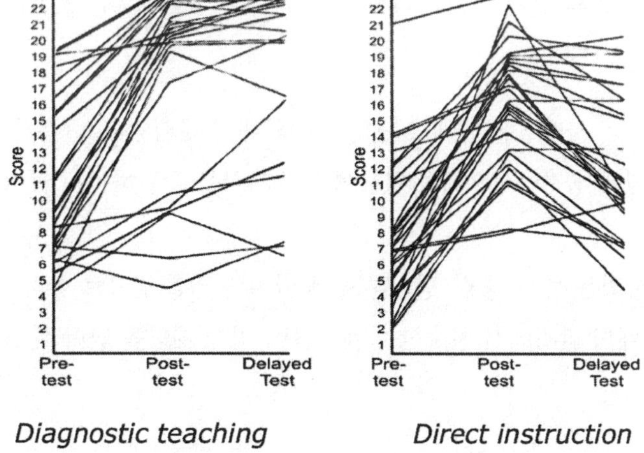

[그림 29.1] 사전, 사후, 연장된 사후 검사를 통한 평균값(Birks, 1987)

요지는 다음과 같다. 일관성 있는 프로그램과 관련된 광범위한 변인에 대한 가설의 탐구로부터 찾아낸 이러한 공통적 패턴만이 원리를 검증하고 수립할 수 있다. 일관성 없이 진행되는 소규모 연구들은 개별적으로는 신뢰성이 있을 수 있겠으나, 일반화를 보장하지는 않는다. 그것들은 구체적인 실험에 대한 연구이지 설계 원리에 대한 연구가 아니다. 한 단원을 지도하는 동안 대부분의 학습 내용이 지속적으로 손실되는 것을 보여주는 오른쪽 그래프는 교사들에게 아주 친숙한 상황이다. 이러한 현상은 진단적 교수의 접근에서는 일어나지 않는다. 이러한 주요 결과는 다양한 "유사" 연구에 걸쳐 일관되게 나타난다.

물론, 이러한 프로그램이 독창적인 원리들을 수립할 것이라고 할 수는 없지만(이 경우 수업 설계에 있어서), 다른 원리들에 기반을 둔 유사한 연구들은 비교 연구를 위한 견고한 기반을 제공할 수 있다.

다음에 열거된 연구들은 수십 년 걸쳐 진행되어 현상학적 이론을 구축하고 설계의 원리를 제시한 일관적인 일련의 연구 개발 예시들이다.

- 학생들로 하여금 구체적 상황을 살펴보는 것으로 시작해서 점차 추상적인 방식을 증가시키는 식으로 개념의 개발을 구축하는 Freudenthal Institute 팀의 "현실주의 수학교육"의 개발 (e.g., van den Heuvel–Panhuizen, 1998 참조)
- 최종적으로 Connected Mathematics가 된 Glenda Lappan, Elizabeth Phillips 및 기타 연구자들의 중학교 수학 프로그램(e.g., Lappan & Phillops, 2009 참조)
- CGI: 구체적인 형식의 연구를 통해 교수를 향상시키는 연구를 기반으로 한 접근인 인지적으로 안내된 수업(Cognitively Guided Instruction)은 위스콘신 대학의 연구 프로그램을 통해서 개발되었다(e.g., Carpenter, Fennema, Peterson, Chiang, & Loef, 1989 참조)
- Kaye Stacey와 University of Melbourne 및 주변대학의 연구자들이 함께 개발한 교육과정의 변화, 평가, 교수, 그리고 체계적인 연수를 결합한 연구는 국가의 수학교육과정과 고부담 평가에 계산기와 컴퓨터를 도입하도록 하였다(Pierce & Stacey, 2010; Pierce, Stacey, Wander, & Ball, 2011).

그러나 상기한 연구의 사례들은 대체로 단일팀에 의해 수행되었다. 반복과 비판을 통한 독립적인 조사는 연구공동체에서 전반적으로 받아들여지는 지식을 수립하는데 있어 중요하지만 흔하게 이루어지지 않는다.

이러한 협동적인 사업은 목표, 중점, 방법론 등에 있어 동의를 필요로 한다. 사실 진단적 교수 연구는 앞서 논의한 학계의 환경에서 친숙한 한계점들에 의해 제약을 받아 애처로울 정도로 소규모의 연구가 된 예이다.

심도 있는 평가가 핵심이 되도록 하기

"당신이 그렇게 똑똑하다면, 왜 부자가 되지 못했는가?"라는 옛 속담처럼, 중요한 영향력을 가진, 매우 잘 설계된 자료가 왜 대부분의 교실에서 일반적으로 이용되지 않을까? 한 가지 요소만 있는 것은 결코 아니지만 "조사를 통한 평가"를 통해 어느 정도 설명할 수 있다.

평가적 증거를 수집하는 일이 있기는 하나, 이는 교수자료 선택에 있어서나 보다 광범위한 정책 결정에 있어서, 추구되지도 않고 가치를 가지지도 않는다. 의견에 기반을 둔 인문학적 접근이 여전히 우세하다. 새로운 교수자료는 교육적 출판물의 형태로 소설이나 희곡처럼 검토된다. "500글자면 될까요? 3주 후에 주실 수 있나요?" 이러한 방식은 새로운 약을 실험하는 일과 얼마나 다른가! 예를 들면 미국에서는 교과서에 포함될 내용이 위원회에 의해 규정되는데, 많은 "좋은 것들"(유창한 기술, 문제해결, 실생활 응용 등)이 요구되지만, 이는 주어진 시간 안에 가르치기에 너무도 많은 내용들이다.[19] 미국 교과서에 실리는 분량은 이에 상응하는 일본 교과서보다 몇 배나 많다. 그래서 교사들은 자신들이 직면하고 있는 다른 압력들, 가령 교사연수나, 교육청의 계획, 그리고 특히 자신들과 학생들이 평가를 받게되는 고부담 시험에 출제되는 문제 등과 같은 사안들을 고려하여 가장 편안하게 생각되는 것들을 선택한다. 분명한 것은 이러한 교육자료들이 교실에서 실제로 어떻게 이용되고 있는가에 대한 확실한 정보 수집을 기대하기 힘들다는 것이다, 그러한 정보를 얻기 위해서는 자금과 시간이 필요하다. 그러나 학교체제는 "감사(inspection)를 통한 검토"와 같은 것에 기반을 두어 교수자료를 선택하는데 상당수의 자금을 쓰고 있다.

이보다 더 잘 해볼 수는 없을까? 저자는 향상을 위한 네 가지의 방식이 있다고 본다. 첫째, 평가에 있어 근본적인 책임은 새로운 결과물과 과정을 설계하고 개발하는 사람들에게 있다. 즉, 개선방안을 위한 피드백의 제공이 개발과정의 일부가 되어야만 한다. 둘째, "물건을 파는 사람이 그 제품에 대한 품질 보장을 하는 것"은 당연히 의심스러운 일이다. 따라서 이러한 정보의 디자인과 수집은 자금 후원자가 비용을 지급하는 가운데 독립적으로 검토되어야만 한다. 너무도 빈번히, 평가가 자금 후원자에 대한 책무성이라는 요구를 만족시켜주기는 하지만, 결과물을 향상시키는데 도움이 되는 세부사항이 없이 뒤늦게 등장하는 부수적인 것으로 취급된다. 셋째, 광범위한 유용성이나 강력한 잠재성 때문에 사회적으로 중요하게 여겨지는 결과나 과정에 대해 좀 더 대규모의 장기적 평가연구가 필요하다. 끝으로 이러한 과정과 결과에 대한 중요성과 타당성에 대한 합의를 이끌어내는 연구공동체가 필요하다.

유사한 연구나 종합평가를 위해 필요한 평가방법들이 최근 들어 더 심도 있게 개발되었고, 이러한 전문성은 이제 수학교육 연구공동체에서도 폭넓게 이용 가능해졌다. 그러나 평가를 사용할 수 있거나 혹은 평가 자체가 핵심이 되어야 하는 너무도 많은 분야에서 다양한 평가방법들이 여전히 사용되지 않고 있다. 모든 평가는 근본적으로 형성평가이다. 연구를 통해 다음 단계의 디자인과 개발이 이루어져야만 하는데, 이는 교수와 학습, 교사 연수, 또는 체계의 향상을 위해, 원리를 효과적이고 흡수 가능한 도구와 과정으로 전환시키는 설계의 원리와 방식을 재정비하는 것이다.

공통적인 평가도구의 사용

가치 있는 협업을 통한 연구의 결과를 위해서, 유사한 연구들을 비슷한 방식으로, 또는 적어도 어느 정도 중복되는 방식으로 들여다 볼 필요가 있다. 마찬가지로 중요한 것은, 평가도구는 협력체의 구성원들, 또는 실험의 설계자들이 중요한 것으로 간주하는 모든 요소들을 포괄하고 있어야 한다. 만일 비정형적 문제해결 또는 논리적 논쟁의 비판에 대한 교수에 중점을 둔 단원에 대한 평가를 정답만을 고려하는 단기적 테스트에 의존한다면, 그것은 아무 의미가 없다.[20)]

평가도구에 대한 협상은 공동 연구에 대한 결정을 내리는데 있어 중요하다. 비용의 효율성이 중요하다. 피드백이 목표와 관련하여 어떠한 중요성을 갖는가를 물어야 하며, 협상에는 실험의 설계자들이 포함되어야 한다. 그 이유는 연구 설계자들이 다른 연구자들 보다 연구가 추구하는 바를 더 자세하고 깊이 있게 알기 때문이다. 물론, 일단 연구가 진행되면, 설계자들은 흥미를 가진 동료로서 먼 발치에 남아있어야만 한다.

결과가 도출되기 시작하면, 설계팀과 논의를 하는 것이 타당하다. 특히 설계와 관련된 중요한 시사점이 있을 경우에는 더욱 그렇다. 설계자들은 고려해볼 가치가 있는 질문을 가지고 있을 것이다.

NIH(Not Invented Here) 증후군, 즉 “여기서 개발한 것이 아니다”라고 말하는 배타적 조직문화나 태도가 항상 나타날 것이다. 후보로 올라있는 평가도구 중 그 어느 것도 “딱히 우리가 원하는 것이” 아닐 수 있다. 새로운 평가도구의 개발은 그 도구들이 널리 이용될 때에 한해서만 가치를 가질 수 있다. 통상적으로 쓰이거나, 일반적으로 이해되는 공통 평가도구들은 연구공동체의 의사소통과 신뢰를 위해 중요하다. 협력의 규모가 크지 않은 경우라면, 새로운 도구를 부차적인 설계와 개발의 요소로 간주하는 것이 현명하다.

주요 모범사례의 이용

집중적 연구를 하는 협동적 프로그램을 위한 전략적인 설계에 있어 핵심적인 사항은 유사한 연구들 간의 다양성 정도를 조정하는 것이다. 한편으로, 설계의 원리와 상세한 현실화 모두에 있어서 수학적 핵심, 학생, 교사, 교사교육 및 지원, 그리고 조사되어지는 실험을 포함하는 중요한 변인들의 장을 필연적으로 탐색해야만 한다. 설계에 있어 세부사항은 중요하다. 다른 한편으로, 비교를 하는 일이 유용하게 이용되기 위해서는, 유사한 연구들 간에 충분한 정도의 공통성이 있어야 한다.

이것은 기존의 연구를 그대로 반복하는 것으로 시작되는데, 이는 흥미로운 주장들의 바탕이 되는 연구를 확인해 보는 것에 목적이 있는 과학적 연구의 핵심단계이다. 이를 위해서, 우리는 무엇이 실제로 행해졌는지를 알아야만 한다. 교육학에서는 이에 대한 상세한 정보가 결여되어 종종 반복연구를 저해한다.[21] 예를 들어, 얼마나 자주 다른 연구자가 이 핸드북의 다른 장에서 인용되었던 연구에서 사용된 실험을 반복하는가? 서술이 구체적이고 이용가능한가? 이것이 "Gold Card Test"를 통과하였는가?[22]

이 문제는 구체적이고 전형이 되는 실험처치를 파악하고 이용함으로써 경감될 수 있다. 도구들은 상상에 의해 디자인되고 세심하게 다양한 상황에 걸쳐 개발되어야 하며, 잘 구체화된 설계 원리에 기반을 두어야만 하고, 출판되어야만 한다. 그럼으로써, 다른 연구자들이 심화연구를 할 때 기존의 도구들을 손쉽게 이용할 수 있고, 다음 단계의 설계에 필요한 정보를 제공할 수 있다. 주제를 다양하게 다루는 각 종류의 주요 모범사례 연구들은 연구자 공동체로 하여금, 경험과 받고 있는 지원이 다양한 학생 및 교사들을 관찰하는 것을 통해, 점차적으로 무엇이 일반적이고, 무엇이 변인이고, 무엇이 이상현상인지에 대한 이해를 갖게 해준다.

어떤 모범사례를 저자가 생각하고 있는지 밝혀보겠다. 1990년대에 NSF는 약 100 밀리언 달러의 지원금을 유치원에서 12학년에 이르는 13년 간의 교육과정을 위한 교수자료의 개발에 투자하였는데, 모든 자료개발은 기존연구와 NCTM(1989)의 교육과정 및 평가 규준(Curriculum and Evaluation Standards)을 바탕으로 한 폭넓은 원리에 기반을 둔 것이었다. 예를 들어, 다섯 개의 중학교 교육과정은 공통된 틀 안에서 다양한 방식을 취하였다. 이러한 교육과정으로 부터 나온 예시 단원들에 대한 심도 있는 협동적 연구 프로그램과 전통적인 대안프로그램들이 연구논문 뿐만이 아니라 단원의 다양성에도 관심을 가지면서 다음 단계의 설계와 개발을 위한 정보를 제공하였다. 이를 잘 수행하기 위해서 초기의 투자에 상응하는 지원이 필요했다(이는 보통 어떤 제품 개발에 있어 적용되는 비율이다). 그러나 그러한 지원이 이루어지지 않았다.

소규모로 진행된 보다 더 최근의 예는 Gates Foundation의 대학 및 직업 준비 프로그램의 일부로 Shell Centre 팀에 의해 개발된 6학년 이상을 위한 100개의 형성평가 지도안이었다.[23] 수학 평가 프로젝트는 앞서 설명한 "진단적 교수"의 마지막 단계에 해당한다. 이러한 "교실에서의 도전"은 [표 29.2]에 제시된 것과 비슷한 설계 원리를 바탕으로 하였다(Swan & Burkhardt, 2014). Nottingham에서 설계된, 각 "교실에서의 도전"은 미국에 있는 몇 개의 학급에서 두 차례에 걸쳐 시도되었고, 잘 정의된 프로토콜을 이용하여 경험이 있는 연구원들이 세밀하게 관찰을 하고 보고하였다. 이 연구는 교재의 향상을 위한 것이었으나, 새로운 통찰도 등장했다.

다양한 변인에 걸쳐, 이러한 주요 모범사례에 대한 심도 있는 심층 연구를 통해 교수와 학습에 대한 많은 것을 배울 수 있다. 예를 들어, 이러한 연구 중의 하나는(Evans & Swan, 2014) "학생들의 활동 예시"를 선택하고 사용하는 다양한 방법이 어떻게 후속 소집단 혹은 학급 전체 토론에 영향을 미치는가 대해 조사하였다.

물론 유용한 연구를 뒷받침 하는 모범사례가 차지하는 공간은 교재를 위한 설계의 원리보다 훨씬 광범위하다. 예를 들어, Alan Schoenfeld의 문제해결의 핵심 차원에 대한 대표적인 연구들은 (Schoenfeld, 1985) 연구를 토대로 한 교재개발을 비롯한 다른 후속 연구와 개발을 통해(예를 들면 Swan et al., 1984, 1985) 대체로 검증이 되었다. 이 연구들은 Schoenfeld의 연구결과를 확인하고 확장시켰다. 예를 들어 Polya의 전략은 초보 문제해결자들을 돕기에는 충분히 구체적이지 않다는 것이다. 이는 문제해결을 중심으로 하는 수학 수행에 만연되어 있는 문화의 일부로 특정한 형태의 문제를 위한 전략적 예시들을 학습할 것을 필요로 한다.

다른 한편으로, Schoenfeld의 연구팀에 의한 교사행동에 대한 연구물 시리즈는(Schoenfeld, 2010), 교사의 교실에서의 "행보"를 이해하기 위해서 세 가지에 대한 상세한 이해가 있어야 한다고 주장하였다. 교사의 지식, 목표, 그리고 신념(또는 성향)이다. 이 연구는 세 명의 교사가 지도한 단지 세 개의 매우 다른 수업에 대한 심층적인 연구를 기반으로 하고 있다. 수학교수를 세 가지의 필수적인 차원으로 축소하자고 하는 것은 매우 중요하고 심지어는 놀랍기까지 한 주장이다. 이는 매우 인상적인 이론확립의 예이다. 이 연구는 교수와 교사연수에 대한 실제적인 제언도 한다. 이 연구는 좀 더 검증해볼 가치가 있다.

어떤 협동 연구에 있어서든, 연구를 위한 핵심 표본의 선택은 사용되는 도구와 아울러 중요한 결정사안이다. 요컨대, 이러한 연구에 필요한 노력을 정당화하기 위해서 심도 있게 연구되는 실험은 다음과 같아야만 한다.

» 혁신적이어야 한다.
» 중요한 주장이 제시되어야 한다.
» 뚜렷하게 명시되어 있다.
» 이용 가능해야 한다.

어떠한 노력이 어디에 필요한가?

교사와 학생들에게 보다 효과적으로 이바지하고자 하는 연구공동체의 비전을 가지고 최대한의 영향력을 발현하기 위해 필요한 노력의 균형이란 무엇인가?

학급 수준

[표 29.1]에 제시된 학습과 교수 수준을 포함하는 “수업의 영역”에 대한 연구는 매우 중요하다. 그러나, 이 장에서 논하는 전략적 관점에 있어, 이것은 가장 덜 문제시되는 단계이다. 놀라운 일은 아니지만, 이 핸드북의 다른 장들도 학습과 교수에 영향을 미치는 연구 및 개발 노력의 막대한 중요성을 설명하고 있다. 다시 말하자면, 저자는 다음과 같이 언급하는 것이 공평하다고 생각한다.

» 우리는 현재 대부분의 학급에서 보다 더 나은 수학을 어떻게 더 잘 가르칠 수 있는지 알고 있다.
» 전형적인 교사들이 학급에서 실현할 수 있을 것으로 입증된 잘 개발된 다양한 도구들이 있다.

수학에서 계산기나 컴퓨터의 사용은 학급수준의 지식을 대규모의 관행으로 전환시키는 것이 얼마나 도전적인 일인지 생생히 보여주는 예이다. 우선, 대부분의 학급에서 수행되는 수학의 방식과 학급 외부에서 수행되는 수학 간의 질적인 부조화는 부끄러운 일이다. 지난 35년간에 걸친 방대한 양의 연구는 테크놀로지의 적절한 사용을 통해 학생들이 다양한 새로운 것들과 아울러 전통적인 수학을 보다 쉽고 보다 심도 있게 배울 수 있음을 보여주었다. 이 핸드북에서 Hegedus와 Tall(23장)은 다양한 형식을 지닌 테크놀로지의 잠재성에 대한 검토를 하였다. 보다 거시적으로 Moreno-Armella와 Santos-Trigo(25장)는 과학적, 공학적 개발을 교육학적 실상으로 전환시키는 중요한 능력 개발이 필요함을 강조하였다. 왜 많은 학교체계가 여전히 테크놀로지를 수학 수업 밖에 두려고 하고, 설사 이용을 할 때도 그 잠재력을 잘 활용하지 못하고 있는가? 단순히 지필을 이용한 연습문제를 컴퓨터 게임형식으로 바꾸는 것이 그 예이다. 해답은 연구와 개발의 3단계와 4단계에 관련되어 있다. 테크놀로지는 교사와 학생들에게 풍부한 학습활동을 구성하는데 있어서 상당한 융통성을 제공한다. 그러나 대부분의 수학교사들은 자세한 안내가 되어 있는 출판물을 이용해 수업을 하는데 익숙해져 있다. 그렇다면 왜 테크놀로지를 이용하는 광범위한 체계가 없는 것인가? 왜냐하면 이것은 유동적인 목표물이기 때문이다. 풍부하고 확실한 교육과정 자료를 개발하는데 걸리는 십 년 단위의 기간이 테크놀로지의 변화에 걸리는 수년간의 기간과 일치되지를 않는다. 어떤 플랫폼이 필수불가결하게 우리가 작업을 마치기도 전에 구식이 되어버린다면 어떤 플랫폼을 가지고 디자인을 해야 하는가? 이 상황은 이제 모든 학생들에게 태블릿 컴퓨터를 제공하자는 정책을 통해 안정화될 수도 있을 것이다. 그러나 광범위한 테크놀로지를 이용한 교육과정을 위해 현존하는 심화학습자료(enrichment materials) 이상의 것을 시도하려고 할 때, 설계와 개발이 직면하는 도전은 여전히 만만치 않다.[24)]

이후 논의할 다른 수준의 문제들이 더욱 도전적이기 때문에, 학급 수준의 문제는 이 정도로만 다루겠다.

교사 수준

교사들이 받는 교사연수의 과정은 많은 관심을 받지 못해왔다. 잘 알려진 교사연수 단계가 있다. 교실에서 살아남기, 채택된 교수자료를 가지고 교육과정 전달하기, 교사가 선택한 흥미있는 활동들로 교육과정을 풍부하게 하기, 교사가 지속적으로 학생들로부터의 피드백을 이용하여 각 수업을 수정해 가는 "적응적 전문성"("adaptive expertise")의 습득(Hatano & Inagaki, 1986) 등이다.

마지막 단계에 이르기 위한 도전은 종종 저평가되었다. 마지막 단계인 적응적 전문성을 습득하는 것은 교사에게 필요한 교수학적 및 수학적 기술, 교사와 학생이 취하는 역할, 그리고 Brousseau(1997)가 "교수학적 계약"이라고 불렀던 상호간의 기대와 같은 교실문화에 있어서의 질적인 변화를 나타낸다. 그러나 비정형화된 문제해결이나 수학적 추론을 구성하고 비판하는 것과 같은 높은 수준의 수학적 관행은 그러한 교실에서만이 개발될 수 있다. 불행히도, 그러나 그리 놀랍지 않게도, 그러한 교실은 여전이 흔치 않다. 적응적 전문성으로 이르는 가파른 언덕을 교사들이 효과적으로 넘어설 수 있도록 하기 위해 어떤 접근방식이 개발되어 왔는가? 앞서 언급한 것들을 포함한 일부 교수자료는 토론과 학생들의 반성적 사고 및 설명을 통해 개념적 충돌을 해결하는 "생산적인 어려움"을 도모하는 수업을 하도록 돕는다. 개발적 연구들에서 보여지듯이, 이는 교사들의 설계 업무를 경감시켜주고, 전형적인 교사들로 하여금 필수적인 방식의 전환을 이룰 수 있도록 돕는다. 그러나 여전히 불분명한 것은, 교사들로 하여금 관련된 원리들을 일반화하고, 이러한 형식의 요소를 자신들의 수업에 통합시키도록 하기 위해 얼마나 많은 이러한 형식의 지원을 통한 경험이 필요한지 여부이다.

역설적으로, 이것은 상대적으로 초기단계인 것처럼 보이는 기존의 연구영역이다. 거기에는 심각한 방법론적인 문제가 있다. 교사연수 프로그램은 전통적으로 "이것이 가치 있다고 생각하십니까?"와 같은 질문에 대한 참가자의 반응을 통해 평가되어 왔다. 이는 교사들을 전문적 동료라고 간주해 그들의 판단을 의문시하지 않는 태도를 반영한다. 그러나 만일 목표가 교사들의 전략과 기술의 레퍼토리와 아울러 교실에서의 교사행동을 수정하는 것이라면, 직접적인 증거를 수집하는 일은 분명히 중요하다. 그러나 체계적으로 교사가 교실에서 하는 일에 대한 사전-사후 관찰을 통해 교실 현장의 교사를 연구하는 일은 여전히 흔치 않다(물론, 관찰을 통한 연구는 설문조사를 이용하는 것보다 더 많은 비용이 든다.).[25]

연구와 개발의 영역이 직면하고 있는 도전 중의 하나는 무엇이 "좋은 수업"인가이다. 수업자료 개발의 상황에서, 좋은 수업이란 수업지도안으로 구체화되는 설계의 배후에 있는 원리에 의해 정의된다. 관찰의 주요 촛점은 수업이 원리들을 어떻게 잘 반영하느냐 하는 것이다. 특히, Anne Brown이 "치명적 변이"라고 불렀던 상황을 방지하는 것이다. 그러나, 확고한 이해를 위한 수업의 틀과 그에 따르는 다양한 도구들과 같은 보다 더 일반적인 틀이 필요하다(Schoenfeld, 2014). 필수적인 수학수업의 질은 수학, 인지적 요구, 접근성, 행위자와 권위(agency and authority), 그리고 형성평가 등과 같은 다섯 가지의 차원에서 이해되어야 한다는 주장이 있다. 다른 주장들과 마찬가지로, 이 역시 독립적으로 검증되고 조사될 필요가 있다.

이러한 틀은 다양한 수준에서의 사용을 위해 일관성 있는 도구들을 포함시켜야 할 필요가 있다. 이는 교실에서 교사와 학생들에 의해서, 교사연수 활동에서, 그리고 체계적 수준에서 향상의 목표를 정의하고 모니터하는 것을 통해서 이루어질 수 있다.

체계적 수준: "거대교육(Big Education)"의 사례

이제 가장 중요한 문제에 촛점을 맞춰, 많은 노력을 필요로 하고 가장 다루기 힘든 체계수준을 논하겠다. 이 장에서 연구가 교육의 실제에 미치는 영향이 제한적이게끔 하는 많은 요소들을 검토하였다. 특히 향상을 위한 노력이 행해지는 정책결정의 실제에 대해 검토를 하는 과정에서 다음과 같은 제약점들을 발견할 수 있었다.

» 수학교육 연구공동체 전반에 걸쳐 인정되는 연구결과 및 이를 공개적으로 설명할 수 있는 리더의 부재이다. 이는 교육학 연구의 위상을 낮추고, 특히 정치인이 자신들의 개인적 의견을 대중의 입맛에 맞게 이용하게끔 한다.
» 교실 및 학교체계와 관련된 더 많은 변인들을 반영하여, 연구프로그램의 규모가 현 상황을 치유해야 할 필요가 있다.
» 몇 년을 주기로 이루어지는 정치적 선거와 수십 년이 걸리는 교육적 향상 간의 시간적 불일치가 있다.

이러한 어려움을 지닌채 진보해나가기 위해서, 이 핸드북에 반영된 동료정신에 기반을 두고, 실행되고 있기는 하지만, 우리 연구공동체에서는 대체로 아직 잘 활용되지 않고 있는 대규모 연구협력을 하는 것 이외에는 다른 대안이 없다고 본다.

협력적인 연구를 수립하고 지원하기

이제 우리가 어떤 방향으로 나아가야 하는가? 교육 전반에 걸친 교육의 실제에 영향을 미치고자 하는 연구자들이 힘을 합쳐 어떻게 이를 가능케 할 수 있는가? 어떻게 하면 힘을 합쳐 현재 만연해 있는 단독 저자에 의한 논문이나 독자적인 평가를 하는 관행에 대처할 수 있는가? 아직 정확한 답은 없지만 많은 희망적인 징조가 있다.

첫째, 이것은 할 수 있는 일이며, 또한 다른 분야에서 행해져 왔던 것이다. 우리가 살펴보았듯이, 과학, 공학, 의학계에서의 큰 문제들은 광범위한 프로그램을 운영하는 대규모 연구팀에 의해 주도되었다. 거대과학(Big Science)은 중요한 문제에 관한 진정한 진전을 이루기 위해 대규모 연구팀에 참여할 필요를 인식한 연구자들로부터 시작된 것이다. 이와 같은 이유로, 우리는 거대교육(Big Education) 프로그램을 필요로 한다.

이미 수학교육에서 소박한 협업의 예들이 존재하며, 더 많은 진전이 있을 징조들이 있다. Strategic Education Research Partnership(SERP; http://serpinstitute.org/)은 장기적인 문제를 다루기 위해 파트너쉽 기간 동안 미국의 교육청들 및 연구자들과 협력하였다. 그러나 SERP는 지속적인 후원을 받지 못했고, 지속적인 지원을 얻기 위해 사업적 성격을 띠게 되었다. 2014년에 미국에서 결성된 다수의 대학 간의 협력인 Core Practice Consortium(e.g., McDonald, Kazemi, & Kavanagh, 2013)은 연구와 혁신을 풍부히 하고자 하는 목적으로 다양한 영역에서의 구체적인 전문적 실행에 관한 컨텐츠를 라이브 스트리밍을 통해 제공하였다. 이것은 여전히 소규모이기는 하지만 희망적인 징조이다. 우리는 이러한 협력 연구의 효과에 관한 연구를 기다리고 있다.

더 구체적인 후원이 필요하겠지만, 주요 자원은 이미 준비가 되어있다. 연봉을 통해서 지원되는 대학연구원들과 대학원생들의 연구시간이다. 더욱이, 거대교육(Big Education)은 몇십억이 드는 천체망원경이나 대형강입자가속기와 같은 규모의 장치를 필요로 하지 않기 때문에 거대과학(Big Sciece) 보다는 훨씬 적은 비용이 들 것이다. 대규모의 영향에 촛점을 둔 교육연구에 있어서 가장 주요한 비용은 다음과 같다.

» 숙련된 사람들의 시간, 상근직 연구원들과 일하는 학자들
» 합리적인 양의 컴퓨터 파워 및 정보 처리 지원
» 협력을 위한 비용: 회의의 계획 및 보고, 리더쉽 지원

이러한 것들은 연구지원자들의 예산 내역에 포함된다. 특히 National Science Foundation(NSF)과 다양한 사립 재단이 중요한 프로그램들을 지원하는 미국에서는 더욱 그렇다. 특히, NSF는 자료개발을 직접적으로 지원하는 것에서 영향력이 있는 연구를 후원하는 것으로 지원의 방향을 바꾸었다. 따라서, 저자는 이 장에서 설명된 것과 같은 사례들이 상당한 지원을 받을 가능성이 높다고 믿는 바이다.

잠재적인 보상은 어마어마하다. 앞서 서술하였듯이 과학과 의학 분야에서는, 매우 가시적인 연구의 결과가 지난 세기에 있었기에, 현재 대중으로부터 받는 존경의 수준이 높고 경제적 지원이 가능했다. 우리는 학생들의 수학학습에서의 수행과 수학에 대한 태도에 있어서 필요한 질적향상을 어떻게 이루는지 알고 있다. 그러나 이것이 전형적인 교실 "규모"의 연구임을 인지하고, 확고

한 평가적 증거를 바탕으로 지원을 받을 필요가 있다. 이를 위한 연구와 개발 노력은, 존경과 금전적 지원에 있어서도 유사한 변화의 물꼬를 트고, 학생들을 정치인들의 “상식”으로부터 보호할 수 있는 잠재력을 가지고 있다.

오늘날의 연구공동체는 중차대한 도전에 직면해 있다. 많은 연구자들이 정책과 실제에 영향을 주기 위해 이러한 방향으로 연구 노력을 기울이는데 중점을 두고 있는가? 이러한 일을 이끌기 위해 누가 나설 것인가?

NOTE

1. 연구설계에 대한 이 접근을 개발하는데 있어, Phil Daro, Mark St. John, Alan Schoenfeld, Kay Stacey 등과 같은 친구이자 동료들과 함께 한 수년 간에 걸친 논의가 많은 도움이 되었다.
2. 한편으로, 어떤 분야에서는 자격을 갖추는 것이 중요하다는 입장을 취하고 있다. 비록 일부는 필연적으로 그렇기도 하지만, 그 어느 누구도 자신의 의사나 변호사(또는 교사)가 자격의 “경계선 상에” 있다고 생각하고 싶어하지 않는다. 다른 한편으로는, 모든 사람들이 요요마와 보통의 음악원을 졸업한 첼로 연주자 간의 기술에 있어 질적인 차이가 있음을 인지한다.
3. “상식”은 모순들로 가득하다. 가령 “호미로 막을 것을 가래로 막는다”와 “급하면 일을 망친다”는 속담을, 특정 사안에 대한 견해에 따라 선택할 수 있다.
4. 여전히 영향력을 가진 방관자들이 있다. 그들 중 다수는 연구 수학자들이다. 그들의 출신분야는 논리 자체만으로 충분한 분야이다. 그들 대부분이 학습이 단순한 것이 아님을 알지만, 자신들이 어떻게 수학을 학습했는지가 충분한 경험적 증거라고 생각한다.
5. Burkhardt와 Schoenfeld(2003)의 연구는 간혹 발생하는 간접적인 영향의 긴 자취의 예를 제시하고 있다.
6. 추상적 표상에 대한 초기 경험으로서 발음중심의 형식이 아닌 글쓰기 학습도 간과해서는 안된다.
7. 이는 보다 최근에 이루어진 네 번째의 전통인 순수예술과 관련이 있다.
8. 전직 교육부 장관은 현재 ESRC의 전신인 사회과학연구위원회(Social Science Research Council)의 명칭에서 과학(science)이라는 단어를 삭제할 것을 주장했다.
9. 1930년대 핵과학 연구의 선구자인 Ernest Rutherford가 주도한 캠브리지의 Cavendish 연구소는 연간 3500 파운드(약 6000 달러, 오늘날로 치면 200,000 달러정도)를 연구예산으로 받았다고 알려져 있다. 전체 예산은 이보다 100배 정도 더 컸다.

10. 멸균처리는 주목할만한 예외이다. 파스퇴르를 비롯한 다른 사람들의 연구는 외과의들이 수술 전과 후에 손을 씻는 것처럼 병원에서의 관행을 점차 변화시켰다.

11. 미국에서 이러한 집단은 종종 "죽음의 패널"이라고 표현되며, 보험회사들이 이 역할을 맡아왔다.

12. 최소한 최근에 이르기까지, 의료서비스 체제 기관은 예외로 취급된다.

13. Battista와 Clements(2000)의 연구는 연관된 논쟁을 제시하고 있다.

14. Joao Pedro da Ponte와 Olive Chapman은 이 핸드북의 10장에서 교수 상황에서의 비슷한 분석을 제시하고 있다.

15. 공식적이고 기술적인 정의의 선택에 대해 수학과 과학이 취하는 대조적인 방식이 흥미롭다. 수학공동체는 새로운 용어를 만들어내는 경향이 있다. 예를 들어 동일구조를 가진 "근본적으로 같은 것"을 서술하는 것이다(catastrophe theory와 fiber bundles는 최근에 등장한 반례이기는 하다). 물리학은 친숙한 용어를 기술적인 의미로 사용하는 경향이 있다. 일 = 힘 × 거리. 아무리 벽을 세게 밀어도, 분명히 일을 하고 있기는 하지만, 엄밀한 의미에서 일을 하지 않는다는 것도 내포하고 있다(저자는 기술적으로 쓰이는 용어들은 언제나 대문자로 써야 한다고 제안했지만 성공하지 못했다).

16. 결코 다정다감한 평론가가 아니었던, 위대한 물리학자인 Wolfgang Pauli는 "틀림이 없다"는 제목의 연구 논문에 대해 논평을 할 것을 요청받았다. 교육분야에서 그런 일은 너무 자주 일어난다.

17. 이상적인 세계에서는 이것은 대규모 실행 이전에 이루어져야 하는 일이다. 그러나 교육은 학생들이 이런 방식으로 희생되도록 조급하게 서두르고 있다. 이것은 마치 치명적인 전염병을 위한 약을 검증 없이 사용하는 것과 같다.

18. 동시적으로 개발된 것은 아니었으나, 이 원리들은 Paul Black과 Dylan Wiliam(1998)이 제시한 학습을 위한 형성평가의 원리들과 유사하다.

19. 대략적 추산에 의하면 미국에서 사용되는 전형적인 한 학년의 교과서 내용을 다 다루려면 약 3년이 걸린다.

20. NSF 교육과정의 평가를 위한 노력의 대부분은 주에서 주관하는 시험과 같은 평가를 이용하는 것이다. 정치적 목적을 위해서는 필요하겠지만, 그 교육과정이 자금을 받고 지원하도록 설계된 NCTM 규준(NCTM, 1989)의 주요 목표에 대한 충분한 정보를 제공하지 못했다.

21. Alan Schoenfeld(1980, 1994)는 연구자들이 연구에 쓰인 최초의 수집자료와 자세한 분석을 다른 연구자들의 연구에 이용할 수 있도록 보장하자는 의견을 제시했다. 이는 현재 과학적 연구에서 흔한 추세이다. 인터넷은 연구자들이 자신들이 이용한 실험과 후속분석을 공유할 수 있도록 하는 무한한 공간을 무료로 제공하고 있다.

22. Dick Fletcher는 오랫동안 약속을 해왔지만 시장에 소개하기에는 아직 부족한 소프트웨어를

설명하기 위해 이 표현을 처음으로 썼다. 이는 "이제 상점에 가서 살 수 있나요?"라는 의미이다(개인적 담화).

23. 이것들은 다음의 웹싸이트를 통해 다운로드를 받을 수 있다. http://map.mathshell.org/materials. 비영리를 목적으로 한 사용은 무료이다.

24. 전반적인 출판의 틀에서 벗어나 "교육과정 큐레이션(curriculum curation)"을 향한 움직임이 있다. 이는 인터넷을 통해 얻을 수 있는 대규모의 자원으로부터 양질의 자료를 정보에 입각하여 선택하는 과정이다.

25. Malcolm Swan은 교사와 학생들에게 유사한 설문지를 제공하는 접근방식을 개발했다(Swan, 2006). Swan은 추론과 직접 관찰 간의 상관관계와 관련된 증거를 수집했다.

참고문헌

Battista, M. T., & Clements, D. H. (2000). Mathematics curriculum development as a scientific endeavor. In A. Kelly & R. Lesh (Eds.), *Handbook of research design in mathematics and science education* (pp. 737–760). Mahwah, NJ: Lawrence Erlbaum Associates.

Bell, A. (1993). Some experiments in diagnostic teaching. *Educational Studies in Mathematics, 24*(1), 115–137.

Birks, D. (1987). *Reflections: A diagnostic teaching experiment.* Nottingham, UK: University of Nottingham.

Black, P. J., & Wiliam, D. (1998). Assessment and classroom learning. *Assessment in Education*, 5, 7–74.

Brousseau, G. (1997). *Theory of didactical situations in mathematics: Didactique des mathematiques*, 1970–1990. Dordrecht: Kluwer.

Brown, A. (1992). Design experiments: Theoretical and methodological challenges in creating complex interventions in classroom settings. *Journal of the Learning Sciences*, *2*(2), 141–178.

Burkhardt, H. (1988). The roles of theory in a "systems" approach to mathematical education, article in honor of prof. Hans-Georg Steiner's 60th birthday. *International Reviews on Mathematical Education, ZDM—The International Journal on Mathematics Education*, *5*, 174–177.

Burkhardt, H. (2001). *Where next? Some comments on implementation.* Concluding remarks at the ICMI Algebra Study Conference, University of Melbourne.

Burkhardt, H. (2006). From design research to large-scale impact: Engineering research in education. In J. Van den Akker, K. Gravemeijer, S. McKenney, & N. Nieveen (Eds.), *Educational design research.* London: Routledge.

Burkhardt, H. (2009). On strategic design. *Educational Designer, 1*(3). Retrieved from http://www.educationaldesigner.org/ed/volume1/issue3/article9.

Burkhardt, H. (2013). Methodological issues in research and development. In Y. Li & J. N. Moschkovich (Eds.), *Proficiency and beliefs in learning and teaching mathematics—Learning from Alan Schoenfeld and Günter Törner.* Rotterdam: Sense Publishers.

Burkhardt, H. (2014). Curriculum design and systemic change. In Y. Li & G. Lappan (Eds.), *Mathematics curriculum in school education.* Heidelberg: Springer.

Burkhardt, H., & Schoenfeld, A. H. (2003). Improving educational research: Towards a more useful, more influential and better funded enterprise. *Educational Researcher, 32,* 3–14.

Carpenter, T. P., Fennema, E., Peterson, P. L., Chiang, C. P., & Loef, M. (1989). Using knowledge of children's mathematics thinking in classroom teaching: An experimental study *American Educational Research Journal, 26,* 499–531.

City, E. A., Elmore, R. F. Fiarman, S. E., & Teitel, L. (2009). *Instructional rounds in education: A network approach.* Cambridge, MA: Harvard Education Press.

EMS (2011–13). EMS Committee of Education (Eds.) "Solid Findings" in mathematics education. *EMS Newsletter* Vol. 81, 46–49, Vol. 82, 46–50, Vol. 83, 46–50, Vol. 84, 53–55, Vol. 87, 42–44.

Evans, S., & Swan, M. (2014). Developing students' strategies for problem solving: The role of pre-designed "Sample Student Work," *Educational Designer, 2*(7). Retrieved from http://www.educationaldesigner.org/ed/volume2/issue7/article25.

Flexner, A. (1910). *Medical education in the United States and Canada: A report to the Carnegie Foundation for the Advancement of Teaching* (Bulletin No. 4). New York: Carnegie Foundation for the Advancement of Teaching.

Hatano, G., & Inagaki, K. (1986). Two courses of expertise. In H.W. Stevenson, H. Azuma, & K. Hakuta (Eds.), *Child development and education in Japan* (pp. 262–272). New York: W H Freeman/Times Books/ Henry Holt & Co.

Kilpatrick, J. (1981). One point of view: Stop the bandwagon I want off. *Arithmetic Teacher, 28*(8), 2.

Lappan, G., & Phillips, E. (2009). A designer speaks. *Educational Designer, 1*(3). Retrieved from http://www.educationaldesigner.org/ed/volume1/issue3/article11.

Leung, F.K.S. (2001). In search of an East Asian identity in mathematics education. *Educational Studies in Mathematics, 47,* 35–52.

Leung, F.K.S. (2006). Mathematics education in East Asia and the West: Does culture matter? In F.K.S. Leung, K-D. Graf, & F. J. Lopez-Real (Eds.), *Mathematics education in different cultural traditions: A comparative study of East Asia and the West, the 13th ICMI study* (pp. 21–46). New York: Springer.

McDonald, M., Kazemi, E. Kavanagh, S. S. (2013). Core Practices and Pedagogies of Teacher Education: A Call for a Common Language and Collective Activity, *Journal of Teacher Education,* 64 (5).

NCETM. (2012). *Mathematics matters.* Sheffield: National Centre for Excellence in Teaching Mathematics. Retrieved from https://www.ncetm.org.uk/public/files/309231/Mathematics+Matters+Final+Report.pdf.

NCTM. (1989). *Curriculum and evaluation standards for school mathematics.* Reston, VA: National Council of Teachers of Mathematics.

Pierce, R. & Stacey, K. (2010). Mapping pedagogical opportunities provided by mathematics analysis software. *International Journal of Computers for Mathematical Learning, 15*(1) 1–20. doi:10.1007/s10758-010-9158-6.

Pierce, R., Stacey, K., Wander, R., & Ball, L. (2011). Principles for design of lessons that use multiple representations in mathematically able integrated document systems. *Technology, Pedagogy and Education, 20*(1), 95–112.

Schoenfeld, A. H. (1980). On useful research reports. *Journal for Research in Mathematics Education, 11*(5), 34–57.

Schoenfeld, A. H. (1985). *Mathematical problem solving.* Orlando, FL: Academic Press.

Schoenfeld, A. H. (1994). A discourse on methods. *Journal for Research in Mathematics Education, 25,* 697–710.

Schoenfeld, A. H. (2002). Research methods in (mathematics) education. In L. English (Ed.), *Handbook of international research in mathematics education* (pp. 435–488). Mahwah, NJ: Lawrence Erlbaum Associates.

Schoenfeld, A. H. (2010). *How we think: A theory of goal-oriented decision making and its educational applications.* London: Routledge.

Schoenfeld, A. H. (2014). What makes for powerful classrooms, and how can we support teachers in creating them? A story of research and practice, productively intertwined. *Educational Researcher, 43*(8), 404–412.

Swan, M. (1980). *The language of graphs.* Nottingham: Shell Centre for Mathematical Education.

Swan, M. (2006). *Collaborative learning in mathematics: A challenge to our beliefs and practices.* London: National Institute for Advanced and Continuing Education (NIACE) for the National Research and Development Centre for Adult Literacy and Numeracy (NRDC).

Swan, M., & Burkhardt, H. (2014). Lesson design for formative assessment. *Educational Designer, 2*(7). Retrieved from http://www.educationaldesigner.org/ed/volume2/issue7/article24/.

Swan, M., Pitts, J., Fraser, R., & Burkhardt, H., and the Shell Centre Team. (1984). *Problems with patterns and numbers.* Manchester, UK: Joint Matriculation Board and Shell Centre for Mathematical Education. Retrieved from http://www.nationalstemcentre.org.uk/elibrary/maths/resource/349/problems-with-patterns-and-numbers.

Swan, M., Pitts, J., Fraser, R., Burkhardt, H, and the Shell Centre Team. (1985). *The Language of Functions and Graphs*, Manchester, UK: Joint Matriculation Board and Shell Centre for Mathematical Education. Retrieved from http://www.nationalstemcentre.org.uk/elibrary/maths/resource/350/language-of-functions-and-graphs.

van den Heuvel-Panhuizen, M. (1998). *Realistic mathematics education.* Retrieved from http://www.fi.uu.nl/en/rme/.

I·N·D·E·X 찾아보기

ㄱ

ㅁ

ㅂ

ㅇ

ㅈ

ㅊ

ㅋ

| 역자약력 |

김 진 호
대구교육대학교 수학교육과
Columbia University, Teachers College, 수학교육, Ed. D.

권 나 영
인하대학교 사범대학 수학교육과
University of Georgia, 수학교육, Ph. D.

강 은 경
서울양재초등학교
University of Georgia, 수학교육, Ph. D.

권 성 룡
공주교육대학교 수학교육과
한국교원대학교 대학원, 초등수학교육, 교육학박사

노 지 화
부산대학교 수학교육과
Western Michigan University, 수학교육, Ph. D.

박 만 구
서울교육대학교 교수
University of Georgia, 수학교육, Ph. D.

방 정 숙
한국교원대학교 초등교육과(수학교육)
Louisiana State University, 수학교육, Ph. D.

이 수 진
한국교원대학교 수학교육과
University of Georgia, 수학교육, Ph. D.

이 지 은
Oakland University, Department of Teacher Development and Educational Studies
State University of New York, Binghamton, Educational Theory and Practice, Ed. D.

임 웅
연세대학교
University of Houston, 수학교육, Ed. D.

한 혜 숙
단국대학교 수학교육과
University of Minnesota, 수학교육, Ph. D.

국제 수학교육 연구 핸드북 (제3판)

초판발행 2019년 8월 30일
편　저 Lyn D. English and David Kirshner
옮긴이 김진호 · 권나영 · 강은경 · 권성룡 · 노지화 · 박만구
방정숙 · 이수진 · 이지은 · 임　웅 · 한혜숙
펴낸이 오판근
펴낸곳 (주) 교우
주　소 서울시 동대문구 약령시로 8 교우빌딩 2층 (주)교우
전　화 02-925-2861 / **팩　스** 02-925-2860. **편집부** 02-925-2825
홈페이지&북스토어 www.kyowoo.co.kr / 이메일 kyowoo@kyowoo.co.kr

등　록 1994년 3월 24일 제1994-000013호
ISBN 979-11-251-0299-1 (93410)

값 50,000원

교우미디어는 (주) 교우의 Imprint 사입니다.
수학정원·과학정원은 (주) 교우의 새로운 브랜드명입니다.

잘못된 책은 구입하신 서점에서 교환해 드립니다.